AUDESIRK, TERESA · AUDESIRK, GERALD · BYERS, BRUCE E.

# 생명과학의 이해

김옥용 김희진
박기영 이영원

BIOSCIENCE
(주)바이오사이언스출판

이 도서의 국립중앙도서관 출판시 도서목록 (CIP)은 e-CIP 홈페이지
(http://www.nl.go.kr/cip.php)에서 이용하실 수 있습니다.
(CIP 제어번호: 2014002785)



# 생명과학의 이해

초판 인쇄: 2014년 3월 3일
초판 발행: 2014년 3월 10일

저 자: AUDESIRK, TERESA · AUDESIRK, GERALD · BYERS, BRUCE E.
역 자: 김옥용, 김희진, 박기영, 이영원
발행인: 문정구
발행처: (주)바이오사이언스출판
주 소: 137-060 서울특별시 서초구 효령로2길 10, 201호(방배동, 호산빌딩)
전 화: (02)581-4057~8 팩스: (02)581-4059
편집부: edit@biosciencepub.com
영업부: sales@biosciencepub.com
주 문: order@biosciencepub.com
홈페이지: http://www.biobooks.co.kr
ISBN: 978-89-6824-014-0 93470

등록 번호: 제22-3079호

**값 28,000원**

(주)바이오사이언스출판

# 주요 차례

# 저자 소개

**테리 오디서크와 게리 오디서크**는 뉴저지에서 태어나고 학부 시절에 만났다. 1970년에 결혼한 두 사람은 캘리포니아로 이주하였고 이곳에서 테리는 남캘리포니아 대학에서 해양 생태학으로 박사 학위를 받았으며 게리는 캘리포니아 공과대학에서 신경생물학으로 박사학위를 받았다. 워싱턴 주립대학의 해양연구소에서 두 사람은 해양연체동물의 한 종을 모델로 하여 동물행동의 신경의 기저를 주제로 박사후 과정을 함께 수행하였다.

두 사람은 현재 콜로라도 대학의 생물학과 명예 교수이며, 1982년부터 2006년까지 이곳에서 기초생물학 및 신경생물학을 강의하였으며 중금속 독성의 메커니즘을 연구하였다.

이들은 모두 자연과 야외 생활을 깊이 사랑한다. 은퇴 후 두 사람은 콜로라도 북부로 이주하여 하이킹, 승마, 스노우슈잉 등을 즐기며 지내고 있다. 오랫동안 여러 자연보전협회 회원으로 활동해온 두 사람은 자연보전협회와 콜로라도 생태보호국에서 자원봉사할 날만을 손꼽고 있다.

**브루스 바이어스**는 중서부 출신으로 매사추세츠 서부의 산지로 이주하였으며 현재는 메사추세츠 대학 엔허스트 분교의 생물학과 교수로 재직 중이다. 그는 이 대학에서 박사학위를 받았으며 1993년에 이 학교에 임용되었다. 바이어스는 생물학 전공생 및 비전공생을 대상으로 생물학 개론을 강의하고 있으며 조류학과 동물행동학 강의도 맡고 있다.

평생 새에 매료되어 살아온 바이어스는 조류 생물학을 전공하는 과학자가 되었다. 현재 바이어스는 조류의 행동 생태학을 중점적으로 연구하고 있으며, 그 중에서도 새들이 의사소통을 위해 발신하는 음성신호의 기능과 진화과정에 초점을 맞추고 있다. 이로 인해 바이어스는 녹음기를 들고 새벽에 야외로 나가 새들의 새벽 첫 울음 소리를 기다리기도 한다.

# 저자 서문

과학자들이 인간을 클로닝하는 것을 허용해야 할까? 유전자 변형 농작물은 안전한가? 기후 변화를 일으키는 것은 인간인가? 조류독감은 크게 유행할 것인가? 조만간 의사들은 인공장기를 배양해서 인체에 이식할 것인가? 왜 항생제의 효력은 점점 떨어지는가? 오늘날 가장 중요하고도 논란의 대상이 되는 사회적, 의학적, 환경적, 윤리적 문제들은 생물학과 관계되어 있다. 유권자, 배심원, 일반 대중이 생물학의 기본 개념을 이해해야 한다는 사실은 과거 어느 때보다도 더 절실해졌다.

이 교재를 사용하는 학생 중 상당수는 정식 교육과정에서는 처음이자 마지막으로 생물학을 수강하는 학생들일 것이다. 이 강의를 통해 우리 저자들은 이 학생들이 현명한 질문을 던질 줄 알고 올바른 판단을 내리고 언론에 보도되는 과학기사들을 비판적 시각으로 바라보는 역량을 갖추기를 바란다. 동시에 저자들은 학생들이 자신의 신체, 그리고 우리와 지구를 공유하는 다른 생명체들의 몸에 대해 더 잘 이해하고 이를 존중하는 사람이 되는 것도 희망한다. 나아가 이들이 모든 생명체의 모습을 규정하는 진화의 힘, 생태계 내에서 상호작용하는 복잡한 힘이 인간을 비롯한 지구상의 모든 생명체를 어떻게 유지시키는가도 이해했으면 한다. 저자들이 가장 바라는 것은 학생들이 생명에 대해 감탄하고 이로 인해 계속해서 과학을 공부하려는 마음을 갖는 것이다. 이 책은 이러한 목표를 달성할 수 있도록 학생들이 다양한 과학 지식을 효과적으로 흡수함과 동시에 학습 의욕을 높일 수 있도록 편집되었다.

## 효과적인 학습과 동기유발을 위해

다음과 같은 세 가지 목표를 세웠다.

- 교수들이 효과적으로 생물학적 개념과 과정을 제시하도록 할 것
- 일상생활과 직결된 문제들과 생물학이 어떻게 연결되는지를 학생들이 이해하도록 할 것; 여기서 저자들은 건강과 환경 문제에 초점을 맞췄다.
- 최근의 과학적 발견, 최신 통계 및 사례를 수록할 것

## 지구의 생물들은

### 분명하고도 일관성 있게 조직화되어 있다

각 장마다 학생들은 이 수업에서 얻는 막대한 양의 지식 속을 헤쳐나갈 길잡이를 찾을 수 있다. 저자들은 학생들이 디테일이라는 덤불 속에서 길을 잃지 않고 나무와 숲을 모두 볼 수 있도록 이 책을 구성했다.

- 각 장의 맨 앞에 "주요 내용"은 해당 장의 부제목을 한데 모은 것으로 각 사례의 제목도 여기 나온다. 교수는 각 장의 핵심적 주제를 과제로 내줄 수 있고 학생들은 이를 쉽게 찾을 수 있다.
- 주요 절은 의문문으로 시작하는데 학생들은 해당 절의 내용 속에서 답을 찾으면 된다. 덜 중요한 부제목은 내용을 담은 요약을 수록해두었다. 이렇게 책을 구성해놓으면 생물학이 서로 고립된 주제들의 모음이 아니라 상호 연관된 개념들이 층위를 이루는 구조로 되어 있음을 학생들이 이해한다는 장점이 있다. 이렇게 하여 학생들은 과학에서 의문을 제기하는 것이 중요하다는 사실도 깨달을 것이다.

### … 학생들의 참여와 동기를 유발한다

과학을 이해하는 일은 강제로 시킬 수 없다. 학생들은 적극적으로 참여하여 핵심 개념을 이해함과 동시에 과학적으로 사고하는 습관을 길러야 한다. 자신의 일상과 관심사가 생물학과 관련이 있음을 깨달으면 학생들은 더욱 적극적으로 수업에 참여할 것이다. 이렇게 학생들을 참여시키고 동기를 유발하기 위해 다음과 같은 방법을 썼다.

- **사례 연구의 접근.** 각 장은 눈에 확 띄는 그림이나 사진을 곁들인 짤막한 글로 시작한다. 이런 사례 연구는 최근 뉴스, 학생이 직접 겪을 법한 상황, 특히 흥미로운 생물학적 주제 등을 바탕으로 하고 있다. 예를 들어 학생들은 스타 운동선수의 도핑 테스트 결과를 살펴볼 수 있고(96쪽), 부당하게 유죄 판결을 받은 사람의 DNA 분석을 통해 누명을 벗겨주는 것을 관찰할 수도 있으며(186쪽), 조류독감 바이러스가 왜 사람한테도 중대한 위협이 될 수 있는가를 알아볼 수도 있고(296쪽), 멸종 위기에서 회생한 종에 대해 배울 수도 있다(454쪽). 장 맨 앞의 사례 연구는 모두 궁금증을 일으키는 문장으로 끝나서 학생들이 계속 읽도록 유도한다. 각 장의 맨 끝에는 다시 한 번 앞에 나온 사례 연구가 등장하여 해당 장을 이미 배운 상태에서 학습 내용을 더욱 깊이 들여다보도록 한다. 이렇게 "다시 들러보기"는 여러 가지 답이 나올 수 있는 질문인 "생각해보기"로 마무리되어 해당 주제를 더욱 깊이 생각해보는 방향으로 학생들을 이끈다. 학생들에게 각 장의 앞부분을 읽히고 싶은 교수는 이 생각해보기의 질문을 과제로 내주면 된다.
- **사례 연구 계속:** 각 장 첫머리의 사례 연구를 읽은 다음이라도 상당한 분량의  본문을 읽다 보면 학생들은 사례 연구가 어떻게 본문 내용과 연관되는가를 잊기 쉽다. 이러한 경향을 방지하고 처음의 주제와 본문 내용을 통합하기 위해 이 책에서는 각 장마다 몇

개의 "사례 연구 계속"을 추가했다. "사례 연구 계속"은 장 주요 부분의 여백에 실려 있어서 처음에 읽은 사례 연구의 주제를 학생들에게 상기시켜줌과 동시에 새로운 지식도 제공한다. 또한 맨 앞의 사례 연구 주제를 지금 읽고 있는 장의 주제와 연관지어주는 역할도 한다.

- **그림과 관련된 질문:** 각 장마다 몇 개의 그림과 표를 선정하여 제목에 질문을 삽입해두었다. 이렇게 하면 학생들이 그림에 나온 구조나 과정을 다시 한 번 생각해보고 또 새로운 지식을 습득하게 되며, 장 내용과 연결할 수 있어서 오늘날처럼 시청각교육에 익숙한 학생들에게 적합하게 꾸며져 있다.
- **현상에 대한 에세이:** 3대 주제인 환경, 건강, 과학탐구는 내용이 업데이트되고 새로운 에세이가 추가되었다. 환경 관련 에세이인 "지구 경계"는 생물종 다양성의 상실, 팽창하는 오존 구멍, 외래종의 침입 등을 다룬다. "건강 지킴이"는 성접촉 감염 질병, 근 디스트로피, 흡연에 의한 폐 손상 등 건강 문제를 다룬다. "과학탐구" 에세이는 예를 들어 식물 호르몬이나 DNA의 구조 등을 과학적 탐구 방법을 적용하여 어떻게 발견해내는가에 관한 것들이다.
- **새로운 보전생물학 추가:** 환경 인식이 점점 강화되는 오늘날, 환경을 생물학의 여러 영역과 연결하는 "생명과학의 이해"의 오랜 전통은 더욱 의미가 깊다. 24장 "지구의 생물다양성 보존"은 새롭게 각광받는 분야인 보전생물학과, 이 보전생물학이 해결하려는 문제인 생물종 다양성 위기를 다루어 이러한 전통을 더욱 확장했다.

# 역자 서문

생명과학은 최근 들어 다양한 분야로 폭넓게 발전하고 있다. 분자생물학의 발전으로 유전자를 활용한 식품에서 치료에 이르기까지 생활에 도움이 되는 사례가 이어지고 있으며, 줄기세포의 활용으로 난치병 치료도 가능한 시대가 되어가고 있다. 이렇게 급변화하는 생명과학 분야에서 더욱 중요시 되는 것은 생명의 본질을 이해하고 그 내용을 토대로 생명윤리를 올바르게 이해하고 실천하는 체계적인 교육이 절실하다는 것이다.

한 해에도 여러 생물학 교재가 나오고 있지만 이 도서는 앞에서 설명한 다양한 생명과학 분야의 내용을 간단하면서도 이해하기 쉽게 요약하고, 한국의 교육 실정과 목적에 맞도록 편집하였다. 필요 이상으로 설명이 길게 나열된 부분은 줄이고, 중요한 주제 부분은 깊이 있게 표현하여 내용에 좀 더 충실하였다. 일부 그림의 경우 학생들이 좀 더 이해하기 쉬운 그림으로 교체하여 시각적인 효과를 드높였다.

이 책의 장점은 사례 연구를 각 장의 주제에 맞도록 심도 있게 다루어 그 장이 끝날 즈음에 주제가 의미하는 포괄적인 내용을 대부분 이해할 수 있고, 어떻게 활용할 수 있는지를 섬세하게 알려주고 있다. 또한 '건강 지킴이' 부분이 사이사이 들어 있어 그 장의 주제와 관련된 질병과 치료 및 생명과학의 현재 동향을 엿볼 수 있다.

이렇게 좋은 책을 번역할 수 있도록 기회를 주신 (주)바이오사이언스출판 식구들께 심심한 감사를 드리며, 이 책을 통해 생물학을 공부하는 많은 학생들이 폭넓게 생명과학을 이해하고 심오한 과학의 즐거움을 만끽하기를 바란다.

2014.1 신촌에서
역자일동

## 역자 소개

**김옥용** 연세대학교 생명시스템대학 시스템생물학과

**김희진** 연세대학교 과학기술대학 생명과학기술학부

**박기영** 순천대학교 생명산업과학대학 생물학과

**이영원** 충남대학교 공학교육혁신센터

# 실생활에서의 적용

## 현실적 사례 연구로 흥미 촉발

156 2단원 유전

### 사례 연구 근육, 돌연변이, 그리고 마이오스타틴

이 장 첫 페이지 위에 있는 황소는 철을 이동하지 못하는 벨기안 블루(Belgian Blue)라는 소로 불룩 튀어나온 근육을 가지고 있다. 무엇이 벨기안 블루를 아래의 헤리퍼드(Hereford)와 같은 평범한 소와는 달리 보디빌더처럼 보이게 하는 것일까?

포유류가 발생할 때 세포들은 수없이 많이 분열함으로써 커지고 분화하여 특별한 기능을 갖게 된다. 특정 기관의 크기와 모양, 세포 종류는 발생 중에 정확히 조절되기 때문에 머리가 농구공만하게 되지도 않고 머리카락이 간에 나지도 않는다. 근육발달도 예외는 아니다. 어릴 때는 세포가 분열하고 융합하여 여러 개의 핵을 가진 길고 비교적 두꺼운 근육이 되며, 근수축을 일으킬 수 있는 특별한 단백질이 합성되므로 뼈대를 움직일 수 있다. 모든 포유류에 있는 "마이오스타틴(myostatin)" 이라는 단백질은 이 과정에 제동을 건다. "마이오스타틴"이라는 말은 "근육을 그대로 유지한다"는 뜻이며, 실제로 이 말이 의미하는 기능을 수행한다. 근육이 발달함에 따라 마이오스타틴은 미성숙 근육세포의 분열을 감소시키고 결국에는 정지시킨다. 보디빌더는 무거운 것을 듦으로써 근육을 키운다. 그러나 대개의 경우 세포의 수를 늘리지는 않는다.

벨기안 블루는 일반 … 지만 벨기안 블루는 정상 … 타틴 단백질은 디옥시리 … DNA는 정상 소의 DNA … 어났기 때문이다. 그 결 … 근육세포는 정상보다 더 많이 … 종(왼쪽 사진)을 비롯한 다른 … 비슷한 효과를 보인다.

DNA는 어떻게 근육 크기, … 지침은 어떻게 변하지 않고 … 때때로 변하는 것일까? 이들 …

벨기안 블루처럼 "근육질의" 위펫(whippet)은 결함이 있는 마이오스타틴을 가지고 있으며, 이로 인해 거대한 근육을 갖는다.

#### 근육, 돌연변이, 그리고 마이오스타틴

계속

모든 "정상" 포유류들은 기능있는 마이오스타틴 단백질을 암호화하는 DNA 서열을 가지고 있으므로 이로부터 생성된 마이오스타틴은 근육 성장을 억제한다. 벨기안 블루 소는 "friendly" 유전자를 의미가 없는 "fliendly"로 바꾸는 돌연변이를 가지고 있다. 이 돌연변이는 기능 있는 마이오스타틴 단백질을 암호화하지 못하므로 과도하게 근육이 발달한다.

**◀ 사례 연구 방식**

실생활과 연결된 사례 연구를 통해 학생들은 적극적으로 학습에 참여하게 된다.

#### 근육, 돌연변이, 그리고 마이오스타틴 다시 들러보기

벨기안 블루 소는 마이오스타틴 유전자에 돌연변이가 있어 세포들이 마이오스타틴 단백질 합성을 반쯤 진행하였을 때 합성을 멈춘다. "두 배의 근육"을 가진 다른 여러 품종들 중에는 동일한 돌연변이를 갖고 있는 것이 있지만, Maine Anjou, Piedmontese, Limousine, Charolais 소의 경우는 전혀 다른 돌연변이를 갖고 있다. 이와 같은 소들의 공통적인 점은 마이오스타틴 단백질의 기능이 없다는 것이다. 이는 DNA "언어"의 중요한 특징이다: 생성되는 단백질이 기능을 갖기 위해서는 뉴클레오티드 단어가 정확하게 혹은 적어도 아주 흡사하게 쓰여져야 한다. 실수로 잘못 쓸 가능성은 엄청나게 많으며 이러한 실수가 하나라도 생기면 단백질을 쓸모 없게 만들 수 있을 것이다.

사람도 마이오스타틴을 가지고 있으며, 마이오스타틴 유전자에 돌연변이가 생길 수도 있다. 9장에서 학습했듯이 아이는 부모로부터 각각 한 개씩의 유전자 복사본을 물려받아 대부분 유전자에 대해 두 개 복사본을 갖는다. … 독일에서 태어났 … , 그 결과 짧고 … 되지 않았을 때

이 소년은 이미 종아리와 허벅지 근육이 잘 발달되었다. 이 아이가 4살이 되었을 때는 양손에 각각 약 3.2 kg의 아령을 들고 양팔을 옆으로 쭉 펼 수 있었다(한번 시도해 보아라―성인에게도 쉬운 일이 아니다).

알다시피 돌연변이는 해가 없기도 하고 있기도 하며 유익할 수도 있다. 마이오스타틴 경우는 어디에 해당하는 것일까? 벨기안 블루는 태어날 때부터 근육이 발달하여 크기가 크기 때문에 제왕절개를 통해 분만한다. 일부는 근육이 너무 많아 오히려 근육이 방해가 되며 잘 걷지도 못한다. 독일 소년은 아직까지는 건강하다. 이 소년이 성장하면 어떻게 될까? 그는 아주 뛰어난 운동선수가 될까 아니면 나이가 들면서 건강 문제로 고생을 하게 될까? 아니면 두 경우 모두에 해당할까? 시간이 지나봐야만 알 수 있을 것이다.

생각해보기

만약 어떤 사람이 마이오스타틴 유전자와 같은 유전자의 돌연변이로 인해 뛰어난 운동선수가 된다면, 이 사람과 이와 같은 돌연변이 대립유전자를 갖지 않은 사람들을 서로 경쟁하게 하는 것은 "공정"한 처사일까?

**▲ 확장된 사례 연구의 역할**

각 장은 해당 장의 주제와 연관된 사례 연구로 시작하고 끝난다. 이 책에서는 각 장별로 2~3개의 사례 연구 계속을 추가하였는데, 이들은 물론 사례 연구와 연관되어 있다. 사례 연구 계속은 각 장 끝부분에는 사례 연구 계속을 배치하여 학생들이 해당 장에서 배운 것을 더 깊이 공부할 수 있도록 해준다. 맨 끝에 있는 "생각해보기"를 통해 학생들은 해당 장에 대해 한층 더 깊이 생각해볼 수 있다.

**절의 제목으로 학생들은 ▶ 연관을 찾아낸다**

각 주요 절의 제목은 의문문으로 되어 있다. 본문을 읽다 보면 이에 대한 답이 나온다. 이렇게 함으로써 학생의 분석적 사고력을 자극함과 동시에 과학 탐구에서 의문을 갖는 것이 중요하다는 사실도 깨닫게 할 수 있다.

### 17.3 면역체계는 어떻게 침입자를 인식할까?

면역체계가 어떻게 침입자들을 인식하고 반응을 시작하는지를 이해하기 위해, 우리는 3가지 관련질문에 답해야 한다: 면역세포들이 어떻게 외부 세포와 분자들을 인식할까? 면역세포들이 어떻게 그 많은 유형의 세포와 분자들에 대한 특이적인 반응을 유발할 수 있을까? 면역세포들이 어떻게 자신의 신체세포와 분자들을 침입자로 오인하는 실수를 범하지 않을까?

#### 면역세포들은 침입자의 복잡한 분자들을 인식한다

면역체계의 관점에서, 간염 바이러스와 인간은 서로 다른데, 각기 다른 복잡한 특이 분자들을 가지고 있기 때문이다. 면역체계는 혈장과 방울뱀 독액을 구별하기도 하는데, 독액에는 혈장에 없는 복잡한 특이적 분자들이 들어 있기 때문이다. (대부분의 보통 혈장은 주로 물, 염분 및 포도당으로 구성된다.) 마지막으로, 당신이 쌍둥이가 아닌 이상, 당신의 복잡한 분자들 중 일부는 당신만의 고유한 것이며, 다른 생명체의 일부 복잡한 분자들도 그들만의 고유한 것이기 때문에, 당신의 면역세포들은 당신의 신체 세포와 분자들을 지구상의 다른 생명체 것들과 구별한다. 보통 단백질 또는 다당류인 이 크고 복잡한 분자들을 **항원(antigen)**이라 하는데, "항체를 발생시키는 원인(*anti*body *gen*erating)" 분자일 수 있기 때문이다; 즉, 항원은 항체 생성을 포함한 면역반응을 유발할 수 있다(다음 절 참고). 항원은 당신의 체액에 녹아 있는 개별적인 분자일 수도 있고(예를 들어, 방울뱀에 의해 주입된 독액 속 물질), 세포 표면에 위치할 수도 있다(예를 들어, 침입하는 미생물의 표면 물질).

#### 항체와 T세포수용체가 항원을 인식하고 그것과 결합한다

면역체계의 세포들은 특정 항원들을 인식하고, 그것에 결합하여 파괴하는 것을 돕는 2가지 유형의 단백질을 합성한다. **항체(antibody)** 단백질은 B세포에 의해 만들어지며, **T세포수용체(T-cell receptor)** 단백질은 T세포에 의해 생성된다. 항체는 자신을 합성한 B세포 표면에 붙은 채로 있거나 혈장으로 방출될 수 있다. 반면, T세포수용체는 언제나 자신을 합성한 T세포 표면에 붙어 있다. 절대 혈장으로 분비되지 않는다.

##### 항체는 침입자를 인식하고 파괴하는 것을 돕는다

항체는 2쌍의 펩타이드 사슬로 구성된 Y 모양의 분자이다: 한 쌍의 동일한 큰(무거운) 사슬(heavy chain)과 한 쌍의 동일한 작은(가벼운) 사슬(light chain)로 구성. 무거운 사슬과 가벼운 사슬 모두 **불변부위(constant region)**와 **가변부위(variable region)**로 구성

# 과학 지식을 갖춘 시민으로 키우기

### 건강 지킴이 ▶

건강 지킴이 상자는 인간의 건강과 관련된 주제에 초점을 맞추므로 학생들의 관심을 끌 수 있고 학생들이 여기서 배운 개념을 실생활의 사례에 적용할 수 있다.

### ▲ 지구 경계

지구 경계 상자는 뉴스에서 다뤄지는 환경 문제에 초점을 맞춘다.

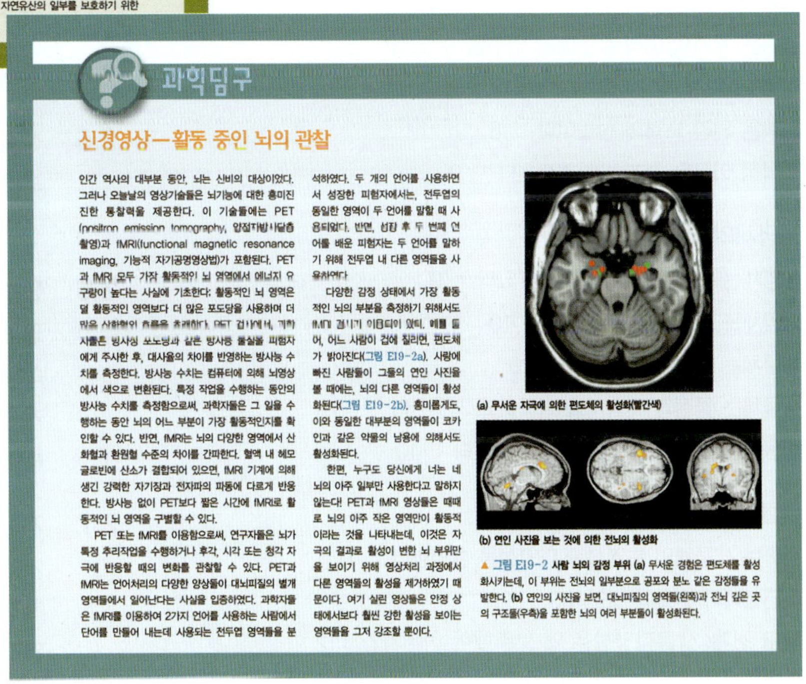


### 과학탐구 ▶

과학탐구 상자는 현재 알려진 과학 지식을 인간이 어떻게 획득했는가를 다루어 학생들을 과학적 탐구 과정의 세계로 이끈다

# 차례

## 9장

## 유전양식 131

## 10장

## DNA: 유전물질 155

## 11장

## 유전자발현과 조절 167

## 12장

## 생명공학 185

4단원

## 동물 해부학 및 생리학 237

### 14장
### 항상성과 동물의 몸구조 238



### 15장
### 순환과 호흡 249

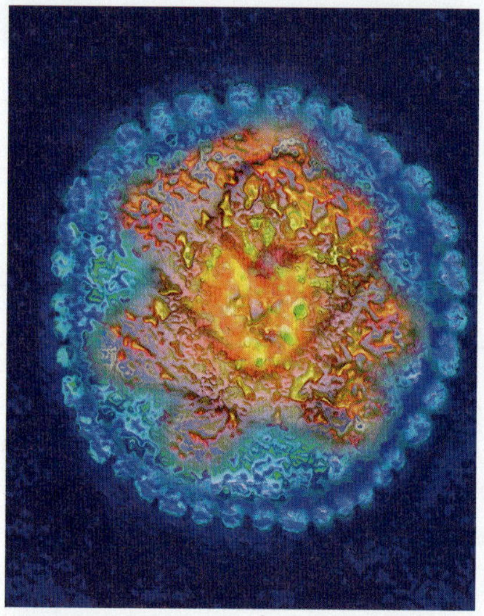

# 1장

# 생명에 대한 이해

우주로부터의 영상—
지구 사진은 지표면에
풍부한 생물체가 존재한다는
몇 가지 증거를
제시해주고 있다.

## 주요 내용

**1.1 생물학을 왜 연구하는가?**

생물학은 우리 인체를 이해하는데 도움을 준다

생물학은 우리가 지식을 가진 시민이 되도록 한다

생물학은 직업을 가질 기회를 제공한다

생물학은 세상에 대해 감사하게 만든다

**1.2 과학자들은 생물학을 어떻게 연구하나?**

과학적인 방법은 과학적 탐구의 기본이다

생명은 생물체의 여러 수준에서 연구될 수 있다

**과학탐구** 통제된 실험들, 어제와 오늘

과학은 인간 노력의 산물이다

과학적 이론은 철저하게 검증된다

**1.3 생명체의 특징은 무엇인가?**

생명체는 복잡하고, 조직화되어 있다

생명체는 성장하고 번식한다

생명체는 자극에 반응한다

생명체는 물질과 에너지를 획득하고 사용한다

생명체는 DNA에 유전정보를 저장한다

**1.4 생명체는 왜 다양한가?**

진화는 생명체의 통일성과 다양성을 설명한다

자연선택이 진화의 원인이다

**지구 경계** 생물다양성은 왜 보충해야 하는가?

생명체의 다양성이 위협받고 있다

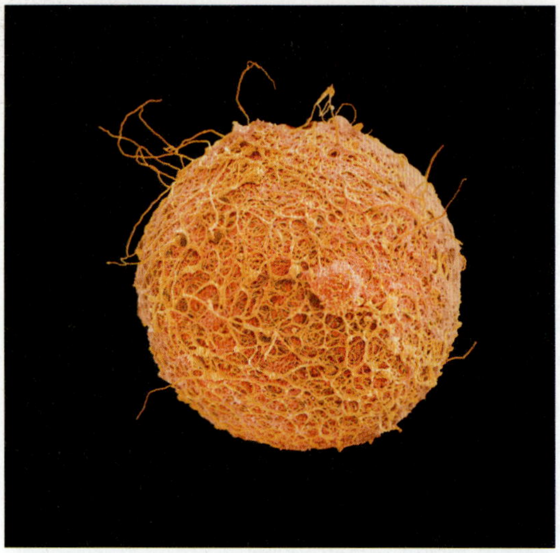

현미경으로 관찰된 사진, 지구의 생명체는 굉장한 아름다움과 다양성을 제공한다. 여기에 정자세포(털 같은 구조)가 인간의 난자 표면에 모여든다. 표면을 뚫고 들어간 첫 번째 정자세포가 난자와 수정된다.

## 1.1 생물학을 왜 연구하는가?

생명과학인 생물학을 왜 연구하는가? 아마도 당신이 이미 생물학에 매료되었다면 더 확장할 필요가 없다. 그러나 당신이 아직 생물학 탐구의 감동을 발견하지 못하였다면 생물학을 탐구할 몇 가지 좋은 이유들이 있다.

### 생물학은 우리 인체를 이해하는데 도움을 준다

생물학의 많은 내용들은 인체가 어떻게 작동하고 어떻게 붕괴되며 질병은 인체가 어떻게 적절하게 작동하지 못하게 하는지 등을 이해하게 해준다. 생물학을 공부하는 것은 우리 자신의 인체 내부에서 일어나는 작용을 더욱 잘 이해하게 해주며, 행동과 식사가 건강에 어떠한 영향을 미치며, 여러 종류의 질병들이 어떻게 손상을 일으키는지를 더 잘 이해하게 해준다. 건강에 대해 내과의사와 의견을 나눌 때 그 내용을 훨씬 더 잘 이해하게 해줄 것이다. 생물학적 지식은 건강관리를 위해 좋은 정보를 갖고 있는 소비자가 되게 할 것이며, 자신의 건강을 잘 관리하게 도와줄 것이다.

### 생물학은 우리가 지식을 가진 시민이 되도록 한다

우리 사회는 오늘날 복잡한 사회적인 문제와 윤리적인 문제에 직면하여 있는데 그러한 문제들은 어려운 결정을 필요로 한다. 사회 구성원으로서 당신은 그러한 결정에 대해 자기주장을 가져야 하며, 자신의 견해에 대해 책임을 져야 하며, 또한 자신과 견해를 공유하는 대표자를 선출하는 것에도 책임감을 가져야 한다. 오늘날 가장 논쟁이 심한 문제들 중 많은 부분은 생물학에 관한 것이다. 유전자변형 식품은 이로운 것인가 혹은 해로운 것인가? 인간복제를 합법화해야 하는가? 과학자들이 인간 배아세포를 치료 연구에 사용하는 것을 허용해야 하는가? 인구조절은 좋은 생각인가? 이러한 것을 비롯하여 다른 문제들이 봉착해 있는 기본적인 생물학 내용을 많이 알면 알수록 지식이 잘 갖춰진 견해를 갖게 될 것이며, 관점을 효과적으로 주장할 수 있게 될 것이다. 과학이 어떻게 작동하는지에 대하여 잘 알면 알수록 증거에 입각해서 매체를 통해서 직면하게 된 주장에 대해 혹은 다른 사람들과의 토론에서 자신의 독립적인 평가를 잘 만들어 낼 수 있게 될 것이다.

### 생물학은 직업을 가질 기회를 제공한다

생물학은 최근 여러 종류의 직업과 연관되어 있다. 약학과 의료장비산업 등의 생명공학 분야에서 직업 갖기를 원하는가? 간호사, 내과의사 보조, 물리치료사, 의생명공학자, 혹은 다른 어떤 종류의 건강관리 전문가가 되려는 계획이 있는가? 야생동물 관리사, 숲관리사, 환경보전 컨설턴트, 수의사, 동물사육사 등이 되려는 계획도 아마 마찬가지다. 아마도 환경법이나 특허법에 전문성을 갖는 변호사가 되려는 계획을 갖고 있는 경우도 마찬가지다. 생명의료분야 연구자, 생물정보학자, 유전상담사 등의 분야에서 직업을 갖기를 원하는 경우도 마찬가지다. 그리고 국가는 초중등학교와 대학을 위해 자격을 갖춘 교사를 필요로 한다.

생물학 지식은 이러한 분야에서 취업하는 기회를 높여 줄 것이다. 생물학적 지식은 오늘날 매우 빠르게 늘어나는 전문 분야를 포함하여 이러한 직업을 잡는데 중요한 필요조건이다.

### 생물학은 세상에 대해 감사하게 만든다

사람들은 과학이 생명에 대한 냉정한 임상적 견해와 우리가 놀라움과 경외심을 갖게 하는 자연세계에 대한 과학적 설명을 증진시켜 준다고 느낀다. 진실 그 이상을 넘어서는 것은 아무것도 없다. 단지 생물학적 지식만이 자연의 걸작품에 대해 우리가 더욱 감사하게 만든다.

따뜻한 봄날 학교 교정을 가로질러 걸어가서 해바라기 더미 주변에서 벌꿀들이 윙윙거리고, 토끼가 민들레 잎을 갉아 먹고, 메뚜기가 풀잎을 따라 움직이는 잔디밭을 건너가는 것을 상상해보라. 생물학 공부를 시작하기 전에는 잔디밭에 대해 거의 관심을 가지지 않은 채 강의실로 가는 길을 그대로 곧장 걸어갈지 모른다. 그러나 생물학을 공부하는 학생이 되면 잔디밭에 서식하면서 서로 상호관계를 갖고 있는 생물체를 보기 위해 멈출 것이다. 풀잎 밑에 있는 토양은 죽은 식물과 동물을 먹거나 혹은 분해시키는 곰팡이, 세균 및 작은 동물들과 같은 눈에 보이지 않는 순환자의 터전이라는 것을 알고 있다. 풀은 태양 에너지를 흡수하는 엽록소라고 있는 독특한 분자가 있어 녹색을 띠게 된다는 것도 알고 있다. 식물 잎에서의 광합성은 흡수한 에너지를 이용하여 당을 합성한다. 당은 식물의 영양소가 되며, 또한 잔디밭의 토끼와 풀에서 움직이는 메뚜기에게도 영양소가 된다.

꿀벌이 윙윙거리는 것은 해바라기가 당의 일부를 전환하여 밝은 빛깔의 꽃에 있는 꿀에 저장하였기 때문이다. 곤충들을 고에너지의 꿀로 유인하기 위하여 화려한 꽃이 이것을 만들었다는 것을 잘 알고 있다. 해바라기에 몰려든 꿀벌을 잘 살펴보면 다리나 혹은 털에 노란색 꽃가루가 묻어 있는 것을 볼 수 있다(그림 1-1). 꽃가루는 정자를 갖고 있어 해바라기 꽃 속에 있는 알세포를 수정시켜 종자로 발달하게 된다. 해바라기는 곤충을 이용하여 수정을 하게 되며, 식물과 곤충 모두 이익을 얻게 된다.

여러분의 생물학 지식이 늘어날수록 생명의 세계를 더욱 가까이, 더욱 자주 더욱 깊게 관찰하고 있는 자신을 발견하게 될 것이다. 이해가 커지면 커질수록 호기심이 더욱 커지는 것을 느낄 것이다. 아마도 생물학의 다른 교과목을 수강하지 않을 수 없을 것이다. 이것이 지구 위에 존재하는 생명에 대해 새롭게 이해하게 되는 길이 될 수 있다.

▲ 그림 1-1 **상호의존적인 꿀벌과 꽃식물** 벌은 먹이로서 꽃에 있는 꿀에 의존하며, 꽃식물의 번식은 이 식물체에서 저 식물체로 의도되지 않은 벌의 꽃가루 이동에 달려 있다.

## 1.2 생물학자들은 생명을 어떻게 연구하나?

생물학자의 일은 생명에 관한 질문에 답을 구하는 것이다. 무엇이 암을 발생시키는가? 개구리 개체군은 전 세계에서 왜 수가 줄어들고 있는가? 정자와 난자가 만나면 어떤 일이 일어나는가? 왜 HIV는 AIDS를 발병시키는가? 가장 초기의 포유동물은 언제 출현하였는가? 벌은 어떻게 날 수 있는가? 질문들은 끝이 없도록 이어지며, 매우 매력적이다.

누구든지 생명에 관한 흥미로운 질문을 만들어 낼 수 있다. 그러나 생물학자들은 답을 만들어 내는 과정에서 일반인들과 다르다. 생물학자들은 과학자로서 증거에 의해서 증명되는 답만 받아들인다. 과학적인 증거는 쉽게 다른 사람들과 공유할 수 있고, 적절한 도구를 갖고 있는 어떤 누군가에 의해서도 반복될 수 있는 관찰이나 측정으로 이루어져 있다. 이러한 종류의 증거를 수집하는 과정은 **과학적인 방법(scientific method)**으로 알려져 있다.

### 과학적인 방법은 과학적 탐구의 기본이다

과학적인 방법은 단계적으로 진행된다(그림 1-2). 과학적 탐구는 누군가가 흥미로운 유형이나 현상을 **관찰(observation)**하면서 시작된다. 관찰은 이어서 관찰자가 관찰한 것에 관하여 **질문(question)**을 하게 된다. 그 다음 일련의 숙고 과정을 거쳐(아마도 이와 관련된 질문을 고려한 다른 사람들의 과학적인 성과를 반영하는 것을 포함하여) 과학자는 질문에 대한 답변, 즉 관찰에 대한 설명을 제공한다. 제안된 설명이 바로 **가설(hypothesis)**이다. 좋은 가설은 "만약 ... 이면"이라고 표현되는" **예측(prediction)**을 유도한다. 예측은 진전된 관찰이나 혹은 **실험(experiment)**을 통하여 검증된다. 실험은 가설을 보강하거나 혹은 배척하는 결과를 만들어 내어 **결론(conclusion)**을 도출하게 된다. 한 번의 실험은 결코 결론의 적절한 근거가 될 수 없다. 즉 실험은 처음 그 실험을 수행한 연구자뿐만 아니라 다른 사람들에 의해서도 반복되어야 한다.

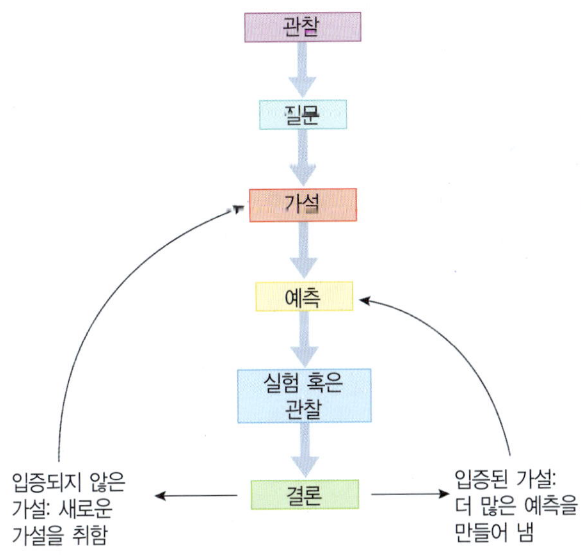


▲ 그림 1-2 **과학적 방법**

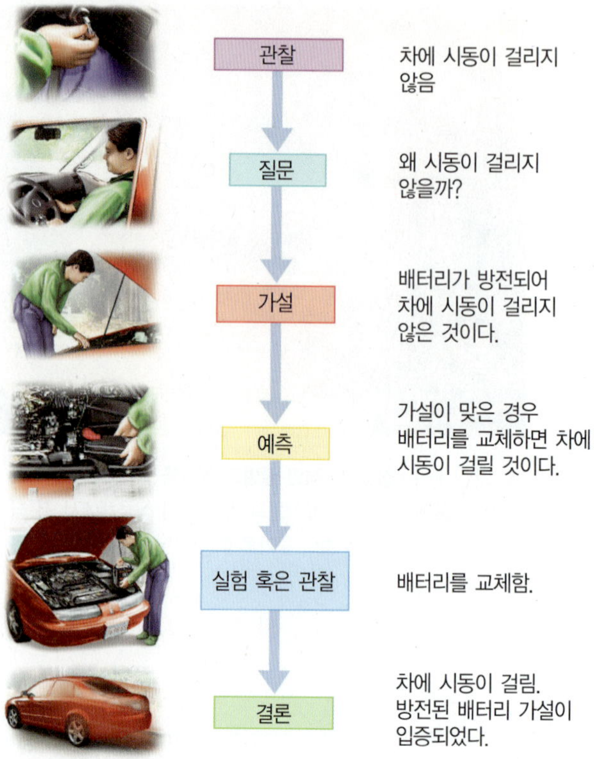


▲ **그림 1-3 일상생활에서의 과학적 방법**

## 과학적 방법은 일상생활에서도 유용하다

일상생활에서 접하게 되는 예를 통하여 과학적 방법의 단계들을 적용하는 것이 매우 쉽다는 것을 알 수 있다(**그림 1-3**). 이러한 사나리오를 상상해봐라. 약속에 늦어서 서둘러 차로 달려갔으나 시동이 걸리지 않은 관찰을 하게 된다. 이 관찰은 "왜 시동이 걸리지 않을까"라는 직접적인 질문이 도출되게 된다. 당신은 재빨리 "배터리가 방전되었다"라는 가설을 수립하게 된다. 이 가설은 "배터리가 방전되었다면 새로운 배터리가 차의 시동을 걸게 해줄 것이다"라는 예측을 도출하게 된다. 다음으로 자신의 가설을 증명하기 위한 실험을 설계한다: 즉 당신 차의 배터리를 친구의 새 차에 들어 있는 배터리로 교체하고 차의 시동을 다시 걸어본다. 차의 시동이 즉시 걸린다면 방전된 배터리 가설이 옳다는 결론에 도달하게 된다.

## 잘 설계된 실험은 대조군을 포함한다.

배터리 방전 실험처럼 단순한 실험에서는 한 가지 요인, 즉 **변수(variable)**가 관찰된 현상의 원인이라는 가설을 검증한다. 가장 옳은 검증은 오직 한 개의 변수만이 변한 실험이다. 과학적으로 타당성을 갖기 위해서는 현상에 영향을 줄 수 있는 다른 가능성 있는 변수들은 배제되어야 한다. 그래서 실험에서는 변화된 변수가 포함되지 않은 부분으로서 **대조군(control)**을 항상 사용한다. 그렇게 하여 대조군의 결과를 실험군의 결과와 비교한다. 잘 설계된 실험의 두 가지 전형적인 사례로서 6~7쪽의 "과학 탐구: 통제된 실험들, 어제와 오늘"을 보라.

대조군의 중요성을 명심하고 상상했던 배터리 실험을 다시 생각해보라. 당신은 오래된 배터리가 방전되었다고 정말로 확신하는가? 아마도 배터리가 항상 좋은 상태였다면 당신은 차의 시동을 다시 걸어 보는 것이 필요할 것이다. 혹은 아마도 배터리 전선이 헐거워졌다면 단순하게 전선을 조이는 것만으로 충분할 것이다. 이와 같이 다른 변수들을 검증하기 위해서 당신은 오래된 배터리를 다시 장착한 후 전선이 단단하게 잘 조여져 있는지를 확인하고 차에 재시동을 걸어본다. 만약 오래된 배터리를 다시 장착한 후 시동이 계속 걸리지 않아서 친구의 새 배터리로 즉시 교체한 후 다시 시동을 걸어보았다면 당신은 배터리라는 한 가지의 변수를 선택하게 된 것이다. 이제 오래된 배터리가 방전되었다는 결론에 확실하게 도달하게 된다.

과학적인 방법은 강력하지만 이것의 한계를 인식하는 것도 중요하다. 특히 과학자들은 자신들이 연구하고자 하는 한 가지 이상의 다른 변수들을 모두 통제했다고 절대 확신할 수 없다. 이러한 이유로 과학적인 결론은 잠정적인 상태로 있게 되며, 새로운 관찰이나 실험이 기존의 결론과 다르다면 수정되어야 한다. 어떤 경우에라도 거의 모든 결론은 그 이상의 다른 가설과 실험을 이끌어내는 질문을 즉시 만들어 내게 된다. 과학은 지식을 위해서 절대 끝이 없는 탐구를 만든다.

▲ **그림 1-4 깃털이 덮여 있는 공룡** *Caudipteryx* 공룡 화석의 앞다리와 꼬리에 깃털이 있는 자국을 생각해보라.

## 실험이 항상 가능한 것은 아니다

잘 설계된 실험은 항상 가설을 검증하는데 가장 확실한 방법을 채택하게 되지만 생물학은 실험적인 검증이 부적합한 많은 가설들을 포함하고 있다. 예를 들면 진화생물학자들은 선사시대의 어떤 사건에 대하여 질문을 갖게 된다. 예를 들면 오늘날의 조류의 선조가 공룡이라는 가설을 세웠다고 하자. 이렇게 가설에서 제시된 선조는 이미 오래전에 멸종되었기 때문에 어떻게 조류가 수백만년 전에 진화되었는지를 증명하는 실험은 불가능하다. 그럼에도 불구하고 이러한 질문을 연구하는 생물학자들은 과학적인 방법의 한 부분을 이용하여 가설에 함축되어 있는 검증 가능한 예측을 만들게 된다. 예를 들면 만약 공룡이 조류의 선조라면 우리는 깃털을 가진 공룡의 화석이 발견될 것을 예측할 수 있다. 그러한 화석이 실제 발견되면 가설이 옳다는 결론을 증명하는 증거를 제공하게 된다(**그림 1-4**).

어떤 경우에는 어떤 실험이 이론적으로는 가능하지만 실제 일어날 수 없거나 혹은 비윤리적일 수도 있다. 예를 들면 사람에게서 흡연이 폐암을 일으킨다는 가설을 생각해봐라. 실제 전혀 흡연을 해보지 않은 많은 수의 사람들을 두 그룹으로 나누어 이 가설을 검증해볼 수 있다. 한 그룹은 매일 한 갑의 담배를 피우는 것이 필요하고 다른 그룹은 대조군으로서 담배를 피우지 않도록 한다. 20년 후에 각 그룹에서 폐암에 걸린 사람들의 수를 조사한다. 이러한 실험은 가설을 검증할 수 있는 매우 강력한 실험이지만 말할 필요도 없이 아주 비윤리적인 실험이다.

그러나 다시 말하면 실험이 불가능한 것이라고 하더라도 과학적인 방법을 포기해야 한다는 것을 의미하는 것은 아니다. 가설은 매우 신중한 관찰을 통하여 검증할 수 있는 예측을 만들어 낼 수 있다. 예를 들면 흡연이 암을 유발한다면 흡연자의 무작위 그룹에서 비흡연자 그룹과 비교하여 폐암발병자 수가 더 많다는 것을 예측할 수 있다. 흡연이 폐암을 유발한다는 가정을 입증하는 증거를 이용하여 많은 연구에서 흡연과 폐암 사이에서 연관관계를 발견할 수 있다.

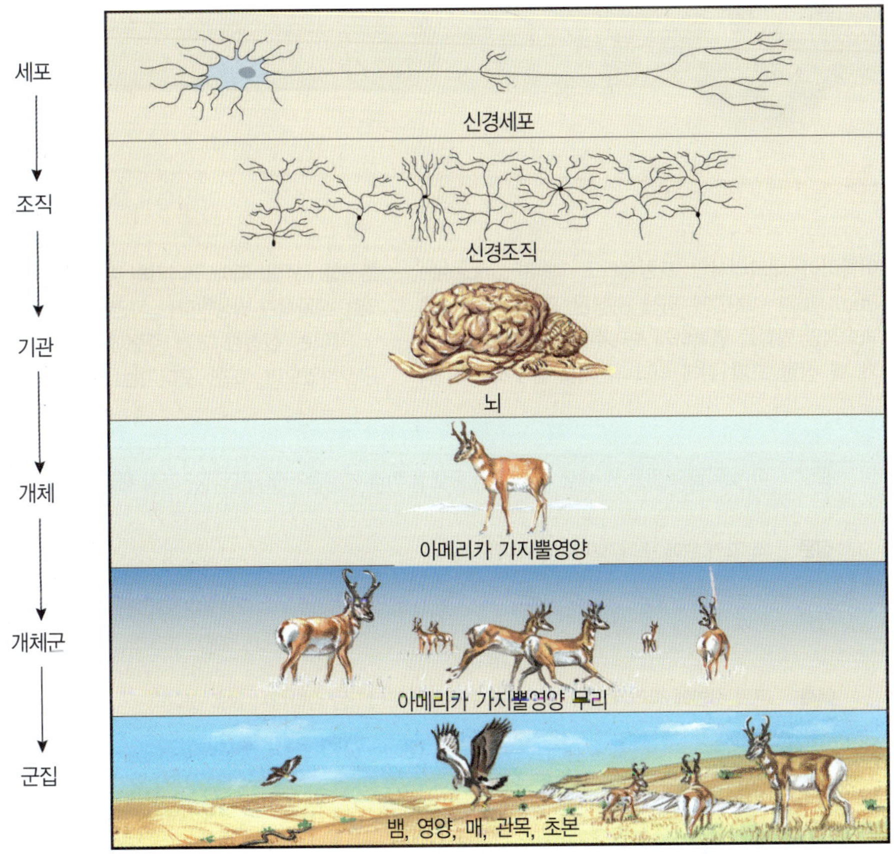


▲ **그림 1-5 생명체 조직의 단계** 생명체는 단계별로 조직화되어 있는데 여기에서 일부가 표현되고 있다. 각 단계에 있는 항목들은 다음 단계를 구성하는 부분이다. **연습:** 세포 수준에서의 연구를 수행하여 증명할 수 있지만 조직 수준에서는 답을 얻기에 불가능한 과학적인 질문을 생각해보라. 조직 수준에서는 답을 얻을 수 있지만 세포 수준에서는 답을 얻을 수 없는 경우를 생각해보라. 조직의 인접한 수준에서 두개의 다른 쌍의 경우를 반복해서 생각해보라.

### 과학은 커뮤니케이션을 필요로 한다

마지막으로 **커뮤니케이션**은 과학의 중요한 부분임을 생각하라. 가장 잘 진행된 실험이라도 커뮤니케이션이 되지 않으면 소용이 없다. 실험 결과가 반복 실험이 진행될 수 있도록 충분히 자세하게 다른 과학자에게 전달되어지지 않는다면 결론은 입증될 수 없다. 입증이 없다면 과학적인 발견은 새로운 가설과 진전된 실험을 위한 기초로서 안전하게 사용될 수 없다. 과학적인 결과가 분명하고 정확하게 구체적으로 보고되어지지 않는다면 과학적인 노력은 무용지물이 될 것이다.

## 생명은 체계의 여러 수준에서 연구될 수 있다

생명체에 대한 질문을 연구함으로써 생물학자들은 각각의 구조물들이 각각 다음 단계를 구성하고 있는 것이 체계의 일련의 단계로서 생명의 세계를 이해하게 되었다(**그림 1-5**). 예를 들면 **세포(cell)**는 생명체의 가장 작은 단위인데(**그림 1-6**), 많은 생물체 형태에 따라 유사한 형태의 세포들이 서로 결합하여 **조직(tissue)**이라고 하는 다른 구조를 이룬다. 다음으로 다른 조직들은 서로 모여 심장이나 신장과 같은 **기관(organ)**을 구성하게 되고, 다른 기관들이 모여 생명체인 한 개체를 이루게 된다. 같은 종의 개체들이 모여 **개체군(population)**을 이루게 되고, 다른 개체군들이 모여 **군집(community)**을 이루게 된다. 체계의 각 단계는 이전 단계의 다수의 구성원이 포함된 것이다. 즉 군집은 많은 개체군을 포함하고 있으며, 개체군은 많은 개체를 포함하고 있는 것 등과 같다. (우리가 여기에선 언급한 것보다 체계는 훨씬 더 많은 단계들을 갖고 있다).

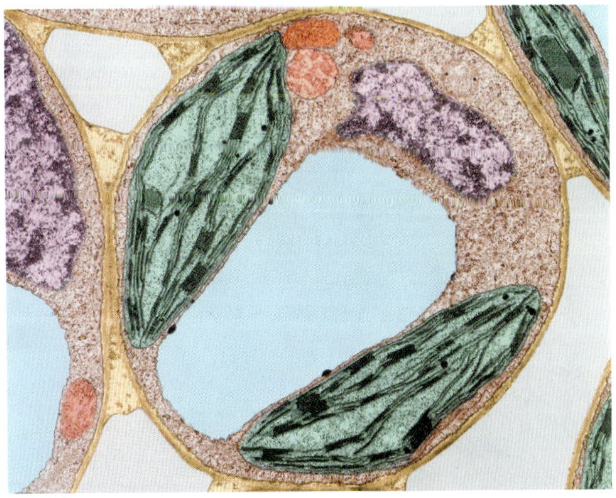

▲ **그림 1-6 생명의 가장 작은 단위** 세포벽은 이 식물세포의 가장자리를 형성하여 세포 구성물질을 외부와 격리한다. 이 현미경 사진에서 이웃하고 있는 세포들을 볼 수 있다.

과학탐구

# 통제된 실험들, 어제와 오늘

이탈리아 내과의사인 프란체스코 레디(Francesco Redi, 1621~1697)에 의해 수행된 고전적인 실험은 과학적인 방법을 명쾌하게 보여주었다. 레디는 구더기가 왜 상한 고기 위에 나타나는가를 연구하였다. 이 연구를 시작할 때에 구더기의 발생은 무생물에서 살아 있는 생물체가 발생한다는 *자연발생설*로 설명되었다.

레디는 신선한 고기 주변에서 날고 있는 파리를 *관찰*하였으며, 또한 구더기는 며칠 후 그 고기에서 생긴다고 관찰하였다. 그는 증명 가능한 *가설*을 수립하였다. 파리가 구더기를 만든다는 것이다. 그의 *실험*에서 레디는 변수를 한 개만 두기로 했다. 그래서 그는 두 개의 깨끗한 병을 준비하여 같은 크기의 고기를 넣은 후 한 개의 병은 열은 채로 그대로 두었으며(*대조군*), 다른 하나는 거즈로 덮어 파리가 들어가지 못하게 하였다(*실험군*). 그는 다른 변수들은 (예를 들면 병의 형태, 고기의 종류, 온도) 모두 같게 최선을 다하였다. 며칠 지난 후 그는 열어둔 병에 들어 있는 고기에서는 구더기를 관찰하였으나 거즈로 덮어 둔 병에 있는 고기에서는 구더기를 발견하지 못하였다. 레디의 결론은 그의 가설이 맞았으며, 구더기는 죽어 있는 고기에서 발생한 것이 아니라 파리에서 생긴 것이 맞다는 것이다(**그림 E1-1**). 오직 잘 통제된 실험만이 오랫동안 유지되었던 가설인 자연발생설의 오류를 확인할 수 있었다.

레디의 실험이 있은지 300여 년이 지난 뒤에도, 오늘날의 과학자들은 실험을 진행할 때 여전히 동일한 접근법을 사용한다. 수컷 긴꼬리천인조의 긴 꼬리를 연구하기 위하여 말테 앤더슨(Malte Andersson)이 설계한 실험을 생각해보라. 앤더슨이 관찰한 바에 의하면 암컷은 그렇지 않지만, 수컷 천인조는 특이하게 긴 꼬리를 갖고, 아프리카 초원을 날아다닌다(**그림 E1-2**). 이러한 관찰을 통해서 앤더슨은 질문을 하게 되었다. 왜 수컷은 그러한 행동을 하며, 왜 수컷만이 그러한 긴 꼬리를 갖고 있는가? 그의 가설에 의하면 수컷이 긴 꼬리를 갖는 이유는 암컷이 긴 꼬리

**관찰:** 마개를 덮지 않은 병 속에 담긴 고기 주변에 파리가 우글거림: 구더기가 고기 위에 출현

**질문:** 왜 고기 위에 구더기가 나타났을까?

**가설:** 파리가 구더기를 생성한다.

**예측:** 고기 주변에 파리가 접근하지 못하게 한다면 구더기는 나타나지 않을 것이다.

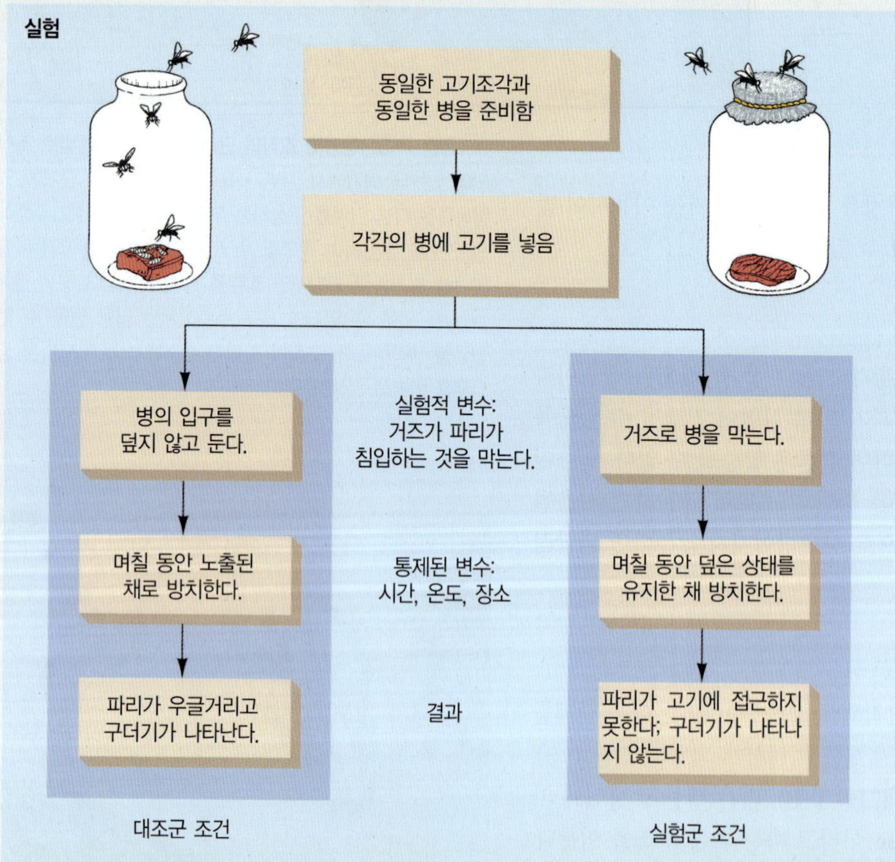


**결론:** 고기로부터 구더기의 자연발생은 일어나지 않는다; 파리가 구더기 발생의 원인이다.

▲ **그림 E1-1 프란체스코 레디의 실험 질문:** 구더기가 자연발생에 의하여 생긴 것이 아니라 파리가 구더기의 원인이라는 것을 그의 실험을 통하여 레디가 완전하게 증명하였는가? 레디가 구더기의 발생 원인을 보다 더 정확하게 밝히기를 원한다면 어떤 종류의 추가 질문을 하여야 하며, 어떤 종류의 실험이 필요한가?

▲ **그림 E1-2 수컷 긴꼬리천인조**

를 갖고 있는 수컷을 선호하고 있으며, 그 결과 짧은 꼬리를 갖고 있는 수컷보다 더 많은 새끼를 얻었기 때문이라는 것이다. 이러한 가설이 진실이라고 하면 인위적으로 짧은 꼬리를 갖게 한 수컷이 있는 영역보다는 인위적으로 긴꼬리의 수컷이 더 많이 모이도록 한 영역에 더 많은 암컷이 둥지를 만들 것이라고 예측하였다. 그래서 그는 몇 마리의 수컷을 잡아 꼬리의 길이를 처음 길이보다 약 반 정도로 짧게 자른 후 방사하였다(*실험군 1*). 다른 수컷 그룹은 첫 번째 그룹에서 잘라 낸 꼬리를 접착제로 붙여 훨씬 긴 꼬리를 갖게 하였다(*실험군 2*). 마지막으로 두 개의 대조군도 만들었다. 하나는 꼬리를 자른 다음 그 자리에 다시 붙여주었다(새를 포획하여 깃털을 조작한 것에 대한 대조군으로서). 다른 대조군은 새를 단순히 잡았다가 풀어주었다. 그는 꼬리의 길이가 유일한 변수가 되도록 최대의 노력을 기울였다. 며칠 후 각각의 수컷의 영역에서 둥지를 튼 암컷의 수를 세어본 결과 꼬리의 길이를 연장한 수컷의 영역에서 가장 많은 둥지가 만들어졌으며, 꼬리를 자른 수컷의 영역에서 가장 적은 수의 둥지가 만들어졌으며, 정상 꼬리의 길이를 가진 대조군에서는 중간 수의 둥지가 존재하는 것이 확인되었다(그림 E1-3). 앤더슨은 암컷 천인조는 긴 꼬리를 가진 수컷을 더 선호한다는 그의 가설이 옳다는 결론을 내렸다.

**관찰:** 수컷 천인조는 매우 긴 꼬리를 갖고 있다.

**질문:** 왜 수컷만 이렇게 긴 꼬리를 갖고 있는 것일까?

**가설:** 암컷 천인조가 긴 꼬리를 가진 수컷을 선호하기 때문에 수컷은 긴 꼬리를 갖게 되었다.

**예측:** 암컷이 긴꼬리를 가진 수컷을 선호한다고 하면, 인위적으로 긴 꼬리를 갖게 한 수컷은 더 많은 암컷을 유인할 것이다.

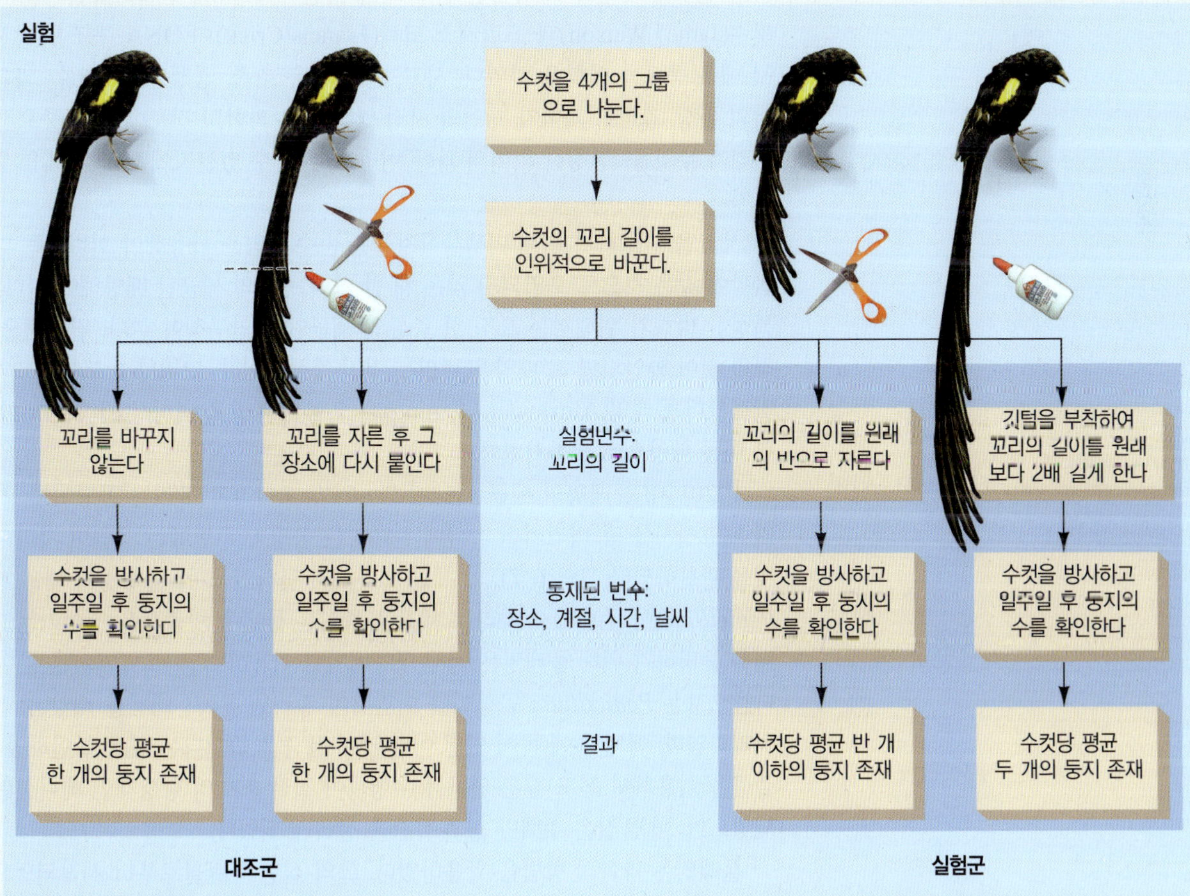


**결론:** 암컷 천인조는 긴 꼬리를 가진 천인조와의 교미를 더 선호한다(짧은 꼬리를 가진 수컷과는 교미를 회피한다).

▲ 그림 E1-3 **말테 앤더슨의 실험**

▲ **그림 1-7 페니실린이 세균을 죽인다** **질문:** 왜 곰팡이는 세균에게 독성을 갖는 물질을 만드는가?

생물학자들이 실험을 설계할 때 결정해야 하는 것들 중의 하나는 문제를 연구하기 위한 체계의 적절한 단계를 선택하는 것이다. 이러한 결정은 일반적으로 답변해야 하는 질문에 의해 판단된다. 예를 들면 만약 개구리가 어떻게 소리를 내는가를 연구하기 원한다면 개구리 몸속에 있는 구조인 개구리 기관을 연구해야 한다. 만약 개구리 세포나 혹은 개구리 개체군에 초점을 맞춘다면 개구리가 어떻게 소리 내는가에 대해 답을 얻기는 불가능할 것이다. 한편, 개구리 개체수가 감소하는지 여부를 알고 싶다면 개구리 기관을 연구해야 소용이 없을 것이다. 그 질문에 답을 얻으려면 개구리 개체군을 연구해야만 한다. 과학자들에게는 질문에 대해 가장 적합한 체계의 수준을 인식하고 선택하는 것이 매우 중요하다.

## 과학은 인간 노력의 산물이다

과학자들도 일반 사람들과 같다. 과학자들은 다른 사람들처럼 자부심, 야망, 두려움에 이끌려 연구를 수행하며, 가끔은 실수도 하게 된다. 10장에서 설명하겠지만 야망은 제임스 왓슨(James Watson)과 프란시스 크릭(Francis Crick)이 DNA 구조를 발견하는 과정에서 매우 중요한 역할을 하였다. 사고, 운이 좋은 추측, 경쟁관계에 있는 과학자들 사이에서의 논쟁, 그리고 과학자 개인의 지적 역량 등은 과학의 진보에 매우 중요하게 작용한다. 우리가 무엇을 "진정한 의미의 과학"이라고 부를 수 있는지에 대해 사례를 중심으로 살펴보자.

세균을 연구하기 위해 미생물학자들은 순수 **배양**을 사용해야 한다- 즉, 다른 세균이나 곰팡이 같은 것으로 오염되지 않은 채 한 가지 종류의 세균만 배양해야 한다. 특정 세균의 특성을 밝히기 위해서는 오직 한 종류의 세균만을 연구해야 한다. 결과적으로 오염이 시작된 것이 확인되면 그 배양은 버리는 것이 정상적이다. 그러나 스코틀랜드 미생물학자인 알렉산더 플레밍(Alexander Fleming)은 오염된 배양을 역사상 가장 위대한 의학적 진보를 이룬 배양으로 전환시켰다.

1920년대 플레밍의 세균 배양이 *Penicillium*이라고 불리는 곰팡이에 오염되었다. 그가 배양접시를 막 버리려던 찰나에 플레밍은 곰팡이 주변에는 세균이 자라지 못하였다는 것을 관찰하였다(**그림 1-7**). 왜 세균이 자라지 못하였을까? 플레밍이 세운 가설은 아마도 *Penicillium*이 주변에서 자라는 세균을 죽이는 물질을 방출했을 것이라는 것이다. 이 가설을 증명하기 위해 플레밍은 액체 영양배지를 이용하여 *Penicillium*을 순수 배양하였다. 다음으로는 *Penicillium* 곰팡이를 여과하여 걸러낸 후 그 액체를 배양 중인 세균배지에 처리하였다. 액체 속에 들어 있던 어떤 것이 세균을 죽인다는 것을 확인하였다. 곰팡이 추출물을 이용하여 심도 깊은 연구를 수행하여 결국 최초의 항생제인 페니실린을 생산하게 되었으며, 이 물질은 수백만 명의 목숨을 살리게 되었다.

플레밍은 과학적 방법을 활용하였다. 그의 실험은 관찰로부터 시작되었으며, 질문, 가설, 예측, 실험 등으로 이어졌으며, 결국 결론을 도출하였다. 그러나 만약 우연과 총명한 과학적 사고의 조합이 없었다면 과학적 방법만으로는 무용지물이 되는 경우가 많다. 만약 플레밍이 완벽한 미생물학자였다면 배양 과정에서 오염은 일어나지 않았을 것이다. 만약 그가 주위 깊게 관찰하지 않았다면 그는 오염된 배양접시를 그냥 버렸을 것이다. 그는 오염된 배양접시 속의 내용물을 세균성 질병을 대한 항생제 치료의 기원으로 전환시켰다. 프랑스 미생물학자인 루이스 파스퇴르(Louis Pasteur)가 말한 바에 따르면 "기회는 준비한 자에게만 찾아온다".

### 과학적 이론은 철저하게 검증된다

과학자들은 "이론"이라는 단어를 일상생활에 쓰이는 의미와는 다른 뜻으로 사용한다. 만약 비과학자인 왓슨 박사가 셜록 홈즈에게 "당신은 이런 추악한 범죄를 저지른 가해자와 관련된 이론을 갖고 있습니까?"라고 묻는 것은 마치 과학자가 관찰 가능한 증거나 실마리에 근거한 경험적 추리, 즉 가설이 무엇인가를 질문하는 것과 같다. 과학적 이론은 가설보다 훨씬 더 일반적이고, 신뢰할 만하다. **과학적 이론(scientific theory)**은 경험적 추론과는 달리 훨씬 더 중요한 자연적 현상에 대해 일반적인 설명을 제공하며, 광범위하고 반복적인 검증을 통하여 발달된 것이다. 예를 들면 모든 물체는 서로 잡아당기는 힘이 작용한다는 중력이론은 물리학의 근간을 이루게 된다. 마찬가지로 모든 살아 있는 생물체는 세포로 이루어져 있다는 세포설은 생물학의 기본적인 이론이다. 과학적 이론은 반복적으로 증명되며, 어떤 과학적인 증거에 의해서도 결코 부정되지 않는 이론이다.

아마도 생물학에서 가장 중요한 이론은 진화론일 것이다. 찰스 다윈(Charles Darwin)과 러셀 월리스(Russel Wallace)에 의해 1800년대 중반에 만들어진 이래로 진화론은 화석의 발견, 지리학적 연구, 암석의 방사능 연대 측정, 교배 실험, 그리고 유전학, 분자생물학, 생화학 분야에서의 연구 등을 포함하여 아주 수많은 증거의 축적에 의해 뒷받침되고 있다. 진화가 단지 이론에 불과하다고 말하는 사람들은 과학자들이 말하는 "이론" 이라는 단어가 의미하고 있는 것을 심각하게 오해하고 있는 것이다.

## 1.3 생명체의 특징은 무엇인가?

생명은 무엇인가? 이 짧고 간단한 질문은 짧고 간단한 답변을 가질 수 없다. 생명은 살아 있는 어떤 것을 의미한다고 우리들 각자가 직관적인 이해를 갖고 있다고 할지라도 직관은 정확하게 정의하기 어렵다. 생명체는 무척 다양하고 복잡해서 죽은 것과 살아있는 것을 깔끔하게 구분할 수 있는 정의를 만들어 내는 불가능하다는 것이 입증되었다. 신비적인 "질"적 개념이 갖고 있는 것이 무엇인지에 관한 통찰력 그 이상을 제공하지 못한 채 죽은 생명체와 살아 있는 생명체를 구분하는 "질"과 같은 단어를 일반적으로 사용하고 있기 때문에, 표준화된 사전적 정의는 거의 도움이 되지 않는다.

우리가 생명을 정확하게 정의할 수 없기 때문에 대신 우리는 살아 있는 것에 관련된 일련의 특징들을 묘사하면서 조금씩 정의를 만들어가고 있다. 실제로 이 책 전체의 내용이 생명을 정의하기 위한 광범위한 시도들로 채워져 있다. 이 책을 읽고, 생물학 강의를 들으면서 살아 있는 세계의 여러 많은 차이점들에 대해서 배우게 될 것이다. 많은 경우 화가가 화폭에 그리는 색깔의 조각들에 의해 그림이 점진적으로 모양을 갖추듯이 그런 방법으로 공부를 진행하면서 생명체의 모양들이 출현하게 될 것이다. 우리는 살아 있는 것이 공유하고 있는 특징들의 일부에 대해 토론하는 것부터 시작할 것이다. 함께 종합하여 이러한 특징들은 살아 있지 않는 사물에서는 발견되지 않는 특징을 결합한 형태이다.

### 생명체는 복잡하고 조직화되어 있다

같은 크기의 무생물과 비교하여 보면 생물은 아주 복잡하며 조직화되어 있다. 식탁소금인 무생물의 구조는 두 개의 화학적 요소인 나트륨과 염소로 구성되어 있으며, 정밀하게 배열되어 있는 소금 결정체는 조직화되어 있으나 단순하다(**그림 1-8a**). 해양에 존재하는

(a) 조직화되었다

(b) 복잡하다

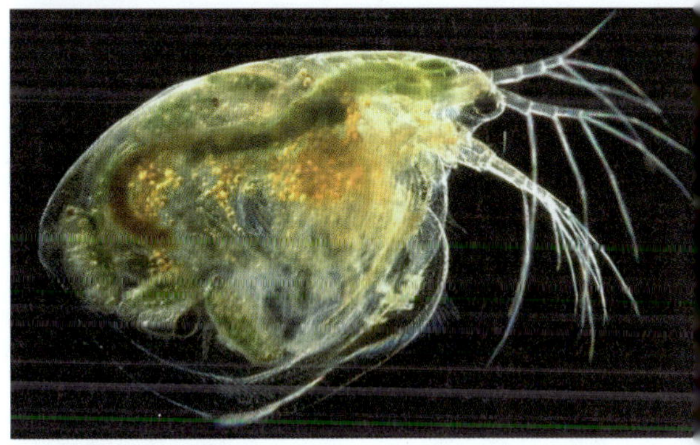

(c) 조직화되고 복잡하다

▲ **그림 1-8 생물은 복잡하고 조직화되어 있다** (a) 식탁소금인 염화나트륨의 각각의 결정체는 아주 잘 조직화되어 있으나 복잡성은 낮은 정육면체이다. (b) 바다에 있는 물과 용해된 물질은 복잡성은 있으나 매우 낮은 조직성을 보인다. (c) 물벼룩은 길이가 단지 1 mm(1/1000미터; 글자 i 보다고 더 작다)에 불과하지만 다리, 입, 소화관, 생식기관, 빛을 인식하는 눈, 심지어는 크기에 비해 오히려 아주 인상적인 뇌도 갖고 있다.

▲ 그림 1-9 **생물은 번식한다.** 북극곰 새끼는 성장하면서 어미를 닮아 가지만 똑같은 것은 아니다. 자손의 유사성과 변이성은 생명체의 진화에 결정적인 요인이다.

무생물인 물은 모두 천연적으로 생성되는 구성 물질로 이루어진 원자를 포함하고 있지만 이 원자는 불규칙하게 분포하고 있어서 바닷물은 복잡하지만 조직화되어 있는 것은 아니다(그림 1-8b). 반대로 가장 간단한 생물체라고 하더라도 서로 다른 성분들을 포함하고 있는데 이것들은 수천 개의 특수한 조합을 만들고 서로 결합하여 세포를 형성하게 된다. 세포는 복잡하고 조직화되어 있으며, 모든 생물은 최소한 한 개 이상의 세포로 이루어져 있다. 많은 생물체에서 세포는 더 조직화되어 눈, 다리, 소화관, 뇌 등과 같이 더욱 커지고 복잡하게 된 조합을 만든다(그림 1-8c).

## 생명체는 성장하고 번식한다

모든 생물체는 생활주기상 어떤 시기에는 몸집에 커지게 되는데, 즉 성장을 하게 된다. 이 특징은 식물과 동물 모두에게 가장 분명한 특징으로서 매우 작은 상태에서 시작하여 살아가는 동안 엄청나게 성장한다. 단세포세균도 분열하기 전에 크기가 약 2배로 증가한다.

생물체는 또한 동일한 형태의 자손을 낳기 위해 번식한다. 자손을 만들어 내는 방식은 생물체에 따라 아주 다양하지만 그 결과는 새로운 개체를 만들어 낸다는 측면에서 항상 동일하다.

## 생물체는 자극에 반응한다

생물체는 환경에서 주어지는 자극을 인지하고 반응한다. 예를 들면 식물은 빛이 오는 방향으로 자란다. 일부 종류의 세균은 독성이 있는 물질을 피해서 움직인다. 동물은 주변에서 발생하는 빛, 소리, 화학물질, 그리고 많은 다른 자극들을 인지하고 반응하기 위해 감각기관과 운동계를 갖고 있다. 동물은 또한 신체 내부에서 발생하는 자극에 대해서도 반응한다. 예를 들면 배고픔을 느낄 때 비어 있는 위가 수축하는 것과 함께 신체에서 당분과 지방의 수준이 낮은 것을 느끼게 된다. 그때 음식을 찾아 먹는 반응을 한다.

## 생물체는 물질과 에너지를 획득하고 사용한다

생물체는 성장하고, 번식하고 고도로 조직화된 복잡성을 유지하기 위해 주변 환경으로부터 물질과 에너지를 흡수해야만 한다(그림 1-10). 물질과 에너지는 생명을 유지하는데 필요한 화학적인 반응에 필요한 원동력을 공급한다.

모든 생물은 **에너지(energy),** 즉 화학반응, 잎의 생장, 혹은 근육운동 등과 같은 일을 수행하는 능력을 획득해야 한다. 식물과 일부 단세포생물은 **광합성(photosynthesis)**이라는 과정을 통해 햇빛을 흡수하고 에너지를 당분자에 저장한다. 광합성을 할 수 없는 생물은 에너지를 함유하고 있는 분자를 먹어서 에너지를 얻는다. 대부분의 경우 다른 생물체를 먹어서 에너지가 풍부한 분자들을 획득하게 된다. 어떤 종류의 단세포생물은 주변에 있는 물질로부터 에너지를 획득한다.

▲ 그림 1-10 **생물은 주변 환경으로부터 에너지와 물질을 획득한다.** 두꺼비를 지탱해주는 녹색식물은 태양으로부터 에너지를 포획하고 공기, 물, 토양으로부터 물질을 흡수한다. 작은 동물은 식물을 섭취하여 에너지와 물질을 획득하고, 두꺼비는 그러한 작은 동물을 잡아먹음으로써 에너지를 획득한다.

## 생물체는 DNA에 유전정보를 저장한다

모든 생물체는 **deoxyribonucleic acid** 즉 **DNA**라고 불리는 분자를 사용하여 정보를 저장한다(그림 1-11). 각 생물체의 DNA는 사용설명서, 즉 생물체 몸의 구조와 작동을 지시하는 청사진처럼 작용한다. 지침서를 포함하는 DNA의 각각의 부분을 **유전자(gene)**라고 한다.

생물체가 번식할 때에는 한 세트의 DNA를 자손에게 넘겨준다. 유전자가 자손에게 전달되는 것이 바로 유전-자손이 부모의 특징을 물려받는 수단의 기본이 된다.

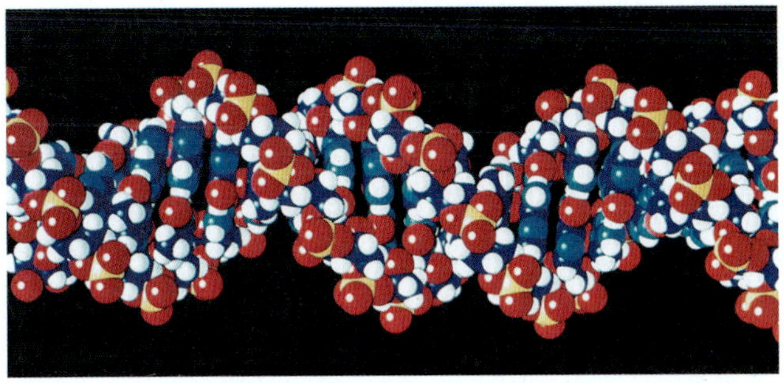

▲ 그림 1-11 DNA 유전분자인 DNA의 컴퓨터 모델

## 1.4 생물체는 왜 다양한가?

생물의 특징 중 가장 놀랄만한 특성 중의 하나는 생물은 모두 DNA를 갖고 있다는 것이다. DNA 분자는 상당히 독특한 배열로 구성된 복잡한 구조를 갖고 있다. 어떻게 이 독특한 구조가 가장 작은 세균에서부터 가장 큰 고래까지 모든 생물체의 몸을 만들어 낼까? 이 질문에 대한 답은 모든 생물체의 공통의 조상에서 찾을 수 있다. 즉, 모든 생물체는 동일한 조상의 후손이며, 공통의 조상은 DNA에 정보를 저장하였다. DNA는 세대를 따라 이어져 내려왔다. (생물체가 번식할 때 자신 DNA의 한 복사본을 후손에게 물려준다.) 오늘날 살고 있는 모든 생물체는 공통의 조상이 가졌던 유전물질의 유산을 갖고 있다.

만약 오늘날 존재하는 생물들이 초기에 존재하였던 조상의 후손이며, 만약 모든 생물체들이 DNA의 존재와 같은 그러한 근본적인 질적 특성을 공유한다면 왜 생물체는 그렇게 다양할까? 생물들이 수십억 년 동안 진화하여 왔기 때문이다. 여러 누대를 거쳐 생물체의 계통수에서 서로 다른 가지에 속해 있는 생물체들이 서로 다른 방법으로 변화하였으며, 그 결과 가장 초기의 생물체들에게 존재하였던 어떤 주요 특징을 유지하였다고는 하지만 그들 사이에서 차이점들이 점차 증가하였다.

### 진화는 생물체의 통일성과 다양성을 설명한다

오랜 기간에 걸쳐 생물체는 변화하였다. 이런 종류의 변화는 개별적인 생물체들의 일생동안에 일어날 수 있는 그런 종류의 변화, 즉 당신이 어렸을 때의 모습과 지금의 모습이 서로 다르게 보이는 그런 변화는 아니다. 대신에 생물 개체들 사이에서 세대를 거듭할수록 일어나는 변화를 의미한다. 각 세대들은 전 세대에 비해 약간 다르며, 몇 세대를 지나면서 그 그룹의 구성원들이 초기의 그룹 구성원들과 모습이 많이 다르게 된다. 세대를 거듭하면서 그룹 내에 축적된 이러한 종류의 변화를 **진화(evolution)**라고 한다.

진화과정에서 일어나는 변화는 지구상에 존재하는 생물에게 놀랄만한 다양성을 초래했다. 동시에 진화는 생물체에서 나타나는 통일성의 이유이기도 하다. 그 이유는 진화를 통한 변화는 조상이 변형된 모습을 갖는 새로운 그룹을 만들어 내면서 형성된 한 개의 거대한 계통수의 가지를 따라서 일어나기 때문이다. 이 책에서 설명하고 있는 생물학적인 구조, 기작, 시스템, 그리고 상호작용 등 모든 것은 진화를 통해서 발생한 것이다. 진화가 생물의 주요 모습과 특징을 만들어 냈다고 하는 생각은 생물학 연구를 통합하는 주도적인 원칙이다.

### 자연선택이 진화의 원인이다

진화를 일으키는 가장 중요한 과정은 **자연선택(natural selection)**이다. 자연선택은 한 개체군 속에 속해 있는 개체들의 특성이 다양해지고 일부 개체들이 그러한 특성을 갖지 않은 개체들보다 생존과 번식에 더 유리하게 될 때 일어난다. 유리한 특성을 가진 개체들이 자손들 사이에서 더 많아지면서 자손들은 점차 그들의 부모와는 달리 유리한 형질을 더 많이 유전 받게 된다. 그러한 형질이 그룹 내에서 더 많아지게 된다.

예를 들면 자연선택이 비버의 치아의 진화에 영향을 주었다는 것을 생각해보라. 더 큰

# 지구 경계

## 생물다양성은 왜 보존해야 하는가?

*종의 멸종은 우리 후손들에게 용서받지 못할 어리석은 짓이다.*

E. O. 윌슨, 교수, 하버드대학교

오늘날 지구에는 800만 내지 1,000만 정도의 종이 존재할 것이라고 과학자들은 추측한다. 가장 많은 수의 종이 살고 있는 지역은 열대지역이다. 불행하게도 열대서식처가 인간 활동에 의해 빠르게 파괴되고 교란되고 있다. 예를 들면, 수천 장에 달하는 인공위성 사진을 분석해 보면 전 세계의 열대우림은 과거 10년 동안 해마다 약 23,000평방미터씩 전 세계 열대우림이 감소하고 있다. 사라지는 숲의 대부분은 집을 짓거나 혹은 경작지를 만들기 위해서 파괴된 것이다. 마찬가지로 전세계의 산호초 조사에서도 전세계 산호초 면적의 약 20%가 이미 파괴되었으며, 추가적으로 25%가 오염과 같은 인간에 의한 영향에 의해 심각한 손상을 입었다.

열대지역의 서식지가 빠르게 파괴되면서 집이 사라지게 되어 많은 종들이 멸종하게 된다 (**그림 E1-4**). 생물학자인 윌슨(E. O. Wilson)은 현재와 같은 속도로 서식지가 파괴되면 해마다 25,000종이 멸종될 것이라고 예상하였는데 심지어 이들 종의 대부분은 발견되어 이름이 지어지기도 전에 사라질 것이라고 한다. 만약 윌슨의 예측이 맞는다면 생물들은 충격적인 속도로 멸종될 것이며, 미래의 지구에는 현재 존재하는 생물 종보다 훨씬 적은 종이 살게 될 것이다. 그것이 문제인가? 우리가 생물다양성의 손실을 늦추도록 노력해야 할 이유가 있는가?

지구의 생물다양성을 보호해야 할 한 가지 이유는 윤리적인 이유다. 다른 종을 파괴시키는 인간의 힘의 측면에서 본다면 아마도 우리에게는 다른 종들이 멸종되지 않도록 보호해야 하는 윤리적 의무가 있다. 그러나 심지어 이러한 윤리적 주장에 동의하지 않더라도 다른 종들을 멸종으로부터 구해야 하는 실질적인 이유가 있다. 생태적인 측면에서의 자기 이익을 위해서라도 그 성패가 달려 있기 때문이다.

예를 들면 지구의 종들은 서로의 상호관계가 지속적으로 유지되는 상호 의존적인 생명체들이 이루는 고도로 복잡한 그물망인 군집을 형성한다. 이러한 군집들은 우리가 숨쉬는 공기와 먹는 물을 정화하고, 농작물을 재배하는 비옥한 표토를 만들고, 바다로부터 잡아 올리는 수많은 식량들을 공급해주고, 그리고 노폐물을 분해시키고 해독해주는 등의 과정에서 중요한 역할을 한다. 우리 인간은 전적으로 생태계가 제공하는 이러한 활동에 의존한다. 인간 활동들 때문에 군집에서 종들이 멸종된다면 우리가 위험에 처하게 된다. 만일 우리가 많은 종들을 사라지게 한다면 군집에서 정교하게 조절되는 과정들을 파괴하는 것이며, 인간의 지속가능성은 훼손된다.

▲ **그림 E1-4 생물다양성이 위협받고 있다** 무분별하게 택지를 조성함으로써 열대우림을 파괴하는 것은 지구의 가장 큰 생물다양성의 보고를 위협하는 것이다.

치아를 가진 비버들이 일반적인 비버들보다 나무를 더 효과적으로 쓰러뜨리고, 서식처를 더 잘 만들고, 나무껍질을 더 잘 먹을 수 있을 것이다. 큰 치아를 가진 비버가 상대적으로 작은 치아를 가진 비버보다 더 많은 먹이와 더 좋은 은신처를 얻을 수 있다면 더 많은 자손을 낳게 될 것이다. 자손들은 더 큰 치아를 위한 유전자를 유전 받게 될 것이다. 시간이 지나면서 작은 치아를 가진 덜 성공적인 비버들은 점차 그 수가 줄어들게 된다. 여러 세대가 지난 다음 비버들은 모두 큰 치아를 갖게 된다.

### 생명체의 다양성이 위협받고 있다

진화의 결과로 지구는 이제 엄청나게 다양한 생물의 유형인 **종(species)**이 존재한다. 많은 곳에서 이러한 종들은 주변 환경과 서로 서로 복잡한 상호관계를 발달시켰다. **생물다양성(biodiversity)**이라는 단어는 종이 아주 풍부하다는 것과 그들을 지탱하는 복잡한 상호관계를 묘사하는데 사용된다. 최근 수십 년 동안 한 종인 인간(*Homo sapiens*; 현생 인류)이 극적으로 환경의 변화속도를 높여주었다. 불행하게도 많은 다른 종들은 이러한 빠른 변화에 대처할 수 없었다. 서식지들이 대부분 인간에 의해 영향을 받았으며, 많은 종들이 멸종하게 되었다. 이 문제는 "지구 경계: 생물다양성은 왜 보존해야 하는가?"에서 더 설명하기로 한다.

# 개념 확인 문제

## 빈칸 채우기

1. 이 장에서 설명한 생명체 조직의 6단계를 설명하라, 가장 간단한 단계에서부터 복잡한 단계로 ___________; ___________; ___________; ___________; ___________; ___________;

2. ___________은(는) 광범위하고 반복가능한 검증과 관찰에 의해서 뒷받침되는 자연현상에 대한 일반적인 설명이다. 대조적으로 ___________은(는) 관찰된 사건에 대한 설명을 제안한다. 생명에 관한 특수한 질문에 답하기 위해 생물학자들은 ___________(이)라고 불리는 일반적인 과정을 사용한다.

3. 과학적인 방법이 실행되는 순서에 따라 나머지 5단계를 채워 넣어라. 관찰, ___________, ___________, ___________, ___________, ___________.

4. 과학적인 방법은 변화가 허용되는 한 가지 요소를 얼마나 잘 분리해내는가에 달려 있다: 즉 이 요소는 ___________이다. 다른 요소들은 일정하게 유지해야 한다; 이것들은 ___________이다.

5. 생물체들이 한편으로 동일하면서도 또한 다양한지 그 이유를 설명하는 중요한 과학적 이론은 ___________이론이다. 이 이론은 생물들이 시간이 지나면서 변하여 유리한 형질이 더 많아지도록 하는 과정에 대한 설명을 포함하는데; 이 과정을 ___________(이)라 한다.

6. 생물체의 몸의 구성과 작동을 유도하는 분자를(정식명칭) ___________(이)라고 하며, 약자로는 ___________(이)라고 한다. 이 거대한 분자는 특정 지침을 갖는 개별적인 부분을 포함하고 있는데 이 부분을 ___________(이)라고 한다.

7. 생물을 무생물과 구별하는 5가지의 중요한 특징으로 채워 넣어라: (1) 생물은 복잡성과 ___________을(를) 갖고 있다. (2) 생물은 성장하고 ___________한다; (3) 생물은 ___________에 대하여 반응한다; (4) 생물은 ___________과(와) ___________을(를) 획득하여 사용한다; (5) 생물은 ___________을(를) 이용하여 정보를 저장한다.

## 복습 문제

1. 과학적인 방법을 설명하라. 어떤 방법으로 일상생활에서 과학적인 방법을 사용하는가?

2. 세포에서 시작하여 생명체가 조직화되는 단계를 나열하고 각 단계에 대하여 간단하게 설명하라.

3. 과학적 이론과 가설 사이에는 어떠한 차이점이 있는가? 각각 과학자들에 의해 어떻게 사용되는지 설명하라.

4. 소금결정체와 나무 사이에는 어떠한 차이점이 존재하는가? 어떤 것이 살아 있는 것인가? 어떻게 그것을 알았는가?

5. 진화란 무엇인가? 진화가 어떻게 일어나는지 간단하게 설명하라.

# 1단원
# 세포의 생명

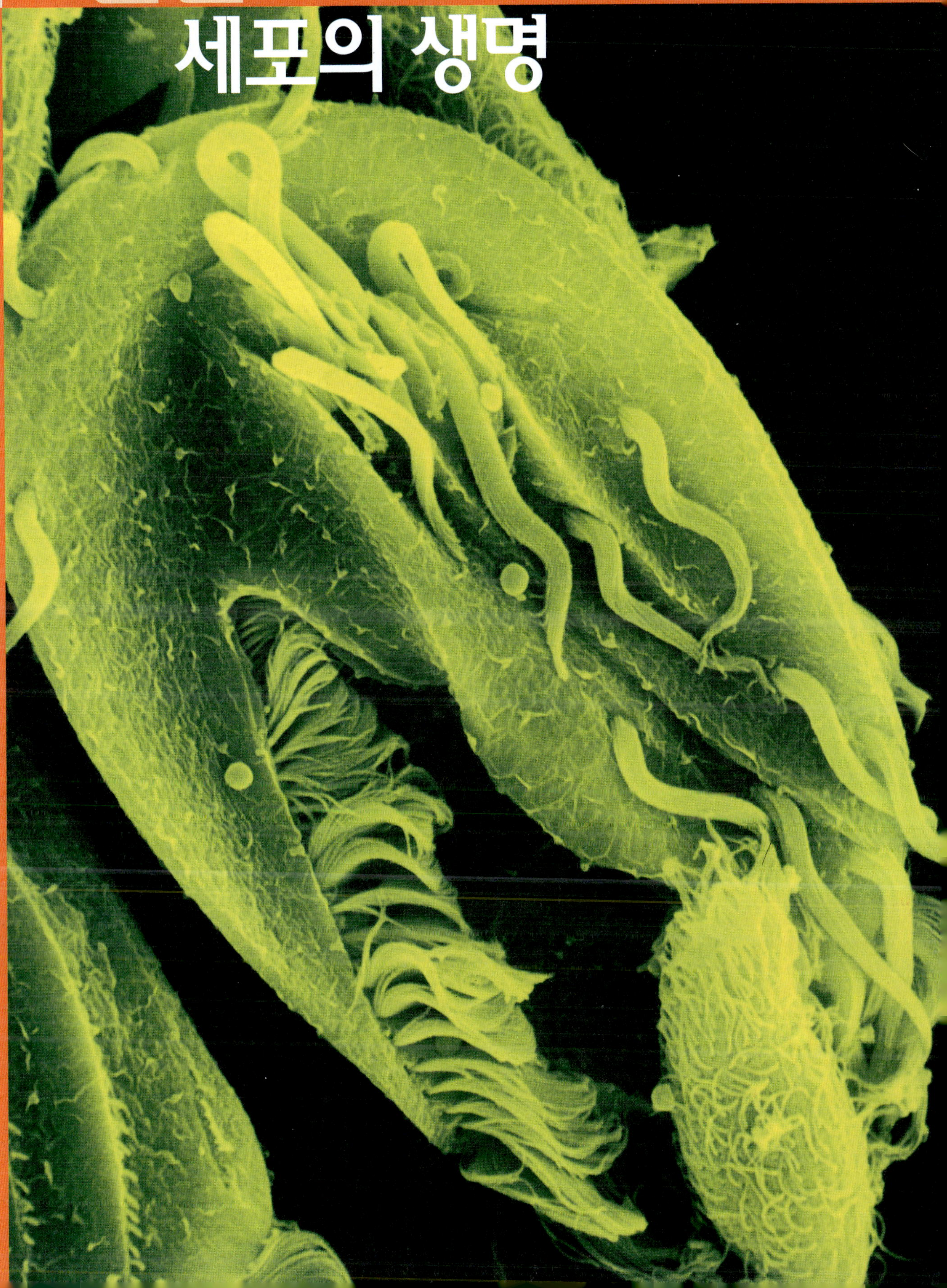

단세포도 그림의 두 원생생물처럼 복잡한 독립적인 개체일 수 있다. 커다란 유플로테스가 훨씬 작은 짚신벌레를 포식하려 한다.

# 2장

# 원자, 분자, 생명

오늘날 선호하는 대부분의 음식에는 인공감미료가 들어 있다. 지방과 유사한 새로운 분자인 올레스트라는 논쟁의 소지가 있는 첨가물이다.

## 주요 내용

# 사례 연구 자연 따라잡기

비만은 중요한 공중보건 문제이며, 고에너지 음식 소비를 제한해야 한다는 사실을 깨닫는 현대인들이 증가하고 있다. 그래서 많은 사람들이 달고 기름진 음식의 기쁨을 포기하면서도 칼로리를 줄이고 싶어한다. 이러한 열망이 식품 산업에도 확대되어 칼로리는 없지만 실제 지방과 감미료 맛을 모방한 가공 지방과 감미료가 그것을 대체해 왔다.

가장 널리 사용되는 가공지방은 올레스트라(olestra)로 알려져 있다. 실제 지방처럼 올레스트라는 식품에 맛과 감촉을 첨가한 것이다. 하지만 우리 몸에서는 올레스트라 분자에 저장된 에너지를 끌어낼 수 없다. 올레스트라는 전혀 소화되지 않고 분해되지 않은 채 통과한다. 한 예로, 실제 감자칩보다 훨씬 칼로리가 적은 올레스트라로 만든 감자칩이 바로 그것이다.

가짜 음식은 비만을 확산시키는 데 도움이 되는가? 또는 먹기에 안전한가?

소화되지 않은 주요 물질로 인공감미료인 수크랄로스(sucralose, Splenda로 알려짐)를 들 수 있다. 수크랄로스가 포함된 식품과 음료에는 칼로리가 전혀 없지만 설탕의 600배 단맛을 느낄 수 있다. 이외에도 폭넓게 사용되는 인공감미료인 아스파탐(aspartame, Nutrasweet)은 소화는 되지만 식품이나 음료에는 아주 소량 포함되어 있어 칼로리는 거의 없다고 볼 수 있다.

올레스트라, 수크랄로스, 아스파탐은 비만에 대항할 수 있는 값진 물질들이지만 이들을 먹을 경우 과연 안전할까? 소비자들은 가공된 식품첨가물의 안전성에 대한 우려가 커지고 있다. 이런 비평은 인공감미료와 암과의 관계를 세시한 연구자들이나 두통, 설사, 관절염 및 흉통 등의 질병이 있는 사람들이 가공지방과 인공감미료를 비난하는 소비자의 불평을 들 수 있다. 이런 우려에 반응하여, 올레스트라, 수크랄로스, 아스파탐의 건강효과에 대한 수백 건의 연구가 진행되었다. 미국 FDA의 정책결정자들은 이 연구를 고찰하여 이들 식품첨가물이 소비자들에게 안전하다는 결론을 내렸다. 하지만 FDA 결정이 모든 사람에게 안전한가의 의문점을 해결해 준 것은 아니다. 건강에 부정적인 효과를 나타내는 연구의 중요성을 FDA가 대수롭지 않게 생각한다는 의심은 여전하다. 수천 가지 식품에서 발견되고 수백만의 사람들이 소비하는 올레스트라, 수크랄로스, 아스파탐 같은 물질을 평가하는데는 분명히 별도의 주의가 필요하다고 믿는다. 과학에 관심이 많은 사람들은 이런 가짜 음식이 어떻게 감각을 속일 수 있는지 의아해 할 수 있다. 이들 분자의 어떤 특징이 식품을 모방하되 영양공급은 하지 않도록 하는 것일까? 이 답에 앞서 생물 분자의 기본적인 정보를 탐구할 필요가 있다. ■

## 2.1 원자란 무엇인가?

**원소(element)**란 일반적인 화학적 방법으로 쪼개거나 다른 물질로 변화시킬 수 없는 물질이다. 예를 들어 탄소는 원소의 일종으로, 다이아몬드를 작은 조각으로 잘라도 각 조각들은 그대로 탄소이다. 만일 더욱 잘게 나눈다면 결국 탄소 **원자(atom)**가 수북이 쌓일 것이다. 원자는 물질의 기본 구조 단위이다.

### 원자는 더 작은 입자들로 구성된다

원자는 원자구성 입자라는 더 작은 단위로 이루어져 있다. 물리학자들은 수십 개 서로 다른 원자구성 입자를 발견했지만, 여기에서는 3가지 주요 형태인 양성자, 중성자, 전자만 다루기로 한다. 양전하를 띤 **양성자(proton)**는 원자의 중심부에 위치한 **원자핵(atomic nucleus)**에서 발견된다. 원자핵에는 전하를 띠지 않은 **중성자(neutron**, 수소원자는 중성자가 없고 하나의 양성자만 있다)도 있다. **전자(electron)**는 중성자나 양성자보다 가볍

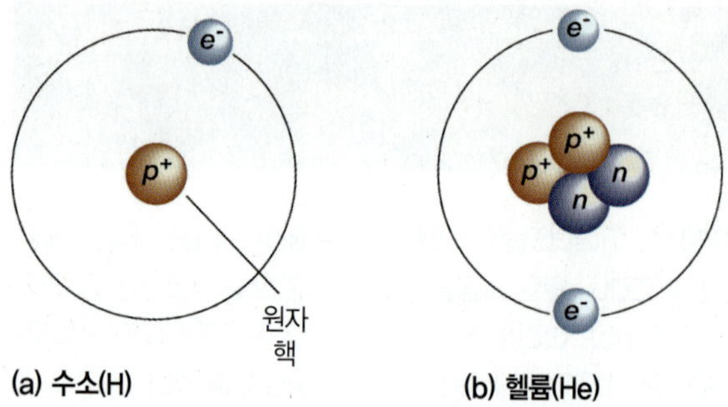


▲ 그림 2-1 **원자모델** 가장 작은 두 개의 원자 (a) 수소, (b) 헬륨. 이 단순한 모델에서 전자는 핵주위를 도는 작은 위성으로 나타냄. 수소의 핵은 양성자로 구성된다, 헬륨의 핵은 두 개의 양성자와 중성자로 구성된다

고, 음전하를 띠고 있으며 원자핵 주위를 돈다(그림 2-1). 원자들은 같은 수의 전자와 양성자를 갖고 있으며 전기적으로 중성이다.

원자는 원소의 기본 단위이며, 서로 다른 원소로 구성된 원자는 이들이 갖고 있는 원소구성 입자의 수도 다양하다. 특히, 핵 속의 양성자 수와 동일한 **원자번호(atomic number)**는 각각의 원소에 따라 다르다. 예를 들어 수소원자는 핵에 양성자가 하나만 있으므로 원자번호가 1이고, 헬륨원자는 2개의 양성자가 있으므로 원자번호는 2이며 이는 모든 원소에 동일하게 적용된다. 원소는 톡특한 화학적 성질을 갖는다. 예를 들어 산소와 수소 같은 원소는 실온에서는 기체이지만 납과 철 같은 원소는 고체이다.

같은 원소의 원자들이 서로 다른 중성자를 갖는 경우도 있다. 이 경우 원자들을 **동위원소(isotope)**라고 한다. 일부 동위원소는 **방사능(radioactive)**이 있어 자발적으로 붕괴되어 다른 원소가 되고 이 과정에서 에너지를 방출한다. 예를 들어 방사성 동위원소인 우라늄은 붕괴되어 납이 된다. 일부 과학자들은 방사성 동위원소를 화석연대 측정에 이용하기도 한다(과학탐구: 우리는 화석의 연대를 어떻게 알 수 있을까?, 13장 218쪽)

## 전자는 핵주위를 돌며 전자껍질을 형성한다

자석실험으로 알 수 있듯이 같은 극끼리는 서로 밀어내고 반대 극끼리는 서로 잡아당긴다. 이처럼 음전하인 전자는 서로 반발하지만 양전하를 띤 핵 속의 양성자는 끌어당긴다. 전자와 양성자 사이의 당김이 핵주위의 전자궤도를 형성할 수 있도록 한다. 하지만 전자는 서로 밀어내기 때문에 제한된 수만 핵에서 같은 거리에 놓일 수 있다.

전자는 핵으로부터 서로 다른 거리에 단지 7개의 궤도가 있으며 이를 **전자껍질(electron shell)**이라고 한다(그림 2-2는 가까운 거리부터 4개의 껍질을 나타냄). 서로 다른 전자껍질은 에너지량도 다르다. 가장 안쪽 껍질에 있는 전자는 가장 낮은 에너지를, 두 번째 껍질에는 좀 더 큰 에너지를 가진다. 어떤 상황에서는 전자가 한 껍질에서 다른 껍질로 상응하는 에너지 수준의 변화를 하면서 이동할 수 있다. 전자가 안쪽에서 바깥쪽으로 이동하려면 에너지를 흡수해야 하고, 바깥쪽에서 안쪽으로 이동하려면 에너지를 방출해야 한다(그림 2-3)

원자에서 전자는 핵에 가장 가까운 껍질을 우선 채운 뒤 다음 껍질을 채우기 시작한다. 원자핵에 가장 가까운 전자껍질은 2개의 전자만 수용할 수 있으며 두 번째 껍질은 8개의 전자를 수용할 수 있다. 따라서 6개의 전자를 지닌 탄소원자는 핵에 가장 가까운 첫 번째 껍질에는 2개의 전자를, 그리고 두 번째 껍질에는 4개의 전자를 갖게 된다(그림 2-2).

▶ 그림 2-2 **원자의 전자껍질** 생물학적으로 중요한 대부분의 원자에는 최소한 2개의 전자껍질이 있다. 핵과 가장 가까운 첫 번째 전자껍질은 두 개의 전자만 수용하고, 두 번째 전자껍질은 최대 8개의 전자를 수용할 수 있다. 더 먼 껍질들도 8개의 전자를 수용할 수 있다.
**질문:** 다른 원자와 반응하는 경향이 있는 원자들은 왜 외각의 껍질을 채우지 않은 상태인가?

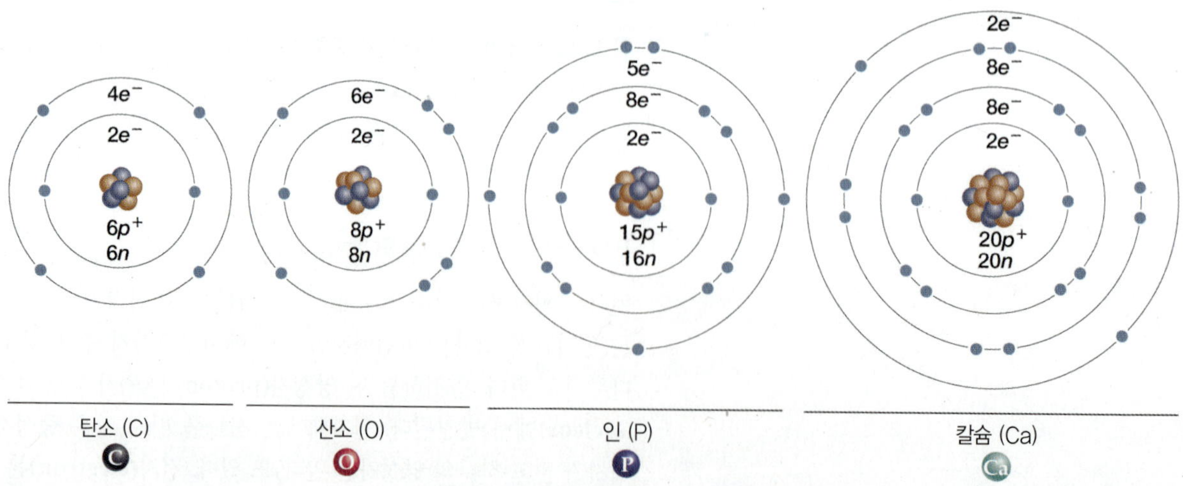

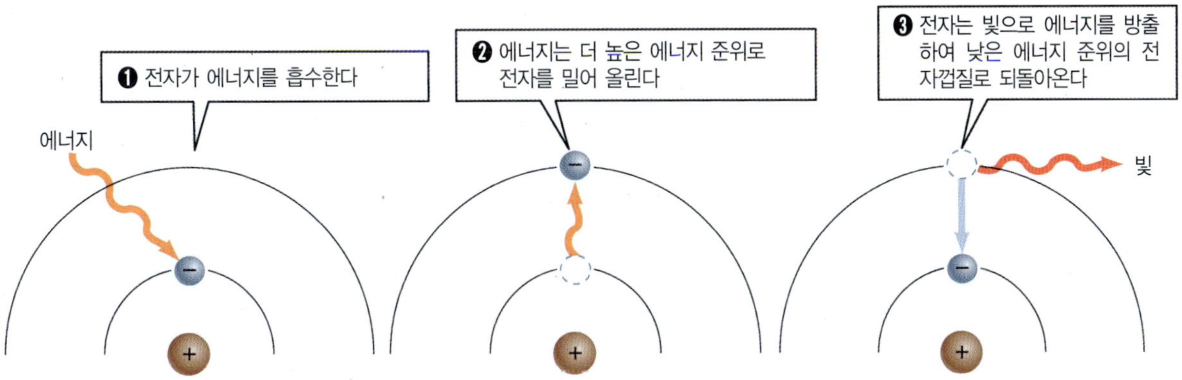


◀ 그림 2-3 에너지 획득과 방출

## 2.2 원자는 분자를 어떻게 형성하는가?

**분자(molecule)**는 2개 이상의 원자로 구성되며, 원소와 같거나 다를 수도 있다. 원자는 최외각 전자껍질과 상호작용을 하여 결합한다.

### 원자는 최외각 전자껍질이 비어 있을 때 반응을 한다

원자는 2가지 기본원칙에 의해 서로 반응한다.

- 원자는 최외각 전자가 완전히 채워지거나 비어 있을 때는 다른 원자와 반응하지 않는다. 이런 원자를 비활성상태(inert)라고 한다.
- 원자는 최외각 전자가 일부만 채워졌을 때 다른 원자와 반응한다. 이런 원자를 반응성이 있다(reactive)고 한다. 반응성이 있는 원자는 불안정하여 안정성을 증가시키기 위해 다른 원소와 반응하려고 한다.

최외각에 일부 전자가 채워진 원자는 3가지 방식으로 안정성을 얻을 수 있다. 전자를 잃거나(껍질을 비우기), 전자를 얻거나(껍질을 채우기), 다른 원소와 전자를 공유하는 것이나(물의 경우 두 원자 모두 껍질을 채우는 것처럼 작용). 전자를 잃거나 얻거나 또는 공유한 결과 **화학결합(chemical bond)**이 일어나며 이는 분자에서 원자를 서로 당기는 힘이다. 각 원소는 최외각 전자의 배열에 따라 화학적인 결합의 특징을 갖게 된다.

**화학반응(chemical reaction)**이 일어나거나 화학결합이 깨질 때 새로운 물질이 만들어진다. 이러한 반응은 생명유지에 필수적이다. 식물세포에서 태양에너지를 포획하여 일어나는 화학반응이든, 우리 뇌에서 새로운 기억을 형성하든 또는 자동차 엔진이 연료를 마구 집어먹든 이런 화학반응들은 새로운 화학결합을 형성하거나 이미 존재하는 결합을 분해한다.

### 분자는 다른 방식으로 묘사될 수 있다

분자나 분자간의 화학반응이 일어나는 것을 설명하거나 논의할 때 학자들은 특정 기준과 관례에 따라 분자를 표기한다. 분자를 표기하는 가장 간단한 방법은 분자에 있는 각 원자의 수를 더하여 합한 수를 분자식 아래에 쓴다. 예를 들어, 4개의 탄소원자, 10개의 수소원자 및 1개의 산소원자로 구성된 부탄올(산업용 용매) 분자의 분자식은 $C_4H_{10}O$이다.

분자식은 반응을 간결히 요약하는데 이용되지만, 중요한 문제점이 있다. 분자를 구성

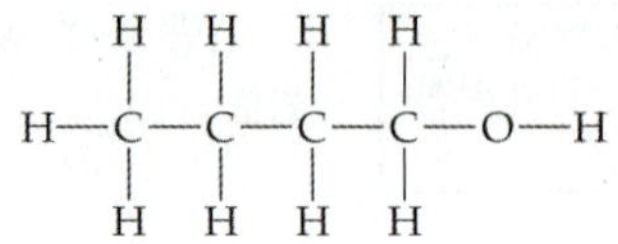

(a) 모든 결합을 나타냄

$CH_3—CH_2—CH_2—CH_2—OH$

(b) 흔한 원소들의 그룹내 결합을 생략하였다

(c) 탄소와 연결된 수소를 생략하였다

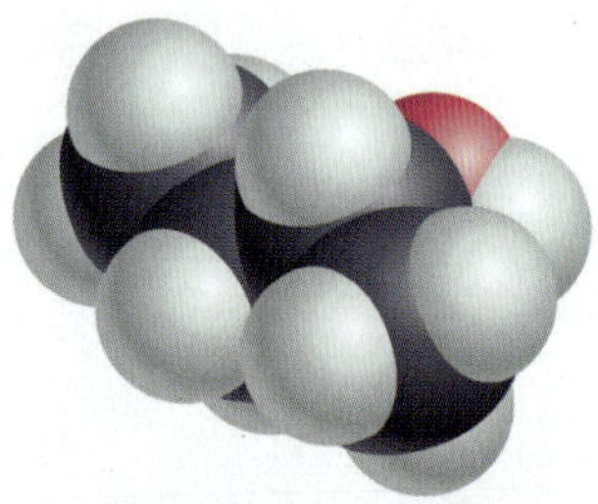

(d) 전체적인 형태를 나타냈다

▲ **그림 2-4 분자를 나타내는 여러 가지 방식** 각 그림은 부탄올 분자인 $C_4H_{10}O$를 나타낸다. **(a)** 분자를 나타내는 가장 흔한 방법 중 하나가 분자간의 결합을 두 원자를 연결하는 선으로 표시하는 것이다. 또 다른 표기법으로서는 **(b)** 흔하게 나타내는 원자 그룹의 결합을 표시하지 않는데 보는 이는 이런 분자의 표기방식을 익숙해 한다(**a**). **(c)** 또 다른 공간채움형태에서 탄소와 수소가 이들에 연결되어 보이지 않는다. **(d)** 분자의 형태를 나타내기 위해 좀 더 복잡한 방식이 필요하다.

하는 원자가 서로 어떻게 결합하는지 나타낼 수가 없다. 분자의 독특한 결합방식은 분자의 특징이나 다른 분자와 어떻게 반응하는지를 결정하는데 도움을 주므로, 결합이 표시된 분자식이 중요하다. 대부분의 표기법에서 분자식을 나타낼 때 원자를 직선으로 연결하여 결합을 나타낸다(**그림 2-4a**).

이 책에서는 몇 가지 다른 표기법도 접하게 될 것이다.

- 생물 분자와는 많이 다른 특정 작은 원자 그룹이 반복적으로 나타날 때는 공간을 줄이기 위해 그룹내 존재하는 결합을 나타내지 않고 다음과 같은 식으로 나타낸다(예를 들어 $CH_3$ 또는 OH)(**그림 2-4b**).
- 탄소원자는 생물 분자에서 매우 흔하게 나타나므로 표기를 생략하기도 한다. 대신 탄소원자의 위치는 두 개의 결합선이나 결합선의 빈 끝부분으로 나타내기도 한다(**그림 2-4c**). 특히 탄소원자가 고리형으로 연결된 분자식을 나타낼 때 관례상 흔히 탄소원자를 표기하지 않는다.
- 생물 분자에서 탄소원자는 대부분 하나 이상의 수소원자와 연결되어 있다. 탄소를 표기하지 않은 식에서 표시 안 된 탄소원자와 결합된 수소원자를 자칫 빠뜨릴 수도 있다(그림 2-4c). 그림이 한 예를 나타낸다.

분자에 존재하는 결합에 대한 정보를 포함한 여러 형태의 그림을 보여주지만 여기에는 분자형태에 대한 정보가 없다. 분자형태는 기능에 중요한 역할을 하기 때문에 분자를 나타내는 그림을 봄으로써 분자형태를 확인하는 데 도움이 될 것이다(**그림 2-4d**).

## 전하를 띤 원자는 상호작용을 하여 이온결합을 형성한다

소금을 형성하기 위해 원자는 최외각 전자껍질을 비우거나 전자를 채워 안정을 유지한다. 나트륨(Na)은 최외각 전자껍질에 하나의 전자만을 가지고 있고 염소(Cl)는 최외각 전자껍질에 하나가 부족한 7개의 전자를 가진다(**그림 2-5a**). 따라서, 나트륨은 최외각 전자껍질에서 전자 하나를 염소에 넘겨줌으로써 안정해지고 염소는 전자를 얻어 최외각 전자껍질을 채우게 된다. 나트륨이 전자를 잃게 되면, 양성자 수가 전자보다 많아지므로 나트륨원자는 양전하를 띠게 된다($Na^+$). 같은 방식으로 염소가 전자를 넘겨받으면, 음전하가 된다($Cl^-$). 양전하나 음전하를 띤 원자를 이온(ion)이라고 한다 (**그림 2-5b**).

반대 전하는 서로 당기므로 나트륨이온과 염소이온은 서로 가까이에서 두 이온 사이에 일정한 배열을 반복하여 소금결정을 형성한다(**그림 2-5c**). 소금결정에서 반대 전기를 띠는 이온이 서로 결합하는 것을 **이온결합(ionic bond)**이라고 한다. 소금이 물에 녹을 때 나타나는 것처럼 이온결합은 쉽게 끊어진다.

## 전하를 띠지 않는 원자는 전자를 공유하는 공유결합을 한다

부분적으로 최외각 전자껍질을 채우는 원자는 다른 원자와 전자를 공유하는 **공유결합(covalent bond)**을 형성하여 안정해질 수 있다. 수소원자의 경우, 2개의 전자를 채우는 전자껍질에 하나의 전자를 갖고 있다. 수소원자는 다른 수소원자와 전자 하나를 공유하여 수소기체가 되면서 안정해진다. 수소원자 두 개는 동일하므로 핵이 더 많이 당겨 다른 원자의 전자를 잡을 수는 없다. 따라서 공유된 전자들은 두 핵 사이에서 단일 공유결합을 형성하여 동일한 시간을 보낸다. 각 수소원자는 궤도에 두 개의 전자가 있는 것처럼 작용한다.

### 대부분의 생물 분자들은 공유결합을 이용한다.

단백질, 당, 탄수화물, 지방 등 생물 분자의 원자는 대부분 공유결합으로 연결되어 있다. 생물 분자(수소, 탄소, 산소, 질소, 인, 황)에서 흔히 발견되는 원자들은 최외각 전자를 채우는데 최소한 2개의 전자가 필요하며 다른 원자와 하나 이상의 전자를 공유할 수 있다. 수소의 경우 다른 원자와 하나의 공유결합을 형성할 수 있으며, 산소와 황은 2개의 원자와 공유결합을 형성하고 질소는 3개, 인과 탄소는 4개까지 공유결합이 가능하다. 이처럼 결합의 가능성이 다양하므로 생물 분자는 아주 많은 다양성과 복잡하게 구성될 수 있다.

### 공유결합은 비극성 혹은 극성을 나타낸다.

수소기체에서 2개의 핵이 동일하므로 공유된 전자는 각각 핵주위에서 같은 시간 동안 머물게 된다. 따라서 분자는 대체로 전기적으로 중성일 뿐 아니라 분자의 양쪽도 전기적으로 중성이다. 이처럼 전기적으로 대칭인 결합을 비극성 공유결합이라고 하며, 이 같은 결합으로 이루어진 분자(수소와 같은)를 **비극성 분자(nonpolar molecule)**라고 한다(그림 2-6a).

하지만 공유결합에서 전자를 공유하는 것이 항상 동등하지는 않다. 많은 분자에서, 핵의 양전하가 더 강하여(더 많은 양성자 때문) 다른 핵보다 전자를 더 강하게 끌어당긴다, 이런 상황이 극성 공유결합을 만든다. 극성 공유결합이 대체로 전기적으로는 중성이라 하더라도, 각각 하전되어 있다. 전자를 더 강하게 끌어당기는 원자는 약간 음성이므로 분자의 음극이 된다, 다른 원자는 약간 양성을 띠므로 양극이 된다. 예를 들어 물에서, 산소가 수소보다 약간 더 강하게 전자를 끌어당기므로, 물 분자의 산소 끝은 음성을 띠고 수소 쪽은 양성이 된다(그림 2-6b). 물은 하전된 극을 가지므로 **극성 분자(polar molecule)**이다.

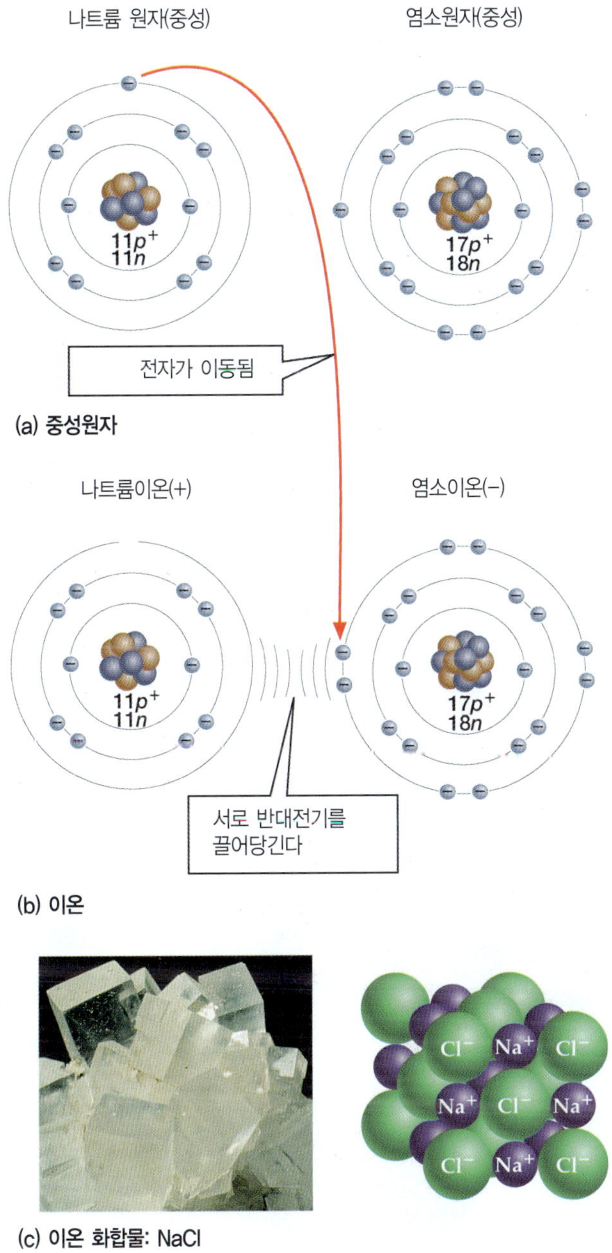


▲ 그림 2-5 이온과 이온결합의 형성

## 수소결합은 극성 공유결합이 있는 분자 사이에 형성된다

물 분자는 극성 공유결합을 하고 있어 서로를 끌어당긴다. 물 분자에서 일부 음전하를 띤 산소원자는 주위에 있는 다른 물 분자의 양전하를 띤 수소원자를 끌어당긴다.

이같은 전기적인 끌림을 **수소결합(hydrogen bond)**이라고 한다(그림 2-7, 표 2-1). 수소결합은 지구상의 생물에게 필요한 몇 가지 독특한 특징을 물 분자에 제공해준다. 수소결합은 많은 생물 분자에도 중요하다.

# 2.3 물이 생명체에 왜 중요한가?

물은 지구상이 있는 가장 풍부한 물질 중 하나이며 생명을 유지하는 데 중요한 역할을 한다. 사실, 대부분의 과학자들은 물이 없으면 생물이 살 수 없다고 믿는다. 지구상의 생명체는 물에서 기원이 된 것으로 보며, 살아 있는 모든 생명체는 물을 필요로 한다. 생물체의 60%에서 90% 정도는 물로 구성된다. 물의 중요성은 물 분자의 일부 특징으로 부터 생명유지에 필요한 독특한 역할까지 다양하다. 이런 특징의 일부를 생각해보자.

▶ **그림 2-6 공유결합** 공유결합으로 공유된 전자. **(a)** 수소 기체에서, 각 수소원자로부터 전자 하나가 공유되어 단일공유결합을 형성한다. **(b)** 최외각 전자를 채우는데 2개의 전자가 부족한 산소는 2개의 수소와 만나 결합하여 물을 형성한다.

**질문:** 물의 극성 결합에서 산소가 왜 수소보다 더 강하게 전자를 끌어당기는가?

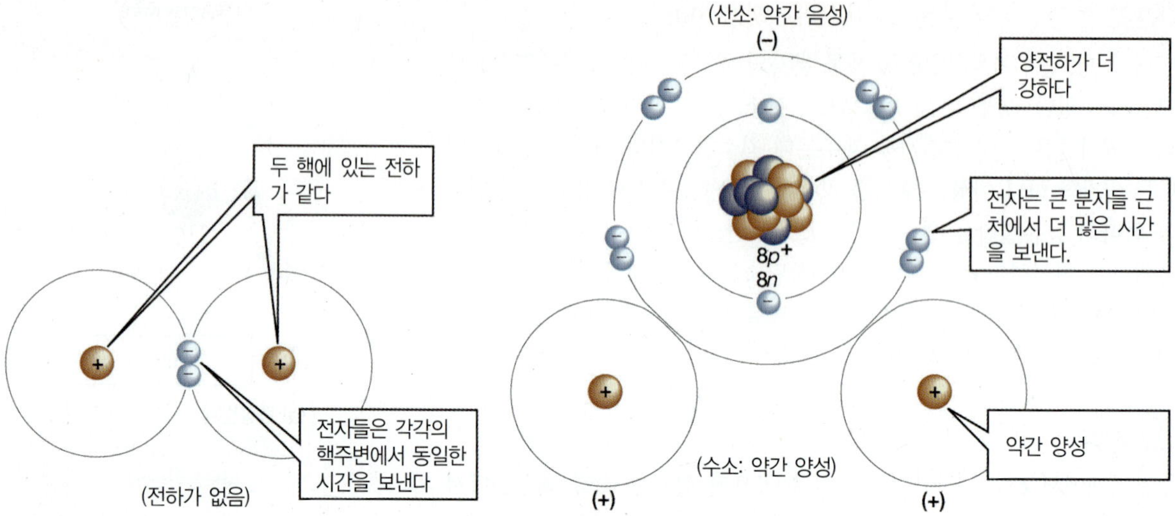


**(a) 수소의 비극성 공유결합**　　**(b) 물 분자의 극성 공유결합**

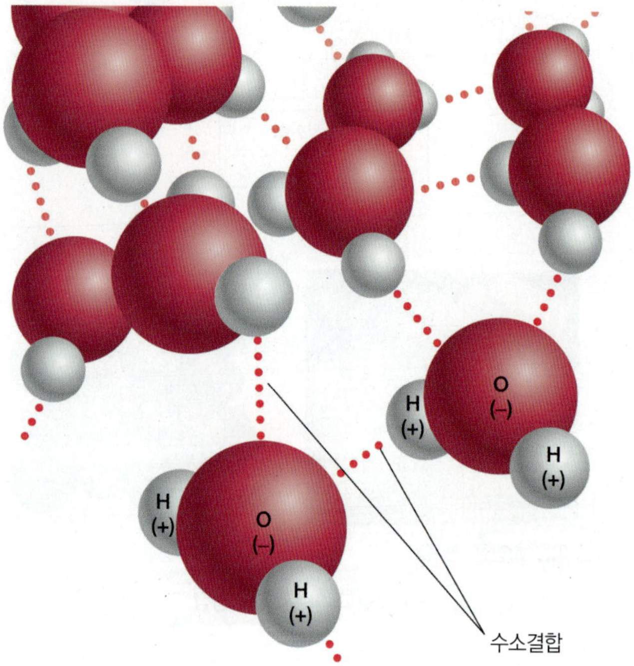


▲ **그림 2-7 수소결합** 물 분자의 서로 다른 부분에 부분적 전하를 띠므로 한쪽 물 분자의 수소가 다른 물 분자의 산소와 결합하여 약한 수소결합이 생긴다.

## 물은 많은 분자들과 상호작용을 한다

물은 살아 있는 세포에서 일어나는 많은 화학반응에 이용된다. 예를 들어, 물은 녹색식물이 광합성 중에 공기로 배출하는 산소를 공급한다. 물은 또한 동물이 음식물 분자를 소화할 때에도 사용된다. 이와는 반대로, 물은 단백질, 지질, 당을 만드는 과정에서 생성된다. 살아 있는 세포에서 화학반응이 일어날 때는 언제나 물이 관여한다.

## 많은 분자들이 물에 쉽게 용해된다

물이 생물학적인 화학반응에 왜 중요한가? 한 가지 이유로 물은 매우 우수한 **용매(solvent)**이다. 즉 단백질, 염, 당을 포함한 광범위한 물질을 용해시킬 수 있다. 물은 아주 많은 분자들을 용해시킬 수 있으므로 세포 속의 수중 환경이 생명에 필요한 수많은 화학반응에 필요한 좋은 환경을 제공한다.

물은 양극과 음극을 지닌 극성 분자라 아주 훌륭한 용매이다. 따라서 식염(소금) 결정을 물에 넣으면 물 분자의 양전하를 띤 수소쪽이 소금 결정의 음전하를 띤 염소이온으로 끌려 주위를 둘러싸고 물 분자의 음전하를 띤 산소쪽은 양전하를 띤 나트륨이온을 둘러싼다. 물 분자가 나트륨과 염소이

**표 2-1 화학결합**

| 결합종류 | 결합형태 |
|---|---|
| 이온결합 | 양극과 음극이온 사이 |
| 공유결합 | 전자쌍을 공유: 양쪽이 같게 공유하므로 비극성이다.<br>양쪽이 다르게 공유하는 것을 극성 공유결합이라고 한다 |
| 수소결합 | 극성 공유결합에서 수소원자와 극성 공유결합의 다른 원자 사이의 결합 |

# 건강 지킴이

## 건강에 좋은 음식?

세포 내에서 정상적으로 일어나는 통상적인 수많은 화학반응은 최외각 전자가 쌍을 이루지 않은 원자를 포함한 분자에서도 일어난다. 이런 분자 형태를 자유라디칼이라 하며 햇빛으로부터 자외선을 흡수하거나 담배연기와 같은 오염물질에 접촉하는 일들이 세포 내에 일어날 수 있다. 자유라디칼은 매우 불안정하여 가까이 있는 분자와도 쉽게 반응하므로 최외각 전자를 차지하기도 한다. 그러나 다른 분자에서 전자를 끄집어내어 새로운 자유라디칼이 생기거나 생명에 중요한 생물 분자를 파괴할 수 있는 연쇄반응을 시작하기도 한다. 세포는 이처럼 해로운 많은 작용을 상쇄시키는 수선 기전을 가지고 있지만 수선 시스템이 모든 상해를 수정할 수 있는 것은 아니다.

자유라디칼에 의해 상해를 입으면 심장질환이나 알츠하이머 같은 신경계 질환 및 일부 암을 포함한 다양한 인간의 질병이 생기게 된다. 다행히도, 항산화제라고 하는 일부 분자들이 자유라디칼과 반응하여 이들을 무해하게 만든다. 우리 몸은 몇 가지 항산화제를 합성하며 일부는 건강에 좋은 음식에서 얻을 수 있다. 예를 들어, 비타민 C는 오렌지, 적색과 녹색피망, 토마토, 사향메론, 키위 등 많은 음식에 들어 있는 항산화제이다.

사람이 먹는 식품에 포함된 항산화제의 효과를 조절하는 연구를 하기가 어렵지만 항산화제가 많이 포함된 식품이 건강에 도움이 된다는 간접적인 증거가 있다. 예를 들어, 프랑스인들(많은 사람들이 대체로 고지방식을 한다)이 심장질환 발병률이 낮은 것은 프랑스인들이 꾸준히 소비하는 포도주에 함유된 항산화제 때문일 수도 있다. 또한 프랑스인들은 항산화제가 풍부한 과일과 야채를 미국인들보다 아주 많이 먹는다.

초콜릿에 중독된 사람들이 죄의식을 갖는 것으로 나타났는데 초콜릿은 놀랍게도 항산회제를 포함하고 있어 건강에 좋은 식품이 될 수도 있다(그림 E2-1). 연구자들은 초콜릿을 먹을 변명거리를 우리에게 제공해 주면서 초콜릿의 장점을 보여준다. 코코아분말(원료로서 카카오 열매의 씨로 제조한 쓴맛의 가루)은 플라보노이드가 고농도로 포함되어 있으며, 플라보노이드는 포도주의 항산화물질과 화학적으로 연관된 강력한 항산화물질이다. 따라서 이러한 발견은 초콜릿을 소비함으로써 암과 심장질환의 위험을 줄인다는 의미가 되기도 한다. 아직 연구된 바는 없지만, 이런 연구주제를 선뜻 나설 연구자가 적지 않을 것임을 믿어 의심치 않는다. 초콜릿 사탕을 너무 많이 먹어 체중이 증가하는 것이 코코아 분말의 긍정적인 효과와는 상반된다 하더라도 초콜릿광들은 매우 편안하게 초콜릿을 즐길 수 있을 것이다.

▲ 그림 E2-1 **초콜릿**

온을 둘러싸서 이온들 사이의 상호작용이 일어나지 않게 되면, 소금결정에서 이온들이 분리되어 물에 흩어지게 되어 이온결합이 깨지고 소금이 녹게 된다(그림 2-8).

물은 또한 다른 극성 공유결합을 한 분자들도 녹인다. 물의 양극과 음극은 녹은 분자의 반대 전하 영역으로 이끌리게 된다. 물에 쉽게 녹는 이온과 극성 분자들은 물 분자에 대한 전기적 인력을 가지므로 친수성(hydrophilic: 그리이스어로 물을 좋아하는)이라고 한다. [전기를 띠지 않은 비극성분자들이나 물에 녹지 않는 분자들을 소수성(hydrophobic)이라고 한다. 지방과 기름이 해당됨.] 당과 아미노산을 포함한 많은 생물 분자들은 친수성이며 물에 잘 녹는다. 이외에도 산소나 이산화탄소 같은 많은 기체들도 물에 녹는다. 따라서 호수에서 헤엄치는 물고기들은 물에 녹아 있는 산소를 사용하고 이산화탄소를 방출한다.

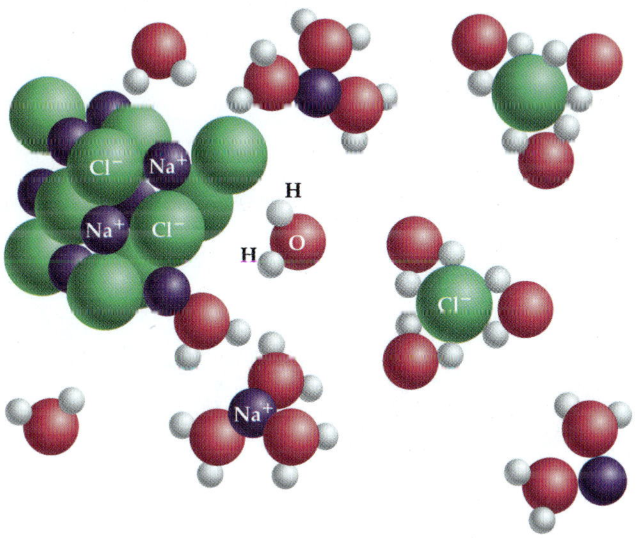


▲ 그림 2-8 **용매로서의 물** 소금결정을 물에 떨어뜨렸을 때 물 분자의 반대전하를 띤 부분이 나트륨과 염소이온을 각각 둘러싼다. 둘러싼 물 분자가 이온을 분산시키면 소금결정이 서서히 녹게 된다. **질문:** 인체생리에서 당이 물에 쉽게 녹는 것이 왜 중요한가?

▶ **그림 2-9 물 분자 사이의 부착력** (a) 특수화된 비늘을 덮고 있는 물갈퀴가 달린 발을 가진 남미의 바실리스크 도마뱀은 물 분자의 부착력으로 생긴 표면장력을 이용하여 연못 표면을 건너갈 때 무게를 지탱할 수 있다. (b) 레드우드 안에서 응집력이 뿌리에서 100미터나 되는 높은 잎까지 물 분자를 사슬로 연결해준다.

(a) 응집력이 표면장력을 만든다

(b) 응집력은 물이 나무꼭대기에 닿도록 도와준다

## 물 분자는 서로 끌어당긴다

물 분자는 다른 분자들과 상호작용을 하는 것 외에도 서로 끌어당긴다. 수소결합이 각각의 물 분자들을 연결하기 때문에 액체인 물은 분자 사이에 서로 당기는 **응집력(cohesion)**이 강하다. 물 표면에서 물 분자간의 응집력이 물표면을 부서지지 않도록 하는 **표면장력(surface tension)**을 만들어낸다. 수영장에서 배치기 다이빙을 하였을 때 표면장력의 힘을 먼저 경험한다. 표면장력은 떨어진 잎이나 거미 또는 수중 곤충, 심지어는 달리는 도마뱀도 지탱할 수 있다(그림 2-9a).

응집력은 육상식물에서 중요한 역할을 한다. 식물이 뿌리를 통해 물을 흡수하지만 100미터나 되는 높은 나무의 잎까지 물을 이동시켜야 하는 문제가 있다(그림 2-9b). 이 문제를 응집력이 해결해준다. 잎, 줄기, 뿌리를 연결하는 작은 관이 물로 채워지며, 잎에서 물이 증발할 때 밑에서 관을 통해 물을 끌어올린다. 물 분자 사이의 수소결합이 물관 내 물의 무게보다 더 강하기 때문이 이런 작용이 일어난다. 100미터나 되는 높은 나무에서도 물을 끌어올리는 사슬이 끊어지지 않는다.

식물에 도움이 되는 물의 또 다른 특징은 부착력(adhesion)이며 이는 물 분자가 부분적 전하를 띠는 극성 표면에 부착하려는 경향을 말한다. 뿌리에서 잎까지 식물의 가는 물관을 통해 이동하는 것처럼 부착력은 작은 공간 내에서 물의 이동을 도와준다. 가는 유리관 끝을 물에 담그면 물이 관을 따라 짧은 거리를 이동한다. 좁고 긴 꽃병이나 시험관에 물을 넣으면 물표면이 휜 것을 볼 수 있다. 물이 유리표면에서 부착력으로 물을 끌어올리고 물 분자 사이에는 응집력이 작용한다.

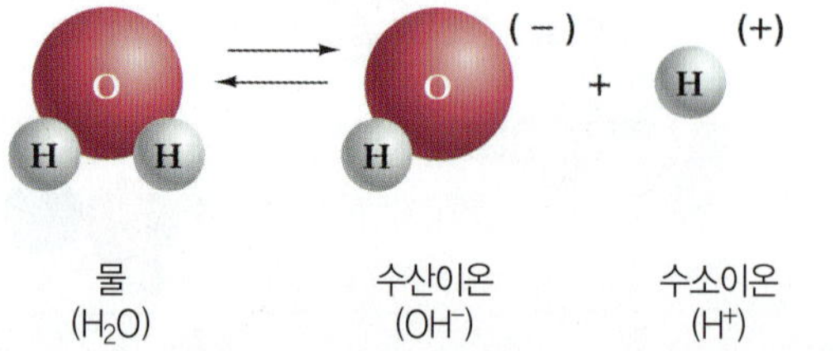


▲ **그림 2-10 물의 일부는 이온화된다.** 물 분자는 수산이온과 수소이온으로 분해된다. 이 반응은 가역적이다. 이온이 다시 결합하여 물을 형성한다.

## 물은 이온을 형성할 수 있다

물이 안정한 물질로 여겨지지만, 각각의 물 분자는 끊임없이 수소원자를 얻거나 잃거나 교환한다. 그 결과 언제든 소량의 물 분자는 이온화된다. 즉 수산이온($OH^-$)과 수소이온($H^+$)으로 나눠진다(그림 2-10).

수산이온은 물 분자의 수소이온에서 전자를 얻어 음전하가 된다. 전자를 잃은 수소이온은 양전하가 된다. 순수한 물은 수소이온과 수산이온의 농도가 같다.

하지만 대부분의 용액에서 $H^+$와 $OH^-$의 농도는 같지 않다. 만일 $H^+$ 농도가 $OH^-$ 농도보다 크다면 그 용액은 산성(acidic)이다. **산(acid)**은 물질이 물에 녹아 수소이온을 방출하는 물질이다. 예를 들어 순수한 물에 염산을 첨가하면 염산 분자의 대부분은 $H^+$와 $Cl^-$로 분리되어 $H^+$ 농도가 $OH^-$의 농도보다 훨씬 더 커지므로 산성용액이다. (레몬주스나 식초 같은 많은 산성물질들은 신맛을 내는데 그 이유는 혀에 있는 신맛 수용체가 과다한 $H^+$이 반응하도록 특수화되어 있다.)

만일 $OH^-$ 농도가 $H^+$ 농도보다 크면 염기성(basic) 용액이다. **염기(base)**는 수소이온과 결합하여 수소이온의 수를 감소시키는 물질이다. 예를 들어 수산화나트륨(NaOH)을 물에 첨가하면 NaOH 분자는 $Na^+$와 $OH^-$로 분리된다. $OH^-$는 $H^+$와 결합하여 $H^+$의 수를 줄여준다. 이 용액 안에는 과다한 $OH^-$가 들어 있어 염기성이다. (혀에 쓴맛을 감지하는 수용체는 염기나 염기성 물질에 자극을 받아 쓴맛을 내는 경향이 있다.) 대부분의 사람들은 쓴맛을 원치 않으므로 소수의 식품만 염기성이다.

## pH는 산도를 측정한다

산도는 **pH 수치(pH scale)**로 나타내며. 7은 중성( $H^+$와 $OH^-$의 수가 같다)을 말한다. 산은 7보다 아래이며 염기는 7보다 큰 수이다(**그림 2-11**). 순수한 물은 $H^+$와 $OH^-$의 농도가 같아서 pH가 7이다. pH 수치의 각 단위는 $H^+$ 농도의 10배의 변화를 나타낸다. 따라서 맥주(pH 4.1)는 커피(pH 5.0)보다 $H^+$ 농도가 10배 더 크며, 탄산음료(pH 3.0)는 물(pH 7.0)보다 $H^+$ 농도가 10,000배 더 크다.

## 완충제는 용액을 일정한 pH로 유지한다

인간을 포함한 포유류 대부분은 세포 내부나 세포주위 용액이 거의 중성(pH 약 7.3~7.4)이다. pH의 작은 증가나 감소만으로도 생물 분자의 구조와 기능에 급격한 변화를 초래하여 세포나 생물이 죽음에 이를 수 있다. 그럼에도 불구하고 살아 있는 세포들은 $H^+$을 받

▼ **그림 2-11 pH 수치** pH 수치는 0(강산성)에서 14(강알칼리성)까지 용액 속의 수소이온 농도를 나타낸다.
**질문:** 한 잔의 차에 레몬즙을 첨가한다면 수소이온의 농도는 어떻게 변하겠는가?

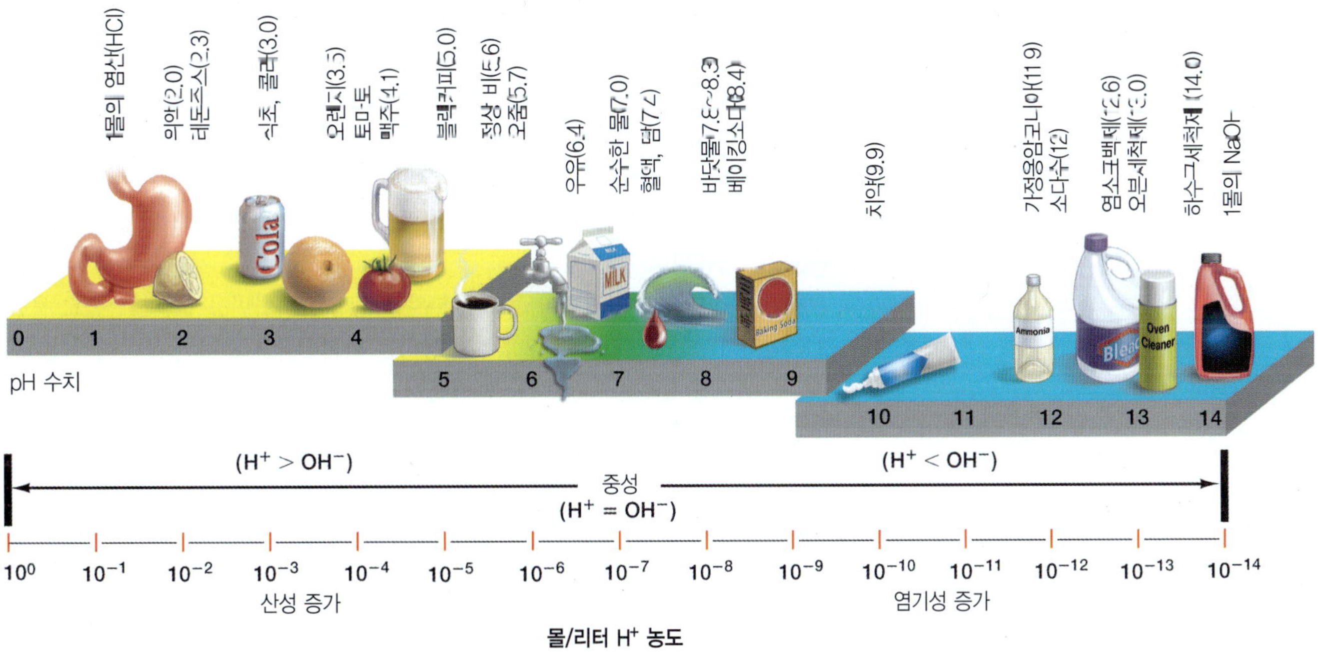

거나 내보내는 화학반응을 무리 없이 진행한다. 그렇다면 pH는 어떻게 일정하게 유지되는가?

그 답은 생물체 내에 나타나는 많은 완충제에 있다. **완충제(buffer)**란 작은 $H^+$ 농도 변화에 반응하여 $H^+$를 받아들이거나 내보내서 용액의 pH를 일정하게 유지하는 물질이다. 만일 $H^+$ 농도가 증가하면 완충제가 $H^+$와 결합하고 $H^+$ 농도가 떨어지면 $H^+$를 방출한다. 그 결과 두 경우 모두 $H^+$ 농도는 원래 상태로 회복된다.

## 2.4 탄소가 생명체에 왜 중요한가?

생물체는 엄청나게 다양한 물질을 포함하고 있지만, 이렇게 다양한 분자들의 상당수가 공통점인 탄소원자를 가지고 있다. 탄소원자는 다양하게 변할 수 있어 생물체에 폭넓게 차지하고 있다. 탄소가 다른 원자와 다양한 방식으로 결합하여 엄청난 수의 다른 분자를 만들어 낼 수 있다.

탄소원자가 최외각에 4개의 전자를 가지고 있어 4개의 전자를 더 받아들일 수 있으므로 다양한 조합이 가능하다. 따라서 탄소원자는 많은 결합을 형성할 수 있다. 4개의 전자를 다른 원자들과 공유하여 안정해질 수 있다. 탄소를 포함한 분자들은 많은 탄소원자를 포함하여 연쇄, 분지된 가지 및 고리의 다양하고 복잡한 형태를 만들 수 있다. 그러므로 탄소는 놀라운 다양성을 기초로 생물체가 생명유지에 필요한 수많은 물질을 구성할 수 있도록 한다.

화학에서는, 탄소골격을 갖고 일부 수소원자를 포함한 분자를 **유기물(organic molecule)**이라 한다. 유기물의 탄소골격은 매우 복잡할 수도 있지만, 탄소만으로 유기물의 다양성을 설명하지는 않는다. 대신 탄소골격에는 **작용기(functional group)**가 부착되어 있는데 이는 그 분자의 특징과 화학반응성을 나타내는 원자단이다. 이들 작용기는 탄소골격보다 훨씬 안정하지 못하여 화학반응에도 쉽게 참여한다. 유기물에서 발견되는 공통적인 작용기들은 **표 2-2**와 같다.

## 2.5 생물 분자들은 어떻게 결합하거나 분해되는가?

유기물은 생체 내에서 많은 화학반응에 참여한다. 이러한 많은 반응들이 생명체에 필요한 복잡한 분자를 형성하거나 분해한다.

### 고분자를 형성할 때 물이 생성된다

생물체에서는 처음에 작은 분자들이 서로 연결되어 복잡한 분자를 구성한다. 작은 유기물(예: 당)은 마치 철도차량이 연결되어 기차를 만들 듯이 긴 분자(예: 전분)를 구성하는데 소단위로 이용된다.

작은 구성단위가 연결되어 큰 생물분자를 만드는 화학반응에서 부산물로 물을 배출하기도 한다. (부산물이란 주요기능에 해당하는 화학반응으로 다른 생성물이 생길 때 부수적으로 생기는 물질.) 이처럼 물을 방출하는 반응을 **탈수축합(dehydration synthesis)**이라고 한다(**그림 2-12a**).

탈수축합의 경우 한쪽 구성단위에서 수소이온(–H)이 제거되고 다른 구성단위에서는 수산이온(–OH)이 제거되면서 두 구성단위의 최외각 전자각에 빈자리가 생긴다. 이 빈자리는 두 구성단위 사이에 전자를 공유하여 채우게 되고 이들 사이에 공유결합이 형성된다. 떨어져 나온 수소이온과 수산이온은 결합하여 물 분자가 된다. 부산물인 물 분자는 세포내 다른 화학반응에 이용되거나 세포 주위를 채우게 된다.

**표 2-2 생물 분자들의 주요 기능기**

| 기능기 | 구조 | 특성 | 분자유형 |
|---|---|---|---|
| 수소(—H) |  | 수소원자의 결합 여부에 따라 극성 또는 비극성. 탈수축합과 가수분해에 관여 | 대부분의 유기 분자 |
| 수산기 (—OH) | 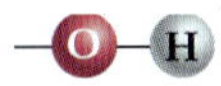 | 극성, 탈수축합과 가수분해에 관여 | 탄수화물, 핵산, 알코올, 산 및 스테로이드 |
| 카르복실기(—COOH) | 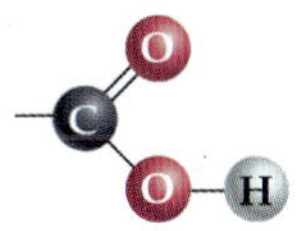 | 산성 $H^+$가 분리되면 음으로 하전됨. 펩티드결합에 관여 | 아미노산, 지방산 |
| 아미노기(—$NH_2$) | 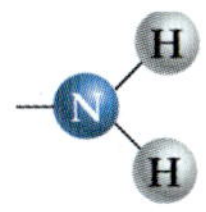 | 염기성, $H^+$ 하나와 더 결합하여 양전하가 될 수 있음. 펩티드결합에 관여 | 아미노산, 핵산 |
| 인산기 (—$H_2PO_4$) | 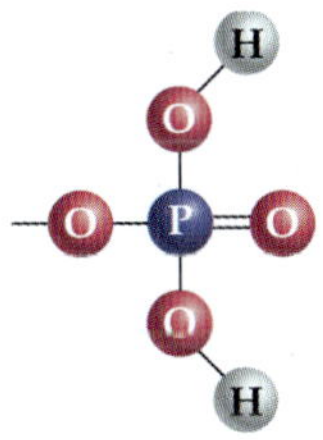 | 산성, $H^+$가 분리되면 2가 음전하가 될 수 있음. 핵산 내 뉴클레오티드를 연결. ATP의 에너지 운반자 | 핵산, 인지질 |
| 메틸기(—$CH_3$) | 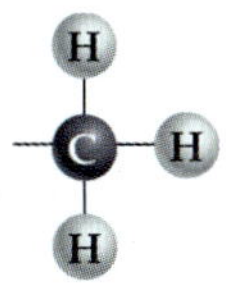 | 비극성, 비극성 분자를 만듦 | 많은 유기물, 특히 지질에서 흔함 |

## 고분자를 분해할 때 물을 이용한다

생물체의 화학반응은 생물 분자를 생성할 뿐 아니라 생물 분자를 분해하기도 한다. 예를 들어, 음식으로 공급되는 고분자들은 생물이 이용할 수 있도록 소단위로 분해되어야 한다. 이런 분해반응에서 고분자의 소단위를 연결하는 공유결합이 분해되어 소단위가 분리되고 최외 전자각에 빈공간이 생긴다. 이 공간은 각 소단위 사이의 결합이나 수소이온 또는 수산이온으로 채워진다. 이 이온들이 물 분자를 끌어들여 반응에 참여하도록 한다. 대체로 분해반응은 물을 소모한다. 이처럼 물을 소모하는 분해반응을 **가수분해(hydrolysis)**라고 한다(**그림 2-12b**). 가수분해는 탈수축합의 역반응이다. 탈수축합이 두 분자를 연결할 때 물을 생성하고 가수분해는 그 연결을 분해할 때 물을 소비한다.

생물 분자들은 아주 다양하지만 대부분이 탄수화물, 지질, 단백질, 핵산이라는 4가지 일반적 범주 중 하나에 속한다(**표 2-3**).

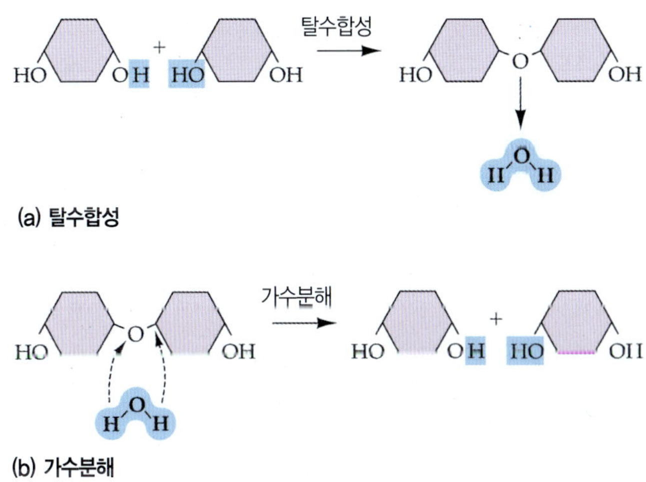


▲ **그림 2-12 탈수합성과 가수분해**

표 2-3

| 분자의 유형 | 주요 구성요소 | 예 | 기능 |
|---|---|---|---|
| **탄수화물:** 보통 탄소, 산소, 수소를 포함하며 $(CH_2O)_n$과 유사한 구조식 | **단당류:** 단순당 | 포도당 | 세포에 중요한 에너지원, 다당류의 구성단위 |
| | **이당류:** 두 단당류의 결합체 | 설탕 | 육상식물의 체내로 운반되는 주요 당 |
| | **다당류:** 많은 단당류(포도당)가 연결된 것 | 전분(녹말)<br>글리코겐<br>셀룰로오스 | 식물의 에너지 저장<br>동물의 에너지 저장<br>식물의 구조물질 |
| **지질:** 탄소와 수소의 함량이 높다, 보통 비극성이며 물에 녹지 않음 | **트리글리세리드:** 3개의 지방산이 글리세롤과 결합 | 기름, 지방 | 동물과 일부식물에서 에너지 저장 |
| | **밀랍:** 긴사슬의 알콜에 다양한 수의 지방산이 결합 | 식물 큐티클의 왁스(밀납) | 육상식물의 잎과 줄기의 방수덮개 |
| | **인지질:** 극성 인산기와 2개의 지방산이 글리세롤에 결합 | 포스파티딜콜린 | 세포막의 구성성분 |
| | **스테로이드:** 4개의 탄소원자 고리가 결합하고 여기에 작용기가 연결 | 콜레스테롤 | 진핵세포막의 구성성분: 테스토스테론이나 담즙염 같은 다른 스테로이드의 전구물질 |
| **단백질:** 아미노산 사슬: 탄소, 수소, 산소, 질소, 황이 포함됨 | | 케라틴 | 머리카락의 구성성분 |
| | | 실크 | 누에고치와 거미줄의 구성성분 |
| | | 헤모글로빈 | 척추동물 혈액에서 산소운반 |
| **핵산:** 뉴클레오티드의 기본단위. 단일 뉴클레오티드나 긴 사슬의 뉴클레오티드로 구성 | | 디옥시리보핵산(DNA) | 세포의 유전물질 |
| | | 리보핵산(RNA) | 일부 바이러스의 유전물질.세포에서 DNA유전정보를 전사하여 단백질합성에 필요함 |
| | | 아데노신3인산(ATP) | 세포내 주된 단기적 에너지 운반자 |
| | | 고리형아데노신1인산 (cyclic AMP) | 세포내 신호전달 |

## 2.6 탄수화물이란 무엇인가?

**탄수화물(carbohydrate)**은 탄소, 수소, 산소가 약 1:2:1의 비율로 구성된 분자이다. 탄수화물은 작은 수용성 분자인 포도당 또는 포도당이 길게 연결된 사슬이기도 하다. 탄수화물이 하나의 당 분자로 이루어져 있으면 단당류(monosaccharide)라 한다. 단당류 2개가 연결되면 이당류(disaccharide), 3개 이상이 연결되면 다당류(polysaccharide)라고 한다.

탄수화물은 대부분의 생물에서 중요한 에너지원이다. 블루베리 팬케이크, 시럽 및 오렌지주스가 있는 아침식사를 생각해보자. 팬케이크는 밀이나 기타 곡류의 씨에 저장된 탄수화물을 주로 포함하고 있다. 시럽, 블루베리, 오렌지주스의 단맛을 내는 설탕은 괴실에 저장된 에너지원이다. 식물이 제공하는 탄수화물 분자는 이제 인간에게 이들을 소모하는 에너지원으로 공급된다. 셀룰로오스 같은 탄수화물들은 식물세포의 구조를 지지하거나 식물, 곰팡이, 세균, 곤충과 같은 다양한 생물의 몸 전체를 지지해 주기도 한다.

단당류의 골격은 3~7개의 탄소원자로 이루어진다(**그림 2-13a**). 골격에 있는 각 탄소원자에는 수소(—H)와 수산기(—OH)가 결합되어 있으므로 탄수화물의 분자식은

$(CH_2O)_n$으로 표시하며 여기서 $n$은 골격에 있는 탄소의 수를 나타낸다. 이 분자식은 "carbohydrate 라는 문자가 "탄소 + 물"의 의미임을 말해준다. 당이 물에 녹으면 탄소골격은 고리를 형성한다(그림 2-13b). 단당류는 이당류나 다당류를 만들기 위해 연결될 때에도 고리구조를 갖는다.

## 단당류의 다양성이 생물체에서 나타난다

포도당은 생물체에서 가장 흔한 단당류이며 대부분의 다당류를 구성하는 기본 단위이다. 포도당은 6탄당이므로 분자식이 $C_6H_{12}O_6$이다. 많은 생물들이 포도당과 분자식이 같은 기타 단당류를 합성하지만 구조가 약간 다르다. 여기에는 과당(옥수수시럽에 있는 옥수수당과 과일의 단맛을 내는 분자)이 있다. 리보오스와 디옥시리보오스 같은 일부 기타 단당류는 5탄당이다.

## 이당류는 에너지를 저장한다

단당류, 특히 포도당과 포도당 유도체는 세포에서 수명이 짧다. 대부분 바로 분해되어 화학에너지가 다양한 세포활동의 연료로 사용되거나 탈수합성으로 연결되어 이당류나 다당류를 만들기도 한다(그림 2-14). 이당류는 특히 식물에서 단기에너지 저장에 이용되기도 한다. 가장 흔한 이당류는 설탕(설탕: 포도당 + 과당)과 유당(젖당: 포도당 + 갈락토오스)이다. 세포에 에너지가 필요할 때, 이당류가 단당류로 분해되어 에너지를 방출한다.

## 다당류는 에너지를 저장하고 지지작용을 한다

크랙커를 오래 씹어보라. 오래 씹을수록 더 달게 느껴지는가? 단맛이 나는 이유는 크랙커에 전분이 포함되어 있기 때문이며, 씹을 때 다당류가 단맛을 내는 포도당으로 분해되기 때문이다. 전분(식물)이나 글리코겐(동물) 같은 다당류는 주로 장기 저장에너지로 이용된다. 전분은 흔히 뿌리나 씨에 형성되며 보통 50만 개의 포도당 분자로 이루어져 크고 가지가 많다. 사람이나 동물의 간이나 근육에 에너지원을 저장하는 글리코겐 분자는 대체로 전분보다 훨씬 작다.

많은 생물이 구조물질로 다당류를 이용한다. 예를 들어, 다당류인 키틴(chitin)은 곤충, 거미, 게, 가재 등 단단한 껍질의 주요 구성분이다. 가장 중요한 구조 다당류 중 하나가 셀룰로오스(cellulose)이며, 식물세포를 지지하고 나무줄기 부피의 반 정도가 셀룰로오스로 만들어 진다(그림 2-15). 셀룰로오스는 지금까지 지구상에서 가장 풍부한 유기물질이다(지구를 덮고 있는 넓은 들과 숲을 생각해보면 놀라운 일이 아니다). 생태학자들은 매년 1조 톤의 셀룰로오스가 만들어지는 것으로 추정한다.

전분처럼, 셀룰로오스는 포도당 소단위의 긴 사슬로 구성된다. 하지만 셀룰로오스의 소화능력은 전분과는 현저히 다르다. 대부분의 동물들은 전분을 쉽게 소화시킬 수 있지만 셀룰로오스는 전혀 소화시키지 못하므로 소화관을 통해 소화되지 않은 섬유질이나 섬유

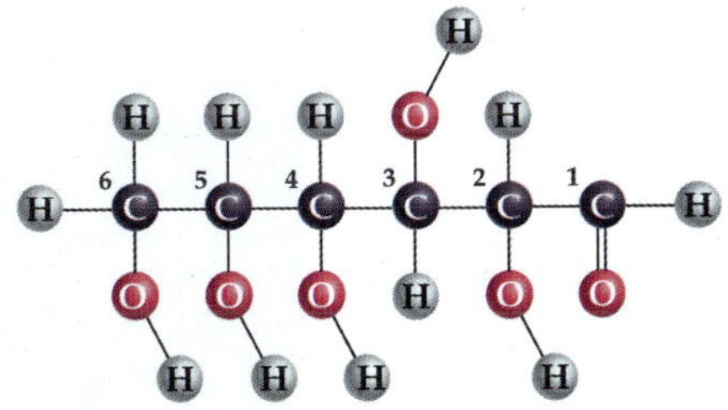

(a) 포도당, 선형

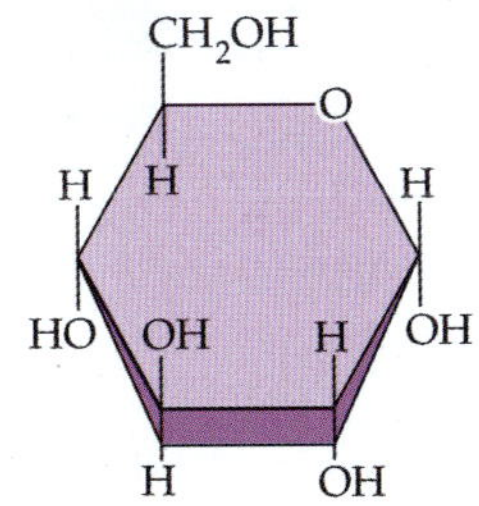


(b) 포도당, 고리형

▲ 그림 2-13 **단당류** 6탄당인 포도당의 두 가지 형태 ($C_6H_{12}O_6$). 포도당 분자의 **(a)** 직선형 **(b)** 고리형. 고리형에서는 고리를 구성하는 탄소를 표시하지 않았음을 주시하라.

### 자연 따라잡기

**계속**

수크랄로오스를 포함한 일부 인공감미료는 자연적으로 나타난 이당류를 변형시킨 화학반응으로 만든 것이다.

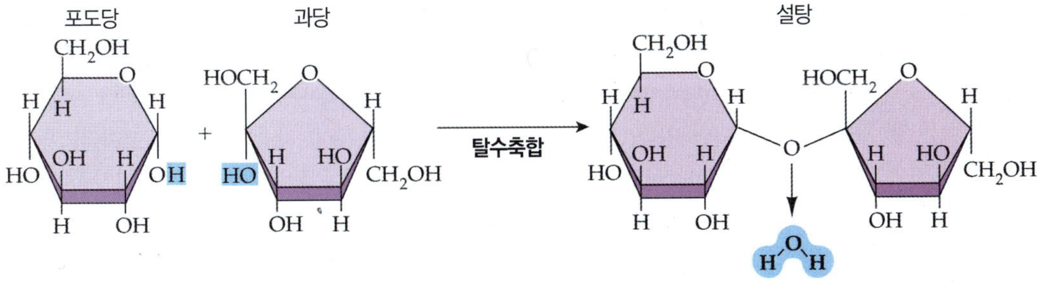


◀ 그림 2-14 **이당류의 합성** 이당류는 포도당에서 수소(—H)가 제거되고 과당에서 수산기(—OH)가 제거된 탈수축합작용으로 만들어진다. 두 개의 단당류가 공유결합으로 연결되며 이 과정에서 물 분자가 형성된다.

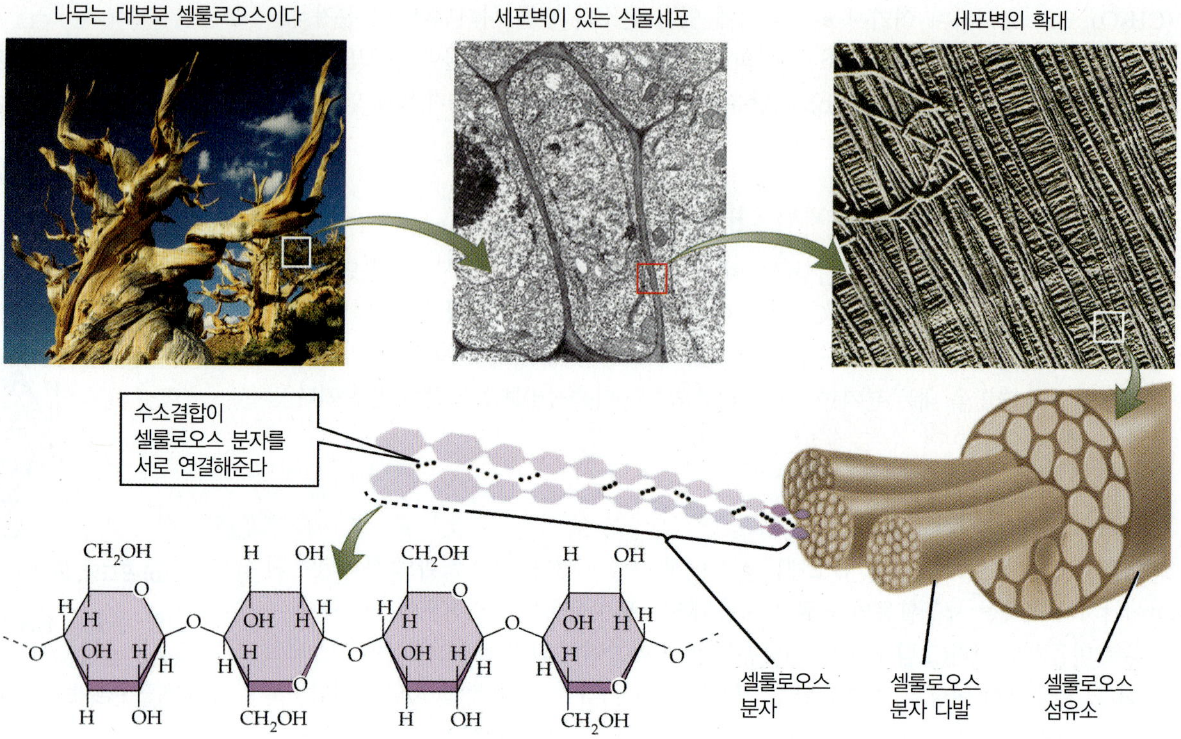


▶ **그림 2-15 셀룰로오스 구조** 전분처럼 셀룰로오스는 기본단위인 포도당으로 구성된다. 하지만 셀룰로오스는 전분과 달리 나란히 평행으로 길게 배열된 셀룰로오스 분자들이 섬유소끼리 서로 연결되어 있어 구조적으로 더 힘이 있다. **질문:** 여러 종류의 플라스틱이 셀룰로오스에서 유래된 분자로 구성되지만 기술자들은 전분을 기초로 한 플라스틱을 개발하는데 심혈을 기울인다, 전분을 기초로 한 플라스틱이 왜 기존의 플라스틱 종류보다 개선된 것이라고 보는가?

소 같은 물질로 통과한다. 소나 흰개미 같은 동물은 예외적으로 소화관에 미생물이 서식하고 있어 셀룰로오스를 분해한다. 따라서 이런 미생물이 장내에 서식하는 동물들은 셀룰로오스가 풍부한 잎이나, 나무, 기타 먹이를 먹는다. 미생물은 셀룰로오스를 분해하며, 숙주인 동물은 이들이 분해한 양분을 흡수한다.

## 2.7 지질이란 무엇인가?

**지질(lipid)**은 두 가지 특징을 나타내는데, 첫째는 대부분이 수소와 탄소만으로 구성되며, 비극성인 탄소-탄소 또는 탄소-수소 결합을 가지고 있다. 두 번째로 비극성 부위가 물에 녹지 않는 소수성을 나타내게 한다. 지질은 3가지 주요 그룹으로 나눈다. (1) 기름, 지방, 밀랍, (2) 인지질, (3) 스테로이드.

### 기름, 지방, 밀랍은 탄소, 수소, 산소만을 포함한다

기름, 지방 및 밀랍은 몇가지 특징을 갖는다. 첫째, 이들은 탄소, 수소, 산소만으로 이루어져있다. 둘째, 하나 이상의 지방산(fatty acid)을 가진다. 지방산이란 탄소와 수소로 이루어진 긴 사슬이며 한쪽에는 카르복실기(—COOH)가 연결되어 있다. 셋째, 고리구조를 갖지 않는다.

지방과 기름은 3분자의 지방산과 1분자의 3탄소 화합물인 글리세롤이 탈수합성에 의해 형성되며, 하나의 수산기(—OH)가 각 탄소에 연결되어 있다(**그림 2-16**). 이런 구조 때문에 지방과 기름을 **트리글리세리드(triglyceride)**라고 하며, 이는 식물과 동물에 장기에너지 저장물질이다. 예를 들어, 곰은 겨울 동안 동면에 필요한 지방을 체내에 축적하는 것보다 여름과 가을 동안 훨씬 많은 에너지를 소모한다(**그림 2-17a**). 그 이

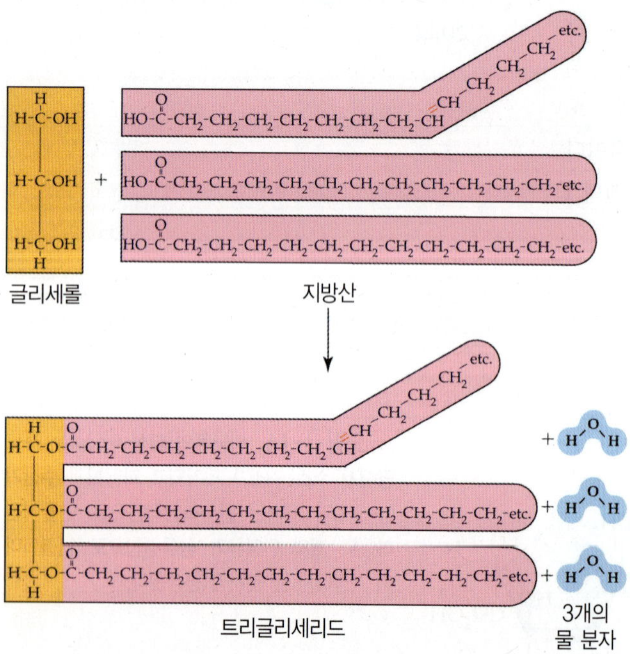


▲ **그림 2-16 트리글리세리드의 합성** 탈수합성으로 글리세롤 1분자가 3개의 지방산과 결합하여 트리글리세리드와 3분자의 물이 만들어진다.

(a) 지방

(b) 밀랍

◀ 그림 2-17 **지질 (a)** 지방은 에너지를 저장하는 효율적인 방식이다. 만일 곰이 같은 양의 에너지를 지방대신 탄수화물로 저장하였다면, 아마 걷지 못할 것이다. **(b)** 밀랍은 고도로 포화된 지질로서 실온에서 매우 단단하다. 그 견고함 때문에 밀랍은 튼튼하면서도 얇은 벽의 육각형 벌집을 만드는 재료로 쓰인다.

유는 지방이 탄수화물보다 적은 무게로 같은 에너지를 저장할 수 있기 때문에 동물이 지방으로 에너지를 저장하는 것이 효율적인 방법이다.

실온에서 고체상태인 지방(동물성 지방)과 액체상태인 기름(땅콩 기름)의 차이는 지방산에 달려 있다. 지방에서는 지방산 사슬의 모든 탄소가 단일공유결합(전자 1쌍이 2개의 원자와 공유)을 하고 있다. 탄소의 남아 있는 결합부위는 수소로 채워져 있어 이런 지방산을 포화되었다고 한다. 포화지방은 최대한 많은 수소와 결합되어 있다. 포화지방산은 매우 곧게 뻗어 있으며 가까이 모여 있어서 상온에서 고체덩어리를 만든다(그림 2-18a).

기름의 경우 지방산 사슬의 일부 탄소가 이중공유결합(전자 2쌍이 2개의 원자와 공유)을 하고 있다. 결과적으로 수소가 적게 결합될수록 지방산은 불포화가 된다. 불포화지방산은 지방산 사슬이 구부러지고 비틀리는 경향이 있다(그림 2-18b). 비틀림은 기름 분자들이 서로 겹치지 못하게 하므로 기름은 상온에서 액체상태가 된다.

**밀랍(wax)**이 화학적으로 지방과 비슷하지만 식품은 아니다. 사람과 대부분의 동물들이 밀랍을 소화시키지 못한다. 밀랍은 고도로 포화되어 있어 실온에서 고체이다. 밀랍은 육상식물의 잎과 줄기의 방수표면을 형성한다. 일부 동물들은 포유동물 모피의 방수를 위

### 자연 따라잡기

**계속**

지방과 기름은 고도로 농축된 화학에너지이다. 지방이나 기름 1그램은 당 1그램의 약 2배의 에너지를 저장한다. 지방은 칼로리가 아주 높기 때문에 다이어트를 하는 사람들에게는 올레스트라(무지방 기름) 같은 물질로 대체된다.

▼ 그림 2-18 **포화지방과 불포화 기름**

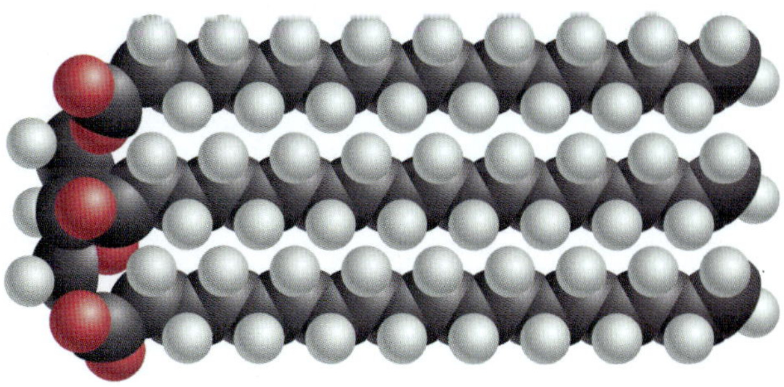
(a) 동물성 지방(포화지방)

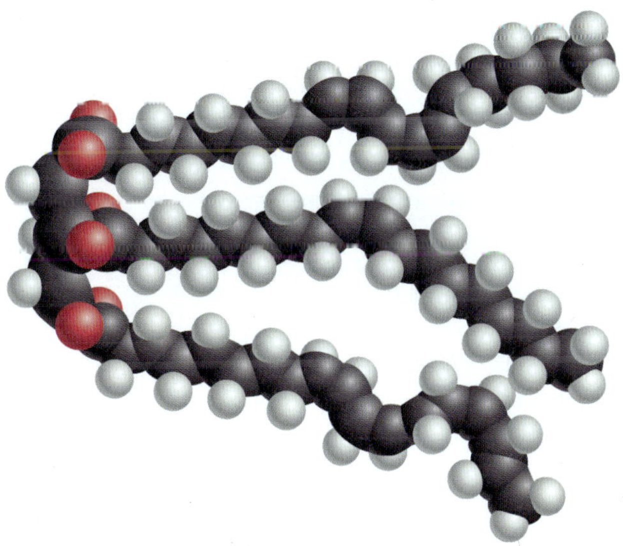
(b) 땅콩지방(불포화지방)

# 건강 지킴이

## 콜레스테롤—친구와 적

콜레스테롤은 나쁘게 평가되는 스테로이드이다. 왜 그토록 많은 식품들이 "무콜레스테롤" 또는 "저콜레스테롤"이라 선전하는 것일까? 콜레스테롤은 세포막의 중요한 구성요소이다. 또한 담즙(지방소화를 도움), 비타민 D, 남성과 여성의 성호르몬 생성에 중요한 재료가 된다

비록 콜레스테롤이 생명유지에 필요한 성분이지만 의사들은 혈액내 콜레스테롤 농도가 지나치게 높은 사람은 심장질환이나 뇌졸중의 위험이 높다는 사실을 밝혀냈다. 불행히도, 콜레스테롤은 조용히 쌓이기 때문에 어떤 경고도 미리 알려주지 않는다. 실제로 심장질환으로 고생하기 전까지 어떤 문제점도 찾아보기 힘들다. 콜레스테롤은 혈관에 플라크(plaque)라는 물질을 만들고 이것이 혈병을 형성하여 순환장애를 일으킨다(그림 E2-2). 이 혈병이 떨어져 나와 심장으로 혈액을 공급하는 동맥을 막으면 심장마비나 뇌졸중을 일으킬 수 있다.

"좋은 콜레스테롤"과 "나쁜 콜레스테롤"에 대해 들어본 적이 있는가? 콜레스테롤은 비극성이라 혈액(대부분 물)에 녹지 않는다. 대신 콜레스테롤은 *지단백질*(*lipoprotein*, 인지질 + 단백질)이라는 특수한 수송분자로 둘러싸여 혈액을 이동한다. 고밀도 지단백질 주머니에 있는 콜레스테롤(HDL 콜레스테롤, 단백질이 많고 지질이 적음)은 좋은 지질이다. 지단백질 주머니는 콜레스테롤을 간에서 흡수하여 제거된다. 저밀도 지단백질(LDL콜레스테롤, 단백질이 적고 지질이 많음)은 나쁜 지질이며 신체를 돌면서 세포로 순환하거나 동맥벽에 축적될 수 있는 형태이다. LDL(나쁜)에 대한 HDL(좋은)의 비율이 높으면 심장질환의 위험을 줄이는 것과 밀접한 관련이 있다. 콜레스테롤 검사를 통해 혈액내 두 가지 형태의 지질을 측정할 수 있다.

콜레스테롤은 어디서 오는 것일까? 동물성 식품으로부터 오는 것으로 식물에는 존재하지 않는다. 특히 난황에 콜레스테롤이 풍부하며, 고기 전유, 버터 등에 많이 들어 있다. 콜레스테롤의 또 다른 근원은 우리 몸으로서, 다른 지질로부터 합성된다. 유전적 차이로 인해 어떤 사람은 일반인보다 더 많이 만들어내기도 한다. 콜레스테롤 수치가 높은 사람은 수치를 낮추기 위해 콜레스테롤과 포화지방이 낮은 음식을 섭취한다. 의사는 콜레스테롤 수치가 매우 높은 사람에게 식습관을 적절히 바꾸고 콜레스테롤을 감소시키는 약을 처방한다.

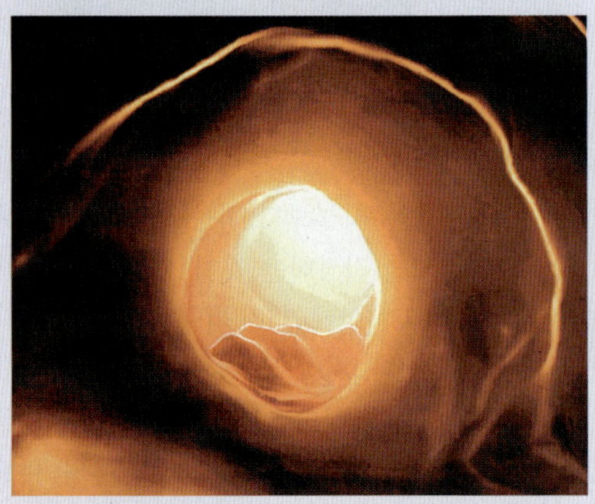

▲ 그림 E2-2 **플라크** 플라크 축적물(물결무늬)이 경동맥을 부분적으로 막고 있다.

해 밀랍을 형성하거나 꿀벌은 밀랍을 이용하여 정교한 벌집구조를 만든다(그림 2-17b 참고).

### 인지질에는 수용성 머리와 불용성 꼬리가 있다

세포의 안과 밖을 분리하는 세포막은 몇 가지의 인지질(phospholipid)을 포함한다. 인지질은 기름과 비슷하지만 글리세롤에 연결된 3개의 지방산 대신, 하나의 지방산이 인산을 포함한 작은 단위로 치환되어 있다. 인지질 끝의 이 부분은 수용성의 극성 머리를 형성한다. 2개의 지방산은 꼬리를 형성하며 불용성이다. 그러므로 인지질은 서로 다른 두 가지 말단부위를 가진다. 친수성의 머리가 소수성의 꼬리와 연결되어 있다(그림 2-19). 3장에서 공부할 인지질의 두 가지 특징은 세포막의 구조와 기능에 중요하다.

▶ 그림 2-19 **인지질** 인지질은 글리세롤에 부착된 지방산 꼬리를 제외하고는 지방이나 기름과 비슷하다. 글리세롤은 다양한 부가적 기능기가 결합된 인산기로 구성된 극성의 머리가 결합되어 있다.

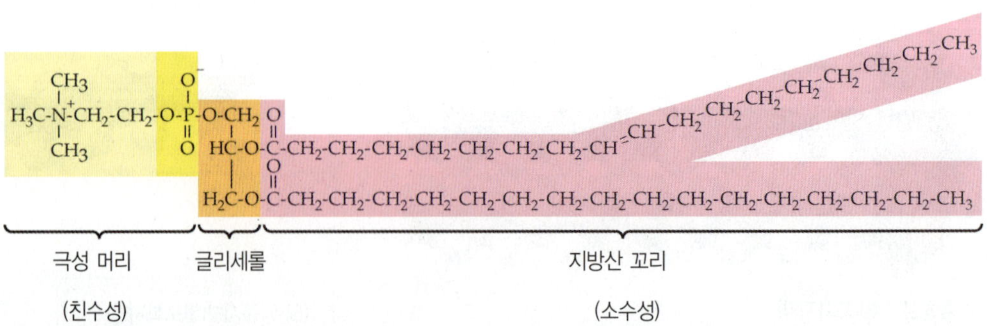

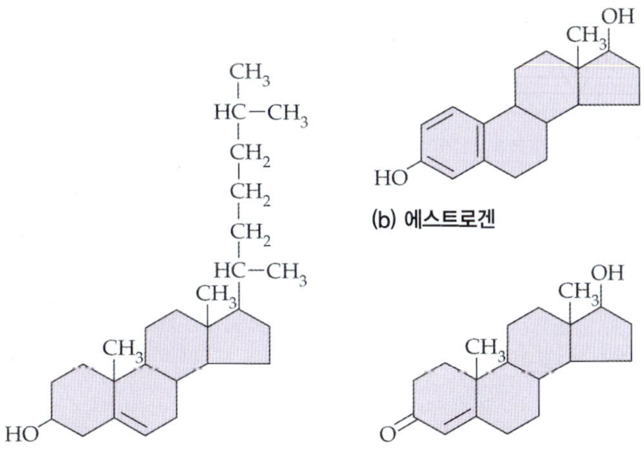


(a) 콜레스테롤 (b) 에스트로겐 (b) 테스토스테론

◀ 그림 2-20 **스테로이드** 일부 스테로이드는 (a) 콜레스테롤에서 합성된다. 모든 스테로이드는 같은 분자구조를 지닌다(분홍색 고리). 스테로이드 기능의 큰 차이점은 고리에 연결된 작용기의 차이이다. (b) 여성호르몬인 에스트라디올(에스트로겐 일종)과 (c) 남성호르몬인 테스토스테론의 구조적 유사성에 주목하자.

### 스테로이드는 서로 결합된 4개의 탄소고리로 이루어져 있다

고리구조를 갖지 않는 다른 지질과 달리 스테로이드는 모두 서로 결합된 4개의 탄소 고리들로 구성되며 여기에 돌출된 여러 작용기들이 부착되어 있다(그림 2-20: 스테로이드의 기본 골격을 색으로 표시). 스테로이드의 한 종류인 코레스테롤은 동물 세포막의 필수 구성요소이며 세포에 이용되어 다른 스테로이드를 합성하기도 한다. 콜레스테롤로 만들어진 스테로이드에는 남성호르몬과 여성호르몬, 염의 농도를 조절하는 호르몬, 지방소화를 도와주는 쓸개즙 등이 있다. 그렇다면 콜레스테롤의 평판이 아주 나쁜 이유는 무엇인가? "건강 지킴이: 콜레스테롤 - 친구와 적"에서 알 수 있을 것이다.

## 2.8 단백질이란 무엇인가?

단백질은 생물체에서 많은 기능을 수행한다. 특히 효소의 역할이 중요한데, **효소**는 세포 내에서 일어나는 대부분의 화학반응을 촉진하는 단백질이다. 각 효소들이 하나 또는 2-3개의 특정 반응을 도와주기 때문에 대부분의 세포에는 수백 가지의 서로 다른 효소들이 들어 있다. 단백질의 또 다른 형태는 에너지 저장이나 구조에 이용된다(그림 2-21). 단백질은 또한 혈액으로 산소를 나르거나 근육세포의 운동을 도와준다.

▼ 그림 2-21 **구조단백질**

(a) 털

(b) 뿔

(c) 거미줄

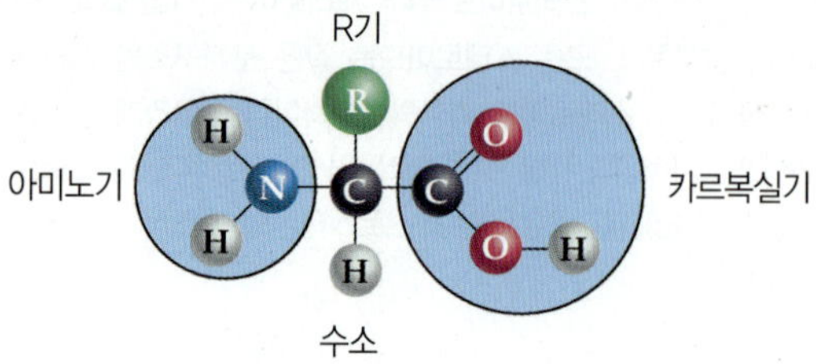


▲ 그림 2-22 아미노산 구조

## 단백질은 아미노산 사슬로 구성된다

**단백질(protein)**은 하나 이상의 아미노산 사슬로 구성된다. 모든 **아미노산(amino acid)**은 중심이 되는 탄소에 4가지 서로 다른 작용기가 결합된 공통의 기본구조를 가진다. 아미노기(—$NH_2$), 카르복실기(—COOH), 수소와 다양한 부분(R기로 표시)이 그것이다(그림 2-22).

단백질에서 발견되는 20개의 아미노산은 각각 서로 다른 작용기(R기)를 가지므로 크기, 물에 대한 용해도, 전기적 성질 등 아미노산의 화학적, 물리적 특성이 다르다. 따라서 단백질에서 아미노산의 연결은 단백질의 특징을 나타내며 그것이 효소, 호르몬 또는 구조단백질인지를 결정한다.

## 아미노산은 탈수합성으로 결합하여 사슬을 이룬다

지질이나 다당류처럼, 단백질도 탈수합성에 의해 형성된다. 합성반응에서 2개의 아미노산이 펩티드결합(peptide bond)을 형성하는데, 펩티드 결합이란 한쪽 아미노산의 아미노기(—$NH_2$)의 질소가 다른 쪽 아미노산의 카르복실기(—COOH)의 탄소와 단일공유결합을 하는 특수한 결합이다. 그 결과 생긴 2개의 아미노산으로 된 사슬을 펩티드(peptide)라고 한다(그림 2-23). 단백질이 완성될 때까지 더 많은 아미노산이 하나씩 첨가된다. 생체 내에서 아미노산의 길이는 3개에서 수천 개에 이르기까지 다양하다. 흔히 사슬길이가 50개 이상 길어지면 "단백질" 또는 "폴리펩티드"라 부르며 보다 짧은 경우는 "펩티드"라 부른다.

## 단백질의 3차원 형태가 기능을 갖게 한다

"아미노산 사슬"이란 말은 느슨하고 형태가 없는 구조의 단백질 형상을 연상케 하지만 실제는 그렇지 않다. 단백질은 스스로 접혀 복잡한 3차원 형태를 나타내는 고도로 조직화된 분자이다(그림 2-24). 서로 다른 단백질이 다른 형태를 갖는 이유는 각 단백질의 배열순서가 달라 이것이 단백질의 형태를 결정하기 때문이다.

단백질의 1차구조(primary structure)는 긴 아미노산 사슬이 독특하게 연결된 것이지만, 대부분의 사슬은 2차구조(secondary structure)도 갖는다. 2차구조는 수소결합에 의해 사슬이 휘어 나선이나 병풍 같은 특징적인 형태를 나타낸다. 아미노기의 수소(부분적 양전하)와 카르복실기의 산소(부분적 음전하) 사이에 수소결합이 형성되어 사슬이 접히거나 나선을 형성한다.

단백질의 2차구조가 좀 더 변형되어 사슬을 따라 서로 다른 작용기 사이에 상호작용이 일어나 복잡한 3차구조(tertiary structure)가 생긴다. 아미노산은 화학적 특성이 다른 각각의 작용기를 가지고 있으므로 단백질에서 서로 다른 아미노산끼리 끌리거나 반발하여 좀 더 휘거나 접혀서 불규칙한 형태의 복잡한 구조를 만든다. 마지막으로 2개 이상의 접힌 폴리펩티드가 결합하여 복잡한 4차구조(quanternary structure)를 만들 수 있다.

단백질 형태는 무엇이 그 기능을 수행하도록 하느냐에 있다. 단백질 모양이 붕괴되면

▼ 그림 2-23 **단백질 합성** 단백질 합성에서 탈수합성은 한쪽 아미노산에 있는 카르복실기의 탄소를 다른 아미노산에 있는 아미노기의 질소에 연결하는 것이다(푸른색 원형은 반응의 부산물로 물이 생성되는 것을 보여준다).

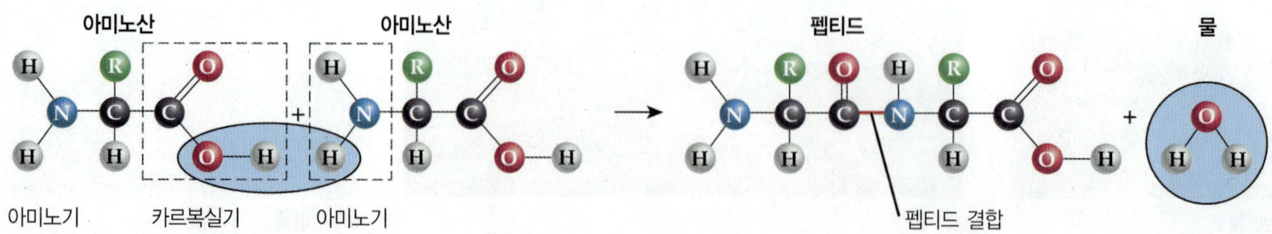

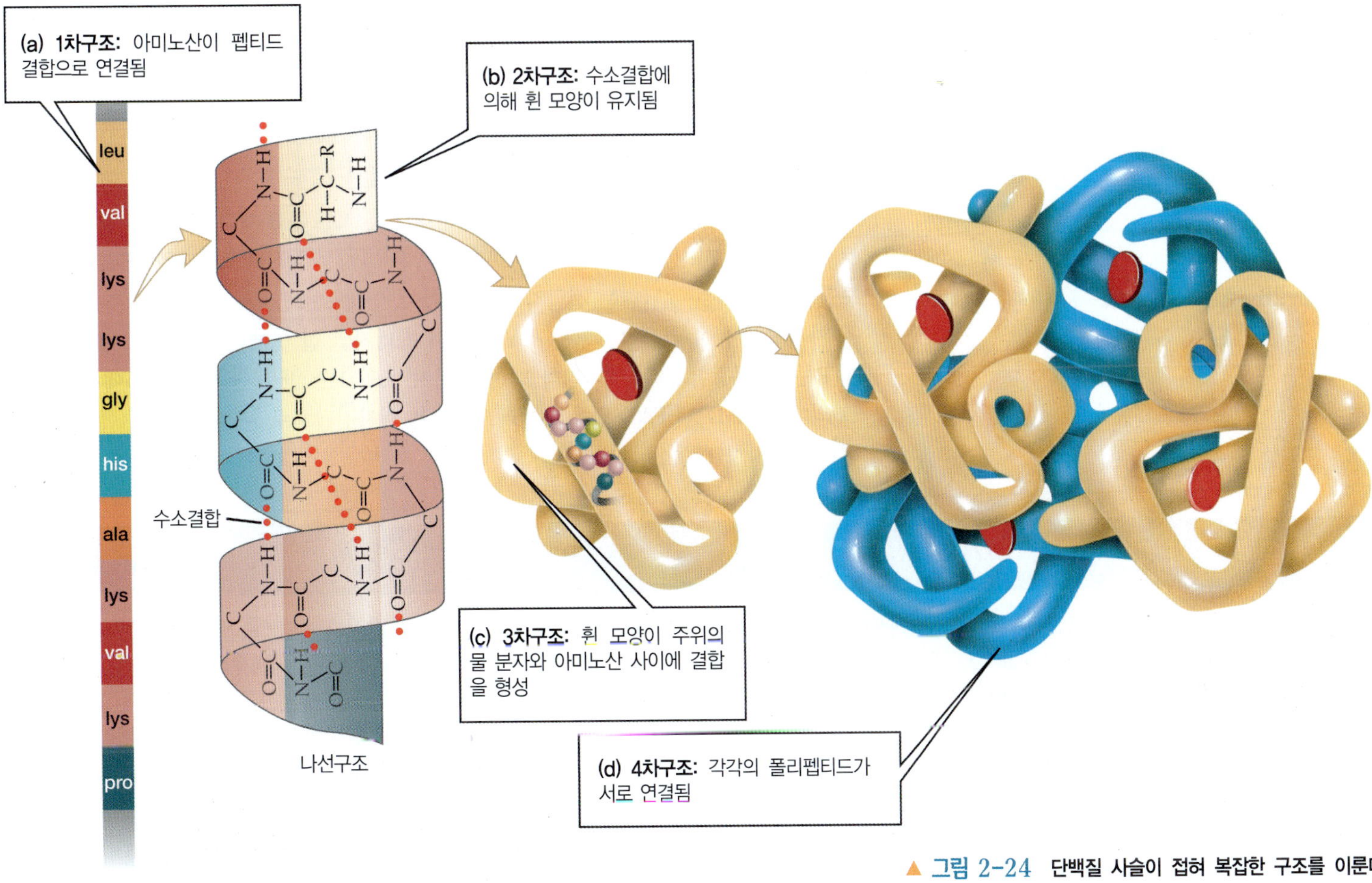


▲ **그림 2-24 단백질 사슬이 접혀 복잡한 구조를 이룬다** 각 종류의 단백질은 (a) 아미노산의 독특한 연결과 분명한 형태를 갖는다. (b) 단백질의 형태는 카르복실기와 아미노기 사이의 수소결합, (c) 단백질 서열의 상호작용에 의해 영향을 받는다. 많은 단백질들이 수많은 펩티드 단위의 조합으로 구성된다. **질문:** 열을 가하면 대부분의 단백질들이 왜 작용능력을 잃게 되는가?

아미노산 사이에 펩티드 결합이 그대로 남아 있더라도 더 이상 올바른 기능을 할 수 없다. 단백질의 모양이 붕괴된 것을 **변성(denature)**이라고 한다. 단백질을 변성시키는 방법은 여러 가지가 있다. 예를 들어, 달걀 프라이를 할 때 프라이팬의 열이 달걀흰자인 알부민 단백질의 변성을 가져와 투명한 상태가 희게 변하고, 액체상태가 고체로 된다. 열이나 자외선을 이용한 살균작용으로 세균이 살아가는데 필요한 단백질을 변성시켜 박테리아나 바이러스를 죽일 수 있다. 염이나 산성용액 또한 단백질 변성을 가져오므로 피클을 이런 용액에 오래 보존할 수 있다.

## 2.9 핵산이란 무엇인가?

**핵산(nucleic acid)**은 비슷하지만 서로 같지 않은 각각의 뉴클레오티드(nucleotide)가 긴 사슬을 이루는 것이다. 모든 뉴클레오티드는 3부분으로 구성된다. (1) 5탄당(리보오스나 디옥시리보오스), (2) 인산기, (3) 뉴클레오티드 사이에 서로 다른 염기인 질소를 포함한 분자이다(그림 2-25).

뉴클레오티드는 리보뉴클레오티드(리보오스 당을 포함)와 디옥시리보뉴클레오티드(디옥시리보오스 당을 포함) 두 종류가 있다. 뉴클레오티드는 긴 사슬로 연결되어 핵산을 형성하며, 뉴클레오티드 인산기에 다른 당이 공유결합으로 연결된다(그림 2-26).

### 유전물질인 DNA와 RNA는 핵산이다

두 종류의 핵산인 디옥시리보핵산(DNA)과 리보핵산(RNA)이 있다. 수많은 디옥시리보뉴클레오티드로 연결된 사슬로 구성된 DNA는 모든 생물의 염색체에 들어 있다. 뉴클레오

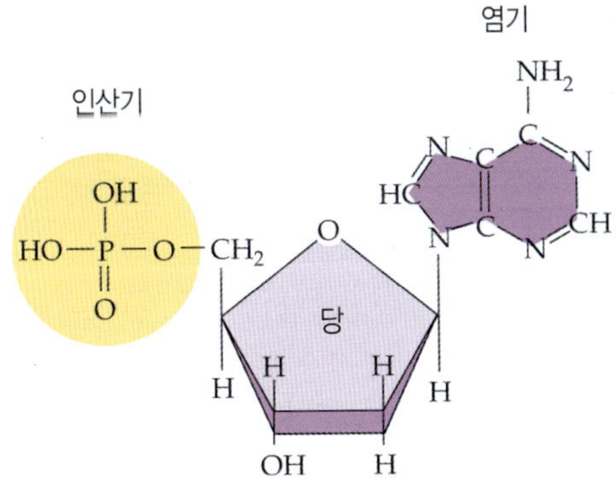


▲ **그림 2-25 디옥시리보오스 뉴클레오티드**

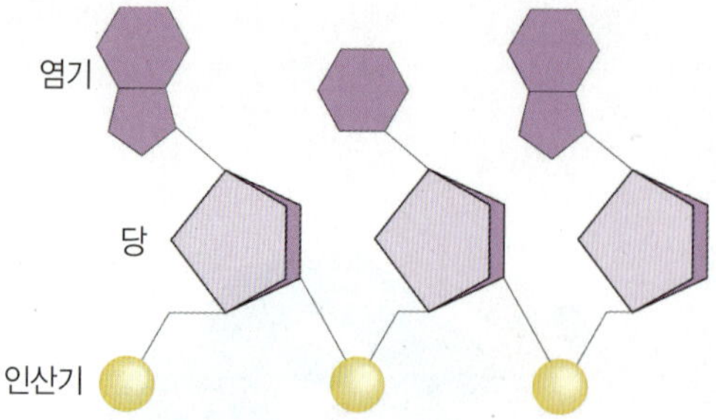


▲ 그림 2-26 뉴클레오티드 사슬

티드 순서는 마치 생물학적 모르스 부호의 점과 선처럼 생물이 단백질을 합성하는 데 필요한 유전정보를 제공한다. RNA 사슬은 핵 속의 DNA로부터 전사된다. 전사된 RNA는 DNA의 유전정보를 날라서 단백질 합성에 직접 사용된다.

## 기타 뉴클레오티드는 다른 기능을 수행한다

모든 뉴클레오티드가 핵산의 일부는 아니다. 일부는 세포내 존재하거나 다른 분자의 일부로 남아 있다. 고리형 아데노신1인산(cAMP) 같은 고리형 뉴클레오티드는 세포 내에서 정보를 다른 분자로 전달하는 전달자 역할을 한다. 아데노신3인산(ATP)처럼 여분의 인산기를 가지고 있는 뉴클레오티드는 세포 내에서 에너지를 한 곳에서 다른 곳으로 전달한다. ATP는 생산(광합성)된 에너지를 잡아 에너지가 필요한 반응(단백질 합성)에 전달한다. 그 외에도 $NAD^+$나 FAD 같은 뉴클레오티드는 전자전달체로 알려져 있으며 에너지를 고에너지 전자형태로 전달한다.

## 자연 따라잡기 다시 들러보기

이제 여러분은 생물 분자에 대해 더 많이 알게 되었으니 가공식품이라는 주제를 다시 둘러보고 과학자들이 분자를 변형하여 칼로리 함량을 어떻게 줄였는지 알아보기로 하자. 우선 가짜지방인 올레스트라를 생각해보기로 하자. 초기 지방은 사용된 단백질, 탄수화물 및 지방 분자를 대체하여, 글리세롤 1분자에 3개의 지방산이 연결된 지방의 분자형태를 제한한 새로운 분자를 만든다. 하지만 올레스트라에는 글리세롤이 당으로 대체되어 6,7, 또는 8개의 지방산이 연결되어 있다. 거대한 지방산 사슬이 소화효소를 차단하여 올레스트라 분자 중심에 있는 소화될 수 있는 당에 효소가 도달하는 것을 차단한다. 따라서 분자들이 체내로 흡수될 수 있는 작은 조각으로 분해되지 않은 채 배출된다.

고당도의 슈크랄로오스는 설탕 분자의 변형으로 생긴다. 판매자들은 슈크랄로오스가 설탕에서 만들어지므로 설탕 맛이 난다고 말한다. 슈크랄로오스 합성과정에서 설탕에 연결된 3개의 수산기가 염소원자로 바뀐다(그림 2-14 참조). 이런 변형은 2배의 효과를 나타내어 사람의 혀에서 단맛 수용체에 결합하는 능력이 증가하고 정상적으로 탄수화물을 소화하는 어떤 효소도 이 분자를 인식할 수 없게 된다. 올레스트라처럼 슈크랄로오스도 소화관을 이동할 때 분해되지 않은 채 남아 있게 된다.

아스파탐은 매우 단맛을 내지만 설탕으로 만드는 것이 아니다. 대신, 두 개의 아미노산(페닐알라닌과 아스파르트산)이 메탄올과 결합하여 합성된다. 아스파탐은 소화계통에서 분해되며, 다이어트 소다 한 잔이나 단맛을 내는 아스파탐 물질에 들어 있는 양은 에너지를 무시해도 될 정도이다.

### 생각해보기

일부 전문가들은 지방이나 설탕의 소비를 제한한 음식을 먹게 되면 비만이 줄어들기 때문에 인공감미료나 가짜지방을 사용해야 한다고 주장한다. 하지만 가공음식에 대해 비평가들은 가공음식 첨가물과 관련해서 어떠한 위험도 피해야 하며 대신 자연적으로 설탕과 지방함량이 낮은 영양가 있는 음식을 먹어야 한다는 주장이다. 당신은 어떻게 생각하는가?

## 개념 확인 문제

### 빈칸 채우기

**1.** 하나 이상의 전자를 잃거나 얻은 원자를 __________(이)라 부른다. 원자가 전자를 잃으면 ________전하를 띤다. 원자가 전자를 얻으면 _________전하를 띤다. 반대 전하를 띤 원자는 서로 끌려서 _________ 결합을 형성한다.

**2.** 양성자 외에도, 수소를 제외한 모든 원자는 핵에 __________을(를) 갖는다. 핵에 있는 중성자 수가 다른 동일 원소의 원자를 _________(이)라고 한다. 이 원소들 중 일부는 자발적으로 붕괴하여 _________을(를) 방출하고 이 과정에서 다른 원자가 된다. 이런 원자를 _________원자라고 한다.

**3.** 최외각 전자가 완전히 채워지거나 완전히 비어 있는 원자를 ________(이)라고 한다. 최외각 전자가 일부 채워진 원자는 __________이며 전자를 얻거나 잃거나 공유하여 _________을(를) 형성할 수 있다.

**4.** 물 분자는 부분적으로 양전하와 음전하를 띠고 있어 __________(이)라고 한다. 물의 이런 특징이 물 분자 사이에 __________결합을 형성하도록 한다. 물 분자 사이의 결합은 물에 높은 ___________을(를) 제공하여 표면장력이 생기게 한다.

**5.** 거대 생물분자는 비슷한 작은 분자들이 연결되어 형성된다. 작은 구성요소 사이에 물을 제거하고 결합이 형성되는 화학반응을 __________(이)라고 한다. 물이 첨가되어 이들 분자를 분해하는 역반응을

__________(이)라고 한다. 전분과 셀룰로오스 모두 ____________ 구성분자로 형성되고 단백질은 __________(으)로 형성된다

6. 생물분자의 4가지 분류는 __________, ___________, __________, _________이다.
다음 각 분자들 옆에 해당되는 일반 분류를 적으시오.
셀룰로오스:_____________, 스테로이드:_____________, 효소:_____________, 지방:_____________, 이당류:______________, DNA:_____________, 글리코겐:______________

## 복습 문제

1. 원자와 분자를 구분하라. 원소와 화합물을 구분하라. 양성자, 중성자 및 전자를 각각 구분하라.
2. 공유결합, 이온결합 및 수소결합을 비교하고 대조하라.
3. 물이 어떻게 소금을 녹이는지 설명하라.
4. 산, 염기 및 완충제의 정의를 말하라. 완충제는 수소이온이나 수산이온이 용액에 첨가될 때 어떻게 pH 변화를 줄이는가? 이런 현상이 생물체에서 왜 중요한가?
5. 생물 분자의 구성요소 중 가장 흔한 원소는 어느 것인가?
6. 생물 분자의 기본 형태를 목록으로 만들고, 각각의 예를 들어라.
7. 뉴클레오티드는 생물체에서 어떤 역할을 하는가?
8. 다음에 나오는 용어를 구분하라: 단당류, 이당류, 다당류. 각각 두 가지 예를 들고 이들의 기능을 설명하라.
9. 아미노산으로 단백질을 합성하는 과정을 설명하라.

# 3장

# 세포막의 구조와 기능

공격을 준비하고 있는 방울뱀

## 주요 내용

# 사례 연구 맹렬한 뱀독

많은 대학 1학년 학생들처럼 칼(Karl)과 마크(Mark)는 새로운 환경을 즐기기를 갈망하였다. 가을학기 첫째 주말에 그들은 남부 캘리포니아 교정에서 출발하여 모하브 사막의 산책로 기점까지 운전하여 갔다. 하이킹을 시작하고 조금 지난 후 바위로 된 절벽을 발견하여 그 곳을 오르기로 하였다. 위로 기어 올라가서 칼은 암석 노출부에 있는 손잡이에 도달하였다. 그의 손아래로 잡힌 것은 딱딱한 바위라기보다는 오히려 꿈틀거리고 있는 비늘로 덮인 동물의 몸같이 느껴져서 놀라게 되었다. 덜거덕 거기를 소리를 들었는데 거의 즉시 그의 손에서 타는 듯한 강렬한 고통을 느꼈다. 그의 팔을 움켜쥐고 올리자 바위 틈새로 미끄러져 들어가는 큰 뱀을 얼핏 보았다.

칼에게는 다행스럽게도 마크가 핸드폰을 갖고 있어 재빨리 911에 전화를 걸었다. 한 시간도 채 지나기 전에 두 명은 의료후송 헬리콥터로 후송되었다. 병원으로 이동하면서 긴급의료원이 그들이 이야기를 듣고 방울뱀에 물린 환자가 곧 도착할 것이라고 병원응급실에 무선연락을 취하였다. 이것은 매우 다행인 소식이었는데 그 이유는 미국에서 해마다 10건 내지 15건씩 뱀에 물려 죽는 사고가 발생하는데 대부분 방울뱀에 의한 것이기 때문이다. 칼이 병원에 도착할 때까지 커다란 멍이 그의 손에 퍼져갔다. 혈압이 떨어지고 그의 숨이 가빠지자 긴급의료원이 산소호흡기를 달아주었다.

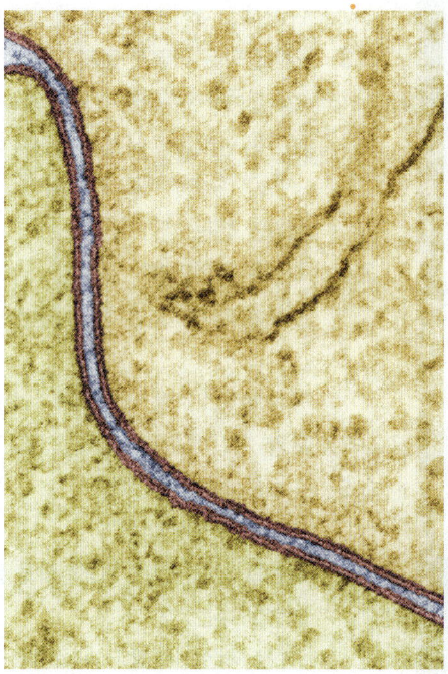

많은 동물의 맹독은 세포막을 공격한다. 이 사진은 인접한 두 세포의 세포막 부분을 보여주고 있다.

한편 동부로 3,219 km 떨어진 켄터키 주에서는 또 다른 사람이 불행하게도 맹독성 동물에 물렸다. 멜리사(Melissa)는 지하 저장고에서 오래된 상자들을 정리하고 있었다. 그녀는 상자에 붙어 있는 독거미를 보지 못하였다. 그녀가 무심코 팔로 거미에게 압력을 가하게 되었는데 그때 그녀는 독거미에게 물린지도 알지 못했다. 그러나 몇 시간 지난 후 그녀의 팔이 따끔거리기 시작하였고, 팔 위에 작고 붉은 반점이 부어오르고 있음을 알았다. 그날 밤 멜리사는 팔에 고통이 커지면서 잠을 잘 수 없었다. 다음 날 아침 훨씬 더 넓게 퍼진 자주색의 자국을 보고 놀라서 병원에 찾아갔다. 일련의 검사를 통해서 의사는 그녀가 독거미에 물렸을 것 같다고 예상하게 되었다. 의사가 경고하기를 많은 경우 독거미이게 물리면 주변 피부와 피하조직이 파괴되어 아주 커다란 상처가 만들어지기 때문에 치료하는데 몇 달이 걸릴 수도 있다고 하였다.

방울뱀이나 독거미의 맹독은 세포막에 영향을 주게 된다. 맹독이 세포막을 어떻게 공격할까? 세포막에 대한 손상이 왜 그러한 파괴적인 결과를 일으키는가? 세포막의 구조와 기능에 대하여 공부하게 되면 그 질문에 대한 답을 좀 더 쉽게 이해할 수 있다. ■

## 3.1 원형질막은 무슨 역할을 하는가?

세포는 생명체의 가장 간단한 단위이다. 각각의 세포는 **원형질막(plasma membrane)**에 의해 둘러싸여 있어 외부 환경으로부터 세포의 내용물들을 분리하게 된다. 막은 또한 문지기의 역할을 하는데 어떤 물질은 세포 안이나 혹은 밖으로 이동하게 하며, 외부의 환경으로부터의 화학적인 신호를 세포 안으로 전달하는 기능도 하게 된다. 이러한 기능은 10,000개의 원형질막을 차곡차곡 쌓아도 한 페이지의 종이 두께와 같을 정도인 구조물이 나타내는 기능으로는 어마어마한 일들이다.

먼저 간략하게 본다면, 원형질막은 비누거품처럼 세포의 겉을 둘러싸고 있는 얇은 필름처럼 보인다. 그러나 세포막은 특정한 기능을 수행하는 각각의 다른 구성성분을 포함하고 있는 복잡한 구조물이다.

## 3.2 원형질막의 구조는 어떻게 되어 있는가?

원형질막이 기능을 나타낼 수 있는 능력은 막의 구조와 밀접하게 연관되어 있다. 막의 전체적인 구조는 두 겹의 지질층에 단백질이 떠 있는 구조이다. 지질은 막의 격리 기능과 관련되어 있다(주변으로부터 세포 내부를 분리하는 것). 단백질은 문지기 기능(막을 사이에 두고 일어나는 물질의 교환을 조절하는 것과 화학적 신호에 반응하는 것)과 관련되어 있다.

### 막은 "유동성 모자이크" 이다

막의 구조를 상상해볼 수 있는 방법은 **유동성 모자이크(fluid mosaic)**를 생각해 보는 것이다. 유체는 서로 분리되지 않고 분자들이 비교적 자유롭게 서로서로 움직이면서 모양을 변화시키는 물질로서 액체이거나 혹은 기체의 형태를 띤다. "모자이크"라는 단어는 타일과 같은 물질인 작고 색깔을 띤 조각들을 회반죽 안에 붙여서 만드는 모자이크 작품과 유사한 것을 의미한다. 높은 배율로 막을 관찰해보면 많은 방울이 끊임없이 움직이는 타일로 이루어진 모자이크처럼 보인다. 인지질의 이중층은 얇지만 그러나 모자이크에서 아직 액체와 같은 회반죽의 형태를 띠며, 여러 종류의 단백질들은 인지질층 안에서 움직일 수 있는 타일과 같은 형태를 띤다(그림 3-1). 이 움직임은 막이 유동적이면서 변화무쌍한 특성을 갖게 한다(막의 실질적인 구성성분은 비교적 일정한 편이다).

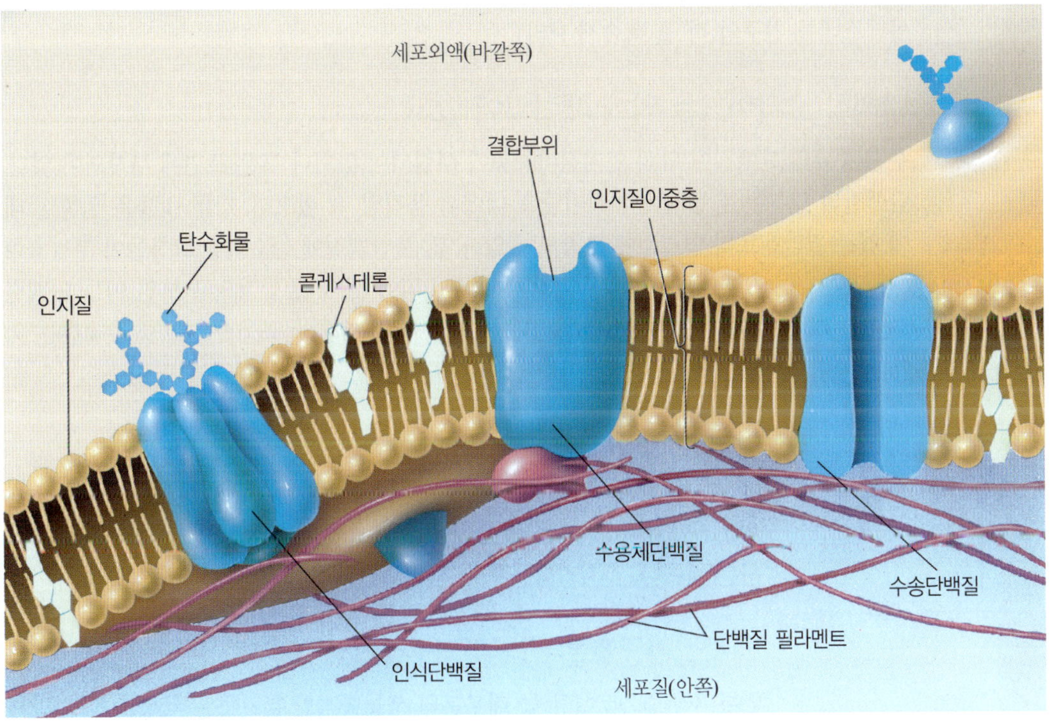


▲ 그림 3-1 **원형질막은 유동성 모자이크이다.** 원형질막은 여러 종류의 단백질들이 매립되어 있는 인지질이중층이다. 많은 단백질들에 탄수화물이 부착되어 있다. 여러 유형의 막단백질은 세 가지로 분류한다: 인식단백질, 수용체단백질, 수송단백질.

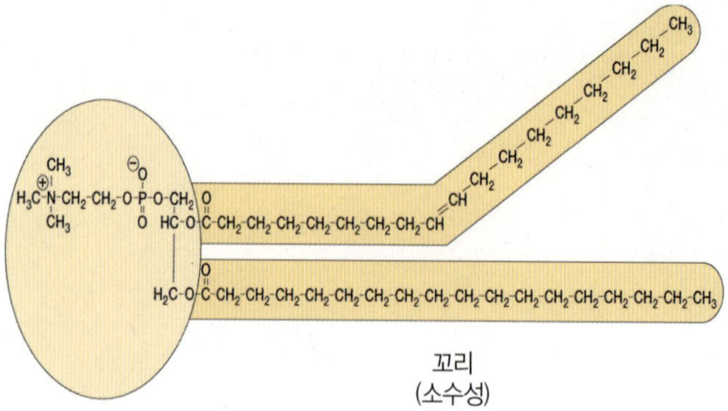


▲ 그림 3-2 인지질 분자

## 인지질이중층은 막의 유동부분이다

세포의 외부와 내부 환경은 모두 물로 이루어져 있다. 외부적으로 보면 세포는 물로 둘러싸여 있다. 예를 들면 단세포생물은 민물이나, 바닷물이나 혹은 토양 표면과 다른 표면에 부착되어 있는 물에서 살고 있다. 생물체 몸을 이루고 있는 세포들 사이 공간이 주로 물로 이루어진 액체로 가득 채워져 있기 때문에 다세포생물을 이루는 각각의 세포도 마찬가지로 물 속에 잠겨 있는 형태이다. 내부를 보면 핵을 제외한 세포의 구성성분을 모두 포함하는 원형질도 대부분 물이다. 그래서 원형질막은 물로 이루어진 세포의 원형질을 물로 이루어진 외부 환경으로부터 분리하기 위한 것이다.

물로 이루어진 환경에서 인지질은 자연적으로 **인지질이중층(phospholipid bilayer)**이라고 불리는 이중층의 배열을 한다. 2장에서 배운 것처럼 인지질 분자는 극성 머리와 한 쌍의 비극성 꼬리로 이루어져 있다(그림 3-2). 머리는 물 분자를 끌어당긴다는 의미로 **친수성(hydrophilic)**이다. 물을 끌어당길 수 있는 이유는 물 분자와 인지질 머리 사이에서 수소결합을 형성하기 때문이다. 인지질 꼬리는 물 분자를 밀어낸다는 의미로 **소수성(hydrophobic)**이다. 머리와 꼬리가 다른 특성을 갖고 있어서 물속에서 인지질은 친수성 머리가 바깥쪽의 물과 접하는 면을 구성하는데 친수성의 한쪽은 원형질과 접하게 되고, 다른 한쪽은 바깥쪽 액체 부분과 접하는 형태의 이중층으로 배열하게 된다. 이와는 대조적으로 소수성 꼬리는 물을 밀어내고 막 안쪽에 숨게 된다(그림 3-3). 막에 있는 인지질 분자들이 서로 결합되어 있는 것이 아니기 때문에 각각의 인지질 분자들은 각 층 내에서 쉽게 움직일 수 있다.

대부분의 세포에서 막의 인지질이중층은 또한 콜레스테롤 분자들을 포함하고 있다. 콜레스테롤은 이중층을 더욱 강하고 더욱 유연하게 만들며 이온이나 단순 설탕과 같은 수용성 분자들에 대한 투과성은 낮춘다. (33쪽에 있는 그림 2-20과 32쪽의 "건강 지킴이: 콜레스테롤-친구와 적"을 복습해 보라).

## 단백질 모자이크는 막에 매립되어 있다

수천 종류의 단백질이 막의 인지질이중층에 매립되어 있거나 혹은 표면에 부착되어 있다. 단백질의 일부는 유동성 인지질이중층 내에서 움직일 수 있으며, 다른 것들은 원형질 내에 있는 필라멘트의 연결점에 부착되어 있다. 많은 단백질에 탄수화물 그룹들이 부착되어 있는데 특히 세포의 외부에 부착되어 있다. 종합적으로 보면 이들 단백질은 막을 가로질러 물질을 통과시키고, 다른 세포들과 신호를 주고받는 역할을 한다.

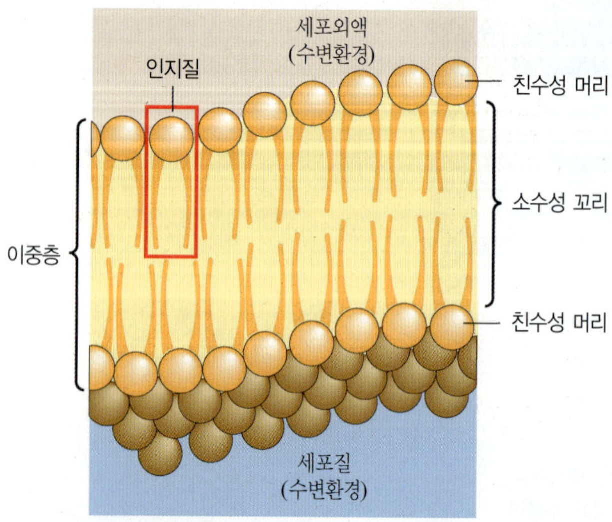


▲ 그림 3-3 인지질이중층

# 3.3 원형질막은 어떻게 문지기 역할을 하는가?

원형질막의 주요 기능 중의 하나는 세포 안과 밖으로의 물질 이동을 조절하는 것이다. 인지질이중층과 매립된 단백질이 문지기 역할을 한다.

## 인지질이중층은 대부분의 분자들이 통과하는 것을 막는다

염류, 아미노산, 설탕 등 대부분의 생물학적인 분자들은 극성을 갖고 있으며, 물에 잘 녹는다. 이러한 물질들은 인지질이중층 내에 있는 비극성의 소수성 꼬리를 쉽게 통과할 수 없다. 그래서 인지질이중층은 세포의 내용물을 외부 환경으로부터 분리시키는 주요한 기능을 수행하게 한다. 그러나 이러한 격리가 완벽한 것이 아니다. 물과 전하를 띠지 않고 있는 지용성 분자들은 인지질 이중층을 비교적 쉽게 잘 통과한다.

### 매립된 단백질은 분자들을 선택적으로 수송하고 반응하며 인지한다

막을 통과하는 대부분의 분자들은 막단백질의 도움을 받아 통과한다. 막단백질은 물질 수송 역할뿐만 아니라 환경에 존재하는 물질에 대한 반응에서도 중요한 역할을 한다. 막단백질은 수송단백질, 수용체단백질, 인식단백질의 세 가지 주요한 카테고리로 나눌 수 있는데 이들은 서로 다른 작용을 하게 된다(**그림 3-1** 참고).

**수송단백질(transport protein)**은 친수성(수용성) 분자가 원형질막을 통과하도록 한다. 친수성 분자들이 통과할 수 있는 통로를 형성하거나 혹은 분자를 포획하여 막을 가로질러 수송하게 된다. 예를 들면, 세포에게 에너지를 제공하는 당 분자는 포도당수송단백질이라는 특수화된 분자에 의해 막을 통과하여 수송된다.

**수용체단백질(receptor protein)**은 세포 내로 화학적인 신호를 전달한다. 그들은 호르몬이나 영양분과 같은 특수한 분자가 세포 바깥쪽에 결합하면 세포 내에서의 반응을 촉발한다. 예를 들면, 인슐린이라는 호르몬 분자가 세포 표면에 있는 인지단백질에 결합하면 세포는 포도당 분자를 원형질막을 통과하여 세포 안으로 이동시키는 수송단백질을 활성화시킨다.

**인식단백질(recognition protein)**은 인식표와 세포 표면의 결합장소에 따라서 인지된다. 예를 들면 면역시스템에 있는 세포가 질병을 일으키는 침입자와 자신의 세포를 구별하기 위해 인식단백질을 사용한다. 세포들은 표면에 두 종류의 서로 다른 인식단백질을 갖고 있기 때문에 세균은 파괴되어야 하는 외부 침입자로 인지되지만 자신의 혈구세포들은 그렇게 인식되지 않는다.

막단백질의 세 가지 카테고리에는 서로 다른 많은 단백질들이 해당되는데 각각 독특한 모양을 갖고 있으며, 매우 특수한 역할을 한다. 수송단백질들은 각각 특정한 종류의 분자만을 막을 통과하여 수송하며, 다른 세포들은 어떤 특정한 종류의 인식단백질이 모여 있다.

> **맹렬한 뱀독**
>
> **계속**
>
> 세포는 생존하기 위해 어떤 물질은 원형질막을 통화하도록 하고, 어떤 물질은 통과하지 못하도록 함으로써 세포질의 화학적 구성을 적절하게 유지한다. 세포의 원형질막에 손상이 생기면 이러한 기능이 파괴되어 세포가 죽게 된다. 동물 근육을 비롯하여 빈번하게 운동을 하거나 모양을 바꾸는 동물 조직들의 세포들은 부딪치고 서로 밀치기 때문에 특히 파손될 위험이 매우 높다. 보통 세포들이 이렇게 손상을 입더라도 손상된 막을 빠르게 복구할 수 있다. 그러나 만약 원형질막이 세포막을 구성하는 인지질 분자에 손상을 가하는 물질과 접하게 되면 복구과정이 잘 일어나지 않을 수 있다. 방울뱀과 독거미의 맹독과 같이 많은 맹독들은 직접 막단백질을 공격하여 이러한 작용에 손상을 가하게 된다.

## 3.4 확산은 무엇인가?

앞 부분에서 세포의 원형질막을 통과하여 물질이 수송되는 것에 대해 공부했듯이 세포막은 물이 많은 환경에서 작용한다. 몇 가지 개념을 성립하여 보자:

- 용액에서의 물질의 **농도**는 어떤 일정한 부피에 들어 있는 분자의 수이다.
- **농도기울기**는 두 공간 사이에서의 물리적 차이를 의미한다. 기울기는 한쪽에서 다른 쪽으로 분자를 이동시킬 수 있다. 분자들은 농도, 압력, 전하의 기울기에 처하게 되는 경우가 많다.

### 액체 속의 분자들은 농도기울기에 따라 반응하여 이동한다

농도기울기는 액체 속에서 분자나 이온의 운동에 영향을 주기 때문에 매우 중요하다. 예를 들면, 뚜껑을 열어 놓은 병으로부터 공기 중으로 이동하는 향수 분자를 생각해봐라(기체나 액체 모두 유체이다). 향수는 고농도의 공간에서(병의 안쪽에 있는 공기) 저농도의 공간(병 밖의 공기)으로 이동한다. 다른 말로 표현하면 향수 분자는 두 공간 사이에서의 농도의 차이인 **농도기울기(concentration gradient)**에 반응하여 이동한 것이다. 고농도

▶ **그림 3-4 물에서의 색소의 확산**

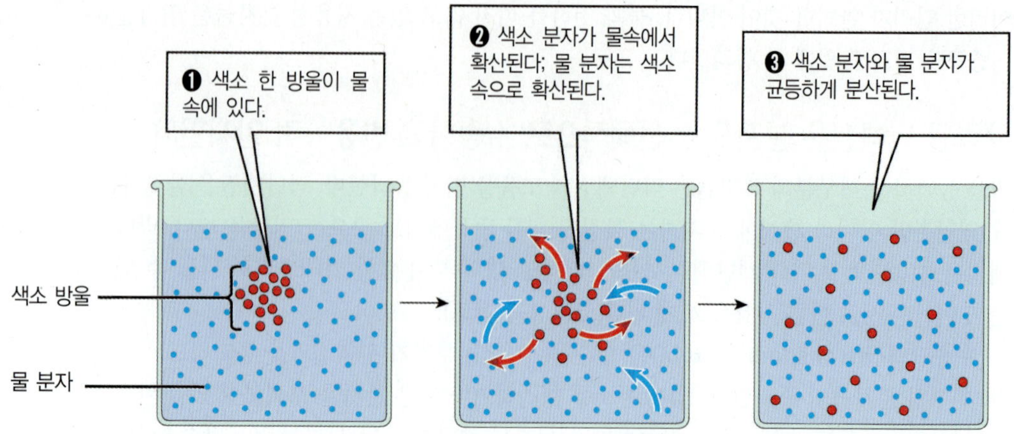


공간에서 저농도 공간으로 분자가 이동하는 것을 **확산(diffusion)**이라고 한다. 그러한 이동은 농도가 낮아지는 쪽으로(높은 곳에서 낮은 쪽으로) 이동한다. 열린 향수병이 있는 방 안의 공기가 향기로운 이유는 향수 분자가 농도기울기가 낮아지는 쪽으로 확산되었기 때문이다. 만약 확산을 역행하는 다른 요인이 없다면 확산된 물질은 유체를 통하여 균등하게 분산될 때까지 계속 될 것이다.

## 물속의 색소 방울이 확산을 보여준다

확산이 일어나는 것을 보기 위해서 한 잔의 물에 식용색소 한 방울을 떨어뜨린 후 몇 분 간격으로 진행상황을 관찰하여 보라. 시간이 지남에 따라서 저어 주지 않아도 색소 방울이 퍼져 나가면서 색깔이 점점 흐려지고 최종적으로는 균등해져서 물 한 잔이 전체적으로 균등하게 옅은 색깔을 띠게 될 것이다. 색소 분자들은 더 높은 농도의 장소에서 더 낮은 농도의 염료가 존재하는 주변 물속으로 이동한다(**그림 3-4**). 동시에 물 분자는 염료 방울 속으로 이동하며, 물 분자의 순이동은 고농도의 물 분자 속에서 나와서 색소 방울이 저농도로 있는 물 분자 속으로 일어난다.

처음에는 농도기울기가 매우 가파르기 때문에 색소 분자는 매우 빠르게 확산한다. 농도차가 점차 낮아지면서 색소 분자의 이동 속도는 늦어진다. 즉, 농도기울기가 크면 클수록 확산 속도가 빠르다. 그러나 확장된 색소 방울 속의 색소의 농도가 나머지 유리잔의 색소의 농도보다 크면 클수록 색소 분자의 순이동은 물속에서 색소 분자가 균등하게 분산될 때까지 계속 일어날 것이다. 농도기울기가 없어질 때 확산 속도는 영으로 떨어진다. 물론 물과 색소 분자가 계속 이동하지만 어떤 특정한 방향으로의 순이동 없이 모든 방향으로 무작위적으로 이동하게 된다.

**요약 확산의 원리**

- 확산은 고농도로부터 저농도로 농도기울기를 낮추도록 일어나는 분자의 이동이다.
- 농도기울기가 크면 클수록 확산 속도가 더 빠르다.
- 다른 방해되는 과정이 없다면 확산은 농도기울기가 없어질 때까지 계속 일어난다.

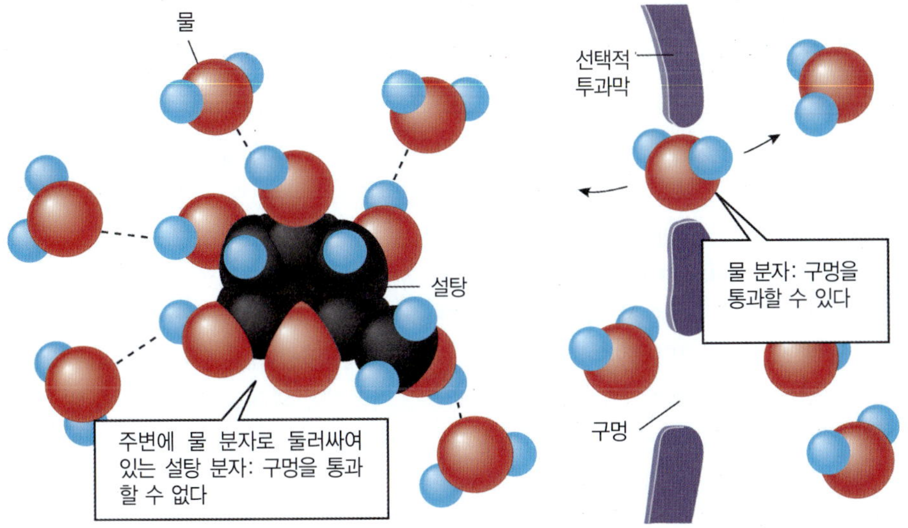


◀ **그림 3-5 선택적 투과막** 물 분자는 막을 자유롭게 통과하지만, 분자가 큰 용질은 통과하지 못한다.

## 3.5 삼투현상은 무엇인가?

다른 분자들처럼 물도 고농도에서 저농도로 이동한다. 높은 물농도라고 표현하는 것은 물의 농도가 더 높은 것을 의미하는가 혹은 물의 농도가 더 낮은 것을 의미하는가? 답은 간단하다: 순수한 물이 가장 높은 물농도를 갖는다. 순수한 물에 첨가된 어떤 물질은 물 분자의 일부를 대체할 것이며, 그 결과 용액은 순수한 물보다 더 낮은 물농도를 나타낸다. 용질의 농도가 높으면 높을수록 물농도는 낮아진다.

높은 물농도로부터 낮은 물농도로 막을 통과하여 일어나는 물의 이동은 역동적이며 중요한 영향을 나타내는데 이를 **삼투현상(osmosis)**이라고 한다. 삼투현상은 일부 분자는 통과하지만 다른 분자들을 통과하기 못하는 **선택적 투과막(selectively permeable)**을 통과하여 물이 이동하는 현상이다. 가장 간단한 선택적 투과막은 물 분자는 충분히 통과할 수 있을 정도로 크지만 설탕 분자가 통과하기에는 작은 크기의 구멍을 갖고 있다(**그림 3-5**). 물 분자는 통과하지만 설탕용액을 자루 속에 넣고 밀봉한 후 순수한 물속에 담그면 어떤 일이 일어날 것인가? 삼투현상으로 그 자루는 팽창할 것이다. 만약 그 자루가 약하다면 결국 터져 버릴 것이다. (**그림 3-6**).

### 요약 삼투현상의 원리

- 삼투현상은 선택적 투과막을 통과하여 물이 확산되는 현상이다.
- 용질은 용액 속에 들어 있는 물 분자의 농도를 감소시킨다.
- 물의 농도가 높은 쪽에서 낮은 쪽으로 농도기울기를 낮추는 쪽으로 물이 이동한다

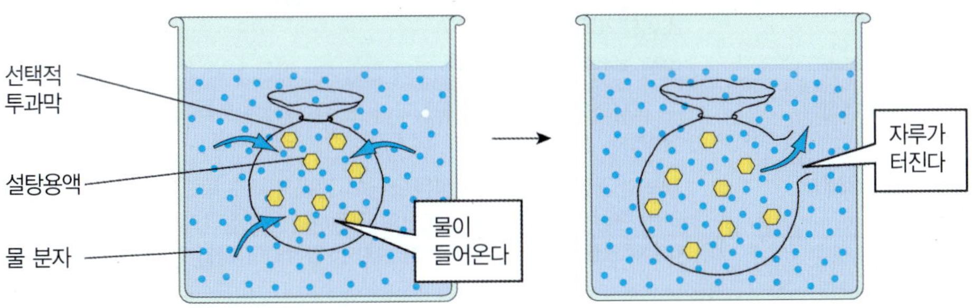


◀ **그림 3-6 삼투현상** 물 분자는 물의 농도가 높은 쪽에서 낮은 쪽으로 선택적 투과막을 통과하여 농도기울기를 낮추도록 확산한다. **질문:** 물은 통과시키지만 포도당은 통과시키지 못하는 막에 의해 두 부분(A와 B)으로 나뉜 포도당 용액이 담긴 용기를 생각해보라. 포도당이 A 부분에 첨가되면 B 부분의 내용물은 어떻게 바뀔 것인가?

## 3.6 확산과 삼투현상은 원형질막을 통과하는 수송에 어떤 영향을 주는가?

표 3-1에서 보는 것처럼 막을 통과하는 물질의 수송은 두 가지 주요한 형태로 수동수송과 에너지 요구성 수송이 있다: 수동수송은 여기에서 설명하고, 에너지 요구성 수송은 3.7절에서 설명하기로 한다.

**수동수송(passive transport)**이 일어나는 동안 용질은 농도기울기가 낮은 방향으로 세포 안쪽이나 혹은 바깥 쪽으로 이동한다. 세포질의 구성물질은 세포외액과 아주 다르기 때문에 세포는 원형질막을 사이에 두고 농도기울기를 형성한다. 수동수송에 의해 막을 통과하여 일어나는 수송의 방향은 전체적으로 농도기울기에 의해 결정되지만 특정 용질이 어떻게 막의 인지질이중층 및 수송단백질과 상호작용을 하는지에 의해 결정된다. 수동수송에는 에너지 소비가 필요없다. 수동수송은 단순확산, 촉진확산, 혹은 삼투현상에 의해 일어난다. 이 과정들은 다음 부분에서 설명하겠다.

### 원형질막은 선택적 투과막이다

많은 분자들은 세포질과 외부 환경 사이에서 존재하는 농도의 차이에 의해 일어나는 확산에 의해 원형질막을 통과하여 수송된다. 그러나 원형질막은 선택적 투과막이기 때문에 모든 분자들이 원형질막을 통과하여 확산될 수는 없다.

### 어떤 분자들은 단순확산에 의해 막을 통과한다

에틸알코올과 비타민 A와 같이 지질에 용해되는 분자들은 물을 비롯하여 산소 및 이산화탄소와 같은 기체들은 쉽게 인지질이중층을 통과하여 확산된다. 이러한 형태의 수동수송을 **단순확산(simple diffusion)**이라고 한다(그림 3-7a). 일반적으로 단순확산의 속도는 막을 사이에 두고 존재하는 농도의 기울기, 분자의 크기, 얼마나 쉽게 지질에 용해되는가 등에 의존한다. 농도기울기가 크고, 분자 크기가 작으며, 지질에 대한 높은 수용성 등은 모두 단순확산의 속도를 증가시킨다.

**표 3-1 막을 통과하는 수송**

| | |
|---|---|
| **수동수송** | 농도, 압력, 전하의 기울기가 낮은 방향으로 막을 통과하는 물질의 수송. 세포는 에너지 소비를 필요로 하지 않는다. |
| 단순확산 | 인지질이중층을 통과하여 일어나는 물, 용해된 기체, 혹은 지용성 분자의 이동 |
| 촉진확산 | 통로나 운반단백질을 통하여 일어나는 분자의 수송 |
| 삼투현상 | 선택적 투과막을 통과하는 물의 확산 |
| **에너지 요구성 수송** | 농도기울기에 역행하여 막을 통과하는 물질의 이동. 세포가 에너지 소비를 필요로 한다. |
| 능동수송 | 막에 존재하는 단백질에 의하여 일어나는 작은 분자나 이온의 이동 |
| 세포내섭취 | 큰 입자의 이동으로서 원형질막이 소낭을 형성함으로써 세포질로 들어가는 이동 |
| 세포외배출 | 세포의 물질이 막으로 형성된 소낭에 감싸여 세포 밖으로 이동하는 현상. 소낭은 세포 표면으로 이동하여 원형질막과 융합한 후 바깥쪽으로 열리면서 내용물이 밖으로 확산되어 나감 |

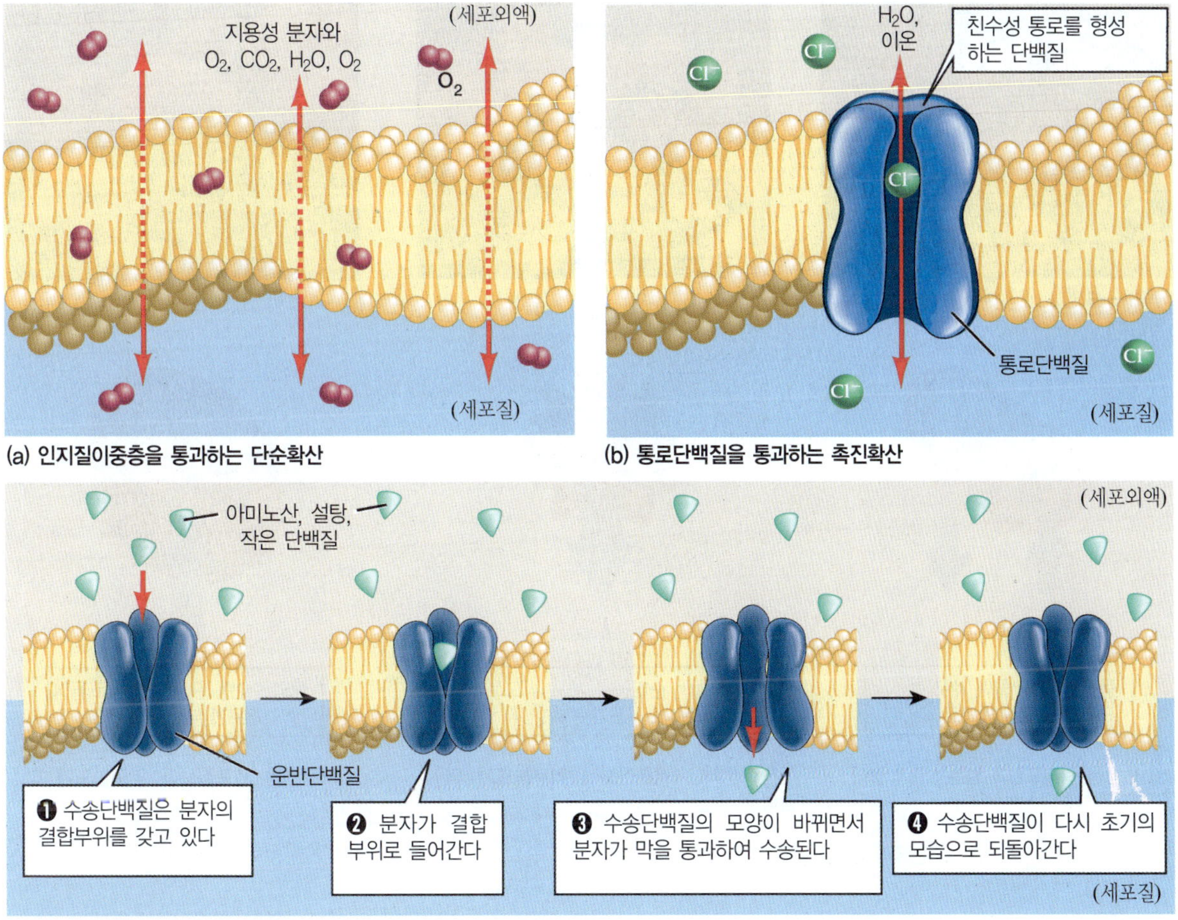


▲ 그림 3-7 **원형질막을 통과하는 확산**
(a) 지용성 분자를 비롯하여 산소, 물, 이산화탄소 등과 같은 기체는 단순확산에 의해 인지질을 직접 통과한다. (b) 물과 수용성 분자는 통로단백질을 통과하는 촉진확산에 의해 세포 안으로 들어가거나 세포 밖으로 나간다. (c) 어떤 분자는 통과할 때 모양이 바뀌는 수송단백질을 통한 촉진확산에 의해 수송된다.
**연습:** 여러 농도의 설탕용액에 담겨져 있는 세포 속으로 들어가는 초기 확산 속도를 측정하는 실험을 생각하여 보아라. 단순확산이 일어나는 그래프(용액농도 대비 초기 확산 속도)를 그려보고, 다른 하나는 촉신확산이 일어나는 그래프를 그려보라

## 다른 분자들은 촉진확산에 의해 막을 통과한다

이온($K^+$, $Na^+$, $Ca^{2+}$), 아미노산, 단순당과 같은 많은 수용성 분자들은 인지질이중층을 통과할 수 없다. 이러한 분자들은 수동수송의 형태로서 통로단백질이나 혹은 수송단백질의 두 가지 형태 중 하나에 의해 일어나는 **촉진확산(facilitated diffusion)**에 의해 막을 통과하여 확산된다.

**통로단백질(channel protein)**은 지질이중층에 이온이 통과할 수 있는 구멍이나 통로를 형성한다(그림 3-7a). 일반적으로 통로단백질은 특정 이온만을 통과시키는 특이성을 나타낸다. 예를 들면 신경세포는 칼륨이온($K^+$), 나트륨이온($Na^+$), 칼슘이온($Ca^{2+}$) 등에 대해 각각 분리된 통로를 갖고 있다. 물은 모든 세포에 존재하는 인지질이중층을 통과하여 직접 확산될 수 있지만, 많은 세포들은 아쿠아포린이라는 특수화된 물 통로를 갖고 있다. 아쿠아포린은 촉진확산에 의해 단순확산보다 훨씬 빠르게 물을 통과시킨다.

**수송단백질(carrier protein)**은 특이한 분자를 막의 한 쪽에서 결합하여 다른 쪽으로 이동시킨다. 수송단백질의 각각은 특정 분자(특히 아미노산, 당, 작은 단백질 등)에 결합할 수 있다. 결합하면 수송단백질의 형태를 바꾸도록 유도하여 결합된 분자가 단백질을 통과하여 원형질막을 가로지르게 한다(그림 3-7c).

## 물은 삼투현상에 의해 원형질막을 통과할 수 있다

대부분의 원형질막은 물을 잘 통과시킨다. 원형질막을 통과하는 물의 흐름은 세포 내부나 외부에 얼마나 높은 농도의 물을 갖고 있는가에 달려 있다. 일반적으로 세포 외부의 용액

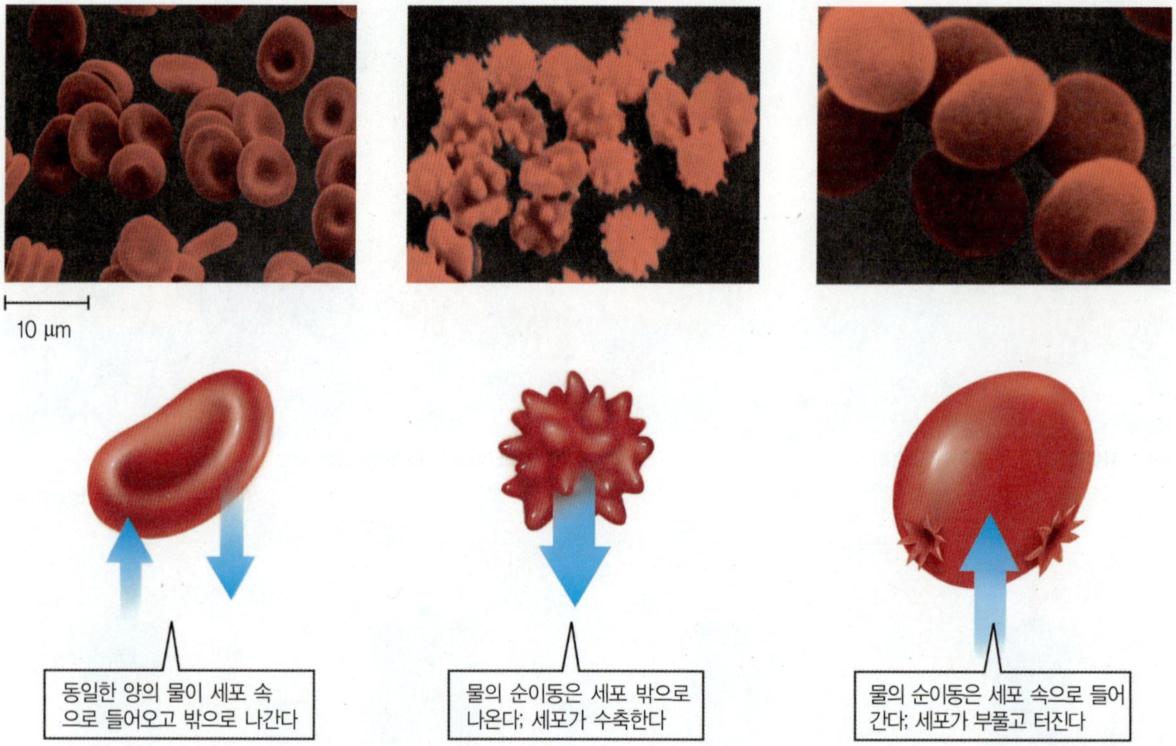


(a) 등장액은 세포질과 염분농도가 같다

(b) 고장액은 세포질보다 염분농도가 더 높다

(c) 저장액은 세포질보다 염분농도가 더 낮다

▶ **그림 3-8 삼투현상의 효과** 적혈구 세포는 혈액 용액 속에 떠 있는 형태이다. **(a)** 적혈구 세포를 혈액과 같은 농도의 용질이 용해되어 있는 등장액에 담그면 원형질막을 통과하는 물의 순이동은 없다. 적혈구 세포는 가운데가 움푹 들어간 디스크 형태의 특징을 유지하게 된다. **(b)** 세포보다 염분농도가 더 높은 고장액은 물이 세포 밖으로 빠져나오게 하여 적혈구가 수축하게 한다. **(c)** 세포보다 염분농도가 더 낮은 저장액에 담그면 물이 들어와서 적혈구 세포가 팽창하고 결국 터지게 된다. **질문:** 민물고기는 자신의 체액과 비교할 때 저장액인 용액에서 살고 있다. 왜 민물고기가 부풀어 터지지 않는가?

은 세포 내부에 존재하는 세포질과 같은 물농도를 갖고 있다. 그런 경우 외부용액을 세포질과 **등장액**이라고 하며, 세포 안 혹은 밖으로 물의 순이동은 일어나지 않는다(**그림 3-8a**). 세포 내부와 세포 외부에 존재하는 용질의 형태가 좀처럼 동일한 것은 아니지만 세포 내부의 물농도가 세포 외부의 물농도와 동일함으로써 모든 용질의 **총합** 농도는 동일하다.

적혈구 세포를 몸에서 분리하여 여러 농도의 염분농도를 가진 용액 속에 담근다면 삼투현상의 효과가 일어날 것이다. 용액이 적혈구의 세포질보다 더 높은 염분농도를 가지고 있다면(즉, 용액이 더 낮은 물농도를 갖고 있다면), 물은 삼투현상에 의해 세포 밖으로 이동하게 된다. **고장액**에서는 세포 내부와 외부의 물농도가 같아질 때까지 세포는 수축하게 된다(**그림 3-8b**). 한편 용액이 더 낮은 염분농도를 갖게 되면(**저장액**) 물은 세포 속으로 이동하여 부풀게 된다(**그림 3-8c**). 오랫동안 목욕한 후에 왜 손가락에서 주름이 만들어지는 현상은 이러한 과정이 잘 설명해준다. 손가락이 주름진 것처럼 보이지만 실제 그런 것은 아니다. 대신에 물이 손가락의 바깥쪽 피부세포 속으로 이동함으로써 그 아래에 있는 세포보다 더 빠르게 부풀어 주름지게 된 것이다.

## 3.7 분자들은 어떻게 농도기울기를 역행하여 이동하는가?

수동수송은 매우 효과적이긴 하지만 세포막을 통과하는 분자들의 수송에 의해 세포가 필요로 하는 물질을 모두 충족시킬 수는 없다. 수동수송은 농도기울기가 낮아지는 방향으로 물질을 수송할 수는 있지만 모든 세포들은 농도기울기를 역행하여 농도가 더 높은 방향으로도 원형질막을 통과하는 물질수송을 필요로 한다. 예를 들면 농도가 낮은 환경으로부터 농도가 더 높은 세포질 속으로 영양물질을 흡수해야 한다. 수동수송 대신 에너지를 소비하면서 세포 밖의 영양물질을 흡수하는 또 다른 형태의 수송 방법이 필요하다(표 3-1 참고).

## 능동수송은 농도기울기를 역행하여 분자를 이동시키는데 에너지를 사용한다

**능동수송(active transport)**에서 세포가 농도를 역행하여 물질을 운반시키며 에너지를 사용한다. 수동수송과 능동수송 사이에서의 차이를 이해하기 위해서는 자전거를 타는 경우 어떤 일이 일어나는지를 생각해보면 알 수 있다. 페달을 밟지 않는다면 수동수송의 경우에서처럼 아래로만 이동할 수 있다. 그러나 페달을 밟아 충분하게 에너지를 투입시킨다면 능동수송에서처럼 언덕 위로 올라갈 수 있다.

## 막단백질은 능동수송을 조절한다

능동수송에서 막단백질이 각각의 분자들을 원형질막을 경유하여 통과시킬 때 에너지를 사용한다(그림 3-9). 능동수송단백질은 막을 관통하여 막 양쪽에 걸쳐 있으며 서로 다른 분자들이 결합할 수 있는 2개의 활성부위를 갖고 있다. 한 개의 활성부위에는 칼슘이온과 같은 특정 분자가 결합한다. 또 다른 활성부위에는 에너지를 갖고 있는 분자인 아데노신 3인산(ATP) 분자가 결합한다. ATP는 능동수송단백질에 에너지를 제공하여 단백질의 형태를 변화시켜 칼슘이온이 막을 통과하게 한다. 능동수송단백질은 농도기울기에 역행하여 에너지를 사용하여 농도가 높은 방향으로 분자들을 이동시키기 때문에 어떤 경우에는 물을 퍼 올리는 범프와 동의어로서 **펌프**라고도 불린다.

## 세포는 세포내섭취에 의해 입자와 액체를 흡입한다

세포는 너무 커서 수동수송이나 능동수송으로도 막을 통과시킬 수 없는 입자들을 획득해야만 한다. 이러한 일을 할 수 있는 방법 한 가지는 **세포내섭취(endocytosis)**이라는 에너지를 소모하는 과정을 사용한다. 세포내섭취 동안에 원형질막은 세포 밖에 있는 분자, 입자, 액체 방울들을 감싼 다음, 입자나 액체가 안에 들어 있는 막으로 이루어진 소낭을 만들어 세포 안으로 운반한다.

세포내섭취은 포획되는 물질의 크기나 특성에 따라서 여러 가지 방법으로 나뉜다. 액체 방울을 세포 안으로 운반시킬 때에는 원형질막의 아주 작은 조각이 움푹 파여진 형태

> **맹렬한 뱀독**
>
> 계속
>
> 인간에게 폐렴을 일으키거나 위궤양을 일으키는 것들처럼 병원성 세균은 세포막을 공격하는 독성단백질을 생산하여 사람들에게 병을 일으킨다. 이러한 독소들은 세포막에 결합하여 어떤 물질이든지 세포막을 쉽게 통과할 수 있도록 수송단백질의 조절 기능을 상실하게 만든다. 이러한 독소에 의해 공격받은 세포는 세포 내용물을 주변 환경과 격리시키는 능력을 상실하고 빠르게 죽게 된다.

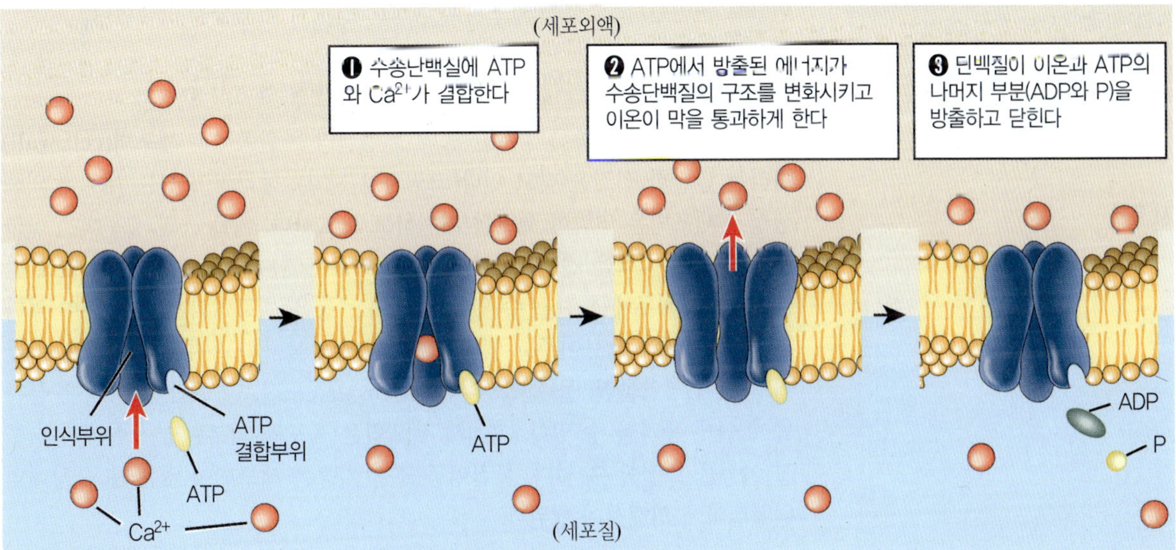


◀ **그림 3-9 능동수송** 능동수송은 농도기울기에 역행하여 물질이 원형질막을 통과하도록 에너지를 사용한다. 능동수송단백질에 운반되는 물질과 에너지를 갖고 있는 ATP가 결합하면 이온이 막을 통과하도록 구조를 바꾼다. ATP가 에너지를 방출할 때 인 그룹 하나를 잃어버려 ADP가 된다.

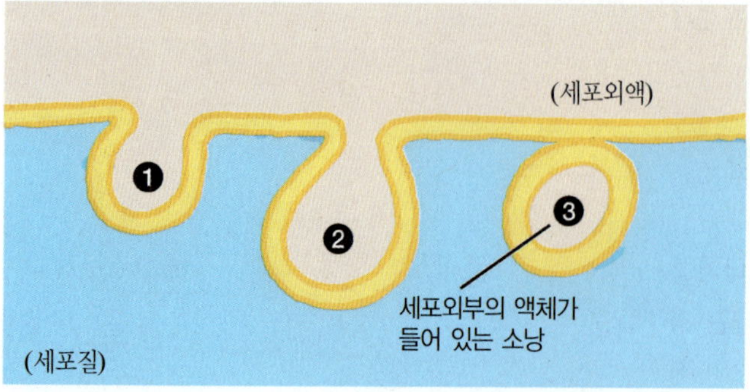


❶ 원형질막에 움푹 들어간 모양이 만들어지는데, 이것이 ❷ 점점 더 깊어져서 세포외액을 감싼다. ❸ 막이 세포외액을 완전히 감싼 다음 닫혀져 소낭을 만든다.

(a) 음세포작용

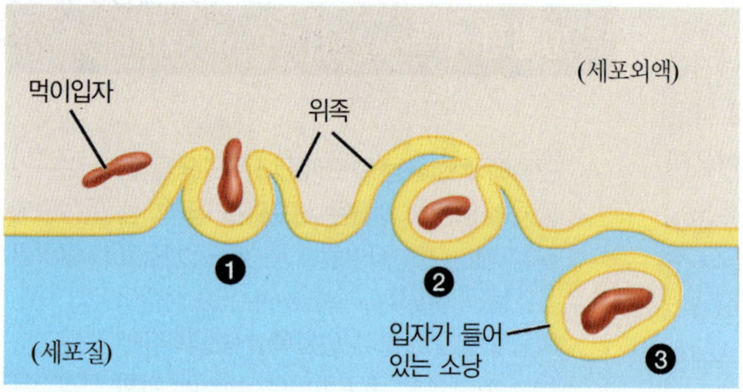


❶ 원형질막이 위족을 세포외부의 입자(예를 들면, 먹이) 쪽으로 뻗는다. ❷ 입자를 감싸면서 위족의 끝이 융합한다. ❸ 먹어삼킨 입자를 포함하는 소포가 형성된다.

(b) 식세포작용

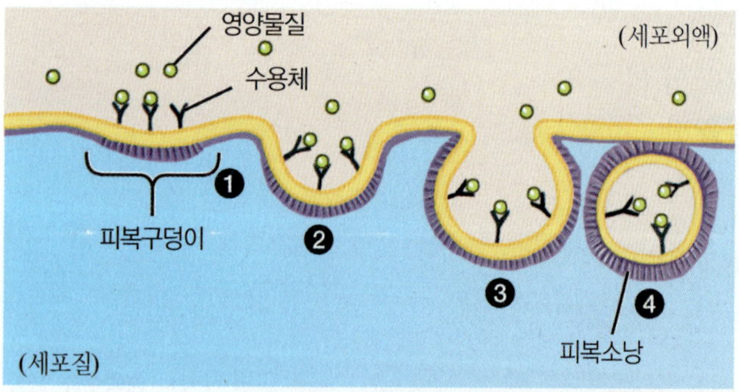


❶ 특정 분자나 분자복합체에 대한 수용체 단백질이 피복구덩이 근처에 존재한다. ❷ 수용체에 분자가 결합하면 막이 안쪽으로 움푹 들어간다. ❸ 막의 피복구덩이 부분이 수용체가 결합된 분자를 감싸게 된다. ❹ 결합된 분자가 들어 있는 소낭(피복소낭)이 세포질 안쪽으로 방출된다.

(c) 수용체-매개 세포내섭취

▲ 그림 3-10 세포내섭취의 몇 가지 유형

를 만들어 세포외액을 감싼 후 아주 작은 소낭을 만들어 세포질 안쪽으로 들여보내는 **음세포작용(pinocytosis)**을 거친다(그림 3-10a).

또 다른 과정인 **식세포작용(phagocytosis)**은 아메바가 먹이를 먹거나 혹은 백혈구가 인체에 침입한 세균을 파괴할 때와 같이 거대입자를 운반할 때 사용하는 방법이다. 식세포작용에서 세포는 먼저 표면에 있는 막을 외부로 돌출시킨다. 이러한 돌출을 **위족**이라고 한다. 허족의 끝이 입자 주변을 둘러싼 후 그 끝들이 합쳐진 후 만들어진 소낭을 세포 안쪽으로 운반한다(그림 3-10b).

음세포작용과 식세포작용은 다소 무분별한 특성이 있다; 즉 이 방법들은 음세포작용을 통해 흡수하는 액체 속 안에 무엇이 녹아들어가 있든지 혹은 식세포작용에 의해 집어 삼키는 입자에 무엇이 들어 있든지 간에 세포 안으로 운반한다. 그러나, **수용체-매개 세포내섭취**이라는 또 다른 형태의 세포내섭취은 특정 분자들만 운반한다(그림 3-10c). 이러한 과정은 세포 표면에 존재하는 많은 수용체 단백질에 달려 있다; 즉 각각의 형태의 수용체단백질은 특정 분자에 대한 결합부위를 갖고 있다. 원형질막에 **피복구덩이**라고 불리는 움푹한 곳에 수용체가 집중된다. 만약 어떤 특정 분자들이 피복구덩이에 있는 수용체 단백질에 접촉하게 되면, 분자들이 결합부위에 결합한다. 구덩이는 U자 형태로 깊어진 주머니를 만들었다가 결국 떨어져 나와 수용체가 결합된 분자, 약간의 세포외액 등이 들어 있는 소낭이 된다. 소낭은 세포질 속으로 들어가서 결국 터져서 결합된 분자를 방출하게 된다. 인체에서 수용체-중재 세포내섭취에 의해 운반되는 물질들 중에는 LDL 콜레스테롤이 있는데 이것은 소위 나쁜 콜레스테롤로 불리는 것으로 혈액 속에 고농도로 존재하게 되면 심장병 위험이 높아진다. LDL 콜레스테롤이 혈액 속에서 제거되는 방법 중의 하나가 바로 수용체-중재 세포내섭취에 의해 세포 안으로 흡수되는 것이다.

## 세포외배출은 물질을 세포 밖으로 이동시킨다

세포는 세포내섭취의 반대과정인 **세포외배출(exocytosis)**을 사용하여 소화시키고 생긴 노폐물과 같은 불필요한 물질을 비롯하여 호르몬과 같은 분비물질을 세포 밖으로 방출한다(그림 3-11). 세포외배출은 밖으로 방출하는 물질을 운반하는 소낭을 소낭의 막이 세포의 원형질막과 융합이 일어나는 세포 표면으로 운반한다. 소낭은 세포외액 쪽으로 열려서 내용물을 방출한다.

## 일부 원형질막은 세포벽에 의해 둘러싸여 있다

식물, 곰팡이, 많은 종류의 세균 등의 원형질막 바깥쪽에는 **세포벽(cell wall)**이라는 단단한 껍질을 갖고 있다(그림 4-4 참고). 둘러싸여 있는 세포에 의해 생성된 세포벽은 연약한 세포를 지지하고 보호한다. 예를 들면 세포벽은 식물과 버섯들이 중력을 견딜 수 있게 하고, 바람을 견디고 땅 위에서 서 있게 만든다. 막중한 무게를 견딜 수 있는 나무의 몸통은 세포벽의 합쳐진 힘이 얼마나 위대한지를 잘 보여주고 있다. 그런 힘에도 불구하고 세포벽은 구멍이 뚫어져 있어 영양물질, 물, 산소, 이산화탄소, 아미노산, 당 등과 같은 작은 분자들이 쉽게 통과할 수 있다. 그래서 세포벽은 세포와 외부환경 사이에서의 물질 이동을 조절할 수 없다. 물질이동 조절 기능은 세포벽이 없는 세포 상태인 원형질막에 의해서 수행된다.

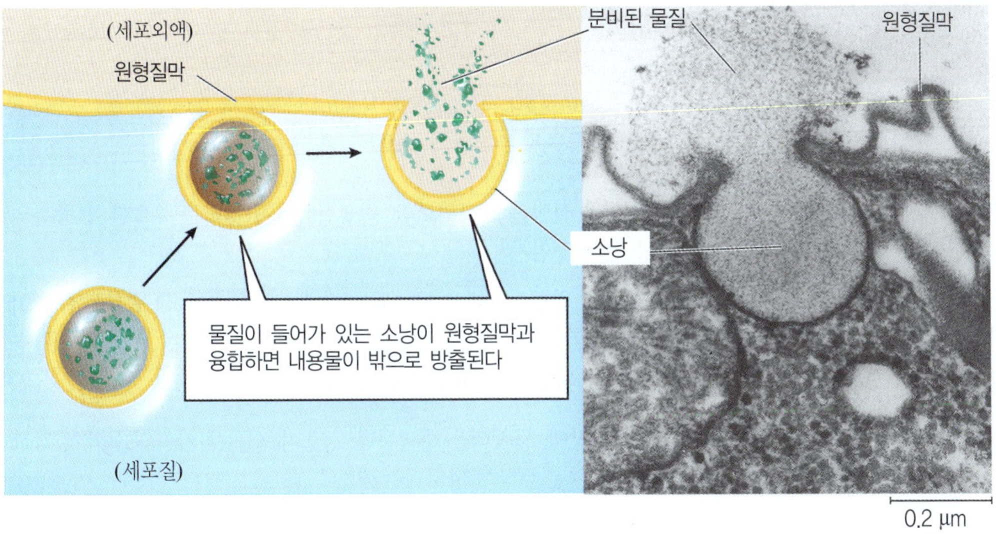


◀ 그림 3-11 **세포외배출** 세포외배출은 기능적으로 세포내섭취와는 반대 현상이다.

## 맹렬한 뱀독 다시 늘러보기

독성이 있는 뱀과 거미는 희생자의 세포에 있는 원형질막을 파괴하여 독성을 나타낸다. 이러한 독에는 인지질분해효소라는 효소가 풍부하게 들어 있다. (5장에서 공부하게 되는 효소는 생물학적 분자의 분해 등과 같은 화학반응의 속도를 빠르게 하는 단백질이다.) 인지질분해효소는 원형질막의 인지질을 분해함으로써 세포가 터져서 죽게 만든다.

인지질분해효소에 의해서 야기되는 세포죽음은 방울뱀이나 갈색은둔거미에게 물린 곳 주변조직을 파괴한다(그림 3-12). 독이 희생자의 혈류에 도달하게 되면 인지질분해효소는 (신체에 산소를 공급하는) 적혈구의 원형질막을 공격한다. 이로 인해 초래된 혈구세포의 손실은 인체에서 산소를 운반하는 능력을 떨어뜨려 숨을 가쁘게 만든다. 방울뱀은 독거미보다 훨씬 더 많은 독을 훨씬 더 깊게 침투시키므로 뱀독은 거미독보다 혈류 속으로 더 잘 들어가서 더 심하게 호흡곤란을 일으킨다. 그러나 두 가지 독 모두 모세혈관이라는 작은 혈관을 구성하는 세포의 막을 파괴시켜 물린 곳 주변의 피부 속에서 내부출혈을 일으키며 심한 경우 내부 기관에서도 출혈을 일으킨다.

뱀과 거미에 물려서 심각한 결과가 발생했다고 하더라도 지구에 존재하는 거미와 뱀의 수많은 종들 중 극히 일부만이 사람에게 위험하다. 최선의 방어는 독이 있는 뱀과 거미가 우리 주변에 살고 있다는 점과 좋아하는 장소가 있다는 점을 배우는 것이다. 만약 여러분이 이러한 장소에서 활동을 해야 한다면 그러한 장소에 가기 전에 보호장구를 착용하고 주의 깊게 조심하면 된다. 적절한 주의를 기울인다면 물리지 않고 세포막을 그대로 유지하면서 우리 인간들은 거미와 뱀과 함께 안락하게 공존할 수 있다.

### 생각해보기

인지질분해효소를 비롯하여 다른 분해효소들이 뱀과 거미의 독에서와 같이 동물들(인간, 뱀, 거미)의 소화기관에서 발견된다. 이렇게 위험한 효소들이 소화기관에서 수행하는 작용은 무엇인가?

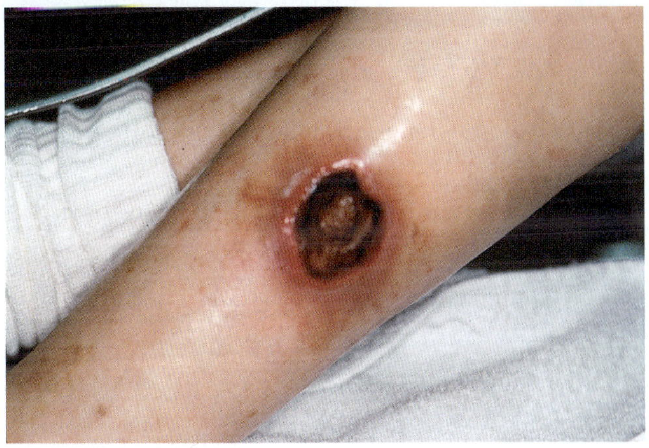

(a) 갈색은둔거미에 물림

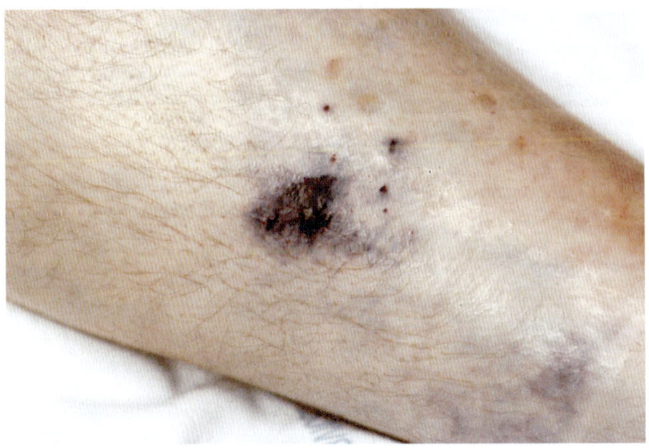

(b) 방울뱀에 물림

▲ 그림 3-12 **뱀독에 있는 인지질분해효소는 세포를 파괴할 수 있다**

# 개념 확인 문제

## 빈칸 채우기

**1.** 고농도 부위에서 저농도 부위로 원형질막을 관통하여 물질이 이동하는 것의 일반적인 형태는 __________이다. 만약 막을 통과하는 물질의 이동이 에너지를 필요로 한다면 이 과정은 __________이다.

**2.** 원형질막을 종종 __________(이)라고 표현한다. 그것은 __________이(가) 매립되어 있는 __________의 이중층으로 구성되어 있다. 원형질막의 어떤 부분이 일차적으로 주변 환경으로부터 세포를 격리시키는 역할을 하는가? __________ 세포가 주변 환경과 물질을 교환하도록 하는 부분은 어느 곳인가? __________

**3.** 막이 어떤 물질을 투과시키지만 어떤 물질은 투과시키지 못하는 것을 __________(이)라고 한다. 만약 당신이 물은 통과시키지만 설탕은 통과시키지 못하는 막으로 된 주머니를 만들었다고 가정해보라. 만약 당신이 그 주머니를 농축된 설탕용액으로 채운 다음 순수한 물이 들어 있는 용기에 담아보아라. 그 주머니는 (한 가지 선택: 수축/팽창/불변)할 것이다.

**4.** 세포막은 __________(이)라는 분자의 이중층을 가지고 있다. 이 분자들은 __________(이)라는 의미의 소수성 꼬리를 갖고 있다. 이 꼬리들은 막의 (한 가지 선택: 외부/내부)에 존재한다.

**5.** 다음에 주어진 각각의 물질들이 원형질막을 통과하여 이동하는 방법을 가장 잘 설명한 용어를 적으시오: 이산화탄소:_______; 에틸알코올: __________; 나트륨이온: __________; 아미노산: __________; 물: __________; 포도당: __________.

**6.** 액체나 입자가 세포 내부로 운반되는 일반적인 과정은 __________이다. 이러한 과정은 에너지를 필요로 하는가? __________ 액체를 집어 삼키는 과정은 __________(이)며, 고체 입자를 집어 삼키는 과정은 __________이다. 삼켜진 물질은 __________(이)라고 불리는 막으로 둘러싸인 주머니를 형성하여 세포 속으로 운반된다.

## 복습 문제

**1.** 원형질막을 설명하고 그려보라. 원형질막을 구성하는 주요한 두 종류의 분자들은 무엇인가?

**2.** 일반적으로 원형질막에서 발견되는 단백질의 주요한 세 종류는 무엇이며, 이들 각각의 기능은 무엇인가?

**3.** 확산을 설명하고 삼투현상과 비교해보라.

**4.** 저장액, 고장액, 등장액을 설명하라. 동물세포를 세 가지의 용액에 각각 넣었을 때 어떤 현상이 나타나는가?

**5.** 다음에 열거한 운반 과정에 대하여 설명하라: 단순확산, 촉진확산, 능동수송, 음세포작용, 식세포작용, 세포외배출.

# 4장

# 세포의 구조와 기능

동물의 팔다리 재생을 연구하는 과학자들은 그들의 발견이 어느 날인가 인간의 잃어버린 팔다리를 다시 자랄 수 있게 만들기를 희망한다.

## 주요 내용

# 사례 연구 잃어버린 팔다리가 다시 자랄 수 있는가?

대전차지뢰가 그가 탄 홈브 지프 아래에서 폭발했을 때, 데이비드 로젤(David Rozelle) 대령은 오른쪽 다리를 잃었다. 이라크 전쟁에서 부상을 당했던 많은 미군들처럼 로젤도 충격적인 부상을 치료하는데 많은 진전이 있기 전인 초기 전쟁시기였다면 죽었을지도 모르는 그러한 부상을 입고도 그는 생존할 수 있었다. 치료기술의 발전은 로젤처럼 팔다리를 잃고도 살아남는 사람의 수를 크게 증가시켰다. 팔다리를 절단한 군인의 수가 늘어나면서 사람은 잃어버린 부분을 다시 자라게 할 수 없을까? 라는 오래전부터 갖게 되었던 질문에 대해 과학적으로 더욱 더 많은 흥미를 갖게 되었다.

악솔로트와 같은 도롱뇽이 다리를 잃는 경우, 그것은 다시 재생된다.

사람이 손가락 혹은 팔 혹은 팔 전체를 잃어버리게 되면 상처 아래에 얇은 상처조직이 형성되지만, 잃어버린 구조들은 다시 자라지 않는다. 재생되지 않는 이러한 특징은 많은 다른 동물의 재생능력과는 대조적이었다. 집게발을 잃어버린 게, 꼬리가 잘린 도마뱀, 다리가 잘린 도롱뇽처럼 불가사리는 팔을 하나 잃어버려도 빠르게 잃어버린 부분을 재생한다.

잃어버린 신체 일부분을 재생하는 동물과 그렇지 못하는 동물과의 차이점은 크게 본다면 상처부위에 있는 세포의 행동에서의 차이에 달려 있다. 인간과 다른 포유동물들에서 상처 조직에 있는 세포들은 재생될 수 없거나 혹은 잃어버린 신체부위를 다시 자라게 할 수 없을 정도로 재생력이 제한적이다. 잃어버린 부분을 재생시킬 수 있는 종에서는 상처부위의 세포가 아주 다르게 행동한다. 즉 세포들이 끊임없이 재생되고 손실된 조직을 계속 대체한다. 생물학자들이 만든 가설에 의하면 재생이 가능한 동물 세포는 동물에 의해 생성된 흉터조직의 형성을 차단하면서 상처부위에 있는 세포가 재생되도록 하는 단백질이나 다른 분자들에 노출됨으로써 재생력을 획득하게 된다는 것이다.

도롱뇽이나 불가사리와 다른 종에서 재생을 유도하는 분자를 발견하기 위해 연구자들은 매우 열심히 노력하였다. 이러한 노력에서의 최근의 진전은 재생의학이라는 새로운 분야를 지지하는 사람들에게 기쁨을 주게 되었다. 이 분야 연구는 인간에게서 재생을 자극하는 의학적 치료 방법을 개발하려고 노력하고 있다. 도롱뇽이나 다른 동물을 연구하던 과학자들에 의해 발견된 재생유도물질들은 언젠가 인간의 상처치료에 적용하여 흉터조직이 형성되는 것을 막고 재생이 촉진되도록 할 수 있을 것이다. 그러한 물질들은 세포의 행동방식을 어떻게 바꾸겠는가? ■

## 4.1 모든 세포가 공유하고 있는 특징은 무엇인가?

세포는 생명의 특징을 나타내는 가장 작은 단위이다. 모든 살아 있는 생물체는 아주 작은 세균에서부터 가장 큰 고래에 이르기까지 모두 세포로 구성되어 있다. 가장 간단한 생물체는 한 개의 세포로 이루어져 있지만 보다 큰 생물체는 각각의 특정한 기능을 수행하도록 특수화된 수조 개 이상의 세포로 이루어져 있다. 세포는 여러 기능을 수행하도록 특수화되어 있으며, 수많은 종의 단세포생물이 존재하기 때문에 많은 종류의 다른 세포들이 존재한다. 다양성에도 불구하고 세포는 아래에서 설명하는 것처럼 어떤 특정한 기능을 공유하고 있다.

### 세포는 원형질막에 의해 둘러싸여 있다

모든 세포는 **원형질막(plasma membrane)**에 둘러싸여 있다. 원형질막은 단백질이 매립되어 있는 인지질이중층으로 구성되어 있으며, 물질이 세포 안과 밖으로 운반되는 것을 조절한다. 원형질막의 구조와 기능은 3장에서 설명하였다.

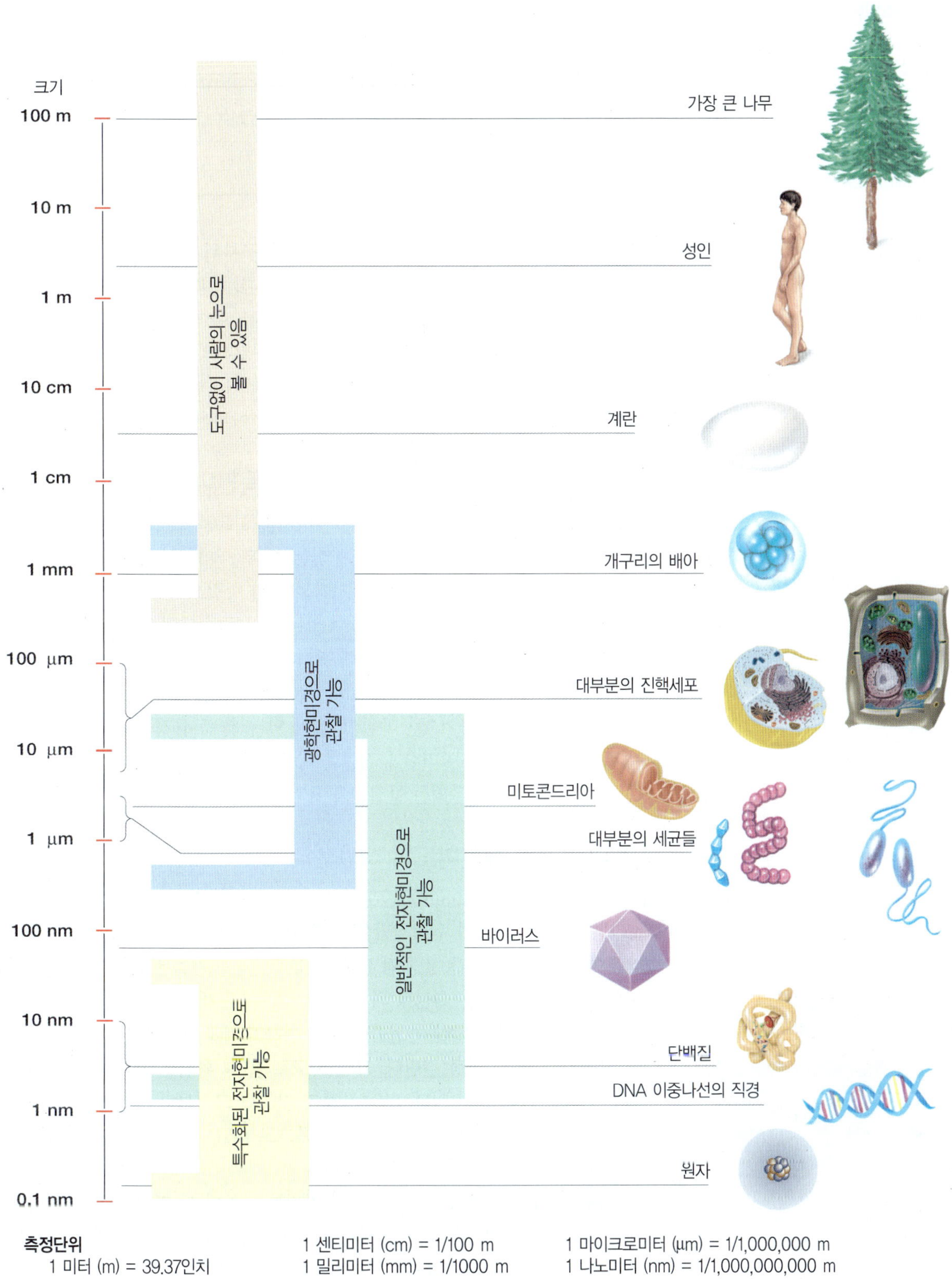


▲ 그림 4-1 **크기 비교** 흔히 생물학에서 접하게 되는 크기는 100 미터(가장 큰 나무의 높이)에서부터 수 μm(가장 작은 세포의 직경) 및 수 nm(단백질과 같은 큰 분자의 직경)에 이른다.

**표 4-1 모든 세포에 공통적인 요소들**

| | |
|---|---|
| **분자 구성성분** | 단백질, 아미노산, 지질, 탄수화물, 당, 뉴클레오티드, DNA, RNA |
| **구조 구성성분** | 원형질막, 세포질, 리보솜 |
| **물질대사** | 환경으로부터 에너지와 영양물질을 흡수함; 세포의 구조물을 구성하고, 복구하며, 교체하기 위해 에너지와 영양물질을 사용함 |

## 세포는 유전적 설계도로서 DNA를 사용한다

모든 세포는 세포의 모든 부분을 만들고 새로운 세포를 증식시키는 지침을 담은 유전적 물질인 **디옥시리보핵산(deoxyribonucleic acid, DNA)**을 갖고 있다. 각 세포는 기존의 세포로부터 유전적 물질을 전달받으며, 그래서 한 몸에 있는 모든 세포는 일반적으로 동일한 DNA 분자를 포함하고 있다.

## 세포는 세포질을 갖는다

**세포질(cytoplasm)**은 원형질막 안쪽과 DNA를 갖고 있는 부위 바깥쪽에 있는 모든 물질로 이루어져 있다. 세포질을 채우고 있는 액체는 물, 염류, 여러 종류의 유기분자들을 함유하고 있다. 세포질은 단백질, 지질, 탄수화물, 염류, 당류, 아미노산, 뉴클레오티드 등으로 구성되어 있는 진한 수프 형태이다(2장 참고). 세포 대부분의 **대사활동**, 즉 생명을 지탱하는 모든 생화학적 반응은 모두 세포의 세포질에서 이루어진다. 예를 들면 단백질 합성은 세포질 속에 있는 **리보솜**이라고 하는 특정 구조물에서 이루어진다.

## 세포는 환경으로부터 에너지와 영양물질을 획득한다

모든 세포들은 생명을 유지하기 위해 지속적으로 에너지를 획득하여 소비해야 한다. 궁극적인 에너지원은 햇빛이다. 식물과 같은 생물체에 있는 세포들은 태양에너지를 직접 이용하여 고에너지 분자 형태로 저장한다. 태양에너지가 이러한 방법으로 포획되면 에너지를 포함하고 있는 분자들 일부는 에너지를 포획할 수 없는 세포들에 의해 사용된다. 예를 들면 동물은 식물조직을 소비함으로써 식물에 의해 포획된 에너지를 사용한다.

에너지 외에도 세포는 영양물질을 필요로 한다. 생물체 분자를 이루는 탄소, 질소, 산소, 미네랄 및 다른 구성 물질은 공기, 물, 바위 및 살아 있는 것 등 환경에 존재한다. 에너지처럼 세포는 주변 환경으로부터 이러한 물질들을 획득해야 한다.

**표 4-1** 모든 세포들에 의해 공유되는 물질들을 요약하였다.

## 세포는 세포의 크기를 제한하도록 작용한다

대부분의 세포는 직경이 1~100 μm(100만분의 1미터) 정도로 작다(**그림 4-1**). 세포는 왜 이렇게 작을까? 그 답은 세포가 원형질막을 통과하여 영양물질과 노폐물을 운반하기 때문이다. 3장에서 배운 것처럼 많은 영양물질과 노폐물은 고농도에서 저농도로 분자가 이동하는 **확산**에 의해서 세포 안이나 밖으로 이동한다. 그러나 확산은 속도가 매우 느린 과정이다; 산소분자가 세포질에서 4인치의 거리를 이동하려면 200일 이상 걸린다. 그런 속도로 볼 때 확산은 아주 짧은 거리에서만 효과를 나타낼 수 있다. 만약 세포가 가능한 크기보다 더 크다면 중요한 물질들이 원형질막에서 세포의 가장 안쪽으로 (혹은 역으로) 빠르게 확산될 수 없다.

더구나, 세포가 커지면서 표면적이 커지는 것보다 더 빠르게 부피가 커지게 된다. 예를 들면, 반지름이 2배가 되면 부피는 8배가 커지지만 표면적은 단지 4배만 커진다(**그림 4-2**). 그래서 세포가 생장함에 따라 세포질의 부피(환경과 교환되어야만 하는 영양물질과 노폐물의 양은)는 물질교환이 이루어지는 원형질막의 면적보다 훨씬 빠르게 증가한다. 만약 세포가 너무 커지면 물질대사적으로 볼 때 요구되는 표면적이 사용할 수 있는 표면적을 초과하게 될 것이다.

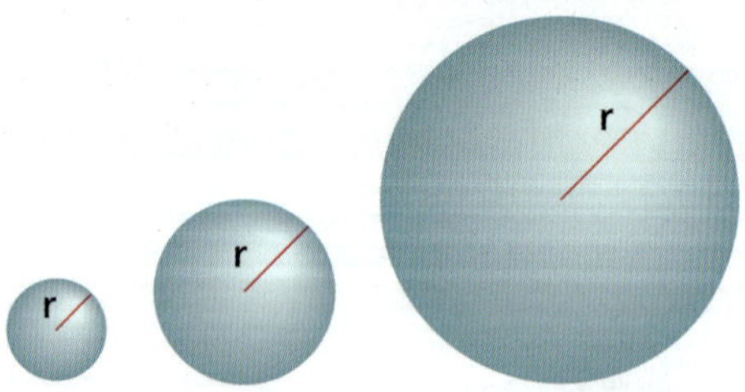


| | | | |
|---|---|---|---|
| 중심에서의 거리 (r) | 1.0 | 2.0 | 4.0 |
| 표면적(4 $\pi r^2$) | 12.6 | 50.3 | 201.1 |
| 부피(4/3 $\pi r^3$) | 4.2 | 33.5 | 268.1 |
| 표면적/부피 | 3.0 | 1.5 | 0.75 |

▲ **그림 4-2 반지름이 증가하면 표면적보다 부피가 훨씬 더 빠르게 증가한다**

## 4.2 원핵세포와 진핵세포는 어떻게 다른가?

세포들은 모두 공통된 특징을 갖고 있음에도 불구하고 세포들은 근본적으로 다른 두 개의 유형으로 나눌 수 있다. 첫 번째 유형은 **원핵세포(prokaryotic cell)**로서 단세포생물의 세균과 원시세균에서 발견된다. 생물학자들은 세균과 원시세균을 원핵생물(prokaryotes)이라고 한다. 다른 모든 생물체의 몸을 구성하는 두 번째 유형의 세포는 **진핵세포(eukaryotic cell)**로서 이러한 세포로 이루어진 생물체를 **진핵생물**(eukaryotes)이라고 한다. 두 종류의 세포 유형에서 놀랄만한 차이 한 가지는 진핵세포의 DNA는 세포 내에 있는 막으로 둘러싸여 있는 **핵(nucleus)**이라는 구조물 속에 들어 있다는 점이다. 대조적으로 원핵세포의 유전물질은 막으로 둘러싸여 있지 않다.

지구상에 존재했던 가장 초기의 세포는 아마도 원핵세포이었을 것이다. 서로 다른 종류의 원핵세포의 조합의 결과로 진핵세포가 훨씬 후에 발생하였다. 진핵세포의 기원에 대한 이러한 시나리오는 15장에서 보다 자세하게 설명하겠다.

## 4.3 진핵세포의 주요한 특징은 무엇인가?

핵은 진핵세포에서 가장 두드러진 특징일 것이지만, 진핵세포는 여러 가지 측면에서 원핵세포와 다르다. 한 가지 특징만 보면 진핵세포는 원핵세포보다 상당히 크며, 일반적으로 직경 10 μm 이상이다(그림 4-1 참고). 또한 진핵세포의 세포질에는 세포 내에서 특정한 기능을 수행하는 **세포소기관(organelle)**이라는 막으로 둘러싸인 구조물이 들어 있다. 단백질 섬유로 된 연결망인 **세포골격(cytoskeleton)**은 진핵세포의 모양을 결정하고 세포질을 구획화해준다. 많은 세포소기관이 세포골격에 붙어 있다.

서로 다른 종류의 진핵세포들은 서로 다른 종류의 세포소기관을 갖고 있다. 예를 들면, 동물세포(**그림 4-3**)는 식물세포(**그림 4-4**)에는 없는 몇 가지 세포소기관을 갖고 있으며, 그 반대 현상도 존재한다. 심지어는 한 생물체 내에서도 세포의 세포소기관의 내용물이 상당히 다를 수 있다. 예를 들면, 식물에서 잎의 세포는 엽록체(광합성을 위해 필요한 세포소기관)를 많이 갖고 있다; 뿌리세포에는 엽록체는 없지만 대신에 녹말을 저장하는 세포소기관을 갖고 있다. 일반적으로 다세포성 진핵생물은 많은 다른 종류의 세포들을 갖고 있으며, 각각의 세포는 기능에 적합한 독특한 구조를 갖는다. 예를 들면, 척추동물에서 근육을 이루는 세포는 피부를 이루는 세포와는 다르다; 각각의 조직은 다른 조직에는 존재하지 않는 독특한 세포로 구성되어 있다. (어떻게 다른 종류의 세포가 신체의 각 부분을 만들고 있는지에 관한 정보는 "건강 지킴이: 예비 부품 참고").

세포의 구조를 좀 더 자세하게 아랫부분에서 설명하듯이 그림 4-3과 그림 4-4의 그림에서 잘 살펴볼 수 있다. 이 그림들은 동물과 식물세포의 전형적인 모습을 표현해주고 있다는 것을 명심하라. 앞에서 설명한 것처럼 실제의 세포는 세포의 기능과 생물체의 종류에 따라 크게 다양하다.

**표 4-2**는 진핵세포에 존재하는 주요 구소에 대한 개요를 보여준다.

## 4.4 핵은 어떤 역할을 하는가?

핵은 세포 속에 있는 가장 큰 세포소기관이다(**그림 4-5**). 핵은 세포질로부터 핵의 내부를 분리시키는 **핵막**에 의하여 둘러싸여 있다. 핵막 안에 있는 핵은 과립처럼 보이는 물질인 염색질을 갖고 있다. 핵은 또한 인을 갖고 있는데 현미경 하에서 관찰하기 위해 염색하면 세포 안에서 좀 더 어두운 색으로 보이는 부위이다.

과학탐구

# 세포에 대한 연구

생명체의 세포 특성에 관한 인간의 이해는 천천히 이루어졌다. 1665년에 영국의 과학자이며 발명가인 로버트 훅(Robert Hooke)이 원시적인 형태의 현미경을 가지고 관찰한 사실을 보고하였다. 자신이 고안한 장치를 사용하여 얇은 코르크 조각(참나무 껍질로부터 얻은 것)을 관찰하였더니 "엄청나게 많은 상자들"이 나타났다(그림 E4-1a). 그것들이 수도승이 살고 있는 작은 방, 즉 세포와 유사하였다고 생각하였기 때문에 그 상자들을 "세포(cell)"라고 불렀다. 그가 작성한 글에 의하면 살아 있는 참나무와 다른 식물들에는 "이러한 세포들이 액체로 가득 채워져 있다"고 썼다.

1670년대까지 독일의 현미경학자인 안톤 반 레벤후크(Anton van Leeuwenhoek)는 그가 제작한 간단한 현미경을 이용하여 그 동안 알려져 있지 않았던 세계를 보게 되었다 (그림 E4-1b). 그 당시 어떤 처리도 하지 않고 물을 먹고 있었기 때문에 빗물, 연못물, 우물물에 극미동물들(단세포동물에 대한 그의 표현)이 무수하게 많다고 하는 그의 관찰은 엄청난 충격을 주었다. 레벤후크는 적혈구, 정자, 작은 곤충의 알 등을 포함하여 많은 종류의 현미경 시료를 세심하게 관찰하였다.

생물학자들이 지구상에 있는 생명체의 세포에 대하여 더 많이 이해하기 시작한 이래로 한 세기 이상이 지났다. 현미경학자들이 처음으로 식물이 세포로

▶ 그림 E4-1 **현미경의 어제와 오늘** (a) 여기에서 보는 것과 유사한 초기 광학현미경을 사용하여 관찰한 로버트 훅의 코르크 세포의 그림. 세포벽만 남아 있다. (b) 레벤후크의 현미경과 그가 제작한 현미경을 이용하여 관찰한 혈구 세포의 사진. 시료는 렌즈 아래에 있는 작은 구멍을 통하여 관찰한다. (c) 현대의 전자현미경. 이 기구는 주사와 투과전자현미경 모두가 가능하다.

(a) 17세기 현미경과 코르크 세포

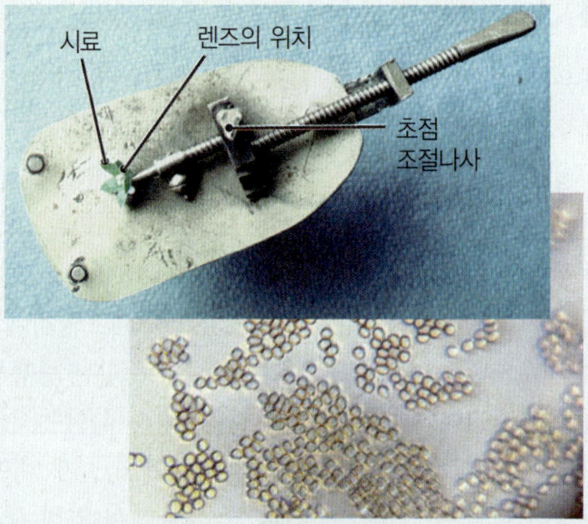


레벤후크의 현미경으로 관찰하여 찍은 혈구세포

(b) 레벤후크의 현미경

(c) 전자현미경

구성되어 있다는 것을 알게 되었다. 레벤후크가 처음 관찰했던 것처럼 모든 세포를 둘러싸고 있는 얇은 벽은 쉽게 관찰되었다. 그러나 독일 동물학자인 테오도르 슈반(Theodor Schwann)이 연골이 정확하게 식물세포를 닮은 세포를 포함하고 있다는 것을 발견한 1830년대까지는 동물세포는 관심을 얻지 못했다. 세포를 수년동안 연구한 다음인 1939년에 슈반은 식물과 동물 모두를 구성하는 기본적인 입자가 세포라고 하는 *세포설*을 발표하기에 충분하다고 확신하게 되었다. 1800년대 중반까지 독일의 식물학자인 마티아스 슐라이덴(Matthias Schleiden)은 세포의 과학적인 설명을 더 정교하게 설명하고 기록한 바에 따르면: "각각의 세포의 생명 활동은 생명의 가장 기본적이고, 절대적으로 필수불가결한 기초적인 기반임을 인식하는 것은 쉬운 일이다"라고 하였다.

훅과 레벤후크의 획기적인 연구성과가 발표된 이래로 생물학자, 내과의사, 공학자들은 현미경의 기능을 향상시키기 위해 협력하였다. 오늘날의 현미경은 *광학현미경*과 *전자현미경*의 두 가지 카테고리로 분류한다(그림 E4-1c).

*광학현미경*은 초점을 잡고 확대하는데 보통 유리로 만들어진 렌즈를 사용하여 빛을 사료에 관통시키거나 표면에 반사시켜 관찰한다. 광학현미경은 시료에 빛을 비추는 방법과 염색 방법에 따라 다양한 범위의 상을 제공해준다(그림 E4-2a). 광학현미경의 분해능 – 즉, 볼 수 있는 가장 작은 구조 – 은 약 1마이크로미터(1 μm, 1미터의 백만분의 1)이다.

*전자현미경*은 빛 대신에 전자빔을 사용한다. 전자는 렌즈에 의해 초점을 맞추는 것이 아니라 자장에 의하여 초점을 맞춘다. 일부 전자현미경은 몇 nm만큼(10억분의 1 m)의 작은 구조물도 관찰할 수 있다. *투과전자현미경*(*Transmission electron microscope*, TEM)은 얇은 시료에 전자를 통과시켜 세포소기관과 원형질막 등과 같은 세포 내부의 구조를 자세하게 관찰할 수 있다(그림 E4-2b). *주사전자현미경*(*scanning electron microscope*, SEM; 그림 E4-1c 참고)은 금속으로 뒤덮인 시료 위에서 전자가 반사되도록 하여 3차원적인 상을 보게 한다. SEM은 완전한 개체에서부터 세포 심지어는 세포소기관까지 다양한 크기의 구조물 표면의 상세구조를 관찰하는데 사용할 수 있다(그림 E4-2c, d). 전자현미경을 이용하여 찍은 사진을 **전자현미경 사진(electron micrographs)**이라고 한다.

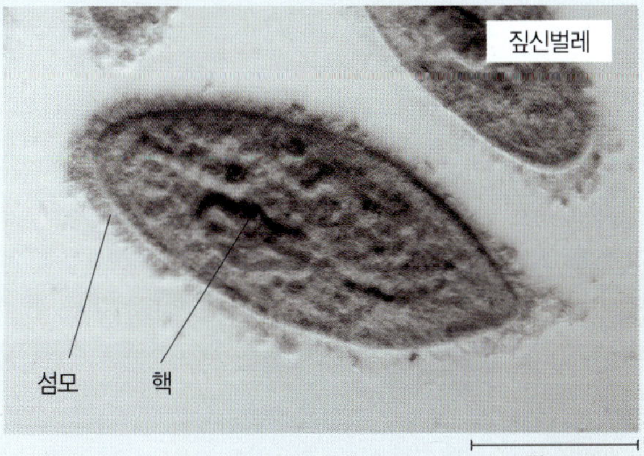

(a) 광학현미경

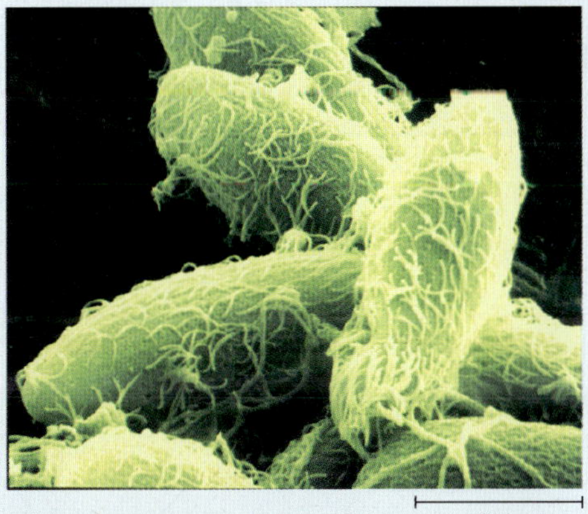

(c) 주사전자현미경

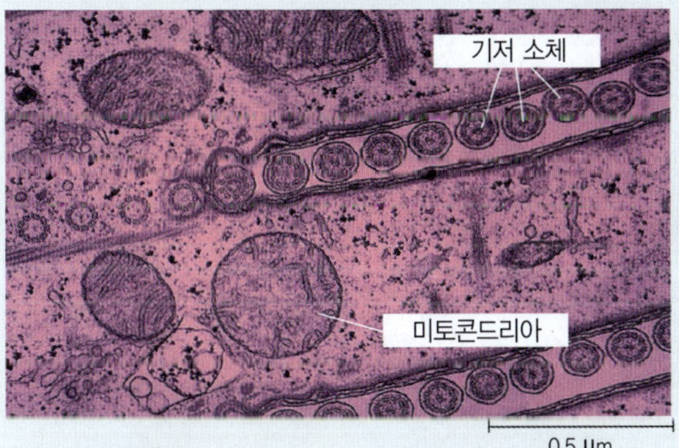

(b) 투과전자현미경

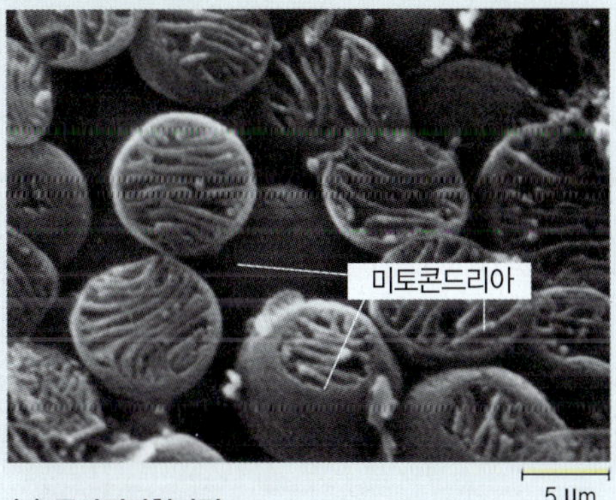

(d) 주사전자현미경

◀ 그림 E4-2 **현미경 상의 비교** (a) 광학현미경으로 관찰하여 찍은 살아 있는 짚신벌레(담수성의 단세포생물) (b) 짚신벌레를 덮고 있는 섬모의 기저부에 있는 기저 소체를 찍은 투과전자현미경 사진. 미토콘드리아도 보인다. (c) 적외선을 이용한 주사전자현미경으로 찍은 짚신벌레 사진. (d) 세포질 내에 들어 있는 미토콘드리아(일부는 잘려져서 열린 상태로 보임)를 찍은 훨씬 더 고배율의 SEM 사진.

## 잃어버린 팔다리가 다시 자랄 수 있는가?

계속

동물세포가 분열할 때 분열한 세포와 똑같은 두 개의 세포가 만들어진다. 그래서 간세포는 더욱더 많은 간세포를 만들게 되고, 골세포는 더욱더 많은 골세포를 만들게 된다. 이러한 종류의 세포증식은 신체를 유지하기에는 적합하지만 상처부위의 세포가 어떤 종류의 세포인지 관계없이 여러 종류의 세포의 생장이 필요한 과정인 잃어버린 팔다리의 재생에는 부적합하다.

일부 세포들은 팔다리를 재생시킬 수 있는 특수한 능력을 갖고 있다. 그들은 여러 종류의 세포유형을 만들어 낼 수 있다. 이러한 세포들을 줄기세포라고 한다. 줄기세포가 분열하면 새로 생긴 각각의 세포는 줄기세포가 되거나 혹은 다른 종류의 세포가 된다. 몇 개의 세포로 시작되었지만 결국은 신체의 모든 세포 유형을 다 만들어 낼 수 있는 동물의 배아는 줄기세포가 많이 들어 있다. 그러나 인간 성체나 혹은 다른 성체 포유동물들은 줄기세포를 거의 갖고 있지 않다.

## 핵막은 물질이 핵의 안쪽과 바깥쪽으로 이동하는 통과를 조절한다

핵은 이중막으로 구성된 **핵막**(nuclear envelope)에 의해 세포의 나머지 부분과 격리된다. 핵막은 막으로 경계가 만들어진 작은 통로인 **핵공**으로 구멍이 뚫어져 있다. 물, 이온, 작은 분자들은 핵공을 자유롭게 통과할 수 있지만 단백질, 리보솜, RNA 등과 같은 큰 분자들의 통과는 각 핵공에 배열되어 있는 특수한 문지기 단백질에 의해 조절된다. 이러한 문지기 단백질은 어떤 분자는 통과시키지만 어떤 분자는 통과시키지 않는다. DNA는 핵의 막을 통과하지 못하여 세포가 살아 있는 기간 내내 핵 안에 들어 있게 된다.

## 핵은 염색체를 포함하고 있다

핵 안에 들어 있는 DNA 분자는 특정 종류의 단백질 분자와 밀접하게 결합되어 있는데 이러한 DNA-단백질 복합체가 **염색질(chromatin)**이다. 진핵세포의 염색질은 **염색체(chromosome)**라는 길고 가닥처럼 생겨 있는 구조 속에 배열되어 있다. 세포가 분열할 때 각각의 염색체가 꼬이고, 두꺼워지고, 더 짧아진다. 그렇게 응축된 염색체는 비교적 배율이 낮은 현미경으로도 쉽게 잘 볼 수 있다(그림 4-6).

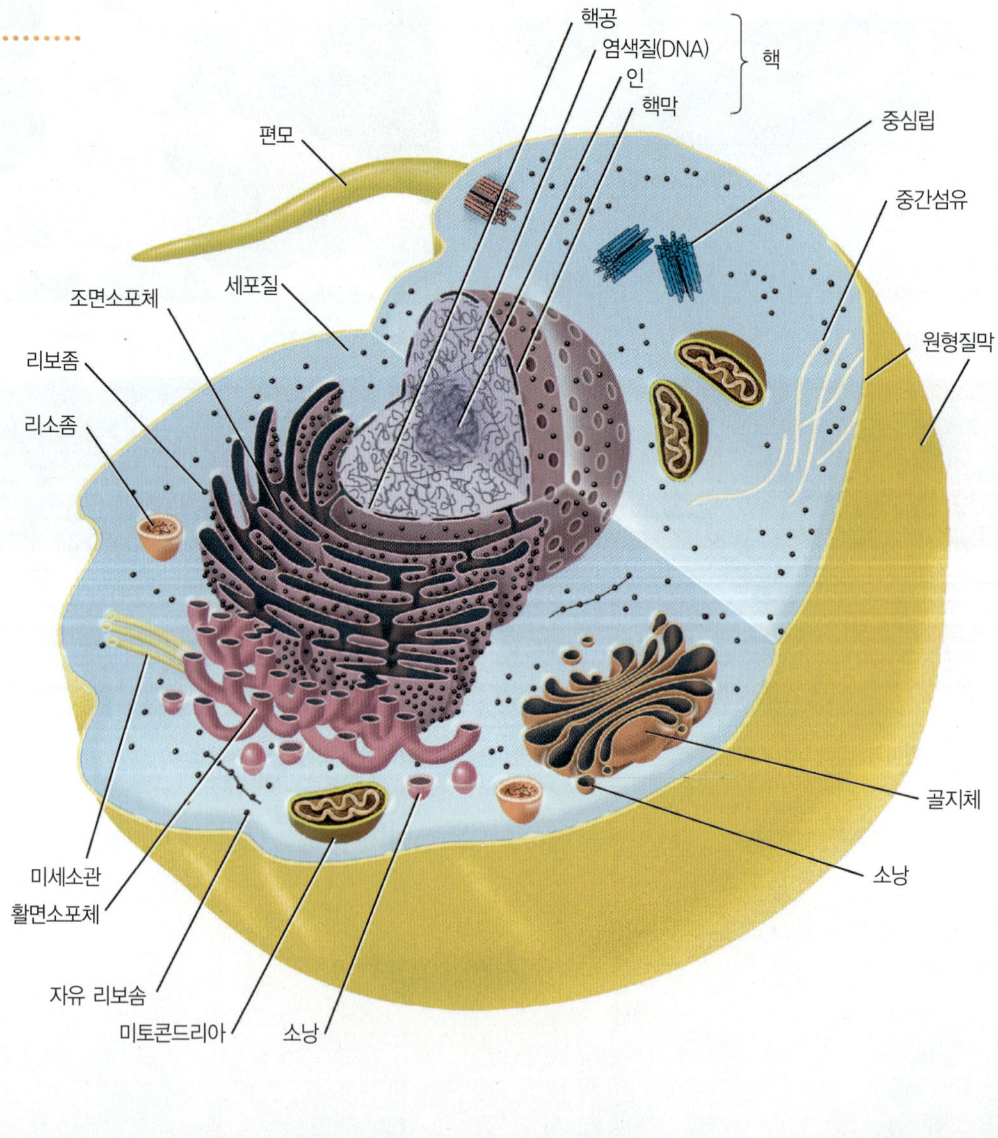


▶ 그림 4-3 개략적인 동물세포

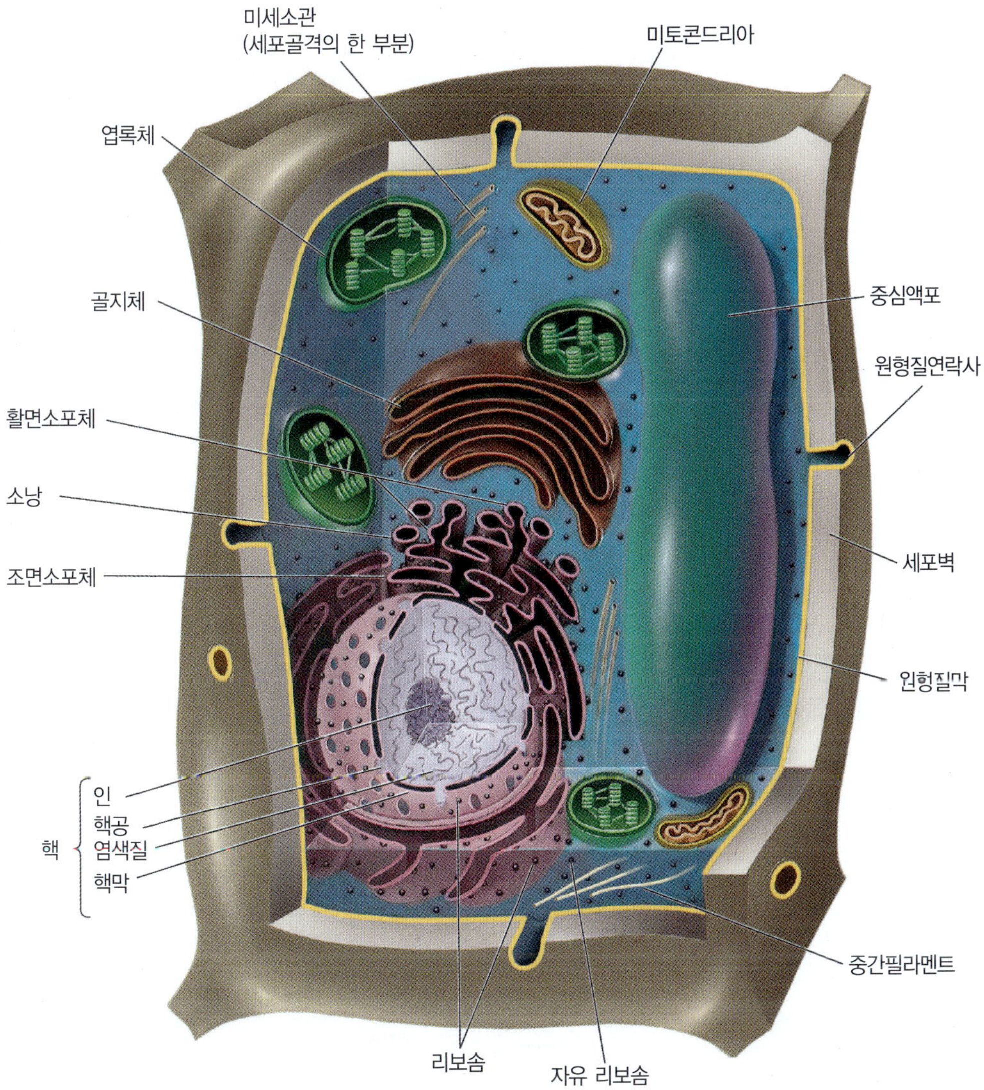


◀ **그림 4-4 개략적인 식물세포**
**질문:** 핵, 리보솜, 엽록체, 미토콘드리아 중에서 생명체 역사상 가장 먼저 출현한 것은 무엇인가?

## 리보솜 구성물질은 인에서 만들어진다

대부분의 진핵생물의 핵은 어둡게 염색되는 부위인 **인(nucleolus)**을 최소한 한 개는 갖고 있다(그림 4-5a 참고). 인은 DNA, RNA, 단백질을 비롯하여 다양한 생성단계의 리보솜으로 구성되어 있다. 인은 리보솜의 내용물을 합성하는 장소이다. 완성된 구성물은 핵에서 나가서 세포질로 이동하여 함께 결합하여 완성된 리보솜을 구성하게 된다. 리보솜은 RNA와 단백질로 구성되며, 단백질을 합성하는 장소로 이용된다. 많은 물건들을 만드는 작업대처럼 리보솜은 세포에 의해서 만들어지는 수천 종류의 단백질을 합성하는 장소로 이용된다. 전자현미경으로 보면 리보솜은 어두운 입자로 보이는데 세포질에 분산되어 있거나 혹은 막을 따라서 밀집해 있다(그림 4-3, 4-4 참고). 리보솜의 기능은 11장에서 좀 더 자세하게 설명할 것이다.

**표 4-2 진핵세포에서 발견되는 구조**

| 구조 | 특징 | 기능 |
|---|---|---|
| **세포 표면** | | |
| 세포벽 | 식물과 곰팡이 세포의 가장 바깥쪽에 있는 단단한 층 | 세포의 보호와 지지 |
| 원형질막 | 세포내용물을 둘러싸고 함유하고 있는 인지질이중층 | 세포 내용물을 환경으로부터 격리시킴; 세포의 안과 밖으로 물질이동 조절, 다른 세포들과의 신호전달 |
| **유전물질의 구성** | | |
| 염색체 | DNA와 단백질로 구성된 긴 가닥, 핵 내에 존재 | DNA를 포함하고 있으며, DNA 사용을 조절; DNA는 세포를 구성하고, 세포활성을 조절하는데 필요한 정보를 제공함 |
| 핵 | 구형이며 막으로 둘러싸여 있음; 가장 큰 세포소기관 | 염색체를 포함하고 있음 |
| 핵막 | 핵을 둘러싸고 있는 이중막 | 핵의 안쪽과 바깥쪽으로 일어나는 물질의 이동을 조절 |
| 인 | 핵 속에서 대략 구형을 이루고 있는 구조물; DNA, RNA, 단백질로 이루어졌음 | 리보솜 구성성분 합성 |
| **세포질 구조** | | |
| 미토콘드리아 | 세포질 속에 있는 막으로 둘러싸인 주머니 | 호기성 대사에 의한 에너지 생산 |
| 엽록체 | 세포질 속에 있는 막구조물; 엽록소 함유, 동물세포에는 없음 | 광합성 수행 |
| 리보솜 | 단백질과 RNA의 복합구조물로 세포질 속에 존재; 종종 소포체에 결합한 형태로도 존재 | 단백질 합성 장소 |
| 소포체 | 세포 내에 있는 막의 연결망 | 막 구성물질과 지질을 합성 |
| 골지체 | 납작한 주머니가 쌓여 있는 형태의 막구조물 | 단백질과 지질을 변형하고 포장함; 탄수화물 합성 |
| 리소좀 | 소화효소를 갖고 있는 소낭 | 과잉의 막과 수명이 다한 세포소기관과 생물학적 분자들을 분해 |
| 중심액포 | 액체로 채워진 주머니로서 세포질에 존재, 주로 식물세포에 존재 | 물과 노폐물을 함유 |
| 세포골격 | 단백질 필라멘트의 연결망 | 세포의 모양을 만들고 지지함; 세포 각 부분의 위치를 정하고 이동시킴 |
| 중심립 | 미세소관으로 만들어진 통 형태의 구조물 | 미세소관을 만들고 조직화함 |
| 섬모와 편모 | 얇고, 미세소관으로 채워진 세포막의 돌출물 | 액체 속에서 세포를 움직이게 하거나 세포의 표면을 지나서 액체가 움직이게 함 |

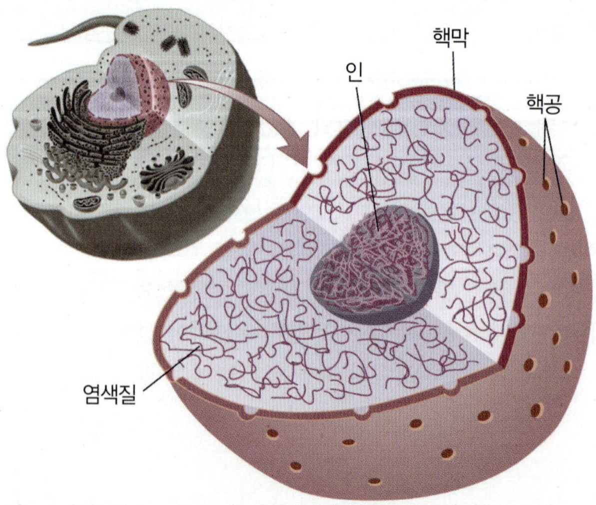


(a) 핵의 구조

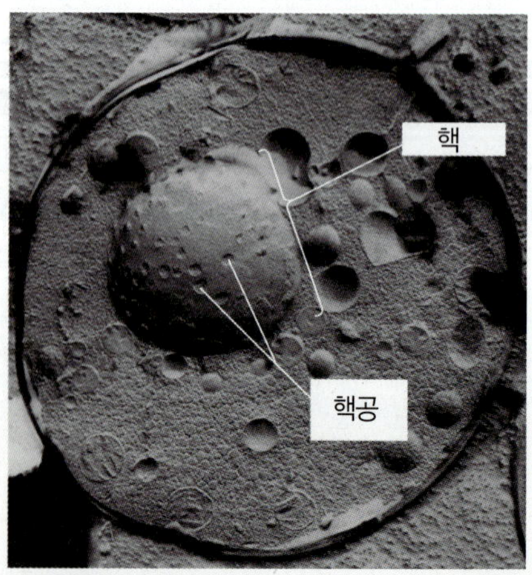


(b) 효모세포

▶ **그림 4-5 핵** **(a)** 핵은 핵막으로 덮여 있다. 속에는 염색질(DNA와 관련된 단백질)과 인이 들어 있다. **(b)** 핵의 내부 구조를 보기 위해 얼렸다 깨뜨려서 만든 효모세포의 전자현미경 사진. 핵막을 관통한 핵공을 갖고 있는 큰 핵이 선명하게 보인다.

# 건강 지킴이

## 예비 부품

뛰어난 잠재력에도 불구하고 재생의학은 실제 사람에게 적용할 수 있을 정도의 치료 방법을 만들어내지는 못했다. 현재 이용할 수 있는 대안적인 치료 방법은 조직공학적인 방법이다. 조직공학자들은 생분해가 가능한 플라스틱으로 만들어진 비계(scaffold) 위에 조직을 형성하는 세포를 투입함으로써 손상된 신체조직을 위한 대체물을 만드는 것이다(그림 E4-3). 비계 위에서 세포가 분열하고 퍼져나가면서 외과적으로 이식될 수 있는 인공조직을 만들게 된다.

조직공학자들은 인공 피부와 연골(코, 귀, 무릎 등을 지탱하는 딱딱한 조직)을 성공적으로 만들었다. 인공 피부는 특히 화상환자를 치료하는데 사용되고 있다. 인공연골은 손상된 무릎을 치료하는데 사용되고 있으며 절단된 손가락을 치료할 때 뼈 대체물로도 사용된다.

조직공학에서 최근 이룩한 또 다른 성과로는 인공 각막(눈의 바깥층)이다. 이것은 아주 얇은 플라스틱 막의 표면에 각막세포를 증식시킴으로써 만들었다. 인공으로 만들어진 각막은 심각한 눈 손상을 입은 몇 명의 환자에게 이식되었으며, 이식 받은 사람들의 대부분이 향상된 시력을 갖게 되었다. 각막기증을 위해 종종 헛수고인 경우도 있는 오랫동안의 기다림이 이제 끝나게 될지 모른다.

세포를 이용하여 살아 있는 연골, 피부, 각막을 만드는 과학자들은 언젠가 세포들을 이용하여 간, 신장, 폐 등과 같은 작동하는 기관을 아마도 만들 수 있을 것이다. 인공으로 기관을 만드는 작업은 실험실에서 인공으로 만든 방광을 7명의 방광환자에게 이식함으로써 최근 새로운 중대시점에 도달하게 되었다(그림 E4-4). 이러한 이식은 인공 기관을 사람에게 이식한 첫 번째 성공사례이다. 그러나 방광은 비교적 간단한 기관이며, 두껍고, 여러 종류의 기관 유형을 갖고 있는 복잡한 기관을 만들기는 훨씬 더 어려우며, 복잡한 혈관망을 포함해야 한다.

그렇기는 하지만 연구자들은 이미 용케도 골격, 심장판막, 심장근육, 치아, 힘줄, 창자, 혈관, 유방조직 등을 플라스틱 비계를 이용하여 이미 만들고 있으며, 이러한 일부 조직들을 동물에 이식해보고 있다. 시간이 좀 지나면 세포의 행동을 조절하는 능력은 점점 더 좋아지게 될 것이다.

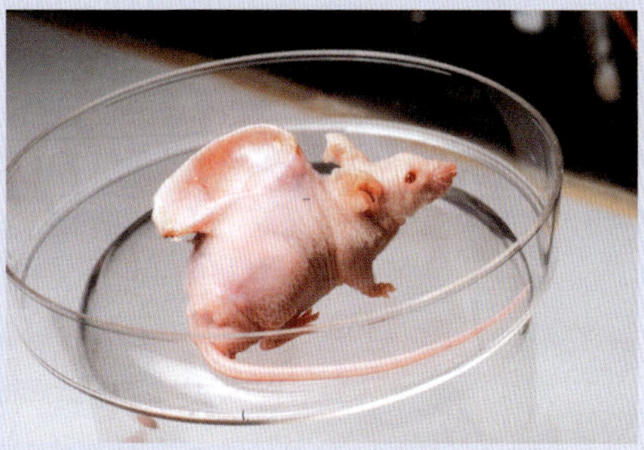

▲ 그림 E4-3 **쥐의 등에 이식한 인공귀** 조직공학의 가능성을 보여준 초기 실험으로써 과학자들은 귀 모양처럼 생긴 비계 위에 연골세포를 증식시켰다. 이렇게 만든 인공 귀를 쥐의 등 위에 이식하였는데 연골세포들이 쥐의 혈액순환계에 의해 영양분을 공급받을 수 있었다.

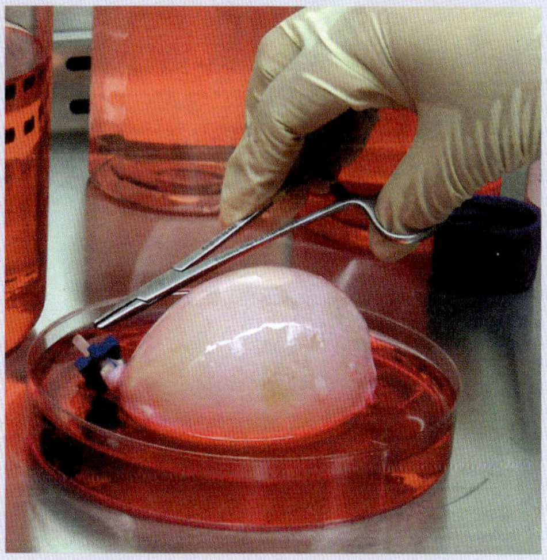

▲ 그림 E4-4 **이식을 위해 실험실에서 만들어진 인간의 방광**

## 4.5 진핵세포에서 막은 어떤 역할을 수행하는가?

진핵세포는 세포를 둘러싸고 있는 것뿐만 아니라 세포질 안에서 내부 분획을 만드는 내막계를 가지고 있다. 이러한 내막계는 원형질막과 소포체, 핵막, 골지체, 리소솜과 같은 막으로 둘러싸인 주머니 등의 세포소기관으로 구성되어 있다.

### 원형질막은 세포를 격리시키고 환경과 상호작용을 하도록 도와준다

3장에서 설명한 것처럼 원형질막은 세포질을 둘러싸고 있으면서 세포의 가장 바깥쪽 경계를 이룬다. 원형질막은 외부 환경으로부터 세포질을 분리시키는 것과 함께 선택된 물질을 세포의 외부 또는 내부로 운반하는 겉으로 보기에는 서로 모순된 기능을 수행하는 복잡한 구조이다. 원형질막 외에도 식물, 곰팡이, 일부 단세포 생물의 세포는 단단한 세포벽이 있어 바깥쪽에 있는 보호 껍질 기능을 한다.

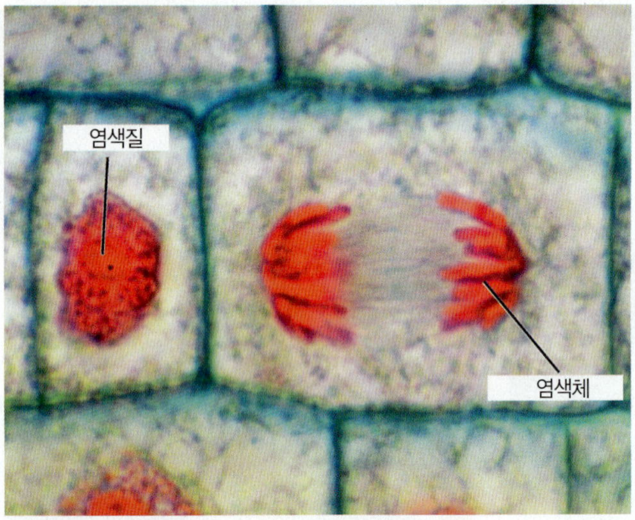


▶ **그림 4-6 염색체** 양파 뿌리 끝에서 분열하는 세포의 광학현미경 사진에 있는 염색체는 옆에 붙어 있는 분열하지 않는 세포 속에서 보이는 염색질과 같은 물질(DNA와 단백질)로 만들어져 있지만 더 응축된 상태로 존재한다. **질문:** 왜 염색체는 분열하지 않는 세포에서는 응축된 형태로 남아 있지 않는가?

## 소포체는 단백질과 지질을 합성하고 변형시킨다

소포체(ER)은 세포질 내에서 막으로 둘러싸인 서로 연결된 일련의 통로이다(**그림 4-7**). 세포의 ER은 핵막과 연결되어 있다. 진핵세포는 두 가지 형태의 소포체, 즉 조면소포체와 활면소포체를 갖고 있다. **조면소포체(rough endoplasmic reticulum)**의 바깥쪽에서는 수많은 리보솜이 붙어 있으며, **활면소포체(smooth endoplasmic reticulum)**에는 리보솜이 붙어 있지 않다.

조면소포체와 활면소포체는 서로 다른 기능을 갖고 있다. 부착된 리보솜이 있는 조면소포체는 단백질이 합성되는 장소를 제공한다. 단백질이 합성되면서 많은 단백질들이 ER 막을 통하여 ER 속으로 이동한다. 그 단백질들은 ER에 있는 통로를 따라 이동하여 주머니 속에 축적된다. 이 주머니가 떨어져 나와 막으로 둘러싸인 **소낭(vesicle)**이 된다. 이 소낭은 세포 내에서 이동하여 단백질을 목적지로 운반해준다.

활면소포체는 조면소포체가 단백질을 합성하는 것처럼 지질과 다른 분자들을 합성하는 장소로 제공되며, 세포 내에서 다른 곳으로 물질을 운반할 수 있도록 포장하는 역할을 한다. 활면소포체에서 생성된 특정 물질들은 세포의 종류에 따라 다양하다. 예를 들면, 척추동물의 생식기관에 있는 세포에서는 활면소포체에서 성호르몬이 합성된다. 활면소포체는 또 다른 기능도 한다. 예를 들면, 간세포에 있는 활면소포체 속에 들어 있는 효소는 노폐물, 약품, 알코올 등을 해독한다. 근육세포에서의 활면소포체는 근육 수축을 위해 필요한 다량의 칼슘을 저장한다.

활면소포체와 조면소포체에 의해 만들어지는 분자들 중에는 막의 주요 구성성분인 인지질과 콜레스테롤이 있다. 조면소포체에서는 막단백질이 생성된다. 그래서 막의 구성성분 모두가 ER에서 만들어지므로 ER은 막을 만드는 장소이다. 새롭게 만들어지는 막의 대부분은 ER을 새로 만들거나 혹은 기존의 ER을 대체하기도 하지만, 일부는 핵 쪽으로

▶ **그림 4-7 소포체** (a) 소포체는 핵막과 연결되어 있다. 두 가지 형태의 소포체가 존재한다: 리보솜으로 덮여 있는 조면소포체와 리보솜이 없는 활면소포체. (b) 전자현미경 사진에서 ER이 서로 연결된 일련의 관과 주머니로 보이지만 ER은 실제로는 접혀진 판과 연동된 통로로 이루어진 미로이다.

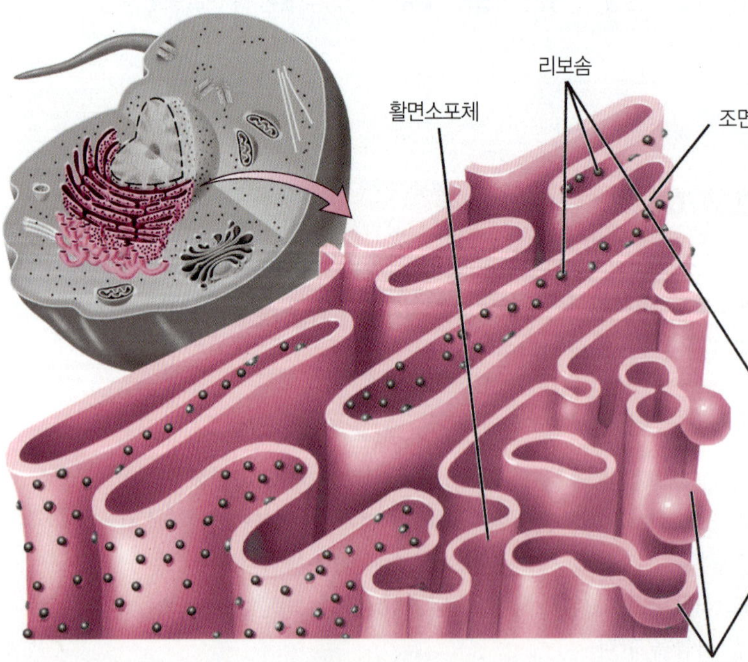


(a) 소포체는 조면 혹은 활면으로 되어 있다

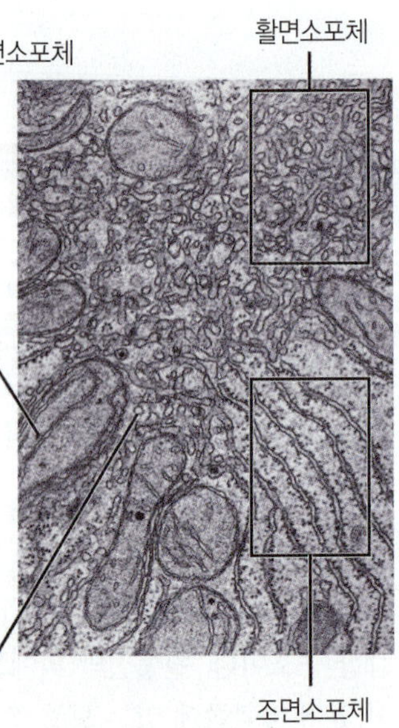


(b) 활면소포체와 조면소포체

이동하여 핵막을 대체하기도 하며, 세포질 쪽으로 이동하여 세포의 다른 막들을 보수하기도 한다.

## 골지체는 중요한 분자들을 분류하고, 화학적으로 변형시키며, 포장한다

**골지체(golgi apparatus)**는 소포체에서 유래된 특화된 막 구조물이다(그림 4-8). 그것은 납작한 주머니가 차곡차곡 싸여져 있는 것처럼 보이며 세포에서 운반되는 물질의 환승역과 같은 기능을 한다. ER에서 떨어져 나온 소낭은 골지체의 한 면과 융합하여 골지체의 주머니 속으로 내용물을 들여보낸다. 동시에 골지체의 반대편 면에서는 단백질, 지질, 다른 복합분자들이 들어 있는 소낭이 떨어져 나온다. 이 소낭은 세포의 다른 부분으로 이동하거나 혹은 방출되기 위하여 원형질막으로 이동한다.

골지체를 통하여 물질이 운반되면서 분류되기도 하고 또한 더욱 변형되기도 한다. ER로부터 운반된 단백질과 지질은 목적지에 따라 분류된다. 예를 들면, 세포 내부에 존재해야 하는 단백질과 분비되어야 하는 단백질은 서로 분리된다. 골지체는 일부 분자들을 변형시킨다. 세포 내에서 많은 기능을 하는 당단백질을 만들기 위해서 당을 부착시킨다. 예를 들면, 세포막에 존재하는 많은 인지단백질은 당단백질이다(3장 참고).

## 우리는 분비된 단백질의 여행을 따라갈 수 있다

막으로 이루어진 세포소기관이 어떻게 함께 작용하는지를 이해하기 위해 몸에서 항체를 분비하는 현상에 대해 살펴보자. 항체는 단백질이며, 백혈구세포에서 분비되고, 외부 침입자(세균과 같은)에 결합하여 파괴한다. 항체단백질은 조면소포체의 ER에 있는 리보솜에서 합성되어 ER 막에서 생성된 소낭 속으로 들어간다. 이 소낭은 골지체로 이동하여 막이 융합된 후 골지체 속으로 방출된다. 이곳에서 탄수화물이 단백질에 부착된 후 골지체 막으로 만들어진 소낭으로 다시 들어간다. 완성된 항체가 들어 있는 소낭은 원형질막으로 이동한 후 외세포운동에 의하여 항체가 세포 밖으로 방출된다. 일단 세포 밖으로 방출된 항체는 감염에 대항하여 신체를 방어하기 위해 혈류를 따라 자신의 길을 가게 된다.

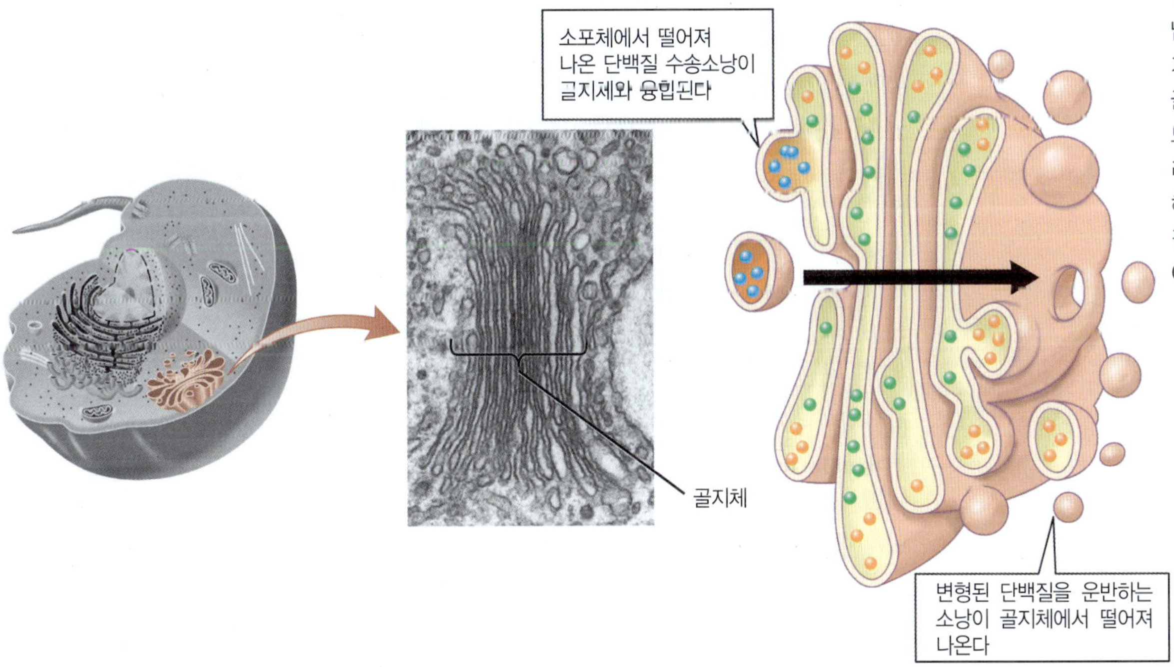


◀ 그림 4-8 **골지체** 골지체는 납작한 막주머니가 쌓여 있는 무더기처럼 보인다. 소낭은 ER로부터 골지체로 물질을 운반하고(역으로도 이동), 골지체로부터 원형질막, 리소좀, 소낭으로도 이동한다. 이동해 온 소낭이 골지체의 한 쪽 면에 결합하고, 방출되는 소낭은 다른 면에서 떨어져 나간다.

### 잃어버린 팔다리가 다시 자랄 수 있는가?

계속

팔다리를 재생할 수 있는 동물은 상처부위에 줄기세포를 갖고 있을 것이며, 사람처럼 팔다리가 재생할 수 없는 동물은 그렇지 않을 것이다. 생물학자들의 가설에 따르면 상처에 반응하여 팔다리가 재생되는 종의 세포들은 상처부위의 세포들을 줄기세포로 전환하는 단백질(여기에서 항체에 대하여 설명한 것과 같은 과정을 거쳐서)을 분비한다는 것이다.

### 리소좀은 세포의 소화계로 작용하는가?

ER에서 합성되어 골지체로 이송된 일부 단백질들은 단백질, 지방, 탄수화물을 구성단위로 쪼갤 수 있는 분해효소들이다. 골지체에서 이러한 효소들은 **리소좀(lysosome)**이라는 소낭으로 포장된다. 리소좀의 한 가지 기능은 과도하게 존재하는 세포의 막이나 결함이 있는 세포소기관을 분해하는 것이다. 이러한 세포소기관을 인식하게 되면 세포는 ER의 막으로 만들어진 소낭으로 이것들을 감싸게 된다. 이러한 소낭이 리소좀과 결합한 후 리소좀 속에 들어 있었던 소화효소가 작용하여 기능을 상실한 세포소기관을 분해하여 유용한 물질을 재활용할 수 있다.

## 4.6 어떤 다른 구조가 진핵세포에서 주요한 역할을 하는가?

진핵세포에는 중요한 구조물들이 많이 있다. 이것들 중에는 액포, 미토콘드리아, 엽록체, 세포골격 등이 있다. 일부 진핵세포는 또한 운동기능을 갖게 하는 섬모와 편모를 갖고 있다.

### 액포는 물을 조절하고, 물질을 저장한다

대부분의 세포들은 단일막으로 둘러싸여 있고 액체로 채워진 주머니인 액포를 한 개 이상 갖고 있다. 예를 들면, 식물세포들은 커다란 **중심액포(central vacuole)**를 갖고 있다(그림 4-4 참고). 거의 물로 채워져 있는 중심액포는 세포가 적정량의 물을 유지하고 모양을 유지하도록 하는 역할을 도와준다. 이러한 지원 기능은 식물이 중심액포에 적절한 양의 물을 유지할 수 있는 충분한 양의 물을 갖고 있지 않을 때 나타난다; 즉 이러한 현상은 집안에 있는 물을 주지 않은 식물체가 시드는 이유이다.

중심액포는 식물세포가 배출할 수 없는 유해한 노폐물을 폐기하는 장소로도 이용된다. 일부 식물세포는 황산과 같이 독성이 극히 강한 물질을 액포 속에 저장한다. 이러한 독성 물질들은 잎을 맛있게 먹을 수도 있는 초식동물의 접근을 막는다. 또한 액포는 식물이 당장 필요하지 않은 당과 아미노산을 저장하기도 한다.

### 미토콘드리아는 식량 분자로부터 에너지를 추출한다

세포가 생존하고, 생장하고, 생식하는데 필요한 에너지는 **미토콘드리아(mitochondrion**, 복수는 mitochondria)에서 생성된다. 미토콘드리아는 당 분자로부터 에너지를 추출하여 ATP의 고에너지 결합에 저장하는 세포소기관이므로 때론 세포의 발전소라고 불린다. 일단 에너지가 ATP 분자에 저장되면 모든 세포에서 일어나는 에너지 요구성 반응에 에너지를 공급하는데 사용될 수 있다. 미토콘드리아는 이중막으로 만들어진 구형, 타원형, 혹은 관 모양의 주머니 형태이다. 미토콘드리아의 외막은 매끄럽지만 내막은 앞뒤로 구부러져서 깊은 주름을 형성한다(그림 4-3, 4-4 참고). 미토콘드리아의 이러한 구조는 에너지를 생성하는데 중요한 역할을 하게 되는데 이는 7장에서 좀 더 자세하게 설명하겠다.

### 엽록체는 태양에너지를 포획한다

식물세포는 햇빛으로부터 에너지를 직접 포획하여 당 분자에 저장하는 세포소기관인 **엽록체(chloroplast)**를 갖고 있다. 엽록체는 모든 생명체가 궁극적으로 의존하는 에너지를 포획하는 과정인 광합성이 일어나는 곳이다. 엽록체는 이중막으로 둘러싸여 있으며 속이 비어 있는 막으로 된 주머니가 쌓여 있는 무더기를 갖고 있다(그림 4-4 참고). 엽록소 색소는 엽록체가 녹색을 띠게 만든다(식물은 엽록체를 갖고 있기 때문에 녹색이다). 엽록체의 구조와 광합성의 작용은 6장에서 보다 자세하게 설명하겠다.

## 세포골격은 모양을 유지하고 지지하며 움직이게 한다

세포소기관은 위험스럽게 세포질을 떠다니는 것이 아니다. 대부분은 **세포골격**이라는 단백질로 된 섬유 그물에 붙어 있다(그림 4-9). 단백질 섬유의 형태로서 세포골격을 이루는 것에는 가는 **미세섬유**, 중간 크기의 **중간섬유**, 좀 더 두껍지만 속이 비어 있는 원통형인 **미세소관(microtubule)**이 있다. 세포골격은 다음과 같은 중요한 기능을 갖는다.

- **세포 모양.** 세포벽이 없는 세포에서 세포골격이 세포의 모양을 좌우한다.
- **세포이동.** 많은 유형의 세포들이 운동을 한다. 세포운동은 세포 내에 있는 미세섬유와 미세소관의 운동에 의해 이루어진다.
- **세포소기관 이동.** 미세소관과 미세섬유는 세포 내에서 세포소기관이 한 장소에서 다른 장소로 이동하게 한다. 예를 들면, ER과 골지체에서 출아하여 방출된 소낭이 세포골격에 의해 목적지로 안내된다.
- **세포분열.** 미세소관과 미세섬유는 진핵세포에서의 세포분열에 필수적이다. 진핵세포의 핵이 분열할 때 미세소관이 염색체를 딸핵으로 이동시킨다. 동물세포에서는 세포분열이 진행되는 동안 유전물질을 나누는데 중요한 역할을 하는 통 모양의 구조인 **중심립**(centriole)의 건축용 블록을 미세소관이 형성한다. 게다가 동물 세포분열의 마지막 단계에서 미세섬유가 관여하여 모세포의 중앙 부분을 조여서 세포질을 나누는 링을 만든다.

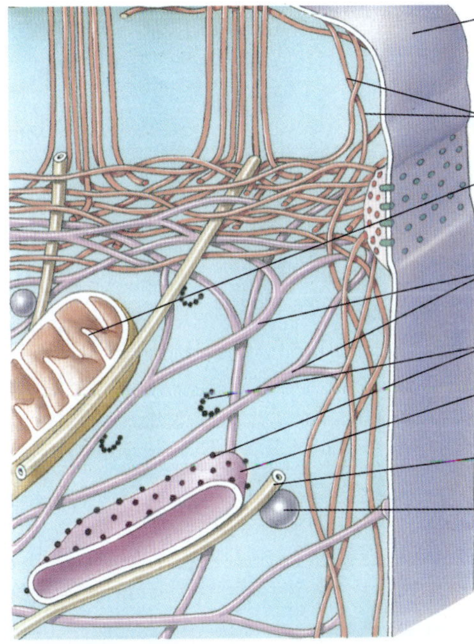


(a) 세포골격의 구성물

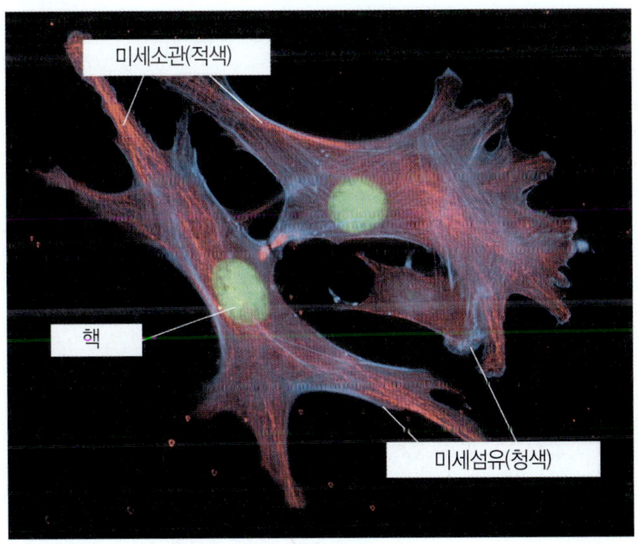


(b) 염색된 세포골격을 갖고 있는 세포

▲ **그림 4-9 세포골격** (a) 세포골격은 진핵세포의 모양과 구획을 결정한다. 이에는 세 가지 유형의 단백질: 미세소관, 중간섬유, 미세섬유로 구성된다. (b) 소의 동맥 안쪽에 배열되어 있는 세포를 핵뿐만 아니라 미세소관과 미세섬유를 관찰할 수 있는 형광염색 처리를 하였다.

## 섬모와 편모는 세포가 이동하게 하거나 혹은 세포 주변에서 액체가 이동하게 한다

**섬모(cilia)**와 **편모(flagella**, 단수는 cilium과 flagellum)는 원형질막의 돌출물로서 가늘며 움직임이 가능하다. 내부에는 전체 길이를 따라 뻗어 있는 미세소관이 들어 있다. 일부 단세포 진핵생물은 섬모나 편모를 사용하여 이동한다. 대부분의 동물 정자는 이동하는데 편모를 사용한다. 일부 작은 동물들은 섬모를 퍼덕거리면서 헤엄을 쳐서 이동한다. 좀 더 흔한 경우로는 섬모가 유체를 움직이게 하고 표면을 지나는 입자가 떠오르게 하여 이동한다. 섬모를 갖고 있는 세포는 굴의 아가미(먹이와 산소가 풍부한 물을 이동시킴), 암컷 포유동물의 난관(난소로부터 자궁으로 난자를 이동시킴), 대부분의 육지 척추동물의 호흡기관(기관이나 허파로부터 찌꺼기와 미생물이 포함된 점액을 제거시킴)과 같이 다양한 구조로 배열하고 있다.

섬모와 편모는 길이와 수, 이것들에 의해 만들어지는 힘의 방향 등에서 크게 차이가 있다. 일반적으로 섬모는 편모보다 길이가 짧고(길이가 10~25 μm), 수는 훨씬 더 많다. 이들은 마치 노 젓는 배의 노처럼 원형질막과 평행하게 힘을 발생시킨다. 이 힘은 노젓기 운동에 의해서 만들어진다(그림 4-10a). 편모는 길이가 훨씬 더 긴 편인데(길이가 50~75 μm), 일반적으로 수는 훨씬 적으며, 모터보트의 엔진처럼 원형질막에 수직으로 힘을 발생시킨다(그림 4-10b).

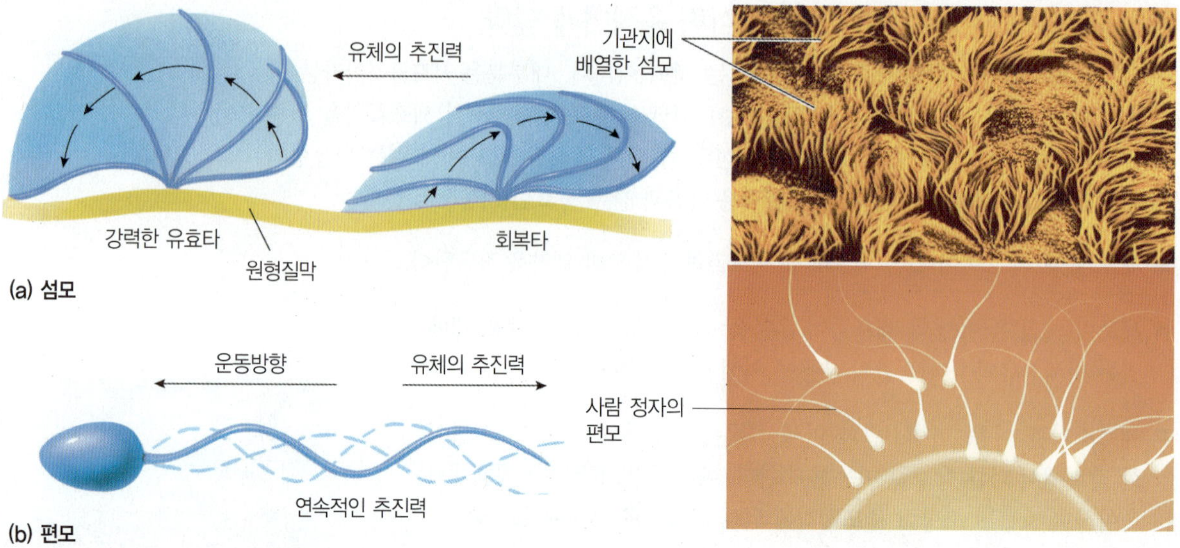


▶ **그림 4-10 섬모와 편모가 움직이는 방법 (a)** (왼쪽) 섬모는 보통 노젓기를 해서 원형질막과 평행하게 움직이는 힘을 발생시킨다. 이들의 운동은 수영하는 사람이 가슴을 치는 것 같은 팔 움직임과 유사하다. (오른쪽) 기관(공기가 허파로 들어가는 통로)에 덮여 있는 섬모의 SEM 사진; 이들 섬모는 점액을 밖으로 배출하여 먼지를 제거한다. **(b)** (왼쪽) 편모는 파도와 같이 움직여서 원형질막과 수직으로 지속적인 추진력을 발생시킨다. 이러한 방법으로 정자에 있는 편모가 앞쪽으로 똑바로 이동할 수 있다. (오른쪽) 난세포 표면에 있는 사람의 정자.

## 4.7 원핵세포의 특징에는 무엇이 있는가?

지구상에 존재하는 더 크고 더 눈에 잘 띄는 생물체들은 진핵세포로 이루어졌다고 할지라도 원핵세포도 아주 흔하다. 한 줌의 토양 속에 있는 원핵생물의 수는 현재까지 살고 있었던 사람의 전체 수보다도 더 많다. 우리가 볼 수는 없지만 원핵생물인 세균과 원시세균은 우리 신체의 안과 밖을 포함하여 지구의 구석구석 모든 곳에서 실제 서식하고 있다. 원핵생물은 원시적이며 진핵생물보다 하위이므로 원핵세포는 비교적 단순한 구조로 알기 쉽다. 그러나 그 단순한 구조가 수많은 생물학적 성공의 기초를 형성하고 있다.

원핵세포는 보통 세포소기관이 없는 것으로 설명하고 있었는데 최근 연구 결과에 따르면 일부 원핵생물은 막으로 둘러싸여 있고, 세포 내에서 산성도를 정확하게 유지하도록 도와주는 세포소기관처럼 생긴 구조를 갖고 있다는 것이 알려졌다. 그럼에도 불구하고 원핵세포는 진핵세포의 특징인 핵, 미토콘드리아, 엽록체, 골지체, ER, 그리고 다른 복잡한 세포소기관 등을 갖고 있지 않다. 그러나 원핵세포의 세포질에는 원핵세포와 진핵세포 모두에서 단백질이 합성되는 장소인 리보솜이 존재한다. 또한 세포질에는 글리코겐과 같은 에너지가 풍부한 물질이 저장되어 있는 먹이입자들도 들어 있다.

대부분의 원핵세포는 아주 작아서(직경이 5 μm 이하) 비교적 내부구조가 간단하다(**그림 4-11**을 그림 4-3과 비교하라). 일반적으로 원핵세포는 세포의 모양을 유지하고 보호작용을 하는 단단한 세포벽으로 둘러싸여 있다. 일부 원핵세포는 파도를 일으키거나 회전하는 채찍과 같은 돌기에 의해 추진되어 움직인다.

대부분의 원핵세포의 세포질은 외양으로 볼 때 비교적 균일하다. 원핵세포는 한 개의 원형의 DNA 가닥을 갖고 있다. 보통 나선 형태를 이루고 있으며, 원형질막에 부착되어 있고, **핵양체(nucleoid)**라는 부위에 집중되어 있다. 핵양체는 막에 의해 세포질의 나머지 부분과 격리되어 있지는 않다. **표 4-3**에서는 원핵세포를 식물과 동물의 진핵세포와 비교하였다.

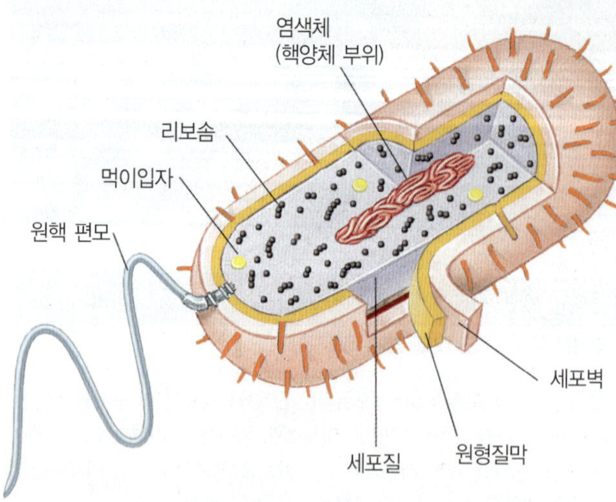


▲ **그림 4-11 일반적인 원핵세포**

**표 4-3 원핵생물, 식물, 동물세포에서의 구조 비교**

| 구조 | 원핵생물 | 식물 | 동물 |
|---|---|---|---|
| **세포표면** | | | |
| 세포벽 | 있음 | 있음 | 없음 |
| 원형질막 | 있음 | 있음 | 있음 |
| **유전물질의 조직화** | | | |
| 유전물질 | DNA | DNA | DNA |
| 염색체 | 한 개, 원형, 단백질 없음 | 많음, 선형, 단백질 있음 | 많음, 선형, 단백질 있음 |
| 핵 | 없음 | 있음 | 있음 |
| 핵막 | 없음 | 있음 | 있음 |
| 인 | 없음 | 있음 | 있음 |
| **세포질의 구조** | | | |
| 미토콘드리아 | 없음 | 있음 | 있음 |
| 엽록체 | 없음 | 있음 | 없음 |
| 리보솜 | 있음 | 있음 | 있음 |
| 소포체 | 없음 | 있음 | 있음 |
| 골지체 | 없음 | 있음 | 있음 |
| 리소좀 | 없음 | 있음 | 있음 |
| 중심액포 | 없음 | 있음 | 없음 |
| 세포골격 | 없음 | 있음 | 있음 |
| 중심립 | 없음 | 없음 (대부분) | 있음 |
| 섬모와 편모 | 있음[a] | 없음 (대부분) | 있음 |

*[a]많은 원핵생물이 편모를 갖고 있지만, 이것들은 미세소관으로 이루어져 있지 않으며, 진핵생물의 섬모나 편모와는 근본적으로 다른 방식으로 운동한다.*

## 잃어버린 팔다리가 다시 자랄 수 있는가? 다시 들러보기

일부 동물들이 잃어버린 부분을 재생할 수 있는 능력은 세포가 시계를 거꾸로 돌릴 수 있는 능력이 있는가에 달려 있다. 손상된 부분이 재생되기 위해서는 줄기세포가 필요하다. 신체가 성장하고 발달이 진행되면서 줄기세포의 대부분은 여러 세포 유형으로 발달하는 능력을 상실한다. 그래서 사람의 다리가 손상을 받으면 줄기세포가 상실된 부분을 대체하기 위해 필요하지만 새롭게 재생될 수 없다. 대신에 인체에서 상처는 치료될 수 있다. 그러나 만약 도롱뇽이 다리 하나를 잃어 버렸다면 아주 다른 현상이 일어난다. 상처 주변에 있는 세포들이 줄기세포로 전환되어 새로운 다리가 생장하기 시작한다.

도롱뇽이나 팔다리가 재생되는 다른 종에서 정상세포가 줄기세포로 전환되는 것은 신체의 다른 세포에서 분비되는 단백질에 의해 시작된다고 하는 증거가 점차 늘어나고 있다. 이러한 단백질들이 정상적으로는 손실된 부분이 재생되지 않는 종의 세포에서도 같은 효과를 갖는다는 일부 증거도 존재한다. 예를 들면, 최근의 실험에서 연구자들은 재생되고 있는 도롱뇽의 팔다리로부터 조직 추출물을 만들어 쥐의 근육세포 배양액에 처리하였다. 쥐는 손실된 부위를 재생할 수 없어 성숙한 근육조직은 정상적으로는 끈끈하고 분열하지 못하는 근육 섬유를 형성하게 된다. 그러나 도롱뇽 추출물이 처리된 경우 일부 성숙한 쥐의 근육세포가 초기 상태로 전환되어 새로 자라는 어린 쥐의 팔다리가 만들어 질 때까지 계속 세포분열이 일어났다. 연구자들은 도롱뇽의 재생 조직에 들어 있는 단백질이 쥐의 세포를 생장 상태로 전환시켰다는 결론을 도출하였다.

최근 수년 동안 도롱뇽, 편형동물, 제브라피쉬, 다른 재생동물들에서 재생을 조절하는데 관여하는 단백질들을 분리하고 있다. 이러한 단백질들이 손상된 인체의 부분들을 재생시키는 촉진효과가 있다는 것을 증명하게 될 것인가? 어느 누구도 확신할 수는 없지만 이러한 시도들은 미국 국방부가 팔다리가 절단된 사람에게서 잃어버린 팔다리를 재생하는 날이 올 것이라는 희망을 갖고 팔다리 재생연구에 수백억 달러의 연구비를 지원하고 있기 때문에 충분히 희망적이다.

### 생각해보기

팔다리를 재생시키려는 노력 외에도 연구의 주요 프로그램은 신체 밖에서 배양된 줄기세포의 의학적 이용에 집중하고 있다. 과학자들은 그러한 줄기세포들은 손상된 조직의 재생을 촉진할 것이라는 가설을 세우고 있다. 재생의학과 비교하여 새로운 줄기세포를 처리하는 접근방식의 장점과 단점은 무엇인가?

# 개념 확인 문제

## 빈칸 채우기

1. 각각의 설명이 묘사하고 있는 구조의 이름을 채워 넣어라. 식물의 각 세포의 외부를 지탱하는 역할 제공: ___________; 식물 세포에서 중요한 작용을 하는 막으로 둘러싸인 저장주머니: ___________; 식물에는 있지만 동물에는 존재하지 않는 에너지 포획 세포소기관: ___________.

2. 핵은 ___________(이)라고 하는 이중막으로 둘러싸여 있는데 이는 이것은 ___________, ___________, ___________ 등과 같은 분자들을 통과시키는 막으로 배열된 ___________에 의해 구멍이 뚫려 있다.

3. 인의 4가지 구성성분을 열거하라: ___________, ___________, ___________, ___________.

4. 항체와 같은 분비단백질은 조면 ___________에 부착되어 있는 ___________(이)라고 하는 장소에서 합성된다. 그 다음 단백질은 ___________(이)라는 주머니 속으로 들어가서 ___________에까지 이송된 다음 그곳에서 변형된다.

5. 세포의 소화계는 ___________에 의해 생성된 ___________(이)라는 소낭으로 구성되어 있다. 이러한 소낭은 ___________을(를) 포함하고 있으며, 이것의 기능은 ___________(이)나 ___________과(와) 같은 결함이 있는 세포부위를 분해시켜 분자들을 재활용하기 위한 것이다.

6. 세포골격의 4가지 주요 기능을 열거하라: ___________, ___________, ___________, ___________.

7. 섬모와 편모는 둘 다 ___________(이)라고 하는 세포골격 요소를 갖고 있다. 섬모가 편모와 다른 특징 3가지를 열거하라: ___________, ___________, ___________.

## 복습 문제

1. 이 장의 시작 부분에 있는 "잃어버린 팔다리가 다시 자랄 수 있는가?"라는 제목을 가진 내용을 복습해보도록 해라. 특히 세 번째 절에서 설명하고 있는 연구에 초점을 맞춰보아라. 모델로서 6쪽에 있는 그림 E1-1을 사용하여 그 연구를 수행하는 과정에서 관찰, 질문, 가설, 예측, 실험, 결론의 부분으로 설명해보라.

2. 전형적인 원핵세포와 진핵세포의 그림을 그려보고 유사점과 차이점을 설명하라.

3. 식물과 동물세포에 공통적인 세포소기관은 어떤 것이며, 각각에게 독특한 세포소기관은 어떤 것이 있는가?

4. 핵막, 염색질, 염색체, DNA, 인이 들어 있는 핵에 대하여 설명하라.

5. 미토콘드리아와 엽록체의 기능은 무엇인가?

6. 리보솜의 기능은 무엇인가? 이것들이 발견되는 장소는 세포 안에서 어느 곳인가?

7. 소포체와 골지체의 구조와 기능을 설명하라.

# 5장

# 세포의 생명현상을 위한 에너지 흐름

건강한 사람의 신체에서는 효소가 지방과 탄수화물에 서장되어 있는 에너지를 운동에너지로 전환시킨다.

## 주요 내용

# 사례 연구 손실된 분자가 해를 끼친다

피자, 햄버거, 아이스크림, 크림치즈를 바른 베이글을 먹을 수 없다고 생각해봐라. 미국에서 태어나는 10,000명 중 한 명에서 그러한 음식을 먹는 것은 신경질환과 심각한 정신지체현상을 직접적으로 초래할 수 있다. 페닐케톤뇨증(phenylketonuria, PKU)으로 알려져 있는 질병을 갖고 있는 이러한 어린이들은 단백질을 완전하게 소화할 수 없다. 특히 그들은 몸에서 아미노산인 페닐알라닌을 분해할 수 없다. 그 결과 페닐알라닌이 혈액 속에 축적된다. 높은 수준의 페닐알라닌 함량은 독성을 나타내며, 발달 중인 신경계에 손상을 입힌다.

효소가 적절하게 작용하지 못한다면 햄버거를 먹는 단순한 행동도 위험한 결과를 초래할 수 있다.

한 어머니가 심각한 지체장애를 보이는 두 명의 아이들을 노르웨이 내과의사인 아스뵨 폴링(Asbjørn Følling)에게 진단을 받은 1934년 이전에는 PKU에 대하여 알지 못하였다. 많이 괴로워했던 어머니는 그녀 아이들의 상황에 대해 설명을 듣고 싶어 하였다. 진단 과정에서 폴링은 화학물질인 염화제2철을 소변에 첨가하는 것을 포함하여 일상적인 소변검사를 진행하였다. 염화제2철은 케톤(소변에 들어 있으면 당뇨병으로 진단되는 분자)과 반응하면 자주색을 띠게 되는데, 그 어린이들의 검사에서는 밝은 녹색을 띠었다. 이러한 변화를 일으키는 물질이 알려져 있지 않았기 때문에 당황한 폴링 박사는 소변 속에 있는 이 이상한 물질을 규명하기 위하여 일련의 화학반응 실험을 시작하였다. 결국 그는 이 물질은 높은 수준으로 페닐알라닌이 있다는 것을 의미하는 물질인 페닐피루브산이라는 것을 발견하였다. 폴링은 어린이들의 지체현상은 페닐알라닌이 과도하게 축적되었기 때문에 일어난 것이라고 가정하였으며, 정신지체 현상을 나타내는 다른 사람들도 소변 속에 페닐피루브산이 있을 것으로 예상하였다. 이러한 예측을 조사하기 위하여 정신지체를 갖고 있는 430명으로부터 소변 시료를 받았으며, 이 중 8명의 소변에서 염화제2철을 첨가하면 밝은 녹색을 띠게 된다는 것을 확인하였다.

왜 페닐케톤뇨증 환자들은 페닐알라닌을 분해할 수 없을까? 페닐케톤뇨증 환자들은 한 종류 분자에 결함이 있다는 것이 판명되었다. 일상적인 음식이 독으로 변하도록 하는 그러한 심각한 영향을 미치는 것은 어떤 종류의 분자일까? ■

▲ **그림 5-1 위치에너지로부터 운동에너지로의 전환** 빙하의 높이와 해수면의 높이가 다르기 때문에 빙하의 정상에 있는 펭귄은 위치에너지를 갖고 있다. 펭귄이 뛰어내리면서 위치에너지는 펭귄 몸의 운동에너지로 전환된다. 결국 이 운동에너지의 일부는 물로 전달되어 물결이 출렁거리게 된다.

## 5.1 에너지란 무엇인가?

**에너지(energy)**는 일을 할 수 있는 능력이다. 이러한 정의에 의하면 일은 분자를 만드는 것, 사물을 움직이는 것, 열과 빛을 발산하는 것 등을 포함하여 넓은 범위의 행동 중의 어느 것을 의미한다. 에너지는 그것이 사용되거나 저장되는 것에 따라 운동에너지(kinetic) 혹은 위치에너지(potential)가 될 수 있다. **운동에너지(kinetic energy)**, 즉 운동을 위한 에너지는 빛(광자의 운동), 열(분자의 운동), 전기(전기적으로 전하를 띠는 입자의 운동)와 큰 사물의 운동 등을 포함한다. **위치에너지(potential energy)**, 즉 저장된 에너지는 분자 속에서 원자를 함께 잡아주는 결합에 저장된 화학에너지, 건전지에 저장된 전기에너지, 뛰어 내릴 자세를 취하고 있는 다이버에게 저장되어 있는 위치적인 에너지 등을 포함한다.

적절한 상황에서 운동에너지는 위치에너지로 전환될 수 있으며, 그 역 방향도 가능하다. 예를 들면, 펭귄이 물에서 얼음 위로 기어오르면 운동에너지가 위치에너지로 바뀌게 된다. 펭귄이 뛰어내리면 위치에너지는 다시 운동에너지로 바뀌게 된다(**그림 5-1**).

## 에너지는 만들어질 수도, 파괴될 수도 없다

열역학법칙은 에너지의 기본적인 특성과 행태를 묘사하고 있다. **열역학 제1법칙(first law of thermodynamics)**은 에너지 보존법칙이라고도 하는데 에너지는 창조되거나 파괴될 수 없으며 그렇기 때문에 우주에서의 에너지 총량이 항상 일정하게 유지됨을 나타낸다.

비록 에너지가 새로 만들어지거나 파괴될 수 없다고 하더라도 형태는 바뀔 수 있다. 예를 들면, 자동차는 휘발유의 화학적 위치에너지를 운동과 열의 운동에너지로 전환한다. 마찬가지로 달리기선수는 음식에 들어 있는 화학적 위치에너지를 운동과 열의 운동에너지로 전환한다. 화력발전소는 석탄의 화학적 위치에너지를 열이라는 운동에너지로 전환하며, 이것은 다시 전기라는 운동에너지로 전환된다. 가정에서는 전기의 운동에너지가 빛과 열의 운동에너지로 전환되며, 재충전이 가능한 건전지에 저장되어 위치에너지로도 전환된다. 이러한 모든 경우 에너지는 형태는 바뀌지만 에너지의 총량은 변하지 않는다.

## 에너지는 이용가능한 양이 점차 줄어든다

에너지는 절대 파괴되지 않는다고 하더라도 일을 수행하는데 가장 유용한 형태의 에너지가 덜 유용한 형태의 에너지로 전환될 수 있다. 이러한 경향을 설명한 것을 **열역학 제2법칙(second law of thermodynamics)**이라고 하는데 한 형태에서 다른 형태로 에너지가 전환될 때 이용가능한 형태의 에너지 총량은 감소한다는 것이다. 제2법칙은 에너지의 모든 전환은 이용가능한 에너지의 손실을 동반한다는 것으로서 100% 효율적인 전환과정은 존재하지 않는다는 점이다.

제2법칙을 설명하기 위해 휘발유를 연소시키는 자동차를 생각해보자. 이동하는 차량에서 운동에 쓰이는 운동에너지는 운동을 위해 연소되는 휘발유가 갖고 있는 화학에너지양보다 상당히 적다. 제1법칙에 의하면 에너지는 소멸하지 않다고 하였는데 없어진 에너지는 어디로 갔는가? 그것은 자동차의 몸체와 주변으로 이전되었다. 연소된 기체가 자동차를 움직이게 할 뿐만 아니라 엔진을 비롯하여 배기시스템과 자동차 주변의 공기를 가열시킨다. 포장된 도로 위에서의 자동차 타이어의 마찰로 도로가 약간 가열된다. 에너지가 사라진 것이 아니다. 열이 이용할 수 없는 에너지 형태로 전환되면서 에너지가 방출된 것이다. 이 에너지가 엔진, 배기시스템, 공기, 도로를 가열시켰다.

## 물질은 점차 무질서해진다

에너지가 집중된 부위는 에너지가 넓게 분산된 부위보다 훨씬 더 조직화되는 경향이 있나. 예를 들년, 휘발유 한 분자 속에 있는 8개 탄소원자는 휘발유가 연소될 때 생성된 이산화탄소 속에 들어 있는 분리되어 무질서하게 움직이는 8개의 분자 속에 들어 있는 8개의 탄소 원자보다 훨씬 더 질서정연하게 배열되어 있다. 그러므로 물질의 조직체계 측면에서 제2법칙을 설명하면: 무작위성과 무질서도가 증가하도록 자발적으로 진행되는 반응이다. 이러한 무작위성과 무질서도를 **엔트로피(entropy)**라고 한다. 엔트로피는 항상 증가하는 방향으로 진행되기 때문에 외부에서의 에너지 유입이 있어야 엔트로피를 억제할 수 있다.

우리 모두는 가정에서 엔트로피가 증가하는 방향으로 진행하는 경향을 경험하게 된다. 쓰레기가 쓰레기통에 담겨져 있고, 신문지가 차곡차곡 쌓여져 있고, 책이 책장 속에 정돈되어 있고, 옷이 서랍이나 옷장 속에 들어 있게 하려면 자주 에너지를 투입시키는 것이 필요하다. 에너지를 사용하여 청소를 하고, 정돈하려는 노력이 없다면 이러한 것들은 결국 가장 낮은 에너지 상태인 무질서한 상태로 떨어져 버리는 경향이 있다. 생태학자인

▲ 그림 5-2 **태양** 태양에서 에너지를 방출하는 반응은 지구의 생명체에 의해 사용되는 거의 모든 에너지를 공급한다.

이블린 허친슨(G. Evelyn Hutchinson)이 말하기를 "무질서도는 우주 전체로 퍼져 나가는데, 오직 생명체만이 무질서도에 역행하기 위하여 싸우고 있다"라고 하였는데 이는 그가 엔트로피와 열역학 제2법칙에 대한 아주 설득력 있는 비유를 만들어 낸 것이다.

### 살아 있는 생명체는 빛에너지를 사용하여 낮은 엔트로피 상태를 만든다

열역학 제2법칙을 생각해보면 어떻게 생물체가 존재할 수 있는지 의아스럽다. 살아 있는 세포 내에서 일어나는 모든 화학적 반응은 이용가능한 에너지의 양을 감소시킨다. 물질은 무작위성과 무질서도가 증가하는 방향으로 진행한다. 이러한 사실을 생각할 때, 어떻게 생물체가 농축된 에너지와 살아 있는 생명체의 특징으로 정확하게 정돈된 분자들을 축적하는가?

그 답은 살아 있는 생물체는 복잡한 분자를 구성하고, 질서 있는 구조를 유지하기 위하여, 즉 무질서도를 낮추기 위해 지속적인 태양에너지의 투입을 이용한다. 태양에서의 핵반응에 의하여 생성된 햇빛의 형태로 태양에너지가 지구에 도달한다(**그림 5-2**). 이러한 반응들은 엔트로피의 엄청난 증가를 초래하며, 그래서 고도로 조직화되어 있는 낮은 수준의 엔트로피 체계인 생명체는 제2법칙을 거역할 수 없다. 살아 있는 생물체의 질서도의 증가는 태양에서의 질서도의 엄청난 손실을 대가로 치르고 이룩된 것이다. 태양계의 엔트로피는 전체적으로 계속 증가한다.

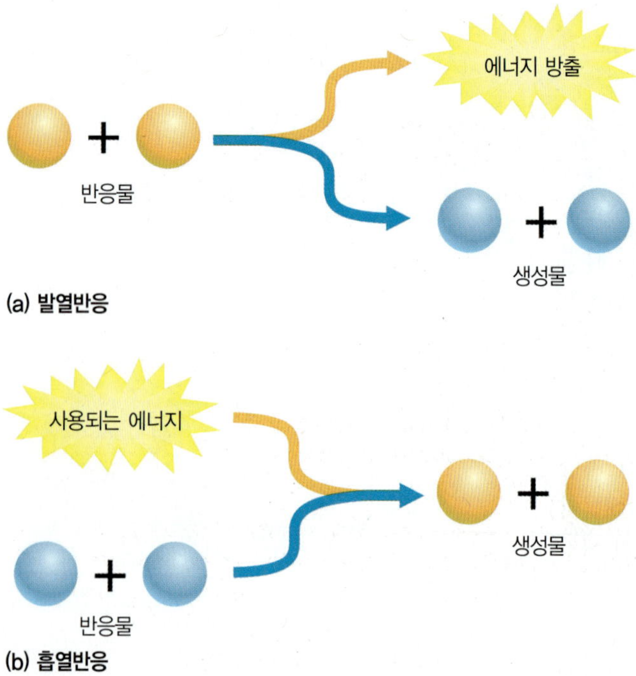


▲ **그림 5-3 발열반응과 흡열반응** (a) 발열반응은 에너지를 방출한다. 그러나 (b) 흡열반응은 에너지를 소비한다.

## 5.2 화학반응에서 에너지는 어떻게 흐르는가?

**화학반응(chemical reaction)**은 한 세트의 화학물질인 **반응물(reactants)**을 다른 세트인 **생성물(products)**로 전환한다. 어떤 화학반응은 에너지를 방출하고, 어떤 반응은 에너지를 소비한다. 에너지를 방출하는 반응은 **발열반응(exergonic reactions)**으로 분류되며, 생성물은 반응물보다 더 적은 에너지를 갖게 된다(**그림 5-3a**). 역으로 **흡열반응(endergonic reactions)**은 외부로부터 에너지의 순유입이 필요하다. 발열반응의 생성물은 반응물보다 더 많은 에너지를 갖는다(**그림 5-3b**).

당의 연소와 광합성 반응을 생각해보자.

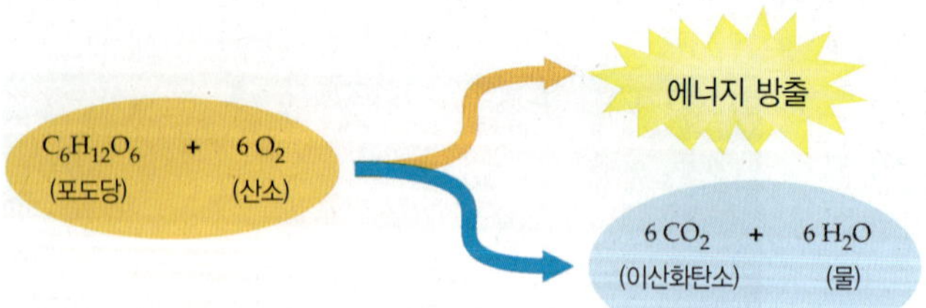


▲ **그림 5-4 연소하는 포도당은 에너지를 방출한다**

### 발열반응은 에너지를 방출한다

당이 불꽃에 의해 연소될 때, 산소와 반응하여 이산화탄소($CO_2$)와 물($H_2O$)을 생성한다. 이 반응은 발열반응으로서 반응물이 생성물보다 더 많은 에너지를 갖는가. 즉 당과 산소의 분자들이 이산화탄소와 물 분자보다 훨씬 더 많은 에너지를 갖는다. 여분의 에너지는 열로서 방출된다(**그림 5-4**).

일단 시작된 발열반응은 에너지의 유입이 없이도 반응이 잘 진행된다. 예를 들면 한 숟가락의 설탕에 일단 한번 불을 붙이면 설탕 분자가 모두 소비될 때까지 자발적으로 연소가 일어난다. 발열반응은 마치 언덕의 꼭대기에서 아래로 바위가 굴러 내리는 것처럼 높은 에너지에서 낮은 에너지 상태로 달려 내려 오는 것과 같은 반응이 일어난다.

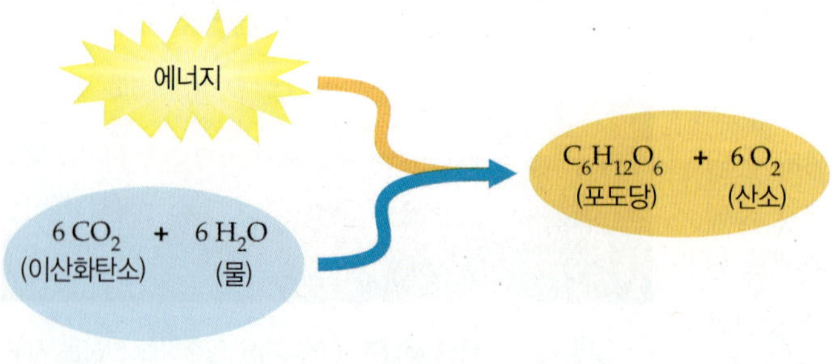


▲ **그림 5-5 광합성은 에너지가 필요하다**

### 흡열반응은 에너지 유입을 필요로 한다

설탕이 연소할 때 일어나는 발열반응과는 달리 생명체에서 일어나는 많은 반응은 반응물보다 더 많은 에너지를 갖는 생성물을 만들어 낸다. 예를 들

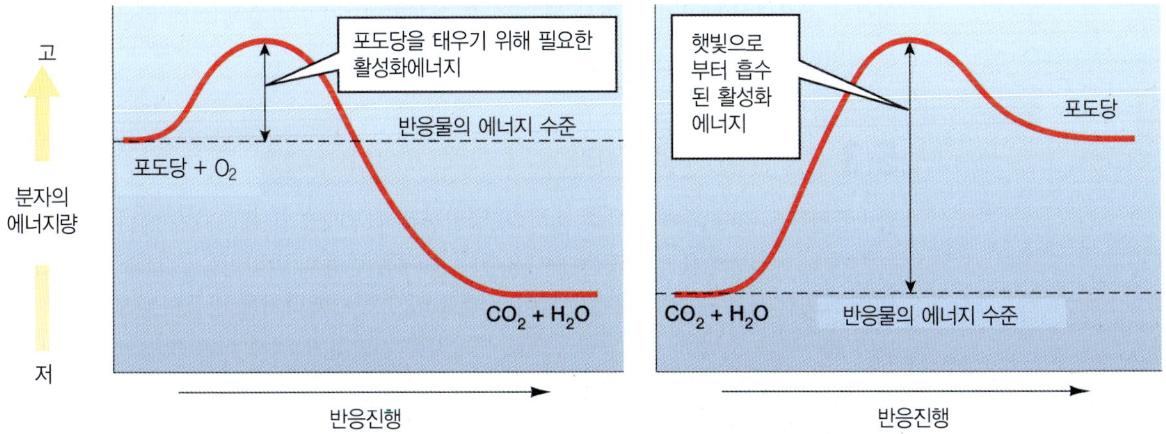


◀ **그림 5-6 활성화에너지** (a) 포도당의 연소와 같이 발열반응(내리막)은 고에너지 반응물(여기서는 포도당)로부터 저에너지 생성물(이산화탄소와 물)로 진행한다. 그러나 반응을 시작하기 위해서는 활성화에너지라는 초기 에너지 투입이 필요하다. (b) 광합성과 같은 흡열반응(오르막)은 저에너지 반응물(이산화탄소와 물)로부터 고에너지 생성물 (포도당)로 진행하며, 이 경우는 햇빛에 의해 공급되는 많은 활성화에너지가 요구된다. **질문:** 열과 햇빛 외에 활성화에너지를 제공해 주는 다른 공급원은 무엇인가?

면, 광합성에 의해 생성된 당은 이를 구성하는 이산화탄소와 물보다 훨씬 더 많은 에너지를 갖고 있다(그림 5-5). 마찬가지로 단백질 분자는 함께 결합하여 단백질 분자를 구성하는 아미노산 분자들보다 더 많은 에너지를 갖고 있다.

복잡한 생물학적 분자를 생성하는 반응들은 전반적으로 에너지 유입을 필요로 한다. 예를 들면, 광합성을 위한 에너지는 태양에서 온다. 광합성과 같은 발열반응을 마치 바위를 언덕 위로 밀어 올리는 것처럼 낮은 에너지로부터 높은 에너지로 언덕을 올라가는 반응으로 비유할 수 있다.

## 모든 반응은 초기 에너지 유입이 필요하다

모든 화학반응, 심지어는 전체적으로 에너지를 방출하는 발열반응조차도 반응이 시작되려면 초기 에너지 유입이 필요하다. 예를 들면, 타고 있는 설탕은 에너지를 방출한다고 할지라도, 한 숟가락의 설탕이 그 자체로만은 화염을 만들어 낼 수 없다. 화학반응에 필요한 초기 에너지 유입을 **활성화에너지(activation energy)**라고 하는데 바위를 굴러 떨어뜨리기 위해서 우선 언덕 위로 바위를 밀어 올리는 것과 같은 것이다(그림 5-6).

화학반응은 원자와 분자를 둘러싸고 있는 음전하의 전자껍질이 존재하기 때문에 반응을 시작하려면 에너지가 필요하다. 두 개의 분자들이 반응하기 위해서 그들의 전자껍질들이 상호 전기적인 척력이 작용함에도 불구하고 함께 끌어 당겨져야 한다. 그러한 힘을 위해 에너지가 필요하다.

활성화에너지의 일반적인 공급원은 운동에너지이다. 충분한 속도로 운동하는 분자들은 전자껍질이 서로 섞이고 반응할 수 있을 정도의 충분한 힘으로 세게 충돌한다. 온도가 높으면 높을수록 분자들이 더 빠르게 움직이기 때문에 대부분의 화학반응은 낮은 온도보다는 높은 온도에서 더 쉽게 반응이 일어난다.

## 발열반응은 흡열반응과 연계되어 있다

발열반응은 다른 공급원으로부터 제공되는 에너지가 필요하며, 에너지를 방출하는 발열반응으로부터 이 에너지를 얻을 수 있다. **짝지음반응(coupled reaction)**에서는 발열반응이 흡열반응을 일으키는데 필요한 에너지를 공급한다. 예를 들면 차를 운전할 때, 연소되는 휘발유의 발열반응이 정지된 자동차가 시동이 되고 계속 움직이는데 필요한 에너지를 공급한다. 광합성에서는 태양의 발열반응에서 방출된 빛에너지가 식물에서 당을 합성하는 반응을 일으키게 한다. 에너지가 반응들 사이에서 이전될 때 에너지의 일부는 항상

열로서 손실되기 때문에(열역학 제2법칙을 기억하라), 발열반응에 의해 공급되는 에너지는 흡열반응을 추진하는데 필요한 에너지보다 더 많아야 한다.

## 5.3 짝지음반응 사이에서 어떻게 에너지가 이동되는가?

짝지음반응은 생물체에서 아주 흔하다. 발열반응에서 방출된 에너지가 에너지를 소비하는 반응인 흡열반응을 일으키는데 사용된다. 짝지음 반응의 발열반응 부분과 흡열반응 부분은 세포의 서로 다른 부위에서 일어날 수도 있으므로 에너지를 방출하는 발열반응으로부터 에너지를 소비하는 흡열반응으로 에너지를 전달하기 위해 어떤 방법인가를 사용해야 한다. 한 장소에서 다른 장소로 에너지를 전달하는 일은 **에너지 운반체 분자(energy-carrier molecules)**에 의해 이루어진다.

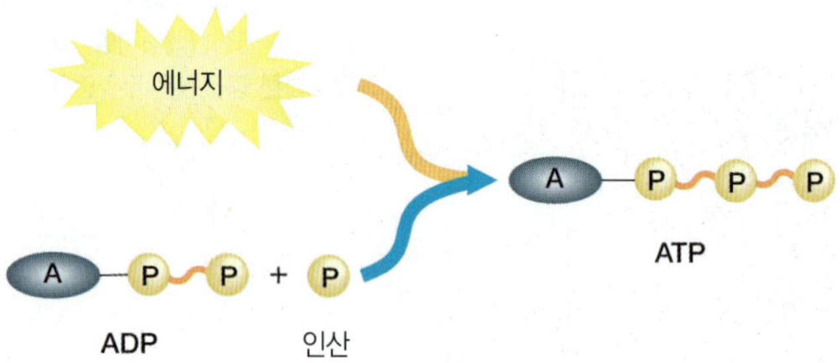


▲ 그림 5-7 ATP 합성은 ATP에 에너지를 저장한다.

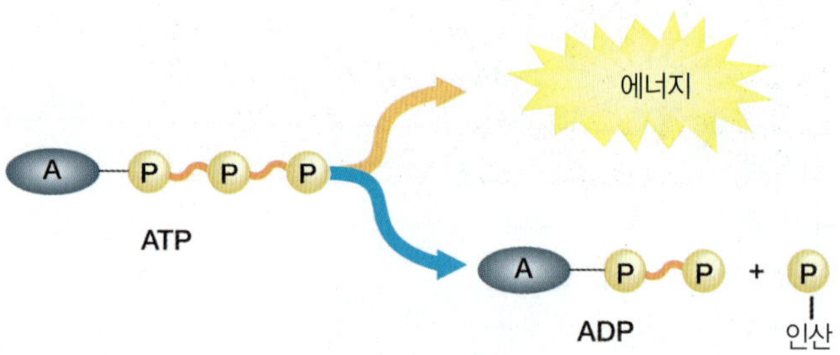


▲ 그림 5-8 ATP의 분해는 에너지를 방출한다.

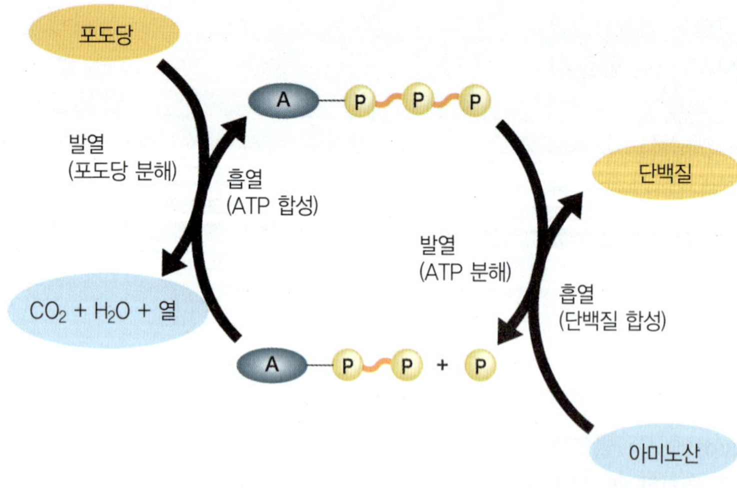


▲ 그림 5-9 **짝지음반응** 포도당 분해와 같은 발열반응으로부터 발생한 에너지가 ATP를 합성하는 흡열반응에 공급된다. 다음으로 ATP가 분해되면서 일어나는 발열반응은 아미노산으로부터의 단백질 합성과 같은 흡열 대사반응에 에너지를 공급한다. **질문:** ATP 분해가 왜 세포 작용에 필요한 에너지를 방출하는가?

에너지 운반체는 재충전이 가능한 건전지처럼 작용하는데 발열반응에서 에너지를 충전하고 세포 내에 있는 다른 장소로 이동하여 흡열반응을 추진하는데 필요한 에너지를 방출한다. 에너지 운반체 분자는 불안정하기 때문에 세포 내에서의 에너지 전달에만 사용된다. 이들은 세포와 세포 사이에서는 에너지를 전달할 수 없으며, 장시간의 에너지 저장용으로도 이용되지 않는다.

### ATP는 세포의 주요한 에너지 운반체이다

세포 내에 있는 가장 흔한 에너지 운반체 분자는 **아데노신3인산(adenosine triphosphate, ATP)**이다. ATP는 다양한 종류의 흡열반응을 추진하기 때문에 에너지 교환을 위한 가장 흔한 에너지 화폐로 작용한다. ATP는 **아데노신2인산(adenosine diphosphate, ADP)** 분자에 인산 분자 한 개를 추가하는 반응에 의해 만들어진다(그림 5-7). 이 반응을 위해 필요한 에너지는 포도당의 분해와 같은 발열반응으로부터 공급된다.

ATP는 화학결합에 에너지를 저장하며, 에너지를 필요로 하는 반응이 일어나는 세포내 장소로 에너지를 운반할 수 있다. ATP의 인산 분자들 사이의 결합이 깨어지면서 ADP와 인산(나중에 더 많은 ATP를 만드는데 재활용된다)과 에너지를 생성한다(그림 5-8). 깨어진 결합으로부터 방출된 에너지는 에너지를 필요로 하는 반응으로 전달된다.

요약하면 포도당 분해와 같은 발열반응은 ADP를 ATP로 전환하는 흡열반응을 추진한다. ATP분자는 세포의 여러 장소로 이동하여 분해되어 흡열반응을 추진하기 위한 에너지를 제공한다(그림 5-9). 예를 들면, 근육세포의 흡열반응은 ATP의 발열반응을 통한 분해로부터 전달된 에너지에 의해 일어난다(그림 5-10). 짝지음 반응을 통해 에너지가 전달되는 동안 열이 발생하여 전체적으로 이용가능한 에너지의 손실이 일어난다.

에너지 운반체가 지속적으로 생성되고, 분해되고, 다시 만들어지기 때문에 살아 있는 세포에서의 ATP의 수명은 매우 짧다. 만약 사람이 책상에 하루 종일 가만히 앉아 있을 경우 사용하는

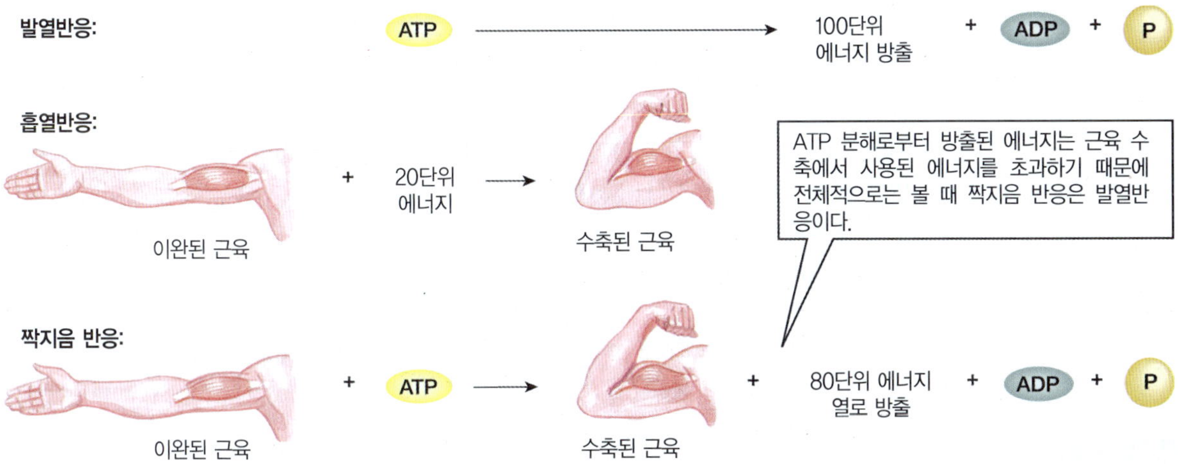


◀ 그림 5-10 **ATP 분해는 근육수축과 짝지어 일어난다.** 짝지음 반응에서 흡열반응을 추진하는데 사용되는 것보다 더 많은 에너지가 발열반응에 의해 생성된다. 여분의 에너지는 열로 방출된다.

ATP 분자를 모두 모은다면(재활용 되는 대신) 거의 40.8 kg에 달할 것이다. 마라톤 주자는 1분에 0.45 kg의 ATP를 사용한다. (ADP가 빠르게 ATP로 다시 전환되어야 하는데 그렇지 않다면 아주 짧은 시간 동안만 달릴 수 있게 된다.) 보는 것처럼 ATP는 에너지를 장시간 저장하는 분자가 아니다. 장시간의 저장은 글리코겐, 지방, 녹말, 설탕 등과 같이 보다 안정적인 분자들을 이용하는데 수 시간, 수 일, 수 개월 동안 에너지를 저장할 수 있다.

### 전자운반체도 세포 내에서 에너지를 전달한다

ATP 외에도 다른 운반 분자들이 세포 내에서 에너지를 전달할 수 있다. **전자운반체(electron carrier)**는 발열반응에서 에너지를 전달받은 흡열 전자를 포획한다. 전자를 포획한 전자운반체는 흡열반응에 관여하는 분자에게 에너지와 함께 전자를 내어 준다 (그림 5-11). 일반적인 전자운반체에는 니코틴아미드 아데닌 디뉴클레오티드($NAD^+$)와 이와 유사한 플라빈 아데닌 디뉴클레오티드(FAD)가 있다. 전자운반체와 세포 내에서의 역할에 대하여 6장과 7장에서 공부하게 될 것이다.

## 5.4 세포가 대사반응을 어떻게 조절하는가?

세포는 작은 화학공장이며, 세포 내에서 일어나는 수많은 화학반응이 세포의 **물질대사(metabolism)**를 구성한다 많은 반응들이 **대사경로(metabolic pathways)**라고 하는 일

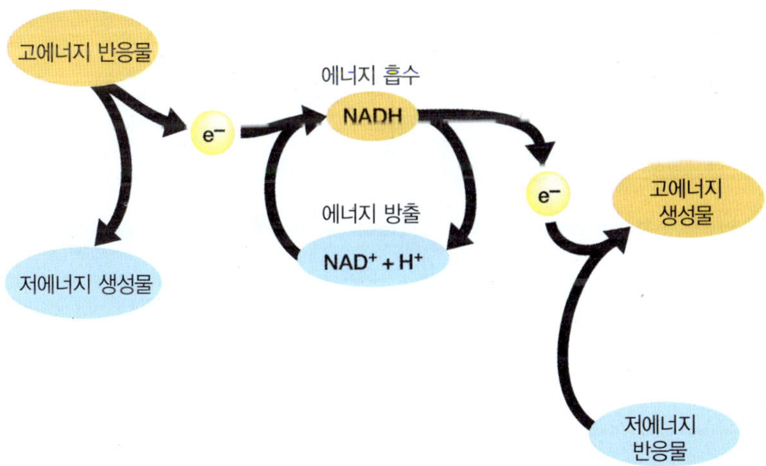


◀ 그림 5-11 **전자운반체** $NAD^+$와 같은 전자운반체 분자는 발열반응에 의해서 생성된 전자를 포획하여 바깥쪽 전자껍질에서 고에너지 상태를 유지하고 있다. 그때 ATP 합성과 같은 흡열반응을 추진하기 위하여 에너지와 다른 분자들과 함께 전자가 축적된다.

련의 순서로 진행되는 반응과 연결되어 있다(그림 5-12). 광합성(6장)은 그러한 경로 중의 하나이다. 포도당 분해가 시작되는 일련의 반응인 해당작용(7장)도 그 중 하나이다.

일련의 순서에 따라 진행되는 대사과정은 세포가 적절한 기능을 나타내는데 필수적이지만, 세포 내부 환경은 대사과정을 효과적으로 시작하고, 완성하는데 장애요인을 갖고 있다. 특히 세포는 많은 다른 분자들의 혼합체를 갖고 있으며, 반응 분자들의 이러한 다양성이 통제되지 않는다면 많은 혼란을 야기하게 된다. 그러므로 세포는 순서에 따라 진행되도록 반응을 통제해야 한다.

## 체온조건에서 자발적 반응은 너무 느리게 일어나 생명현상을 유지할 수 없다

반응을 조절하는 한 가지 방법은 활성화에너지에 영향을 일으켜 속도를 조절하는 것이다(반응을 시작하는데 필요한 에너지의 양, 그림 5-6 참고). 일반적으로 반응이 일어나는 속도는 활성화에너지에 의해 결정된다. 어떤 주어진 온도에서 활성화에너지가 낮은 반응은 활성화에너지가 높은 반응보다 훨씬 더 빠르게 일어난다.

생물체의 체온에서는 반응이 매우 늦게 진행될 정도로 많은 대사반응의 활성화에너지는 높은 편이다. 반응속도가 너무 느려서 반응은 자발적으로는 효과적으로 일어나지 못한다. 예를 들면, 생물체에서 당 분자는 절대 자발적으로 분해되어서 에너지를 방출하지 못한다. 그럼에도 불구하고 당의 분해는 살아 있는 세포의 가장 중요한 에너지 공급원 중의 하나이다. 만약 당 분자가 스스로 분해되지 않는다면 어떻게 에너지를 방출하겠는가? 세포는 촉매작용을 통해 당 분자 속에 저장되어 있는 에너지에 접근할 수 있다.

## 촉매는 활성화에너지를 낮춘다

**촉매(catalysts)**는 자기 자신이 소모되거나 영구적으로 변화되지 않으면서 반응 속도를 빠르게 해주는 분자이다. 촉매는 활성화에너지를 낮춰줌으로써 반응 속도를 빠르게 한다(그림 5-13). 반응이 일어날 정도로 충분히 강하게 충돌하는 분자가 거의 없기 때문에 촉매가 없으면 높은 활성화에너지를 갖고 있는 반응은 매우 느리게 진행된다. 그러나 촉매에 의해 활성화에너지가 낮아지면 충돌할 때 훨씬 더 많은 분자들이 반응한다. 반응 속도는 훨씬 더 빠르게 진행된다.

모든 촉매는 다음과 같은 세 가지 중요한 특징을 갖고 있다.

- 촉매는 반응 속도를 빠르게 한다.
- 활성화에너지만 넘어서면 자발적으로 일어날 수 있는 반응에서만 촉매가 반응 속도를 빠르게 한다.

### 손실된 분자가 해를 끼친다

계속

페닐알라닌케톤뇨증 환자에게 결함이 있는 분자는 페닐알라닌 수산화효소(phenylalanine hydroxylase)이다. 정상적인 세포에서는 이 효소가 아미노산인 페닐알라닌의 대사경로, 즉 다른 아미노산인 티로신으로 전환하는 과정에서 주요한 반응을 촉매한다. 수산화효소가 없으면 반응물인 페닐알라닌이 생성물인 티로신으로 전환되지 못한다. 대신 반응물이 신체에 축적되어 정신지체 등을 포함한 질병을 유발할 수 있을 정도의 독성 수준에 도달하게 된다. (결핍된 분자가 덜 치명적인 예로서 "건강 지킴이: 우유는 아기에게 적합한가? 참조)

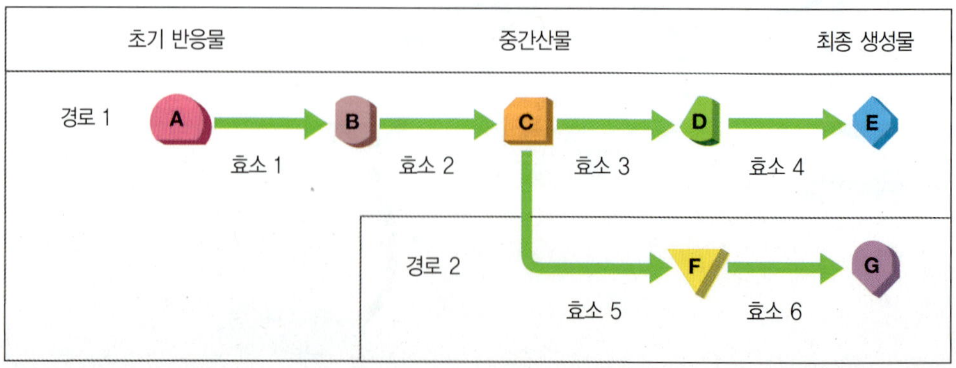


▶ 그림 5-12 **두 개 대사경로의 단순 모식도.** 경로 1에서 반응물 A는 일련의 반응 경로를 거쳐 최종생성물인 E를 생성한다. A에서 E로 전환되는 경로에서 각각의 반응에서 중간산물(B, C, 혹은 D)이 생성되는데 이들은 반응 경로에서 다음 반응의 반응물이 된다. 한 경로의 중간산물들은 다른 경로의 반응물이 될 수도 있다. 예를 들면 경로 1의 중간산물 C는 경로 2의 초기 반응물로 작용할 수 있으며, 이는 최종 생성물인 G를 생성하게 된다.

# 건강 지킴이

## 우유는 아기에게 적합한가?

아기들은 우유를 먹고 잘 살 수 있지만 대부분의 성인은 우유를 소화시킬 수 없다. 미국인의 25%를 포함하여 전세계적으로 75%의 사람들은 유년기 초기에 젖당을 소화시킬 수 있는 능력을 상실하여 젖당소화장애를 나타내게 된다. 대략 75%의 아프리카계 미국인, 히스패닉 그리고 미국원주민을 비롯하여 90%의 아시아계 미국인이 젖당소화장애를 겪고 있다. 주로 북부유럽인의 후손들인 비교적 소수들만 성인이 되어도 젖당을 소화시킬 수 있는 능력을 유지한다(그림 E5-1).

젖당소화장애는 몸에서 젖당분해를 촉매하는 젖당분해효소의 생성이 멈추면서 일어난다. 이 효소가 없는 사람들이 유제품을 먹으면 소화되지 않은 젖당이 삼투현상에 의해 창자 속으로 물을 유입시키고, 기체를 발생시키는 장내세균이 젖당을 먹고 자라게 한다. 다량의 물과 기체가 복통, 붓기, 설사, 헛배 부르기 등을 초래한다. 그러나 페닐알라닌케톤뇨증과 같은 다른 효소 결핍증의 결과와 비교할 때 젖당소화장애는 비교적 불편함이 적은 경우이다.

젖당소화장애가 있는 대부분의 사람들이 유제품을 모두 피할 필요는 없다. 매일 약간씩 먹는 유제품은 소화시킬 수 있을 정도로 충분히 젖당분해효소를 생산할 수 있는 사람들도 있으며, 대부분의 사람들은 숙성된 치즈(체다 치즈 등)와 살아 있는 세균이 들어 있는 요구르트는 세균이 젖당을 분해시켰기 때문에 젖당이 거의 없어서 이것들은 먹을 수 있다. 아이스크림을 단념하지 않으려면 유제품과 함께 젖당분해효소 보조제를 먹을 수도 있다.

▲ 그림 E5-1 **위험한 행동** 대부분의 성인의 경우 한 잔의 우유를 마시는 것이 불쾌한 결과를 낳을 수 있다.

■ 촉매는 그들이 촉진하는 반응에서 소모되지 않는다. 아무리 많은 반응을 촉진하더라도 촉매 그 자체는 영구적으로 변하지 않는다.

### 효소는 생물촉매이다

살아 있는 생물체에 의해 만들어지는 촉매를 **효소(enzymes)**라고 한다. 거의 모든 효소는 단백질로 되어 있다. 효소는 다른 모든 종류의 촉매와 함께 위에서 설명한 세 가지 특징을 공유하지만 비생물학적 촉매와는 다른 추가적인 특징이 있다. 가장 중요한 특징 중의 하나는 각각의 효소는 일반적으로 매우 특화된 한 가지 반응 혹은 기껏해야 소수의 몇몇 반응 정도를 촉매한다. 그림 5-12에서와 같은 대사과정에서 각각의 반응은 각각 다른 효소에 의해 촉매된다.

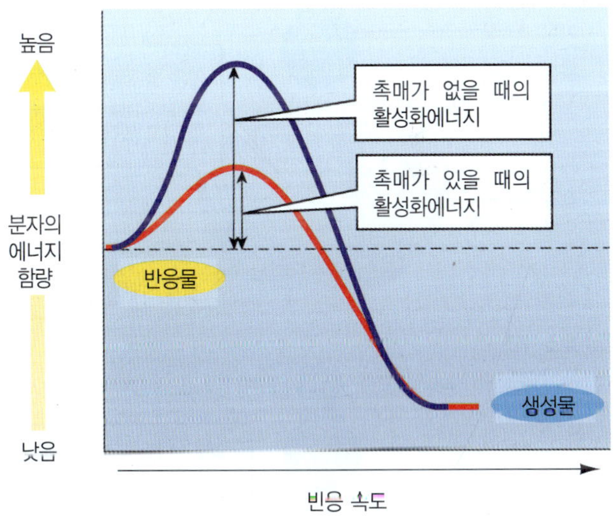


▲ 그림 5-13 **촉매는 활성화에너지를 낮춰준다.** 질문: 촉매는 비사발적인 반응을 자발적으로 일어나게 할 수 있는가?

### 효소의 구조는 특정 반응을 촉매하도록 한다

효소의 기능은 구조와 매우 밀접하게 연관되어 있다. 각각의 효소는 반응 분자들이 들어길 수 있는 **활성부위(active site)**라고 하는 틈 혹은 골을 포함하는 복잡한 3차원적인 모양을 갖고 있다. 효소에 작용하는 반응물, 즉 효소의 활성부위로 들어가는 반응물을 **기질(substrates)**이라고 한다.

왜 각각의 효소는 특정한 한 가지 반응만 촉매할 수 있는가? 각 효소의 활성부위는 독특한 모양과 전하의 분포를 갖고 있다. 효소와 기질이 함께 정확하게 맞아야 하기 때문에 마치 자물쇠에는 특정한 열쇠만 맞을 수 있는 것처럼 특정한 한 가지 기질 분자만 특정 효소의 활성부위로 들어갈 수 있다. 효소와 기질 사이에서 열쇠-자물쇠 관계처럼 특정 효소만이 한 가지 혹은 소수의 기질과 상호작용을 할 수 있다. 예를 들면, 각각의 효소는 특정한 아미노산 서열에만 작용하여 분해시킬 수 있기 때문에 우리가 먹은 단백질을 모두

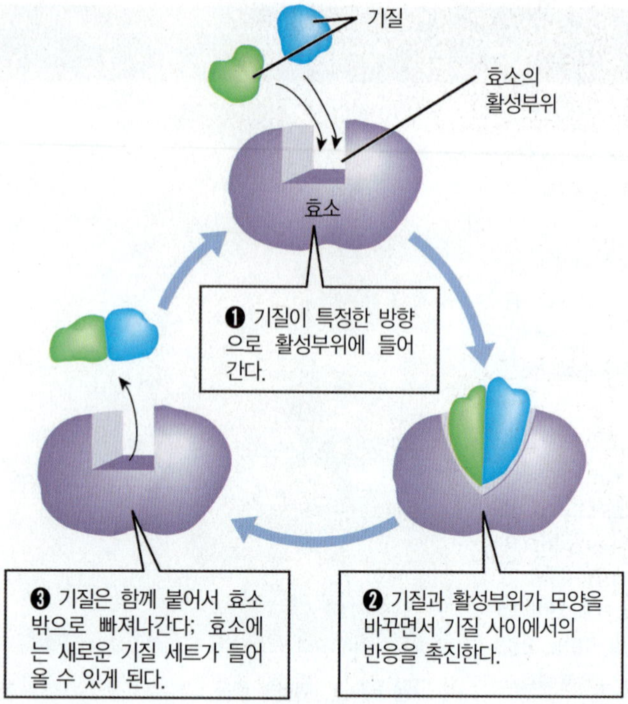


▲ **그림 5-14 효소-기질 상호작용의 주기**
**질문:** 만약 효소가 촉매하는 반응이 생성물을 생산하는 속도를 빠르게 하려면 반응 조건을 어떻게 변화시켜야 하는가?

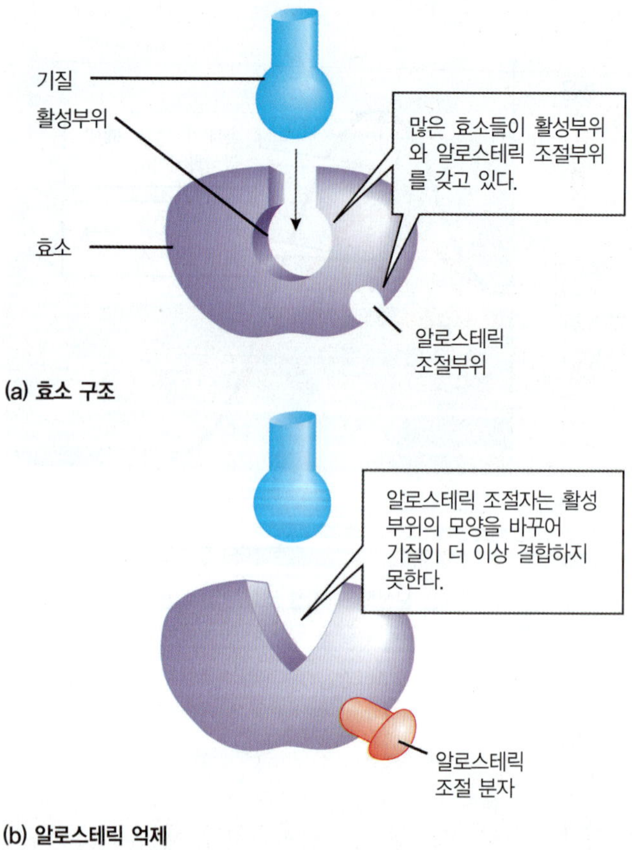


▲ **그림 5-15 알로스테릭 조절** (a) 많은 효소들은 알로스테릭 조절부위를 갖고 있는데 (b) 조절 분자가 결합하여 효소의 활성부위를 변형시키게 된다.

완전히 분해시키기 위해서는 몇 종류의 효소가 필요하다.

효소의 활성부위에 의해 만들어진 자물쇠 속에 정확하게 꼭 맞는 기질이 열쇠처럼 작용한다는 것으로 생각하는 것이 도움이 될 수 있을지라도 이 **열쇠-자물쇠 모델**은 완벽하게 정확한 것은 아니다. 딱딱한 열쇠와 자물쇠와는 달리 기질과 효소는 유연하며 탄력적이다. 기질 분자가 효소의 활성부위에 들어갈 때 기질과 효소가 둘 다 모양을 바꾸어 보다 더 정확하게 모양이 맞도록 한다(**그림 5-14**). 이러한 모양의 변화는 악수를 할 때 두 손이 더욱 더 꽉 잡을 수 있도록 서로 맞추는 것에 비유할 수 있다.

기질이 효소에 결합한 다음 효소 활성부위와 기질 분자 사이에서 일어나는 화학적 상호작용은 기질 속에 있는 화학적 결합을 변화시킬 수 있다. 이러한 변화는 효소의 의해 촉매된 특정한 화학적 반응을 촉진한다. 기질들 사이에서의 반응이 끝났을 때 생성물은 더 이상 활성부위에 적절하게 맞지 않으므로 밖으로 방출된다. 그러면 효소는 다른 기질 분자를 다시 쉽게 받아들일 수 있다.

세포 내에 있는 분자가 분해되거나 생성되기 위해서는 여러 분리된 단계를 거쳐 반응이 일어나야 한다. 절벽 속에 계단을 깎아 만들어서 한 번에 작은 계단 한 개씩 올라가야 절벽에 오를 수 있는 것처럼 반응을 여러 단계로 쪼개야만 전체 반응이 높은 총 활성화에너지를 극복하게 된다. 각 단계는 각각 다른 효소에 의해 촉매될 수 있으며, 각각의 효소가 특정 단계에서의 활성화에너지를 낮춘다(그림 5-6 참고). 예를 들면, 세포는 당이 분해될 때 여러 단계로 나누어지는데 각 단계마다 소량의 에너지를 방출하게 된다. 이러한 단계별 과정이 일어나는 이유는 반응이 체온 범위에서 일어나야 하며, 우리 신체 속에서 당이 연소될 때 우리가 타버리지 않아야 하기 때문이다.

## 세포는 효소를 조절하여 물질대사를 조절한다

세포 내에서 진행되는 대사반응은 정교하게 조절되어야 한다. 대사산물은 적절한 속도로, 적절한 장소에서, 적절한 시기에 생성되어야 한다. 대사과정에서 필요한 조절은 효소의 작용을 조절함으로써 이룩된다. 세포는 알로스테릭 조절과 경쟁적 억제 등을 포함하여 여러 가지 방법으로 효소의 활성을 조절한다.

### 알로스테릭 조절은 효소 활성을 증가시키거나 감소시킬 수 있다

**알로스테릭 조절(allosteric regulation)**에서 효소활성은 조절 분자에 의해 변화된다. 조절분자는 효소의 특정 부위에 일시적으로 결합한다; 결합부위는 효소의 활성부위와는 다른 장소이다(**그림 5-15a**). 조절 분자가 결합하면 효소의 활성부위를 변형시켜 효소가 기질에 더 잘 결합하거나 혹은 덜 결합하도록 한다(**그림 5-15b**). 그래서 알로스테릭 조절은 특정 효소와 조절 분자에 따라 효소활성을 촉진하거나 억제할 수 있다.

알로스테릭 조절의 경우 대사과정의 최종산물이 조절부위에 결합하여 최종산물을 생성하는데 관여하는 효소의 억제자로서 작용하기도 한다. 마치 방이 충분히 따뜻해지면 온도조절기가 자동적으로 난방장치를 끄는 것처럼 이러한 배열은 생성물의 양이 어떤 수준에 도달할 때 생성물을 생산하는 과정을 정지시킬 것이다.

### 경쟁적 억제는 일시적일 수도 있고 영구적일 수도 있다

일부 조절 분자는 효소의 활성부위에 일시적으로 직접 결합하여 기질 분자가 결합하는 것을 막는다(그림 5-16). 그러한 분자들이 활성부위로 접근할 때 효소의 정상적인 기질과 경쟁하며, 그 결과로서 **경쟁적 억제(competitive inhibition)**에 의해 효소활성을 조절한다.

경쟁적 억제는 대사반응을 조절하는 세포의 정상적인 체계의 한 부분이지만 독성물질이 작용하는 수단이기도 하다. 예를 들면, 메탄올(독성이 강한 알코올 형태)은 알코올탈수소효소(alcohol dehydrogenase)의 활성부위에 결합하기 위해 에탄올(알코올 음료에 들어 있는 알코올 형태)과 경쟁한다. 알코올탈수소효소가 메탄올을 분해하여 사람에게 병을 일으키고 실명하도록 하는 독성물질인 포름알데히드(formaldehyde)를 생성한다. 의사들은 에탄올을 처방하여 메탄올에 중독된 환자를 치료한다. 에탄올은 알코올탈수소효소의 활성부위에서 메탄올과 경쟁함으로써 포름알데히드 생성을 차단한다.

메탄올과 에탄올의 사례는 경쟁적 억제의 중요한 특징을 잘 나타내고 있다; 활성부위에 대한 경쟁에서 더 높은 농도를 갖는 분자가 항상 승자가 된다. 정상적인 기질과 억제자가 서로 서로를 대체하게 된다. 일부 독성물질은 비가역적으로 효소에 결합한다. 예를 들면, 일부 신경가스나 살충제는 아세틸콜린(신경세포가 근육을 활성화하기 위해 방출하는 물질)을 분해하는 효소인 아세틸콜린에스터라제의 활성부위에 영구적으로 결합한다. 결국 아세틸콜린에스터라제가 불활성화되면 아세틸콜린이 축적되어 근육이 과도하게 자극을 받아 마비가 일어난다. 희생자는 숨을 쉴 수 없기 때문에 죽게 된다.

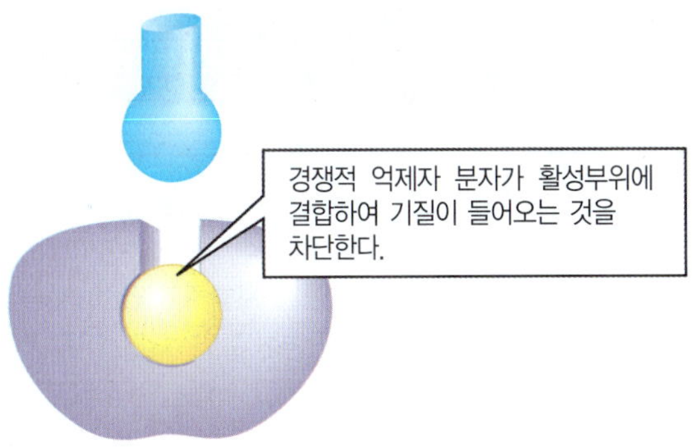


▲ 그림 5-16 **경쟁적 억제** 기질이 아닌 분자가 정상적인 기질과 경쟁하면서 가역적으로 활성부위에 결합한다.

### 효소활성은 환경의 영향을 받는다

효소의 복잡한 3차 구조는 환경조건 변화에 민감하다. 효소 구조 결정에 주요한 역할을 하는 수소결합은 효소의 화학적, 물리적 환경에 의해 바뀔 수 있다. 각각의 효소들은 특정한 pH, 염류 농도, 온도에서 최적으로 작용하므로 적정한 조건에서 변화가 일어나면 효소의 형태가 변하게 되며 그 결과 효소의 효과를 상실하게 된다. 예를 들면, 딜피클이 식초와 소금이 들어 있는 용액에서 잘 보존될 수 있는 이유는 용액의 염분이 들어 있는 산성 조건은 세균이 대사과정에서 이용하는 효소의 형태를 변형시켰기 때문이다. 효소가 작용할 수 없기 때문에 정상적인 조건에서 음식을 상하게 하는 세균들이 생존할 수 없다.

온도가 너무 높게 상승하면 효소 형태를 결정하는 수소결합이 깨어져서 효소는 사용불가능하게 된다. 그러나 온도가 약간 변하게 되면 효소가 촉매하는 반응의 진행 속도가 변할 수 있다. 더 높은 온도에서는 기질 분자가 더욱 빠르게 움직이고, 무작위적 운동은 적절한 효소의 활성부위에 더 잘 접촉하게 해 줄 수 있다. 그래서 많은 반응들이 어느 정도의 높은 온도에서는 반응속도가 가속화되며, 낮은 농도에서는 속도가 느려진다.

## 손실된 분자가 해를 끼친다

**계속**

페닐알라닌케톤뇨증을 앓고 있는 사람은 작용하는 페닐알라닌 수산화효소 분자가 없지만, 대부분의 환자의 세포에서 그 단백질이 실제로 만들어진다. 그러나 불행하게도 그 효소 분자들이 정상적인 촉매기능을 갖지 못한다. 왜 그럴까? 반응을 촉매하기 위해서는 효소의 활성부위가 있어야 하는데 환자들에게서의 문제는 활성부위가 기형적이기 때문일 것이라고 생물학자들이 가설을 세워보았다. 그러나 대부분의 페닐알라닌케톤뇨증 환자들은 정상적인 활성부위를 갖는 수산화효소를 생성하고 있다는 것을 연구자들이 확인하였다. 그러나 아미노산 서열에서의 변화들이 그 효소의 다른 부위에서 발생하여 모양이 다른 분자를 만들어 내었다. (단백질의 서열이 어떻게 분자의 모양에 영향을 주는지에 대한 설명은 2장 36~37쪽 참고) 모양이 달라진 단백질은 세포가 정상적인 세포 구성물로 인지되지 않으며, 그래서 효소가 생성되자마자 곧 세포의 방어체계가 그 단백질을 공격하여 파괴한다.

## 손실된 분자가 해를 끼친다 다시 들려보기

페닐알라닌을 분해할 수 있는 효소가 결핍되어서 페닐알라닌케톤뇨증을 앓고 있는 환자에게 가능한 현재의 유일한 처치 방법은 단백질이 들어 있지 않는 식사를 하는 것이다(거의 모든 단백질은 적어도 어느 정도의 페닐알라닌을 포함하고 있다). 페닐알라닌케톤뇨증 환자는 대부분의 사람들에게는 당연한 고기, 치즈, 어류 등과 같은 음식을 먹을 수 없다. 그들은 또한 널리 사용되고 있는 인공감미료인 아스파탐도 페닐알라닌을 함유하고 있어 피해야 한다.

특수한 식이요법을 잘 지키는 것은 어렵기 때문에 다른 치료 방법들이 환영받을 수 있어 여러 실험실에서 과학자들이 그러한 방법들을 개발하려고 연구하고 있다. 한 연구진이 연구에 의하면 페닐알라닌케톤뇨증을 앓고 있는 젊은 성인에게 훨씬 덜 엄격한 식사를 먹게 하였으며, 혈액으로부터 뇌로 페닐알라닌의 이동 속도를 늦추는 아미노산 혼합물을 먹게 하였다. 이 환자가 단백질을 먹었기 때문에 혈액 속의 페닐알라닌 수준은 증가하였지만 뇌에 도달하여 손상을 입히지는 않을 것으로 연구진들은 믿고 있다.

또 다른 잠재적인 치료 방법은 페닐알라닌을 분해하는 효소인 페닐알라닌 암모니아리아제(phenylalanine ammonia-lyase, PAL)를 이용하는 것이다. 환자에게 구강으로 PAL을 처방함으로써 페닐알라닌이 혈류 속으로 흡수되기 전에 창자에서 페닐알라닌을 분해할 수 있다는 것을 알게 되었다. 그러나 소화효소가 빠르게 PAL을 분해하기 때문에 연구자들이 소화효소로부터 PAL을 보호할 수 있는 방법을 찾을 때까지는 성공할 수 있는 치료 방법이 되지 못할 것이다.

### 생각해보기

모든 선진국의 신생아들은 페닐알라닌케톤뇨증 검사를 받아서 신경적인 손상이 발생하기 전에 결함을 갖은 신생아를 찾아낸다. 신생아들은 다른 일부 질병 검사도 받는다. 그러나 검사될 수 없지만 잠재적으로 감지할 수 있는 조건들이 많이 있다. 모든 신생아들에게 의무적으로 적용되는 검사를 결정하는데 사용해야 하는 기준은 무엇이라고 생각하는가?

## 개념 확인 문제

### 빈칸 채우기

**1.** 열역학 제1법칙에 따르면 우주에서 에너지의 총량은 항상 ________이다. 에너지는 두 가지 주요한 형태가 있다; 운동의 에너지인 ________과 저장된 에너지인 ________이(가) 있다

**2.** 열역학 제2법칙에 따르면 에너지가 형태를 바꿀 때 ________ 유용한 형태에서 ________ 유용한 형태로 바뀌는 경향이 있다. 이것은 물질이 덜 ________하도록 되는 자발적인 경향이라는 결론에 도달하게 한다. 이러한 경향을 ________(이)라고 한다.

**3.** 화학반응을 시작하는데 필요한 에너지를 ________ 에너지라고 한다. 이 에너지는 반응물의 ________를(을) 결합시키는데 필요하다. 이 에너지는 일반적으로 ________에 의해 공급된다.

**4.** 일반 반응이 시작되면 어떤 반응은 열을 방출하여 ________반응이라고 한다. 다른 반응은 에너지의 순유입이 필요하여 ________반응이라고 한다. 일단 시작되기만 하면 자발적으로 계속 진행되는 것은 어떤 반응인가? ________. 보다 단순한 분자로부터 복잡한 생물 분자(예를 들면 아미노산으로부터 단백질)를 형성하는 반응은 어떤 것인가? ________. 이러한 두 종류의 반응이 연결될 때, 한 반응으로부터 방출된 에너지가 다른 반응에서 필요한 에너지를 공급하는 경우 두 개의 반응을 ________반응이라고 한다.

**5.** 약어 "ATP"는 ________을(를) 나타낸다. 이 분자는 살아 있는 세포에서 주요한 ________분자이다. 이 분자는 세포에 의해 ________와(과) ________로부터 합성된다. 이 합성에는 ATP 분자 속에 저장되는 ________이(가) 필요하다.

**6.** 효소는 (일종의 생물 분자 형태) ________이다. 효소는 ________를(을) 낮추어 세포에서 반응을 촉진한다. 각 효소는 반응물이 결합하는 ________(이)라는 특정 부위를 갖는다. 이 특정 부위는 독특한 ________을(를) 가지며, 독특하게 ________가(이) 분포하고 있는데 이것 때문에 기질 분자가 특이적으로 결합할 수 있다.

### 복습 문제

**1.** 생물체는 왜 열역학 제2법칙을 위반할 수 없는지를 설명하라. 지구상에 존재하는 모든 생물체의 궁극적인 에너지 공급원은 무엇인가?

**2.** 물질대사를 정의하고, 어떻게 반응들이 서로 서로 짝지어질 수 있는지를 설명하라.

**3.** 활성화에너지는 무엇인가? 촉매는 어떻게 활성화에너지에 영향을 주는가? 이것은 어떻게 반응 속도를 변화시키는가?

**4.** 식물과 동물에서 아주 규칙적으로 일어나는 발열반응과 흡열반응을 설명하라.

**5.** 효소의 구조와 기능을 설명하라.

# 6장

# 태양에너지의 포획: 광합성

거대한 운석 때문에 티라노사우루스(*Tyrannosaurus*)를 비롯한 공룡들의 시대가 종말을 맞이하게 되었는지도 모른다.

## 주요 내용

**사례 연구 공룡은 햇빛이 부족해서 죽었는가?**

**6.1 광합성은 무엇인가?**

지구상에 있는 생물은 광합성에 의존한다

광합성은 이산화탄소와 물을 포도당으로 전환한다

**공룡은 햇빛이 부족해서 죽었는가?** 계속

식물의 광합성은 잎에서 일어난다

잎의 세포는 엽록소를 함유하고 있다

광합성은 광-의존적 반응과 광-독립적 반응으로 구성된다

**6.2 빛에너지는 어떻게 화학에너지로 전환되는가?**

빛에너지는 엽록체에 있는 색소에 의해 처음으로 포획된다

광-의존적 반응은 에너지 운반체 분자를 생성한다

물분해는 광합성계를 통한 전자의 흐름을 유지한다

**요약:** 광-의존적 반응

**공룡은 햇빛이 부족해서 죽었는가?** 계속

**6.3 어떻게 화학에너지가 포도당 분자 속에 저장되는가?**

광-독립적 반응은 포도당을 생성한다

$C_3$ 경로는 이산화탄소를 포획한다

$C_3$ 경로에서 고정된 탄소는 포도당을 합성하는데 사용된다

**지구 경계** 바이오연료의 이익은 허구인가?

**요약:** 광-독립적 반응

**6.4 광-의존적 반응과 광-독립적 반응 사이에서의 상호관계는 무엇인가?**

**6.5 물을 보전해야 하는 필요성은 어떻게 광합성에 영향을 미치는가?**

기공이 물을 보전하기 위해 기공을 닫을 때 낭비적인 광호흡이 일어난다

대안적인 과정들이 광호흡을 줄여준다

$C_4$ 식물은 서로 다른 세포에서 탄소를 포획하고 포도당을 합성한다

CAM 식물은 서로 다른 시간에 탄소를 포획하고 포도당을 합성한다

**공룡은 햇빛이 부족해서 죽었는가?** 다시 들러보기

# 사례 연구 공룡은 햇빛이 부족해서 죽었는가?

약 6,500만 년 전, 지구상의 생명체는 대재앙의 강타로 고통을 겪고 있었다. 단기간 내에 지구 종의 대부분이 멸종하였다. 이 엄청나게 충격적인 대량 멸종으로 공룡을 포함하여 존재하던 종의 70% 이상이 사라졌다. 트리세라톱스(*Triceratops*)와 티라노사우르스(*Tyrannosaurus*)를 비롯하여 공룡의 모든 종들이 영원히 사라졌다. 육지와 바다에는 생명체가 거의 없었으며, 새로운 종이 나타나 사라진 종이 예전에 살고 있던 장소를 채우기 까지는 수백 년이 걸렸다.

대부분의 과학자들은 이 재앙이 대기로 진입하여 지구와 충돌한 직경 9.7 km에 이르는 거대한 운석에서 시작되었다고 믿고 있다. 운석이 멕시코 남동부의 유카탄 반도 끝에 있는 바다로 파고들어가 깊이 1.6 km, 길이 193 km의 거대한 운석공을 만들었다. 당연히 주변의 생명체는 모두 충격파에 의해 죽었다. 그러나 이러한 직접적인 파괴로 인한 피해는 비교적 작은 지역에만 한정되었다. 운석은 어떻게 지구의 모든 곳에 있었던 수천 종의 종을 멸종시키게 한 것일까? 모든 가능성 중에서 가장 심각한 피해는 운석 그 자체로 인한 것이 아니라 갑작스런 충격으로 인한 효과가 오래 지속되어 나타난 것이다. 특히 운석 충돌로 가장 피해가 컸던 장기적인 효과는 지구상에서 가장 중요한 화학반응인 광합성을 파괴한 것이라고 많은 과학자들은 결론지었다.

광합성이 하는 일은 정확하게 무엇일까? 광합성이 파괴된 것이 어떻게 힘이 강한 공룡을 멸종시킬 수 있을 정도로 그렇게 중요한 요인이 될 수 있을까? 답을 찾기 위해서 계속 읽어 보라. ■

운석이 충돌한 다음 하늘은 어두워지고, 전 세계에서 산불이 시작되었다.

## 6.1 광합성은 무엇인가?

생물체는 살아가기 위해 에너지가 필요하다. 그러나 5장에서 배운 것처럼 열역학 제1법칙에 의하면 에너지는 만들어질 수 없기 때문에 살아 있는 생물체는 자신의 에너지를 만들 수 없다. 그러나 일부 생물체들은 태양으로부터 유래한 에너지를 획득하여 그것을 화학에너지로 전환한다. 이러한 전환이 이루어지는 과정을 **광합성(photosynthesis)**이라고 한다.

### 지구상에 있는 생물은 광합성에 의존한다

광합성에 의해 획득된 태양에너지는 당과 다른 유기분자에 저장된다. 이러한 저장된 에너지는 지구상에 존재하는 생명체의 존속에 절대적으로 필요하다. 그것은 광합성 생물체 자신을 비롯하여 식물을 먹고 사는 생물체와 다른 생물체를 먹고 사는 궁극적으로는 거의 모든 생물체에게 영양분을 공급한다.

광합성은 생명체에 영양분을 공급하는 에너지를 획득하는 것 외에도 광합성은 생명이 지속가능하도록 해주는 중요한 물질을 대기 속에 공급해준다. 광합성은 화학결합에 태양에너지를 저장하면서 이산화탄소($CO_2$)와 물($H_2O$)을 소비하고, 부산물로서 산소 기체($O_2$)를 방출한다. 결과적으로 광합성은 대기로부터 이산화탄소를 제거하고 산소를 공급하는 역할을 한다. 이러한 작용은 대기 성분을 유지시켜 주며, 산소 기체의 생성은 특히 중요하다. 대부분의 생물체가 살아가는데 산소를 필요로 하며, 계속 산소를 소비한다. 대기 중의 산소가 광합성에 의해 지속적으로 보충되지 않는다면 산소 기체의 수준이 곧 점점 낮아져 생명체가 유지될 수 없다.

## 광합성은 이산화탄소와 물을 포도당으로 전환한다

광합성에 의해 포획된 에너지는 포도당($C_6H_{12}O_6$)의 화학결합 속에 저장된다. 이 반응을 가장 간단한 형태로 표현하면 광합성에 대한 전체적인 화학반응은 다음과 같다.

$$6\ CO_2 + 6\ H_2O + \text{빛에너지} \rightarrow C_6H_{12}O_6 + 6\ O_2$$

이산화탄소와 물이 포도당과 산소로 전환되는 이 기본적인 반응은 식물, 해조류, 여러 형태의 단세포생물들을 포함한 광합성 생물에서 일어난다. 각 그룹의 광합성 생물들은 기본적인 과정에서 차이점을 나타낸다. 이 장에서는 식물에서 일어나는 광합성에 초점을 맞추고자 한다.

## 식물의 광합성은 잎에서 일어난다

식물의 광합성은 주로 잎에서 일어난다(그림 6-1a). 잎은 광합성이 특히 잘 일어나기에 적합한 몇 가지 특징을 갖고 있다. 예를 들면, 대부분의 육지 식물의 잎은 단지 몇 개의 세포층으로 이루어져 있다. 잎이 얇은 것은 햇빛이 쉽게 침투할 수 있는 장점이 있다. 게다가 잎의 납작한 형태는 햇빛을 흡수할 수 있는 넓은 표면적을 제공한다.

잎은 **기공(stomata**, 단수는 stoma)이라고 하는 잎의 표면에 있는 구멍을 통하여 공기로부터 광합성에 필요한 $CO_2$를 얻는다. 기공은 열고 닫을 수 있으며, $CO_2$를 흡수해야 하는 적절한 시간에 기공을 연다. 잎의 내부에는 **엽육(mesophyll)**이라고 하는 집합적으로 모여 있는 세포층이 있는데 이 세포에서 광합성이 주로 일어난다(그림 6-1b). 잎맥 체계는 물과 무기염류를 엽육세포에 공급해주며 그들이 합성한 당을 식물체의 다른 부분으로 운반해준다. (식물의 몸에서 물질을 운반하는 구조는 17장에서 보다 자세하게 설명된다.)

### 공룡은 햇빛이 부족해서 죽었는가?

**계속**

지구의 가장 초기 생물체는 광합성을 할 수 없었다. 광합성이 불가능했다는 것은 지구 대기 속에 산소가 거의 없었다는 것을 의미한다. 그러나 적어도 20억 년 전에 일부 생물체가 햇빛에서 에너지를 이용하는 광합성 능력을 얻게 되었다. 빛에너지원을 획득하는 것은 거의 경쟁이 없었기 때문에 초기 광합성 세포들이 바다를 가득 채웠다. 광합성 생물체의 수가 증가하면서 산소가 대기 속에 축적되기 시작하였다. 공룡이 살던 시대에는 광합성 생물체들이 육지 위와 바다 속에 아주 많아졌으며, 대기 속의 산소의 수준은 오늘날의 수준과 유사하였다.

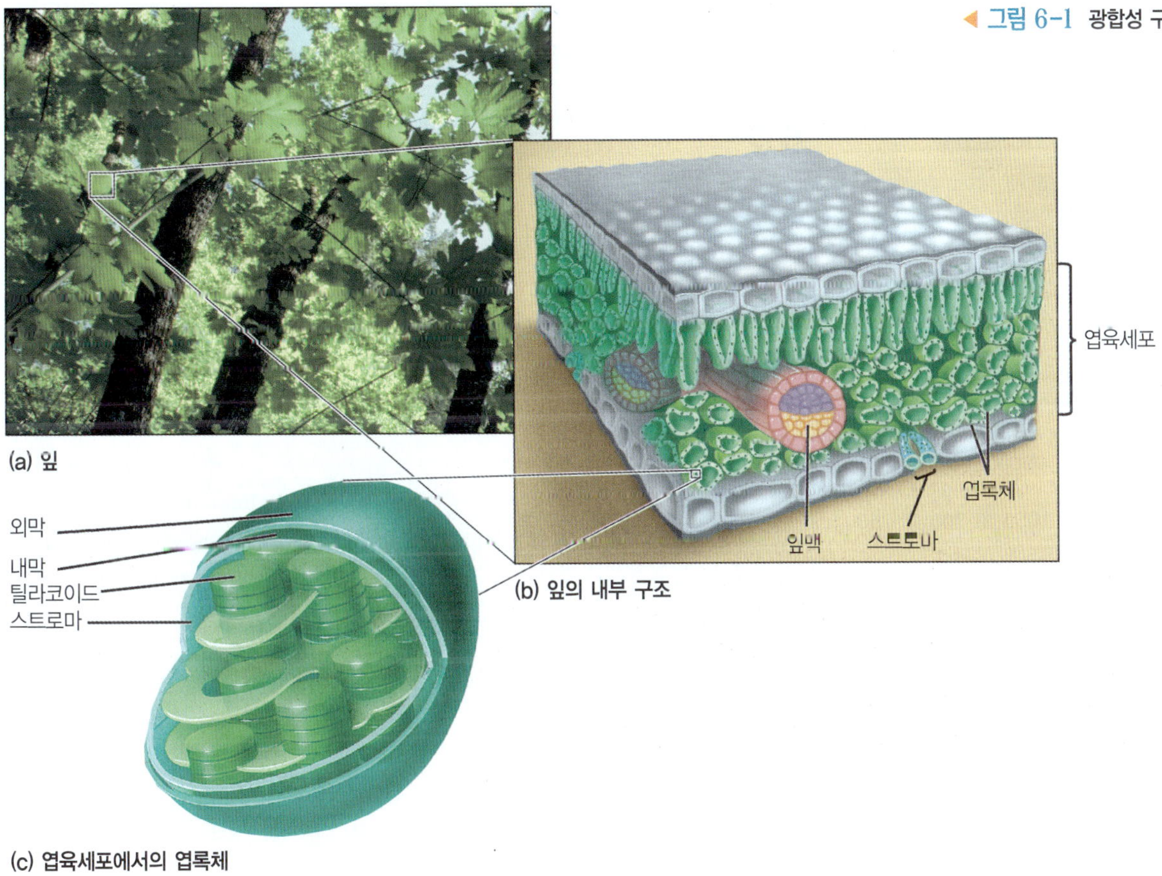


◀ 그림 6-1 광합성 구조의 개요

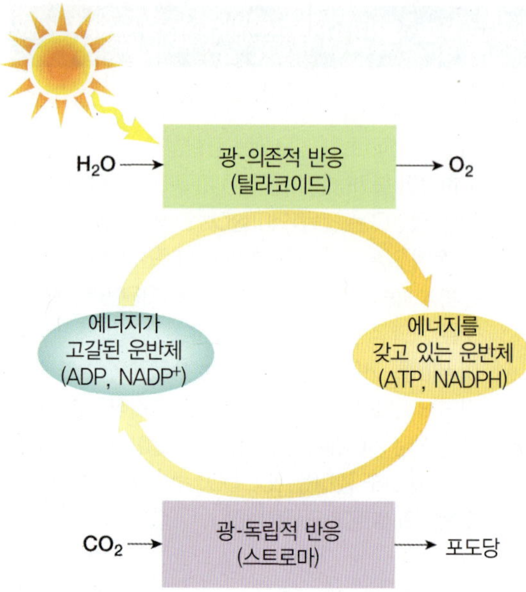


▲ 그림 6-2 **광합성의 개요** 광-의존적 반응은 태양에너지를 에너지 운반체로 전달한다. 광-독립적 반응은 이러한 분자들 속에 있는 에너지를 포도당 분자 속에 장기간 저장한다. 에너지가 고갈된 에너지 운반체는 다시 에너지를 받기 위해 광-의존적 반응으로 돌아간다.

## 잎의 세포는 엽록소를 함유하고 있다

잎의 세포 특히 엽육세포는 많은 수의 **엽록체(chloroplast)**를 갖고 있는데 이는 광합성이 일어나는 세포소기관이다. 엽록체는 반유동성 물질인 **스트로마(stroma)**를 둘러싸고 있는 이중막을 갖고 있다(그림 6-1c). 스트로마 속에는 **틸라코이드(thylakoids)**라고 하는 서로 연결된 원판 모양의 주머니가 들어 있다. 광합성의 빛 의존성 반응은 틸라코이드의 막에서 일어난다.

## 광합성은 광-의존적 반응과 광-독립적 반응으로 구성된다

광합성의 전체 반응을 요약한 단순한 식은 광합성이 실제 각각의 서로 다른 효소에 의해 촉매되는 수십 단계를 필요로 한다는 것을 숨긴 것이다. 단계는 광-의존적 반응과 광-독립적 반응의 두 그룹으로 나눌 수 있다. 두 그룹의 반응은 엽록체의 서로 다른 장소에서 일어나지만 에너지 운반체 분자인 **아데노신3인산(adenosine triphosphate, ATP)**과 **니코틴아미드아데닌 디뉴클레오티드(nicotinamide adenine dinucleotide phosphate, NADPH)**에 의해 서로 연결되어 있다.

- 광-의존적 반응에서 틸라코이드의 막에 있는 분자들이 빛에너지를 포획하여 ATP와 NADPH에 저장된 화학에너지로 전환한다. 광-의존적 반응은 물을 흡수하고 부산물로서 산소를 방출한다(그림 6-2).
- 광-독립적 반응에서는 스트로마 속에 있는 효소들이 광-의존적 반응에서 생성된 ATP와 NADPH의 화학에너지를 사용하여 포도당과 다른 유기분자를 합성하는데 이 과정에서 이산화탄소를 사용한다. ATP와 NADPH로부터 에너지가 유출되면서 이 에너지 운반체들을 각각 ADP(adenosine diphosphate)와 $NADP^+$로 전환된다. 에너지가 고갈된 운반체는 ATP와 NADPH로 재충전되기 위하여 광-의존적 반응으로 다시 돌아간다.

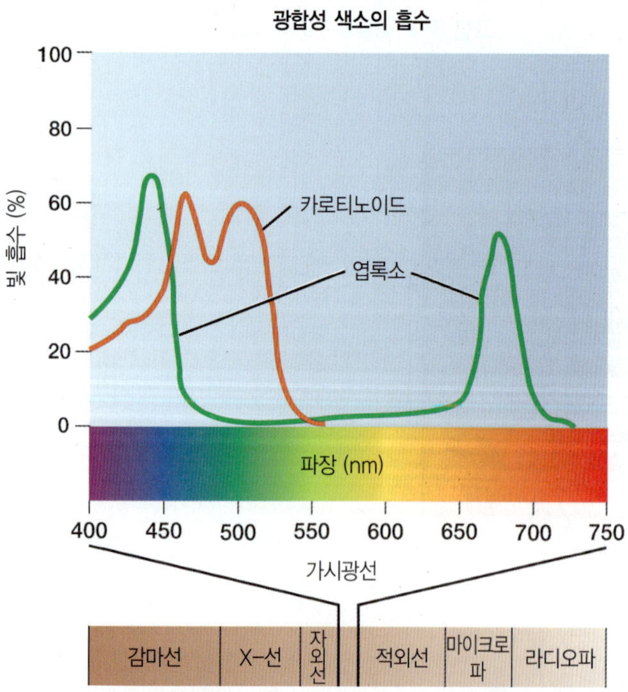


▲ 그림 6-3 **빛, 엽록체 색소, 그리고 광합성** 전자 스펙트럼의 작은 부분인 가시광선은 무지개 빛깔에 대응하는 파장으로 이루어져 있다. 엽록소(녹색 곡선)는 보라색, 청색, 적색 빛을 흡수한다. 카로티노이드(주황색 곡선)는 청색과 녹색 파장을 흡수한다. **질문:** 이 그래프에 있는 내용에서 어떤 색이 카로티노이드를 나타내는가?

# 6.2 빛에너지는 어떻게 화학에너지로 전환되는가?

광합성의 첫 번째 단계에서 광-의존적 반응은 태양에너지를 운반체 분자 속에 저장된 화학에너지로 전환한다. 햇빛은 전자파로 이루어져 있다. 전자파는 짧은 파장인 감마선으로부터 자외선, 가시광선, 적외선을 거쳐 아주 장파장인 라디오파까지 파장이 서로 다르다. 햇빛은 전체의 전자파 스펙트럼을 포함하고 있다. 빛에서 방출된 파장 중에서 광합성은 가시광선 영역의 파장만 이용한다. 서로 다른 파장은 서로 다른 색깔의 빛으로 인식된다.

## 빛에너지는 엽록체에 있는 색소에 의해 처음으로 포획된다

광합성에서 사용하기 위해 빛에너지를 흡수하는 일은 엽록체의 틸라코이드 막에 있는 어떤 분자들에 의해 일어난다. 막은 여러 종류의 색소들(빛을 흡수하는 분자들)을 함유하고 있는데 이들 각각은 서로 다른 파장 영역을 흡수한다. 빛을 포획하는 분자인 **엽록소(chlorophyll)**는 보라색, 청색, 적색 빛은 흡수하지만 녹색 빛은 반사한다. 반사된 파장의 빛이 우리 눈에 흡수되어 엽록소가 녹색으로 보인다(그림 6-3). 대부분의 잎은 엽록소가 많기 때문에 녹색을 띤다.

틸라코이드는 빛에너지를 흡수하여 엽록소로 전달하는 보조색소라고 하는 다른 분자들도 함유하고 있다. 보조색소에는 청색과 녹색은 흡수하지만 노란색과 주황색을 반사하는 카로티노이드가 있다. 잎에서는 엽록소가 있으면 카로티노이의 색깔은 보통 보이지 않는다. 그러나 잎이 죽을 때 엽록소가 먼저 파괴되면 카로티노이드가 밝은 노란색이나 주황색을 나타내게 된다.

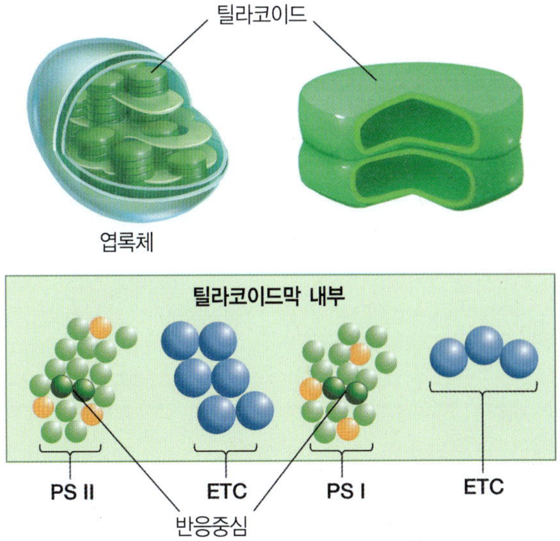


▲ 그림 6-4 광-의존적 반응과 관련된 구조들

## 광-의존적 반응은 에너지 운반체 분자를 생성한다

광-의존적 반응은 틸라코이드 막에 존재하는 광계라는 특수화된 장소에서 일어난다. 틸라코이드는 수천 개의 **광계(photosystem)**를 갖고 있으며, 이곳에서는 고도로 조직화된 단백질 복합체, 엽록소, 보조색소 등으로 이루어져 있다. 광계는 **광계 I(PS I)**과 **광계 II(PS II)**의 두 가지 형태가 있다.

각 광계는 많은 엽록소와 카로티노이드 등의 보조색소가 들어 있는 **광-수확 복합체(light-harvesting complex)**로 이루어져 있다. 이 분자들은 빛을 흡수하여 **반응중심(reaction center)**이라는 소수의 특수화된 엽록소 분자로 에너지를 전달한다. 엽록소의 반응중심은 틸라코이드막에 매립되어 있는 일련의 전자 운반체 분자들인 **전자전달계(electron transport chain, ETC)**와 인접하여 있다(그림 6-4). 광계 I과 II가 연결된 전자전달계는 동일한 구성 분자로 이루어져 있지 않다. 각각의 광계는 서로 다른 종류의 전자전달계와 짝지어진다.

### 광계 II는 ATP를 생성한다

광계에 대해 다음에서 보면서 그림 6-5에서 각 단계를 잘 살펴보라. 첫 번째 단계에서는 광계 II가 빛에너지를 흡수하여 ATP를 생성한다. ❶ 광-의존적 반응은 광계 II의 광수확

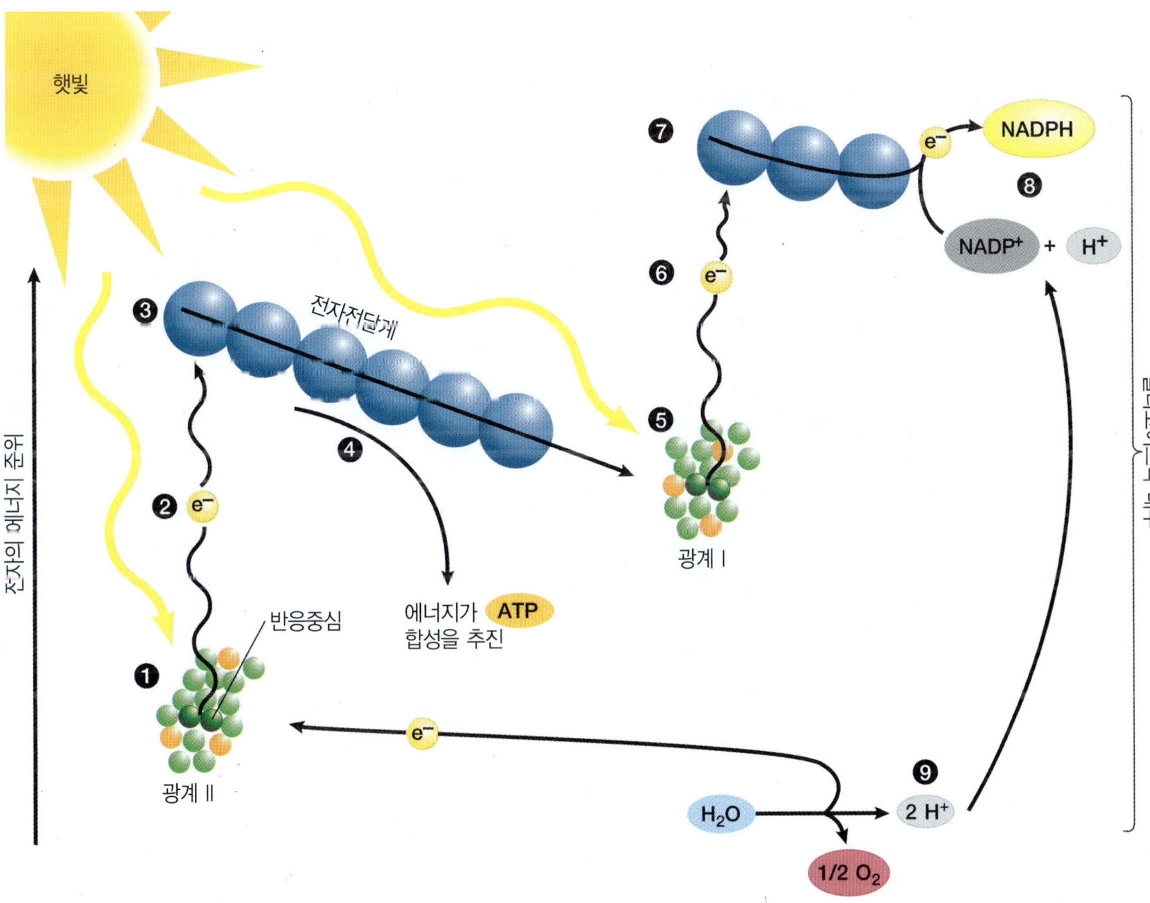


◀ 그림 6-5 광합성의 광-의존적 반응 질문: 만약 이 반응이 에너지 운반체 분자들(ATP와 NADPH)을 생성한다면 왜 식물세포는 미토콘드리아가 필요할까?

복합체가 빛으로부터 에너지를 흡수하면서 시작된다. 에너지는 반응중심에 도달할 때까지 분자들을 통과한다. ❷ 반응중심 엽록소 분자가 에너지를 받으면 전자가 에너지를 흡수하여 엽록소 분자로부터 튀어 올라 인접해 있는 전자전달계로 이동한다. ❸ 전자전달계에 도달한 후 에너지를 갖고 있는 전자들은 한 운반체 분자에서 다음에 있는 운반체 분자로 이동한다. 이동하는 동안 전자는 에너지를 방출한다. ❹ 이렇게 방출된 에너지의 일부는 에너지 운반체인 ATP를 합성하는 반응에 공급된다.

### 광계 I은 NADPH를 생성한다

광-의존적 반응의 다음 단계에서 광계 I은 빛에너지를 수확하여 에너지 운반체인 NADPH를 생성한다. ❺ 광계 II가 계속 ATP를 생성하면서 빛은 광계 I의 광-수확 복합체로 이동한다. 광계 II에서처럼 광계 I에 작용한 빛으로부터 방출된 에너지는 반응중심 엽록소로 이동하여 이곳에서 ❻ 전자를 튀어 오르게 한다. 거의 즉시 이 잃어 버린 전자는 광계 II와 연관된 전자전달계의 끝에 도달한 전자에 의해 대체되어 광계 I으로 튀어 오른다. ❼ 동시에 튀어 오른 광계 I 전자는 광계 I과 연계된 전자전달계를 따라 이동한다. 전자가 전자운반체 분자인 $NADP^+$에 도달할 때까지 전자전달계를 따라 분자들 사이에서 이동한다. ❽ $NADP^+$분자는 전자전달계로부터 에너지를 갖고 있는 전자와 물로부터 수소이온을 포획하여 NADPH를 생성한다.

## 물분해는 광합성계를 통한 전자의 흐름을 유지한다

전체적으로 전자는 광계 II의 반응중심으로부터 광계 II와 연계된 전자전달계를 거쳐 광계 I의 반응중심으로 이동한 후 광계 I과 연계된 전자전달계를 거친 후 NADPH를 생성한다. 전자가 한 방향으로 지속적으로 이동하기 위해 광계 II의 반응중심은 새로운 전자를 지속적으로 공급해야 한다.

광계 II에 보충되는 전자는 광계에 존재하는 효소에 의해서 촉매되는 물분해 반응에 의해 생성된다. 이 반응(그림 6-5에서 ❾ 단계)은 다음과 같이 요약된다.

$$H_2O \rightarrow 1/2\ O_2 + 2H^+ + 2\ e^-$$

이 반응에 의해 물 분자는 광계 II에 두 개의 전자를 공급한다. 이 반응에서 생성된 수소이온은 $NADP^+$를 NADPH로 전환시키는데 사용된다(그림 6-5에서 ❽ 단계). 이 반응에서 생성된 산소 기체($O_2$)는 식물에 의해서 자신의 호흡에 직접 사용되거나 혹은 대기로 방출된다.

### 요약 광-의존적 반응

이 목록에 있는 번호는 그림 6-5에 있는 번호와 일치한다.

❶ 광-의존적 반응은 빛이 광계 II의 광-수확 복합체에 의해 흡수되면서 시작된다.
❷ 흡수된 에너지는 전자가 복합체의 반응중심으로부터 튀어 오르게 한다.
❸ 흥분된 전자는 광계 II에 연계된 전자전달계로 이동한다.
❹ 에너지의 일부는 ATP를 합성하는데 사용된다.
❺ 한편, 빛이 광계 I의 광-수확 복합체에 의해 흡수된다.
❻ 흡수된 에너지는 반응중심으로부터 전자를 튀어오르게 한다.
❼ 흥분된 광계 I 전자는 광계 I에 연계된 전자전달계로 이동한다.
❽ 전자가 전자전달계를 따라 이동하면서 방출된 에너지의 일부가 NADPH로서 포획된다.
❾ 물 분자는 쪼개져서 전자를 방출하여 광계 II 엽록소로 보내고, 부산물로서 산소를 생성한다.

광-의존적 반응의 생성물은 NADPH, ATP, $O_2$이다.

## 6.3 어떻게 화학에너지가 포도당 분자 속에 저장되는가?

광-의존적 반응에서 생성되는 ATP와 NADPH가 에너지를 장기간 저장할 수 있는 분자를 생성하기 위해 광-독립적 반응에서 사용된다. 명칭에서 알 수 있듯이 광-독립적 반응은 빛이 없이 일어난다(ATP와 NADPH를 사용할 수 있는 한 계속 일어날 수 있다).

### 광-독립적 반응은 포도당을 생성한다

광-독립적 반응은 틸라코이드를 둘러싸고 있는 유체인 스트로마 속에서 일어난다. 그 반응은 스트로마에 존재하는 효소를 이용하여 이산화탄소와 물로부터 포도당을 합성한다.

### $C_3$ 경로는 이산화탄소를 포획한다

포도당을 생성하는 과정의 첫 단계는 이산화탄소를 포획하는 일이다. 이산화탄소는 **$C_3$ 경로($C_3$ cycle**, 삼탄회로)로 알려진 일련의 반응에서 포획된다. $C_3$ 경로는 반응의 중요한 분자들이 탄소 원자 3개를 갖고 있고, 그 반응이 회로를 구성하고 있기 때문에 붙여진 이름이다. 이 회로는 캘빈-벤손 회로(Calvin-Benson cycle)라고도 한다.

$C_3$ 경로는 **리불로오스2인산(ribulose bisphosphate**, RuBP), 이산화탄소(주로 공기로부터 유래), 반응을 촉매하는 효소, ATP와 NADPH 형태의 에너지가 필요하다. ATP와 NADPH는 보통 광-의존적 반응에 의해 공급된다. ATP와 NADPH 분자는 $C_3$ 경로 반응에 에너지를 공급하고, ADP와 $NADP^+$로 전환되어 광-의존적 반응에서 다시 ATP와 NADPH로 재충전될 수 있다.

$C_3$ 경로 초기에 이산화탄소 분자는 공기 중으로부터 포획되는데 이 과정을 **탄소 고정(carbon fixation)**이라고 한다. 탄소 고정 단계(그림 6-6의 ❶ 단계)에서 이산화탄소 6개 분자가 6개의 RuBP 분자와 결합하여 3탄당 분자인 **포스포글리세르산**(phosphoglyceric acid, PGA) 12분자를 만든다. 그래서 기체 상태인 이산화탄소의 탄소가 비교적 안정적인 유기분자인 PGA 속으로 고정된다.

이 회로가 진행되면서 12개의 PGA는 3-포스포글리세르알데히드(glyceraldehyde-3-phosphate, G3P)로 전환된다(그림 6-6의 ❷ 단계). 이 반응을 위한 에너지는 광-의존적 반응에 의해 생성된 ATP와 NADPH 에너지 운반체 분자로부터 공급된다. ATP 에너지 공급에 의한 일련의 반응을 통하여 12개의 G3P 중 10개는 회로를 다시 시작하는데 필요한 RuBP 분자 6개를 만드는데 사용된다(그림 6-6의 ❹ 단계).

### $C_3$ 경로에서 고정된 탄소는 포도당을 합성하는데 사용된다

$C_3$ 경로는 6개의 RuBP 분자에서 시작하여 재생되어 끝나고, 이산화탄소로부터 탄소 원자를 추가적으로 포획한 것이 남아 있다. 이렇게 추가적으로 포획한 탄소는 RuBP가 재생된 이후 G3P 2개의 분자에 남겨져 있다. 그림 6-6의 ❸ 단계에서 이 두 개의 G3P 분자(각각 탄소 3개씩)는 결합하여 한 개의 포도당 분자(6개 탄소)를 합성한다. (사람들은 포도당에 저장되어 있는 에너지의 일부를 수확하여 화석 연료로부터 에너지를 얻는데 사용한다: "지구 경계: 바이오연료의 이익은 허구인가?"를 참고할 것.)

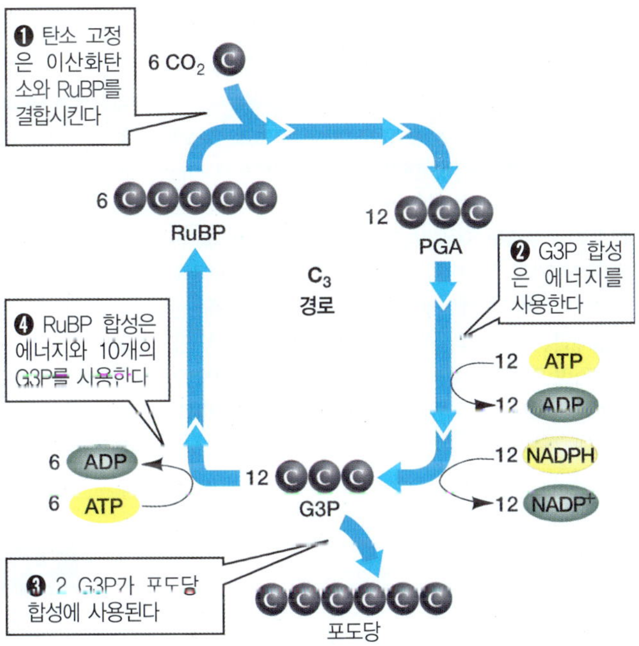


▲ 그림 6-6 **탄소 고정의 $C_3$ 경로** ❶ RuBP가 이산화탄소와 반응하여 PGA를 생성한다. ❷ ATP의 에너지, 전자, NADPH의 수소가 PGA를 G3P로 전환시키는 데 사용된다. ❸ 2개의 G3P 분자가 더 반응을 진행하여 포도당으로 전환된다. ❹ ATP의 에너지가 남아 있는 G3P를 RuBP로 전환하는 데 사용됨으로써 $C_3$ 경로가 완성된다. 에너지를 잃어버린 에너지 운반체인 ADP와 $NADP^+$는 다시 에너지를 획득하기 위해 광의존적 반응으로 돌아간다.

### 공룡은 햇빛이 부족해서 죽었는가?

**계속**

광계 I과 II의 광-수확 복합체에 있는 색소는 적합한 파장의 빛만 흡수한다. 만약 적합한 파장의 빛에너지가 광계에 도달하지 못하면 ATP와 NADPH는 생성되지 못하고, 그래서 포도당을 합성하는데 필요한 에너지가 공급되지 못하게 된다. 6,500만 년 전의 운석의 영향은 지구 표면에 도달하는 빛의 양을 급격하게 줄였고, 그 결과 광합성에 의해 포획되고 저장되는 에너지의 양이 크게 감소하였다.

# 지구 경계

## 바이오연료의 이익은 허구인가?

광합성에서 식물은 공기 중에 있는 이산화탄소를 포획하여 고에너지 유기분자 속으로 고정하는데 태양에너지를 사용한다. 식물은 이러한 방식으로 공기 중의 이산화탄소를 고정하는 역할을 수십억 년 동안 지속해오고 있으며, 이렇게 고정된 탄소의 일부가 화석연료로 오랫동안 저장되었다. 아주 긴 시간에 걸쳐 열과 압력은 죽은 식물의 사체를 – 즉, 저장된 탄소를 – 석탄, 석유, 천연가스로 전환시켰다. 그래서 차를 운전하거나, 온도조절기를 켜지나, 탁상용 램프를 켤 때 여러분은 실제로는 광합성생물에 의해 포획된 선사시대의 햇빛 에너지를 사용하는 것이다. 동시에 오랫동안 저장되어 있었던 탄소를 유리시켜 이산화탄소 형태로 공기 중으로 방출한다. 1800년대 중반의 산업혁명 이후 공기 중의 이산화탄소 농도가 약 36% 증가하였는데 이는 대부분 화석연료의 연소에 의한 것이다.

공기 중의 이산화탄소의 증가로 지구의 온도가 점점 따뜻해지고 있다(29장에서 이 현상을 좀 더 자세하게 설명하겠다). 지구온난화 경향이 어떠한 결과를 야기시킬지 어느 누구도 확실하게 말할 수는 없다고 할지라도 많은 생물학자와 기후학자들은 지구 온도가 점점 더워지면서 인간을 포함한 지구상의 생물체에게는 엄청난 스트레스로 작용할 것이라고 두려워하고 있다.

지구온난화에 의해 일어나는 위험 때문에 전세계 정부가 화석연료를 대체하기 위해 바이오연료의 사용을 촉진하고 있다. 바이오연료는 최근에 살고 있는 생물로부터 추출된 재생가능한 에너지원이다. 바이오연료의 두 가지 주요한 유형은 바이오에탄올과 바이오디젤이다. 바이오에탄올은 설탕이나 녹말이 풍부한 식물체인 사탕수수나 옥수수를 발효시켜서 에탄올을 생산하여 만든다(발효는 7장에서 설명하겠다). 바이오디젤은 특히 콩, 카놀라, 야자유와 같이 식물로부터 추출한 기름으로 만든다.

바이오연료 속에 저장되어 있는 탄소는 비교적 최근에 광합성에 의해 공기로부터 포획된 것이기 때문에 이산화탄소 방출을 줄일 수 있는 가능성이 있다. 그래서 바이오연료를 연소시키는 것은 조금 전에 있었던 공기 중의 이산화탄소를 다시 되돌려 보내는 것이다. 또한 바이오연료를 생산하는데 사용될 식물체를 더 많이 경작함으로써 이산화탄소가 다시 공기 중으로부터 제거되어 재활용될 것이다. 이것이 지구온난화에 대한 단순한 해결책이겠는가?

▲ **그림 E6-1 숲이 농장으로 전환** 바이오연료의 수요가 증가하면서 경제적 인센티브가 되어 브라질에서 콩 경작지를 만들기 위해 숲이 제거되는 등 생태적으로 중요한 열대우림이 감소하고 있다.

우리의 기름 탱크를 위해 식량작물을 연소시키는 것으로 인한 환경적이며 사회적인 이점에 대해 격렬한 논쟁이 진행되고 있다. 미국에서는 옥수수를 이용하여 바이오에탄올을 생산하는 것을 강조하고 있다. 휘발유 대신 바이오연료를 연소시킬 경우 이산화탄소 방출의 순감소량은 15%에서 40% 정도일 것으로 추정한다. 이러한 감소를 달성하기 위해서는 전세계 농업경제에 주요한 변화가 요구된다. 예를 들면, 미국에 있는 과학자들의 추정에 따르면 미국의 자동차에서 사용되는 연료의 10%를 옥수수로부터 생산된 바이오에탄올로 교체하기 위해서 전체 경작지의 30%를 "연료 옥수수" 경작지로 전환해야 한다. 이러한 전환은 식량이 부족한 국가로 수출되는 옥수수의 양을 감축시킬 것이며, 가격이 상승하게 될 것이다. 바이오에탄올의 수요로 인하여 이미 사탕 가격이 크게 올랐으며, 인도의 농부들은 물을 많이 요구하는 이 작물의 경작에 박차를 가하고 있다. 설탕 경작이 증가하면서 최근 빠르게 감소하고 있었던 인도의 지하수 저장량은 더욱 줄어들었다. 인도네시아에서는 바이오디젤을 생산하기 위한 수많은 새로운 야자나무농장을 만들려는 계획이 멸종위기종의 서식처인 보르네오의 우림지역을 위협하고 있다. 브라질에서 바이오디젤의 의존도가 점점 증가하면서 브라질의 넓은 우림지역이 콩 경작지로 변하고 있다(**그림 E6-1**). 아이러니하게도 우림이 이를 대체한 작물보다 더 많은 탄소를 고정하기 때문에 농업을 위해 숲을 제거하면 공기 중의 이산화탄소의 양은 증가한다.

만약 새로운 기술이 개발되어 바이오연료를 보다 높은 효율로 생산하도록 한다면 바이오연료는 보다 환경친화적이 될 수 있다. 예를 들면, 섬유소가 쉽게 설탕으로 분해될 수 있으면 섬유소 함량이 높은 초본이나 나무 칩 혹은 옥수수대와 같이 현재는 폐기물로 여겨지고 있는 물질들로부터 에탄올이 생산될 수 있다.

대부분 현재 생산되고 있는 바이오연료는 환경적 비용을 측면을 고려하면 이로운 것이 없다고 할지라도, 광합성에 의해 포획된 에너지를 이용하는 더 좋은 방법들을 개발하면 그 방정식은 변할 수 있다.

### 요약 광-독립적 반응

이 목록에 있는 번호는 그림 6–5에 있는 번호와 일치한다.

❶ $C_3$ 경로에서 RuBP 6개 분자가 6개의 이산화탄소 분자를 포획하여 12개의 PGA 분자를 생성한다.

❷ ATP와 NADPH가 갖고 있는 에너지로부터 추진되는 일련의 반응에서 PGA를 사용하여 12개의 G3P를 생성한다.

❸ G3P의 2개 분자가 결합하여 1개의 포도당 분자를 생성한다.

❹ 나머지 10개의 G3P 분자는 $C_3$ 경로를 새롭게 시작하기 위해 필요한 6개의 RuBP 분자를 재생한다.

이 회로를 통하여 포도당 한 분자를 생성하며, 고갈된 에너지 운반체(ADP와 $NADP^+$)는 광-의존적 반응에서 재충전될 것이다.

## 6.4 광-의존적 반응과 광-독립적 반응 사이에서의 상호관계는 무엇인가?

앞에서 설명한 것처럼 광합성은 광-의존적 반응과 광-독립적 반응인 두 개의 분리된 과정으로 이루어져 있다. 그러나 두 개의 반응은 서로 밀접하게 연결되어 있다. 광-의존적 반응은 태양에너지를 흡수하고, 광-독립적 반응은 흡수된 에너지를 이용하여 포도당을 만든다(그림 6-7, 그림 6-2 참고). 광합성은 두 개의 구성성분이 이음매가 없는 조합으로 생각된다: 광-의존적 에너지 포획인 "광" 부분과 광-독립적 포도당 생성의 "생성" 부분이다.

에너지 운반체 분자가 두 개의 반응 세트 사이를 연결한다. 틸라코이드막에 존재하는 광-의존적 반응은 에너지를 사용하여 ADP와 $NADP^+$를 충전하여 ATP와 NADPH를 생성한다. 에너지가 충전된 운반체는 스트로마로 이동하여 포도당을 합성하는 광-독립적 반응을 일으킨다. 에너지가 고갈된 ADP와 $NADP^+$는 ATP와 NADPH로 재충전되기 위해 광-의존적 반응으로 다시 돌아온다.

## 6.5 물을 보전해야 하는 필요성은 어떻게 광합성에 영향을 미치는가?

광합성은 이산화탄소가 필요하다. 그래서 이상적인 잎은 이산화탄소가 공기로부터 들어올 수 있도록 통기성이 높아야 한다고 생각할 수 있을지도 모른다. 그러나 육상식물이 이산화탄소에 대해 통기성을 갖게 되면 잎에서 물이 쉽게 증발하게 될 수 있다. 잎에서 물이 손실되면 육상식물에게는 스트레스로 작용하게 되며, 심지어는 치명적이 될 수 있다. 그러므로 잎의 구조는 이산화탄소를 얻어야 하는 필요와 수분을 유지해야 하는 필요 사이

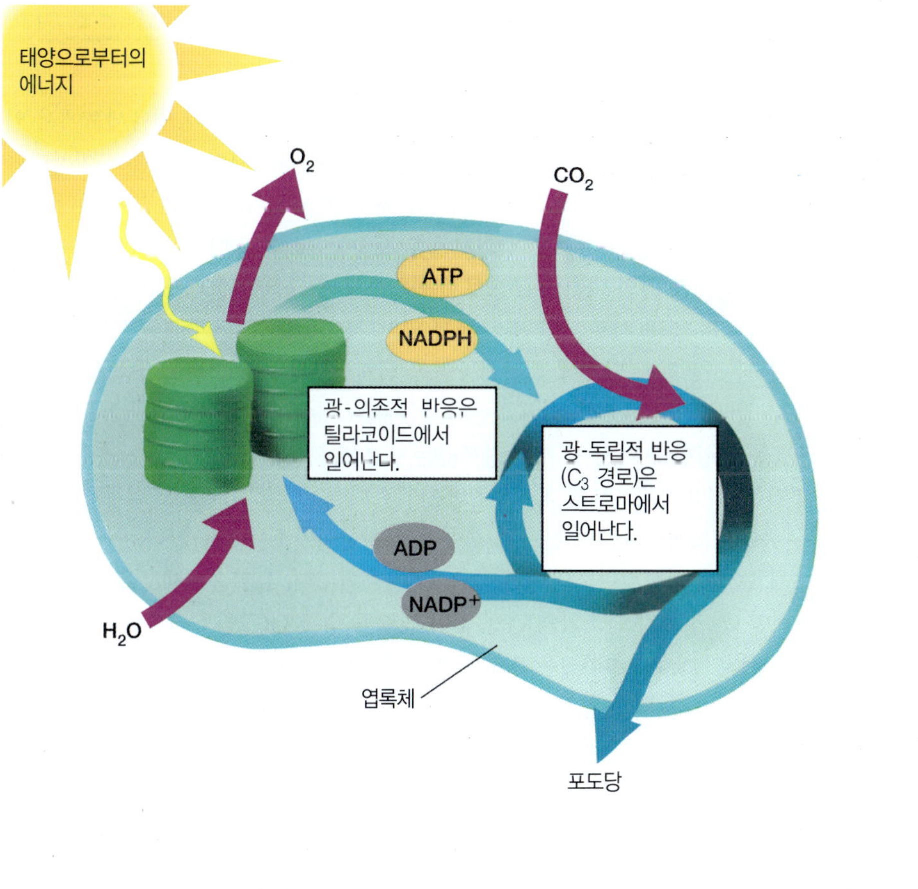


◀ 그림 6-7 두 개의 반응 세트가 광합성에서 연결되어 있다. 질문: 식물은 산소가 없는 대기 상태에서 생존할 수 있는가?

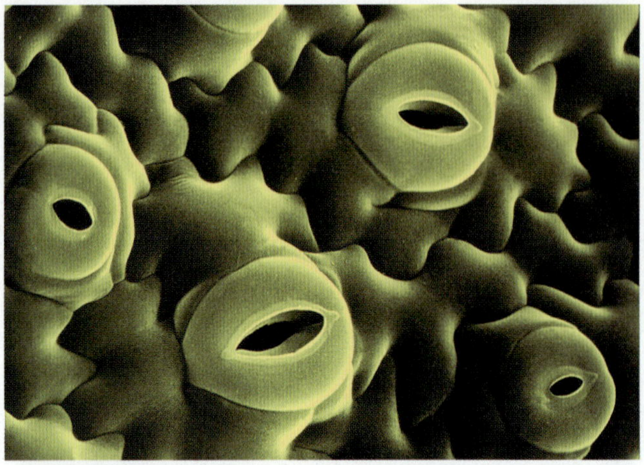

(a) 기공이 열림

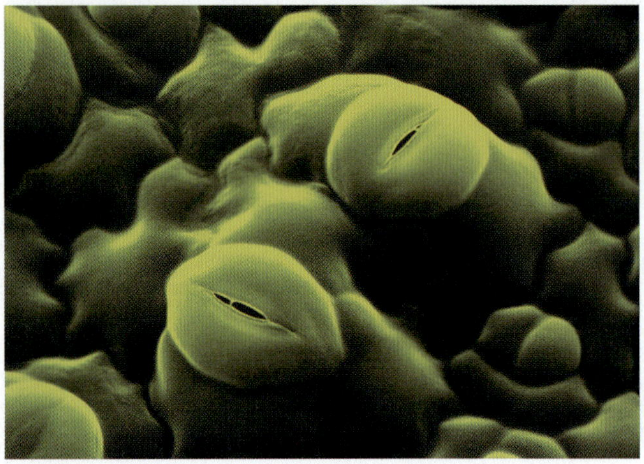

(b) 기공이 닫힘

▲ 그림 6-8 **기공** (a) 기공은 물공급이 충분할 때 열리며 (b) 물이 부족해지면 기공이 닫힌다.

에서 균형을 갖추어야 한다.

수분 손실 문제를 해결하는 방법으로 개폐가 가능한 잎에 있는 구멍인 기공(stomata)을 진화시켰다. 기공을 열고 이산화탄소를 흡수한다(그림 6-8a). 식물이 말라버릴 위험에 처하면 기공을 닫는다(그림 6-8b). 기공을 닫는 것은 증발을 감소시키지만 불행하게도 이산화탄소 유입이 감소하며, 광합성에 의해 생성된 산소의 방출도 제한하게 된다.

## 기공이 물을 보전하기 위해 기공을 닫을 때 낭비적인 광호흡이 일어난다

덥고 건조한 조건에서 기공은 긴 시간 동안 닫힌 상태로 유지된다. 그 결과 잎으로 유입되는 이산화탄소의 양은 감소하며, 산소의 양은 증가하게 된다. 이러한 조건에서는 광합성이 손상을 입게 된다. 정상적인 $C_3$ 경로에서 이산화탄소와 결합해야 하는 RuBP 분자가 산소와 결합하는 주요한 문제가 발생한다. RuBP가 이산화탄소 대신 산소와 결합하면 **광호흡(photorespiration)**이라는 낭비적인 과정이 일어난다. 광호흡은 이용가능한 세포에너지를 전혀 만들지 못하며 $C_3$ 경로가 포도당을 만드는 과정도 차단한다. 그래서 광호흡이 일어나면 광합성 과정이 거의 없거나 전혀 일어나지 못하게 되며, 식물은 포도당을 매우 소량을 생성하거나 혹은 전혀 생성하지 못하게 된다.

## 대안적인 과정들이 광호흡을 줄여준다

일부 식물종은 광호흡을 줄이는 대사과정을 진화시켰다. 이러한 대안적 과정을 갖고 있는 식물들은 덥고 건조한 조건에서도 포도당을 충분하게 합성할 수 있다. 두 가지 주요한 대안적 대사과정은 **$C_4$ 경로($C_4$ pathway)**와 **다육식물유기산대사(crassulacean acid metabolism, CAM)**가 있다.

## $C_4$ 식물은 서로 다른 세포에서 탄소를 포획하고 포도당을 합성한다

$C_3$ 식물로 알려져 있는 일반적인 식물에서 탄소 고정과 포도당 합성이 엽육세포에서 일어나는 $C_3$ 경로 반응에 의해 일어난다(그림 6-9a). 이들 식물에서의 광호흡이 이산화탄소 고정 단계를 차단하면 엽육세포에서 일어나는 포도당 생성의 전체 과정이 중단된다. 그러나 $C_4$ 경로를 사용하는 식물은 이산화탄소를 흡수할 때 다른 반응을 사용하여 엽육세포에서 흡수한 탄소를 잎의 다른 부분으로 운반함으로써 그러한 결과를 피하게 된다.

그래서 $C_4$ 경로는 잎의 서로 다른 부분에서 일어나는 두 가지 단계로 구성된다. 엽육세포에서 일어나는 첫 번째 단계에서는 기공이 닫혀져 있고, 산소의 농도가 높을 때에도 진행될 수 있는 반응에 의해 탄소를 포획한다. 엽육세포에서 일어나는 이 탄소 고정반응은 4탄소 분자를 생성한다(이것으로 $C_4$ 경로라는 이름이 붙음).

1탄소 분자는 엽육세포로부터 유관속초세포라는 다른 종류의 세포로 이동한다(그림 6-9b). 유관속초세포에서 4탄소 분자가 쪼개져서 이산화탄소를 방출한다. 이러한 방출은 유관속초세포에서 이산화탄소의 농도를 높게 만들어주며, 유관속초세포에서 두 번째 단계인 정상적인 $C_3$ 경로가 산소와의 경쟁 없이 진행될 수 있다(그림 6-10a).

$C_4$ 경로는 강한 햇빛과 낮의 높은 기온에 노출된 일부 식물에서 발견된다. $C_4$ 식물은 사탕수수, 옥수수와 조 등의 농업적으로 중요한 종들이 포함된 초본 종류들이 많다.

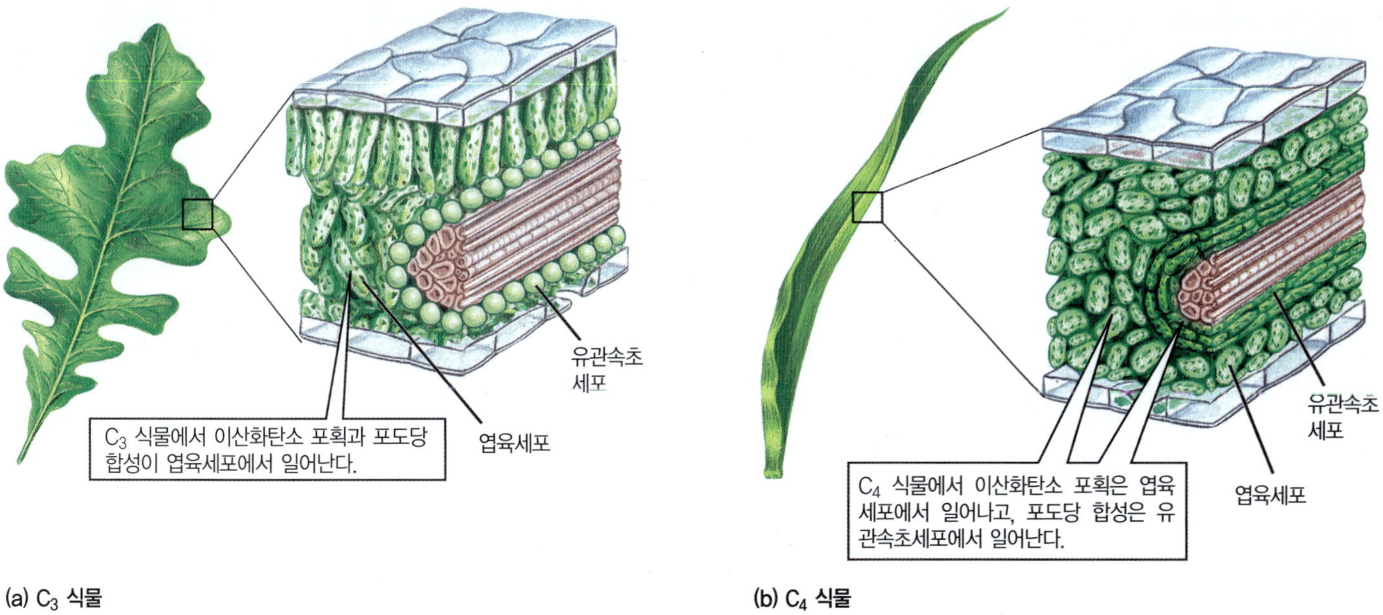


▲ **그림 6-9** **$C_3$ 식물과 $C_4$ 식물의 잎** $C_3$ 식물에서 공기 중에서 이신화딘소를 포획하는 것과 $C_3$ 경로기 모두 엽육세포의 엽록체에서 일어난다. 그러나, $C_4$ 식물에서는 두 개의 과정이 서로 다른 장소에서 일어난다: 엽육세포에서 이산화탄소가 포획되고, $C_3$ 경로는 유관속초세포에서 일어난다. **질문:** 덥지 않고, 건조하지 않은 조건에서 $C_4$ 식물에 비해 $C_3$ 식물이 왜 유리한가?

## CAM 식물은 서로 다른 시간에 탄소를 포획하고 포도당을 합성한다

$C_4$ 식물은 탄소 획득과 포도당 합성이 일어나는 장소를 물리적으로 분리함으로써 광호흡의 문제를 해결하였지만 일부 다른 식물은 두 과정을 분리하는 다른 방법을 진화시켰다. CAM 경로를 사용하는 식물에서는 광호흡이 같은 세포에서 일어나지만 하루 중 시로 다른 시간에 탄소를 고정하는 방법을 사용하여 광호흡을 감소시켰다. 첫 번째 단계는 CAM 식물(거의 모든 다른 식물들과 다름)이 기공을 열게 되는 밤에 일어난다. 밤 동안에 엽육세포에서 일어나는 반응은 이산화탄소를 4탄소 분자로 전환하여 액포에 저장한다. 다음 날 낮에는 낮의 높은 열기가 가해지는 동안 귀중한 물을 보전하기 위해 기공을 닫는다. 물론 기공을 닫으면 이산화탄소도 엽육세포에 도달하지 못한다. 그러나 두 번째 단계로 전날 밤에 저장된 유기산을 분해하여 이산화탄소를 방출시킨다. 전날 밤에 포획한 이산화탄소를 사용하여 정상적인 $C_3$ 경로가 진행한다(**그림 6-10b**).

CAM 경로를 사용하는 종에는 건조한 장소에서 살면서 다육성 잎에 물을 저장하는 식물체들이 주로 속한다. 예를 들면, 선인장의 많은 종류와 다른 사막식물 종들이 CAM 식물들이다.

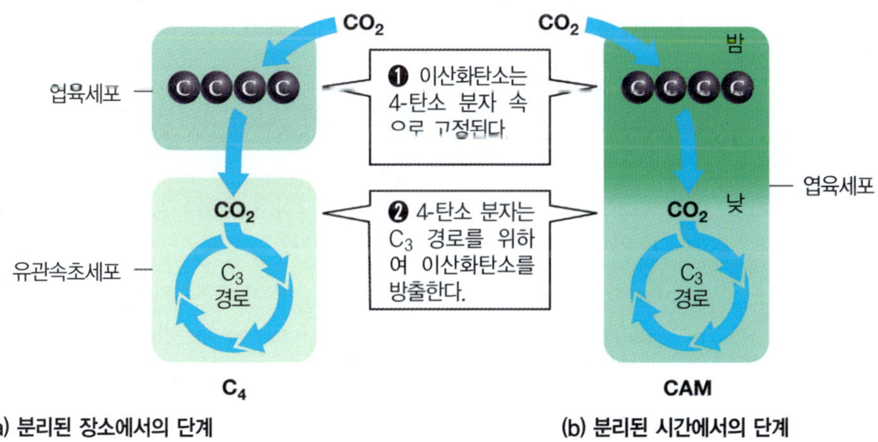


◀ **그림 6-10** **광호흡을 감소시키는 두 과정** 탄소 고정을 $C_3$ 경로와 분리함으로써 광호흡을 감소시킬 수 있다. 두 과정은 **(a)** C4 식물에서는 서로 물리적으로 다른 장소에서, 또는 **(b)** CAM 식물에서는 서로 다른 시간에 진행된다.

## 공룡은 햇빛이 부족해서 죽었는가? 다시 들러보기

지구가 거대한 운석과 충돌한 다음 어떻게 광합성이 차단되고 공룡이 멸종하였는가? 연구자들이 제안한 내용에 따르면 충돌 후 운석이 가루로 부수어졌으며, 지구 껍질이 깨졌고, 수조 톤에 달하는 잔해가 대기 중으로 날아갔다. 그 잔해들은 너무 높게 올라가 지구 주변의 궤도까지 도달하였다. 궤도에 도달한 물질들이 다시 지상으로 떨어졌으며, 대기 속을 통과하면서 연소되었고, 거대한 산불이 일어나게 되었다. 그 결과 발생한 연기와 재는 궤도를 돌고 있는 먼지 구름과 결합하여 태양 빛이 통과하는 것을 방해하여 지구는 수개월 동안 밤이 지속되었다.

충돌 후 오랫동안 지속되는 어둠 속에서 기온은 크게 떨어졌다. 이러한 갑작스런 겨울은 지구의 넓은 면적에 걸쳐 퍼져 있었던 열대 조건에 익숙하였던 생물들에게는 엄청난 스트레스로 작용하였다. 그러나 훨씬 더 치명적인 것은 갑자기 햇빛을 잃어버린 점이었다. 지구 표면에 거의 햇빛이 도달하지 못함으로써 산불에서도 살아남은 육지식물들은 에너지를 포획할 수 없었다. 바다에서는 엄청난 수의 광합성 조류들이 위험에 처하게 되었다. 광합성 생물이 줄어들면서 먹이에 의존하는 생물들도 또한 고통을 겪게 되었다. 커다란 초식동물들이 특히 취약하였으며, 그들을 먹고 사는 포식자들도 먹이가 없게 되었다. 결국 광합성에 굶주린 지구에 있는 생명들에게 주어졌던 스트레스는 지구종의 대부분을 멸종시켰다.

### 생각해보기

고생물학자들은 6,500만 년 전의 대량멸종이 순간적인 현상이 아니라 30만 년 정도는 지속되었다는 결론을 도출하였다. 이 결론이 옳다고 한다면, 방해받은 광합성이 멸종을 야기시켰다는 가설을 옳다고 할 수 있는가?

## 개념 확인 문제

### 빈칸 채우기

**1.** 식물의 잎에는 ________(이)라는 특수한 구멍이 있는데 ________가(이) 들어가고 ________는(이) 나가는 곳이다. 광합성 과정은 ________(이)라고 불리는 세포소기관에서 일어나는데 이것은 잎에 있는 ________세포에 집중되어 있다.

**2.** 엽록소는 다음과 같은 세 가지 색과 일치하는 빛의 파장을 흡수한다: ________, ________, ________. 엽록소는 어떤 색을 반사하는가? ________. ________(이)라고 하는 보조색소는 두 가지 색에 일치하는 빛의 파장을 흡수한다: ________과(와) ________. 보조색소가 반사하는 색깔은 어느 것인가? ________과(와) ________.

**3.** 광합성의 첫째 단계에서 햇빛은 ________에 있는 색소에 의해 포획된다. 여기에서 에너지는 전자에 에너지를 충전하는 특수화된 ________ 엽록소로 전달된다. 이 전자는 ________(이)라고 하는 일련의 전자운반체 분자를 따라서 이동한다. 전자가 이동하면서 ________를(을) 잃어버리고, 에너지는 ________의 분자 속으로 흡수된다.

**4.** 광합성의 부산물로서 생성된 산소는 ________(으)로부터 유래하였으며, 포도당을 만드는데 사용된 탄소는 ________(으)로부터 유래하였다. 포도당을 만드는데 사용된 원재료는 ________ 동안에 탄소고정을 포함한 광________반응에서 만들어진다.

**5.** 기공을 열고 ________이(가) 들어오도록 허용하는 것은 물이 증발하도록 해주기 때문에 $C_3$ 식물은 고통에 처하게 된다. 이러한 조건에서 RuBP는 ________(이)라고 하는 낭비적인 과정에서 산소와 결합한다. ________(이)라고 하는 식물들은 탄소고정을 두 단계로 나누어 진행함으로써 이 어려움을 피했다. 그러한 식물들은 덥고 ________한 조건에 적응하였다.

**6.** 광합성에 관한 요약을 완성하라: 광의존적 반응은 ________을(를) 흡수하고 ________을(를) 방출한다. 광-의존적 반응은 $C_3$ 경로에서 사용하기 위한 고에너지 ________과(와) ________을(를) 공급한다. 광-독립적 반응은 공기로부터의 ________을(를) 사용하여 ________을(를) 만드는데 사용되는 분자를 생성한다.

### 복습 문제

**1.** 광합성의 전체 반응식을 써라. $C_3$ 경로와 $C_4$ 경로 사이에서 전체 방정식은 다른가?

**2.** 엽록체를 그리고 명칭을 써라. 엽록체 구조가 그의 기능과 어떻게 특수하게 관련되어 있는지를 설명하라.

**3.** 광-의존적 반응과 광-독립적 반응에 대하여 간단하게 설명하라. 각 반응은 엽록체의 어느 부분에서 일어나는가?

**4.** $C_3$ 식물과 $C_4$ 식물에서 탄소고정은 무엇이 다른가? 어떤 조건에서 탄소고정의 각각의 기작이 가장 효과적으로 작용하는가?

# 7장

# 에너지 수확: 해당과정과 세포호흡

타일러 해밀턴(Tyler Hamilton)은 세포에 인공적으로 산소 운반능력을 증가시키는 약물을 복용한 것으로 처벌을 받은 전문 사이클 선수들 중 한 명이다.

## 주요 내용

## 사례 연구 운동선수가 혈구수를 증가시킬 때: 사기꾼이 성공할 수 있는가?

요한 묄레그(Johann Mühlegg)와 같은 혈액도핑 선수는 지구력을 얻었지만 건강은 위험에 처하게 된다.

유타 주의 솔트레익 시에서 열린 2002년 동계올림픽에서 50 km 크로스컨트리 스키 경기에서 선두주자가 결승점 앞 직선코스에 들어오면서 수천 명의 관중들이 열광하고 있었다. 그러나 격렬한 경주가 종료되면서 스키선수들은 과격해졌다. 스페인 선수인 요한(Johann Mühlegg)는 2등 주자보다 약 15초 앞서서 들어와서 금메달을 따게 되었다. 경기가 끝나자마자 그의 메달은 취소당하였으며, 경기에서 추방되었다.

미국의 사이클선수인 타일러 해밀턴(Tyler Hamilton)은 태양이 짧은 순간만 각광을 받았던 또 다른 올림픽 우승자이었다. 2004년 그리스의 아테네 하계올림픽에서 그는 도로경주의 좋은 성적으로 금메달을 따게 되었다. 그러나 그가 우승한 다음 몇 달 후 그는 2년 동안 출전 금지를 당했다.

왜 묄레그와 해밀턴이 처벌을 받았는가? 두 경우 모두 경주 후 진행된 검사에서 선수에게서 혈액도핑의 증거가 발견되었기 때문이다. 혈액도핑은 혈액이 산소를 공급하는 능력을 증가시킴으로써 사람의 물리적인 지구력을 향상시킨다. 해밀턴은 다른 사람의 피를 수혈받음으로써 지구력을 높였다. 수혈로부터 얻어진 추가적인 혈구세포들은 혈액의 산소운반능력을 높여준다. 묄레그는 다른 방법으로 추가적인 혈구세포를 얻었다. 그는 다른 혈액도핑물질인 에리스로포이에틴(erythropoietin, Epo)의 효과를 모방하는 약물인 다베포에틴(darbepoetin) 주사를 맞았다. Epo는 골수를 자극하여 더 많은 적혈구를 생성하도록 하는 물질로서 정상적으로 인체에 존재한다. 건강한 사람은 적혈구가 오래되어 죽은 세포를 대체할 수 있을 만큼 충분하게 Epo를 생성한다. 그러나 여분의 Epo(즉 darbepoetin)를 주사하면 아주 많은 수의 여분의 산소 운반 적혈구 세포를 생성하도록 자극한다.

왜 혈액 속에 있는 여분의 산소운반 분자들에 의해서 지구력이 향상되었는가? 근육에 에너지를 공급하는 산소의 역할을 확인하면서 이 질문에 대해 생각해보자. ■

## 7.1 세포의 에너지원은 무엇인가?

세포는 많은 일을 한다. 세포는 아주 많은 수와 아주 다양한 분자를 생성하고 운반하며, 많은 화학반응을 시작하며, 노쇠한 부분은 지속적으로 대체하며, 노폐물을 방출하고, 주기적으로 분열하면서, (많은 경우) 운동도 한다. 이러한 일을 위해 세포는 에너지가 필요하다(일을 할 수 있는 능력은 5장에서 설명하였다).

세포의 활동에 공급되는 에너지는 지방, 탄수화물과 같은 분자들의 결합 속에 저장되어 있다. 그러나 이러한 저장 분자 속에 있는 에너지는 세포의 물질대사에 필요한 에너지를 공급하기 위해 사용되기 전에 전환되어야만 한다. 사용되기 위해서는 저장된 에너지가 대부분의 경우 특히 **아데노신3인산(adenosine triphosphate, ATP)**이라는 에너지 운반 분자 속의 결합으로 전달되어야 한다. 이런 이유 때문에 세포에서의 가장 중요한 반응은 에너지 저장 분자로부터 에너지 운반 분자로 에너지를 전달하는 반응이다. 모든 세포가 일을 해야 하기 때문에 이 반응은 모든 세포에서 일어난다.

### 포도당은 주요한 에너지-저장 분자이다

대부분의 세포가 유기분자로부터 에너지를 수확할 수 있다고 할지라도 이 장에서는 에너지 수확과정으로서 포도당에 집중하고자 한다. 거의 모든 세포가 에너지를 위해 포도당을 분해한다.

## 광합성은 세포 에너지의 근원이다

포도당 대사(세포에서 포도당이 분해되는 것)로 방출되는 에너지는 근본적으로는 광합성에 의해서 획득된 것이다. 광합성 세포는 햇빛에너지를 포획하고 저장하였으며, 이 저장된 에너지가 세포에 의해 후에 사용된다. 그러한 세포는 광합성 생물체에도 존재하며, 혹은 광합성 생물을 직접 혹은 간접으로 소비하는 다른 생물체에도 존재한다. 예를 들면, 애벌레는 식물을 먹으며, 파랑새는 애벌레를 먹으며, 매는 파랑새를 먹는다. 식물, 애벌레, 파랑새, 매를 이루고 있는 세포들은 모두 식물의 잎에서 광합성에 의해 초기에 포획되어 포도당에 저장되어 있었던 에너지를 공급받는다.

## 포도당 대사와 광합성은 상호보완적인 과정이다

광합성이 세포에 에너지를 저장하기 위해 태양에너지를 포획할 때 물과 이산화탄소를 소비하고 포도당과 산소를 생성한다. 포도당 대사가 에너지를 방출할 때 포도당과 산소로부터 물과 이산화탄소를 생성한다. 그래서 두 과정은 거의 완벽하게 상호보완적으로, 즉 한 과정의 생성물은 다른 과정의 반응물로서 공급물이 된다. 이러한 대칭성은 광합성에 의한 포도당 합성과 포도당의 완전한 대사로 이산화탄소와 물로 되돌아가는 화학방정식에서 분명하게 알 수 있다:

**광합성:**
$6\ CO_2 + 6\ H_2O +$ 빛에너지 $\rightarrow C_6H_{12}O_6 + 6\ O_2$

**완전한 포도당 대사:**
$C_6H_{12}O_6 + 6\ O_2 \rightarrow 6\ CO_2 + 6\ H_2O +$ 화학에너지와 열에너지

이 대칭성에서 세포는 포도당 분자에 있는 모든 화학에너지를 ATP의 고에너지 결합으로 전환할 수 있다고 가정할 수 있다. 그러나 에너지가 다른 형태로 전환될 때 이용가능한 에너지 총량은 감소한다는 열역학 제2법칙을 생각해보라(5장 참고). 그래서 포도당의 분해로 방출된 에너지의 대부분은 ATP의 화학에너지로 전환되기보다는 오히려 열로서 더 많이 잃어버린다. 그럼에도 불구하고 세포는 포도당이 완전하게 분해될 때 많은 양의 에너지를 방출시켜 포획한다.

## 7.2 세포가 어떻게 포도당으로부터 에너지를 수확하는가?

포도당 대사는 여러 단계로 진행되는데 아랫부분과 그림 7-1에 요약하였다.

- 첫째 단계인 **해당과정(glycolysis)**은 세포질의 액체 속에서 일어나는데 한 개의 포도당 분자(6탄당)가 2개의 3탄당 분자인 **피루브산(pyruvate)**으로 쪼개진다.
- 쪼개지는 과정은 2개의 ATP 분자를 생성하는데 사용되는 소량의 화학에너지를 방출한다. 해당과정은 산소가 필요하지 않으며, 유산소 상태와 무산소 상태에서 정확하게 아주 똑같은 과정으로 진행된다. 해당과정은 7.3절에서 더 자세

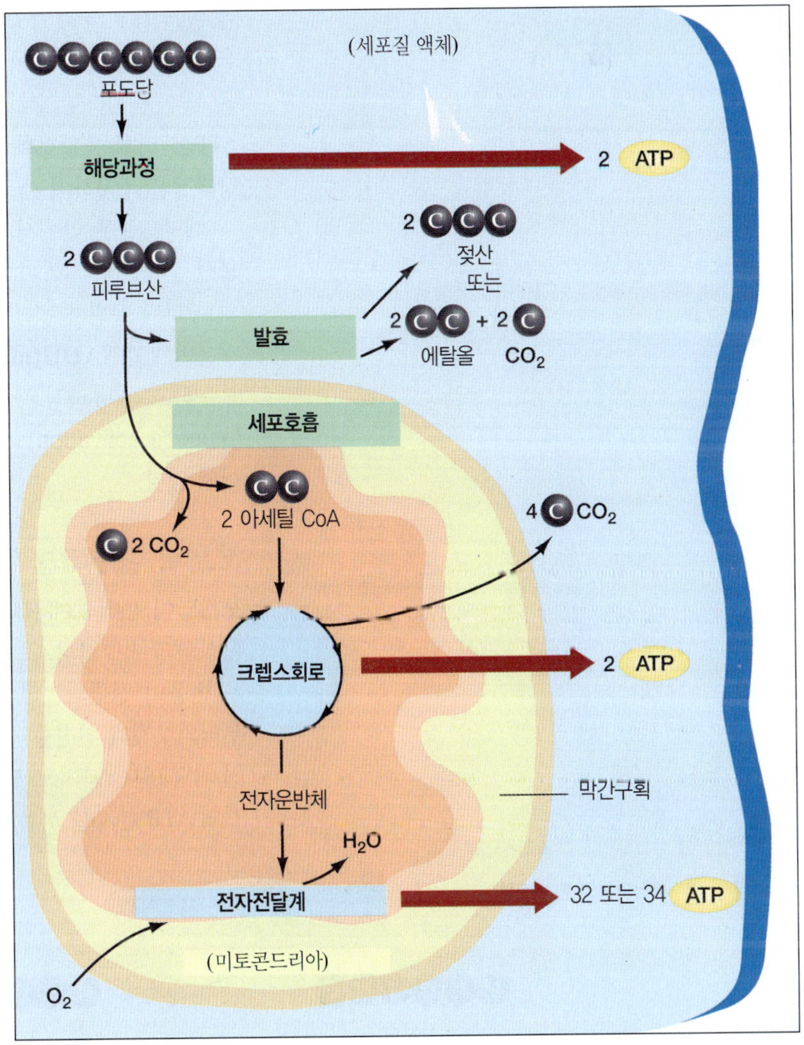


▲ 그림 7-1 **포도당 대사의 개요** 이 그림은 해당과정의 반응(세포질 용액에서)과 세포호흡(미토콘드리아에서)의 과정을 설명하고 있다. 포도당이 분해되는 과정에서 나온 에너지가 그 과정을 따라 ATP에 포획된다. ATP의 대부분은 미토콘드리아에서 생성된다.

하게 설명되어 있다.

- 산소가 존재하면 해당과정에 의해 생성된 피루브산이 **세포호흡(cellular respiration)**이라는 두 번째 단계로 더 진행되어 산소를 사용하여 피루브산을 이산화탄소와 물로 완전히 분해하는데 이때 34~36개의 ATP 분자가 추가적으로 생성된다(세포 유형에 따라 그 수가 달라진다). 세포호흡은 피루브산을 유기적 조건에서 분해하는 세포소기관인 **미토콘드리아(mitochondria)**에서 일어난다. 세포호흡은 7.4절에서 더 자세하게 설명되어 있다.
- 산소가 존재하지 않을 때, 포도당 대사의 두 번째 단계에서는 **발효(fermentation)**가 일어난다. 발효에서는 해당과정에 의해 생성된 피루브산이 미토콘드리아로 들어가지 않고, 대신에 세포질에 남아서 젖산이나 에탄올로 전환된다. 발효는 추가적인 ATP 에너지를 생성하지 않는다. 7.5절에서 발효를 설명하겠다.

## 7.3 해당과정에서 무슨 일이 일어나는가?

세포는 일을 하면서 ATP를 소모한다. 즉 가장 활동적인 세포, 즉 단거리 주자의 다리에 있는 근육세포는 ATP를 빠르게 소모한다. 덜 활동적인 세포, 즉 겨울 동안 소나무의 뿌리에 있는 세포는 훨씬 더 느리게 ATP를 소모한다. 그러나 세포가 ATP를 소모하는 속도와는 무관하게 세포가 이러한 중요한 에너지-운반 분자들을 공급하는 것은 짧은 시간 후 혹은 아주 늦게라도 고갈될 것이다. 결국 ATP의 농도가 충분하게 낮아지게 되면 고농도의 ATP에 의해 불활성화 되었던 효소를 다시 활성화시키게 될 것이다. 활성화된 효소는 해당과정을 촉매하여 세포에서 ATP가 보충되는 과정의 첫 번째 단계를 시작하게 한다.

해당과정은 앞에서 언급한 것처럼 일련의 반응 과정으로서 포도당 분자를 2개의 피루브산 분자로 분해하며, 산소를 필요로 하지 않는다. 해당과정 반응에서는 비교적 적은 양의 에너지 운반체를 생성하게 된다. 전체적으로 포도당 한 분자가 2개의 ATP 분자와 전자운반체인 **NADH(nicotinamide adenine dinucleotide)**를 2분자 생성한다. 그럼에도 불구하고 해당과정은 포도당 대사에서 필수적인 부분이다. 해당과정은 **포도당 활성화(glucose activation)**와 **에너지 수확 (energy harvest)**의 두 가지 주요한 부분으로 이루어져 있다.

### 포도당 활성화는 에너지를 소모한다

포도당이 분해되어 에너지를 방출하기 전에 실질적으로 에너지를 사용하는 과정을 통해 활성화되어야 한다. 포도당 활성화 과정 동안 포도당 분자는 두 개의 효소에 의해 촉매되는 반응이 진행되는데 각각의 반응에서 ATP 에너지를 사용한다. 이러한 반응은 ATP로부터의 2개의 인산을 사용하여 비교적 안정적인 포도당 분자를 매우 불안정하고 활성화된 과당2인산 분자로 전환한다(그림 7-2, ❶ 단계). 과당2인산을 생성하는 것은 세포가 2개의 ATP 분자를 사용하는 것으로 결국 더 많은 에너지를 얻기 위해서 필요한 투자이다.

▶ 그림 7-2 해당과정의 필수과정

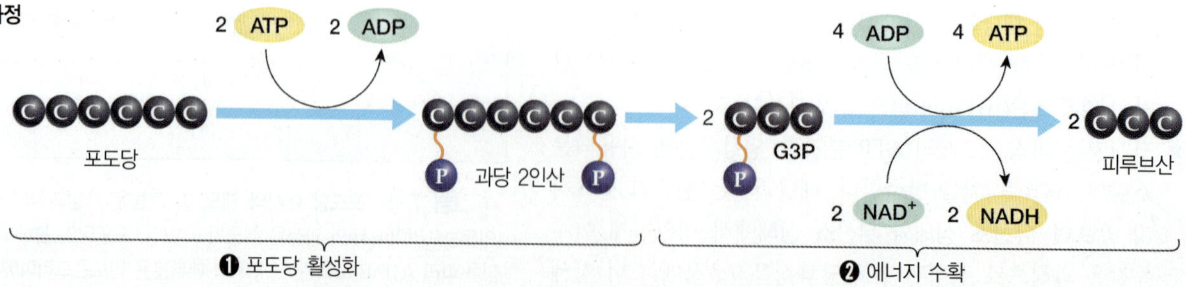

## 에너지 수확으로 에너지 운반체 분자를 생성한다

에너지 수확과정에서 과당2인산은 3탄소 분자인 글리세르알데히드-3-인산(G3P) 2개로 쪼개진다(6장에서 광합성의 $C_3$ 경로에서 G3P를 설명하였다). 각각의 G3P 분자는 피루브산으로 전환되는 일련의 반응을 거치게 된다(그림 7-2, ❷ 단계). 이러한 반응 동안 각각의 G3P는 ATP 2개 분자를 생성하므로 총 4개의 ATP가 생성된다. 첫 번째 단계에서 포도당을 활성화하는 과정에서 2개의 ATP가 사용되었기 때문에 포도당 한 분자당 2개의 ATP만 획득하게 된다.

G3P로부터 피루브산이 되는 과정에서 일어난 또 다른 단계는 고에너지 전자운반체인 NADH가 생성되는 것이다(그림 7-2, ❷ 단계). 각각의 G3P 분자는 한 개의 NADH 분자를 생성하는데, 그래서 포도당 한 분자가 피루브산으로 전환되면 결국 2개의 NADH 운반체 분자가 생성된다.

**요약** 해당과정

포도당 한 분자가 2개의 피루브산으로 분해된다. 이 과정에서 ATP는 소비되기도 하고 생성되기도 하지만, 반응 전체로 볼 때 ATP 두 분자가 순생산된다. 게다가 전자운반체 NADH도 두 분자 생성된다.

## 7.4 세포호흡에서 무슨 일이 일어나는가?

산소가 존재하면 해당과정은 포도당 대사의 두 번째 단계인 세포호흡으로 이어진다. 세포호흡은 해당과정에 의해 생성된 피루브산이 이산화탄소와 물로 분해되는 일련의 반응이다. 이 반응에서 많은 양의 ATP가 생성되고, 그래서 세포의 활동에 에너지를 공급할 수 있게 된다.

진핵세포에서는 세포호흡이 미토콘드리아에서 일어난다. 미토콘드리아는 2개의 부분을 형성하는 이중막을 갖고 있다. 내막은 액체 형태인 **기질(matrix)**을 함유하고 있는 중심 부분을 둘러싸고 있으며, 소기관을 둘러싸고 있는 외막은 막들 사이에 있는 **막간 구획(intermembrane compartment)**을 형성한다(그림 7-3, 위쪽). 많은 양의 에너지를 소모하는 (ATP생성하는 더 많은 능력이 필요한) 활동적인 세포는 에너지가 적게 필요한 세포보다 일반적으로 미토콘드리아를 더 많이 갖고 있다.

세포호흡을 알기 위해서는 나음의 요약과 함께 그림 7-3을 보라. 보다 자세한 설명은 요약 다음에 있다.

❶ 해당과정에서 생성된 피루브산 2분자는 외막과 내막의 이중막으로 둘러싸여 있는 미토콘드리아로 이동된다. 피루브산 분자는 이중막을 통과하여 내막 안쪽에 있는 액체 기질로 이동한다.

❷ 3-탄소인 피루브산은 부산물로서 방출되는 이산화탄소 한 분자와 함께 **크렙스회로(Krebs cycle)**라는 일련의 반응으로 들어가는 2-탄소인 아세틸 CoA를 생성한다. 크렙스회로는 각각의 피루브산으로부터 ATP를 생성하고, 또한 NADH와 **플라빈아데닌디뉴클레오티드(flavin adenine dinucleotide, $FADH_2$)**에 고에너지 전자를 제공한다. 또한 크렙스회로는 이산화탄소를 방출한다.

❸ 전자운반체는 미토콘드리아의 내막에 분포하고 있는 전자전달계에 고에너지 전자를 제공한다. 전자를 제공한 후 고갈된 운반체들($NAD^+$와 FAD)은 크렙스회로에서 재충전 될 수 있다.

❹ 전자전달계에서 고에너지 전자에 들어 있는 에너지는 기질로부터 외막과 내막의 사이

---

**운동선수가 혈구수를 증가시킬 때: 사기꾼이 성공할 수 있는가?**

계속

운동선수가 근육에서 사용될 수 있는 에너지의 양을 증가시킨다면 지구력은 향상될 것이다. 에너지를 사용할 수 있다면 여분의 에너지는 ATP 분자의 결합 속에 저장된다. 근육세포에서의 ATP의 양을 증가시키는 한 방법은 그곳에서의 포도당 분자의 분해 속도를 높이는 것이다. 혈액도핑을 한 운동선수는 인공적인 방법을 사용하여 여분의 산소량이 세포로 전달되는 속도를 높인 것이다. 이것은 산소가 해당과정에서 포도당 분자를 분해하는 속도를 높였기 때문인가? 아니다; 해당과정은 산소를 필요로 하지 않는다는 것을 알고 있는데 해당과정의 속도는 산소의 농도에 영향을 받지 않는다. 그래서 혈액도핑이 효과를 나타내는 이유는 해당과정에 영향을 주기 때문이 아니라 세포호흡에 영향을 주기 때문이다.

▶ **그림 7-3 세포호흡** 세포호흡은 미토콘드리아에서 일어난다. 미토콘드리아의 내막은 막간 구획(외막과 내막 사이)으로부터 기질(내부 구획)을 분리한다.

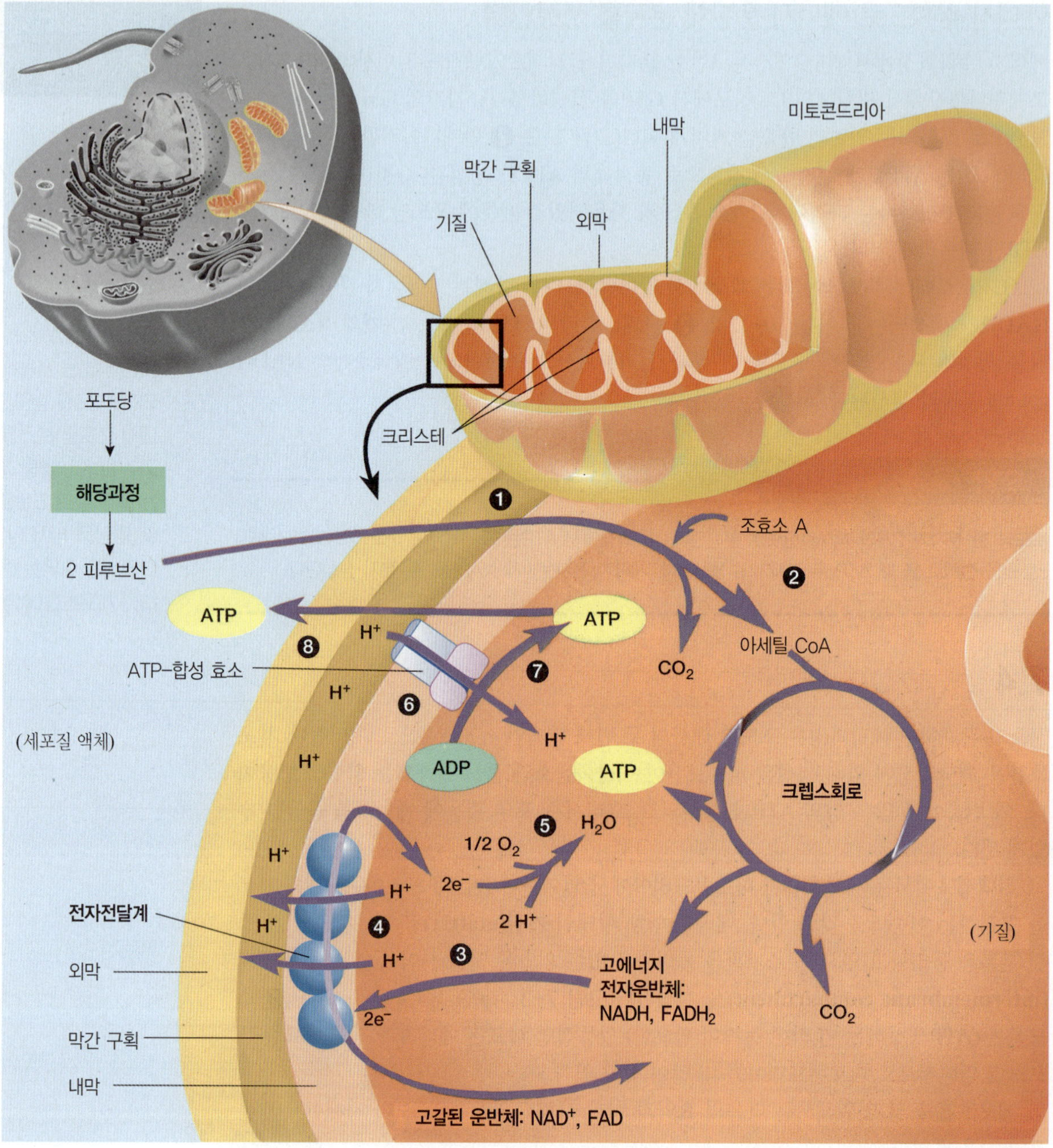


에 있는 막간구획으로 수소이온을 운반하는 데 사용된다.

❺ 전자전달계가 끝나면서 전자는 $O_2$와 $H^+$에 결합하여 $H_2O$를 생성한다.

❻ 전자전달계에 의해 막간 구획으로 이동된 수소이온은 농도기울기에 따라 내막을 통과하여 다시 안으로 들어간다.

❼ 수소이온이 기질로 다시 들어오면서 이러한 이동은 ADP로부터 ATP를 생성하는데 필요한 에너지를 공급한다.

❽ ATP는 미토콘드리아로부터 나와서 세포질 액체 속으로 들어가 세포 활동에 필요한 에너지를 공급한다.

## 크렙스회로는 미토콘드리아 기질에서 피루브산을 분해한다

세포호흡 반응을 위한 연료는 세포질에서의 해당과정에 의해 생성된 피루브산이다. 피루

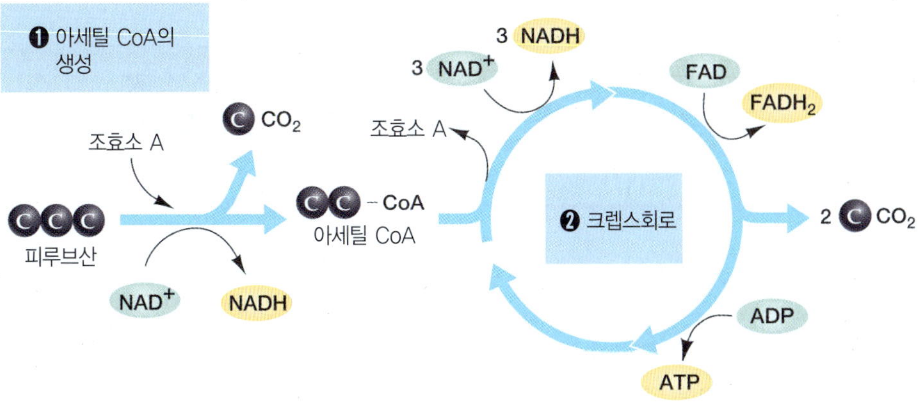


◀ 그림 7-4 미토콘드리아 기질에서 일어나는 반응

브산은 두 개의 미토콘드리아 막에 있는 구멍을 통하여 농도기울기를 따라서 확산되어 세포질로부터 미토콘드리아 기질로 이동한다.

기질에 도달한 피루브산은 조효소 A라는 분자와 결합한다(그림 7-4 ❶ 단계; 그림 7-3, ❶ 단계 참고). 이 반응에서 각각의 피루브산 분자는 이산화탄소 한 분자와 아세틸 그룹을 갖고 있는 2-탄소 분자로 분해된다. 아세틸 그룹은 즉시 조효소 A에 결합하여 아세틸 CoA(acetyl-coenzyme A complex)를 형성한다. 이 반응에서 2개의 고에너지 전자와 수소이온이 $NAD^+$로 이동하여 NADH를 생성한다.

반응의 다음 단계는 회로에서 처음 생성되는 분자가 시트르산(시트르산의 이온화된 형태)이므로 가끔 **시트르산회로(citric-acid cycle)**라고도 불리는 크렙스회로의 회로적 과정을 이룬다(그림 7-4, ❷ 단계). 시트르산은 아세틸 CoA가 4-탄소의 옥살산과 결합하여 만들어진다. 시트르산이 생성되면서 조효소 A가 방출되어 회로에서 재사용된다. 시트르산 한 분자는 옥살산을 재생하기 위한 일련의 반응을 진행하면서 2개의 이산화탄소를 더 생성하면서 아세틸 그룹에 있는 에너지의 거의 대부분을 ATP와 4개의 전자 운반체인 한 개의 $FADH_2$와 3개의 NADH 속으로 저장한다.

### 요약 미토콘드리아 기질 반응

기질 반응으로 들어간 피루브산은 한 개의 아세틸 CoA를 생성하는 동안 한 분자가 이산화탄소와 한 분자의 NADH를 생성한다. 다음으로 아세틸 CoA는 크렙스회로를 거쳐 두 분자의 이산화탄소, 한 분자의 ATP, 세 분자의 NADH, 한 분자의 $FADH_2$를 생성한다. 각 포도당 분자가 두 개의 피루브산을 공급하므로 이 반응에서 포도당 한 분자당 6분자의 이산화탄소, 2분자의 ATP, 8분자의 NADH 전자운반체, 2분자의 $FADH_2$ 전자운반체를 생성한다.

## 고에너지 전자가 전자전달계로 운반된다

기질 반응이 끝날 때 포도당이 갖고 있는 에너지의 소량만 ATP에 포획되었다. 세포는 원래의 포도당 한 분자로부터 여태까지 얻은 것은 4분자의 ATP만이다: 2개는 해당과정에서, 2개는 크렙스회로에서. 그러나 세포는 운반체 분자에 있는 많은 고에너지 전자를 포획하고 있다: 해당과정에서 2개의 NADH, 기질 반응에서 8개의 NADH와 2개의 $FADH_2$, 총 10개의 NADH와 2개의 $FADH_2$를 만든다(표 7-1).

운반체들은 전자를 미토콘드리아의 내막에 존재하는 **전자전달계(electron transport chains)**로 보낸다(그림 7-5, ❶ 단계; 그림 7-3, ❹ 단계 참고). 전자

▼ 그림 7-5 미토콘드리아 내막에서의 전자전달계 **실눈:** 산소가 존재하지 않는다면 ATP 생성률은 어떠한 영향을 받는가?

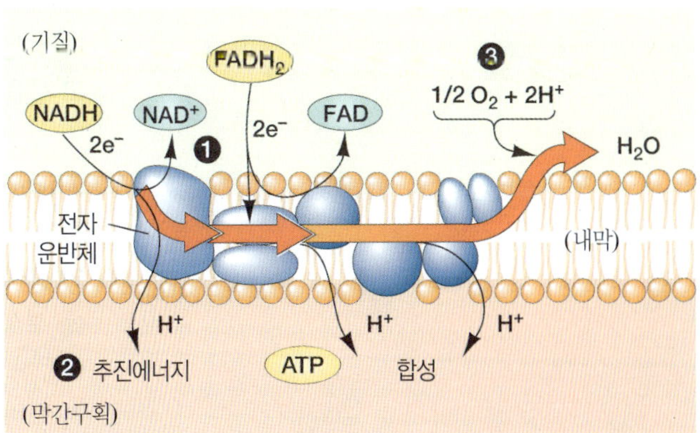

**표 7-1 해당과정과 세포호흡의 요약**

| 과정 | 장소 | 반응 | 생성된 전자운반체 (포도당 한 분자당) | ATP 생성량 (포도당 한 분자당) |
|---|---|---|---|---|
| 해당과정 | 세포질 | 포도당이 2개의 피루브산으로 분해 | 2 NADH | 2 ATP |
| 세포호흡 | | | | |
| 아세틸 CoA 생성 | 미토콘드리아 기질 | 피루브산이 조효소 A와 결합하여 아세틸 CoA와 $CO_2$ 생성 | 없음 | 없음 |
| 크렙스회로 | 미토콘드리아 기질 | 아세틸 CoA의 아세틸 그룹이 2개 $CO_2$로 대사 | 6 NADH, 2 $FADH_2$ | 2 ATP |
| 전자전달계 | 내막, 막간 구획 | NADH와 $FADH_2$의 전자가 갖고 있는 에너지가 $H^+$를 막간구획으로 이동시키는데 사용되고, $H^+$ 농도기울기가 ATP를 생성 | 이용할 수 없음 | 32~34 ATP |

## 운동선수가 혈구수를 증가시킬 때: 사기꾼이 성공할 수 있는가?

**계속**

산소결핍은 전자가 전자전달계를 따라 이동하는 것을 방해하여 결국 ATP 생성을 중단하게 한다(해당과정에 의해 소량 생성되는 것은 제외). 격렬하게 운동하는 근육세포에서의 세포호흡은 혈액을 통해 운반되는 산소에 의해 대체될 수 있는 것보다 더 빠르게 산소를 소비하기 때문에, 산소 결핍으로 인한 ATP 생성 중단이 운동 중인 선수의 근육세포에서 일어난다. 지구력이 필요한 경주에서 산소가 고갈되는 순간을 늦출 수 있는 경쟁자는 상당히 유리해진다. 혈액도핑 운동선수는 근육세포에 공급되는 혈액 속의 산소농도를 인공적으로 높여 줌으로써 산소 고갈을 지연시키는 방법을 찾고자 하는 것이다.

를 제공한 다음 전자를 잃어버린 운반체들($NAD^+$와 FAD)은 크렙스회로에서 재충전될 수 있다.

전자전달계에서 고에너지 전자는 분자들 사이에서 체계적으로 이동한다. 이러한 전달이 진행되는 동안 에너지가 방출되고 내막을 통과하여 기질 밖으로 수소이온을 방출하여 막간 구획으로 보낸다(그림 7-5, ❷ 단계).

전자전달계가 끝날 때 산소가 최종적으로 역할을 하게 된다. 산소원자가 두 개의 수소이온 및 에너지가 고갈된 전자와 결합하여 물을 생성한다. (그림 7-5, ❸ 단계). 그래서 산소는 전자전달계를 통해서 운반된 전자를 받게 된다.

만약 산소가 전자전달계가 끝나는 지점으로부터 전자를 끌어내지 못한다면 전자는 전자전달계에 축적될 것이며, 수소이온을 기질 밖으로 이동시키는 과정이 중단되고, 세포호흡은 멈추게 된다. 세포호흡이 멈추게 되면 ATP는 거의 생성되지 못하므로 산소가 없으면 대부분의 생물체는 생존할 수 없다. (일부 세균은 이러한 과정에서 예외적인 것이 있다; 7.5에서의 발효 설명을 참고하라).

## 수소이온 농도기울기로부터의 에너지가 ATP를 생성하는데 이용된다

기질 밖으로 이동되어 온 수소이온은 더 많은 ATP를 생성하기 위한 에너지 공급원이 된다. 수소이온이 내막을 통과하는 동안 높은 수소이온 농도기울기가 발생한다: 즉 막간구획에 있는 수소이온의 농도가 더 높아지고, 기질 속의 수소이온 농도는 더 낮아진다. 열역학 제2법칙에 따라 수소이온의 불균형적 분포를 위해서는 에너지 유입이 필요하다. 이것은 높은 곳에 있는 저장고에 물을 퍼 올리는 화학방정식이다. 수소이온이 농도기울기를 따라 높은 곳에서 낮은 곳으로 이동할 때 에너지가 방출된다—마치 저장고의 밸브를 열고 물을 쏟아내는 것처럼.

수소이온이 농도기울기를 따라 낮은 곳으로 이동할 때 방출된 에너지는 **화학삼투작용(chemiosmosis)**이라는 과정에서 ATP 분자를 합성하는데 사용된다. 수소이온이 막간구획으로부터 기질로 이동하면서 ATP 합성효소의 한 부분인 통로를 통과하게 된다. 이온이 그 통로를 통과하면서 발생된 에너지가 포도당 한 분자가 분해될 때 32~34개의 ATP를 생성하는데 사용된다(그림 7-3, ❻과 ❼ 단계). 이 ATP는 기질로부터 만각구획으로 이동하고 미토콘드리아의 외막을 통해 확산되어 주변의 세포질로 이동하여 세포의 에너지 소비 대사반응에 에너지를 공급하게 된다.

**요약** 전자전달과 화학삼투작용

전자운반체 NADH와 $FADH_2$로부터의 전자가 내막의 전자전달계로 이동한다. 여기에서 에너지는 내막을 사이에 두고 수소이온 농도기울기를 형성하는데 사용된다. 수소이온이 농도기울기를 따라 ATP 합성효소의 통로를 통해 이동하면서 32~34개의 ATP 분자를 합성하게 된다. 전자전달계 반응이 끝나는 지점에서 두 개의 전자가 한 개의 산소원자와 두 개의 수소이온과 결합하여 물을 생성한다.

## 7.5 발효에서 무슨 일이 일어나는가?

일부 생물체는 산소가 희박하거나 없는 조건에서 살고 있다. 산소가 없는 조건은 호수나 바다 밑바닥의 퇴적물, 지하 깊은 곳, 늪지와 습지 등에서 발견된다. 그러한 곳에서의 무산소 조건에서는 산소가 최종 전자수용체로서 작용하는 세포호흡이 일어나지 못한다. 무산소 조건에서 살고 있는 서식자는 어떻게 살아갈까? 그들은 포도당 생성물을 발효시킨다.

세포호흡과 달리 발효 반응에서는 ATP를 생성하지 못한다. 대신에 해당과정에서 필요한 $NAD^+$ 분자를 재생시킨다. 왜 $NAD^+$를 재생하는 대안적인 수단이 무산소 조건에서 필요한지를 이해하기 위해서는 산소가 있을 때 일어나는 세포호흡에서 미토콘드리아의 전자전달계에서 $NAD^+$에 전자를 전달하여 생성한 NADH를 통해 전자를 받아들인다는 것을 생각해보라(그림 7-5 참고). 산소가 없는 조건에서는 세포호흡이 불가능하기 때문에 전자전달계가 전자를 받아들일 수 없다. 만약 NADH로부터 전자를 받아들이는 대안적인 전자수용체가 없다면 세포의 $NAD^+$ 공급은 빠르게 고갈될 것이고, 해당과정은 정지되고 세포는 해당과정에 의해 생성하는 소량의 ATP마저도 생산할 수 없게 된다.

발효에서는 해당과정에 의해 생성된 피루브산이 NADH를 위한 전자수용체로 작용한다. 피루브산이 에탄올 혹은 젖산으로 전환되면서 NADH를 $NAD^+$로 다시 전환시킨다. 그래서 발효는 $NAD^+$를 생성하는 방법을 제공해줌으로써 해당과정(최적의 ATP 생성과 함께)이 계속 지속되도록 해준다.

발효에는 두 가지 주요한 유형이 있다: 하나는 피루브산을 에탄올과 이산화탄소로 전환시키는 것이며, 다른 하나는 피루브산을 젖산으로 전환시키는 것이다.

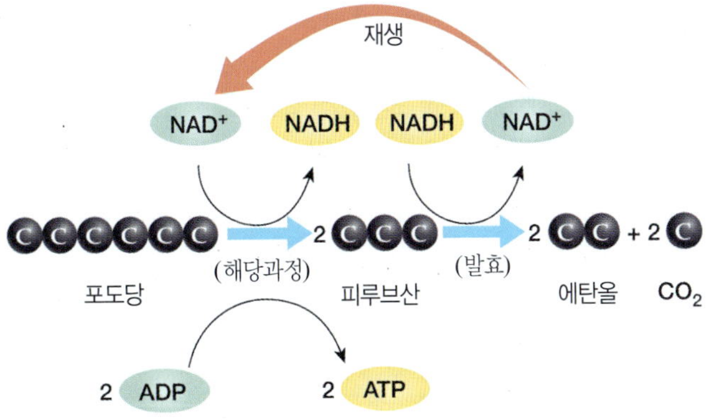


▲ 그림 7-6 해당과정 후에 일어나는 알코올 발효

### 일부 세포들은 피루브산을 발효시켜 알코올을 생성한다

에탄올과 이산화탄소를 생성하는 발효를 **알코올 발효**라고 하는데 많은 미생물들에서 일어나는 주요한 대사 유형이다. 알코올 발효 반응은 수소이온과 NADH에 들어 있는 전자를 사용하고, $NAD^+$를 재생한다(**그림 7-6**).

효모라는 단세포 곰팡이에 의한 발효는 포도주, 맥주, 빵 등의 몇 가지 맛있는 주요 품목을 만드는데 이용된다. 포도주는 포도의 당을 효모가 발효시킨 생성물인 알코올을 함유하고 있다. 대부분의 포도주는 이산화탄소가 방출되어 나가도록 하는데 발포성 포도주와 샴페인은 이산화탄소를 방출시키지 않은 것이다. 포도주의 거품은 포도주를 병에 담기 전에 효모와 당을 첨가하여 만든다. 첨가된 내용물들이 밀봉된 병에서 계속 발효되어 내부에 이산화탄소가 남아있게 된다(**그림 7-7**).

발포성 포도주처럼 맥주도 발효에 의해 생성된 알코올과 이산화탄소(병을 땄을 때 거품을 형성하는 것)가 유지된 것이다. 그러나 밀가루 반죽에서는 이산화탄소가 반죽 속에 그대로 들어 있다가 빵을 부풀게 만드는데 빵을 구울 때 알코올이 증발된다.

▲ 그림 7-7 **포도의 알코올 발효가 이산화탄소 거품을 만든다. 질문:** 일부 세균들은 유산소 호흡을 하며, 일부는 무산소(발효) 호흡을 한다. 산소가 풍부한 조건에서 경쟁적 이점에 놓여 있는 것은 어떤 것인가? 산소가 부족한 조건에서는 어떤가?

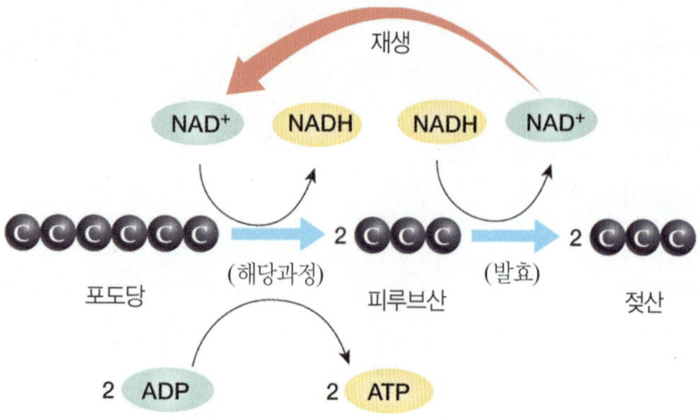


▲ 그림 7-8 해당과정 후에 젖산발효가 일어난다

## 다른 세포들은 피루브산을 발효시켜 젖산을 생성한다

독특한 향을 갖고 있는 요구르트, 사워크림, 치즈 등을 만드는 여러 종류의 생물체들은 피루브산을 발효시켜 젖산을 만든다. 젖산 발효는 산소가 일시적으로 부족할 때 호기성 생물의 세포에서도 짧은 기간 동안 일어날 수 있다. 예를 들면, 인간의 근육세포는 격렬하게 운동할 때 젖산 발효를 사용할 수 있다. 운동하는 근육은 많은 ATP가 필요하다. 근육은 해당과정보다 월등하게 많은 양의 ATP를 생성하는 세포호흡으로부터 ATP를 획득하지만, 세포호흡은 생물체의 산소를 흡수할 수 있는 능력에 제한을 받는다(예를 들면 호흡). 격렬하게 운동할 때에는 근육의 에너지 수요를 충족하는데 필요한 만큼 세포호흡을 일으킬 수 있을 정도로 산소를 충분하게 공급할 수 없을 경우도 있다.

적절한 양의 산소가 없을 경우에도 근육은 즉시 운동을 멈추지 않는다. 대신에 포도당 분자당 소량의 ATP와 피루브산과 NADH 만을 공급해주는 해당과정을 잠시 지속하게 된다. 그러면 근육세포는 피루브산 분자를 발효시켜 젖산을 생성하며, 그 반응에서 NADH로부터 전자와 수소이온을 사용하고, $NAD^+$를 재생한다(그림 7-8).

그러나 젖산이 고농도가 되면 세포 자신에게 독성을 나타낸다. 젖산이 고농도가 되면 상당한 불편함과 피로를 일으켜 운동을 중단하거나 혹은 속도를 늦추게 한다. 휴식기간 동안 빠르게 호흡하면 산소를 다시 사용할 수 있게 되며 젖산을 피루브산으로 전환한다.

## 운동선수가 혈구수를 증가시킬 때: 사기꾼이 성공할 수 있는가? 다시 들러보기

인체 세포가 충분하게 산소를 이용할 수 있을 때 포도당으로부터 매우 효과적으로 에너지를 추출한다. 혈액도핑 선수들의 목적은 근육세포 내에서 산소의 접근을 가능한 한 오랫동안 지속하기 위한 것이다. 언덕을 오르는 것은 어려운 일이기 때문에 다베포에틴을 주사로 맞은 스키선수나 수혈을 받은 사이클선수는 불공정한 이점을 얻은 것이다. 근육세포가 세포호흡을 통해 충분하게 ATP를 만들어 내면 그는 계속 효과적으로 움직일 수 있다. 한편 혈액도핑을 하지 않은 그의 동료들은 발효로부터 만들어진 젖산을 포함한 근육을 갖고 고통스럽게 움직일 것이다.

혈액도핑은 검출하기 어렵다. 주사로 주입된 Epo는 (혹은 합성된 동등물질인 다베포에틴) 인체에서 자연적으로 생성된 Epo와 쉽게 구별되지 않는다. Epo와 다베포에틴의 검출이 어렵다는 점이 혈액도핑 스키선수, 사이클선수, 지구력이 필요한 달리기 선수, 그리고 다른 경쟁적인 운동선수들이 약물선택을 사용하게 했다고 스포츠 관료들은 주장한다. 그러나 약물 검출 능력이 향상되면서 수혈과 같이 오래전에 사용하였던 혈액도핑 방법들로 되돌아가게 만들었다. (수혈을 사용하는 혈액도핑을 하는 사람들은 전에 저장해 놓았던 자신의 혈액을 사용하고 있으며, 심지어 다른 사람의 혈액을 사용하여 수혈해도 외부에서 수혈한 혈구세포가 자신의 혈구세포와 거의 유사하기 때문에 이를 검출해내기가 어렵다.)

이제 올림픽 참가 선수들은 혈액도핑검사를 일상적으로 받아야 한다. 검사는 불공정한 이익을 노리는 운동선수를 방지하기 위한 의도를 주로 갖고 있지만, 도핑을 엄중단속하는 것은 선수를 보호하는 것이기도 하다. 혈액도핑으로 증가된 여분의 혈구세포는 혈액을 걸쭉하게 만들고 혈관을 따라 이동하는데 어려워지게 하므로 Epo나 다베포에틴 주사를 맞은 사람은 심장마비의 위험이 증가한다. 여러 명의 젊은 프로 사이클선수들이 최근 몇 년 동안 심장마비로 사망하였는데 주변의 많은 관찰자들은 혈액도핑이 원인일 것으로 의심하고 있다. 일부 프로 운동선수들은 더 많은 산소 분자를 근육에 보내기 위해 그들의 생명에 위험을 자초하고 있는 것으로 나타나고 있다.

### 생각해보기

유전자치료의 발전으로 언젠가 Epo를 생산하는 유전자 여분의 복제물을 갖도록 운동선수의 신장세포를 변형시킬 수도 있을 것이다. 그렇게 유전적으로 변형된 개인은 불공정한 이점을 가진 것이라고 보는가?

# 개념 확인 문제

## 빈칸 채우기

1. 산소가 존재할 때 포도당의 분해는 ________와(과) ________의 두 단계로 일어난다. 첫 번째 단계가 일어나는 장소는 무엇인가? ________ 두 번째 단계가 일어나는 장소는 무엇인가?________ ATP의 대부분이 생성되는 단계는 어떤 단계인가?

2. 산소가 없을 때, 많은 미생물들은 오직 ________개 분자의 ATP만 생성하는 ________의 과정을 사용하여 포도당을 분해한다. 이 과정에 이어서 진행되는 반응은 ________인데 이 반응에서는 ATP는 생성되지 않으나 고에너지 전자를 운반하는 분자인 ________(으)로 생성되어 포도당 분해를 계속 진행하는데 재사용된다.

3. 빵 반죽과 알코올 음료 속에 들어 있는 효모는 ________과(와) ________을(를) 만드는데 발효를 사용한다.

4. 격렬한 운동을 하는 동안 운동선수의 근육에서 요구되는 에너지는 세포호흡을 수행하기 위해 운반되어야만 하는 ________의 이용가능성을 초과할 수 있다. 짧은 기간 동안 근육은 ________발효에 의해 진행되는 ________과정에 의해 에너지를 공급하며, 이 과정은 ________ 물질을 축적하게 한다. 운동선수가 휴식을 취하면서 빠르게 호흡을 하면 이 물질은 다시 ________(으)로 전환되어 세포호흡에 사용된다.

5. 세포호흡 동안 전자전달계는 수소이온을 미토콘드리아의 ________ 바깥쪽으로 내보내 미토콘드리아의 ________ 속으로 들여보낸다. 이 과정에서 수소이온은 ________합성효소의 한 부분인 막통로를 통해서 이동하게 된다.

6. 세포호흡에서의 순환 경로를 ________, 즉 ________(이)라고 한다. 이 순환적 경로는 ________이(가) 옥살산과 결합하여 ________를(을) 형성할 때 시작된다. 이 과정에서 두 분자의 이산화탄소가 방출되며, 다른 두 개의 고에너지 운반체 분자인 ________과(와) ________이(가) 충전된다.

## 복습 문제

1. 포도당($C_6H_{12}O_6$)에서 시작하여 (a) 해당과정과 세포호흡에 대한 반응 및 (b) 효모에서 해당과정과 발효의 전체 반응식을 쓰라.

2. 미토콘드리아를 그리고, 세포의 발전소와 같은 기능과 관련된 구조들이 어떻게 관련되는지를 설명하라.

3. 다음 반응이 포도당의 완전 대사에 어떤 역할을 하는가: (a) 해당과정, (b) 화학삼투작용, (c) 발효, (d) $NAD^+$

4. (a) 호기성 조건, (b) 혐기성 조건에서 포도당이 완전 분해되는 주요한 단계에 대하여 설명하라. 포도당 한 분자당 생성되는 ATP 분자에서 회수되는 전체 에너지는 얼마인가?

5. 크렙스회로를 설명하라. 대부분의 에너지가 수확되는 형태를 무엇인가?

6. 세포호흡에서 왜 산소가 필요한가?

# 2단원 유전

유전은 유사성과 차이점을 모두 설명해준다. 모든 개들은 개들마다 갖고 있는 유전자들이 거의 동일하기 때문에 많은 유사성을 갖고 있다. 몸 크기나 털의 길이와 색, 몸의 비율 등은 유전자에 아주 작은 차이가 있기 때문에 생긴다.

# 8장

# 생명의 연속성: 세포 증식

최초로 복제된 개 스누피(Snuppy, 가운데)가 자신에게 유전자를 공여한 아프간 하운드 품종인 타이(Afghan hound Tai, 왼쪽) 그리고 대리모 래브라도 리트리버(Labrador retriever, 오른쪽)와 같이 찍은 가족사진.

## 주요 내용

**사례 연구 클론으로 전달하다**

**8.1 세포는 왜 분열을 할까?**

세포분열은 딸세포에 유전정보를 전달한다

성장과 발달에는 세포분열이 필요하다

세포분열은 유성생식과 무성생식에 필요하다

**8.2 원핵세포의 세포주기에서는 어떤 일이 일어나는가?**

**8.3 진핵세포의 DNA는 어떻게 조직화되는가?**

진핵생물의 염색체는 단백질에 결합한 DNA로 구성되어 있다

복제된 염색체는 세포분열 중에 분리된다

진핵생물 염색체는 쌍으로 존재한다

**8.4 진핵세포의 세포주기 동안 어떤 사건이 일어나는가?**

진핵세포에는 두 종류의 세포분열이 있다: 유사분열과 감수분열

**클론으로 전달하다** 계속

진핵생물의 생활사는 유사분열과 감수분열 둘 다 포함한다

**건강 지킴이** 암-미쳐버린 유사분열

**8.5 유사분열은 어떻게 유전적으로 동일한 딸세포를 생성하는가?**

전기에는 염색체가 응축하고 방추체 미세소관이 형성되어 염색체에 부착한다

중기에는 염색체가 세포의 적도판을 따라 배열된다

후기에는 자매염색분체가 분리되어 세포의 반대 극으로 이동한다

말기에는 양쪽의 염색체들 주위에 핵막이 형성된다

세포질분열에서는 세포질이 두 딸세포 사이에서 나누어진다

**8.6 감수분열은 어떻게 반수체 세포를 생성하는가?**

제1감수분열은 상동염색체를 두 개의 반수체 딸핵 속으로 분리시킨다

제2감수분열은 자매염색분체를 분리시켜 네 개의 반수체 딸세포를 만든다

**8.7 감수분열과 유성생식은 어떻게 유전적 다양성을 만들어낼까?**

상동염색체를 섞음으로써 새로운 염색체 조합을 만든다

교차는 새로운 유전물질 조합을 갖는 염색체를 생성한다

**과학탐구** 자연과 실험실에서의 복제

배우자의 융합은 유전적으로 다양한 자손을 만들어낸다

**클론으로 전달하다** 다시 들러보기

# 사례 연구 클론으로 전달하다

몇 개월마다 신문에 양(돌리), 쥐, 소, 염소, 고양이, 들쥐, 말, 개 등등의 동물 복제 기사가 난다. 복제 개 중 첫 번째인 스누피(Snuppy, "Seoul National University puppy"의 약어)는 실질적 "유전적 부모"인 타이라고 하는 수컷 아프간 하운드와 똑같다. 사람들은 왜 계속 새로운 동물들을 복제하고 있는 것일까? 그리고 클론들은 어떻게 "유전적 부모"와 유사한 것일까?

동물을 복제하는 데에는 과학적인 이유와 실질적인 이유 두 가지 모두 있다. 복제 동물들은 유전적으로 서로 동일하기 때문에 이를 통해 "정상적인" 발달과 약물에 대한 반응, 환경 오염물질에 대한 민감성 등에 대해 알아볼 수 있게 해준다. 예를 들어 환경 독성학자가 도시 공기 오염물질인 오존의 어떤 농도가 폐 손상을 일으키는지 결정하기 위해 유전적으로 다양한 동물들을 사용한다고 가정해보자. 이를 위해 여러 그룹의 동물들을 취해 한 그룹은 오존이 없는 조건에서 사육하고 나머지 그룹들은 다양한 농도의 오존에 노출시켜 사육했을 경우, 대조군과 오존에 노출시킨 실험군이 폐 손상에 차이를 보인 이유는 오존에의 노출과 동물의 유전적 차이 두 가지 모두에 의할 가능성이 있다. 만약 이 실험에 동일한 복제동물들을 사용한다면 유일한 차이는 오존에의 노출이 되므로 건강에 영향을 주는 요인을 쉽게 결정할 수 있다.

스캠퍼(Scamper)를 복제하여 만들어진 클레미턴(Clayton)은 스캠퍼와 같은 운동능력과 기질을 보여준다.

복제는 또한 멸종위기종을 보존하는데 도움을 준다. 2003년에 아프리카 살쾡이와 반텡(banteng, 멸종위기에 있는 소의 친척)이 복제되었다. 반텡은 멸종위기종의 생식을 위해 23년 동안 샌디에고 동물원에 얼려져 있었던 세포로부터 복제되었다. 반텡의 복제는 복제를 통해서 멸종위기종과 이 세상에 더 이상 존재하지 않는 종조차도 복원할 수 있는 가능성이 있음을 시사한다. 그러나 사람들이 이들 동물의 적절한 서식처를 보존하려는 의지가 없다면 복제된 반텡이나 다른 멸종위기종들은 단지 동물원의 표본으로만 남아 있게 될 것이며 복제는 보존이 성공한 것으로 보기 어렵다.

정서적이고 경제적인 이유로는 스누피와 같은 가축이 복제의 좋은 대상이다. 예를 들어, 2006년에는 배럴 레이싱(barrel-racing)에서 10회나 세계 챔피언을 한 경주마인 스캠퍼(Scamper)를 복제하였다(왼쪽 사진). 왜 스캠퍼를 전통적인 방식으로 교배하지 않았을까? 8장을 다 학습하고 나면 수많은 유명한 말들이 왜 자신들처럼 운동능력이 우수한 자손을 낳지 못하는지 알게 될 것이다. 어쨌든 스캠퍼는 29살 된 거세된 수컷이었기 때문에 생식을 할 수 없었다.

복제된 동물은 어떻게 이 동물의 "유전적 부모"와 거의 동일할까? 반면에 자손들은 자손의 생물학적 부모와 왜 서로 다르며 자손들끼리도 서로 다른 것일까? 진핵생물에 연속성과 다양성을 주는 두 가지의 세포증식 유형, 즉 유사분열과 감수분열을 배우는 동안 이 질문을 기억하여라. ■

## 8.1 세포는 왜 분열을 할까?

"모든 세포는 세포로부터 생긴다." 1800년대 중반 독일의 내과 의사 피르호(Rudolf Virchow)가 주장한 이 개념은 모든 생명체에 있어 세포증식의 중요성, 즉 상처 난 부위에서의 박테리아 번식부터 수정란의 성인으로의 발달에 이르는 과정 등에 세포증식이 중요하게 관여한다는 것을 일깨워준다. 세포는 하나의 세포가 두 개 혹은 그 이상의 세포[**딸세포(daughter cell)**라고 함]를 만드는 과정인 **세포분열(cell division)**을 통해 증식한다. 전형적인 세포분열에서 각각의 딸세포는 절반의 세포질과 완전한 세트의 유전정보를 전달받으며 이때 물려받는 유전정보는 통상적으로 모세포의 유전정보와 동일하다.

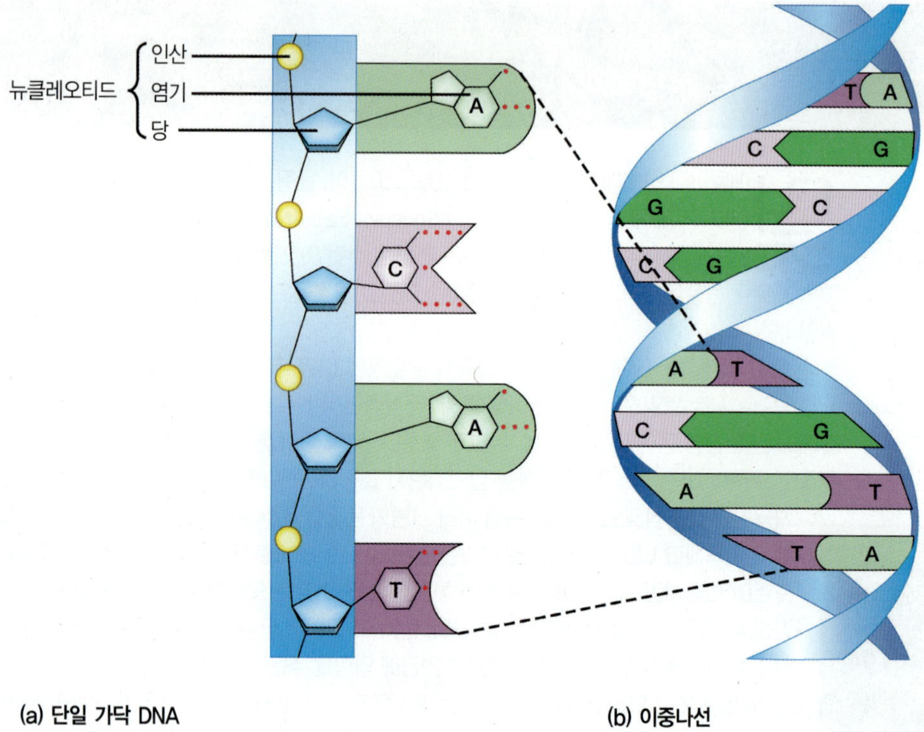


▲ 그림 8-1 DNA 구조 (a) 뉴클레오티드는 인산과 당 각각 한 분자, 그리고 아데닌(A), 티민(T), 구아닌(G), 시토신(C) 네 가지 염기 중 하나로 구성되어 있다. DNA 가닥은 뉴클레오티드 하나의 인산이 다음 뉴클레오티드의 당과 결합하는 방식으로 뉴클레오티드들이 서로 연결됨으로써 긴 사슬을 이룬다. (b) 두 개의 DNA 가닥이 서로 꼬여 이중나선을 형성한다.

## 세포분열은 딸세포에 유전정보를 전달한다

살아 있는 세포가 갖는 유전정보는 **디옥시리보핵산(deoxyribonucleic acid, DNA)**으로서 DNA는 하나 혹은 그 이상의 **염색체(chromosome)**에 들어 있다. DNA 단일분자는 **뉴클레오티드(nucleotide)**라고 하는 작은 소단위들이 긴 사슬 모양을 형성하고 있다(그림 8-1a). 각 뉴클레오티드는 인산 한 분자와 당(디옥시리보오스) 한 분자, 그리고 4개의 염기 아데닌(adenine, A), 티민(thymine, T), 구아닌(guanine, G) 또는 시토신(cytosine, C) 중 하나로 구성되어 있다. 염색체에서 두 가닥의 DNA들이 염기들 간에 수소결합을 통해 서로 결합하고 있다. 이때 아데닌은 티민, 그리고 구아닌은 시토신과 결합한다. 두 개의 DNA 가닥은 서로 감겨 마치 사다리가 코르크 마개뽑기처럼 서로 꼬여 있는 것처럼 보인다. 이러한 구조를 **이중나선(double helix)**이라고 한다(그림 8-1b). DNA 구조에 대해서는 10장에서 자세히 알아보기로 하자.

유전단위, 즉 **유전자(gene)**란 수백 개에서 수천 개의 뉴클레오티드로 된 DNA 조각으로 세포에서 유전정보를 저장한다. 알파벳 글자들이 매우 긴 문장을 만드는 것처럼 유전자의 특정 뉴클레오티드 염기서열은 세포의 단백질을 만드는 지침을 제공한다. 10장과 11장에서 DNA가 어떻게 유전정보를 암호화하고 세포가 어떻게 주어진 시기에 어느 유전자를 사용해야 할지를 조절하는지 알아볼 것이다.

세포가 생존을 하기 위해서는 완전한 유전 지침을 한 세트 가져야만 한다. 따라서 세포가 분열을 할 때 세포는 단순히 유전자 세트를 반으로 나누어 딸세포에 반 세트씩 나누어 줄 수는 없다. 세포는 먼저 DNA를 복제하여 두 개의 동일한 복사본을 만드는데 이는 마치 사용 안내서를 복사기로 복사하는 것과 유사하다. 그 후 각각의 딸세포는 모든 유전자를 포함하는 완전한 "DNA 안내서"를 물려받는다.

## 성장과 발달에는 세포분열이 필요하다

진핵세포의 경우, 유전적으로 모세포와 동일한 딸세포가 만들어지는 세포분열 방식을 유사분열(mitotic cell division, 체세포분열)이라고 한다(8.4와 8.5절 참고). 단세포 수정란이 형성된 이후 유사분열에 의해 몸을 구성하는 모든 세포들이 만들어지며, 피부와 창자 같은 많은 기관에서는 세포분열이 지속적으로 일어난다. 세포분열 후에 딸세포가 성장해 다시 분열을 하거나 혹은 분화를 하여 수축(근육세포), 감염과의 투쟁(백혈구), 소화효소 분비(이자, 위, 창자 세포)와 같은 특수한 기능을 갖게 된다. 이처럼 분열과 성장, 분화, 그리고 또 다시 분열을 반복하는 과정을 **세포주기(cell cycle)**라고 한다(8.2와 8.3절 참고).

대부분의 다세포 개체는 분열과 분화 능력에 따른 3가지 유형의 세포를 가지고 있다:

- **줄기세포.** 수정란이 초기에 몇 번 분열하여 생성된 딸세포들과 성체 몸 곳곳에 흩어져 있는 심장이나 피부, 창자, 뇌, 그리고 골수를 비롯한 일부 세포들은 **줄기세포(stem**

**cell)**이다. 줄기세포들은 평생 분열할 수 있다. 많은 경우, 줄기세포가 분열할 때 딸세포 중 하나는 줄기세포로 남아 있어 줄기세포 집단을 보충해준다. 다른 딸세포들은 여러 번의 세포분열을 거친 후 최종적으로 분화한다. 이들 딸세포들은 만나게 되는 호르몬과 "성장인자"의 조합에 따라 다양한 유형의 세포로 분화할 수 있다. 실제로, 초기 배아에 있는 일부 줄기세포들은 몸에 있는 어떠한 세포로도 될 수 있다.

- **분화가 제한된 분열하는 세포.** 배아나 청소년, 성인 몸에 있는 세포들 대부분은 분열할 수는 있지만 단지 하나 혹은 두 가지의 세포 유형으로만 분화한다. 예를 들어, 간에 있는 세포들은 분열하여 간세포만 된다.
- **영구적으로 분화된 세포.** 일부 세포들은 분화되었으며 다시는 분열하지 않는다. 예를 들어, 심장에 있는 대부분의 세포들은 분열하지 못한다.

## 세포분열은 유성생식과 무성생식에 필요하다

진핵생물에서 **유성생식(sexual reproduction)**은 두 성체로부터 만들어진 **배우자(gamete**, 정자와 난자)가 융합하여 자손이 만들어질 때 일어난다. 성체의 생식계에 있는 세포들은 모세포나 "보통의" 체세포가 갖는 유전정보의 정확히 절반에 해당하는 유전정보를 갖는 딸세포를 만들기 위해 감수분열이라고 하는 특별한 종류의 세포분열을 한다 (8.6절 참고). 동물의 경우, 이들 세포는 정자 혹은 난자가 된다. 정자가 난자와 수정을 하면 그 결과 해당 종이 갖고 있던 만큼의 완벽한 유전정보를 갖는 자손이 만들어진다.

**무성생식(asexual reproduction)**은 유사분열에 의해 일어나며 그 결과 모세포와 유

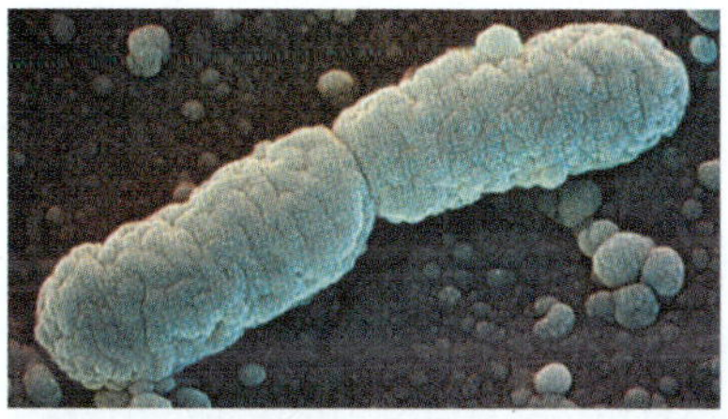

(a) 분열 중인 박테리아

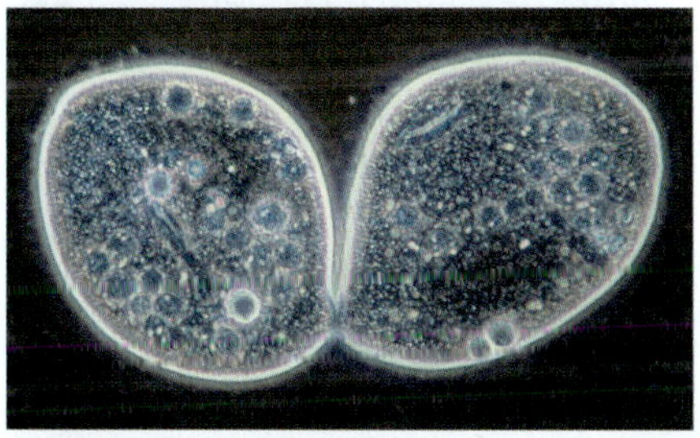

(b) 세포분열 중인 짚신벌레

(c) 출아에 의해 무성생식으로 번식하는 히드라

(d) 사시나무 숲은 무성생식에 의해 생성된 유전적으로 동일한 나무들로 이루어져 있다

◀ **그림 8-2 세포분열은 무성생식을 가능하게 한다** (a) 박테리아는 이분법으로 무성생식한다. (b) 원생생물 짚신벌레와 같은 단세포 진핵 미생물의 경우, 세포분열에 의해 두 개의 새로운 독립적인 개체가 형성된다. (c) 말미잘의 친척뻘인 담수에 사는 히드라는 몸의 측면에서 자신의 작은 복사체인 싹이 나와 성장한다. 싹이 완전히 발생하면 몸에서 떨어져 나와 독립적인 삶을 살아간다. (d) 사시나무 숲의 나무들은 유전적으로 동일하다. 각각의 나무는 단일 조상의 뿌리로부터 자라나온 것이다. 이 사진은 콜로라도 주의 Aspen 근처에 있는 3개의 분리된 숲을 보여준다. 나뭇잎 색이 변하는 시기인 가을이 되면 숲마다 유전적으로 동일한 것과 다른 것의 차이를 볼 수 있다.

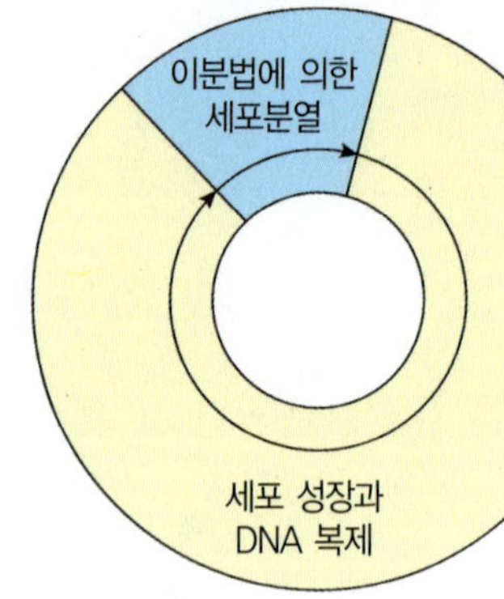


(a) 원핵세포의 세포주기

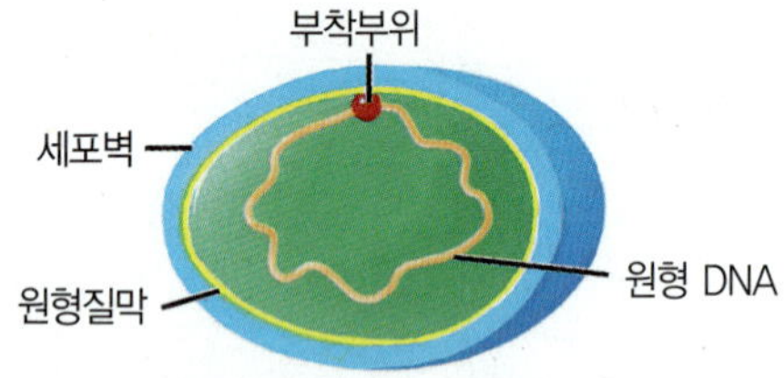


❶ 원형의 이중나선 DNA가 원형질막의 한 지점에 부착되어 있다.

❷ DNA가 복제하여 두 개의 DNA 이중나선이 원형질막의 서로 근접한 부위에 부착한다.

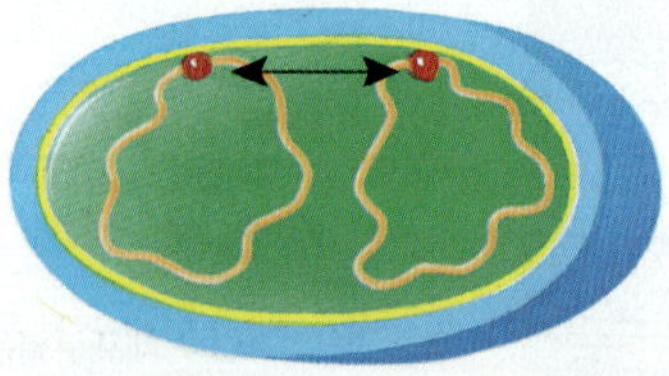

❸ 부착점들 사이에 새로운 원형질막이 첨가되면서 두 지점을 더 멀리 떨어지게 한다.

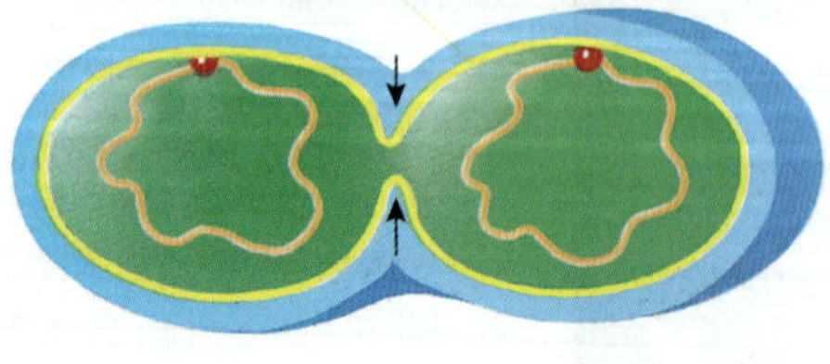

❹ 세포의 중간 지점에서 원형질막이 안쪽으로 성장한다.

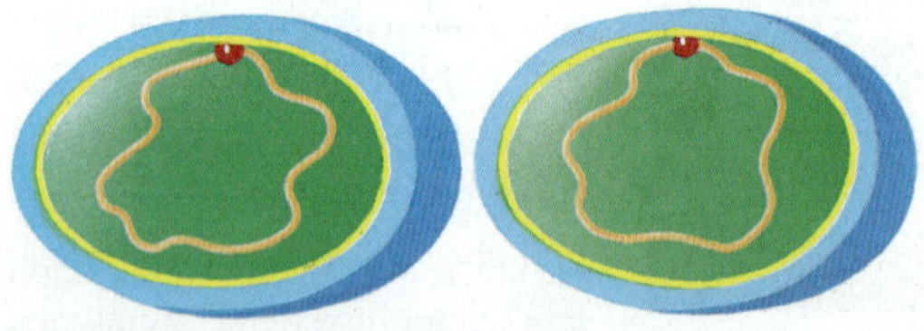

❺ 모세포가 두 개의 딸세포로 분열된다.

(b) 원핵세포의 이분법

전적으로 동일한 자손들이 만들어진다. 무성생식 과정에서는 정자가 난자와 수정을 하지 않고 단일 부모세포로부터 자손들이 만들어진다. 박테리아(**그림 8-2a**), 그리고 연못에서 흔하게 발견되는 짚신벌레(*Paramecium*)와 같은 단세포 진핵생물은 무성생식으로 번식하여 기존의 세포로부터 두 개의 새로운 세포가 생성된다(**그림 8-2b**). 일부 다세포 생물도 무성생식으로 번식할 수 있다. 히드라는 자신의 몸에서 작은 싹이 자라 번식한다(**그림 8-2c**). 싹은 독립적으로 생존이 가능하므로 모세포로부터 분리된다. 식물과 대다수의 균류는 무성생식과 유성생식 두 가지 모두 한다. 콜로라도 주와 유타, 뉴멕시코 주의 아름다운 사시나무 숲은 하나의 모세포 나무 뿌리로부터 줄기가 자라나는 무성생식을 한다(**그림 8-2d**). 비록 각각의 숲이 서로 분리된 나무들로 된 집단처럼 보이지만, 하나의 공통 뿌리로부터 여러 줄기가 뻗어 서로 얽힌 하나의 개체인 경우가 대다수이다. 사시나무는 또한 종자를 통해 번식을 하는 유성생식도 한다.

원핵과 진핵세포 모두 세포주기를 가지고 있으며, 세포주기는 세포의 성장과 대사활성, DNA 복제, 세포분열 과정을 포함한다. 그러나 원핵세포와 진핵세포에는 DNA 구성의 차이, 즉 염색체의 구조, 크기, 수, 위치를 비롯한 구조적이고 기능적인 차이가 있다. 따라서 8장에서는 먼저 원핵세포의 염색체 구성과 세포주기에 대해 알아보고 그 이후에 진핵세포의 염색체와 세포주기의 주요 과정에 대해 살펴보고자 한다. 마지막으로는 진핵세포의 두 가지 세포분열인 유사분열과 감수분열에 대해 설명하고 감수분열에 의해 어떻게 유전적 다양성이 생길 수 있는지 알아보고자 한다.

## 8.2 원핵세포의 세포주기에서는 어떤 일이 일어나는가?

둘레가 1~2 mm 되는 원형 염색체 하나에 원핵세포 DNA 전체가 들어 있다. 원핵세포의 염색체는 DNA에 결합한 단백질을 포함하고 있다. 원핵세포 염색체는 막으로 둘러싸인 핵에 들어 있지 않다는 점에서 진핵세포 염색체와 다르다(4장 참고).

원핵세포의 세포주기는 DNA가 복제되는 비교적 긴 성장기간과 뒤이어 세포가 "둘로 나뉘어지는" 세포분열 방식인 **이분법(binary fission)**으로 구성되어 있다(**그림 8-3a**). 원핵세포의 염색체는 일반적으로 원형질막의 한 지점에 부착되어 있다(**그림 8-3b, ❶**). 원핵세포주기의 "성장기"에 DNA가 복제되어 두 개의 동일한 염색체가 생성된다. 두 염색체는 원형질막의 인접하지만 서로 떨어진 지점들에 부착한다(**그림 8-3b, ❷**). 세포가 성장함에 따라 염색체 부착지점 사이에 새로운 원형질막이 첨가되어 두 지점을 더 분리시킨다(**그림 8-3b, ❸**). 세포의 크기가 대략 두 배가 되면 세포 중앙부위의 원형질막이 두 DNA 부착점 사이 안쪽으로 자란다(**그림 8-3b, ❹**). 세포의 중앙부위를 따라 원형질막이 융합하면 이분법에 의한 세포분열이 끝나고, 각각 하나씩의 염색체를 갖는 두 개의 딸세포가 생성된다(**그림 8-3b, ❺**). DNA 복제는 두 개의 동일한 DNA분자를 만들므로 두 딸세포는 유전적으로 서로 같고, 모세포와도 동일하다.

이상적인 조건하에서 원핵생물의 이분법은 신속하게 일어난다. 예를 들어, 흔한 세균인 대장균(*Escherichia coli*, *E. coli*)은 약 20분 이내에 성장, DNA 복제, 분열을 할 수 있다. 다행히도 우리의 장내 환경은 박테리아 성장에 이상적이지 않다. 그렇지 않다면 박테리아는 빠른 속도로 우리 신체보다 무게가 더 나가게 될 것이다.

◀ **그림 8-3 원핵세포의 세포주기** (a) 원핵세포 세포주기는 성장과 DNA 복제, 그리고 뒤이어 일어나는 이분법으로 구성되어 있다. (b) 원핵세포의 이분법.

## 8.3 진핵세포의 DNA는 어떻게 조직화되는가?

원핵세포 염색체와는 달리 진핵세포 염색체는 세포질로부터 분리되어 막으로 둘러싸인 핵에 들어 있다. 더욱이 진핵세포는 여러 개의 염색체를 갖는다. 개미 암컷 세포는 가장 적은 염색체를 갖는 경우로 염색체가 두 개이며, 대부분의 동물들은 수십 개의 염색체를 갖는다. 일부 양치류는 1,200개 이상의 염색체를 갖는 것도 있다! 또한 진핵생물의 각 염색체는 원핵생물 염색체보다 더 많은 DNA를 갖고 있다. 예를 들어 사람의 염색체는 전형적인 원핵생물의 염색체보다 10~80배 가량 더 길며 DNA의 양은 10~50배에 달한다. 진핵생물 세포분열의 복잡한 사건들은 많은 수의 긴 염색체를 분류하기 위한 진화적 해결책이었다. 따라서 진핵세포 세포분열을 더 잘 이해하기 위해 진핵세포의 염색체를 자세히 살펴보자.

### 진핵생물의 염색체는 단백질에 결합한 DNA로 구성되어 있다

엄청난 양의 DNA를 직경이 수 마이크로밖에 안되는 핵 안에 집어넣는 일은 결코 쉬운 일이 아니다. 예를 들어 사람의 염색체는 각기 하나의 이중나선 DNA를 갖고 있으며, 이들 DNA는 5,000만에서 2억 5,000만 개의 뉴클레오티드로 되어 있다. 따라서 만약 각각의 DNA를 완전히 펼쳐놓으면 15~75 mm가 될 것이다(그림 8-4a). 그러나 대부분 세포의 경우 염색체에 있는 DNA는 다양한 종류의 단백질 주위를 감고 고리를 형성해 약 1,000배 정도 더 짧아진다. 세포가 일부 유전정보를 "읽을" 필요가 있으면 특정 DNA 부위를 일시적으로 단백질로부터 분리되게 한다. 그러나 이 DNA는 곧 다시 압축 포장이 된다. 이처럼 DNA가 엄청나게 응축되었음에도 불구하고 염색체는 세포분열 중에 분류되어 딸세포로 이동하기엔 여전히 길다. 실이 실패에 감겨 있을 때 조직화하기 훨씬 쉬운 것처럼, 응축되고 짧아진 염색체를 분류하고 운반하는 것은 훨씬 용이하다. 세포분열 과정 동안에는 단백질이 각 염색체의 DNA를 감아 세포주기 나머지 기간 동안보다 10배 정도 더 짧은 간편한 구조가 된다(그림 8-4b).

### 복제된 염색체는 세포분열 중에 분리된다

세포분열이 일어나기 전에 각 염색체에 있는 DNA는 10장에서 학습할 기작을 통해 복제된다. DNA 복제가 완료되면 염색체는 **동원체(centromere)** 부위에서 서로 붙어 있는 두

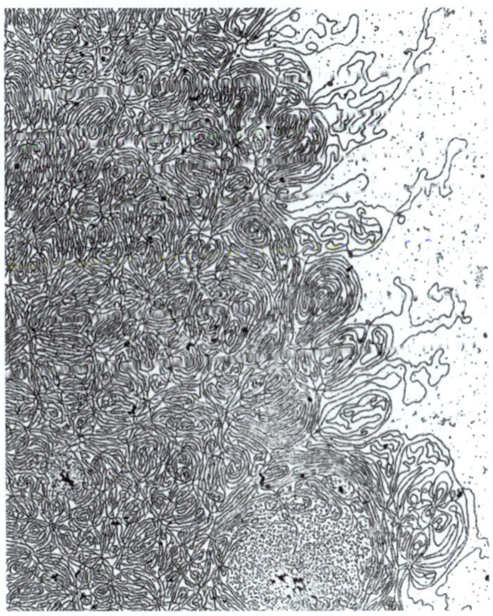

(a) 완전히 펼쳐진 DNA

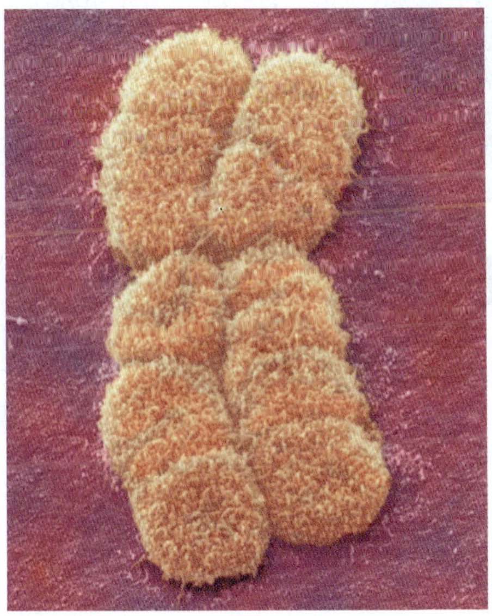

(b) 세포분열 중의 염색체

◀ **그림 8-4** **진핵세포의 염색체** (a) 완전히 펼쳐진 DNA의 전자현미경 사진. 이 배율에서는 약 5 cm 길이의 사람 염색체가 4,800 km 정도가 되므로 전체 염색체를 한번에 사진으로 보여줄 수 없다. (b) 세포분열 과정 중에 있는 사람 염색체 전자현미경 사진으로, 염색체가 응축하여 길이가 4 μm에 불과하다. 염색체의 "올이 풀린" 가장자리는 DNA와 단백질이 고리를 이룬 것으로 세포가 분열하지 않을 때의 염색체와 직경이 같다.

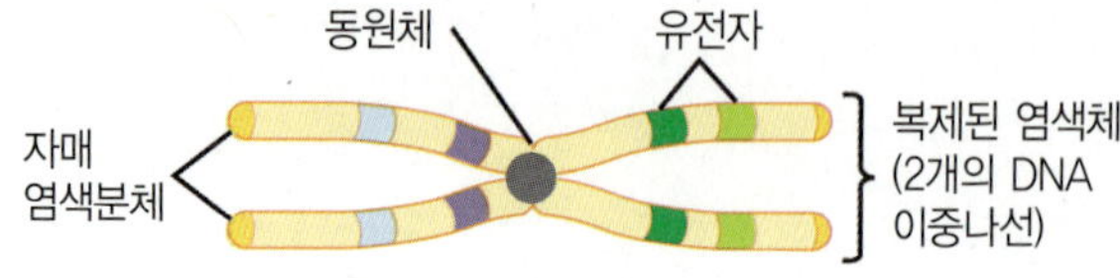


(a) 두 개의 자매염색분체로 이루어진 복제된 염색체

(b) 세포분열 중에 자매염색분체가 분리된다

▲ **그림 8-5 세포분열 중의 진핵세포 염색체** (a) 세포분열 직전에 염색체가 코일처럼 감겨 2~20 μm 길이의 두껍고 짧은 구조로 된다. 염색체는 이미 복제되었기 때문에 전형적인 "X자 모양"을 하고 있으며(그림 8-4b 참고), 두 자매염색분체가 동원체에서 결합하고 있다. (b) 세포분열이 진행함에 따라 자매염색분체가 분리되어 두 개의 독립적인 염색체가 된다.

개의 DNA 이중나선과 단백질들로 구성된다(그림 8-5a). 비록 **동원체**가 글자상으로는 "중간체(middle body)"를 의미하지만 염색체의 동원체는 이중나선 DNA를 따라서 어느 자리에나 위치할 수 있다. 두 개의 염색체가 동원체에서 서로 붙어 있는 동안 붙어 있는 각각의 염색체를 **자매염색분체(sister chromatid)**라고 한다. 따라서 DNA 복제는 두 개의 동일한 자매염색분체로 이루어진 복제된 염색체를 생성한다. 그러나 체세포분열 중에 두 자매염색분체는 분리되어 독립적인 염색체가 되며, 각각이 두 딸세포에 하나씩 전달된다(그림 8-5b).

## 진핵생물 염색체는 쌍으로 존재한다

하나의 세포에서 얻은 염색체 전체 세트를 염색하고 관찰하면(핵형), 사람을 포함한 많은 생물체들의 비생식 세포에서 염색체들이 쌍을 이루고 있는 것을 볼 수 있다(그림 8-6). 곧이어 설명할 한 가지 경우만 제외하고, 각 쌍을 이루는 두 염색체들은 동일한 길이와 동일 염색 패턴을 갖는다. 크기와 모양, 염색 패턴의 유사성은 쌍을 이루는 염색체들이 같은 순서로 배열된 동일한 유전자들을 갖고 있기 때문이다. 동일한 유전자들을 갖고 있는 염색체를 그리스어로 "동일한 것"이라는 의미의 **상동염색체(homologous chromosome 또는 homologue)**라고 한다. 상동염색체 쌍들을 갖고 있는 세포를 **이배체(diploid)**라고 하며, 이는 "두 배"라는 의미이다.

### 상동염색체는 똑같지는 않다

상동이라는 명칭에도 불구하고 상동염색체는 "똑같은 것"이라고 말할 수 없다. 왜 똑같지 않을까? 세포가 상동염색체 쌍 중 하나의 DNA를 복사할 때 실수를 하고 나머지 다른 상동염색체 DNA를 복사할 때는 실수를 안 할 수 있기 때문이다(10장 참고). 또는 태양으로부터의 자외선이 상동염색체 쌍 중의 하나만 공격해 손상을 주었을 수도 있다. DNA에 있는 뉴클레오티드의 서열 변화를 돌연변이(mutation)라고 하며 이로 인해 상동염색체 쌍 중 하나의 염색체가 자신의 짝과 다르게 "읽혀지게" 될 것이다. 주어진 돌연변이는 어제 일어났을 수도 있고, 혹은 10,000년 전에 일어나 그 이후로 계속 유전되어 왔을 수도 있다. 만약 우리가 DNA를 세포 혹은 기관을 만들기 위한 지침서로 생각한다면 돌연변이는 지침서에 쓰인 철자가 틀린 것과 같다. 일부 철자가 틀린 경우는 별 문제가 되지 않을 수도 있지만 어떤 것들은 심각한 결과를 초래할 수도 있다. 117쪽의 "건강 지킴이: 암-미쳐버린 유사분열"에서 보듯이 일부 돌연변이는 세포분열이 마구 일어나게 하여 목숨을 위협하는 암을 유발한다.

그림 8-6에서 보듯이 전형적인 사람의 세포는 46개, 즉 23쌍의 염색체를 갖는다. 1번부터 22번 염색체까지 모두 2개씩의 염색체를 갖는다. 이들 염색체는 **상염색체(autosome)**로서 비슷한 모양과 비슷한 (똑같지는 않은) DNA 염기서열을 가지며 남성과 여성의 모든 이배체 세포에서 쌍을 이루고 있다. 세포에는 두 개의 **성염색체(sex chromosome)**, 즉 여성의 경우에는 두 개의 X 염색체, 그리고 남성의 경우는 X와 Y 염색체가 각각 하나씩 있다. X와 Y 염색체는 크기가 현저하게 다르고(그림 8-6) 유전자 조성도 다르다. 따라서 성염색체는 상동염색체가 동일한 유전자를 갖는다는 규칙을 따르지 않는다. 그러나 X와 Y 염색체는 감수분열 과정 중에 쌍으로 행동한다.

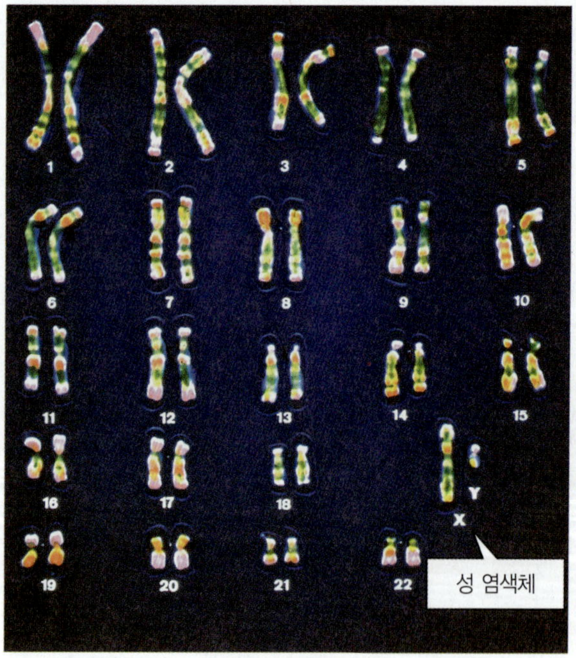


▲ **그림 8-6 남성의 핵형** 이 사진을 만들기 위해 남성 한 명의 염색체를 염색하고 사진을 찍는다. 각각의 염색체를 사진에서 오려내어 크기가 큰 것부터 순서대로 나열한다. 각 숫자 위에 있는 두 개의 염색체는 크기와 염색 패턴이 동일한 상동염색체 쌍으로 비슷한 유전물질을 가지고 있다. Y 염색체는 X 염색체보다 훨씬 작다. 만약 이 핵형이 여성의 것이라면 X 염색체가 두 개이고, Y 염색체는 없다.

### 모든 세포가 쌍을 이룬 염색체를 갖는 것은 아니다

우리 몸의 대부분 세포들은 이배체이다. 그러나 유성생식 중에 난소와 정소에 있는 세포들은 배우자(정자 혹은 난자)를 생성하기 위해 감수분열이라는 특별한 형태의 세포분열을 한다(8.6절 참고). 배우자는 각 상동염색체 쌍들마다 하나씩의 염색체와 두 개의 성 염색체 중 하나의 염색체를 갖는다. 각 종류의 염색체에서 하나씩의 염색체만을 갖는 세포를 **반수체**("반"이라는 의미의 **haploid**)라고 한다. 사람의 경우, 반수체 세포는 22개 종류의 상염색체를 각각 하나씩, 그리고 X와 Y 성염색체 중 하나를 더하여 총 23개의 염색체를 갖는다. (반수체 세포는 이배체 세포 염색체 수의 절반 또는 염색체의 각 종류마다 하나씩을 갖고 있는 것으로 생각하자. 이배체 세포는 각 종류의 염색체를 두 개씩 갖고 있다.) 정자가 난자와 수정을 하면 두 개의 반수체 세포들이 융합하여 각 종류의 염색체를 두 개씩 갖는 이배체 세포를 형성한다. 각 상동염색체 쌍 중 하나는 어머니(난자)로부터 물려받으므로 모계 염색체라고 한다. 한편 아버지(정자)로부터 물려받는 염색체는 부계 염색체라 한다.

생물학적으로 간략히 나타내면, 한 생물종에 있는 서로 다른 종류의 염색체 수를 **반수체 수(haploid number)**라 하고 "$n$"으로 표기한다. 사람의 경우 23가지 종류의 서로 다른 염색체(1번에서 22번까지의 상염색체에 성염색체 하나)를 갖고 있으므로 $n = 23$이다. 이배체 세포는 $2n$ 염색체를 갖는다. 따라서 사람의 체세포는 46($2 \times 23$)개의 염색체를 갖는다. 모든 생물종은 자신의 세포에 특정 수의 염색체를 갖고 있으며, 염색체 수는 적은 것부터(예, 모기의 경우 6개) 수백 개에 이르는 것(새우와 일부 식물)도 있다.

모든 생물체가 이배체는 아니다. 예를 들어, 빵곰팡이인 *Neurospora*는 생활사의 대부분이 반수체 세포이다. 한편 일부 식물은 세포당 각 종류의 염색체를 2개 이상 갖는다. 세포당 각 염색체 종류마다 4개, 6개 심지어는 이보다 더 많은 염색체 복사본을 갖는 식물도 있다.

## 8.4 진핵세포의 세포주기 동안 어떤 사건이 일어나는가?

진핵세포의 세포주기는 두 개의 주요 단계, 즉 간기와 유사분열로 나뉜다(그림 8-7). **간기(interphase)**에는 세포가 주위 환경으로부터 양분을 얻고 성장하며 염색체가 복제된다. 세포분열 중에 생긴 두 개의 딸세포는 각 염색체의 복사본 하나씩과 세포질의 절반(미토콘드리아, 리보솜을 비롯한 다른 소기관들)을 받게 된다.

대다수의 진핵세포들은 대부분의 시간을 간기 상태로 보낸다. 예를 들어, 사람 피부에 있는 일부 세포는 하루에 한 번 꼴로 분열하는데 대략 22시간을 간기로 보내고 분열에는 단 2~3시간을 소요한다. 세포분열 직후 새로 형성된 딸세포는 간기로 진입하여 성장하고 분화한다. 간기에는 세포들로 하여금 세포주기를 통해 분열을 지속하게 하거나 특정 세포유형으로 분화, 혹은 "세포 자살"을 유도하는 등의 내부와 외부 신호에 민감하다.

만약 이들 신호가 세포주기가 계속 진행하도록 하면 세포는 DNA를 복제한다. 그러나 분화하도록 신호를 주면 세포는 세포주기를 빠져나간다. 이 경우, 세포는 크기 성장은 계속하나 DNA는 복제하지 않고 분열도 하지 않는다. 심장, 눈, 뇌에 있는 대부분의 세포를 포함한 분화된 세포들은 다시는 분열을 하지 않는다. 심장마비와 뇌졸중이 심각한 이유 중의 하나는 바로 이러한 이유 때문으로 죽은 세포는 대체될 수 없다. 필요한 자극을 받을 경우 세포주기로 돌아갈 수 있는 분화된 세포들도 있다. 마지막으로, 일부 신호들은 세포사멸을 촉발시킨다. 예를 들어, 배아 시기에는 우리 손가락과 발가락에 물갈퀴가 있었지만 발생

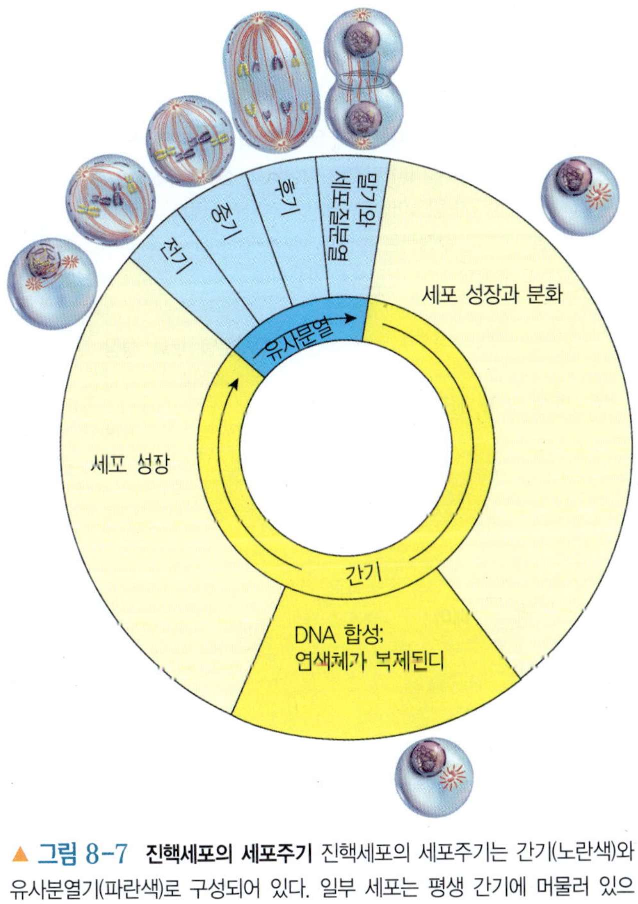


▲ 그림 8-7 **진핵세포의 세포주기** 진핵세포의 세포주기는 간기(노란색)와 유사분열기(파란색)로 구성되어 있다. 일부 세포는 평생 간기에 머물러 있으며 다시는 분열하지 않는다. 유성생식을 준비하기 위해, 동물의 정소와 난소 같은 특정 분화된 세포에서는 감수분열이 유사분열을 대체한다.

과정 중에 물갈퀴 세포들이 "사멸 신호"를 받아 손가락과 발가락들이 서로 분리가 된 것이다. 예정사를 진행하는 세포들은 DNA를 복제하기는커녕 자신들의 DNA를 작은 조각으로 자르는 효소들을 만든다.

때로는 세포들이 "정지 신호"나 "사멸 신호"를 받았음에도 불구하고 분열을 한다. 이러한 상태가 암이다. 이러한 경우 하나의 세포와 그 세포의 딸세포들이 반복적으로 분열하여 필수적인 양분을 다 써버리고, 이웃의 세포들을 밀쳐내어 개체를 사망에 이르게 한다. 암을 유발하는 세포 변화들을 "건강 지킴이: 암-미쳐버린 유사분열"에서 살펴볼 것이다.

## 진핵세포에는 두 종류의 세포분열이 있다: 유사분열과 감수분열

유사분열은 "평범한" 세포분열로, 수정란이 발생을 진행하는 과정과 히드라나 아스펜에서처럼 무성생식 하는 동안, 그리고 피부와 간, 소화관에서 매일같이 일어나는 분열이다. 감수분열은 유성생식에 필요한 특별한 유형의 세포분열이다.

### 유사분열

**유사분열(mitotic cell division)**은 **핵분열(mitosis)**과 뒤이어 일어나는 **세포질분열(cytokinesis)**로 이루어져 있다. "*mitosis*"라는 단어는 그리스어로 "실"을 의미하는 말에서 유래한 것으로 유사분열 중에 염색체들을 현미경으로 보면 실같이 보이는 구조로 응축하기 때문이다. 세포질분열(그리스 말로 "세포 운동"을 의미하는 단어에서 유래)은 두 딸세포 사이에서 세포질이 나누어지는 과정이다. 8장의 후반부에서 다루게 되겠지만 핵분열은 모세포의 복제된 염색체를 각각의 딸핵에 한 세트씩 전해주고, 세포질분열은 딸세포로 딸핵이 하나씩 가도록 배분해준다. 따라서 유사분열에 의해서 두 개의 딸세포가 만들어지며, 이 딸세포들은 유전적으로 서로 같고 모세포와도 같다. 두 딸세포는 일반적으로 거의 같은 양의 세포질을 갖는다.

### 감수분열

**감수분열(meiotic cell division)**은 모든 진핵생물이 유성생식을 하기 위한 필수 조건이다. 동물의 경우, 감수분열은 난소와 정소에서만 일어난다. 감수분열은 'meiosis'라고 하는 특별한 핵분열과 2회에 걸친 세포질분열을 통해 배우자(난자 또는 정자)가 될 4개의 딸세포를 생성한다. 배우자는 모세포가 갖는 DNA의 절반을 갖는다. 따라서 감수분열에 의해 생성된 세포는 유전적으로 서로 동일하지 않고 본래의 세포와도 동일하지 않다. 유성생식 중에 정자와 난자가 융합하여 완전한 DNA를 갖는 수정란이 형성된다. 그 결과 태어나는 자손은 유전적으로 독특하며, 양쪽 부모와 비슷하지만 어느 부모와도 똑같지는 않다.

## 진핵생물의 생활사는 유사분열과 감수분열 둘 다 포함한다

생물체의 생활사에는 서로 다른 많은 유형이 있어 지구상에 있는 생명체의 다양성을 반영해준다. 그러나 다세포 진핵생물의 생활사는 감수분열과 유사분열을 모두 갖는 것이 일반적이다(그림 8-8). 두 배우자가 융합하면 양쪽 부모로부터 받은 유전자가 합쳐지고 새로운 세대가

**클론으로 전달하다**

계속

유사분열은 생명공학에 필수적이다. 유사분열을 통해 복제 개 스누피와 복제양 돌리를 만드는데 사용된 핵도 유사분열을 통해 복제되었다. 이들 복제 동물에 대해서는 후반부의 "과학탐구: 자연과 실험실에서의 복제(carbon copy)"에서 다룰 것이다. 유사분열은 모세포와 유전적으로 똑같은 딸세포를 생성하기 때문에 스누피는 자신의 "유전자 부모"(좀 더 정확히 말하자면 복제를 위해 핵을 제공한 "유전자 제공자" 개)인 타이와 유전적으로 동일하다.

▼ **그림 8-8 사람 생활사에서의 유사분열과 감수분열** 난소 안에서 감수분열이 일어나 난자가 형성되고, 정소에서는 감수분열에 의해 정자가 만들어진다. 난자와 정자가 융합하여 수정란이 형성되고, 이 수정란은 수많은 유사분열과 그 결과 생기는 세포들의 분화에 의해 성인으로 발생한다.

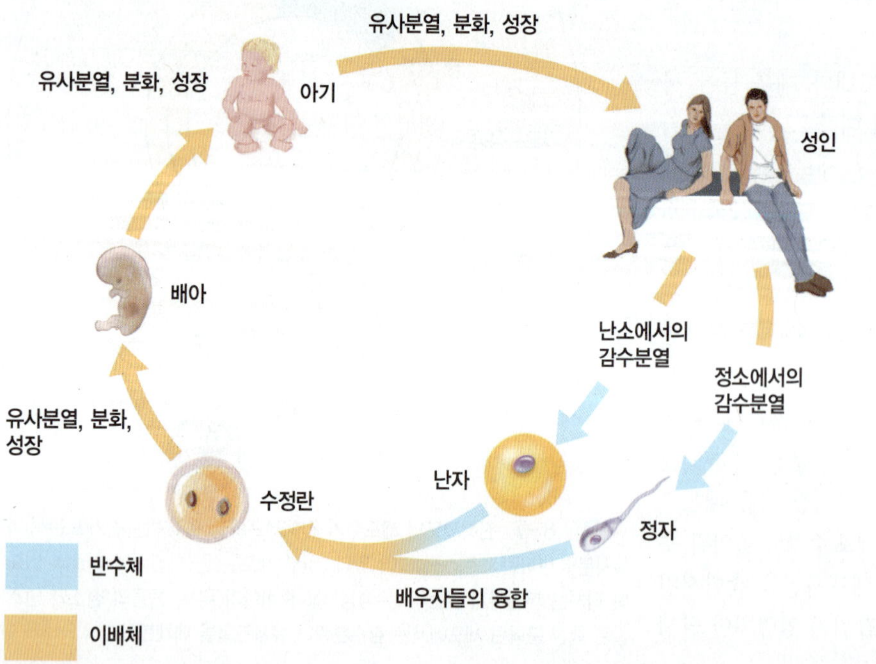

# 건강 지킴이

## 암—미쳐버린 유사분열

유사분열은 피부와 소화관 내벽 등 신체 일부의 유지뿐만 아니라 하나의 수정란으로부터 다세포 생물이 발생하는 데에 꼭 필요하다. 통상적으로, 유사분열은 면밀히 조절된다. 세포분열은 세포가 성장인자라고 하는 화학물질에 의해 자극 받을 때에만 일어난다. 예를 들어, 개가 앞발로 상처를 핥을 때 침에 포함된 단백질 성장인자가 피부 세포의 세포분열을 자극하여 상처 치료를 돕는다. 그러나 세포가 성장인자에 의해 자극될 때조차도 세포주기 진행은 세포의 상태를 검사하는 다양한 단백질들에 의해 조절된다(그림 E8-1a): DNA는 온전한가? DNA는 완벽하고 정확하게 복제되었는가? 중기에 염색체가 적절히 배열되었는가? 대부분의 경우, 핵분열은 이와 같은 질문들에 대한 답이 "그렇다"일 때에만 진행한다.

대부분의 암세포는 두 가지 이유로 인해 발생한다. 첫째, 바이러스가 세포를 감염하여 성장인자처럼 작용하는 단백질을 생성하게 하기 때문이고, 둘째로는 세포에 있는 세포주기 조절 단백질 유전자에 돌연변이가 일어나 이 단백질이 세포 혹은 DNA가 손상되었을 때 조차도 세포분열을 "정지"시키는 대신 "진행"하기 때문이다(그림 E8-1b)

### 돌연변이 세포로부터 암으로

대부분의 경우 돌연변이는 DNA를 수선하는 효소들에 의해 빠르게 교정된다. 만약 돌연변이가 크거나 수선이 될 수 없으면 "항종양" 단백질이 세포로 하여금 자살하게끔 유도한다. 본래의 암세포가 죽게 되면 당연히 종양은 생기지 않을 것이다. 돌연변이 된 세포가 내부 조절을 벗어나게 되면 많은 돌연변이들이 면역세포들에게 이들 세포의 표면을 "다르게 보이도록" 하므로 돌연변이 세포들은 사멸된다. 그러나 때로는 이로부터 빠져나온 세포가 살아남아 분열하기도 한다. 유사분열은 세포로부터 세포로 유전정보를 충실히 전달하기 때문에 본래의 암세포로부터 나온 딸세포들은 모두 암이 될 것이다.

천연두와 홍역, 그리고 다른 질병을 정복한 의과학이 왜 암을 치료하는 데에는 이처럼 어려워하는 것인가? 한 가지 이유는 정상인 세포와 암세포 모두 세포분열을 할 때 똑같은 장치를 사용하므로 암세포 증식을 지연시키는 대부분의 치료들이 위, 창자, 혈구세포와 같은 신체의 주요 부위를 유지시키는 작용도 동시에 억제하기 때문이다. 암 특이적인 효율적이고 선택적인 치료가 되려면 암세포의 세포분열만 표적으로 해야 한다. 암을 치료하기 위해 많은 연구들이 수행되었지만 아직도 밝혀져야 할 것들은 많다.

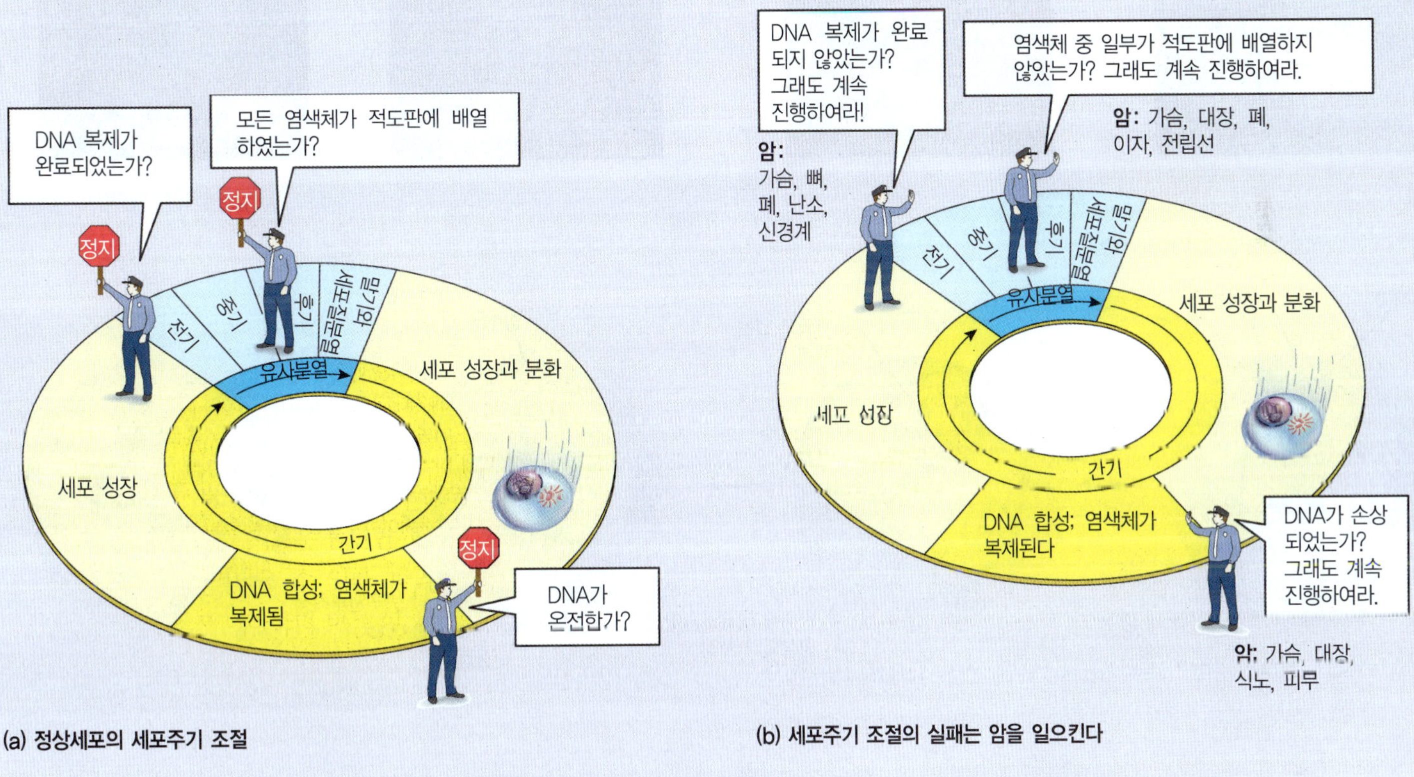


▲ 그림 E8-1 **세포주기 조절** (a) 세포주기는 DNA의 상태와 복제, 그리고 중기 동안의 염색체 위치를 감시하는 단백질에 의해 정상적으로 조절된다. (b) 암은 종종 이러한 조절 단백질을 엉망으로 만드는 돌연변이에 의해 유발된다. 서로 다른 조절 단백질에 돌연변이가 일어나면 다른 종류의 암이 발생한다.

시작된다. 생성된 딸세포들이 유사분열과 분화를 하여 수정란이 성장하고 다세포체로 발달한다. 개체의 생활사 중 특정 시점에 감수분열에 의해 새로운 배우자가 만들어지며 이 배우자는 다른 배우자와 융합하여 다음 새대를 만든다.

## 8.5 유사분열은 어떻게 유전적으로 동일한 딸세포를 생성하는가?

초반부에 설명하였듯이 유사분열은 핵분열과 세포질분열로 구성되어 있다(그림 8-9). 생물학자들은 편의상 염색체의 형태와 행동에 따라 핵분열을 4개의 단계, 즉 (1) 전기, (2) 중기, (3) 후기, (4) 말기로 나눈다. 세포질분열은 통상적으로 말기에 일어난다. 그러나 때로는 세포질분열 없이 핵분열이 일어나 여러 개의 핵을 가진 세포가 만들어진다.

### 전기에는 염색체가 응축하고 방추체 미세소관이 형성되어 염색체에 부착한다

**전기(prophase)**에는 3가지 주요 사건이 일어난다: (1) 복제된 염색체가 응축하고, (2) 방추체 미세소관이 형성되며 (3) 염색체가 방추체에 의해 포획된다.

▼ **그림 8-9 동물세포의 유사분열** 형광사진에서 파란색은 염색체, 녹색은 미세소관이다. **질문:** 만약 한 세트의 자매염색분체가 후기에 분리되지 못하면 딸세포에는 유전적으로 어떤 결과가 생길까?

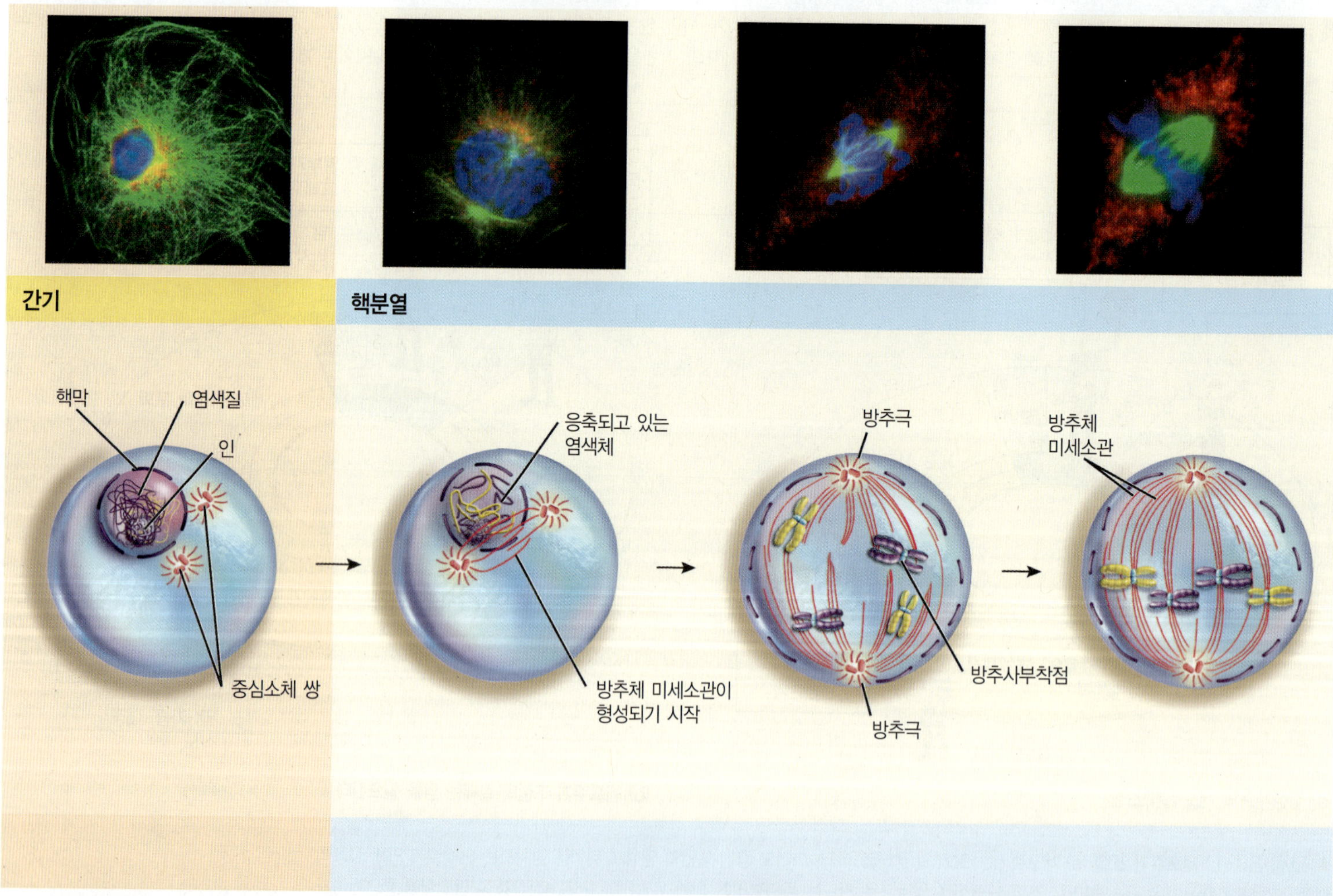


**(a) 늦은 간기**
복제된 염색체가 응축되지 않고 느슨한 상태로 있다; 복제된 중심소체들이 모여 있다.

**(b) 초기 전기**
염색체가 응축하고 짧아진다; 분리되고 있는 중심소체 쌍 사이에서 방추체 미세소관이 형성되기 시작한다.

**(c) 늦은 전기**
인이 사라진다; 핵막이 붕괴한다; 방추체 미세소관이 각 자매염색분체의 방추사부착점에 붙는다.

**(d) 중기**
방추사부착점들이 상호작용한다; 방추체 미세소관이 세포의 적도판에 염색체들을 배열한다.

염색체 복제는 간기에 일어난다는 사실을 기억하여라. 따라서 핵분열이 시작될 때 각 염색체는 이미 두 개의 자매염색분체로 구성되어 있으며, 이들 염색분체는 동원체 부위에서 서로 붙어 있다. 전기에 복제된 염색체가 코일처럼 감기면서 응축한다. 염색체가 응축함에 따라 인이 사라진다.

그 다음 방추체가 발달한다. 모든 진핵세포의 경우, 핵분열 시 일어나는 염색체의 적절한 이동은 **방추체 미세소관(spindle microtubule)**에 의존한다. 방추체는 미세소관이 조립하여 바깥쪽으로 자라면서 핵 가까이 형성되며, 결국에는 축구공 모양의 바구니가 핵 주변을 둘러싸게 된다. 축구공의 끝을 방추극(spindle pole)이라고 하며 여기서부터 방추체 미세소관이 뻗어 나온다.

동물세포들은 핵 근처에 미세소관을 담고 있는 1쌍의 중심소체를 갖고 있다. 간기에 한 쌍의 새로운 **중심소체(centriole)**가 기존에 존재하던 쌍 근처에서 형성된다(그림 8-9a). 전기에 중심소체 쌍이 핵의 반대쪽으로 방추극을 가지고 이동한다(그림 8-9b,c). 따라서 세포가 분열할 때 각각의 딸세포가 한 쌍의 중심소체를 받게 된다. 중심소체는 방추극과 함께 이동하지만 방추체 미세소관을 생성하지는 않는다. 식물과 균류의 세포들은 중심소체를 갖고 있지 않지만 완벽한 기능을 가진 방추체가 형성된다.

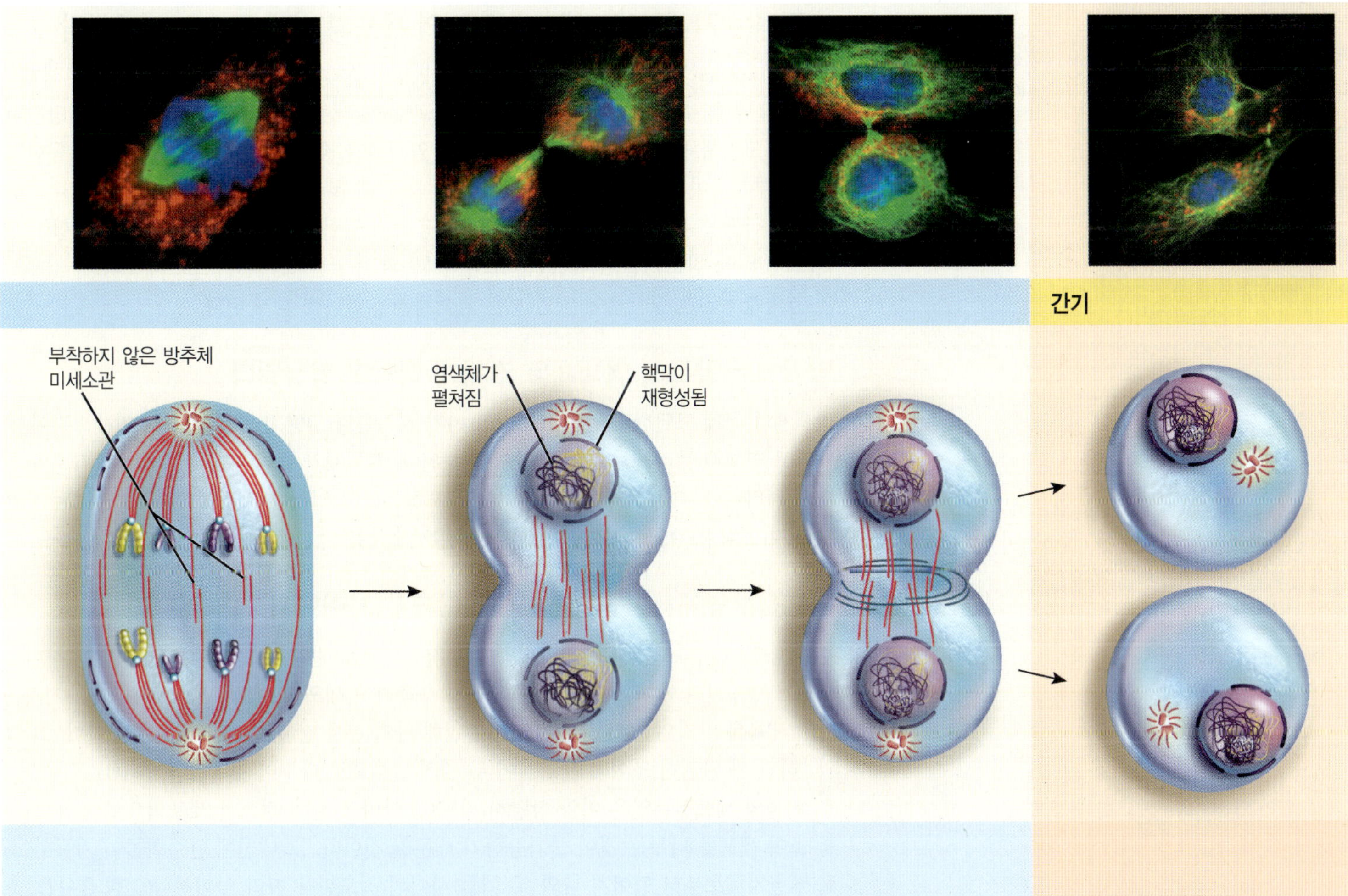


**(e) 후기**
자매염색분체들이 분리되어 세포의 반대 극으로 이동한다; 염색체에 부착된 방추체 미세소관들이 양 극을 서로 멀리 떨어지게 한다.

**(f) 말기**
한 세트의 염색체가 각 극에 도착하며 펼쳐져 느슨한 상태로 된다; 핵막이 각 염색체 세트 주위에 형성되기 시작한다; 방추체 미세소관이 사라지기 시작한다.

**(g) 세포질분열**
세포가 둘로 나뉜다; 각 딸세포가 하나의 핵과 절반의 세포질을 받는다.

**(h) 딸세포의 간기**
방추체가 사라지고 온전한 핵막이 형성되며 염색체가 완전히 펼쳐지고, 인이 다시 나타난다.

방추체 미세소관이 핵 주위에 완전한 바구니 형태로 형성됨에 따라 핵막이 분해되고 염색체가 방출된다. 모든 자매염색분체는 동원체 부위에 **방추사부착점(kinetochore)**이라는 구조를 갖고 있다. 복제된 염색체의 한 자매염색분체의 방추사부착점은 한 쪽 방추극으로 이끄는 미세소관의 말단에 결합한다. 반면에 다른 자매염색분체의 방추사부착점은 반대편 방추극으로 이끄는 미세소관에 결합한다(**그림 8-9c**). 핵분열 후반부에 자매염색분체가 분리하여 독립적으로 된 염색체들이 방추체 미세소관을 따라 반대편 극으로 이동한다. 일부 방추체 미세소관들은 염색체에 부착하지 않는다. 그 대신 이들 미세소관은 세포의 적도면을 따라 중첩하는 자유로운 말단을 가지고 있다. 미부착된 방추체 미세소관들은 후기에 두 방추극이 서로 멀어지도록 밀어낸다.

## 중기에는 염색체가 세포의 적도판을 따라 배열된다

전기 말, 복제된 염색체에 있는 두 개의 방추사부착점에 세포의 반대편 극에 이르는 방추체 미세소관이 부착한다. 그 결과 각 염색체는 두 개의 방추극에 연결된다. **중기(metaphase)**에는 복제된 염색체에 있는 두 개의 방추사부착점이 "줄다리기 전쟁"을 벌인다. 이 과정 중에 각 염색체가 세포의 적도판을 따라 배열될 때까지 미세소관이 길어지고 짧아지고 한다. 이때 각각의 방추사부착점은 서로 다른 극을 향한다(**그림 8-9d**).

## 후기에는 자매염색분체가 분리되어 세포의 반대 극으로 이동한다

**후기(anaphase)** 초기(**그림 8-9e**)에는 자매염색분체가 분리되어 독립적인 딸염색체가 된다. 그 후 방추사부착점이 방추체 미세소관을 따라 염색체들을 극 쪽으로 끌어당긴다. 각각의 모염색체로부터 유래한 두 개의 딸염색체가 제각기 세포의 각 극으로 이동한다. 방추사부착점이 극 쪽으로 염색체를 끌어 당길 때 부착하지 않은 방추체 미세소관들은 세포의 극들을 서로 밀쳐내기 위해 상호작용하며 길어져, 세포의 모양이 긴 타원형이 된다(그림 8-9e 참고). 딸염색체들은 모염색체들과 동일한 복사본이므로 세포의 양극에 모인 염색체 무리는 모세포에 있던 모든 염색체들을 하나씩 갖게 된다.

## 말기에는 양쪽의 염색체들 주위에 핵막이 형성된다

염색체가 극에 도달하면 **말기(telophase)**가 시작한다(**그림 8-9f**). 방추체 미세소관이 해체되고 염색체 무리들 주위에 핵막이 형성된다. 염색체가 풀어진 상태로 되돌아가고 인이 다시 나타난다. 대부분의 경우, 말기에 세포질분열이 일어나 각각의 딸핵이 분리된 세포로 된다(**그림 8-9g**). 세포질분열에 이어 딸세포들은 다시 간기로 진입한다(**그림 8-9h**).

## 세포질분열에서는 세포질이 두 딸세포 사이에서 나누어진다

분열 중인 동물세포에서는 원형질막에 부착된 미세소관이 세포의 적도판 주변에 하나의 고리를 형성한다. 세포질분열 중에 고리가 수축하여 세포의 적도부분이 조여진다. 이것은 마치 체육복 바지의 허리부분을 조이기 위해 바지 끈을 당기는 것과 매우 유사하다. 그 결과 "허리"가 완전히 조여져 세포질이 두 개의 딸세포로 나누어진다(**그림 8-10**).

식물의 세포질분열은 이와 상당히 다르다. 아마 식물의 견고한 세포벽으로 인해 허리를 조여 세포를 나누는 것이 불가능하기 때문일 것이다. 그 대신에 탄수화물이 가득한 소포가 골지체로부터 떨어져 나와 두 핵들 사이의 적도판을 따라 늘어선다(**그림 8-11**). 소포들이 융합하여 **세포판(cell plate)**이 형성된다. 세포판은 납작한 주머니 모양으로 원형질막으로 둘러싸여 있으며, 안에는 끈끈한 탄수화물로 가득 차 있다. 소포들이 충분히 융합하면 세포판의 가장자리가 본래의 원형질막과 합쳐진다. 소포 속의 탄수화물은 두 딸세

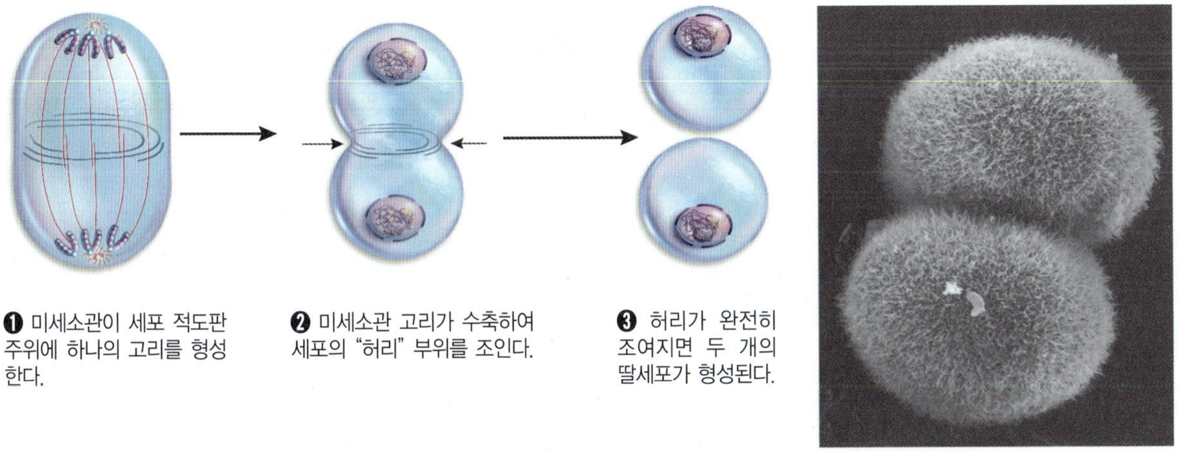


(a) 미세소관이 수축하여 세포를 둘로 나눈다

(b) 세포질분열의 주사전자현미경 사진

◀ 그림 8-10 동물세포의 세포질분열

포 사이에 있는 세포벽이 된다.

## 8.6 감수분열은 어떻게 반수체 세포를 생성하는가?

유성생식의 핵심은 상동염색체 쌍을 갖고 있는 이배체 모세포로부터 상동염색체 쌍이 없는 반수체 세포를 만드는 감수분열이다. 각각의 딸세포는 상동염색체들 쌍마다 하나씩의 상동염색체를 물려받는다. 예를 들어, 사람 몸을 구성하는 이배체 체세포는 23쌍의 염색체를 가지므로 감수분열에 의해서 각 상동염색체 쌍마다 하나씩, 모두 23개의 염색체를 갖는 배우자가 만들어진다. 감수분열에서의 세포질분열은 유사분열의 세포질분열과 비슷하므로 다음 절에서는 감수분열의 핵분열에 대해서 설명하고자 한다.

감수분열에서의 많은 사건들은 유사분열의 것과 비슷하다. 그러나 감수분열은 두 번의 분열을 한다. 따라서 감수분열을 하는 각 세포는 네 개의 딸세포를 생성한다. 두 번의 핵분열은 제1감수분열, 제2감수분열로 알려져 있다. 제1감수분열에서는 상동염색체들이 쌍을 이루며, 이때 자매염색분체들은 여전히 서로 붙어 있다(이 점이 유사분열과 다르다).

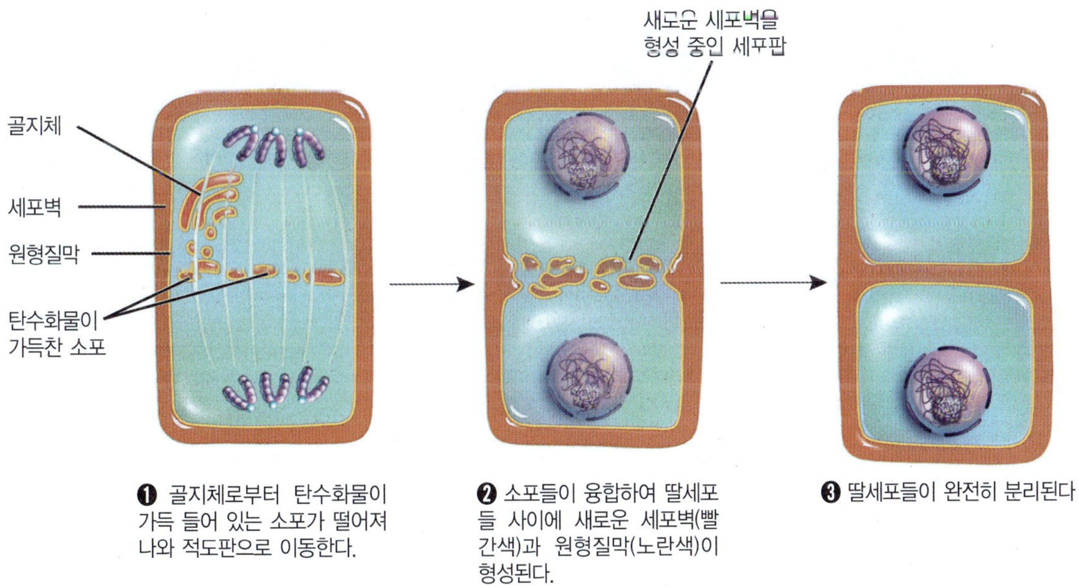


◀ 그림 8-11 식물의 세포질분열

제2감수분열에서는 염색체들이 유사분열에서처럼 행동한다: 자매염색분체들이 분리되어 각기 세포의 반대극으로 이동한다.

감수분열의 여러 단계들은 유사분열의 단계들과 거의 같은 명칭을 가지고 있으며, 1 또는 2를 사용하여 두 번의 핵분열을 구분한다.

## 제1감수분열은 상동염색체를 두 개의 반수체 딸핵 속으로 분리시킨다

제1감수분열이 일어나기 전 간기에 염색체가 복제된다. 유사분열에서 살펴보았듯이 각 복제된 염색체의 자매염색분체들은 동원체 부위에서 서로 붙어 있다.

### 제1감수분열 전기에는 상동염색체가 쌍을 이룬다

제1감수분열은 유사분열과 상당히 다르다. 유사분열에서는 각 염색체가 독립적으로 이동하고 상동염색체들끼리 상호작용을 하지 않는다. 이와는 대조적으로 **제1감수분열 전기**에는 상동염색체들이 서로 나란히 쌍을 이룬다(**그림 8-12a**). 쌍을 이루는 두 상동염색체들은 **키아즈마타(chiasmata)** (단수, chiasma)를 형성한다. 일부 키아즈마타에서는 상동염색체들이 일부를 교환하는데 이런 과정을 교차(crossing over)라고 한다(8.7절 참고). 키아즈마타는 제1감수분열 후기가 될 때까지 상동염색체가 쌍을 이루고 있도록 붙잡아 둔다.

제1감수분열 전기가 계속 진행함에 따라 방추체 미세소관이 핵 바깥쪽에서 조립되기

▼ **그림 8-12 동물세포의 감수분열** 이 그림에서는 큰 염색체와 작은 염색체 두 쌍의 상동염색체를 보여주고 있다. 노란색 염색체는 한 쪽 부모로부터 물려받은 것이고, 보라색 염색체는 다른 쪽 부모로부터 물려받은 것이다. 네 개의 딸세포는 부모의 상동염색체 각 쌍마다 하나씩을 가지고 있다. **질문:** 한 쌍의 상동염색체가 제1감수분열 후기에 분리하는 데 실패한다면 그 결과 어떤 배우자가 형성되겠는가?

**제1감수분열**

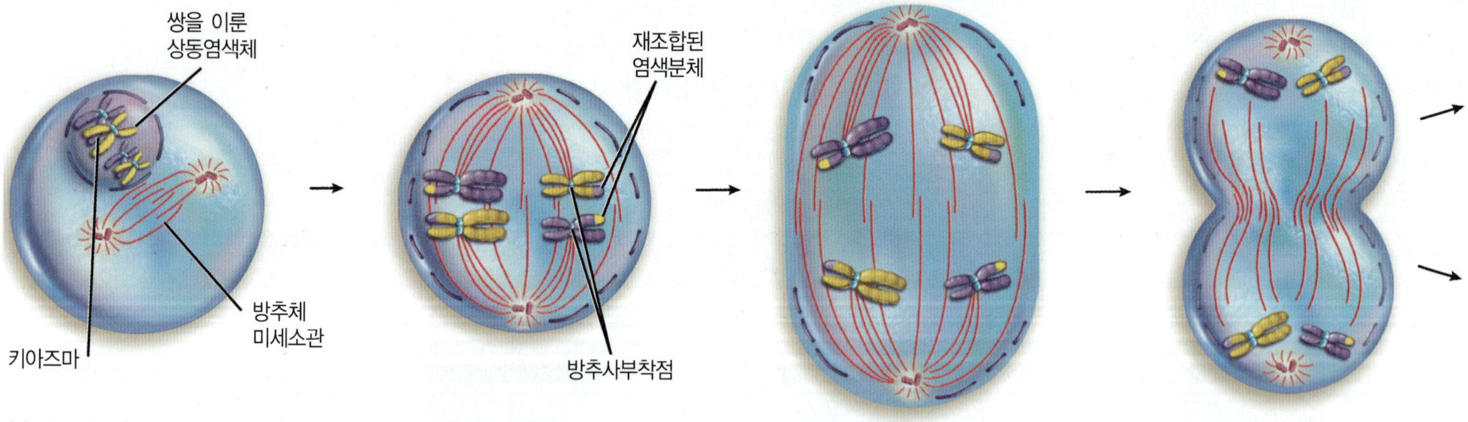


**(a) 제1감수분열 전기**
복제된 염색체가 응축한다. 상동염색체가 쌍을 이루고, 상동염색체의 염색분체들이 교차를 통해 일부를 교환함에 따라 키아즈마타가 생긴다. 핵막이 붕괴되고, 방추체 미세소관이 형성된다.

**(b) 제1감수분열 중기**
쌍을 이룬 상동염색체가 세포의 적도판에 배열한다. 각 쌍을 이루는 염색체들이 하나씩 세포의 서로 다른 극을 향하며 방추사부착점을 통해 방추체 미세소관에 부착한다(파란색).

**(c) 제1감수분열 후기**
상동염색체가 분리하여 각 쌍마다 하나씩 세포의 서로 다른 극으로 이동한다. 자매염색분체는 분리되지 않는다.

**(d) 제1감수분열 말기**
방추체 미세소관이 사라진다. 두 개의 염색체 무리가 형성되며 이때 각 무리는 각각의 상동염색체 쌍마다 하나씩의 염색체를 가지고 있다. 따라서 딸핵은 반수체이다. 세포질분열은 통상적으로 이 시기에 일어난다. 제1감수분열과 2분열 사이에 간기는 거의 없다.

시작한다. 제1감수분열 전기가 끝나갈 무렵 핵막이 붕괴되고 염색체들이 방추사부착점에 의해 방추체 미세소관에 부착한다. 각 자매염색분체들이 각기 방추사부착점을 갖는 유사분열과는 다르게 제1감수분열에서는 복제된 염색체당 하나의 방추사부착점만 존재한다(자매염색분체 1쌍당 하나).

### 제1감수분열 중기에는 쌍을 이룬 상동염색체가 세포의 적도판에 배열한다

**제1감수분열 중기**에 방추사부착점과 방추체 미세소관 사이의 상호작용으로 쌍을 이룬 상동염색체들이 세포의 적도판으로 이동한다(**그림 8-12b**). 제1감수분열에서는 상동염색체들이 쌍을 이루기 때문에 적도판에의 배열방식이 유사분열에서의 배열과 매우 다르다. 유사분열에서는 복제된 염색체 하나하나가 적도판에 배열하지만 제1감수분열 중기에는 복제된 염색체들로 된 상동염색체 쌍이 적도판을 따라 배열한다.

### 제1감수분열 후기에는 상동염색체들이 서로 분리된다

**제1감수분열 후기**에는 상동염색체 각 쌍에 결합한 방추체 미세소관이 반대 극을 향해 끌어당긴다. 키아즈마타가 서로 분리되면 상동염색체가 서로 분리되게 한다(**그림 8-12c**). 상동염색체(복제된 상태이므로 아직 두 개의 염색분체로 구성되어 있음) 쌍마다 제각기 하나씩 분열 중인 세포의 양극으로 이동한다. 따라서 제1분열 후기가 끝날 무렵, 양극에는 모든 상동염색체 쌍들마다 하나씩의 염색체를 갖는 염색체 무리가 형성된다.

**제2감수분열**

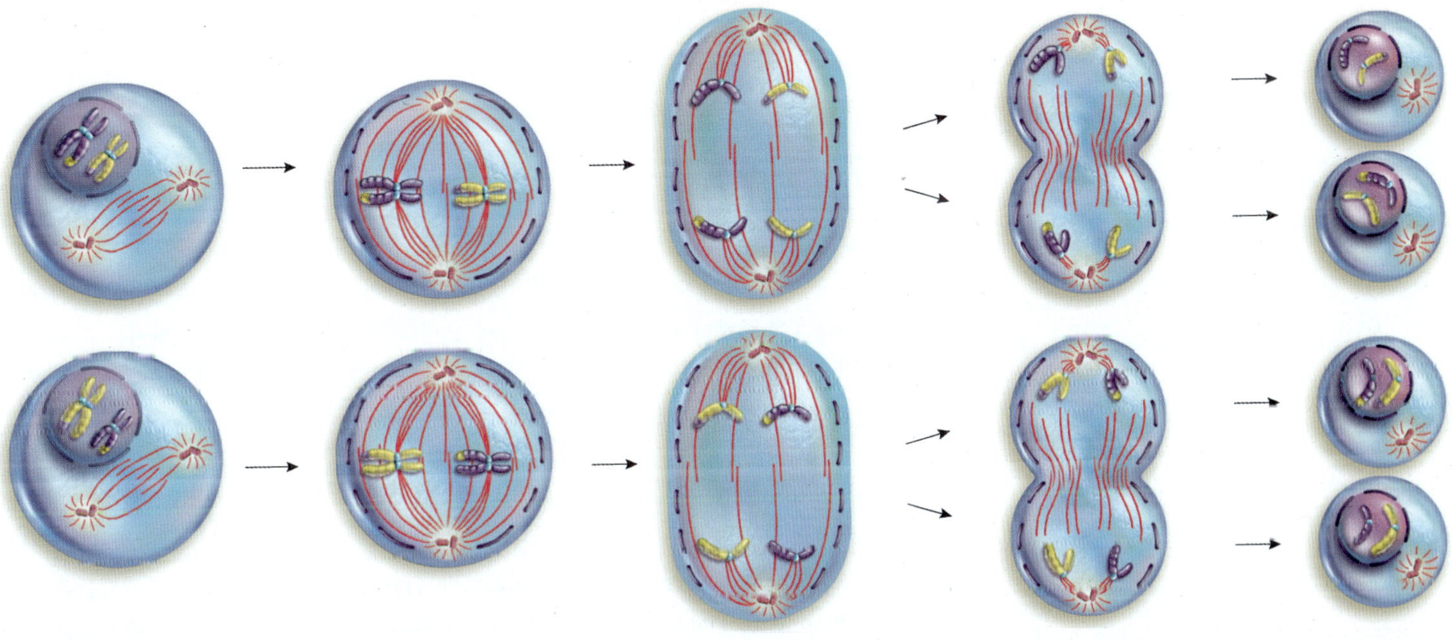

**(e) 제2감수분열 전기**
만약 제1분열 말기 이후 염색체가 풀어진 경우에는 다시 응축한다. 방추체 미세소관이 다시 형성하여 자매염색분체에 부착한다.

**(f) 제2감수분열 중기**
염색체들이 적도판을 따라 배열한다. 이때 각 염색체의 자매염색분체들은 서로 반대 극으로 이끌어갈 방추체 미세소관에 부착해 있다.

**(g) 제2감수분열 후기**
염색분체들이 독립적인 딸염색체로 분리되며 각기 양극을 향해 이동한다.

**(h) 제2감수분열 말기**
염색체들이 양극을 향한 이동을 끝마친다. 핵막이 재형성되고 염색체들은 다시 풀어진다(여기서는 보여주지 않음).

**(i) 네 개의 반수체 세포**
세포질분열 결과 네 개의 반수체 세포가 형성된다. 각각의 딸세포는 상동염색체 쌍마다 하나씩의 염색체를 가지고 있다. (여기서는 응축된 상태로 나타냄.)

### 제1감수분열 말기와 세포질분열 이후, 두 개의 반수체 딸세포가 형성된다

**제1감수분열 말기**에는 방추체 미세소관이 사라지고 핵막이 다시 형성된다(**그림 8-12d**). 대부분의 경우, 세포질분열이 일어나 세포를 두 개의 딸세포로 나눈다. 각각의 딸세포는 각 상동염색체 쌍마다 제각기 하나씩을 갖는다. 따라서 딸세포는 반수체이다. 그러나 각각의 염색체는 여전히 두 개의 자매염색분체로 되어 있다.

### 제2감수분열은 자매염색분체를 분리시켜 네 개의 반수체 딸세포를 만든다

제2감수분열은 제1분열이 끝난 직후 바로 시작한다. 제1분열과 제2분열 사이에 간기는 없으며 염색체는 다시 복제되지 않는다. 전형적으로 염색체는 응축된 상태로 남아 있다. 그러나 만약 제1감수분열 말미에 염색체가 다시 느슨해진 경우, 제2분열이 시작되기 전에 다시 응축한다.

제2감수분열은 비록 반수체 세포에서부터 시작하지만 실질적으로 유사분열과 동일하다. **제2감수분열 전기**에 방추체 미세소관이 다시 형성된다(**그림 8-12e**). 유사분열에서와 마찬가지로 복제된 염색체가 방추체 미세소관에 부착한다. 각각의 자매염색분체는 방추사부착점을 가지고 있으며 여기에 세포의 반대 극으로 뻗어 있는 방추체 미세소관이 부착한다. **제2감수분열 중기**에는 복제된 염색체가 세포의 적도판에 배열한다(**그림 8-12f**). **제2감수분열 후기**에는 자매염색분체들이 분리되어 반대 극으로 이동한다(**그림 8-12g**). **제2감수분열 말기**와 세포질분열에 의해서는 핵막이 형성되고 염색체가 느슨하게 풀린 상태가 되며 세포질이 나누어지면서 제2분열이 마무리된다(**그림 8-12h,i**). 제1분열에 의해 형성된 두 개의 딸세포가 제각기 제2분열을 진행하므로 본래의 이배체 모세포로부터 모두 네 개의 반수체 세포가 만들어진다

**표 8-1**은 유사분열과 감수분열을 정리한 것으로 두 세포분열의 유사성과 차이점을 보여준다.

## 8.7 감수분열과 유성생식은 어떻게 유전적 다양성을 만들어 낼까?

생물은 진화에 의해 모양이 갖추어지며, 생물들 사이의 유전적 다양성은 진화를 위해 필수적이다. (이 주제에 대해서는 3단원에서 상세히 알아볼 것이다.) 돌연변이는 새로운 유전자의 근본적인 원천이다. 그러나 개체들마다 유전자 조성이 다르게 하는 데 주된 역할을 하는 것은 감수분열과 유성생식이다.

### 상동염색체를 섞음으로써 새로운 염색체 조합을 만든다

감수분열에 의해 유전자 다양성이 만들어지는 주된 원인은 제1감수분열 중에 상동염색체가 딸세포로 무작위하게 분배되는 메커니즘에 의한다. 쌍을 이루는 상동염색체들은 서로 매우 유사하지만 DNA 염기서열은 동일하지 않다. 제1감수분열 중기에 쌍을 이룬 상동염색체들이 세포의 적도판에 배열한다. 각 상동염색체 쌍마다 하나의 염색체는 한 쪽 극을 향하고 다른 염색체는 반대 극을 향해 배열한다. 그러나 어느 염색체가 어느 극을 향할지는 무작위이다. 상동염색체의 이와 같은 무작위한 배열 효과를 알아보기 위해 3쌍의 상동염색체를 갖고 있는 모기를 예를 들어 감수분열을 살펴보자($n = 3$, $2n = 6$). 제1감수분열 중기에 염색체들은 4가지 형태로 배열이 가능하며(**그림 8-13a**), 제1감수분열 후기에 상동염색체들이 분리되면 8가지 가능한 염색체들 조합이 만들어진다($2^n = 2^3 = 8$) (**그림**

**표 8-1 동물세포에서 유사분열과 감수분열의 비교**

| 특징 | 유사분열 | 감수분열 |
|---|---|---|
| 분열이 일어나는 세포 | 체세포 | 배우자 생성 세포 |
| 최종 염색체 수 | 이배체—$2n$; 각 염색체 종류마다 두 개의 복사본 (상동염색체 쌍) | 반수체—$1n$; 각 상동염색체 쌍마다 염색체 하나씩 |
| 생성된 딸염색체 수 | 2개, 모세포와 동일하고 딸세포끼리도 같음 | 4개, 교차로 인해 재조합된 염색체를 가짐 |
| DNA 복제당 세포분열 횟수 | 1회 | 2회 |
| 동물세포에서의 기능 | 발생, 성장, 수선, 조직의 유지, 무성생식 | 유성생식을 위한 배우자 생성 |

8-13b). 각각의 염색체들 무리가 제2감수분열을 거치면 두 개씩의 배우자가 형성된다(그림 8-12g~i). 따라서 3쌍의 상동염색체를 갖고 있는 한 마리 모기는 8가지 가능한 염색체 조합 중 한 가지씩을 갖는 배우자를 생성하게 된다. 23쌍의 상동염색체를 갖는 사람은 이론적으로 800만($2^{23}$) 가지 이상의 서로 다른 모계와 부계 염색체들 조합 중 한 가지씩을 갖는 배우자를 생성할 수 있다.

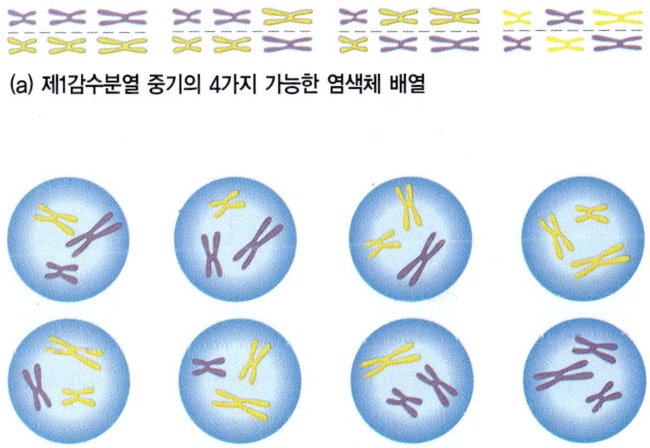
(a) 제1감수분열 중기의 4가지 가능한 염색체 배열
(b) 제1감수분열 이후 형성될 수 있는 8가지 염색체 세트

▲ **그림 8-13** 감수분열 중에 상동염색체가 무작위로 분리되어 유전적 다양성이 생긴다.

## 교차는 새로운 유전물질 조합을 갖는 염색체를 생성한다

제1감수분열 전기에 상동염색체가 쌍을 이룬다. 이들 상동염색체는 단백질에 의해 길이를 따라 정확히 맞추어 배열된다. 효소들이 쌍을 이룬 상동염색체의 DNA를 자르고 잘라진 DNA 끝을 다른 곳으로 붙여, 모계 상동염색체의 염색분체 일부가 부계 염색체의 염색분체 일부와 결합을 하거나 또는 그 반대로 결합을 한다. DNA의 이처럼 상호교환 되는 현상을 **교차(crossing over)**라고 한다(그림 8-14). 광학현미경을 통해 염색분체가 서로 교차하는 지점인 키아즈마타를 관찰할 수 있다.

교차 결과 유전자 **재조합(recombination)**이 일어나 염색체 상의 유전자들이 새로운 조합을 형성한다. 상동염색체들의 교차는 감수분열마다 새롭고 서로 다른 부위에서 일어나기 때문에, 이들 조합은 지구 역사상 이전에는 결코 존재하지 않았던 새로운 것일 수 있다. 사람의 경우 800만 개 배우자 중 하나가 동일한 모계와 부계 염색체들 조성을 가질 수 있지만, 교차로 인해 이는 염색체들 중 어떠한 것들도 순전히 모계 혹은 부계 염색체들만 갖지는 못

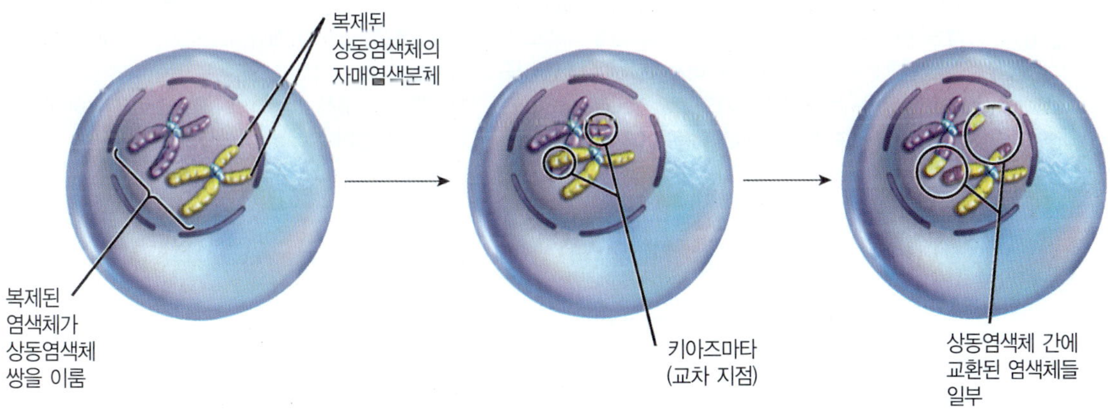


◀ **그림 8-14** **교차** 쌍을 이룬 상동염색체의 서로 다른 자매염색분체들이 키아즈마타에서 DNA를 교환한다.

과학탐구

# 자연과 실험실에서의 복제

**클로닝(복제, cloning)**이란 기존에 존재하던 개체와 유전적으로 동일한 개체인 **클론(clone)**을 하나 이상 만드는 것이다. 클론은 어떻게 만들어지는 것일까? 클로닝은 왜 이처럼 뉴스에서 관심이 있으면서 논란거리가 되는 것일까?

## 자연에서의 클로닝: 유사분열의 역할

이미 알다시피 세포분열에는 두 가지 종류, 즉 유사분열과 감수분열이 있다. 유성생식은 감수분열과 배우자 생성, 수정에 의존하여 유전적으로 독특한 자손을 만든다. 이와는 대조적으로 무성생식은 유사분열에 의존한다. 유사분열은 유전적으로 모세포와 동일한 딸세포를 생성하므로 무성생식에 의해 생성된 자손은 모세포와 동일하다. 즉, 클론인 셈이다.

## 식물 복제: 농업에의 적용

사람은 우리가 생각하는 것보다 훨씬 더 오랫동안 복제하는 일을 해왔다. 예를 들어, 씨가 없는 네이블 오렌지를 생각해보자. 이 오렌지들은 씨가 없이 어떻게 번식할까? 씨없는 성체 네이블 나무의 줄기를 일부 자른 후 이를 씨가 있는 오렌지 나무(보통 다른 종류의 나무를 이용함)의 뿌리 위에 이식하여 번식시킬 수 있다. 따라서 이 결과 형성되는 과실을 맺는 지상 위의 세포들은 본래의 네이블 오렌지 줄기의 클론인 것이다.

모든 네이블 오렌지는 1800년대 브라질에서 발견된 단일 돌연변이 싹에서 생겨났으며, 그 이후 무성생식으로 번식시켰다. 1870년대에 브라질에서 캘리포니아 주 리버사이드로 두 그루의 네이블 오렌지 나무를 도입했다. (그 중 한 그루는 아직도 그곳에 있으며 과실도 맺고 있다!) 미국에 있는 모든 네이블 오렌지는 이들 나무의 클론이다.

## 성체 동물의 복제

동물복제 또한 최근에 발달된 것이 아니다. 1950년대, 거든(John Gurdon)과 그의 동료들이 개구리의 초기 배아로부터 얻은 핵을 난자로 삽입시킨 결과 일부 세포가 완전한 개구리로 발생했다. 1990년대까지 여러 실험실이 배아의 핵을 이용하여 포유동물을 클론하였다. 그러나 성체 포유류를 복제한 것은 스코틀랜드 에딘버러에 있는 로잘린 연구소의 윌머트(Ian Wilmut) 박사가 1996년 돌리를 복제한 것이 최초이다(그림 E8-2).

성체동물을 복제하는 것이 왜 중요한가? 배럴 레이싱(barrel-racing) 챔피언 말인 스캠퍼(Scamper)의 빠른 속도와 민첩성처럼 우리가 널리 보급시키고 싶은 형질은 성체에서만 나타난다. 성체를 복제하면 "자손"은 성체와 유전적으로 동일하게 된다. 그러므로 유익한 형질을 갖는 성체의 클론들은 모두 동일한 유익한 형질들을 보여줄 것이다. 배아를 복제하는 것은 대개의 경우 유용하지 못한데 그 이유는 배아세포가 유성생식에 의해 생성되며, 또한 배아세포가 특별히 바람직한 형질들을 갖고 있는지 여부를 아무도 알 수 없기 때문이다.

일부 의학에의 적용을 위해서 성체 클로닝은 필수적이다. 한 제약회사가 젖과 함께 항생제와 같은 유용한 분자를 분비하는 소를 유전공학적으로 만들었다고 가정해보자(12장 참고). 유전공학은 매우 비용이 많이 들고 다소 주먹구구식이다. 따라서 회사는 이익이 될 만한 소를 단 한 마리만 성공적으로 만들면 된다. 그 후 이 소를 복제하면 항생제를 생산하는 소를 많이 만들 수 있다.

## 클로닝: 불완전한 기술

불행히도, 포유류를 클로닝하는 것은 비효율적이고 어려움이 많다. 난자는 핵을 제거하거나 파괴시킬 때 심각한 외상을 받게 된다. 난자가 그냥 죽는 경우도 많다. 세포질에 있는 발생을 조절하는데 필요한 분자들이 소실되거나 다른 장소로 옮겨가기도 하여 난자가 살아남아 분열하더라도 정상적으로 발달하지 않을 수도 있다. 만약 난자가 생존 가능한 배아로 발생하면 이제 대리모의 자궁으로 착상을 시켜야 한다. 임신 중에 죽거나 유산되는 클론들도 많으며 종종 대리모에 심각하거나 치명적인 결과를 미치기도 한다. 돌리를 만들기 위해서는 277번을 시도했을 정도로 실패율이 높기 때문에 포유류를 클로닝하는 것은 비용이 많이 들고 위험한 사업이다. 클론이 임신 기간을 잘 지나 태어난다하여도 결함이 있을 수 있다. 주로 머리, 폐, 심장 기형이 많다. 예를 들어 스누피(Snuppy) 형제들은 유산이 되었으며 둘째는 아주 잘 돌보았지만 출생 후 22일 만에 폐렴으로 죽었다. 돌리는 생후 5년 6개월이 되었을 때 관절염이 발생했으며, 6년 6개월이 되었을 때는 심각한 폐질환이 발생했다. 이와 같은 발병은 보통 양에 비하면 상당히 젊은 나이에 생긴 것이다. 하지만 이러한 질병 문제가 돌리가 클론이어서 생긴 것인지는 아무도 알지 못한다.

## 클로닝의 미래

*염색질 전달(chromatin transfer)*이라고 하는 새로운 기술은 손상된 클론이 만들어질 가능성을 감소시킨다. 많은 연구진들은 "늙은" 세포에 있는 DNA는 새로 수정된 난자의 DNA와 다른 화학적 상태에 있다고 생각한다. 비록 늙은 핵을 핵이 제거된 난자로 삽입하는 것이 늙은 DNA를 젊어지게 하지만 항상 효과가 있지는 않다. 염색질 전달에서는 공여자 세포의 원형질막을 잘 새게 만든다. 그 후, 투과성이 있도록 만든 세포들을 활발히 분열하는 "젊은" 세포로부터 얻은 "유사분열 추출물"과 함께 배양한다. 이 과정은 늙은 세포의 DNA를 재구성하고 응축시켜 DNA를 유사분열 전기의 DNA처럼 되게 한다. 젊어진 세포는 이후 전형적인 클로닝 과정과 같은 방식으로 핵이 제거된 난자와 융합시킨다. 생명공학 회사인 Viagen은 염색질 전달 방식을 사용하여 스캠퍼를 클로닝하였다.

현대 기술을 통해 소, 고양이, 개, 양, 말, 그리고 그 외 다양한 동물들이 성공적으로 클론되었다. 이러한 과정들이 보다 일상적이 됨에 따라 윤리적인 의문이 제기되었다. 비록 네이블 오렌지를 반대하는 사람은 아무도 없고 복제된 가축에서 얻은 항생제나 다른 의약품을 거절하는 사람도 거의 없지만 일부 사람들은 애완동물을 복제하는 것은 경박한 사치라고 생각한다. 특히 9초마다 개나 고양이가 안락사 되는 미국에서는 더욱 그러하다. 인간 복제는 어떠한가? 이 점에 대해서는 8장 후반부의 "클론으로 전달하다"에서 더 알아볼 것이다.

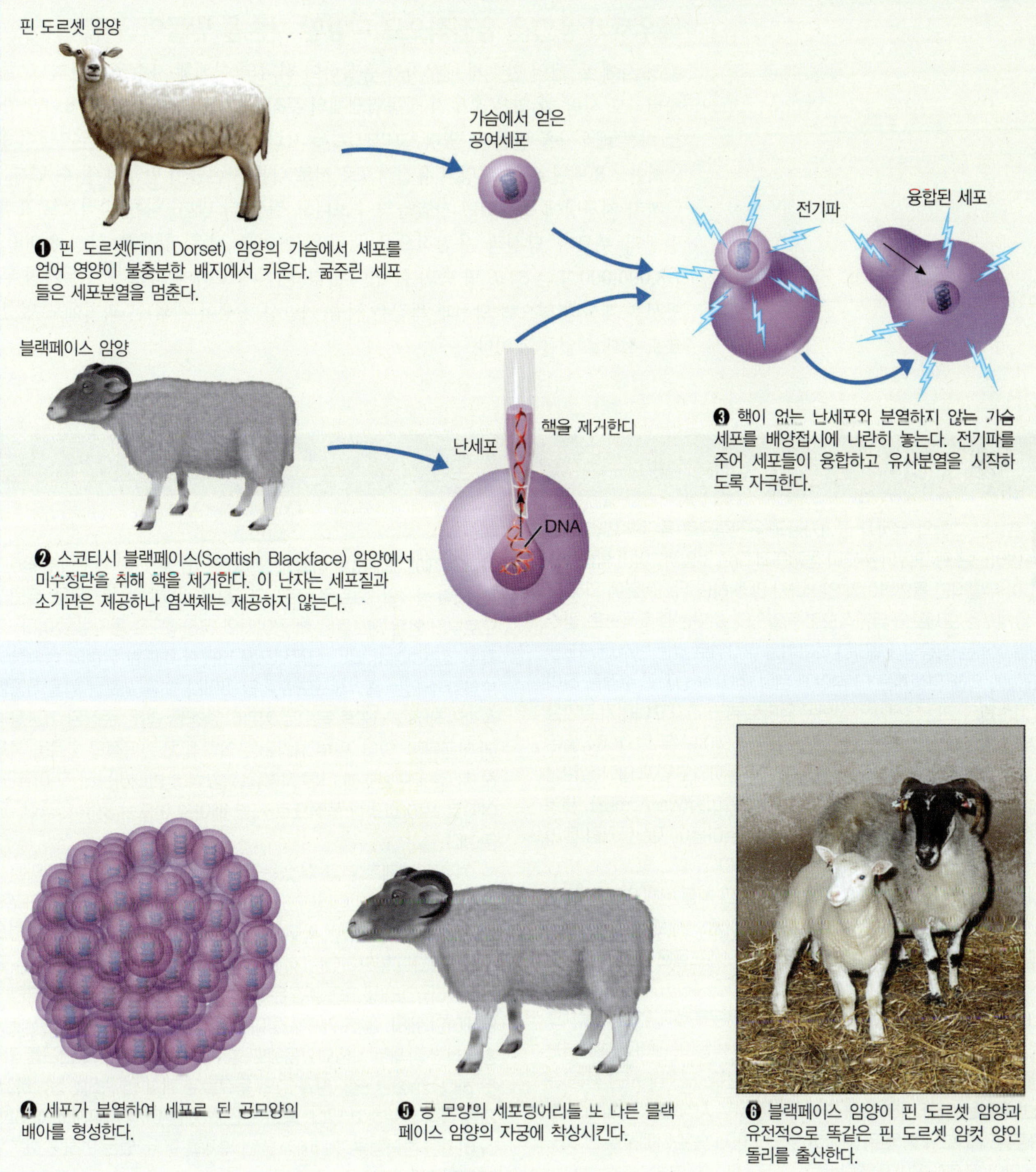
핀 도르셋 암양
가슴에서 얻은
공여세포
❶ 핀 도르셋(Finn Dorset) 암양의 가슴에서 세포를 얻어 영양이 불충분한 배지에서 키운다. 굶주린 세포들은 세포분열을 멈춘다.
블랙페이스 암양
핵을 제거한다
난세포
DNA
❷ 스코티시 블랙페이스(Scottish Blackface) 암양에서 미수정란을 취해 핵을 제거한다. 이 난자는 세포질과 소기관은 제공하나 염색체는 제공하지 않는다.
전기파
융합된 세포
❸ 핵이 없는 난세포와 분열하지 않는 가슴세포를 배양접시에 나란히 놓는다. 전기파를 주어 세포들이 융합하고 유사분열을 시작하도록 자극한다.
❹ 세포가 분열하여 세포로 된 공모양의 배아를 형성한다.
❺ 공 모양의 세포덩어리를 또 다른 블랙페이스 암양의 자궁에 착상시킨다.
❻ 블랙페이스 암양이 핀 도르셋 암양과 유전적으로 똑같은 핀 도르셋 암컷 양인 돌리를 출산한다.

▲ 그림 E8-2 **돌리 만들기**

한다. 남자는 하루에 약 1억 개의 정자를 생산하지만 사는 동안 정확하게 똑같은 DNA를 갖는 두 개의 정자를 결코 만들지 못한다. 모든 가능성을 고려해 보았을 때, 모든 정자와 난자는 유전적으로 독특하다.

### 배우자의 융합은 유전적으로 다양한 자손을 만들어낸다

수정 시에 두 개의 반수체 배우자가 융합하여 하나의 이배체 자손을 만든다. 교차를 무시하더라도 사람 한 명은 오로지 상동염색체의 무작위한 분배에 의해서만 8백만 가지의 서로 다른 배우자를 만들 수 있다. 그러므로 두 사람에 의해서 형성된 배우자들이 융합하면 8 백만× 8 백만 = 64조 명의 유전적으로 서로 다른 자손들이 만들어 질 수 있다. 이는 지금까지 지구상에 존재했던 사람들의 수보다도 훨씬 더 많다! 다른 방식으로 표현해보면, 당신의 부모가 당신과 유전적으로 똑같은 아이를 낳은 확률은 약 1/8,000,000 × 1/8,000,000 또는 64조 명 중의 한 명이 된다. 여기에 교차에 의해 생기는 거의 무한한 다양성을 계산해 넣으면 당신과 똑같은 사람(이란성 쌍생아 제외)은 과거에도 없었고 앞으로도 절대로 없을 것이다.

## 클론으로 전달하다 다시 들러보기

클론들은 그들의 유전자 공여자들과 유전적으로 동일한 반면에 어린이들은 왜 그들의 부모나 형제들과 다른 것일까? 이미 학습했듯이 우발적인 돌연변이가 일어나지 않게 하면 유사분열에 의해 만들어지는 딸세포는 모세포와 유전적으로 동일하다. 이와는 대조적으로, 감수분열은 쌍을 이루는 상동염색체마다 하나씩을 무작위로 갖는 반수체 세포를 만든다. 교차에 의해 염색체는 더 섞이게 된다. 정자가 난자와 수정을 하여 생성되는 자손들은 그들 유전자의 절반은 엄마로부터, 그리고 나머지 절반은 아버지로부터 받는다. 따라서 동일한 부모로부터 태어난 두 명의 자식들은 유전적으로 그들의 부모와 결코 같지 않으며 자식들끼리도 같지 않다(일란성 쌍생아 제외). 이것이 씨비스킷(Seabiscuit), 워 애드미럴(War Admiral), 세크리테리엇(Secretariat)을 비롯한 수많은 유명한 경주마들이 자신들처럼 빨리 뛸 수 있는 자손들을 낳지 못하는 이유 중의 하나이다

그러나 클론의 경우, 연구진들은 공여세포로부터 핵을 취해 미리 핵이 제거되거나 파괴된 난자로 이식한다. 그 결과 만들어지는 세포는 유사분열을 통해 복제된 개체를 형성한다. 따라서 클론의 모든 세포들은 공여자가 가졌던 것과 동일한 유전자들을 갖게 된다.

구조, 대사, 성격, 학습능력, 그리고 그 밖의 행동특성과 같은 생물체의 모든 특성들은 유전자와 환경 모두에 의해 영향을 받는다. 태아가 발생하는 자궁과 생명체가 사는 조건(영양분, 가족 상태, 친구, 세계적 사건 등등)은 중요하지만 우리는 이에 대해 이제 간신히 이해하기 시작했다. 그럼에도 불구하고 클론들의 외모와 행동은, 자식이 부모나 형제 혹은 자매를 닮는 것보다 훨씬 더 많이 유전자 공여자를 닮는다.

클로닝은 좋은 것인가 혹은 나쁜 것인가? 또는 이것은 개체와 클로닝하는 이유, 클로닝이 쓰이게 될 용도 등에 따라 다를까? 사람들은 아마도 이들 질문에 대해 오랫동안 토론할 것이다. 한 가지는 확실하다: 클론으로 전달하기? 브로드웨이 작곡가인 손드하임(Stephen Sondheim)의 노래 가사처럼 "괴롭히지마, 그들은 여기에 있다!"

#### 생각해보기

사람 복제에 대해서는 어떻게 생각하는가? 두 가지 별도의 논점이 있다. 첫째, 의학 목적의 "치료용 클로닝"은 허용되어야 할까? 이러한 유형의 클로닝으로부터 얻은 세포들은 핵 공여자와 유전적으로 동일할 것이다. 그리고 정확한 조건하에서 뇌나 심장세포를 비롯한 어떠한 유형의 성숙한 세포로도 분화할 수 있는 줄기세포도 포함될 것이다. 이들 세포는 핵을 제공한 사람이 심장발작이나 뇌졸중 등으로 기관이 손상된 경우, 손상된 기관을 복구하는 데 사용될 수 있다. 일부 사람들은 의학적 치료 목적의 치료용 복제를 열렬히 지지한다. 반면에 다른 사람들은 강력히 반대하는데 그 이유는 세포 공여자로 쓰고 파괴할 목적으로 사람 배아를 만드는 것을 인정할 수 없기 때문이다.

치료용 복제로 얻을 수 있는 명성과 돈 그리고 의학적 혜택은 과학자가 처리하기엔 너무 엄청나다. 스누피를 복제한, 2004년 타임지가 선정한 "주요 인물"의 한 명이었던 황우석은 사람의 치료용 복제를 통해 줄기세포를 분리해내었다고 발표하였는데, 이는 또 하나의 놀라운 업적이 될 수 있었던 사건이었다. 그러나 그의 주장은 거짓으로 드러났고 황은 서울국립대학을 사임해야만 했다. (별도의 조사팀이 스누피는 진짜로 Tai의 클론임을 밝혔다.) 황우석은 강제로 사임되었음에도 불구하고 다시 본연의 연구를 지속하려는 듯 하다. 2006년 8월, 황과 그의 동료들은 개인 연구소를 설립하고 동물 복제를 집중 연구하고 있다. 황은 인간 복제를 다시 시작하고 싶어한다. 그러나 이것은 한국정부가 그에게 인간 복제를 할 수 있는 면허를 회복시켜 줄지에 달려 있다.

두 번째 논점은 살아 있는 복제 아이를 만들기 위한 "생식복제"의 소재로 사람을 사용해도 되는가 하는 것이다. 사람을 복제할 기술이 있다고 가정한다면, 이러한 발상은 좋은 생각일까? 스누피는 123 마리의 대리모로 착상을 시킨 1,095 배아 중 유일하게 생존한 개이다. 복제된 Brahma 황소인 Second Chance는 호흡기와 심혈관계 질환으로 2주간 집중 돌봄을 받았다.

현재의 제한된 기술로는 사람의 생식복제가 "범죄 행위일 뿐이다"라고 주장하는 Whitehead 생물의학 연구소의 재니쉬(Rudolf Jaenisch)를 반박하기가 어렵다. 그러나 앞으로 복제 기술이 "완벽하게" 된다면 사람 클로닝 또한 가까운 시일 내에 가능하게 될까? 치료용과 생식용 복제의 장점과 위험성에 대해서는 어떻게 생각하는가?

## 개념 확인 문제

### 빈칸 채우기

1. 원핵세포가 분열하는 방식을 무엇이라고 하는가?

2. 다세포 개체의 성장과 발달은 __________ 분열과 그 결과 형성되는 딸세포들의 __________ 에 의해 일어난다.

3. 대부분의 식물과 동물들은 모양과 유전 조성이 비슷한 염색체들 쌍을 갖고 있다. 이러한 쌍들을 __________(이)라고 한다. 수컷과 암컷 둘 다 갖고 있는 염색체 쌍을 __________(이)라고 하고, 수컷과 암컷에서 서로 다른 쌍을 __________(이)라고 한다.

4. 핵분열의 네 단계는 ______, ______, ______, 그리고 ______이다. 세포를 둘로 나누는 세포질분열은 일반적으로 핵분열의 어느 단계에서 일어나는가?__________

5. 감수분열에 의해 이배체 모세포 하나로부터 반수체 딸세포 몇 개가 만들어지는가? 첫 번째 반수체 핵은 어느 단계 말미에 만들어지는가? 동물에서 감수분열에 의해 만들어진 반수체 딸세포를 무엇이라고 하는가?

6. 제1감수분열 __________에는 상동염색체가 서로 꼬여__________ 구조를 형성한다. 이러한 구조는 어떤 사건이 일어나는 장소인가?

7. 유성생식을 하는 동안에 자손의 유전적 다양성을 촉진하는 3가지 과정은 무엇인가?

### 복습 문제

1. 핵분열과 세포질분열을 정의하여라. 핵분열 이후 세포질분열이 일어나지 않으면 세포구조에 어떤 변화가 생기는가?

2. 유사분열의 단계를 그림으로 나타내어라. 유사분열은 어떻게 각 딸세포들이 한 세트의 완전한 염색체를 받게 하는가?

3. 다음 용어들을 정의하여라: 상동염색체, 동원체, 방추사부착점, 염색분체, 이배체, 반수체

4. 동물세포와 식물세포의 세포질분열을 기술하고 비교하여라.

5. 감수분열의 사건들을 그림으로 나타내어라. 상동염색체는 어느 단계에서 분리되는가?

6. 유사분열과 감수분열은 어떤 점에서 비슷하고 어떤 점이 다른가?

7. 감수분열이 어떻게 유전적 다양성을 만드는지 설명하여라. 만약 어떤 동물의 반수체 염색체 수가 2(성염색체는 없음)인 경우 유전적으로 서로 다른 배우자는 몇 가지나 만들어질 것인가? 만약 반수체 수가 5라면 어떻게 될까?

# 9장

# 유전양식

올림픽 배구에서 은메달을 받은 플로 하이만(Flo Hyman)은 그녀의 최고 절정기에 마르판증후군으로 사망했다.

## 주요 내용

# 사례 연구 경기장에서의 돌연사-마르판증후군

키가 183 cm가 넘으며 우아하고 운동을 잘하던 플로 하이만은 모든 배구팀원 중에서 가장 훌륭한 여자 배구선수였다. 1984년 미국 올림픽 배구팀이 은메달을 받는데 큰 공을 세운 하이만은 그 이후 일본의 프로팀에 입단했다. 그러나 1986년 호흡곤란으로 시합을 중단한 그녀는 31세 때 조용히 시합을 지켜보면서 사망했다. 이처럼 젊고 건강한 사람에게 어떻게 이런 일이 생길 수 있을까?

외모로 판단해 볼 때 아브라함 링컨 대통령은 마르판증후군을 갖고 있었던 것으로 생각된다.

플로 하이만은 마르판증후군(Marfan syndrome)이라는 유전질환을 가졌었다. 이 증후군은 5,000~10,000명 중 하나꼴로 나타나며 아브라함 링컨(Abraham Lincoln, 왼쪽 사진)과 고전 작곡가이자 피아니스트인 세르겔 라흐마니노프(Sergei Rachmaninoff), 그리고 이집트 왕인 아케나텐(Akhenaten)도 이 증후군을 가졌던 것으로 생각된다. 마르판증후군을 갖고 있는 사람들은 전형적으로 키가 크고 늘씬하며 팔다리가 길고 손발이 크다. 마르판증후군이 있는 일부 사람들은 이러한 특징들로 인해 유명해지고 돈도 벌었다. 하지만 불행히도 마르판증후군은 죽음을 초래할 수 있다.

부검 결과 하이만은 심장에서 몸 전체로 혈액을 운반하는 커다란 동맥인 대동맥 파열로 사망한 것으로 나타났다. 하이만의 동맥은 왜 파열되었을까? 대동맥이 약한 것과 키와 손이 큰 것은 어떤 연관이 있을까? 마르판증후군은 결합조직의 필수 구성 요소인 피브릴린(fibrillin)이라는 단백질을 암호화하는 유전자에 돌연변이가 있어 발생한다. 근육을 뼈에 붙이는 힘줄과 인대(눈의 렌즈를 제자리에 고정시켜주는 섬유 포함), 그리고 동맥의 질긴 벽을 비롯해 우리 몸의 많은 부분이 결합조직을 포함하고 있다. 피브릴린이라는 이름이 의미하듯이 이 단백질은 긴 섬유 형태로, 결합조직에 탄성을 주고 견고하게 한다. 손상이 있는 피브릴린 분자는 약한 인대와 힘줄, 동맥벽을 생성하고 때로는 끔찍한 결과를 초래한다. 정상적인 피브릴린은 세포분열을 촉진시켜 우리 몸의 다양한 부분이 성장하게 하는 특정 유형의 성장인자(8장 참고)에 결합하여 이를 붙잡아 둔다. 성장인자가 피브릴린에 결합하게 되면 더 이상 세포분열을 촉진하지 못하므로 뼈와 결합조직의 신장이 통제된다. 최근 연구에 따르면, 마르판증후군이 있는 사람에게서 생성된 손상된 피브릴린은 성장인자를 붙잡아 둘 수 없으므로 그 결과 팔, 다리, 손, 발이 비정상적으로 길게 된다.

8장에서 설명했듯이, 사람을 포함한 이배체 생물은 각각의 유전자에 대해 상동염색체에 하나씩 모두 두 개의 복사본을 갖고 있다. 손상된 피브릴린 유전자 복사본이 하나만 있어도 마르판증후군이 되기에 충분하다. 더욱이 마르판증후군을 가진 사람의 자식이 이 질병을 물려받을 확률은 50:50이다. 모든 유전병이 이와 동일한 유전양식을 가질까? 만약 그렇지 않다면 이 사실들은 마르판증후군의 유전에 대해 무엇을 알려줄까? 이를 이해하기 위해 이제 과거 모라비아에 있는 수도원 시대로 돌아가 그레고르 멘델(Gregor Mendel)의 정원을 방문해보자. ■

## 9.1 유전의 물리적 기초는 무엇일까?

우리는 수백 년 동안 부모의 일부 특징이 자손에게 유전된다는 것을 알아왔다. 2장과 8장에서 학습했듯이 유전정보는 DNA 분자에 들어 있다. 수백에서 수천 개의 뉴클레오티드로 이루어진 DNA 조각을 유전의 단위인 **유전자(gene)**라고 한다. 유전자는 세포에서 유전정보를 저장한다. 10장과 11장에서는 DNA의 뉴클레오티드 서열이 단백질, 세포, 그리고 개체 전체를 만드는데 필요한 정보를 어떻게 암호화하는지 학습할 것이다. 이제 염색체는 DNA(다양한 단백질과 함께)로 이루어져 있다는 사실에 집중해보자. 이는 유전자가 염색체의 일부라는 것을 의미한다. 염색체는 세포로부터 세포로, 그리고 생식 중에는 개체로부터 개체로 전달된다. 부모로부터 자손으로 유전자가 전달되는 현상을 **유전(inheritance)**이라고 한다.

이 장에서는 먼저 유전자와 염색체에 대해 간략히 복습을 한 뒤, 식물과 동물을 비롯하여 반수체 배우자의 융합을 통해 유성생식하는 이배체 생물에 국한하여 설명을 하고자 한다.

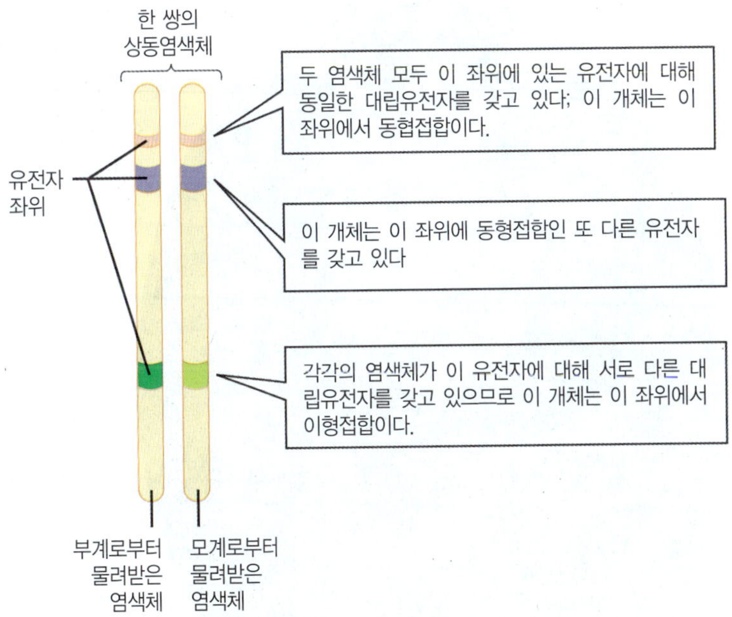


▲ 그림 9-1 **유전자와 대립유전자, 염색체의 관계** 상동염색체들은 동일한 유전자 좌위를 갖고 있다. 그러나 상응하는 좌위에 있는 대립유전자는 같을 수도, 다를 수도 있다.

## 유전자는 염색체 상의 특정 위치에 있는 DNA 조각이다

염색체 상에 있는 유전자의 물리적 위치를 **좌위(locus**, 복수는 loci)라고 한다. 상동염색체 쌍마다 같은 좌위에 동일 유전자를 갖고 있다(그림 9-1). 그러나 주어진 유전자의 뉴클레오티드 서열은 같은 종의 개체들마다 다를 수 있다. 예를 들어 사람의 경우 혈액형이 다르고 래브라도 리트리버도 검정, 노랑, 갈색이 있다. 실제로, 한 개체에서 쌍을 이루는 상동염색체들조차도 종종 서로 다른 뉴클레오티드 서열을 갖는다. 이처럼 주어진 좌위에 있는 유전자의 서로 다른 변형을 **대립유전자(allele)**라고 한다(그림 9-1 참고).

### 돌연변이는 대립유전자의 근원이다

한 유전자의 서로 다른 대립형질을 얻는 유일한 방법은 유전자의 뉴클레오티드 서열이 바뀌는 것이다. 다른 말로 하면 돌연변이가 일어나야 한다. 10장에서는 돌연변이를 분자 수준에서 좀더 상세하게 알아보고자 한다. 유전자를 글자 대신에 뉴클레오티드 알파벳으로 쓰여진 매우 긴 문장이라고 생각해보자. 만약 수천 개 글자로 된 문장을 타이핑할 경우 몇 군데 실수할 수도 있을 것이다. 비록 메커니즘은 완전히 다르지만 세포 또한 염색체의 DNA를 복제할 때 실수를 할 수 있다. 독성 화학물질이나 방사선, 자외선 또한 유전자의 뉴크레오티드 서열에 변화를 일으킬 수 있다. 이와 같은 "뉴클레오티드 오류"를 돌연변이라고 한다. 만약 돌연변이가 정자나 난자가 될 세포에서 일어날 경우 이 오류는 부모로부터 자손으로 전달될 수 있다.

대립유전자는 돌연변이된 유전자이다. 개체 DNA에 있는 대부분의 대립유전자는 수천 년 혹은 수백만 년 전에 개체 조상의 배우자에 처음으로 나타나, 그 이후 자손대대로 유전이 되었을 것이다. "새로운 돌연변이"라고 지칭하는 몇 가지 대립유전자는 개체 부모의 생식세포에서 생겨났을 수 있다. 따라서 새로운 돌연변이는 특정 개체의 생식세포 DNA에서 제일 먼저 나타나며 비록 이 개체의 친척들, 부모와 형제, 자매소자 아무도 영향을 받지 않았지만 이 개체의 대사, 구조, 행동을 변화시킬 수 있나. 148쪽에서 다룬 "긴강 지킴이: 근이영양증"에서 비교적 흔한 유전질환인 듀켄씨 근이영양증(Duchenne muscular dystrophy)이 하나의 새로운 돌연변이에 의해 빈번하게 발생한다는 것을 볼 수 있다.

## 한 개체의 대립유전자는 같을 수도 다를 수도 있다

이배체 개체는 상동염색체 쌍을 가지며, 쌍을 이루는 상동염색체들끼리는 동일한 유전자 좌위를 갖는다. 따라서 개체는 각각의 유전자에 대해 두 개의 복사본을 갖게 된다. 만약 두 상동염색체가 정해진 좌위에 똑같은 대립유전자를 갖고 있을 경우 이 개체를 해당 좌위에서 **동형접합(homozygous)**라고 한다(homo는 "같은"을 의미). 예를 들어, 그림 9-1에 제시된 염색체는 두 개의 좌위에서 동형접합이다. 만약 두 개의 상동염색체가 정해진 좌위에서 서로 다른 대립유전자를 가지고 있으면 이 개체를 주어진 좌위에서 **이형접합(heterozygous)**이라고 한다(hetero는"서로 다른"을 의미). 그림 9-1의 염색체는 한 좌위에서 이형접합이다. 특정 형질에 대해 이형접합인 개체들을 잡종(hybrid)이라고 한다.

개체가 주어진 좌위에서 동형접합인지 이형접합인지는 이 개체가 생성하는 배우자의 유전자 조성에 영향을 준다. 상동염색체는 감수분열 과정에서 분리되므로(8장 참고), 각각의 배우자는 각 상동염색체 쌍마다 하나씩의 염색체를 받는다. 그 결과 배우자마다 각 유전자에 대해 하나의 대립유전자만을 물려받는다. 만약 개체가 특정 좌위에서 동협접합인 경우는 이 개체가 생성하는 배우자는 모두 그 좌위에 대해서 동일한 대립유전자를 갖게 된다. 이와는 달리 개체가 주어진 좌위에서 이형접합이면, 해당 대립유전자와 관련해 두 종류의 배우자가 생성된다. 즉, 반은 한 종류의 대립유전자를 갖고, 나머지 반은 다른 대립유전자를 갖는다.

▲ 그림 9-2 **그레고르 멘델** 선구자적인 유전 실험을 완성한 후, 1888년경 그려진 멘델의 초상화.

## 9.2 유전법칙은 어떻게 발견되었는가?

유전의 일반적인 양식과 유전자, 대립유전자에 대한 많은 주요 사실들, 그리고 유성생식 과정 중 배우자와 접합자에서의 대립유전자 분배에 대해 1800년대 중반에 오스트리아의 수도승인 그레고르 멘델이 밝혔다(그림 9-2). 이것은 DNA, 염색체 또는 감수분열이 발견되기 훨씬 이전이었다. 멘델의 실험은 매우 간결하고 정확한 실제 예를 보여준 행동과학이므로 이제 멘델의 발견 경로를 따라가보자.

### 멘델의 성공 비결

생물학에서 실험을 성공적으로 하는 데에는 세 가지 주요 단계가 있다: (1) 적절한 실험 대상 생명체 선택하기, (2) 실험을 정확하게 설계하고 수행하기, 그리고 (3) 자료를 정확히 분석하기이다. 멘델은 유전을 연구하면서 이 세 가지 단계를 잘 적용한 첫 번째 유전학자였다.

멘델은 유전 실험에 사용할 대상체로 완두콩을 선택하였다(그림 9-3). 꽃의 웅성(수) 생식기관인 수술은 꽃가루를 생성한다. 각각의 꽃가루는 정자를 포함하고 있다. 정자는 수분을 통해 자성(암) 생식기관인 심피의 기저부에 있는 씨방 속 난자와 수정을 한다. 완두콩의 꽃잎은 모든 생식구조를 둘러싸고 있어서 다른 꽃의 꽃가루가 들어오는 것을 방지한다(그림 9-3 참고). 따라서 완두꽃의 난자들은 같은 완두꽃의 꽃가루에서 유래한 정자에 의해서 수정이 되어야 한다. 이러한 과정을 **자가수정(self-fertilization)**이라고 한다.

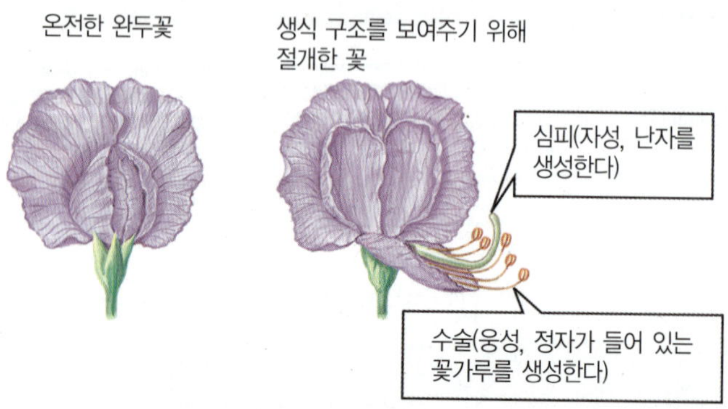


▲ 그림 9-3 **완두꽃** 온전한 완두꽃(왼쪽)에서는 아래 쪽 꽃잎이 생식기를 감싸는 구조물을 형성한다. 꽃가루가 밖에서부터 꽃 속으로 들어갈 수 없으므로 완두는 자가수정을 한다. 만약 꽃잎을 벌리면(오른쪽), 인공적으로 타가수정시킬 수 있다.

그러나 멘델은 두 종의 서로 다른 완두콩 식물을 교배시켜 어떠한 종류의 자손이 태어나는지 알고자 했다. 이를 위해 멘델은 완두꽃을 벌려 수술을 제거함으로써 자가수정이 되지 않게 하였다. 그리고 나서 그는 심피의 끈적한 암술머리에 다른 완두꽃에서 얻은 수술을 털어 넣었다. 한 개체에서 유래한 정자가 다른 개체의 난자와 수정을 하는 경우 이를 **타가수정(cross-fertilization)**이라고 한다.

멘델의 실험 디자인은 매우 뛰어났다. 개체 전체를 그 개체의 자손과 비교함으로써 유전을 이해하고자 했던 초기 과학자들과는 달리 멘델은 형질(trait)이라고 하는 개별적인 특징을 연구했다. 더욱이, 멘델은 흰색 꽃과 보라색 꽃처럼 명백하게 다른 형태의 형질을 택하였다. 또한 그는 한번에 하나의 형질만 연구를 하였다. 마지막으로, 멘델은 여러 세대에 걸쳐 이들 형질의 유전을 조사하였으며 각 형질마다 자손의 수를 계산하였다. 오늘날은 모든 생물학 분야에서 실험의 계량화와 통계 분석을 적용하는 것이 필수적인 도구이지만, 멘델 시대에 이러한 숫자적 분석은 일종의 혁신이었다.

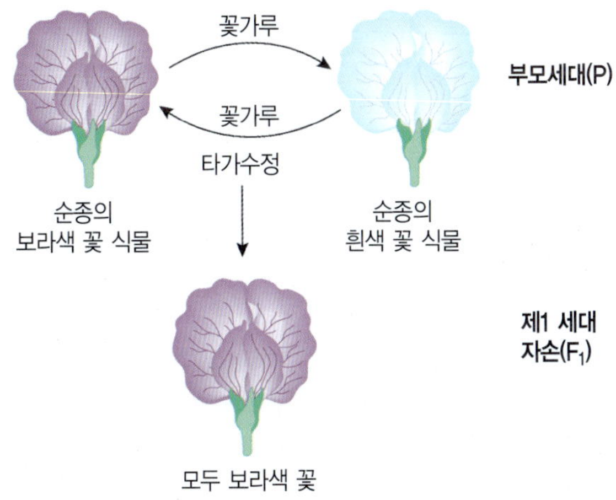


▲ **그림 9-4** **순종의 흰색 또는 보라색 꽃 타가수정** 자손 모두 보라색 꽃을 생산한다.

## 9.3 단일 형질은 어떻게 유전되는가?

멘델 시대에도 완두 중의 수많은 종류가 단일 형질에 대해 서로 다른 형태를 가진 순종(true-breeding)이었다. 순종이란 자가수정시켰을 때, 생성되는 모든 자손에게 항상 유전되는 형질, 즉 보라색 꽃과 같은 형질을 가지고 있는 개체를 말한다. 초기 실험에서 멘델은 서로 다른 순종 형질을 갖고 있는 식물들을 타가수정시키고 이들 식물로부터 씨를 얻었다. 이후, 이 씨앗을 키워 나오는 자손의 형질을 관찰하였다.

한 가지 실험에서, 멘델은 순종인 흰 꽃과 또 다른 순종인 보라색 꽃을 타가수정시켰다. 그가 교배한 식물은 부모세대이며 이를 P로 표기한다. 이로부터 얻은 씨를 길렀을 때 첫 번째 세대의 자손("제1세대," 또는 $F_1$ 세대라고 함)은 모두 보라색 꽃이었다(그림 9-4). 흰색은 어떻게 된 것일까? $F_1$ 세대의 꽃은 그들의 부모세대와 똑같은 보라색이었다. 이들 자손세대에서는 흰색이 사라진 것처럼 보인다.

그 후 멘델은 $F_1$ 꽃을 자가수분하여 이로부터 씨를 얻고, 다음해 봄에 이 씨를 키워 두 번째 세대($F_2$)를 얻었다. $F_2$에서 멘델은 705개의 보라색 꽃과 224개의 흰꽃을 얻었다. 이 숫자는 보라색이 전체의 약 $^3/_4$이고 흰색은 전체의 $^1/_4$로서, 비율로는 흰색 : 보라색이 3 : 1이었다(그림 9-5). 이 결과는 흰꽃을 만드는 유전자가 $F_1$ 세대에서 사라지지 않고 단지 "숨어"있었다는 것을 보여준다.

멘델은 $F_2$를 자가수정하여 세 번째 세대($F_3$)를 얻었다. 이 실험을 통해 그는 흰색의 $F_2$는 모두 순종이어서 항상 흰색 자손만 생산한다는 것을 알게 되었다. 멘델은 시간과 인내를 갖고 여러 세대를 재배하였지만 흰꽃 부모는 항상 흰꽃 자손만 생산하였다.

보라색 $F_2$를 자가수정시킨 결과 이들은 두 가지 유형이라는 것이 밝혀졌다. $^1/_3$은 보라색 순종이고 나머지 $^2/_3$는 보라색과 흰색의 자손을 생산하는데 이때도 역시 보라색과 흰색의 비율은 3 : 1이었다. 따라서 $F_2$ 세대는 $^1/_4$이 보라색 순종이고 $^1/_2$은 보라색 잡종이며 나머지 $^1/_4$이 흰색 순종임을 알 수 있었다.

### 상동염색체에 있는 우성과 열성 대립유전자의 유전이 멘델의 교배 실험 결과를 설명해준다

멘델의 실험 결과에 유전자와 염색체 행동에 관한 현대 지식을 보완함으로써 단일 형질 유전을 설명할 수 있는 5가지 가설이 발전되었다.

1. 각 형질은 유전자라고 불리는 한 쌍의 독특한 물리적 단위에 의해 결정된다. 개체마다 꽃의 색을 결정하는 유전자를 비롯해 각 유전자에 대해 두 개의 대립유전자를 갖고 있다. 각 유전자의 두 대립유전자는 각 상동염색체에 하나씩 존재한다. 순종인 흰꽃 완두는 "꽃 색" 유전자에 대해 보라색 꽃 순종 완두와 서로 다른 대립유전자를 갖고 있다.

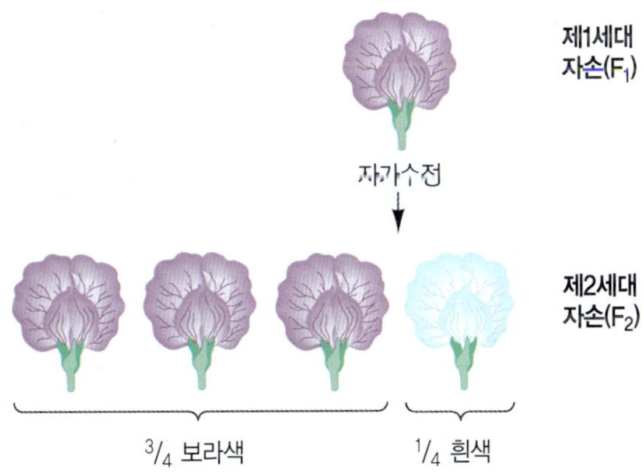


▲ **그림 9-5** **보라색 $F_1$ 꽃의 자가수정** 자손의 $^3/_4$은 보라색 꽃이고 $^1/_4$은 흰색 꽃이다.

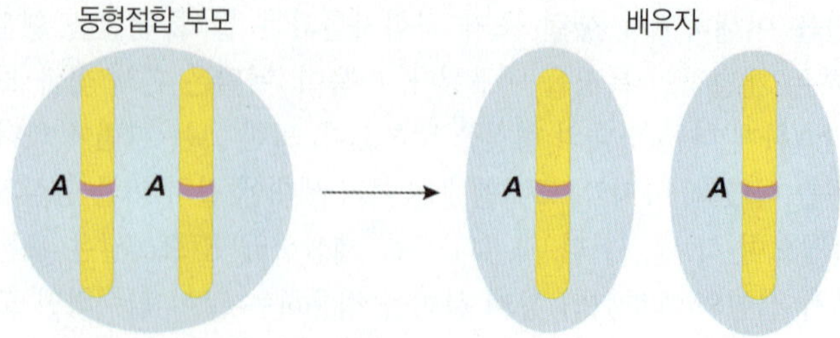


(a) 동형접합 부모로부터 생성된 배우자

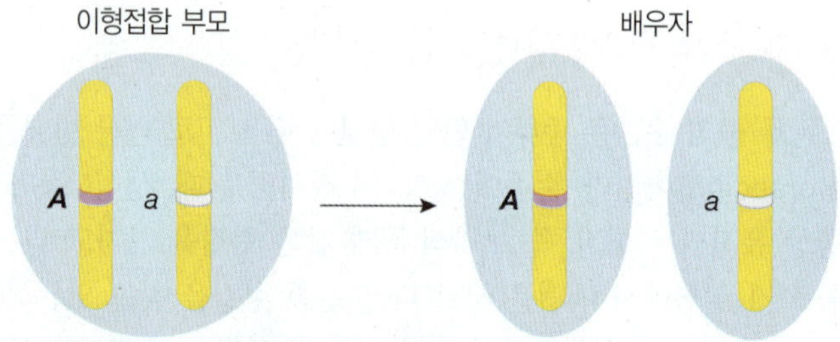


(b) 이형접합 부모로부터 생성된 배우자

▲ **그림 9-6 배우자로의 대립유전자 분배** (a) 동형접합 개체에 의해 생성된 모든 배우자는 같은 대립유전자를 갖는다. (b) 이형접합 개체에 의해 생성된 배우자의 절반은 한 가지 대립유전자를, 그리고 나머지 반은 다른 대립유전자를 갖는다.

2. 두 개의 서로 다른 대립유전자가 하나의 개체에 존재할 때 **우성(dominant)** 대립유전자는 **열성(recessive)** 대립유전자의 발현을 막는다. 완두의 경우 보라색 꽃 대립유전자는 우성이고 흰색 꽃 대립유전자는 열성이다.

3. 상동염색체의 대립유전자 쌍은 배우자 형성과정 중에 서로 분리된다. 따라서 각 배우자는 한 쌍 중 하나의 대립유전자만을 물려받는다. 이처럼 감수분열 중에 각 유전자의 두 대립유전자가 서로 분리되는 현상을 멘델의 **분리의 법칙(law of segregation)**이라고 한다. 정자가 난자와 수정을 하면 이 결과 형성되는 자손은 부계(정자)로부터 하나의 대립유전자를, 그리고 모계(난자)로부터 또 다른 대립유전자 하나를 물려받는다.

4. 배우자에 어느 대립유전자가 가게 되는지는 우연에 의한다. 감수분열 중 상동염색체는 무작위로 분리되기 때문에 대립유전자가 배우자로 분배되는 것 또한 무작위로 일어난다.

5. 순종(동형접합) 개체는 주어진 유전자에 대해 동일한 대립유전자 복사본을 두 개 가지고 있다. 따라서 동협접합인 개체로부터 생성되는 배우자는 해당 유전자에 대해 모두 같은 대립유전자를 갖는다(**그림 9-6a**). 잡종(이형접합)인 개체는 주어진 유전자에 대해 서로 다른 대립유전자를 갖고 있다. 따라서 이로부터 생성되는 배우자의 반은 해당 유전자에 대한 한 가지 대립유전자를 가지며, 나머지 반은 다른 대립유전자를 갖는다(**그림 9-6b**).

이 가설이 멘델 실험 결과를 어떻게 설명해주는지 살펴보자. 보라색 꽃 색을 결정하는 우성 대립유전자를 대문자 $P$로, 그리고 흰색 열성 대립유전자는 소문자 $p$로 표기한다. (멘델의 관례에 따라 우성 대립유전자는 대문자로 나타낸다.) 동형접합 보라색 꽃 식물은 보라색 꽃 색에 대한 두 개의 대립유전자($PP$)를 갖는 반면 흰색 꽃을 갖는 식물은 두 개의 대립유전자 *pp*를 갖는다. *PP* 식물에 의해 생성되는 정자와 난자는 모두 *P* 대립유전자를 가지며, *pp* 식물에 의해 생성되는 정자와 난자는 모두 *p* 대립유전자를 갖는다(그림 9-7a). 멘델의 $F_1$ 잡종 자손은 *P*를 갖고 있는 정자가 *p*를 갖는 난자와 수정을 하거나 *p* 정자가 *P* 난자와 수정을 할 때 생성된다. 두 경우 모두 $F_1$ 자손은 *Pp*였다. *P*는 *p*에 대해 우성이므로 자손은 모두 보라색이다(그림 9-7b). 멘델은 이형접합인 $F_1$ 식물을 자가수정하여 $F_2$ 자손을 얻었다. 이형접합 *Pp* 식물로부터 생성된 배우자가 *P* 대립유전자를 갖게 될 확률과 *p* 대립유전자를 갖게 될 확률은 같다. 즉, 이형접합인 식물은 같은 수의 *P* 정자와 *p* 정자, 그리고 같은 수의 *P* 난자와 *p* 난자를 생성한다. *Pp* 식물이 자가수정 할 경우, 각 종류의 정자가 각 종류의 난자와 수정할 확률은 모두 같다(그림 9-7c). 따라서 멘델의 $F_2$ 세대는 세 가지 종류의 자손(*PP*, *Pp*, *pp*)을 갖게 되며, 이 세 가지의 비율은 대략 $^1/_4$의 *PP*(동형접합 보라색), $^1/_2$의 *Pp*(이형접합 보라색), 그리고 1/4의 *pp* (동형접합 흰색)이다.

비슷해 보이는 두 식물도 실제로는 서로 다른 조합의 대립유전자를 갖고 있을 수 있다. 한 생명체가 갖고 있는 대립유전자 조합(예를 들어, *PP* 또는 *Pp*)을 그 개체의 **유전자형(genotype)**이라고 한다. 외형, 행동, 소화효소, 혈액형, 그리고 그 외에도 관찰이나 측정 가능한 모든 특징을 포함한 개체의 형질을 **표현형(phenotype)**이라고 한다. *PP*와 *Pp* 식물은 유전자형은 서로 다르지만 표현형은 똑같이 보라색 꽃이다. 따라서 멘델이 재배한 완두의 $F_2$ 세대는 유전자형이 3가지이다($^1/_4$ *PP*, $^1/_2$ *Pp*, 그리고 $^1/_4$ *pp*). 그러나 표현형은 단지 두 가지(보라색 $^3/_4$과 흰색 $^1/_4$)이다.

## 간단한 "유전학적 장부기록"으로 자손의 유전자형과 표현형을 예측할 수 있다

자손의 유전자형과 표현형을 예측하는 편리한 방법인 **푸네트 사각형법(Punnett square method)**은 1900년대 초기 유명한 유전학자인 R. C. Punnett 이름을 따라 명명되었다. 그림 9-8은 단일 형질에 대해 이형접합인 개체를 자가수정하였을 때 이로부터 생성되는 자손의 비율을 결정하기 위해서 푸네트 사각형을 어떻게 이용해야 하는지 보여준다. 이러한 "유전학적 장부"를 이용할 때, 실제 실험에서는 서로 다른 유전자형을 가진 정자와 난자가 무작위로 만나기 때문에 자손은 단지 예상되는 대략적인 비율로만 나타난다. 한 가지 예를 생각해보자. 매번 아기를 임신하는

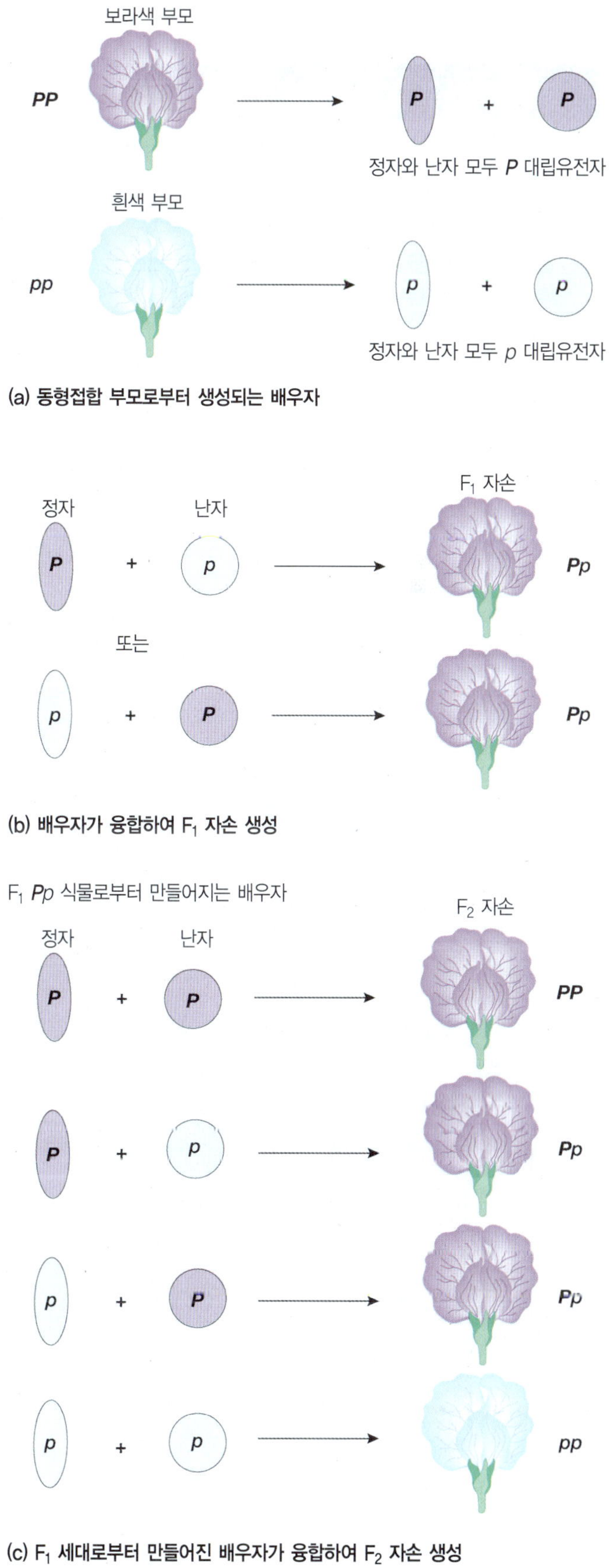


▶ **그림 9-7 대립유전자의 분리와 배우자의 융합은 완두의 꽃 색에 대한 멘델 실험에서 대립유전자와 형질의 분배를 예측하게 한다** **(a)** 부모세대. 동형접합 부모로부터 생성되는 모든 배우자는 동일한 대립유전자를 갖는다: *PP* 부모로부터는 *P* 대립유전자만 갖는 배우자가 만들어지고, *pp* 부모로부터는 만들어지는 배우자는 *p* 대립유전자만 갖는다. **(b)** $F_1$ 세대. *P* 대립유전자를 갖는 배우자와 *p* 대립유전자를 갖는 배우자가 융합하면 *Pp* 자손이 만들어진다. **(c)** $F_2$ 세대. *Pp* 이형접합 부모로부터 만들어지는 배우자의 절반은 *P* 대립유전자를 갖고, 나머지 절반의 배우자는 *p* 대립유전자를 갖는다. 이들 배우자가 융합하면 *PP*와 *Pp*, 그리고 *pp* 자손이 생성된다.

경우도 아들 또는 딸이 될 확률은 50:50이다. 그러나, 두 아이를 가진 대다수 가족들이 아들 하나와 딸 하나를 갖고 있는 것은 아니다. 남아에 대한 여아의 50:50 비율은 많은 가정의 아이들 성별을 평균할 때에만 나타난다.

**경기장에서의 돌연사–마르판증후군**

**계속**

마르판증후군을 가진 사람이 증후군이 없는 사람과 결혼하여 아이들을 낳을 경우, 자식들이 이 증후군을 물려받을 확률은 50%이다. 그렇다면 마르판은 우성 대립유전자로 유전되는 것일까? 열성으로 유전되는 것일까? 왜 그러한가? 9장 끝에 있는 "경기장에서의 돌연사–마르판증후군, 다시 들러보기"를 통해 이유를 확인해 보아라.

### 멘델의 가설은 단일 형질 교배에서 새로운 종류가 생기게 됨을 예측하게 한다

이미 알고 있듯이 멘델은 과학적인 방법을 사용하였고, 관찰을 통해 얻은 것을 가설을 세우는데 이용했다. 그렇다면 멘델의 가설은 더 많은 실험을 하여도 결과를 정확히 예측하게 할까? 이형접합 $F_1$ 식물(*Pp*)이 보라색 꽃 결정 대립유전자 하나와 흰색 결정 대립유전자 하나를 갖고 있다는 가설을 기반으로 이 *Pp* 식물을 동형접합 열성 흰색 식물(*pp*)과 교배하였을 때의 결과를 예측할 수 있다. 이 경우 *Pp*(보라색)와 *pp*(흰색)의 자손 수는 동일해야 한다. 이것이 실제로 멘델이 발견한 것이다. 푸네트 사각형을 이용하면 이와 같은 "검정 교배" 가 왜 그러한지 알 수 있다(**그림 9-9**).

## 9.4 다형질은 어떻게 유전되는가?

단일 형질 유전을 연구한 뒤에 멘델은 이보다 복잡한 다형질 유전에 관심을 갖게 되었다. 그는 두 가지 형질, 예를 들어 씨의 색(노란색과 녹색)과 종자의 모양(매끈한 것과 주름진 것)이 서로 다른 완두 식물을 교배하였다(**그림 9-10**). 이미 앞서 단일 형질의 식물들을 교배하여, 멘델은 이미 씨의 모양을 "매끈하게" 하는 대립유전자(*S*)가 "주름지게" 하는 대립유전자(*s*)에 대해 우성이며, 씨앗의 색이 '노란색"이 되게 하는 대립유전자(*Y*)가 "녹색"이 되게 하는 대립유전자(*y*)에 대해 우성이라는 것을 알았다.

멘델은 둥글고 노란 씨 순종(*SSYY*)과 주름지고 녹색인 씨 순종(*ssyy*)을 교배하였다. 여기서 얻은 모든 $F_1$ 자손의 유전자형은 *SsYy*이었으며 둥글고 노란색 씨를 가졌다. 멘델은 이들 $F_1$ 식물을 자가수정한 결과 $F_2$ 세대에서

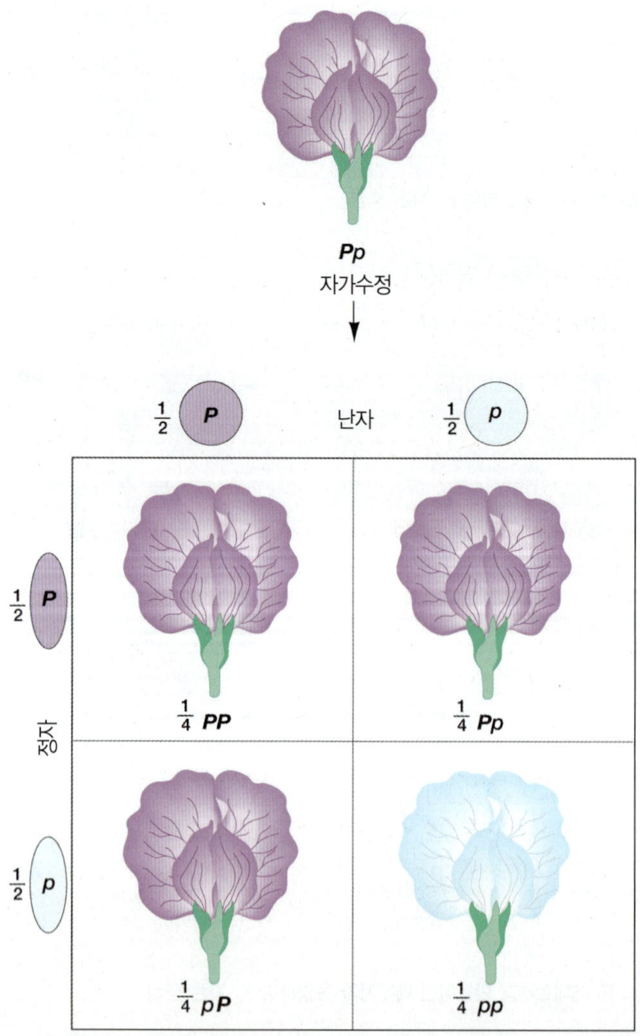


◀ **그림 9-8 푸네트 사각형법** 푸네트 사각형법은 특정 교배에 따른 유전자형과 표현형을 예측하게 해준다. 여기서는 꽃의 색이라는 단일 형질에 대한 이형접합 식물들끼리의 교배에 푸네트 사각형법을 이용하였다.

1. 서로 다른 대립유전자에 문자를 할당한다. 우성은 대문자, 열성은 소문자를 이용한다.
2. 각각의 부와 모로부터 생성될 수 있는 서로 다른 종류의 배우자 모두를 결정한다.
3. 푸네트 사각형을 그린다. 가로에는 난자의 유전자형, 그리고 세로에는 정자의 유전자형을 쓴다. (이들 유전자의 비율을 분수로 표기하였다)
4. 각각의 칸에 세로의 정자 유전자형과 가로의 난자 유전자형을 곱한 자손의 유전자형을 써 넣는다. (빈 칸에 분수로 표기하였다.)
5. 각각의 유전자형마다 자손의 수를 계산한다. (*Pp*와 *pP*는 동일한 것임에 유의하여라.)
6. 자손 전체 수 중 각 유전자형의 자손이 차지하는 비율을 분수로 전환한다. 이 실험에서는 네 가지의 수정을 통해 단 하나만이 *pp* 유전자형을 생성할 것으로 예측된다. 따라서 이 교배로 생성되는 전체 자손 중 $^1/_4$이 흰꽃이 될 것이다. 표현형 빈도를 결정하려면 주어진 표현형을 만들 수 있는 유전자형의 분수를 더하면 된다. 예를 들어, 보라색 꽃은 $^1/_4$ *PP* + $^1/_4$ *Pp* + $^1/_4$ *pP*에 의해 생성되므로 전체 자손 중 $^3/_4$이 보라색이 된다.

**질문:** 이형접합 *Pp* 식물을 동형접합 열성 *pp* 식물과 교배할 경우 생성될 것으로 예측되는 자손의 비율은? 이로부터 예측되는 결과와 *PP* x *pp* 교배 결과 생성되는 자손은 어떻게 다른가? 다음 내용을 더 읽기 전에 계산해 보아라.

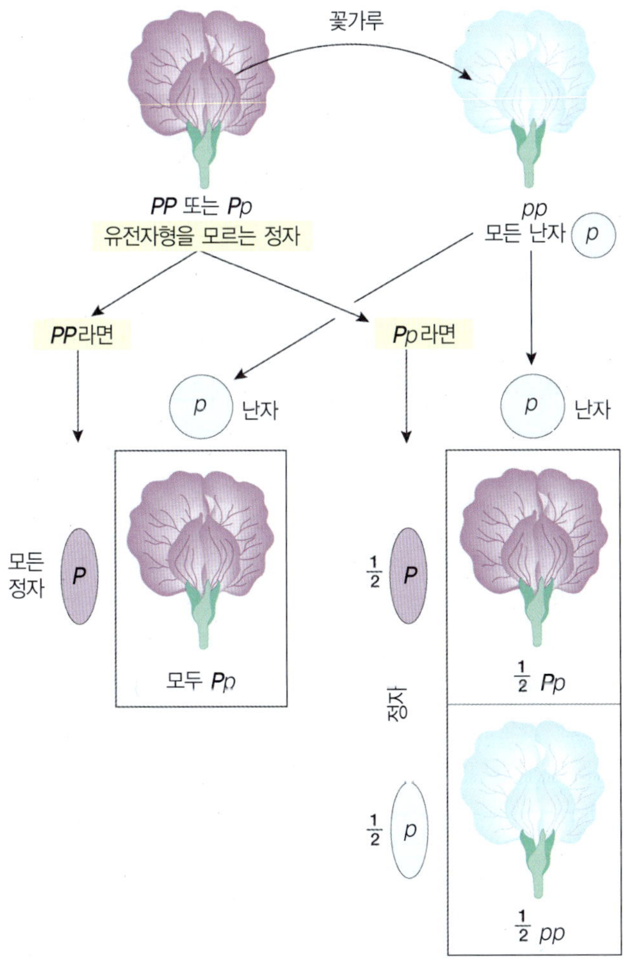


◀ **그림 9-9 검정교배의 푸네트 사각형** 우성 표현형을 가진 개체는 동형접합일 수도 있고 이형접합일 수도 있다. 이러한 개체를 동형 열성 개체와 교배시키면 우성 표현형의 개체가 동형접합(왼쪽)인지 이형접합(오른쪽)인지 알 수 있다.

315개의 매끈하고 노란 씨와 101개의 주름지고 노란 씨, 그리고 108개의 매끈하고 녹색인 씨와 32개의 주름지고 녹색인 씨를 얻었다. 이들의 비율은 대략 9:3:3:1이다. 멘델은 두 가지 형질에 대해 이형접합인 다양한 식물들을 교배한 결과, $F_2$ 세대에서의 표현형 비율이 항상 대략 9:3:3:1이라는 것을 발견했다.

## 멘델은 다형질들이 독립적으로 유전된다고 결론지었다

멘델은 씨의 색과 씨의 모양이 독립적으로 유전될 경우 실험에서 얻은 결과들이 설명될 수 있다는 것을 깨달았다. 만약 그렇다면, 각 형질에 대해 자손의 $^3/_4$은 우성 표현형을 보여주어야 하고 $^1/_4$은 열성 표현형을 보여주어야 한다. 이 결과는 멘델이 관찰한 것이다. 그는 423개의 매끈한 씨와 133개의 주름진 씨를 얻었고(약 3:1의 비율), 416개의 노란 씨(씨 모양은 두 가지 모양 다 됨)와 140개의 녹색 씨를 얻었다(이것 역시 3:1의 비율). **그림 9-11**은 두 가지 형질에 대해 이형접합인 개체들을 교배하여 얻게 될 결과를 결정하기 위해 푸네트 사각형이 어떻게 이용되는지를 보여준다.

두 개 혹은 그 이상의 독특한 형질이 독립적으로 유전되는 현상을 **독립분배의 법칙(law of independent assortment)**이라고 한다. 대립유전자들이 배우자로 분배될 때, 한 유전자의 대립유전자는 다른 유전자의 대립유전자와 무

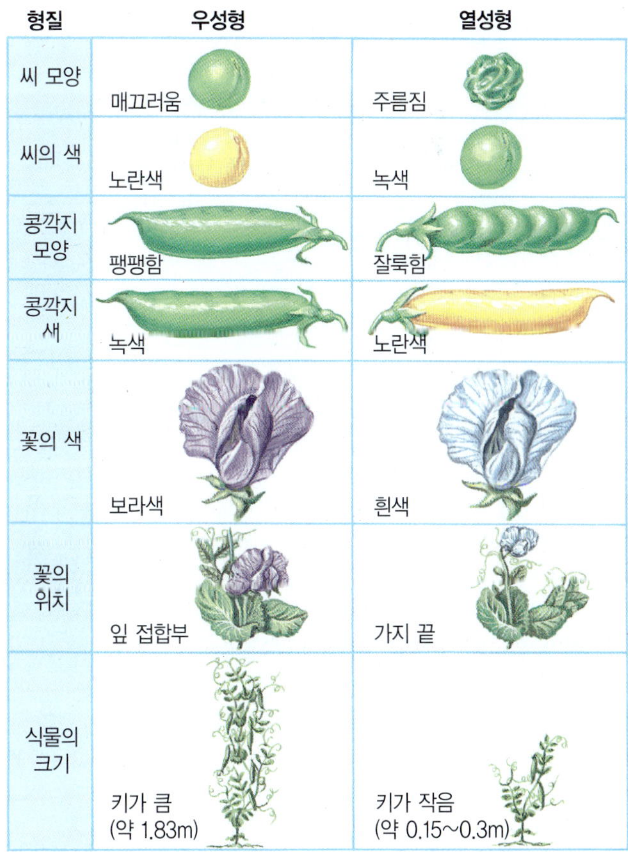


▲ **그림 9-10 멘델이 연구하였던 완두 식물의 형질**

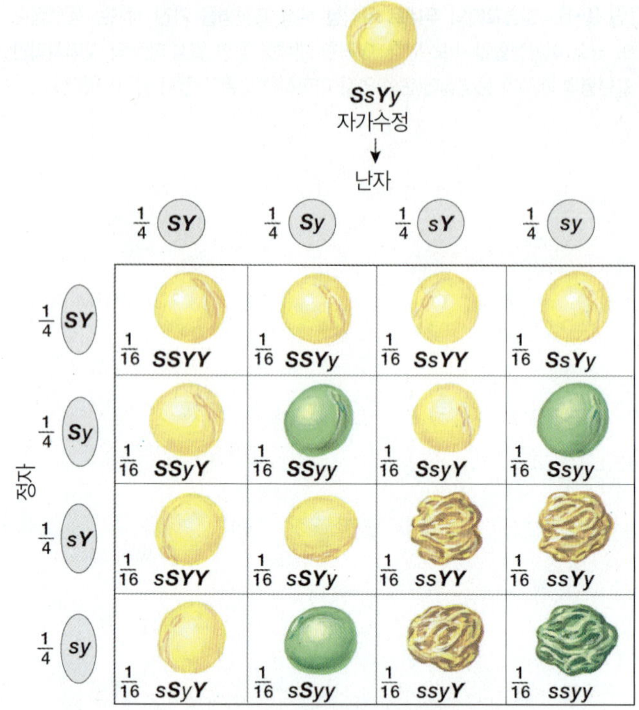


▲ **그림 9-11 두 가지 형질에 대해 이형접합인 부모들을 교배하였을 때 예측되는 유전자형과 표현형** 완두의 씨에서, 노란색(*Y*)은 녹색(*y*)에 대해 우성이며, 매끄러운 것(*S*)은 주름진 것(*s*)에 대해 우성이다. 이 교배에서 양친은 각 형질에 대해 이형접합이다(또는 두 형질에 대해 이형접합인 하나의 개체가 자가수정). 푸네트 사각형에 16개의 빈칸이 있다. 모든 유전자형 조합과 9:3:3:1의 전반적인 표현형 비율을 예측하는 것 외에도 푸네트 사각형은 각 형질을 따로 따로 교배했을 때와 마찬가지로 $^3/_4$의 노란색 씨와 $^1/_4$의 녹색 씨, 그리고 $^3/_4$의 매끈한 씨와 1/4의 주름진 씨의 비율을 예측한다. **질문:** 다음 질문에 답을 하기 위해 푸네트 사각형을 이용하여라: 주름지고 녹색인 씨를 갖는 식물과 교배하면 매끈한 노란색의 씨(두 가지 모두 우성형 질임)를 갖는 식물의 유전자형을 알 수 있는가?

관하게 독립적으로 이동하므로 다형질은 독립적으로 유전된다. 이러한 유전의 물리적 기초는 감수분열에 일어나는 사건에서 발견된다(8장 참고). 제1 감수분열 중기에 쌍을 이룬 상동염색체가 배열할 때, 어느 상동염색체가 양극의 어느 극을 향하는지는 무작위이다. 그리고 상동염색체 쌍 하나의 향방이 다른 상동염색체 쌍의 향방에 영향을 주지 않는다. 따라서 제1 감수분열 후기에 상동염색체가 분리될 때, 상동염색체 쌍 1에 있는 유전자의 어느 대립유전자가 "북쪽"으로 이동할 것인가는 상동염색체 쌍 2에 있는 유전자의 어느 대립유전자가 "북쪽"으로 이동할지에 영향을 주지 않는다. 다시 말해, 서로 다른 염색체에 있는 유전자의 대립유전자는 독립적으로 분배 또는 분류된다(**그림 9-12**). 이 때 서로 다른 염색체에 있는 유전자들만 독립적으로 분배된다는 것을 주시하여라.

## 준비되지 않은 세상에서는 천재를 알아보지 못한다

그레고르 멘델은 1865년에 유전에 관한 가설을 제시했으며, 이 가설은 다음 해에 발표되었다. 그의 논문은 유전학의 시작을 장식하지 못했다. 실제로, 멘델의 논문은 그가 살아 있는 동안에는 아무런 감명을 주지 못했다. 모든 생물학 분야에서 가장 중요한 과학 이론 중의 하나가 되었던 멘델의 실험은 시야에서 사라져 버렸다. 그의 논문을 읽은 사람은 거의 없었으며, 당신 만연하던 유전에 대한 생각과 상반되었기 때문에 읽은 사람들도 중요성을 인식하거나 신뢰

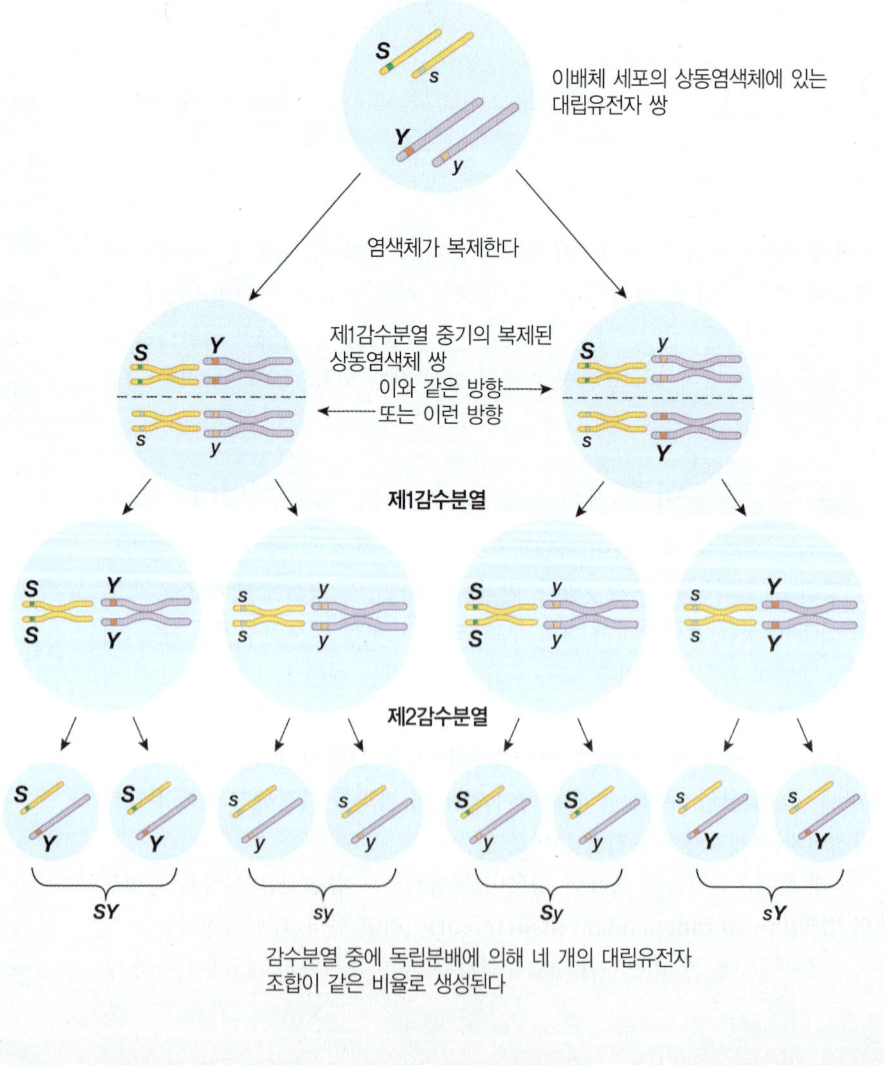


▶ **그림 9-12 대립유전자의 독립분배** 감수분열 중에 염색체의 이동은 그림에서 보여주는 두 개의 유전자에서처럼 대립유전자들이 독립적으로 분배되게 한다. 각각의 가능한 조합은 동등하게 일어나므로 $^1/_4$ *SY*, $^1/_4$ *sy*, $^1/_4$ *sY*, 그리고 $^1/_4$ *Sy*의 배우자가 형성된다. **질문:** 만약 씨의 색과 모양을 결정하는 유전자가 서로 다른 염색체가 아닌 동일한 염색체에 있다면 이들은 독립적으로 분배가 될까? 그렇다면 또는 그렇지 않다면 그 이유는 무엇일까?

하지 않았다.

1900년이 되어서야 서로 독립적으로 연구하며 멘델의 발견에 대해 아무것도 알지 못했던 세 명의 과학자 칼 코렌스(Carl Correns)와 휴고 드 프리스(Hugo de Vries), 에릭 체르마크(Erich Tschermak)가 유전의 법칙을 재발견하였다. 하지만 실망스럽게도, 그들은 자신들의 결과를 발표하기 이전에 과학 저널을 검색하다가 이미 30여 년 전에 멘델이 같은 실험을 한 것을 알게 되었다. 그들은 1884년에 사망한 오스트리아 수도승이 이미 이루어놓은 중요한 업적을 정중하게 인정하였다.

## 9.5 같은 염색체에 있는 유전자들은 어떻게 유전되는가?

9장 앞에서 이미 학습했듯이 각 염색체는 많은 유전자들을 갖고 있다(그림 9-1 참고). 감수분열 과정에서는 유전자가 아닌 염색체들이 분리된다. 따라서 같은 염색체에 있는 유전자들은 독립적으로 분배되지 않는다.

### 같은 염색체에 있는 유전자들은 함께 유전되려는 경향이 있다

유전자 **연관(linkage)**은 동일 염색체 상에 있는 유전자들이 함께 유전되는 현상이다. 최초의 연관 유전자 쌍 중 하나는 멘델의 완두와 서로 다른 종인 스위트피(sweet pea)에서 발견되었다. 스위트피에서 꽃의 색 유전자와 꽃가루 모양을 결정하는 유전자는 같은 염색체 상에 위치한다. 따라서 이들 유전자의 대립유전자는 감수분열 중에 함께 분배되어 배우자로 가며, 그 결과 함께 유전된다.

그림 9-13과 같은 상동염색체 쌍을 갖고 있는 보라색 꽃과 긴 꽃가루의 스위트피를 생각해보자. 보라색 꽃 유전자와 긴 꽃가루 유전자 모두 하나의 상동염색체에 같이 위치한다는 것에 주시하여라. 빨간색 꽃 유전자와 둥근 꽃가루 유전자도 다른 상동염색체에 같이 위치한다. 따라서 이 스위트피에서는 보라색과 긴 꽃가루 대립유전자를 갖는 배우자나 혹은 빨간색 꽃과 둥근 꽃가루 대립유전자를 갖는 배우자가 생성된다. 그러므로 꽃의 색과 꽃가루 모양에 대해 이형접합인 스위트피를 교배할 경우 보라색 꽃/긴 꽃가루, 그리고 빨간색 꽃/둥근 꽃가루를 갖는 스위트피만 생성될 것으로 예상된다. 이와 같은 유전양식은 꽃의 색과 꽃가루 모양의 대립유전자들이 독립적으로 분배되야 한다는 독립분배 법칙을 위배한다. 대신에 같은 상동염색체에 위치하는 유전자들은 감수분열 중 같이 행동하여 함께 유전되는 경향이 있다.

### 교차는 연관된 대립유전자의 새로운 조합을 만든다

그러나 동일 염색체에 있는 유전자라고 해서 항상 함께 존재하는 것은 아니다. 예를 들면, 앞서 보여준 스위트피에서 일부는 $F_2$ 세대의 꽃 색과 꽃가루 모양을 결정하는 유전자가 연관되어 있지 않은 것처럼 유전된 것을 볼 수 있다. 즉, 자손 중의 일부는 보라색 꽃과 둥근 꽃가루를 갖고 일부는 빨간색 꽃과 긴 꽃가루를 갖는다. 어떻게 이러한 것이 가능할까?

8장에서 학습했듯이 제1감수분열 전기에 상동염색체가 **교차(crossing over)**라고 하는 과정을 통해 염색체의 일부를 서로 교환한다(그림 8-14 참고). 감수분열 중에 상동염색체 각 쌍은 적어도 한번은 DNA 일부를 교환한다. 이처럼 교차에 의해 DNA의 상응하는 부분을 교환하게 되면 양쪽 상동염색체에 새로운 조합의 대립유전자가 생기게 된다. 그 후, 제1감수분열 후기에 재조합된 상동염색체가 분리되면 각각의 반수체 딸세포들이 물려받는 염색체들은 모세포가 가졌던 것과 다른 대립유전자 조합을 갖게 된다. 유전자들이 교차에 의해 얼마나 자주 분리되는가는 이들 유전자가 염색체 상에 얼마나 멀리 떨어

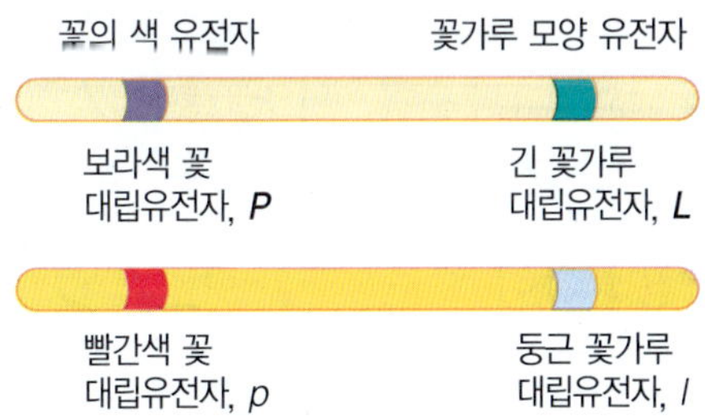


▲ 그림 9-13 꽃의 색과 꽃가루 모양을 결정하는 유전자를 보여주는 스위트피의 상동염색체

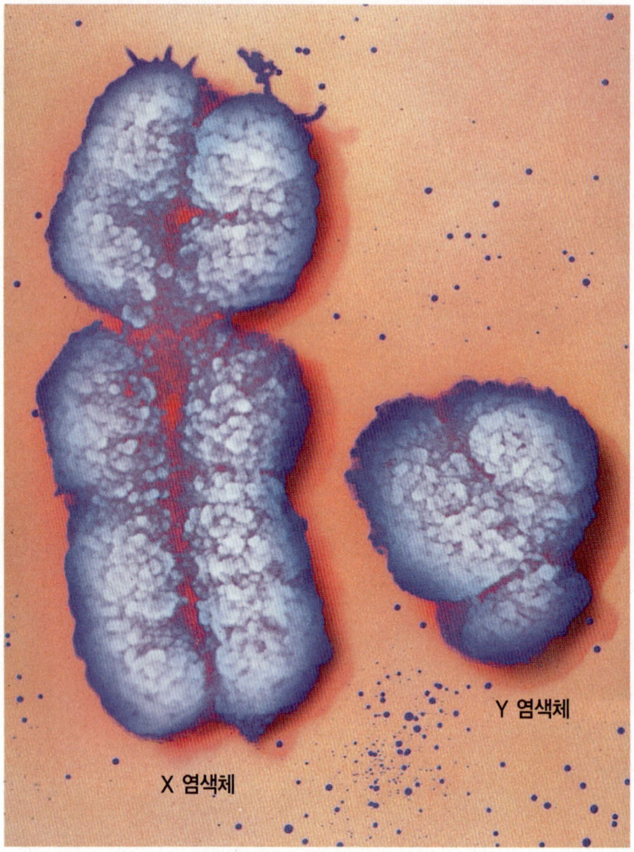


▲ **그림 9-14 사람 성염색체의 현미경사진** Y 염색체는 크기가 작으며, 갖고 있는 유전자의 수도 비교적 적다.

져 있는가에 따라 다르다는 것은 당연하다. 서로 인접한 유전자들은 거의 분리되지 않으며, 이와는 대조적으로 한 염색체의 서로 반대편에 있는 유전자들은 교차에 의해 거의 항상 분리된다.

스위트피 염색체를 다시 한번 살펴보자. 만약 꽃의 색 좌위와 꽃가루 모양 좌위 사이에서 교차가 일어나면 재조합된 염색체 상에 대립유전자들의 새로운 조합이 형성될 것이다. 보라색 대립유전자(*P*)와 긴 모양 꽃가루 결정 대립유전자(*L*)가 원래 하나의 상동염색체에 있고 빨간색 꽃 대립유전자(*p*)와 둥근 모양 꽃가루 대립유전자(*l*)는 다른 상동염색체에 있을 경우, 교차에 의해 보라색 꽃/둥근 모양 꽃가루 대립유전자 조합(*Pl*)을 갖는 일부 염색체와 빨간색 꽃/긴 꽃가루 대립유전자 조합(*pL*)을 갖는 염색체를 일부 생성할 수 있다. 비록 $F_1$ 세대는 모두 여전히 *PpLl* 유전자형을 가지고 있긴 하지만, 일부는 *PL*과 *pl* 대신 *Pl*과 *pL* 염색체를 갖게 됨으로써 이와 같은 유전자형이 된 것이다. 따라서 $F_2$ 세대 중 일부는 양 부모로부터 *Pl* 염색체를 받아 *PPll* 유전자형이 되므로 보라색 꽃/둥근 꽃가루 표현형이 나타날 것이다. 또 다른 일부는 양부모로부터 *pL* 염색체를 물려받아 *ppLL* 유전자형이 되므로 빨간색 꽃/긴 꽃가루 표현형을 보일 것이다.

## 9.6 성은 어떻게 결정되는가?

동물 중 대부분의 종들은 한 쌍의 특별한 염색체인 **성염색체(sex chromosome)**에 의해 성이 결정된다. 예를 들어, 포유류는 수컷과 암컷이 같은 수의 염색체를 갖는다. 그러나 암컷은 X 염색체라고 하는 두 개의 동일한 성염색체를 갖는 반면 수컷은 X 염색체 하나와 Y 염색체 하나를 갖는다(그림 9-14). 나머지 염색체들은 **상염색체(autosome)**라고 하며, 암컷과 수컷에 모두 있다.

수정란의 성은 어떻게 결정되는가? Y 염색체는 X 염색체보다 훨씬 작지만, X와 Y 염색체는 상동염색체로 행동하며 제1감수분열 과정 중에 쌍을 이루고 제1분열 후기에 서로 분리된다. 배우자 형성 중에 성염색체가 분리하므로 난자는 하나의 X 염색체를 물려받고(암컷은 XX이므로), 정자는 X 혹은 Y 염색체를 물려받는다(남성은 XY이므로). 따라서 난자가 Y 염색체를 갖는 정자와 수정하면 수컷 자손이 되고, X 염색체를 갖는 정자와 수정하면 암컷 자손이 된다(그림 9-15).

## 9.7 성연관 유전자는 어떻게 유전되는가?

성염색체에서는 발견되지만 다른 염색체에서는 발견되지 않는 유전자를 **성연관(sex-linked)** 유전자라고 한다. 많은 동물의 경우, Y 염색체에는 유전자가 적게 들어 있다. 사람의 경우, Y 염색체에는 수십 개의 유전자가 있

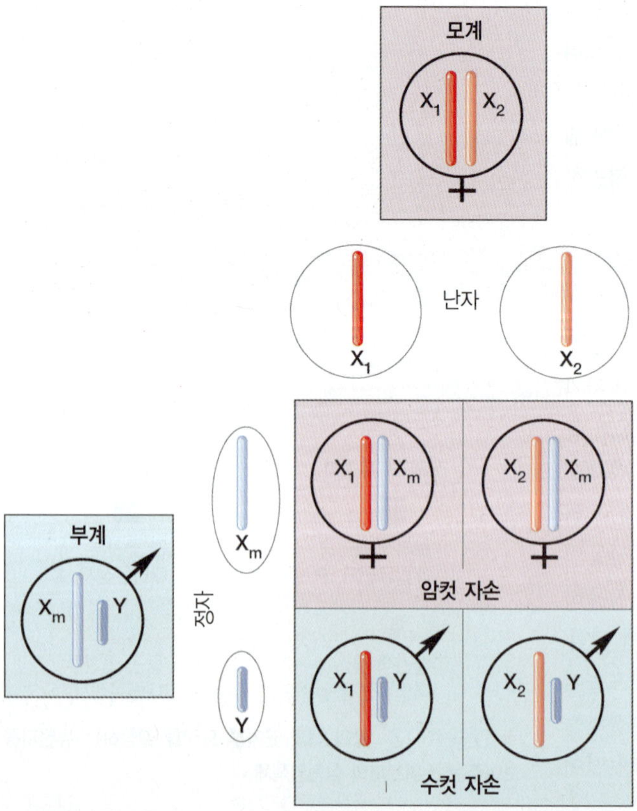


◀ **그림 9-15 포유류의 성결정** 수컷 자손은 부계로부터 Y 염색체를 물려받고, 암컷 자손은 부계의 X 염색체($X_m$로 표기)를 물려받는다. 수컷과 암컷 자손 모두 모계로부터 하나의 X 염색체($X_1$ 혹은 $X_2$)를 물려받는다. **질문:** 남성은 자신의 X 염색체에 있는 유전자를 아들과 딸 중 누구에게 전해주는가? 아니면 둘 다에게 전해주는가?

으며 이들 중 대다수가 남성의 생식에 관여한다. 이와는 달리 X 염색체에는 약 1,000개의 유전자가 있으며, 이 중에 여성 생식에 관여하는 것은 아주 소수이다. 사람의 X 염색체에 있는 대부분의 유전자, 예를 들면 색채 지각, 혈액응고, 근육의 구조단백질 유전자와 같은 유전자들은 이에 대응하는 유전자가 Y 염색체에 존재하지 않는다. 여성은 두 개의 X 염색체를 가지므로 X 염색체에 있는 유전자에 대해 동형접합일 수도 이형접합일 수도 있으며, 대립유전자들 간에 정상적인 우성과 열성 관계가 적용된다. 이와는 달리, 남성은 단지 하나의 X 염색체만 가지고 있으므로 X 염색체에 있는 대립유전자가 우성이던 열성이던 상관없이 항상 발현된다. 만약 어떤 여성이 X 염색체에 결함이 있는 열성 대립유전자 복사본을 하나 가지고 있을 경우, 이 여성은 다른 X 염색체가 정상적인 우성 대립유전자를 가지고 있기 때문에 정상 표현형이 된다. 반면에 남성이 X 염색체에 결함 있는 열성 대립유전자를 가지고 있다면 이 남성은 결함 있는 표현형을 보일 것이다. 따라서 남성에서 성연관 형질이 더 빈번하게 나타나는 것은 당연하다.

사람의 경우, X 염색체의 열성 대립유전자에 의해 발생하는 유전결함 중에서 가장 잘 알려진 것은 혈우병과 적록색맹이다(**그림 9-16**). 적록색맹은 X 염색체에 있는 두 유전자 중 하나의 열성 대립유전자에 의해 생긴다. 이들 유전자의 정상적인 대립유전자들은 눈 망막에 있는 한 세트의 원추세포(색채 감각 세포)를 적색 광에 가장 민감하게 하고 또 다른 세트는 녹색 광에 가장 민감하게 하는 단백질을 암호화한다. 이들 유전자에 대해 여러 개의 결함 있는 열성 대립유전자가 존재한다. 가장 최악의 경우, 결함 있는 대립유전자가 원추세포 두 세트 모두를 적색과 녹색 광에 똑같이 민감하게 만드는 단백질을 암호화한다. 이런 영향을 받은 사람은 적색과 녹색을 구분할 수 없다.

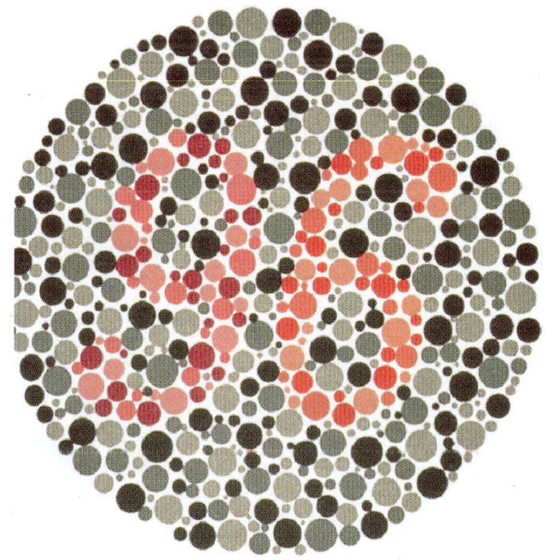

▲ **그림 9-16** **성연관 열성 형질의 하나인 색맹** 이를 창안한 사람의 이름을 따라 이시하라(Ishihara) 색각 검사표라고 하는 이 그림은 색채 감지 결함 여부를 구분하게 해준다. 빨간색을 보지 못하는 사람은 숫자 6이 보이고 녹색을 보지 못하는 사람은 숫자 9가 보이며, 정상인 사람은 96이 보인다.

## 9.8 멘델의 유전법칙은 모든 형질에 적용되는가?

지금까지는 형질의 가장 간단한 종류만 살펴보았다: 형질이 하나의 유전자에 의해 완전히 조절되는 경우와 각 유전자에 대해 단지 두 가지 대립유전자만 있는 경우, 그리고 한 대립유전자가 다른 대립유전자에 대해 완전히 우성이고 다른 대립유전자는 완전히 열성인 경우이다. 그러나 대부분의 형질은 좀 더 다양하고 미묘한 방식으로 영향을 받는다.

### 불완전우성은 중간 표현형을 만든다

하나의 대립유전자가 두 번째 대립유전자에 대해 완전 우성일 경우, 하나의 우성 대립유전자를 갖는 이형접합은 우성 대립유전자가 두 개일 때와 똑같은 표현형을 갖는다(그림 9-7과 9-8 참고). 그러나 대립유전자들 간의 관계가 항상 단순하지만은 않다. 이형접합 표현형이 두 동형접합 표현형의 중간일 때 이러한 유전양식을 **중간유전(incomplete dominance)**이라고 한다. 사람의 머릿결은 불완전하게 우성인 두 대립유전자를 갖는 하나의 유전자에 의해 영향을 받는다. 이 대립유전자들을 $C_1$과 $C_2$라고 하자. 두 개의 $C_1$ 대립유전자 복사본을 갖는 사람은 곱슬머리이고 두 개의 $C_2$ 대립유전자 복사본을 갖는 사람은 직모이다. 유전자형이 $C_1C_2$인 이형접합은 반곱슬이다. 반곱슬인 부부 사이에서 태어나는 아이들은 세 가지 머릿결 어떤 것도 가질 수 있으며, 확률은 곱슬($C_1C_1$)이 $^1/_4$, 반곱슬($C_1C_2$)이 $^1/_2$, 그리고 직모($C_2C_2$)가 $^1/_4$이다(**그림 9-17**).

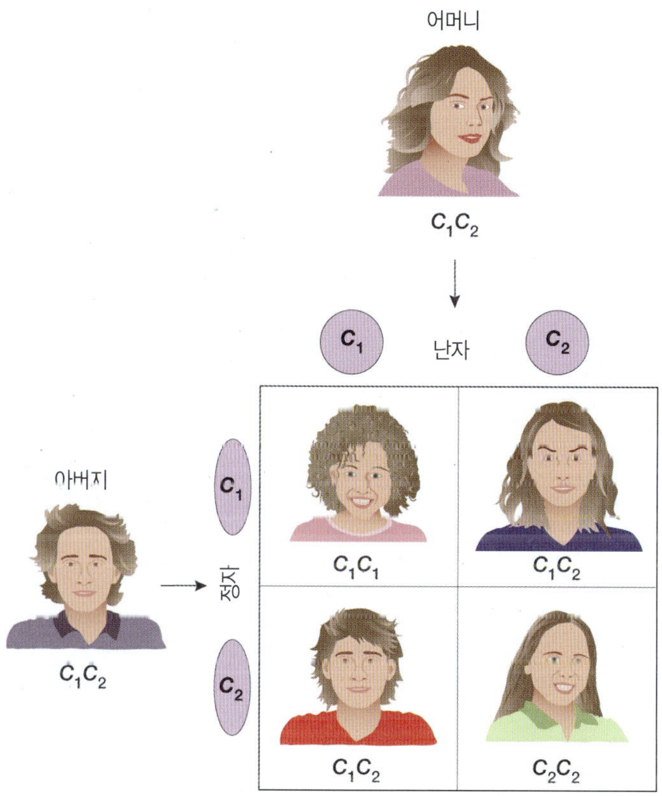


▲ **그림 9-17** **불완전우성** 사람의 머릿결은 불완전우성의 좋은 예이다. 이 경우 두 대립유전자 모두에 대문자를 이용한다. 여기서는 $C_1$과 $C_2$로 표기하였다. 동형접합은 곱슬($C_1C_1$) 또는 직모($C_2C_2$)이다. 이형접합($C_1C_2$)은 반곱슬이다. 반곱슬인 부부로부터는 곱슬, 반곱슬, 직모가 대략 $^1/_4$: $^1/_2$: $^1/_4$의 비율로 태어날 수 있다.

**표 9-1 사람 혈액형의 특징**

| 혈액형 | 유전자형 | 적혈구 | ~에 대한 혈청 항체: | 받을 수 있는 혈액형: | 줄 수 있는 혈액형: | 미국에서의 빈도 |
|---|---|---|---|---|---|---|
| A | *AA* 또는 *Ao* | 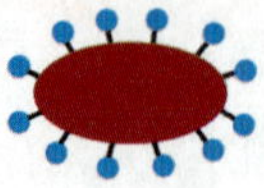 A 당단백질 | B 당단백질에 대한 항체 | A 또는 O (B 당단백질이 없는 혈액) | A 또는 AB | 40% |
| B | *BB* 또는 *Bo* | 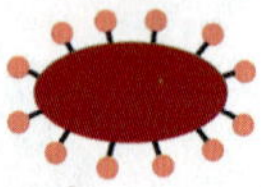 B 당단백질 | A 당단백질에 대한 항체 | B 또는 O (A 당단백질이 없는 혈액) | B 또는 AB | 10% |
| AB | *AB* | 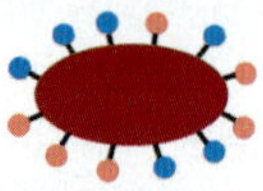 A와 B 당단백질 모두 있음 | A와 B 당단백질에 대한 항체 모두 없음 | AB, A, B, O (만능 수혈자) | AB | 4% |
| O | *oo* | 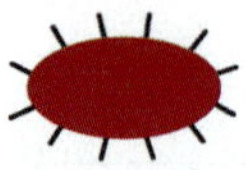 A와 B 당단백질 모두 없음 | A와 B 당단백질에 대한 항체 모두 있음 | O (A와 B 당단백질이 모두 없는 혈액) | O, AB, A, B (만능 공혈자) | 46% |

## 단일 유전자는 복대립유전자를 가질 수 있다

하나의 개체는 주어진 유전자에 대해 단지 두 개의 대립유전자, 즉 각각의 상동염색체에 하나씩을 가질 수 있다. 그러나 만약 주어진 종의 모든 구성원들을 조사해 보면 유전자마다 수십 개의 대립유전자를 갖는다는 것을 볼 수 있다. 예들 들어, 마르판증후군을 일으키는 대립유전자는 수백 개 존재한다.

사람의 혈액형은 단일 유전자가 복대립유전자를 갖는 잘 알려진 예이다. 혈액형 A, B, AB, 그리고 O형은 9번 염색체에 있는 단일 유전자의 3가지 서로 다른 대립유전자(*A*, *B*, 그리고 *o*로 간단히 표기)로 인해 생긴다. 이 유전자는 적혈구의 표면으로부터 돌출한 인식단백질의 말단에 당분자를 첨가하는 효소를 암호화한다. 대립유전자 *A*와 *B*는 인식단백질에 서로 다른 당을 첨가하는 효소를 암호화한다. (이 분자들을 "인식단백질 *A* 그리고 *B*"라고 한다.) 대립유전자 *o*는 기능이 없는 효소를 암호화하여 어떠한 당도 첨가하지 않는다. 사람은 6가지 유전자형 *AA*, *BB*, *AB*, *Ao*, *Bo* 또는 *oo* 중 하나를 가질 수 있다(**표 9-1**).

대립유전자 *A*와 *B*는 *o*에 대해 우성이다. 따라서 유전자형 *AA*와 *Ao*를 갖는 사람들은 A형 인식 단백질만 합성하고, *BB*와 *Bo* 유전자형을 갖는 사람은 B형 인식단백질만을 합성한다. 열성 *oo*인 사람은 두 가지 유형의 단백질이 모두 결핍되어 O형 혈액형이 된다. AB형 혈액형을 가진 사람에게는 두 가지 효소가 모두 존재한다. 따라서 이 사람들 적혈구의 원형질막은 A와 B 인식단백질을 모두 가지고 있다. 이형접합이 동형접합의 두 가지 표현형(이 경우 A와 B 단백질 모두)을 모두 나타낼 경우 이러한 유전양식을 **공동우성(codominance)**이라고 하며 이에 해당하는 대립유전자를 서로 **공동우성 관계**(codominant)라고 말한다.

◀ 그림 9-18 **피부색의 다인자유전** 다인자유전과 환경 영향(특히, 햇빛에의 노출)의 조합이 사람 피부색을 매우 작은 차이로 다양하게 나타나게 한다.

사람들은 자신들에게 없는 인식단백질 유형에 대하여 항체를 만든다. 이들 항체는 혈장에 있는 단백질로 외래 인식단백질에 있는 당에 결합한다. 항체는 외래 인식단백질을 갖고 있는 적혈구가 응집하고 터지게 한다. 그 결과 생긴 응집덩어리와 조각들은 혈관을 막고 뇌, 심장, 폐, 콩팥과 같은 주요 기관에 손상을 준다. 이것은 수혈을 하기 전에 혈액형을 결정하여 적합한 혈액형인지 확인해야 한다는 것을 의미한다.

O형 혈액형은 당이 없으므로 A, B 또는 AB 혈액형에 있는 항체에 의해 공격을 받지 않는다. 따라서 O형은 다른 모든 혈액형에 안전하게 수혈을 해줄 수 있다. (수혈받은 혈액에 있는 항체는 희석되므로 문제를 일으키지 않는다.) O형 혈액형인 사람을 "만능 공혈자"라고 한다. 그러나 O형인 사람은 A와 B 인식단백질 두 가지 모두에 대한 항체를 가지고 있기 때문에 단지 O형으로부터만 수혈을 받을 수 있다.

## 경기장에서의 돌연사-마르판증후군

계속

단일 유전자는 여러 가지 형질에 영향을 줄 수 있으며, 이러한 현상을 **다면발현(pleiotropy)**이라고 한다. 마르판증후군은 다면발현의 한 예이다. 피브릴린 유전자에 결함이 있어 큰 키와 긴 팔다리, 큰 손과 발, 약한 대동맥 벽, 그리고 한 쪽 혹은 양 눈의 수정체가 비정상적으로 위치하는 등 여러 형질이 단일 유전자의 행동에 의해 조절된다.

## 단일 형질이 여러 유전자에 의해 영향을 받을 수 있다

강의실 급우들을 둘러보면 사람들마다 키와 피부색, 체격 등이 다양하다는 것을 알 수 있다. 이들 형질은 단일 유전자에 의해 결정되지 않고 두 가지 혹은 그 이상의 유전자에 의해 결정된다. 이러한 현상을 **다인자유전(polygenic inheritance)**이라고 한다.

몇몇 경우, 다인자유전은 누적되는 것처럼 보인다: 비슷한 효과를 가진 여러 개의 불완전하게 우성인 유전자들이 형질에 기여를 한다. 피부색의 경우 여러 개의 유전자가 멜라닌이라고 하는 피부 색소의 농도와 축적에 영향을 준다. 매우 다른 효과를 가진 여러 유전자가 한 가지 형질에 기여하는 경우도 있다. 예를 들어, 사람의 눈 색은 적어도 세 개의 유전자에 의해 조절된다. 유전자 하나는 두 개의 대립유전자, 즉 녹색과 파란색 대립유전자를 가지고 있으며, 다른 유전자 하나는 동공 중심부 갈색의 유무를 결정한다. 하지만 이처럼 복잡한 유전자 세트들로도 사람들이 어떻게 밝은 혹은 진한 갈색 눈을 갖는지 그리고 어떤 경우에 사람이 회색 눈을 갖게 되는지는 설명하지 못한다. 분명히 발견되길 기다리는 유전자가 더 있을 것이다!

다인자유전에서 단일 형질에 기여하는 유전자가 많으면 많을수록 표현형의 수도 더 많아지고 표현형 간의 차이도 더 세밀해진다. 세 개 이상의 유전자가 한 가지 형질에 기여하는 경우 표현형을 뚜렷이 분류하기 어렵다. 예를 들어, 최소 3개, 어쩌면 수십 개의 유전자가 피부 색소침착에 영향을 줄지도 모른다. 태양에의 노출도 피부색을 변화시킨다. 이런 결과로 인해 사람의 피부색은 매우 어두운 색부터 아주 밝은 색에 이르기까지 연속적인 변이를 보인다(그림 9-18).

## 환경은 유전자발현에 영향을 준다

개체의 표현형은 단순히 개체가 가진 유전자의 합은 아니다. 개체가 사는 환경 또한 표현형 결정에 주요 역할을 한다. 유전자 활동에 대해 환경이 미치는 영향의 놀라운 예는 히말라야 토끼(Himalayan rabbit)에서 볼 수 있다. 이 토끼는 샴고양이(Siamese cat)와 마찬가지로 몸의 털색이 밝다. 그러나 귀와 코, 꼬리, 발의 색은 검은색이다. 히말라야 토끼는

▲ 그림 9-19 **표현형에 대한 환경영향** 히말라야 토끼에서는 유전자와 환경의 상호작용에 의해 검은색 털이 나타나며, 이 유전자는 토끼 몸의 더 차가운 부위에서만 발현된다.

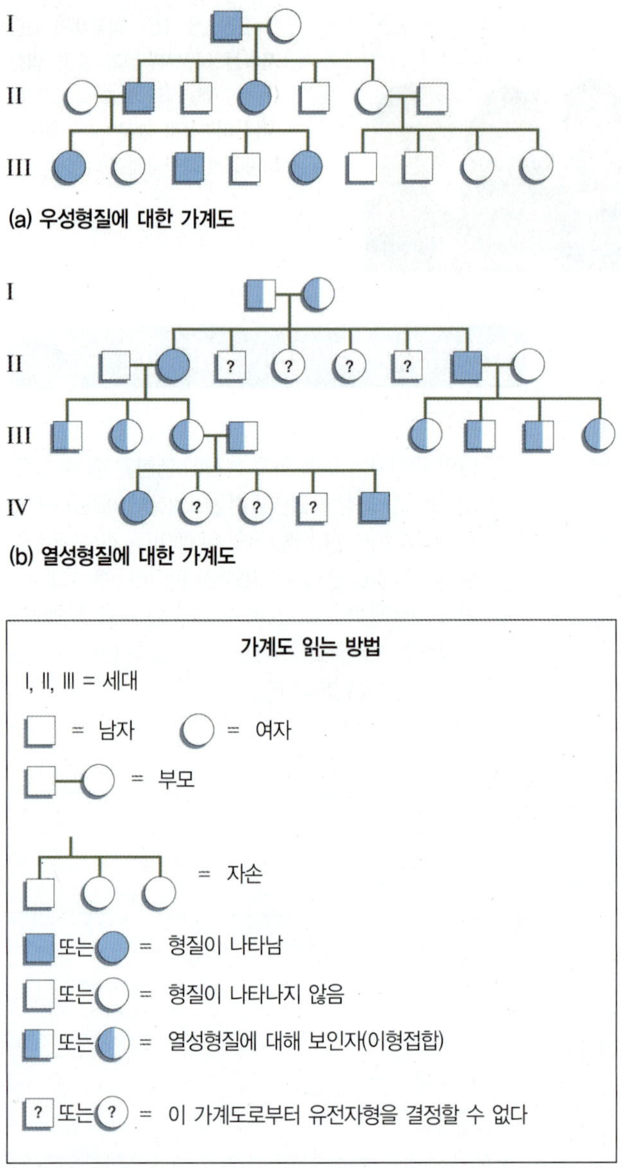


▲ **그림 9-20** **가계도** **(a)** 우성형질에 대한 가계도. 우성형질을 보이는 자손은 적어도 양친 중 한 명이 그 형질을 보유해야만 한다(그림 9-8과 9-9 참고). **(b)** 열성 형질에 대한 가계도. 개체가 열성형질을 보이는 경우 그 개체는 동형접합 열성임에 틀림없다. 만약 그 사람의 부모가 해당 형질을 보이지 않는다면 양친 모두 이형접합(보인자)임에 틀림없다. 일부 자손에 대해서는 이형집합인지 동형집합 우성인지 정확한 유전자형을 결정할 수 없는 점에 유의하여라. **질문:** 사람에 대해서도 교배실험이 가능하다면 (b)에 물음표로 표시된 자손이 이형접합인지 동형접합 우성인지 어떻게 결정할 수 있는가?

실제로 몸 전체가 검은색이 되는 유전자를 가지고 있다. 그러나 검은 색소를 생성하는 효소가 34°C 이상에서는 불활성화된다. 토끼 몸 표면의 대부분은 34°C 보다 따뜻하기 때문에 토끼 대부분의 털은 밝은색을 갖는다. 그러나 귀와 코, 꼬리, 발은 다른 부분에 비해 더 차므로 털이 검다(**그림 9-19**).

유전자에 의해 영향을 받는 모든 형질들은 또한 환경에도 영향을 받는다. 꽃의 색처럼 유전자에 의해 엄격하게 조절되고 있는 듯한 형질조차 빛의 세기, 영양분, 온도와 같은 환경 조건에 다소 영향을 받는다. 더 복잡한 형질들은 유전자와 환경영향 사이에 서로 상응하는 복잡한 상호작용을 가지고 있다. 예를 들면, 다인자 형질인 사람의 피부색은 햇빛에의 노출과 같은 환경영향에 의해 변형된다. 또 다른 다인자 형질인 키는 영양 상태가 열악한 경우 줄어들 수 있다. 게다가, 가장 복잡한 사람의 행동조차 유전자에 의해 영향을 받는 물리적 구조(뇌와 같은)에 의해 영향을 받는다. 실제로, 유전적 차이는 사람의 형질에 영향을 주는 것으로 밝혀졌다.

## 9.9 사람의 유전질환은 어떻게 연구되는가?

의학 유전학자들은 질병에 대한 감수성에 영향을 주는 유전자에 특히 관심이 있다. 특정 형질을 가진 사람들을 실험적으로 교배시키는 것이 불가능하기 때문에 인간 유전학자들은 의학적, 역사적, 그리고 가족의 기록을 통해 질병을 일으키는 대립유전자의 유전을 연구한다. 여러 세대에 걸친 기록들은 **가계도(pedigree)** 형태로 배열할 수 있다. 가계도는 연관있는 일련의 개체들 사이에서의 유전 관계를 보여주는 그림이다(**그림 9-20**).

가계도를 주의 깊게 분석하면 특정 형질이 우성으로 유전되는지 혹은 열성이나 성연관으로 유전되는지 알 수 있다. 1960년대 중반 이후, 사람의 가계도는 분자유전학 기술과 결합하여 사람의 유전질환을 이해하는데 큰 발전을 가져왔다. 예를 들어, 현재 유전학자들은 낫모양 적혈구빈혈증, 마르판증후군, 근이영양증을 비롯한 수십 가지의 유전질환에 관여하는 유전자들을 알고 있다. 분자유전학 분야의 연구는 유전질환을 예측하고 치료까지도 하게 한다. 이에 대해서는 12장에서 더 살펴보기로 한다.

## 9.10 단일 유전자에 의한 질병은 어떻게 유전되는가?

주근깨, 긴 속눈썹, 오목하게 패인 턱, 3자 이마를 포함한 사람들의 많은 보편적인 형질들은 단순히 멘델 유전방식으로 유전된다. 즉, 각 형질은 우성과 열성 대립유전자를 갖는 하나의 유전자에 의해 조절된다. 여기서는 멘델 유전방식에 따르는 의학적으로 중요한 몇 가지 질환에 대해 알아보자.

### 사람의 일부 유전질환은 열성 대립유전자에 의해 생긴다

많은 유전자들은 효소나 구조단백질을 합성하는데 필요한 정보를 암호화한다. 이러한 유전자의 대립유전자에 결함이 있으면 손상되거나 불활성화된 단백질이 합성된다. 많은 경우, 정상적인 대립유전자가 하나 존재하여 이로부터 충분한 양의 기능있는 단백질이 만들어지면, 결함이 있는 대립유전자의 효과가 가려져 나타나지 않는다. 따라서 이형접합(정상 대립유전자 하나와 결함있는 대립유전자 하나를 갖는)인 사람은 건강하며 표현형도 두 개의 정상 대립유전자 복사본을 갖는 사람의 표현형과 전혀 차이가 없다. 다시 말해, 결함있는 대립유전자가 열성이면 이러한 대립유전자 복사본을 두 개 가지고 있는 사람만 질병을 갖게 된다. 어린 소년의 근육이 치명적으로 퇴화하는 근이영양증은 열성유전질환으로서 148쪽 "건강 지킴이: 근이영양증"에서 설명하고자 한다.

해로운 열성 대립유전자에 대해 이형접합인 사람은 정상 표현형을 갖고 있다. 그러나 그들은 결함있는 대립유전자를 자손에게 물려줄 수 있다. 유전학자들은 정상인 사람들도 동형접합일 경우 심각한 유전결함을 초래할 수 있는 해로운 대립유전자를 5~15개 정도 보유하는 것으로 추정한다. 부부가 아이를 낳을 때 양쪽 부모에게 있는 각각의 결함 대립유전자가 자손에 전달될 확률은 50:50이다. 따라서 아이가 일부 해로운 열성 대립유전자를 물려받게 될 확률은 매우 높다. 다행히, 양 부모가 같은 유전자에 대해 결함있는 대립유전자를 보유할 가능성이 매우 적으므로 아이는 해로운 열성 대립유전자에 대해 동형접합이 되지는 않을 것이다.

자손이 열성 유전질환을 갖는 경우는 부모가 서로 가까운 친인척(특히 부모가 사촌 혹은 더 가까운 관계일 경우)일 경우 더 흔하게 볼 수 있다. 친인척인 부부는 최근의 공통조상으로부터 그들의 유전자 일부를 물려받았기 때문에 동일한 유전자에 결함이 있는 열성 대립유전자를 갖게 될 가능성이 크다. 부부가 둘 다 동일한 해로운 열성 대립유전자를 보유하여 이들 사이에서 태어난 아이가 유전질환을 갖는 동형접합이 될 가능성은 $^1/_4$이다.

## 헤모글로빈 합성에 관련된 대립유전자에 결함이 있으면 낫모양 적혈구빈혈증이 생긴다

낫모양 적혈구빈혈증은 헤모글로빈 유전자에 돌연변이가 생겨 발생한다. 적혈구에 있는 헤모글로빈 단백질은 산소를 운반한다. 낫모양 적혈구빈혈증에서 단일 뉴클레오티드의 변화는 헤모글로빈 분자의 주요 위치에 잘못된 아미노산이 들어가게 한다. 산소 농도가 낮을 때에는 (운동 중인 근육 경우), 낫모양 적혈구 헤모글로빈 분자들이 함께 엉겨 붙는다. 이러한 덩어리는 정상적인 원반 모양 적혈구(그림 9-21a)를 기다란 낫모양(그림 9-21b)이 되도록 한다. 낫모양 적혈구는 덩어리를 형성해 모세혈관을 막는다. 막힌 부위 다음에 있는 조직들은 충분한 산소를 받지 못한다. 뇌에 있는 혈관이 막힐 경우 몸이 마비되는 뇌졸중이 발생할 수 있다. 낫모양 세포들은 정상 적혈구보다 더 부서지기 쉬우므로 원래의 수명이 다하기 전에 죽어 빈혈을 초래한다.

낫모양 적혈구 대립유전자에 대해 동형접합인 사람들은 손상된 헤모글로빈만을 합성한다. 따라서 그들의 적혈구는 낫모양이 된다. 이형접합인 사람들은 반은 정상이고 반은 비정상인 헤모글로빈 대립유전자를 가지고 있다. 그러나 대개의 경우 낫모양 세포의 수는 적으며 영향도 심각하지 않다. 실제로, 낫모양 적혈구 대립인자에 대해 이형접합이면서도 세계적으로 뛰어난 운동선수들이 많이 있다. 대개의 경우 열성 동형접합인 사람들만 증상을 보이므로 낫모양 적혈구빈혈증은 열성질환인 것으로 생각된다.

사하라 사막 이남에 사는 아프리카인의 약 20~40%와 아프리카계 미국인들은 낫모양 적혈구빈혈증에 대해 이형접합이다. 그러나 백인의 경우는 이 대립유전자가 매우 드물다. 왜 그러한 것일까? 낫모양 적혈구에 대해 이형접합인 사람들은 모기에 물릴 경우 전염되는 기생충에 의해 발생하는 치명적인 병인 말라리아에 덜 걸린다. 말라리아는 아프리카 대부분을 포함해 기후가 따뜻한 지역에서 주된 사망 원인이다. 전세계적으로 매년 수억 건의 말라리아가 발생해 약 백만 명이 사망하는데 이 중 대다수가 어린이다. 유전학자들은 아프리카에서 발생한 낫모양 적혈구를 조사해 약 75,000년과 150,000년 전 사이에 적어도 3개의 서로 무관한 돌연변이가 일어난 것으로 추정하였다. 그 이후로 정상 헤모글

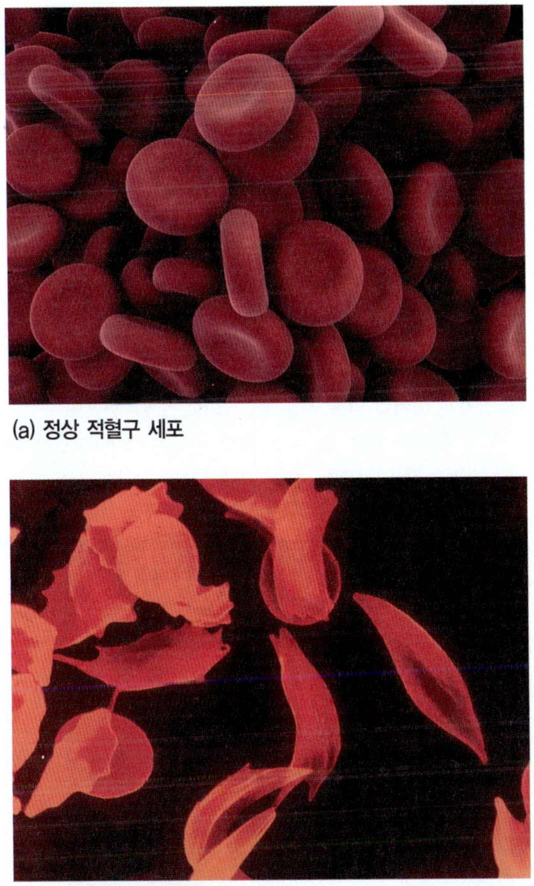

(a) 정상 적혈구 세포

(b) 낫모양 적혈구 세포

▲ 그림 9-21 낫모양 적혈구빈혈증 (a) 정상 적혈구 세포는 가운데가 오목한 원반 모양이다. (b) 낫모양 적혈구빈혈증이 있는 사람은 낫모양의 가늘고 굽어진 모양의 적혈구를 갖고 있다.

# 건강 지킴이

## 근이영양증

올림픽 역도선수인 이란의 후세인 레자 자데(Hossein Reza Zadeh)는 2004년 "용상"에서 263 kg 이상을 들어올려 금메달을 수상한 당시 자신의 몸에 엄청난 힘을 쏟아 넣었다(그림 E9-1). 그의 근육은 어떻게 이처럼 엄청난 힘을 견딜 수 있었을까? 또 우리가 계단을 오를 때 우리 몸의 근육이 찢어지지 않는 이유는 무엇일까?

▲ 그림 E9-1 263 kg을 들어 금메달을 받은 후세인 레자 자데

근육세포는 **디스트로핀(dystrophin)**이라는 거대한 단백질에 의해 세포들끼리 단단히 결합하고 있다. 거의 3,700개의 아미노산으로 되어 있는 디스트로핀은 유연하면서도 강한 막대 모양을 형성하여 근육세포의 안쪽에 있는 세포골격을 원형질막에 있는 단백질에 연결하며, 이것은 차례로 각 근육을 둘러싸는 섬유성 지지대를 형성하는 단백질에 부착한다. 따라서 근육이 수축하면 근육에 있는 각 세포 전체에 힘이 상당히 균일하게 분산되고, 세포 밖의 지지 단백질에도 분산되기 때문에 근육세포들이 온전하게 남아 있게 된다.

불행히도, 약 3,500명의 소년들 중 한 명은 심각하게 결함있는 디스트로핀 단백질을 합성한다. 이 소년들은 기능 있는 디스트로핀이 결핍되었기 때문에 일상적인 근육수축에도 근육세포가 찢어진다. 세포들이 죽으면 지방과 결합조직이 그 자리를 대체한다(그림 E9-2). 7, 8세가 되면 이 소년들은 더 이상 걸을 수가 없다. 대개의 경우 20대 초반에 심장과 호흡곤란으로 사망한다.

이러한 아이들은 **근이영양증(muscular dystrophy)**을 앓게 된다. 근이영양증은 "근육의 퇴화"를 의미한다. 가장 심각한 형태는 듀켄씨 근이영양증(Duchenne muscular dystrophy)이고, 덜 심각하긴 하지만 치명적인 유형은 베커형 근이영양증(Becker muscular dystrophy)이다. 이 질병들의 명칭은 이 병들을 첫 번째로 기술한 사람들의 이름을 따랐다. 근이영양증은 결함있는 디스트로핀 유전자(*D*uchenne *M*uscular *D*ystrophy에 관여하므로 *DMD* 유전자라고 부름)에 의해 발생한다.

비록 남자아이 3,500명당 1명꼴로 근이영양증을 갖지만 여자아이는 거의 병에 걸리지 않는다. 왜 그럴까? 9장에서 학습한 내용을 토대로 추정이 가능하다. 디스트로핀은 X 염색체에 위치하고 근이영양증 대립유전자는 열성이기 때문이다. 따라서 남자아이는 하나의 X 염색체에 결함있는 디스트로핀 대립유전자가 있을 경우 이 병에 걸리지만 X 염색체가 두 개인 여자아이는 결함있는 대립유전자 복사본이 두 개가 있어야 병에 걸리게 된다. 이러한 경우는 실질적으로 일어나지 않는데 그 이유는 여자아이는 두 개의 결함있는 디스트로핀 대립유전자를 양친으로부터, 즉 어머니로부터 하나의 X 염색체를, 그리고 아버지로부터 또 하나의 X 염색체를 물려받아야 하기 때문이다. 근이영양증이 있는 남자아이는 일찍 신체장애가 오고 사망하므로 자손을 낳는 경우는 거의 없다.

이와 같은 시나리오는 유전적으로는 이치에 맞지만 자연선택에 의한 진화 개념은 부정하는 듯하다. 어

로빈 대립유전자에 대해 동형접합인 사람들은 종종 말라리아에 감염되었다. 낫모양 적혈구에 대해 동형접합인 사람들은 심각한 빈혈과 혈액응고를 보였다. 그러나 자연선택은 말라리아에 저항성이 있는 이형접합을 선호하였다. 따라서 아프리카에서 낫모양 적혈구는 흔하다. 말라리아가 흔하지 않은 추운 지역에서는 낫모양 적혈구가 해로움만 주기 때문에 자연선택에 의해 선택되지 않았다.

### 사람의 일부 유전질환은 우성 대립유전자에 의해 일어난다

다른 많은 유전질환들은 우성 대립유전자에 의해 일어난다. 이 경우 결함있는 대립유전자가 하나만 있어도 병을 일으키기에 충분하다. 우성질환이 유전되기 위해서는 적어도 양친 중 한 명이 질환을 가지고 있어야 하며, 이 부모는 아이를 갖기 위해 건강을 유지하면서 성숙하여 아기를 가질 정도로 충분히 오래 살아야 한다. 헌팅턴병(Huntington's disease)(아래 참고)과 같은 일부 우성 질병의 경우, 증상은 살아가면서 늦게 나타나 종종 병에 걸린 사람이 자손을 낳은 후에야 나타난다. 간혹 결함있는 우성 대립유전자는 병에 걸리지 않은 사람의 난자 혹은 정자에 일어난 새로운 돌연변이로 인해 발생한다.

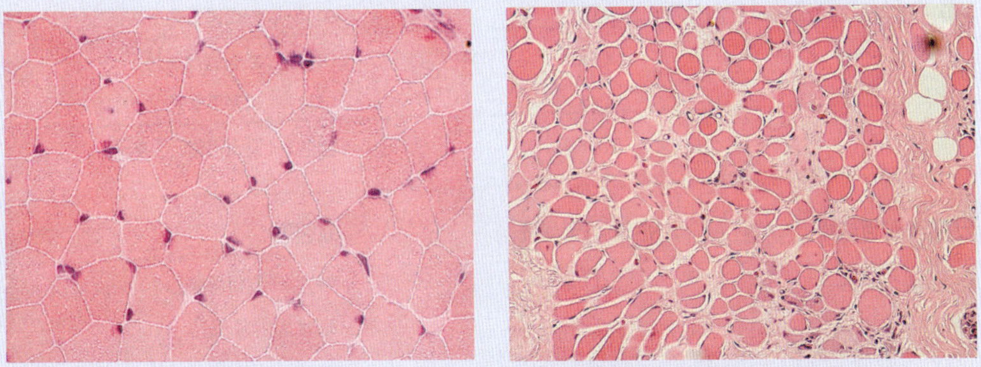

(a) 정상 근육

(b) 근이영양증으로 인해 퇴화 중인 근육

▲ 그림 E9-2 **결함있는 디스트로핀 단백질은 근육의 퇴화를 일으킨다 (a)** 정상적인 근육은 특수화된 근육세포로 꽉 차 있어 세포들 사이에 공간이 거의 없다. **(b)** 근이영양증에서는 개개의 세포들이 지방과 백혈구, 결합조직들 가운데 넓게 분산되어 있다.

떻게 치명적인 대립유전자가 이처럼 흔할 수 있는 것인가? 결함있는 대립유전자가 남자아이에서만 발현이 된다고 해도 자연선택은 이처럼 결함있는 디스트로핀 대립유전자를 거의 완전히 제거했어야 하는 것이 아닌가? 실제로 자연선택은 결함있는 대립유전자를 신속하게 제거한다. 그러나 디스트로핀 유전자는 매우 거대하여 사람 유전자의 길이가 평균 2만 7,000개의 뉴클레오티드인 것에 비해 뉴클레오티드의 수가 220만 개에 달한다. 사실상, 디스트로핀 유전자는 X 염색체 전체의 2%에 달한다.

이것이 왜 문제가 될까? 대립유전자는 DNA에 돌연변이가 생겨 만들어진다는 것을 기억하여라. 유전자는 뉴클레오티드 알파벳으로 쓰여진 긴 문장과 유사하며, 디스트로핀 "문장"은 220만 개의 뉴클레오티드 글자로 쓰여졌다! 우리가 근이영양증으로 고통 받지 않는 것은 세포분열 중에 DNA 복제가 놀라울 정도로 정확히 되기 때문이며, 디스트로핀 유전자는 크기가 크므로 돌연변이율이 평균보다 100배 정도 더 높다는 것은 놀라운 일이 아니다? 약 10,000개의 배우자마다 1개의 돌연변이를 갖는다. 따라서 근이영양증이 있는 남자아이의 1/3은 그들 양친 중 한 명의 생식세포에 생긴 새로운 돌연변이를 물려받은 것이고, 2/3는 그들 어머니의 X 염색체 중 하나에 있는 이미 존재하는 대립유전자를 물려받은 것이다. 새로운 돌연변이는 자연선택에 대한 균형을 맞추며 그 결과 3,500명당 1명 정도로 꾸준히 발병하게 된다.

그렇다면 근이영양증은 희망이 없는 질병인가? 현재 병의 진행을 늦추거나 수명을 연장하고 질병에 걸린 남자아이들을 좀 더 편하게 해주기 위한 여러 가지 치료방법이 있기는 하지만 완치는 되지 않는다. 그러나 듀켄씨 근이영양증과 매우 유사한 유전질환을 갖고 있는 개를 대상으로 줄기세포를 이용한 치료가 가능할 것으로 밝혀졌다. 8장에서 설명했듯이 줄기세포는 많은 종류의 서로 다른 성숙한 세포로 분화할 수 있다. 이탈리아 밀라노에 있는 산 라파엘 과학연구소의 줄리오 코슈(Giulio Cossu)와 동료들은 건강한 개의 혈관에서 확보한 줄기세포를 근육질환이 있는 개에 주사하여 정상적인 디스트로핀을 합성하게 함으로써 오랫동안 정상적으로 걸을 수 없었던 개들의 근육 기능을 회복시킬 수 있었다. 현재 근이영양증 협회는 이와 유사한 사람의 줄기세포를 이용하여 병을 치료하려는 임상 연구에 기금을 지원하고 있다.

결함있는 대립유전자는 어떻게 정상 대립유전자에 대해 우성일 수 있을까? 우성인 일부 대립유전자는 새로운 독성 반응을 수행하는 단백질을 암호화할지도 모른다. 또 다른 우성 대립유전자는 과도한 활성의 단백질을 암호화하여 부적절한 시기와 장소에서 기능을 수행할 것이다. 마지막으로 일부 우성 대립유전자는 정상 단백질의 작용을 방해하는 단백질을 암호할 수도 있다.

예를 들어, 헌팅턴병은 우성질환으로 뇌의 일부가 천천히 그리고 점진적으로 퇴화하여 조정력 상실과 떨림 운동, 성격장애가 나타나며 결국에는 사망하게 된다. 헌팅턴병 증상은 전형적으로 30~50세 때까지는 나타나지 않는다. 따라서 이 병을 갖고 있는 대다수 사람들이 병의 첫 번째 증상이 나타나기 전에 이미 자신의 대립유전자를 자식들에게 전달하게 된다. 1983년, 분자유전학 기술과 가계도 분석을 통해 헌팅턴 유전자가 4번 염색체의 작은 부분에 위치한다는 것이 밝혀졌다. 유전학자들은 1993년 마침내 헌팅턴 유전자를 분리했으며 그 후 몇 년 후 이 유전자의 생성물인 헌팅턴 단백질을 확인하였다. 정상적인 헌팅턴의 기능은 알려지지 않았지만 돌연변이 헌팅턴은 정상 헌팅턴의 작용을 방해하고 신경세포 안에서 커다랗게 응집해 세포를 죽이는 것으로 보인다.

표 9-2 감수분열 중 일어나는 성염색체 비분리 효과

| 아버지에서의 비분리<br>결함있는 정자의 성염색체 | 정상 난자의 성염색체 | 자손의 성염색체 | 표현형 |
|---|---|---|---|
| O(없음) | X | XO | 여성 — 터너증후군 |
| XX | X | XXX | 여성 — X 삼염색체성 |
| YY | X | XYY | 남성 — 야콥증후군 |
| XY | X | XXY | 남성 — 클라인펠터증후군 |
| **어머니에서의 비분리<br>정상 정자의 성염색체** | **결함있는 난자의 성염색체** | **자손의 성염색체** | **표현형** |
| X | O(없음) | XO | 여성 — 터너증후군 |
| Y | O(없음) | YO | 배아 시기에 죽음 |
| X | XX | XXX | 여성 — X 삼염색체성 |
| Y | XX | XXY | 남성 — 클라인펠터증후군 |

## 9.11 염색체 수의 이상은 사람에게 어떤 영향을 주는가?

8장에서는 정자와 난자가 상동염색체 각 쌍의 하나씩을 물려받는 복잡한 감수분열 과정을 살펴보았다. 염색체들의 이와 같은 정교한 이동이 어떤 단계에서 간혹 잘못 일어나 염색체를 너무 많이 혹은 너무 적게 갖는 배우자가 만들어질 수 있다. 감수분열에서 일어나는 이러한 실수를 **비분리(nondisjunction)**라고 하며, 이러한 현상은 성염색체 혹은 상염색체의 수에 영향을 준다. 비정상적인 염색체 수를 갖는 대부분의 배아는 자동으로 유산되며, 이러한 경우가 전체 유산의 약 20~50%를 차지한다. 그러나 비정상적인 염색체 수를 갖는 일부 배아는 태어나기도 하고 그 이후로 생명을 유지하기도 한다. 비정상적인 염색체 수를 갖는지는 태아세포의 염색체 수를 조사함으로써 출산 전에 진단할 수 있다 (205쪽 "건강 지킴이: 태아의 유전자 검사" 참고).

### 비정상적인 수의 성염색체는 일부 유전질환을 유발한다

X와 Y 염색체는 감수분열 중에 서로 쌍을 이루므로 정자는 통상적으로 하나의 X 혹은 Y 염색체를 갖는다. 그러나 남자에게서 성염색체 비분리가 일어나면 두 개의 성염색체(XX, YY 혹은 XY)를 갖거나 혹은 성염색체를 하나도 갖지 않는 (O로 표기함) 정자가 생성된다. 이와 유사하게 여자에게서 비분리가 일어나면 하나의 X 염색체를 갖는 난자대신 XX 혹은 O 난자가 생성된다. 이와 같은 결함이 있는 정자 혹은 난자가 정상 배우자와 융합하면 비정상적인 염색체 수를 갖는 자손이 만들어진다(표 9-2). 가장 흔하게 발생하는 비정상은 XO, XXX, XXY, 그리고 XYY이다. (X 염색체에 있는 유전자는 생존하는데 반드시 필요하기 때문에 배아가 X 염색체를 최소한 하나라도 갖고 있지 않으면 발생 매우 초기 단계에 자연 유산된다.)

#### 터너증후군(XO)

표현형상으로는 여자아이지만 X 염색체가 하나뿐인 경우를 터너증후군(Turner syndrome)이라고 하며, 여아 3,000명당 한 명꼴로 발생한다. XO인 여성은 사춘기 때 호르몬 결핍으로 인해 월경을 하지 않으며, 가슴이 커지는 등의 2차성징 발현을 하지 않는다. 호르몬 처치를 하면 신체 발달을 촉진할 수 있다. 그러나 터너증후군을 갖고 있는 대부분의 여성은 난소의 기능이 없기 때문에 호르몬 치료로도 불임을 극복할 수는 없다. 터너증후군의 다른 증상으로는 작은 키와 목 주위의 피부주름, 그리고 심혈관계와 신장질환 및 청력 상실 등이 있다. 터너증후군이 있는 여성은 단지 하나의 X 염색체를 가지므로 XX 여성에 비해 혈우병이나 색맹과 같은 X-연관 열성질환을 더 많이 갖는다.

### X 삼염색체성(XXX)

여성 약 1,500명당 한 명은 3개의 X 염색체를 갖는데, 이런 상태를 X 삼염색체성(trisomy X) 또는 삼중 X(triple X)라고 한다. 이러한 여성의 대부분은 눈에 띄는 결함이 없다. 그러나 X 삼염색체성인 여성들 중에는 정상 이하의 지능을 갖는 경우가 높은 빈도로 나타난다. 터너증후군 여성과는 달리 삼중 X 여성은 대부분이 임신 가능하고, 거의 항상 정상 XX와 XY 아이를 임신한다. 감수분열 중 작동하는 알 수 없는 메커니즘에 의해 여분의 X 염색체가 난자에 포함되는 것이 방지되는 것으로 보인다.

### 클라인펠터증후군(XXY)

남자 약 1,000명당 한 명은 두 개의 X 염색체와 하나의 Y 염색체를 갖는다. 이러한 남성의 대부분은 일생 동안 자신들이 여분의 X 염색체를 가지고 있다는 것을 전혀 알지 못한 채 살아간다. 그러나 이들 중 일부는 사춘기가 되었을 때 가슴이 부분적으로 발달하고 넓은 엉덩이와 작은 정소를 갖는 등의 혼합된 2차성징을 보인다. 이러한 증상이 클라인펠터증후군(Klinefelter syndrome)이다. XXY 남성 대부분은 정자의 수가 적기 때문에 불임이다. 그러나 성교 불능은 아니다. 이 증후군을 갖는 남자는 대개의 경우 자신과 자기 배우자가 아기를 갖지 못해 의학적 도움을 요구할 때서야 증후군이 있음을 발견한다.

### 야콥증후군(XYY)

성염색체 이상 중에서 흔하게 나타나는 또 다른 유형은 XYY(야콥증후군, Jacob syndrome)로, 남자 약 1,000명당 한 명꼴로 발생한다. Y 염색체에는 유전자가 거의 없기 때문에 Y 염색체가 여분으로 더 있어도 큰 차이가 없을 것으로 생각할 수 있으며, 실제로 대부분의 경우 이 예측대로다. 그러나 XYY 남성은 통상 테스토스테론 수치가 높으며 여드름이 심하고 키가 크다(정상 남성이 평균 175 cm인데 비해 XYY 남성의 약 2/3가 183 cm 이상). XYY 남성은 평균 IQ보다 약간 낮은 경향이 있다.

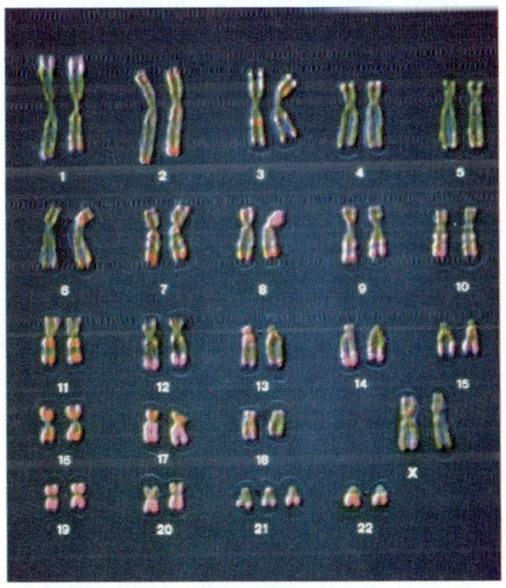

(a) 21번 염색체 세 개를 보여주는 핵형

(b) 다운증후군 소녀들

◀ 그림 9-22 21 삼염색체성 또는 다운증후군 (a) 다운증후군 아이의 염색체는 21번 염색체가 세 개 이다. (b) 이 소녀들은 다운증후군의 전형적인 모습인 작은 입과 독특한 모양의 눈꺼풀을 가지고 있다.

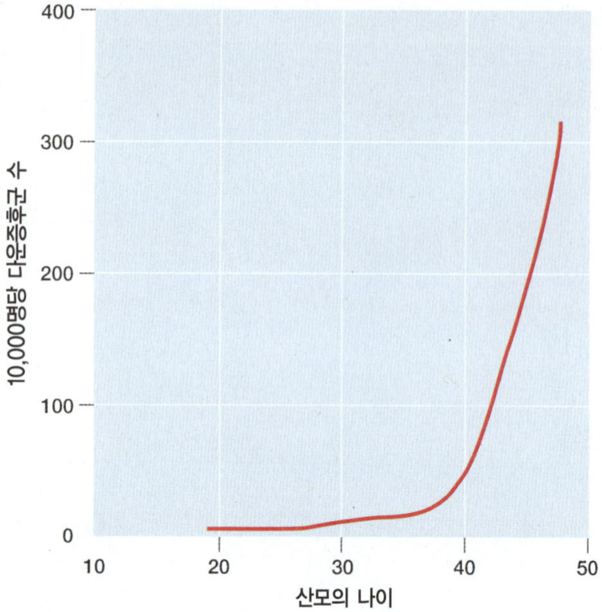


▲ **그림 9-23 다운증후군 빈도는 산모의 나이와 더불어 증가한다** 빨간색 선의 모양은 산모 나이가 20세일 때는 다운증후군 아이를 낳을 빈도가 낮으나, 30세 전에 빈도가 증가하기 시작하고, 35세 후엔 대단히 증가하는 것을 보여준다.

## 상염색체의 수가 비정상적이면 질병을 초래한다

상염색체가 비분리되면 상염색체가 하나 부족하거나 혹은 하나 더 많은 난자나 정자가 생성된다. 이러한 비정상적인 배우자가 정상 배우자(각 상동염색체의 복사본을 하나씩 가짐)와 융합하면 상염색체의 복사본을 하나 혹은 세 개 갖는 배아가 만들어진다. 상염색체의 복사본 두 개 중 하나만 갖는 배아는 발달 초기에 유산되기 때문에 여성은 자기가 임신하였다는 사실을 알지 못하고 지나간다. 상염색체 복사본을 세 개(삼염색체성) 갖는 배아 또한 저절로 유산된다. 그러나 13번, 18번, 21번 염색체가 삼염색체성인 배아들 중 일부는 잘 발생하여 출생하기도 한다. 21번 삼염색체성인 아기는 성인으로 성장하기도 한다.

### 21 삼염색체성(다운증후군)

약 900명당 한 명꼴로 21번 염색체를 하나 더 갖는 아기가 태어나는데 이를 21 삼염색체성(trisomy 21) 또는 다운증후군(Down syndrome)이라고 한다. 다운증후군을 갖는 어린이는 약한 근력, 혀와 조화를 잘 이루지 못해 일부 벌어져 있는 작은 입, 독특한 모양의 눈꺼풀 등을 포함해 여러 가지 뚜렷한 신체적 특징이 있다(**그림 9-22**). 더 심각한 것은 질병에 약하고 심장이 기형이며, 정도의 차이는 있지만 정신결함이 있다는 것이다. 정신지체의 경우 심각한 수준일 때가 종종 있다.

배우자 형성 중 비분리의 빈도는 나이와 더불어 증가한다. 아버지의 나이가 많을수록 결함있는 정자도 어느 정도 증가하며, 다운증후군의 약 25%는 정자의 비분리에 의한다. 그러나 산모의 나이는 다운증후군이 생기게 하는 주된 요인이다(**그림 9-23**). 1970년대 이후로, 아이를 늦게 낳는 부부가 보편화되고 있기 때문에 21 삼염색체성 가능성이 증가하고 있다. 그럼에도 불구하고 나이든 여성들은 젊은 여성들보다 훨씬 적은 적은 수의 아기를 갖기 때문에 대다수의 다우증후군 아기들은 젊은 여성들에게서 태어난다.

## 경기장에서의 돌연사-마르판증후군 다시 들려보기

이미 알다시피, 유전양상은 형질에 따라 다르며 그 형질이 우성, 열성, 불완전우성 등 어떠한 대립유전자에 의해 조절되는가에 따라 결정된다. 의학적 검사에 따르면, 플로 하이만의 아버지와 여동생은 마르판증후군을 가지고 있었지만 어머니와 남동생은 증후군을 갖고 있지 않았다. 이것은 하이만이 자신의 아버지로부터 결함있는 대립유전자를 물려받았다는 것을 입증해주는가? 9장에서 학습하였듯이 사람을 포함한 이배체 개체는 일반적으로 각각의 유전자에 대해 두 개의 대립유전자를 가지며, 이들 대립유전자는 상동염색체에 하나씩 존재한다. 결함있는 피브릴린 대립유전자 하나만 있어도 마르판증후군이 일어나기 충분하다. 마르판증후군을 가진 사람의 자식이 이 병을 물려받을 확률은 50%이다. 이러한 자료로부터 우리는 어떤 결론을 내릴 수 있는가?

첫째로, 결함있는 피브릴린 대립유전자 하나만으로 마르판증후군을 일으킨다면 하이만의 어머니는 마르판증후군을 가지고 있지 않으므로 두 개의 정상 대립유전자를 가지고 있음에 틀림없다. 둘째로, 새로운 돌연변이는 드물고 하이만의 아버지가 마르판증후군을 가지고 있으므로 하아만은 결함있는 대립유전자를 그녀의 아버지로부터 물려받았을 것이다. 그녀의 여동생 또한 마르판증후군을 가지고 있다는 사실은 위의 예측을 확실히 해준다. 셋째로, 결함있는 대립유전자 하나만으로 마르판증후군을 일으키는 것으로 미루어 마르판증후군은 우성조건으로 유전됨을 알 수 있다. 마지막으로, 하이만이 자식을 가졌더라면 그녀의 결함있는 대립유전자를 물려받은 자식은 누구나 마르판증후군을 갖게 될 것이다. 따라서 평균적으로 그녀 자식의 절반은 마르판증후군을 가졌을 것이다. (푸네트 사각형으로 계산해보아라.)

9장 초반부에서 하이만과 링컨, 라흐마니노프, 아케나톤이 마르판증후군을 가지고 있었을 것이라고 했다. 증거들을 세밀하게 살펴보면 사람들이 어떻게 링컨과 라흐마니노프, 아케나텐이 이 증후군을 가진 것을 알 수 있었는지 궁금하다. 실제로 사람들은 알지 못했다. 이들에 대한 "진단"은 사진과 말이나 글에만 근거를 둔 것이다. 예를 들어, 아케나텐은 긴 머리통과 긴 팔다리, 마르판증후군의 전형적인 모든 특징들을 가진 것으로 묘사된 첫 번째 파라오였다. 링컨의 경우, 백악관을 방문한 사람이 링컨에게 "대통령님의 다리는 무척이나 길군요"라고 하자 링컨은 "네. 땅에 닿을 만큼 깁니다"라고 말했다고 한다. 큰 키와 긴 팔다리, 큰 손이 되는데에는 다른 유전적 요인이 관여할 수도 있지만, 이들이 모두 건강했고 성공을 이루었으며 자식도 낳을 수 있었다는 점에서 마르판증후군이었음을 시사한다.

**생각해보기**

아직까지는 배아 시기일 때 간단한 생화학적 검사로 마르판증후군 진단을 할 수 없다. 그러나 듀켄씨 증후군은 성인과 어린이, 배아에서 이형접합과 동형접합 모두를 검사할 수 있다. 어떤 부부가 듀켄씨 근이영양증을 가진 아들을 하나 두고 있으며, 둘째 아이를 몹시 갖고 싶어 한다고 생각해보자. 유전자 검사를 하면 어머니가 결함있는 디스트로핀 대립유전자를 갖고 있는지 알 수 있으며 갖고 있을 경우 추후 태어날 아들이 이 병을 갖게 될 확률은 50:50이 될 것이다. 추후 태어날 아들이 근이영양증을 갖지 않게 할 수 있는 여러 가지 방법이 있다. 예를 들어, 배아에 대한 양수천자(amniocentesis)나 산전진단을 한 뒤에 병이 있는 남자아이에 대해 치료적 유산을 시행할 수 있다(12장 참고). 산모의 자궁으로 착상을 시키기 전에 배아를 스크린하여 체외수정을 할 수도 있다(25장 참고). 유전병이 있는 사람들은 이러한 기술을 이용해야만 할까? 이들이 아이들을 더 갖는 것을 금해야 할까? 아니면 이들은 검사를 하지 말고 아이들을 낳아야 할까? 그들은 입양을 하는 것이 좋을까? 당신이라면 어떻게 할 것인가?

# 개념 확인 문제

## 빈칸 채우기

1. 염색체에 있는 유전자의 물리적 위치를 그 유전자의 ___________(이)라고 한다. 한 유전자의 또 다른 형태를 ___________(이)라고 한다. 유전자의 이와 같은 다른 형태는 뉴클레오티드 서열이 바뀌는 현상인 ___________(으)로 인해 발생한다.

2. 어느 개체를 빨간색이며 *Rr*로 기술할 경우, *Rr*은 개체의 ___________이고, 빨간색은 이 개체의 ___________이다. 또한 이 개체는 이 색깔 유전자에 대해 (이형접합/동형접합)이다.

3. 다형질 유전은 형질을 조절하는 유전자의 위치에 의존한다. 만약 유전자가 서로 다른 염색체 상에 있으면 형질은 (한꺼번에/ 독립적으로) 유전된다. 만약 유전자들이 하나의 염색체 위에 가까이 함께 위치하면 형질은 (한꺼번에/ 독립적으로 유전된다). 동일 염색체 상에 있는 유전자들은 _______ 되어 있다고 말한다.

4. 포유류를 비롯한 많은 생명체들은 상염색체와 성염색체 둘 다 가지고 있다. 포유류의 경우, 수컷은 ___________ 성염색체를, 그리고 암컷은 ___________ 성염색체를 갖는다. 자손의 성은 (정자 또는 난자에) 어떤 염색체가 있는가에 따라 결정된다.

5. 성염색체에만 있고 다른 염색체에는 없는 유전자들을 ___________(이)라고 한다.

6. 만약 이형접합자의 표현형이 두 동형접합자들 표현형의 중간형을 나타낸다면 이러한 유전양식을 ___________(이)라고 한다. 만약 이형접합자가 두 동형접합 표현형을 함께 표현한다면(중간형이 아니라 두 가지 형질을 함께 보임), 이를 __________(이)라고 한다. ___________에서는, 많은 유전자들이 한 가지 형질의 유전을 조절한다.

7. 비정상적인 수의 염색체는 ___________(이)라고 하는 과정에 의해 발생한다. 비정상적인 염색체 수로 인해 사람에서 발생하는 네 가지 증후군으로는 ___________, ___________, ___________, 그리고 ___________가(이) 있다. 상염색체 수 이상에 의한 가장 흔한 증후군은 ___________(으)로, 이것은 ___________번 염색체가 하나 더 있어 발생한다.

## 복습 문제

1. 다음 용어를 정의하여라: 유전자, 대립유전자, 우성, 열성, 순종, 동형접합, 이형접합, 타가수정, 자가수정.

2. 동일 염색체 상에 위치한 유전자들을 왜 연관되어 있다고 하는지 설명하여라. 때때로 감수분열 중에 연관된 유전자의 대립유전자들이 서로 분리되는 것은 무엇 때문인가?

3. 하나의 염색체에 가까이 위치한 유전자들과 멀리 떨어져 있는 유전자들 중 어느 것이 더 밀접히 연관되어 있다고 생각하는가? 그 이유는 무엇인가?

4. 다인자 유전을 정의하여라. 부부가 눈과 피부 색이 자신들과 확연히 다른 자식을 낳는 것이 가능한 이유는 무엇인가?

5. 성연관이란 무엇인가? 포유류의 경우, 어느 성이 성연관 열성형질을 보여주는가?

6. 표현형과 유전자형의 차이는 무엇인가? 생명체의 표현형을 알면 언제나 유전자형을 알 수 있는가? 표현형적으로 우성인 개체의 유전자형을 결정하기 위해서는 어떤 유형의 실험을 해야 하는가?

7. 비분리 현상을 정의하고, 성염색체와 상염색체 비분리로 인해 흔하게 발생하는 증후군에 대해 설명하여라.

# 10장

# DNA: 유전물질

## 주요 내용

**사례 연구 근육, 돌연변이, 그리고 마이오스타틴**

**10.1** DNA의 구조는 무엇인가?

DNA는 네 개의 서로 다른 소단위로 구성되어 있다

DNA 분자는 두 개의 뉴클레오티드 가닥을 갖는다

수소결합은 이중나선의 DNA 두 가닥을 연결한다

**10.2** DNA는 어떻게 정보를 암호화하는가?

**근육, 돌연변이, 그리고 마이오스타틴** 계속

**10.3** DNA는 어떻게 복사될까?

과학탐구 이중나선의 발견

DNA 복제는 본래의 가닥 하나와 새로운 가닥 하나로 구성된 DNA 이중나선 분자를 두 개 생성한다

**10.4** DNA 복제 메커니즘

DNA 헬리카제는 모DNA 가닥을 분리시킨다

DNA 중합효소는 새로운 DNA 가닥을 합성한다

DNA 연결효소는 DNA 조각을 서로 연결한다

교정은 실수 없는 DNA 복제가 일어나게 한다

실수는 일어난다

**근육, 돌연변이, 그리고 마이오스타틴** 계속

**근육, 돌연변이, 그리고 마이오스타틴** 다시 들러보기

보통 황소와 놀랄 만큼의 거대 황소. DNA 상의 아주 작은 변화가 큰 차이를 만든다.

# 사례 연구 근육, 돌연변이, 그리고 마이오스타틴

이 장 첫 페이지 위에 있는 황소는 철을 이동하지 못하는 벨기안 블루(Belgian Blue)라는 소로 불룩 튀어나온 근육을 가지고 있다. 무엇이 벨기안 블루를 아래의 헤리퍼드(Hereford)와 같은 평범한 소와는 달리 보디빌더처럼 보이게 하는 것일까?

포유류가 발생할 때 세포들은 수없이 많이 분열함으로써 커지고 분화하여 특별한 기능을 갖게 된다. 특정 기관의 크기와 모양, 세포 종류는 발생 중에 정확히 조절되기 때문에 머리가 농구공만하게 되지도 않고 머리카락이 간에 나지도 않는다. 근육발달도 예외는 아니다. 어릴 때는 세포가 분열하고 융합하여 여러 개의 핵을 가진 길고 비교적 두꺼운 근육이 되며, 근수축을 일으킬 수 있는 특별한 단백질이 합성되므로 뼈대를 움직일 수 있다. 모든 포유류에 있는 "마이오스타틴(myostatin)" 이라는 단백질은 이 과정에 제동을 건다. "마이오스타틴" 이라는 말은 "근육을 그대로 유지한다"는 뜻이며, 실제로 이 말이 의미하는 기능을 수행한다. 근육이 발달함에 따라 마이오스타틴은 미성숙 근육세포의 분열을 감소시키고 결국에는 정지시킨다. 보디빌더는 무거운 것을 듦으로써 근육을 키운다. 그러나 대개의 경우 세포의 수를 늘리지는 않는다.

벨기안 블루처럼 "근육질의" 위펫(whippet)은 결함이 있는 마이오스타틴을 가지고 있으며, 이로 인해 거대한 근육을 갖는다.

벨기안 블루는 일반 소보다 더 많은 근육을 가지고 있다. 왜 그럴까? 이미 추측을 했겠지만 벨기안 블루는 정상 마이오스타틴을 생성하지 않는다. 왜 생성하지 못할까? 마이오스타틴 단백질은 디옥시리보핵산, 즉 DNA에 담긴 유전지침에 의해 합성된다. 벨기안 블루의 DNA는 정상 소의 DNA와 아주 약간 다르다. 마이오스타틴 유전자의 DNA에 돌연변이가 일어났기 때문이다. 그 결과 결함이 있는 마이오스타틴이 만들어진다. 벨기안 블루의 미성숙 근육세포는 정상보다 더 많이 분열하여 놀라울 정도의 근육질 소를 생성한다. 개들 중의 일부 품종(왼쪽 사진)을 비롯한 다른 동물들도 마이오스타틴 돌연변이를 갖고 있을 수 있으며, 이 경우 비슷한 효과를 보인다.

DNA는 어떻게 근육 크기, 꽃의 색, 성별과 같은 형질에 대한 지침을 담고 있는 것일까? 이들 지침은 어떻게 변하지 않고 한 세대에서 다음 세대로 전해지는 것일까? 그리고 이들 지침은 왜 때때로 변하는 것일까? 이들 질문에 대한 대답은 DNA의 구조와 기능에 있다. ■

## 10.1 DNA의 구조는 무엇인가?

100년 이상 동안 생물학자들은 유전형질이 유전자라고 하는 분리된 단위를 통해 부모로부터 자식에게로 전달되며, 유전자는 염색체의 일부라는 것을 알아왔다. 그 후 20세기 중반에 많은 연구자들의 노력을 통해 유전자들이 **디옥시리보핵산(deoxyribonucleic acid, DNA)**으로 이루어진 특정 염색체 DNA의 일부 조각이라는 것이 밝혀졌다. 더 많은 연구를 통해 대부분의 유전자가 단백질을 구성하는 아미노산 서열을 결정하는데 필요한 정보를 암호화한다는 것이 밝혀졌다.

유전자가 DNA로 구성되어 있다는 것을 발견한 것은 큰 사건이었다. 그러나 이것은 어떻게 유전이 작용하는지 알게 된 시작이었을 뿐이다. 예를 들어, 어떻게 DNA에 정보가 저장되고 세포는 이들 정보를 단백질 합성에 어떻게 이용하며, 어떻게 DNA가 부모로부터 자식에게 전달되는지 알고자 했다. 이를 위해 생물학자들은 DNA 분자의 구조를 알 필요가 있었다.

## DNA는 네 개의 서로 다른 소단위로 구성되어 있다

DNA 분자는 뉴클레오티드라는 네 개의 작은 소단위로 구성되어 있고, **뉴클레오티드(nucleotide)**는 세 부분으로 구성되어 있다: (1) 하나의 인산기, (2) 하나의 디옥시리보오스 당, 그리고 (3) 질소함유 염기 **아데닌(adenine, A)**, **구아닌(guanine, G)**, **티민(thymine, T)**, **시토신(cytosine, C)** 네 가지 중의 하나(그림 10-1). 모든 뉴클레오티드가 인산과 당은 동일하고 염기만 서로 다르다.

## DNA 분자는 두 개의 뉴클레오티드 가닥을 갖는다

많은 연구진들은 수십 년간 유전의 분자적 원리를 이해하려고 했다. 몇몇은 뉴클레오티드를 발견했으며, 또 다른 사람들은 DNA가 박테리아와 사람들처럼 다양한 생물체의 유전 분자라는 것을 밝혔다. 사람들은 기다란 뉴클레오티드 사슬들이 코르크 마개뽑이처럼 꼬여 있는 DNA의 기본 구조를 알아냈으며, 마침내 1950년대 초, 제임스 왓슨(James Watson)과 프란시스 크릭(Francis Crick)은 DNA의 3차원 구조 모형을 만들었다(159쪽의 "과학탐구: 이중나선의 발견" 참고).

복잡한 분자들이 어떻게 결합하고 있는지에 대한 지식과 "중요한 생물학적 물질은 쌍으로 존재한다"는 직관을 결합하여 왓슨과 크릭은 DNA 분자가 **가닥(strand)**이라고 부르는 두 개의 분리된 뉴클레오티드 사슬로 구성되어 있다고 제안하였다. 이러한 결합 형태는 당과 인산이 번갈아 나오는 "골격"을 형성한다. 당과 인산은 공유결합을 한다. 뉴클레오티드의 염기는 **당-인산 골격(sugar-phosphate backbone)**으로부터 돌출되어 있다(그림 10-2a).

하나의 DNA 가닥에 있는 모든 뉴클레오티드는 같은 방향으로 배열되어 있다. 따라서 가닥의 양 끝은 서로 다르다. 한 쪽 끝은 "자유로운" 혹은 아무것도 결합하지 않은 당이고 다른 쪽 끝은 자유 인산을 가지고 있다. (밤중에 복잡한 일방통로 길에 차들이 길게 늘어서 있다고 생각해보아라: 차들의 전조등은 항상 앞쪽을 향하고, 후미등은 항상 뒤를 향한다. 만약 차들이 빽빽하게 줄지어 서 있다면, 맨 선두 차 앞에 서 있는 보행자는 첫 번째 차의 전조등만 보게 되고 뒤쪽에 서 있는 보행자는 마지막 차의 후미등만 보게 될 것이다.)

## 수소결합은 이중나선의 DNA 두 가닥을 연결한다

두 개의 DNA 가닥은 각 가닥의 당-인산 골격으로부터 돌출한 염기들 사이에 수소결합이 형성되어 서로 연결된다. 이들 결합은 DNA가 사다리처럼 생긴 구조, 즉 당-인산 골격이 사다리의 양 측면을 그리고 염기는 발판을 형성하게 한다(그림 10-2a 참고). 그러나 DNA 가닥은 직선이 아니라 서로 꼬여서 회전 계단 형태로 감겨 있는 사다리 모양의 **이중나선(double helix)**을 형성한다(그림 10-2b). DNA 이중나선의 두 가닥은 서로 반대 방향을 향한다. (이번에도 저녁 시간대의 혼잡한 교통 상황을 상상해보자: 공중에 있는 헬리콥터 소종사는 한 차선의 차들은 전조등만, 그리고 다른 차선의 차들은 후미등만 보게 될 것이다.)

이중나선 사다리의 발판을 이루는 염기들이 쌍을 이루는 방법을 자세히 살펴보자(그림 10-2a 참고). 아데닌은 오직 티민과 수소결합을 하고, 구아닌은 반드시 시토신과 수소결합한다. 이러한 A–T와 G–C 염기쌍을 **상보적 염기쌍(complementary base pair)**이라고 한다. DNA 이중나선을 이루는 두 가닥의 염기는 서로 상보적이다. 예를 들어, 한 가닥의 염기서열이 A-T-T-C-C-A-G-G-C-T이면 다른 가닥은 T-A-A-G-G-T-C-C-G-A이 되어야 한다.

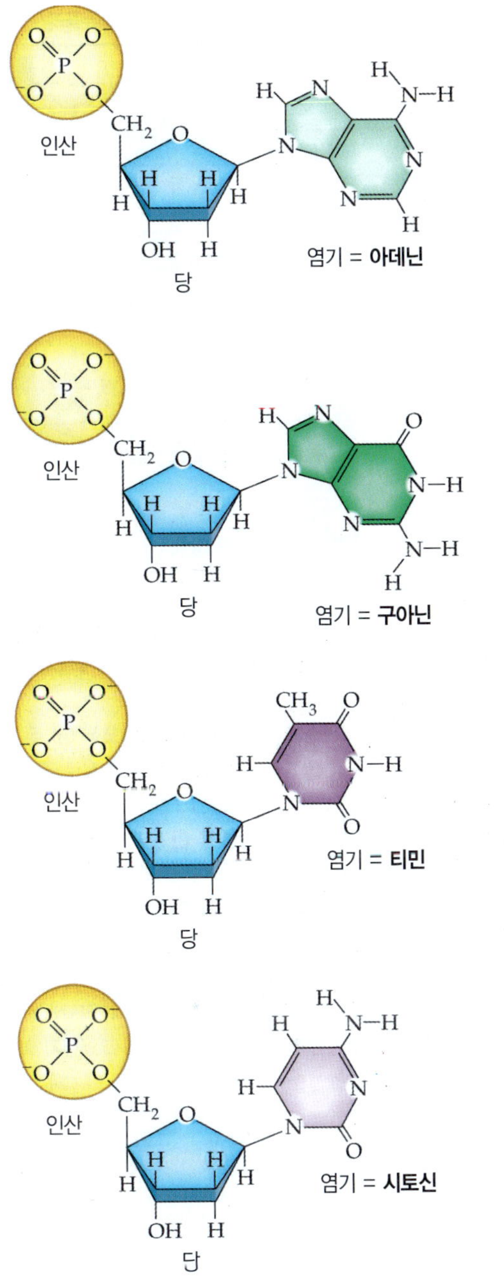


▲ 그림 10-1 **DNA 뉴클레오티드** 모든 DNA 뉴클레오티드는 동일한 인산과 디옥시리보오스 당, 그리고 아데닌, 구아닌, 티민, 시토신 네 가지 염기 중의 하나를 갖는다.

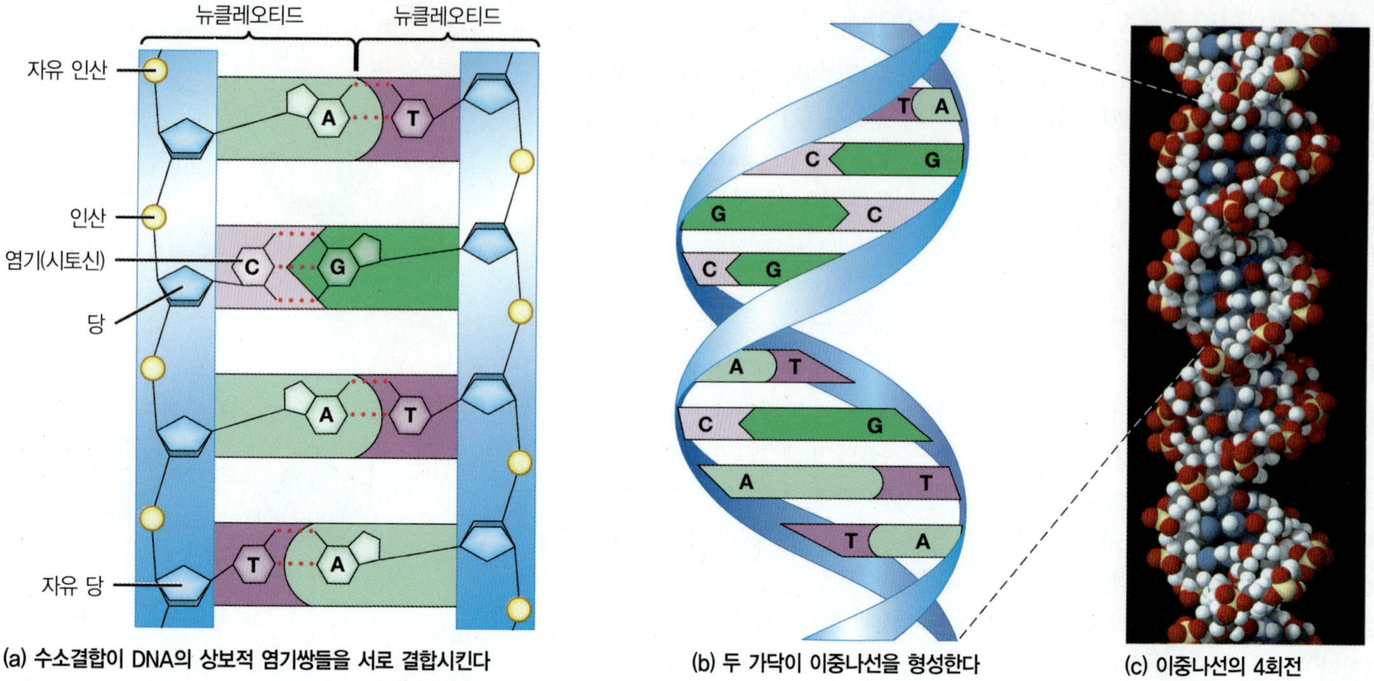


▲ **그림 10-2 왓슨과 크릭의 DNA 구조 모형** **(a)** 두 개의 DNA 가닥은 상보적 염기들 간의 수소결합으로 서로 결합된다. 각각의 가닥은 한 쪽 끝에 자유 인산(노란색 공)을 그리고 반대 쪽 끝에는 자유 당(파란색 오각형)을 한 분자씩 갖는다. 더욱이 이들 두 가닥은 서로 반대 방향을 향하고 있다. **(b)** DNA 가닥들은 꼬인 사다리처럼 서로 감기어 이중나선을 형성하며, 당-인산 골격은 사다리의 측면을, 그리고 상보적인 염기쌍은 사다리의 발판을 이룬다. **(c)** DNA 이중나선의 공간-채움 모형. **질문:** A–T 염기쌍과 C–G 염기쌍 결합 중에서 분리시키는데 에너지가 더 많이 필요한 것은 어느 것일까? 왜 그러한지 설명하여라.

## 근육, 돌연변이, 그리고 마이오스타틴

**계속**

모든 "정상" 포유류들은 기능있는 마이오스타틴 단백질을 암호화하는 DNA 서열을 가지고 있으므로 이로부터 생성된 마이오스타틴은 근육 성장을 억제한다. 벨기안 블루 소는 "friendly" 유전자를 의미가 없는 "fliendly"로 바꾸는 돌연변이를 가지고 있다. 이 돌연변이는 기능 있는 마이오스타틴 단백질을 암호화하지 못하므로 과도하게 근육이 발달한다.

## 10.2 DNA는 어떻게 정보를 암호화하는가?

그림 10-2에 있는 DNA 구조를 다시 살펴보자. 구조가 비교적 단순하고 염기의 종류가 많지 않다는 것은 DNA가 생명체를 만들고 작동시키는데 필요한 방대한 양의 정보들을 어떻게 암호화할 수 있는지 의문을 제기한다. 예를 들면 새의 깃털색과 부리의 크기와 모양, 둥지를 만드는 능력, 노래 등이 어떻게 단지 네 가지의 간단한 소단위들로 이루어진 분자들에 의해 결정되는가 하는 것이다.

해답은 서로 다른 소단위들의 숫자가 아니라 이들의 서열에 있다. DNA 가닥에 있는 염기는 네 가지 종류의 염기가 어떠한 순서로도 배열이 가능하며, 각각의 염기들 순서는 독특한 유전지침이 된다. 비교를 하자면 언어를 만드는데 많은 글자가 필요하지 않은 것과 같다. 영어의 경우 26개, 하와이어는 12개, 그리고 컴퓨터는 단 두 개의 "글자" (0과 1, 또는 "on"과 "off")를 갖고 있다. 그럼에도 불구하고 이들 언어들은 수많은 서로 다른 단어들을 쓸 수 있다. 단 10개의 뉴클레오티드로 된 DNA 가닥의 경우, 네 가지 염기를 가지고 백만 가지의 서로 다른 염기서열을 만들 수 있다. 생명체는 수백만(박테리아)에서 수십억(식물과 동물)개의 뉴클레오티드를 가지고 있으므로 이들의 DNA 분자는 결국 엄청난 양의 정보를 암호화할 수 있다.

물론 단어가 제대로 뜻을 전달하기 위해서는 언어의 글자와 DNA의 뉴클레오티드 모두 정확한 순서로 배열되어야 한다. "friend"와 "fiend"는 의미가 완전히 다르고, "fliend"는 아무런 뜻이 없는 것처럼, DNA의 서로 다른 염기서열은 전혀 다른 정보를 암호화할 수도 있고 또는 아무런 정보도 암호화하지 않을 수도 있다,

## 10.3 DNA는 어떻게 복사될까?

8장에서 학습했듯이 우리 몸에 있는 수조나 되는 모든 세포들은 다른 세포들의 자손이지만, 거슬러 올라가면 하나의 수정란으로부터 온 것이다. 더욱이 우리 몸의 거의 모든 세포들은 동일한 유전정보, 즉 수정란에 존재하던 것과 동일한 유전정보를 담고 있다. 성인이

## 과학탐구

# 이중나선의 발견

1950년대 초, 많은 생물학자들은 유전을 이해하려면 DNA 구조를 알아야 한다는 것을 인식했다. 그들은 또한 DNA의 정확한 구조를 밝히는 사람이 노벨상을 거머쥘 수 있다는 것도 알았다. 그 당시 DNA 구조를 밝힐 가능성이 있는 사람은 캘리포니아 공대의 라이너스 폴링(Linus Pauling)이었다. 폴링은 그 시대에 생존했던 그 누구보다도 큰 유기분자의 화학 구조에 대해 더 많이 알고 있었다. 그러나 폴링에게는 두 가지 중대한 문제점이 있었다. 첫째, 그는 여러 해 동안 단백질 연구에 집중해 왔기 때문에 DNA에 대한 자료는 거의 없었다. 둘째, 그는 그 당시 평화운동을 활발히 하였다. 상원의원인 조셉 매카시(Joseph McCarthy; 오늘날에는 그 당시 그가 공산주의자라고 기소한 사람들을 너무 강력하게 공격했던 것으로 평가됨)를 비롯한 일부 정부관료는 폴링의 활동이 위험 가능성이 있고 국가안보를 위협한다고 생각했다. 이 두 번째 문제점은 결정적으로 작용했다.

두 번째로 강력한 경쟁자는 영국 과학자인 로잘린드 프랭클린(Rosalind Franklin)과 모리스 윌킨스(Maurice Wilkins)로, 이들은 X-선을 사용하여 큰 분자의 구조를 결정할 수 있는 전문가들이었다. 실제로, 프랭클린과 윌킨스은 X-선 연구를 통해 DNA 분자의 일반적인 모양에 대한 아주 좋은 자료를 가지고 있었던 유일한 과학자들이었다. 하지만 불행히도 그들의 접근 방법은 너무 느렸다.

결국 이중나선의 최종 발견은 화학결합에 엄청난 해박한 지식을 갖고 있던 폴링도 아니고 X-선 분석에 능한 프랭클린이나 윌킨스도 아닌 왓슨과 크릭에 의해 이루어졌다. 왓슨과 크릭은 일반적으로 우리가 말하는 실험은 하지 않았다. 그 대신 그들은 DNA에 대해 생각하고 발표된 자료에 부합하는 분자 모형을 만드는데 대부분의 시간을 보냈다. 그들은 영국에서 작업을 하고 있었고 윌킨스는 프랭클린의 자료를 그들과 공유했기 때문에(이것은 아마도 프랭클린이 원하는 바가 아니었을 수도 있다), 왓슨과 크릭은 DNA와 관련된 모든 X-선 정보를 잘 알 수 있었다.

폴링에게는 이러한 X-선 정보가 없었다. 미국 국무부는 폴링을 잠재적인 위험 인물로 생각하였기 때문에 그에게 미국을 떠나 다른 나라로 갈 수 있는 여권 발급을 거부하였다. 이로 인해 폴링은 윌킨스가 X-선 자료를 발표한 학회도 참석하지 못했고 프랭클린이나 윌킨스와 직접 대화하기 위해 영국을 방문할 수도 없었다. 왓슨과 크릭은 폴링이 DNA 구조에 대해 연구하고 있다는 것을 알고 그가 자신들을 앞질러 성공하게 될까 봐 두려워했다. 왓슨은 자신의 저서인 「이중나선」에서 만약 폴링이 X-선 사진을 보았더라면 "늦어도 1주일 이내에 구조를 알아낼 수 있었을 것이다"라고 회고하고 있다.

"잠깐 기다려봐요! 불공평합니다. 만약 과학의 목표가 지식을 발전시키는 것이라면, 누구나 모든 자료에 접근할 수 있어야 하는 것이 아닌가요? 만약 폴링이 최고였다면 폴링이 이중나선 구조를 먼저 발견했어야 합니다"라고 생각할지도 모른다. 그럴 수도 있다. 그러나 과학은 과학자의 활동이고 과학자도 결국은 사람이다. 비록 실질적으로 모든 과학자들이 과학의 발전과 인류의 복지를 원하지만, 개별적으로는 그 발전의 주체가 되어 명성과 영광을 누리고 싶어할 수 있다. 폴링은 DNA의 X-선 사진과 이 사진이 구조에 대해 알려주는 실마리에 대해서는 아무것도 알지 못했다.

왓슨과 크릭이 DNA 이중나선 구조를 발견하였을 때(그림 E10-1), 왓슨은 캘리포니아 공과대학 친구이자 조언자인 막스 델브룩(Max Delbruck)에게 DNA 구조에 대한 편지를 보냈다. 왓슨은 그들이 밝힌 구조가 정식으로 발표되기 전까지는 편지 내용을 폴링에게 누설하지 말도록 요청했다. 델브룩은 전형적인 과학자로서 과학발견은 대중적이어야 한다는 생각이 확고하였기 때문에 즉시 폴링에게 DNA 구조에 대해 말하였다. 폴링은 왓슨과 크릭이 훌륭하게 DNA 구조를 밝힌 것을 정중하게 축하해주어, 그가 위대한 과학자일 뿐만 아니라 훌륭한 인격자라는 것을 보여주었다. 이로써 경쟁은 끝이 났다.

▲ **그림 E10-1** **DNA의 발견** DNA 구조 모형과 함께 한 제임스 왓슨과 프란시스 크릭. **질문:** 왓슨과 크릭은 그들의 모형을 개발하고 있을 때, DNA에 있는 네 개의 염기가 유사하다는 것과 DNA 분자의 직경이 한 쪽 끝에서 다른 쪽까지 동일하다는 것을 알았다(다시 말해, DNA 모형이 뚱뚱해졌다 홀쭉해졌다 하지 않는다). 만약 "생물학적 물질이 쌍으로 존재한다면," 이 사실은 그들로 하여금 어떤 염기들이 이중나선의 중앙에서 서로 쌍을 이룰 것인지 어떻게 알게 되었을까? 힌트: 그림 10-1에 있는 뉴클레오티드의 구조를 보아라.

된 후조차도 수백만 개의 세포들이 지속적으로 분열한다. 예를 들어, 피부세포는 끊임없이 벗겨지거나 옷에 닿아 닳아 없어지기 때문에 재생되어야 한다. 따라서 피부세포는 하루에 한 번 분열한다. 각각의 딸세포는 모세포 유전정보의 거의 완벽한 복사본을 물려받는다. 결과적으로 세포는 분열하기 이전에 DNA의 정확한 복사본을 두 개 가지고 있어야 한다. **DNA 복제(DNA replication)**로 알려진 과정에 의해 두 개의 동일한 DNA 이중나선이 만들어진다.

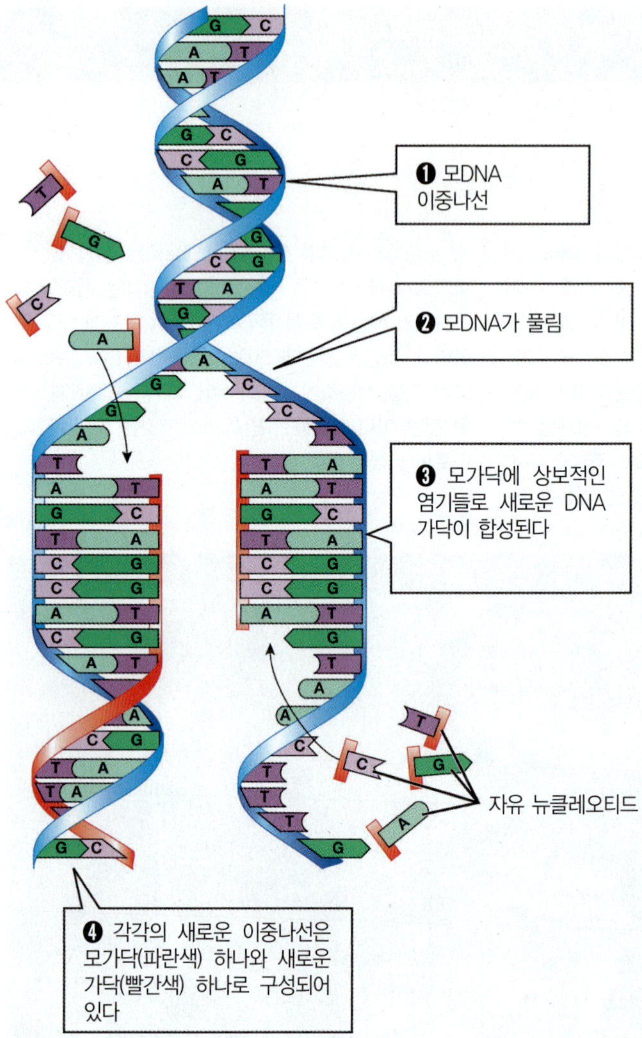


▲ 그림 10-3 DNA 복제의 기본 특징

## DNA 복제는 본래의 가닥 하나와 새로운 가닥 하나로 구성된 DNA 이중나선 분자를 두 개 생성한다

세포는 DNA 분자를 어떻게 정확히 복제하는 것일까? 왓슨과 크릭의 DNA 구조를 기술하는 논문에는 과학 역사상 가장 함축적인 표현들 중의 하나가 들어 있다: "우리가 가정한 특별한 염기쌍은 유전물질의 가능한 복제 메커니즘을 즉각적으로 제시해 준다." 실제로 염기쌍은 DNA 복제의 기초이다. 염기쌍 규칙은 한 쪽 가닥에 있는 아데닌의 경우 반드시 다른 가닥의 티민과 결합하고, 시토신은 구아닌과 결합해야 한다는 것이다. 만약 한 쪽 가닥의 염기서열이 ATG이면, 다른 가닥은 TAC가 되어야 한다. 따라서 한 쪽 가닥의 염기서열은 다른 가닥을 복제하는데 필요한 모든 정보를 포함하고 있다.

개념상으로, DNA복제는 매우 간단하다(그림 10-3). 필요한 요소는 (1) 모DNA 가닥, (2) 세포질에서 미리 합성되어 핵으로 들어온 자유 뉴클레오티드, 그리고 (3) 모DNA의 이중나선을 풀고 새로운 DNA 가닥을 합성하는 다양한 효소들이다.

먼저, "이중나선을 풀어주는 효소"인 **DNA 헬리카제(DNA helicase)**가 모DNA의 이중나선을 서로 분리시켜, 두 모가닥 DNA가 더 이상 염기쌍을 형성하지 않게 한다. 그 다음 **DNA 중합효소(DNA polymerase**, "DNA 중합체를 만드는 효소")가 분리된 각각의 모가닥 DNA를 따라 이동하면서 가닥에 있는 각각의 염기에 상보적인 염기를 갖는 자유 뉴클레오티드를 붙여나간다. 예를 들어, DNA 중합효소는 노출된 아데닌에 티민 염기로 쌍을 형성한다. DNA 중합효소는 또한 이들 자유 뉴클레오티드들을 연결하여 새로운 DNA 가닥들을 만든다: 하나의 새로운 딸가닥은 각각의 모가닥 DNA에 상보적이다. DNA가 어떻게 복제되는지는 다음 절, "DNA 복제 메커니즘"에서 더 상세히 살펴볼 것이다.

복제가 완료되면, DNA 모가닥 하나와 이에 상보적인 딸가닥 DNA가 서로 감기어 하나의 이중나선을 형성하고, 동시에 다른 모가닥과 이 모가닥의 딸가닥이 서로 감기어 두 번째 이중나선을 형성한다. 따라서 DNA 복제는 DNA 모가닥 하나를 유지 혹은 보존(conserve)하고 새로운 딸가닥 하나만 새로 만든다. 따라서 이 과정을 **반보존적 복제(semiconservative replication)**라고 한다(그림 10-4).

만약 아무런 실수도 생기지 않는다면 새로이 만들어진 두 DNA 이중나선의 염기서열은 원래의 모DNA 이중나선의 것과 동일하며, 자기들끼리도 당연히 동일하다.

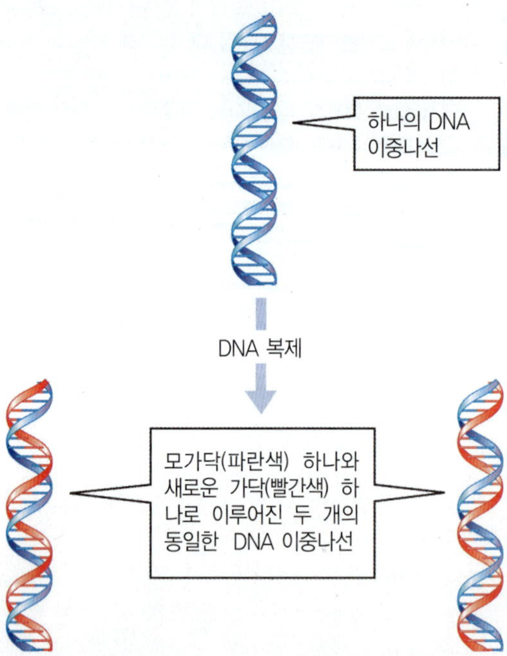


## 10.4 DNA 복제 메커니즘

DNA 복제는 3가지 주요 활동을 포함한다(그림 10-5). 첫째는 앞에서 이미 알아본 것처럼 DNA 이중나선이 풀려 염기서열을 "읽을" 수 있게 되는 것이다. 그 이후, 두 개의 기존 가닥에 상보적 염기를 갖는 새로운 DNA 가닥들이 합성된다. 진핵세포에서는 이들 새로운 DNA 가닥들이 상당히 짧은 조각들로 합성된다. 따라서 DNA 복제의 세 번째 단계에

◀ 그림 10-4 **DNA 복제는 반보존적이다** DNA가 복제될 때 새로이 형성된 이중나선은 제각기 하나의 "보존된" 모가닥 DNA(파란색)와 새로이 합성된 딸가닥 DNA(빨간색) 하나로 구성되어 있다; 따라서 이 과정을 "반보존적"이라고 한다.

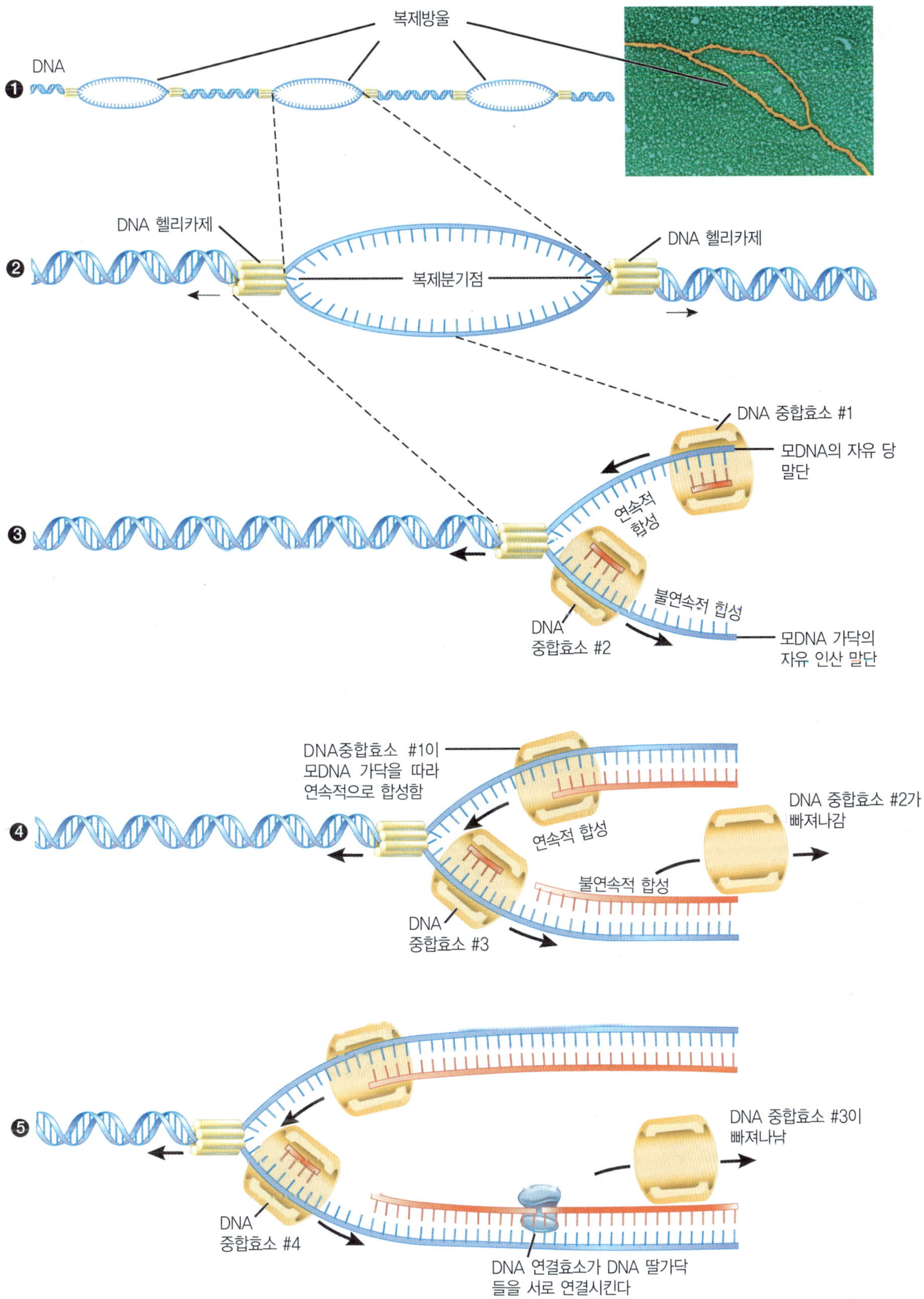


▲ 그림 10-5 **DNA 복제 메커니즘** ❶ DNA 헬리카제는 염색체의 모가닥 DNA들을 분리시켜 복제방울을 형성한다. ❷ 각각의 복제방울은 두 개의 복제분기점을 가지며, 두 분기점 사이는 DNA 가닥들이 "풀어져" 있다. ❸ DNA 중합효소가 새로운 DNA 조각들을 합성한다. ❹ DNA 헬리카제는 모DNA 이중나선을 따라 이동하며 이중나선을 풀어준다. 따라서 복제방울은 더 커진다. 복제방울의 DNA 중합효소가 DNA 딸가닥을 합성한다. ❺ DNA 연결효소가 작은 DNA 조각을 연결해 하나의 딸가닥을 형성한다. **질문:** DNA 합성 과정 중에 DNA 중합효소는 왜 양쪽 가닥에서 복제분기점을 향해 이동하지 못하는가?

서는 짧은 조각들을 이어 붙여 연속적인 DNA 가닥을 만든다. 각 단계는 독특한 일련의 효소들에 의해 수행된다.

## DNA 헬리카제는 모DNA 이중가닥을 분리시킨다

앞에서 언급했듯이 DNA 헬리카제 효소는 두 모가닥 DNA를 서로 결합시키고 있는 상보적 염기쌍들 사이의 수소결합을 끊는다. 결합이 끊어져 이중나선이 풀리면 **복제방울**(replication bubble)이 만들어진다(**그림 10-5**, ❶과 ❷ 단계). 복제방울에서는 DNA 모가닥의 뉴클레오티드 염기들이 더 이상 서로 쌍을 이루지 않는다. 복제방울마다 양 끝에 하나씩의 복제 "분기점"이 있으며, 이곳에서 두 개의 DNA 모가닥이 풀리기 시작한다.

이 과정을 시각화하기 위해, 우리가 차선이 나뉘어지지 않은 이차선을 따라 운전을 하고 있다고 상상해보자; 각각의 차선은 DNA 이중나선의 한 가닥을 나타낸다. 이중나선의 두 DNA 가닥은 마치 도로의 차들이 서로 반대 방향으로 이동하는 것처럼 서로 반대 방향을 향한다(그림 10-2 참고). 복제방울은 두 차선 사이에 넓은 중앙선이 있어 분리된 것과 유사하다. 길을 따라 좀 더 내려가면 중앙선이 사라지고 길은 다시 나뉘어지지 않게 된다. 중앙선은 복제방울이고, 중앙선이 시작하고 끝나는 장소는 분기점이다.

진핵세포의 염색체는 매우 길다. 예를 들어, 사람의 염색체는 약 2억 3,000만에서 2억 4,600만 개의 뉴클레오티드 쌍으로 되어 있다. 만약 이들 염색체가 한 쪽 끝에서 시작하여 다른 쪽 끝까지 하나의 연속적인 조각으로 복제된다면 복제하는데 5~57일이 소요될 것이다. 적절한 시간(피부와 창자의 내벽은 1일 안에) 내에 전체 염색체를 복제하기 위해서는 많은 수의 DNA 헬리카제가 동시에 복제방울들을 열어야 한다.

## DNA 중합효소는 새로운 DNA 가닥을 합성한다

복제방울은 두 번째 효소인 DNA 중합효소가 DNA 가닥의 각 염기에 접근하게 해 주므로 꼭 필요하다(**그림 10-5**, ❸ 단계). 복제분기점마다 DNA 중합효소가 기존 두 가닥에 상보적인 각각의 새로운 DNA 가닥을 합성한다. 이 과정 중에 DNA 중합효소가 모가닥에 있는 쌍을 이루지 않은 염기를 인식해 이에 상보적인 염기를 갖는 자유 뉴클레오티드를 결합시킨다. 예를 들어, DNA 중합효소는 모가닥의 노출된 시토신에 자유 뉴클레오티드 구아닌을 결합시킨다. 그 후, DNA 중합효소는 새로 들어오는 자유 뉴클레오티드의 인산을 신장 중인 딸가닥에 이미 결합되어 있는 뉴클레오티드의 당과 연결한다. DNA 중합효소는 이러한 방식으로 딸가닥의 당-인산 골격을 합성한다.

DNA 중합효소는 항상 DNA 모가닥의 "자유 인산" 말단을 향해 이동한다(그림 10-2 참고; 각 가닥의 골격은 한 쪽 말단에는 자유 인산, 그리고 다른 쪽 말단에는 자유 당을 가지고 있음에 주목하여라). 모DNA 이중나선의 두 가닥은 서로 반대 방향을 향하고 있으므로 상보적인 새로운 DNA 가닥들 또한 반대 방향으로 합성될 것이다(그림 10-5, ❸ 단계 참고). 이를 다시 도로에 비유하면, DNA 중합효소는 DNA 도로 상의 "원래 가지고 있던" 쪽에 머무르며 DNA 가닥의 자유 인산을 향해 이동해 나간다.

DNA 헬리카제와 DNA 중합효소는 함께 작용한다(**그림 10-5**, ❸과 ❹ 단계). DNA 헬리카제가 모DNA를 따라 이동함에 따라 이중나선이 풀어지고 두 가닥은 서로 분리된다. 두 가닥은 서로 반대 방향을 향하고 있으므로 DNA 헬리카제는 한 쪽 가닥의 자유 인산을 향해, 그리고 동시에 다른 쪽 가닥의 자유 당을 향해 이동하게 된다.

이제 두 개의 분리된 DNA 가닥에 "부착하고 있는" DNA 중합효소 두 분자를 가시화해 보자(그림 10-5, ❸ 단계 참고). DNA 중합효소 한 분자(중합효소 #1)는 헬리카제 뒤를 따라 자유 인산 말단을 향해 이동하며 연속적인 완전한 새로운 DNA 가닥을 합성한다. 반면에 DNA 중합효소 #2는 헬리카제와 반대 방향으로 이동한다. 따라서 새로운 DNA 가닥 중 일부만 합성할 수 있다. 헬리카제가 이중나선을 계속해서 더 풀면 DNA 중합효소(#3, #4 등등)가 이 가닥에 추가로 들어와 더 많은 DNA 조각을 차례로 합성한다(그림 10-5, ❹와 ❺ 단계 참고). 따라서 이 가닥의 DNA 합성은 불연속적으로 일어난다.

## DNA 연결효소는 DNA 조각을 서로 연결한다

여러 개의 DNA 중합효소가 다양한 길이의 DNA 조각들을 합성한다. 사람 염색체 하나에 대해 많게는 100만 개 조각이 합성된다. 이들 조각은 어떻게 모두 이어지는 것일까? 이 작업은 세 번째 효소인 **DNA 연결효소(DNA ligase**, "DNA를 함께 연결하는 효소") 에 의해 이루어진다(그림 10-5, ❺ 단계). 많은 DNA 연결효소들은 각 딸가닥이 하나의 긴 연속적인 DNA 중합체가 될 때까지 DNA 소식들의 당-인산 골격을 연결한다.

## 교정은 실수 없는 DNA 복제가 일어나게 한다

이상적으로, DNA 중합효소는 모가닥 염기에 상보적인 염기를 갖는 뉴클레오티드만 끼어 넣어 DNA 딸가닥들을 합성한다. 그러나 생명체에 완벽한 것은 아무것도 없다. DNA 중합효소는 매 10,000개 염기쌍 중 하나 꼴로 잘못된 뉴클레오티드를 삽입하는데 그 이유는 복제가 너무 빨리 진행되기 때문이기도 하다(일부 진핵세포의 경우 초당 약 50개의 뉴클레오티드가 합성된다). 그럼에도 불구하고, 복제가 완료된 DNA 가닥에는 10억 개 염기쌍 당 약 한 개 정도의 실수만 있게 된다. 이러한 정확성은 딸가닥이 합성되는 동안과 합성 후에 딸가닥을 "교정"해주는 다양한 DNA 수선효소에 의해 확실히 보장되기 때문이다. 예를 들면, DNA 중합효소의 일부 형태는 DNA가 합성될 때 생기는 염기쌍 실수를 인식한다. 이러한 유형의 DNA 중합효소는 잠시 멈추어서 잘못된 뉴클레오티드를 제거하고 정확히 상보적인 염기를 가진 새로운 뉴클레오티드를 결합시킨다. 그 후 계속해서 DNA를 더 합성한다.

## 실수는 일어난다

DNA 복제 중에 생긴 실수 이외에도 우리 몸의 세포에 있는 DNA는 정상 체온에서 자발적으로 일어나는 화학분해에 의해 세포마다 매일 약 10,000개의 염기를 상실한다. 우주복사(cosmic radiation), 햇빛, 그리고 다양한 화학물질 또한 DNA에 손상을 준다. 예를 들어, 담배는 세포분열 조절 단백질들 중의 일부를 암호화하는 DNA를 비롯한 DNA에 손상을 주는 여러 화학물질을 포함하고 있기 때문에 폐암을 일으킨다(8장 117쪽의 "건강 지킴이: 암—미쳐버린 유사분열" 참고). 세포의 수선효소는 손상된 DNA의 대부분을 수선한다. 그러나 일부 실수는 불가피하게 남아 있다. DNA의 뉴클레오티드 서열을 변화시키는 이러한 실수들을 **돌연변이(mutation)**라고 한다(돌연변이에 의한 결과들 중 일부를 기술한 8장과 11장 참고).

일부 돌연변이는 다른 것보다 더 빈번하게 일어난다. 예를 들면, DNA 중합효소 중 몇 종류는 C-G 쌍보다 A-T 뉴클레오티드 쌍을 복제할 때 더 많이 실수를 한다. 전형적으로, 자외선은 인접한 티민들이나 시토신들을 가진 유전자에 돌연변이를 일으킨다. 그럼에도 불구하고 모든 돌연변이 원천들을 종합적으로 고려해볼 때, 돌연변이는 DNA 뉴클레오티드 서열 어디에서나 무작위로 일어난다. .

하나의 돌연변이에 의해 어떻게 개체 전체가 영향을 받을까? 돌연변이를 DNA에 생긴 인쇄상의 오류로 생각해보자. 어떤 경우에는 mutation을 mutaition으로 잘못 쓴 것과 같은 "DNA 오타"가 있어도 이해할만하지만 "go"를 "no"로 잘못 쓴 DNA 오타처럼 완

### 근육, 돌연변이, 그리고 마이오스타틴

계속

벨기안 블루 이외에도 Maine Anjou, Piedmontese, Limousine, Charolais, 그리고 Blonde d' Aquitaine을 포함한 다른 여러 품종의 소들도 돌연변이된 마이오스타틴 유전자에 의해 생긴 과도한 근육발달을 갖고 있다. 이미 학습한 DNA "언어"와 DNA 복제 메커니즘에 입각해 볼 때 이들 소는 모두 같은 돌연변이를 가질 것으로 생각되는가? 10장 끝에 있는 근육, 돌연변이, 그리고 마이오스타틴"을 읽고 타당한 이유를 생각해보아라.

전히 잘못 이해하게 하는 경우도 있다. 이와 유사하게 대부분 실생활에서의 돌연변이는 해가 없기도 하고 (개체의 표현형이 많이 바뀌지 않는다) 해롭기도 하다(개체가 생존하여 번식할 가능성이 적다). 또한 드물기는 하지만 유용한 돌연변이도 있다. 예를 들어, 일부 사람들은 AIDS로부터 보호해주는 돌연변이를 갖고 있다. 많은 종의 박테리아에서는 돌연변이로 인해 항생제에 저항성을 갖기도 한다(이는 박테리아에 절대적으로 유리하나 이러한 박테리아에 감염된 사람에게는 매우 불리). 적어도 특정 환경에서 유익한 돌연변이는 자연선택에 유리할 수 있으므로 지구에 있는 생명체 진화의 근간이 된다(3단원 참고). 세포와 개체 수준에서의 돌연변이 효과에 대해서는 11장에서 더 자세히 살펴볼 것이다.

## 근육, 돌연변이, 그리고 마이오스타틴 다시 들러보기

벨기안 블루 소는 마이오스타틴 유전자에 돌연변이가 있어 세포들이 마이오스타틴 단백질 합성을 반쯤 진행하였을 때 합성을 멈춘다. "두 배의 근육"을 가진 다른 여러 품종들 중에는 동일한 돌연변이를 갖고 있는 것이 있지만, Maine Anjou, Piedmontese, Limousine, Charolais 소의 경우는 전혀 다른 돌연변이를 갖고 있다. 이와 같은 소들의 공통적인 점은 마이오스타틴 단백질의 기능이 없다는 것이다. 이는 DNA "언어"의 중요한 특징이다: 생성되는 단백질이 기능을 갖기 위해서는 뉴클레오티드 단어가 정확하게 혹은 적어도 아주 흡사하게 쓰여져야 한다. 실수로 잘못 쓸 가능성은 엄청나게 많으며 이러한 실수가 하나라도 생기면 단백질을 쓸모 없게 만들 수 있을 것이다.

사람도 마이오스타틴을 가지고 있으며, 마이오스타틴 유전자에 돌연변이가 생길 수도 있다. 9장에서 학습했듯이 아이는 부모로부터 각각 한 개씩의 유전자 복사본을 물려받아 대부분 유전자에 대해 두 개 복사본을 갖는다. 1999년 돌연변이 마이오스타틴 유전자를 갖는 한 아이가 독일에서 태어났다. 비록 돌연변이가 벨기안 블루 소의 경우와 다르긴 했지만, 그 결과 짧고 활성이 없는 마이오스타틴 단백질이 생성되었다. 7개월밖에 되지 않았을 때 이 소년은 이미 종아리와 허벅지 근육이 잘 발달되었다. 이 아이가 4살이 되었을 때는 양손에 각각 약 3.2 kg의 아령을 들고 양팔을 옆으로 쭉 펼 수 있었다(한번 시도해 보아라-성인에게도 쉬운 일이 아니다).

알다시피 돌연변이는 해가 없기도 하고 있기도 하며 유익할 수도 있다. 마이오스타틴 경우는 어디에 해당하는 것일까? 벨기안 블루는 태어날 때부터 근육이 발달하여 크기가 크기 때문에 제왕절개를 통해 분만한다. 일부는 근육이 너무 많아 오히려 근육이 방해가 되며 잘 걷지도 못한다. 독일 소년은 아직까지는 건강하다. 이 소년이 성장하면 어떻게 될까? 그는 아주 뛰어난 운동선수가 될까 아니면 나이가 들면서 건강 문제로 고생을 하게 될까? 아니면 두 경우 모두에 해당할까? 시간이 지나봐야만 알 수 있을 것이다.

### 생각해보기

만약 어떤 사람이 마이오스타틴 유전자와 같은 유전자의 돌연변이로 인해 뛰어난 운동선수가 된다면, 이 사람과 이와 같은 돌연변이 대립유전자를 갖지 않은 사람들을 서로 경쟁하게 하는 것은 "공정"한 처사일까?

# 개념 확인 문제

## 빈칸 채우기

1. DNA는 __________(이)라고 하는 소단위로 구성되어 있다. 각 소단위는 __________, __________, 그리고 __________의 __________ 3부분으로 이루어져 있다.

2. DNA 소단위들은 뉴클레오티드 하나의 __________ 을(를) 다음 뉴클레오티드의 __________에 연결하여 조립한다. 그 결과 만들어지는 중합체는 __________(이)라고 불린나. 이것은 염색체에서 발견되며, 두 개의 DNA 중합체는 서로 감겨 __________(이)라고 불리는 구조가 된다.

3. DNA의 "염기쌍 규칙"은 아데닌은 __________와(과) 결합하고, 구아닌은 __________와(과) 쌍을 이룬다는 것이다. 쌍을 이루는 염기들을 __________(이)라고 한다.

4. DNA가 복제할 때 두 개의 새로운 이중나선이 형성된다. 각각의 이중나선은 기존의 가닥 하나와 하나의 새로운 가닥으로 구성된다. 이러한 DNA 복제 방법을 __________(이)라고 한다.

5. DNA 이중나선은 __________(이)라고 하는 효소에 의해 풀린다. 딸 DNA는 __________ 효소에 의해 합성된다.

6. 때때로 DNA복제 중에 실수가 발생한다. 만약 교정이 안되면 이들 실수를 __________(이)라고 한다.

## 복습 문제

1. 뉴클레오티드의 일반적인 구조를 그려라. 모든 뉴클레오티드에서 어느 부분이 동일하고 어느 부위가 다른가?

2. DNA에 있는 네 종류의 질소함유염기 이름을 말하여라.

3. 어느 염기가 어느 염기와 상보적인가? 이들 염기는 DNA의 이중나선에 어떻게 함께 있는가?

4. DNA 구조에 대해 설명하여라. 구조에서 염기, 당, 인산의 위치는 어디인가?

5. DNA 복제 과정을 설명하여라.

# 11장

# 유전자발현과 조절

앨리스 마티노(Alice Martineau)는 비록 젊은 시절 낭포성 섬유증 신난을 받았지만 그녀는 사람들이 자신의 음악을 들을 때 어쩌다보니 조금 아프게 된 싱어송라이터로 생각해 주기를 바랐다.

## 주요 내용

# 사례 연구 낭포성 섬유증

만약 당신이 아는 것이 그녀의 음악뿐이라면 당신은 그 음악을 만든 앨리스 마티노(Alice Martineau)가 젊고 예쁜 싱어송라이터이며 소니 음악사와 음반 계약을 한 사람이라고만 생각할 것이다. 그러나 유전학자는 2003년 3월에 30세의 나이로 사망한 마티노가 아주 중요한 단백질인 CFTR에 대해 결함 있는 두 개의 열성 대립유전자 복사본을 갖고 있다고 생각했다. 마티노는 30,000명의 미국인과 3,000명의 캐나다인, 그리고 20,000명의 유럽인들처럼 북미와 유럽에서 가장 흔한 심각한 열성 질환인 낭포성 섬유증(cystic fibrosis)을 갖고 있었다. 현대 의학 치료를 받기 전에는 낭포성 섬유증을 갖는 대부분의 사람들이 4세 혹은 5세에 죽었다. 현재도 평균 수명은 40세 이하이다.

CFTR은 염화물을 선택적으로 통과시키는 통로단백질로 땀샘과 허파, 작은창자를 비롯한 우리 몸의 곳곳에서 발견된다. CFTR의 발한 역할에 대해 먼저 살펴보자. 땀은 대부분이 물이며 피부로부터 증발함으로써 몸을 식혀준다. 그러나 피부 깊숙이 있는 땀샘에서 처음 분비될 때의 땀에는 혈액 속에 있는 만큼의 많은 염분(소금) 또한 포함되어 있다. 만약 천천히 발한한다면 대부분의 염분은 땀이 분비 세포로부터 피부 표면으로 나가는 관을 통해 이동함에 따라 회수된다. 비록 정확한 메커니즘은 아직 완전히 밝혀지지 않았지만 염분이 관의 벽을 구성하는 세포를 통해 땀으로부터 나오고 다시 혈액으로 가는데 CFTR 단백질이 아주 중요하다. 이들 세포는 물은 통과시키지 않는다. 따라서 물이 관에 남아 있는 동안 염분이 회수되므로 땀에 소금기가 많지 않게 되는 것이다. CFTR 단백질을 암호화하는 *CFTR* 유전자에 돌연변이가 생기면 낭포성 섬유증이 발생한다. (이 책에서는 유전학 표준에 따라 *CFTR* 유전자를 비롯한 유전자의 명칭은 이탤릭체로, 그리고 단백질은 정자체로 표기함에 유의하여라.) 결함이 있는 CFTR 단백질은 염화물과 나트륨의 재흡수를 차단하여 땀에 염분이 남아 있게 된다.

철인의 여왕으로 불리는 리사 벤틀리(Lisa Bentley)가 3종경기에서 또 한번의 승리를 했다.

캐나다 3종 경기 선수인 리사 벤틀리(Lisa Bentley, 왼쪽 사진)는 상당히 원만한 낭포성 섬유증을 가지고 있다. 그러나 3종 경기를 하는 9시간 동안 그녀는 눈에 띌 만큼 염분이 많은 땀을 만든다. 벤틀리는 경기 중에 계속 소금을 공급받아야 한다. 그럼에도 불구하고 그녀는 2002년부터 2006년까지 5회 연속 호주 철인 3종 경기에서 우승한 것을 비롯해 수많은 3종 경기에서 우승을 하였다.

길고 힘든 운동기간을 제외하고는 염분이 있는 땀은 그렇게 해롭지는 않다. 하지만 불행히도 허파의 기도 안쪽을 덮는 세포들도 땀샘에 있는 것과 동일한 CFTR 단백질을 가지고 있다. 정상적으로, 기도는 물기 있는 점액성 얇은 막으로 덮여 있어 이를 통해 세균과 찌꺼기를 걸러준다. 이 액체에 있는 "천연 항생제" 단백질은 많은 세균을 죽인다. 대부분의 세균은 살아 있는 것과 죽은 것 모두 기도를 덮는 세포의 섬모에 의해 허파 밖으로 쓸려나간다. CFTR 단백질이 어떻게 액체의 양과 성분을 조절하는지는 확실히 알지 못한다. 그러나 결함이 있는 CFTR 단백질은 기도를 물기 없는 점액으로 덮이게 하여 항생제로서의 기능이 감소하게 했을지도 모른다. 그 결과 점액이 진해져서 더 이상 허파 밖으로 배출을 시키지 못한다. 따라서 기도가 부분적으로 막히고 세균이 증식하여 만성 허파 감염을 유발한다. 낭포성 섬유증을 가진 사람들은 기도를 깨끗이 하기 위해 기침을 자주한다. 마티노는 자신의 성대를 강화하고 깊고 힘있는 목소리를 낼 수 있는 기침방법을 스스로 터득하였다.

11장에서는 유전자가 단백질로 번역되는 과정을 알아보고자 한다. 아울러 유전자가 돌연변이되면 단백질의 구조와 기능이 어떻게 영향을 받는지도 알아볼 것이다. 동일한 유전자에 생긴 서로 다른 돌연변이는 왜 다른 결과를 갖게 하는 것일까? ■

# 11.1 DNA에 있는 정보는 세포에서 어떻게 사용되는가?

정보 자체는 어떤 것도 하지 않는다. 예를 들어, 청사진은 집의 구조를 아주 상세하게 기술해줄 수 있지만 이러한 정보가 행동으로 옮겨지지 않으면 집은 절대로 지어지지 않는다. 이와 마찬가지로 모든 세포의 "분자 청사진"인 DNA 염기서열도 엄청난 양의 정보를 갖고 있지만 DNA 혼자서는 어떠한 행동도 수행할 수 없다. 그러면 DNA는 어떻게 남성과 여성 같은 성을 결정하고 갈색 눈이 될지 푸른 눈이 될지 결정하며, 정상 기능의 허파가 될지 낭포성 섬유증을 갖게 될지 결정하는 것일까?

## 대부분의 유전자는 하나의 단백질 합성에 필요한 정보를 가지고 있다

대부분의 염색체에는 수백 혹은 수천 개의 유전자가 있으며 이들 각각은 염색체 DNA의 특정 위치를 차지한다. 대부분의 경우, **유전자(gene)**는 단백질 하나를 합성하거나 제조하는데 필요한 지침을 암호화하는 DNA이므로 "하나의 유전자, 하나의 단백질"이라는 일반적인 규칙이 성립한다. 단백질은 세포에 있는 분자 일꾼으로 세포 구조의 대부분을 형성하고 화학반응을 촉매하는 효소가 된다.

기술적으로, "하나의 유전자, 하나의 단백질" 관계는 "하나의 유전자, 하나의 폴리펩티드"로 표기되어야 한다. 폴리펩티드는 아미노산 사슬이다. 많은 단백질들이 하나의 폴리펩티드로 구성되어 있지만 두 개 이상의 폴리펩티드 소단위로 되어 있는 단백질들도 있다. 예를 들어, DNA 복제에 있어 핵심 효소인 DNA 중합효소(160~163쪽 참고)는 12개 이상의 폴리펩티드로 구성되어 있으며 각각의 폴리펩티드는 서로 다른 유전자에 의해 암호화된다. 그럼에도 불구하고 많은 생화학자들이 폴리펩티드와 단백질을 서로 바꿔 사용하고 있으며 이 책에서도 모든 폴리펩티드를 언급할 때 단백질을 사용한다.

## 단백질은 전사와 번역과정을 통해 합성된다

DNA는 단백질 합성을 직접적으로 지시하지 않는다. 대신에 중간 물질인 **리보핵산(ribonucleic acid, RNA)**을 통해 핵으로부터 세포질로 정보를 이동한다. RNA는 DNA와 비슷하지만 세 가지 측면에서 구조적으로 다르다: DNA가 이중가닥인 반면 RNA는 단일 가닥이며, 골격에 디옥시리보오스 대신 리보오스당을 가지고 있고 티민 염기 대신 우라실 염기를 갖고 있다(표 11-1).

단백질 합성은 전사와 번역이라는 두 단계로 일어난다(그림 11-1).

1. **전사(transcription,** 그림 11-1a)에서는 특정 유전자의 DNA에 있는 정보가 세 가지 유형의 RNA, 즉 전령 RNA(messenger RNA, mRNA), 운반 RNA(transfer RNA, tRNA), 리보솜 RNA(ribosomal RNA, rRNA) 중 하나로 복사가 된다. 진핵세포의 경우, 전사는 핵에서 일어난다.
2. mRNA의 염기서열은 단백질의 아미노산 서열을 암호화한다. **번역(translation,** 그림 11-1b) 과정 중에 리보솜이 mRNA의 염기서열을 단백질의 아미노산 서열로 전환한다. 진핵세포에서는 리보솜이 세포질에 있으므로 번역 또한 세포질에서 일어난다.

전사와 번역을 혼동하기가 쉽지만 이들 용어의 생물학적 의미를 영어의 뜻과 비교해보면 차이를 구분하기가 쉬울 것이다. 영어에서 *transcribe*는 어떤 것을 글로 복사한다는 의미로, 거의 항상 같은 언어로 복사하는 것을 말한

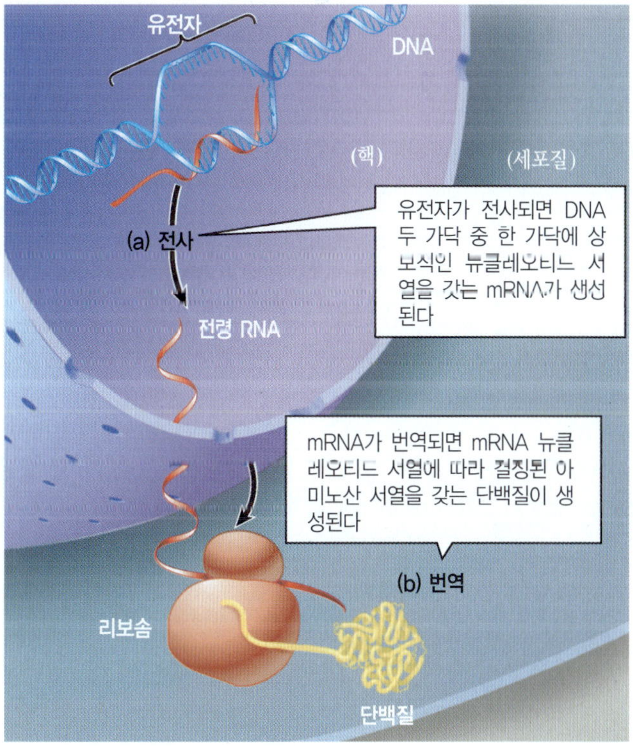


▲ 그림 11-1 유전정보는 DNA로부터 RNA를 거쳐 단백질로 흐른다

**표 11-1** DNA와 RNA의 비교

| | DNA | RNA | |
|---|---|---|---|
| **가닥의 수** | 2 | 1 | |
| **당** | 디옥시리보오스 | 리보오스 | |
| **염기 종류** | 아데닌(A), 티민(T)<br>시토신(C), 구아닌(G) | 아데닌(A), 우라실(U)<br>시토신(C), 구아닌(G) | |
| **염기쌍** | DNA:DNA | RNA:DNA | RNA:RNA |
| | A–T | A–T | A–U |
| | T–A | U–A | U–A |
| | C–G | C–G | C–G |
| | G–C | G–C | G–C |
| **기능** | 유전자를 포함한다; 대부분의 유전자에 있는 염기서열은 단백질의 아미노산 서열을 결정한다 | **전령 RNA(mRNA):** 단백질을 암호화하는 유전자 암호를 DNA로부터 리보솜으로 운반한다<br>**리보솜 RNA(rRNA):** 단백질과 결합하여 아미노산을 연결해 단백질을 합성하는 구조인 리보솜을 형성한다<br>**운반 RNA(tRNA):** 아미노산을 리보솜으로 운반한다 | |

다. 예를 들어, 법정에서 진술한 내용은 글로 복사를 하며 증인의 진술과 사본은 모두 동일한 언어이다. 생물학에서 전사는 뉴클레오티드라는 공통 "언어"를 사용하여 DNA를 RNA로 복사하는 과정이다. 이와 대조적으로 *translation*의 보편적인 의미는 한 가지 언어를 다른 언어로 전환한다는 것이다. 생물학에서도 이와 유사하게, 번역은 RNA "핵산 언어"가 갖는 정보를 단백질의 "아미노산" 언어로 전환하는 것을 의미한다.

## 11.2 RNA의 기능은 무엇인가?

RNA에는 세 가지 유형이 있다: **전령 RNA(mRNA)**, **운반 RNA(tRNA)**, **리보솜(rRNA)**. 각각의 RNA는 DNA 염기서열을 단백질의 아미노산 서열로 전환하는 데 있어 서로 다른 역할을 한다(**그림 11-2**).

### 전령 RNA는 단백질 합성을 위한 암호를 핵으로부터 세포질로 운반한다

모든 RNA는 DNA가 전사되어 생성된다. 그러나 단지 mRNA만 단백질의 아미노산 서열에 대한 암호를 갖고 있다(**그림 11-2a**). 진핵세포에서는 핵에서 생성된 mRNA 분자가 핵막에 있는 핵공을 통해 세포질로 나간다. 세포질에서는 mRNA가 리보솜과 결합하며, 리보솜은 mRNA 염기서열에 의해 정해진 단백질을 합성한다. 단백질 합성에 사용할 정보가 mRNA로 복사되어 세포질로 운반하는 동안, DNA는 마치 도서관에 있는 귀중한 문서처럼 핵에 안전하게 저장된다.

### 리보솜 RNA와 단백질이 리보솜을 형성한다

**리보솜(ribosome)**은 mRNA 염기서열에 따라 단백질을 합성하는 과정인 번역을 수행한다. 리보솜 RNA와 다른 많은 단백질들이 모여 리보솜이 만들어진다. 각각의 리보솜은

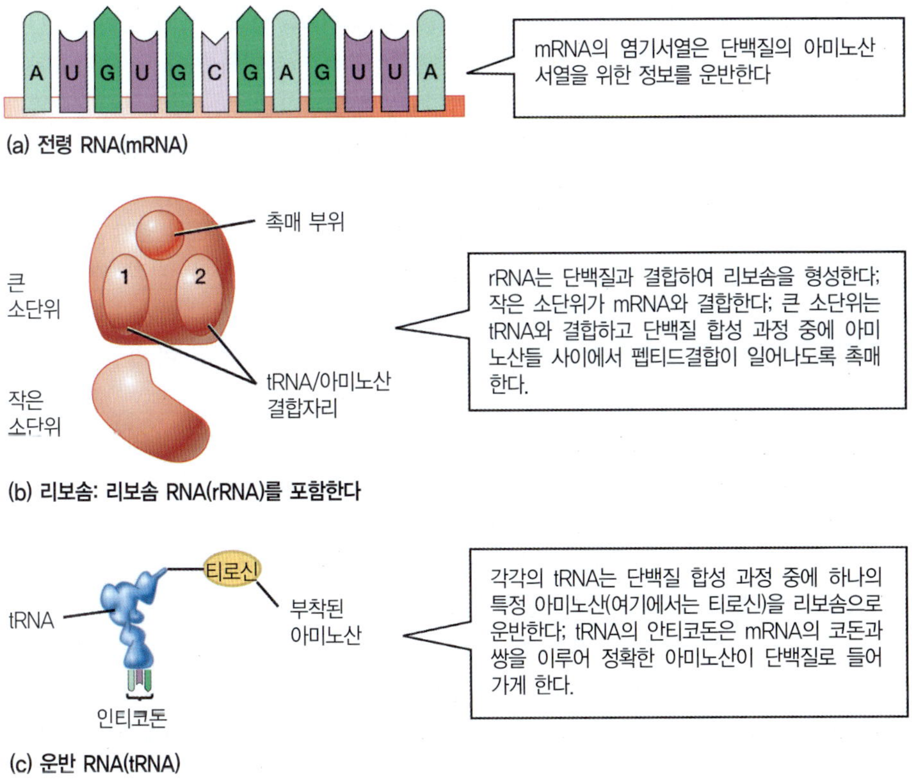


◀ **그림 11-2 세포는 세 가지 유형의 주요한 RNA를 합성한다**

두 개의 소단위, 즉 작은 소단위 하나와 큰 소단위 하나로 구성되어 있다(**그림 11-2b**). 작은 소단위는 mRNA와 "시작" tRNA(tRNA에 대해서는 다음 절의 설명 참고), 그리고 mRNA를 읽어 단백질 합성을 시작하는 데 협력하는 여러 단백질들의 결합자리를 갖고 있다. 큰 소단위는 tRNA 분자를 위한 두 개의 결합자리와 아미노산들 간에 펩티드결합을 형성해 단백질을 합성하는 촉매 부위 하나를 갖고 있다. 두 개의 소단위는 이 소단위들이 활발하게 단백질을 합성하지 않는 한 서로 분리된 채로 존재한다. 단백질이 합성되는 동안 두 소단위는 서로 합해지고 그 사이에 mRNA를 꽉 붙잡아둔다.

## 운반 RNA 분자는 리보솜으로 아미노산을 운반한다

세포마다 아미노산 하나당 하나씩(혹은 때때로 여러 개)의 tRNA를 합성하므로 결국 다양한 많은 종류의 tRNA가 합성된다. 세포질에서는 20가지의 서로 다른 효소들, 즉 각 아미노산에 대해 하나의 효소가 tRNA를 인식한 뒤 정확한 아미노산을 각 tRNA에 부착한다(**그림 11-2c**). 이렇게 "탑재된" tRNA 분자는 해당 아미노산을 리보솜으로 운반한다. 운반되어 온 아미노산은 리보솜에서 성장 중인 단백질의 아미노산 사슬로 합해져 들어간다.

# 11.3 유전암호란 무엇인가?

전사와 번역에 대해서는 11.4와 11.5절에서 좀 더 자세히 설명할 것이다. 그러나 먼저 어떻게 유전학자들이 언어 장벽을 파괴했는지 알아보자; 세포는 어떻게 DNA와 RNA에 있는 염기서열 언어를 단백질의 아미노산 서열 언어로 번역하는 것일까? 이 번역은 유전암호로 불리는 "사전"에 의존한다.

**유전암호(genetic code)**는 핵산의 염기서열을 단백질의 아미노산 서열로 번역한다. 그러면 어떤 염기 조합이 어느 아미노산을 암호화하는 것일까? DNA와 RNA 둘 다 네 가지의 서로 다른 염기를 갖고 있다: A, G, C, 그리고 T(DNA) 또는 U(RNA) (표 11-1 참고). 그러나 단백질은 20개의 서로 다른 아미노산으로 이루어져 있다. 염기의 종류가 충분하지 않으므로 하나의 염기가 하나의 아미노산을 암호화할 수는 없다. 두 개의 염기서열이 아미노산 하나를 암호화하는 시스템도 역시 가능하지 않다. 왜냐하면 이 경우 가능한 조합은 모두 16가지이므로 20개의 아미노산을 암호화하기에는 여전히 충분하지 않기 때문이다. 그러나 세 개의 염기 혹은 3염기조(triplet) 경우, 64가지의 염기 조합이 가능하므로 충분하고도 남는다. 자연은 가능한 한 경제적으로 작동한다는 가정하에 생물학자들은 유전암호가 3염기조이어야 한다는 가설을 제시했다. 즉, 3개의 염기가 하나의 아미노산을 지정한다는 것이다. 1961년 프란시스 크릭과 3명의 동료들은 이 가설이 옳음을 보여주었다.

어떤 언어를 이해하기 위해서는 해당 언어 사용자는 단어들이 무엇을 의미하고 단어가 어디에서 시작해 어디에서 끝나며 문장은 어디에서 시작해 어디에서 끝나는지 알아야 한다. 유전암호라는 "단어"를 해독하기 위해 1961년 마셜 니런버그(Marshall Nirenberg)와 하인리히 마티유(Heinrich Mathieu)는 세균을 분쇄하여 단백질을 합성하는데 필요한 요소들을 분리하였다. 그들은 이 혼합물에 인위적으로 만든 mRNA를 첨가함으로써 번역되는 "단어"를 조절하였다. 그 결과 어느 아미노산이 단백질로 포함되는지 볼 수 있었다. 예를 들어, 우라실 염기로만 구성된 mRNA 가닥(UUUUUUUU . . .)을 갖는 혼합물은 단지 페닐알라닌 아미노산으로만 이루어진 단백질을 합성하였다. 따라서 UUU 3염기조는 페닐알라닌을 지정함에 틀림이 없음을 알 수 있다. 유전암호는 인위적인 mRNA를 사용하여 해독되었기 때문에 통상적으로 각 아미노산에 대한 암호를 DNA가 아닌 mRNA에 있는 3개의 염기로 표기한다(표 11-2). 이러한 mRNA 3염기조를 **코돈(codon)**이라고 한다.

구두점에 대해서 어떻게 생각하는가? 세포는 어떻게 어디서 코돈이 시작하고 끝나는지 알 수 있으며 어느 곳에서 전체 단백질에 대한 암호가 시작하고 정지하는지 알 수 있

**표 11-2 유전암호(mRNA 코돈)**

| 첫 번째 염기 | 두 번째 염기: U | | C | | A | | G | | 세 번째 염기 |
|---|---|---|---|---|---|---|---|---|---|
| U | UUU | 페닐알라닌(Phe) | UCU | 세린(Ser) | UAU | 티로신(Tyr) | UGU | 시스테인(Cys) | U |
| U | UUC | 페닐알라닌 | UCC | 세린 | UAC | 티로신 | UGC | 시스테인 | C |
| U | UUA | 루신(Leu) | UCA | 세린 | UAA | 정지(종결) | UGA | 정지(종결) | A |
| U | UUG | 루신 | UCG | 세린 | UAG | 정지(종결) | UGG | 트립토판(Trp) | G |
| C | CUU | 루신 | CCU | 프롤린(Pro) | CAU | 히스티딘(His) | CGU | 아르기닌(Arg) | U |
| C | CUC | 루신 | CCC | 프롤린 | CAC | 히스티딘 | CGC | 아르기닌 | C |
| C | CUA | 루신 | CCA | 프롤린 | CAA | 글루타민(Gln) | CGA | 아르기닌 | A |
| C | CUG | 루신 | CCG | 프롤린 | CAG | 글루타민 | CGG | 아르기닌 | G |
| A | AUU | 이소루신(Ile) | ACU | 트레오닌(Thr) | AAU | 아스파라긴(Asp) | AGU | 세린(Ser) | U |
| A | AUC | 이소루신 | ACC | 트레오닌 | AAC | 아스파라긴 | AGC | 세린 | C |
| A | AUA | 이소루신 | ACA | 트레오닌 | AAA | 리신(Lys) | AGA | 아르기닌(Arg) | A |
| A | AUG | 메티오닌(Met) 시작(개시) | ACG | 트레오닌 | AAG | 리신 | AGG | 아르기닌 | G |
| G | GUU | 발린(Val) | GCU | 알라닌(Ala) | GAU | 아스파르트산(Asp) | GGU | 글리신(Gly) | U |
| G | GUC | 발린 | GCC | 알라닌 | GAC | 아스파르트산 | GGC | 글리신 | C |
| G | GUA | 발린 | GCA | 알라닌 | GAA | 글루탐산(Glu) | GGA | 글리신 | A |
| G | GUG | 발린 | GCG | 알라닌 | GAG | 글루탐산 | GGG | 글리신 | G |

을까? 모든 단백질은 통상 동일한 아미노산인 메티오닌(단백질 합성 후 제거되는 경우도 있지만)으로 시작한다. 메티오닌은 **개시코돈(start codon)**으로 알려진 AUG 코돈에 의해 암호화된다. UAG, UAA, UGA 세 개의 코돈은 **종결코돈(stop codon)**으로 단백질의 끝을 알려준다. 리보솜이 종결코돈을 만나면 새로이 합성된 단백질과 mRNA를 모두 방출한다. 모든 코돈은 세 개의 염기로 구성되어 있고 단백질의 시작과 끝은 지정되어 있기 때문에 코돈들 사이에 "띄어쓰기"는 필요 없다. 왜 그러한가? 만약 영어가 단지 세 글자로 된 단어만 사용한다면 어떻게 될지 생각해보아라: 단어들 사이에 띄어쓰기를 하지 않아도 THEDOGSAWTHECAT와 같은 문장을 완벽하게 이해할 수 있을 것이다.

유전암호 중 세 개는 종결코돈이므로 61개의 뉴클레오티드 3염기조가 20개의 아미노산을 지정한다. 따라서 대부분의 아미노산은 각기 여러 개의 서로 다른 코돈에 의해 지정된다. 예를 들이, 6개의 다른 코돈인 UUA, UUG, CUU, CUC, CUA, CUG는 모두 루신을 지정한다(표 11-2 참고). 그러나 각각의 코돈은 단지 한 가지의 아미노산만을 지정한다; 예들 들어 GUU는 항상 발린을 지정하며 루신이나, 글리신 등 어떠한 아미노산도 지정하지 않는다.

DNA로부터 RNA를 거쳐 단백질로 정보가 흐르는 경로를 소개하였으며 또한 세포가 DNA와 RNA에 있는 뉴클레오티드 언어를 단백질의 아미노산 언어로 바꾸는 유전암호에 대해서도 설명하였다. 이제 이 경로에서 주요한 과정인 전사와 번역에 대해 자세히 살펴보자.

## 11.4 유전자에 있는 정보는 어떻게 RNA로 전사되는가?

DNA 정보는 전사과정에 의해 RNA로 복사된다. 따라서 진핵세포의 경우, 전사는 핵에서 일어난다. 전사는 (1) 개시, (2) 신장, (3) 종결 과정으로 이루어져 있다. 이 세 개의 단계는 대부분 유전자들의 주요 부분에 상응한다: (1) 전사가 시작 또는 개시되는 유전자 시작 부위에 있는 프로모터(promoter) 부위; (2) RNA 가닥이 길어지는 유전자의 "몸통"; 그리고 (3) RNA 합성이 끝나는 유전자의 끝 부분에 있는 종결신호.

### RNA 중합효소가 유전자의 프로모터에 결합하면 전사가 시작된다

효소인 **RNA 중합효소(RNA polymerase)**는 RNA를 합성한다. 전사가 일어나려면 먼저 RNA 중합효소가 유전자의 시작 부위인 **프로모터(promoter)**라 하는 비전사 DNA 염기서열에 결합하여야 한다. 프로모터에 결합하는 다른 단백질은 RNA 중합효소가 프로모터에 결합하는 능력을 증가 혹은 감소시킨다. 이에 대해서는 뒤에서 알아볼 것이다. RNA 중합효소가 프로모터에 결합하면 유전자 시작 부위의 DNA 이중나선이 부분적으로 풀리고 전사가 시작된다(그림 11-3, ❶ 단계).

### 신장에 의해 RNA 가닥이 길어진다

RNA 중합효소가 DNA 가닥 중 하나인 **주형가닥(template strand)**을 따라 이동하면서 DNA 이중나선을 푼다. RNA 중합효소는 DNA 주형가닥 염기에 상보적인 염기를 갖는 RNA 단일가닥을 합성한다(그림 11-3, ❷ 단계). RNA와 DNA 사이의 염기쌍은 RNA에서는 티민 대신에 우라실이 DNA에 있는 아데닌과 결합한다는 것을 제외하고는 DNA 두 가닥 사이에서의 염기결합과 동일하다(표 11-1 참고). 신장 중인 RNA 사슬에 약 10개의 뉴클레오티드가 첨가된 후, RNA 분자의 초반부 뉴클레오티드들이 DNA 주형가닥으로부터 분리가 되며 DNA 두 가닥은 다시 이중나선으로 감긴다. 전사가 진행되어

▶ **그림 11-3 전사는 DNA에 있는 정보로부터 RNA를 합성하는 과정이다** 유전자는 염색체 DNA의 일부이다. DNA 가닥 중 하나가 이 DNA 가닥의 염기와 상보적인 염기를 갖는 RNA 분자를 합성하는 주형으로 작용한다. **질문:** DNA 이중나선 두 가닥을 동시에 전사하는 RNA 중합효소를 만든다고 가정해보자. 이 방법이 세포에 유용하다고 생각하는가?

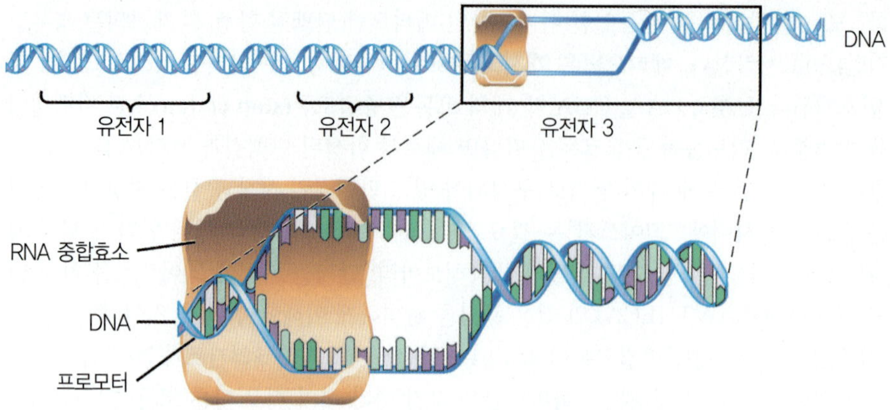


❶ **개시:** RNA 중합효소가 유전자의 시작 부위인 DNA 프로모터에 결합하여 프로모터 근처의 이중나선을 분리시킨다.

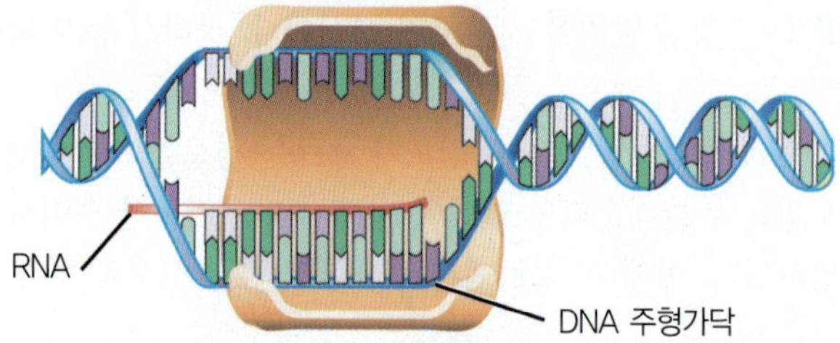


❷ **신장:** RNA 중합효소가 DNA 주형가닥(파란색)을 따라 이동하며 DNA 이중나선을 풀고, 리보오스 뉴클레오티드를 RNA 분자(빨간색)로 첨가하며 RNA를 합성한다. RNA의 뉴클레오티드는 DNA 주형가닥에 상보적이다.

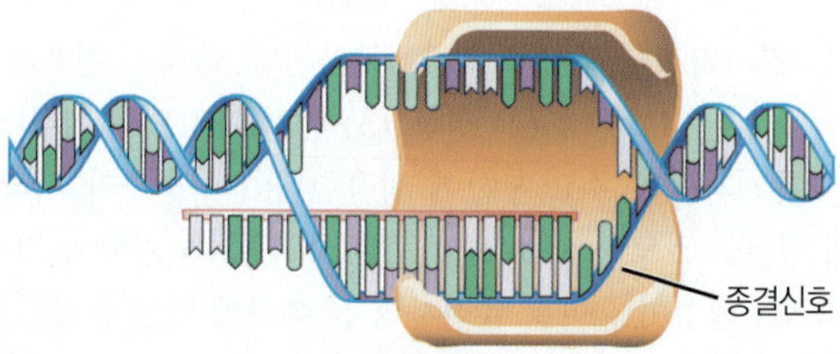


❸ **종결:** RNA 중합효소가 유전자의 끝에 있는 종결신호로 불리는 DNA 서열에 도달하면 DNA로부터 떨어져 나오고 RNA 분자를 방출한다.

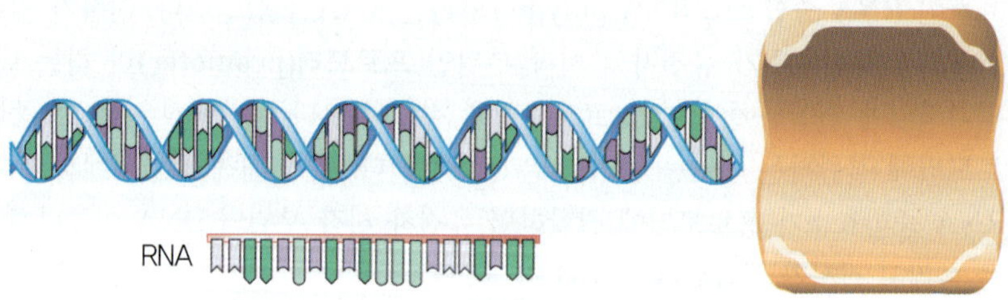


❹ **전사 결과:** 종결 후에 DNA는 완전히 다시 감겨 이중나선이 된다. RNA 분자는 번역을 위해 핵에서부터 세포질로 자유롭게 이동한다. RNA 중합효소는 다른 유전자로 옮겨가 다시 전사를 시작할 수 있다.

RNA 분자가 길어짐에 따라 RNA의 한 쪽 끝은 DNA로부터 멀리 떨어지게 되며, 다른 쪽 끝은 RNA 중합효소에 의해 DNA 주형 가닥에 일시적으로 부착되어 있게 된다(**그림 11-4**).

## RNA 중합효소가 종결신호에 도착하면 전사가 종결된다

RNA 중합효소는 종결신호로 알려진 DNA 염기서열에 도달할 때까지 계속해서 주형가닥을 따라 이동한다(그림 11-3, ❸ 단계). 이 시점에 도달하면 RNA 중합효소가 완성된 RNA 분자를 방출하고 DNA로부터 분리된다(그림 11-3, ❹ 단계). 떨어져 나온 RNA 중합효소는 다른 프로모터에 자유롭게 결합하여 또 따른 RNA 분자를 합성한다.

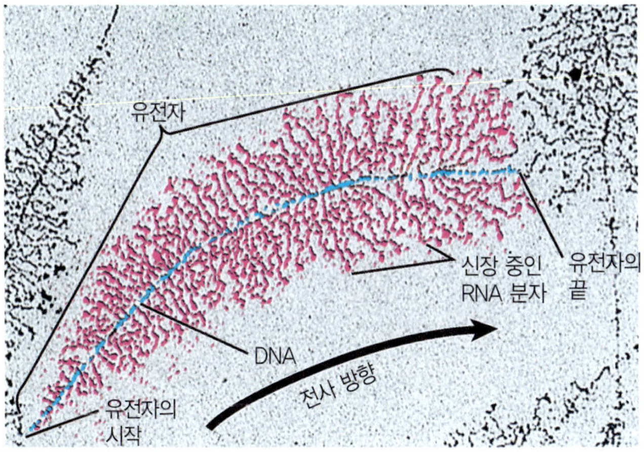


▲ 그림 11-4 **RNA 전사** 이 전자현미경 사진은 RNA 전사를 보여준다. 사진 중앙의 나무와 같은 구조에서 가운데 "줄기"(파란색)는 DNA이고 "가지"(빨간색)는 RNA 분자이다. 유전자의 시작은 왼쪽에 있다. 많은 RNA 중합효소 분자들(현미경 사진에는 보이지 않음)이 DNA를 따라 이동하며 RNA를 합성한다. 왼쪽의 짧은 RNA 분자들은 방금 합성된 것들이고, 오른쪽은 합성이 완료된 RNA 분자들이다.

**질문:** 동일 유전자로부터 이처럼 수많은 RNA 분자들이 합성되는 이유는 무엇인가? (힌트: 생명체는 단백질마다 모두 똑같은 양을 필요로 할까?)

## 전사는 선택적이다

일부 유전자들은 미토콘드리아의 전자전달사슬을 구성하는 단백질과 같은 필수 단백질을 암호화하기 때문에 모든 세포에서 전사가 된다(101~102쪽). 그러나 대다수의 단백질은 특정 유형의 세포에서만 전사가 된다. 예를 들어, 우리 몸에 있는 모든 세포는 인슐린 단백질을 위한 유전자를 갖고 있다. 그러나 이 유전자는 이자에 있는 특정 세포에서만 전사된다.

세포는 어떻게 어느 유전자가 전사될지 조절하는 것일까? 많은 경우에, 특정 유전자의 프로모터 근처에서 발견되는 DNA "조절 부위"에 결합하는 단백질들이 RNA 중합효소 결합을 방해하거나 증가시킨다. 서로 다른 세포들은 전사를 조절하는 다른 종류의 단백질들을 갖고 있다. 이로 인해 특정 시기에 특정 유형의 세포에 의해 요구되는 유전자의 전사가 제한된다. 예를 들어, 이자에서만 발견되는 특정 단백질들이 인슐린 유전자의 전사를 활성화한다. 이자 이외의 세포들은 이들 단백질을 갖고 있지 않으므로 인슐린을 생산하지 못한다.

11.6과 11.7절에서는 세포가 어느 유전자가 전사될지 조절하는 메커니즘에 대해 추가적으로 설명하고 있다

# 11.5 전령 RNA에 있는 정보는 어떻게 단백질로 번역되는가?

전사에 의해 합성된 특정 염기서열의 mRNA 분자는 번역과정 중에 이 mRNA 서열에 의해 결정되는 아미노산을 갖는 단백질 합성에 사용된다. mRNA 염기서열의 암호를 해독하는 것은 세포질에 있는 tRNA와 리보솜이다. mRNA에 있는 3개의 염기조, 즉 코돈은 단백질로 들어올 아미노산을 결정하며, tRNA는 리보솜으로 아미노산을 운반해준다는 것을 기억하여라. 정확한 아미노산을 운반하는 tRNA의 능력은 mRNA의 코돈과 이에 상보적인 tRNA의 **안티코돈(anticodon)** 사이의 염기결합에 달려 있다(그림 11-2 참고). 예를 들어, mRNA에 있는 코돈 UAC는 티로신과 결합한 tRNA의 AUG 안티코돈과 염기쌍을 이루므로 리보솜이 단백질에 티로신을 첨가하게 된다.

전사와 마찬가지로 번역도 세 단계, (1) 단백질 합성의 개시, (2) 단백질 사슬의 신장, 그리고 (3) 번역의 종결 단계로 되어 있다.

## 개시: 번역은 tRNA와 mRNA가 리보솜에 결합하면 시작된다

mRNA에 있는 첫 번째 AUG 코돈은 번역의 시작을 결정한다. AUG는 또한 메티오닌 아미노산을 암호화하므로(표 11-2 참고), 새로이 합성된 모든 단백질들은 메티오닌 아미노산으로 시작한다. 리보솜 작은 소단위와 메티오닌 tRNA, 그리고 여러 가지 단백질들로 구성된 개시 복합체(initiation complex)가 mRNA 분자의 첫 번째 AUG 코돈에 결합한다(그림 11-5, ❶과 ❷ 단계). mRNA의 AUG 코돈이 메티오닌 tRNA의 UAC 안티코돈과 결합한다. 리보솜 큰 소단위가 작은 소단위와 결합하여 mRNA가 두 소단위 사이에 위치하게 됨으로써 리보솜 조립이 완료된다(그림 11-5, ❸ 단계).

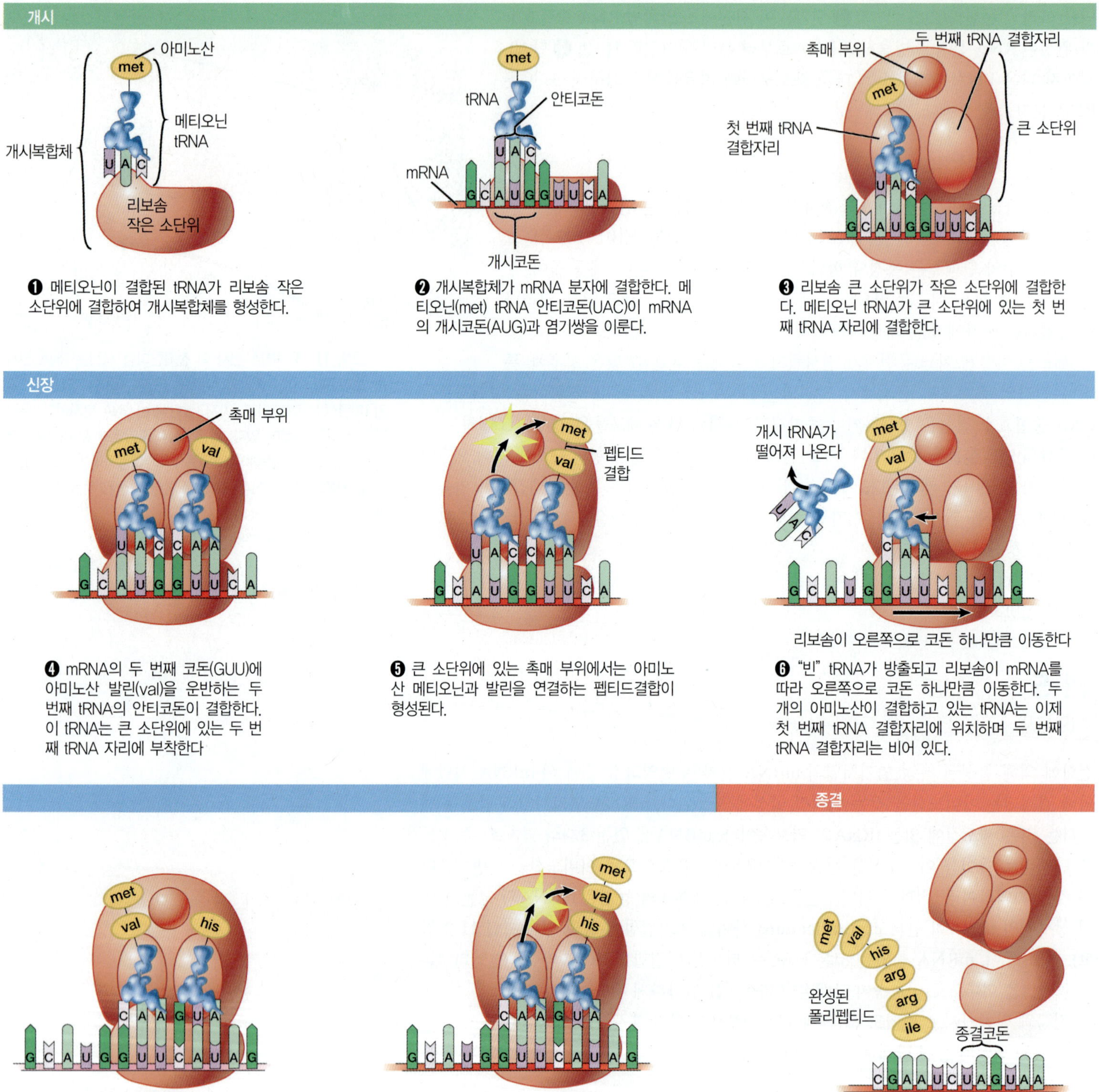


❶ 메티오닌이 결합된 tRNA가 리보솜 작은 소단위에 결합하여 개시복합체를 형성한다.

❷ 개시복합체가 mRNA 분자에 결합한다. 메티오닌(met) tRNA 안티코돈(UAC)이 mRNA의 개시코돈(AUG)과 염기쌍을 이룬다.

❸ 리보솜 큰 소단위가 작은 소단위에 결합한다. 메티오닌 tRNA가 큰 소단위에 있는 첫 번째 tRNA 자리에 결합한다.

❹ mRNA의 두 번째 코돈(GUU)에 아미노산 발린(val)을 운반하는 두 번째 tRNA의 안티코돈이 결합한다. 이 tRNA는 큰 소단위에 있는 두 번째 tRNA 자리에 부착한다

❺ 큰 소단위에 있는 촉매 부위에서는 아미노산 메티오닌과 발린을 연결하는 펩티드결합이 형성된다.

❻ "빈" tRNA가 방출되고 리보솜이 mRNA를 따라 오른쪽으로 코돈 하나만큼 이동한다. 두 개의 아미노산이 결합하고 있는 tRNA는 이제 첫 번째 tRNA 결합자리에 위치하며 두 번째 tRNA 결합자리는 비어 있다.

❼ mRNA의 세 번째 코돈(CAU)에 아미노산 히시티딘(his)을 운반하는 tRNA의 안티코돈(GUA)이 염기쌍을 형성한다. 이 tRNA는 큰 소단위에 있는 두 번째 tRNA 결합자리로 들어온다.

❽ 촉매 부위에서 발린과 히스티딘 사이에 펩티드결합이 형성되며, 이 펩티드는 두 번째 자리에 위치한 tRNA에 결합해 있다. 첫 번째 자리의 tRNA가 빠져나가고 리보솜이 mRNA를 따라 코돈 하나만큼 이동한다.

❾ 이 과정은 종결코돈에 도달할 때까지 반복된다. 리보솜으로부터 mRNA와 완성된 폴리펩티드가 방출되고 소단위들이 분리된다.

▲ **그림 11-5 번역은 단백질 합성 과정이다** 번역은 mRNA 염기서열을 단백질의 아미노산 서열로 해독하는 과정이다. **질문:** 그림 ❾를 검토하여라. 만약 이 mRNA 염기에 있는 모든 구아닌 분자(G)가 우라실(U)로 바뀌면 번역된 단백질은 여기 제시된 단백질과 어떻게 다를까?

## 신장: 아미노산이 신장 중인 단백질 사슬에 한 번에 하나씩 첨가된다

리보솜 큰 소단위는 두 개의 tRNA 결합자리와 하나의 촉매 부위를 가지고 있다. 첫 번째 결합자리에 tRNA와 이에 결합된 아미노산이 자리잡으면 mRNA의 AUG 다음 코돈에 상보적인 안티코돈을 갖는 두 번째 tRNA가 두 번째 결합자리로 들어온다. 촉매 부위에서는 두 아미노산 간에 펩티드결합이 형성된다(그림 11-5, ❹와 ❺ 단계). 두 개의 아미노산으로 이루어진 사슬이 두 번째 tRNA에 결합하고 있다. 메티오닌을 넘겨준 tRNA는 리보솜을 빠져나가고 리보솜은 다음 코돈으로 이동하므로 신장 중인 단백질 사슬은 두 번째 자리에서 첫 번째 자리로 옮겨간다(그림 11-5, ❻ 단계). 새로운 tRNA가 두 번째 자리로 들어오므로 이 tRNA에 부착되어온 아미노산이 리보솜으로 운반된다(그림 11-5, ❼ 단계). 아미노산이 사슬에 연결되고(그림 11-5, ❽ 단계), 아미노산 운반을 마친 tRNA는 첫 번째 자리를 떠나며 리보솜은 네 번째 코돈으로 이동한다. 리보솜이 mRNA를 따라 한 번에 하나의 코돈만큼 이동하면서 전체 과정이 계속 반복된다.

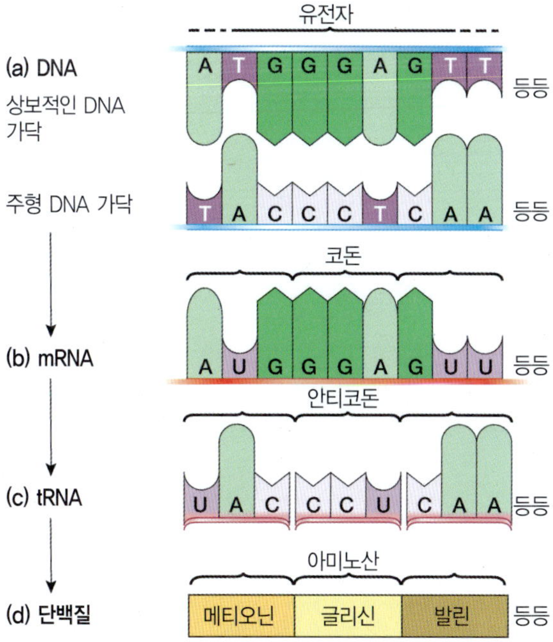


▲ 그림 11-6 **상보적 염기쌍은 유전정보를 해독하는데 중요하다** (a) DNA는 두 가닥을 갖는다. RNA 중합효소는 RNA 분자를 합성하기 위하여 주형가닥을 이용한다. (b) 주형가닥의 염기들이 상보적인 mRNA로 전사된다. 코돈은 단백질 합성 중에 아미노산을 지정하거나 종결하게 하는 세 개의 염기서열이다. (c) 종결코돈이 아니라면 각 mRNA 코돈은 특정 아미노산을 운반하는 tRNA 분자의 안티코돈과 염기쌍 결합을 한다. (d) 아미노산이 연결되어 단백질이 형성된다.

## 종결: 종결코돈은 번역의 끝을 알려준다

mRNA 분자의 종결코돈은 리보솜으로 하여금 단백질 합성을 종료하도록 알려준다. 종결코돈에는 tRNA가 결합하지 않는다. 대신에 리보솜이 종결코돈과 만나면 방출인자(release factor)로 불리는 단백질이 리보솜에 결합하여 합성이 완료된 단백질과 mRNA가 방출되게 한다(그림 11-5, ❾ 단계). 리보솜이 큰 소단위와 작은 소단위로 해체되며 이들은 또 다른 mRNA 번역에 사용될 수 있다.

### 요약: 전사와 번역

진핵세포들이 하나의 단백질을 합성하기 위해 자신의 DNA에 저장된 유전정보를 어떻게 해독하는지 정리해보자(그림 11-6).

a. tRNA와 rRNA에 대한 유전자 등 몇 가지를 제외하고 각각의 유전자는 하나의 단백질을 암호화한다.
b. 단백질을 암호화하는 유전자가 전사되면 유전자 DNA의 주형 가닥에 상보적인 전령 RNA(mRNA) 분자가 생성된다. mRNA의 첫 번째 AUG로부터 시작하여, 각각의 코돈은 아미노산이나 종류를 결정하는 세 개의 염기로 구성된다.
c. 세포질에 있는 효소들이 적절한 아미노산을 tRNA에 결합시킨다.
d. mRNA가 핵을 빠져나가 세포질에 있는 리보솜으로 간다. 운반 RNA는 부착된 아미노산을 리보솜으로 운반한다. 리보솜에서 tRNA 안티코돈 염기들이 mRNA 코돈의 상보적인 염기들과 결합한다. 따라서 tRNA에 결합한 아미노산들이 코돈에 의해 정해진 순서대로 나열된다. 리보솜이 아미노산들을 펩티드결합으로 연결하여 단백질을 형성한다. 종결코돈에 도달하면 완성된 단백질이 리보솜으로부터 방출된다.

## 11.6 돌연변이는 어떻게 단백질 기능에 영향을 주는가?

DNA 복제 과정 중의 실수나 태양광선 내의 자외선, 담배 연기에 포함된 화학물질, 그리고 다양한 환경인자들은 DNA의 염기서열을 변화시킬 수 있다. 이러한 변화들을 **돌연변이(mutation)**라고 하며, DNA 염기서열의 변화에는 다양한 형태가 있다. 때때로 DNA 복제 중에 신장 중인 DNA 이중나선에 잘못된 염기쌍이 들어온다. 이러한 **뉴클레오티드**

### 낭포성 섬유증

**계속**

DNA 염기로부터 mRNA 코돈, tRNA 안티코돈을 거쳐 아미노산으로 이어지는 연속적인 사건을 통해 DNA에 있는 정보가 번역되고 그 결과 유전자 내의 염기서열에 의해 결정된 특정 아미노산 서열을 갖는 단백질이 합성된다. 단백질은 정확한 아미노산 서열을 가질 경우에만 적절한 기능을 수행하므로 단백질 합성 과정의 각 단계는 정확해야 한다. 따라서 온전한 상태로 합성된 정확한 아미노산 서열을 갖는 CFTR 단백질만이 허파를 깨끗하고 건강하게 유지시킬 수 있다. 그렇지 않으면 낭포성 섬유증이 발생한다.

물론 DNA 염기순서인 원래의 정보가 온전한 경우에만 정확한 전사와 번역에 의해 기능 있는 단백질이 생성될 수 있다. 11.6절에서는 유전자의 염기서열에 변화가 생기면 단백질 구조와 기능이 어떻게 되는지 보여준다.

**치환(nucleotide substitution)**은 DNA 염기서열에 있는 개별적인 뉴클레오티드를 변화시키므로 **점돌연변이(point mutation)**라고 한다. 하나 또는 그 이상의 새로운 뉴클레오티드 쌍이 유전자로 첨가되면 **삽입 돌연변이(insertion mutation)**가 일어난다. 유전자로부터 하나 또는 그 이상의 뉴크레오티드 쌍이 제거되면 **결실 돌연변이(deletion mutation)**가 일어난다.

## 돌연변이는 단백질 구조와 기능에 다양한 영향을 줄 수 있다

단백질 구조와 기능에 대한 돌연변이의 효과는 돌연변이 종류에 따라 다르다. 예를 들어, 하나 또는 두 개 뉴클레오티드의 결실과 삽입은 통상적으로 결실이나 삽입된 염기 뒤에 나오는 모든 코돈들을 변하게 하므로 유전자에 엄청난 영향을 준다. 영어 문장 THEDOGSAWTHECAT를 생각해보자. 하나의 글자를 삭제하거나 첨가하면(예를 들어 첫 번째 E를 삭제해보자) 뒤 따르는 모든 세 글자 단어가 THD OGS AWT HEC AT로 엉망이 된다. 이러한 돌연변이가 있는 mRNA로부터 합성된 단백질은 거의 항상 기능이 없게 된다.

그러나 단백질을 암호화하는 유전자 내의 점돌연변이(뉴클레오티드 치환)가 항상 유전암호를 쓸모 없게 하는 것은 아니다. 뉴클레오티드 치환은 적어도 네 개의 서로 다른 결과를 가져올 수 있다. 한 가지 예로, 베타-글로빈을 암호화하는 유전자에 일어난 돌연변이를 생각해보자. 베타-글로빈은 적혈구에 있는 산소 운반 단백질인 헤모글로빈의 소단위 중 하나이다(**표 11-3**). 헤모글로빈의 또 다른 소단위는 알파-글로빈이라고 한다. 따라서 정상적인 헤모글로빈은 두 개의 알파 소단위와 두 개의 베타 소단위로 구성되어 있다. 모든 가능한 결과 중에서 베타-글로빈의 여섯 번째 코돈에 생긴 돌연변이를 고려해보자(원래 DNA에 있는 CTC는 mRNA에서 GAG로 전사된다). 이 코돈은 전하를 띤, 친수성의 물에 녹는 아미노산인 글루탐산을 지정한다.

1. 단백질이 변화되지 않을 수도 있다. 대부분의 아미노산들은 여러 개의 서로 다른 코돈에 의해 암호화된다는 것을 기억하여라. 만약 돌연변이에 의해 베타-글로빈 DNA 염기서열이 CTC에서 CTT로 바뀐다 해도 바뀐 서열은 여전히 글루탐산을 암호화한다. 따라서 돌연변이된 유전자로부터 합성된 단백질은 변하지 않게 된다(표 11-3의 돌연변이 1).
2. 새로운 단백질은 원래의 단백질과 기능적으로 같을 수 있다. 단백질들 중 많은 것들은 정확한 염기서열이 그다지 중요하지 않은 부위들을 가지고 있다. 베타-글로빈에서 단백질 바깥쪽에 있는 아미노산들은 이 단백질을 적혈구의 세포질에 녹아 있도록 하기 위

**표 11-3 헤모글로빈 유전자에 일어난 돌연변이 효과**

| | DNA(주형가닥) | mRNA | 아미노산 | 아미노산의 특성 | 단백질 기능에 미치는 효과 | 질병 |
|---|---|---|---|---|---|---|
| **원래의 코돈 6** | CTC | GAG | 글루탐산 | 친수성 | 정상적인 단백질 기능 | 없음 |
| 돌연변이 1 | CTT | GAA | 글루탐산 | 친수성 | 중성, 정상적인 단백질 기능 | 없음 |
| 돌연변이 2 | GTC | CAG | 글루타민 | 친수성 | 중성, 정상적인 단백질 기능 | 없음 |
| 돌연변이 3 | CAC | GUG | 발린 | 소수성 | 물에 용해되는 성질 상실; 단백질 기능이 떨어짐 | 낫모양적혈구 빈혈증 |
| **원래의 코돈 17** | TTC | AAG | 리신 | 친수성 | 정상적인 단백질 기능 | 없음 |
| 돌연변이 4 | ATC | UAG | 종결코돈 | 16번 아미노산 다음에 번역 정지 | 단백질의 일부만을 합성; 단백질 기능 상실 | 베타-탈라세미아 |

해 친수성이어야 한다. 정확히 어떤 친수성 아미노산이 바깥쪽에 있어야 하는지는 그렇게 문제가 되지 않는다. 예를 들어, 일본의 마치다 마을에 사는 한 가족은 CTC가 GTC로 바뀐 돌연변이를 가지고 있어 글루탐산(친수성)이 글루타민(역시 친수성임; 표 11-3 돌연변이 2 참고)으로 바뀌었다. 이와 같은 돌연변이 베타-글로빈을 함유하는 헤모글로빈은 정상적으로 기능을 한다. 단백질의 아미노산이 변하지 않은 돌연변이나 기능적으로 동일한 돌연변이를 **중성 돌연변이**(neutral mutation)라고 한다.

3. **변경된 아미노산 서열에 의해 단백질의 기능이 바뀔 수 있다.** 돌연변이에 의해 CTC가 CAC로 바뀌면 글루탐산(친수성)이 발린(소수성; 표 11-3의 돌연변이 3 참고)으로 대체된다. 이러한 치환은 낫모양적혈구 빈혈증을 일으키는 유전적인 결합이 된다(146~148쪽 참고). 헤모글로빈 분자의 바깥쪽에 있는 발린은 헤모글로빈 분자들을 서로 뭉치게 하여 적혈구의 모양이 변형되게 한다.
4. **조기 종료 코돈에 의해 단백질 기능이 망가질 수 있다.** 특히 심각한 돌연변이가 베타-글로빈 유전자의 17번째 코돈에서 일어날 수 있다(DNA의 TTC, mRNA의 AAG). TTC가 ATC(mRNA의 UAG)로 돌연변이 되면 종결코돈이 되어 베타-글로빈이 완성되기 전에 번역이 멈춘다(표 11-3의 돌연변이 4). 양쪽 부모로부터 이러한 돌연변이를 물려받는 사람은 어떠한 베타-글로빈 단백질도 합성하지 못한다; 대신에 알파-글로빈만으로 구성된 헤모글로빈이 만들어진다. 이와 같은 "순수한 알파" 헤모글로빈은 산소와 잘 결합하지 않는다. 베타-탈라세미아(beta-thalassemia, 베타-지중해빈혈증)로 불리는 이와 같은 증상은 규칙적으로 수혈을 받지 못하면 치명적이 된다.

### 돌연변이는 진화에 필요한 원료이다

돌연변이는 개체들 간의 모든 유전적인 차이를 만드는 공급원으로서 진화에 필요한 원료를 제공한다. 돌연변이가 없으면 모든 개체는 동일한 DNA 염기서열을 갖는다. 비록 대부분의 돌연변이들이 중성이거나 혹은 돌연변이를 갖는 개체에게 해로울 수 있지만 개체의 생존과 생식 능력을 향상시키는 돌연변이도 종종 있다. 만약 이처럼 유익한 돌연변이가 생식세포(정자나 난자)를 만드는 세포에서 일어난다면 이 돌연변이는 다음 세대로 전해질 것이다. 돌연변이 유전자를 갖는 개체가 돌연변이가 없는 개체보다 더 많은 자손을 생산하면, 시간이 감에 따라 돌연변이 유전자와 그 유전자가 주는 특징은 더 보편적이 될 것이다. **자연선택**(natural selection)이라고 하는 이 과정은 진화의 주 원인으로, 3단원에서 이에 대해 설명할 것이다.

## 11.7 유전자들은 모두 다 발현되는가?

우리 몸의 체세포에는 유전체에 21,000개 유전자가 존재한다. 그러나 개개의 세포들은 이들 유전자 중 아주 일부만 발현(전사와 번역)한다. 어떤 유전자들이 발현되는지는 세포의 유형과 개체의 필요성에 따라 다르다. 유전자 발현의 이와 같은 조절은 개개의 세포들과 개체가 적절한 기능을 하는데 아주 중요하다.

### 유전자발현은 세포마다 그리고 시기에 따라 다르다

하나보다 많은 세포로 된 개체에서, 발현되는 유전자들은 대부분 세포의 기능과 연관이 있다. 예를 들어, 사람과 포유류에서 모낭세포는 머리카락을 만드는 케라틴을 합성한다. 이와 대조적으로, 근육세포는 근수축에 필요한 액틴과 미오신 단백질을 많이 합성하고 케라틴은 합성하지 않는다.

---

**낭포성 섬유증**

**계속**

돌연변이 *CFTR* 대립유전자는 어떻게 자연선택에 의해 제거되지 않았을까? 그 이유는 돌연변이 대립유전자가 콜레라와 장티푸스에 대해 방어 기능을 주기 때문일 수 있다. 정상적인 CFTR 단백질은 콜레라 독소에 의해 활성화되어 창자 세포에서부터 염화물이 과도하게 분비되게 한다. 삼투현상에 의해 물이 따라 나오므로 콜레라 환자는 쇠약해지고 종종 치명적인 설사를 한다. 결함이 있는 CFTR 단백질은 콜레라 독소에 의해 활성화 되지 않는다. CFTR 단백질은 또한 장티푸스 세균이 세포로 들어오는 자리이다. 그러나 돌연변이된 CFTR 단백질을 통해서는 장티푸스 세균이 세포 안으로 들어갈 수 없다. 물론 이러한 방어가 낭포성 섬유증의 파괴적인 영향을 보상해 줄 수는 없다. 그러나 정상적인 *CFTR* 대립유전자 하나와 돌연변이 대립유전자 하나를 갖는 이형접합자는 허파, 땀샘, 창자에 거의 정상적인 CFTR 기능을 갖고 있다. 콜레라와 장티푸스에 대해서도 영향을 더 적게 받는다. 이러한 "이형접합의 혜택"은 왜 돌연변이 *CFTR* 대립유전자의 빈도가 높은지 설명해 줄 것이다.

또한 유전자발현은 시기에 따라 변하며 몸의 필요에 따라 시시각각 변한다. 예를 들어, 아기가 태어난 직후 산모 가슴에 있는 젖-생산 세포들은 우유의 주요 단백질인 카제인을 암호화하는 유전자를 발현하기 시작한다. 유전자발현에서의 이러한 변화는 산모가 자신의 아기에게 단백질이 풍부한 충분한 양의 젖을 생산할 수 있게 한다. 상황에 따라 절대로 발현되지 않는 유전자도 있다. 예를 들어, 남성은 카제인 유전자를 발현하지 않는다. 그러나 남성은 이 유전자 복사본을 자신의 딸에게 물려주며, 이 유전자를 물려받은 딸들이 아기를 낳으면 이 유전자는 발현될 것이다.

### 환경은 유전자발현에 영향을 준다

생명체가 갖는 환경 변화 또한 어떤 유전자가 전사될 것인지 결정하는데 영향을 준다. 예를 들어, 온대 기후에 사는 새들의 경우 봄이 길어지면 생식기관(정소 혹은 난소)이 커지고 성호르몬이 생성된다. 이 성호르몬은 새들로 하여금 난자와 정자를 생산하게 하고 노래를 부르게 하며 교배와 집을 짓도록 한다. 생식기관에 있는 세포들의 증식과 이들 세포에 의한 호르몬의 생성, 그리고 몸 전체에 있는 다른 세포들에 대한 이 호르몬들의 영향은 환경 변화에 의해 직간접적으로 유전자발현에 변화가 생겨서 발생한다.

## 11.8 유전자발현은 어떻게 조절되는가?

세포는 다양한 방법으로 유전자발현을 조절한다. mRNA 전사 속도를 변경시키기도 하고, 주어진 mRNA 분자가 분해되지 않고 얼마나 오래 있을 수 있는지, mRNA가 얼마나 신속하게 단백질로 번역될 수 있는지 혹은 단백질이 분해되지 않고 얼마나 오래 생존할 수 있는지 조절할 수도 있다. 여기서는 전사가 조절되는 몇 가지 방법에 대해 설명하고자 한다.

### 프로모터에 결합하는 조절 단백질은 유전자의 전사를 변화시킨다

11장 초반부에서 설명한 것처럼 전사는 단백질들에 의해 조절될 수 있다. 이 단백질들은 종종 다른 분자들과 결합하여 RNA 중합효소가 유전자의 프로모터에 결합하는 능력을 증가 혹은 감소시킨다. 스테로이드 호르몬 중 많은 것이 이와 같은 방식으로 작용한다(스테로이드 호르몬의 작용에 대한 설명은 18장 322쪽 참고). 예를 들어, 새에서는 성호르몬 에스트로겐이 알부민(계란 흰자에 있는 단백질) 유전자의 발현을 조절한다. 새들이 번식하지 않고 에스트로겐 수치가 낮은 겨울에는 알부민 유전자가 전사되지 않는다. 그러나 번식하는 계절이 되면 에스트로겐이 여성 생식계의 세포로 들어가서 수용체 단백질에 결합한다. 에스트로겐-수용체 복합체는 알부민 유전자의 프로모터 근처 DNA에 결합한다. 이렇게 되면 RNA 중합효소가 프로모터에 쉽게 결합할 수 있다. 이 결과 세포는 많은 양의 알부민 mRNA를 전사하고, 전사된 mRNA는 난자를 만드는데 필요한 알부민 단백질로 번역된다. 사람의 성호로몬도 이와 유사한 방식으로 작용한다. "건강 지킴이: 돌연변이와 성별"에서 남성호르몬인 테스토스테론에 대한 수용체에 결함이 있을 경우 어떻게 되는지 보여준다.

### 염색체의 일부분은 응축되어 전사되지 않는다

진핵생물의 염색체 중 특정 부분은 고도로 응축되어 있다. 이처럼 압축된 상태에서는 대부분의 DNA가 RNA 중합효소에 접근할 수 없다. 단단히 응축된 부위들 중 일부는 현재 전사되고 있지 않은 유전자를 함유한다. 특정 유전자의 생성물이 필요하게 되면 해당 유

# 건강 지킴이

## 돌연변이와 성별

여성들은 10대 초반부터 중반에 사춘기를 겪는다: 가슴이 부풀고 엉덩이가 넓어지며 월경을 시작한다. 그러나 드물기는 해도 어떤 소녀는 겉으로 드러나는 여성의 특징을 보이지만 월경은 하지 않는다. 결국, 단순히 발육이 조금 느려서 그런 것이 아니라는 것이 분명해지면 소녀는 의사에게 이러한 증상을 얘기하고 의사는 혈액 샘플을 취해 염색체 검사를 한다. 어떤 경우, 염색체 검사는 불가능할 것 같은 결과를 보여준다: 소녀의 성염색체가 정상적인 소년이 되야 하는 염색체 조성인 XY인 것이다. 소녀가 월경을 시작하지 않은 이유는 난소와 자궁이 없고 그 대신 복부 안에 정소를 갖고 있기 때문이다. 소녀는 같은 또래 남자아이의 혈액에 있는 것과 동일한 농도의 안드로겐(androgen, 테스토스테론과 같은 남성호르몬)을 갖고 있다. 문제는 그녀의 세포가 이들 호르몬에 반응을 하지 못한다는 것이다−이러한 상태를 *안드로겐 불감증*(*androgen insensitivity*)이라고 한다.

안드로겐 불감증은 X 염색체에 있는 한 유전자에 돌연변이가 생겨 발생한다. 돌연변이된 유전자는 안드로겐 수용체로 알려진 단백질을 암호화한다. 정상적인 남성에서는 많은 체세포들의 세포질에 안드로겐 수용체가 존재한다. 테스토스테론과 같은 남성 호르몬은 이들 수용체 분자에 결합한다. 호르몬-수용체 결합체는 세포의 핵으로 들어가 DNA에 결합하여 음경 형성, 정소의 체강 바깥쪽에 있는 음낭으로의 하강, 그리고 수염과 근육발달과 같은 사춘기에 발달하는 성적 특징을 포함한 많은 남성적인 특징을 만드는데 도움을 주는 유전자들의 전사를 자극한다.

안드로겐 수용체 유전자에는 200개 이상의 돌연변이 대립유전자가 있다. 가장 심각한 경우는 주로 삽입과 결실, 또는 조기 종결코돈을 만드는 점돌연변이이다. 그리고 이미 알다시피 이러한 돌연변이 유형은 단백질 구조와 기능에 심각한 영향을 줄 수 있다(표 11-3 참고). 따라서 이러한 돌연변이 안드로겐 수용체 대립유전자들 중 하나를 물려받은 XY 사람은 기능이 있는 수용체 단백질을 만들 수 없다. 이 소녀는 X와 Y 염색체를 가지므로 유전적으로는 남성이지만, 그녀의 세포는 정소가 만드는 테스토스테론에 반응할 수 없어 남성의 특징이 발달하지 않는다. 따라서 유전자의 뉴클레오티드 서열을 바꾸는 돌연변이는 결함 있는 단백질이 생성되도록 하여 유전적으로 남성(XY)인 사람을 여성처럼 보이게 하고 자신을 여성으로 인지하게 한다(그림 E11-1).

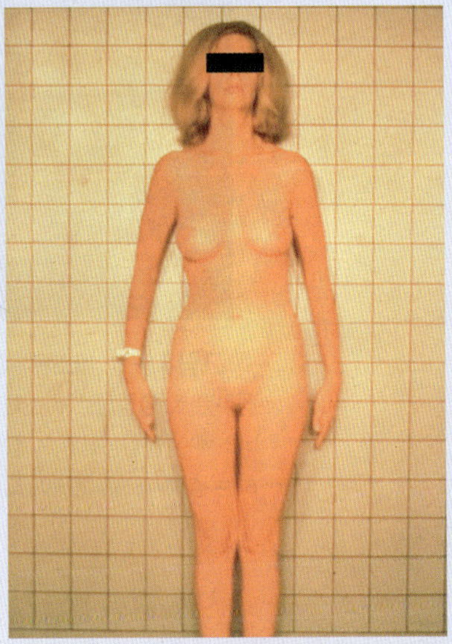

▲ 그림 E11-1 **안드로겐 불감증은 여성의 특징을 갖게 한다** 이러한 사람은 여성처럼 보이지만 X와 Y 염색체를 가지므로 유전적으로는 남성이다. 따라서 이 여성은 테스토스테론을 생산하는 정소(복부에 위치)를 가지고 있으며, 난소와 자궁은 없다. 그녀의 안드로겐 수용체 유전자에 있는 돌연변이가 그녀의 정소에서 만들어진 테스토스테론에 반응하지 못하게 하므로 여성적인 외모를 갖는다.

전자를 포함하는 염색체 부위가 풀려 느슨하게 되므로, 뉴클레오티드 염기서열이 RNA 중합효소에 접근하여 전사가 일어날 수 있게 된다.

### 염색체 전체가 불활성화되어 전사가 일어나지 않을 수도 있다

염색체 하나 거의 전체가 응축하여 RNA 중합효소가 접근하지 못하게 되는 경우도 몇몇 있다. 포유류 암컷의 성염색체에서 이러한 예를 볼 수 있다. 포유류 수컷은 X와 Y 염색체를 가지고 있으며(XY), 암컷은 통상 두 개의 X 염색체를 갖고 있다(XX). 그 결과 암컷은 두 개의 X 염색체에 있는 유전자로부터 mRNA를 합성할 수 있는 능력을 가지고 있는 반면, 수컷은 X 염색체가 하나뿐이므로 암컷의 반만 생성할 수 있다. 1961년 유전학자인 메리 라이언(Mary Lyon)은 암컷에 있는 두 개의 X 염색체 중 하나는 불활성화되어 이 염색체에 있는 유전자들이 발현되지 않는다고 가정하였다. 현재 우리는 불활성화된 X 염색체에 있는 유전자들의 약 85%가 Xist(inactivated X chromosome-specific transcript)라고 하는 특별한 유형의 RNA 분자로 덮여 있다는 사실을 알고 있다. Xist는 염색체를 응축시켜 전사를 방지한다. 발견자인 머레이 바(Murray Barr)의 이름을 따라

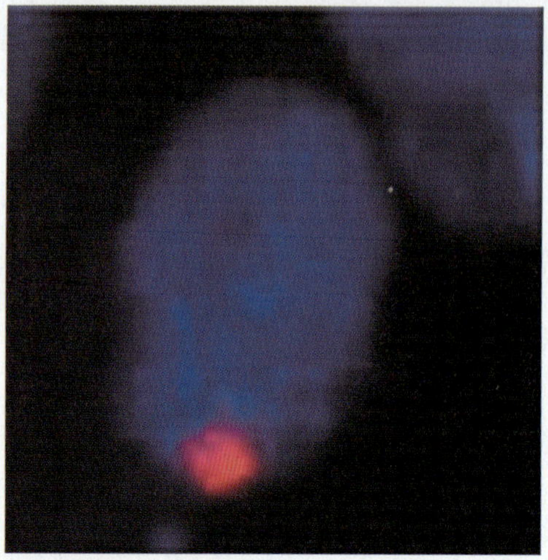

▲ 그림 11-7 **바소체** 핵의 아래쪽에 있는 빨간색 점은 불활성화된 X 염색체로 바소체라고 한다. 이 형광현미경 사진에서 바소체는 불활성화된 X 염색체를 덮고 있는 Xist RNA에 결합하는 염색약으로 염색이 되었다.

▲ 그림 11-8 **X 염색체의 불활성은 유전자발현을 조절한다** 이 암컷 캘리코 고양이는 X 염색체 하나에는 오렌지색 털 유전자를, 그리고 다른 X 염색체에는 검은색 털 유전자를 갖고 있다. 서로 다른 X 염색체의 불활성화는 검은색과 오렌지색 얼룩무늬가 되게 한다. 흰색은 색소 형성을 모두 방해하는 전혀 다른 유전자에 기인한다.

바소체(Barr body)라고 부르는 응축된 X 염색체는 암컷 포유류 세포의 핵 안에 뚜렷한 점으로 나타난다(그림 11-7).

일반적으로 큰 집단의 세포들은 불활성화된 동일 X 염색체를 가지고 있다. 그 이유는 주어진 집단에 있는 모든 세포가 발생 중 초기에 생성된 같은 세포로부터 유래되기 때문이다. 그 결과, 암컷 포유류(여성 포함)의 몸은 X 염색체 두 개 중 하나가 완전히 활성화된 세포들 집단과 그리고 다른 X 염색체가 활성화된 세포들 집단으로 이루어져 있다. 이러한 현상의 결과를 캘리코 고양이에서 쉽게 볼 수 있다(그림 11-8). 고양이의 X 염색체에는 털 색소를 만드는 효소를 암호화하는 유전자가 있다. 이 유전자에는 두 가지 변형, 즉 오렌지 색 털이 되게 하는 것과 검은색 털이 되게 하는 것이 있다. 만약 암컷 고양이의 X 염색체 하나가 오렌지색 털이 되게 하는 유전자를 가지고 있고 다른 X 염색체는 검은색 털 결정 유전자를 가지고 있으면, 이 고양이는 오렌지와 검은색 얼룩무늬를 가지게 된다. 이러한 얼룩무늬 피부 부위는 배아 초기에 각기 서로 다른 X 염색체가 불활성화된 세포로부터 발생한 것임을 나타낸다. 캘리코 색은 거의 전적으로 암컷 고양이에서만 발견된다. 수컷 고양이에는 X 염색체가 하나뿐이고, 이 X 염색체는 모든 세포들에서 활성을 가지므로 정상적인 수컷은 검은색 털 또는 오렌지색 털을 가지며 두 가지 색을 모두 가질 수는 없다.

## 낭포성 섬유증 다시 들러보기

연구진들은 *CFTR* 유전자에서 1,000개가 넘는 서로 다른 돌연변이를 발견하였다. 가장 흔한 돌연변이는 세 개의 뉴클레오티드, 즉 정확히 하나의 코돈이 결실된 경우로 이로 인해 단백질의 주요 부위에 위치하는 아미노산인 페닐알라닌이 없게 된다. 이러한 변화는 CFTR 단백질이 소포체에서 합성 후 소포체를 떠나기 전에 분해되게 한다. 다른 돌연변이로는 종결코돈이 생기게 하여 단백질이 완성되기 전에 합성을 종료시키는 것, 그리고 하나의 아미노산을 다른 아미노산으로 치환시켜 단백질의 기능을 저하시키는 돌연변이들이 있다. 이러한 점돌연변이 중의 일부는 단백질을 완전히 무능하게 하는 반면, 다른 것은 정도의 차이는 있지만 염화물의 이동 속도를 늦춘다.

정상 *CFTR* 대립유전자 하나와 이들 돌연변이 중 어느 하나를 갖는 이형접합인 사람들은 적절한 염화물 이동에 필요한 정상 CFTR 단백질을 충분히 생성한다. 따라서 이들은 표현형으로는 정상이다. 다시 말해, 허파에 물기 있는 분비물을 만들고 낭포성 섬유증으로 발달하지 않는다. 결함이 있는 두 개의 대립유전자를 갖는 사람은 기능있는 CFTR 단백질이 만들어 지지 않아 병이 발달하게 된다.

낭포성 섬유증과 같은 유전질환은 침입한 박테리아나 바이러스를 죽임으로써 치료하는 것과 같은 방법으로는 치료할 수 없다. 전형적으로, 유전질환의 치료는 인슐린 합성을 하지 못하는 당뇨환자에게 인슐린을 투여함으로써 치료하듯이 상실된 기능을 대체시키거나 또는 증세를 완화시켜야 한다. 낭포성 섬유증을 위한 가장 보편적인 치료방법은 일부 증상을 완화시키는 것이다. 이를 위한 치료에는 기도를 열어주는 약물(천식이 있는 사람에게 투여하는 것과 유사), 빈번한 항생제 투여, 그리고 허파로부터 분비물을 제거하는 물리치료가 있다. 다음 장에서는 기도를 덮는 세포에 기능 있는 *CFTR* 유전자를 운반하여 최소한 허파만이라도, 상실된 기능을 대체해 줄 수 있는 생명공학기술에 대해 알아볼 것이다.

낭포성 섬유증을 갖는 사람에게 결국 무슨 일이 생길까? 일부 돌연변이는 다른 돌연변이에 비해 CFTR 단백질에 덜 손상을 준다. 예를 들어, 철인 3종 경기선수인 리사 벤틀리(Lisa Bentley)는 비교적 가벼운 낭포성 섬유증을 가졌다. 벤틀리는 자신의 식사, 특히 염분 섭취를 주의 깊게 조절하였다. 격렬한 운동은 그녀의 허파를 깨끗하게 하는데 도움이 되었다. 그녀는 또한 접촉성 질병과 일상적인 감기조차에 노출될 수 있는 상황을 주의 깊게 피했다. 따라서 그녀의 낭포성 섬유증은 그녀가 세계적으로 뛰어난 운동선수가 되는 것을 막지 못했다. 반면에 앨리스 마티노(Alice Martineau)는 매우 심각한 돌연변이를 가졌다. 그녀는 30세가 되었을 때 심장과 허파, 간 이식을 필요로 했다. 결국 그녀는 적합한 공여자가 나타나기 전에 사망하였다.

### 생각해보기

미국의 국립보건원(National Institutes of Health, NIH)과 같은 정부 기관은 생물학과 의학 분야 연구에 국민의 세금으로 막대한 지원을 한다. NIH는 낭포성 섬유증, 근이영양증, 마르판증후군과 같은 유전질환과 AIDS나 폐렴과 같은 감염질환, 그리고 심장병과 암을 포함한 많은 다른 질병들에 대해 연구비를 지원한다. NIH는 또한 미국에서는 그리 흔하지 않지만 가난한 열대국가에서 매년 수십만 명의 목숨을 앗아가는 말라리아와 같은 질병에 연구비를 지원한다. 비록 NIH가 매년 생물의학 연구에 수십억 달러를 지출하지만 더 많은 비용이 지원된다면 연구는 분명히 더 빠르게 진전될 것이다. 당신은 부족한 NIH 기금이 어떻게 분배되어야 한다고 생각하는가? 병의 심각성 정도와 미국에서 발생하는 비율에 따라 분배되어야 한다고 생각하는가? 이러할 경우 거의 모든 NIH 기금은 심장병과 암에 지출되어야 할 것이다. 아니면 연구비를 환자의 예상 수명에 따라서, 즉 근이영양증이나 낭포성 섬유증, 폐렴과 같은 젊은 사람의 병 연구에 더 지원을 해야 한다고 생각하는가? 당신은 미국이 미국 내에서는 거의 발병하지 않지만 다른 나라 사람들이 고생하는 질병 연구를 지원할 책임이 있다고 생각하는가?

## 개념 확인 문제

### 빈칸 채우기

1. DNA에 있는 지침으로부터 RNA를 합성하는 과정을 ___________(이)라고 한다. 전령 RNA에 있는 지침에 따라 단백질을 합성하는 과정을 ___________(이)라고 한다. 세포 안에 있는 소기관 중 단백질 합성이 일어나는 장소는 ___________이다.

2. 세 가지 종류의 RNA는 ___________, ___________, 그리고 ___________이다.

3. 유전암호는 하나의 아미노산을 암호화하기 위하여 ___________개의 염기를 사용한다. mRNA의 이러한 짧은 염기를 ___________(이)라고 한다. 이 서열과 상보적인, 운반 RNA에 있는 염기서열을 ___________(이)라고 한다.

4. 효소 ___________는(은) DNA 지침에 따라 RNA를 합성한다. DNA는 두 가닥이지만 통상적으로 ___________(이)라고 하는 한 가닥만 전사된다. 유전자의 전사를 시작하기 위해 이 효소는 유전자의 초반부에 있는 특정 DNA 염기서열인 ___________에 결합한다. 효소가 유전자의 끝 부위에 위치한 ___________(이)라고 하는 DNA 서열과 만나면 전사가 종료된다.

5. 단백질 합성은 mRNA가 리보솜에 결합하면 시작한다. 번역은 mRNA의 ___________ 코돈에서 시작하여 ___________ 코돈에 도달할 때까지 계속된다. 개개의 아미노산들은 ___________ RNA에 의해 리보솜으로 운반되어 온다. 이들 아미노산은 ___________ 결합에 의해 연결되어 단백질로 된다.

6. DNA에는 서로 다른 여러 가지 유형의 돌연변이가 있다. 만약 하나의 뉴클레오티드가 다른 것으로 바뀌면 이를 ___________ 돌연변이라고 한다. ___________ 돌연변이는 뉴클레오티드들이 특정 유전자의 중간으로 삽입될 때 일어난다. ___________ 돌연변이는 특정 유전자의 중간 부위에서 뉴클레오티드들이 제거될 때 발생한다.

### 복습 문제

1. RNA는 DNA와 어떻게 다른가?

2. RNA의 세 가지 유형과 각각의 기능을 설명하여라

3. 다음 용어를 정의하여라: 유전암호, 코돈, 안티코돈. DNA의 염기와 mRNA의 코돈 그리고 tRNA의 안티코돈과의 관계는 무엇인가?

4. 단백질 합성 과정을 그림을 그려 설명하여라.

5. 전사와 변역 두 과정에서 상보적 염기쌍이 어떻게 필요한지 설명하여라.

6. 유전자발현은 어떻게 조절되는가?

7. 돌연변이를 정의하고, 유전자가 어떻게 돌연변이되는지 예를 들어라. 대부분의 돌연변이가 유익할지 혹은 해로울지 당신의 생각을 적고 그 이유를 설명하여라.

# 12장

# 생명공학

세 명의 손자들과 같이 사진을 찍은 얼 러핀(Earl Ruffin)은 강간 사건으로 21년간이나 감옥살이를 하였지만 DNA 감식으로 무죄임이 판명되었다.

## 주요 내용

## 사례 연구 유죄 또는 무죄?

1981년 12월 5일 새벽 두 시, 버지니아 노퍽(Norfolk)에서 3명의 자식을 둔 어머니가 침실에 침입한 낯선 사람 때문에 잠이 깼다. 그는 그녀를 공격하기 전에 소리를 지르면 죽일 것이라고 협박했다. 한순간 그녀는 침실 밖 가로등 불빛으로 범인의 얼굴을 얼핏 보았다. 성폭행 후 범인은 그녀에게 샤워를 하도록 명령했다. 그녀는 몹시 두려웠지만 범인을 찾는데 사용될 수 있는 증거가 인멸되지 않도록 조심했다.

몇 주 후, 그녀는 엘리베이터에서 자신을 추행한 강간범으로 추정되는 한 남자와 마주쳤다. 그 당시 28세였던 줄리어스 얼 러핀(Julius Earl Ruffin)는 체포되었고 강간과 폭행으로 기소되었다. 피해여성은 러핀의 얼굴이 맞다고 증언했다. 더욱이 그의 혈액형은 단 8% 남성에만 있는 B형 분비형(B-secretor)으로, 이는 강간 사건이 있던 날 밤 희생자 몸에 남겨졌던 정액 샘플과 일치했다(분비형은 정액을 비롯한 체액에 항체를 "분비"한다). 러핀의 외모와 희생자가 처음 말한 범인의 인상이 많은 부분 일치하지 않고, 러핀의 여자 친구와 남자 형제가 사건이 있던 시각에 러핀과 같이 있었다고 증언했지만 러핀은 종신형을 선고 받았다. 러핀에 대한 판결은 무고한 사람을 감옥에 넣고 진짜 범인은 거리를 배회하며 또 다른 범행을 저지르게 하였다.

무죄 프로젝트의 공동 창시자인 피터 뉴펠트(Peter Neufeld)와 배리 세크(Barry Scheck)

그의 삶은 끔찍하게 잘못되었지만 운명은 최종적으로 러핀의 편을 들어주었다. 희생자는 그날 밤 샤워를 하면서 자신을 강간한 사람의 정자를 다 씻어내지 않았다. 비록 이것이 처음에는 러핀이 범인이라는 확증을 갖게 했지만, 이는 또한 그가 무죄라는 것을 입증하는데 중요한 역할을 하였다. 러핀에게의 두 번째 행운은 메리 제인 버튼(Mary Jane Burton)이 그의 사건을 맡은 감식전문 과학자라는 점이었다. 메리는 판결 후에 정상적인 절차를 따르는 대신, 모든 증거품을 경찰 조사관에게 보내어 처분토록 하지 않고 모든 생물학 자료들을 그녀의 사건 파일에 잘 보관했다. 마침내, 러핀에게 운이 좋게도 1992년 예시바(Yeshiva) 대학 벤자민 카도조(Benjamin Cardozo) 법대의 배리 세크(Barry Scheck)와 피터 뉴펠트(Peter Neufeld)에 의해 러핀의 경우와 같은 사건에 생명공학을 이용하는 무죄 프로젝트(Innocence Project)가 창시되었다.

당신은 이미 러핀의 무죄가 어떻게 증명되었는지 추측할 수 있을 것이다. 바로 DNA 증거에 의해서다. 12장에서는 현대 삶에 널리 퍼져 있는 생명공학기술에 대해 알아볼 것이다. 범죄 수사관들은 두 DNA 샘플이 일치하는지 어떻게 판단하는 것일까? 생명공학기술은 어떻게 유전질환을 진단할까? 농작물과 가축, 심지어는 사람의 유전적 구성을 변경하는데 생명공학기술을 사용하여야 할까? ■

## 12.1 생명공학이란?

**생명공학(biotechnology)**이란 넓은 의미에서, 특정 목적을 달성하기 위해 개체나 세포 혹은 생물분자를 변형시키는 것이다. 이러한 관점에서 보면 생명공학이란 새로운 것이 아니다. 예를 들어, 사람들은 빵, 맥주, 포도주를 만들기 위해 지난 10,000년 동안 효모를 이용하여 왔다. 원하는 형질을 갖는 식물과 동물을 얻기 위한 선택적 육종 또한 그 만큼의 오래된 역사를 갖는다. 예를 들면, 큰 열매를 맺는 농작물과 성장이 빠르고 우유를 많이 생산하는 순한 소를 만들고, 양을 보호하며 잘 모는 개를 얻는 과정이 그런 경우이다. 멕시코의 한 건조한 동굴에서 발견된 8,000~10,000년 된 호박 조각이 야생호박에 비해 씨가 크고 두꺼운 껍질을 갖고 있는 것으로 미루어, 이미 그 당시에도 선택적 육종을 하였음을 알 수 있다. 이와 유사하게 선사시대의 그림과 동물 화석들을 보면, 개와 양, 염소, 돼지, 낙타 등이 적어도 10,000년부터 선택적 육종을 이용해 키워져 왔음을 알 수 있다. 선택적 육종은 육종된 동식물을 야생종과 유전적으로 서로 다르게 한다. 예를 들어, 비글의 짧은 다리와 펄럭이는 귀, 꼿꼿하게 선 꼬리, 독특한 짖는 소리 등은 유전적으로 결정되며, 이 특징들은 모든 개들의 조상인 늑대의 특성과 상당히 다르다.

오늘날에도 선택적 육종은 여전히 생명공학에서 중요한 부분을 차지한다. 그러나 현대 생명공학에서는 유전물질을 변형시키기 위해 더 직접적인 방법을 사용하는 **유전공학(genetic engineering)**을 자주 사용한다. 유전적으로 변형된 세포나 개체는 유전자가 결실되거나 첨가 혹은 바뀌었다. 유전공학은 세포와 유전자가 어떻게 작동하는지 알기 위해서, 질병에 대한 더 나은 치료 방법을 개발하기 위해서, 가치 있는 생물분자를 생산하기 위해서, 그리고 농업을 위한 동식물 개량에 이용될 수 있다.

유전공학에서의 주요 기술은 **재조합 DNA(recombinant DNA)**이다. 재조합 DNA는 서로 다른 개체의 유전자 혹은 유전자의 일부를 갖도록 변형된 DNA이다. 재조합 DNA는 박테리아와 바이러스 또는 효모에서 대량 생산될 수 있으며 이를 다른 종으로 이동시킬 수도 있다. 유전자가 변형되었거나 다른 종에서 유래된 DNA를 발현하는 동식물들을 **형질전환생물(transgenic)** 또는 **유전자변형 생물(genetically modified organism, GMO)**이라고 한다.

재조합 DNA 기술은 1970년대 개발된 이후로 폭발적으로 성장했다. 오늘날 거의 모든 생물학 분야에 종사하는 연구자들은 자신들의 실험에 재조합 DNA 기술을 이용한다. 의약 산업분야에서도 사람의 호르몬인 인슐린을 비롯해 B형 간염 백신을 포함한 백신 등 많은 제품을 생산하는데 유전공학 기술이 우선적으로 이용된다.

또한 현대 생명공학에는 DNA를 세포나 생물체로 삽입하든 안 하든 상관없이 DNA를 조작하는 많은 방법이 포함된다. 예를 들어, 특정 DNA 조각의 뉴클레오티드 염기서열을 결정하는 기술은 범죄수사와 유전질환 진단에 아주 중요하다.

12장에서는 현대 생명공학에 대한 전체적인 개요를 설명하고자 한다. 주안점은 생명공학의 적용과 사회에 미치는 영향에 대해서다. 그러나 또한 적용하는데 이용되는 몇몇 중요한 방법에 대해서도 간략히 설명할 것이다. 따라서 5가지 주요 주제로 나누어 내용을 구성하고자 한다: (1) 자연계에 있는 재조합 DNA 메커니즘; (2) DNA 대조를 주로 한 법의학 분야; (3) 농업, 특히 형질전환 식물과 동물 생산에 이용되는 생명공학; (4) 사람유전체프로젝트; 그리고 (5) 유전병 진단과 치료에 초점을 둔 의학분야의 생명공학이다. 마지막 부문에서는 생명공학 이용과 관련된 윤리적 문제에 대해서도 논의할 것이다.

## 12.2 자연에서는 DNA가 어떻게 재조합되는가?

대부분의 사람들은 돌연변이 경우를 제외하고는 종의 유전적 구성이 변하지 않는다고 생각하지만 유전적인 실상은 훨씬 더 유동적이다. DNA는 자연적인 많은 과정에 의해 한 생물체에서 다른 생명체로, 그리고 때로는 심지어 다른 종의 생명체로 이동된다. 실험실에서 이용되는 재조합 DNA 기술은 자연적으로 일어나는 과정에 기초를 둔다.

### 유성생식은 DNA를 재조합한다

유성생식은 서로 다른 두 생명체의 DNA를 재조합한다. 8장에서 보았듯이, 상동염색체는 제1감수분열 중에 교차에 의해 DNA를 서로 교환한다. 따라서 배우자의 각 염색체는 양쪽 부모 염색체의 혼합된 대립유전자를 갖게 된다. 이런 점에서 각각의 난자와 정자는 양쪽 부모로부터 유래된 재조합 DNA를 갖는다. 정자가 난자와 수정을 하여 생기는 자손 또한 재조합 DNA를 갖게 된다.

## 형질전환은 서로 다른 종의 박테리아 DNA를 조합시킨다

일부 사람들은 유성생식 과정 중에 일어나는 한 종 내에서의 DNA 재조합은 "자연적"이어서 괜찮지만, 실험실에서의 재조합은 "인위적"이므로 나쁘다고 생각한다. 그러나 DNA의 재조합은 실험실에 한정되지 않는다 – 재조합은 자연계에서도 일어난다.

박테리아에서는 종들 간에 유전자가 이동하게 하는 여러 가지 유형의 재조합이 일어난다(그림 12-1). 예를 들어, 박테리아는 **형질전환(transformation)** 과정에 의해 주변 환경으로부터 DNA를 획득할 수 있다. 획득된 DNA는 같은 종의 박테리아 혹은 심지어 다른 종의 염색체 일부일 수도 있으며(그림 12-1b), **플라스미드(plasmid)**로 불리는 원형의 작은 DNA 분자 형태일 수도 있다(그림 12-1c). 하나의 박테리아는 수십 개 혹은 수백 개의 플라스미드 복사본을 갖는다. 박테리아는 죽을 때에 주변 환경으로 플라스미드를 방출하며, 이 플라스미드는 동일 종이나 다른 종의 박테리아로 들어갈 수 있다. 더욱이 살아 있는 박테리아는 종종 자신들의 플라스미드를 살아 있는 다른 박테리아로 직접 전달할 수 있다. 때때로 플라스미드는 박테리아로부터 효모로 전달되기도 하는데, 이는 결국 유전자가 원핵세포로부터 진핵세포로 이동되는 것이다!

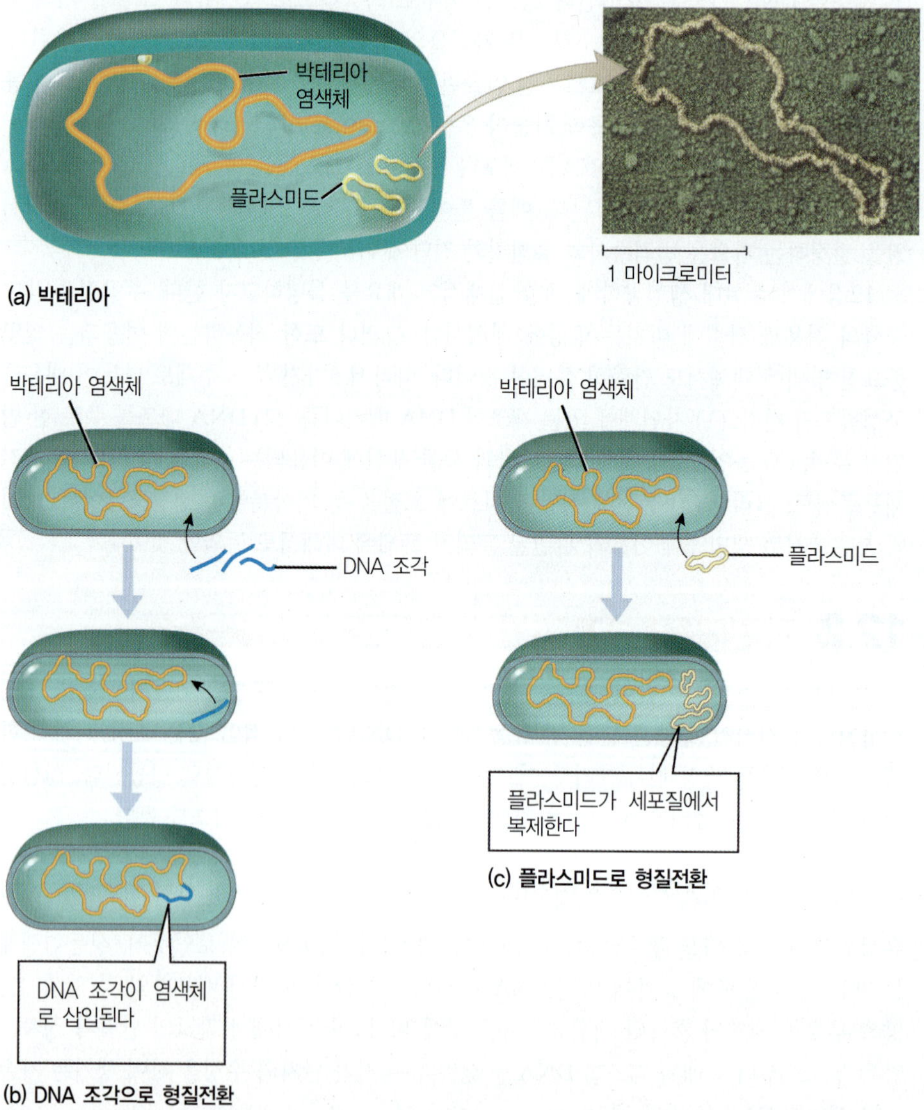


▶ 그림 12-1 **박테리아에서의 형질전환** (a) 통상적으로 박테리아는 커다란 원형의 염색체 외에 플라스미드라고 하는 작은 원형 DNA를 갖는다. 플라스미드는 종종 유용한 유전자를 포함한다. 박테리아 형질전환은 살아 있는 박테리아가 (b) 염색체 조각 또는 (c) 플라스미드를 획득할 때 일어난다.

## 바이러스는 종들 간에 DNA를 전달할 수 있다

단백질 피막으로 둘러싸인 유전물질에 지나지 않는 **바이러스(virus)**는 자신들의 유전물질을 숙주세포(host cell) 안으로 집어 넣는다. 숙주세포 안으로 들어간 바이러스는 유전자를 복제하고 숙주세포의 효소와 리보솜을 이용하여 바이러스 단백질을 합성한다. 복제된 유전자와 새로운 바이러스 단백질들이 세포 안에서 조립하여 새로운 바이러스가 만들어지고 이 바이러스는 방출되어 다른 세포들을 감염시킨다(그림 12-2).

일부 바이러스들은 하나의 생명체로부터 다른 생명체로 유전자를 전달할 수 있다. 예를 들어, 바이러스는 자신의 DNA를 숙주세포의 염색체로 삽입한다. 바이러스 DNA는 며칠, 몇 달 혹은 몇 년 동안 그 상태로 남아 있을 수 있다. 세포가 분열할 때마다 세포의 DNA와 더불어 바이러스 DNA도 복제된다. 최종적으로 새로운 바이러스가 만들어질 때 숙주 유전자 중의 일부가 바이러스 DNA로 삽입될 수 있다. 만약 이러한 재조합 바이러스가 다른 세포를 감염하고, 자신의 DNA를 새로운 숙주세포의 염색체로 삽입하면 이전 숙주세포의 DNA 조각이 삽입될 수 있다. 대부분의 경우, 바이러스는 같은 종에 속하는 서로 다른 개체들 간에 혹은 매우 밀접하게 연관 있는 개체들 간에 숙주 DNA를 이동시킨다. 그러나 일부 바이러스는 여러 개의 서로 다른 숙주종들을 감염하고 유전자를 이동한다. 예를 들어, 인플루엔자와 조류독감 바이러스의 경우 다양한 종을 감염할 수 있는 바이러스들 간에 유전자가 이동하여 매우 위험한 재조합 바이러스가 생성될 수 있다.

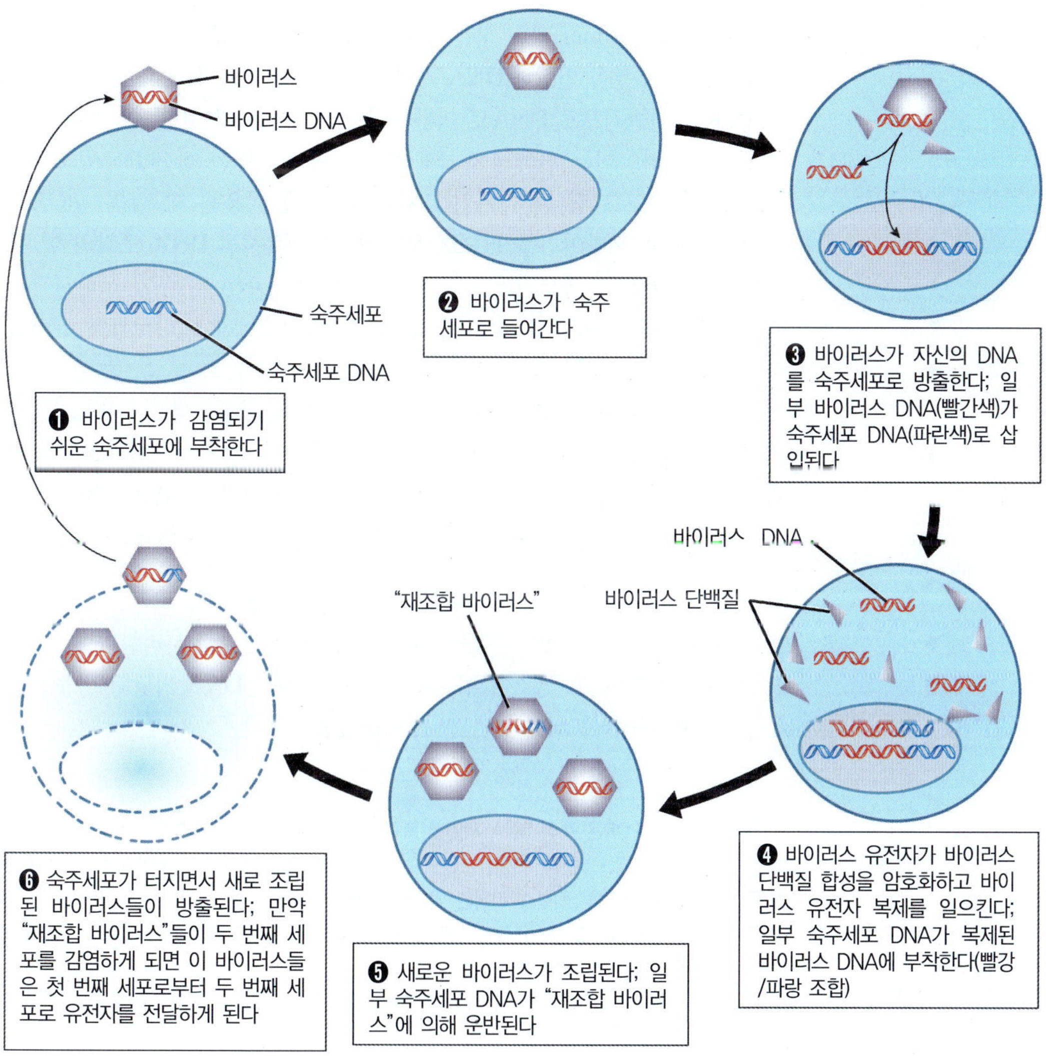


◀ 그림 12-2 바이러스는 세포들 간에 유전자를 이동시킬 수 있다

## 12.3 생명공학은 법의학에서 어떻게 이용되는가?

생명공학의 응용은 이용하는 사람의 목적에 따라 다르다. 법의학자들은 범죄자와 희생자들을 식별할 필요가 있으며 생명공학 회사들은 특정 유전자를 확인해 해당 유전자들을 박테리아나 소, 농작물 등으로 삽입하고자 한다. 또한 생물의약 회사들과 의사들은 결함이 있는 대립유전자를 찾아내어 교정을 하거나 환자에게 정상적인 유전자를 넣어주고자 한다. 여기서는 특정 사례를 들어 법의학에 이용하는 몇 가지 보편적인 DNA 조작 방법을 설명하고자 한다.

### 중합효소연쇄반응은 DNA를 증폭한다

1986년, Cetus 회사에 근무하는 캐리 멀리스(Kary Mullis)에 의해 개발된 **중합효소연쇄반응(polymerase chain reaction, PCR)**은 DNA의 선택된 부위를 거의 무한정 만들 수 있다. PCR은 분자생물학에 매우 중요해서 멀리스는 1993년에 노벨 화학상을 수상하였다. 이제 PCR이 특정 DNA 조각을 어떻게 증폭하는지 알아보자.

10장에서 DNA 복제에 대해 설명할 때 실질적으로 복잡한 사안에 대해서는 일부 생략을 하였다. 그 중 한 가지는 PCR에 아주 중요하다. DNA 중합효소는 어디에서 DNA 복제를 시작해야 할지 알지 못한다. DNA 복제 과정 중에 DNA 이중나선이 풀리면, 효소들이 각각의 DNA 가닥에 이와 상보적인 프라이머(primer)라고 하는 짧은 RNA 가닥을 만든다. DNA 중합효소는 프라이머 부분을 인식해 DNA 가닥의 나머지 부분을 복제하기 시작한다.

PCR은 일반적으로 DNA로 이루어진 인공적인 프라이머를 사용한다. 이들 DNA 프라이머는 원하는 뉴클레오티드 서열을 갖는 짧은 DNA 조각을 합성하도록 프로그램 된 기기인 DNA 합성기를 이용해 제조된다. PCR은 두 개의 DNA 프라이머를 필요로 한다. 하나는 복사될 DNA 조각의 한 쪽 가닥의 시작부위에 상보적이고, 다른 프라이머는 DNA 다른 가닥의 시작부위와 상보적이다. 이들 프라이머는 DNA 중합효소에게 어디서부터 복사를 시작할지 "알려준다".

작은 실험 튜브에, DNA를 프라이머와 자유 뉴클레오티드, 그리고 뜨거운 온천 지역에 서식하는 미생물("과학탐구: 뜨거운 온천과 주목해야 할 과학" 참고)로부터 분리해낸 DNA 중합효소를 혼합한다. PCR은 DNA 복사본을 충분히 얻기 위해 다음에 제시한 단계를 여러 번 반복한다(**그림 12-3**):

1. 실험 튜브를 약 90°C로 가열한다(**그림 12-3a**, ❶ 단계). 고온은 상보적인 염기쌍들 간의 수소결합을 끊어 DNA를 단일 가닥으로 분리한다.
2. 온도를 약 50°C로 낮추어 두 프라이머가 원래의 DNA 가닥과 상보적인 염기쌍을 형성하도록 한다(**그림 12-3a**, ❷ 단계).

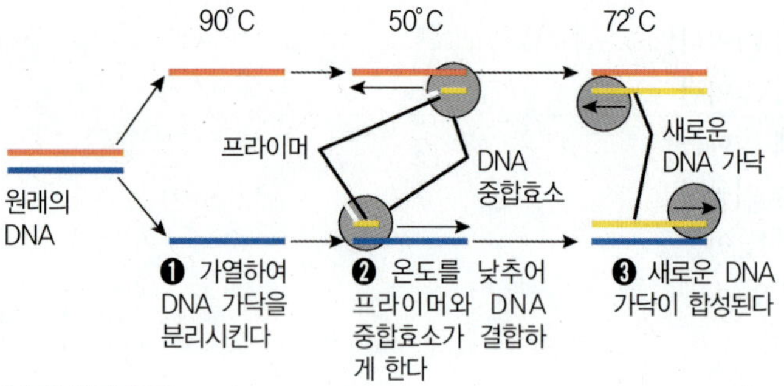


(a) 첫 번째 주기

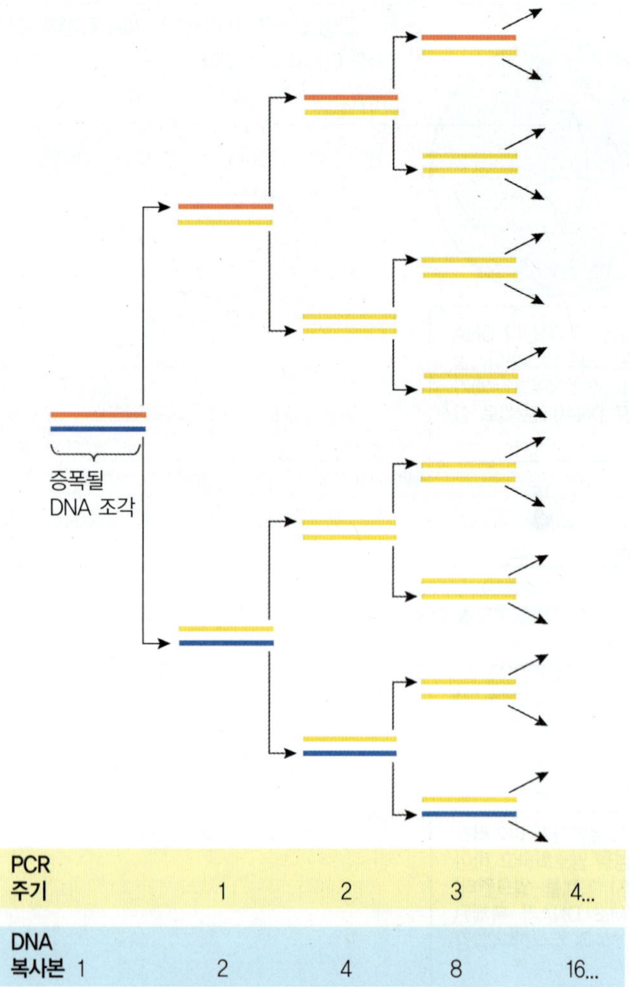


(b) PCR 매 주기마다 DNA 복사본의 수가 배가 된다

◀ **그림 12-3 PCR은 특정 DNA 서열을 복사한다** (a) 중합효소연쇄반응은 가열, 냉각, 가온 과정으로 구성되어 있으며, 이 과정을 20~30회 반복한다. (b) 각 주기마다 원하는 DNA의 양이 두 배가 된다. 주기를 20회 반복하면 약 백만 개의 원하는 DNA 복사본이 합성된다. **질문:** DNA 합성을 위해 왜 온도를 72°C까지 꼭 올려야 하는가? [그림의 (a) 부분] 힌트: "과학탐구: 뜨거운 온천과 주목해야 할 과학"을 다시 읽어보아라. *Thermus aquaticus*의 정상적인 생활 조건을 고려해볼 때, 이 박테리아의 DNA 중합효소는 50°C와 72°C 중 어디에서 가장 신속하게 작용할 것이라고 생각되는가?

## 과학탐구

# 뜨거운 온천과 주목해야 할 과학

옐로스톤 국립공원에 있는 온천처럼 뜨거운 온천에서는 물이 문자 그대로 땅속으로부터 끓으면서 나와 가까운 개울로 흘러가며 점점 식는다(그림 E12-1). 당신은 아마도 이와 같은 온천의 물이 끓는 듯이 뜨겁고 독성 있는 금속과 황화물을 포함하기 때문에 생명체가 살지 않을 것으로 생각할 것이다. 그러나 세밀한 조사를 통해 온천 내의 서로 다른 온도 지역마다 다양한 미생물들이 적응하여 살고 있다는 것이 밝혀졌다. 1966년, 위스콘신 대학의 토머스 브록(Thomas Brock)이 80°C의 뜨거운 물에 사는 박테리아인 *Thermus aquaticus*를 발견했다.

멀리스는 처음 중합효소연쇄반응을 개발하였을 때, 기술적으로 가장 큰 어려움에 봉착했다. 이중나선을 단일 가닥으로 분리시키기 위해서는 DNA가 들어 있는 용액을 거의 끓는점까지 가열해야만 했고, 그 이후 냉각시켜 DNA 중합효소가 새로운 DNA를 합성하게 하는 과정을 여러 번 반복해야 했다. 대부분의 단백질과 마찬가지로 "평범한" DNA 중합효소는 높은 온도에 의해 망가진다. 따라서 가열주기가 끝난 이후 매번 새로운 DNA 중합효소를 첨가하여야 했다. 이에 드는 비용은 만만치 않고 노동력도 상당했다. *Thermus aquaticus* 또한 번식할 때 자신의 DNA를 복제한다. 그러나 이 박테리아는 뜨거운 온천에 서식하므로 특히 열에 강한 DNA 중합효소를 갖도록 진화하였다. *T. aquaticus*의 DNA 중합효소를 PCR에 이용하면 PCR 반응을 시작할 때 단 한번만 DNA 용액에 첨가하면 된다. 사람 유전체의 염기서열을 분석할 때나 러핀이 무죄임을 증명할 때 그리고 현대 분자유전학을 연구할 때 이 온천 박테리아로부터 얻은 DNA 중합효소가 없다면 모든 과정이 훨씬 어렵고 비용도 많이 들 것이다.

▲ 그림 E12-1 **머시룸(Mushroom) 온천을 조사 중인 토마스 브록(Thomas Brock)** 온천의 색은 물에 녹아 있는 미네랄과 각기 다른 온도에서 사는 미생물들에 의해 결정된다.

3. 온도를 약 70~72°C로 높여 DNA 중합효소로 하여금 프라이머가 지시하는 방향대로 자유 뉴클레오티드를 이용해 프라이머가 부착된 DNA 조각을 복사하도록 한다(그림 12-3a, ❸ 단계).
4. 이와 같은 주기를 원하는 만큼 여러 번 반복한다.

그림 12-3b에서 보듯이, PCR에 의해 생성되는 DNA의 양은 매 주기마다 두 배가 된다. 따라서 PCR을 20회 반복하면 약 백만 개의 복사본을 만들 수 있고, 30회 반복하면 10억 개의 복사본을 얻을 수 있다. 각 주기는 단지 몇 분 밖에 걸리지 않기 때문에 PCR을 이용하면 유전자나 DNA 조각 단 한 분자만으로 시작하여 오후 한 나절이면 동일 복사본을 백만 개 정도 합성할 수 있다. 이 DNA들은 이제 번이하, 염기서열분석, 클로닝, 그리고 형실전환 생물을 만드는 등에 쓰인다.

### 유죄 또는 무죄?

**계속**

2002년, 조사관들이 러핀 사건의 정액 샘플을 찾았을 때 그들은 1981년 강간 희생자로부터 확보한 이 샘플이 러핀의 것인지 알아내고자 했다. 이를 위해 그곳의 실험실 사람들은 현재는 DNA와 연관된 연구를 하는 모든 실험실에서 아주 보편적이 된 두 가지 기술을 이용했다. 첫째, 분석에 사용할 충분한 양의 DNA를 얻기 위해 DNA를 증폭하였고, 그 다음 정액 샘플의 DNA가 러핀의 DNA와 일치하는지 결정하였다.

## 짧은 반복서열의 차이로 사람들을 구별할 수 있다

많은 범죄수사에서는 범죄 현장에 남겨진 DNA를 PCR로 충분히 증폭하여 이 DNA를 용의자의 DNA와 비교한다. 이러한 비교는 어떻게 하는 것인가? 수 년간에 걸친 각고의 노력 끝에 법의학 전문가들은 **짧은 반복서열(short tandem repeat, STR)**이라고 불리는 작은 DNA 조각이 놀랄 정도로 정확히 사람들을 구별하는데 사용될 수 있다는 것을 발견했다(그림 12-4). 각각의 STR은 짧은(2~5개의 뉴클레오티드) 염기서열이 반복적(약 5~15번 반복)으로 나란히 배열(모든 반복이 연속으로 나타남)되고 있다. 모든 유전자와 마찬가지로 서로 다른 사람들은 각기 다른 STR 대립유전자를 갖고 있다. STR 하나에 대한 각 대립유전자는 동일 뉴클레오티드를 가지며 단지 반복되는 횟수만 다르다. 1999년, 영국과 미국의 법무부는 개인들마다 매우 변화

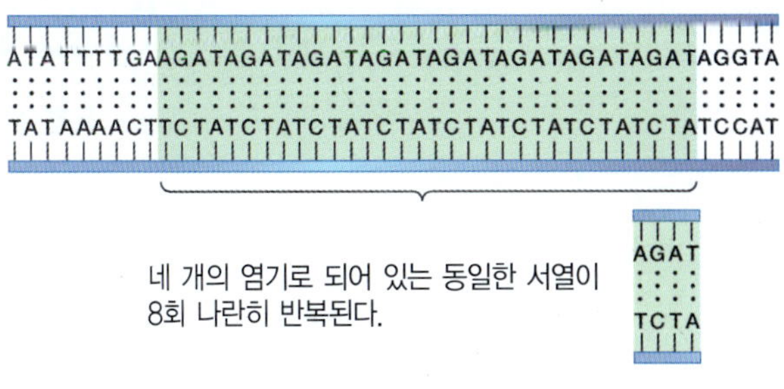


▲ 그림 12-4 **짧은 반복서열** 이 STR은 AGAT 염기서열로 되어 있으며, 사람에 따라 7~13회 반복한다.

가 큰 10~13개의 STR 세트를 사용하기로 합의하였다. 용의자 DNA와 범죄현장에서 발견된 DNA간에 10개의 STR이 완벽하게 일치된다는 것은 두 DNA가 서로 다른 사람으로부터 왔을 확률이 1조당 단 하나보다도 낮다는 것을 의미한다. 더욱이, STR 주변의 DNA는 빠르게 분해되지 않는다. 따라서 러핀 사건에서처럼 오래된 DNA 샘플조차 대개 완벽한 STR을 갖고 있다.

법의학 실험실은 STR 바로 주변의 DNA만을 증폭하는 PCR 프라이머를 이용한다. STR 대립유전자는 반복하는 횟수가 다르기 때문에 길이가 다르다: 반복되는 횟수가 많은 STR은 더 많은 뉴클레오티드를 가지므로 길이가 길다. 따라서 법의학 실험실은 DNA 샘플에 있는 10~13개의 주요 STR을 각각 구별해 그 길이들을 결정할 필요가 있다.

## 젤 전기영동은 DNA 조각을 분리시킨다

현대 법의학 실험실은 STR 반복 횟수를 알기 위해 정교한 고가의 장비를 사용한다. 이러한 대부분의 장비들은 전 세계 분자생물학 실험실에서 사용되는 두 가지 방법에 기초한다. 첫 번째는 DNA를 크기별로 분리시키는 것이고, 두 번째는 특정 DNA 조각에 표지를 하는 것이다.

▶ **그림 12-5 젤 전기영동은 DNA 조각을 분리하고 식별하는 데 사용된다**

❶ 피펫을 이용해 DNA 샘플을 젤의 홈에 넣는다. 젤에 전류를 흐르게 한다(홈 쪽은 음극, 반대쪽은 양극이 되게 한다).

❷ 전류가 흐르면서 DNA 조각이 젤을 통해 이동한다.

❸ 젤을 특수 나일론 "종이" 위에 올려놓는다. 전류가 DNA를 젤에서 빠져나와 나일론으로 이동하게 한다.

❹ DNA가 결합하고 있는 나일론 종이를 표지한 DNA 탐침자(빨간색)가 들어 있는 용액에 담근다. 이 탐침자는 원래의 DNA 샘플에 있는 특정 DNA 조각에 상보적이다.

❺ 상보적인 DNA 조각은 탐침자에 의해 표지가 된다(빨간색 밴드).

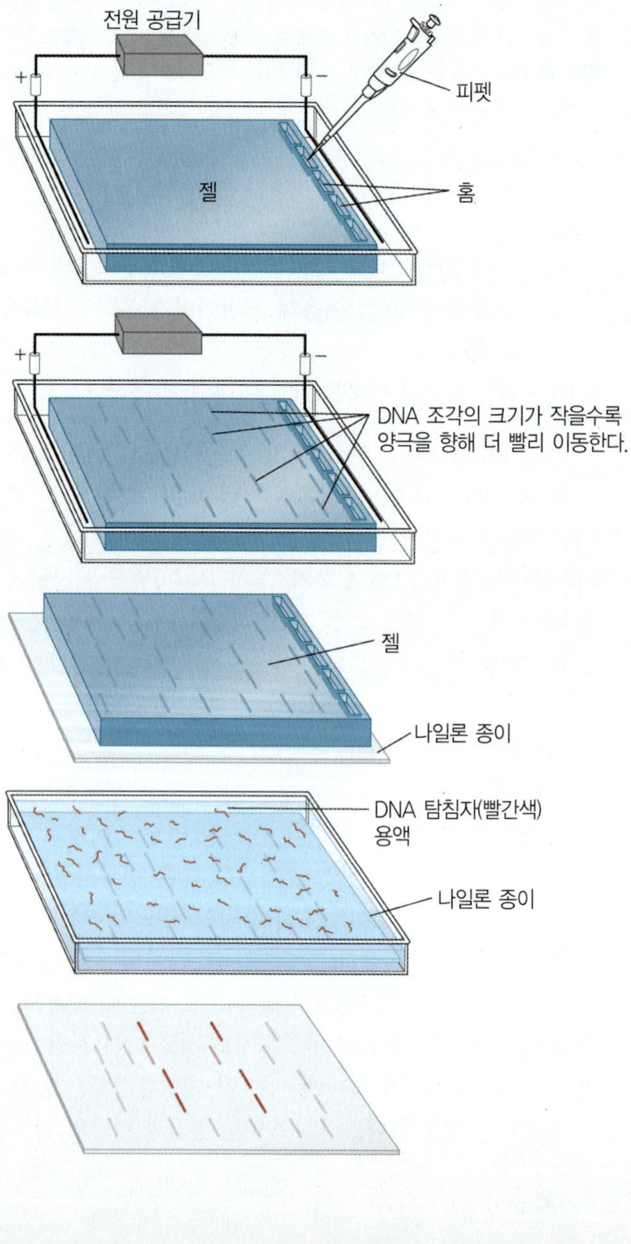

섞여 있는 크기가 다른 DNA 조각들은 **젤 전기영동(gel electrophoresis)**이라고 하는 기술을 이용해 분리할 수 있다(그림 12-5). 먼저, 특정 해초류에서 정제한 탄수화물인 한천으로 판을 만들고 여기에 만들어진 얕은 홈에 혼합된 DNA 조각들을 넣는다(그림 12-5, ❶ 단계). 한천은 젤(gel)을 만드는데, 젤은 단순히 섬유소들이 얽혀 섬유소들 사이에 다양한 크기의 작은 구멍들을 형성한 것이다. 이 젤 판을 양 끝이 전극에 연결된 통에 넣는다. 전극 하나는 양극이고 다른 하나는 음극이다. 따라서 두 전극 사이에 젤을 통해 전류가 흐르게 된다. 이런 과정이 어떻게 DNA 조각들을 분리시키는 것일까? DNA 골격에 있는 인산기가 음전하를 띤다는 것을 기억하는가? 젤을 통해 전류가 흐르면 음전하를 갖는 DNA 조각은 양전하를 띠는 전극을 향해 이동한다. DNA 조각의 크기가 작을수록 큰 DNA 조각보다 더 쉽게 양극을 향해 젤에 있는 구멍을 통과해 이동한다. 결과적으로 DNA 조각들은 크기에 따라 분리되어 젤 상에 뚜렷이 구분되는 밴드를 형성한다(그림 12-5, ❷ 단계)

## DNA 탐침자는 특정 뉴클레오티드 서열을 표지하는 데 쓰인다

불행히도, DNA 밴드는 보이지 않는다. 따라서 어느 누구도 어떤 밴드가 특정 STR을 포함하고 있는지 구분할 수 없다. 그러면 어떻게 DNA 서열을 식별할 수 있을까? 해답은 바로 염기쌍에 있다! 통상, DNA 이중나선의 두 가닥은 젤 전기영동 과정 중에 분리된다. 이로써 **DNA 탐침자(DNA probe)**라 하는 합성 DNA 조각이 샘플에 있는 특정 DNA 조각과 염기쌍을 이루게 된다. DNA 탐침자는 주어진 STR 뉴클레오티드 서열(혹은 관심 있는 다른 DNA)에 상보적인 짧은 단일가닥 DNA 조각이다. DNA 탐침자에 방사성 동위원소나 색을 띠는 분자를 부착하여 표지한다. 따라서 주어진 DNA 탐침자는 특정 DNA 서열은 표지하지만 다른 것은 표지하지 못할 것이다(그림 12-6).

젤의 전기영동이 끝나면 실험자는 단일가닥 DNA 조각을 젤에서부터 나일론 종이로 옮긴다(그림 12-5, ❸ 단계). 그 후, 종이를 특정 DNA 탐침자가 들어 있는 용액에 넣는다(그림 12-5, ❹ 단계). 탐침자는 특정 STR하고만 염기쌍 결합을 하므로 표지된 탐침자에 의해 STR이 눈에 보이게 된다(그림 12-5, ❺ 단계).

## 사람은 모두 독특한 DNA 프로필을 갖는다

1990년대 초까지만 해도 법의학자들은 용의자의 DNA와 범죄현장에서 확보한 DNA가 일치하는지 확인하기 위해 현장에서 확보한 DNA 샘플과 용의자 DNA를 젤 상에 나란히 놓고 전기영동하여 비교하였다. 그러나 현대 STR 분석에서는 용의자와 범죄현장 DNA 샘플을 다른 젤, 다른 장소 혹은 몇 년의 시간차를 두고 비교분석할 수 있다. 왜 그러한가? 앞에서 언급했듯이 사람들은 자신들의 STR에 반복되는 횟수가 서로 다르다. 따라서 지구상에 있는 모든 사람(일란성 쌍생아나 세 쌍둥이 제외)은 독특한 세트의 STR을 갖는다. DNA 샘플을 STR 젤 상에서 전기영동하면 **DNA 프로필(DNA profile)**이라고 하는 특정 패턴을 얻게 된다(그림 12-7).

미국의 많은 주들이 특정 범죄(예를 들어, 폭행이나 강도)로 선고를 받은 사람에 대해 누구든지 혈액 샘플을 제공하도록 하고 있다. 범죄 수사 연구원은 이 샘플을 가지고 범인의 DNA 프로필을 결정한 뒤, 이 DNA 프로필을 해독하여(모든 STR 유전자에 대해 얼마나 반복되고 있는지 반복횟수로) FBI에 있는 컴퓨터 파일에 주로 저장한다. CSI(Crime Scene Investigation)와 그 외 다른 범죄 관련 TV 프로에서 배우들이 말하는 "CODIS(Combined DNA Index System, 미국 DNA 자료은행)"는 FBI 컴퓨터에 저장되어 있는 DNA 프로필 데이터베이스를 말한다. 모든 법의학 실험실들이 동일 STR을 사

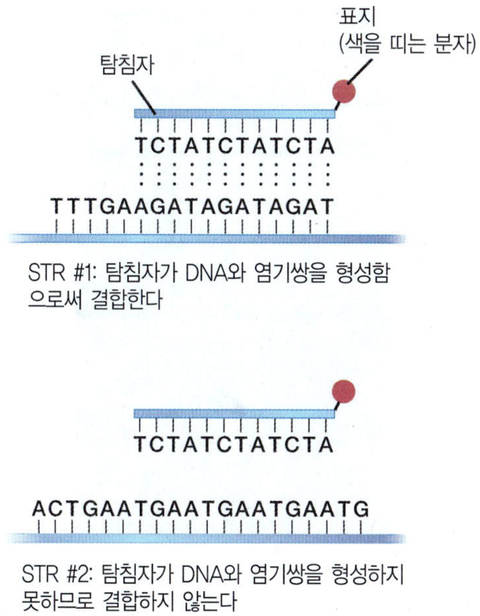


▲ **그림 12-6 DNA 탐침자는 특정 DNA 서열을 구별한다** 짧은 단일 가닥 DNA를 색이 있는 분자(빨간색 공)로 표지한다. 이렇게 표지된 DNA는 이에 상보적인 염기서열을 갖는 표적 DNA 가닥과 염기쌍 결합을 한다(위). 그러나 상보적이 아닌 가닥과는 염기쌍을 이루지 못한다(아래).

### 유죄 또는 무죄?

**계속**

러핀 사건에서 러핀과 강간자의 DNA 프로필은 서로 달라 결국 러핀이 범행을 저지르지 않았다는 것이 증명되었다. 그러나 정액의 DNA 프로필이 진짜 범인을 찾는데 도움이 될 수 있을까? 12장의 끝에 있는 "다시 들러보기의 유죄 또는 무죄?"를 보면 DNA 감식이 미해결 사건을 어떻게 해결해 주는지 알 수 있다.

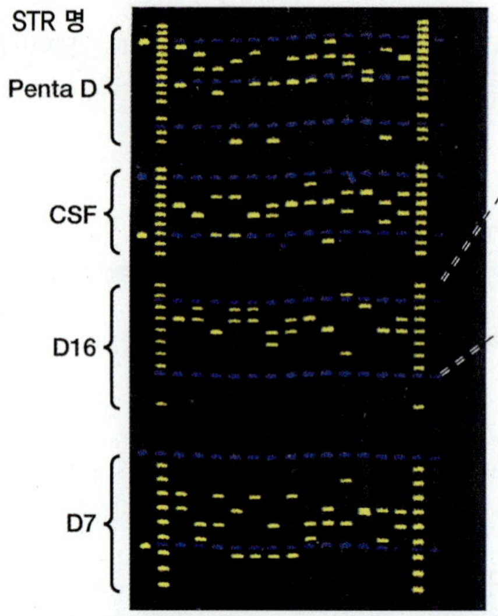


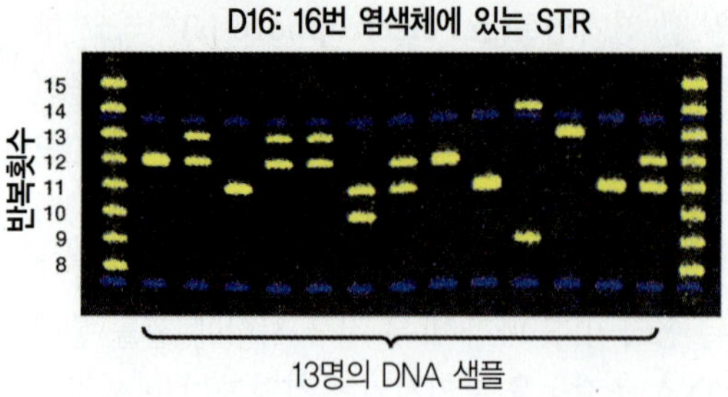


▲ **그림 12-7** **DNA 감식** DNA의 STR 길이는 젤 상에서 독특한 패턴을 보인다. 이 젤은 4개의 서로 다른 STR을 보여준다(Penta D, CSF 등등). 젤의 제일 왼쪽과 오른쪽에 있는 일정한 간격의 밴드는 각 STR의 반복횟수를 알려주는 기준이다. 13명으로부터 얻은 샘플을 이들 기준 사이에 놓고 전기영동한 결과 각 레인마다 하나 혹은 두 개의 밴드가 나타났다. D16 STR을 확대한 사진에서 보듯이 왼쪽에서부터 오른쪽으로 읽어가면, 첫 번째 사람의 DNA는 12번 반복하고, 두 번째 사람은 13번과 12번, 그리고 세 번째 사람은 11번 반복한다는 것을 알 수 있다. 서로 다른 사람이라 할지라도 일부 STR은 같은 반복횟수를 가질 수도 있다. 그러나 이 사진에서 같은 STR 반복횟수를 갖는 사람은 아무도 없다. (사진 제공은 NIST의 Margaret Kline 박사.) **질문:** 어떤 사람이라도 모두 주어진 STR에 대해 항상 하나 혹은 두 개의 밴드를 갖는다. 왜 그럴까? 또한 단일 밴드는 한 쌍의 밴드 각각보다 거의 두 배 밝다. 예를 들어 D16 STR의 경우, 첫 번째와 세 번째 DNA 샘플의 단일 밴드는 두 번째, 네 번째, 다섯 번째 샘플에 있는 한 쌍의 밴드보다 두 배 정도 더 밝다. 왜 그럴까?

용하기 때문에 만약 범죄 현장에 남겨진 DNA가 CODIS 데이터베이스에 저장되어 있는 수백만 개 프로필 중 하나와 일치하는지 쉽게 결정할 수 있다. 만약 그 어느 것과도 일치하지 않으면 범죄 현장 DNA 프로필은 파일에 남아 있게 된다. 때로는 몇 년 후, 새로이 판결을 받은 범죄자의 DNA 프로필이 보관되었던 범죄 현장 프로필과 일치하게 된다면 미궁에 빠졌던 사건이 해결될 것이다.

## 12.4 생명공학은 농업에서 어떻게 활용되는가?

농업의 주 목표는 곤충과 같은 해충이나 잡초에 의한 손실을 최소화하고 최소한의 비용으로 가능한 많은 식품을 생산하는 것이다. 영리를 목적으로 하는 많은 농부들과 종묘 공급자들은 이러한 목표를 달성하기 위해 이미 생명공학을 활용하고 있다.

### 많은 농작물들을 유전적으로 변형시킨다

미국 농림부에 의하면, 2006년도 미국에서 재배된 옥수수의 약 61%, 목화의 약 83%, 그리고 콩의 89%가 형질전환된 것이다; 즉, 이들 농작물은 다른 종의 유전자를 갖고 있다. 농작물은 제초제나 곤충에 대한 저항성을 증가시키기 위해 가장 흔하게 변형된다.

제초제의 대다수는 필수 아미노산을 합성하는 효소를 억제함으로써 식물을 죽인다. 이들 아미노산이 없으면 식물은 단백질을 합성할 수 없기 때문에 죽게 된다. 많은 제초제 저항성 형질전환 농작물에는 제초제가 있는 상황에서도 기능 있는 효소를 만들 수 있는 박테리아 유전자가 삽입되었다. 따라서 이 식물들은 정상적인 양의 아미노산과 단백질을 합성한다. 제초제 저항성 농작물은 농부들이 제초제를 살포하더라도 자신들이 재배하는 농작물에는 해를 주지 않고 잡초만 죽일 수 있게 한다. 제초제와 경쟁을 적게 하면 결국 농작물은 더 많은 수분과 양분, 그리고 햇빛을 받아 수확량이 많아진다.

농작물의 곤충 저항성은 박테리아 *Bacillus thuringiensis*에 있는 *Bt* 유전자를 도입시킬 경우 증가한다. *Bt* 유전자에 의해 암호화된 단백질은 곤충의 소화기관을 손상시킨다. 그러나 포유류에는 영향이 없다. 따라서 형질전환 *Bt* 농작물은 곤충의 피해를 적게 받으므로 농부들은 농경지에 살충제를 적게 살포해도 된다.

종자회사는 어떻게 형질전환 식물을 만들까? 곤충 저항성 *Bt* 식물을 예로 형질전환 식물을 만드는 과정을 알아보자.

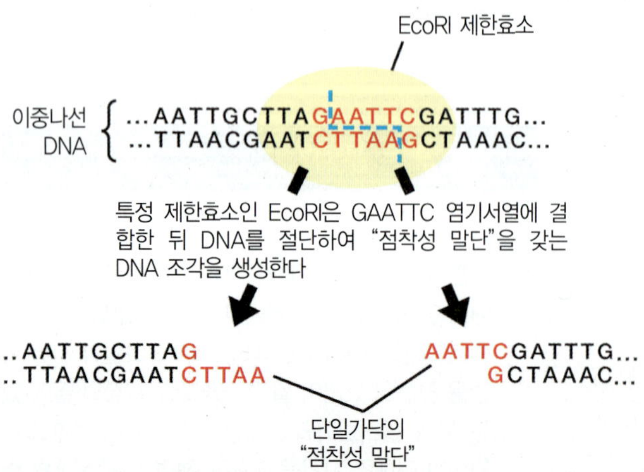


▲ **그림 12-8** **제한효소는 특정 뉴클레오티드 서열의 DNA를 자른다**

### 원하는 유전자를 클론한다

유전자 클로닝은 통상 두 가지 작업 과정을 거친다: (1) 유전자를 확보하는 것과 (2) 확보된 유전자를 플라스미드로 삽입하여 이 유전자의 복사본을 많이 만드는 것이다.

유전자 확보에는 다음 두 가지 방법이 보편적으로 이용된다. 하나는 해당 유전자를 갖고 있는 생물체로부터 그 유전자를 분리하는 것이다. 이 방법은 오랫동안 이용되어온 유일한 실용적인 방법이었다. 최근에 생명공학자들은 실험실에서 PCR 혹은 DNA 합성장치를 이용하여 유전자를 합성하거나 혹은 변형할 수 있게 되었다.

*Bt* 유전자를 확보한 후, 왜 이 유전자를 플라스미드로 삽입하는 것일까? 작은 원형의 DNA인 플라스미드는 박테리아로 들어갈 수 있으며(그림 12-1 참고), 박테리아가 번식할 때 복제를 한다. 따라서 *Bt* 유전자가 플라스미드로 삽입되면 박테리아를 키우는 것처럼 간단하게 상당한 수의 유전자 복사본을 생성할 수 있다

### 제한효소는 DNA의 특정 염기서열 부위를 절단한다

박테리아로부터 분리해낸 **제한효소(restriction enzyme)**를 이용해 유전자를 플라스미드로 삽입할 수 있다(**그림 12-8**). 제한효소는 저마다 특정 염기서열의 DNA를 자른다. 대다수의 제한효소는 두 가닥 DNA 각 가닥을 서로 다른 위치에서 절단하므로 단일가닥 부분이 각 DNA 말단에 붙어 있는 엇갈린 모양을 갖게 된다. 이와 같은 단일가닥 부위는 이와 상보적인 염기를 갖는 단일가닥 DNA 조각과 염기쌍 결합을 할 수 있으므로 "점착성 말단(sticky end)"이라고 부른다.

### 동일한 제한효소로 절단된 DNA 두 조각은 서로 연결할 수 있다

*Bt* 유전자를 플라스미드로 삽입하려면 *Bt* 유전자 양끝 부위의 DNA를 제한효소로 자르고 원형의 플라스미드를 동일 제한효소로 절단한다(**그림 12-9**, ❶ 단계). 그 결과 생성된 *Bt* 유전자의 말단과 벌어진 플라스미드는 서로 상보적인 점착성 말단을 갖게 되므로, 서로 염기쌍 결합을 할 수 있다. 잘려진 *Bt* 유전자와 플라스미드를 혼합하면 일부 *Bt* 유전자가 플라스미드 양끝 사이로 일시적으로 삽입된다. 여기에 DNA 연결효소(DNA ligase, 161~163쪽 참고)를 첨가하면 *Bt* 유전자와 플라스미드가 영구적으로 결합한다(그림 12-9, ❷ 단계).

### 플라스미드-형질전환 박테리아를 통해 *Bt* 유전자를 식물로 삽입한다

특정 박테리아는 식물 세포로 들어갈 수 있다. 이러한 박테리아들을 재조합 플라스미드로 형질전환시킨다(**그림 12-9**, ❸ 단계). 형질전환된 박테리아가 식물세포로 들어가면 플라스미드가 *Bt* 유전자를 비롯해 자신들의 DNA를 식물세포의 염색체로 삽입한다(**그림 12-9**, ❹ 단계). 이들 식물세포가 분열하여 만들어진 모든 딸세포들은 *Bt* 유전자를 갖게 된다. 호르몬은 형질전환 식물의 분열과 식물체로의 분화를 촉진한다. 이들 식물을 서로 교배하거나 같은 종의 다른 식물들과 교배하면 해충에 저항성이 있는 상업적으로 가치 있는 식물을 만들 수 있다(**그림 12-10**).

## 유전적으로 변형된 식물은 의약품을 생산할 수 있다

유사한 기술을 이용해 의학적으로 유용한 유전자를 식물로 삽입함으로써 의약품을 생산할 수 있다. 예를 들어, 다양한 질병과 싸울 수 있는 사람의 항체를 생산하는 식물을 만들 수 있다. 17장에서 배우게 되겠지만 박테리아나 바이러스가 우리 몸을 침입할 때 우리 몸의 면역계가 이에 반응하여 감염을 극복할 충분한 항체를 만드는 데에는 며칠이 걸린다. 그 사이 우리는 몹시 아플 수도 있고 때론 죽을 수도 있다. 따라서 많은 양의 알맞은 항체를 직접 주사하면 훨씬 신속하게 병을 치료할 수 있다. 충치와 비호지킨 림프종(non-Hodgkins lymphoma; 림프암의 일종)을 일으키는 박테리아에 대한 식물유래 항체는 임

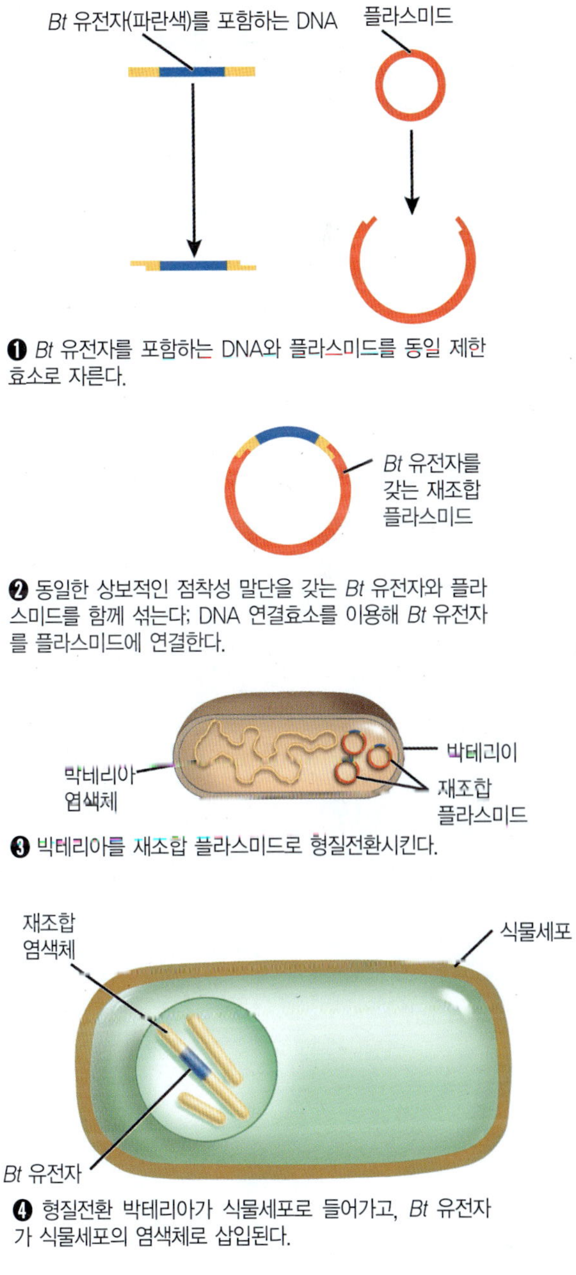


▲ **그림 12-9 플라스미드를 이용하여 식물세포로 DNA 삽입**

▲ **그림 12-10** ***Bt*** **식물은 곤충의 공격에 저항한다** *Bt* 유전자를 발현하는 형질전환 목화 식물(오른쪽)은 목화씨를 먹는 목화씨벌레 공격에 저항성을 갖는다. 따라서 형질전환 식물은 비형질전환 식물(왼쪽)보다 훨씬 더 많은 목화를 생산한다.

상 실험 중에 있다. 이러한 "식물 항체(plantibody)"는 매우 저렴하게 생산될 수 있으므로 부자와 가난한 사람 모두에게 이와 같은 치료를 시행할 수 있을 것이다.

### 유전자변형 동물은 농업, 산업, 의약 분야에 유용할 수 있다

형질전환 동물을 만들기 위해서는 보통 원하는 DNA를 수정란으로 주입한다. 대리모에 착상시키기 전에 난자를 배양하여 몇 번 분열하도록 한다. 만약 자손이 건강하고 외부 유전자를 발현한다면 이들을 교배시켜 동형접합인 형질전환 생명체를 만든다. 지금까지는 상업적으로 유용한 형질전환 가축을 만드는 것이 어렵다는 것이 입증되었지만 현재 여러 회사들이 이 작업을 하고 있다.

예를 들어, Nexia Biotechnologies 회사는 염소에 거미줄 실크단백질 유전자를 도입시켜 염소 우유에 실크 단백질을 분비하는 염소를 만들었다. 이 결과 생성된 BioSteel® 은 철보다 5배 더 강하고, 방탄조끼를 만드는데 사용되는 섬유인 Kevlar보다도 두 배 정도 강하다. Aqua Bounty Technologies 회사는 성장호르몬 유전자가 도입된 형질전환 연어와 숭어를 만들었다. 이 물고기들은 야생형보다 훨씬 더 빨리 성장하며, 유전자변형으로 인한 악영향은 어떠한 것도 보이지 않는다. 그러나 이러한 물고기들이 야생으로 도망칠 경우 토착 어종과의 경쟁에서 이길 수 있으므로 물고기 농장에서 이 물고기들을 키울 것인지에 대해서는 논쟁이 되고 있다. 이러한 우려에 대한 방안으로 Aqua Bounty는 번식할 수 없는 불임 물고기를 만들고 있다.

의약품은 일반적으로 육류보다 훨씬 더 효용가치가 크므로 많은 연구진들이 의약품을 생산할 수 있는 동물을 개발하고 있다. 예를 들면, 젖에 낭포성섬유증 치료에 좋은 단백질인 알파-1-안티트립신(alpha-1-antitrypsin)을 분비하는 형질전환 가축과 적혈구 생성을 촉진하는 호르몬인 에리트로포이에틴(erythropoietin), 그리고 혈우병 치료제인 혈액응고 인자를 생성하는 가축들이 있다.

## 12.5 생명공학은 사람 유전체를 이해하는데 어떻게 이용되는가?

유전자가 우리의 삶에 어떻게 영향을 주는지 이해하기 위해 1990년에 유전자 전체 세트의 모든 DNA인 **유전체(genome)**의 염기서열을 결정하는 사람유전체프로젝트(Human Genome Project)가 시작되었다. 2003년까지 여러 나라가 공동으로 참여한 이 프로젝트의 분자생물학자들은 2003년까지 사람 유전체의 염기서열을 약 99.99% 정확도로 결정하였다. 놀랍게도 사람 유전체에는 단지 약 21,000개의 유전자가 있으며, 이는 전체 DNA의 약 2%에 해당한다. 나머지 98%는 프로모터와 각각의 유전자가 얼마나 자주 전사될지를 조절하는 부위를 포함한다. 그러나 과학자들은 나머지 다른 DNA의 기능에 대해서는 아직 이해하지 못하고 있다.

사람 유전체 염기서열을 분석해서 얻는 이점은 무엇일까? 첫째, 기능을 전혀 알지 못하는 많은 유전자들을 발견하였다. 이 유전자들이 갖는 유전암호를 통해 생물학자들은 이전에 알지 못하던 이 유전자들이 암호화하는 단백질 아미노산 서열을 예측하게 되었으며, 이들 단백질과 이미 잘 알고 있는 단백질들을 비교함으로써 이 유전자들의 기능을 알게 되었다.

둘째, 사람유전체프로젝트는 의학 연구에 막대한 영향을 주었다. 1990년까지 사람의 질병과 연관된 것으로 밝혀진 유전자는 100개 미만이었다. 그러나 2006년까지 밝혀진 질병 관련 유전자의 수는 1,800개 이상으로 급증했으며, 이는 대부분이 사람유전체프로젝트에 의한 것이다.

셋째, 하나뿐인 "사람 유전체"는 없다. 우리 DNA의 대부분은 모든 사람들의 DNA와 동일하다. 그러나 우리는 각기 자신만의 독특한 대립유전자 세트를 갖고 있다. 이들 대립유전자 중 일부는 마르판증후군이나 낫모양적혈구 빈혈증, 낭포성섬유증과 같은 질병을 유발할 수 있으며, 사람들로 하여금 알코올중독이나 정신분열, 심장병, 알츠하이머와 같은 증상이 나타나게 할 수도 있다. 사람유전체프로젝트의 한 가지 주요 목표는 사람들의 유전적 결함을 진단하고 이로 인해 발생할 상황을 예측하며 가능한 치료방법을 찾아내어 치료까지 할 수 있게 하는 것이다.

넷째, 사람유전체프로젝트는 함께 수행 중인 박테리아, 쥐, 침팬지 등 다양한 생명체들의 유전체 서열을 결정하는 프로젝트와 더불어 지구에 있는 생명체의 진화와 이 진화 과정에서의 사람의 위치를 밝히는데 도움이 된다. 예를 들어, 사람과 침팬지 DNA의 차이는 단지 1.2%이다. 유사점과 차이점을 비교하면 생물학자들은 어떠한 유전자 차이로 인해 인간이 되며, 침팬지는 걸리지 않는 질병에 왜 사람만 걸리는지도 알 수 있을 것이다

## 12.6 생명공학은 의학적 진단과 치료에 어떻게 이용되는가?

십여 년 동안 생명공학은 일부 유전질환을 진단하는데 사용되어 왔다. 아이를 갖고자 하는 부부는 자신들이 특정 유전질환에 대해 보인자인지 확인하고 싶어하고, 임신 초기에 배아 진단을 하기도 한다(205쪽 "건강 지킴이: 태아의 유전자 검사"). 최근 들어, 의학 연구진들은 생명공학을 이용해 유전병을 치료하려고 시도 중이다.

### DNA 기술은 유전질환 진단에 이용된다

기능이 상실된 대립유전자를 하나 혹은 그 이상 가지고 있으면 자손에게 유전병을 물려주게 된다. 결함 있는 대립유전자의 뉴클레오티드 염기서열은 기능이 있는 대립유전자의 서열과 다르다. 사람들이 정상적인 대립유전자를 갖는지 혹은 제대로 작동하지 않는 대립유전자를 갖고 있는지 알기 위해 현재 두 가지 방법이 이용되고 있다

#### 제한효소는 서로 다른 위치에 있는 다른 대립유전자를 자른다

주어진 제한효소는 특정 뉴클레오티드 서열을 갖는 DNA만을 자른다. 따라서 결함이 있는 대립유전자는 특정 제한효소에 의해 잘리지만 정상 대립유전자는 잘리지 않거나 혹은 그 반대 현상이 나타날 수 있다. 이러한 차이는 낫모양적혈구 빈혈증 진단에 이용될 수 있다.

낫모양적혈구 빈혈증은 글로빈 유전자 시작부위에 있는 아데닌이 티민으로 치환된 점돌연변이에 의해 발생한다(178쪽의 표 11-3). MstII 제한효소는 글로빈 유전자 좌위의 바로 "앞" 부위를 절단한다(그림 12-11a,b의 1번 절단). 이 효소는 또한 정상과 낫모양적혈구 대립유전자의 중간 부위도 자른다(3번 절단). MstII는 정상 글로빈 대립유전자의 시작부위 또한 절단하지만(2번 절단), 점돌연변이로 인해 낫모양적혈구 대립유전자는 절단하지 못한다(그림 12-11b). 이러한 차이로 낫모양적혈구 빈혈증을 어떻게 진단할 수 있을까? 독특한 절단부위를 포함하는 일부 글로빈 대립유전자에 상보적인 DNA 탐침자를 합성한다. 낫모양적혈구 DNA를 MstII로 자른 후 젤에서 분리하면 이 탐침자는 매우 큰 DNA 조각인 젤의 제일 위 밴드 하나를 표지한다(그림 12-11c). 정상 DNA를 MstII로 자를 경우에는 탐침자가 두 개의 밴드, 즉 작은 DNA 조각(젤의 바닥 가까이) 하나와 낫모양적혈구에 있는 조각만큼 크지는 않지만 큰 조각 하나를 표지한다.

이 간단한 조사로 부모와 자녀, 그리고 태아의 유전자형을 결정할 수 있다. 정상 글로

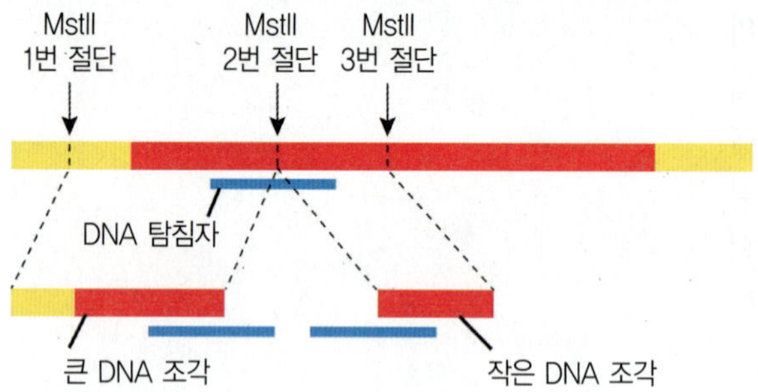


**(a) MstII는 정상 글로빈 대립유전자를 하나의 탐침자에 의해 표지되는 두 개의 조각으로 절단한다**

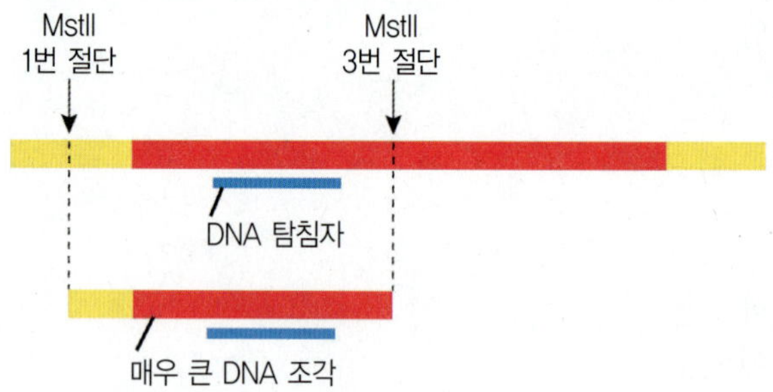


**(b) MstII는 낫모양적혈구 대립유전자를 동일한 탐침자에 의해 표지되는 하나의 매우 큰 조각으로 절단한다**

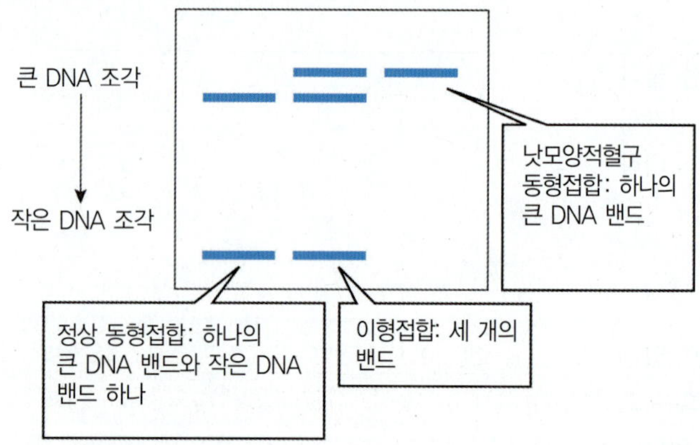


**(c) 전기영동을 이용한 글로빈 대립유전자 분석**

◀ **그림 12-11 제한효소로 낫모양적혈구 빈혈증 진단** 염색체 상의 글로빈 유전자 좌위는 빨간색, 인접한 DNA는 노란색으로 나타내었다. **(a)** 제한효소 MstII는 정상 글로빈 대립유전자의 유전자 좌위 약간 "앞부분"(1번 절단)과 대립유전자의 시작부위(2번 절단), 그리고 대립유전자의 중간부위(3번 절단)를 자른다. 2번 절단부위 양쪽 DNA에 상보적인 DNA 탐침자(파란색)를 합성한다. 따라서 이 탐침자는 정상 대립유전자의 큰 DNA 조각 하나와 작은 조각 하나를 표지한다. **(b)** MstII는 낫모양적혈구 대립유전자의 1번과 3번 위치를 자른다. 낫모양적혈구 대립유전자의 경우 DNA 탐침자는 단지 하나의 매우 큰 DNA 조각을 표지한다. **(c)** 수천 개의 세포로부터 DNA를 추출(젤에서 볼 수 있을 정도로 DNA를 충분히 얻기 위해)한 뒤 MstII로 자른다. 절단된 DNA를 젤에서 분리한 뒤 DNA 탐침자로 표지한다. 낫모양적혈구 대립유전자로부터 나온 하나의 큰 DNA 조각은 젤의 시작부위 가까운 위쪽에 위치하며 정상 대립유전자의 작은 조각은 젤의 맨 아래쪽에 위치한다. DNA 밴드 패턴은 해당 DNA를 제공한 사람의 유전자형을 보여준다. **질문:** 이형접합자는 왜 세 개의 밴드를 가질까? 이들 밴드는 동형접합자로부터 얻은 밴드들과 밝기 정도(강도)가 같을까?

빈 대립유전자에 대해 동형접합인 사람은 두 개의 밴드를 가지며, 이형접합은 세 개의 밴드를 가질 것이다(그림 12-11c).

### 다른 대립유전자는 서로 다른 DNA 탐침자에 결합한다

11장의 사례 연구에서는 CFTR이라고 하는 수송단백질에 의해 발생하는 낭포성섬유증에 대해 소개하였다. CFTR은 세포 안팎으로의 염소이온 이동을 돕는다. 동일 좌위에 대해 1,000개 이상의 다른 *CFTR* 대립유전자가 존재하며, 이들 대립유전자는 각기 약간씩 다른 결함이 있는 CFTR 단백질을 암호화한다.

수천 개의 서로 다른 대립유전자를 갖는 질환을 어떻게 진단할 수 있을까? 이들 대부분은 매우 희귀하다. 그리고 낭포성섬유증의 약 90%는 많은 결함 대립유전자 중에서 주로 32개의 결함 대립유전자에 의해서 발생한다. 비록 32개의 대립유전자도 많기는 하지만 이 결함 있는 대립유전자 각각은 서로 다른 뉴클레오티드 서열을 갖는다. 따라서 각 대립유전자 한 가닥은 이와 상보적인 가닥하고만 완벽한 염기쌍을 형성한다. 현재 몇몇 회사들은 단일가닥 DNA 탐침자가 결합하고 있는 특수 여과지인 낭포성섬유증 어레이를 생산하고 있다. 각각의 탐침자는 서로 다른 *CFTR* 대립유전자에 상보적이다(**그림 12-12a**). 사람의 DNA를 작은 조각으로 절단 후 단일가닥을 분리하고 색을 띤 분자로 가닥을 표지함으로써 낭포성섬유증을 검사한다(**그림 12-12b**). 어레이를 표지된 DNA 조각이 들어있는 용액에 담근다. 완벽하게 상보적인 가닥을 갖는 사람의 DNA만 어레이 위에 있는 주어진 탐침자에 결합하므로 그 사람이 어느 *CFTR* 대립유전자를 가지고 있는지를 알 수 있다(**그림 12-12c**).

비록 아직까지는 의학적인 용도로 실제 사용되고 있지는 않지만 이러한 유형의 DNA 분석은 언젠가는 상용화된 의술이 될 것이다. 다른 사람은 수백 가지의 유전자에 있어 서로 다른 대립유전자들을 가지고 있다. 이러한 차이로 인해 사람들은 많은 질병들에 대한 감염성 정도와 치료방법에 대해서도 개인적인 차이를 보인다. 언젠가는 의사들이 수백 혹은 수천 개의 질병 연관 대립유전자의 탐침자를 포함하는 어레이를 이용하여 환자들이 어떤 대립유전자를 갖는지를 결정하고 이에 따른 맞춤 치료를 할 수 있게 될 것이다. 만약 이 말이 공상과학 같은 생각이 든다면 수천 개의 사람 유전자에 대한 탐침자를 포함하는 어레이가 이미 제작되었다는 것을 염두에 두어라(**그림 12-13**). 여러 회사들이 이미 유방암과 같은 특정 질병의 유전자 활성을 조사하도록 제작된 작은 맞춤형 어레이를 생산하

▶ **그림 12-12** **낭포성섬유증 어레이** **(a)** 낭포성섬유증 진단을 위한 "선형 어레이"는 정상 *CFTR* 대립유전자에 상보적인 DNA 탐침자(가장 왼쪽 지점)와 결함있는 *CFTR* 대립유전자 중 가장 흔한 대립유전자에 상보적인 탐침자(나머지 10개 지점)가 부착되어 있는 특수 종이로 되어 있다. **(b)** 환자의 *CFTR* 대립유전자를 분리하고 색을 띤 분자로 표지한다. **(c)** 어레이를 환자의 표지된 DNA가 들어 있는 용액에 담근다. 환자들이 어느 *CFTR* 대립유전자를 갖느냐에 따라 어레이 상에 서로 다른 지점들이 표지된다.

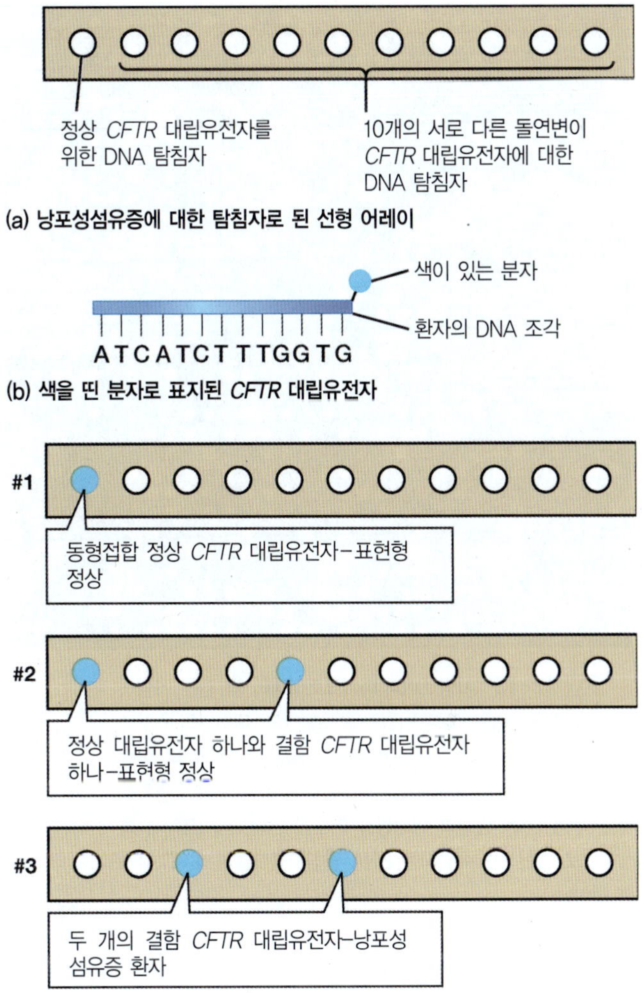

**(c) 세 명의 사람으로부터 얻은 각각의 표지된 DNA와 반응시킨 선형 어레이**

고 있다. 어레이가 아직까지는 의술에 혁신을 일으킬 정도는 아니지만, 일부 병원들은 환자들이 갖고 있는 유방암 유형을 알아내어 유방암을 유형에 따라 보다 성공적으로 치료할 수 있는 치료법을 제공하려고 시도 중이다.

## DNA 기술은 질병 치료에 이용될 수 있다

DNA 기술은 질병의 진단뿐만 아니라 치료에도 이용될 수 있다. 재조합 DNA 기술덕분에, 의학적으로 중요한 여러 가지 단백질을 박테리아에서 만들고 있다. 재조합 DNA 기술로 만든 첫 번째의 사람 단백질은 인슐린이었다. 재조합 사람 인슐린이 사용 인가를 받은 1982년도 이전에는 당뇨병 환자에게 필요한 인슐린을 도축한 소나 돼지의 이자에서 추출하였다. 비록 이 동물들에서 얻은 인슐린이 사람 인슐린과 매우 유사하긴 하지만 약간의 차이가 당뇨병 환자 약 5%에 알레르기 반응을 일으킬 수 있다. 재조합 사람 인슐린은 알레르기 반응을 일으키지 않는다.

재조합 DNA 기술로 만든 사람의 몇 가지 단백질을 **표 12-1**에 기술하였다. 이들 단백질은 다양한 질병들을 예방하거나 치료는 할 수 하지만 유전병을 치료할 수는 없다. 단순히 병의 증상만을 치료하는 것이다. 이 단백질을 혈류로 주입시키면 몸 전체를 돌면서 적절한 세포에서 적절한 반응이 일어나게 하므로 사용하기가 쉽다. 하지만 기능이 있는 단백질이 세포 안으로 들어가야만 하는 낭포성섬유증 같은 질병의 경우는 어떠한가? 실질적으로 유전병을 치료할 수 있을까? 비록 고통스러울 정도로 진행이 느리긴 해도 생명공학은 이 분야에서 큰 가능성을 보여준다. 생명공학이 유전병을 치료하거나 심지어 완치까지 하는 두 가지 특별한 사례를 살펴보자.

**표 12-1** **재조합 DNA 방법에 의해 생산되는 의약품**

| 생산품 유형 | 목적 | 생산품명 | 유전공학 방법 |
|---|---|---|---|
| 사람 호르몬 | 당뇨병과 성장 결핍 치료에 사용 | Humulin™ (사람 인슐린) | 사람의 유전자를 박테리아로 삽입 |
| 사람 사이토카인(cytokine) (면역계 기능 조절) | 골수이식과 암치료, 그리고 간염이나 성기 사마귀(genital wart)와 같은 바이러스 감염 치료에 사용 | Leukine™ (과립 대식세포 콜로니 자극 인자, granulocyte-macrophage colony stimulating factor) | 사람 유전자를 효모로 삽입 |
| 항체(면역계 단백질) | 감염, 암, 당뇨병, 기관 거부반응, 다발성 경화증(multiple sclerosis) 치료에 사용 | Herceptin™ (일부 유방암 세포에서 발현되는 단백질에 대한 항체) | 재조합 항체 유전자를 배양된 햄스터 세포로 삽입 |
| 바이러스 단백질 | 바이러스성 질병에 대한 백신을 만들고 바이러스 감염 진단에 사용 | Energiz-B™ (B형 간염 백신) | 바이러스 유전자를 효모로 삽입 |

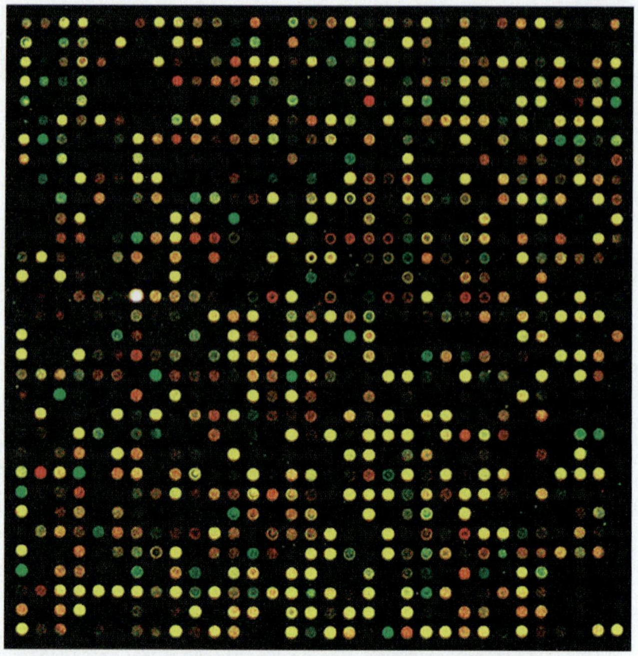

▲ 그림 12-13 **사람 DNA 마이크로어레이** 각 점은 사람의 특정 유전자에 대한 DNA 탐침자를 포함한다. 대부분의 연구에서, 대상체(예를 들어, 암세포)로부터 mRNA를 분리하여 형광 염료로 표지한다. 이 mRNA를 어레이로 넣어 상보적인 염기를 갖는 주형 DNA 탐침과 염기쌍을 이루게 한다. 암세포에서 특징적으로 발현되는 유전자는 DNA 탐침자를 "밝게 빛이" 나게 할 것이다.

## 생명공학 기술을 이용한 낭포성섬유증 치료

낭포성 섬유증은 염소 수송이 안되어, 정상일 때는 묽고 물기가 많았던 기도의 점액을 진하게 하므로 기도가 막혀 폐가 엉망이 된다. 몇몇 연구팀은 환자의 허파세포에 정상 *CFTR* 대립유전자를 넣어 정상 단백질이 합성되게 한 뒤, 이렇게 합성된 단백질이 원형질막에 삽입되게 하는 방법을 개발 중이다.

연구진들은 먼저 치료에 쓸 적합한 바이러스를 무능화시켜 바이러스를 치료에 이용하여도 질병이 발생하지 않게 하였다. 감기 바이러스는 통상적으로 호흡기관의 세포들을 감염시키므로 이 실험에 자주 사용된다. 정상 *CFTR* 대립유전자 DNA를 바이러스 DNA로 삽입한다. 이렇게 만들어진 재조합 바이러스를 환자의 코에 분무하면, 바이러스가 허파세포로 들어가 정상 *CFTR* 대립유전자를 세포로 방출한다. 세포는 정상 대립유전자의 지침에 따라 CFTR 단백질을 합성하여 이를 원형질막에 삽입하며, 그 결과 염소가 허파에 있는 점액으로 수송된다.

이러한 치료를 위해 시도 중인 임상은 비교적 성공적이었지만 효과는 단지 몇 주밖에 지속되지 않았다. 아마도 환자의 면역계는 바이러스를 공격해 바이러스와 더불어 이에 들어 있는 유용한 유전자를 제거할 것이다. 허파세포는 지속적으로 교체되기 때문에 1회 처치 효과는 변형된 세포가 사멸하면 없어지게 된다. 연구진들은 바이러스 내의 정상 *CFTR* 대립유전자 발현을 증가시킬 뿐만 아니라 한 번의 처치가 오래 지속되도록 노력하고 있다.

## 중증복합면역 결핍증 치료를 위한 생명공학의 이용

허파의 세포처럼 사람 몸에 있는 대다수의 세포들은 결국에는 죽고 새로운 세포들로 대체된다. 많은 경우, 새로운 세포들은 **줄기세포(stem cell)**라고 하는 특별한 집단의 세포로부터 만들어진다. 8장에서 보았듯이 줄기세포는 분열하여 여러 유형의 서로 다른 성숙한 세포로 분화할 수 있는 딸세포를 만든다. 줄기세포는 우리 몸에 있는 어떠한 유형의 세포도 될 수 있다. 줄기세포의 이러한 가능성에 대해 20장에서 더 자세히 논의할 것이다. 지금은 줄기세포의 제한적인 역할, 즉 한 가지 혹은 두 가지 유형의 세포들을 만드는 경우만 알아보고자 한다.

면역계의 모든 세포(주로 백혈구)들은 골수에서 생성된다. 성숙한 세포가 죽으면 골수에 있는 줄기세포가 분열하여 생성된 새로운 세포들로 대체된다. 중증복합면역 결핍증(severe combined immune deficiency, SCID)은 어린이의 면역계가 발달하지 않는 희귀 유전병이다. 약 80,000명의 어린이당 1명이 SCID를 가지고 태어난다. 정상 어린이에겐 사소한 감염도 SCID를 갖고 있는 어린이에겐 생명을 위협할 수 있다. 어린이가 유전자 조성이 비슷한, 병에 걸리지 않은 건강한 친척으로부터 골수이식을 받으면 정상 줄기세포로 인해 아이의 면역계 기능이 되살아날 수 있다. 그러나 대부분의 SCID 환자는 첫 번째 생일을 맞기도 전에 죽는다.

SCID의 유형은 매우 다양하지만 대부분이 열성이고 단일 유전자 결함이다. 일부 SCID 어린이들은 아데노신 탈아민효소(adenosine deaminase)를 암호화하는 대립유전자에 결함이 있는 열성 동형접합이다. 1990년, 사람 유전자치료의 첫 번째 실험이 4살된 SCID 환자 아샨티 데실바(Ashanti DeSilva)에게 행해졌다. 이 아이의 백혈구 일부를 추출한 뒤 해당 유전자에 대해 정상인 대립유전자를 포함하는 바이러스를 이용해 유전적으로 변형시키고, 이 세포를 다시 아이의 혈류로 집어 넣었다. 지금 성인이 된 아샨티는 비교적 정상적인 면역계를 가지고 있어 건강하다. 그러나 변형된 백혈구가 죽으면 새로운 세포로 대체되어야 한다. 따라서 아샨티는 여러 번 반복해서 치료를 받아야 한다. 그녀는 또한 정기적으로 아데노신 탈아민효소 주사도 맞아야 한다. 그럼에도 불구하고 아샨티는 이 효소를 불과 4세 된 사람의 양만큼만 주사 맞는다. 이는 유전자치료가 비록 완벽하지는 않아도 분명히 큰 차이를 만든다는 것을 보여준다.

2005년, 이탈리아 연구진들은 아샨티와 같은 유형의 SCID를 갖고 있는 어린이 환자 6명을 완전히 치료했다. 이탈리아 팀은 아데노신 탈아민효소의 정상 유전자를 성숙한 백혈구 세포가 아닌 줄기세포로 도입하였다. "치료가 된" 줄기세포는 계속해서 분열해 새로운 백혈구 세포를 대량 생산하므로 이 어린이들은 남은 생애 내내 정상적인 면역계를 갖게 될 것이다. (1990년 아샨티가 최초로 치료를 받았을 당시, 줄기세포 연구는 시작단계였다. 그 당시는 아샨티의 줄기세포를 분리하여 아데노신 탈아민효소 유전자를 교정하는 것 자체가 불가능하였다.)

## 12.7 현대 생명공학의 주요 윤리적 문제는 무엇인가?

현대 생명공학은 우리의 삶과 지구상에 있는 많은 다른 개체들의 삶에 변화를 가져올 가능성—이를 위협으로 생각하는 사람들도 있지만—을 제공한다. 스파이더맨이 말했듯이 "막강한 힘에는 반드시 책임이 뒤따른다." 인류가 생명공학의 의무를 감당할 수 있을까? 여기서 두 가지 논점, 즉 농업 분야에서 유전자변형생물(GMO)을 이용하는 것과 사람을 유전적으로 변형시키는 관점에 대해 살펴볼 것이다.

### 농업에서 유전자변형 생물을 허용해야 하는가?

형질전환 농작물은 농부에게 확실히 이익을 준다. 제초제-저항 농작물의 경우, 농부는 강력하고 비선택적인 제초제를 농작물의 성장 단계 어디에서라도 사용함으로써 그냥 두면 수확량을 10% 혹은 그 이상 감소시키는 잡초를 제거할 수 있다. 곤충 저항성 농작물은 합성 살충제를 사용할 필요성을 줄여주므로 살충제 비용과 트랙터 연료, 그리고 노동력을 절감하게 해준다. 또한 형질전환 농작물은 "일반" 농작물보다 더 많은 영양소를 갖고 있을 가능성이 있다("건강 지킴이: 황금쌀" 참고). 그럼에도 불구하고, 많은 사람들은 GMO가 사람의 건강에 해롭거나 환경에 위험할 수 있다는 생각에 형질전환 농작물과 가축에 대해 반대 입장을 고수하고 있다.

#### GMO로 만든 식품은 먹어도 안전한가?

대부분의 경우, GMO 식품을 먹으면 위험하다는 생각을 할 이유가 없다. 예를 들어, Bt 단백질은 동물에게는 독성이 없으며, 사람의 건강에 위험하다고 입증된 바도 없다. 만약 성장이 강화된 가축이 만들어졌다면 이 가축들은 형질전환되지 않은 동물에 있는 것과 똑같은 단백질로 이루어진 살코기를 더 많이 가지고 있을 뿐이다.

하지만 일부 사람들은 유전자변형 식물에 대해 알레르기를 일으킬 수 있다. 1990년대에 콩 단백질의 아미노산 균형을 향상시키기 위해 브라질 너트(Brazil nut)의 유전자 하나를 콩에 삽입하였다. 그런데 브라질 너트에 알레르기가 있는 사람은 형질전환된 콩에도 알레르기 반응이 있다는 것이 발견되었다. 말할 것도 없이, 이와 같은 형질전환 식물은 결코 농장에서 재배되지 않았다. 현재 미국 식품의약국은 새로운 모든 형질전환 식물에 대해 알레르기 가능성을 조사한다. 흥미롭게도, 몇몇 연구팀은 유전공학을 이용해 알레르기를 일으키는 땅콩 단백질을 암호화하는 유전자를 변형하거나 제거함으로써 알레르기를 일으키지 않는 땅콩을 만들고자 노력 중이다(보통 땅콩에 알레르기가 있는 사람

# 건강 지킴이

## 황금쌀

쌀은 지구에 사는 인류 약 2/3의 주식이다(그림 E12-2). 쌀에는 탄수화물과 일부 단백질이 풍부하지만, 비타민 A를 비롯하여 많은 비타민이 부족하다. 따라서 과일과 채소를 충분히 먹지 않는 사람은 비타민 A가 결핍되어 시력이 저하되고 면역계에 결함이 있게 되며 호흡기, 소화기, 요로에 손상이 생긴다. 세계보건기구에 의하면, 1억 이상의 어린이들이 비타민 A 결핍증을 앓고 있다. 그 결과 매년 25만에서 50만 명의 어린이들, 특히 아시아와 아프리카, 라틴 아메리카에 있는 어린이들이 시력을 잃고 있다. 비타민 A 결핍증은 주로 가난한 사람들에게 발생한다. 그 이유는 쌀이 그들이 먹을 수 있는 전부이기 때문이다. 1999년에 생명공학이 이에 대한 가능한 해결책을 내놓았다. 유전공학적 방법으로 쌀이 수선화에 있는 밝은 노란색 색소인 베타 카로틴을 포함하도록 만든 것이다. 베타 카로틴은 사람의 체내에서 쉽게 비타민 A로 전환된다.

▲ 그림 E12-2 **꿈의 들녘?** 쌀은 수억 명의 사람들에게 있어 주 칼로리 공급원이다. 그러나 쌀은 비타민과 미네랄은 충분히 공급하지 못한다. 생명공학은 쌀의 품질을 향상시켜 쌀을 주식으로 하는 사람들의 삶의 질을 증진시킬 수 있을까?

베타 카로틴 함량이 많은 쌀 품종을 만드는 것은 단순하지 않았다. 그러나 록펠러 연구소와 유럽연합 생명공학 프로그램, 그리고 스위스연방 교육과학부로부터 연구비를 받은 분자생물학자인 잉고 포트리쿠스(Ingo Potrykus)와 피터 베이어(Peter Beyer)가 이 과제에 매진했다. 이들은 쌀 유전체에 세 개의 유전자, 즉 두 개의 수선화 유전자와 하나의 박테리아 유전자를 삽입하였다. 그 결과 베타 카로틴을 합성하는 "황금쌀"이 만들어졌다(그림 E12-3, 오른쪽 위).

문제는 처음 만들어진 황금쌀은 베타 케로틴을 충분히 만들지 못하기 때문에 충분한 양의 비타민 A를 얻기 위해서는 상당히 많은 양의 쌀을 먹어야 했다. 황금쌀 위원회는 포기하지 않았다. 생명공학 회사인 Syngenta의 연구원들은 베타 카로틴 수치를 증가시키는 일에 착수하였다. 수선화는 베타 카로틴 합성을 지시하는 유전자 공급원으로서 최선이 아닌 것으로 판명되었다. 옥수수 유전자를 갖는 황금쌀 2는 초기 황금쌀보다 20배가 넘는 베타 카로틴을 만든다(그림 E12-3의 오른쪽 위와 왼쪽 위의 쌀을 비교하여라). 대략 3컵의 조리된 황금쌀 2는 비타민 A 하루 권장량과 같은 양의 베타 카로틴을 공급한다.

게다가, Syngenta사와 특허권자들은 자신들의 기술을 필리핀, 인도, 중국, 그리고 베트남에 있는 연구기관에 무상으로 제공하여 각 나라들이 보유한 쌀을 자국 실정에 맞게 변형시키도록 했다. 아울러, 황금쌀 생산액이 약 만불 이하인 농부들은 Syngenta사와 다른 특허권자들에게 어떠한 비용도 지불할 필요가 없다. 마지막으로, Syngenta사는 동남 아시아에 있는 인도주의 쌀위원회에 황금쌀 2를 기증했다.

가난한 사람들의 영양불량 문제를 해결하는데 있어 황금쌀 2가 최선 혹은 유일한 방법일까? 그렇지는 않을 것이다. 가난한 사람들 대다수의 식사는 비타민 A뿐만 아니라 그 외 많은 영양소도 결핍되어 있다.

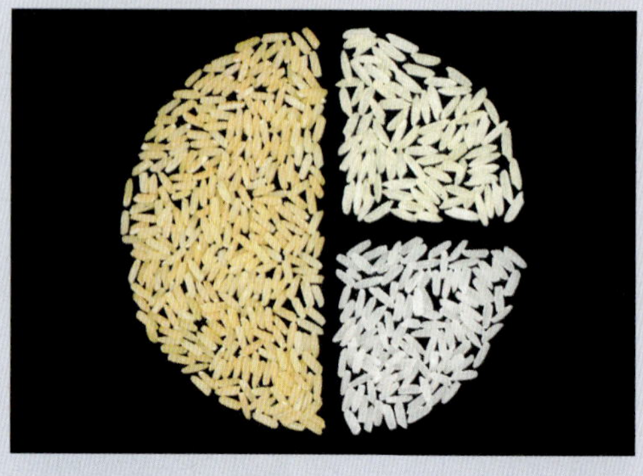

▲ 그림 E12-3 **황금쌀** 전통적인 방식으로 도정된 쌀은 흰색이거나 매우 옅은 갈색이다(오른쪽 아래). 초기 황금쌀(오른쪽 위)은 베타 카로틴 함량이 증가하여 옅은 황금색이다. 황금쌀 2(왼쪽)는 초기 황금쌀보다 약 20배 더 많은 베타 카로틴을 포함하기 때문에 훨씬 더 짙은 노란색이다.

이 문제 해결을 위해, Bill and Melinda Gates 재단은 피터 베이어가 쌀에 있는 비타민 E와 철, 아연의 함량을 증가시키고자 수행 중인 연구에 기금을 지원하고 있다. 아프리카 일부 지역에서는 고구마가 녹말의 주 공급원이다. 이 사람들에게 흰색의 고구마 대신 오렌지를 먹게 하자 비타민 A 섭취가 엄청 증가하였다. 전 세계 곳곳의 정부와 인도주의 기관들은 비타민 A 보충 프로그램을 펼치고 있다. 일부 아프리카와 아시아 지역에서는 어린이들 중 거의 80%에게 어릴 때 몇 번에 걸쳐 많은 양의 비타민 A를 복용시키고 있다. 언젠가는 이러한 모든 노력들로 인해 이 세상 어린이 누구도 자신들이 먹는 음식에 영양소가 결핍되어 시력을 잃게 되는 일이 일어나지 않는 세상이 될 것이다.

을 위해서).

2003년, 미국 독성학회는 유전자변형 식물의 위험성에 대해 연구한 후 현재 있는 형질전환 식물들은 사람의 건강에 눈에 띄는 위험성이 없다는 결론을 내렸다. 또한 과거에 안전했다고 해서 미래의 안정도 보장되는 것은 아니기 때문에 학회는 새로이 만들어지는 모든 유전자변형 식물에 대해 지속적으로 검사와 평가를 할 것을 권장했다.

## GMO는 환경에 해로운가?

GMO의 환경에 대한 영향은 훨씬 더 논란이 많다. *Bt* 작물의 장점은 농부들이 농경지에 살충제를 덜 사용하게 된다는 것이다. 2002년과 2003년, *Bt* 벼를 경작한 중국의 농부들은 일반 벼에 비해 살충제 사용을 80% 줄여 이에 따른 경비 지출이 줄었고, 살충제에 의해 유익한 곤충이나 동물을 의도치 않게 죽일 위험과 더불어 농부들 자신이 살충제에 중독될 위험도 줄일 수 있었다. 애리조나 주에서 10년간에 걸쳐 행해진 연구에 의하면 *Bt* 목화를 재배할 경우 일반 목화에 비해 살충제 사용량은 줄지만 수확량은 동일하였다.

하지만 *Bt*나 제초제 저항성 유전자는 농부의 농경지 밖으로 퍼져나갈 수 있다. 이들 유전자는 형질전환 농작물의 유전체로 도입되기 때문에 유전자는 꽃가루에도 존재할 것이다. 농부는 형질전환 농작물에서 나오는 꽃가루가 어디로 갈지 통제할 수 없다. 2006년, 미국 환경보호국 연구진들은 오리건에 있는 시험 경작지로부터 약 3.2 km 떨어진 곳에서 "빠져나간" 제초제 저항성 잔디들을 발견했다. 유전자 분석을 한 결과, 일부 제초제 저항성 유전자가 꽃가루에 의해(대부분의 잔디는 바람에 의해 수정됨), 그리고 다른 일부는 종자를 통해 이동했음을 알게 되었다(잔디의 대부분은 매우 가벼운 씨를 갖는다).

이것이 문제가 될까? 옥수수나 해바라기를 비롯한 많은 농작물과 동유럽 및 중동지역의 밀, 보리, 귀리 등은 가까이에 유연관계의 야생종들이 살고 있다. 이들 야생 식물들이 형질전환 농작물과 교배를 하여 제초제나 해충에 저항성을 갖게 된다고 생각해보자. 이 식물들이 심각한 잡초 문제를 일으키지는 않을까? 이 식물들은 곤충에 덜 먹히게 되므로 야생에 있는 다른 식물들을 대체하지는 않을까? 형질전환 농작물이 야생에 가까운 유연관계의 종을 가지고 있지 않다고 해도 박테리아와 바이러스가 한 식물로부터 다른 식물로, 심지어는 상관관계가 없는 종들 간에도 유전자를 이동시킬 수 있다. 바이러스들이 우리가 원하지 않는 유전자들을 야생 식물군으로 퍼지게 하지는 않을까? 이 질문들에 대해 답을 할 수 있는 사람은 아무도 없다.

2002년, 국립국립과학원 위원회는 전통적인 방법과 재조합 DNA 기술로 변형된 농작물 모두 중대한 환경 변화를 초래할 수 있다고 지적했다. 위원회는 또한 미국 정부가 형질전환 작물에 의해 생길 수 있는 생태계 변화를 감지하는 적절한 체계를 갖고 있지 않음을 알게 되었다. 따라서 위원회는 형질전환 식물을 상업화하기 전에 면밀히 스크리닝할 것은 물론, 상업화 이후에도 생태계 감시를 지속적으로 할 것을 권고했다.

형질전환 동물은 어떠한가? 꽃가루와는 달리, 소나 양과 같은 대부분의 가축들은 대체적으로 이동성이 적다. 더욱이, 야생 연관 종들도 거의 없기 때문에 자연 생태계에 대한 위험도 아주 적다. 그러나 물고기를 비롯한 일부 형질전환 동물들은 심각한 위협이 될 가능성이 있다. 이와 같은 형질전환 동물이 일단 서식지를 빠져나가게 되면 빠르게 흩어지므로 다시 잡아들이는 것은 불가능할 것이다. 만약 이 동물들이 야생형보다 공격적이고 성장이나 성숙과정이 빠르다면 이들은 원래의 집단을 빠르게 대체할 것이다. 이러한 이유로 인해 Aqua Bounty 회사는 불임인 형질전환 연어만을 판매한다. 이 연어는 탈출을 하여도 번식을 하지 못한 채 죽으므로 자연 생태계에도 최소한의 영향만 줄 것이다.

## 생명공학으로 사람의 유전체를 바꿀 수 있을까?

생명공학을 사람에게 적용하는 것과 관련된 윤리적 문제는 다른 의료 과정으로 인해 발생하는 문제와 기본적으로 같다. 예를 들어, 생명공학을 이용해 태아가 낫모양적혈구 빈혈증을 가졌는지 검사하기 훨씬 이전에도 양수로부터 세포를 취해 단순히 염색체의 수를 확인함으로써 배아의 21 삼염색체성(다운 증후군)을 진단하였다.(건강 지킴이: "태아 유전자 검사" 참고). 부모들이 이러한 검사를 통해 얻은 정보를 낙태나 혹은 병에 걸린 아이

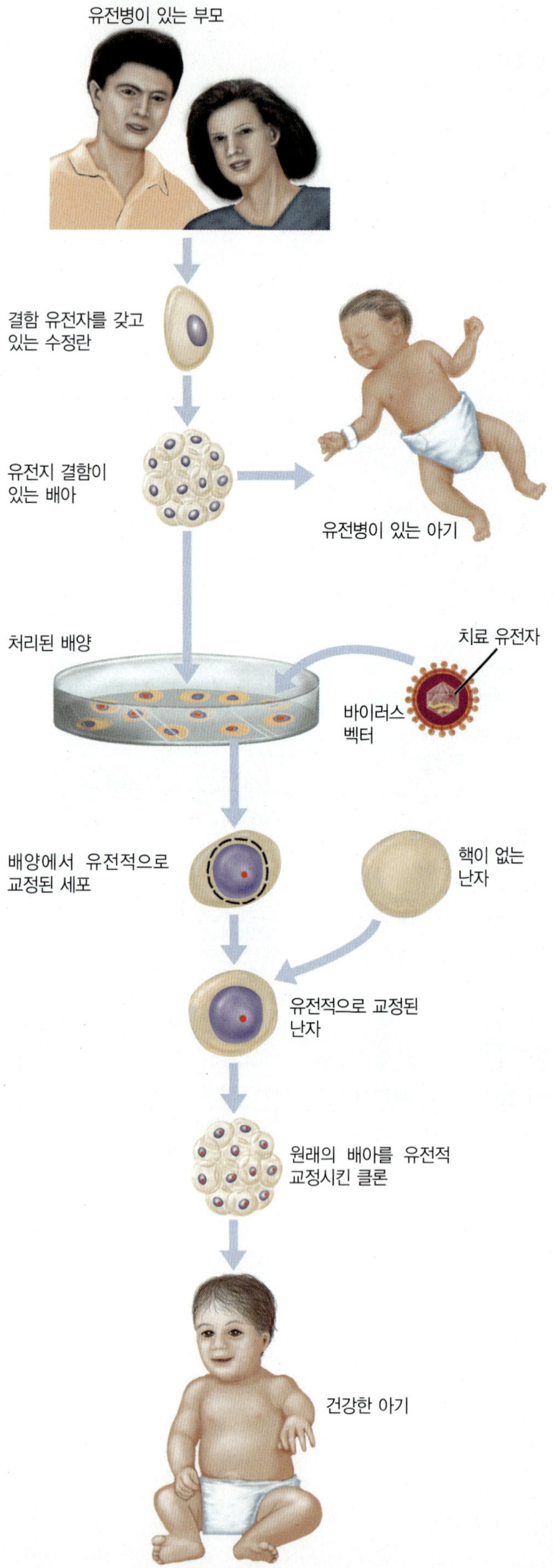


를 위해 준비하는 기초자료로 사용하게 해야 하는지는 큰 논란의 여지가 있다. 순전히 생명공학 발전으로 인해 또 다른 윤리적 문제들이 발생하고 있다. 예를 들어, 사람들로 하여금 그들 자손의 유전체를 선별하게 하거나 심지어 변형까지도 허용해야 하는가 하는 문제들이다.

1994년 7월 4일, 콜로라도에 사는 한 여아가 골수이식을 하지 않을 경우 치명적인 유전질환인 판코니 변혈증을 갖고 태어났다. 아기의 부모는 아기를 그것도 아주 특별한 아기를 더 갖길 원했다. 판코니 빈혈증이 없으면서 먼저 태어난 딸에게 골수를 제공해 줄 수 있는 아기를 낳고 싶었다. 그들은 생식유전학 연구소의 유리 베르린스키(Yury Verlinsky)에게 찾아가 도움을 요청했다. 베르린스키는 부모의 정자와 난자를 이용해 수십 개의 배아를 만들었다. 이 배아들에 대해 유전자 결함 여부와 더불어 부부의 딸과 조직 적합성 검사를 실시하였다. 그 결과 베르린스키는 원하는 유전자형을 가진 하나의 배아를 선택한 뒤, 이를 엄마의 자궁에 착상시켰다. 아홉 달 뒤, 아들이 태어났다. 이 아이의 탯줄에서 얻은 혈액에서 세포를 취해 누나의 골수로 이식하였다. 소녀는 앞으로도 빈혈과 이에 수반되는 많은 증상을 보이기는 하겠지만, 현재 골수 결함은 치료가 된 상태이다. 이렇게 유전자 검사를 활용하는 것은 적절했는가? 만들어진 배아 중 대다수를 버려야 한다는 것을 알면서도 수십 개의 배아를 만들어야 했는가? 이 것이 다른 아이의 생명을 구할 수 있는 유일한 방법이라면 윤리적으로 합당한가?

의사들은 현재 가능한 기술을 이용해 배아들의 유전체는 변화시키지 않으며, 단지 존재하는 배아들을 선별하는 것만을 허용하고 있다. 그러나 SCID 치료를 위해 골수줄기세포의 유전체를 바꾸는 기술도 존재한다. 생명공학으로 수정란의 유전자를 바꾼다면 어떻게 될까?(**그림 12-14**) 예를 들어, 정상 CFTR 단백질을 암호화하는 대립유전자를 사람의 난자로 삽입하여 낭포성섬유증 발병을 방지할 수 있다고 가정해보자. 이처럼 사람 유전체를 변화시키는 것은 윤리적으로 문제가 없을까? 유전체를 변형하여 덩치가 더 크고 힘이 센 미식축구 선수를 만드는 것은 어떠한가? 만약 질병을 치료하기 위해 기술이 개발된다면, 그리고 실제로 개발되었을 때, 이 기술이 의학용이 아닌 다른 목적으로 사용되는 것을 막는 것은 어려울 것이다. 어느 것이 적절한 사용이고 또 어느 것이 한낱 허영에 불과한 것인지 어떻게 결정할 것인가?

◀ **그림 12-14 유전자 결함을 영구적으로 교정하게 해주는 사람 복제 기술** 이 과정에서 유전병을 갖고 있는 남자와 여자(두 사람 모두 유전병이거나 혹은 한 쪽만 유전병을 가지는 경우 모두)로부터 확보한 정자와 난자를 배양접시에서 수정시킨 후 이 수정란으로부터 사람의 배아를 얻는다. 결함 대립유전자를 갖는 배아가 작은 세포 덩어리로 자라면, 이로부터 하나의 세포를 꺼내어 여기에 정상 대립유전자를 삽입한다. 이렇게 하여 수선이 된 핵을 이미 핵이 제거된 다른 난자(동일 여성으로부터 얻음)로 주입한 뒤, 이 난자를 여성의 자궁에 착상시켜 정상적으로 발생하게 한다.

# 건강 지킴이

## 태아의 유전자 검사

태아(출생전)를 대상으로 낭포성섬유증, 낫모양적혈구 빈혈증, 다운증후군 같은 많은 유전질환을 진단하기 위해서는 태아의 세포 혹은 발생 중인 태아가 생산하는 화학물질을 필요로 한다. 이러한 샘플을 얻기 위해 두 가지 기술, 즉 양수천자와 융모막융모 채취법이 사용되고 있다. 현재 모체의 혈액으로부터 태아세포를 분리해 내는 새로운 기술도 개발 중이다.

### 양수천자

사람의 태아는 양막(amnion)이라고 하는 방수막 안에 담겨 있는 액체로 둘러싸여 있다. 태아가 자라면서 일부 세포가 주변 액체로 떨어져 나온다. 태아가 16주 혹은 그 이상이 되면, 양수천자(amniocentesis)로 불리는 방법으로 양수를 채취할 수 있다. 의사는 초음파로 태아의 위치를 확인한 뒤 복부벽과 자궁, 그리고 양막을 통과해 멸균된 바늘을 삽입하여 10~20 ml의 액체를 뽑아낸다(그림 E12-4). 이 액체에 대해 즉시 생화학 분석을 할 수도 있지만 채취된 샘플 안에 있는 세포의 수가 너무 적기 때문에 다운증후군을 비롯하여 세포를 필요로 하는 분석을 원할 경우, 먼저 세포를 실험실에서 1~2주 동안 분열시켜야 한다.

### 융모막융모 채취법

태아에 의해 생성되는 막인 융모막(chorion)에는 융모라고 하는 많은 돌기들이 있다. 융모막융모 채취법(chorionic villus sampling, CVS)에서는 의사가 산모의 질을 통해 자궁으로 작은 관을 삽입한 뒤 일부 융모를 흡입한다(그림 E12-4 참고). CVS은 양수천자에 비해 두 가지 장점을 가지고 있다. 먼저, 이 검사는 임신 아주 초기인 8주차 정도에 행해질 수 있다. 조기 진단은 만약 태아가 심각한 결함이 있어 치료적 낙태를 고려해야 할 경우 매우 중요하다. 둘째, 샘플이 필요한 검사를 즉시 할 수 있을 만큼 충분한 세포를 가지고 있기 때문에 1~2주를 기다릴 필요가 없다. 그러나 융모막은 데이가 정상인데도 불구하고 비정상적인 수의 염색체를 갖는 경우가 허다하다. 또한 CVS는 양수천자 검사보다 유산의 위험이 더 크다. CVS는 척추갈림증(spina bifida)과 같은 질병은 알아낼 수도 없다. 이러한 이유로 인해 CVS는 양수천자보다 훨씬 드물게 행해진다.

### 모체 혈액내 태아 세포

임신 6주차 정도 되면 태아 세포 중 아주 소수가 태반을 가로질러 모체의 혈류로 들어간다. 엄청나게 많은 모체 세포로부터 태아 세포를 분리해내는 것은 아주 힘든 일이지만 가능성은 있다. 현재 여러 회사들이 모체 혈액 샘플로 친자확인 검사를 하고 있다. 그러나 이 검사가 유전질환을 알아낼 수 있는 실질적이고 명확한 검사가 되려면 앞으로 몇 년 후는 되어야 할 것 같다.

### 샘플 분석

태아 세포나 양수를 가지고 여러 유형의 분석을 할 수 있다. 생화학 분석으로 양수에 들어 있는 화학물질의 농도 측정이 가능하다. 주 효소의 농도가 비정상적으로 낮거나, 이들 효소가 분해해야 할 반응물의 농도가 이상하게 높은 경우 대사질환 진단이 가능하다. 세포를 필요로 하는 검사들도 있다. 예를 들어, 태아세포의 염색체를 분석하면 염색체 수가 정확한지, 그리고 염색체가 구조적으로 정상인지 알 수 있다.

태아가 낭포성섬유증이나 낫모양적혈구 빈혈증에 대해 결함 대립유전자를 보유하고 있는지 알기 위한 태아 세포 DNA 분석에 재조합 DNA 기술을 이용할 수도 있다. PCR이 개발되기 전에는 태아 세포가 충분히 분열하도록 2주 정도 세포를 배양해야 했다. 하지만 현재는 불과 몇 개의 세포에서 DNA를 추출한 뒤 PCR을 이용해 관심 유전자 증폭이 가능하다. 서너 시간이면 낫모양적혈구 빈혈증을 유발하는 대립유전자를 찾는데 이용되는 제한효소 분석과 같은 검사에 사용할 만큼의 충분한 DNA를 얻을 수 있다(그림 12-11 참고). 만약 신생아가 낫모양적혈구 대립유전자에 대해 동형접합이면 몇 가지 치료적 조치를 취한다. 특히, 주기적으로 페니실린을 복용하면 동형접합 어린이 중 약 15%를 사망에 이르게 하는 박테리아 감염을 크게 줄일 수 있다. 더욱이, 어린이가 질병을 갖고 있다는 사실을 알면 기형의 적혈구들이 뭉쳐 혈류의 흐름을 막는 "응급상황" 시에 정확하고 신속한 처치를 할 수 있을 것이다.

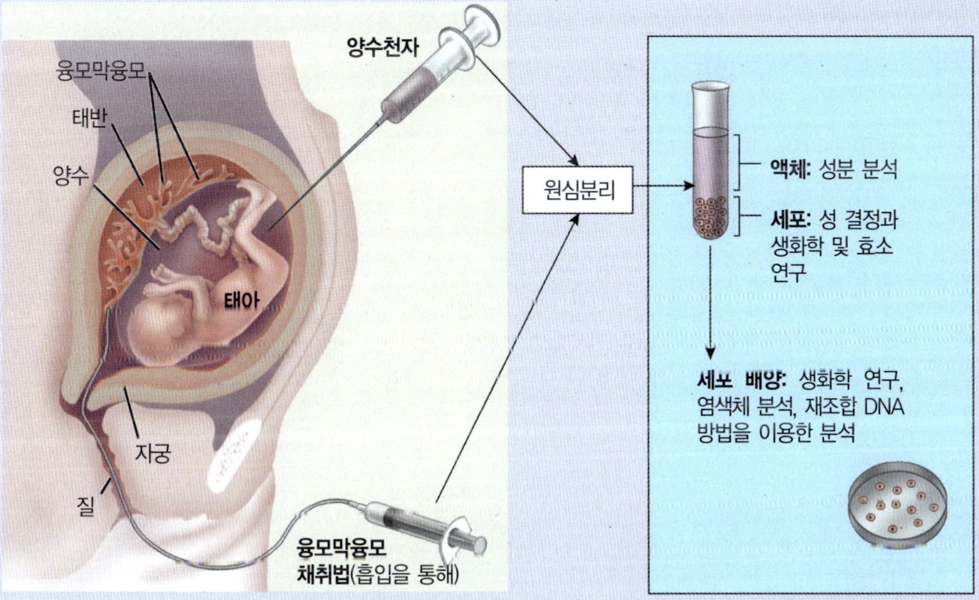


▲ 그림 E12-4 **태아 세포 확보 기술** 태아 세포 샘플을 확보하는 두 가지 방법인 양수천자와 융모막융모 채취법 및 태아 세포를 대상으로 행해진 몇 가지 검사들.

## 유죄 또는 무죄? 다시 들러보기

러핀의 무죄를 입증하기 위해 강간 피해자로부터 확보한 정액에 있는 DNA가 러핀의 것과 일치하는지 알기 위해서는 DNA를 비교하여야 한다. 십 년 이상 동안 러핀과 무죄 프로젝트는 강간 키트(rape kit)가 존재하는지 알아내고자 노력했다. 마침내 2002년, 버지니아 주의 한 변호사가 법의학자인 메리 제인 버튼(Mary Jane Burton)이 수백 개의 다른 샘플들과 함께 이를 보관하고 있다는 사실을 알게 되었다. STR 분석은 러핀이 강간범이 아님을 보여주었다. DNA 감식에 의해 당시 다른 강간 사건으로 연루되어 수감 중인 다른 남성이 진범이라는 것이 밝혀졌다. 2003년 2월 13일 러핀은 수감 21년 만에 풀려났다.

러핀 사건과 연관된 다른 사람들은 어떠한가? 많은 사람들은 자신들이 틀렸다는 것을 인정하지 않으려 한다. 그러나 12월 달 한 밤에 강간당한 여성은 그들과 생각이 달랐다. 그녀는 러핀에게 "나는 DNA 검사에 대해 하나님께 감사 드립니다. 애통함과 죄송한 마음을 어떻게 표현해야 할지 모르겠네요"라고 편지를 보냈다. 그녀는 버지니아 주 의원에게 그 동안 무고하게 수감 생활을 한 러핀을 위해 금전적인 보상을 해주는 법안을 통과시켜 줄 것을 요청했다.

버튼은 1999년, 그녀가 추진한 일에 대한 결실을 보지 못한 채 사망하였다. 그러나 무고한 두 명의 다른 남성인 아서 휘트필드(Arthur Whitfield)와 마빈 앤더슨(Marvin Anderson)은 버튼의 꼼꼼한 작업 덕분에 현재는 석방되었다. 비록 그녀의 이름이 밝혀진 것은 아니지만 패트리샤 콘웰(Patricia Cornwell)의 베스트셀러 소설인 부검(Postmortem)에 나오는 법의학 실험실은 콘웰과 잠시 함께 일했던 버튼에 기초하고 있다.

물론 경찰과 검사들 또한 조사 도구로써 DNA 기술을 이용한다. 1990년에 노스 캐롤라이나 골즈버러에 사는 세 명의 나이든 여성이 강간을 당했으며, 그 중 두 명이 살해되었다. DNA 증거에 의하면 세 개의 범죄사건 모두 "나이트 스토커(Night Stalker)"로 알려진 동일범 소행이었다. 2001년, 골즈버러 경찰은 십 년 넘게 조심스럽게 보관했던 증거품으로 나이트 스토커의 DNA 프로필을 만들었다. 경찰은 이 프로필을 노스 캐롤라이나 데이터 베이스로 보냈고 이로부터 일치하는 DNA를 찾아냈다. 논쟁의 여지가 없는 DNA 증거가 나오자 나이트 스토커는 범행을 시인했고 현재 수감 중이다.

이 이야기에서 "영웅"은 누구인가? 당연히 버튼과 무죄 프로젝트 참여 교수들과 학생들, 그리고 골즈버러 경찰국 사람들이다. 그러면 옐로스톤 온천에 있는 *Thermus aquaticus*(193쪽의 "과학탐구: 뜨거운 온천과 주목해야 할 과학" 참고)를 발견한 브록은 어떻게 생각하는가? 그리고 PCR을 발견한 밀러스와 젤 전기영동, DNA 표지, 샘플 일치 여부를 판정하는 분석 기법 등을 개발한 수백 명의 생물학자와 화학자, 수학자들은 어떠한가?

### 생각해보기

과학자들은 종종 과학은 그 자체만으로도 가치가 있으며 어떤 발견이 인류에게 가장 큰 혜택을 줄지 예측하는 것은 어렵거나 불가능하다고 말한다. 비과학자들에게 과학 프로젝트 비용을 부담하라고 요청하면 그러한 요청에 대해 회의적인 태도를 보인다. 과학을 공적으로 지원하는 것에 대해 당신은 어떻게 생각하는가? 당신이라면 40년 전에 브록으로 하여금 온천에 어떤 종류의 생명체가 서식하는지 알아보도록 공적 자금을 지원하는데 찬성을 하였겠는가?

## 개념 확인 문제

### 빈칸 채우기

1. ___________은(는) 재조합DNA 기술을 이용하여 다른 종에서 유래하거나 혹은 변형된 DNA를 갖도록 만들어진 생명체이다.

2. ___________은(는) 박테리아가 자신들의 주변 환경에 있는 동일한 또는 다른 종으로부터 DNA를 획득하는 과정이다. 이 DNA는 염색체의 일부일 수도 있고, ___________(이)라고 하는 원형의 작은 DNA일 수도 있다.

3. ___________은(는) 실험실에서 DNA를 증폭하는 기술이다.

4. 법의학에서 DNA 샘플이 일치하는지를 확인할 때 ___________(이)라고 하는 작은 특정 "유전자"들 세트를 이용한다. 사람들마다 이들 유전자의 대립유전자들은 ___________ 횟수가 다르다. 주어진 사람이 갖고 있는 이 대립유전자들 패턴을 그 사람의 ___________(이)라고 부른다.

5. ___________ 과정은 DNA 조각들을 크기에 따라 분리한다. 특정 DNA 샘플 검사는 ___________(이)라고 하는 합성 DNA 조각과 결합시킴으로써 결정한다. 이 조각은 ___________에 의해 샘플 DNA와 결합한다.

### 복습 문제

1. 자연적 형태의 유전자재조합을 기술하고 재조합 DNA 기술과 이와 같은 자연적 형태의 유전자재조합 간의 유사점과 차이점을 설명하여라.

2. 플라스미드란 무엇이며, 플라스미드는 박테리아 형질전환과 어떠한 관련이 있는가?

3. 제한효소란 무엇인가? 사람 DNA 조각을 플라스미드 안으로 잘라 붙이는데 제한효소가 어떻게 쓰이는가?

4. 중합효소연쇄반응을 설명하여라.

5. 짧은 반복서열(STR)이란 무엇인가? 짧은 반복서열이 법의학에 어떻게 이용되는가?

6. 젤 전기영동은 DNA 조각을 어떻게 분리하는가?

7. DNA 탐침자는 DNA 특정 뉴클레오티드 서열을 확인하는데 어떻게 이용되는가? 또한 유전질환의 진단에는 어떻게 이용되는가?

8. 농업에서 유전공학이 이용되는 경우를 몇 가지 기술하여라.

9. 사람을 대상으로 한 의료 기술에서 유전공학이 이용되는 경우를 몇 가지 기술하여라.

10. 양수천자와 융모막융모채취법에 대해 장점과 단점을 포함하여 설명하여라. 또한 이 기술들의 의학적 용도는 무엇인가?

# 3단원
# 진화

유령 같은 고대 뼈들의 웅장함은 잃어버린 세계에 대한 상상을 불러일으킨다. 이 트리케라톱스(*Triceratops*) 공룡의 골격과 같은 멸종된 생명체의 화석유물들은 생명의 역사를 복원하려는 생물학자들에게 단서들을 제공한다.

# 13장

# 지구 생명체의 역사

코우딥테릭스(*Caudipteryx*)와 같은 깃털 공룡의 화석들은 현생 조류가 공룡조상들로부터 유래되었다는 강력한 증거를 제공한다(그림 : 화가에 의해 재구성된 코우딥테릭스).

**사례 연구 뒤뜰에서 노래하는 공룡들?**

**13.1 생명은 어떻게 시작되었나?**

실험들은 자연발생설을 반박하였다

최초의 생명체들은 무생물로부터 발생하였다

유기분자들은 전생물조건에서 자발적으로 생성될 수 있다

유기분자들은 전생물 조건에서 축적될 수 있다

RNA는 최초의 자가-복제 분자이었을 것이다

막구조 소포들은 리보자임을 둘러싸고 있었을 것이다.

그러나 이 모든 일이 일어났을까?

**13.2 최초의 생명체들은 어땠을까?**

과학탐구 우리는 화석의 연대를 어떻게 알 수 있을까?

최초의 생명체들은 혐기성 원핵세포들이었다

일부 생명체들은 태양에너지를 포획하는 능력을 진화시켰다

광합성은 대기 중 산소량을 증가시켰다

호기성 대사는 산소 위기에 대응하여 발생하였다

일부 생명체들은 막으로 둘러싸인 세포소기관들을 획득하였다

**13.3 최초의 다세포 생명체들은 어땠을까?**

일부 조류가 다세포 생명체로 진화하였다

동물 다양성은 선캄브리아기에서 발생하였다

**13.4 생명은 어떻게 육지에 상륙하였나?**

일부 식물들은 건조한 육상 생활에 적응하였다

일부 동물들은 건조한 육상 생활에 적응하였다

**뒤뜰에서 노래하는 공룡들?** 계속

**13.5 생명의 역사에서 멸종은 어떤 역할을 했나?**

진화의 역사에는 주기적인 대량멸종의 흔적이 있다

기후변화가 대량멸종에 기여하였다.

대재앙 사건들이 최악의 대량멸종을 야기하였을 것이다

**뒤뜰에서 노래하는 공룡들?** 계속

**13.6 인류는 어떻게 진화했나?**

인류는 나무 생활을 위한 일부 초기 영장류의 적응을 물려받았다

가장 오래된 인류 화석들은 아프리카에서 발견된다

최초의 인류는 직립보행을 할 수 있었다

몇몇 오스트랄로피테쿠스(*Australopithecus*) 종들이 아프리카에서 출현하였다

호모속은 250만 년 전 오스트랄로 피테쿠스류에서 갈라져 나왔다

네안데르탈인(Neanderthal)은 큰 두뇌와 우수한 도구를 가지고 있었다

현생 인류는 약 20만 년 전에 출현하였다

크로마뇽인(Cro-Magnon)들과 네안데르탈인들은 동시대를 살았다

큰 뇌의 진화적 기원은 육류 소비와 관련이 있을 것이다

**뒤뜰에서 노래하는 공룡들?** 다시 들러보기

# 사례 연구 뒤뜰에서 노래하는 공룡들?

공룡들은 더 이상 지상을 걷지 않지만, 그들의 후손들은 여러분의 창 밖을 어슬렁거린다. 뒤뜰에서 지저귀는 참새들, 도시 빌딩 꼭대기에 앉은 비둘기들과 머리 위를 비상하는 까마귀들 모두 공룡의 후손들이다. 비록 작고, 연약한 하늘을 나는 새와 땅에 발붙이고 살던 크고, 육중한 공룡 사이에 공통점이 많아 보이지는 않겠지만, 조류는 멸종된 공룡들의 가장 가까운 살아 있는 친척들이다. 여전히, 두 그룹이 닮지 않았다는 것을 감안할 때, 공룡들이 조류의 조상이라는 것을 우리는 어떻게 알까? 중요한 증거는 화석에 있다. 화석은 생명 역사의 기록을 제공한다.

이 1억 5,000만 년 전 화석 흔적은 깃털의 가장 오래된 증거이다.

고생물학자들(화석을 연구하는 과학자들)은 조류와 파충류는 같은 혈통을 공유한다는 것을 오래 전부터 알고 있었다. 이 공통의 혈통은 최초의 조류라고 알려진 시조새(아르카이오프테릭스, *Archeopteryx*)의 화석에 드러나 있었다. 시조새는 현생 조류의 것과 매우 유사한 깃털을 가지고 있었지만, 또한 파충류의 특성들도 보유하고 있었다. 현생 조류와는 다르게, 시조새는 치아, 발톱이 있는 손가락과 뼈로 된 하나의 긴 꼬리를 가지고 있었다. 이러한 특성들은 시조새가 조류 진화역사의 초기를 대표한다는 것을 의미한다. 이 진화초기의 새들은 오늘날 우리가 보는 효과적인 비행체로 진화하는 과정에서 잃어버리게 되는 많은 구조들을 아직 보유하고 있었다.

1861년 처음 발견되기 시작한 시조새의 화석 중 훌륭하게 보존된 것들은 과거로 통하는 창을 제공하며, 조류와 다른 파충류들 사이의 관계를 드러낸다. 그러나 조류와 공룡으로 알려진 파충류의 특정 그룹간의 관계에 대한 증명은 오래 걸렸다. 비록 조류가 공룡의 후손이라는 가설은 새로운 것이 아니지만, 이 가설을 뒷받침하는 확실한 화석 증거는 최근까지 발견되지 않았다.

당신은 새들이 공룡에서 진화하였다는 가설을 믿을 수 있는가? 어떤 화석 증거가 이 예측을 뒷받침할까? 지구 생명체의 역사 개요를 다시 보며 이러한 질문들에 대해 생각해보자. ■

## 13.1 생명은 어떻게 시작되었나?

다윈 이전에는 모든 종들은 수천 년 전 신에 의해 동시에 창조되었다고 여겨졌다. 게다가, 19세기까지 대부분의 사람들은 새로운 종들은 생명과는 관련이 없는 형태인 무생물과 그 밖의 것들로부터 **자연발생(spontaneous generation)**을 통해서 계속 나타난다고 생각하였다. 1609년 프랑스 식물학자는 "나무가 있다...스코틀랜드에서 자주 관찰된다. 이 나무로부터 잎들이 떨어진다; 잎들이 물에 떨어지면 서서히 물고기로 변하고, 반면 땅에 떨어지면 새들로 변한다"라고 기술하였다. 이와 유사한 중세 기록들이 많다. 미생물들은 수프에서, 구더기들은 고기에서, 생쥐들은 땀에 젖은 셔츠와 밀의 혼합물로부터 자연적으로 생기는 것으로 생각되었다.

### 실험들은 자연발생설을 반박하였다

1668년, 이탈리아 의사 프란세스코 레디(Francesco Redi)는 파리들(이들의 알이 구더기로 부화한다)을 오염되지 않은 고기로부터 격리시킴으로써 구더기들이 고기로부터 발생한다는 가설(maggots-from-meat hypothesis)을 간단히 반박하였다(6~7쪽, "과학탐구: 통제된 실험들, 당시와 지금" 참고). 1800년대 중반, 프랑스의 루이 파스퇴르(Louis Pasteur)와 영국의 존 틴들(John Tyndall)은 미생물이 수프에서 발생한다는 개념(Broth-to-microorganism)을 반박하였다(**그림 13-1**). 비록 그들의 노력이 자연발생설의 관념을

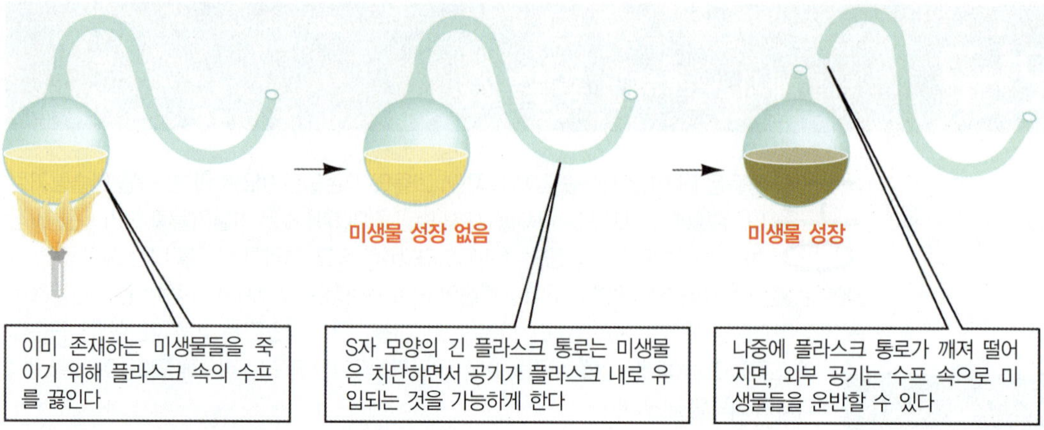


▲ **그림 13-1 자연발생설의 반박** 수프에서의 미생물 자연발생설을 부정하는 루이 파스퇴르의 실험

효과적으로 타파하였는지는 몰라도, 지구상의 생명체가 어떻게 처음 생겼는가에 대한 의문은 해결하지 못했다. 오히려, 생화학자 스탠리 밀러(Stanley Miller)는 "파스퇴르는 생명이 우연히 발생한 것이 아님을 증명한 것이 아니라 단지 늘 발생하는 것은 아니라는 것을 보였을 뿐이다"라고 노골적으로 말했다.

## 최초의 생명체들은 무생물로부터 발생하였다

이 주제는 거의 반세기 동안 언급되지 않았다. 마침내, 생물학자들은 생명의 기원에 대한 질문으로 돌아왔다. 1920년대와 1930년대, 러시아의 알렉산더 오파린(Alexander Oparin)과 영국의 존 홀데인(John B. S. Haldane)은 오늘날처럼 산소가 풍부한 대기는 생명에 필요한 복잡한 유기분자의 자발적인 생성을 허락하지 않았을 것이라고 언급하였다. 산소는 화학결합을 방해함으로써 다른 분자들과 쉽게 반응한다. 따라서 산소가 풍부한 환경에서는 단순한 분자들이 존재하는 경향이 있다.

오파린과 홀데인은 초기 지구의 대기에는 산소가 거의 없었어야만 하고, 이러한 대기 상태에서 복잡한 유기분자들이 일반적인 화학반응을 통해서 생겨났을 것으로 추측하였다. 어떤 종류의 분자들은 오히려 생명이 없는 초기 지구환경에서 존재하기가 더 용이하였으므로 시간경과에 따라 그 양이 더 많아졌을 것이다. 이 적자생존(survival of the fittest)의 화학적 견해를 **전생물**(prebiotic; '생명 이전'의 뜻) 진화라고 한다. 오파린과 홀데인에 의해 작성된 시나리오에서, 전생물 화학진화는 점차적으로 더욱 복잡한 분자를 생성하고 결국 생명체를 탄생시켰다.

## 유기분자들은 전생물 조건에서 자발적으로 생성될 수 있다

오파린과 홀데인의 견해에 영감을 받은 스탠리 밀러와 해럴드 유리(Harold Urey)는 1953년 실험실에서 전생물 진화에 대한 모의실험에 착수하였다. 그들은 지구역사의 초기에 생성된 암석들의 화학적 조성에 기초하여 원시대기에는 아마도 산소가 거의 없었을 테지만, 메탄, 암모니아, 수소 및 수증기와 같은 다른 물질들은 존재했을 것이란 지구화학자들의 주장을 알고 있었다. 밀러와 유리는 이들 성분을 플라스크에 혼합하여 산소가 없는 가상의 원시 지구의 대기를 만들었다. 원시 지구의 번개폭풍에 의한 강한 에너지는 전기방전으로 대체하였다. 연구자들은 며칠 후 이 실험적 소우주에서 단순한 유기분자들이 나타난다는 것을 발견하였다(**그림 13-2**). 이 실험은 만약 전기 에너지가 존재한다면 원시대기에 존재했을 작은 분자들이 더 큰 유기분자를 형성하기 위해 결합할 수 있다는 것을 보여주었다. (5장에서 작은 분자들로부터 생물학적 분자를 합성하는 반응들은 에너지를 흡수한다–에너지를 사용한다–는 것을 상기하라). 밀러와 다른 연구자들에 의해 실시된 유사한 실험들에서 생명체 특유의 아미노산, 짧은 단백질, 뉴클레오티드, ATP(adenosine triphosphate)와 기타 분자들이 생성되었다.

최근 새로운 증거는 대부분의 지구화학자들에게 원시 지구 대기의 실제 조성은 밀러와 유리의 선구적인 실험에 사용된 혼합 가스와는 달랐을 것이라는 확신을 주었다. 그러나 원시대기에 대한 이러한 향상된 이해가 밀러-유리 실험의 기본적인 발견을 훼손시키지는 못했다. 여전히 산소가 없는 상태이긴 하지만, 좀 더 현실적인 가상의 대기를 이용한 부가적인 실험들에서도 역시 유기분자들이 생성되었다. 뿐만 아니라, 이들 실험은 전기가 유일한 적합 에너지원이 아니라는 것을 밝혔다. 원시 지구에서 사용 가능하였던 열 또는 자외선과 같은 다른 에너지원 역시 전생물 조건의 가상실험에서 유기분자를 합성하게끔 하는 것으로 밝혀졌다. 따라서 우리가 비록 태초의 대기가 어땠는지 정확히 알 수는 없지만, 유기분자들이 원시 지구에서 자발적으로 생성되었다는 것은 확신할 수 있다. 또 다른 유기분자가 운석과 혜성들이 지구표면에 충돌할 때 우주에서 왔을 수도 있다. 지구표면의 충돌 분화구에서 회수된 운석의 현대적 분석을 통해, 일부 운석들이 상대적으로 고농도의 아미노산과 기타 단순 유기분자들을 포함한다는 것이 밝혀졌다. 실험실에서의 연구들은 이들 분자가 운석이 지구에 충돌하기 전에 우주공간에서 생성될 수 있다는 것을 제시한다. 우주에 존재하는 것으로 알려진 작은 분자들이 우주에서와 같이 낮은 온도와 압력의 조건하에서 쏟아지는 자외선을 받을 때, 더 큰 유기분자가 생성되었다.

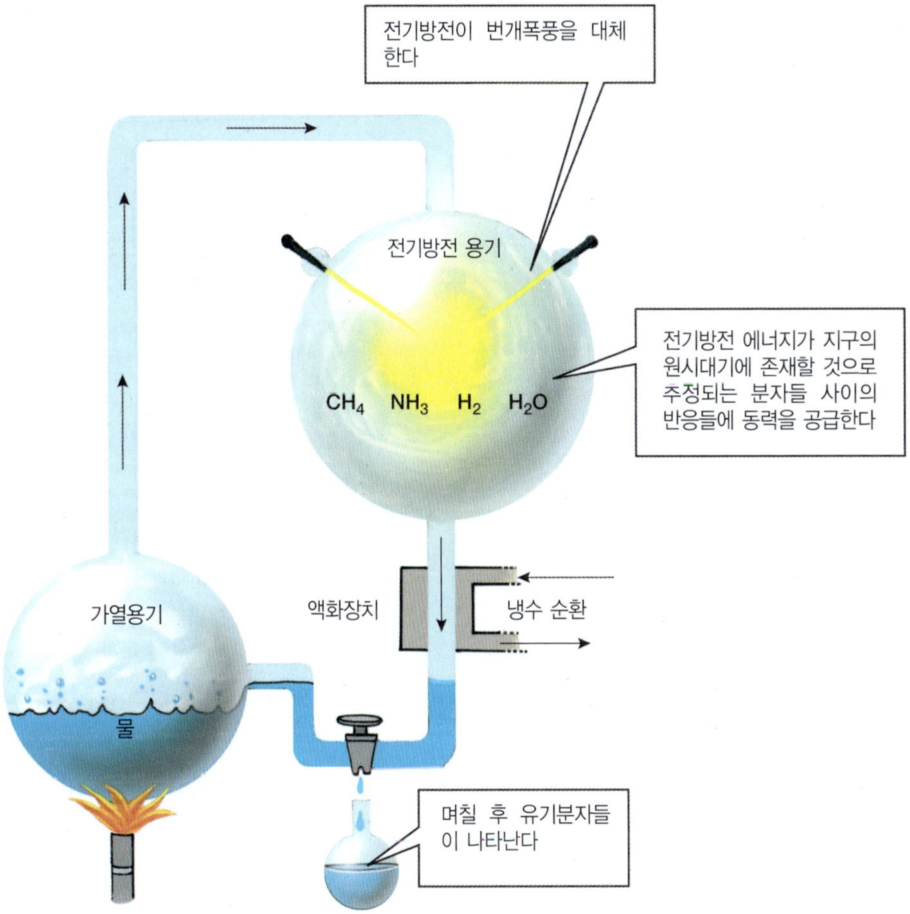


▲ 그림 13-2 **스탠리 밀러와 해럴드 유리의 실험장치** 생명의 최초 시기들은 화석을 남기지 않았기 때문에 진화 역사학자들은 가장 설득력 있는 원시 지구 상태를 실험실에서 재창조하는 전략을 추구하였다. 방전용기 속 혼합가스들은 지구의 원시대기를 가장한다. **질문:** 만약 산소가 방전용기에 포함된다면, 실험결과는 어떻게 바뀔까?

## 유기분자들은 전생물 조건에서 축적될 수 있다

전생물 합성은 매우 효율적이지도 매우 빠르지도 않았다. 그럼에도 불구하고, 수억 년 내에 많은 양의 유기분자들이 원시 지구의 바다에 축적되었다. 오늘날, 대부분의 유기분자들은 생명체에 의해 소화되거나 또는 대기 산소와 반응하기 때문에 짧은 수명을 가지고 있다. 그러나 원시 지구에는 생명체와 산소 둘 다 존재하지 않았기 때문에 분자들은 이들 위협에 노출되지 않았을 것이다. 그렇기는 하지만, 원시 지구에는 오존층이 없었기 때문에 전생물 분자들은 태양의 고에너지 자외선 방사에 의해 위협당했을 것이 분명하다. 오존층은 오존($O_3$)분자가 풍부한 현재 대기의 상부층이다. 오존분자는 유입되는 태양에너지가 바깥쪽 대기의 일부 산소분자($O_2$)들을 개별적인 산소원자(O)로 분해할 때 생성된다. 그러면 산소원자(O)는 산소분자($O_2$)와 반응하여 오존($O_3$)을 형성한다. 그 결과로 생긴 높은 고도의 오존분자층은 지구표면에 닿기 전에 태양의 자외선 일부를 흡수한다. 그러나 대기 중에 산소 가스가 거의 없어서 오존의 생성이 불가능했던 원시 지구에는 오존층이 존재하지 않았다.

오존층이 형성되기 전, 자외선 포격은 맹렬했을 것이 분명하다. 우리가 알아 보았듯이, 자외선 방사는 유기분자 생성을 위한 에너지를 제공할 수 있지만, 또한 분해할 수도 있다. 그러나 암석돌기 밑이나 심지어 꽤 얕은 해저와 같은 일부 장소들은 자외선 방사로부터 보호받았을 것이다. 이러한 장소들에서 유기분자들은 축적되었을 것이다.

### 진흙은 더 큰 유기분자들의 생성을 촉진하였을 것이다

전생물 진화의 다음 단계에서, 단순 분자들은 더 큰 분자를 생성하기 위해 결합하였다. 더 큰 분자를 생성했던 화학반응에는 서로 견고하게 결합할 반응분자들이 필요하였다. 과학자들은 원시 지구에서 고농도의 분자를 생성하게 한 몇 가지 과정들을 제안했다. 하나의 가능성은 진흙 알갱이들 표면에 작은 분자들이 쌓이는 것이다. 진흙 알갱이들은 반대 전하를 띤 용해된 분자들을 끌어당기는 약한 전하를 가지고 있을 것이다. 하나의 진흙 알갱이에 뭉쳐진 작은 분자들은 그들 간의 화학반응이 일어날 수 있도록 충분히 가까이 있었을 것이다. 연구자들은 작은 생물학적 분자들이 녹아 있는 용액에 진흙을 첨가하면 더 크고 복잡한 물질의 생성이 촉진된다는 실험을 통해, 이 시나리오가 그럴듯하다는 것을 증명하였다. 이러한 분자들은 원시 지구의 바다 또는 호수 바닥의 진흙 위에서 생성되었을 것이며, 최초 생명체의 구성요소가 되었을 것이다.

## RNA는 최초의 자가-복제 분자이었을 것이다

비록 모든 생명체들이 유전정보를 암호화하고 저장하기 위해 DNA를 사용하지만, DNA가 최초의 정보물질은 아니었던 것 같다. DNA는 크고 복잡한 단백질 효소들의 도움을 받아야만 스스로 복제가 가능하지만, 이 효소들을 구축하기 위한 지시사항들 자체가 DNA에 암호화되어 있다. 이런 이유 때문에, 생명정보 저장분자로서 DNA 역할의 기원은 "닭이 먼저인지 달걀이 먼저인지"와 같은 곤란한 문제를 야기한다: DNA는 단백질들을 필요로 하지만, 단백질들은 DNA를 필요로 한다. 따라서 전생물 분자들로부터 자가-복제하는 DNA의 기원을 찾는 그럴듯한 시나리오를 작성하기가 어렵다. 그러므로 현재의 DNA를 기반으로 하는 정보저장 시스템은 이전 시스템으로부터 진화했을 가능성이 있다.

### RNA는 촉매로서 작용할 수 있다

자가-복제하는 정보 분자로서 가장 강력한 후보는 RNA이다. 1980년대, 단세포 생물인 테트라하이메나(*Tetrahymena*)를 연구하던 토마스 체흐(Thomas Cech)와 시드니 알트만(Sidney Altman)은 단백질이 아닌 작은 RNA 분자에 의해 촉매되는 세포반응을 발견하였다. 이전에 단백질 효소에 의해서만 수행될 것으로 생각된 기능을 이 특별한 RNA 분자가 수행하였기 때문에, 체흐와 알트만은 촉매기능을 하는 그들의 RNA 분자를 **리보자임(ribozyme)**이라고 명명하기로 결정하였다(**그림 13-3**).

그들의 발견 이후 수년 안에, 연구자들은 자연적으로 발생하는 수십 개의 리보자임을 찾아내었다. 이 리보자임들은 다른 RNA 분자를 자르거나(cutting) 서로 다른 RNA 조각들을 이어 붙이는 작용(splicing) 등을 포함한 다양한 반응에서 촉매작용을 하였다. 리보자임들은 세포 내 단백질 합성 장치에서도 발견되었는데, 이것들은 자라나는 단백질에 아미노산 분자들이 결합하는 것을 촉진한다. 게다가, 연구자들은 작은 RNA 분자들의 복제를 촉매할 수 있는 것들을 포함하여 다양한 리보자임들을 실험실에서 합성할 수 있었다.

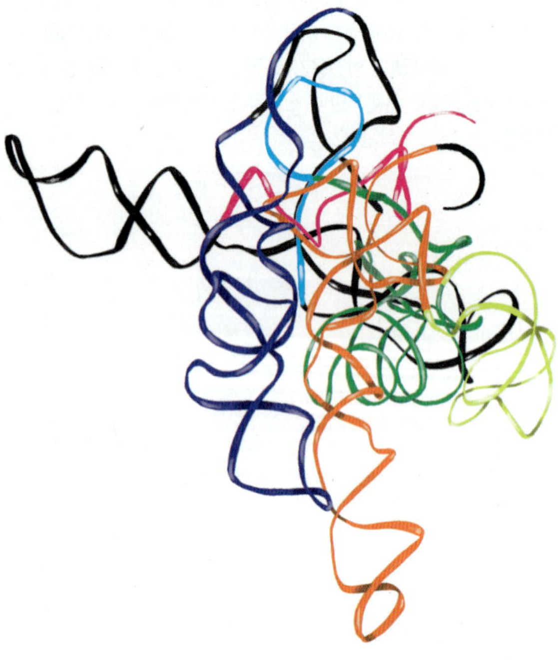

▲ **그림 13-3** **리보자임(ribozyme)** 단세포 생물인 테트라하이메나(*Tetrahymena*)에서 분리한 이 RNA 분자는 대사반응을 촉매하는 효소처럼 작용한다. 서로 다른 색깔로 표시된 분자의 각 부분들은 촉매과정에서 특별한 역할들을 수행한다.

### 지구는 한때 RNA의 세상이었을지도 모른다

RNA 복제를 포함한 다양한 반응에서 RNA 분자들이 촉매제처럼 작용할 수 있다는 사실의 발견은 생명이 "RNA 세상"에서 발생했다는 가설에 대한 증거를 제공한다. 이러한 견해에 의하면, RNA가 유전정보를 전달하는 분자와 이 분자의 복제를 위한 촉매효소의 기능 모두를 담당하던 시대가 DNA를 기반으로 하는 생명체의 현 시대에 선행했다는 것이다. 이 RNA 세상은 전생물 화학적 합성 이후 수십억 년 뒤에 출현했을지도 모른다. 이 기간 동안 여러 분자의 협력으로 RNA 뉴클레오티드들이 합성되었을 것이다. 어쩌면 진흙 알갱이 위에서 충분히 고농도가 된 후, 뉴클레오티드들은 RNA 사슬을 형성하기 위해 아마 서로 결합하였을 것이다.

아주 우연히, 이들 RNA 사슬들 중 하나가 자신의 복사본 생성을 촉진할 수 있는 리보자임이었다고 가정해 보자. 이 최초의 자가-복제 리보자임은 아마 기능이 그리 좋지 않아서 오류가 많은 복사본을 만들었을 것이다. 이러한 오류들이 최초의 돌연변이였다. 오늘날의 돌연변이처럼, 대부분의 이들 자손분자의 촉매능력은 의심할 여지없이 훼손되었겠지만, 일부의 기능은 향상되었을지도 모른다. 이 같은 기능의 향상이 RNA 분자가 증가된 복제속도와 정확도, 자가 복제 및 비효율적인 분자들을 대체할 수 있는 능력을 갖춘 변형 리보자임으로 진화하는 토대를 마련하였다. RNA 세상에서의 분자진화는 여전히 밝혀지지 않은 일련의 사건에 의해 RNA가 점차 현재의 역할(DNA와 단백질 사이의 매개자)을 수행하게 될 때까지 계속되었다.

## 막구조 소포들은 리보자임을 둘러싸고 있었을 것이다

자가-복제 분자들은 단독으로 생명체를 구성하지 않는다; 이 분자들은 반드시 어떤 종류의 폐쇄된 막 안에 포함되어 있어야 한다. 최초의 생물학적 막들의 전구물질들은 순수하게 물리적, 기계적 과정에 의해 자발적으로 형성된 단순한 구조이었을 것이다. 예를 들어, 화학자들은 만약 단백질과 지질을 포함한 물을 휘저으면(고대 해안가를 때리는 파도를 가장하여), 단백질과 지질이 소포(vesicle)라고 부르는 속이 빈 구조물을 형성하기 위해 결합한다는 사실을 밝혀내었다. 이 속이 빈 공과 같은 구조물은 여러 면에서 살아 있는 세포와 유사하다. 이 소포는 내부의 내용물과 외부 용액을 분리하는 분명한 외부 경계를 가지고 있다. 만약 소포의 성분이 적절하다면, 실제 세포막과 매우 유사한 "막(membrane)"이 형성된다. 특정 조건에서 소포들은 외부용액의 물질을 흡수하고, 성장하고 심지어 분열할 수도 있다.

만약 소포가 우연히 적절한 리보자임들을 에워싼다면, 살아 있는 세포와 유사한 무언가를 형성하게 될 것이다. 이것을 **원시세포(protocell)**이라고 하는데, 구조적으로는 세포와 유사하지만 생명체는 아니다. 원시세포 안에서 리보자임들과 다른 어떤 분자들이라도 이들은 원생액(primordial soup)에서 자유롭게 떠다니는 리보자임으로부터 보호를 받았을 것이다. 뉴클레오티드와 다른 작은 분자들은 막을 통한 확산으로 들어와 새로운 리보자임과 기타 복잡한 분자를 합성하는데 사용되었을지도 모른다. 충분한 성장 후, 소포는 분열하였을 것이고, 각 딸소포는 몇 개의 리보자임 복사본을 갖게 되었을 것이다. 만약 이 과정이 발생했다면, 그 과정의 거의 끝에 최초 세포로의 진화 경로가 있을 것이다.

생명이 없는 원시세포에서 생명을 가진 어떤 것이 탄생하는 특별한 순간이 있었을까? 그렇지 않았을 것이다. 대부분의 진화적 이행에서처럼, 원시세포에서 살아 있는 세포로의 변화는 단계 간에 명확한 경계가 없는 연속적인 과정이었다.

## 그러나 이 모든 일이 일어났을까?

그럴듯하고 일관된 많은 연구 결과에도 불구하고, 방금 논의한 시나리오가 결코 확실한 것은 아니다. 생명의 기원에 대한 연구에서 가장 주의할 것 중의 하나는 전제, 실험 그리고 모순된 가설들이 매우 다양하다는 것이다. 연구자들은 생명이 발원한 곳이 조용한 웅덩이인지, 바다인지, 결정 표면의 축축한 층인지 또는 심해의 열수구인지에 대해 다양한 의견을 가지고 있다. 소수의 연구자들은 심지어 생명은 우주로부터 왔다고 주장하기까지 한다. 지금까지 수행된 연구 결과로부터 우리가 어떤 결론을 이끌어 낼 수 있을까? 결론을 도출하지는 못하겠지만, 우리는 몇 가지에 대해 말할 수는 있다.

첫째, 밀러와 다른 연구자들의 실험은 아미노산, 뉴클레오티드 및 기타 유기분자들이 단순한 막구조물들과 함께 원시 지구에 풍부하게 생성되었을 가능성을 보여준다. 둘째, 화학적 진화는 긴 시간에 걸쳐 지구의 광범위한 지역에서 일어났다. 충분한 시간과 충분히 많은 양의 반응분자들을 고려하면, 극도로 희귀한 사건들조차도 여러 번 발생할 수 있다. 허락된 광대한 시공간을 생각할 때, 원생액으로부터 살아 있는 세포로 가는 경로상의 작은 각 단계마다 진화가 발생할 기회는 충분히 있었다.

대부분의 생물학자들은 생명의 발생은 자연법칙의 작용에 의한 필연적 결과라고 믿는다. 그러나 우리는 이 명제가 확실하게 검증될 수 없다는 것을 명심해야 한다. 생명의 기원은 기록을 남기지 않았고, 그 신비를 탐구하는 연구자들은 가상의 시나리오를 개발하여 그 속의 단계들이 화학적으로 그리고 생물학적으로 가능한지 또는 개연성이 있는지를 판단하기 위한 실험적 연구만을 할 수 있을 뿐이다.

## 13.2 최초의 생명체들은 어땠을까?

약 45억 년 전, 처음 생성된 지구는 매우 뜨거웠다(**그림 13-4**). 수많은 운석들이 생성 중인 지구에 충돌하였고, 그 순간 이 외계 암석들의 운동에너지는 열로 전환되었다. 여기에 더해, 방사성 원자들의 붕괴에 의한 열이 방출되었다. 지구를 구성하는 암석은 녹았고, 철과 니켈 같은 중금속들은 행성의 중앙으로 가라앉았는데, 이곳은 오늘날까지도 녹은 상태로 존재한다. 물이 액체로 존재할 수 있을 만큼 지구가 충분히 식을 때까지는 수억 년이 필요했다. 그럼에도 불구하고, 액체상태의 물이 존재하자마자 오래지 않아 생명은 탄생한 것 같다.

지금까지 발견된 가장 오래된 생명체의 화석들은 약 35억 년 전의 암석들에 존재한다(그들의 연대는 방사성 탄소연대 측정기술로 결정된다; 218쪽 "과학탐구: 우리는 화석의 연대는 어떻게 알 수 있을까?" 참고). 오래된 암석 속의 화학적인 흔적들은 일부 고생물학자들에게 생명의 역사는 아마도 35억 년 이상일 것이란 믿음을 주었다.

생명은 선캄브리아기(Precambrian era)에 출현한 것으로 알려져 있다. 이 기간은 지질학자와 고생물학자들에 의해 명명됐다. 그들은 계층적 명명 시스템(hierarchical naming system)을 고안하여 헤아릴 수 없이 긴 지질학적 시간을 대(era), 기(period)와 세(epoch)로 구분하였다(**표 13-1**).

▶ **그림 13-4 원시 지구** 왕성한 화산활동, 빈번한 전기 폭풍, 반복적인 운석충돌과 산소가 결핍된 대기가 특징적인 이 행성에서 생명이 시작되었다.

**표 13-1** 지구 생명체의 역사

| 대(Era) | 기(Period) | 세(Epoch) | 100만 년 전 | 주요 사건 |
|---|---|---|---|---|
| 신생대(Cenozoic) | 제4기(Quaternary) | 현세(Recent) | 0.01~현재 | |
| | 제3기(Tertiary) | 홍적세(Pleistocene) | 1.8~0.01 | 호모(*Homo*) 속(genus)의 진화 |
| | | 선신세(Pliocene) | 5~1.8 | |
| | | 중신세(Miocene) | 23~5 | 조류, 포유류, 곤충류 및 현화 |
| | | 점신세(Oligocene) | 38~23 | 식물들의 광범위한 번성 |
| | | 시신세(Eocene) | 54~38 | |
| | | 팔레오세(Paleocene) | 65~54 | |
| 중생대(Mesozoic) | 백악기(Cretaceous) | | 146~65 | 공룡을 포함한 수생 및 육상 생명의 대량멸종 |
| | | | | 현화식물이 출현하여 우점종이 되다 |
| | 쥬라기(Jurassic) | | 208~146 | 공룡과 침엽수의 우세 |
| | | | | 조류 출현 |
| | 트라이아스기(Triassic) | | 245~208 | 포유류와 공룡의 출현 |
| | | | | 겉씨식물과 양치식물의 숲 |
| 고생대(Paleozoic) | 페름기(Permian) | | 286~245 | 삼엽충을 포함한 수생 생물의 대량 멸종 |
| | | | | 양서류의 쇠퇴와 파충류의 번성 |
| | 석탄기(Carboniferous) | | 360~286 | 양치식물과 석송류의 숲 |
| | | | | 양서류와 곤충류의 우세 |
| | | | | 파충류와 침엽수의 출현 |
| | 데본기(Devonian) | | 410~360 | 어류와 삼엽충의 번성 |
| | | | | 양서류, 곤충류, 종자와 꽃가루의 출현 |
| | 실루리아기(Silurian) | | 440~410 | 다수의 어류, 삼엽충, 연체동물 |
| | | | | 관속(vascular) 식물의 출현 |
| | 오르도비스기(Ordovician) | | 505~440 | 해양 절지동물과 연체동물의 우세 |
| | | | | 식물과 절지동물의 상륙 |
| | | | | 균류(fungi)의 출현 |
| | 캄브리아기(Cambrian) | | 544~505 | 해조류의 번성 |
| | | | | 내무문의 해양 무척추동물문의 탄생 |
| | | | | 어류의 출현 |
| 선캄브리아대 (Precambrian) | | | 약 1,000 | 동물의 출현(몸이 딱딱하지 않은 해양 무척추동물) |
| | | | 1,200 | 다세포 생물의 출현 |
| | | | 2,000 | 진핵생물의 출현 |
| | | | 2,200 | 대기 중 자유 산소의 축적 |
| | | | 3,500 | 시아노박테리아에서 광합성 시작 |
| | | | 3,900~3,500 | 살아 있는 세포의 출현(원핵세포) |
| | | | 4,000~3,900 | 지구상에 첫 암석 등장 |
| | | | 4,600 | 태양계와 지구의 탄생 |

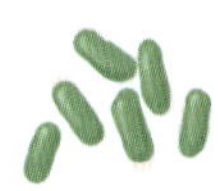

## 과학탐구

## 우리는 화석의 연대를 어떻게 알 수 있을까?

초기 지질학자들은 오직 상대적인 방법으로 암석층과 그 속에 분포하는 화석의 연대를 추정할 수 있었는데, 일반적으로 더 깊은 층에서 발견되는 화석들이 얕은 층의 것들보다 더 오래되었을 것으로 추정되었다. 절대적인 연대측정은 방사능의 발견과 함께 가능해졌다. 방사성 원소의 핵은 자발적으로 분열 또는 붕괴되어 다른 원소가 된다. 예를 들어, 탄소-14(일반적으로 $^{14}C$로 표기)는 전자를 방출하면서 붕괴되어 질소-14($^{14}N$)가 된다. 각각의 방사성 원소의 붕괴속도는 온도, 압력 또는 자신이 포함된 화합물에 영향을 받지 않는다. 방사성 원소 핵의 절반이 붕괴되는데 걸리는 시간을 그 원소의 *반감기*(*half-life*)라 하며, 이것은 원소마다 다르다. 예를 들어, $^{14}C$의 반감기는 5,730년이다.

암석의 연대를 측정하는데 어떻게 방사성 원소가 이용될까? 만약 우리가 붕괴속도를 알고, 붕괴되지 않은 핵에 대한 붕괴된 핵의 비율을 측정한다면, 우리는 이들 방사성 원소들이 암석에 포함되고 나서 얼마의 시간이 흘렀는지를 추정할 수 있다. 이 과정을 *방사성 연대측정*(*radiometric dating*)이라 한다.

매우 간단한 방사성 연대측정법은 칼륨-40($^{40}K$)이 아르곤-40($^{40}Ar$)으로 붕괴되는 것을 측정하는 것인데, 그 반감기는 약 12억 5,000만 년이다. 칼륨-40은 보통 화강암과 현무암 같은 화산암들에서 발견되고, 붕괴되어 생성되는 아르곤-40은 기체이다. 전원지대를 덮치는 막대한 용암분출과 함께 화산이 폭발한다고 가정하자. 기체인 모든 $^{40}Ar$은 기포처럼 용암으로부터 분출되어 나올 것이기 때문에 식어서 굳기 시작하는 용암에는 어떤 $^{40}Ar$도 포함되어 있지 않을 것이다(**그림 E13-1**). 그러나 시간이 경과하면서 굳은 용암 속에 존재하는 $^{40}K$은 12억 5,000만 년의 반감기 속도로 $^{40}Ar$으로 붕괴될 것이다. 아르곤-40 기체는 암석 속에 갇혀 있을 것이다. 지질학자는 암석 샘플을 채취하여 $^{40}Ar$에 대한 $^{40}K$의 비율을 측정함으로써 암석의 연대를 결정할 수 있다. 예를 들어, 만약 분석 결과, 두 원소의 양이 같다면 용암은 12억 5,000만 년 전에 굳었다고 결론지을 수 있다(그림 E13-1 참고). 적절한 주의를 기울인다면, 이와 같은 연대 추정은 매우 믿을 만하다. 가령, 화석이 5억 년 전으로 추정되는 화산암층 아래에서 발견된다면, 우리는 그 화석의 연대가 적어도 그만큼 오래된 것임을 알게 된다.

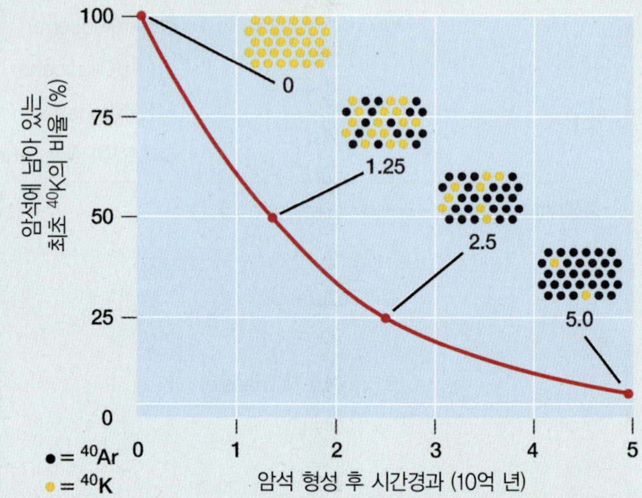


▲ **그림 E13-1** 시간과 $^{40}Ar$으로의 $^{40}K$의 붕괴 사이의 관계. **질문:** 우라늄-235가 납-207로 붕괴되는데 걸리는 반감기는 7억 1,300만 년이다. 만약 우라늄-235와 납-207이 3:1 비율로 존재하는 것으로 분석된다면, 이 암석의 연대는?

### 최초의 생명체들은 혐기성 원핵세포들이었다

지구의 바다에서 탄생한 최초의 세포들은 유전물질이 핵 내에 포함되지 않았던 **원핵세포(prokaryote)**들이었다. 이 세포들은 아마도 환경으로부터 유기분자들을 흡수함으로써 영양분과 에너지를 획득하였을 것이다. 대기 중에 산소가 없었기 때문에, 세포들은 유기분자들을 이용하여 혐기성 대사를 했음에 틀림없다. 7장에서 언급되었듯이, 혐기성 대사는 오직 적은 양의 에너지를 생산한다는 것을 기억할 것이다.

따라서 최초의 세포들은 원시적인 혐기성 세균들이었다. 이 세균들이 증식함에 따라 전생물적 화학반응에 의해 생성된 유기분자들은 결국 고갈되었을 것이 분명하다. 태양에너지가 그랬듯이 이산화탄소와 물과 같은 더 단순환 분자들은 여전히 풍부하였을 것이다. 당시 부족했던 것은 재료나 에너지 자체가 아니라 화학결합에 에너지가 저장되어 있는 분자, 즉 에너지 분자(energetic molecule)이었다.

### 일부 생명체들은 태양에너지를 포획하는 능력을 진화시켰다

마침내, 일부 세포들은 더 간단한 분자들로부터 복잡한 고에너지 분자를 합성하는데 태양에너지를 사용할 수 있는 능력을 진화시켰다. 즉, 광합성(photosynthesis)이 출현하였다. 광합성에는 수소원(hydrogen source)이 필요한데, 오늘날 자주빛 광합성 세균이 그러하듯이, 매우 초기의 광합성 세균들은 아마도 물에 녹은 황화수소가스(hydrogen sulfide gas)를 이용하였을 것이다. 하지만 결국, 주로 화산활동에 의해 공급되는 지구의 황화수소는 고갈되었을 것이 분명하다. 황화수소의 부족은 지구에서 가장 풍부한 수소원인 물을 이용할 수 있는 광합성 세균의 진화를 가능하게 하였다.

## 광합성은 대기 중 산소량을 증가시켰다

물에 기초한 광합성은 물과 이산화탄소를 당(sugar)이라는 에너지분자로 전환시키며, 그 과정에서 산소를 부산물로 방출한다. 에너지 포획을 위한 이 새로운 방법의 출현은 상당한 양의 자유산소를 처음으로 대기 중에 유입시켰다. 처음 새롭게 방출된 산소는 대기와 지각의 다른 분자들과 반응함으로써 빠르게 소비되었다. 산소와 반응하는 대표적인 지각의 원자는 철(iron)이었고, 새롭게 생성된 산소의 많은 양은 철원자와 결합하여 녹이라고도 알려진 산화철(iron oxide)의 거대한 퇴적물을 만들었다. 그 결과, 산화철은 이 기간 동안 형성된 암석 안에 풍부하다.

산화 가능한 모든 철이 녹으로 변한 뒤, 대기 중 산소 가스의 농도는 증가하기 시작하였다. 암석의 화학분석을 통해 약 23억 년 전, 오늘날의 시아노박테리아와 매우 유사한 세균들에 의해 생성된 많은 양의 산소가 처음 대기 중에 나타나기 시작했음을 알 수 있다. (지구의 산소는 지속적으로 재순환되어 공급되기 때문에 오늘날 당신은 20억 년 전 이 초기 시아노박테리아가 배출한 일부 산소 속에서 호흡할 것임은 틀림없다)!

## 호기성 대사는 산소 위기에 대응하여 발생하였다

산소는 유기분자들과 반응하여 이 분자들을 파괴하기 때문에, 잠재적으로 생명체에게 매우 위험하다. 오늘날 다수의 혐기성 세균들은 그들에게 치명적 독이 되는 산소에 노출되면 죽어 버린다. 원시 지구 대기의 산소 축적은 아마도 많은 생명체를 몰살시켰을 것이고, 산소 독성을 제거하기 위한 세포 기전(cellular mechanism)의 진화를 촉진하였을 것이다. 진화 중인 생명체에 대한 이 위기는 이후 미생물의 시대(the Age of Microbes)에서 위대한 진보(대사에 산소를 이용할 수 있는 능력)를 위한 환경적 요인으로 작용하였다. 이 능력은 산소의 화학작용에 대한 방어기전을 제공할 뿐만 아니라, 세포에게 유용한 에너지 생성을 위해 산소의 파괴력을 호기성 호흡(aerobic respiration)에 이용한다(호기성 호흡에 대한 더 많은 정보는 99~103쪽을 참고). 산소가 음식물의 대사에 사용될 때, 세포가 이용할 수 있는 에너지의 양이 엄청나게 증가하기 때문에, 호기성 세포들은 상당한 선택적 이점을 가지고 있었다.

## 일부 생명체들은 막으로 둘러싸인 세포소기관들을 획득하였다

세균 무리들은 그들을 먹이로 하는 다른 생명체들에게 풍부한 식량공급원을 제공하였을 것이다. 바다를 활보하던 최초 포식세포들이 화석은 없지만, 고생물학자들은 세균과 같은 적절한 먹이집단이 나타난 이후, 포식관계는 빠르게 진화하였을 것으로 추측한다. 가장 널리 받아들여지는 가설에 의하면, 이 초기 포식자들은 전형적인 세균보다 크게 진화한 원핵세포들이었다. 뿐만 아니라, 대부분의 세균세포에서 관찰되는 외곽의 단단한 세포벽(cell wall)을 잃어버림으로써, 그들의 유연한 원형질막은 주위 환경과 접하게 되었다. 따라서 포식 세포들은 자신보다 작은 세균을 막으로 둘러싸서 가둘 수 있었으며, 이러한 방식으로 먹이로써의 세균을 통째로 삼킬 수 있었다.

이러한 초기 포식자들은 아마도 광합성 또는 호기성 대사는 할 수 없었을 것이다. 비록 그들이 세균과 같이 큰 먹이를 포획할 수는 있었겠지만, 그 먹이를 효율적으로 대사하

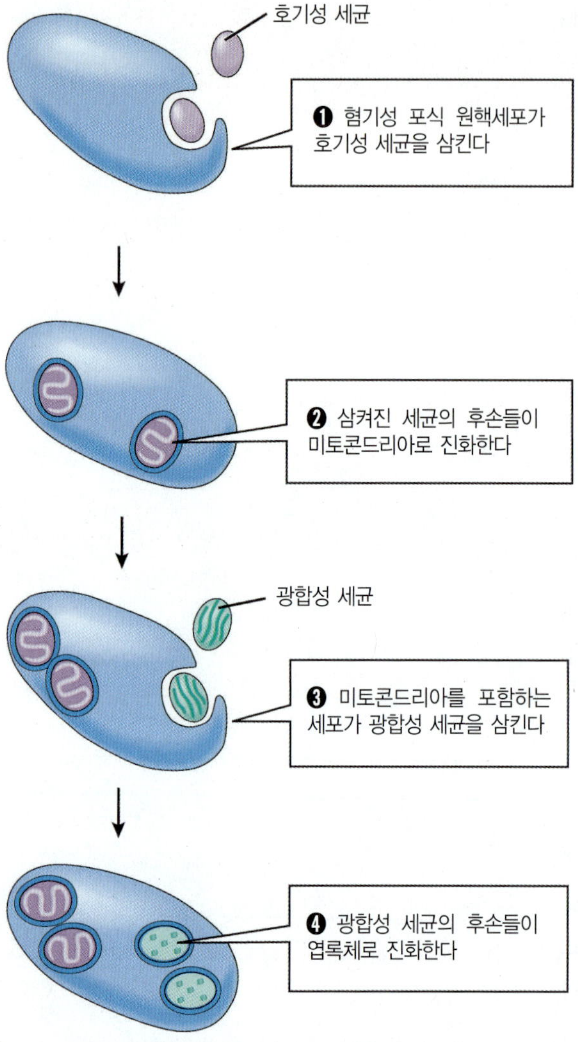


▲ **그림 13-5 진핵세포의 미토콘드리아와 엽록체 기원 가능성** **질문:** 과학자들은 미토콘드리아를 만들어 낸 내부공생 생물체로부터 유래되었을 것으로 믿어지는 살아 있는 세균을 발견하였다. 당신은 이 현생 세균의 DNA 서열이 식물 엽록체, 동물세포의 핵 또는 식물의 미토콘드리아 중 어느 것의 DNA 서열과 가장 비슷할 것으로 예상하는가?

지는 못하였을 것이다. 그러나 약 17억 년 전까지는 한 포식자가 아마 최초의 진핵세포(eukaryotic cell)로 진화하였을 것이다. 정교한 내부 막계(internal membrane system)를 가지고 있다는 점에서 진핵세포들은 원핵세포들과는 다른데, 그 중 많은 막들이 세포의 유전물질을 포함하고 있는 핵과 같은 세포소기관들을 에워싼다. 하나 이상의 진핵세포로 구성된 생명체를 **진핵생물(eukaryote)**이라고 한다.

### 진핵생물의 내부 막들은 원형질막이 내부로 말려들어간 데에서 기원하였을 것이다

진핵세포의 내부 막들은 단세포 포식자의 세포막이 내부로 말려들어간 데에서 처음 기원하였을 것이다. 오늘날 대부분의 세균에서 그러듯이, 만약 진핵세포 조상의 DNA가 세포막의 안쪽에 부착되어 있었다면, DNA가 부착된 지점의 세포막이 말려 들어가면서 세포막에서 떨어져 나와 세포핵의 원조가 되었을 것이다.

세포핵뿐만 아니라, 진핵세포의 기타 중요 구조물로는 에너지 대사를 위해 사용되는 세포소기관들, 즉 미토콘드리아(mitochondria)와 광합성을 하는 생명체에서의 엽록체가 있다. 이 세포소기관들은 어떻게 진화하였을까?

### 미토콘드리아와 엽록체는 포식된 세균들로부터 기원하였을 것이다

**내부공생설(endosymbiont hypothesis)**에 의하면, 초기 진핵세포들은 특정 세균을 삼킴으로써 미토콘드리아와 엽록체의 전구물질들을 획득하였다고 한다. 초기 진핵세포와 그 안에 포획된 세균들은 점진적으로 공생관계(symbiotic relationship), 즉 장기간에 걸친 서로 다른 유형의 생명체들 간의 긴밀한 관계를 시작하였다(*endo*는 "내부에"의 뜻). 어떻게 이런 일이 일어날 수 있었을까?

자주 그리하였던 것처럼, 혐기성 포식세포가 먹이로서 하나의 호기성 세균을 포획하였지만, 어떤 이유에 의해 이 특별한 먹이를 소화하는데 실패하였다고 가정해 보자. 그 호기성 세균은 잘 살아남았다. 사실, 숙주인 포식자의 세포질에는 혐기성 대사의 잔유물인 반쯤 소화된 먹이 분자들이 가득 차 있었기 때문에, 이 상태는 호기성 세균에게는 그 어느 때보다 좋았다. 호기성 세균은 이 분자들을 흡수하였고, 산소를 이용하여 대사함으로써 막대한 양의 에너지를 획득하였다. 호기성 세균을 위한 풍부한 먹이원과 이들에 의한 왕성한 에너지 생성 때문에, 호기성 세균은 아마도 ATP 또는 이와 유사한 에너지 분자들을 숙주의 세포질에 누출하였을 것이다. 공생하는 세균을 가진 혐기성 포식 세포는 이제 호기성 대사를 할 수 있게 됨으로써 다른 혐기성 세포들보다 엄청난 이득을 얻었고 많은 자손들을 남기게 되었다. 마침내, 내부공생 세균은 숙주에 독립하여 살아갈 능력을 잃게 되었고, 미토콘드리아가 탄생하였다(**그림 13-5**, ❶과 ❷ 단계).

이 성공적인 새로운 세포간 협력관계 중 하나는 두 번째 위업을 달성하였다: 광합성 세균을 포획하였고, 먹이로서 소화하는데 실패하였다. 이 광합성 세균은 숙주 내에서 번성하였고, 점진적으로 최초의 엽록체로 진화하였다(**그림 13-5**, ❸과 ❹ 단계). 다른 진핵세포의 세포소기관들도 내부공생에서 기원하였을 것이다. 많은 생물학자들은 섬모, 편모, 중심체와 미세소관들 모두 나선균 모양의 세균(길어진 코르크-스크류 모양의 꼬리를 가진 세균형태)과 원시 진핵세포 간의 공생으로부터 진화하였을 것으로 믿는다.

### 내부공생설에 대한 증거는 강력하다

여러 유형의 증거들이 내부공생설을 지지한다. 특히 설득력 있는 증거들은 진핵세포의 세포소기관들과 살아 있는 세균들이 독특한 생화학적 특성을 공유한다는 것이다. 또한 미토콘드리아, 엽록체 및 중심체들이 각각 그들 고유의 미세한 양의 DNA를 가지고 있다는 것이다. 많은 연구자들은 이것을 포식된 세균 안에 처음 포함되어 있던 DNA의 잔유물로 해석한다.

또 다른 종류의 증거는 살아 있는 매개체(living intermediate)들로부터 나온다. 이들은 가설상의 조상들과 유사한 오늘날 살아 있는 생명체들인데, 제안된 진화경로의 개연성을 설명하는데 도움을 준다. 예를 들어, 아메바(*Pelomyxa palustris*)에는 미토콘드리아가 없지만, 이와 매우 유사한 역할을 수행하는 호기성 세균 집단이 영구히 상주한다. 아메바와 비슷하게, 다양한 산호충, 일부 조개류, 몇몇 달팽이류 및 적어도 한 종 이상의 짚신벌레(*Paramecium*)가 광합성 조류(algae) 집단의 영구 거처가 된다(**그림 13-6**). 세균과 내부공생관계에 있는 오늘날 세포들의 예는 유사한 공생관계가 거의 20억 년 전에 발생하여 최초의 진핵세포로 이어질 수 있었음을 의미한다.

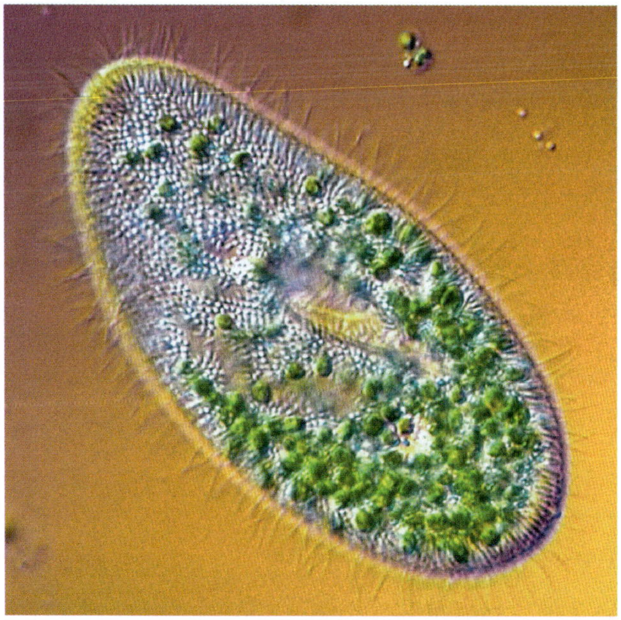

▲ **그림 13-6 현생 세포 내에서의 공생** 오늘날 식물세포 엽록체의 조상들은 클로렐라(*Chlorella*)와 유사했을 것이다. 클로렐라는 위 사진의 짚신벌레 세포질 내에서 공생하는 녹색의 광합성을 하는 단세포 조류(algae)이다.

## 13.3 최초의 다세포 생명체들은 어땠을까?

포식이 진화하자, 증가된 세포의 크기는 이점이 되었다. 생명체가 살 수 있었던 해양환경에서, 더 큰 세포일수록 그보다 작은 세포를 쉽게 포식할 수 있었고, 다른 포식세포들에 의해 잡아 먹히기 어려웠을 것이다. 일반적으로 큰 생명체일수록 작은 것들보다 빠르게 움직일 수 있기 때문에, 성공적인 포식과 탈출이 가능하다. 그러나 거대한 하나의 세포들은 문제점들을 가지고 있다. 세포 안으로의 산소 및 영양분 이동과 세포 밖으로의 노폐물 이동은 원형질막을 통해 확산되어야만 한다. 세포가 커질수록, 세포질의 단위부피당 사용할 수 있는 막의 표면적은 줄어든다. 직경이 1 mm 이상인 생명체가 살아남을 수 있는 방법은 오직 두 가지뿐이다. 첫째, 낮은 대사율을 통해서 산소요구량과 이산화탄소의 생성을 줄일 수 있다. 이 전략은 어떤 거대 단세포 조류(algae)에서 작동하는 것 같다. 다른 방법은 다세포 생명체가 되는 것이다: 즉, 많은 작은 세포들로 구성된 좀 더 크고 통합된 몸체로 될 수 있다.

### 일부 조류가 다세포 생명체로 진화하였다

다세포 생명체의 가장 오래된 화석들은 약 12억 년 전의 것이며, 엽록체들을 포함하는 단세포성 진핵세포들로부터 유래된 최초의 다세포 조류의 흔적들이 이에 해당된다. 다세포화는 적어도 두 가지의 이점을 이 해조류들에게 제공하였을 것이다. 첫째, 단세포 포식자가 큰 다세포 조류를 삼키기는 어려웠을 것이다. 둘째, 세포들의 분화(specialization)는 잎과 같은 구조물이 물 위에 떠서 광합성에 필요한 햇빛에 노출되어 있는 동안, 뿌리 같은 구조물들은 모래를 파고들거나 바위 위를 움켜 잡음으로써 해안선의 밝게 빛나던 물속의 한 장소에 머무를 수 있는 잠재력을 제공하였을 것이다. 오늘날 우리의 해안선에 줄지어 선 녹색, 갈색 및 적색 조류들-갈조류와 같은 일부 해조류는 60 m 이상 길게 분포-은 이 원시 다세포 조류의 후손들이다.

### 동물 다양성은 선캄브리아기에서 발생하였다

해조류의 화석 이외에도, 수십억 년 전 암석들은 동물 발자취와 은신처의 화석 흔적을 남겼다. 이 초기 동물 생명체에 대한 증거에도 불구하고, 동물의 신체 화석들은 6억 1,000만 년에서 5억 5,400만 년 사이의 선캄브리아기 암석층에서 처음 출현한다. 이 고대 무척추 동물(등뼈가 없는 동물)의 일부는 이후 화석층에 나타나는 어떤 동물들과도 외관상 매우 다른데, 후손을 남기지 않은 동물들의 대표적인 유형들인 것 같다. 그러나 이 암석층들의 다른 화석들은 오늘날 동물의 조상들인 것으로 보인다. 해면동물과 해파리의 조상들이 가장 오래된 층에서 출현하며, 환형동물, 연체동물과 절지동물들의 조상들이 이후 층에서 나타난다.

그러나, 5억 4,400만 년 전, 고생대(Paleozoic era)가 시작되는 캄브리아기까지는 모든 현생 무척추동물들의 화석이 출현하지는 않는다. ["화석기록(fossil record)"이라는 것은 오늘날까지 발견된 모든 화석 증거 전체에 대한 축약된 참고문헌과 같다.] 이 캄브리아기의 화석들은 이미 복잡한 신체구조의 다양성을 출현시킨 적응방사를 드러낸다. 오늘날 지구상의 주요 동물군의 거의 대부분은 이미 초기 캄브리아기에 존재하였다. 매우 다양한 동물종들의 갑작스런 출현은 이 인상적으로 다양한 동물형태를 출현시킨 초기 진화 역사가 화석기록 안에 보존되어 있지 않다는 것을 의미한다.

동물들의 초기 다양화는 아마 포식자의 출현에 의해 부분적으로 촉진되었을 것이다. 포식자와 피식자의 공진화(coevolution)는 많은 동물종에서 새로운 특성들의 진화를 초래하였다. 실루리아기(4억 4,000만 년~4억 1,000만 년 전)까지, 중무장을 하고 진흙을 기어가는 삼엽충들은 암모나이트(ammonite)와 앵무조개(chambered nautilus)의 먹잇감이 되었을 것이다. 암모나이트와 앵무조개는 거의 변하지 않은 형태로 아직까지 태평양 깊은 물에 살아 있다(**그림 13-7**).

고생대의 많은 동물들은 그들의 진화적 조상들보다 더 많이 움직였을 것이다. 포식자들은 적절한 먹이를 찾아서 넓은 영역을 이동할 수 있는 능력으로부터 이점을 획득한다; 그리고 빨리 도망칠 수 있는 능력은 피식자의 강점이다. 효율적인 움직임은 대개 더 우수한 감각능력과 더 복잡한 신경계의 진화와 관련되어 있었다. 접촉, 화학물질 및 빛을 탐지

(a) 실루리아기의 모습

(b) 삼엽충

(c) 암모나이트

(d) 앵무조개

▶ **그림 13-7 실루리아기(Silurian period) 해양 생명체의 다양성 (a)** 실루리아기(4억 4,000만 년~4억 1,000만 년 전) 해양 생명체의 특성. 삼엽충 **(b)**과 그들의 포식자인 앵무조개 및 암모나이트**(c)**가 이 시기 가장 일반적인 화석들이다. **(d)** 이 살아 있는 앵무조개(*Nautilus*)는 실루리아기 앵무조개와 구조적으로 매우 유사한데, 이는 성공적인 신체구조가 수억 년 동안 거의 변하지 않은 형태로 살아남았다는 것을 증명한다.

하는 감각들은 감각정보를 처리하고 적절한 행동들을 관리할 수 있는 신경계들과 함께 고도로 발달하였다.

많은 종들에서, 이동성은 **외골격(exoskeleton)**이라고 알려진 단단한 신체 외피의 발생에 의해 부분적으로 향상되었다. 외골격은 근육이 부착된 견고한 표면을 제공함으로써 이동성을 향상시켰다; 근육의 부착은 동물들로 하여금 근육을 사용하여 부속지(appendage)들을 움직여 헤엄을 치거나 해저를 이동할 수 있게 하였다. 또한 외골격은 동물의 몸통을 지지하고 포식자로부터 보호작용을 하였다.

약 5억 3,000만 년 전, 한 무리의 어류가 내부 골격(internal skeleton)이라는 새로운 형태의 몸통 지지대와 근육부착을 발달시켰다. 이 초기 어류들은 해양 공동체에서 눈에 띌 만한 구성원들은 아니었지만, 4억 년 전에 이르러서는 다양하고 두드러진 무리가 되었다. 대체로, 어류들은 훨씬 정확한 감각과 큰 뇌를 가지며, 무척추동물들보다 빠르다는 것이 입증되었다. 결국, 그들은 탁 트인 바다의 지배적인 포식자가 되었다.

## 13.4 생명은 어떻게 육지에 상륙하였나?

생명역사의 긴 이야기에서 주목하지 않을 수 없는 부수적인 줄거리는 30억 년 동안 물속에 살던 생명체가 육지에 상륙한 이야기다. 지상으로의 이동을 위해서 생명체들은 많은 장애물을 극복해야 했다. 해양생활은 중력에 반하는 부력을 제공하지만, 육상에서의 생명체는 중력의 압박에 대항하여 자신의 체중을 지탱해야만 한다. 바다는 생명유지에 필요한 물을 바로 사용할 수 있게 하지만, 육지 생명체는 적절한 물을 찾아야만 한다. 바다에 서식하는 동식물들은 물을 통해 서로에게 접근하는 유동성 정자나 난자, 혹은 둘 모두의 방식을 통해 번식할 수 있다. 그러나 육상생물의 배우자(gamete)들은 마르는 것으로부터 보호되어야만 한다.

육상생활을 위한 장애물들에도 불구하고, 고생대의 텅 빈 광활한 대륙은 거대한 진화의 기회를 제공하였다. 육지 생활의 잠재적 보상들은 특히 식물들에게 대단하였다. 물은 빛을 강하게 흡수하기 때문에, 아무리 깨끗한 물속이라도, 광합성은 상부의 수백 미터 이내(실제로는 더 얕음)의 깊이에서만 제한적이다. 물 밖에서, 태양의 눈부신 광도는 신속한 광합성을 가능하게 한다. 게다가, 육지의 토양은 풍부한 영양분의 보고인데 반해, 해수에는 일부 영양분, 특히 질소와 인이 모자라는 경향이 있다. 결국, 고생대 바다는 식물을 먹는 동물들로 가득 찼지만, 육상에는 동물이 없었다. 육상으로 이주한 최초의 식물들은 충분한 햇빛과 손대지 않은 영양공급원을 가졌을 것이고, 포식자들도 없었을 것이다.

### 일부 식물들은 건조한 육상 생활에 적응하였다

물가의 축축한 토양에서, 소수의 작은 녹색 조류가 햇빛과 영양분의 이점을 가지고 자라기 시작하였다. 중력을 지탱하기 위해 그들의 몸통은 크지 않았고, 토양의 수분층에서 바로 살았기 때문에 그들은 쉽게 물을 획득할 수 있었다. 약 4억 7,500만 년 전, 이 조류들의 일부가 최초의 다세포 육지식물들로 진화하였다. 처음에는 단순하고 키가 작은 형태의 육지 식물들이 육지생활을 위한 2개의 주요 장애, 즉 물의 획득과 체수분의 보존, 중력과 바람에도 불구하고 똑바로 서 있어야 하는 문제에 대한 해결책을 빠르게 진화시켰다. 지상부의 내수성 피복들은 증발에 의한 물의 손실을 감소시켰고, 뿌리와 같은 구조물들은 토양으로 파고 들어감으로써 물과 무기질을 흡수하였다. 분화한 세포들은 뿌리로부터 잎으로 물을 안내하기 위해 관다발 조직(vascular tissue)이라는 관들을 형성하였다. 특정 세포들을 둘러싸는 여분의 두꺼운 세포벽들은 줄기가 수직으로 설 수 있게 하였다.

▲ 그림 13-8 **석탄기 습지의 숲** 화가에 의해 재구성된 이 그림에서 나무 같은 식물들은 지금은 대부분 멸종된 양치식물과 거대 석송류 종들이다.

## 원시 육상 식물들은 유영성 정자를 보유하고 있었기 때문에 번식을 위해 물을 필요로 하였다

물 밖에서의 번식은 난문제들에 직면하였다. 동물들이 그러하듯이, 식물들도 정자와 난자를 생산하는데, 이것들은 다음 세대를 남기기 위해 반드시 만날 수 있어야만 한다. 최초의 육상 식물들은 오늘날의 이끼류와 고사리류의 정자와 매우 유사했을 것으로 추정되는 유영성 정자를 가지고 있었다. 결과적으로, 최초의 식물들은 정자와 난자를 물속에 방출할 수 있었던 늪과 습지, 또는 비가 충분히 내려 때때로 땅에 물이 고이는 지역에 제한적으로 서식하였다. 이후, 유영성 정자를 가진 식물들은 온난 다습한 기후가 유지되는 동안 번성하였다. 예를 들어, 석탄기(3억 6,000만 년~2억 8,600만 년 전)는 거대한 양치식물들과 석송류의 광대한 숲들이 특징이다(그림 13-8). 오늘날 우리가 채굴하는 석탄이 이 숲들의 화석화된 잔여물로부터 유래된 것이다.

## 종자식물들은 정자를 꽃가루 속에 넣었다

한편, 좀 더 건조한 지역에 서식하던 일부 식물들은 더 이상 물에 의존하지 않는 번식방법을 진화시켰다. 이 식물들의 난자들은 부모 식물체에 간직되어 있었고, 정자들은 건조에 저항성이 있는 꽃가루 속에 넣어져 바람을 타고 식물에서 식물로 이동하였다. 꽃가루가 난자 근처에 떨어졌을 때, 꽃가루는 물의 매개 없이 살아 있는 조직으로 정자들을 직접 방출하였다. 수정된 난자는 부모 식물체에 남아 종자 속에서 발생하였다. 종자는 그 속에서 발생하는 배(embryo)를 보호하고 영양분을 제공한다.

최초의 종자식물들은 데본기 후기(3억 7,500만 년 전)에 출현하였고, 종자를 받쳐주는 어떠한 분화된 구조물 없이, 가지를 따라 그들의 종자를 맺었다. 그러나 석탄기 중기 무렵, 새로운 종류의 종자식물이 나타났다. **침엽수(conifer)**라고 하는 이 식물들은 발생하는 그들의 종자들을 방울(cone) 속에 넣어 보호하였다. 바람에 꽃가루를 날리기 때문에 번식을 위해 물에 의존하지 않던 침엽수들은 페름기(2억 8,600만 년~2억 4,500만 년 전) 동안 널리 퍼져 번성하였는데, 이 시기는 산들이 솟았고, 늪은 말랐으며, 기후는 훨씬 건조해졌다. 그러나 유영성 정자를 가지고 있던 양치식물과 거대 석송류는침염수의 행운을 누리지 못했으며, 그들 대부분은 멸종하였다.

## 현화식물들은 꽃가루를 나르기 위해 동물들을 유인하였다

약 1억 4,000만 년 전 백악기 동안, 침엽수와 유사한 식물의 한 무리로부터 현화식물들이 진화하여 나타났다. 많은 현화식물들은 곤충과 기타 동물들에 의해 수분되는데, 이 방식에는 진화적 이점이 있었던 것 같다. 동물에 의한 개화수분(flower pollination)은 바람에 의한 수분보다 훨씬 더 효율적일 수 있다. 바람으로 수분을 하는 식물들의 경우, 거의 대부분의 꽃가루가 그들의 표적에 도달하지 못하기 때문에 엄청난 양의 꽃가루를 만들어야만 한다. 현화식물들은 더욱 신속한 번식과 보다 빠른 성장(일부 경우에서)과 같은 다른 이점들도 진화시켰다. 오늘날, 현화식물들은 침엽수들이 여전히 우세한 북쪽의 추운 지역을 제외한 모든 육지를 지배한다.

## 일부 동물들은 건조한 육상 생활에 적응하였다

육상 식물들이 진화하고 머지않아, 다른 생명체들을 위한 잠재적인 먹이원들이 제공됨에 따라 동물들이 바다로부터 모습을 드러냈다. 육상으로 이주한 최초의 동물들은 **절지동물(arthropod**; 오늘날의 곤충, 거미, 전갈, 지네와 게를 포함하는 분류군)들이었다. 왜 절지동물이었을까? 그 대답은 그들이 육상생활에 적합한 어떤 구조들을 아주 우연한 기회에 이미 가지고 있었기 때문인 것으로 보인다. 이 구조들 중 가장 대표적인 것이 바다가재 또는 게의 껍질과 같은 외골격이었다. 외골격은 방수성이며, 중력에 대항하여 작은 동물을 지탱시킬 만큼 충분히 단단하다.

수백만 년 동안, 절지동물들은 육지와 그들만을 위한 육지식물을 가졌었고, 수천만 년 이상 동안, 육상의 지배적인 동물이었다. 2 m 길이의 노래기가 소택지 숲 바닥을 가로질러 그들의 길을 엉금엉금 가고 있는 동안, 약 70 cm 길이의 날개를 가진 잠자리들이 고생대의 양치식물 사이를 비행하였다. 그러나 절지동물의 화려한 고립은 결국 끝이 났다.

▲ **그림 13-9 육지 보행 어류** 망둥어와 같은 일부 현생 어류들은 육상을 보행한다. 양서류의 기원이 된 고대 잎사귀형지느러미 어류가 그러했듯이, 망둥어들은 습지 서식지에서 마른 구역을 지나가기 위해 그들의 강한 앞지느러미를 사용한다. **질문:** 육상을 보행할 수 있는 망둥어의 능력이 잎사귀형지느러미 어류가 양서류의 조상이었다는 증거가 되는가?

### 양서류는 잎사귀형지느러미 어류로부터 진화하였다

약 4억 년 전 실루리아기, **잎사귀형지느러미 어류(lobefins)**라고 불리는 한 무리가 담수로 추정되는 곳에 출현하였다. 잎사귀형지느러미 어류는 그들의 후손들이 육지에 서식할 수 있게 한 2가지 중요한 특성을 가지고 있었다: (1) 튼튼한 다육질의 지느러미로 얕고 고요한 수중 바닥을 엉금엉금 기어 다녔고 (2) 원시 허파처럼 소화관으로부터 돌출한 공기주머니를 가지고 있었다. 한 무리의 잎사귀형지느러미 어류가 건조기에 수량이 줄고 때때로 산소가 부족했던 매우 얕은 호수나 개울에 서식하였다. 허파 속으로 공기를 흡입함으로써, 이 잎사귀형지느러미 어류들은 어쨌든 산소를 얻을 수 있었다. 오늘날 일부 현생 어류가 그러듯이, 일부는 먹이와 물을 찾아 호수에서 호수로 기어 다니는데 그들의 지느러미를 사용하기 시작하였다(**그림 13-9**).

육지에서의 먹이섭취와 다른 저수지로 이동할 수 있었던 이점들은 장시간 수면 밖에서 머물 수 있었던 동물들과 육상에서 효과적으로 이동할 수 있었던 동물들의 진화를 도왔다. 허파와 다리의 개선으로, 잎사귀형지느러미 어류로부터 **양서류(amphibian)**가 진화하였는데, 약 3억 5,000만 년 전 화석기록에서 처음 출현한다. 이렇다 할만한 포식자의 부재, 풍부한 먹이와 온난 다습한 기후 때문에 석탄기 습지의 숲은 양서류에게 일종의 천국과 같았다. 곤충과 노래기류가 그랬듯이, 일부 양서류들은 3 m 이상 긴 도마뱀들처럼 거대한 크기로 진화하였다.

성공적 진화에도 불구하고, 초기 양서류들은 육상생활에 완전히 적응하지는 못하였다. 그들의 허파는 단순한 공기주머니였는데, 표면적이 넓지 않아서 필요한 산소의 일부는 피부로부터 얻어야만 했다. 따라서 양서류의 피부는 습기를 유지해야만 했는데, 이것이 그들의 서식지를 마르지 않을 습지에 제한하였다. 게다가, 양서류의 정자와 난자는 메마른 환경에서는 살아남을 수 없었기 때문에 수중 환경에 보관되어야만 했다. 따라서 비록 양서류들이 육지로 이주할 수 있었더라도 물가로부터 멀리 벗어날 수는 없었다. 약 2억 8,600만 년 전 페름기가 시작될 무렵, 기후가 건조해지면서 양서류들은 양치식물, 석송류와 함께 쇠퇴하였다.

**뒤뜰에서 노래하는 공룡들?**

계속

파충류의 특징 일부를 가진 고대 조류인 시조새의 화석들이 파충류가 새의 조상이라는 증거를 제공하는 것과 마찬가지로, 화석들은 잎사귀형지느러미 어류가 양서류의 조상이라는 것을 증명한다. 예를 들어, 고생물학자들은 최근에 틱타일릭(*Tiktaalik*)이라고 불리는 잎사귀형지느러미 어류의 화석을 발견하였다. 다른 잎사귀형지느러미 어류처럼, 틱타일릭은 비늘, 아가미 및 지느러미를 가지고 있었지만, 양서류의 특징인 움직일 수 있는 목과 지느러미 뼈들 중에 팔과 같은 관절들(어깨, 손목 및 팔꿈치)도 가지고 있었다.

### 파충류는 양서류에서 진화하였다

습지의 숲 가장자리에서 침엽수들이 진화하고 있을 때, 양서류의 한 무리도 건조한 환경 조건에 적응하며 진화하고 있었다. 이 양서류들은 결국 **파충류(reptile)**로 진화하였는데,

▲ **그림 13-10 재현된 백악기의 숲** 백악기 동안, 현화식물들은 육지식생을 지배하였다. 그림 속 약 2 m 크기의 벨로시랩터(*Velociraptor*) 무리처럼, 공룡들은 탁월한 육지동물이었다. 비록 공룡수준에서는 작았지만, 벨로시랩터들은 엄청난 달리기 속도, 날카로운 이빨과 치명적인 낫모양의 뒷발톱을 가진 위협적인 포식자들이었다.

그들은 육상생활을 위해 4가지 주요 적응을 진화시켰다. 첫째, 파충류들은 배 발생을 위해 필요한 물을 가두어 둘 수 있도록 방수성 껍질을 가진 알을 진화시켰다. 따라서 위험을 무릅쓰고 어류와 양서류 포식자가 득실거리는 위험한 습지로 돌아갈 필요 없이 지상에 알을 낳을 수 있었다. 둘째, 파충류들은 체내수정(internal fertilization)을 진화시켰는데, 수컷은 암컷의 체내에 정자를 넣기 때문에 유영성 정자를 수중에 방출할 필요가 없었다. 셋째, 원시 파충류들은 체내수분이 공기 중으로 소실되는 것을 방지하기 위해 비늘이 있는 내수성 피부를 진화시켰다. 마지막으로, 파충류들은 개선된 허파를 진화시켰는데, 이 허파는 활동적인 동물의 산소요구량 전체를 공급할 수 있었다. 페름기 동안 기후가 건조해짐에 따라, 파충류들은 양서류들을 다시 습지로 몰아 보냄으로써 육지의 지배적인 척추동물이 되었다. 파충류에게 내몰린 양서류의 대부분은 오늘날까지 습지에서 서식한다.

수천만 년 후, 기후는 훨씬 습하고 안정적인 조건으로 되돌아갔다. 이 기간에는 일부 대형 파충류, 특히 공룡의 진화가 목격되었다. 육식공룡(**그림 13-10**)부터 초식공룡까지 공룡의 다양성은 어마어마하였는데, 육지를 지배하던 공룡에서부터 하늘로 진출한 공룡 및 바다로 돌아간 공룡들까지 매우 다양하였다. 만약 우리가 성공의 기준으로 생존기간을 고려한다면, 공룡은 지구상에서 가장 성공한 종들 중의 하나였다. 공룡들은 마지막 공룡이 멸종된 약 6,500만 년 전까지 1억 년 이상 번성하였다. 왜 그들이 멸종했는지는 확실하지 않지만, 13.5절에서 다루었듯이 거대한 운석의 지구충돌 여파가 결정적이었던 것으로 보인다.

공룡들의 시대에도 많은 파충류들은 매우 작았다. 작은 파충류가 직면하는 주요 어려움 중 하나는 높은 체온을 유지하는 것이다. 육상에서의 활동성은 신경계와 근육들의 효율을 극대화시키는 따뜻한 몸의 덕분이다. 그러나 공기가 훈훈하지 않는 한, 따뜻한 몸은 환경에 열을 잃게 된다. 열손실은 단위체중당 넓은 체표면적을 가진 작은 동물들에게 큰 문제이다. 체구가 작은 많은 파충류 종들은 느린 대사를 하였고, 대기가 충분히 따뜻할 때에만 활동적인 생활방식을 개발함으로써 열손실 문제에 대처하였다. 그러나 두 무리의 작은 파충류들이 독립적으로 다른 진화의 길을 걸었다: 그들은 단열(insulation)을 개발하였다. 두 무리에서, 단열구조는 파충류의 비늘이 진화과정상 변형되어 발생하였다. 한 무리는 깃털(feather)을, 다른 무리는 털(hair)을 진화시켰다.

## 뒤뜰에서 노래하는 공룡들?

**계속**

시조새의 화석들이 조류가 파충류 조상들의 후손임을 설득력 있게 증명하지만, 어느 특정 파충류 무리가 조류로 진화했는지를 단정하는데 어려움을 겪고 있다. 오늘날 대부분의 고생물학자들은 조류가 공룡으로부터 유래했다는 것에 동의한다. 만약 이 가설이 옳다면, 깃털이 조류가 진화하기 이전 공룡에 존재했을 수도 있다는 것을 암시한다. 따라서 깃털을 가진 공룡들의 화석을 찾는 것이 가설 증명을 위한 강력한 증거를 제공할 것이며, 이러한 화석의 탐색은 조류 기원에 대한 과학자들의 오랜 관심사였다. 예측된 깃털 공룡들의 화석은 마침내 1998년에 발견되었다. (이 화석들에 대한 더 많은 정보는 이 장 말미의 "뒤뜰에서 노래하는 공룡들? 다시 들러보기" 편을 참고)

### 파충류는 조류와 포유류로 진화하였다

새의 조상들에서 단열 깃털은 체온유지에 도움이 되었다. 결과적으로, 이 동물들은 비늘을 가진 그들의 친척들이 활성을 잃게 되던 시원한 서식지와 밤 시간대에 활동적일 수 있었다. 이후, 일부 새의 조상들은 그들의 앞다리에 더 길고 강한 깃털을 진화시켰는데, 아마도 나무로부터 활강하는 능력 또는 곤충을 잡기 위해 도약하는 능력의 향상을 위한 선택이었던 것 같다. 마침내, 깃털은 동력비행을 지탱할 수 있는 구조로 진화하였다. 비행할 수 있게 완전히 진화된 깃털은 1억 5,000만 년 전 화석에서 발견되기 때문에, 결국은 날개깃털로 진화한 초기 단열 구조물들은 이 시기보다 훨씬 이전 화석에서 발견되어야만 했다.

알을 낳는 파충류의 습성을 유지한 조류와는 다르게, **포유류(mammal)**들은 태생(live birth)과 젖샘 분비로 자신들의 새끼를 부양할 수 있는 능력을 진화시켰다. 또한 포유류의 조상들은 단열을 위해 털을 진화시켰다. 자궁, 젖샘 및 털은 화석화되지 않기 때문에, 이런 구조들이 언제 처음 출현했는지 또는 이것들의 중간형태가 어떻게 생겼는지 우리는 알 수 없을지도 모른다. 그러나 최근 한 고생물학자 연구팀이 화석화된 동물의 배설물인 코프롤라이트(coprolite)에 보존되어 있던 화석 털의 일부를 발견하였다. 중국의 고비사막에서 발견된 이 코프롤라이트들은 5,500만 년 전 정체를 알 수 없는 포식자에 의해 축적된 것이기 때문에, 포유류들은 적어도 그만큼 오랫동안 털을 가지고 있었을 것이다.

지금까지 발굴된 최초의 포유류 화석은 약 2억 년 전의 것이다. 따라서 초기 포유류들은 공룡들과 공존하였다. 그들은 대부분 작은 동물들이었다. 공룡시대에 가장 크다고 알려진 포유류의 크기는 현재 너구리 정도였지만, 대부분의 초기 포유류 종들은 그보다도 훨씬 작았다. 공룡들이 멸종했을 때, 포유류들은 그들의 빈 서식지를 점령하였다. 포유류 종들은 오늘날 우리가 보는 현재 형태들로 다양화됨으로써 번성하였다.

## 13.5 생명의 역사에서 멸종은 어떤 역할을 했나?

생명역사에 대한 위대한 이야기의 교훈이 있다면, 영원한 것은 없다는 것이다. 생명의 이야기는 새로운 우세 집단이 등장하여 한동안 육지 또는 바다를 지배하고, 필연적으로 쇠퇴와 멸망에 이르는 진화적 왕조들에 대한 하나의 긴 연속극으로 읽혀질 수 있다. 멸망한 왕조들 중에 공룡들이 가장 잘 알려졌지만, 화석만으로 밝혀진 멸종 집단들의 목록은 놀랄 정도로 길다. 그러나 멸종의 필연성에도 불구하고, 종(species)들이 사라지는 속도보다 발생하는 속도가 빨라서 지구상의 종의 수는 시간이 경과함에 따라 증가한 경향이 있다.

### 진화의 역사에는 주기적인 대량멸종의 흔적이 있다

생명역사의 대부분에서, 왕조의 승계는 천천히 지속적인 방식으로 진행되었다. 그러나 이 느리지만 꾸준한 왕조의 승계는 **대량멸종(mass extinction)**이라는 사건들에 의해 방해 받았다. 이 대량멸종은 지구의 광범위한 지역에 걸쳐 다양한 종들이 비교적 갑작스럽게 소멸되는 것으로 특정 지어진다. 가장 큰 사건은 2억 4,500만 년 전 페름기 말에 발생한 사건으로 지구 생물종의 90% 이상이 멸종되었으며, 모든 생명체가 사라질 위치에 처했었다.

### 기후변화가 대량멸종에 기여하였다

대량멸종은 반복적으로 생명 다양성에 대한 그림을 수정함으로써 생명역사의 진행에 막대한 영향을 미쳤다. 무엇이 다양한 종들의 운명에 있어서 극적인 변화를

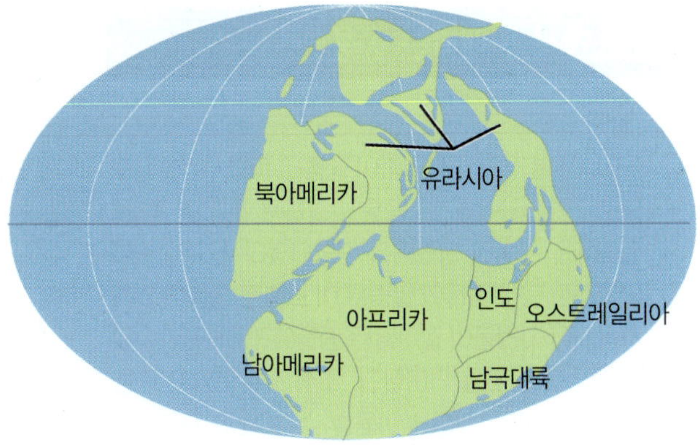

(a) 3억 4,000만 년 전

(b) 2억 2,500만 년 전

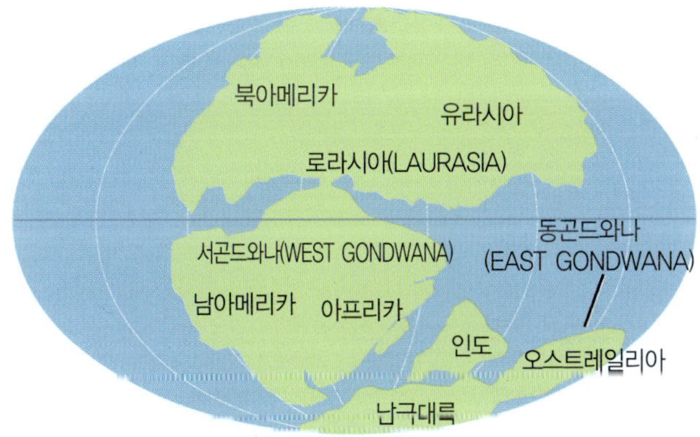

(c) 1억 3,500만 년 전

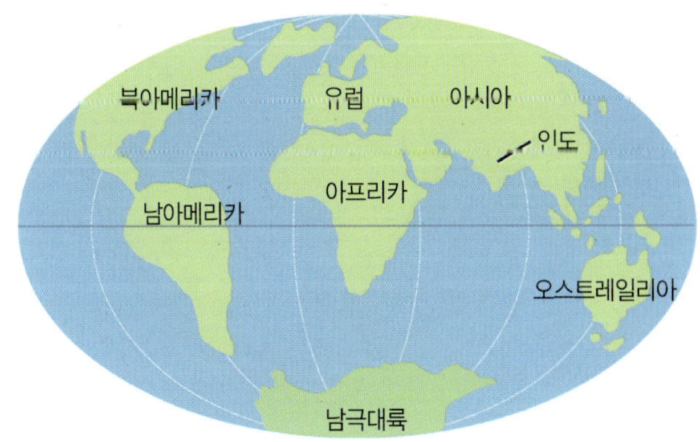

(d) 현재

▶ **그림 13-11 판 구조론에 따른 대륙이동** 대륙은 판 구조론의 결과로서 지구 표면을 이동하는 판(plate) 위의 승객과 같다. **(a)** 약 3억 4,000만 년 전, 현재 북아메리카의 대부분은 적도부근에 위치하였다. **(b)** 모든 판들은 결국 지질학자들이 판게아(Pangaea)라고 부르는 하나의 거대한 대륙으로 합쳐졌다. **(c)** 판게아는 점점 로라시아(Laurasia)와 종국에 동서 곤드와나 대륙으로 분리되는 곤드와나랜드(Gondwanaland)로 나뉘었다. (d) 추가적인 판의 이동은 결국 오늘날 대륙의 현 위치를 초래하였다.

## 뒤뜰에서 노래하는 공룡들?

계속

6,500만 년 전의 대량멸종이 공룡은 파멸시켰을지도 모르지만, 궁극적으로 공룡의 가까운 친척들, 즉 새들에게는 도움이 되었음이 증명되었다. 상대적으로 갑작스런 많은 종들의 멸종은 이 소멸된 종들에 의해 사용되던 자원들이 살아남은 종들에게 이용될 수 있게 되었다는 것을 의미한다. 조류가 살아남은 종들 중의 하나이며, 새롭게 이용할 수 있게 된 자원들을 사용하는 그들의 능력이 조류집단의 팽창과 신속한 조류 종(species)의 증가를 야기하였다. 멸종 후 이 조류의 "폭발"이 오늘날 새들의 종 다양성의 원인이다.

야기하였을까? 많은 진화생물학자들은 기후변화가 중요한 역할을 하였을 것으로 믿고 있다. 지구의 역사를 통해 여러 번 그러했듯이, 기후가 변할 때, 생존을 위해 어떤 한 기후에 적응한 생명체들은 철저하게 다른 기후에서는 살아남을 수 없을지도 모른다. 특히, 따뜻했던 기후가 온도변화가 심한 더 건조하고 추운 기후로 변했을 때, 생물종들은 혹독한 새 조건에 적응하지 못하고 멸종했을지도 모른다.

기후변화의 원인 중 하나는 대륙의 이동 위치이다. 이 대륙들의 움직임을 때때로 **대륙이동(continental drift)**라고 한다. 대륙이동은 **판 구조론(plate tectonics)**에 의해 유발된다. 판 구조론에 의하면, 대륙과 해저를 포함하는 지구 표면은 여러 개의 판으로 나뉘어져 있으며, 이 판들은 점성의 액체 층 위에 놓여져 있어서 천천히 움직여 돌아다닌다. 판들이 떠돌아 다님에 따라, 위도(latitude)상 그들의 위치는 변할 것이다(그림 13-11). 예를 들어, 3억 4,000만 년 전, 북아메리카의 대부분은 연중 고온 다습한 열대기후가 특징적인 적도 또는 그 근처에 위치하였다. 그러나 시간이 지남에 따라 판 구조는 대륙을 온화한 북쪽 지역으로 이동시켰다. 그 결과, 한때 열대기후는 계절변화가 있는 좀 더 시원하고, 강수가 적은 기후체계로 대체되었다. 판 구조는 오늘날에도 계속 움직인다: 예를 들어, 대서양은 매년 몇 센티미터씩 넓어진다.

### 대재앙 사건들이 최악의 대량멸종을 야기하였을 것이다

지질학적 자료들은 대부분의 대량멸종 사건들이 기후변화 시기와 일치하였다는 것을 나타낸다. 그러나 많은 과학자들에게, 대량멸종의 신속성은 기후변화의 느린 과정 자체가 이 같은 광범위한 종들의 소멸원인이 될 수 없었다는 것을 의미한다. 좀 더 갑작스런 사건들도 역할을 할 것이다. 예를 들어, 대규모의 화산폭발과 같은 대재앙의 지질학적 사건들이 파괴적인 효과들을 야기할 수 있었을 것이다. 지질학자들은 과거의 거대한 화산폭발에 대한 증거를 발견하였는데, 그 규모가 엄청나서 1980년 세인트헬렌스(St Helens) 화산폭발은 그에 비하며 폭죽 정도였다. 그러나 이런 거대한 화산폭발도 상대적으로 좁은 지구 표면의 일부에만 직접적인 영향을 미쳤을 것이다.

대량멸종의 원인규명 연구는 루이스(Luis Alvarez)와 월터 알바레즈(Walter Alvarez)가 공룡과 다른 많은 종들을 소멸시켰던 6,500만 년 전 멸종사건이 거대한 운석의 충돌에 의해 야기되었다고 제안한 1980년대 초반에 흥미진진한 전환점을 맞이하였다. 알바레즈의 견해가 처음 발표되었을 때에는 엄청난 회의론에 부딪쳤으나, 이후 지질학적 조사는 거대한 충돌이 6,500만 년 전 실제 일어났었다는 다량의 증거를 찾아내었다. 실제, 연구자들은 공룡이 사라졌던 때 지구와 충돌한 16 km 직경의 거대 운석의 흔적으로 멕시코 유카탄(Yucatan) 반도에 묻혀 있던 160 km 직경의 칙술루브 분화구(Chicxulub crater)를 발견하였다.

이 거대한 운석충돌이 그 시기의 대량멸종을 유발할 수 있었을까? 누구도 확실히 알 수는 없지만, 과학자들은 이러한 거대충돌이 많은 파편들을 대기로 날려 보내 수년 동안 행성 전체를 어둡게 하였을 것이라고 제안한다. 행성에 도달하는 빛의 양이 거의 없어서 기온은 급격히 떨어졌을 것이고, 궁극적으로 모든 생명체가 의지하던 광합성에 의한 에너지 포획은 심각하게 감소하였을 것이다. 전세계적인 "충격적인 겨울(impact winter)"은 공룡과 다른 많은 종들의 파멸을 초래하였을 것이다.

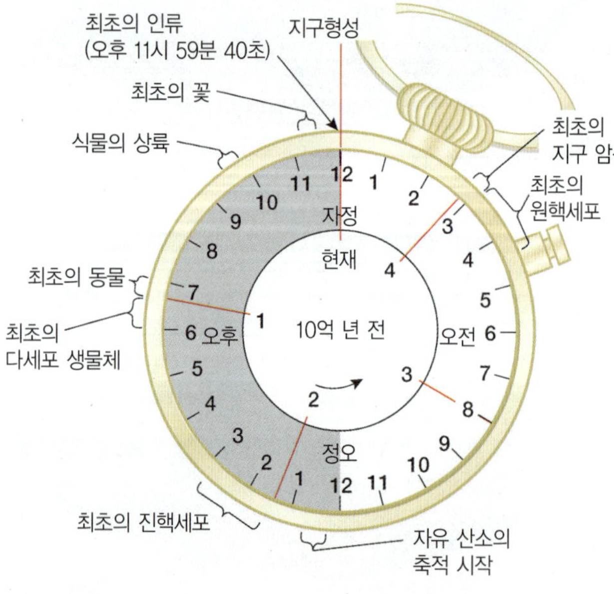


▲ 그림 13-12 24시간 시계 위에 표시된 지구의 역사

(a) 안경원숭이 (b) 여우원숭이 (c) 사자꼬리원숭이

◀ 그림 13-13 **대표적인 영장류** (a) 안경원숭이, (b) 여우원숭이 (c) 사자꼬리원숭이 모두 상대적으로 편평한 얼굴과 양안시를 제공하는 전면을 향한 눈을 가지고 있다. 또한 색각(color vision)과 움켜쥘 수 있는 손을 가지고 있다. 최초의 영장류들로부터 부여 받은 이 특성들을 인간도 공유한다.

## 13.6 인류는 어떻게 진화했나?

인류는 지구의 긴 역사에서 아주 짧은 기간 동안만 존재해 왔다(그림 13-12). 그럼에도 불구하고, 과학자들은 인류의 기원과 진화, 특히 거대한 인간 뇌의 진화에 매우 깊은 관심을 가지고 있다. 이 절에서 소개하는 인류진화의 개요가 이 주제에 대한 현대 사조의 종합편이지만, 인류진화에 대한 화석증거가 상대적으로 부족하기 때문에 우리는 이 개요가 이론적인 것임을 밝혀둔다. 화석증거에 대한 고생물학자들의 해석이 일치하지 않으며, 새로운 화석들이 발견됨에 따라 많은 의견들은 수정되어야만 할 것이다.

### 인류는 나무 생활을 위한 일부 초기 영장류의 적응을 물려받았다

인류는 여우원숭이(lemur), 원숭이(monkey), 유인원(apes)과 함께 **영장류(primates)**라고 알려진 포유류 무리의 구성원이다. 가장 오래된 영장류 화석들은 5,500만 년 전의 것들이지만,다른 많은 동물에 비해 영장류의 화석이 상대적으로 드물기 때문에 최초의 영장류는 그보다 훨씬 이전에 출현하였을 것으로 추정된다. 그러나 화석기록을 남기지는 않았다. 초기 영장류들은 열매와 잎을 먹고 살았을 것이나, 나무 생활을 위해 적응하였을 것이다. 많은 현생 영장류들이 나무에서 서식하던 그들 조상의 생활방식을 고수하고 있다(그림 13-13). 인류와 다른 영장류들의 공통 유산이 최초의 영장류에 존재하였고, 인간을 포함한 많은 현생 영장류에도 남아 있는 한 세트의 육체적 특성들에 나타나 있다.

#### 양안시(binocular vision)는 초기 영장류들에게 정확한 원근감을 제공하였다

최초 영장류의 적응 중의 하나는 정면을 향하는 큰 눈이었던 것으로 생각된다(그림 13-13 참고). 동물이 도약할 다음 나뭇가지의 위치를 정확하게 판단할 수 있지 않는 한, 나뭇

▲ **그림 13-14** **최초의 인류(hominid)** 600만 년 이상 된 거의 완벽한 사헬란트로푸스 차덴시스(*Sahelanthropus tchadensis*)의 두개골이며, 현재까지 발견된 가장 오래된 인류의 화석이다.

가지 사이를 뛰어넘는 것은 위험한 일이다. 정확한 원근감(depth perception)은 양안시에 의해 가능해졌는데, 이는 시야의 중복을 유발하는 정면을 향하는 두 개의 눈에 의해 제공되었다. 또 하나의 중요한 적응은 색각(color vision)이었다. 물론 우리가 어떤 화석동물이 색각을 가지고 있었는지 여부를 단정할 수는 없지만, 현생 영장류들이 훌륭한 색각을 가지고 있기 때문에, 초기 영장류도 그러했을 것이라고 가정하는 것이 이치에 맞아 보인다. 많은 영장류들이 열매를 먹고 사는데, 색각은 수많은 녹색의 잎들 사이에서 잘 익은 열매를 찾아내는데 도움을 준다.

### 초기 영장류들은 쥐어 잡을 수 있는 손을 가지고 있었다

초기 영장류들은 나뭇가지를 움켜 쥐고 버틸 수 있는 긴 손가락들을 가지고 있었다. 나무에서 서식하기 위한 이 적응은 이후 정밀한 쥠(작은 물건을 다루는 것, 글쓰기와 바느질과 같은 정교한 조작을 위해 현생 인류가 사용)과 힘있는 쥠(곤봉을 휘두르거나 창던지기와 같은 강력한 행위들을 위해 사용됨)을 수행할 수 있는 인류의 손 진화의 토대였다.

### 큰 뇌는 손-눈 협동과 복잡한 사회적 상호작용을 촉진하였다

신체 크기에 비교할 때, 영장류들은 거의 다른 모든 동물에 비해 상대적으로 큰 뇌를 가지고 있다. 큰 뇌의 진화를 가능하게 했던 환경적 요인이 무엇인지 정확히 아는 사람은 없다. 그러나 나무를 통한 빠른 이동의 조절 및 조정, 사물을 다루는 데 있어서의 능란한 손의 움직임과 양안시 및 색각은 향상된 지능에 의해 수월해졌을 것이다. 대부분의 영장류들은 상대적으로 높은 지능이 있어야만 가능한 꽤 복잡한 사회적 체계도 가지고 있다. 만약 사회성이 생존율과 번식률의 증가를 촉진하였다면, 더 큰 뇌가 진화하도록 만든 환경적 압력이 있었을 것이다.

## 가장 오래된 인류 화석들은 아프리카에서 발견된다

현생 침팬지, 고릴라와 인간의 DNA 비교를 토대로, 연구자들은 인류(인간과 그들의 화석상 친척들)가 500만~800만 년 전 어느 때 유인원 혈통(ape lineage)으로부터 갈라져 나왔다고 추정한다. 그러나 화석기록은 이 분지가 그 범주의 초반끝에서 발생했어야만 한다는 것을 암시한다. 2002년 아프리카 차드 공화국에서 일하던 고생물학자들은 600만 년 이전에 살았던 사헬란트로푸스 차덴시스(*Sahelanthropus tchadensis*)라는 인류의 화석을 발견하였다(**그림 13-14**). 후기 인류 구성원들과 몇 가지 해부학적 특성을 공유하는 것으로 볼 때, 사헬란트로푸스는 확실한 인류이다. 그러나 가장 오래되었다고 알려진 우리 가계의 이 구성원이 유인원에 가까운 특성도 나타내기 때문에, 이 화석은 우리 계통도상에서 유인원과 인류가 나뉘어지는 분지에 가까운 지점을 알려줄지도 모른다.

사헬란트로푸스 이외에도, 400~600만 년 전 암석에서 출현하는 화석들로부터 2개의 다른 인류 종들(*Ardipithecus ramidus*와 *Orrorin tugenensis*)이 알려졌다. 그러나 지금까지 오직 소수의 표본만이 발견되었고, 최근에 발견된 대부분의 화석들이 골격의 일부만을 포함하기 때문에 이 인류에 대한 우리의 지식은 제한적이다. 초기 인류진화에 대한 더욱 광범위한 기록은 약 400만 년 전까지는 시작되지 않는다. 그 자료들은 아프리카 인류 종의 한 무리인 오스트랄로피테쿠스(*Australopithecus*) 속(genus)에 대한 화석기록의 시작을 나타낸다. 오스트랄로피테쿠스의 뇌는 그들의 전인류(prehominid) 조상들의 것보다는 컸지만, 현생 인류의 뇌보다는 여전히 훨씬 작았다.

## 최초의 인류는 직립보행을 할 수 있었다

최초의 오스트랄로피테쿠스류(다양한 오스트랄로피테쿠스 종들의 총칭)는 현생 인류보다 키에 비해 짧은 다리를 가지고 있었지만, 그들의 무릎관절은 다리를 완전히 곧게 세움으로써 두 발로 효과적으로 이동할 수 있게 하였다. 인류학자 메리 리키(Mary Leakey)에 의해 탄자니아에서 발견된 거의 400만 년 전의 발자국들은 최초의 오스트랄로피테쿠스류조차 적어도 때에 따라 직립보행을 할 수 있었다는 것을 증명한다. 직립자세는 훨씬 더 초기에 진화했을 수도 있다. 사헬란트로푸스와 오로린의 발견자들은 이들 최초 인류의 다리 및 발의 뼈들이 두 발로 이동했음을 암시하는 특성들을 가지고 있다고 주장하지만, 이 결론은 이 종들의 더욱 완벽한 골격들이 발견될 때까지는 추측으로 남을 것이다.

초기 인류에서 왜 두 발로 이동하는 것이 진화했는지에 대한 이유는 이해되지 않고 있다. 아마 직립할 수 있었던 인류가 그들의 산림 서식지에서 식량을 모으고 운반하는데 유리하였을 것이다. 이유가 무엇이든 간에, 직립자세의 초기 진화는 보행에 사용되던 그들의 손을 자유롭게 하였기 때문에, 인류진화 역사에서 매우 중요하였다. 따라서 후기 인류는 무기를 소지하고, 도구를 제작할 수 있었으며, 마침내 현생 호모 사피엔스(*Homo sapiens*)가 낳은 문화혁명을 달성할 수 있었다.

## 몇몇 오스트랄로피테쿠스(*Australopithecus*) 종들이 아프리카에서 출현하였다

화석화된 치아, 두개골 조각 및 팔의 뼈들로 알려진 가장 오래 전의 오스트랄로피테쿠스 종은 약 390만 년에서 410만 년 전 사이에 존재했을 것으로 추정되는 케냐의 고대 호수 바닥 부근의 퇴적층에서 발굴되었다. 그것은 발견자들에 의해 오스트랄로피테쿠스 아나멘시스(*Autralopithecus anamensis*)라고 명명되었다(*anam*은 투루카나 언어로 "호수"를 의미). 그 다음으로 오래 전의 오스트랄로피테쿠스 종인 오스트랄로피테쿠스 아파렌시스(*A. afarensis*)는 이디오피아의 아파르(Afar) 지방에서 발견되었다. 390만 년 정도로 오래된 이 종의 화석들이 발굴되었다. 아파렌시스 계열은 분명히 다른 오스트랄로피테쿠스 종을 출현시켰는데, 이 종들은 120만 년 전에 모두 멸종하였다. 그러나 멸종 전, 이 종들 중의 하나가 인류 계통도에서 호모(*Homo*)속(genus)이라는 새로운 분가의 출현을 초래하였다(그림 13-15 참고).

## 호모속은 250만 년 전 오스트랄로피테쿠스류에서 갈라져 나왔다

호모(*Homo*)속으로 분류될 만큼 현생 인류와 충분히 비슷한 인류가 약 250만 년 전의 아프리카 화석을 통해 처음 나타났다. 최초의 아프리카 호모 화석들 중의 하나가 호모 하빌리스(*H. habilis*, 그림 13-15 참고)인데, 이 종은 오스트랄로피테쿠스 종들의 것보다 큰 신체와 뇌를 가지고 있었지만, 그들의 오스트랄로피테쿠스류 조상처럼 유인원 같은 긴 팔과 짧은 다리를 여전히 보유하고 있었다. 반면, 약 200만 년 전 처음 출현한 호모 에르가스테르(*H. ergaster*)의 골격구조는 현생 인류에 가까운 사시 비율을 가지고 있었다. 많은 고인류학자들(인류 기원을 연구하는 과학자들)은 이 종이 결국 우리 자신인 호모 사피엔스(*H. sapiens*)로 이어지는 진화적 분지상에 있는 것으로 믿고 있다. 이런 관점에서, 호모 에르가스테르는 개별적인 두 인류 분지의 공통조상이었다. 첫 번째 분지는 아프리카를 떠난 최초의 인류인 호모 에렉투스(*H. erectus*)로 이어졌다. 호모 에르가스테르로부터의 두 번째 분지는 결국 호모 하이델베르겐시스(*H. heidelbergensis*)로 이어졌는데, 이들 중 일부가 유럽으로 이주하여 네안데르탈인으로 알려진 호모 네안데르탈렌시스(*H. neanderthalensis*)를 출현시켰다. 그러는 동안, 아프리카에서는 또 다른 분지가 호모 하

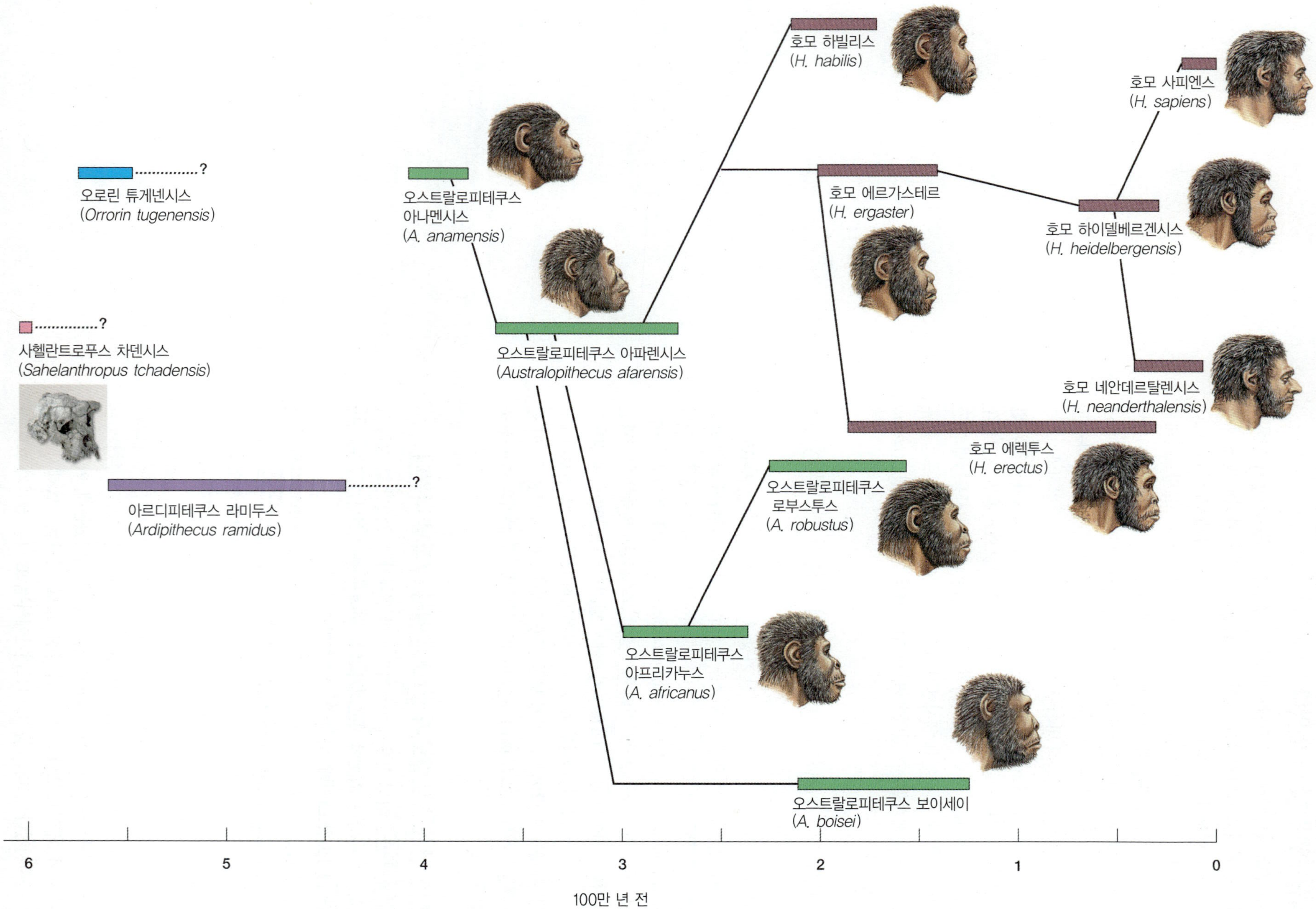


▲ 그림 13-15 **가능성 있는 인류 진화계통수** 이 가설상의 계통도는 대표적인 표본의 복원된 얼굴을 보여준다. 비록 많은 고생물학자들이 이 계보를 가장 적절한 인류 계통도로 간주하지만, 이미 알려져 있는 인류화석에 대한 다른 해석들도 존재한다. 최초 인류의 화석은 드물고 단편적이라서 이 종들과 후대 인류 간의 관계는 알려져 있지 않다.

이델베르겐시스 혈통으로부터 갈라져 나왔다. 이 분지는 현생 인류인 호모 사피엔스가 되었다.

## 네안데르탈인(Neanderthal)은 큰 두뇌와 우수한 도구를 가지고 있었다

네안데르탈인은 약 15만 년 전의 유럽 화석기록에서 처음 출현하였다. 약 7만 년 전까지, 그들은 유럽과 아시아로 퍼져 나갔다. 그러나 약 3만 년 전 이 종은 사라졌다.

대중적으로 알려진 몸집이 크고, 구부정한 자세의 "혈거인(caveman)" 모습과는 대조적으로, 네안데르탈인은 여러 면에서 현생 인류와 매우 유사하였다. 비록 덩치가 더 컸지만, 네안데르탈인은 완전한 직립보행을 하였으며, 섬세한 석기를 제작할 만큼 손재주가 있었고, 평균적으로 현생 인류보다 약간 더 큰 뇌를 가지고 있었다. 많은 유럽 네안데르탈인 화석은 심하게 돌출한 이마 위 융기와 넓고 편평한 두개골을 보이지만, 다른 지역의 네안데르탈인, 특히 지중해 동쪽 해안 주변 지역에서 발견되는 화석들은 신체적으로 약간 더 호모 사피엔스에 유사하다.

네안데르탈인과 호모 사피엔스의 신체적 및 기술적 유사성에도 불구하고, 네안데르탈인들이 예술, 음악, 종교의식과 같은 인간 특유의 의도적 시도들을 포함한 진보된 문화를 발달시켰었다는 확실한 고고학적 증거는 없다. 일부 고고학자들은 그들의 골격구조가 말을 하기 위해 필요한 발성이 신체적으로 가능하였음을 보이기 때문에, 네안데르탈인은 아마도 언어를 획득했었을 수도 있다고 주장한다. 그러나 네인데르탈인의 골격구조에 대한 이 해석에 모두 동의하는 것은 아니다. 일반적으로, 네인데르탈인의 생활방식에 대한 유용한 증거는 제한적이며 논란의 여지가 있어서, 인류학자들은 네안데르탈인의 문화가 어떻게 진보했는지에 대해 때때로 열띤 논쟁을 벌리고 있다.

일부 인류학자들은 네안데르탈인이 단순히 호모 사피엔스의 한 무리였다고 주장하지만, 대부분은 네안데르탈인이 별개의 종이었다는데 동의한다. 이 가설을 증명하는 극적인 증거가 2만 년 이상 된 네안데르탈인과 호모 사피엔스의 골격에서 DNA를 분리한 연구자들로부터 나왔다. 이 고대 DNA의 추출은 연구자들로 하여금 네안데르탈인 유전자의 뉴클레오티드 서열을 화석인류 및 현생 인류의 것과 비교할 수 있게 하였다. 비교 결과는 네안데르탈인의 서열이 현생 및 화석인류의 것과 상당히 다르지만, 현생 인류와 화석인류는 유사한 서열을 공유한다는 것을 증명하였다. 이 발견들은 네안데르탈인으로 이어지는 진화적 분지가 호모 사피엔스가 출현하기 수십만 년 전 조상인류 계열로부터 갈라져 나왔다는 것을 의미한다. 이 이른 분기는 네안데르탈인이 호모 네안데르탈렌시스(*H. neanderthalensis*)라는 별개의 종이었다는 결론을 뒷받침한다.

## 현생 인류는 약 20만 년 전에 출현하였다

화석기록은 해부학적인 현생 인류가 적어도 16만 년 전, 길게는 아마 19만 5,000년 전 아프리카에 출현하였다는 것을 증명한다. 이 화석들의 위치는 호모 사피엔스가 아프리카에서 기원하였다는 것을 암시하지만, 우리 인간의 초기 역사에 대한 대부분의 지식은 크로마뇽인(Cro Magnons; 프랑스 크로마뇽 지역에서 처음으로 유적지가 발견된 후 명명됨)으로 총칭되는 유럽과 중동 지역에서 발견된 호모 사피엔스 화석들에서 비롯되었다. 크로마뇽인은 약 9만 년 전에 출현하였다. 그들은 우리처럼 위가 둥근 머리, 부드러운 이마와 두드러진 턱을 가지고 있었다. 그들의 도구는 전세계 많은 곳에서 최근까지 사용된 석기와 유사한 정밀기기였다.

행동과 관련하여 크로마뇽인은 좀 더 세련되었겠지만 네안데르탈인과 유사했었던 것

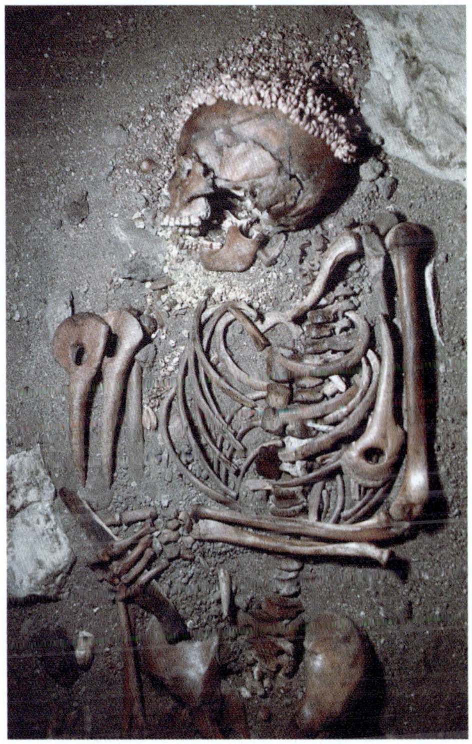

▲ **그림 13-16 구석기 시대의 매장** 2만 4,000년 전의 이 무덤은 크로마뇽 사람들이 의식에 의해 주검을 매장하였다는 것을 증명한다. 사체는 붉은 황토(red ocher)로 알려진 염료에 덮여 달팽이 껍질로 만들어진 머리장식과 손에 쥐어진 부싯돌과 함께 매장되었다.

▲ 그림 13-17 **크로마뇽 사람들의 세련됨** 크로마뇽인에 의해 그려진 동굴벽화들은 프랑스 라스코(Lascaux) 동굴의 상대적으로 일정한 지하환경으로 인해 매우 잘 보존되어 왔다.

같다. 3만 년 전 크로마뇽 고고학적 유적지들에서 발굴된 유물로는 뼈로 만든 세련된 피리, 우아한 상아 조각상, 복잡한 장례의식에 대한 증거들이 있다(그림 13-16). 가장 주목할 만한 크로마뇽인들의 업적은 아마 스페인 알타미라(Altamira), 프랑스 라스코(Lascaux)와 쇼베(Chauvet)와 같은 장소의 동굴에 남긴 위대한 예술일 것이다(그림 13-17). 현재까지 발견된 가장 오래된 동굴벽화들은 3만 년 이전의 것들인데, 가장 오래된 것들조차 세련된 예술적 기술들을 사용한다. 이 벽화들을 왜 그렸는지 정확히 아는 사람은 없지만, 크로마뇽인들이 우리만큼의 지능을 가지고 있었음을 증명한다.

## 크로마뇽인(Cro-Magnon)들과 네안데르탈인들은 동시대를 살았다

크로마뇽인은 네안데르탈인이 사라지기 전까지 아마 5만 년 이상을 유럽과 중동에서 그들과 공존하였을 것이다. 일부 연구자들은 크로마뇽인들이 네안데르탈인과 광범위하게 교배하여 네안데르탈인은 인간이라는 유전적 주류에 본질적으로 흡수되었을 것으로 믿는다. 다른 과학자들은 앞서 서술된 화석 DNA와 같이 점차 축적되는 증거들을 인용함으로써 그 의견에 동의하지 않으며, 후대에 나타난 크로마뇽인들이 단순히 잘 적응하지 못한 네안데르탈인을 제압하고 대체했다고 주장한다.

어느 가설도 두 종류의 인류가 어떻게 이처럼 긴 시간 동안 동일한 지리적 영역을 점유하였는지를 잘 설명하지 못한다. 수만 년 동안 한 지역에 비슷하지만 별개인 두 집단이 존속했다는 점은 이들간에 이종교배 또는 직접적인 경쟁이 있었다는 것과는 부합되지 않는 것 같다. 호모 네안데르탈렌시스와 호모 사피엔스 사이의 경쟁은 아마 간접적이었기 때문에, 이용할 수 있는 자원을 독점한 호모 사피엔스의 우월한 능력이 서서히 네안데르탈인을 멸종으로 몰아넣을 때까지 두 종은 같은 서식지에서 장시간 공존할 수 있었을 것이다.

## 큰 뇌의 진화적 기원은 육류 소비와 관련이 있을 것이다

우리의 가까운 친척들, 즉 유인원으로부터 우리를 구별하는 주된 신체적 특성은 우리의 직립자세와 고도로 발달된 큰 뇌이다. 앞서 서술하였듯이, 직립자세는 인류 진화의 매우 초기에 발생했기 때문에 인류는 큰 뇌를 가진 호모종들이 출현하기 이전 수백만 년 동안에도 직립보행하였다. 어떤 사정들이 크기가 큰 뇌 진화를 초래하였을까? 많은 해석들이 제기되었지만, 쓸만한 직접적인 증거는 거의 없다; 큰 뇌의 진화적 기원에 대한 가설들은 부득이 이론적이다.

큰 뇌의 기원에 대한 하나의 가설은 점점 더 복합해지는 사회적 상호작용에 대한 반응으로 큰 뇌가 진화하였다고 제시한다. 특히, 화석증거들은 약 200만 년 전에 시작된 인류의 사회생활이 큰 사냥감의 협동사냥과 같은 새로운 형태의 활동을 포함하기 시작하였다는 것을 암시한다. 결과로 초래된 현저히 많은 양의 육류 사용은 집단 구성원들에게 이 제한된 유용자원을 분배하기 위한 방법개발의 필요성을 조장했을 것임에 틀림없다. 일부 인류학자들은 이 사회적 상호작용을 잘 할 수 있는 개체들이 많은 몫의 고기를 얻고, 그것을 편리하게 사용하는데 더 성공적이었을 것이라고 가정한다. 아마 이 사회적 관리는 크고 더욱 강력한 뇌를 가진 개체들에 의해 가장 잘 완수되었을 것이기 때문에, 자연선택은 이와 같은 개체들을 선호하였을 것이다. 침팬지 사회의 관찰은 집단으로 사냥한 고기의 분배가 대개 복잡한 사회적 작용을 수반한다는 것을 증명하였는데, 고기는 연합의 형성, 호의에 대한 보답, 배우자의 획득, 경쟁자에 대한 위로 등의 목적으로 사용된다. 아마 이러한 상호작용의 계획, 평가 및 기억에 필요한 정신적 기술이 우리의 크고, 영리한 뇌 진화의 숨은 원동력이었을 것이다.

## 뒤뜰에서 노래하는 공룡들? 다시 들러보기

찾아야 할 깃털공룡의 화석은 중국 북동부 지역 시헤툰(Sihetun)의 작은 마을 근처 암석층에서 최초로 발견되었다. 1998년, 화석 사냥꾼들은 그곳에서 이전에는 발견되지 않았던 형태의 정교하게 보존된 공룡들의 유해를 채취하였다. 이 공룡 화석 뼈들 일부 가장자리를 따라 명백히 보이는 것은 깃털의 흔적이었다. 과학자들은 처음으로 일부 공룡들이 깃털을 가지고 있었다는 확고한 증거를 가지게 되었다.

중국에서의 최초 발견 이후 여러 해 동안, 특히 잘 보존된 화석깃털을 가진 공룡을 포함하여 많은 깃털공룡들이 추가적으로 발굴되었다. 12종 이상의 깃털공룡 화석들이 발견되었다. 대부분의 고생물학자들에게 이 화석들은 깃털이 조류에서 기원한 것이 아니라, 조류를 낳은 수각류(theropod)라고 알려진 한 무리의 공룡에 이미 존재하였다는 것을 전체적으로 증명한다. 일부 고생물학자들은 벨로시랩터(*Velociraptor*; 영화 쥬라기 공원으로 잘 알려진 공룡)와 무서운 포식자 티라노사우루스(*Tyrannosaurus*)를 포함한 모든 수각류들이 깃털을 가지고 있었을지도 모른다고 주장한다.

깃털을 가지고 있었든 그렇지 않든 모든 공룡은 결국 멸종하였다. 그러나 그들의 진화적 사촌인 조류는 살아서 오늘날 우리의 뒤뜰을 생기 있게 하는 다양한 무리로 진화하였다.

### 생각해보기

깃털공룡의 존재를 설명하는 대안적 가설은 수렴진화(convergent evolution)이다. 공룡과 조류가 상호 관련이 없으며, 각 집단이 개별적으로 깃털을 진화시켰을 가능성은 없을까? 만약 발견된다면, 어떤 증거가 당신이 조류가 공룡으로부터 진화했다는 결론을 부정하고, 수렴진화 가설을 수용하게 할 수 있을까?

# 개념 확인 문제

## 빈칸 채우기

**1.** 최초의 대기에는 산소가 없었기 때문에, 최초의 세포들은 유기분자들의 __________대사를 통해 에너지를 얻었음에 틀림없다. 산소는 일부 미생물이 __________을(를) 하고, 그 부산물로 산소를 방출시키는 능력을 개발하였을 때 대기에 유입되었다. 산소는 최초의 많은 세포들에게 __________하였겠지만, 일부 세포들은 더 많은 에너지를 제공하는 __________ 호흡에서 __________를(을) 이용하는 능력을 진화시켰다.

**2.** __________ 분자는 톰 체흐(Tom Cech)와 시드니 알트만(Sidny Altman)이 이 분자들 중 일부가 그들이 __________(이)라고 명명한 효소로서 작용할 수 있다는 사실을 발견함으로써 자가-복제하는 정보-전달물질의 후보가 되었다.

**3.** 세포핵과 기타 소기관을 포함하는 복잡한 세포들을 __________세포라고 부른다. 이 복잡한 세포들의 기원에 대한 설득력 있는 설명이 __________이다. 이 가설은 포식성의 혐기성 세포가 __________ 대사를 통해 에너지를 획득하던 세포를 삼켜 미토콘드리아가 생겼다고 제안한다. 미토콘드리아가 자기 고유의 __________를(을) 가지고 있다는 것이 이 가설을 뒷받침한다.

**4.** 초기 육상 식물들의 정자는 __________에 의해 난자에 도달해야만 했는데, 이것이 그들을 습지 환경에 제한적으로 서식하게 하였다. 건조한 육지 생활을 위한 중요한 적응이 건조에 강한 껍질 속에 정자를 집어넣은 __________의 진화였다.

**5.** 종자를 방울(cone) 속에 보호한 초기 식물들을 침엽수라고 부른다. 이 식물들은 그들의 꽃가루 운반을 __________에 의존하였다. 나중에 일부 식물들은 꽃가루를 운반하던 동물들, 특히 __________을(를) 끌어들이기 위해 꽃을 진화시켰다. 동물에 의한 수분이 바람에 의한 수분보다 훨씬 더 __________이다.

**6.** __________이라고도 불리는 외부골격이 그들의 몸을 __________(으)로부터 보호하는 한편, 체중을 지탱하였기 때문에 최초의 육상동물은 __________이었다.

**7.** 양서류는 __________(으)로 진화하였는데, 이들은 건조한 육상 생활을 위한 네 가지 중요한 적응을 진화시켰다: 방수성 껍질을 가진 알; __________수정; 내수성 __________; 더욱 효율적인 허파.

## 복습 문제

**1.** 생명이 초기 지구의 무생물로부터 기원하였을 것이란 증거는 무엇인가?

**2.** 만약 호기성 대사를 하는 최초의 세포들이 에너지 생성에 훨씬 더 효율적이었다면, 왜 이 세포들은 혐기성 대사만을 하는 세포들을 멸종으로 몰아가지 않았나?

**3.** 미토콘드리아와 엽록체의 기원에 대한 내부공생설을 설명하라.

**4.** 초기 조류(algae)가 다세포화될 때의 이점 2가지를 말하라.

**5.** 최초의 육상 동, 식물들이 육지에 정착하게 됨으로써 누렸던 유리한 점과 불리한 점은 각각 무엇인가?

**6.** 양서류로부터 파충류, 조류 및 포유류에 이르기까지 육지서식 척추동물들의 진화과정에서 나왔던 주요 적응들에 대한 요점을 말하라. 이 적응들이 어떻게 육상생활을 위한 다양한 집단의 적합성을 증가시켰는지 설명하라.

**7.** 초기 영장류로부터의 인간 진화에 대한 요점을 말하라. 당신의 해설에 양안시(binocular vision), 움켜 쥘 수 있는 손(grasping hand), 두발 이동(bipedal locomotion), 도구제작(tool making) 및 뇌의 확대(brain expansion)와 같은 특성들을 포함시켜라.

# 4단원

# 동물 해부학 및 생리학

동물의 신체는 진화를
통해 기능에 맞도록
형태를 갖춘 우아함을
정교하게 표현하고 있다

# 14장

# 항상성과 동물의 몸구조

물밑에서 인간의 몸은 생존에 필요한 내부환경 유지를 위한 능력에 맞서는 상황에 직면한다

## 주요 내용

# 사례 연구 잠수에서 살아남기

2005년 7월 어느날 패트릭 무시무(Patrick Musimu)는 숨을 크게 들이쉬고는 홍해로 뛰어들었다. 그는 속도를 내어 내려가도록 무거운 장비를 장착하고 빠르게 곤두박질 치듯이 210 m 깊이까지 내려갔다. 목표 지점에 도달한 뒤 그는 장비를 벗고 물 위로 올라오기 시작했다. 그가 물표면을 빠져나올 때 배에 승선했던 선원들로부터 박수갈채를 받았다.

무시무는 산소통을 장착하지 않고 가장 깊은 곳까지 잠수한 신기록을 세운 것이다. 잠수기록을 깬 무시무의 신체는 특정 스트레스를 견뎌낼 수 있었다. 가장 깊은 잠수 지점에서 그는 1 $cm^2$ 당 21 kg 이상의 압력을 경험한 것이다. 이 같은 압력은 조직과 기관을 변형시키고 스트레스로 인해 다이버의 폐가 눌리게 되어 폐에서 공기가 빠져나와 혈액 속으로 용해된다. 다이버가 위로 올라올 때는 압력이 감소하여 혈액에 용해되었던 기체가 빠르게 빠져나온다. 이런 현상은 매우 위험해서 심지어 사망할 수도 있으며, 특히 혈관에 공기방울이 형성될 경우 혈류를 차단할 수도 있다.

웨델바다표범은 일상적으로 사람이 죽을 만큼 깊은 곳까지 잠수한다.

깊은 곳에 잠수하는 다이버들을 더욱 힘들게 하는 것은 산소부족이다. 보통 사람의 신체는 물속으로 가라앉기 전에 들이마신 산소로 2~3분 정도를 견딜 수 있다. 심지어 세계에서 숨을 가장 오래 견뎌낸 사람도 물속에서 움직이지 않은 채 7분도 안되어 표면으로 되돌아와야 한다. 수십 미터 깊이에서는 산소가 고갈되므로 깊은 곳에 잠수하는 다이버의 몸은 심각한 위험에 처할 수 있다.

패트릭 무시무는 그가 깊이 잠수하는 위험에 직면했을 때 건강이 양호한 것으로 나타나긴 했지만 모든 다이버가 그렇게 운이 좋은 것은 아니다. 2002년에 오드리 메스트레(Audrey Mestre)는 몸의 기운이 빠졌을 때 기존 기록인 170 m까지 잠수했다가 올라오고 있었다. 구조대가 그녀를 물 표면으로 끌어냈지만 이미 사망하였다.

깊은 잠수에는 매우 위험이 따른다. 하지만 어떤 일부 종의 경우 오드리 메스트레를 죽게한 정도의 잠수도 일상의 여정일 수 있다. 예를 들어, 웨델바다표범은 600 m까지 잠수하여 1시간 이상을 수중에 머물 수 있다. 코끼리바다물범은 1500 m까지 내려가 2시간 정도 머물 수 있다. 이처럼 깊은 잠수를 하는 동물들은 이런 어려움을 어떻게 이루어냈으며, 최상의 조건을 갖춘 운동선수의 능력을 훨씬 뛰어넘는 것은 무엇인가? 동물의 몸구조와 생명에 필요한 내부 조건을 유지하는 과정에 대해 들었듯이 위의 질문에 대해 고려해 보기로 한다. ■

## 14.1 동물의 몸이 어떻게 조직화되어 있는가?

동물의 몸은 세포로 구성되어 있다. 지렁이처럼 몸집이 작은 동물은 수천 개의 세포로 이루어져 있다. 사람의 몸은 수조(trillion) 개의 세포로 구성되어 있다. 세포는 신체의 여러 부위에 배열되며, 각 부위마다 세포의 크기, 형태 및 기능에 알맞은 특수화된 세포형태를 이룬다. 이 같은 구조와 기능의 조화는 자연선택 결과이며, 신체부위는 동물이 생존과 생식능력을 높이는 임무를 수행하는 데 잘 적응할 수 있도록 유리하게 진화해왔다. 자연선택은 신체부위가 매우 정교하게 통합적으로 함께 작용하도록 도움을 주었다.

신체구조와 조직화는 서로 다른 단계의 조직화로 설명할 수 있다. **조직(tissue)**은 신체의 기본 구성요소이며 특수 기능을 시행하도록 서로 협력하여 작용하도록 구조적으로 비슷한 120억 개의 세포로 구성된다(**그림 14-1**). 조직이 모여 **기관(organ)**을 형성하며 기관은 특수 기능을 수행하기 위해 최소한 두 종류의 조직이 함께 작용한다. 예를 들어,

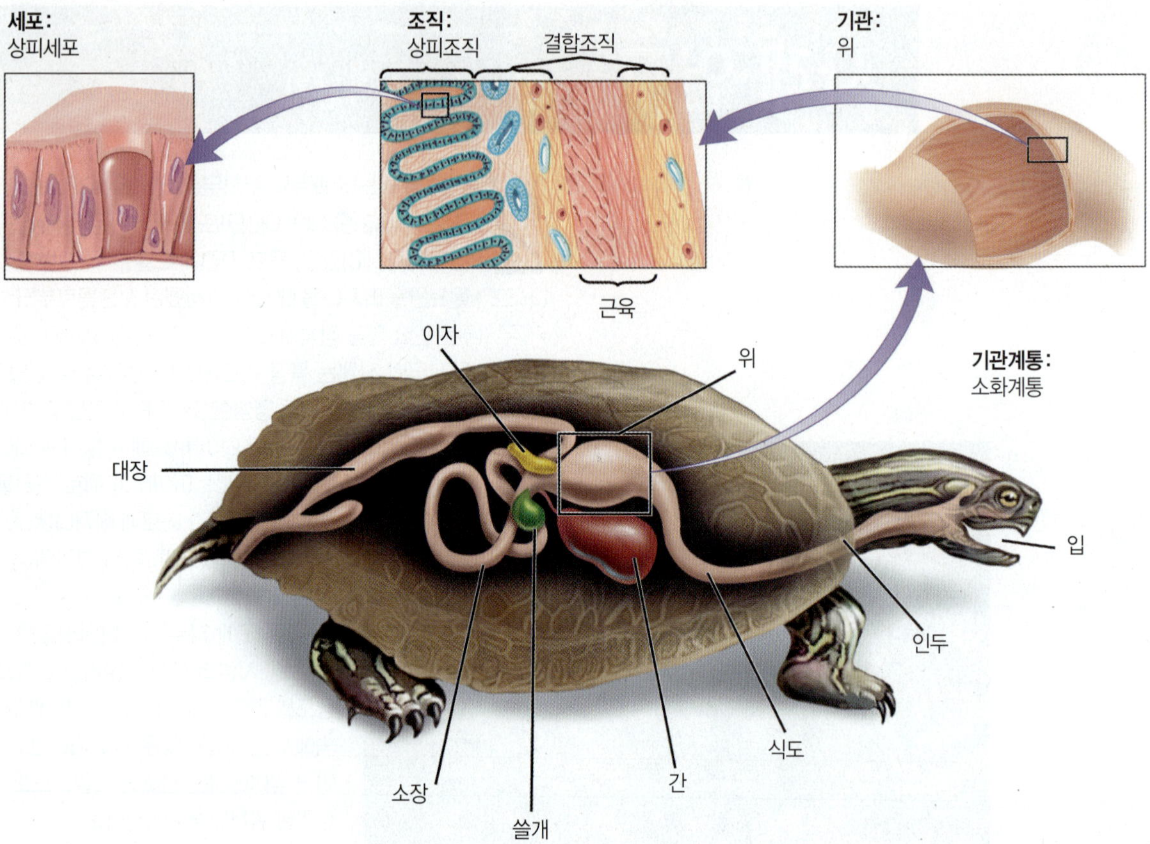


▶ 그림 14-1 **세포, 조직, 기관 및 기관계** 동물의 몸은 세포로 구성되며, 세포는 조직을 형성하고 조직이 모여 기관을 형성하고 기관은 기관계가 조화롭게 작용하도록 한다.

기관에는 위, 소장, 신장, 방광 등이 있다. 두 개 이상의 기관이 모여 **기관계(organ system)**를 구성하며 함께 일반적인 기능을 수행한다. 소화계에는 위, 소장, 대장, 기타 기관 등이 포함된다.

## 14.2 조직들이 어떻게 다른가?

다른 장에서 설명하는 동물의 기관계를 구조와 기능에 대해 읽어 보면 기관계가 광범위하고 다양한 조직으로 구성되어 있음을 알게 된다. 모든 조직은 상피조직, 결합조직, 근육조직, 신경조직의 4가지 조직으로 나뉜다.

### 상피조직은 막을 형성한다

**상피조직(epithelial tissue)**은 신체 및 구강, 위, 방광 같은 체강 내부를 덮는 막을 형성한다. 상피조직 세포들은 서로 조밀하게 밀착되어 있어 물질이 통과하지 못하도록 방어벽을 이루거나(피부), 특정물질만 허용하여 이동시키는(소장) 방어벽을 형성한다.

#### 상피조직은 몸의 표면과 체강을 덮고 있다

상피조직에는 여러 형태가 있으며, 각각의 구조는 기능과 관련이 있다. 예를 들어, 기체교환이 일어나는 폐포를 구성하는 상피조직은 단층의 얇고 편평한 세포로 구성되어 기체분자가 쉽게 통과한다(그림 14-2a). 다른 형태로서, 섬모가 있고 길쭉한 세포로 구성된 상피조직은 점액을 분비한다(그림 14-2b). 이것은 기도내벽에서 폐에 이르는 상피조직의 형태로서 점액이 먼지를 잡고 섬모가 먼지입자를 폐에서 내보낸다. 이런 섬모상피조직은 생식관내부의 벽을 구성하여 배우자가 최종 목적지로 도달하도록 한다.

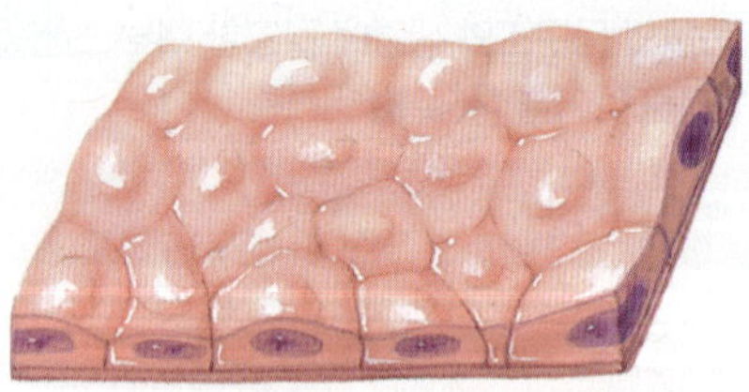
(a) 편평상피조직

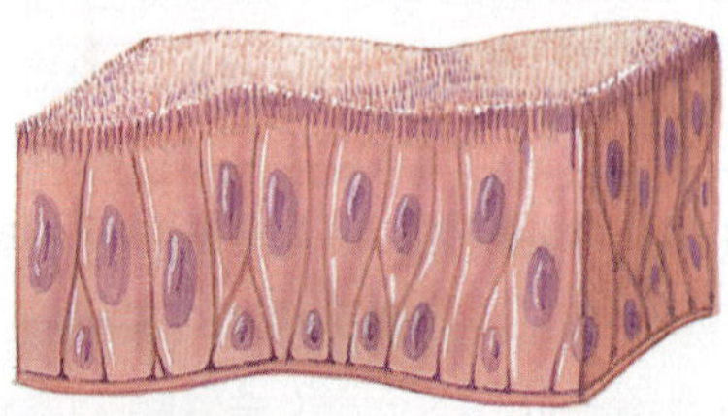
(b) 섬모상피조직

▲ 그림 14-2 **상피조직** (a) 단층의 얇고 납작한 세포는 물질교환의 주요 장소인 기도와 혈관의 상피조직을 형성한다. (b) 섬모가 있고 점액을 분비하는 기다란 상피세포는 허파와 생식기관의 관을 덮고 있다.

상피조직의 중요한 특징은 세포분열에 의해 계속 떨어져나가고 재생된다는 점이다. 예를 들어 구강 내 상피조직이 얼마나 시달리는지 알아보자. 커피에 데이고 콘칩에 긁혀서 세포가 계속 재생되지 않는다면 수일 내로 곧 파괴될 것이다. 이와 비슷하게, 음식물이 내려오면 염산과 단백질 분해효소의 공격을 받는 위내벽의 경우도 2~3일에 한 번씩 완벽하게 재생된다. 우리 피부의 표면은 한 달에 2번 정도 재생된다.

### 일부 상피조직은 샘조직을 형성한다

발생 중 일부 상피조직 세포는 모양과 기능이 **샘조직(gland)**으로 바뀌어 세포의 목 부분이 물질을 분비하도록 특수화된다. 샘조직은 외분비와 내분비 2가지로 분류한다.

**외분비샘(exocrine gland)**은 상피조직으로 연결되는 통로나 관에 남아 있다. 외분비샘의 예로 피부에서 발견되는 땀샘(sweat gland)과 피지샘(sebaceous gland)이 있다. 외분비샘인 침샘의 경우 입으로 침(saliva)을 분비하며, 위내벽에도 많은 외분비샘이 있어 일부는 위벽을 보호하는 점액을 분비하고 어떤 것은 음식물 소화를 돕는 염산이나 효소를 분비하기도 한다.

**내분비샘(endocrine gland)**은 관을 통해 상피조직과 연결되지 않고 따로 분리되어 있다. 내분비샘의 분비물 대부분이 호르몬이며 샘조직 주위를 둘러싼 세포외액으로 분비된 뒤 주위 모세혈관으로 확산된다.

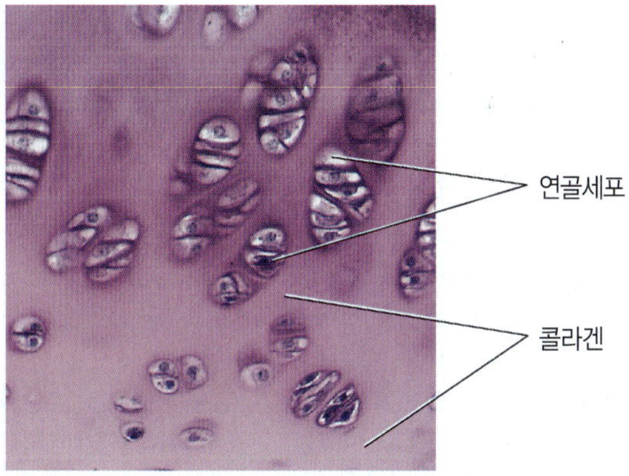


▲ 그림 14-3 **연골** 특수한 결합조직이 몸을 지탱하고 연조직을 보호해준다. 골보다 더 유연성이 있다. 연골세포의 세포막이 진한 보라색으로 보인다. 연한 자주색으로 보이는 물질은 연골세포가 분비한 콜라겐 기질이다.

## 결합조직은 다양한 구조와 기능을 갖는다

**결합조직(connective tissue)**은 다른 조직을 지지하거나 서로 연결해주는 역할을 한다. 결합조직은 대부분 세포외기질에 있는 물질들을 많은 양 포함하고 있으며 이는 결합조직 세포들이 분비한 것이다. 세포외기질에 있는 물질은 결합조직의 종류에 따라 다르며, 조직의 형태를 나타내는 특징을 결정한다.

상피조직을 지지하고 양분을 공급하는 결합조직의 경우 주로 느슨하게 짜인 섬유소로 구성된다. 예를 들어, 진피(dermis)에 해당하는 결합조직은 피부의 상피조직 아래에 위치하며 콜라겐이라는 세포외기질단백질 섬유를 포함한다. 뿐만 아니라 공간을 모세혈관과 액체로 채우고 있어 상피조직에 영양을 공급한다(그림 14-9 참고). 섬유성 결합조직인 힘줄(tendon)은 근육을 뼈에 붙여주고 인대(ligament)는 뼈와 뼈를 연결해준다. 이들 조직은 평행하게 배열된 콜라겐 섬유가 치밀하게 자리잡고 있어 이들 기능에 필요한 힘을 발휘한다.

**연골(cartilage, 물렁뼈)**은 유연하고 저항성이 있는 결합조직으로 누껍고 생명력이 없는 기질에 둘러싸인 세포로 구성된다(그림 14-3). 관절에서 골의 끝부분을 싸고 있는 연골은 기도벽이나 귀와 코 등을 지지하고 척추 사이에서 충격을 흡수하는 역할을 한다.

**골(bone, 뼈)**은 연골과 닮았지만 인산칼슘의 침착으로 연골보다 단단하다. 뼈물질은 혈관의 통로가 되는 중심관 주위에 동심원상의 무늬를 이루며 축적된다(그림 14-4).

동물의 몸에서는 지방세포에 의해 오랜 시간 에너지를 저장하는데 이를 지방조직(adipose tissue)라고 한다(그림 14-5a). 지방조직은 추운 환경에 적응해야 하는 동물에서 생리학적으로 중요한데, 그 이유는 에너지 저장뿐 아니라 단열 역할도 하기 때문이다(그림 14-5b).

혈액과 림프가 액체이긴 하지만 대부분 세포외액으로 구성되기 때문에 결합조직으로 분류한다. 혈액은 적혈구, 백혈구, 혈소판이라는 세포절편으로 구

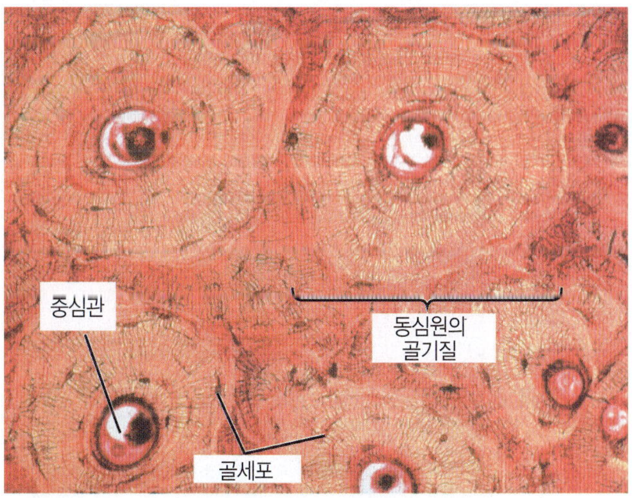


▲ 그림 14-4 **골은 단단한 기질 안에 둘러싸인 세포로 구성된다** 혈관통로를 가진 중심관 주위의 동심원이 현미경 시야로 선명하게 보인다. 골세포는 단단한 골기질 안에 있는 골소강 내 까만 점으로 보인다.

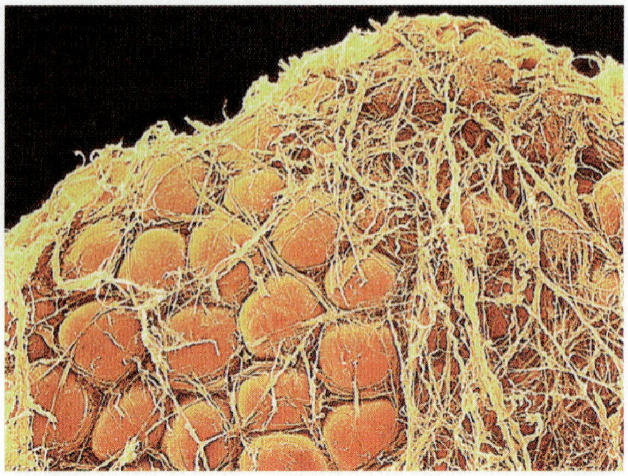

(a) 지방세포

(b) 아기물개

▶ **그림 14-5 지방조직** (a) 그림은 쥐의 지방조직을 나타내며, 세포외기질이 거의 없고 대부분이 지방세포로 구성되어 있다. 지방세포에 들어 있는 지방입자가 세포의 대부분을 차지한다. (b) 태어난 지 4일 된 후두물개는 지방이 61%나 되는 어미젖을 먹고 출생시 체중의 두 배나 된다. 45 kg이나 되는 물개는 너무 살이 쪄서 걸을 수가 없다. 이 새끼가 얼음이 부서지고 스스로 얼음물에 뛰어들어 먹이를 잡아먹는 방법을 배울 때까지 지방은 먹이와 단열을 제공해줄 것이다. **질문:** 왜 어린 포유류가 성체보다 더 살이 찐 것일까?

성되며, 이들은 **혈장**(plasma)이라는 세포외액에 섞여 있다(**그림 14-6**). 혈액은 녹아 있는 산소와 기타 양분을 세포에 수송하고 이산화탄소와 노폐물을 배출한다. 혈액은 또한 호르몬을 몸전체로 나른다. 림프는 모세혈관에서 새어 나온 체액으로 구성되며 림프관을 통해 혈액으로 되돌아온다.

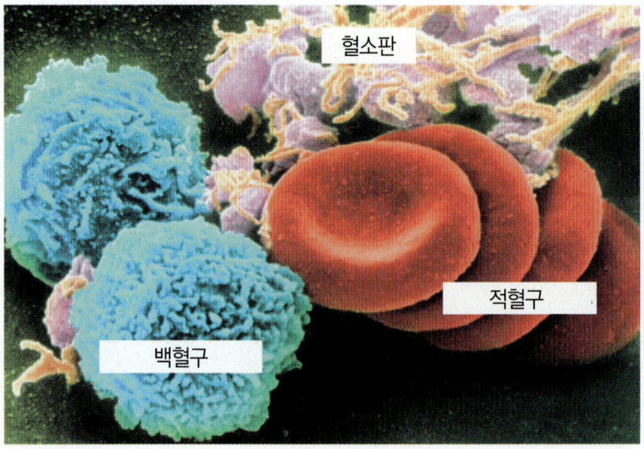


▲ **그림 14-6 혈액** 혈액에는 3종류의 세포가 포함되어 있다. 혈장 내 포함된 혈액세포를 주사전자현미경으로 관찰한 것.

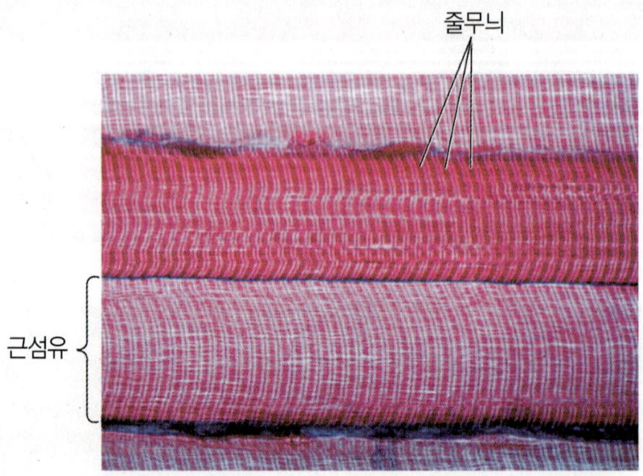


▲ **그림 14-7 근육조직은 근섬유라고 하는 수축성 세포들로 구성된다.** 현미경으로 관찰하여 골격근에 섬유성 단백질이 규칙적으로 배열되어 줄무늬를 나타낸다.

## 근육조직은 수축하는 능력이 있다

길고 가는 **근육조직(muscle tissue)**은 자극을 받으면 수축하고(짧아짐), 수동적으로 이완된다(**그림 14-7**). 근육조직에는 골격근, 심장근, 평활근의 3종류가 있다. **골격근**(skeletal muscle)은 보통 의지적으로 조절되며 세포에 섬유성 단백질이 규칙적으로 배열되어 **줄무늬**(striation)를 나타낸다. 근육 이름처럼 골격근의 주요 기능은 걷거나 책의 페이지를 넘기는 것처럼 골격을 움직이게 한다. **심장근**(cardiac muscle)은 심장을 구성한다. 골격근처럼 심장근에도 줄무늬가 있지만 골격근과는 달리 자율적이며 의식적으로 조절되지 않는다. 심장근 세포는 전기신호가 심장으로 빠르게 전파되도록 서로 연결되어 있어 심근세포에 자극이 오면 조화롭게 수축한다. **평활근**(smooth muscle)은 심장근이나 골격근처럼 줄무늬가 없어서 붙여진 이름이며, 소화관, 자궁, 방광, 동맥의 벽을 둘러싼다. 보통 자율적으로 느리게 지속적인 수축을 한다.

## 신경조직은 전기신호를 전달한다

감각을 느끼고 세상에 대해 반응을 하는 것은 **신경조직(nervous tissue)** 때문이며, 뇌와 척수를 구성하며 전기신호를 전달한다. 또한 여기서 나온 신경이 온몸에 분포한다. 신경조직은 신경세포와 교세포 두 종류로 구성된다. **뉴런(neuron)**은 전기신호를 만들어 이 신호를 다른 뉴런으로 전도하도록 특수화되어 있다. 뉴런을 둘러싸고 지지해주며 보호하는 **교세포**(glial cell)는 세포간질액 성분을 조절하여 뉴런이 최적의 기능을 유지하도록 한다.

뉴런은 4부분으로 나누며 각 부분마다 특수한 기능을 담당한다(**그림 14-8**). **수상돌기**(dendrire)는 다른 뉴런이나 외부환경으로부터 신호를 받아들인다. **세포체**(cell body)는 세포의 유지와 재생을 지시한다. **축삭**(axon)은 전기신호를 표적세포로 전달하며, **시냅스 말단**(synaptic terminal)에서 표적세포로 신호가 전달된다.

## 14.3 조직이 모여 어떻게 기관을 형성하는가?

기관은 기능이 같은 두 종류 이상의 조직으로 구성된다. 어떤 기관은 4종류의 조직을 모두 포함하는 것도 있다. 이 절에서는 대표적인 동물의 기관인 피부의 구성과 기능을 알아볼 것이다.

### 피부는 4가지 조직 형태를 모두 포함하는 기관이다

피부는 상피조직의 외층부를 구성하며 상피조직 밑에는 혈액공급, 신경, 근육 및 상피조직에서 유래된 샘조직을 포함한다.

표피(epidermis) 또는 피부의 외층부는 특수화된 상피조직이다(그림 14-9). 표피는 죽은 세포의 보호층으로 아래층의 살아 있는 상피세포로부터 생성된다. 이 죽은 세포들은 피부를 탄력있고 방수가 비교적 잘 되도록 도와주는 케라틴 단백질로 포장되어 있다. 표피 바로 밑에는 진피(dermis)인 결합조직층이 있다. 동맥, 정맥, 모세혈관이 진피층에 분포되어 진피와 표피조직에 양분을 공급하는 혈액을 나른다. 림프관은 진피 내에서 세포외액을 나른다. 콜라겐 섬유가 그물망으로 퍼져 있어 유연하게 지지해준다. 온도, 촉각, 압력, 진동 및 통증에 반응하는 다양한 신경말단이 진피와 표피에 퍼져 있다.

진피는 상피조직에서 유래된 샘조직을 싸고 있다. 모낭(hair follicle)이라는 샘은 단백질이 포함된 분비물로 털을 만든다. 땀샘은 수분이 많은 분비물을 만들어 피부를 시원하게 하고 염이나 요소 같은 물질을 배출한다. 피지샘은 상피조직을 매끄럽게 하는 지방성 물질을 분비한다.

상피, 결합, 신경조직 외에 피부의 일부에 근조직이 포함된다. 모낭에 붙어 있는 작은 근육이 신경신호에 반응하여 피부의 털이 쭈볏 서게 만든다. 이런 반응이 사람에게는 필요없지만, 포유류 대부분은 효율적으로 세우므로 털의 두께가 점차 증가하여 추운 날씨에도 열을 보전하도록 도와준다.

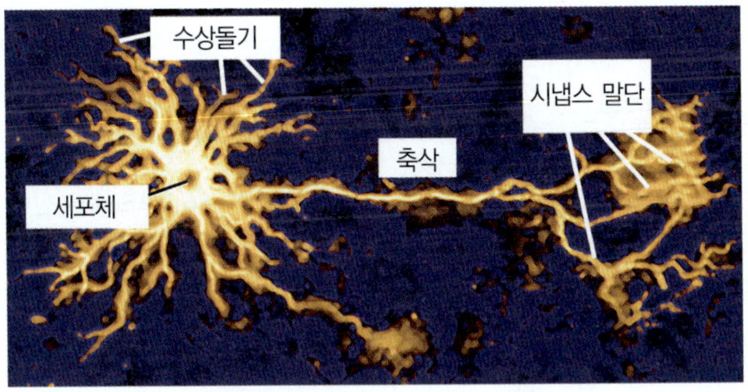


▲ **그림 14-8 신경세포** 신경세포는 특수한 기능을 하는 4부분으로 구성된다. 신경세포 모양은 신경계의 기능에 따라 매우 다양하다.

**잠수에서 살아남기**

**계속**

이 장 앞에서 설명하였듯이, 깊은 잠수시 위험한 일 중 하나는 물 아래에서 위로 사람이 올라올 때 생기는 공기방울이다. 큰 방울은 조직이나 기관에 상처를 주어 사망할 수도 있으며, 작은 방울이라 하더라도 좋지 않은 증상을 유발할 수 있다. 예를 들면, 작은 기체방울이 피부에 축적되는 "감압병"이라는 질병으로 많은 다이버들이 고통을 받으며 그 결과 조직이 손상되어 발적, 부종, 가려움 및 때로는 아주 심하게 작은 벌레가 피부에 기어다니는 느낌이 나타나기도 한다.

### 기관계통은 두 개 이상의 기관으로 구성된다

기관계통에는 기능을 함께하는 적어도 두 개의 기관이 포함된다. 예를 들어, 외피계통의 일부인 피부에는 털과 손톱이 신체의 외부와 내부환경의 방어벽 역할을 한다. 다른 예로 소화계통인 입, 식도, 위, 장 및 소화효소를 분비하는 간이나 췌장 같은 기관들이 함께 작용하여 음식을 양분으로 전환한다(그림 14-1 참조). 척추동물의 주요 기관계통은 표 14-1에 나타나 있다.

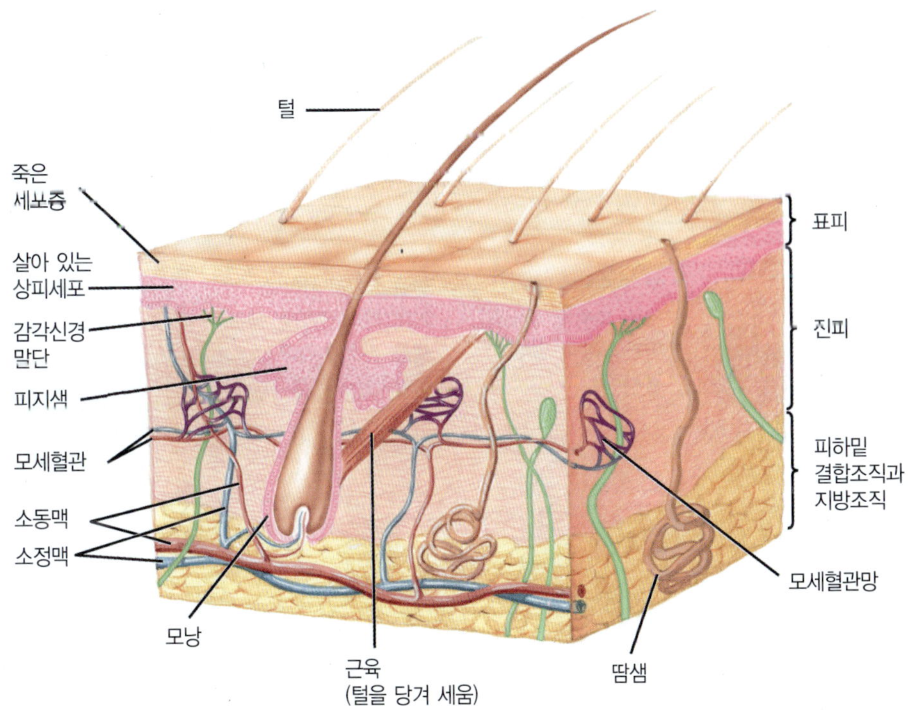


▶ **그림 14-9 피부** 횡절단으로 본 주요 기관인 포유동물의 피부. **질문:** 피부는 기관으로 보고 혈액은 조직으로 보는 이유는?

**표 14-1** 척추동물의 주요 기관계

| 기관계통 | 주요 구조 | 생리적 역할 |
|---|---|---|
| 순환계통 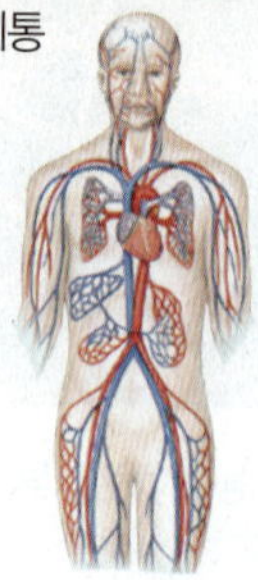 | 심장, 혈관, 혈액 | 양분, 기체, 호르몬, 대사노폐물 운반 체온조절을 도움 |
| 림프/면역계통 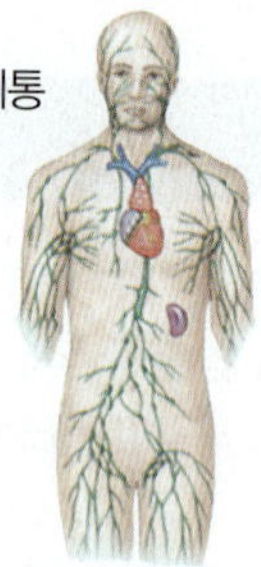 | 림프, 림프절, 림프관 백혈구 | 지방과 과다한 체액을 혈액으로 운반. 침입한 미생물을 파괴 |
| 소화계통 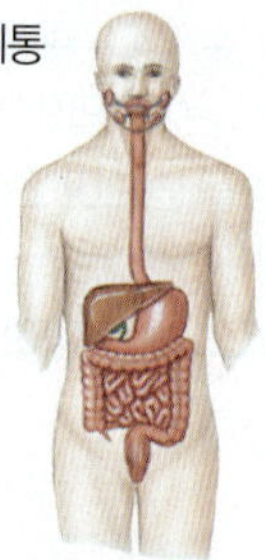 | 입, 식도, 위, 소장과 대장, 소화효소를 만드는 샘조직 | 에너지를 제공하는 물질과 성장 및 유지에 필요한 물질 공급 |
| 배설계통 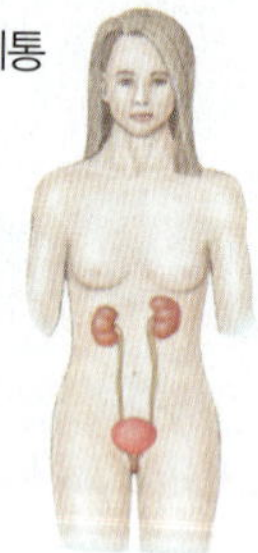 | 신장, 수뇨관, 방광, 요도 | 혈류 내 항상성 조건을 유지. 세포 노폐물과 특정 독소 및 과잉 수분과 양분을 여과 제거 |
| 호흡계통 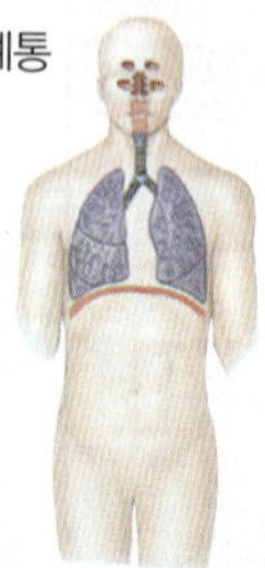 | 코, 기도, 폐(포유류, 조류, 파충류, 양서류), 아가미(어류, 일부 양서류) | 혈액과 환경 사이의 기체교환에 필요한 공간 제공, 산소를 얻고 이산화탄소를 제거 |
| 내분비계통 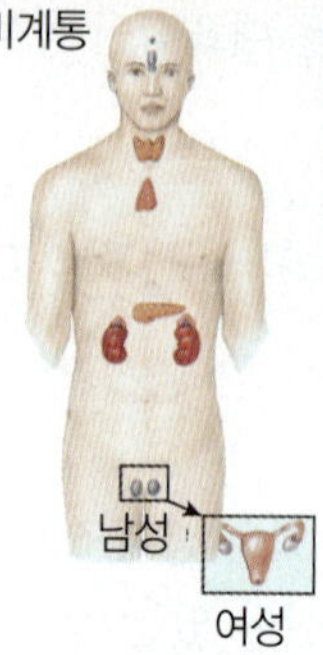  | 시상하부, 뇌하수체, 갑상샘, 췌장, 부신 등을 포함한 다양한 호르몬 분비샘 | 일반적으로 신경계와 연관된 생리과정 조절 |
| 신경계통 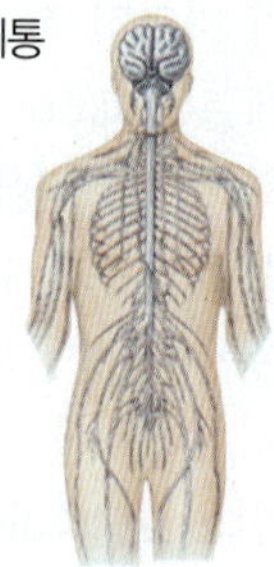 | 뇌, 척수, 말초신경 | 내분비계통과 연관된 생리과정 조절. 외부환경을 감지, 행동지배 |
| 근육계통 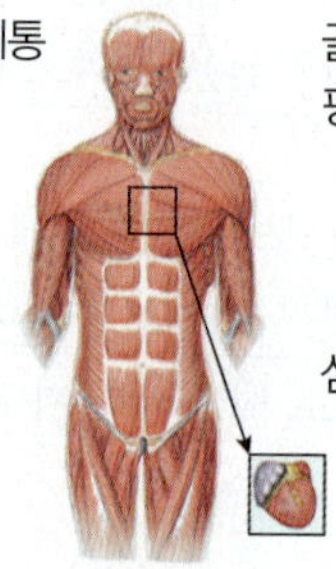 | 골격근<br>평활근<br>심장근 | 골격의 움직임<br>소화계, 혈관 같은 속이 빈 기관을 통한 물질의 이동을 조절<br>심장수축의 개시 및 수행 |
| 골격계통 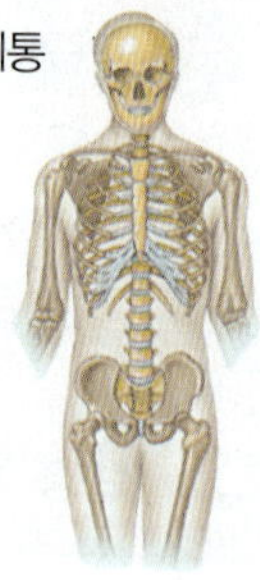 | 뼈, 연골, 힘줄, 인대 | 몸, 근육의 부착부위 지지, 내장기관 보호 |
| 생식계통 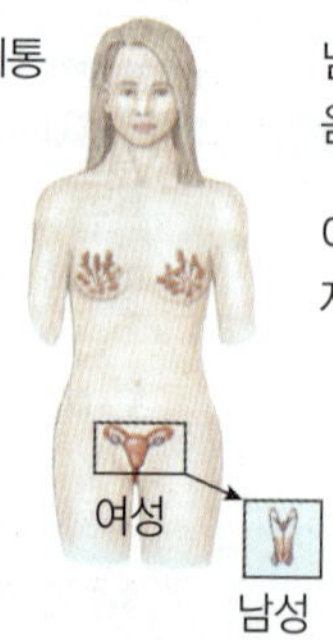  | 남성: 정소, 정낭 음경<br>여성: 난소, 수란관 자궁, 질, 젖샘 | 남성: 정자생성, 여성을 임신시킴<br>여성: 난자생성, 배의 발달 유지 |

## 14.4 동물은 어떻게 내부환경을 유지하는가?

기관계통은 적절한 기능을 위해 수분, 온도, 화학성분이 안정적으로 유지되어야 한다. 하지만 동물의 외부환경은 별로 이런 조건을 갖추고 있지 않다. 동물들은 사막에서 얼음이 있는 극지방, 바람 부는 산꼭대기에서 강에 이르기까지 다양한 종류의 환경에 서식한다. 동물이 생존하기 위해서는 외부환경과 관계없이 일정하고 적절한 내부환경을 유지해야 한다.

몸이 생존한다는 말은 결국 신체를 구성하는 세포의 생존에 달려 있다. 동물체를 구성하는 세포들은 약한 염분 용액에 잠겨 있다. 외부환경이 건조하고 염분이 거의 없는 물로 구성된 환경이라 하더라도, 수분이 있는 염분 환경은 세포가 생존하는 데 필요하다. 더구나, 단지 수분과 염만으로 내부환경이 충분한 것은 아니다. 세포는 매우 특수한 물질의 혼합물과 특정 온도의 범위를 필요로 한다. 만일 내부환경 조건이 정상범위에서 조금이라도 벗어나면 세포는 정상범위를 유지하기 위한 작용에 많은 양의 에너지를 공급해야 하므로 세포가 생존하기 어렵다.

이처럼 내부환경이 일정하다는 것은 19세기 중엽 프랑스 생리학자 클로드 버나드(Claud Bernard)가 최초로 알렸으며, 이후에 **항상성(homeostasis)**이라는 말이 생겼다. 항상성(그리스어로 "같은 상태를 유지함"의 뜻)이라는 말이 안정적인, 변화하지 않은 상태라는 의미지만 실제로 우리 몸의 내부환경은 내부와 외부 환경에 적응하기 위해 지속적으로 활동을 한다. 이런 결과는 내부 조건을 세포의 기능에 필요한 좁은 범위 내로 유지시킨다. 조건은 선택적으로 되먹임이라는 기전에 의해 적절한 범위 내로 유지된다.

### 음성되먹임은 변화에 대한 결과를 바꾸어 놓는다

항상성을 지배하는 가장 중요한 기전은 **음성되먹임(negative feedbag)**이며, 변화에 대한 반응에 반대로 나타난다. 다시 말해서, 최초 입력에 대해 입력정보가 영향 또는 되먹임이라는 결과반응을 나타내어 그 결과를 감소시키는 것이다. 최초의 변화가 반대 효과로 반응을 나타내므로 전체적인 결과는 기관계통을 원래상태로 되돌아오게 한다. 이런 되먹임을 최초 변화에 반대 또는 효력을 무효화시킨다고 하여 "음성"되먹임이라 한다.

음성되먹임 기전은 전반적인 과정을 다루는, 조절중추(control center)가 필요하며, 설정점 및 설정점의 변화를 감지하는 감지기(sensor), 변화를 나타내는 효과기(effctor)가 필요하다. 조절중추, 감지기, 효과기가 함께 작용한 가정집의 온도조절계를 음성되먹임의 한 예로 들어보자.

온도조절계에서 조절계에 설정해 둔 설정점 이하로 온도가 떨어지면 온도계(감지기)가 감지한다(입력). 온도계가 조절장치(조절중추)에 신호를 보내어 출력으로 반응하면 히터(효과기)를 켜서 온도를 설정점으로 되돌리게 되어 히터는 꺼진다. 최초의 변화에 대한 반응이 반대 변화를 나타내어 지속적으로 껐다 켰다를 반복하면 집의 온도는 거의 설정점을 유지하게 된다(그림 14-10a).

사람들은 외부온도의 극심한 변화에도 불구하고 어떻게 좁은 범위 내에서 체온을 유지하는가? 음성되먹임은 사람의 체온을 37℃ 가까이 유지한다. 간뇌 시상하부에는 온도조절계의 조절중추가 있다(그림 14-10b). 복부, 척수, 피부 및 대정맥에 있는 신경종말이 온도감지기로 작용하여 정보를 시상하부로 보낸다. 체온이 떨어지면 시상하부가 체온을 올릴 수 있도록 여러 효과기의 기전을 활성화한다. 이들 기전에는 근육 떨림(근육활동으로 열을 발생), 피부로 가는 혈액공급 제한(열손실 감소) 및 대사율 증가(열 발생)가 포함된다. 정상 체온이 회복되면 감지기는 시상하부로 신호를 보내어 체온조절 기전의 스위치를 끈다.

> **잠수에서 살아남기**
>
> 계속
>
> 깊은 물에서 사람의 몸은 혈액 내 녹아 있는 산소 수준이 설정점을 벗어난다. 이 변화가 음성되먹임 신호를 만든다. 하지만 폐에서 호흡을 통해 산소를 정상으로 보존할 수 없으므로 산소를 원래 수준으로 회복하려는 기전이 되먹임에 반응할 수 없다. 항상성이 깨지면 우리 몸은 오래 버틸 수 없지만, 패트리 무시무처럼 잘 훈련된 심해 다이버들은 다른 사람들 보다 좀 더 오래 견딜 수 있다.

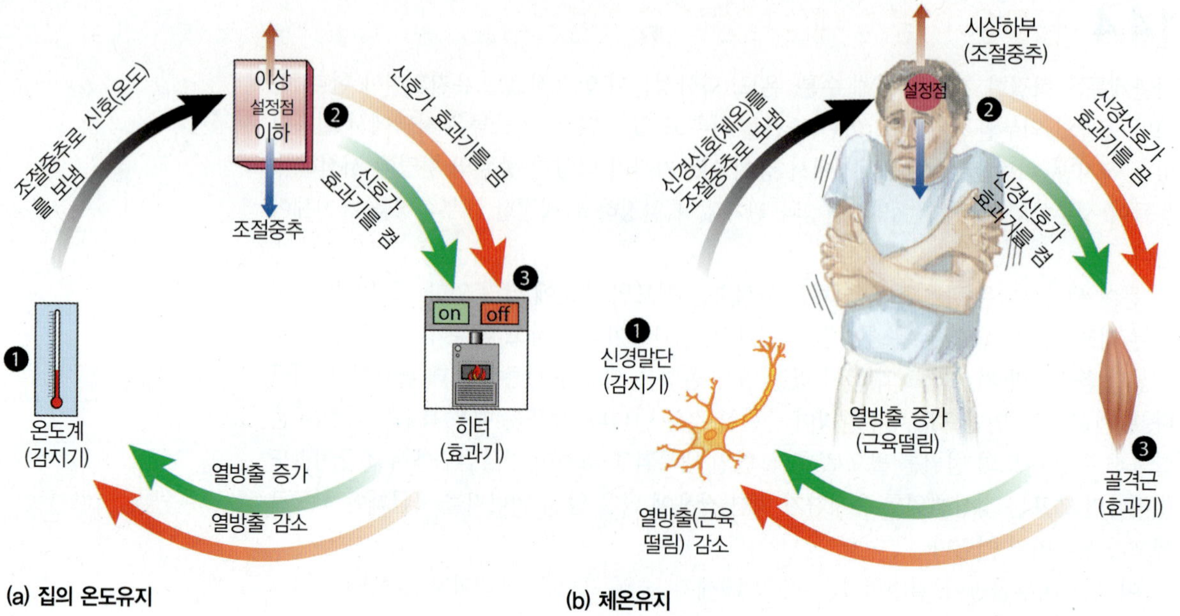


▶ **그림 14-10 음성되먹임**
(a) 집과 (b) 체온 모두 적절한 온도유지에 음성되먹임을 이용한다. ❶ 감지기가 온도를 측정하여 신호를 ❷ 조절중추로 보내면 이곳에서 설정점과 신호를 비교한다. 설정점보다 온도가 낮을 경우 조절중추가 스위치를 켜는 신호(녹색 화살표)를 ❸ 효과기로 보내 온도를 올리도록 반응이 나타난다. 온도가 설정점보다 높을 경우 조절중추는 스위치를 끄는 신호(빨강 화살표)를 효과기로 보낸다. **질문:** 춥고 몸을 떨고 있는 포유동물이 독을 섭취하여 열을 감지하는 모든 신경말단이 파괴되었다면 어떤 일이 일어나겠는가? 구체적으로 음성되먹임 체계에서 감지기가 신호를 받을 능력이 없어진다면 어떤 일이 생기겠는가?

음성되먹임 기전은 생리계통에 많이 일어난다. 다음 장에서 혈액의 산소량, 수분균형, 혈당수준 등을 포함한 음성되먹임 기전으로 항상성을 유지하는 여러 예를 접하게 될 것이다.

## 양성되먹임은 변화에 대한 결과를 증가시킨다

음성되먹임과는 반대로 **양성되먹임(positive feedback)** 변화는 원래 변화를 더욱 강하게 나타내는 반응이다. 그 결과 변화가 설정점으로 되돌아가지 않고 같은 방향으로 더욱 진행된다. 양성되먹임은 연쇄반응을 일으킬 수 있다. 예를 들어, 핵분열의 경우, 각각의 원자에서 분열되는 각 입자가 또 다른 원자의 분열을 촉발하여 또 다른 원자들의 분열을 일으킨다. 만일 고의로 조절을 벗어나게 하면 핵폭발이 일어난다. 이와 유사한 양성되먹임의 생물학적인 예로 개체군 성장을 들 수 있다. 동물의 새끼들이 또 다른 새끼를 낳는다. 생태학자인 폴얼리히 박사는 억제되지 않은 개체군 성장을 표현하는데 "개체군 폭탄"이라는 적절한 표현을 사용했다.

양성되먹임 기전은 동물생리학 분야에서는 드문 현상이다. 그렇지만 한 예로, 분만 시기에 몇 가지 상황을 조절한다. 분만의 초기 수축은 자궁 경부에 아기 머리가 압력을 가하면서 시작된다. 이 압력이 경부를 확장(열어줌)시킨다. 자궁경부의 신장 수용기는 시상하부의 신호에 의해 경부가 확장되는 것에 반응하여 자궁수축을 더 강력하게 자극하는 옥시토신이라는 호르몬 분비를 자극한다. 강력한 수축은 자궁경부에 더 큰 압력을 가하여 더 많은 호르몬이 빠르게 방출되도록 교대로 반응한다. 이러한 되먹임 주기는 아기와 태반이 빠져나오도록 한다.

## 우리 몸의 기관계는 협동적으로 작용한다

좁은 범위로 내부환경을 유지하기 위하여 우리 몸의 기관계는 협동하여 함께 작용한다. 동물의 활동이나 외부환경 변화와 같은 지속적인 변화에 반응하여 수많은 되먹임 기전이 항시 작용하고 있다. 만일 이런 조절 기전이 다른 기관계의 활동과 상관없이 따로 작용한다면, 대체로 몸의 항상성을 유지할 수 없을 것이다.

다행히도, 진화과정은 각각의 기관계가 함께 작용하도록 만들었다. 예를 들어, 체내로 물질을 흡수하는 소화계통은 그 물질을 운반하는 순환계통과 체외로 물질을 배출하는 배설계통과 함께 작용한다. 이런 조화로운 작용은 우리 몸이 신호를 한쪽에서 다른 쪽으로 보내기 때문에 가능하다. 몸의 각 부위는 분자들을 적절한 부위로 전달하는 정교한 그물망으로 구성된 혈관과 신경으로 연결된다. 분자들은 있으면 위험할 수도 있는 부위에서 필요한 곳으로 전달된다. 정보는 항상성을 유지하기 위하여 되먹임 기전을 받아들이는 감지기에서 효과기로 전달된다.

## 잠수에서 살아남기 다시 들러보기

동물 체내에서 항상성의 주요 요소는 용해된 산소 농도를 알맞게 유지하는 것이다. 용존산소와 관련하여 수중에서 몇 분 동안 인체가 항상성을 유지하기란 어려운 도전이다. 결국 인체는 땅위에서 살기에 적합하다. 그럼에도 불구하고 사람들은 깊은 물속 같은 극한 환경을 훈련을 통해 견뎌낼 수 있다. 이런 훈련은 산소 저장능력을 증가시키고, 산소 소모능력을 감소시켜서 수압으로 생기는 통증을 참아내는 능력이 증가한다. 하지만 가장 심한 훈련에서도 생리적 변화가 별로 나타나지 않는다고 해서 깊은 물에서 견뎌내는 것을 보장해 주는 것은 아니며, 심해 다이버인 오드리 메스트레의 죽음처럼 비극으로 나타나는 경우도 있다.

사람과 달리 일상적으로 깊이 잠수하지만 훈련에 의해 생리적 변화가 별로 일어나지 않아 생존에 별문제가 없는 공기호흡을 하는 포유류가 있다. 이들의 신체는 진화로 변화되어 견딜 수 있다. 물속에 잠수한 포유류가 오랫동안 깊은 곳에서 항상성을 유지할 수 있는 것은 어떤 적응으로 가능한 것일까? 유선형 형태를 갖고 있다는 것이 중요하며 이는 잠수한 동물의 산소율을 줄인다. 유선형으로 동물이 물속에서 수영할 때 최소로 움직이게 한다. 더구나 바다표범이나 돌고래 같은 포유류가 잠수할 때 물속에서 보내는 대부분의 시간을 꼬리나 발을 거의 움직이지 않고 미끄러지듯이 움직인다. 유선형의 몸과 효율적인 움직임으로 잠수하는 동물들은 에너지를 절약하며 산소요구량을 줄인다.

해양포유류는 산소 소모를 최소화하는 외에도 잠수할 때 사람보다 산소를 더 많이 나른다. 예를 들어, 웨델바다표범의 경우 체중 1 kg당 사람에 비해 1.36배나 많은 산소를 포함하고 있다. 산소를 저장하는 별도의 능력은 미오글로빈 단백질을 매우 고농도로 유지하기 때문이다. 혈액 속의 헤모글로빈처럼 바다표범 근육에 들어 있는 미오글로빈이 산소와 결합한 뒤 세포로 산소를 공급한다. 풍부한 미오글로빈은 산소의 저장고로 작용하여, 해양포유류가 깊은 물속에 오랫동안 잠수할 수 있도록 한다.

### 생각해보기

연구자들은 호흡이 정지되면 심박율이 감소하고 팔다리로 가는 혈류가 감소하는 것을 관찰하였다. 만일 사람의 얼굴을 찬물에 담그면 이런 효과가 증가한다. 왜 이런 반응이 나타나는 것일까?

# 개념 확인 문제

## 빈칸 채우기

**1.** 세포의 기능에 필요한 내부환경을 신체가 좁은 범위 내에서 유지하는 과정을 __________(이)라고 한다. 이 과정을 지배하는 가장 중요한 기전은 _____________이다.

**2.** 동물 몸의 구성단계를 가장 작은 단위에서 가장 큰 단위로 말하면 __________, _____________, _____________이다.

**3.** 알맞은 조직형태를 빈칸에 넣으시오.
- 다른 조직을 지지하고 연결한다:______________
- 샘조직을 형성한다:______________
- 혈액을 포함한다:______________
- 피부의 진피를 포함한다:______________
- 신체를 덮고 내장기관의 빈공간을 덮는다:__________
- 자극 받으면 수축한다:______________
- 교세포를 포함한다:______________
- 지방조직을 포함한다:______________

**4.** 상피조직으로 연결하는 관이 있는 샘조직을 _______________샘 이라고 한다. 샘조직의 3가지 예로 _____________, _____________, _____________가(이) 있다. 관이 없는 샘조직을 _____________ 샘 이라고 하며 이들 중 대부분이 _______________을(를) 분비한다.

**5.** 알맞은 근육명칭을 적으시오.
- 주기적으로 자발적인 수축을 한다:______________
- 수의적으로 조절된다:______________
- 섬유소 단백질이 질서있게 배열되어 있다:______________
- 수의적 조절이 아니다:______________
- 소화관 벽에서 발견된다:______________
- 골격을 움직인다:______________

## 복습 문제

1. 항상성을 정의하고 음성되먹임이 항상성 유지에 어떤 도움을 주는지 설명하라. 인체에서 항상성의 한 예를 설명하라.
2. 양성되먹임을 설명하고, 생리적인 예를 한 가지 들어라.
3. 사람의 체온이 항상 37°C를 정확히 유지할 수 없는 이유를 설명하라.
4. 상피조직의 구조와 기능을 설명하라.
5. 결합조직은 다른 조직들과 어떻게 다른지 특징을 구분하라. 결합조직 5종류의 예를 들고 각각의 기능을 간단히 설명하라.
6. 피부를 하나의 기관으로 설명하라. 피부를 구성하는 여러 조직과 각각의 역할도 설명하라.

# 15장

# 순환과 호흡

많은 흡연학생들이 금연 계획을 세우지만 세 명 중 한 명만 성공할 뿐이다

## 주요 내용

**사례 연구 흡연생활**

**15.1 순환계의 주요 특징과 기능은 무엇인가?**
- 동물의 순환계는 개방되거나 폐쇄되어 있다
- 척추동물의 순환계는 많은 물질을 나른다

**15.2 척추동물의 심장은 어떻게 작용하는가?**
- 척추동물의 심장은 근육성 방으로 구성된다
- 심방과 심실의 조화로운 수축으로 심장주기를 만든다
- 판막은 혈액이 잘못된 방향으로 흐르는 것을 막아준다
- 전기자극이 심장 수축을 연속적으로 일어나게 한다
- 심장의 수축은 근세포의 필라멘트 운동으로 일어난다

**15.3 혈액이란 무엇인가?**
- 혈장은 주로 물과 용해된 물질로 구성된다
- 적혈구는 폐에서 몸 전체로 산소를 나른다
- 백혈구는 질병에 대항하여 신체를 방어한다
- 혈소판은 혈액응고를 도와주는 세포조각이다

**15.4 혈관의 종류와 기능은 무엇인가?**
- 동맥과 소동맥은 심장으로부터 혈액을 운반한다
- 모세혈관은 영양분과 노폐물을 교환하는 매우 가는 혈관이다
- 소정맥과 정맥은 혈액을 심장으로 되돌린다

**15.5 림프계는 순환계와 어떻게 작용하는가?**
- 림프관은 순환계의 모세혈관이나 정맥과 비슷하다
- 림프계는 체액을 혈액으로 되돌린다
- 림프계는 소장에서 흡수된 지방을 혈액으로 전달한다
- 림프계는 질병에 대한 신체의 방어를 돕는다
- **흡연생활** 계속
- **건강 지킴이** 심장 관련 질병들

**15.6 동물체 내에서 산소와 이산화탄소는 어떻게 교환되는가?**
- 수생동물에는 아가미가 있다
- 육상동물에는 내부 호흡구조가 있다

**15.7 사람의 호흡계는 어떻게 작용하는가?**
- 기도부위는 공기를 폐까지 보낸다
- 기체교환은 폐포에서 일어난다
- 이산화탄소와 산소는 서로 다른 방식으로 운반된다
- **흡연생활** 계속
- 폐는 밀폐된 공간 안에서 보호를 받는다
- 우리는 공기를 능동적으로 들이쉬고 수동적으로 내쉰다
- 호흡률은 뇌의 호흡중추에 의해 조절된다
- **건강 지킴이** 흡연–생명과 호흡능력을 결정
- **흡연생활** 다시 들러보기

# 사례 연구 흡연생활

사실 대학 캠퍼스를 방문한 사람들은 학생들이 쉬는 시간에 문 밖에 모여 담배를 피우고 있는 모습을 발견하게 될 것이다. 이들은 담배연기로 둘러싸여 대화 중에 간간이 기침을 한다. 담배를 피우는 성인들처럼 학생들은 아마 고등학교에서도 비슷했을 것이다. 미국에서는 18세 이하 4000 명 이상의 어린 학생들이 매일 처음으로 담배를 접한다. 미국 질병관리본부에 의하면 22% 정도의 미국 고등학교 학생들이 흡연을 하며 이 중 10%는 꽤나 자주 피우는 학생들이다. "나는 고등학교에서 친구들과 어울리기 위해 담배를 시작했다" 고 일리노이 대학의 한 학생이 말한다. "알다시피 그 다음엔 중독되었지요." 그녀는 혼자가 아니다. 30%가 넘는 대학생들이 지난 달에도 흡연을 하였다. 많은 학생들의 흡연으로 인해 대학에서의 흡연은 담배중독을 동반한 평생 투쟁의 시작이라 할 수 있다.

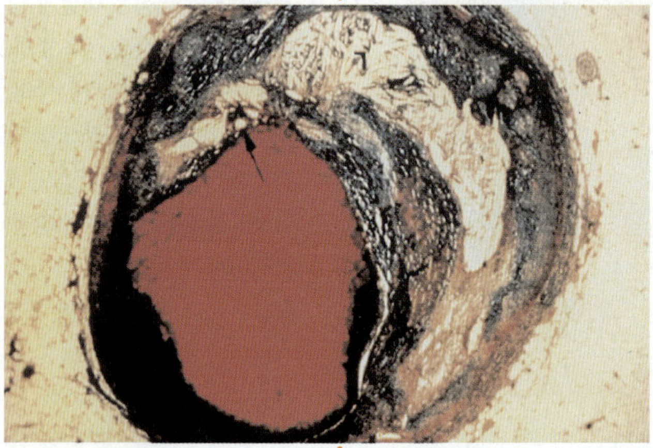

심장질환의 위험 증가는 흡연의 결과로 본다. 그림에서 보여주는 관상동맥(심장으로 공급되는 동맥)이 혈전으로 막혀 혈액이 심장근 부위까지 도달하지 못한다. 이렇게 차단되면 심장마비가 올 수 있다.

흡연은 위험하며, 젊은 사람의 흡연은 건강에 해를 미칠 정도로 상당히 위험하다. 같은 나이의 비흡연자들보다 자주 고통스러워하거나 심각한 호흡감염이 더 잘 나타나며, 흡연이 폐의 성장을 지연시킬 수 있다. 대체로, 흡연은 호흡계 질환의 빈도를 증가시킨다. 흡연이 순환계(심장과 혈관) 질병도 증가시킨다는 것은 확실치 않다.

많은 미국인을 죽인 질병은 모두 흡연과 연관이 있다. 많은 학생 흡연자들이 흡연의 위험성을 잘 알고 있으며 "시간이 되면 멈출 것"이라고 말한다. 이처럼 새로운 흡연자들이 담배를 끊을 것이라고 보는가? 우리는 흡연으로 인해 가장 손상을 많이 받을 것 같은 기관계의 구조와 기능을 복습한 뒤 위의 질문으로 되돌아 갈 것이다. ■

## 15.1 순환계의 주요 특징과 기능은 무엇인가?

수십억 년 전, 최초의 세포는 원시바다에 살았으며 그곳에서 진화하였다. 바닷속에 녹아 있던 양분이 세포로 확산되어 들어가고 노폐물은 바다로 빠져나왔다. 오늘날에도 미생물과 일부 단순한 다세포 동물은 여전히 양분과 노폐물의 교환을 오직 확산에만 의존한다. 예를 들어, 해면동물은 몸에 있는 구멍을 통해 해수를 순환시켜 세포가 환경과 접하도록 한다.

좀 더 크고 복잡한 동물들의 경우 대부분의 세포들이 바깥세계와 멀리 떨어져 있다. 이같이 먼 거리는 한 가지 의문점을 제시한다. 양분이 어떻게 각 세포에 도달하며 세포들이 자신의 노폐물에 해를 입지 않고 피할 수 있는가? 이 질문에 대한 답은 양분과 산소가 풍부한 액체를 각 세포에 전달하고 세포에서 생성된 노폐물을 제거하는 일종의 내부바다에 해당되는 순환계에 있었다.

순환계는 3가지 주요 구성요소를 지닌다. 액체인 **혈액(blood)**은 수송수단으로 작용한다. 경로에 해당하는 **혈관(blood vessel)**은 혈액을 몸으로 나른다. 펌프인 **심장(heart)**은 혈액순환을 유지한다.

### 동물의 순환계는 개방되거나 폐쇄되어 있다

순환계는 동물의 종에 따라 다르지만, 기본적으로 개방순환계와 폐쇄순환계 두 가지로 분류한다. 개방순환계(open circulatory system)에서 혈액은 혈관을 통해 흐르지만, 어느 지점에서는 혈관 밖으로 새어나가 자유롭게 조직으로 들어간다. 개방순환계인 동물들은 한 개 이상의 심장과 혈관망 및 **혈강(hemocoel)**이라고 하는 크고 넓은 공간이 있다(그림 15-1a). 심장이 수축하면 혈관으로부터 혈액이 혈강으로 들어간다. 혈강 내에서는 조직과 내부기관이 혈액에 잠겨 있다. 심장이 이완하여 팽창하면 혈액이 혈강에서 심장으로 되돌아온다. 개방순환계인 동물에는 갑각류, 거미, 곤충, 달팽이, 조개 등이 해당된다.

지렁이를 포함한 일부 무척추동물, 인간을 포함한 모든 척추동물은 **폐쇄순환계**를 갖는다(그림 15-1b). 폐쇄순환계에서 혈액은 혈관에만 있으며 심장의 펌프작용으로 생긴 압력에 의해 지속적으로 순환을 한다. 폐쇄순환계는 개방순환계에 비해 혈류가 더 빠르고 노폐물과 양분의 전달이 좀 더 효율적이며 혈압이 더 높다.

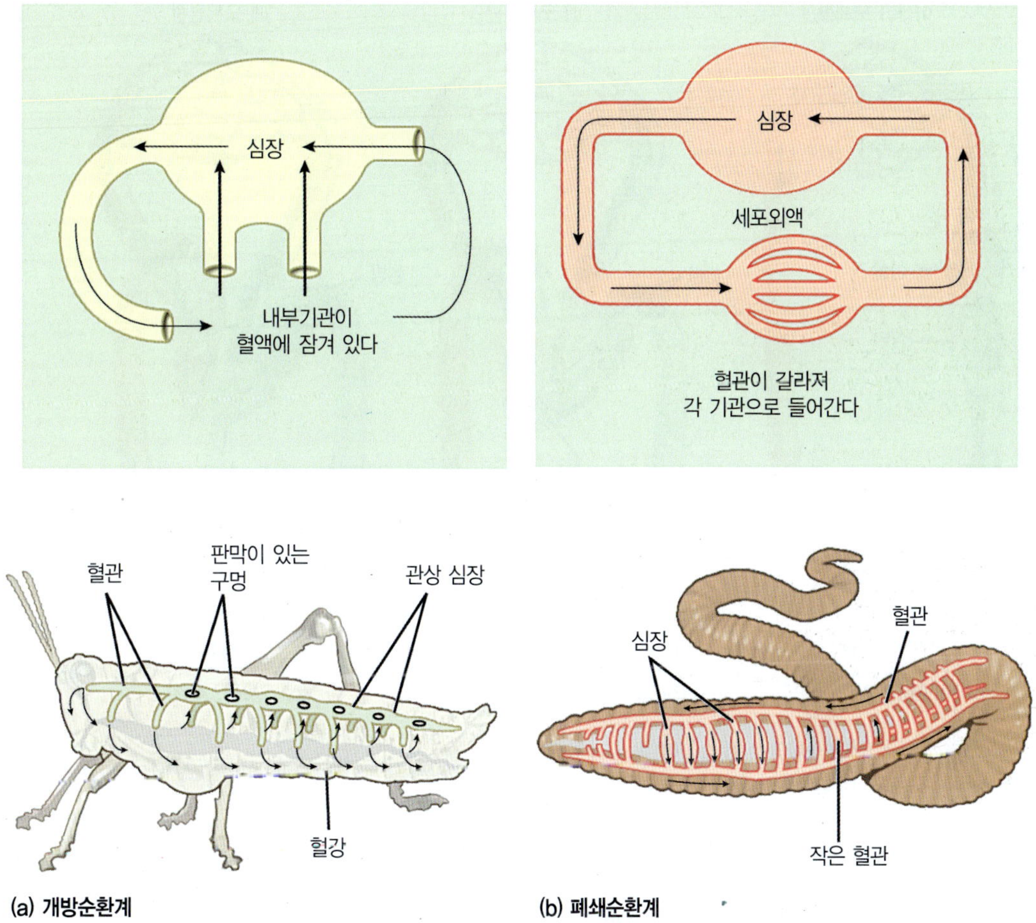


▲ 그림 15-1 **개방순환계와 폐쇄순환계** (a) 곤충과 기타 절지동물의 개방순환계에서 심장이 혈관을 통해 혈액을 혈강으로 내보내며, 그곳에는 대부분의 기관이 잠겨 있다. (b) 폐쇄순환계에서 혈액은 혈관에만 있다. 지렁이의 경우 5개의 수축성 관이 심장으로 작용하여 혈액을 주요 혈관에서 더 작은 혈관가지로 내보낸다.

척추동물의 폐쇄순환계의 경우 심장에서 빠져나온 혈액을 나르는 혈관을 **동맥(artery)**이라 한다. 동맥 내 혈액은 결국 조직을 통과할 수 있는 정교한 **모세혈관(capillary)**으로 흘러간다. 모세혈관벽은 매우 얇으며, 모세혈관 혈액과 그 주위를 둘러싼 조직액 사이에 용해된 물질의 교환이 일어난다. **세포외액(extracellular fluid)**이라고 하는 이 액체에는 체세포 대부분이 거의 잠겨 있으며, 주로 수분과 혈액에서 온 용해된 양분, 호르몬, 기체 및 단백질 입자로 구성된다. 모세혈관을 통과한 뒤 혈액은 **정맥(vein)**을 통해 심장으로 되돌아간다.

## 척추동물의 순환계는 많은 물질을 나른다

척추동물의 순환계는 다양한 운반기능으로 체내의 모든 기관계를 도와준다.

- 폐나 아가미로부터 조직으로 산소를 운반한다.
- 조직으로부터 폐나 아가미로 이산화탄소를 운반한다.
- 소화계통으로부터 조직으로 양분을 운반한다.
- 노폐물과 독성물질을 간으로 운반하여 해독이 되고 신장으로 이동하여 배출된다.
- 호르몬 생성 기관이나 분비샘으로부터 작용하는 조직으로 호르몬을 운반한다.
- 혈류의 조절로 체온조절을 돕는다.
- 면역계의 세포와 분자들을 순환시켜 세균이나 바이러스로부터 신체를 보호한다.

다음 절에서는 사람을 중심으로 척추동물 순환계의 다른 부분을 살펴볼 것이다.

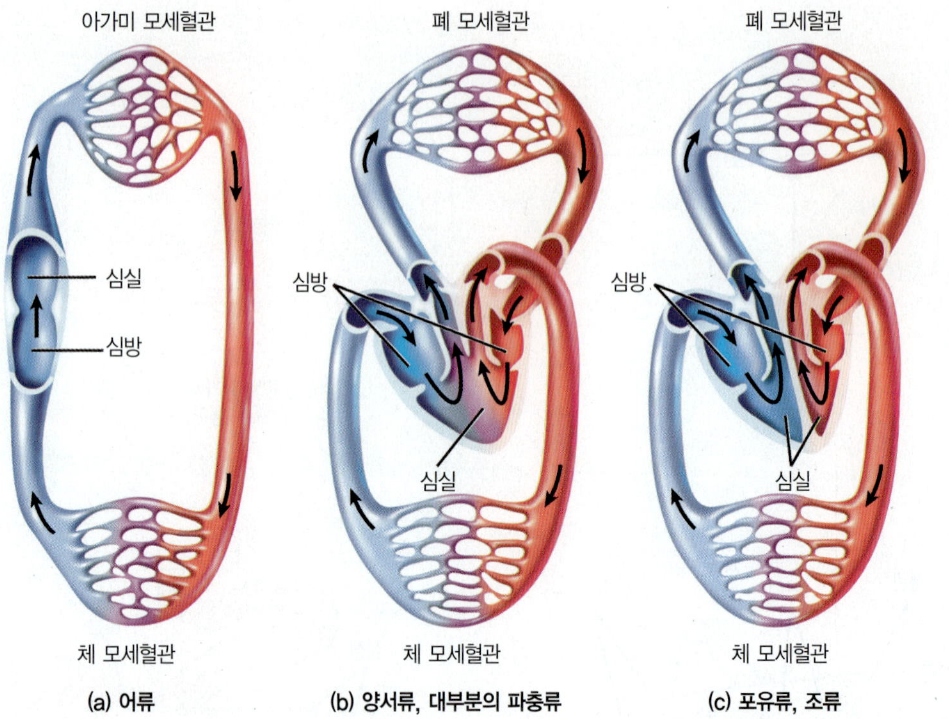


▲ **그림 15-2 척추동물의 심장 (a)** 어류는 2개의 방으로 된 심장을 갖는다. **(b)** 양서류와 많은 파충류는 단일 심실로 혈액을 펌프하는 2개의 심방으로 된 심장을 갖는다. **(c)** 조류와 포유류의 심장은 산소가 풍부한 혈액과 산소가 부족한 혈액이 섞이는 것을 막아주는 2개로 분리된 펌프를 갖는다. 그림에서 산소가 풍부한 혈액은 붉은색, 산소가 부족한 혈액은 파란색으로 표시하였다.

## 15.2 척추동물의 심장은 어떻게 작용하는가?

순환계에는 믿을만한 펌프가 필요하다. 혈액은 동물이 살아 있는 동안 계속해서 몸 전체로 이동해야 한다. 척추동물에서 혈액의 이동은 심장근의 수축으로 이루어진다.

### 척추동물의 심장은 근육성 방으로 구성된다

척추동물의 심장에서 **심방(atria,** 단수는 atrium)이라고 하는 근육성 방이 혈액을 모으며, 심방에서 **심실(ventricle)**로 혈액을 보내고, 심실이 수축하여 혈액을 전신으로 내보낸다. 심방과 심실의 수는 동물의 종류에 따라 다르다.

어류의 심장은 2개의 방인 1심방과 1심실로 구성된다. 혈액은 단일순환으로 어류의 몸을 순환한다(그림 15-2a). 양서류와 대다수의 파충류는 3개의 방으로 구성된 심장으로 2개의 순환체계를 가지며 하나는 폐순환이고 다른 하나는 전신순환이다(그림 15-2b). 2개의 순환으로 혈액이 심장에서 섞이므로, 2개의 순환체계가 완전히 분리된 것이 아니다. 악어, 조류, 포유류의 심장은 4개의 방으로 구성되며 2개의 순환체계로 완전히 분리되어 있다(그림 15-2c). 사람의 심장을 포함한 4개의 방으로 구성된 심장은 2개로 분리된 펌프라고 생각할 수 있다. 각 펌프에서 심방은 혈액을 받아서 잠시 저장하였다가 심실로 보내서 전신으로 순환하게 한다(그림 15-3).

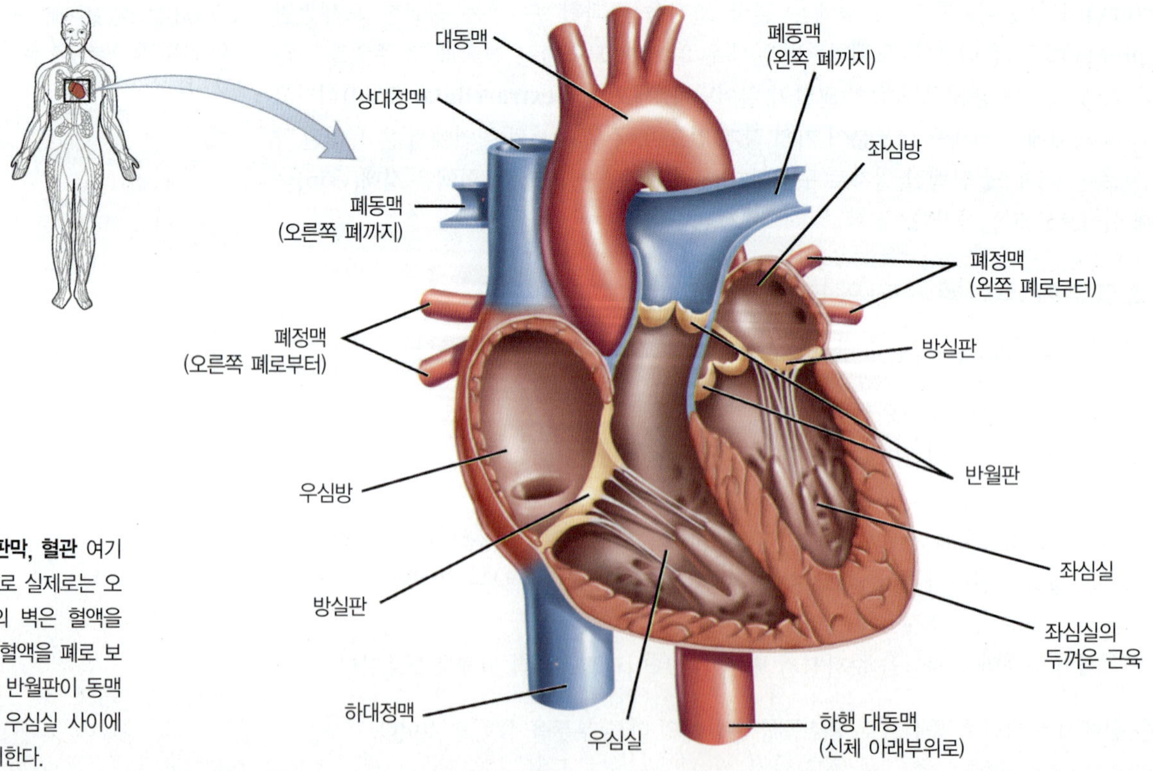


▶ **그림 15-3 사람의 심장과 판막, 혈관** 여기에 있는 심장은 마주보는 그림이므로 실제로는 오른쪽과 왼쪽이 바뀌었다. 좌심실의 벽은 혈액을 몸의 구석구석까지 보내야 하므로 혈액을 폐로 보내는 우심실보다 두껍다. 단방향의 반월판이 동맥과 좌심실 사이, 그리고 폐동맥과 우심실 사이에 있다. 방실판은 심방과 심실을 분리한다.

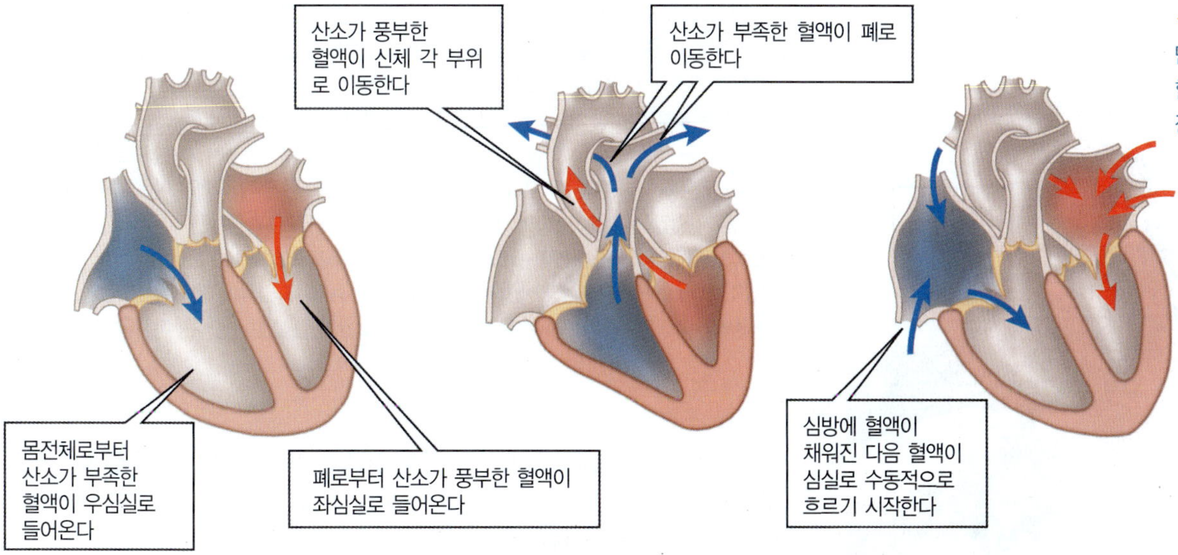


❶ 심방이 수축하여 혈액을 심실로 보낸다 ❷ 그런 다음 심실이 수축하여 동맥을 통해 혈액을 폐와 신체의 나머지 부위로 보낸다 ❸ 심장이 이완하면서 주기가 끝난다

◀ **그림 15-4 심장주기 질문:** 만일 우측의 방실판막이 기능을 못할 정도로 심한 손상을 입었다면 심장주기가 어떻게 변하는가?

우심방과 우심실을 구성하는 하나의 펌프는 산소가 부족한 혈액을 폐로 보내어 교환한다. 전신에서 들어오는 산소가 부족한 혈액은 2개의 대동맥인 상대정맥과 하대정맥을 통해 우심방으로 들어온다. 혈액이 가득 찼을 때 우심방이 수축하여, 혈액을 우심실로 밀어낸다. 그런 다음 우심실이 수축하여 산소가 부족한 혈액은 폐동맥을 거쳐 폐로 보내진다.

또 하나의 펌프는 좌심방과 좌심실을 구성하며, 산소가 풍부한 혈액을 이동시킨다. 폐로부터 산소가 풍부한 혈액이 폐정맥을 통해 좌심방으로 들어온 뒤 좌심실로 보내진다. 대부분이 근육으로 구성된 좌심실의 강력한 수축으로 산소가 풍부한 혈액은 대동맥(aorta)을 통해 전신으로 보내진다.

## 심방과 심실의 조화로운 수축으로 심장주기를 만든다

사람의 심장은 매일 100,000번 박동을 하며 심방과 심실이 교대로 수축과 이완을 한다. 2개의 심방이 동시에 수축하여 심실로 혈액을 보내면서 심방을 비운다. 곧이어 2개의 심실이 동시에 수축하여 혈액을 동맥으로 내보내어 심장을 빠져나간다. 심방과 심실 모두 다음 주기가 반복되기 전에 잠시 이완된다(**그림 15-4**). 전형적으로 안정상태인 사람의 경우, 심장주기는 1초 이내에 일어난다. 심장주기가 진행될 때 혈압에 변화가 나타난다. 수축기혈압(systolic pressure)은 심실이 수축할 때 측정된 값이며 이완기혈압(diastolic pressure)은 수축 사이에 측정된 것이다(**그림 15-5**).

## 판막은 혈액이 잘못된 방향으로 흐르는 것을 막아준다

한쪽 방향으로 혈류가 흐르는 것이 적절하게 유지되는 것은 심실이 수축할 때 혈액이 동맥을 통해 빠져나와야 하며 다시 동맥으로 들어가서는 안 된다. 일단 혈액이 좌심실을 떠나서 동맥으로 들어가면, 심장이 이완할 때 역류를 막아야 한다. 이런 이유로 4개의 판막이 있는 것이다(**그림 15-3, 15-4**). 한쪽 방향의 압력에는 판막이 열리지만 역방향의 압력에는 판막이 닫힌다. **방실판(atrioventricular valve)**은 심방과 심실의 경계에 있다. **반월판(semilunar valve)**은 심실이 수축할 때 혈액이 폐동맥과 대동맥으로 들어가게 하며 심실이 이완될 때는 혈액의 역류를 막아준다. 판막이 닫힐 때 "룹-덥"의 심박동 소리를 청진기를 통해 들을 수 있다.

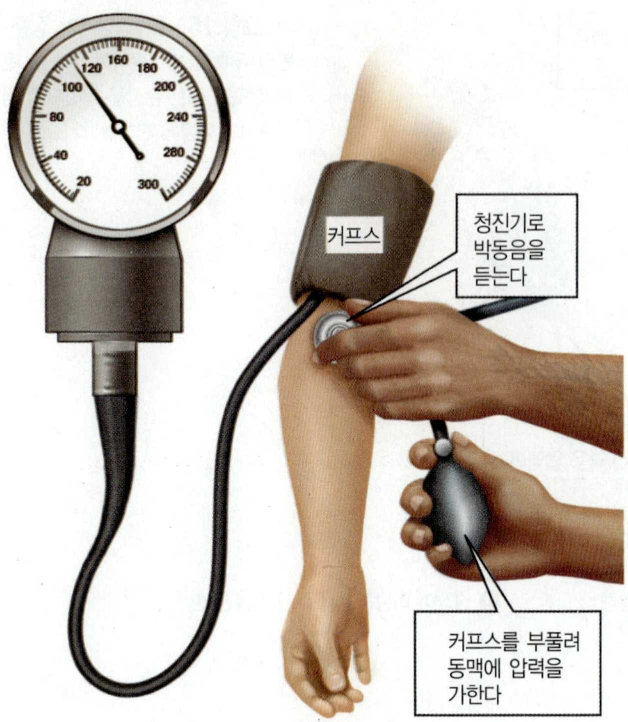


◀ **그림 15-5 혈압측정** 혈압은 커프스와 청진기로 측정한다. 커프스는 팔의 주동맥이 차단되어 혈류가 흐르지 않을 때까지 압력을 가하며 팽창시키면 맥박이 감지되지 않는다. 이 압력은 점차 감소한다. 좌심실 수축에 의해 커프스 압력이 회복되면 혈액이 다시 흐르게 되어 청진기를 통해 리듬있는 혈액음을 최초로 들을 수 있다. 이것을 수축기 혈압이다. 그런 다음 커프스 압력이 더욱 감소하여 더 이상 박동음이 들리지 않는데, 이는 혈액이 지속적으로 동맥을 통해 흐르고 있음을 나타낸다. 즉 심실수축 사이의 압력이 커프스 압력을 회복하는데 적합하며 이것이 이완기 혈압이다. 숫자는 기압계로도 사용되는 압력의 표준측정치인 수은주의 mmHg로 나타낸다. 건강한 사람은 혈압이 120/80 이하이다. (수축기 혈압이 120 mmHg 이하이고 확장기 혈압이 80 mmHg 이하이다.) **연습:** 심장주기 동안 동맥 내 혈압이 어떻게 변하는지 그래프로 나타내라. 그래프에서 커프스로 측정한 수축기와 이완기 혈압에 해당되는 지점을 표시하라.

심장 판막이 세균감염으로 손상을 입으면 심실과 심방 사이에 혈류가 정상적으로 흐르지 못할 수도 있다. 판막에 손상을 입은 경우 인공판막 또는 돼지나 소의 판막 이식으로 삶을 연장할 수도 있다.

## 전기자극이 심장 수축을 연속적으로 일어나게 한다

두 번째 특징으로 4개의 심방이 모두 조화로운 수축을 하는 것이다. 심방이 먼저 수축하여 혈액을 모두 심실로 보내면, 심실이 수축하는 동안 심방은 다시 혈액으로 채워진다. 이런 연속적인 작용이 유지되려면 심방 수축과 심실 수축 사이에 틈이 있어야 한다. 조화로운 수축의 필요성은 박동원(pacemaker)에서 시작된다. 박동원은 특수한 심근세포로 구성되어 일정 속도로 자발적인 전기신호를 만들어 낸다. 전기신호는 서로 연결된 심근세포 사이로 빠르게 전파되어 수축을 일으킨다.

▶ **그림 15-6 심장의 박동원과 연결장치**

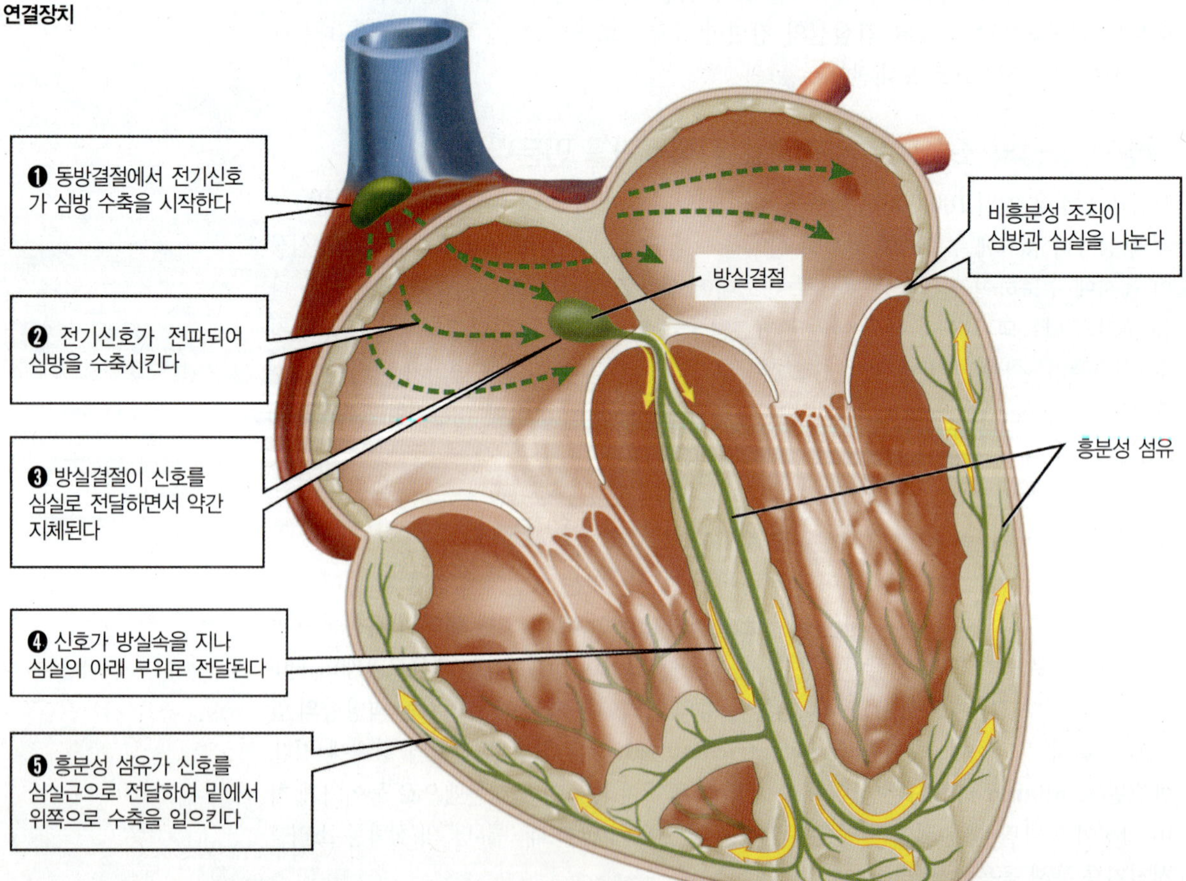

심장의 주요 박동원은 우심방 벽에 위치한 **동방결절(sinoatrial node)**이다(그림 15-6). 동방결절에서 전기신호는 수축파를 만들어내어 우심방과 좌심방의 근육으로 퍼져나가 함께 수축을 일으킨다. 그런 뒤 이 신호는 심방과 심실 사이에 있는 비흥분성 조직인 장벽에 도달한다. 우심방 바닥에 위치한 작고 특수화된 근육세포인 **방실결절(atrioventricular(AV) node)**로 흥분이 전달된다(그림 15-6 참고). 충격파는 방실결절에서 약간 지연되는데 이는 심방수축 이후 약 0.1초간 심실수축이 지연되도록 한다. 이 같은 지연은 심방이 혈액을 심실 수축 전에 심실로 보내는 시간이다. 방실결절에서 수축신호는 흥분성 섬유를 따라 두 개 심실의 기저부위까지 전파된 뒤 충격파는 빠르게 이 섬유에서 심실근으로 전달되어 동시에 심실 수축을 일으킨다.

기능에 장애가 오면 부드럽고 규칙적인 심박동이 일어나는데 장애를 줄 수 있다. 동방결절에 장애가 생기면 심방세동(fibrillation)이라고 하는 부조화나 불규칙한 수축이 나타난다. 심실세동은 혈액이 펌핑으로 뇌나 기타 장기로 빠져나가지 못하고 철퍽거리므로 치명적일 수 있다. 심방세동을 경험한 사람들은 제세동기를 사용하여 심장에 전기충격을 줌으로써 심실근의 수축을 조정하고 동방결절이 정상적인 기능으로 돌아가도록 만든다.

## 심장의 수축은 근세포의 필라멘트 운동으로 일어난다

신체의 운동을 가능하게 하는 근육처럼, 심장을 구성하는 근조직은 **근섬유**(muscle fiber)라는 세포로 구성된다. 각각의 근섬유는 많은 **근원섬유**(myofibril)를 포함하며, 근섬유 한쪽에서 다른 쪽 끝까지 연결된 원통형 구조이다(그림 15-7a). 근원섬유는 **근절**(sarcomere)이라는 단위로 구성되며 근원섬유 끝에서 끝부분 까지이다(그림 15-7b).

각 근절에는 액틴(actin)과 미오신(myosin) 단백질로 구성된 필라멘트가 정교하게 배열되어 있다. 액틴분자는 **가는 섬유**로, 미오신은 **굵은 섬유**로 구성된다. 굵은 섬유는 가는 섬유 사이에 배열되며 가교라고 하는 미오신의 작은 돌출부를 이용해 가는 필라민트에 일시적으로 연결된다(그림 15-7c). 가는 필라멘트는 Z선이라는 섬유성 단백질 밴드에 연결되어 근절을 분리한다. 근원섬유 속의 굵은 섬유와 가는 섬유의 규칙적인 배열은 심장근(골격근) 섬유에 줄무늬를 나타낸다.

근수축은 액틴섬유의 분자구조에 따른 과정으로 조절된다. 가는 섬유 대부분을 구성하는 액틴 단백질이 두 가닥으로 구성되고 미오신과 결합하는 부위가 있다. 하지만 근육이 이완되면 결합부위가 부속단백질에 의해 차단된다(그림 15-7c 참고).

근육이 수축하면 가는 섬유의 부속단백질이 옆으로 이동하여 액틴의 결합부위를 노출시켜 미오신(굵은 섬유)이 액틴(가는 섬유)과 결합하여 가교를 형성한다. 가교는 ATP 분해로 얻은 에너지를 이용하여 구부렸다가 떨어지고 다시 붙는 작용을 반복하는데 이는 마치 선원이 닻의 연결선을 손으로 잡아 끌어당기는 모양이다(그림 15-8a). 가는 섬유가 끌려오면 근절이 줄어들면서 근육이 수축한다(그림 15-8b).

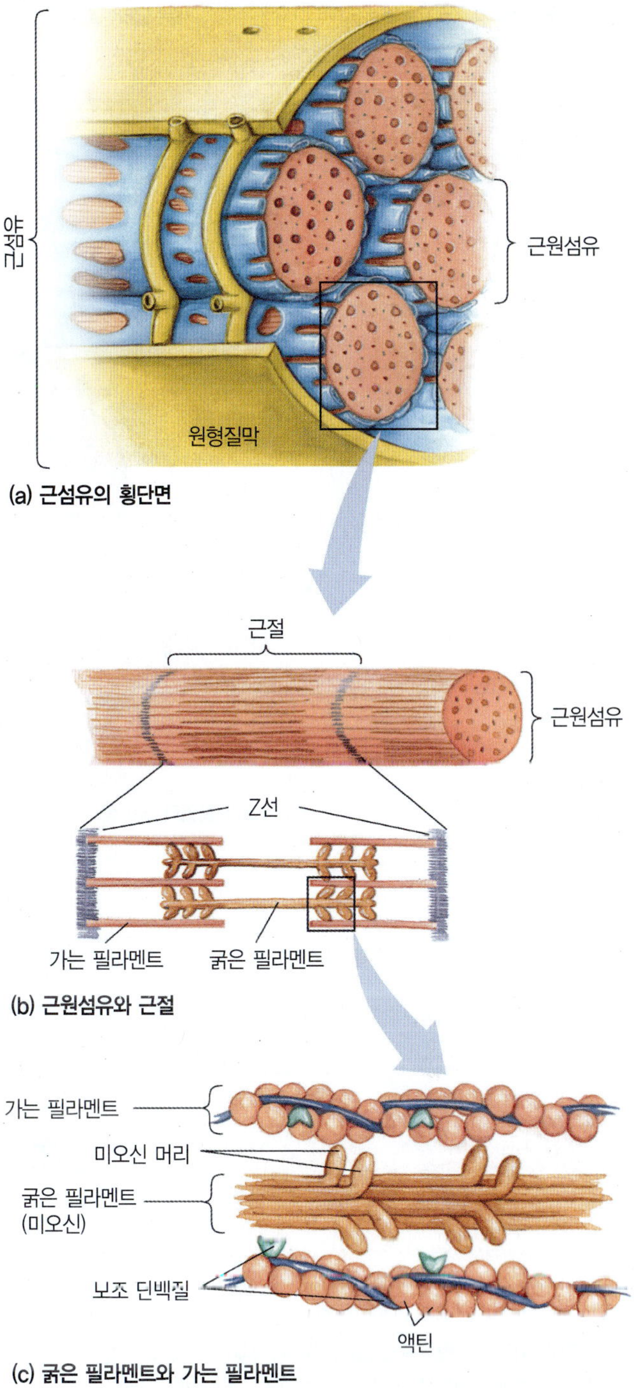


▲ 그림 15-7 **근섬유** (a) 각각의 근섬유 원형질막으로 둘러싸여 많은 근원섬유를 포함하고 있다. (b) 각 근원섬유는 근절로 구성되어 Z선이라는 단백질로 끝과 끝이 연결된다. (c) 근절 내에는 가는 필라멘트와 굵은 필라멘트가 미오신 머리에 의해 교대로 연결될 수 있다

# 15.3 혈액이란 무엇인가?

"생명의 강"이라고도 불리는 혈액은 용해된 양분, 기체, 호르몬 및 노폐물을 몸 전체로 나른다. 혈액에는 두 가지 주요 성분인 **혈장(plasma)**이라는 액체성분과 혈장에 들어 있는 세포 성분(적혈구, 백혈구, 혈소판)으로 구성된다(그림 15-9). 세포는 혈액으로 들어가기

▶ 그림 15-8 근수축 (a) 가교 부착, 굽어짐, 떨어짐, 재부착 과정을 반복해서 일으키는 주기 (b) 굵은 필라멘트와 가는 필라멘트가 미끄러지면서 서로 지나가면 근세포 길이가 줄어든다.

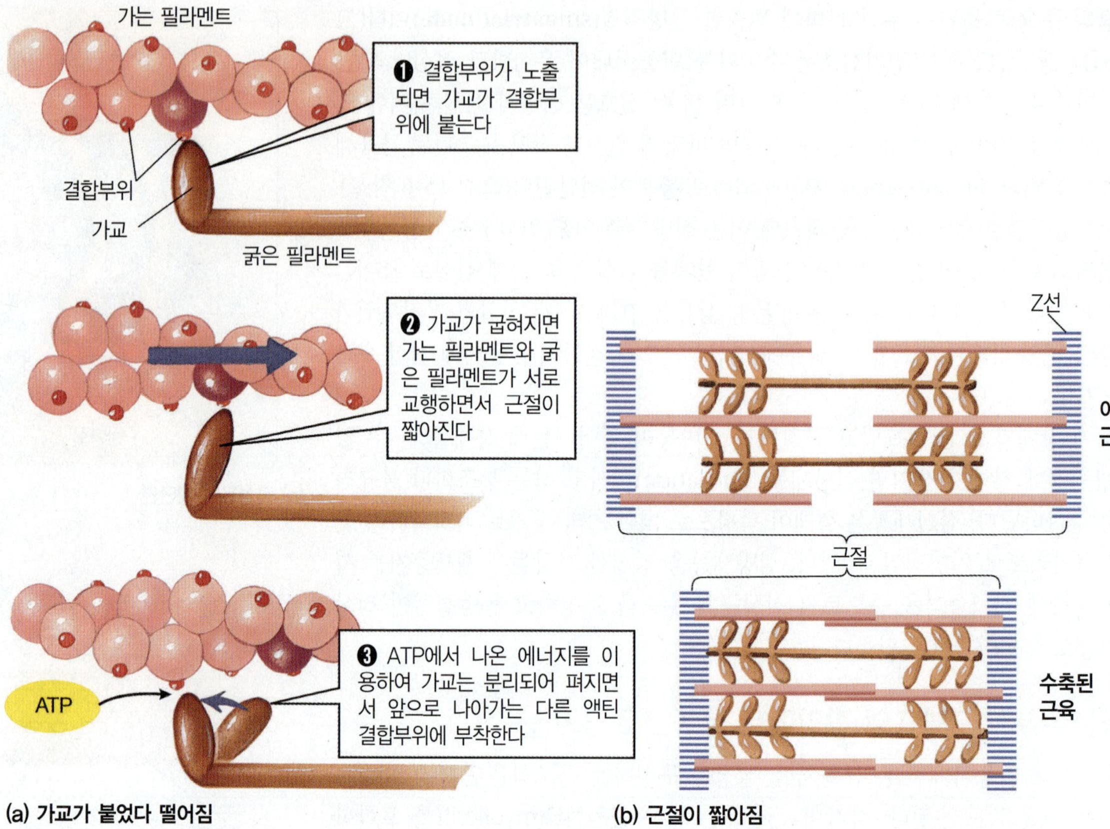


전에 골수에서 발달되며 일반적으로 혈액량의 40~45%를 차지하고 그 나머지는 혈장이다. 평균적인 사람은 약 5리터의 혈액이 있으며, 체중의 약 8% 정도를 차지한다.

## 혈장은 주로 물과 용해된 물질로 구성된다

담황색을 띠는 혈장의 90%는 물로 구성된다. 혈장에는 단백질, 호르몬, 양분(포도당, 비타민, 아미노산, 지질), 기체(이산화탄소, 산소), 염(나트륨, 칼슘, 칼륨, 마그네슘) 및 노폐물(요소 등)이 용해되어 있다. 용해된 물질 중 가장 풍부한 것은 혈장단백질이다.

## 적혈구는 폐에서 몸 전체로 산소를 나른다

혈액에 가장 풍부한 세포는 산소를 나르는 **적혈구(red blood cell, erythrocyte)**이다. 사실상 혈액세포의 99%가 적혈구로 구성되어 있다. 적혈구는 엄지와 검지로 누른 찰흙 공과 비슷한 모양을 하고 있다(그림 15-9a). 이 모양은 같은 부피의 구형보다 표면적이 더

▼ 그림 15-9 혈구세포 (a) 적혈구의 전자현미경 사진 (b) 5종류의 염색된 백혈구 사진 (c) 여러 개의 혈소판이 만들어지는 단일 거핵세포

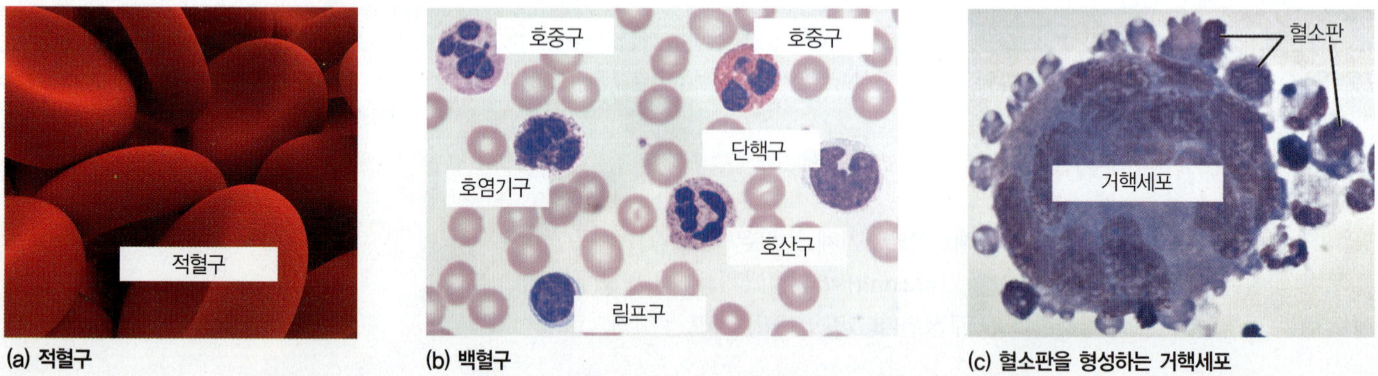

커서 세포가 원형질막을 통해 산소를 흡수하고 내보내는 능력이 더 크다.

적혈구는 **헤모글로빈(hemoglobin)**으로 인해 붉은색을 띠며, 헤모글로빈은 철을 포함한 단백질로 각 적혈구 무게의 약 1/3을 차지하며 혈액이 운반하는 산소의 97%를 수송한다. 헤모글로빈 1분자가 4분자의 산소와 결합하여 나를 수 있으며, 이는 혈장에 기체가 단순히 녹아 있는 것보다 혈액이 훨씬 더 많은 산소와 결합하도록 하는 것이다. 헤모글로빈은 산소농도가 높은 폐모세혈관의 산소와 결합하여 산소농도가 낮은 조직에 분포한 혈관으로 방출한다. 산소를 방출한 뒤 헤모글로빈은 색이 약간 변한다. 그 결과 밝은 앵두색을 띤 산소가 풍부한 혈액이 피부 밑에 푸르스름하게 보이는 어두운 붉은색으로 변한다.

적혈구의 수명은 짧다. 평균수명은 약 4개월이다. 매초마다 200만 개의 적혈구가 죽고 골수에서 새로운 세포로 대체된다. 죽거나 손상된 적혈구는 주로 간이나 비장 순환을 통해 제거되며, 분해되어 철을 방출한다. 철은 새로운 적혈구의 헤모글로빈을 만드는 데 재사용된다.

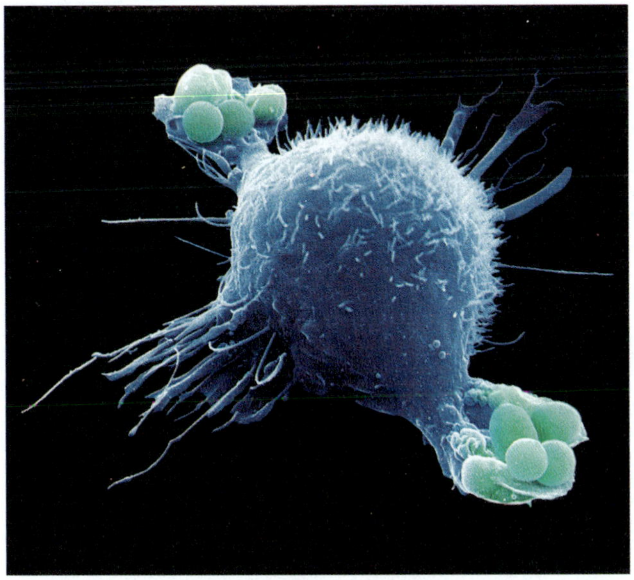

▲ 그림 15-10 **박테리아를 공격하는 백혈구** 박테리아(작은 녹색 공모양)는 대장균이며 혈류로 들어가면 질병을 유발하는 장내 박테리아이다.

## 백혈구는 질병에 대항하여 신체를 방어한다

**백혈구(white blood cell)**를 leukocyte라고도 하며 혈구세포의 1% 미만을 차지하지만 질병에 대해 신체가 저항하는 매우 중요한 역할을 한다. 백혈구는 **호중구**, **호산구 호염기구**, **림프구**, **단핵구**의 5종류가 있으며 모두 질병을 유발하는 미생물이 침투하는 것에 대항하여 신체를 방어하는 중요한 역할을 한다(그림 15-9b 참고). 예를 들어, 림프구는 질병에 대해 면역반응을 하는 세포가 생기도록 한다(22장 참고). 호중구와 단핵구는 세균이 침투하여 생긴 상처부위로 혈관을 타고 이동하여 좁은 모세혈관 구멍으로 빠져나가 세균을 포함한 이물질을 공격하고 잡아먹는다. 모세혈관으로 이동한 일부 단핵구는 아메바처럼 이물질을 잡아먹는 **대식세포(macrophage)**로 바뀐다(그림 15-10). 박테리아를 공격하는 대식세포와 호중구는 이 과정에서 대개 죽으며, 이들의 사체가 싸여 감염부위에서 볼 수 있는 **고름(pus)**이라는 하얀 물질이 만들어진다.

## 혈소판은 혈액응고를 도와주는 세포조각이다

혈액응고에 매우 중요한 **혈소판(platelets)**은 거핵세포(megakaryocyte)라는 큰 세포조각들이다. 거핵세포는 골수에 머물면서 막으로 싸인 세포질의 일부를 떼어내는데, 이것이 혈소판이다(그림 15-9c 참고). 그런 뒤 혈소판은 혈액으로 들어가 혈액응고의 중심적인 역할을 한다.

**혈액응고(blood clotting)**는 정상적인 활동에 의한 마모나 찢김에 의한 혈액의 과다출혈로부터 우리를 보호하는 복잡한 과정이다. 응고는 혈관의 손상부위 같은 표면에 혈소판이 접촉하면서 시작된다. 손상으로 혈관이 파열된 부위에 혈소판이 부착하여 파열된 부위를 일부 막아준다. 부착된 혈소판과 손상된 조직은 순환하는 혈장난백실 중에서 일련의 복잡한 반응을 시작한다. 그 결과 피브린이란 섬유성망을 형성한다. 이 단백질 그물이 혈액의 액체 성분을 불활성화시켜 젤라틴이 식을 때처럼 응고된다. 이 그물은 더 많은 적혈구를 가두어 응고의 밀도를 높인다(그림 15-11). 섬유성 덩어리에 부착한 혈소판은 서로 달라붙은 점착성의 돌출부를 내보낸다. 30분 내로 혈소판이 수축하여 피브린 그물망을 더 팽팽하게 당기면서 액체가 밀려나간다. 이 작용으로 밀도가 더 크고 강한 혈병(피부에서는 딱지라고 함)이 생기고 상처부위를 압축하여 손상된 표면을 좀 더 가까이 끌어당겨 치유를 촉진한다.

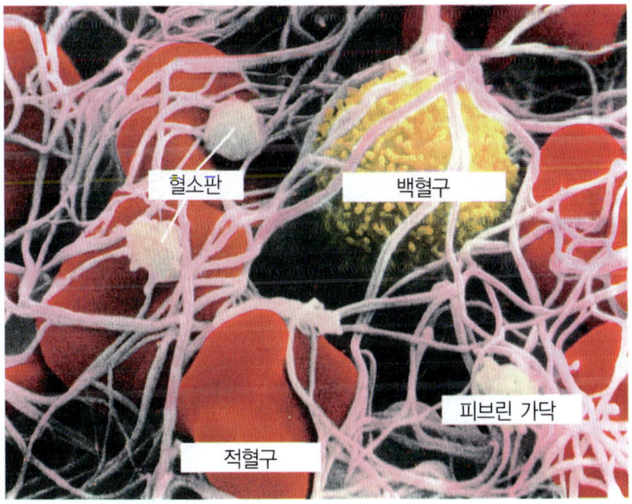


▲ 그림 15-11 **혈액응고** 실 같은 피브린 단백질이 점착성 덩어리를 만들어 적혈구를 포획하고 그 결과 혈병이 형성된다.

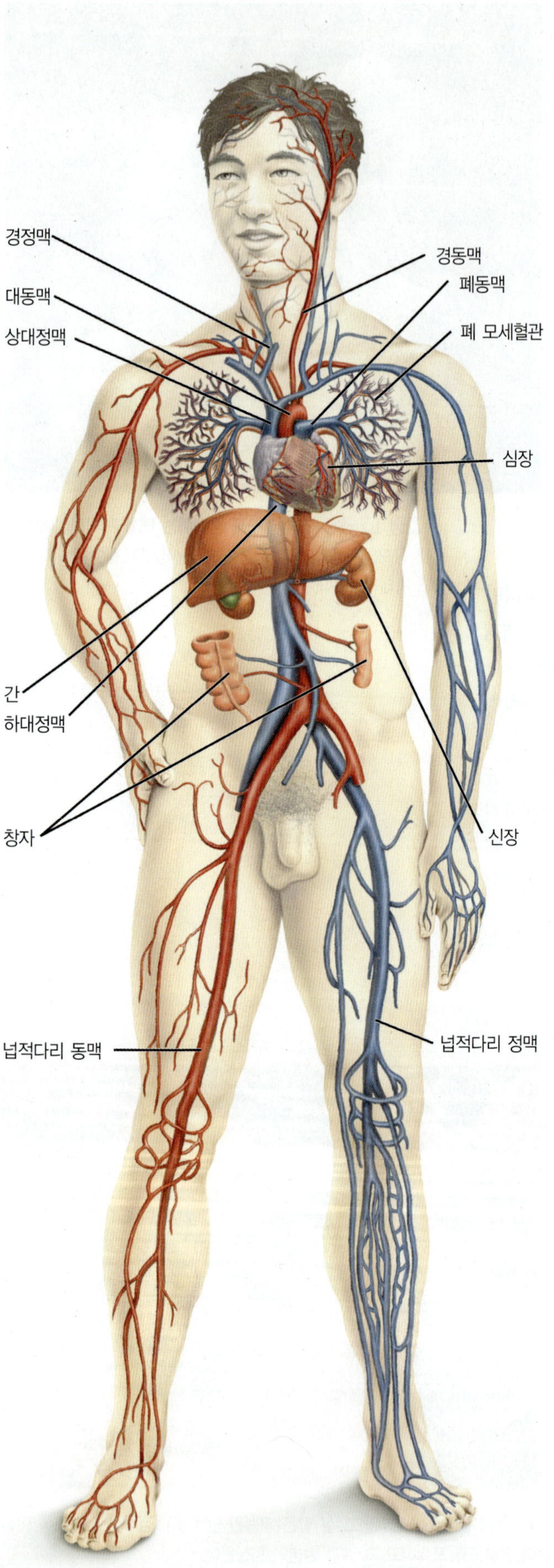


## 15.4 혈관의 종류와 기능은 무엇인가?

생명의 강은 혈관이라는 훌륭하게 고안된 통로로 흐른다. 사람의 순환계에서 일부 주요 혈관이 **그림 15-12**에 나타나 있다. 혈액이 심장을 떠나 동맥에서 소동맥, 모세혈관, 소정맥, 정맥을 지나 심장으로 되돌아온다. **그림 15-13**에서 이 혈관들을 보여준다. 혈관의 기능이 상실된 결과는 "건강 지킴이: 심장관련 질병들"에서 논의하기로 한다.

### 동맥과 소동맥은 심장으로부터 혈액을 운반한다

동맥은 심장에서 나가는 혈액을 운반한다. 동맥벽은 평활근과 탄성결합조직으로 둘러싼 두꺼운 벽이다(그림 15-13 참고). 심실에서 혈액이 밀려나올 때마다 동맥은 두터운 풍선처럼 약간 팽창한다. 심장박동 사이에 이들 탄성벽이 되돌아오면 동맥은 펌프를 도와 더 작은 혈관으로 혈액이 일정하게 흐르도록 한다. 동맥은 가지를 내어 **소동맥(arteriole)**이라는 더 가는 가지로 갈라진다.

### 모세혈관은 영양분과 노폐물을 교환하는 매우 가는 혈관이다

순환계 전체는 신체의 각 세포로 양분과 노폐물을 확산에 의해 교환하는 정교한 장치이다. 이런 확산은 가장 가는 혈관인 모세혈관에서 일어난다. 노폐물, 양분, 기체 및 호르몬은 혈액과 세포외액 사이에서 교환된다.

모세혈관은 교환을 하기에 아주 적합하다. 혈관벽이 세포 하나의 두께 정도이므로 모세혈관을 구성하는 세포의 원형질막을 물질이 쉽게 통과할 수 있다. 예를 들어, 지방산, 지용성 호르몬, 산소, 이산화탄소는 모세혈관막을 쉽게 통과하는 반면, 하전된 입자들(나트륨, 칼륨, 칼슘, 염소이온)과 물, 포도당, 아미노산 및 요소 같은 작은 분자들은 인접 모세혈관 사이의 좁은 공간을 통해 확산된다. 백혈구도 이 틈새를 통해 빠져나온다. 하지만 혈장 단백질, 적혈구 및 혈소판은 크기가 너무 커서 모세혈관을 빠져나올 수 없다.

모세혈관은 적혈구가 한 줄로 통과해야 할 만큼 매우 좁다(**그림 15-14**). 결론적으로 모든 혈액은 모세혈관벽을 아주 근접해 지나면서 교환이 일어난다. 더구나 모세혈관은 그 수가 무척 많아서 모든 신체 세포들이 100 μm(책의 4페이지 정도의 두께) 이내에 있다. 일반 사람의 모세혈관 길이는 80,600 km 정도나 된다. 혈류속도는 좁고 끝이 없는 모세혈관망을 지날 때 급속히 떨어지며, 확산에 비해 시간이 더 걸린다.

모세혈관의 혈류는 소동맥과 모세혈관 경계를 둘러싸고 있는 작은 평활근 고리인 **전모세혈관 괄약근(precapillary sphincter)**에 의해 조절된다(그림 15-13 참고). 전모세혈관 괄약근은 조직 근처의 수요 신호인 주변의 화학신호의 변화에 반응하여 열리거나 닫힌다.

◀ **그림 15-12 사람의 순환계** 정맥(파란색)은 혈액을 심장으로 나르고, 동맥(붉은색)은 심장에서 나가는 혈액을 운반한다. 대체로, 정맥은 산소가 부족한 혈액을 나르고 동맥은 산소가 풍부한 혈액을 나르지만, 폐정맥(폐에서 심장으로 산소가 풍부한 혈액을 운반)과 폐동맥(심장에서 폐로 산소가 부족한 혈액을 운반)은 예외이다.

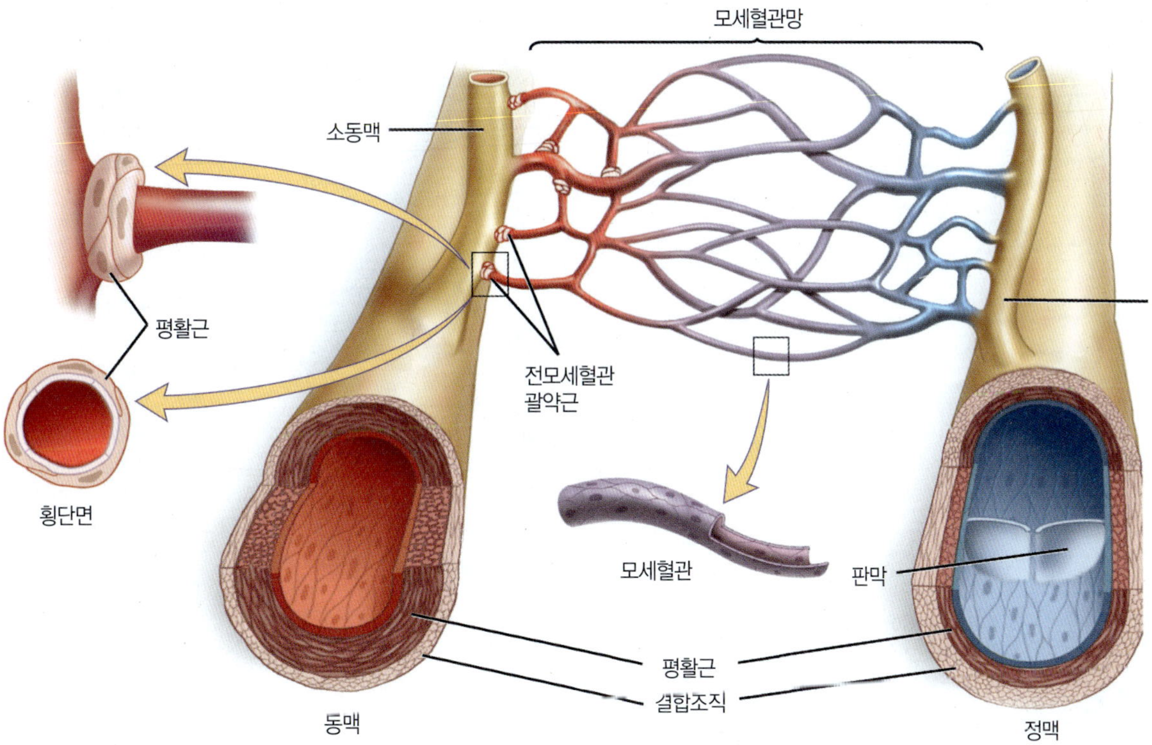


◀ 그림 15-13 **혈관의 구조와 상호연결** 산소가 풍부한 혈액은 동맥에서 소동맥, 모세혈관으로 이동한다. 모세혈관은 산소가 부족한 혈액을 소정맥으로 보내고 이는 정맥으로 간다. 전모세혈관 괄약근은 소정맥에서 모세혈관으로 혈액의 이동을 조절한다.

## 소정맥과 정맥은 혈액을 심장으로 되돌린다

모세혈관의 혈액은 이산화탄소와 기타 세포노폐물을 세포에서 추출한 뒤 큰 혈관인 **소정맥(venule)**을 거쳐 더 큰 혈관으로 보내진다(그림 15-13 참고). 저항력이 작은 통로인 정맥은 혈액을 심장으로 되돌린다. 정맥벽은 동맥벽과 함께 모두 평활근층이 있지만 동맥벽에 비해 얇고 근육이 적으며 더 팽창할 수 있다. 정맥은 심장으로 가는 혈액의 역류를 막기 위해 판막이 있어서 심장 쪽으로 한 방향으로만 흐르게 한다(그림 15-15).

정맥에서는 혈압이 너무 낮아 혈액을 심장으로 되돌리기 힘들기 때문에 운동이나 호흡 중에 골격근을 압착하여 혈액을 심장으로 보낸다. 오랫동안 앉아 있거나 서 있으면 근육활동이 부족하여 혈액이 하지정맥에 축적된다. 오랜 비행을 할 경우 다리가 붓는 이유도 바로 이 때문이다. 오랫동안 활동이 없으면 하지정맥류가 생길 수 있는데 이는 판막이 늘어나고 약해지므로 피부 밑의 정맥이 영구적으로 부어오를 수 있다.

## 15.5 림프계는 순환계와 어떻게 작용하는가?

**림프계(lymphatic system)**는 순환계로 흘러들어가게 하는 림프관과 작은 수많은 림프절 및 두 가지 부속기관인 흉선과 비장으로 구성된다(그림 15-16). 엄격히 말하면 순환계가 아니지만 림프계는 순환계와 밀접한 관련이 있다. 림프계는 모세혈관에서 빠져나온 과다한 체액과 용해된 물질을 제거하고 소장에서 흡수된 지방을 혈류로 보내며 세균이나 바이러스에 감염된 신체를 백혈구가 방어하도록 한다.

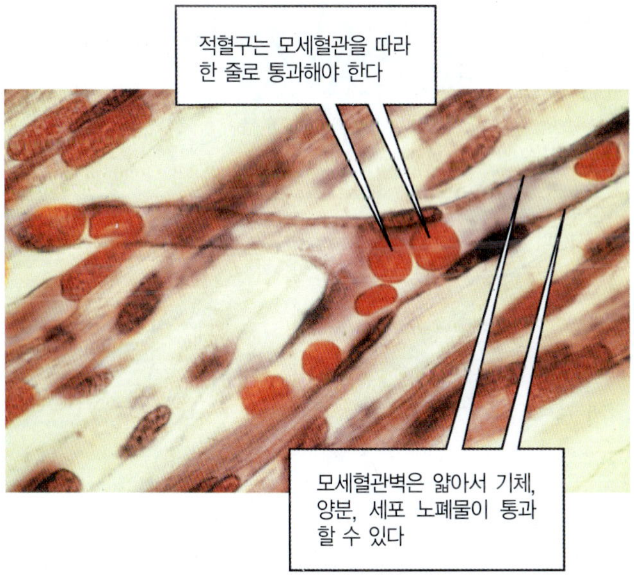


▲ 그림 15-14 **적혈구가 모세혈관을 통과하고 있다.** 질문: 이산화탄소가 모세혈관으로 이동하는 동안 산소는 왜 모세혈관에서 체조직으로 이동하는가?

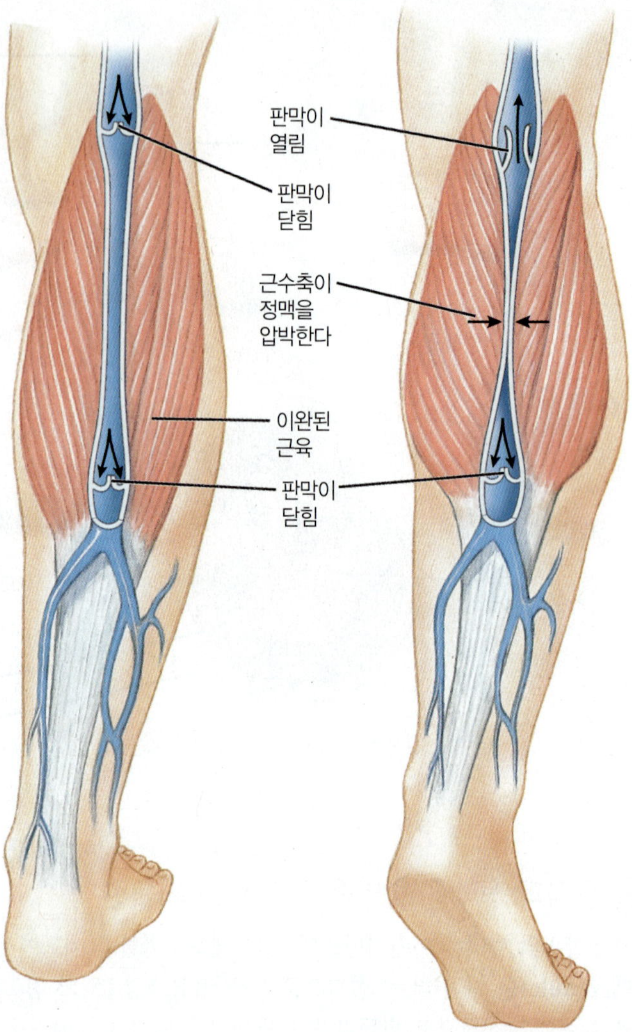


▲ **그림 15-15 정맥에서 판막이 혈류의 방향을 정한다.** 정맥과 소정맥에는 단방향의 판막이 있어 혈액이 심장으로 흐르도록 한다. 정맥이 주변 근육에 의해 압박을 받으면 판막이 혈액을 심장으로 흐르게 하고 클램프에 의해 역류를 차단한다.

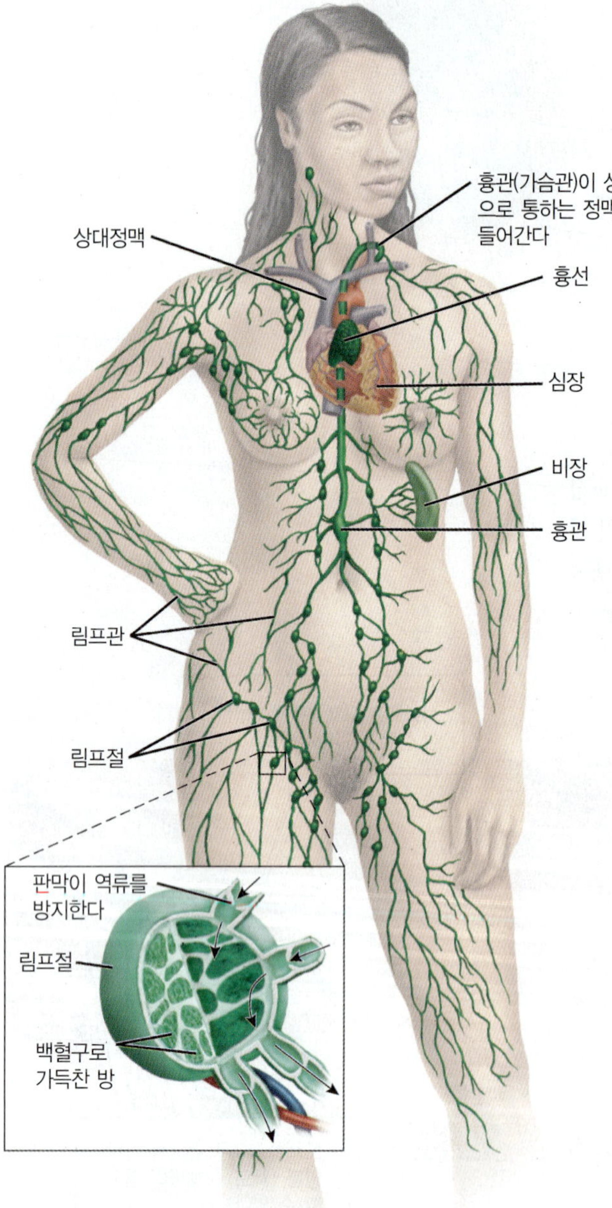


▲ **그림 15-16 사람의 림프계.** 림프관, 림프절 및 흉선과 비장. 림프는 흉관을 지나 순환계로 되돌아오며, 정맥을 지나 대정맥으로 들어간다. 삽입그림은 림프절을 횡절단한 것. 림프절은 외부물질을 공격하는 백혈구로 채워진 방으로 구성된다.

## 림프관은 순환계의 모세혈관이나 정맥과 비슷하다

가장 가는 림프관은 림프모세관이다. 모세혈관처럼 림프모세관도 매우 가늘고 좁은 복잡한 망을 구성하며, 얇은 벽을 통해 물질이 쉽게 빠져나간다. 모세혈관과는 달리, 림프모세관벽은 세포 사이에서 특수하게 열린 부위가 단방향 판막으로 작용한다. 이 문으로 비교적 큰 입자들이 체액을 경유하여 림프모세관으로 들어온다. 또한 연속적인 연결망으로 구성되어 체조직에서 끝이 막혀 있는 점이 모세혈관과 다르다.

림프모세관이 수집한 물질은 좀 더 굵은 림프관으로 이동된다. 큰 림프관은 정맥처럼 일부 근육성 벽이 있지만 림프를 흐르게 하는 대부분의 힘은 우리가 호흡이나 걸을 때 사용되는 주변 근육의 수축에 의한 것이다. 정맥처럼 림프의 순환방향도 단방향의 판막에 의해 조절된다.

## 림프계는 체액을 혈액으로 되돌린다

앞서 설명하였듯이 용해된 물질은 대부분의 세포 주위를 채우고 있는 세포외액을 통해 모세혈관과 체세포 사이에서 교환이 일어난다. 사람은 일반적으로 매일 모세혈관에서 빠져나온 체액이 재흡수된 것보다 3~4리터 정도 많다. 세포외액이 축적되면서 높아진 압력이 림프모세관벽에 있는 단방향의 개구부에 체액을 밀어 넣는다(그림 15-17). 림프계는 **림프(lymph)**라는 액체를 순환계로 되돌린다.

## 림프계는 소장에서 흡수된 지방을 혈액으로 전달한다

지방식을 먹고 나면 소장세포는 소화된 지방입자를 흡수한다. 이 입자들이 소장에서 세포외액으로 방출되지만 크기가 너무 커서 모세혈관으로 들어갈 수 없다. 하지만 이 입자들은 림프모세관 사이의 개구부를 통해 쉽게 이동한다. 일단 림프로 들어와 정맥으로 이동하여 심장으로 들어가는 큰 정맥인 상대정맥으로 이동한다.

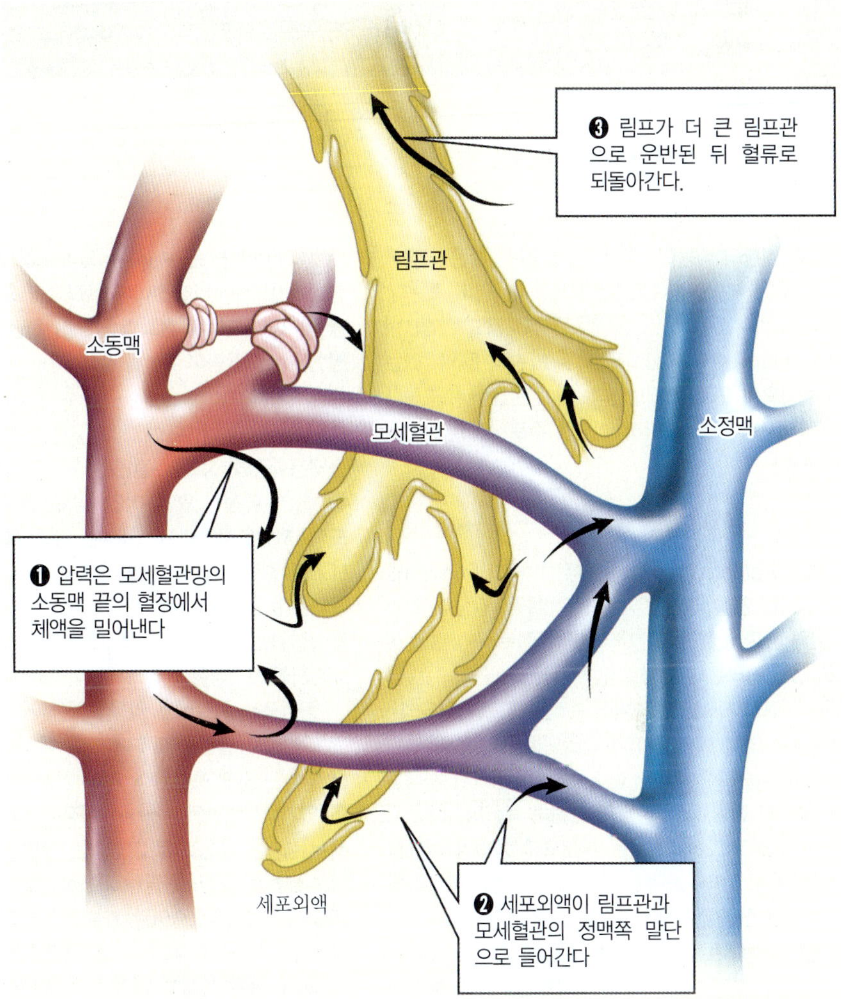


▲ 그림 15-17 **림프모세관의 구조** 림프모세관은 체조직에서 막힌 상태로 있으며 세포외액의 축적으로 생긴 압력이 세포외액을 림프모세관으로 밀어낸다.

## 림프계는 질병에 대한 신체의 방어를 돕는다

림프계의 기타 역할 외에도 림프계는 세균과 바이러스 같은 외부침입자에 대해 신체를 방어한다. 림프계에는 호흡관, 소화관 및 수뇨관 내피에 위치한 결합조직 조각이 포함되며 수많은 백혈구를 포함하고 있다. 이들 중에서 가장 큰 것은 입 바로 뒤쪽 강소에 있는 **편도(tonsil)**이다. 큰 림프관에는 일정 간격으로 2.5 cm 정도 되는 강낭콩 모양의 **림프절(lymph node)**이 연결되어 있다(그림 15-16 참고). 림프절의 림프는 외부물질을 인식하고 파괴하는 다량의 백혈구가 있는 방을 지나서 통과한다. 침입자를 파괴하는 과정에서 백혈구도 죽게 되며 이때 림프절이 심하게 부어오르고 백혈구 사체와 죽은 바이러스를 집어먹은 세포들이 축적되는 현상이 동반된다.

흉선과 비장을 림프계의 일부로 보기도 한다(그림 15-16 참고). **흉선(thymus)**은 특정 백혈구를 성숙시키는 기관으로, 가슴뼈 아래와 심장 바로 위에 위치한다. 특히 흉선은 아기나 어린아이에서는 활발하나 청소년 초기에는 크기나 중요성이 줄어든다. **비장(spleen)**은 복강 왼쪽 위와 횡격막 사이에 위치한다. 림프절이 림프를 여과하듯이 비장도 혈액을 여과하여, 외부물질과 오래된 적혈구를 파괴시키는 백혈구에 노출시킨다.

### 흡연생활

**계속**

흡연이 폐암의 위험을 증가시킨다는 사실을 많은 사람들이 알고 있지만, 소수의 사람들은 흡연이 다른 종류의 암의 위험인자라는 사실도 안다. 예를 들어, 림프계 암은 비흡연자보다는 흡연자들 사이에 더 많이 나타난다. 림프계 암인 림프종(lymphoma)은 감염시 싸우는 림프계의 수많은 백혈구에 영향을 주는 것으로 알려져 있다. 림프종 환자들은 암에 걸린 백혈구가 보통 림프절에 축적되어 종양이 형성된다.

# 건강 지킴이

## 심장 관련 질병들

심장과 혈관의 기능이 저하되는 심혈관질환은 미국에서 가장 큰 사망원인으로 1년에 약 백만 명이 죽는다. 심장은 살아 있는 동안 한 번도 쉬지 않고 25억 번 이상 활발히 수축하여 지구를 두 바퀴나 돌 수 있는 긴 혈관으로 혈액을 내보낸다. 이 혈관들이 수축하거나 약해지거나 또는 막히게 되면 주로 심기능부전이 나타난다.

### 동맥경화로 혈관이 막힌다

*동맥경화*(*atherosclerosis*)는 대동맥벽이 두꺼워지면서 탄성을 잃을 때 생긴다. 이런 변화는 칼슘이나 피브린처럼 콜레스테롤과 기타 지방물질로 구성된 *플라크*(*plaque*)라는 침전물로 인해 생긴다. 플라크는 평활근과 조직 사이의 동맥벽에 축적된다(그림 E15-1). 플라크로 인해 혈관 내피가 파열되면, 혈소판이 혈관벽에 들러붙도록 자극을 받아 혈전이 생기기 시작한다. 혈전이 점점 동맥을 막아 완전히 폐쇄되거나(250쪽 사진 참조) 동맥의 가는 부분으로 쓸려가 혈류를 차단할 수도 있다. 동맥에 생긴 혈전은 심장마비나 뇌졸중 같은 심각한 동맥경화증을 초래할 수 있다.

*심장마비*(*heart attack*)는 심근에 혈액을 공급하는 관상동맥이 막혔을 때 일어나는 질병이다. 동맥폐쇄로 혈류공급이 감소된 심근은 양분과 산소공급을 받지 못하여 빠르게 죽는다. 심장마비는 동맥경화로 올 수 있는 주요 사망 원인이다. 100만 명이 넘는 미국인들이 해마다 심장마비로 고통을 받으며, 이들 중 반은 사망한다. 동맥경화는 플라크와 혈전을 동맥에 형성하기도 한다. 혈전이나 플라크가 뇌로 가는 동맥을 막으면 혈액 및 산소와 양분이 차단되어 뇌기능이 상실되는 뇌졸중이 유발될 수 있다.

### 동맥경화증의 치료

동맥경화증의 정확한 원인은 확실하지 않지만 고혈압, 흡연, 유전적 요인, 비만, 당뇨, 운동부족 및 고농도의 저밀도지단백질(LDL)에 의해 촉진된다. 만일 LDL과 결합된 콜레스테롤 농도가 너무 높으면 콜레스테롤이 동맥벽에 축적된다. 이와 반대로 고밀도지단백질(HDL)과 결합한 콜레스테롤은 대사를 하거나 배출시키므로 좋은 콜레스테롤이라고 부른다.

동맥경화 치료에는 약을 사용하거나 식습관과 생활의 변화로 혈압을 낮추어 혈액 내 콜레스테롤 수치를 낮추는 것도 포함된다. 만일 심장마비를 겪은 경험이 있거나 *협심증*(*angina*; 심장에 혈액공급이 부족해서 생기는 흉통)으로 고생하는 사람은 막힌 관상동맥을 넓히는 *혈관성형술*(*angioplasty*) 대상이다(그림 E15-2). 혈관성형술이란 가늘고 부드러운 관을 넓적다리나 상완동맥에 넣어 막힌 혈관에 이르도록 한다. 관 끝에 작은 풍선이 달려 있어 팽창하면 플라크를 압축한다. 또 다른 방법으로 관 끝에 회전하는 작은 날을 장착하여 같은 방법으로 플라크를 압축하여 제거한다. 결국 다이아몬드로 코팅된 고속 드릴이 플라크를 아주 미세한 조각으로 분쇄하여 혈액으로 흘러가게 한다. 플라크가 제거된 뒤 철망으로 된 스텐트관을 동맥에 삽입하여 동맥이 열려 있도록 한다.

*관상동맥우회술*(*coronary bypass surgery*)은 하나 이상 막힌 관상동맥을 정맥(환자 다리에서 떼어 냄, 그림 E15-3)이나 동맥의 일부로 우회시키는 것이다. 하지만 우회술로 도움을 받을 수 있는 많은 환자들에게서 이식하기에 적합한 혈관이 없는 경우도 있다. 이런 환자들의 고충을 덜기 위하여 연구자들은

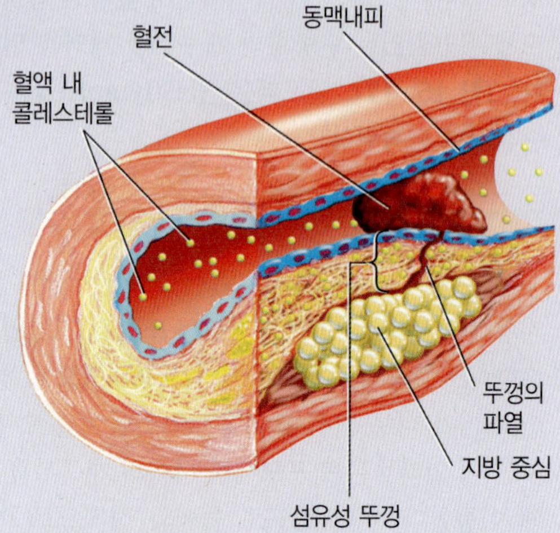


▲ 그림 E15-1 **플라크가 동맥을 차단한다.** 섬유성 뚜껑이 파열되면 혈전이 형성되어 동맥이 막힌다

## 15.6 동물체 내에서 산소와 이산화탄소는 어떻게 교환되는가?

순환계의 주요 기능 중 하나는 산소를 조직으로 나르고 이산화탄소를 조직으로부터 제거하는 일이다. 이 기능을 수행하기 위해 순환계는 외부환경에서 산소를 얻고 이산화탄소를 외부로 내보내야 한다. 이런 기체교환 과정을 **호흡(respiration)**이라 하며, 기체를 교환하는 기관계를 호흡계(respiratory system)라고 한다. 호흡계는 순환계와 밀접하게 연결되어 있다.

동물의 호흡계는 다양하며 수중환경에서도 작용한다. 호흡계는 어느 경우든 호흡표면을 통한 기체의 확산에 의존한다.

호흡표면은 넓고 축축하다. 적절한 기체교환을 하기 위해서는 환경과 넓은 표면을 접촉하고 습기를 유지해야 하는데 그 이유는 기체가 세포의 안팎으로 확산되기 위해서는 물에 용해되어야 하기 때문이다.

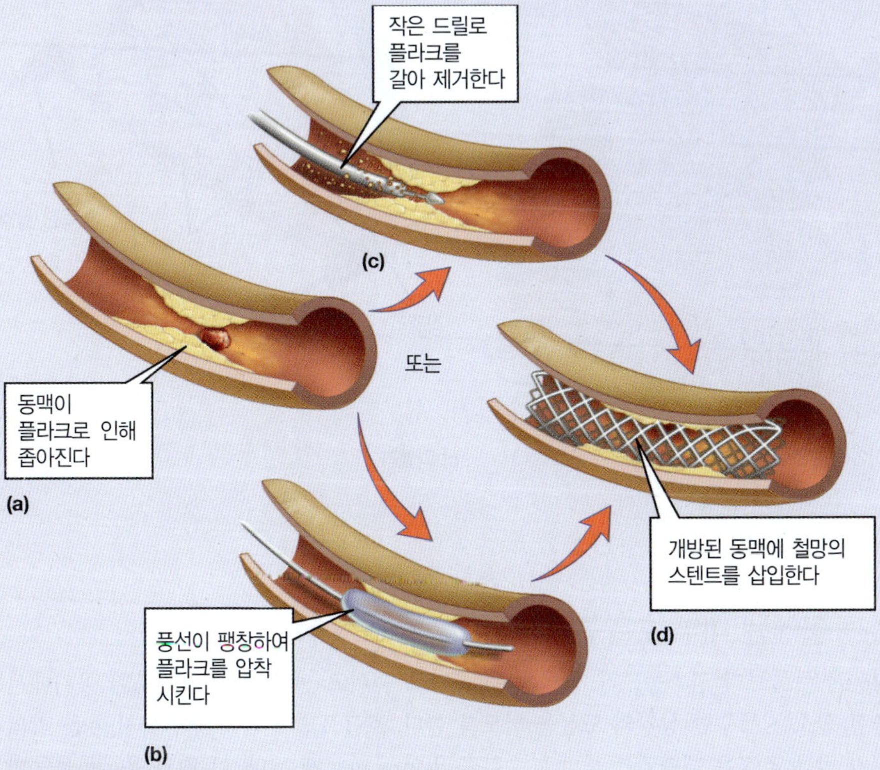


▲ 그림 E15-2 **혈관형성술로 막힌 동맥을 풀어준다.** (a) 좁아진 동맥을 (b) 내부에 작은 풍선을 팽창시키거나 (c) 드릴로 플라크를 제거한다 (d) 금속망 스텐트를 삽입하여 혈관의 확장을 유지시킨다

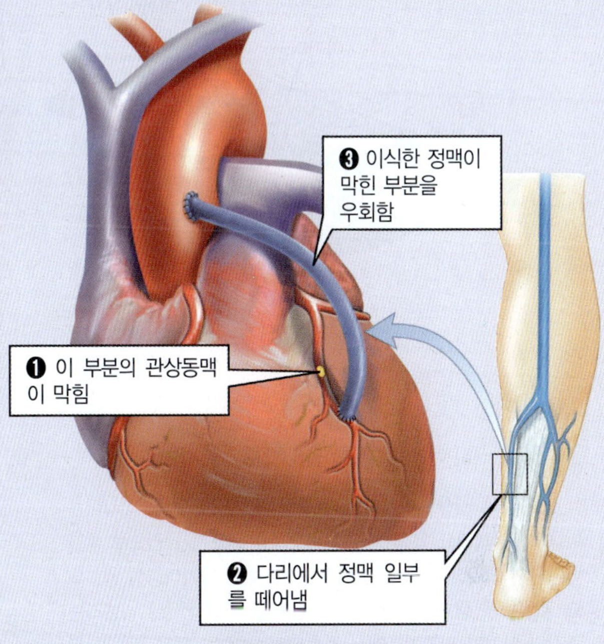


▲ 그림 E 15-3 **관상동맥우회술**

인공혈관을 개발하느라 연구 중이다. 예를 들어, 콜라겐 단백질로 구성된 관 원형을 살아 있는 혈관세포가 있는 영양배지에 놓아두면 세포가 그 관으로 침투하여 기능적인 혈관을 일시적으로 덮는다. 또 다른 전망으로는 플라스틱 모형을 기본 발판으로 환자 자신의 세포로 혈관이 성장하도록 하는 것이다. 이 기술 방법은 전망이 있지만 좀 더 연구와 실험이 필요하다. 인공혈관이 우회술에 사용되는 데는 몇 년 더 걸릴 것이다.

## 수생동물에는 아가미가 있다

습한 환경에 사는 아주 작은 일부 동물은 호흡계가 특수화되지 않고 체표면을 통해 기체를 교환한다. 하지만 덩치가 큰 동물들은 대부분 특수화된 호흡계를 지닌다. 예를 들어, 많은 수생동물이 **아가미(gill)**라는 호흡기관을 가지고 있다. 아가미는 대체로 정교한 가지가 있거나 접힌 모양을 하여 표면적을 최대화시킨다(그림 15-18).

어류의 경우 뼈로 된 덮개가 섬세한 아가미조직을 보호한다. 어류는 끊임없이 아가미에서 물을 입으로 보내어 아가미 뒤에 있는 구멍으로 분사한다. 아가미는 연속된 필라멘트로 구성되어 있다(그림 15-19). 각 필라멘트는 경골성 아가미궁(bony gill)에 붙어서 이곳에 연결된 혈관을 통해 산소가 부족한 혈액을 운반하여 산소가 풍부한 혈액으로 내보낸다. 필라멘트는 라멜라(lamella)라고 하는 가는 층상구조로 덮여 있다. 모세혈관이 라멜라 외막 바로 밑에 있어 혈액이 라멜라 표면을 가까이 지날 때 기체가 교환된다

▲ 그림 15-18 **연체동물의 외아가미**

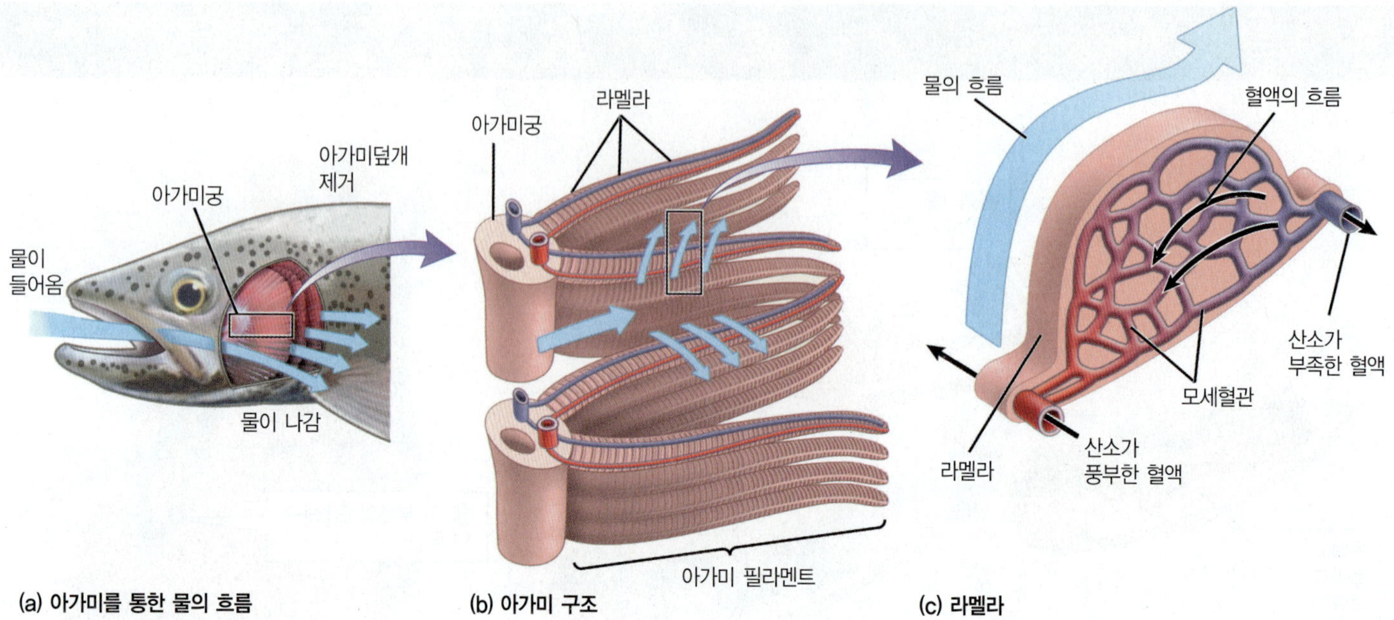


▲ 그림 15-19 **아가미는 물과 기체교환을 한다.** 아가미는 어류의 가장 크고 복잡한 구조이다. (a) 물고기가 입으로 물을 들여와서 아가미 위로 흘려보낸다. (b) 물은 아가미궁에 연결되고 치밀하게 쌍으로 배열된 필라멘트를 지난다. (c) 라멜라는 각각의 아가미 필라멘트에서 돌출되어 나온다. 물은 혈류가 모세혈관망을 통해 흐르는 방향과 반대로 라멜라 위로 흘려보낸다.

### 육상동물에는 내부 호흡구조가 있다

육상동물은 물보다 산소농도가 훨씬 높은 공기로 숨쉬고 산다. 하지만 건조한 공기에서 추출한 산소는 특수한 상황의 도전을 하도록 한다. 호흡표면이 축축해야 하지만 몸 밖의 습기가 많은 조직은 계속되는 증발로 수분을 잃어서 마르게 된다. 그 결과 육상동물들의 호흡기관이 건조해지는 것을 보호하기 위한 내부구조로 진화하게 되었다. 육상척추동물들의 호흡구조는 **폐(lung)**이며 습기있는 기체교환 막을 가진 방으로 되어 있고 신체 내부에 있어 보호를 받으며, 수분손실을 최소화하고 체벽이 지지해 준다.

## 15.7 사람의 호흡계는 어떻게 작용하는가?

사람과 폐로 숨을 쉬는 척추동물의 호흡계는 기도부위와 기체교환부위로 나눌 수 있다. 기도부분은 공기가 들어가는 일련의 통로를 말하고, 기체교환 부분은 혈액과 기체교환을 하는 곳이다.

### 기도부위는 공기를 폐까지 보낸다

호흡계의 기도부위는 공기를 폐까지 보낸다. 공기가 코나 입을 통해 들어가 비강이나 구강을 지나 **인두(pharynx)**를 거쳐 **후두(larynx)**로 간다(그림 15-20a). 인두는 호흡계와 소화계가 함께 공유하므로 음식물과 공기가 같이 지난다. 음식물이 기도로 들어가는 것을 후두개(epiglottis)가 막아주는데, 후두개는 납작한 조직으로 인두에서 후두로 열리게 하는 연골에 의해 지지된다.

정상적인 호흡을 하는 동안 후두개는 위쪽으로 기울어져 있어서(그림 15-20a) 공기가 후두로 자유롭게 흘러들어오게 한다. 음식을 삼키는 동안 후두개는 아래쪽으로 기울어져 후두를 덮어 물질이 식도로 들어가도록 한다. 만일 숨을 쉬면서 음식을 동시에 삼키면 후두개가 아래쪽으로 내려가지 못하여 음식물이 후두로 넘어가 폐로 들어가는 공기를 차단할 수 있다.

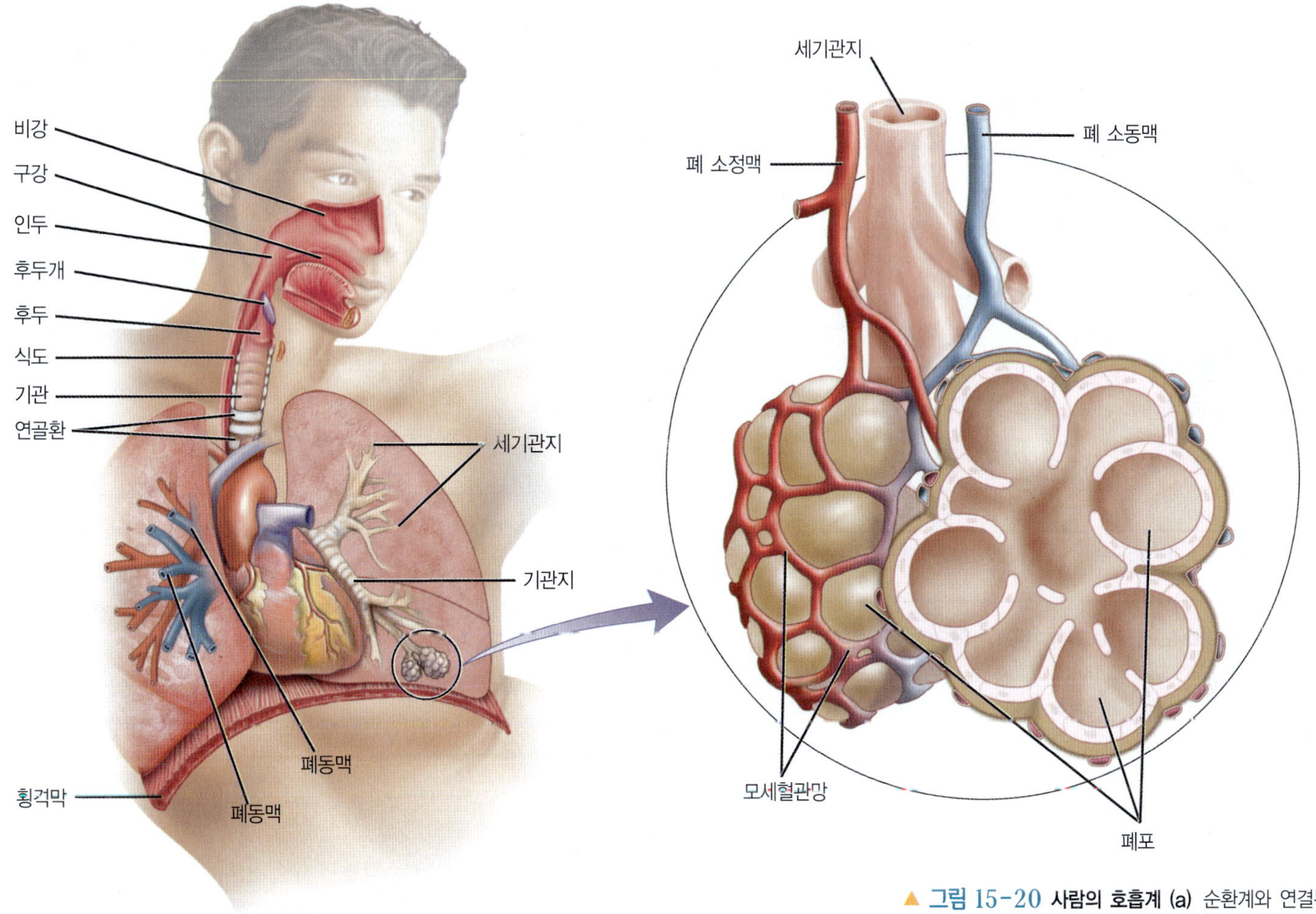


(a) 사람의 호흡계

(b) 모세혈관으로 둘러싸인 폐포

▲ **그림 15-20 사람의 호흡계** (a) 순환계와 연결된 호흡계의 기도와 혈관 (b) 주위를 둘러싼 모세혈관을 확대한 그림 **질문:** 포유동물 대부분의 기도를 지나는 공기는 울퉁불퉁한 뼈를 덮는 표면적이 넓은 막으로 직접 들어간다. 그 이유는 무엇일까?

들이쉬는 공기는 후두를 지나 **기관(trachea)**으로 이동한다. 기관은 단단한 연골이 반원형의 띠를 이루고 있는 유연한 관으로 되어 있다. 흉부에서 기관은 **기관지(bronchus)**라고 하는 두 개의 큰 갈래로 나뉘어 각각 폐와 연결된다. 폐내부에서 기관지는 반복해서 **세기관지(bronchiole)**라고 하는 더 작은 관으로 나뉜다. 세기관지는 **폐포(alveolus)**에 도달하며, 폐포는 기체교환이 일어나는 작은 공기주머니이다(그림 15-20b). 직경이 0.2 mm인 폐포는 스펀지 케이크 모양으로 폐조직을 확대시킨다.

공기는 기도부위를 통과하면서 따뜻하게 데워지고 습기를 얻는다. 공기가 나르는 많은 먼지와 세균들은 기도내벽을 구성하는 세포가 분비하는 점액에서 붙잡힌다. 이물질을 부착한 점액은 끊임없이 섬모에 의해 세기관지에서 기관지, 기관을 거쳐 인두로 보내진다. 인두로 올라온 점액은 재채기로 내보내지거나 삼키게 된다.

## 기체교환은 폐포에서 일어난다

폐는 가스교환을 위해 아주 습한 표면을 만든다. 150만~ 250만 개에 이르는 폐포로 구성된 폐마다 확산에 필요한 거대한 표면적을 가지며 이는 성인의 경우 약 75 $m^2$ 정도로서 전체 피부 표면의 약 80배에 이른다. 포도송이처럼 세기관지 끝에 연결된 폐포는 전체가 모세혈관망으로 둘러싸여 있다(그림 15-20b 참고). 폐포벽과 인접한 모세혈관벽 모두 한

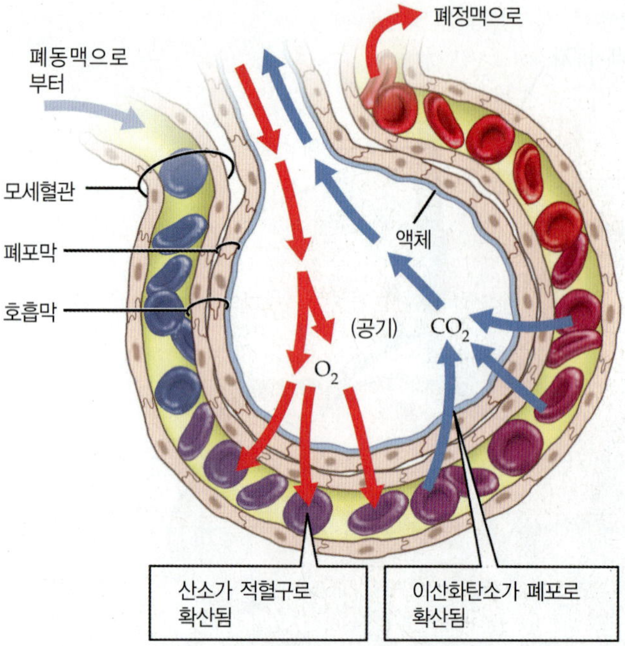


▲ **그림 15-21** **폐포와 모세혈관 사이의 기체교환** 폐포와 모세혈관벽은 세포 하나 정도의 두께이며 매우 가까이 있고 세포는 얇은 액체층으로 둘러싸여 있다. 이런 배열이 기체가 용해되어 폐와 순환계 사이에 쉽게 확산될 수 있도록 한다.

층의 세포로 구성되어 폐 속의 공기는 모세혈관 내 혈액과 아주 가까이 인접한다. 폐포는 얇은 수용액의 층으로 덮여 있고, 기체가 이 용액에 녹아 폐포와 모세혈관막을 통해 확산된다(그림 15-21).

체조직에서 돌아온 혈액은 심장의 펌핑으로 폐로 보내지며 폐포 주위를 둘러싼 혈액은 산소분압이 낮고(체세포의 세포호흡으로 산소를 소모함) 이산화탄소 분압이 높다(호흡하는 세포에서 방출됨). 따라서 산소는 농도가 높은 폐포 내 공기에서 농도가 낮은 혈액으로 확산된다. 이와 반대로, 이산화탄소는 농도가 높은 혈액에서 농도가 낮은 폐포 내 공기로 확산된다. 이제 산소가 풍부해지고 이산화탄소가 제거된 혈액은 심장으로 되돌아와서 펌핑에 의해 체조직으로 보내진다(그림 15-22).

## 이산화탄소와 산소는 서로 다른 방식으로 운반된다

20장 앞부분에서 설명하였듯이 혈액 속의 산소는 대부분 헤모글로빈 분자와 결합하여 운반된다. 하지만 헤모글로빈은 혈액 속 이산화탄소를 아주 적은 비율(약 20%)만 나른다. (헤모글로빈은 산소가 부족한 조직에 산소를 해리하고 일부 이산화탄소와 결합하여 폐로 되돌아간다.) 혈액 속에 남아 있는 일부 이산화탄소(약 10%)는 혈장에 용해되지만 대부분(70%)은 중탄산이온($HCO_3^-$)으로 바뀌어 운반된다. 물과 이산화탄소가 탄산탈수소효소가 있는 상태에서 결합할 때 나타나는 작용에 의해 중탄산염이 형성된다.

$$CO_2 + H_2O \xrightarrow{\text{탄산탈수효소}} H^+ + HCO_3^-$$

탄산탈수소효소는 중탄산염이 주로 형성되는 적혈구 내에 있다. 중탄산이온은 세포에서 혈장주위로 확산된다. 중탄산염이 풍부한 혈액이 폐포(이산화탄소 농도가 낮음)를 지날 때 역반응이 일어나서 중탄산염을 이용하여 이산화탄소를 방출하면 폐포로 확산된다.

## 폐는 밀폐된 공간 안에서 보호를 받는다

폐를 둘러싼 흉강은 밀폐되어 돔 모양 위쪽은 목근육과 결합조직에 연결되고 바닥은 근육성 **횡격막(diaphragm)**으로 구성된다. 흉벽 안쪽으로 흉곽은 폐를 둘러싸고 보호한다. 흉곽 내벽과 폐는 2중막으로 둘러싸여 있다. 이 막이 폐와 흉벽 사이를 밀폐시키는 역할을 한다.

## 우리는 공기를 능동적으로 들이쉬고 수동적으로 내쉰다

우리는 두 단계로 숨을 쉰다. 폐로 공기가 능동적으로 들어오는 것을 **흡기(inhalation)**, 폐에서 수동적으로 공기가 나가는 것을 **호기(exhalation)**라고 한다. 흡기 때 흉강이 확장되며, 흉강이 확장되려면 횡격막이 수축하여 아래로 내려가야 한다. 늑간근도 수축하여 늑골을 위로 들어 올리면서 앞으로 나온다(그림 15-23a). 흉강이 팽창하면 습기있는 흉강내벽에 대항하여 표면장력으로 폐가 팽팽해지면서 팽창한다. 폐가 팽창하면 증가된 용적이 내부압력을 감소시켜 대기압 이하로 떨어진다. 기체는 항상 압력이 높은 쪽에서 낮은 쪽으로 흐르기 때문에 외부 공기가 폐로 들어간다.

흡기를 일으키는 근육이 이완되면 자동적으로 호기가 일어난다(그림 15-23b). 이완된 횡격막이 위로 구불어지고, 늑골이 아래로 움직이며 안쪽으로 들어오면 흉강이 줄어들어 공기가 폐에서 밖으로 나간다. 복근이 수축하면서 더 많은 공기가 빠져나간다. 호기가

### 흡연생활

**계속**

흡연은 외부에서 침입하는 먼지로부터 폐를 보호하려는 신체대사를 방해한다. 연기를 들이마실 때 니코틴과 이산화황 같은 독성물질이 소화관 내벽의 섬모를 마비시킨다. 청소부 역할을 하는 섬모들은 흡인한 입자들을 제거하지만 연기는 제거가 가장 필요할 때 억제를 한다. 섬모가 작용하지 못하면서 담배연기 속 수십억 개의 탄소입자들이 기도벽에 달라붙어 폐로 들어온다. 이런 자극에 반응하여 기도는 이 물질을 잡기 위해 더 많은 점액을 생산한다. 하지만 섬모가 입자들을 제거하지 못하면 점액이 싸여 기도를 막는다. "흡연자의 기침"은 이물질을 내보내려는 시도이다. (흡연의 기타 부정적인 효과는 "건강 지킴이의 흡연—생명과 호흡능력을 결정"을 참고)

일어난 뒤 폐에는 일부 공기가 남아 있다. 이 공기는 폐포가 눌리는 것을 막아주고 호흡계의 기도 내부 공간을 채워준다.

## 호흡률은 뇌의 호흡중추에 의해 조절된다

호흡은 무의식적이며 자동으로 일어난다. 하지만 호흡에 사용되는 근육은 심장근처럼 자발적이 아니다. 각각의 근육수축은 신경세포의 충격에 자극을 받아 일어난다. 이 충격은 척수 바로 위에 위치한 연수에 있는 **호흡중추(respiratory center)**에서 오는 것이다. 호흡중추에 있는 신경세포는 호흡근육의 수축과 이완을 주기적으로 일으키는 충격파를 발생시킨다.

호흡중추는 몇 가지 요소로부터 자극을 받고 신체의 변화 요구에 맞추어 호흡률과 호흡량을 조절한다. 호흡률은 연수에 있는 이산화탄소 수용체에 감지되어 혈액 내 이산화탄소를 일정한 농도로 유지하도록 조절된다. 예를 들어, 당신이 계단을 뛰어 오를 때, 근육세포에서는 세포호흡을 유지하기 위해 더 많은 산소가 필요하다는 신호를 보내므로 근육의 활동량이 증가하여, 더 많은 이산화탄소를 만들어낸다. 혈액 내 이산화탄소 농도가 올라가면 연수에 있는 수용체가 이를 감지하여 호흡률과 호흡의 깊이가 증가하도록 자극한다. 이 수용체들은 매우 민감해서 이산화탄소가 0.3% 증가하면 호흡률이 두 배로 증가한다.

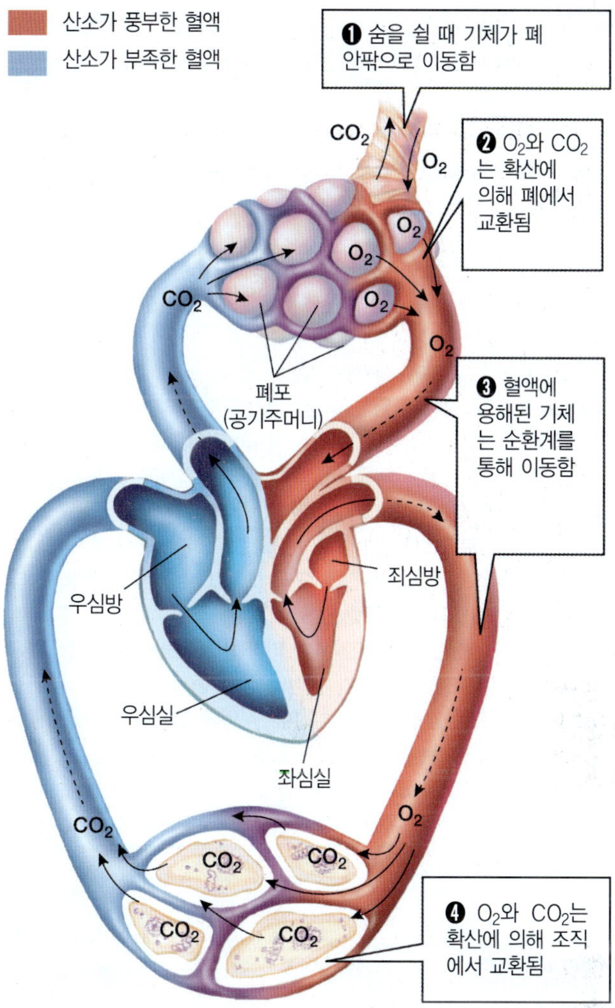


▲ 그림 15-22 **기체교환의 개요**

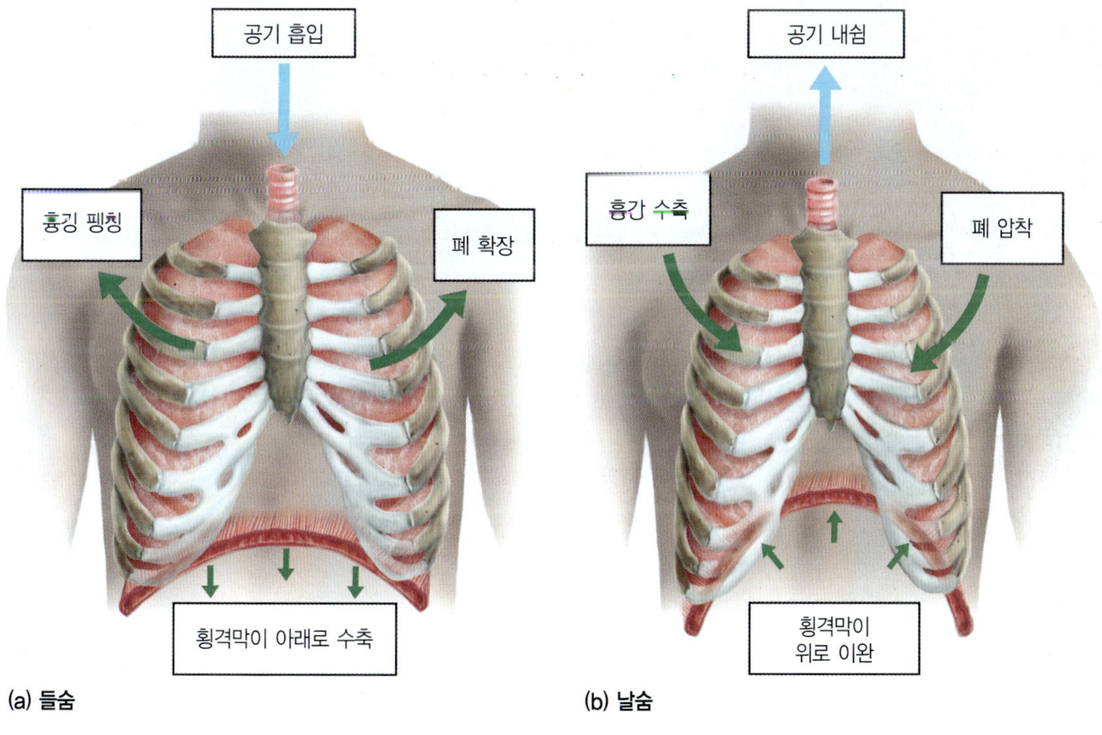


◀ 그림 15-23 **호흡기작** (a) 들숨 동안 횡격막은 아래로, 늑골은 위로 움직인다. 흉강의 부피가 증가하여 공기가 밀려 들어온다. (b) 날숨 동안 횡격막을 움직이는 근육이 이완하고 늑골은 횡격막을 위로 휘게 하며 흉곽이 안쪽으로 이동하면서 공기가 폐에서 빠져나간다.

# 건강 지킴이

## 흡연—생명과 호흡능력을 결정

약 44만 명의 미국인이 매해 흡연과 관련된 질병으로 죽는다. 폐암, 폐기종, 만성기관지염, 심장질환, 뇌졸중 및 기타 암 종류 등이 이 질병에 포함된다.

담배흡연은 기도에 심각한 영향을 준다. 골초의 폐에는 수년간 미세한 담배입자가 폐포에 축적되어 문자 그대로 검게 변한다(그림 E15-4a의 정상 폐와 그림 E15-4b의 병든 폐를 비교하라). 이들 입자에 부착된 독성물질은 약 200가지이며 이 중 12가지 이상이 발암물질로 알려져 있다. 폐의 정교한 조직이 포집된 입자에 포함된 발암물질에 오래 노출될수록 암으로 발전할 확률이 크다(그림 E15-4c).

일부 흡연자들은 만성기관지염, 기침을 계속하는 만성 폐 감염, 호흡기도 팽창, 점액의 생성 증가 및 섬모의 수와 활동 감소 등으로 발전할 수 있다. 그 결과 폐포로 들어오는 공기흐름이 줄어든다. 폐기종(emphysema, 그림 E15-4a)은 담배 속의 독성물질이 폐포를 파괴하기 쉬운 물질을 생산하도록 할 때 폐기종으로 발전한다. 기체교환이 일어나는 폐포가 소실되면, 모든 체조직에서 산소가 고갈된다. 폐기종 환자는 호흡이 점점 힘들어지고 호흡 효율성이 떨어져 결국 죽을 수도 있다.

일산화탄소는 담배연기에 많이 들어 있고 적혈구의 산소결합 부위에 단단히 붙어 있다. 이 결합이 혈액의 산소운반능력을 감소시켜 심장에 부담을 준다. 이는 만성기관지염과 폐기종의 원인이 되기도 하며 흡연자가 비흡연자에 비해 심장마비를 겪을 가능성이 2배나 높다.

흡연자는 또한 동맥경화를 일으킬 수 있다(262~263쪽 건강 지킴이의 심장 관련 질병들 참고). 그 결과 흡연자는 비흡연자에 비해 약 70% 이상이 심장질환으로 죽는다.

담배연기 속의 일산화탄소는 흡연임산부의 경우 불임, 유산, 저체중아 및 학습태도 장애아 등이 생길 수 있다.

"간접흡연"은 아이와 어른 모두 건강에 해롭다. 부모가 흡연하는 아이들은 기관지염, 폐렴, 귓병, 기침, 감기 등에 걸리기 쉽다. 때로는 이들의 폐용량이 감소하여, 천식이나 알러지로 발전할 수 있다. 천식이 있는 아이들의 경우 수적으로나 심각성은 간접흡연에 의해 증가된다. 성인들 가운데 흡연자와 함께 사는 비흡연 배우자는 비흡연 배우자에 비해 심장질환이나 폐암에 걸릴 확률이 30% 더 높게 나타난다. 심지어 간접흡연에 자주 노출되지 않아도 동맥경화에 걸리 수 있다는 보고가 있다. 미국 질병본부는 간접흡연으로 인해 매해 비흡연자 3,000명이 폐암으로 사망하고 최소 35,000명이 심장질환으로 사망한다고 추산하였다. 하지만 담배를 끊은 흡연자는 즉시 치유가 시작되어 심장질환, 폐암 및 기타 수많은 흡연관련 질병이 점차 줄어들게 된다.

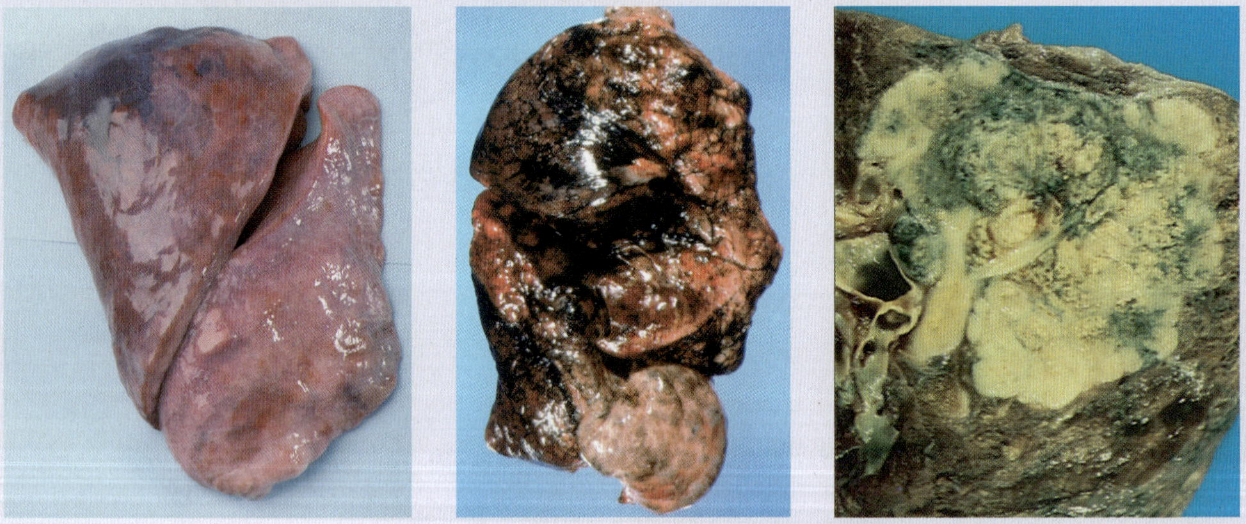

(a) 정상 폐 (b) 흡연자의 폐 (c) 폐암

▲ 그림 E15-4 **흡연은 폐를 손상시킨다.** (a) 정상 폐. (b) 폐기종으로 사망한 흡연자의 폐는 검고 붕괴되어 있다 (c) 폐암이 연한 덩어리로 보인다. 폐조직 주변은 담배연기 입자로 덮여 검게 보인다.

## 흡연생활 다시 들러보기

마크 트웨인은 "담배 끊기가 쉬워, 나는 수천 번이나 끊어 보았다"고 말한 적이 있다. 니코틴은 코카인이나 헤로인처럼 중독으로 끌고 가듯이 강력한 중독성의 약 성분이다. 연구자들은 코카인이나 헤로인처럼 니코틴이 뇌의 보상중추를 활성화시킨다는 것을 발견하였다. 뇌가 덜 민감해져서 동일한 보상효과를 경험하려면 더 많은 니코틴을 필요로 하며 니코틴이 없으면 보상중추가 자극을 받지 않는다고 느낀다. 금단증세에는 니코틴을 갈망하거나 우울증, 불안, 성급함, 집중부족, 두통 및 불면 등이 나타날 수 있다. 그러므로 일부 사람들은 금연하는 유일한 방법은 아예 흡연을 시작하지 않는 것이라 말한다. 매해 흡연자의 70%가 담배를 끊으려 해도 단지 2.5%만이 성공한다. 33%는 60세까지 계속 피우며 대부분 2~3번씩 시도를 해본다.

중독의 힘은 무서운 결과를 나타낸다. 금연에 실패한 흡연자의 약 1/3은 흡연관련 원인으로 죽는다(건강 지킴이의 심장 관련 질병들 참고). 하지만 중독을 극복할만한 동기가 부족한 흡연자들도 위험성에 대해서는 잘 알고 있다. 일리노이 대학의 한 학생이 청소년 흡연자들의 일반적인 태도를 다음과 같이 표현했다. "흡연이 나쁘고 나를 죽일 수도 있다는 것을 안다. 나는 21살이며 담배를 끊지 못한다. 할아버지도 평생 피우신 담배로 인해 암으로 돌아가셨다." 비흡연 학생들은 "어떤 상황이든 사람들은 계속 피울 것이다. 이들에게 암에 걸린 폐의 사진이나 썩은 이를 보여줄 수는 있지만 사람들에게 계속 영향을 주지는 않을 것이다. 삶을 어떻게 살아야 하는지 선택할 권리는 우리에게 있다."라고 말한다.

### 생각해보기

폐암환자의 거의 90%가 흡연으로 유발된다. 미국에서 암치료에 직접 드는 의료비는 매해 약 50억 달러이다. 이런 비용(기타 질병관련 질환 치료에 드는 비용도 포함)은 건강보험료를 급속도로 올리는 결과를 가져와 보험혜택을 받지 못하는 사람들이 더 많이 늘고 있다. 당신의 견해로는, 담배에 대한 자신의 권리를 주장하는 사람들이 이런 비용을 벌충할 일부 책임을 져야 한다고 생각하는가?

## 개념 확인 문제

### 빈칸 채우기

**1.** 혈관과 체세포 사이에서 노폐물과 양분을 교환하는 혈관은 ________이다. 이 혈관은 ________(산소가 충분한 혈액)을(를) ________(산소가 부족한 혈액)과(와) 연결하는 그물망을 형성한다.

**2.** 수축기 혈압은 ________의 수축으로 생긴다. 심장박동 사이에 멈춤이 나타나는 압력을 ________압이라고 한다. 대부분이 근육성의 벽을 이루는 심장의 방을 ________(이)라고 한다. 혈액을 폐로 펌핑하여 내보내는 방은 ________이다.

**3.** 림프는 ________과(와) 매우 비슷하다. 림프는 ________에 의해 혈관으로 내보내진다. 림프계의 기능 중 하나는 체액을 ________(으)로 되돌려 놓는 것이다. 림프계에는 ________(이)라고 하는 수많은 작은 방들이 있으며 여기에는 대량의 백혈구를 포함하고 있다. 림프는 또한 ________(이)라고 하는 심장 주변의 기관과 ________(이)라고 하는 혈액 여과기관도 포함한다.

**4.** 사람 호흡계의 기도부위 중 어느 부분이 소화계와 공유하는가? ________ 후두로 들어오는 음식물을 어느 기관이 정상적으로 보호하는가? ________ 공기는 후두를 지난 뒤 계속해서 ________, ________, ________를(을) 지나서 마지막으로 ________(이)라고 하는 호흡계의 기체교환 부위로 간다.

**5.** 폐에서는 ________를(을) 통해 산소가 혈액으로 확산된다. 혈액에서는 산소 대부분이 ________(이)라는 단백질에 결합한다. 이산화탄소는 주로 ________형태로 혈액으로 전달된다. 모든 체세포는 ________과정에 의해 에너지를 사용하므로 산소를 필요로 하며 이산화탄소를 방출한다.

**6.** 비흡연자보다 흡연자에게서 아주 흔한 질병 3가지를 나열하라. ________, ________, ________. 흡연자의 아이들에게 흔히 나타나는 간접흡연으로 유발되는 질병 3가지를 들어라. ________, ________, ________.

## 복습 문제

1. 척추동물 순환계에서 혈액의 흐름을 나타내라. 우심방에서 시작하여 끝낼 것.
2. 척추동물 순환계의 5가지 기능은 무엇인가?
3. 림프계의 주요 기능을 3가지 설명하라.
4. 혈장과 세포외액, 림프 사이의 차이를 구별하라.
5. 정맥, 모세혈관, 동맥을 설명하고 이들의 유사성과 차이점을 나열하라.
6. 척추동물의 심장이 어떤 이유로 박동하는지 설명하라.
7. 동맥경화로 인한 플라크 형성을 설명하라. 동맥경화와 연관된 위험성이 무엇인가?
8. 척추동물의 호흡계에서 공기의 흐름 경로를 추적하여 지나는 구조와 기체교환이 일어나는 부위의 목록을 작성하라.
9. 사람이 들숨 중에 어떤 일이 일어나는가? 날숨 중에는? 이들 중 어느 것이 항상 자발적인 과정인가?
10. 인체에서 산소 분자의 경로를 폐포에서 시작하여 체세포에서 끝나도록 추적하라.
11. 사람의 호흡계에 미치는 흡연의 효과를 설명하라.
12. 폐포의 구조와 배열이 기체교환 역할에 어떻게 알맞게 만들어졌는지 설명하라.

# 16장

# 영양, 소화 및 배설

이제 거식증(anorexia)에서 회복된 전 슈퍼모델, 캐리 오티스(Carré Otis)는 여전히 길을 걷지만, 정상급 패션쇼에서는 더 이상 걷지 않는다. 대신 그녀는 더 건강한 삶으로의 길을 걷고 있다.

## 주요 내용

# 사례 연구 다이어트로 인한 사망

전직 슈퍼모델 캐리 오티스(Carré Otis)는 다음과 같이 밝혔다. "모델 일을 위한 나의 희생은 생명에 치명적이었다. 나는 비정상적으로 마른 체형을 유지하기 위해 '수단과 방법을 가리지 않는' 정신을 지지하는 것같은 세상으로 들어갔다." 대중의 주목을 받는 많은 모델들, 연주자들 및 기타 사람들이 날씬한 체형을 위해 직면하게 되는 것은 섭식장애를 유발할 수 있는 끊임없는 전투이다. 178 cm 키에, 오티스의 한때 체중은 겨우 45 kg이었는데, 체질량지수(Body Mass Index, BMI)는 14.3이었다[세계보건기구는 BMI 16 이하를 "기아(starvation)"로 간주한다]. 현재 모델 일을 그만두고, 적정한 체중을 유지하는 오티스는 다른 사람들이 그녀의 몸이 겪었던 위험을 모면하도록 도울 수 있기를 바라며 미연방섭식장애협회(National Eating Disorders Association) 대변인이 되었다.

모델경력 절정기의 아나 카롤리나 헤스통(Ana Carolina Reston) — 매혹적이었지만 사망하였다.

오티스는 거식증(anorexia)과 폭식증(bulimia)의 두 가지 섭식장애를 앓았다. 전형적인 거식증 환자는 식사를 거의 하지 않으며, 더 많은 체중을 줄이기 위해 거의 쉬지 않고 부단히 운동을 한다. 거식증 환자의 거의 절반은 상대적으로 많은 양의 음식을 마구 먹는 폭식증을 보이는데, 자기 스스로 구토를 유발하거나 먹은 음식물을 배변하기 위해 완하제(laxative)를 과다 복용하게 된다. 식욕 감퇴제(anorexic)는 근육질량을 줄이며, 종종 소화기계, 심혈관계, 내분비계 및 생식기계를 손상시킨다.

때때로, 치명적인 손상으로 판명되기도 한다. 2006년 10월, 브라질의 일급 모델 중 한 명이었던 아나 카롤리나 헤스통(왼쪽 사진)은 신부전(kidney malfunction)으로 입원하였다. 중환자실에서의 3주 후, 그녀는 복합장기 기능손상(multiple organ failure)과 패혈증(septicemia; 혈류를 통한 대량 감염)으로 사망하였다. 키 173 cm, 몸무게 40 kg이었던 그녀의 BMI는 겨우 13.4였다. 극단적으로 마른 모델의 다른 두 사례는 우루과이의 루이젤(Luisel)과 엘리아나 라모스(Eliana Ramos) 자매에서 찾아볼 수 있는데, 그녀들은 거식증에 의해 초래되었을 것으로 추측되는 심부전(heart failure)으로 2006년과 2007년 각각 사망하였다.

거식증과 폭식증은 체중과 체형에 대한 비현실적인 생각에 부합되도록 자주 압박을 받는 10대 소녀와 20대 여성에서 전형적으로 나타난다. 많은 거식증 및 폭식증 환자들이 의사의 진찰을 전혀 받지 않기 때문에, 이 섭식장애가 실제 얼마나 일반적인지 아는 사람은 아무도 없다. 미 보건당국은 20만 명에서 수백만 명 사이의 미국인(대부분 젊은 여성들)이 거식증, 폭식증 혹은 기타 섭식장애를 앓고 있는 것으로 추정한다.

이 장에서 우리는 영양, 소화 및 배설과정에 대하여 배울 것이다. 그러면서 거식증과 폭식증이 소화관과 비뇨관의 구조 및 기능에 어떻게 영향을 미치는지를 생각해보라. 충분치 않은 열량 외에, 어떤 영양소들이 특히 "기아" 식단에서 결핍될 수 있을까? 거식증과 폭식증이 왜 여러 신체 장기들을 손상시킬까? 식욕 감퇴제가 왜 심장마비를 일으킬 위험성이 있을까? ■

## 16.1 동물은 어떻게 그들의 신체 성분을 조절하는가?

19장에서 우리는 생존과 생식이 가능하도록 좁은 범위의 조건 내에서 생명체의 신체를 일정하게 유지시키는 것, 즉 항상성의 개념을 소개하였다. 영양, 소화 및 배설은 항상성 유지에서 결정적인 역할을 수행한다.

**영양소(nutrient)**는 동물이 필요로 하지만 자기 몸 안에서 합성할 수 없는 물질이며, 따라서 먹거나 마심으로써 외부환경으로부터 획득해야만 한다. 영양소는 동물들에게 신체를 구성할 재료와 생명유지에 필요한 에너지를 제공한다. 동물은 사용하기 좋은 형태(예를 들어, 물, 소듐 또는 포도당), 지방과 단백질처럼 크고 복잡한 분자들로 결합된 형태 또는 그들이 섭취하는 식물체의 일부나 다른 동물의 신체 일부에서 영양소들을 직접 얻을 수 있다. **소화(digestion)**는 순환기계로 흡수될 수 있는 작고 간단한 분자들로 음식물을 물리적으로 분쇄하고 화학적으로 분해하는 과정이다. **영양(nutrition)**은 좀 더 포괄적인 용어인데, 체내로의 음식물 섭취, 간단한 형태로의 음식물 전환, 소화관에서 순환기계로의 소화 결과물 흡수 및 동물 대사에서의 영양소 사용을 포함한다.

동물이 먹거나 마실 때, 신체구성 및 유지에 필요한 물, 무기질, 탄수화물, 지방 및 단백질이 적절히 혼합된 음식물을 정확하게 얻을 수는 없다. 음식물의 일부 성분들은 소화되지 않을 수 있다. 예를 들어 털, 뼈 및 섬유소는 대부분의 동물에서 소화될 수 없다. 많은 식물들의 독소를 포함하여 음식물의 어떤 물질들은 유해할 수 있다. 동물의 물질대사는 이산화탄소와 암모니아와 같은 일부 독성이 강한 물질을 생성하는데, 반드시 제거되어야 한다. 마지막으로, 동물은 물, 소듐 또는 포타슘과 같이 다른 방식으로 유용한 물질들을 단순히 너무 많이 소비할지도 모른다. **배설(excretion)**은 이들 소화하기 어려운 성분들, 독성이 있는 성분들 또는 여분의 성분들을 처리하는 것이다. 동물계에는 매우 다양한 배설구조들과 배설작용들이 존재한다. 그러나 대개 소화하기 어려운 음식물은 대변의 형태로 소화관에서 배출된다(16.5절 참고). 일부 동물들에서, 이산화탄소와 암모니아 및 기타 독성 분자들은 호흡관(허파 또는 아가미) 또는 피부에 의해 배설된다. 섭취되었건 또는 동물의 물질대사에 의해 생성되었건, 잉여의 무기질과 대부분의 독성 물질들은 비뇨관을 통해 배설된다(16.6, 16.7 및 16.8절 참고).

## 16.2 동물은 어떤 영양소를 필요로 하는가?

동물의 영양소는 다음 6가지 주요 범주로 분류된다: 지질, 탄수화물, 단백질, 무기질, 비타민 및 물.

### 주요 에너지원은 지질과 탄수화물이다

세포는 생존과 그들의 기능수행을 위해 지속적인 에너지 공급을 필요로 한다. 동물에서 에너지는 대부분 3종류의 영양소에 의해 공급된다: 지질, 탄수화물과 정도는 덜하지만, 단백질. 이 분자들 또는 이들의 일부분은 해당과정(glycolysis)와 세포호흡(cellular respiration)에 사용되며, 여기서 나온 에너지는 ATP 합성을 위해 사용된다(98~103쪽 참고).

음식물 속의 에너지는 물 1 g의 온도를 1°C 올리기 위해 필요한 에너지로 정의되는 **칼로리(calories, 소문자 c 사용)**로 측정될 수 있다. 그러나 이 단위는 너무 작아서(빅맥 치즈버거 하나는 700,000 칼로리를 포함한다) 내신 **킬로그램 칼로리(Calories, 대문자 C 사용)**를 사용한다; 1 킬로그램 칼로리는 1,000 칼로리를 포함한다. 시리얼 박스와 패스트푸드 음식점에 있는 "영양정보(Nutritional Information)" 표에서 보는 단위는 킬로그램 칼로리이다; 예를 들어, 빅맥 하나는 700 킬로그램 칼로리를 포함한다. 휴식 중의 인체는 하루 평균 약 1,550 킬로그램 칼로리를 사용하는데(보통 성인 남성과 아이들의 경우 그 이상이며, 노인 및 여성의 경우 그보다 적다), 휴식 중일 때보다 운동 중에 더 많은 킬로그램 칼로리를 사용한다(표 16-1). 실제 잘 훈련된 운동선수에서 격렬한 운동은 휴식 중의 분당 약 1 킬로그램 칼로리로부터 거의 20킬로그램 칼로리까지 에너지 소비량을 증가시킬 수 있다.

### 지질은 지방, 인지질 및 콜레스테롤을 포함한다

지질은 트리글리세리드(triglyceride), 인지질(phospholipid) 및 콜레스테롤(cholesterol)을 포함하는 분자들의 다양한 집단이다(30~33쪽 참고). 지방(fat)과 유지(oil)는 주로 에

표 16-1 다양한 활동을 하는 체중 68 kg인 사람의 대략적인 에너지 소비량

| | | 제거시간 | | | |
|---|---|---|---|---|---|
| 활동 | 시간당 킬로그램 칼로리 | 500킬로그램 칼로리 (치즈버거) | 300킬로그램 칼로리 (콘 아이스크림) | 70킬로그램 칼로리 (사과) | 40킬로그램 칼로리 (브로콜리 한 컵) |
| 달리기(6 mph) | 700 | 43분 | 26분 | 6분 | 3분 |
| 크로스컨트리 스키 (보통 강도) | 560 | 54분 | 32분 | 7.5분 | 4분 |
| 롤러 스케이트 | 490 | 1시간 1분 | 37분 | 8.6분 | 5분 |
| 자전거(11 mph) | 420 | 1시간 11분 | 43분 | 10분 | 6분 |
| 걷기(3 mph) | 250 | 2시간 | 1시간 12분 | 17분 | 10분 |
| 원반 던지기 놀이 | 210 | 2시간 23분 | 1시간 26분 | 20분 | 11분 |
| 공부 | 100 | 5시간 | 3시간 | 42분 | 24분 |

너지원으로 사용된다. 인지질은 모든 세포막들의 중요한 성분이다. 콜로스테롤은 세포막, 에스트로겐과 테스토스테론을 포함하는 여러 호르몬 및 지방소화에 도움을 주는 담즙을 생성하는데 사용된다.

일부 종의 동물들은 그들이 필요로 하는 모든 형태의 지질을 합성할 수 있다. 그 외 동물들은 **필수지방산(essential fatty acid)**이라고 불리는 특정 지질합성 소재들을 입수해야 한다. 예를 들어, 인간은 어떤 인지질 합성을 위해 필요한 리놀레산(linoleic acid)을 만들 수 없다. 그러므로 우리는 주로 홍화유 또는 해바라기 기름과 같은 식물성 기름의 섭취를 통해 필수지방산을 얻어야만 한다. 대부분의 개발국가에서, 비만이 갈수록 심각한 건강상의 문제가 되어가고 있기 때문에, 많은 사람들이 지방섭취량을 제한하려고 적절히 노력한다. 그러나 지방이 전혀 없는 식사는 생명에 치명적일 것이다.

## 다이어트로 인한 사망

계속

체중 감량을 위해 아나 헤스통은 몇 달 동안 토마토와 사과 외에는 거의 아무것도 먹지 않았다. 이런 음식들에는 사실상 지방이 전혀 들어 있지 않기 때문에 필수지방산이 결핍되어 그녀의 세포막은 손상되었을 것이 틀림없다.

### 지방은 농축된 형태로 에너지를 저장한다

인간과 대부분의 동물들은 에너지를 기본적으로 지방의 형태로 저장한다. 동물이 사용량보다 많은 열량을 섭취할 때, 초과된 탄수화물, 지방 또는 단백질의 대부분은 저장을 위해 지방으로 전환된다. 지방은 에너지 저장분자로서 2가지 이점을 가지고 있다. 첫째, 지방은 탄수화물이나 단백질에 비해 단위 무게당 에너지량이 2배 이상 많다(탄수화물과 단백질 1 g 당 약 4킬로그램 칼로리인데 비해지방 1 g은 약 9킬로그램 칼로리를 포함한다). 둘째, 지질은 소수성, 즉 물에 녹지 않는다. 그러므로 지방저장은 체내에 물을 축적시키지 않는다. 이 같은 이유 때문에, 지방은 다른 분자들에 비해 적은 무게로 더 많은 열량을 저장한다.

무게를 최소화하는 것은 동물로 하여금 더 빠르고 더 멀리(포식자로부터의 도피, 먹이 사냥 및 이동에 중요) 움직일 수 있게 하며, 이동을 위해 좀 더 적은 에너지를 사용하게끔 한다(먹이 공급이 제한적일 때 중요). 예를 들어, 붉은가슴벌새(ruby-throated hummingbird, 그림 16-1)는 가을에 멕시코만을 건너 이주한다. 말할 필요도 없이, 탁 트인 대양은 붉은가슴벌새가 먹을만한 어떤 것도 제공하지 않는다. 그러므로 초여름 체중이 2~3 g인 붉은가슴벌새는 이주하기 전에 2 g의 지방을 체내에 축적한다. 만약 이 새가 지방 대신 탄수화물

▼ 그림 16-1 **지방은 경량의 에너지 저장소를 제공한다** 붉은가슴벌새의 먹이가 주로 당분(꽃의 꿀 성분)으로 구성되지만, 이 새들은 가을철 이주하기 전에 에너지 저장을 위해 당분을 지방으로 전환한다.

또는 단백질을 저장한다면, 동일한 열량을 제공하기 위해 거의 6 g을 늘려야만 할 것이다. 이렇게 된다면 아마 간신히 날 수 있을지는 몰라도, 피로로 쓰러지기 전에 멕시코만을 건널 수 없을 것은 자명하다.

다른 동물들이 그랬던 것처럼, 사람들도 부족한 식량 상황에서 진화하였기 때문에, 정말 배가 고프지 않을 때조차 먹을 음식이 있으면 일단 먹고 보는 경향이 강하다. 게다가, 지방과 당분이 풍부한 음식물은 보통 맛도 좋다. 이제 많은 사람들은 거의 무제한적으로 고열량 음식을 섭취하며, 많은 노동을 요구하지 않는 직업을 갖는다. 이런 상황에서, 우리는 과체중을 피하기 위해 상당한 의지력을 자주 필요로 한다.

## 탄수화물은 신속한 에너지원이다

탄수화물은 다당류(polysaccharide)라고 부르는 긴 당사슬뿐만 아니라 단당류들도 포함한다(2장 29쪽 참고). 단당류인 포도당(glucose)은 대부분의 세포에서 일차적인 에너지원이지만, 일반적인 식사에는 포도당이 거의 포함되어 있지 않다. 소화가 이루어지는 동안, 포도당은 설탕 및 녹말과 같이 좀 더 복잡한 탄수화물의 분해로부터 나온다.

인간을 포함한 동물들은 탄수화물인 **글리코겐(glycogen)**을 간 및 근육에 저장한다. 글리코겐은 가지가 많은 포도당 분자들의 큰 사슬이다. 글리코겐은 운동 중에 사용되는 많은 에너지를 제공하지만, 인간은 전형적으로 2,000킬로그램 칼로리에 상응하는 약 450 g 이하의 양만을 저장한다. 그러므로 마라톤 선수들은 그들의 글리코겐이 고갈되기 전 약 32 km만 달릴 수 있다. "벽을 치다(hitting the wall)"는 표현은 글리코겐 공급이 사라질 때 장거리 육상선수가 경험하게 되는 극도의 피로를 설명한다.

## 단백질은 새로운 단백질 합성을 위한 아미노산을 제공한다

음식물 내 단백질은 주로 체내 단백질 합성을 위한 아미노산 공급원으로서 기능한다. 음식의 단백질은 아미노산을 생산하기 위해 소화관에서 분해된다. 당신의 세포에서, 아미노산은 당신의 신체 특유의 다양한 단백질을 형성하기 위해 특정 서열로 연결된다. 음식물 내 여분의 단백질은 에너지를 추출하기 위해 분해되는데, 이 에너지는 즉각적으로 사용되거나 또는 지방의 형태로 저장된다.

인간은 단백질 합성에 흔히 사용되는 20개의 아미노산 중 오직 12개만을 합성할 수 있다. **필수아미노산(essential amino acid)**이라고 부르는 나머지 8개의 아미노산은 음식물을 통해 공급되어야 한다. 2개의 추가적인 아미노산이 보통 소량 합성되는데, 성인에서와는 달리, 성장기 아이들에게 필수적이다. 동물성 단백질은 거의 언제나 충분한 양의 모든 필수아미노산을 포함하지만, 많은 식물성 단백질에서는 일부 아미노산이 부족하기 때문에 채식주의자들은 반드시 단백질 결핍을 예방할 수 있는 조치를 취해야 한다. 각 식물들의 단백질이 통합적으로 모든 필수아미노산을 제공할 수 있도록 채식주의자들은 보통 그들의 식사에 다양한 식물들(예: 콩, 곡물 및 옥수수)이 포함되도록 할 필요가 있다. 단백질 결핍은 일부 빈곤국가들에서 볼 수 있는 단백질 결핍성 영양실조(kwashiorkor)를 포함한 다양한 쇠약 상태를 야기할 수 있다(그림 16-2).

## 무기질 영양소는 신체에 필요한 성분들이다

"무기질"이라는 용어는 지질학(geology)과 영양(nutrition)에서 매우 다양한 의미를 가지고 있다. 지질학에서는, '아름다운 수정(crystal)은 자연사 박물관에 자주 전시된다'와 같이 **무기질(mineral)**은 보통 수정, 원소 또는 화합물과 같은 뜻으로 사용된다. 영양에서 무기질은 적절한 신체기능을 위해 특히 요구되는 화합물이 아닌 화학 원소이다

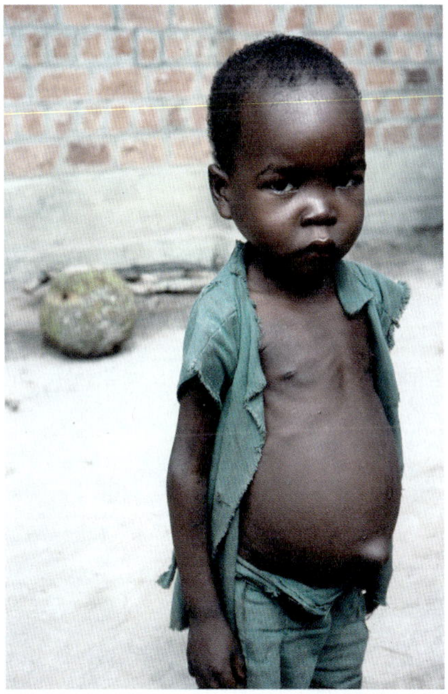

▲ 그림 16-2 **단백질 결핍성 영양실조(콰시오르코르, kwashiorkor)** 단백질 결핍으로 야기되는 콰시오르코르의 증상에는 부어 오른 배와 야윈 팔다리가 포함된다.

**표 16-2 사람에서의 무기질, 그 공급원 및 기능**

| 무기질 | 공급원 음식 | 인체에서의 주요 기능 | 결핍 증상 |
|---|---|---|---|
| 칼슘(calcium) | 우유, 치즈, 녹색 채소류, 콩 | 뼈와 치아 형성<br>혈액응고<br>신경자극 전달 | 발육 부진<br>구루병, 골다공증<br>발작 |
| 인(phosphorus) | 우유, 치즈, 육류, 가금류, 곡물 | 뼈와 치아 형성<br>산-염기 평형 | 심신허약<br>뼈의 무기질 소실<br>칼슘 손실 |
| 칼륨(potassium) | 육류, 우유, 과일 | 산-염기 평형<br>체내 수분 평형<br>신경 기능 | 근쇠약<br>근마비 |
| 염소(chlorine) | 식염 | 위액 생성<br>산-염기 평형 | 근경련<br>무감각<br>식욕감퇴 |
| 나트륨(sodium) | 식염 | 산-염기 평형<br>체내 수분 평형<br>신경 기능 | 근경련<br>무감각<br>식욕감퇴 |
| 마그네슘(magnesium) | 정제되지 않은 곡물, 녹색 엽채류 | 단백질 합성에서 효소 활성화 | 발육실패<br>행동장애<br>쇠약, 근경련 |
| 철(iron) | 달걀, 육류, 콩, 정제되니 않은 곡물, 녹색 채소류 | 헤모글로빈 및 에너지 대사에 관련된 효소의 성분 | 철분-결핍성 빈혈(쇠약 및 감염에 대한 저항력 감소) |
| 불소(fluorine) | 불소가 첨가된 물, 차, 해산물 | 치아 및 뼈 강화 | 충치 발생빈도 증가 |
| 아연(zinc) | 광범위한 음식물 | 소화와 관련된 효소의 성분 | 성장속도 둔화<br>왜소한 성선 |
| 요오드(iodine) | 바다 생선과 갑각류, 유제품, 많은 채소류, 요오드첨가 식염 | 갑상선 호르몬 성분 | 갑상선종(확대된 갑상선) |
| 크롬(chromium) | 과일, 채소, 정제되지 않은 곡물 | 당분과 지방의 대사 | 포도당 내성 감소<br>혈중 인슐린 증가 |

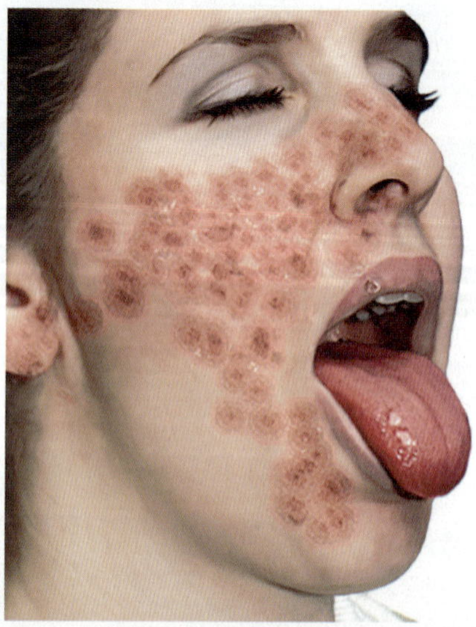

▲ **그림 16-3** **펠라그라병(Pellagra)** 적갈색의 벗겨진 듯한 피부상처와 붉게 부어 오른 혀는 니코틴산, 즉 비타민 B 결핍에 의해 유발된다.

(표 16-2). 동물은 원소들을 만들 수 없기 때문에, 무기질은 음식이던지 또는 마시는 물에 녹아 있던 간에 음식물을 통해 얻어야만 한다. 필수 무기질에는 칼슘(calcium), 마그네슘(magnesium)과 인(phosphorus)이 포함되는데, 이들은 뼈와 치아의 주요 구성성분들이다. 나트륨 및 칼륨과 같은 다른 무기질은 근육수축과 신경자극 전도에 필수적이다. 철(iron)은 헤모글로빈(hemoglobin) 생성에 사용되며, 요오드(iodine)는 갑상선 호르몬에서 발견된다. 뿐만 아니라, 아연(zinc), 구리(copper) 및 셀레늄(selenium)을 포함하는 기타 다른 소량의 무기질들도 대개 효소의 일부분으로서 필요하다.

## 비타민은 대사과정에서 많은 역할을 한다

**비타민(vitamin)**은 동물들이 매우 소량을 필요로 하는 유기 화합물들의 다양한 집단이다. 신체는 대부분의 비타민을 합성할 수 없기 때문에(또는 적절한 양을 합성할 수 없기 때문에), 보통은 음식물로부터 얻는다. 예를 들어 도넛, 사이다 및 감자튀김과 같은 인스턴트 식품들은 보통 많은 열량을 포함하지만, 비타민을 많이 함유하지는 않는다. 사람의 영양에서 필수적으로 고려되는 비타민은 표 16-3에 열거되어 있다. 이 비타민들은 대개 수용성(water soluble)과 지용성(fat soluble), 2개의 부류로 분류된다.

**표 16-3 사람에서의 비타민, 그 공급원 및 기능**

| 비타민 | 공급원 음식 | 인체에서의 기능 | 결핍 증상 |
|---|---|---|---|
| **수용성** | | | |
| **비타민 B군** | | | |
| 비타민 $B_1$ (티아민) | 우유, 고기, 빵 | 대사작용의 조효소 | 각기병(근쇠약, 말초신경 변화, 부종, 심부전) |
| 비타민 $B_2$ (리보플라빈) | 광범위한 음식물 | 에너지 대사의 조효소 성분 | 붉은 입술, 입가의 터짐, 눈의 병변 |
| 니코틴산 | 간, 살코기, 곡물, 콩 | 에너지 대사에서 2가지 조효소의 성분 | 펠라그라병(피부 및 위장관 손상; 신경정신 장애) |
| 비타민 $B_6$ (피리독신) | 육류, 채소류, 정제되지 않은 곡물 시리얼 | 아미노산 대사의 조효소 | 감수성, 발작, 근육경련, 피부염, 신장결석 |
| 판토텐산 | 우유, 고기 | 조효소A의 성분, 에너지 대사에서의 역할 | 피로, 수면장애, 협조장애 |
| 엽산 | 콩, 녹색 채소류, 정제되지 않은 밀 | 핵산 및 아미노산 대사에 관련된 조효소 | 빈혈, 위장관 장애, 설사, 지체장애, 선천성 장애 |
| 비타민 $B_{12}$ | 육류, 달걀, 유제품 | 핵산 및 아미노산 대사에 관련된 역할 | 악성 빈혈, 신경학적 장애 |
| 비오틴 | 콩, 채소류, 육류 | 지방 합성, 아미노산 대사 및 글리코겐 생성에 필요한 조효소들 | 피루, 우울증, 메스꺼운, 피부연, 근육통 |
| **기타** | | | |
| 콜린 | 달걀노른자, 간, 곡물, 콩 | 인지질의 성분, 신경전달물질 아세틸콜린의 전구물질 | 인체에서 보고된 바 없음 |
| 비타민 C (아스코르브산) | 감귤류, 토마토, 피망 | 연골, 뼈 및 상아질(치아의 경질 조직)의 유지; 콜라겐 합성 | 괴혈병(피부, 치아, 잇몸, 혈관의 변성; 상피출혈) |
| **지용성** | | | |
| 비타민 A (레티놀) | 녹황 채소와 적색 채소의 베타-카로틴; 유제품에 첨가된 레티놀 | 시각색소의 성분; 상피조직의 유지 | 야맹증, 영구 시력손실 |
| 비타민 D | 대구 간유, 달걀, 유제품 | 뼈성장 및 무기질 침착 촉진; 칼슘 흡수 증가 | 아이들의 구루병(뼈의 기형); 뼈 약화 |
| 비타민 E (토코페롤) | 씨, 녹색 엽채류, 마가린, 쇼트닝 | 항산화제, 세포손상 예방 | 빈혈에 관련될 수 있음 |
| 비타민 K | 녹색 엽채류, 장내 세균의 생성물 | 혈액 응고에 중요 | 출혈, 장출혈 |

## 수용성 비타민

수용성 비타민에는 비타민 C와 비타민 B군(B-vitamin complex)을 구성하는 8개의 화합물이 포함된다. 이 물질들은 혈장의 물에 녹으며, 신장에 의해 배설되기 때문에 많은 양이 체내에 저장되지 않는다. 수용성 비타민은 신체 세포에서 필수적인 화학반응을 촉진하기 위해 보통 효소들과 함께 작용한다.

각 비타민이 여러 대사과정에 참여하기 때문에, 하나의 비타민 결핍은 광범위한 효과들을 야기할 수 있다(표 16-3 참고). 예를 들어, 비타민 B군인 니코틴산(niacin) 결핍은 소화기계 및 신경계 장애뿐만 아니라 갈라지고 벗겨진 피부와 연관된 펠라그라병(pellagra)을 유발한다(**그림 16-3**). 1996년, 미국 식품의약국(Food and Drug Administration, FDA)은 또 다른 비타민 B군인 엽산(folic acid)을 빵, 파스타 및 쌀과 같이 식량의 범주에 추가하기로 결정하였다. 엽산의 추가는 신경관 결손(임신부의 엽산 결핍과 관련된 뇌척수의 심각한 선천성 결손)의 발병률을 약 20%까지 감소시켰다. 연구

> **다이어트로 인한 사망**
>
> **계속**
>
> 거식증 환자는 영소 영양상 균형 있는 식사를 하지 않는다. 비타민 결핍은 극히 일반적이다. 만약 그들의 음식에 필수 아미노산이 부족하다면, 그들은 단백질 대사장애를 앓게 될 것이다. 거식증 환자들이 알맞은 무기질을 충분히 섭취하지 못한다면, 그들의 혈액과 세포외액에 심각한 소듐, 포타슘, 칼슘 및 마그네슘 불균형이 초래될 수 있으며, 이런 상황은 신경 및 심장 기능장애를 일으킬 수 있다.

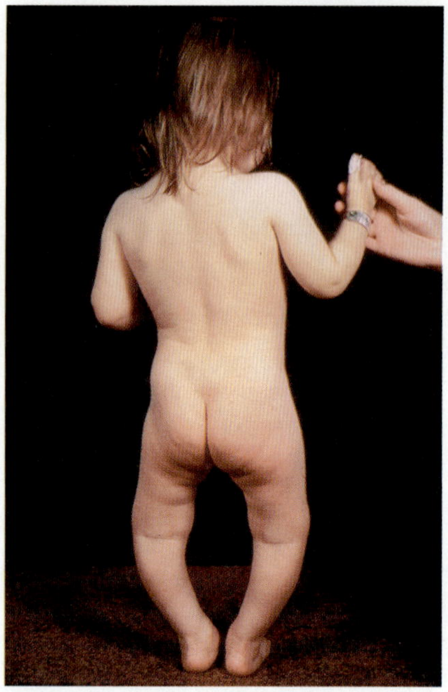

▲ **그림 16-4 구루병(rickets)** 뼈의 기형(특히 휜 다리)은 비타민 D 결핍으로 인한 구루병의 특징이다.

자들은 엽산의 건강보조식품이 뇌졸중과 심장질환 감소에도 기여한 것으로 믿고 있다.

### 지용성 비타민

지용성 비타민에는 비타민 A, D, E 및 K가 있다. 비타민 A는 망막(retina)에서 광수용 분자를 생성하는데 사용되므로, 비타민 A 결핍은 야간시력 장애 또는 심한 경우, 시력상실을 유발할 수 있다. 비타민 D는 뼈 형성에 중요하다. 최근 몇몇 연구들은 도시 청년들, 폐경 후 여성들(그 결과로 골절상을 자주 당할 수도 있음) 및 아프리카계 미국인들을 중심으로 미국에서 비타민 D 결핍증의 발병률이 높다는 것을 밝혀내었다. 피부가 검은 사람들이 특히 위험한데, 비타민 D는 햇빛에 노출된 피부에서 합성되며, 검은 색소침착은 비타민 D를 합성하는 피부 아래 세포까지 햇빛이 투과하는 것을 감소시키기 때문이다. 소아과 의사들은 특히 아프리카계 미국 아이들에서 비타민 D 결핍으로 인한 구루병(ricket, **그림 16-4**)의 심각한 증가를 보고 있다. 비타민 E는 **항산화제(antioxidant)**로서 세포가 ATP와 같은 고에너지 분자를 생성하기 위해 산소를 이용함에 따라 생성되는 해로운 물질들로부터 신체를 보호하는데 도움을 줄 수 있다. 비타민 K는 혈액응고를 조절하는데 도움이 된다.

지용성 비타민들은 체지방에 저장될 수 있기 때문에, 시간이 지남에 따라 체내에 축적될 수 있다. 이런 이유 때문에, 만약 과량을 섭취한다면 일부 지용성 비타민들(예를 들어, 비타민 K)은 독성을 띨 수 있다.

## 인체의 약 2/3는 물이다

물은 모든 동물의 구조 및 생리기능에 있어 매우 중요한 부분이다. 예를 들어, 물은 침, 혈액, 림프, 세포외액 및 세포질의 주요 성분이다. 대부분의 대사작용은 수용액에서 일어나며, 물은 단백질, 탄수화물 및 지방을 더 간단한 분자들로 분해하는 가수분해 작용에 직접 참여한다(27쪽 참고). 우리가 이 장 뒤에서 볼 수 있듯이, 신장은 소변의 물에 녹아있는 노폐물을 배설한다.

성인은 하루 평균 약 10컵(2.5리터)의 물을 필요로 하지만, 이 요구량은 땀과 우리가 숨쉴 때 우리의 폐로부터 수분이 증발함에 따라 운동, 고온 또는 낮은 습도 상황에서 극적으로 증가할 수 있다. 인간이 종종 먹을 것 없이 수 주일을 생존할 수 있지만, 우리는 하루에 꽤 많은 양의 수분을 잃기 때문에 물이 없으면 며칠 내 사망한다. 물은 대개 먹고 마시는 것을 통해 섭취된다. 일일 수분요구량의 약 절반은 평소 음식물에 있는 물로 충분하며, 나머지는 액체를 마심으로써 얻는다.

▼ **그림 16-5 식품 내용 표시 라벨** 이 견본에서와 같이, 미국 정부는 식품의 모든 영양을 표시하도록 규정한다. **질문:** 아래 견본 음식이 좋은 영양선택인 것 같은가? 설명하라.

## 영양지침은 사람들이 균형 잡힌 식사를 하도록 도와준다

대부분의 미국인들은 음식의 풍요로움 속에 살기 때문에 운이 좋은 사람들이다. 그러나 전형적인 미국 슈퍼마켓의 놀라운 음식 다양성과 패스트푸드의 쉬운 이용성은 좋지 못한 영양선택을 초래할 수 있다. 사람들이 알고 선택할 수 있도록, 최근 미국 정부는 "나의 피라미드"라고 불리는 영양지침을 대화식의 웹사이트에 소개하였다. 또 다른 정보출처는 상업적으로 포장된 음식에 요구되는 영양표시제도이다. 이 영양표지들은 열량, 식이섬유, 지방, 당분 및 비타민 함유량에 대한 완벽한 정보를 제공한다(**그림 16-5**). 또한 대부분의 패스트푸드 체인점들은 그들 제품에 대한 영양정보를 제공한다.

### 당신의 체중이 너무 무겁습니까?

당신의 체중이 건강상 위험에 처할 가능성이 있는지를 결정하는 간단한 방법은 당신의 체질량지수(body mass index, BMI)를 계산하는 것이다. BMI는 체지방 추정치를 알아내기 위해 체중과 키를 고려한다. 이 간단한 계산은 당신이 평균적인 근육량을 가지고 있을 것으로 가정하기 때문에 보디빌더 또는 마라톤 선수에게는 적용되지 않는다. 공식은 다음과 같다: BMI = 체중(kg)/키(m)$^2$, 그러나 체중(pound)에 703을 곱하고, 키(inch)의 제곱으로 나눔으로써 BMI를 계산할 수도 있다. 또는 간단히 당신이 선호하는 인터넷 검색엔진에 "BMI"를 타이핑하면, 당신의 BMI를 계산해 주는 많은 사이트를 찾게 될 것이다. 18.5~25 사이의 BMI는 건강한 것으로 간주된다. 거식증 환자는 보통 17.5 이하의 BMI를 가진다. 당신이 보디빌더가 아니며, 평균보다 훨씬 많은 근육을 가지고 있지 않는 한, 25~30 사이의 BMI는 대개 과체중이라는 것을 가리키며, 30 이상의 BMI는 당신이 비만하다는 것을 나타낸다. 287쪽의 "건강 지킴이: 비만과 뇌-장 연결"에서는 일부 실현 가능한 미래의 비만 치료법에 대해 알아본다.

## 16.3 소화의 주요 과정은 무엇인가?

동물들은 다른 생물체를 먹지만, 이 생물체들은 먹잇감이 되려 하지는 않을 것이다. 예를 들어, 식물들은 소화하기 어려운 섬유소의 세포벽으로 각 세포를 지탱한다. 동물들은 소화하기 어려운 딜, 비늘 또는 깃털로 덮여 있을 수 있다. 뿐만 아니라, 음식물 속의 복합지질, 단백질 및 탄수화물은 곧바로 사용되지 못할 수도 있다. 이 영양소들은 이들을 섭취한 동물의 세포들에 의해 사용될 수 있기 전에 분해되어야 하며, 분해 후에는 새로운 분자들로 재결합한다. 동물들은 각각의 독특한 식습관 및 생활방식을 위해 훌륭하게 조정된 다양한 형태의 소화관을 가지고 있다.

- **섭취(ingestion).** 음식물은 보통 입이라고 부르는 개구부를 통해 소화관 내로 들어와야 한다.
- **기계적 분해(mechanical breakdown).** 대부분의 동물에서 음식물은 물리적 방식에 의해 더 작은 조각들로 분해된다. 기계적 분해에 의해 생성되는 입자들은 소화효소가 작용할 수 있도록 넓은 표면적을 제공한다.
- **화학적 분해(mechanical breakdown).** 음식 입자들은 큰 분자들을 작은 소단위로 분해하는 소화효소에 노출되어야 한다.
- **흡수(absorption).** 작은 분자들은 소화관을 통해 신체 세포 내로 수송되어야 한다. 몇몇 동물에서, 작은 분자들은 신체의 세포 안으로 직접 흡수될 수 있다.
- **배설(elimination).** 소화되지 않는 물질들은 몸 밖으로 배출되어야 한다.

## 16.4 어떤 유형의 소화기계가 사람을 제외한 동물에서 발견되는가?

해면동물의 세포 내 소화로부터 상대적으로 단순한 주머니 형태인 해파리와 말미잘의 소화기계, 지렁이, 곤충, 사람처럼 매우 다양한 동물들에서 관찰되는 2개의 개구부를 가지는 관상의 소화기계 형태까지, 동물계는 엄청난 소화기계의 다양성을 보인다.

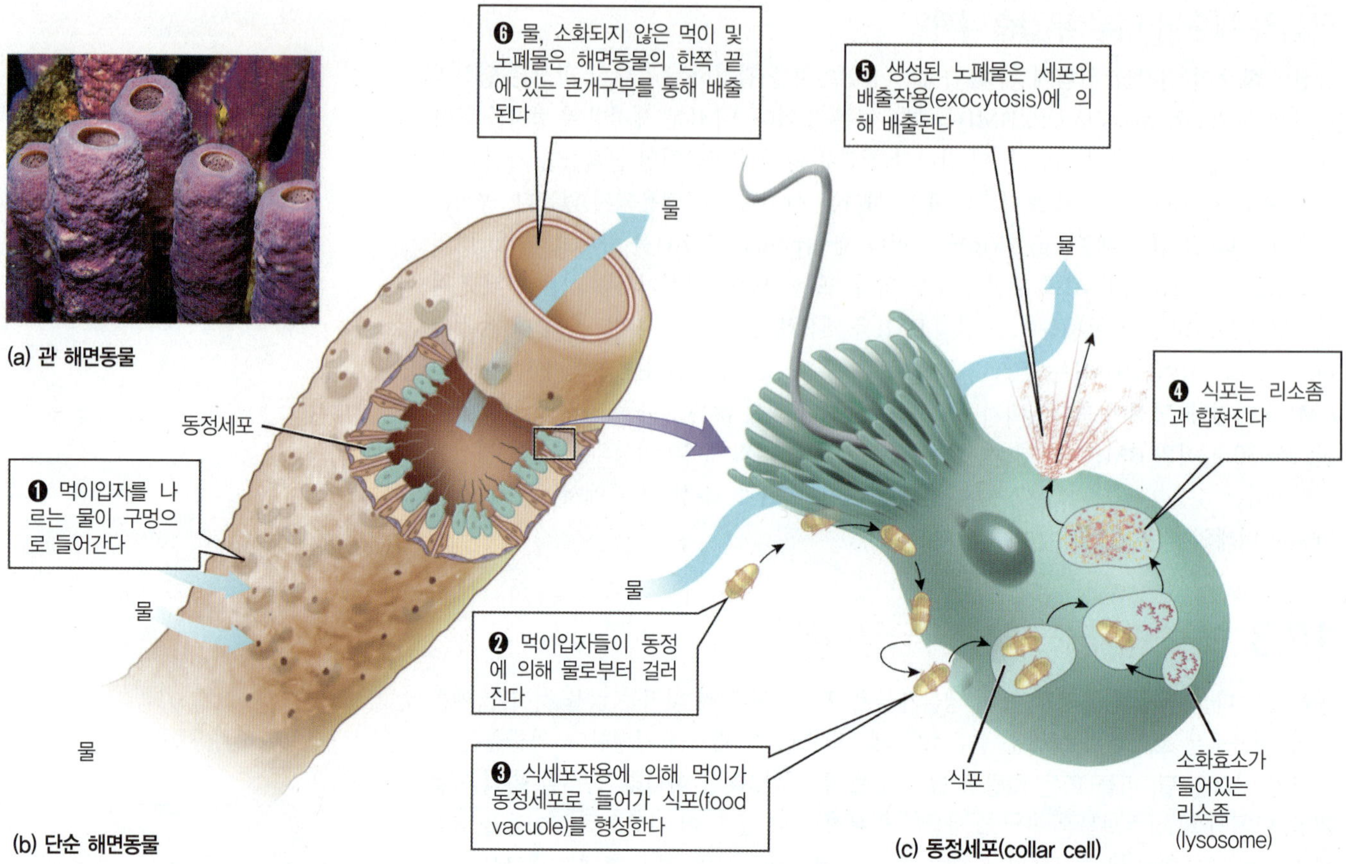


▲ 그림 16-6 **해면동물의 세포내 소화**(intracellular digestion) **(a)** 버진 제도(Virgin Islands)의 관 해면동물. **(b)** 단세포 미생물들이 물로부터 걸러지며, **(c)** 동정세포(collar cell)의 동정(collar) 외부에 포획되고, 식세포작용에 의해 삼켜지면 동정세포의 세포질 내에서 소화된다.

## 해면동물의 소화는 개개의 세포 안에서 이루어진다

해면동물은 먹이의 소화를 위해서 오로지 개개의 세포에 의존하는 유일한 동물이다(**그림 16-6**). 알아차렸겠지만, 이런 구조 때문에, 그들은 미세 생물체 또는 미세입자만 먹는다. 해면동물은 몸에 있는 구멍을 통해서 바닷물을 순환시킨다.

특수분화된 동정세포 상의 원형질막으로 구성된 술들은 물로부터 미생물들을 걸러 식세포작용에 의해 먹이를 섭취한다(50쪽 참고). 먹이가 매우 작기 때문에, 대부분의 소화에서는 필수적인 기계적 분해가 필요하지 않다. 대신, 식세포작용에 의해 먹이는 식포(food vacuole)라고 하는 작은 낭 안에 갇히는데, 이 식포는 기본적으로 일시적인 작은 위로서 역할을 한다. 식포는 소화효소를 포함하는 리소좀(lysosome)이라는 다른 낭과 합쳐지고, 먹이는 식포 내에서 세포질로 흡수될 수 있는 작은 분자로 소화된다. 소화되지 않은 나머지는 식포 안에 남게 되며, 결국 바닷물로 배출된다.

## 해파리를 비롯한 강장동물들은 하나의 개구부를 가진 낭(sac) 하나로 구성된 소화기계를 가지고 있다

대부분의 다른 동물들의 소화는 체내의 한 공간에서 일어나는데, 그곳에서 큰 덩어리의 음식물들은 효소에 분해된다. 가장 단순한 형태의 공간은 말미잘, 히드라 및 해파리와 같은 자포동물에서 발견된다. 이 자포동물들은 먹이섭취와 노폐물 배설이 하나의 개구부를 통해 일어나는 소화낭을 가지고 있다(**그림 16-7**). 이 개구부는 일반적으로 입(mouth)으로 언급되지만, 항문(anus)으로서의 역할도 수행한다. 자포동물의 쐐기 촉수들은 먹이를

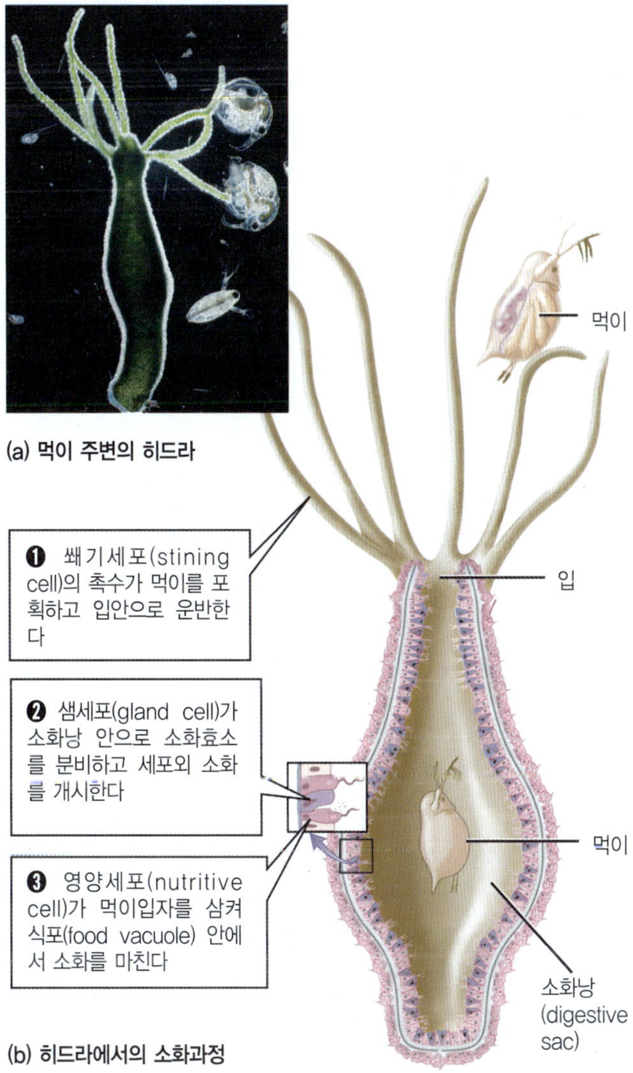


▶ 그림 16-7 **낭(sac) 안에서의 소화** **(a)** 히드라(Hydra, 자포동물)는 바로 잡은 물벼룩(물벼룩류, 미세갑각류)을 섭취하였다. **(b)** 히드라의 소화강 내에서, 효소들은 먹이를 작은 입자와 영양소로 소화한다.

포획하는데, 포획된 먹이는 소화낭으로 이동되고, 그곳에서 효소에 의해 분해된다. 소화낭 안쪽의 세포들은 영양소를 흡수하며, 작은 먹이입자들을 빨아들인다. 소화되지 않은 나머지는 최종적으로 입을 통해 배출된다.

## 대부분의 동물들은 여러 개의 구역으로 분화된 하나의 관상 소화기계를 가지고 있다

벌레, 연체동물, 절지동물 및 척수동물을 포함하는 대부분의 동물종들은 기본적으로 신체를 통해 한쪽 방향으로 진행되는 소화기계를 가지고 있다. 이런 소화기계는 입에서 시작하여 항문으로 끝난다. 이 소화기계들은 대개 최초 분쇄, 효소에 의한 분해, 순환기계로의 영양분 흡수 및 소화되지 않은 노폐물의 최종 배설의 순서로 음식물을 처리하는 일련의 분화된 구역들로 구성된다. 하나의 관속에서의 이런 질서정연한 처리는 낭과 같은 소화기계에 비해 동물들이 좀더 자주 먹을 수 있게 한다.

계속 굴을 파고 나아가기 때문에, 지렁이는 좋은 예가 된다(그림 16-8). 관상의 소화기계는 지렁이의 생활방식에 있어 필수적이다. 토양과 작은 식물조각들이 입으로 들어와 인두와 식도를 거쳐 얇은 벽의 저장기관인 소낭(crop)에 도달한다. 소낭은 먹이를 모아 서서히 모래주머니(gizzard)로 보낸다. 그곳의 모래조각들과 근육성 수축은 먹이를 좀 더 작은 입자들로 분쇄한다. 곧이어 먹이는 장으로 이동하게 되며, 그곳에서 효소는 장 안쪽 세포에 의해 흡수될 수 있는 간단한 분자들로 먹이를 소화한다. 분해된 간단한 분자들은 최종적으로 순환기계로 흡수된다. 소화되지 않은 물질은 항문을 통해 배출된다.

여러 종의 동물들이 소화관의 엄청난 다양성을 보인다. 벌새의 가느다란 부리와 긴 혀, 호랑이의 날카로운 송곳니와 고기를 베는 어금니, 바닷가재의 게미의 집게발치림, 먹이의 포획과 섭취를 위한 분화들이 있다. 고기는 소화되기가 쉐 쉽기 때문에, 육식동물들의 소화관은 짧고 간단한 경향이 있다. 그러나 초식동물들은 스스로 섬유질을 소화하는 효소를 만들지 못하기 때문에 많은 양의 식물 섬유질을 소화하는 세균들이 들어 있는 공간을 가지고 있다. 거미와 같은 일부 동물들은 그들의 먹이에 효소를 주사하기 때문에, 먹이는 실제 거미 몸 밖에서 소화되고, 거미는 몸 밖 소화결과로 생긴 액상의 먹이를 들이마신다.

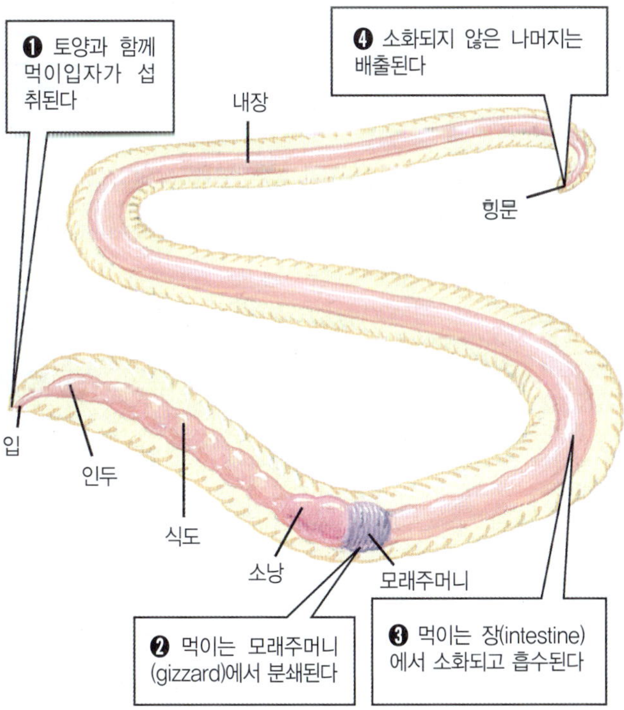


▶ 그림 16-8 **관상의 소화기계** 지렁이는 일련의 구역들을 통해 음식물이 한쪽 방향으로만 지나가게 되는 소화기계를 가지고 있다. 각각의 전문화된 구역들은 먹이의 분해 및 흡수에서 특정한 역할을 수행한다.

## 16.5 인간은 어떻게 음식을 소화하는가?

대부분의 다른 동물들처럼, 인간은 여러 개의 구역으로 분화된 관상의 소화관을 가지고 있는데, 이 구역들에서 처음 음식이 물리적으로 분해되기 시작하며, 이후 화학적으로 분해된다(그림 16-9). 거의 모든 영양분들이 추출되어 순환기계로 흡수된다. 음식물의 소화 및 흡수에는 소화기계의 다양한 구조들에 의한 통합된 작용이 필요하다.

### 음식물의 분해는 입에서부터 시작된다

사람들은 먹고, 침 흘리고, 씹기 시작한다. 이로써 음식물은 기계적 및 화학적으로 분해되기 시작한다. 인간과 기타 포유동물에서, 기계적 분해는 대부분 치아에 의해 수행된다. 성

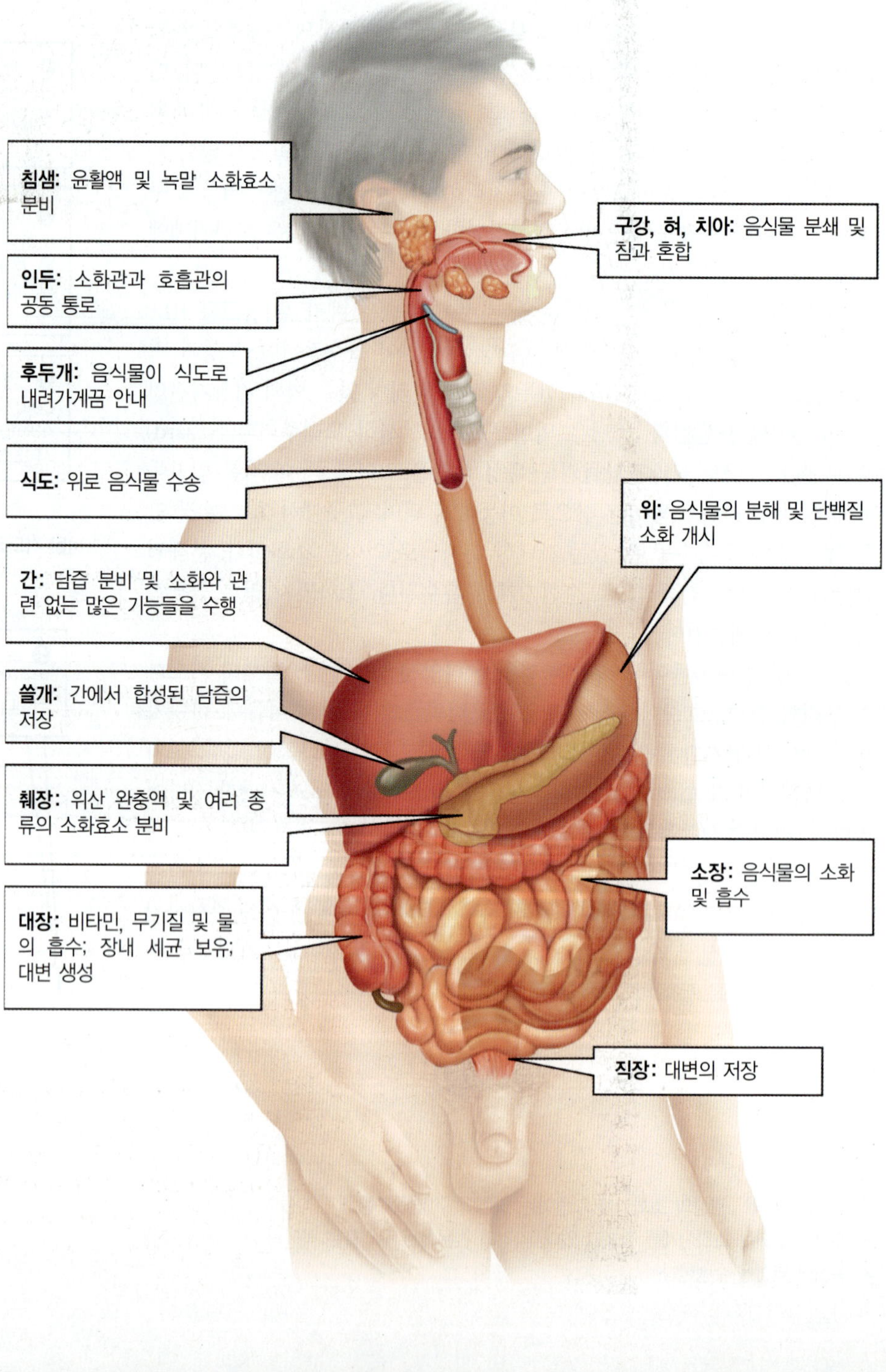


▶ **그림 16-9** **인간의 소화기계** 소화기계는 구강, 인두, 식도, 위, 소장 및 대장으로 이루어진 소화관과 침샘, 간, 쓸개 및 췌장과 같은 소화기관들로 구성된다. 소화기관들은 소화액을 생산 및 저장한다. **질문:** 위는 왜 근육질이며 신축성을 가지고 있을까?

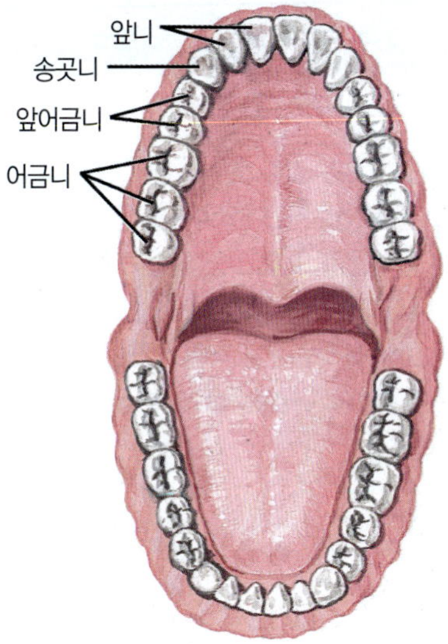


▶ **그림 16-10 음식물의 기계적 분해는 치아에 의해 시작된다.** 인간의 치아는 우리로 하여금 다양한 음식을 처리할 수 있게 한다. 인간의 입은 다양한 기능에 맞춰 분화한 치아들을 포함한다: 물어뜯기 위한 편평한 앞니, 찢기 위한 뾰족한 송곳니, 짓눌러 갈기 위한 앞뒤어금니.

인의 경우, 32개의 다양한 모양과 크기의 치아들이 음식물을 찢고, 자르고 갈아서 작은 조각들로 만든다(**그림 16-10**).

음식물이 치아에 의해 분쇄되고 있는 동안, 3쌍의 침샘이 입 안으로 침을 분비함에 따라 화학적 소화의 첫 단계가 시작된다. 침은 많은 기능을 수행한다. 침에는 녹말을 당분으로 분해하기 시작하는 소화효소인 아밀라아제가 포함되어 있다. 또한 침에는 살균작용을 하는 효소와 항체가 포함되어 있는데, 이것들은 감염예방에 기여한다. 침은 삼키기 쉽도록 음식물을 매끄럽게 하며, 산과 당분과 같은 일부 음식물 분자들을 녹여 혀의 미뢰(taste bud)로 운반하기도 한다. 미뢰의 감각수용체들은 음식물의 종류 및 질을 구분할 수 있도록 돕는다.

## 인두는 입과 소화기계의 나머지 부분을 연결한다

근육성 혀의 도움으로 음식물은 덩어리로 만들어지고 뒤쪽의 **인두(pharynx)**로 밀어 넣어진다. 인두는 입과 식도를 연결하는 근육성 공간이다(**그림 16-11a**). 인두는 코와 입을 후두에 연결하기도 하는데, 후두는 공기를 허파에 안내하는 기도(trachea)로 이어진다. 음식물 조각이 목에 걸려봤던 사람들이 증명할 수 있듯이, 이 배열은 가끔 문제를 유발한다. 그러나 보통은 삼키기반사(swallowing reflex; 인두로 음식물이 들어오는 것에 의해 촉발됨)에 의해 후두가 들어 올려지기 때문에, 후두개(epiglottis)라고 불리는 덮개가 후두의 구멍을 막아 음식물이 식도로 가게끔 안내한다(**그림 16-11b**).

## 식도는 음식물을 위로 인도한다

음식물은 **식도(esophagus)**로 삼켜진다. 식도는 음식물을 입에서 위로 나아가게 하는 근육성 관이다. 식도를 둘러싸는 근육은 수축의 파동을 일으키는데, 삼켜진 음식물 바로 위쪽에서 시작되어 식도 아래로 퍼져 나감으로써 음식물을 위로 내려보낸다. **연동운동(peristalsis)**라고 불리는 이 근육성 활동은 소화관 전체를 통해 일어나며, 그 작용이 효과적이어서 거꾸로 서 있는 동안에도 실제 음식물을 삼킬 수 있다. 식도벽을 구성하는 세포들에 의해 분비되는 점액은 음식물이 지나가는 동안 찰과상으로부터 식도 안쪽을 보호하며, 음식물이 잘 넘어가도록 윤활제 역할을 한다.

## 위는 음식물을 저장하고 분해한다

인간의 **위(stomach)**는 신축성이 있는 근육 주머니로 약 4.5 L의 음식과 액체를 담을 수 있다. 위는 3가지 기본 기능을 수행한다. 첫째, 위는 음식물을 저장하

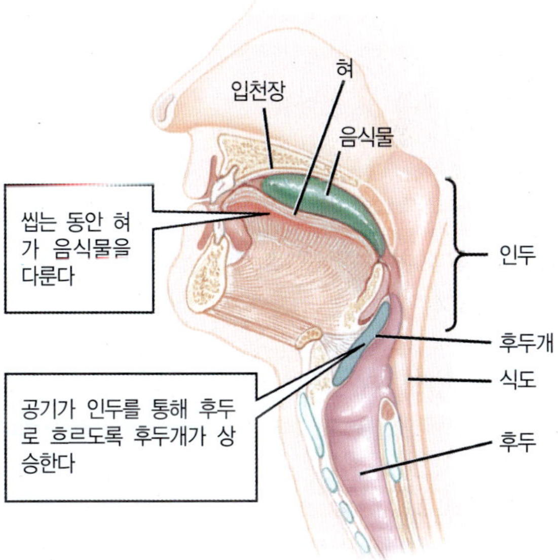


(a) 음식물 삼키기 전

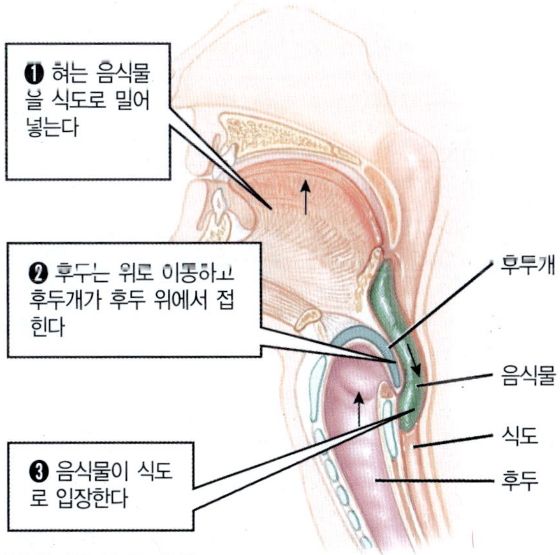


(b) 음식물 삼키는 동안

▶ **그림 16-11 음식물 삼키기 (a)** 소화기계와 호흡기계의 일부인 식도와 후두가 모두 인두에 열려 있기 때문에 음식물 삼키기는 복잡하다. **(b)** 삼키는 동안, 후두는 후두개 바로 밑으로 올라간다. 후두개는 후두 위에서 접힘으로써 호흡기계로의 개구부를 밀폐하여 음식물이 식도로 내려가게끔 한다.

## 다이어트로 인한 사망

**계속**

폭식증 환자가 토할 때, 위 내용물은 식도, 인두 및 입을 통해 분출된다. 이 구조들은 위를 보호하는 두꺼운 점액층을 가지고 있지 않기 때문에, 벽을 구성하는 세포들은 위산에 의해 손상된다. 게다가, 위산은 치아의 에나멜질을 녹이기 때문에 장기간의 폭식증은 심각한 치아결손으로 이어질 수 있다.

고 적절한 소화 및 흡수를 위해 적당한 속도로 천천히 음식물을 소장으로 방출한다. 둘째, 위는 음식물의 기계적 분해를 돕는다. 위의 근육성 벽은 휘젓는 듯한 움직임을 유발하는데, 이를 통해 큰 음식물 조각들은 잘게 부서진다. 위의 세 번째 기능은 음식물을 화학적으로 분해하는 것이다.

위 안쪽의 분비샘들은 염산, 펩시노겐(pepsinogen)이라고 불리는 단백질과 점액을 분비한다. 염산은 위액의 산도를 레몬주스와 비슷한 pH 1~3 수준으로 만든다. 염산은 음식물과 함께 불가피하게 삼켜진 많은 미생물들을 죽인다. 펩시노겐은 펩신(pepsin)이라는 단백질소화효소의 불활성 전구물질이다. 위의 산도가 펩시노겐을 펩신으로 전환시키면, 이 효소는 음식물 내 단백질을 소화하기 시작한다. 왜 처음부터 펩신으로 분비되지 않을까? 펩신이 위에 도착하기도 전에 자신을 제조하는 세포들을 소화시킬 것이기 때문에 분비샘들은 펩시노겐을 분비한다. 끝으로, 점액은 위 안쪽을 덮어서 자가소화(self-digestion)에 대한 보호벽 역할을 수행한다. 그러나 보호가 완벽하지 않기 때문에 위 안쪽의 세포들은 수일마다 대체되어야 한다.

위 속의 음식물은 점차 걸쭉한 산성의 액체인 **유미즙(chime)**으로 변하는데, 이것은 부분적으로 소화된 음식물과 소화 분비물들로 구성된다. 연동운동의 파동(분당 약 3회)은 유미즙을 소장 쪽으로 나아가게 한다. 위의 아래쪽 끝부분에 있는 환상의 근육은 매 수축마다 찻숟가락만큼의 유미즙만을 소장으로 입장시킨다. 식사량에 따라 다르지만, 위가 완전히 비워지는데 2~ 6시간이 소요된다.

소화는 위에서 시작되지만, 그곳에서 흡수되는 영양소는 거의 없다. 물, 술, 일부 약물들을 포함하는 소수의 물질들만이 위벽을 통해 혈류로 들어갈 수 있다.

## 대부분의 소화는 소장에서 이루어진다

성인 **소장(small intestine)**의 직경은 약 2.5 cm이며, 길이는 3 m에 이른다. 소장은 음식물을 작은 분자들로 소화하여 혈류로 흡수한다. 소장의 일차 역할인 소화는 간(liver), 췌장(pancreas) 및 소장 자체 세포로부터 오는 분비물들의 도움으로 이루어진다.

### 간과 담낭은 담즙을 제공한다

간은 글리코겐의 저장과 많은 유해물질의 독성제거를 포함하여 다양한 기능을 수행한다. 소화에서의 역할은 **담즙(bile,** 쓸개즙)을 생성하는 것인데, 담즙은 담즙산염, 기타 다른 염, 물 및 콜레스테롤의 혼합물이다. 담즙은 **담낭(gallbladder)**에 저장되고(그림 16-9 참고), 담관(bile duct)이라고 불리는 관을 통해 소장으로 분비된다. 지방소화를 돕지만, 담즙산염이 효소는 아니다. 담즙산염은 오히려 설거지 세제와 많이 비슷한데, 지방과 상호작용하는 소수성 부분과 물에 녹는 친수성 부분을 가지고 있다. 그 결과, 담즙산염은 큰 지방덩어리를 현미경적 입자로 흩어지게 함으로써 췌장에서 생성되는 지방분해효소가 공격할 수 있게 넓은 표면적을 제공한다.

### 췌장은 소화물질들을 분비한다

**췌장(pancreas,** 이자)은 2가지 주요 형태의 세포들로 구성된다. 하나는 혈당조절에 기여하는 호르몬을 생성하며(18장에서 다루게 됨), 다른 하나는 **췌장액(pancreatic juice,** 이자액)이라고 불리는 소화 분비물을 생성한다. 약 1 L의 췌장액이 매일 소장에 분비된다. 이 분비물에는 물, 중탄산나트륨(sodium bicarbonate)과 탄수화물, 지방 및 단백질을 분해하는 여러 개의 효소들이 포함되어 있다. 중탄산나트륨(베이킹 소다의 활성 성분)은 소장에서 산성의 유미즙을 중화시켜 약염기성으로 만든다. 낮은 pH가 필요한 위의 소화효

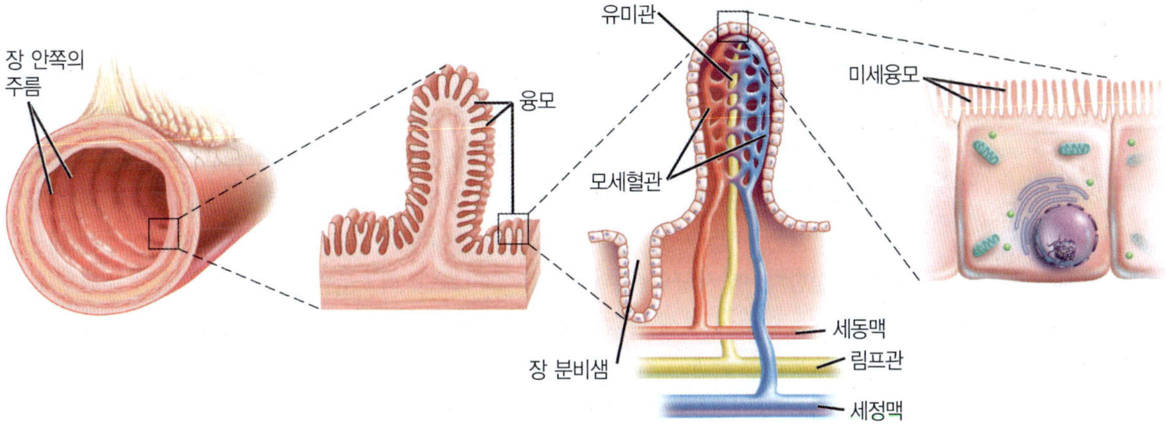


▲ **그림 16-12** **소장** (a) 소장의 주름은 영양소를 흡수하는 표면적을 최대화한다. (b) 소장 안쪽의 큰 주름은 융모라는 손가락 모양의 작은 돌기들로 온통 덮여 있다. (c) 융모는 모세혈관들과 림프관 또는 유미관으로 구성된 망상구조를 포함한다. (d) 만약 하나의 융모를 현미경으로 확대하여 본다면, 융모 표면의 상피세포들이 또 다른 수준의 현미경적 돌기인 미세융모가 나 있는 원형질막으로 덮여 있는 것을 볼 수 있다. **질문:** 만약 소장의 주름, 융모 및 미세융모가 진화하지 않았다면, 소장의 해부학적 구조는 어떠할까?

소와는 대조적으로, 췌장 소화효소들은 적절한 기능수행을 위해 약염기성 pH를 필요로 한다.

### 소장벽이 소화를 완결하고 영양소들을 흡수한다

소장의 벽에는 소화과정을 마무리 짓고, 그 결과물인 작은 분자들을 흡수하는 세포들이 포함되어 있다. 소화효소들은 사실 소장벽을 구성하는 세포의 원형질막에 박혀 있어서, 영양소가 세포 안으로 흡수될 때 소화의 마지막 단계가 원형질막에서 일어난다. 위에서와 같이, 소장도 점액에 의해 자신이 소화되는 것으로부터 보호받는다. 점액은 소장벽에서 특수화된 세포들로부터 분비된다.

## 대부분의 흡수는 소장에서 일어난다

소장은 혈액으로 영양소가 흡수되는 주요 장소이다. 소장에는 수많은 주름과 돌기가 있어서 같은 길이의 매끄러운 관보다 약 600배가 넘는 내부 표면적을 제공한다(그림 16-12a, b). **융모(villus)**라고 불리는 손가락 모양의 돌기는 장벽의 전체 표면을 덮는다(그림 16-12c). 길이 0.5~1.5 mm의 융모에 의해 장 안쪽은 우리 눈에 부드러운 벨벳처럼 보인다. 융모의 개별 세포들은 **미세융모(microvillus)**라고 불리는 수많은 현미경적 돌기들을 형성한다(그림 16-12d). 전체적으로, 소장벽의 이 돌기들은 약 250 $m^2$ 이상의 표면적을 만드는데, 이는 테니스 코트의 크기와 거의 같다.

소장의 환상근(circular muscle) 수축은 유미즙을 앞뒤로 철렁거리게 하여 영양소들이 소장의 흡수표면에 접촉하게끔 한다. 각 융모 안에는 모세혈관들과 유미관(lacteal)이라는 하나의 림프관으로 이루어진 망상구조가 있다(그림 16-12c 참고). 물, 단당류, 아미노산, 비타민과 무기질을 포함한 대부분의 영양소들은 소장벽을 구성하는 세포들을 통과하여 모세혈관으로 입장한다. 그러나 지방의 분해산물인 글리세롤(glycerol)과 지방산(fatty acid)은 다른 경로를 택한다. 소장벽을 구성하는 세포로 확산되어 들어간 후, 이 물질들은 지방으로 재합성되고, 단백질로 덮인 후, 작은 입자의 형태로 융모 내 세포외액으로 분비된다. 이 입자들은 너무 커서 모세혈관으로 입장하지는 못하지만, 유미관 벽은 통과할 수 있다. 이 입자들은 림프에 섞여 유미관으로부터 다른 림프관들을 경유하여 림프관들이 정맥으로 흘러들 때, 결국 혈류에 전달된다(260~261쪽 참고).

## 대장은 물, 무기질 및 비타민을 흡수하며 대변을 만든다

성인 **대장(large intestine)**의 길이는 약 1.5 m이며, 직경은 7.6 cm 정도이다. 대장은 두 부분으로 구성된다. 대장의 대부분은 **결장(colon)**이며, 마지막 약 15 cm 구역을 **직장(rectum)**이라고 한다. 소화되고 난 나머지는 소장에서부터 결장으로 유입된다: 물, 무기질, 소화되지 않은 섬유질(대부분 채소류와 과일의 세포벽 성분인 셀룰로오스) 및 소량의 소화되지 않은 지방과 단백질의 혼합물. 결장에는 이 혼합물에 의존하여 살아가는 세균집단이 번성한다. 이 세균들은 비타민 $B_{12}$, 티아민, 리보플라빈과 가장 중요한 비타민 K를 합성하는데, 이들에 의해 합성되지 않으면 평소 음식으로는 결핍될 수 있다. 대장벽을 구성하는 세포들은 물과 무기질뿐만 아니라 이 비타민들을 흡수한다.

흡수가 완료된 결과물이 반고체 상태의 **대변(feces)**인데, 대부분 소화되지 않는 노폐물과 세균들로 구성된다(노폐물과 세균이 대변 건중량의 약 1/3을 차지). 대변은 연동성 운동에 의해 직장까지 운반되며, 직장의 팽창이 배변 충동을 자극한다.

## 소화는 신경계와 호르몬에 의해 조절된다

식사를 하면, 신체는 음식물을 혈중 영양소로 전환하는 일들을 조정한다. 소화관의 분비와 근육활동은 신경과 호르몬에 의해 조절된다.

### 감각신호가 소화를 개시한다

시각, 후각, 미각뿐만 아니라 때때로 단지 음식물에 대한 생각만으로도 소화관의 많은 부분에 작용하는 신호가 뇌에서 생성된다. 예를 들어, 신경의 신호는 침샘을 자극하고 위에서 위산과 점액의 분비를 유발한다. 음식물이 소화관을 통해 이동함에 따라, 다량의 신호가 연동운동을 유발하는 국소 신경반사를 일으킨다.

### 호르몬은 소화 활성 조절에 기여한다

적어도 20~30개의 호르몬이 식욕, 포만감 및 소화를 조절한다. 여기서 우리는 소화기계에서 분비되는 4개의 주요 호르몬에 대해 논의한다. 이 호르몬들은 혈류로 입장하여 체내를 순환하며 소화관 내에 분포하는 특정 수용체에 작용한다. 대부분의 호르몬처럼, 소화 호르몬들도 음성되먹임에 의해 조절된다. 예를 들어, 단백질 소화에 의한 아미노산과 펩티드와 같은 유미즙의 영양소들은 위벽을 구성하는 세포들을 자극하여 가스트린(gastrin) 호르몬을 혈류로 분비하게 한다. 가스트린은 위 세포로 돌아와 단백질 소화를 촉진하는 위산 분비를 더욱 자극한다. 위 내용물이 충분히 산성화되면, 가스트린 분비는 억제되고, 그것에 의해 위산 분비도 더욱 억제한다.

유미즙에 반응하여, 소장의 세포들은 세크레틴(secretin)과 콜레시스토키닌(cholecystokinin)을 분비한다. 이 호르몬들은 소장으로의 소화액 분비를 자극한다: 췌장으로부터의 중탄산염 및 소화효소들과 간 및 담낭으로부터의 담즙. 유미즙의 지방산과 당분에 반응하여 소장 세포들에 의해 생성되는 위억제펩티드(gastric inhibitory peptide)는 췌장을 자극하여 인슐린을 분비하게 한다. 인슐린은 신체의 많은 세포들이 당분을 흡수하도록 자극한다. 이름이 암시하듯, 위억제펩티드는 위산 생성과 위 연동운동도 억제한다. 그 결과, 위억제펩티드는유미즙이 소장으로 내려가는 속도를 늦춤으로써 소장에서 소화와 흡수가 일어날 수 있도록 추가적인 시간을 제공한다.

다수의 기타 호르몬들도 식욕, 포만감 및 음식물의 대사속도를 조절한다. "건강 지킴이: 비만과 뇌-장 연결"에서 우리가 논의하는 것처럼, 이 중 일부는 체중증가와 비만의 억제를 위한 희망을 제공한다.

# 건강 지킴이

## 비만과 뇌-장 연결

2006년, 의학 전문가들은 미국 성인의 약 65%가 과체중이라고 추정하였다; 이들의 절반 가량은 비만이었다(비만은 체질량지수 30 이상으로 정의되는데, 체질량지수 30은 키 약 168 cm에 체중 84 kg인 여성 또는 키 178 cm에 체중 95 kg인 남성에 해당된다). 전통적으로 과체중의 사람들은 적게 먹고 많은 운동을 해야 한다고 들어왔다. 좋은 충고이긴 하지만, 미국과 전세계 많은 국가들에서 비만의 증가가 저지되지 못하고 있다. 또한 비만은 단지 개인건강 또는 비행기 좌석에 몸을 맞추는 정도의 문제가 아니다. 미국에서 비만으로 인한 의료비용 지출 및 생산성 감소가 매년 100억 달러 이상이며, 30만 명이 목숨을 잃는 것으로 추정된다.

적어도 지난 반세기 동안, 다이어트 관련 서적들이 우울할 정도의 빈도로 서가에 등장했는데, 책들마다 과체중 때문에 고민하는 사람들에게 해답이 될 것이라고 주장한다. 살 빼는 약이 수십년 동안 꽤 많이 있었지만, 대부분 장기적인 효과가 없거나 위험한 것들이다. 많은 과체중의 사람들은 수 주일 동안 필사적으로 다이어트를 하여 1 kg 남짓 체중을 빼지만, 몇 개월 후 다이어트 전의 무게로 돌아간 자신들을 발견한다. 정말 아무것도 할 수 없을까?

아마도 곧 무엇인가 가능해질 것이다. 연구자들은 소화관에서 생성되어 뇌에 작용하여 식욕, 포만감 및 대사에 영향을 미치는 당황스러운 형태의 호르몬들을 발견하였다. 1994년, 록펠러 대학의 제프리 프리드만(Jeffrey Friedman)은 지방세포에 의해 합성되고 뇌에 작용하여 식욕을 억제하는 호르몬을 발견하였다. 아마 낙천적으로, 프리드만은 후에 이 호르몬을 *렙틴(leptin)*이라고 불렀는데, 마른(thin)을 뜻하는 그리스어다. 간단한 렙틴주사 한번에 과체중 사람들의 식욕이 억제되어 스스로 적게 먹고 체중은 감소되기를 많은 사람들이 희망하였다. 그러나 그런 행운은 없었다. 마른 사람들보다 비만인들에서 훨씬 많은 양의 렙틴이 생성되지만, 그들의 뇌는 이 렙틴에 반응하지 않는다는 것이 판명되었다.

그 이후, 연구자들은 섭식관련 호르몬들을 추가적으로 발견하였는데, 일부는 렙틴보다 기대할 만한 것으로 보인다. 이 호르몬들 중 2개는 식욕과 포만감에 반대작용을 하는데, 그렐린(ghrelin)과 펩티드 YY(대개 PYY로 불린다)이다(그림 E16-1). 수 시간 동안 위가 비어 있을 때, 위는 뇌에 작용하여 허기를 자극하는 그렐린을 대량 생산한다. 식사 후, 그렐린의 수치는 극적으로 감소한다. 장내 음식물은 뇌로 가서 허기를 감소시키는 PYY 합성을 유발한다. 불행히도, 다이어트를 하는 사람들과 체중이 많이 나가는 사람들에서는 그렐린과 PYY 둘 다 다이어트를 어렵게 하고, 섭식을 쉽게 하는 방식으로 작용한다. 사람들이 다이어트를 하여 체중이 감소될 때, 그렐린 수치는 증가하는데, 이것이 그들로 하여금 더욱더 허기를 느끼게 한다. 일반적으로 비만인들에서 식사 후 적은 양의 PYY가 생성되기 때문에, 충분한 음식을 먹었을 때조차 포만감을 느낄 수 없게 된다.

이 두 호르몬은 체중관리를 위한 매력적인 표적들이다. 2006년, 스크립스 연구소(The Scripps Research Institute)의 연구자들은 쥐들에게 그렐린 백신접종을 성공적으로 실시하였다. 백신은 쥐들이 그렐린에 결합하는 항체를 만들게 하여서, 그렐린이 뇌에 도달하지 못하게 하고 허기를 자극할 수 없게 한다. 백신을 접종한 쥐들은 정상적으로 먹이섭취를 하였지만 대조군의 쥐들보다 체중이 덜 불었다. 또한 2006년, 나스텍(Nastech) 제약회사는 사람의 비강에 PYY를 뿌리는 임상실험을 시작하였다. 코에 뿌려지면, PYY는 분명히 뇌로 침투하여 식욕을 억제한다.

이 새로운 치료들이 사람들의 체중감소와 체중 유지에 도움이 될까? 혹은 체내 다른 경로들이 너무 많은 PYY 또는 충분치 않은 그렐린을 보상할까? 식욕, 대사 및 포만감은 복잡하게 상호작용하는 메커니즘들에 의해 소설되기 때문에 그렐린과 PYY를 표적으로 하는 치료들이 효과적이라고 말하기에는 너무 이르다. 그럼에도 불구하고, 언젠가 의생명과학은 효과적인 치료법 개발을 위해 체중 증가와 체중 감소의 수수께끼를 충분히 해결할지도 모른다. 전세계 수억 명의 사람들을 위해, 그날은 시급히 와야 한다.

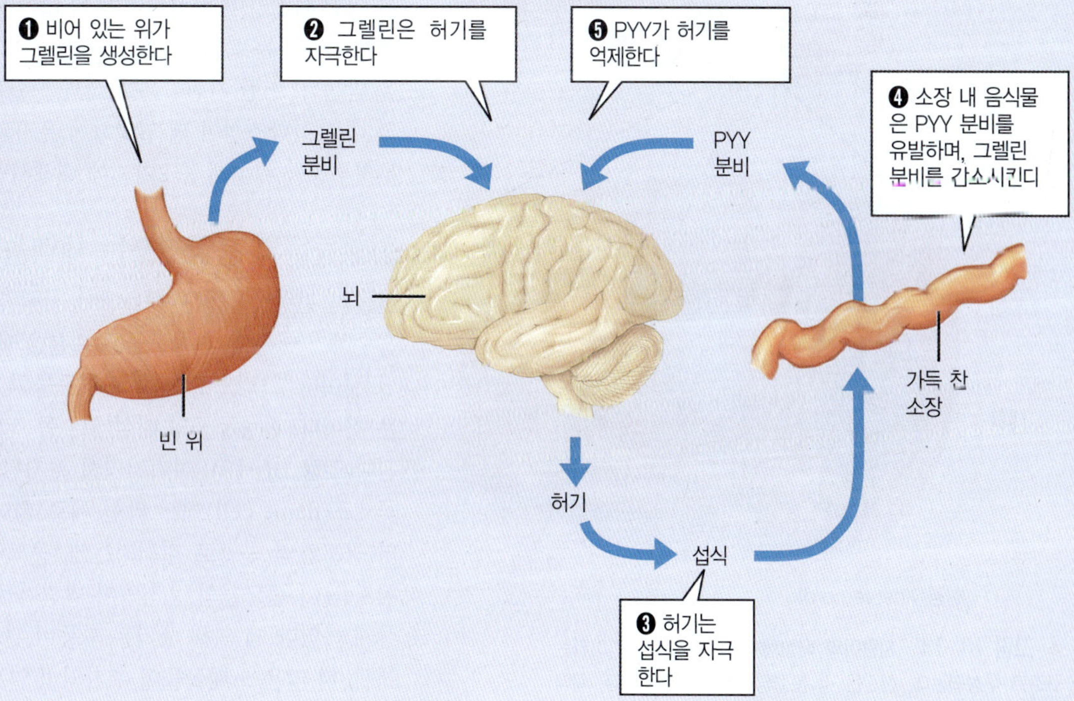


▶ 그림 E16-1 **허기(hunger)와 포만감(satiation)은 호르몬에 의해 조절된다.** 소화관은 식욕, 포만감 및 대사를 조절하기 위해 상호작용하는 그렐린과 PYY를 생성한다.

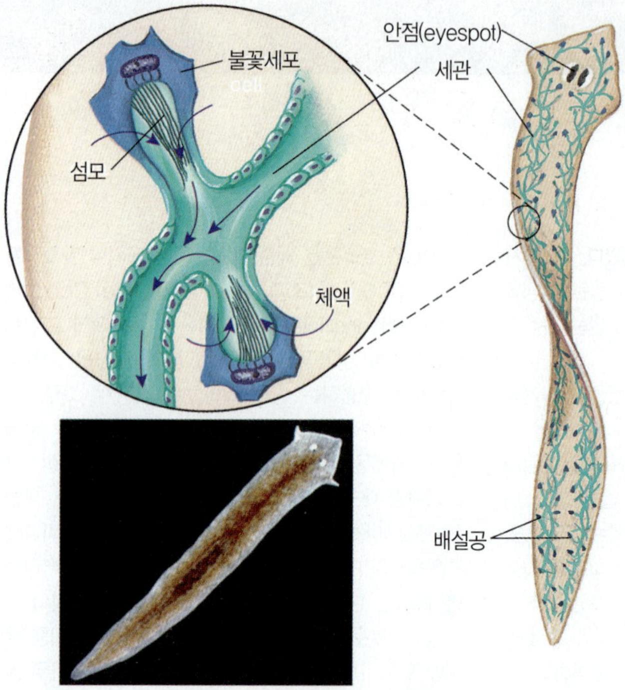


▲ **그림 16-13** **편형동물의 단순한 배설체계** 편형동물(사진)에서, 속이 빈 불꽃세포들이 과잉의 수분과 용해된 노폐물들을 그물모양의 관들로 보낸다. 불꽃세포에서 섬모의 휘저음이 체액이 배설공으로 이동하는 것을 돕는다.

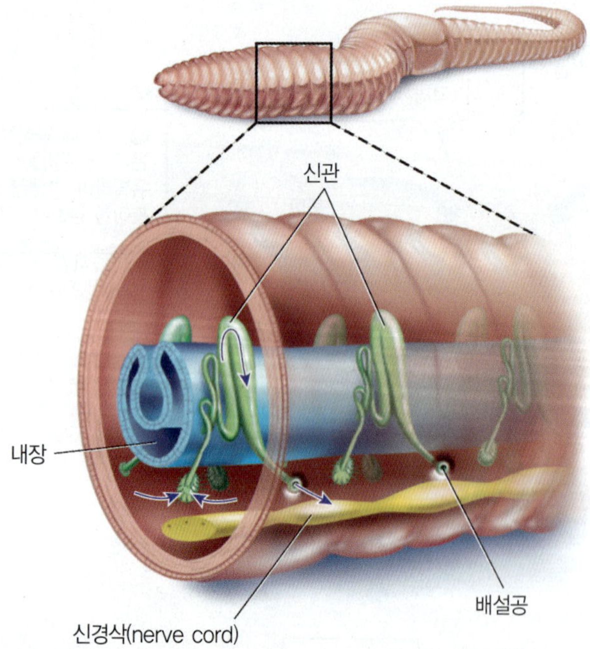


▲ **그림 16-14** **지렁이의 배설체계** 이 체계는 신관이라는 구조로 구성되는데, 신관은 각 분절당 한 쌍씩 존재한다. 체액이 신관의 한쪽 끝으로 끌려 들어오며, 오줌은 배설공을 통해 다른 쪽 끝에서 분비된다.

## 16.6 비뇨기계의 기능은 무엇인가?

우리는 우리의 소화관을 페페로니 피자, 매콤한 퍼지 선데이와 커피로 채울 수도 있지만, 우리 세포들은 염분과 영양소들이 정확히 조절된 용액에 담겨 있어야 한다. 소화기계는 상대적으로 비선택적이어서, 그 분자가 유용한지 또는 유독한지, 즉각적으로 필요한지 또는 이미 과도한지에 상관없이 소장을 통해 순환기계로 흡수될 수 있는 분자라면 일단 흡수한다. 그러면 동물의 신체는 어떻게 항상성(내부환경을 미세하게 조정하고 정확하게 조절하는 현상)을 유지할까? 피부, 소화관 및 호흡기계 모두가 역할을 수행한다. 그러나 유용한 물질들은 보유하면서 유해물질과 과도한 영양소들을 제거하는 일은 기본적으로 비뇨기계의 영역이다.

우리가 고려하는 편형동물, 어류 또는 사람에 관계없이, 모든 비뇨기계들은 유사하게 기능한다. 먼저, 혈액 또는 기타 체액은 여과되는데, 물과 용해된 작은 분자들이 혈액으로부터 비뇨기계로 이동한다. 다음으로, 영양소들은 선택적으로 재흡수되어 혈액으로 돌아온다. 매우 빨리 제거되어야 할 독성이 강한 물질들은 종종 혈액으로부터 비뇨기계로 능동적으로 분비된다. 마지막으로, 양의 변화가 있는 물에 용해되어 있는 노폐물과 과잉의 영양소들이 체외로 배설된다.

## 16.7 어떤 유형의 비뇨기계가 인간을 제외한 동물에서 발견되는가?

거의 동물 종류만큼이나 많은 유형의 비뇨기계가 존재한다(무척추동물의 비뇨기계는 보통 배설계라고 부른다). 해면동물과 같은 소수의 동물에서는 단순히 개별적인 세포들이 주변의 물에 노폐물을 버린다. 그러나 대부분의 동물들은 어떤 물질들이 배설되어야 하고, 어떤 것들이 체액에 남아야 하는지를 정확하게 조절하는 복잡한 비뇨기계를 가지고 있는데, 대개 신경 및 호르몬의 조절을 받는다. 이런 기전들은 섭식과 생활조건의 엄청난 변화에도 불구하고, 동물의 내부 화학조성이 꽤 일정하게 유지되도록 한다. 여기서 우리는 많은 유형의 무척추동물 배설계 중 2가지에 대해서만 논의한다.

### 편형동물의 불꽃세포는 체액을 걸러낸다

민물의 편형동물들은 개울에서 서식한다. 삼투현상에 의해 끊임없이 수분을 흡수하기 때문에, 편형동물은 수분을 배설해야만 한다. 그렇지 않으면 터져 버릴 것이다. 그러므로 민물 편형동물의 배설계의 주기능은 수분평형을 조절하는 것이다. 편형동물의 배설계는 몸 전체에 그물모양으로 분지된 관들로 구성된다(그림 16-13). 여기저기서 분지된 관들은 하나의 세포로 된 공모양의 불꽃세포(flame cell)에서 막힌 채로 끝난다. 수분과 용해된 물질들이 몸으로부터 공모양의 구조로 걸러지는데, 공모양의 구조에서 한 다발 섬모(cilia)들의 휘저음(이 섬모들의 움직임이 발견자들로 하여금 양초의 흔들리는 불꽃을 연상케 하였다)에 의해 생기는 파동이 관들을 통해 체액이 흐르도록 한다. 관 안에서, 더 많은 노폐물들이 추가되며 일부 영양소들은 재흡수된다. 결과로 생긴 용액은 체표에 있는 구멍을 통해 배출된다. 편형동물은 또한 큰 체표면적을 가지는데, 이를 통해 세포의 많은 노폐물들이 확산으로 버려진다.

▶ **그림 16-15 요소 생성과 배설 순서에 대한 모식도** **질문:** 일부 동물들에서는 암모니아가 요소로 전환되지 않지만, 대신 배설될 때까지 혈액 내에서 순환된다. 어떤 유형의 환경에서 이런 동물들이 발견될 것으로 기대하는가?

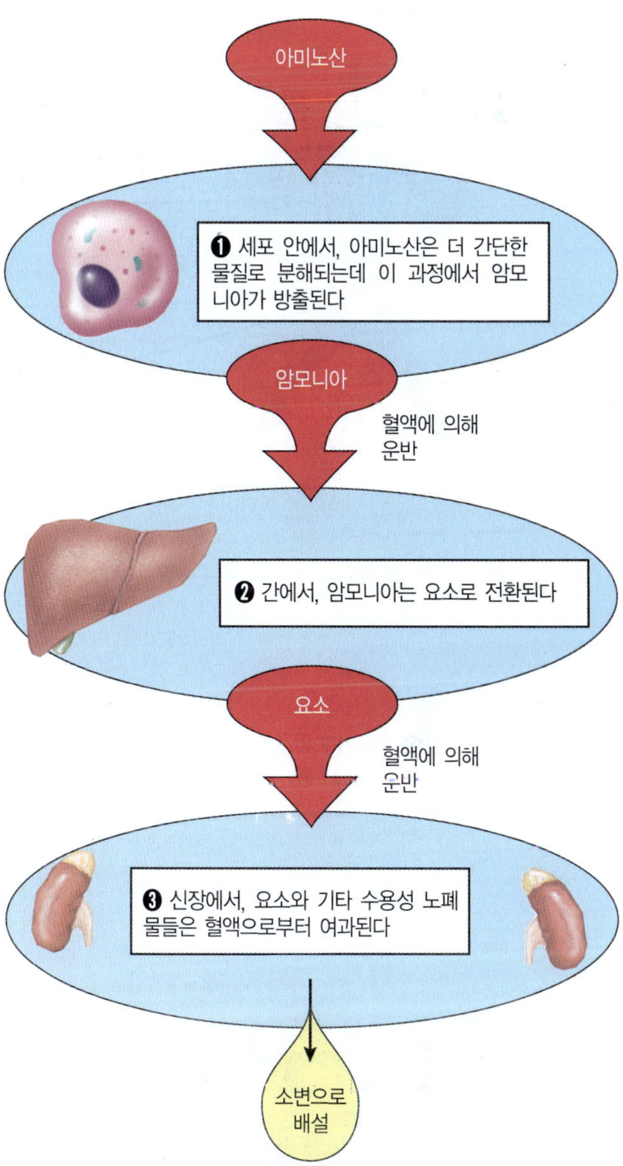


### 지렁이의 신관(nephridium)은 체액을 걸러낸다

지렁이, 연체동물 및 몇몇 다른 무척추동물들은 신관(nephridia)이라는 단순한 여과구조를 가지고 있다. 신관은 우리가 척수동물의 신장에서 살펴볼 여과구조들과 비슷하다. 지렁이의 몸은 반복적인 분절들로 구성되어 있는데, 거의 모든 분절은 각각 한 쌍의 신관을 포함한다. 지렁이의 내부 기관들을 둘러싸는 체강은 체액으로 채워져 있다. 이 체액은 혈액과 조직들로부터 노폐물과 영양소들을 수집한다. 체액은 섬모에 의해 신관의 좁은 관모양의 부위로 이동한다(그림 16-14). 여기서 염분과 기타 용해된 영양소들은 혈액으로 다시 흡수되지만, 수분과 노폐물은 남겨진다. 결과로 생긴 오줌은 신관의 주머니 모양으로 확대된 부분에 저장되며, 체벽의 배설공(excretory pore)을 통해 배설된다.

## 16.8 인간의 비뇨기계는 어떻게 작동하는가?

인간을 포함한 모든 척추동물의 비뇨기계는 주요 문제에 직면한다. 소변생성은 혈액의 여과에 의해 시작된다. 그러나 크기가 여과의 유일한 기준이다—여과장치의 구멍을 통과하기에 적합할 만큼 작은 모든 것들이 혈액을 떠나 비뇨기계로 입장할 것이다. 그러므로 노폐물뿐만 아니라, 신체가 잃어서는 안될 수분과 영양소들마저 여과되어 나간다. 인간과 다른 많은 척추동물에서, 신장은 대부분의 수분과 영양소들은 보유한 채, 노폐물만을 제거하는 복잡한 내부구조들과 대사능력을 진화시켰다.

### 인간의 비뇨기계는 소변을 생성하여 운반하고 배설한다

**신장(kidney)**은 혈액의 체액 부분이 수집되고 여과되는 기관이다. 여과된 이 체액으로부터 수분과 중요한 영양소들은 혈액으로 재흡수된다. **소변(urine)**이라고 불리는 나머지 체액은 유독성 물질, 세포의 노폐물, 과잉의 비타민, 염분, 일부 호르몬 및 수분으로 구성되는데, 몸에서 배설되기 위해 신장에 남는다. 비뇨기계의 나머지 부분은 몸에서 제거될 때까지 관을 통해 소변을 나르고 저장한다.

### 비뇨기계는 항상성 유지에 매우 중요하다

인간 및 기타 척추동물들의 비뇨기계는 아래와 같은 방식으로 항상성 유지에 기여한다.

- 혈액 내 무기질 및 소듐, 포타슘, 염소, 칼슘과 같은 이온의 양을 조절
- 혈액의 수분 함량 조절
- 혈액의 적정한 pH 유지
- 혈액 내 포도당 및 아미노산과 같은 중요 영양소들의 보유
- 요소와 같은 세포 노폐물의 제거. 아미노산이 에너지원 또는 새로운 분자 합성을 위해 사용될 때, 그 부산물로 암모니아($NH_3$)가 생성된다. 암모니아는 독성이 매우 강하다. 포유류의 간은 암모니아를 독성이 훨씬 덜한 요소로 전환한다(그림 16-15). 요소는 신장에서 혈액으로부터 여과되며 결국 소변으로 배설된다.

**다이어트로 인한 사망**

계속

영양실조, 구토 및 거식증과 폭식증에 수반되는 식욕감퇴제의 사용은 종종 나트륨, 칼륨, 칼슘과 같은 무기질의 체내흡수를 엉망진창으로 만든다. 과감한 노력에도 불구하고, 신장은 대개 혈액 내 이들 무기질의 농도를 적절히 유지시킬 수 없게 된다. 무기질의 항상성이 무너지면, 신경장애, 심장마비 또는 복합장기 기능손상이 초래될 수 있다.

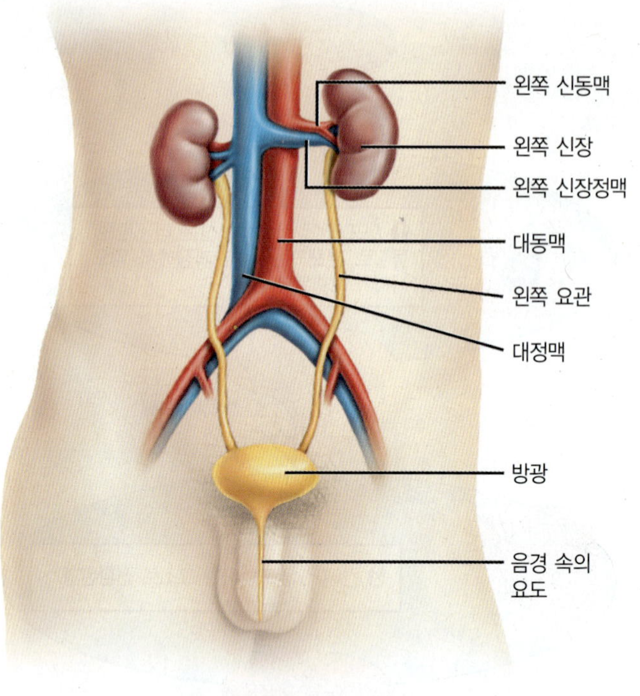


▲ **그림 16-16 인간의 비뇨기계** 인간의 비뇨기계 및 혈액공급에 대한 모식도. **질문:** 신장과 개별 네프론에 왜 이런 막대한 혈액공급이 있을까?

## 비뇨기계는 신장, 요관, 방광 및 요도로 구성된다

인간의 신장은 허리 약간 위쪽의 척추 좌우에 하나씩 분포하는 기관이다(**그림 16-16**). 하나의 신장은 대략 길이 13 cm, 폭 8 cm, 두께 2.5 cm 정도이다. 혈액은 신동맥(renal artery)을 통해 각 신장으로 입장한다. 여과된 혈액은 신장정맥(renal vein)을 통해 신장으로부터 나온다. 신장은 소변을 생성하는데, 소변은 **요관(ureter)**이라는 근육성의 좁은 관을 통해 신장을 나온다. 요관은 연동성 수축을 이용하여 소변을 **방광(urinary bladder)**으로 운반한다. 배뇨작용(urination)이 일어나는 동안, 방광의 수축은 **요도(urethra)**를 통해 소변을 체외로 내보낸다. 요도는 하나의 좁은 관으로, 그 길이는 여성의 경우 약 3.8 cm, 남성의 경우 20 cm 정도이다.

## 소변은 신장의 네프론에서 생성된다

각 신장은 소변이 생성되는 치밀한 외층과 소변을 수집하여 요관으로 모으는 내부 공간으로 구성된다(**그림 16-17**). 각 신장의 외층은 **네프론(nephron)**이라고 불리는, 약 100만 개의 개별적인 작은 관들을 포함하고 있는데, 네프론은 혈액을 여과되고, 여과된 체액을 가공하여 소변을 생성한다. 각각의 네프론은 3가지 주요 부분으로 구성된다(**그림 16-18**): (1) **사구체(glomerulus)**, 모세혈관의 조밀한 덩어리로 혈액으로부터 체액이 여과되는 곳이다. (2) 여과된 체액은 사구체 주변을 둘러싸는 컵모양의 **보우만주머니(Bowman' s capsule)**로 수집된다. (3) 보우만주머니는 길게 꼬인 하나의 **세뇨관(tubule)**으로 체액을 모은다. 보우만주머니는 체액을 **근위세뇨관(proximal tubule)**으로 흘려 보낸다. 그러면 체액은 **헨리고리(loop of Henle)**와 **원위세뇨관(distal tubule)**을 통해 이동한다. 체액이 세뇨관을 통해 지나감에 따라 세뇨관의 각 부분은 선택적으로 이를 변화시킨다. 세뇨관의 체액에서 영양소들이 혈액으로 선택적으로 재흡수되는 동안, 소변을 만들기 위해 노폐물과 수분의 일부는 세뇨관에 남겨진다. 추가적인 노폐물이 혈액에서 세뇨관으로 분비된다. 마지막으로, 여러 개의 네프론으로부터 원위세뇨관들이 **집합관(collecting duct)**으로 모이는데, 집합관은 소변을 신장의 중앙에서 신우(renal pelvis)라는 속이 빈 깔때기 모양의 구조로 안내한다. 신우는 요관에 연결된다.

### 혈액은 사구체에 의해 여과된다

소변의 생성은 **여과(filtration)**과정으로 시작된다(**그림 16-19, ❶ 단계**). 혈액은 신장동맥의 분지인 세동맥을 통해 각각의 네프론으로 입장한다. 네프론-보우만주머니의 컵모양 부분에서 세동맥은 수많은 모세혈관으로 분지되는데, 이 모세혈관들이 사구체덩어리를 형성한다(그림 16-18 참고). 이 모세혈관들의 벽은 수분과 용해된 작은 분자들에 대해서는 극도로 투과성이 높지만, 혈구세포와 대부분의 단백질은 여과되어 나가기에는 너무 커서 혈액 내에 남겨진다. 모세혈관의 혈압이 수분과 용해된 물질들을 모세혈관벽을 통해 혈액으로

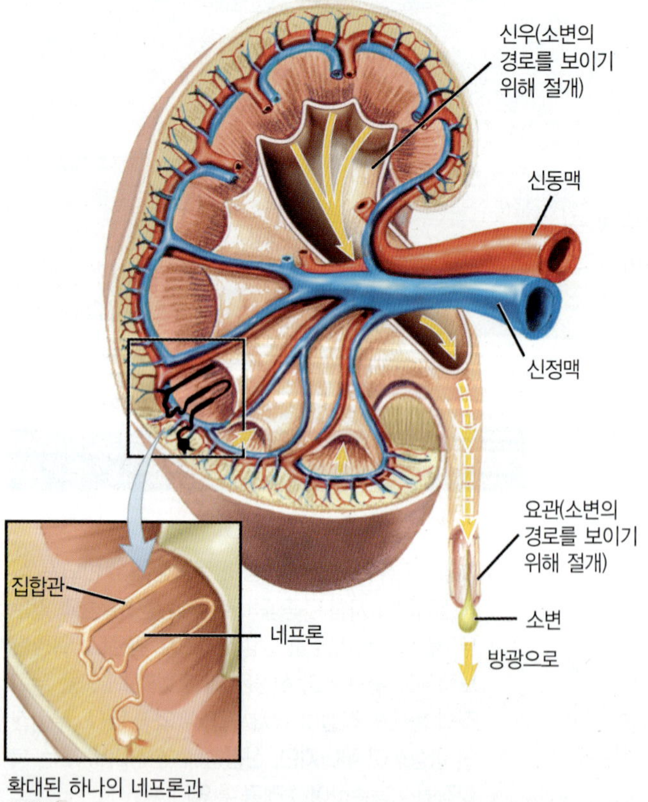


◀ **그림 16-17 신장의 횡단면** 횡단면은 신장의 혈액공급과 내부구조를 보여준다. 신장에서의 네프론 방향과 집합관과의 연결이 보여지도록 하나의 네프론(삽입그림)이 확대되어 그려졌다. 집합관은 소변을 신우에 비운다. 신우는 소변을 요관으로 배출한다. 노란색 화살표는 소변 흐름의 경로를 나타낸다.

부터 빠져나가도록 한다. 그 결과로 생긴 **여과액(filtrate)**은 수분으로 이루어진 체액인데, 보우만주머니에 수집되어 네프론의 나머지 부분을 통해 이동하기 시작한다.

## 여과액은 네프론의 세뇨관에서 소변으로 전환된다

보우만주머니에 수집된 여과액은 노폐물의 혼합물, 필수 영양소들 및 다량의 수분을 포함한다. 실제, 성인 평균 약 7.5 L의 체액이 매시간 네프론으로 여과된다. 사람의 혈액량이 고작 약 5 L이고, 그 중 약 3 L가 수분이라는 것을 고려할 때, 여과되는 거의 모든 수분을 신장이 재활용하는 것이 얼마나 중요한지를 이해할 수 있다. 정상적인 사람은 하루에 약 1.5 L의 소변만을 생성하기 때문에, 99%의 수분은 혈액으로 재흡수된다.

따라서 종합적으로 보면, 네프론은 제거를 위해 노폐물을 소변에 남겨두어야 하는 한편, 영양소들과 수분의 대부분은 혈액으로 되돌려 보내야만 한다. 이 일은 세뇨관 재흡수(tubular reabsorption)와 세뇨관 분비(tubular secretion)라는 2가지 과정에 의해 이루어진다.

### 세뇨관 재흡수는 수분과 영양소들을 네프론으로부터 혈액으로 이동시킨다

보우만주머니로부터, 여액은 모세혈관에 둘러싸인 근위세뇨관을 통과한다. 여액의 대부분 수분과 영양소들은 **세뇨관 재흡수(tubular reabsorption)**라는 과정을 통해 근위세뇨관에서 모세혈관으로 이동한다(그림 16-19, ❷ 단계). 근위세뇨관의 세포들은 염분과 아미노산, 포도당과 같은 기타 영양소들을 세뇨관 밖의 주변 세포외액으로 능동적으로 운반한다. 운반된 영양소 분자들은 세포외액에서 주변 모세혈관으로 확산되어 들어간다. 수분은 삼투현상에 의해 세뇨관을 나와 모세혈관으로 영양소들의 뒤를 따른다. 요소와 같은 노폐물들은 세뇨관에 남는데, 수분이 세뇨관을 떠남에 따라 더욱 농축된다.

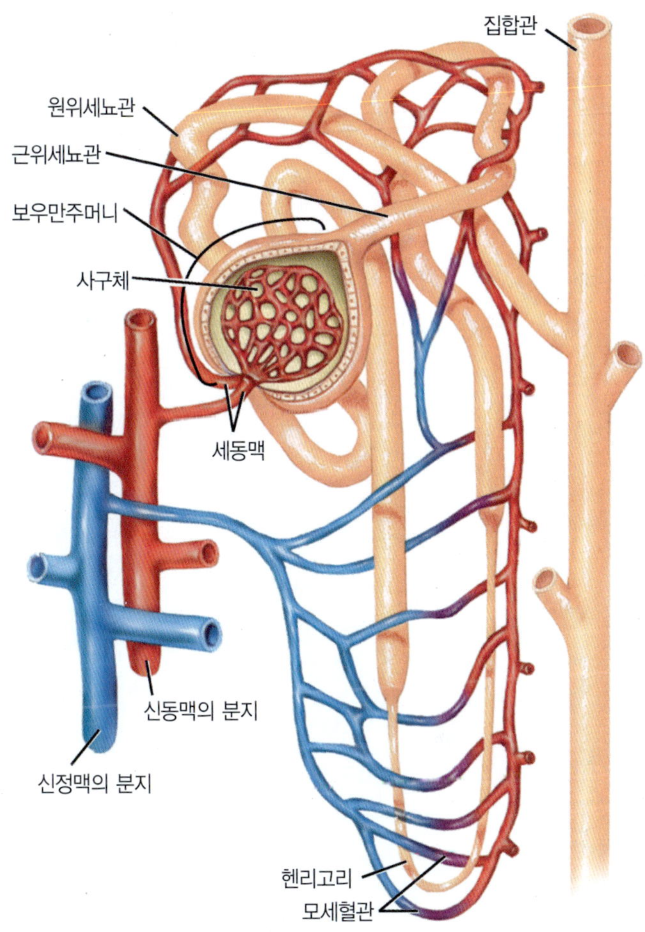


▲ 그림 16-18 네프론과 혈액공급

◀ 그림 16-19 네프론과 집합관에서의 소변 생성

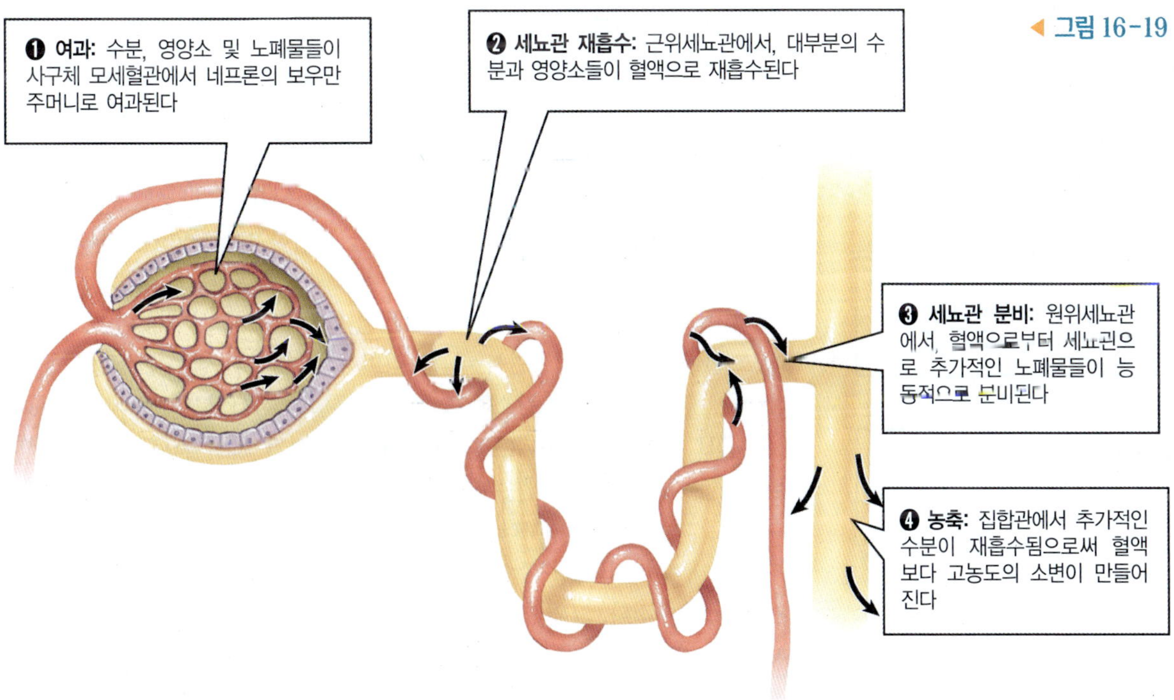

**세뇨관 분비는 노폐물들을 혈액으로부터 네프론으로 이동시킨다** 수소이온, 포타슘, 암모니아 및 많은 약물들과 같은 노폐물들은 모세혈관에서 네프론으로 수송된다(그림 16-19, ❸ 단계). 일반적으로, 원위세뇨관의 세포들은 주변 세포외액으로부터 세뇨관으로 노폐물들을 능동적으로 운반한다. 세포외액의 노폐물 농도를 낮추는 것은 농도기울기를 만들기 때문에 노폐물들이 수동적으로 모세혈관 밖으로 확산된다.

어쨌든 이 노폐물들이 대부분 여과에 의해 네프론에 입장할 수 있는 작은 분자들인데도 왜 번거로운 세뇨관 분비가 있을까? 산, 암모니아와 같은 노폐물들은 독성이 매우 강하기 때문에, 보우만주머니로 혈액이 빠르게 여과되더라도 노폐물들이 충분히 빨리 제거될 수 없다. 따라서 세뇨관 분비는 이런 위험한 물질들을 체외로 제거하는 과정을 빠르게 진행시킨다.

### 소변은 집합관에서 농축된다

최종적으로, 소변은 집합관에서 수분의 제거를 통해서 농축된다(그림 16-19, ❹ 단계). 인간을 포함한 포유류와 조류가 체내 수분을 보존해야 할 때는, 혈액보다 용질의 농도가 높은 소변을 만들 수 있다.

네프론과 집합관 주변의 세포외액에는 염분 및 요소의 농도기울기가 존재하기 때문에 소변이 농축될 수 있다. (농도기울기는 헨리고리에 의해 생성되고 유지된다.) 여액이 집합관을 통해 신우로 이동할 때, 농도가 점진적으로 증가하는 세포외액 영역을 통과한다. 여액과 주변 체액 간의 농도차이가 증가함에 따라 수분은 삼투현상에 의해 여액을 떠나 모세혈관으로 운반된다. 이제 소변으로 불리는 집합관의 여액은 주변 체액만큼 농축될 수 있는데, 이 체액은 혈액보다 4배나 농축될 수 있다. 배설계의 나머지 부분이 수분, 염분 및 요소에 상당히 불투과적이기 때문에 소변은 농축된 채로 남는다.

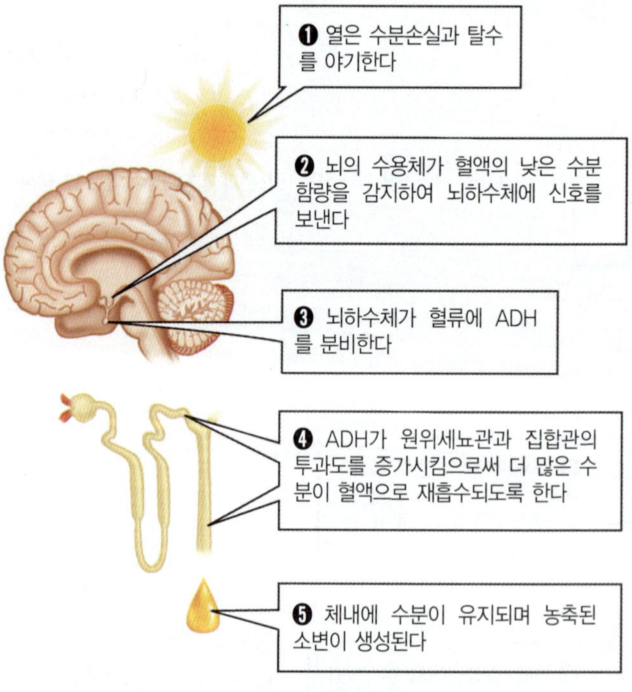


▲ 그림 16-20 **탈수는 ADH 분비와 수분 보존을 자극한다**
**질문:** 알코올은 ADH 분비를 억제한다. 알코올 섭취가 어떻게 체내 수분평형에 영향을 미치는가?

## 음성되먹임은 혈액의 수분량을 조절한다

우리가 알아본 것처럼, 적절한 체내 수분량의 유지는 비뇨기계의 핵심 기능이지만, 조건이 변함에 따라 유지해야 할 수분의 적절한 양도 계속 변한다. 그러므로 심하게 땀을 흘릴 때 신장은 더 많은 수분을, 다량의 양의 물을 마셨을 때는 적은 양의 수분을 재흡수해야 한다.

혈액으로 재흡수되는 수분의 양은 음성되먹임에 의해 조절된다(245~246쪽 참고). 이 되먹임 기전 중의 하나는 혈중 **항이뇨 호르몬**(antidiuretic hormone, ADH)의 양에 기초한다. 뇌하수체에 의해 분비되는 이 호르몬은 물에 대한 원위세뇨관과 집합관의 투과도를 증가시킴으로써 소변으로부터 더 많은 수분이 재흡수되게끔 한다. ADH 분비는 혈액의 농도를 감시하는 뇌의 수용체 세포와 혈액의 양을 감시하는 심장의 수용체에 의해 조절된다.

한 예를 보자. 뜨거운 사막에서 길을 잃은 여행자가 심하게 땀을 흘리고 매 호흡마다 수분을 잃으면서 비틀거리며 걷는다. 그가 탈수증에 걸리게 됨에 따라, 그의 혈액량은 감소하고, 혈액 삼투압은 증가함으로써 뇌하수체에서 ADH 분비가 촉발된다(그림 16-20). ADH가 원위세뇨관과 집합관의 투과도를 증가시킴으로써 수분의 재흡수는 증가된다. 수분이 혈액으로 재흡수됨으로써 소변은 혈액보다 더 농축된다.

마침내 우리의 여행자는 오아시스를 찾아 시원하고 깨끗한 샘물을 지나칠 정도로 마신다. 그의 혈액량은 증가하고 혈액의 삼투압은 감소함으로써 ADH 분비량의 감소를 촉발한다. 줄어든 ADH는 물에 대한 원위세뇨관과 집합관의 투과도를 낮춤으로써 적은 양의 수분을 재흡수하게끔 한다. 그는 이제 혈액보다 희석된 소변을 생성한다. 극단적인 경우, 소변량은 시간당 1 L를 초과할 수 있다. 그의 혈액 내에 적절한 수분량이 회복됨에 따라 증가된 혈액의 삼투농도와 감소된 혈액량은 다시 ADH 분비를 자극할 것이다. 그러므로 좁은 범위 내에서 혈액의 수분 함량을 지킴으로써 항상성을 유지한다.

## 다이어트로 인한 사망 다시 들러보기

예상할 수 있듯이, 가장 극단적인 경우, 섭식장애는 영양결핍으로 사망을 야기할 수 있다. 그러나 말 그대로 그들이 굶어 죽기 훨씬 전에, 섭식장애를 가진 사람들의 몸은 이미 심각하게 손상되며 대개 다른 원인으로 사망한다. "심장발작은 나와 함께 일했던 어린 소녀들에게서 흔한 일이었다"는 캐리 오티스의 말에 따르면, 심장발작은 아마도 영양실조에 따른 혈중 소듐 및 포타슘의 광범위한 불균형에 의해 야기되었을 것이다. 나이 서른의 오티스 그녀 자신도 손상된 심장을 치료하기 위한 수술을 받아야 했다.

사람들은 어떻게 섭식장애에 걸릴까? 거식증과 폭식증은 보통 잘못된 자아상 혹은 가족, 친구 또는 직업의 요구로부터 발생한다. 2004년 아나 헤스통이 첫 해외 모델 일을 할 때, 그녀의 체중이 겨우 50 kg이었음에도 불구하고 살이 쪘다는 소리를 들었다. 친구들과 동료들은 그 당시부터 그녀가 복합장기 기능손상에 걸리기 시작하였을 것으로 생각한다.

유전자 역시 분명히 역할을 한다. 어머니 또는 자매가 거식증을 앓고 있는 여성은 이런 가족력이 없는 여성에 비해 거식증에 걸릴 확률은 12배, 폭식증에 걸릴 확률은 4배나 높다. 놀라울 것도 없이, 일란성 쌍둥이 중 한 명이 섭식장애에 걸리면, 나머지 한 명도 그렇게 될 확률이 매우 높다. 완벽주의, 불안 또는 자괴감과 같은 성격적 특성들에 대한 유전적 기여가 추측되고 있지만, 섭식장애에 쉽게 걸리게 할지 모르는 특이 유전자를 발견한 사람은 아직 없다.

섭식장애는 치료하기가 어렵다. 환자들이 영양실조에서 회복되는 것을 돕기 위해 보통 영양치료를 한다. 대개 심리치료가 필요하며, 항우울제가 일부 경우에서 도움이 된다. 많은 환자들이 그들의 문제를 숨기거나 부정하기 때문에, 그리고 치료가 비싸기 때문에, 환자 대부분은 적절히 치료받지 못하고 있다. 그러나 성공하는 경우도 있다. *미국의 아이돌(Americal Idol)*이라는 TV쇼는 폭식증을 앓았던 인기스타, 캐서린 맥피(Katharine McPhee)의 생명을 구했을지도 모른다. 반복적인 구토에 성대가 손상되고, 아이돌 노래대회에서 우승할 수 있는 기회를 놓칠지도 모른다는 걱정에, 맥피는 섭식장애 치료소에서 일주일에 6일씩 3개월을 보냈다. 효과가 있었다: 그녀는 더 이상 폭식증을 앓지 않으며, 아이돌 2위에 입상하여 2007년 첫 번째 음반을 발매하였다.

### 생각해보기

2006년 스페인에서, 마드리드 패션 주간(Madrid Fashion Week)은 BMI 18(키 173 cm에 체중 약 54 kg) 이하 모델들의 참가를 금지시켰다. 새로운 BMI 요구조건에 부합할 수 없었던 여성 중 한 명은 스페인에서 가장 유명한 모델, 에스더 카나다스(Esther Canadas)였는데, 그녀의 BMI는 약 14였다. 2007년, 밀라노의 한 패션쇼는 최소 BMI 18.5를 의무화하였다. 물론, 대부분의 모델 대행사들은 BMI 규정을 강력하게 반대하였다.

수천 명의 어린 여성들이 거식증에 걸리는데, 이 중 많은 이들이 사회가 원하는 것은 극도로 마른 사람이라고 생각하기 때문이다. 이 메시지를 바꿀 수 있는 방법이 있을까? 이 메시지를 바꾸거나 제한하기 위해 자유로운 한 사회가 취할 수 있거나 취해야 할 적절한 기준이 있을까?

# 개념 확인 문제

## 빈칸 채우기

**1.** 동물이 신체의 구성 또는 기능을 위해 필요로 하지만, 스스로 합성할 수 없는 물질을 __________(이)라고 부른다. __________는(은) 음식물을 순환기계로 흡수될 수 있는 작은 분자로 물리적, 화학적으로 분해하는 과정이다. 소화되지 않는 물질, 세포대사의 노폐물들, 독성물질들 및 신체요구량을 초과하여 섭취한 물질들은 __________을(를) 통해 제거되는데, 이것은 __________, __________, __________ 및 __________ (신체의 주요 기관 또는 기관계)에서 일어난다.

**2.** 동물의 주요 에너지원은 __________과(와) __________이다. 동물 스스로 충분한 양을 합성할 수 없지만 몸에 필요한 소량의 유기 분자들을 __________(이)라고 불린다. __________은(는) 뼈, 치아 및 혈액과 세포외액의 중요한 구성 성분이다.

**3.** 신체가 필요로 하지만 합성할 수 없는 아미노산과 지방산을 각각 __________, __________(이)라고 부른다.

**4.** 소화는 5개의 주요 과정으로 구성된다: __________, __________, __________, __________ 및 __________.

**5.** 대부분의 동물들은 관상의 소화관을 하나 가지고 있다. 사람 소화관의 주요 공간들은 __________, __________, __________, 위, __________ 및 __________이다.

**6.** 위벽의 분비샘들은 3가지 주요 분비물을 생산한다: __________, __________ 및 __________.

**7.** ________의 효소들은 소장에 분비된다; 또한 이 분비샘은 ________(이)라고 불리는 산을 중화시키는 완충액을 생산한다. 소장에는 간과 담낭으로부터 __________도 분비된다; 효소는 아니지만, 이 분비물은 __________ (영양소 유형)의 소화에 중요하다.

**8.** 사람의 소변은 __________(이)라고 불리는 신장의 작은 세뇨관들에서 생성된다. 먼저 혈액이 __________(이)라는 세뇨관의 시작부위로 여과된다. 그러면 여과액은 세뇨관 흡수 및 분비를 통해 가공된다. 마지막으로, 여과액은 __________에서 농축된다. 소변은 __________에 저장되며 __________를(을) 통해 체외로 배설된다.

**9.** 만약 탈수가 진행되면, ________________(이)라고 불리는 분비샘이 __________ 호르몬을 분비하는데, 이 호르몬은 신장에서 수분을 재흡수하여 농축된 소변을 생성한다.

## 복습 문제

**1.** 일반적인 영양소 6가지를 열거하고, 영양에서 각 영양소의 역할을 설명하라.

**2.** 위의 주요 분비물 3가지를 열거하고, 그 기능을 설명하라.

**3.** 소장으로 분비되는 물질들을 열거하고, 각각의 출처와 기능을 설명하라.

**4.** 뛰어난 소화 및 흡수를 위한 사람 소장의 구조적 및 기능적 적합성에 대해 설명하라.

**5.** 한 공간에서의 활성이 뒤이은 공간에서 일어나는 활성과 조화를 이루도록 하는 메시지가 사람의 소화관 조절에 필요하다. 이 장에서 발견한 조화로운 사건들을 고기조각의 먹기, 씹기 및 삼키기부터 대장으로 입장하는 잔여물까지 적절한 순서로 열거하시오. 무엇이 각 과정을 개시하는가?

**6.** 동물 비뇨기계의 주된 기능들은 무엇인가?

**7.** 여과, 세뇨관 재흡수 및 세뇨관 분비 과정을 설명하라.

# 17장

# 질병에 대한 방어기전

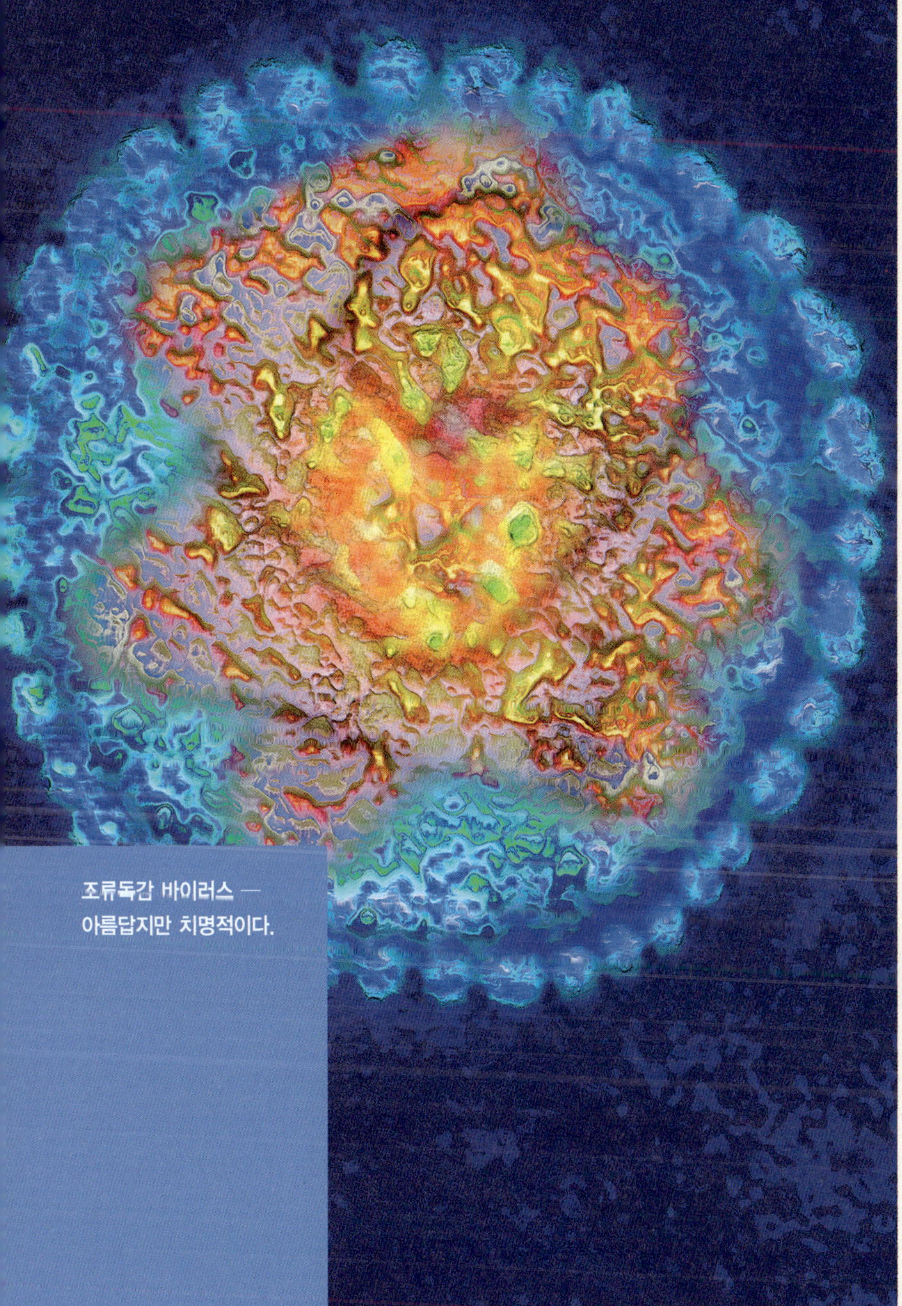

조류독감 바이러스 —
아름답지만 치명적이다.

## 주요 내용

# 사례 연구 조류독감

거의 모든 사람들이 일반적으로 "새(bird) 독감"이라고 불리는 조류독감(avian fiu)에 대해 들어봤다. 이름이 의미하듯이, 조류독감 바이러스는 원래 새들(보통은 닭과 오리)에게 감염된다. 최근까지, 대부분의 조류독감 바이러스는 새들에게조차 치명적이지 않았으며, 보통 사람에게는 전혀 감염되지 않았다. 1997년 무렵, 특별히 치명적인 균주가 홍콩에 나타나 18명의 사람들이 감염되었는데, 그 중 6명이 사망하였다. 보건당국은 희생자들이 감염된 닭들을 취급하는 과정에서 바이러스에 감염되었다고 결론을 내렸다. 더 이상의 인간 질병확산을 막기 위해, 홍콩정부는 약 150만 마리의 모든 닭들을 도살할 것을 명령하였다. 그럼에도 불구하고, 치명적인 조류독감은 계속 퍼져나갔다. 2006년 10월까지, 오리와 고니떼를 포함한 감염된 철새들이 러시아, 그리스, 이탈리아, 프랑스, 덴마크, 스웨덴 및 독일 등 유럽 전역에서 발견되었다. 조류독감은 서아시아는 물론 멀리 이집트, 이라크와 터키인들까지 덮쳤다. 2007년 8월 현재, 조류독감에 감염된 것으로 확인된 320명의 경우에서 약 60%는 치명적인 것이었다(증상이 심하지 않아 진료를 받지 않은 사람들과 정확히 진단되지 않은 사람들이 얼마나 되는지를 모르기 때문에,실제 사망률은 다소 낮을지도 모름).

좁은 장소에 사람과 가금류가 함께 있는 것은 조류독감이 조류에서 사람으로 전염될 완벽한 기회를 제공한다.

지금까지, 조류독감은 새에서 사람으로는 잘 전염되지 않으며, 사람들 간에는 거의 전염되지 않는 것처럼 보였다(그렇지 않다면, 약 2.5 $km^2$ 내 16,000 명 이상이 거주하는 홍콩에는 더 많은 감염자가 있었을지도 모른다). 그러나 바이러스에는 변종이 생기는데, 대부분의 바이러스에 비해 독감 바이러스 변종은 빠르게 나타난다. 이 바이러스에서의 변이는 상대적으로 양성이던 조류독감 바이러스를 닭들에게 치명적인 바이러스로 만들었으며, 사람에게도 감염되도록 만들었다. 추가적인 변이가 사람들 간에 조류독감이 잘 전염될 수 있도록 만들지도 모른다. 만약 그렇다면, 수백만 명의 사람들이 사망할지 모른다. 이 가능성이 보건당국으로 하여금 문제해결을 위해 신속하게 대응하도록 만든다. 수사드라마 넘버스(*Numb3rs*)와 같은 TV쇼는 줄거리 구성장치로 조류독감의 위협을 사용하였다.

"보통" 인간독감 바이러스에 비교하여, 조류독감의 무엇이 그렇게 치명적인가? 어쨌든, 독감 바이러스는 수천 년 동안 사람들을 감염시켜 왔다. 대부분의 꽤 건강한 사람들은 독감에 걸리면 심하게 앓게 되지만, 어떤 의학적 치료 없이도 회복된다. 이 장에서 우리는 독감의 대부분 경우를 포함하여 매일 있을 수 있는 수십 번의 감염을 물리치는 인간 면역체계의 놀라운 방어기전들을 알아본다. 우리는 면역체계가 바이러스들을 외부물질로 인식하고, 이들을 몸에서 제거하기 위해 세포와 분자들로 이루어진 군대를 동원하는 것을 보게 될 것이다. 면역반응에 대해 배우면서, 몇 가지 질문에 관심을 기울여 보시오: 바이러스를 외부물질로 식별하게끔 하는 것은 무엇인가? 질병에 어떻게 면역되는가? 인간독감 바이러스에 대한 면역 또는 예방접종이 왜 조류독감을 예방하지 못할까? ■

## 17.1 신체는 침입을 어떻게 방어할까?

우리의 신체는 바이러스, 세균, 곰팡이 및 원생생물을 포함한 미생물의 끊임없는 공격을 받는다. 1980년대 초반 이후, HIV(인간면역결핍바이러스), 에볼라바이러스(Ebola virus), 한타바이러스(hantavirus), 웨스트나일(West Nile), 사스(SARS, 급성 중증호흡기증후군) 및 조류독감을 포함하여 사람들을 위협하는 많은 바이러스들이 출현하였다. 우리는 평범한 장내 세균인 대장균(*Echerichia coli*, 보통 *E. coli*로 알려짐)과 호흡계 세균인 화농성 연쇄상구균(*Streptococcus pyrogens*)이 상대적으로 드물지만 치명적인 균주를 발생시킨다는 것을 목격하였다. 반면 수백 개의 감기바이러스 균주와 새로운 독감 균주는 계속해서 우리를 위협한다.

실병을 야기하는 생명체의 유병률과 다양성을 고려할 때, "왜 우리가 더 자주 아프지 않을까?"라고 의아해 할 수 있다. 다행스럽게도, 인체는 미생물의 공격에 대한 여러 방식의 방어기전을 지니고 있다(그림 17-1). 첫째, 비특이적인 외부장벽이 미생물의 침입을 차단한다. 둘째, 역시 비특이적인 내부 방어기전들이 침입하는 미생물과 싸운다. 셋째, 면역체계가 특정 미생물에 대한 공격(면역반응)을 지휘한다.

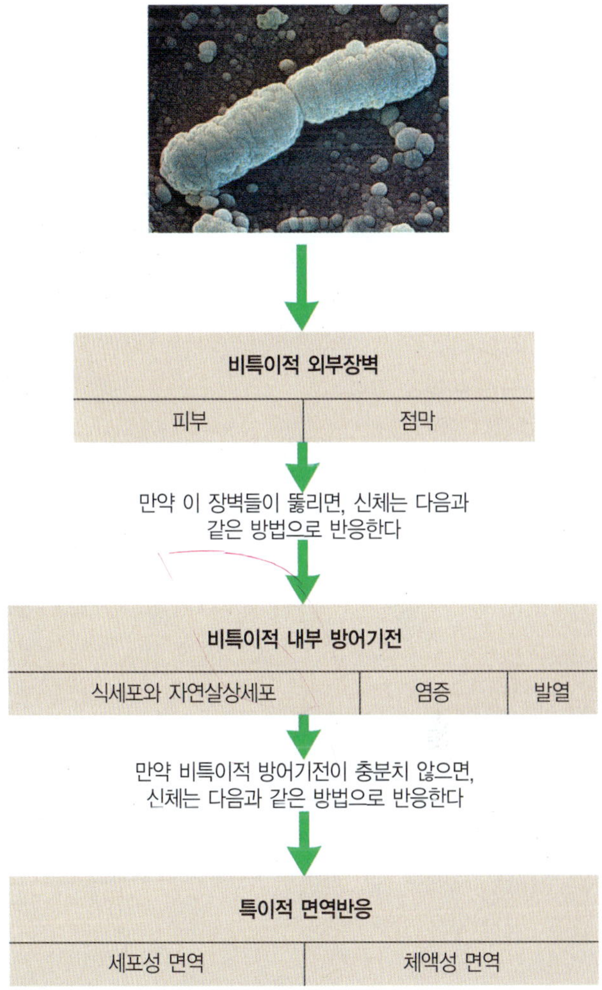


▲ 그림 17-1 감염에 대한 방어 단계

## 피부와 점막은 침입에 대한 비특이적인 외부장벽이다

질병에 대한 최선의 방어는 우선 미생물이 체내로 들어오는 것을 막는 것이다. 동물의 신체에서, 이 1차 방어선은 환경에 노출되는 2개의 표면에 의해 구축된다: 피부와 소화관, 호흡관 및 비뇨생식관의 점막.

### 피부는 미생물이 성장하기에는 적당하지 않은 환경이다

피부의 바깥 표면은 죽어 마른 세포들로 구성되는데, 이 세포들은 머리카락과 손톱에서처럼 질긴 단백질로 채워져 있다. 피부에 안착한 대부분의 미생물들은 생존을 위해 필요한 수분과 영양소들을 얻을 수 없다. 피부세포가 지속적으로 벗겨져 나가고 그 밑에 새로운 세포가 대체되기 때문에, 피부에 생존거점을 확보한 소수의 미생물들도 해를 끼칠 수 있기 전에 떨어져 나가는 것 같다. 피부는 또한 땀샘과 피지샘의 분비물에 의해 보호를 받는다. 이 분비물들은 세균과 곰팡이의 성장을 저해하는 젖산과 같은 천연 항생물질을 포함하고 있다. 이 다양한 방어기전이 온전한 피부로 하여금 미생물 침입에 대한 매우 효과적인 장벽이 되도록 한다.

### 점액, 섬모 활동 및 분비물이 미생물로부터 점막을 지킨다

우리의 소화관, 호흡관 및 비뇨생식관의 내면을 구성하는 따뜻하고 습한 점막은 미생물에겐 건조하고, 기름기 많은 피부보다 훨씬 좋겠지만, 이 막들은 효과적인 방어기전들을 갖추고 있다. 먼저 이름이 암시하듯, 점막은 코 또는 입을 통해 체내로 들어오는 미생물들을 포획하는 점액을 분비한다(그림 17-2). 더구나, 점액은 세포벽을 약화시켜 세균을 죽이는 항균성 효소들을 포함하고 있다. 그 밖에 점막의 섬모들은 점액, 미생물 및 이들의 혼합물이 기침 또는 재채기로 체외로 배출되거나 삼켜질 때까지 이것들을 청소한다.

위로 삼켜진 미생물들은 매우 강한 위산과 단백질분해효소들에 의해 파괴된다. 게다가 소화관을 따라 장에는 사람에겐 해롭지 않은 세균이 서식하는데, 이들은 침입하는 세균 또는 곰팡이를 파괴하는 물질을 분비한다.

이 방어기전들에도 불구하고, 많은 병원성 미생물들이 점막 또는 피부의 상처부위를 통해 체내로 들어온다. 그러면 무슨 일이 일어날까?

▲ 그림 17-2 점막의 보호기능 호흡관의 점액은 미생물과 세포 잔해를 포획한다. 이 컬러 현미경사진에서 한 무리의 세균이 섬모 위의 점액에 잡혀 있다. 호흡관 내벽의 섬모는 점액과 외부물질을 체외로 쓸어낸다.

## 비특이적인 내부 방어기전들은 침입자와 싸운다

피부 또는 점막을 통과하여 침입하는 미생물들은 내부 방어기전들과 마주치게 된다. 이 방어기전들 중 일부는 비특이적이다. 즉, 특정 침입자들을 표적으로 하기보단 매우 다양한 미생물들을 공격한다. 비특이적 내부 방어기전들은 신체의 2차 방어선으로 3개의 주요 범주로 분류된다.

- 신체는 **식세포(phagocytic cell)**와 **자연살상세포(natural killer cell)**라는 상비군을 보유하고 있다. 식세포는 미생물들을 삼켜 소화함으로써 침입자들을

직접 파괴한다. 자연살상세포는 바이러스에 감염된 신체 세포를 파괴한다. 이 두 가지 유형의 백혈구는 신체의 외부장벽을 통과하여 끊임없이 들어오는 소량의 미생물 대부분을 소탕한다.

- 조직손상과 상대적으로 광범위한 미생물 침입의 원인이 되는 상해는 **염증반응(inflammatory response)**을 유발한다. 염증은 식세포와 자연살상세포를 상처로 불러들이는 동시에 상처 부위를 차단함으로써 감염된 조직을 나머지 신체 부위로부터 격리시킨다.
- 만약 미생물 집단이 심각한 감염에 성공하면, 신체는 **열(fever)**을 발생시킬 수 있다. 발열은 미생물 번식을 둔화시키고, 신체의 전투력을 향상시킨다.

### 식세포와 자연살상세포는 침입하는 미생물들을 파괴한다

신체는 미생물을 삼켜 소화시키는 여러 유형의 식세포성 백혈구를 가지고 있다. **대식세포(macrophage**; 글자 그대로 "많이 먹는 세포")가 중요한 일원이다. 대식세포는 혈액에서 순환하다 모세혈관의 작은 틈을 통해 혈류 밖으로 나가(**그림 17-3a**), 세포외액을 순찰하는 백혈구이다. 대식세포는 식세포작용에 의해 미생물을 섭취함으로써 점막 또는 피부를 통과하는 세균과 외부물질의 일부를 먹어 치운다(**그림 17-3b**). 또한 이들은 죽은 세포의 잔해를 먹어 치움으로써 상처를 깨끗이 청소한다. 나중에 논의하겠지만, 대식세포는 면역반응에서도 결정적인 역할을 수행한다.

자연살상세포는 주로 암세포로 되었거나 바이러스에 감염된 신체 고유세포를 공격한다. 바이러스는 세포에 입장하여 그 세포의 대사작용을 통해 더 많은 바이러스를 만들어 낸다(189쪽 그림 12-2 참고). 그러므로 바이러스가 증식하기 전에 감염된 바이러스를 제거함으로써 감염을 중지시킬 수 있다. 바이러스에 감염된 세포는 보통 표면에 바이러스 단백질을 가지고 있다. 암세포 역시 표면에 특이한 단백질을 가지고 있다. 자연살상세포는 이 "이질적인" 단백질을 가지고 있는 세포들을 인식하여 죽인다. 표적을 먹어 치우는 대식세포와는 다르게, 자연살상세포는 감염된 세포 또는 암세포를 공격하는 효소들을 분비한다. 또한 표적세포의 막에 구멍을 뚫는 단백질을 분비하기도 한다. 효소에 의해 공격받아 구멍이 뚫린 감염세포 또는 암세포는 곧 죽는다.

### 염증반응은 국소 감염을 방어한다

염증반응은 세포들이 손상될 때 발생한다. 염증(inflammation은 "불지르기"를 의미)은 손상된 조직을 따뜻하게, 붉게, 붓게 하며 아프게 한다. 염증반응은 손상된 부위로 식세포

▶ 그림 17-3 대식세포의 공격

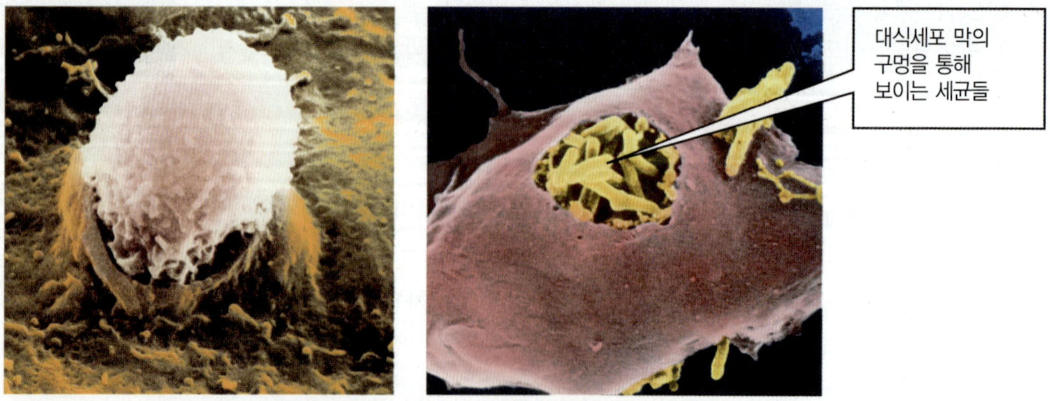


(a) 대식세포가 모세혈관을 떠나 상처부위로 들어선다

(b) 섭취한 세균들로 채워진 대식세포

들을 끌어들이고, 혈액응고를 촉진하며, 통증을 유발하여 상처 부위를 보호하는 행동들을 자극한다.

염증반응은 손상된 세포들이 화학물질들을 분비할 때 시작되는데, 이 화학물질들은 비만세포(mast cell)라고 불리는 근처 세포들로 하여금 히스타민(histamine)과 기타 화학물질을 상처 부위에 분비하게 한다(그림 17-4). 히스타민은 혈류를 증가시켜 환부를 따뜻하게 할 뿐만 아니라, 모세혈관 벽의 투과성을 증가시킨다. 이 모세혈관을 통한 과잉의 혈류와 함께, 체액이 모세혈관으로부터 상처 주위의 조직으로 새어 나오기 때문에 상처 부위는 붓게 된다.

그러는 동안, 손상된 세포에서 방출된 다른 화학물질들은 혈액응고를 개시한다(257쪽 참고). 혈액응고는 손상된 혈관을 틀어 막음으로써 미생물이 혈류로 입장하는 것을 방지한다. 동시에 환부를 외부로부터 봉쇄하여 더 이상의 미생물이 침입하는 것을 제한한다. 손상된 세포로부터 방출된 일부 화학물질과 미생물 자체에서 생성된 화학물질들은 대식세포와 기타 식세포성 세포들을 환부로 끌어들인다. 이 세포들은 투과성이 높아진 모세혈관을 비집고 나와 세균, 오염물질 및 세포 잔해들을 먹어 치운다. 마지막으로, 부기와 손상된 조직으로부터 방출된 화학물질에 의해 통증이 유발된다. 감기에 걸릴 때, 붓고 아픈 목이나 재채기, 콧물 및 기침이 염증반응의 직접적인 결과들이다.

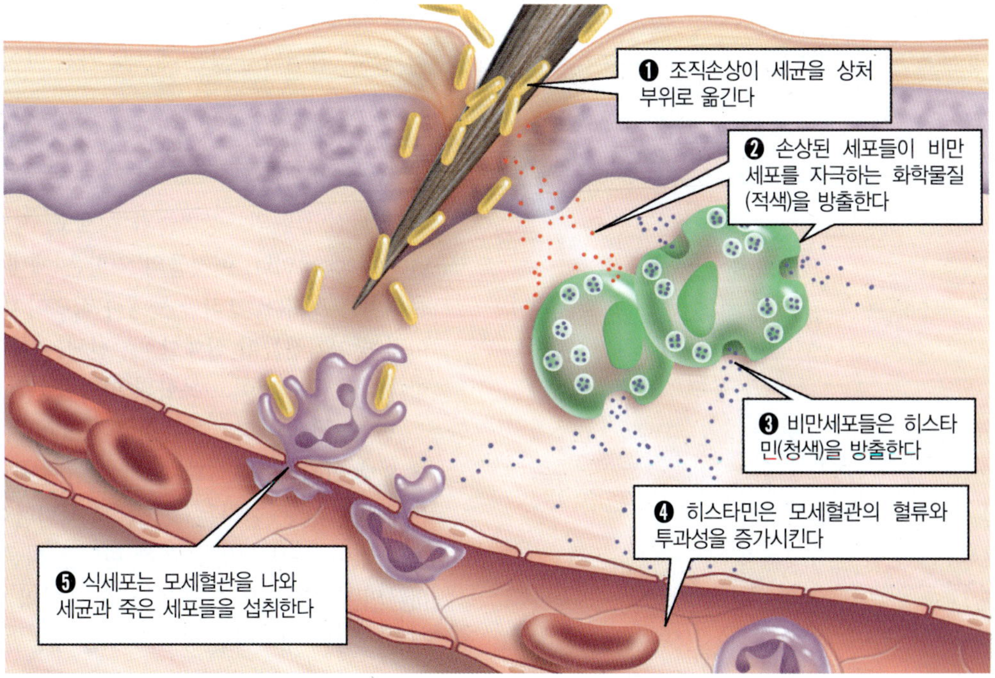


▲ **그림 17-4 염증반응 질문:** 왜 염증반응이 붓기를 유발하는가?

상처 부위로 입장한 후, 식세포들은 미생물, 오염물질 및 손상된 세포들을 삼킨다(그림 17-3b 및 17-4 참고). 불행히도, 너무 많은 미생물을 먹으면, 식세포는 죽는다. 조직손상이 너무 심하거나 환부가 너무 지저분하면, 식세포는 청소일을 완수하지 못할 수도 있다. 그런 경우 환부의 체액은 고름이 되는데, 이것은 미생물, 조직의 잔해, 죽거나 살아 있는 백혈구들의 걸쭉한 혼합물이다.

## 열은 대규모 감염과 싸운다

침입하는 미생물들이 방금 논의한 방어기전들을 돌파하여 대규모 감염을 일으키면, 발열을 유발할지도 모른다. 비록 고열은 위험하고, 적당한 열조차 매우 불쾌하지만, 발열은 감염에 대한 신체 방어기전의 중요한 일부분이다.

발열의 시작은 뇌의 일부인 시상하부에 의해 통제되는데, 이곳에는 체온자동조절기로서 작동하는 온도감지 신경세포가 분포한다. 대부분의 사람들에서 체온자동조절기는 약 37°C로 설정되어 있다. 백혈구들이 감염에 반응함에 따라 일부 백혈구는 혈류를 통해 시상하부에 가서 체온자동조절기의 설정값을 올리는 화학물질을 방출한다. 신체는 몸의 떨림(shivering), 대사의 증가, 피부혈관의 수축 및 담요 속으로 들어가는 것과 같은 행동으로 반응한다. 다른 화학물질들은 혈중 철분의 농도를 감소시킨다.

발열은 신체의 정상적인 방어기전들을 강화시킴과 동시에 침입하는 미생물들에게 유해를 가한다. 고열은 세균 증식을 둔화시키는 한편, 식세포성 백혈구의 활성을 증가시킨다. 많은 세균들이 높은 온도에서는 더 많은 철분을 필요로 하기 때문에, 철분부족은 세균의 번식을 더욱 감소시킨다. 발열은 바이러스 감염과 싸우는 것을 돕기도 한다. 발열은 감

### 조류독감

**계속**

재채기와 기침은 불쾌하지만, 적어도 당신 몸속의 바이러스는 제거한다. 맞죠? 그러나 이것들은 아마 바이러스를 퍼뜨리기에도 효율적인 기전이다. 진화적인 관점에서 볼 때, 가장 성공한 바이러스는 현재의 숙주를 죽이거나 그렇지 않던 간에 새로운 숙주들로 빠르게 퍼져 나가는 바이러스들이다. 우리가 이 장 끝에 있는 "조류독감, 다시 들러보기"에서 알아보겠지만, 조류독감 바이러스가 수천 명의 사람을 죽이지 못했던 이유는 이 바이러스가 사람 간에 전염되는 효과적인 방법을 아직 진화시키지 못했기 때문이다.

염된 세포에서 인터페론(interferon)이라고 불리는 단백질의 생산을 증가시키는데, 이 인터페론은 감염되지 않은 세포로 가서 바이러스 공격에 대한 저항력을 증가시킨다.

## 17.2 면역체계의 중요한 특성은 무엇인가?

피부와 점막의 외부장벽들과 식세포, 자연살상세포, 염증반응 및 발열은 모두 **비특이적(nonspecific)**이다. 이것들의 역할은 체내로 침입할지 모를 **모든** 미생물들을 방해하거나 물리치는 것이다. 그러나 불행하게도 이 비특이적 방어기전들이 난공불락은 아니다. 비특이적 방어기전들이 실패할 때, 신체는 체내에 성공적으로 서식하게 된 **특정** 미생물에 대항해 매우 특이적이고 통합된 **면역반응(immune response)**을 개시한다.

면역반응의 본질적인 특성들이 2,000여 년 전 그리스 역사학자 투키디데스(Thucydides)에 의해 인지되었다. 그는 때때로 어떤 사람들이 질병에 걸렸다 회복되면, 그 질병에 다시는 걸리지 않곤 한다는 것, 즉 그 사람들이 면역되었다는 것을 관찰하였다. 그러나 거의 예외 없이, 특정 질병에 대한 면역은 다른 질병에 대한 보호는 제공하지 않는다. 따라서 하나의 면역반응은 한 가지 특정 유형의 미생물만 공격하여 물리치고, 다른 것들이 아닌 그 미생물에 대해서만 향후 보호를 제공한다.

### 면역체계는 신체에 퍼져 있는 세포와 분자들로 구성된다

대부분의 다른 기관계(예를 들어, 소화기계)와는 다르게, 면역체계는 물리적으로 이어진 구조들로 구성되지 않는다. 대신, 미생물 침입자에 대해 몸 전체를 순찰하고 파괴하는 임무에 적합하게, 면역체계는 특정 위치에 밀집한 세포들과 함께 몸 전체에 분포하다. 앞서 말한 바와 같이, **면역체계(immune system)**는 면역세포가 생성되고 거주하는 기관들(골수, 흉선, 림프절, 비장을 포함), 면역세포(표 17-1) 자체 및 이들이 생성하는 항체와 시토카인(cytokine)을 포함한 단백질로 구성된다. 면역반응은 이 세포들과 분자들 간의 상호작용으로부터 유발되며, 미생물과 외부 분자들을 체내에서 제거하는 결과를 낳는다. (표 17-1에서 모든 세포의 역할을 지금 이해하지 못한다고 걱정하지 마시오. 이 장의 나머지를 읽어가면서 표를 참고하는 것이 도움이 될 것이다.)

### 면역세포들은 골수에서 유래한다

인간 면역체계의 세포로는 이 장의 초반부에서 소개된 대식세포와 **림프구(lymphocyte)**

**표 17-1 신체의 면역세포**

| | |
|---|---|
| **비만세포** | 히스타민을 방출하는 결합조직 세포; 염증반응에 중요 |
| **자연살상세포** | 감염된 세포 또는 암세포를 파괴하는 백혈구 |
| **대식세포** | 침입하는 미생물을 삼키고 표면에 항원을 제시함으로써 다른 면역세포들의 주의를 환기시키는데 도움을 주는 백혈구 |
| **B세포** | 항체를 생산하는 백혈구 |
| 형질세포 | B세포에서 유래되며 혈류에 항체를 분비 |
| 기억세포 | B세포에서 유래되며 동일한 항원 침입에 대한 향후 면역 제공 |
| **T세포** | 면역반응을 조절하거나 특정 유형의 세포를 죽이는 백혈구 |
| 보조T세포 | T세포에서 유래되며, B세포와 세포독성T세포에 의한 면역반응을 자극 |
| 세포독성T세포 | T세포에서 유래되며, 특정 표적세포, 보통의 외부 진핵세포, 감염된 신체 세포 또는 체내 암세포를 파괴 |
| 기억T세포 | T세포에서 유래되며, 동일한 항원 침입에 대한 향후 면역 제공 |

로 불리는 약 2조 개의 특수 분화된 백혈구가 있다. 2가지 유형의 림프구, 즉 **B세포(B cell)**와 **T세포(T cell)**가 존재한다. 모든 백혈구처럼, B세포와 T세포들은 골수의 전구세포로부터 발생한다. 이 림프구의 일부 전구세포들은 혈류로 방출되어 흉선으로 가는데, 그곳에서 T세포로 분화된다["T" 명칭은 "흉선(Thymus)"을 상징]. 이와 대조적으로, B세포들은 골수에서 분화한다["B"는"뼈(Bone)"를 상징].

비록 B세포와 T세포가 전혀 다른 역할을 수행하지만, 이들에 의해 유발되는 면역반응은 근본적으로 동일한 3가지 단계를 포함한다. 첫째, 면역체계의 세포들은 침입자를 인식한다; 둘째, 공격을 개시한다; 셋째, 침입자에 대한 기억을 남겨 향후 감염을 막아내도록 한다.

## 17.3 면역체계는 어떻게 침입자를 인식할까?

면역체계가 어떻게 침입자들을 인식하고 반응을 시작하는지를 이해하기 위해, 우리는 3가지 관련질문에 답해야 한다: 면역세포들이 어떻게 외부 세포와 분자들을 인식할까? 면역세포들이 어떻게 그 많은 유형의 세포와 분자들에 대한 특이적인 반응을 유발할 수 있을까? 면역세포들이 어떻게 자신의 신체세포와 분자들을 침입자로 오인하는 실수를 범하지 않을까?

### 면역세포들은 침입자의 복잡한 분자들을 인식한다

면역체계의 관점에서, 간염 바이러스와 인간은 서로 다른데, 각기 다른 복잡한 특이 분자들을 가지고 있기 때문이다. 면역체계는 혈장과 방울뱀 독액을 구별하기도 하는데, 독액에는 혈장에 없는 복잡한 특이적 분자들이 들어 있기 때문이다. (대부분의 보통 혈장은 주로 물, 염분 및 포도당으로 구성된다.) 마지막으로, 당신이 쌍둥이가 아닌 이상, 당신의 복잡한 분자들 중 일부는 당신만의 고유한 것이며, 다른 생명체의 일부 복잡한 분자들도 그들만의 고유한 것이기 때문에, 당신의 면역세포들은 당신의 신체 세포와 분자들을 지구상의 다른 생명체 것들과 구별한다. 보통 단백질 또는 다당류인 이 크고 복잡한 분자들을 **항원(antigen)**이라 하는데, "항체를 발생시키는 원인(*anti*body *gen*erating)" 분자일 수 있기 때문이다; 즉, 항원은 항체 생성을 포함한 면역반응을 유발할 수 있다(다음 절 참고). 항원은 당신의 체액에 녹아 있는 개별적인 분자일 수도 있고(예를 들어, 방울뱀에 의해 주입된 독액 속 물질), 세포 표면에 위치할 수도 있다(예를 들어, 침입하는 미생물의 표면 물질).

### 항체와 T세포수용체가 항원을 인식하고 그것과 결합한다

면역체계의 세포들은 특정 항원들을 인식하고, 그것에 결합하여 파괴하는 것을 돕는 2가지 유형의 단백질을 합성한다. **항체(antibody)** 단백질은 B세포에 의해 만들어지며, **T세포수용체(T-cell receptor)** 단백질은 T세포에 의해 생성된다. 항체는 자신을 합성한 B세포 표면에 붙은 채로 있거나 혈장으로 방출될 수 있다. 반면, T세포수용체는 언제나 자신을 합성한 T세포 표면에 붙어 있다. 절대 혈장으로 분비되지 않는다.

#### 항체는 침입자를 인식하고 파괴하는 것을 돕는다

항체는 2쌍의 펩타이드 사슬로 구성된 Y 모양의 분자이다: 한 쌍의 동일한 큰(무거운) 사슬(heavy chain)과 한 쌍의 동일한 작은(가벼운) 사슬(light chain)로

▼ 그림 17-5 **항체의 구조** 항체는 2쌍의 펩타이드 사슬(가벼운 사슬들과 무거운 사슬들)로 구성된 Y-모양의 단백질이다. Y의 각 "팔"에서 가벼운 사슬과 무거운 사슬들의 가변부위는 항원이라고 불리는 외부물질에 대한 결합부위를 형성한다.
**질문:** 왜 항체 분자에 불변부위와 가변부위가 존재할까?

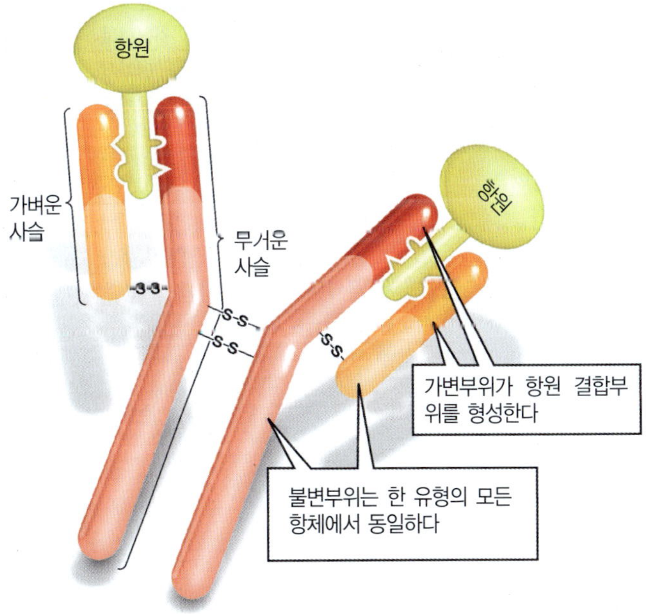

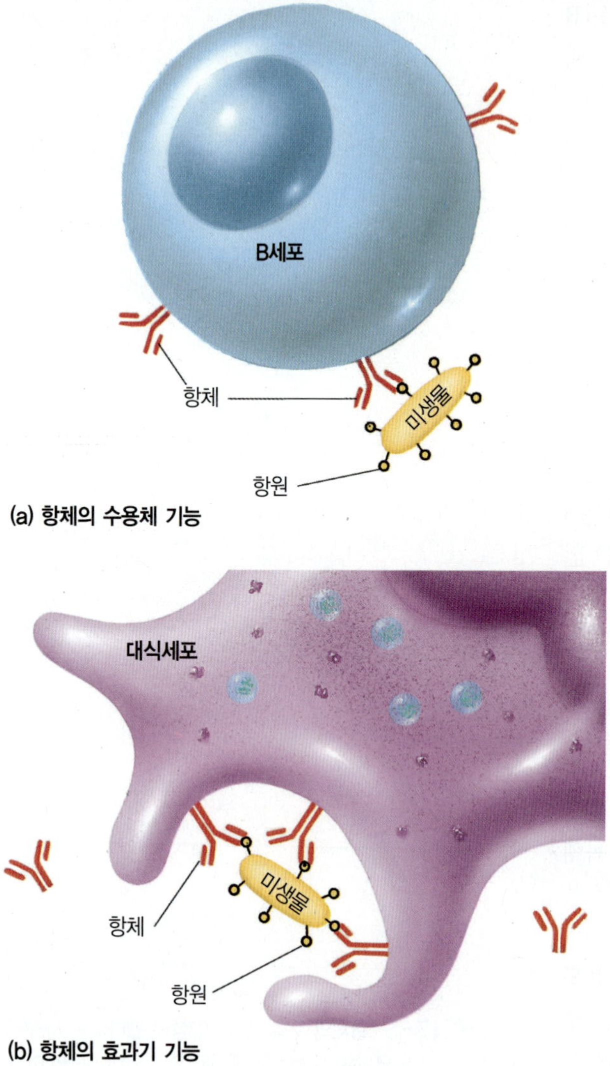


▲ 그림 17-6 **항체는 면역반응에서 수용체 또는 효과기로 사용될 수 있다.** **(a)** 수용체로서, 세포표면에 붙어 있는 항체는 외부 항원을 인식하여 그것에 결합함으로써 여기에 묘사되어 있는 B세포와 같은 면역세포에서 반응을 촉발한다. **(b)** 효과기로서, 순환하는 항체는 미생물 표면의 외부 항원에 결합하여 면역체계가 미생물을 확인하고 파괴하는 것을 돕는다. 여기서 보이는 것처럼, 이 항체들은 대식세포에 의한 미생물의 식세포 작용을 촉진한다(그림 17-10, 17-11 참고).

구성. 무거운 사슬과 가벼운 사슬 모두 **불변부위(constant region)**와 **가변부위(variable region)**로 구성된다. 불변부위는 같은 유형의 모든 항체에서 유사하며, 가변부위는 각 항체마다 다르다(그림 17-5). 가벼운 사슬과 무거운 사슬들의 조합이 2개의 기능적 부분을 갖는 항체를 만들어 낸다: Y의 두 "팔(arm)"과 "몸통(stem)". 팔 끝에서 가변부위들은 특정 항원들에 대한 결합부위를 형성한다. 이 결합부위는 효소의 활성부위와 매우 비슷하다(79~80쪽 참고). 각각의 결합부위는 독특한 크기, 모양 및 전하를 가지고 있어서 오직 특정 분자만이 결합하기에 적합하다. 결합부위가 매우 특이해서 각 항체는 오직 소수의 매우 비슷한 유형의 항원 분자에만 결합할 수 있다.

항체는 특정 항원에 결합하여 반응을 유도하는 수용체(receptor)로서, 또는 항원을 발현하는 세포나 분자들을 파괴하는 것을 돕는 효과기(effector)로서 작용할 수 있다. 수용체로서, 항체의 몸통은 자신을 합성한 B세포의 원형질막에 항체를 고정시키는 한편, 항체의 두 팔은 B세포로부터 불쑥 나와서 혈액과 림프에 항원 분자들이 있는지를 검사한다(그림 17-6a). 항체의 팔이 적합한 화학적 구조를 가진 항원을 만나면, 항체의 팔은 그 항원에 결합한다. 이 결합이 B세포 내에서 반응을 촉발한다. 효과기로서, 일부 항체들은 B세포들로부터 분비되어 혈류를 통해 순환한다. 혈류에서 항체들은 뱀독과 같은 유독성 항원들을 중화시키거나, 항원을 발현하는 미생물들을 파괴하거나 이 미생물들을 삼키는 대식세포를 유인한다(그림 17-6b). 항체의 이 기능들은 17.4절에서 자세히 서술된다.

### T세포수용체는 침입자를 인식하고 면역반응의 촉발을 돕는다

T세포의 표면에서만 발견되는 T세포수용체는 항체와의 유사성과 차이점 모두를 지니고 있다. 항체처럼, T세포수용체는 항원에 대해 매우 특이적인 결합부위를 형성하는 펩타이드 사슬로 구성된다. 그러나 항체와는 다르게 혈류로 방출되지는 않는다. T세포수용체는 암세포나 감염된 세포 표면의 항원 또는 침입하는 미생물을 섭취한 대식세포 표면의 항원을 만날 때에만 T세포에서 반응을 촉발한다. 항체와는 다르게, T세포수용체는 침입하는 미생물 또는 유독성 분자를 파괴하는데도 직접적으로 기여하지 않는다. 나중에 설명하겠지만, 대신 T세포수용체는 자신이 붙어 있는 T세포의 활성을 변화시킨다.

## 면역체계는 수백만 개의 다양한 분자들을 인식할 수 있다

당신의 일생 동안, 당신의 신체는 다양한 많은 침입자들의 공격을 받을 것이다. 당신의 급우들은 재채기를 통해 감기 및 독감 바이러스를 당신이 호흡하는 공기 중에 퍼트릴 것이다. 당신의 음식에는 세균 또는 곰팡이가 들어 있을지도 모른다. 웨스트나일바이러스를 옮기는 모기가 당신을 물지도 모른다. 이런 공격들을 피할 수는 없다. 다행스럽게도, 당신의 면역세포가 수백만 개의 다양한 항체와 T세포수용체를 생산하기 때문에 당신의 면역체계는 실제로 당신이 마주칠 수 있는 수백만 개의 모든 항원들을 인식하고 그에 반응한다.

면역체계가 아주 많은 항원들을 인식하는 방식은 복잡하고 흥미진진하다. 항체와 T세포수용체는 단백질이고, 단백질은 유전자(gene)에 의해 암호화되어 있다. 그러나 인간의 유전체(genome)에는 겨우 21,000여 개의 유전자만이 있을 뿐이다. 이것은 상대적으로 적은 수의 유전자가 수백만 개의 항체와 T세포수용체에 대한 유전정보를 지정해야만 한다는 것을 의미한다.

## 항체 유전자들은 여러 개의 DNA 조각으로부터 조립된다

항체 분자 전체를 지정하는 유전자는 없다. 대신, B세포들은 항체의 각 부분—가변부위(V), 불변부위(C)와 둘을 연결하는 연결(joining, J) 및 다양성(diversity, D) 부위—을 지정하는 유전자들을 가지고 있다. 예를 들어, 인간은 가벼운 사슬의 가변부위에 대한 약 150 개의 유전자와 연결부위에 대한 5 개의 유전자를 가지고 있다. 무거운 사슬의 가변부위를 지정하는 약 200개의 유전자와 다양성 및 연결부위에 대한 유전자를 각각 50, 60개씩 가지고 있다(그림 17-7a).

각각의 B세포가 발생할 때, 각 유형의 유전자 하나를 제외한 모든 유전자들은 임의적으로 잘라져 버려지고, 남은 유전자들로부터 2개의 유일한 "항체 유전자(antibody gene)"—하나의 가변부위, 다양성 부위, 연결부위 및 불변부위를 구성하는 "무거운 사슬 유전자"와 하나의 가변부위, 연결부위 및 불변부위를 구성하는 "가벼운 사슬 유전자"—가 조립된다(그림 17-7b). 이름이 내포하듯, 각 사슬의 불변부위는 특정 유형의 어떤 항체에서도 동일하다; 예를 들어, 하나의 B세포 표면에 위치한 모든 항체들은 무거운 사슬에서 동일한 유형의 불변부위를 가진다. 항체 구성 유전자의 임의적 선택은 약 300만 개의 독특한 조합을 만들어낸다. 각 연결부위의 임의적 조합이 그 어떤 항체에서라도 실제 사용되기 때문에 항체의 다양성은 그 이상이다. 실제 개수는 알지 못하지만, 일부 면역학자들은 다른 항원-결합부위를 가지는 약 150~200억 개의 독특한 항체들이 가능하다고 추정한다. 그 결과: 각 B세포들은 아마도 모든 다른 B세포가 생산하는 것과는 다른 항체를 생산할 것이다(자신의 딸세포가 생산하는 것은 제외).

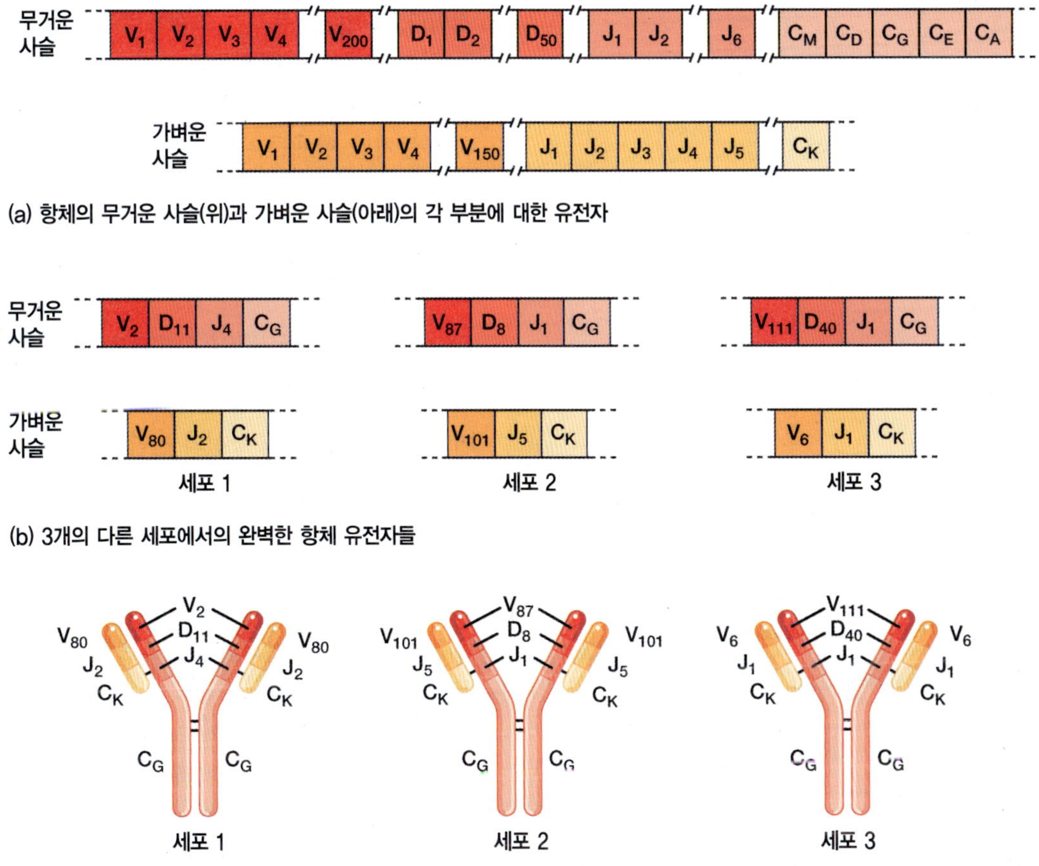


(a) 항체의 무거운 사슬(위)과 가벼운 사슬(아래)의 각 부분에 대한 유전자

(b) 3개의 다른 세포에서의 완벽한 항체 유전자들

(c) 이 3개의 세포들에 의해 합성된 항체들

▲ **그림 17-7 항체 유전자들로부터 DNA 조각의 재조합** (a) 여기에서 가변부위(V), 다양성 부위(D), 연결부위(J) 및 불변부위(C) 유전자로 그려진 대로, B세포를 낳는 세포의 염색체들은 항체의 각 부분들을 지정하는 유전자들의 많은 사본을 가지고 있다. 각각의 색띠는 항체의 각 부분에 대한 유전자를 나타낸다. 가능한 많은 가변부위, 다양성 부위 및 연결부위 유전자 중 몇 개만이 여기에서 보인다. 예를 들어, 무거운 사슬의 다양성 부위 유전자에 대해, 우리는 전체 50개의 D 유전자 중 $D_1$, $D_2$, 및 $D_{50}$ 유전자만 표시한다; 염색체 상의 대각선들은 나타내지 않은 다른 많은 유전자들을 뜻한다. (b) 항체 각 부분들에 대한 유전자들은 완전한 항체 유전자를 생성하기 위해 접합된다. 무거운 사슬을 위해, 가변부위, 다양성 부위, 연결부위 및 불변부위를 지정하는 유전자가 각각 하나씩 존재한다; 가벼운 사슬을 위해, 가변부위, 연결부위 및 불변부위에 대한 유전자가 하나씩 존재한다. 각 유전자 유형에 할당된 숫자들로 다르게 표시되어 있듯이, 이 그림의 세포 1, 2, 3에서 조립된 완벽한 항체 유전자들은 항체 각 부분들을 지정하는 다양한 유전자들로 구성되어 있다. (c) 그 결과, 세포 1, 2, 3에 의해 생산된 항체의 가변부위들은 서로 다르다.

다섯 장을 가지고 하는 포커 게임에서 카드를 다루는 관점으로 항체 생성을 생각하면 도움이 될 것이다. 한 탁자에는 52개의 카드만이 있지만, 2,598,960의 독특한 조합으로 다섯 장 묶음으로 분배될 수 있다. 유사하게, 각각의 성숙한 B세포는 수백 개의 부분으로부터 임의적으로 선택된 몇 개의 부분을 구성하는 "항체묶음"으로 다루어지기 때문에, 수십억 개의 독특한 항체들이 가능해진다.

T세포수용체들은 다른 유전자들로부터 만들어지지만, 그 과정은 비슷하다. T세포수용체 유전자들을 위해 더 많은 부분들이 이용될 수 있기 때문에 천조($10^{15}$) 이상의 다양한 T세포수용체가 존재할 수 있다.

## 항체는 항원에 대한 맞춤형이 아니다

어느 때나, 인체는 아마 1억 개의 다양한 항체들과 그 이상의 T세포수용체들을 지니고 있을 것이다. 이 다양성 때문에, 항원은 거의 언제나 자신과 결합할 수 있는 항체에 직면할 것이다. 그러나 재봉사가 고객이 주문한 옷을 설계할 수 있는 것처럼, 면역체계가 침입하는 항원에 맞춰 항체(또는 T세포수용체)를 설계하는 것은 아니라는 점을 인지하는 것이 중요하다. 대신, 면역체계는 임의적으로 수백만 개의 다양한 항체들을 합성한다. 백화점의 옷들처럼, 항체들은 그곳에서 단순히 기다린다. 선택할 옷들이 옷걸이에 충분히 걸려 있다면, 우리 대부분은 나에게 맞는 적당한 옷을 찾을 것이다. 비슷하게, 신체에는 헤아릴 수 없이 많은 다양한 항체들이 있기 때문에, 사실상 모든 항원은 적어도 몇 개의 항체들과 결합할 수 있다.

### 면역체계는 "자기"와 "비자기"를 구별한다

미생물들에서 그러듯이, 신체 고유세포의 표면에는 커다란 단백질과 다당류들이 발현되어 있다. 그렇다면 왜 당신의 면역체계는 이 항원들에 결합하여 당신의 고유세포들은 파괴하지 않는가? 해답의 열쇠는 면역세포들이 분화하는 동안 신체 고유 항원들이 지속적으로 존재하기 때문인 것 같다. 새롭게 형성된 면역세포의 일부는 실제로 신체 고유 단백질 및 다당류를 항원으로 취급하여 그것들에 결합할 수 있는 항체 또는 T세포수용체를 생산한다. 그러나 이 미성숙한 면역세포들이 항체 또는 T세포수용체에 결합하는 분자들과 접촉한다면, 면역세포들은 특별한 종류의 "세포예정사(programmed cell death)"를 당하게 된다. 세포예정사에 의해 면역세포들은 기본적으로 자살을 범한다. 이 방법을 통해, 신체 고유세포를 공격할 잠재적으로 위험한 면역세포들이 제거된다. 미성숙 세포들은 발생과정 중 이 잠시의 민감한 시기 동안에는 외부 항원들을 만날 수 없을 것이기 때문에, 오직 "자기(self)"에 대한 항체를 발현하는 미성숙 세포들만이 보통 항원을 만나게 되며, 그래서 제거된다. 따라서 면역체계는 신체 고유 분자들에 반응하지 않는 면역세포들만을 보유하는 것으로 "자기"와 "비자기(non-self)"를 구별한다.

주조직적합복합체(major histocompatibility complex, MHC)라고 총칭되는 세포표면 단백질의 일부는 사람마다 독특하다(일란성 쌍둥이 제외, 이들은 동일한 유전자를 가지고 있기 때문에 MHC 단백질도 동일하다). 이 단백질들이 모든 사람들에서 다르기 때문에, 당신의 MHC 단백질은 다른 사람의 신체에서는 항원으로 작용한다. 그것이 이식 거부반응이 일어나는 이유이다. 이식을 받는 사람의 면역체계가 제공자 세포의 MHC 단백질을 외부물질로 인식하여 이식된 조직을 파괴한다. 거부반응을 피하기 위해, 의사들은 가능한 한 이식을 받는 사람의 것과 유사한 MHC 단백질을 가진 제공자를 찾아야만 한다. 또한 의사들은 이식을 받는 사람의 면역체계를 억제하는 약물들을 사용한다.

## 17.4 면역체계는 어떻게 공격을 개시할까?

만약 신체가 침입을 받아 비특이적 방어기전들이 돌파되면, 면역체계는 2가지 유형의 공격을 취한다. **체액성 면역(humoral immunity)**이 B세포들과 그들이 혈류로 분비한 혈중 항체들에 의해 제공된다. 침입자들 또는 그들이 생산한 유독성 분자들이 신체 고유 세포들의 밖에 있는 동안 이 항체들의 공격을 받는다. **세포성 면역(cell-mediated immunity)**이 감염된 신체 세포들을 공격하는 세포독성T세포라고 불리는 T세포들에 의해 유발된다. 체액성 및 세포성 면역 모두 보조T세포들에 의해 자극된다. 체액성 면역과 세포성 면역이 서로 완벽하게 독립적이지는 않지만, 쉽게 이해하기 위해 우리는 분리된 것으로 간주한다.

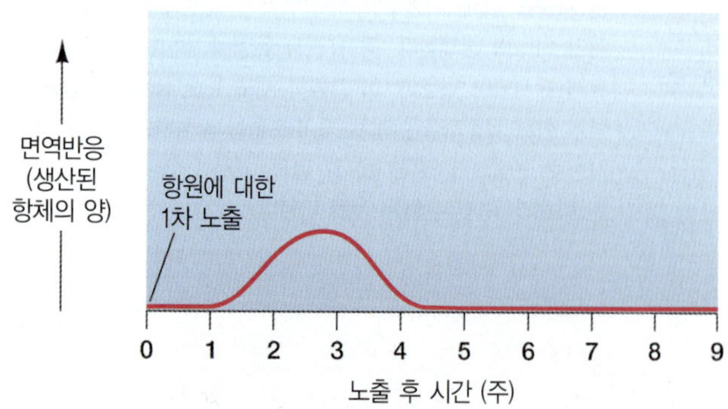


▲ 그림 17-8 효과적인 면역반응이 발생하는데 시간이 걸린다

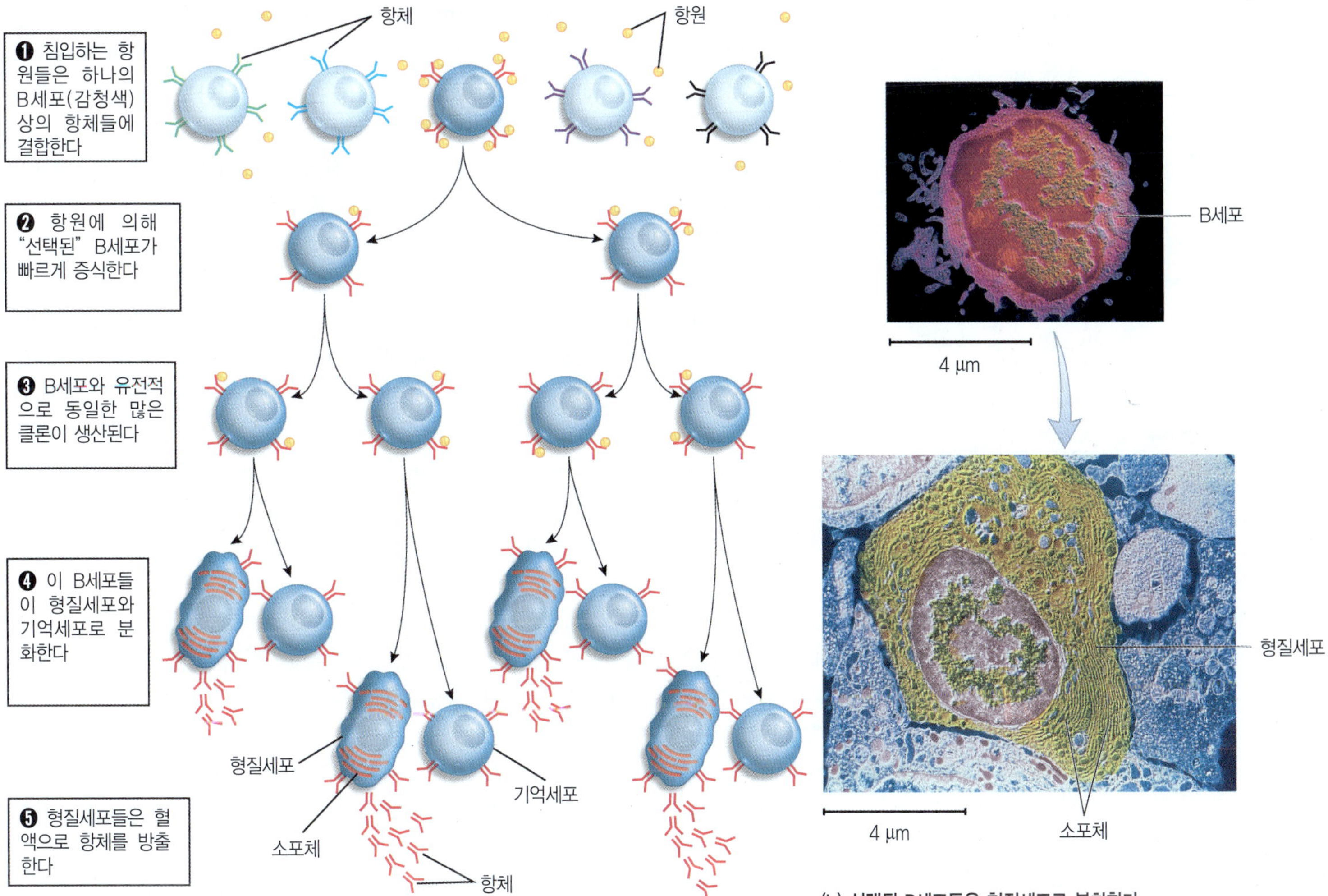


(a) 클론선택의 과정

(b) 선택된 B세포들은 형질세포로 분화한다

▲ **그림 17-9 침입하는 항원들에 의한 B세포들 사이의 클론선택** **(a)** 면역체계는 각기 독특한 항체를 발현하는 수백만 개의 B세포들을 포함한다(윗줄). 침입하는 항원은 오직 하나의 B세포 상의 항체에 결합하여 분열을 자극한다. 딸세포들은 형질세포와 기억B세포로 분화한다. **(b)** 보통의 B세포들은 소포체가 거의 없이 크기가 작다(위). B세포들이 형질세포로 분화함에 따라 세포 부피는 커지며, 거의 전체가 항체를 합성하는 조면소포체로 채워진다(아래).

## 면역반응이 발생하는데 시간이 걸린다

위 또는 뇌를 찾는 방식으로는 면역체계를 찾을 수 없을지도 모르지만, 면역체계는 실제로 매우 크다—만약 당신이 체내 모든 면역세포들을 하나의 공으로 모을 수 있다면, 그 크기는 당신의 머리만할 것이다. 자, 당신은 언제나 체내에 수백만 개의 다양한 항체들과 T세포수용체들을 지니고 있지만, 실제 당신은 각 유형의 항체 또는 T세포수용체를 생산하는 하나 또는 몇 개의 세포만을 가지고 있다. 만약 각 유형의 세포가 수천 또는 수백만 개가 존재한다면, 당신은 체내 면역체계를 순비시킬 수 없다! 각 유형마다 오직 몇 개의 세포만이 있지만, 수백만 개의 다양한 유형의 면역세포들을 가진다는 이점은 어떤 침입자이건 면역반응을 일으킬 것이란 점이다. 단점은 세포들이 침입자를 인식하여 증식하고 분화하여 면역반응이 효과를 발휘하려면 시간이 걸린다는 것이다. 실제, 침입하는 미생물에 처음 노출되어 효과적인 면역반응을 취할 때까지 보통 1~2주가 걸린다(**그림 17-8**). 그러는 동안, 만약 면역반응의 발생이 미생물 증식과 그것이 유발하는 당신의 신체손상과의 경주에서 지게 되면, 당신은 병들고, 심지어 죽을지도 모른다.

## 체액성 면역은 혈중 항체들에 의해 생긴다

각각의 B세포는 특이한 유형의 항체를 표면에 발현한다. 감염이 일어나는 동안, 소수의 B세포에 의해 생성된 항체들은 침입자 표면의 항원에 결합할 수 있다. 항원-항체 결합은

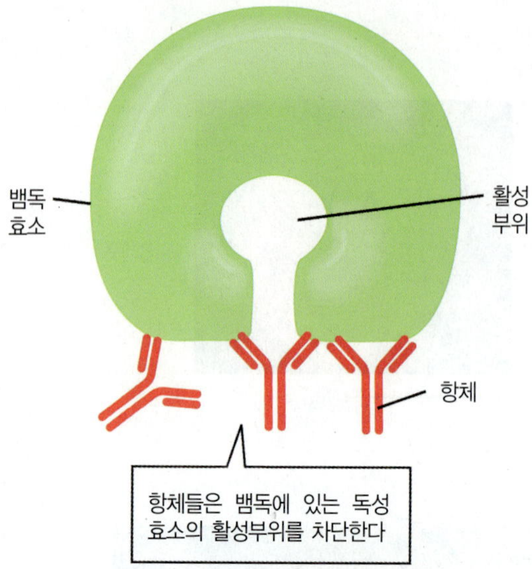


▲ 그림 17-10 항체들은 독성 분자들을 중화시킨다

이 B세포들-다른 세포들은 해당 안됨-이 빠르게 분열하도록 만든다. 이 과정을 **클론선택(clonal selection)**이라 하는데, 그 결과로 생기는 세포들의 집단이 어버이 B 세포와 유전적으로 동일한 "클론(clone)"으로 구성되며, 이 클론들이 침입하는 특정 항원의 존재에 의해 증식되도록 "선택"되기 때문이다(**그림 17-9**).

딸세포들은 2가지 유형의 세포로 분화한다: **형질세포(plasma cell)**와 **기억B세포(memory B cell)**. 형질세포의 크기는 커지며 조면소포체로 채워지게 된다(그림 17-9b 참고). 4장에서 배웠듯이, 조면소포체에 박혀 있는 리보솜들은 단백질을 제조한다. 그 결과, 형질세포들은 어버이 B세포가 그랬던 것처럼, 동일한 항원-결합부위를 가지는 항체를 대량 생산해 낼 수 있다. 이 항체들은 혈류로 방출된다[따라서 "체액성(humoral)" 면역이라 한다; 고대 그리스인들에게 혈액은 네 개의 "humors" 또는 체액 중의 하나였다]. **기억B세포(memory B cell)**들은 항체를 방출하지는 않지만, 그들의 생성을 자극했던 특정 침입자에 대한 향후 면역에서 중요한 역할을 수행한다.

클론선택, 활성화된 B세포들의 분열, 형질세포와 기억세포로의 딸세포 분화 및 형질세포들에 의한 항체의 대량 분비가 이루어지는데 모두 시간이 걸린다. 그것이 감염으로부터 완벽하게 회복되기 위해 2주가 필요할지 모르는 이유이다(그림 17-8 참고).

## 체액성 항체들은 여러 방식으로 작용한다

체액성 면역은 혈중 항체들에 의해 유발되는데, 항체들은 3가지 주요 방식으로 침입하는 분자들 또는 미생물들과 싸운다. 첫째, 혈중 항체들은 외부 분자, 바이러스 또는 세포에 결합하여 유해성을 제거할 수 있는데, 이 과정을 중화(neutralization)라고 한다. 예를 들어, 뱀 독에 있는 독성 효소의 활성부위가 항체에 의해 덮이면, 신체를 상하게 하지 못할 수 있다(**그림 17-10**). 광견병을 유발하는 바이러스와 같은 다수의 바이러스들은 바이러스 상의 단백질이 세포 표면의 특이 수용체 단백질에 결합할 때 신체 세포로 들어간다. 만약 항체가 이 바이러스 단백질을 덮어 씌우면, 바이러스는 세포로 들어갈 수 없다.

둘째, 항체들은 침입하는 분자, 바이러스 또는 세포의 표면을 덮을 수 있어서 식세포들이 파괴하기 쉽게 만든다(**그림 17-11**). 기억해 보라, 항체 팔의 가변부위들은 침입자들의 항원에 결합하고, 몸통을 구성하는 불변부위는 혈액 또는 세포외액으로 돌출한다. 대식세포들은 항체의 몸통을 인식하고, 항체로 덮인 침입자들을 삼켜 소화한다.

▼ 그림 17-11 항체들은 침입하는 미생물들의 식세포작용을 촉진한다

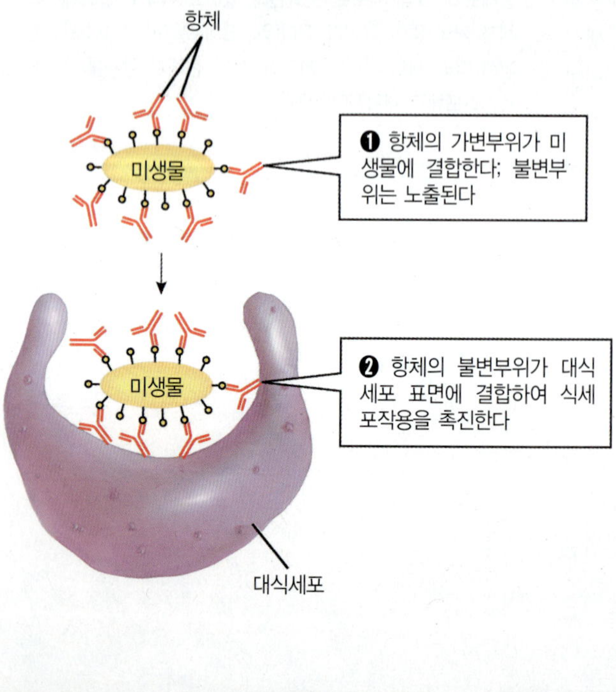


셋째, 항체들이 미생물 표면의 항원들에 결합할 때, 항체들은 **보체 단백질(complement protein)**이라고 불리는 다른 단백질을 끌어들인다. 12개 이상의 분자들이 관련된 복잡한 상호작용에서, 일부 보체 단백질들은 원형질막에 구멍을 뚫어 미생물을 죽인다. 다른 보체 단백질들은 침입자들의 식세포작용을 촉진한다.

## 체액성 면역은 세포 밖에 있는 침입자들과 싸운다

항체들은 보통 원형질막을 통과하지 않는 커다란 단백질들이다. 그러므로 체액성 면역은 혈액 또는 세포외액에 존재하는 침입자들만을 방어할 수 있다. 세균(대부분은 결코 신체 세포에 들어가지 않는다), 독액 속 또는 세균에 의해 방출된 독성 분자들 및 일부 곰팡이와 원생생물들은 체액성 면역반응에 민감하다. 바이러스가 그런 것처럼, 신체 세포 안으로 침투하는 침입자들은 그들이 신체 세포 밖에 있을 때에만 항체의 공격에 민감하며, 세포 안에 있을 때에는 항체의 공격으로부터 안전하다. 그러므로 바이러스 감염과의 싸움에는 세포성 면역반응이 필요하다.

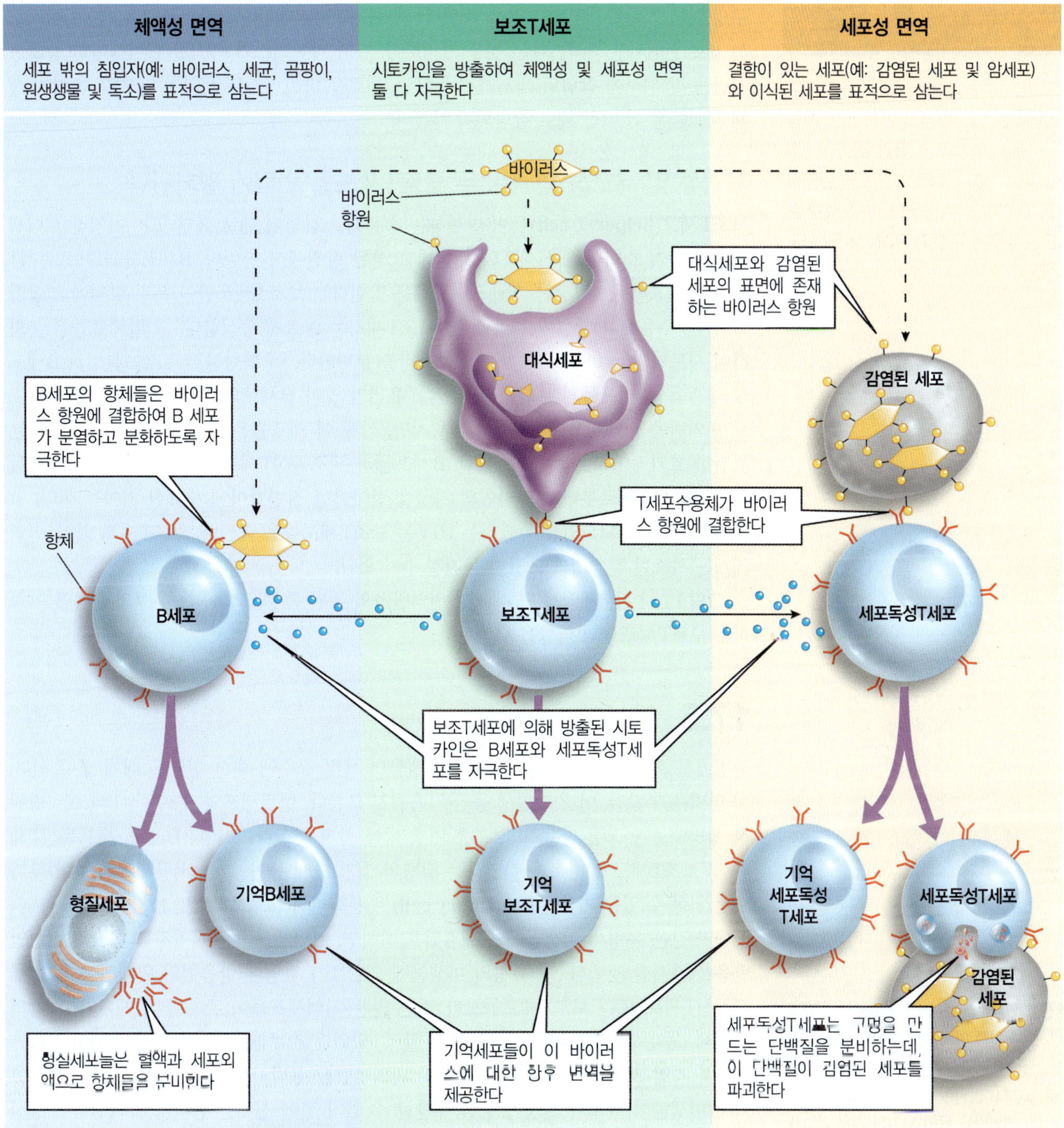


▲ 그림 17-12 체액성 및 세포성 면역과 이 둘을 자극하는 보조T세포의 역할에 대한 요약

## 세포성 면역은 세포독성T세포들에 의해 유발된다

**세포독성T세포(cytotoxic T cell)**들에 의해 유발되는 세포성 면역은 암세포 또는 바이러스에 감염된 세포들에 대한 신체의 1자 방어기전이다. 과정은 매우 복잡하지만, 기본적으로 다음과 같이 작용한다: 세포가 바이러스에 감염될 때, 바이러스 단백질의 일부 파편들이 감염된 세포 표면으로 보내지고, 세포막으로부터 밖으로 돌출되어 "표시"된다. 세포독성T세포들은 임의대로 표류하다가 때때로 표시된 바이러스 단백질들과 마주친다. 세포독성T세포가 그 바이러스 단백질에 결합하는 T세포수용체를 가지고 있으면, 세포독성T세포는 클론선택을 당하게 된다. 그 분화된 딸세포들이 동일한 항원을 표시하는 신체 세포를 만나게 되면, 감염된 세포 표면으로 구멍을 만드는 단백질들을 쏟아내어 원형질막에

## 조류독감

계속

조류독감이건 전형적인 인간독감의 변종이건, 사람들은 독감을 이겨낸다. 왜냐하면 독감 바이러스가 그들의 생애를 마치기 전에 사람들의 세포성 면역이 감염된 세포들을 파괴하기 때문이다. 본질적으로, 신체는 나머지 모든 부위를 구하기 위해 자신의 세포 일부를 희생시킨다.

구멍을 냄으로써 감염된 세포를 죽인다. 왜 신체 고유 세포들을 죽이는 것일까? 바이러스는 세포 안에서만 증식한다는 것을 기억하라. 만약 바이러스가 증식을 끝마칠만한 충분한 시간을 갖기 전에 감염된 세포가 죽는다면, 새로운 바이러스는 생기지 않으며, 나머지 신체 세포들은 더 이상 새로 감염되지 않는다.

### 체액성 및 세포성 면역 모두 보조T세포들에 의해 강화된다

**보조T세포(helper T cell)**들이 발현하는 수용체는 감염된 세포 표면 또는 침입하는 미생물들을 삼켜 소화한 대식세포의 표면에 표시된 항원에 결합한다. B세포들과 세포독성T세포들이 그렇듯, "적당한" T세포수용체를 발현하는 보조T세포만이 특정 항원에 결합할 수 있다. 수용체가 항원에 결합할 때, 보조T세포는 빠르게 증식한다. 그 딸세포들은 분화하여 **시토카인(cytokine)**이라는 화학물질을 분비한다. 이 화학물질은 세포분열과 B세포 및 세포독성T세포들의 분화를 자극한다. 우리가 앞서, B세포와 세포독성T세포들이 스스로 면역반응을 개시할 수 있다고 배웠지만, 실제 이 세포들은 보조T세포의 도움 없이는 완전히 효과적이지는 못하다. 사실, B세포들과 세포독성T세포들은 항원에 결합하는 동시에 보조T세포로부터 시토카인의 자극을 받아야만 질병방어에 중요한 기여를 한다. 알다시피, 에이즈(AIDS)를 유발하는 HIV는 보조T세포들을 죽인다. 보조T세포 없이, 면역체계는 사소한 질병이라도 달리 물리칠 수가 없다.

그림 17-12는 체액성 및 세포성 면역반응의 주된 특성들과 이 두 유형의 반응을 자극하는 보조T세포들의 역할을 요약한다.

## 17.5 면역체계는 어떻게 지난 승리를 기억할까?

질병에서 회복한 후, 질병을 일으킨 미생물의 특정 균주에 대한 면역은 대개 남아 있다; 이 면역은 수년간, 어쩌면 일생 동안 지속될지 모른다. 형질세포와 세포독성T세포는 병원성 생명체들과 직접 싸우지만, 보통 며칠 밖에 살지 못한다. 그러나 B세포, 세포독성T세포 및 보조T세포가 빠르게 분열하는 질병의 초기 단계 동안, 그들의 딸세포들 중 일부가 수년간 살 수 있는 **기억세포(memory cell)**로 분화한다(그림 17-9 및 17-12 참고). 그 후, 신체가 같은 유형의 미생물에게 재침입을 당하면, 기억세포들은 침입자를 인식하여 면역반응을 개시할 것이다. 이 유형의 미생물에 의한 1차 감염에 반응했던 원래의 B세포, 세포독성T세포 또는 보조T세포들보다 훨씬 많은 기억세포들이 존재한다. 게다가, 각각의 기억세포들은 원래의 어버이 세포들이 할 수 있었던 것보다 더 빠르게 반응한다. 그러므로 2차 감염 시에는, 보통 기억세포들이 면역반응을 유발하는데, 이 반응은 매우 빠르고 커서 미생물이 현저한 질병 증상을 유발할 수 있기 전에 신체는 공격을 물리친다—당신은 면역되었다(그림 17-13).

▼ **그림 17-13 후천성 면역(acquired immunity)** 침입하는 미생물에 대한 1차 노출에 의한 면역반응(좌측)은 소수의 면역세포들이 클론선택되고 증식, 분화하여, 드디어 침입자를 죽이기 때문에 상대적으로 느리다. 동일한 미생물에 의한 2차 침입에 대한 반응(우측)은 1차 면역반응 동안 남겨진 많은 기억세포들을 활성화시키기 때문에, 결과적으로 훨씬 빠르고 더 크다. 보통, 2차 노출로 인해 생기는 질병의 증상은 없다.

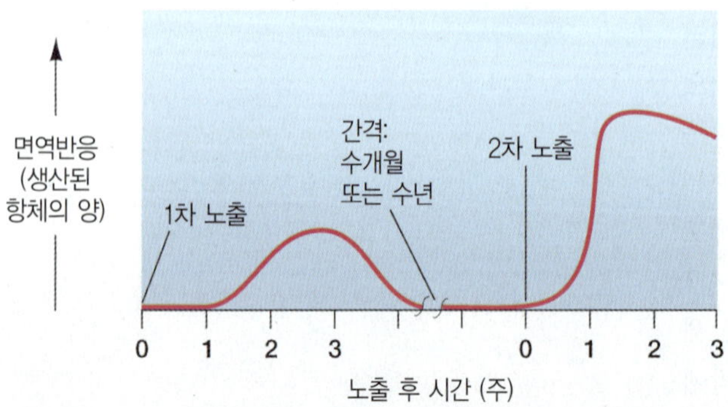


그러면 왜 반복적으로 감기와 독감에 걸릴까? 문제는 수백 개의 다양한 감기 바이러스가 존재하며, 독감 바이러스에서 변이가 빠르게 생긴다는 것이다. 따라서 당신의 다음 감기는 최근의 것과는 전혀 다른 바이러스에 의해 유발될 것이며, 올해 독감은 아마도 지난해 당신이 싸워 이긴 바이러스의 변종에 의해 유발될 것이다.

## 17.6 의학적 치료가 어떻게 면역반응에 도움이 될까?

면역체계가 천하무적인 것처럼 설명하였는지도 모르지만, 알다시피 그렇지는 않다. 실제, 감염은 침입하는 미생물들과 면역반응 사이의 경주와 같다. 만약 최초의 감염이 대규모이거나 미생물들이 특히 독성 물질들을 생산한다면, 대처하기에 면역반응의 최대 활성화는 너무 늦을지도 모른다. 결국, 대규모 감염은 환자를 사망에 이르게 한다. 인간 진화사의 대부분 동안, 질병과의 전투에서는 면역체계가 홀로 분전하였다. 그러나 이제 면역체계는 강력한 협력자를 갖게 되었다: 과학과 의학의 발달은 감염성 질병에 의한 희생을 급격히 감소시켰다. 여기서 우리는 가장 중요한 의학적 도구 중 2가지를 설명한다: 항생제와 예방접종.

## 항생제는 미생물 번식을 둔화시킨다

**항생제(antibiotics)**는 세균, 곰팡이 및 원생생물을 포함한 많은 침입자들의 증식을 둔화시킴으로써 감염과의 싸움을 돕는다. 보통 항생제는 체내에서 한 가지의 질병을 야기하는 모든 미생물을 파괴하지는 않지만, 면역체계에게 일을 완수할 시간을 주기 위해 미생물들을 충분히 죽일 수 있다. 그러나 항생제를 사용할 때의 한 가지 문제점은 항생제들이 자연선택의 강력한 매개물이라는 점이다. 항생제에 내성을 갖는 우발적인 돌연변이 미생물은 내성에 관한 유전자를 자손에게 물려줄 것이다. 그 결과: 항생제에 민감한 미생물들이 사라지는 동안, 내성을 갖은 돌연변이들이 증식한다. 결국, 많은 항생제들이 질병치료에 효과적이지 않게 된다.

최근까지, 증상치료와 면역체계가 이겨 내리라는 희망 외에는 바이러스 감염 환자를 도울 수 있는 방법이 없었다. 이제, 바이러스의 감염 주기에서, 숙주세포로의 부착, 숙주세포의 기구를 이용한 바이러스 부분들의 복제, 숙주세포 내에서 바이러스 조립 및 새로운 세포감염을 위한 세포외액으로의 바이러스 방출과 같은 다양한 단계를 표적으로 하는 약물들이 사용 가능하다. 이 항바이러스 약물들이 대부분의 바이러스에 대해 처방되지는 않지만, HIV, 심각한 헤르페스 바이러스 감염 및 일부 경우, 조류독감을 포함한 독감 바이러스를 치료하기 위해 사용된다.

## 예방접종은 기억세포들의 발생을 자극한다

**백신(vaccine)**은 병원성 생명체들에 의해 생산된 항원에 사람을 노출시킴으로써 면역반응을 자극한다. 백신은 대개 약화되거나 죽은 병원성 미생물들(따라서 질병은 유발할 수 없다)로 되어 있거나, 유전공학 기술을 이용하여 합성된 병원성 생명체의 항원으로 구성된다. 신체가 이 항원들에 노출될 때, 신체는 다수의 기억세포들을 생산하는데, 이 세포들이 동일 유형의 살아 있는 위험한 미생물들에 대한 면역을 신체에 부여한다. "과학탐구: 백신은 어떻게 발견되었는가?"에서 백신에 대해 더 배우도록 하자.

오늘날, 소아마비, 디프테리아, 장티푸스 및 홍역을 포함한 많은 질병들이 예방접종을 통해 관리된다. 예전에 치사율이 약 30%였던 천연두는 세계보건기구가 지원한 대대적인 예방접종 프로그램의 결과로 1980년 이후 완전히 근절되었다. 천연두 바이러스의 합법적인 저장소가 2군데 있는데, 한 곳은 러시아에, 다른 한 곳은 미국에 있다. 이 저장소들은 생물테러리스트들이 천연두 바이러스 균체를 가지고 있을 희박한 가능성에 대한 안전장치의 일환이다. 테러리스트들이 예방접종이 안되어 공격받기 쉬운 시민들을 감염시킬 목적으로 방출할 수 있기 때문이다. 이런 경우, 백신을 사람에게 사용하기 전에 배양세포에서 그 효과를 검사하기 위해 살아 있는 천연두 바이러스가 필요할지 모른다. 2007년 5월, 세계보건총회는 향후 몇 년 안에 충분한 연구가 완료되어 2010년에는 천연두 균체가 폐기될 수 있기를 희망한다고 표명하였다.

### 조류독감

**계속**

연구자들은 체액성 및 세포성 면역 모두를 자극하는 조류독감 백신개발에 열을 올리고 있다. 체액성 면역은 세포에 부착하는 바이러스 표면 단백질들을 숨김으로써 바이러스들이 신체 세포로 들어오는 것을 막는데 도움이 될 것이다. 세포성 면역은 바이러스가 성공적으로 침입한 세포들을 빠르게 파괴할 것이다. 체액성 면역과 강력한 세포성 면역 모두를 자극하는 백신을 설계하는 것은 대개 어렵지만, 효과적인 질병예방을 위해서는 필수적이다.

과학탐구

## 백신은 어떻게 발견되었는가?

고대로부터 천연두(smallpox)는 두려움의 대상이었다. 전염성이 매우 강한 이 질병은 예전엔 감염자의 약 30%를 죽였으며, 생존자 대부분의 피부에 곰보자국을 남겼다. 곰보자국은 딱지가 생기기 전의 고름으로 채워진 물집에 의해 유발된다. 기원전 1100년경의 인도 책들에는 건강한 사람을 천연두 환자의 물집에 있는 고름에 노출시켜 천연두를 막는 내용이 소개되어 있다. 일부는 죽었지만, 이 최초의 예방접종 수혜자들은 가벼운 증상들만을 보였으며, 이후 질병에 대한 저항성을 가지게 되었다. 18세기 무렵, 영국인들은 우두(cowpox) 환자는 천연두를 앓지 않는다는 것을 깨달았다. 우두는 천연두와 비슷하지만 훨씬 덜 심각한 질병이다. 1796년, 외과의사이자 실험 생물학자인 영국의 에드워드 제너(Edward Jenner)는 우두로 인해 우유를 짜던 여성의 손등에 생긴 물집에서 세균이 가득한 체액을 채취하여 8살 소년에게 접종하였다(그림 E17-1). 몇 개월 후, 제너는 천연두 상처에서 채취한 물질을 그 소년에게 접종하는 몹시 위험한 실험을 하였는데, 다행스럽게 소년은 건강하였다. 이런 결과가 반복된 후, 제너는 1798년에 자신의 연구 결과들을 발표하였다. 이 초기 형식의 예방접종이 유럽과 마침내 전세계에서 빠르게 받아들여짐으로써 천연두로 인한 사망은 극적으로 감소하였다.

다소 의아스럽지만, 예방접종이 다른 감염성 질병에 적용되기까지는 대략 한 세기가 더 지나야 했다. 1800년대 후반, 질병유발에 있어 미생물의 역할을 간파한 최초의 사람들 중 프랑스의 미생물학자 루이 파스퇴르(Louis Pasteur)는 닭 콜레라를 가지고 실험을 하였다. 그는 콜레라 세균을 배지에서 키웠는데, 이 세균을 닭에게 주사하면 치명적인 질병을 유발한다는 사실을 발견하였다. 이야기에 따르면, 파스퇴르가 여름휴가 동안 방치된 오래된 배양 세균을 닭에게 주사하였는데, 닭들이 병에 걸리기는 했지만 죽지는 않았다고 한다. 무언가 잘못되었다고 생각한 그는 새로운 배양 세균을 키웠다. 공교롭게도, 그는 이전에 오염된 배양액을 주사 받고 살아남은 일부 닭들에게 새로운 배양세균을 접종하였다. 놀랍게도, "세균에 노출된 경험이 없는" 닭들은 죽은 반면, 이 닭들은 건강하였다. 파스퇴르는 오염된 배지 속의 약화된 세균이 건강한 세균에 의한 2차 감염을 막았다고 가정하였다. 우두에 대한 제너의 선구적인 업적을 인정하여 그는 "소(cow)"를 의미하는 라틴어 "vacca"로부터 "백신(vaccine)"이라는 용어를 만들었다. 파스퇴르는 나중에 이 기술을 양의 탄저병(anthrax)에 적용하였고, 그 후 사람의 공수병(rabies)에 적용함으로써 광견병에 걸린 개에게 물린 어린 소년의 목숨을 구하였다.

▲ 그림 E17-1 **천연두에 대한 최초의 예방접종** 이 그림은 에드워드 제너의 위험하지만 선구적인 실험을 기념하기 위한 것이다. 우두로 예방접종을 한 소년에게 천연두를 주사하는 모습을 나타낸다.

닭 콜레라 실험에서 파스퇴르의 발견들은 뜻밖의 행운이었던 동시에 천재적인 직감의 결과였다. 파스퇴르 자신의 말에 따르면, "기회는 준비된 자에게만 온다." 이 통찰력은 100년 전과 마찬가지로 오늘날의 과학탐구에도 적용된다.

## 17.7 면역체계 이상 시 무슨 일이 생길까?

면역체계는 건강을 위협하는 것들을 늘 경계하여 신체를 보호한다. 그러나 어떤 경우에는 면역체계가 부적절하게 기능하여 건강을 촉진하는 대신 오히려 해치기도 한다. 게다가, 신체의 다른 기관계처럼 면역체계 자체가 스스로의 효과를 감소시키는 질병과 기능부전의 대상이 되기도 한다.

### 알레르기는 잘못된 면역반응이다

3,500만 명 이상의 미국인들이 **알레르기(allergy)**에 시달리는데, 알레르기는 유해하지는 않으며 다른 많은 사람들은 반응하지 않는 물질에 대해 생기는 면역반응이다. 일반적인 알레르기는 꽃가루, 먼지, 곰팡이 포자, 동물의 비듬, 벌침 및 일부 음식물에 의해 유발된다. 알레르기 환자에서, 꽃가루와 같은 외부물질은 혈류로 입장하여 "알레르기 항체

(allergy antibody)"를 생산하는 특정 유형의 B세포에 의해 항원으로 인식된다(그림 17-14). 이 B세포들이 증식하여 혈장으로 알레르기 항체를 분비하는 형질세포로 분화한다.

알레르기 항체의 몸통은 호흡관 및 소화관에서 히스타민을 가지고 있는 비만세포의 원형질막에 부착된다(표 17-1 참고). 나중에 꽃가루 항원이 비만세포에 부착된 이 항체에 결합하면, 히스타민이 방출된다. 이미 배웠듯이, 히스타민은 모세혈관의 투과성을 높이고 기타 염증 증후들을 유발한다. 호흡관에서 히스타민은 점액분비를 증가시키기도 한다. 따라서 보통 코와 목으로 들어오는 꽃가루와 같이, 공기를 통해 유입되는 물질들은 대개 콧물, 재채기와 "건초열(hay fever)"에 의한 충혈을 포함한 알레르기 반응을 유발한다(꽃가루 알레르기에 대한 추가 정보는 "건강 지킴이: 꽃가루의 위험성"을 참고). 음식 알레르기는 보통 장 경련과 설사를 유발한다. 땅콩 알레르기처럼 심각한 경우, 기도에서의 염증반응이 매우 강해서 기도가 완전히 폐쇄됨으로써 질식사가 유발된다. 100명 이상의 미국인이 매년 땅콩 알레르기로 사망한다.

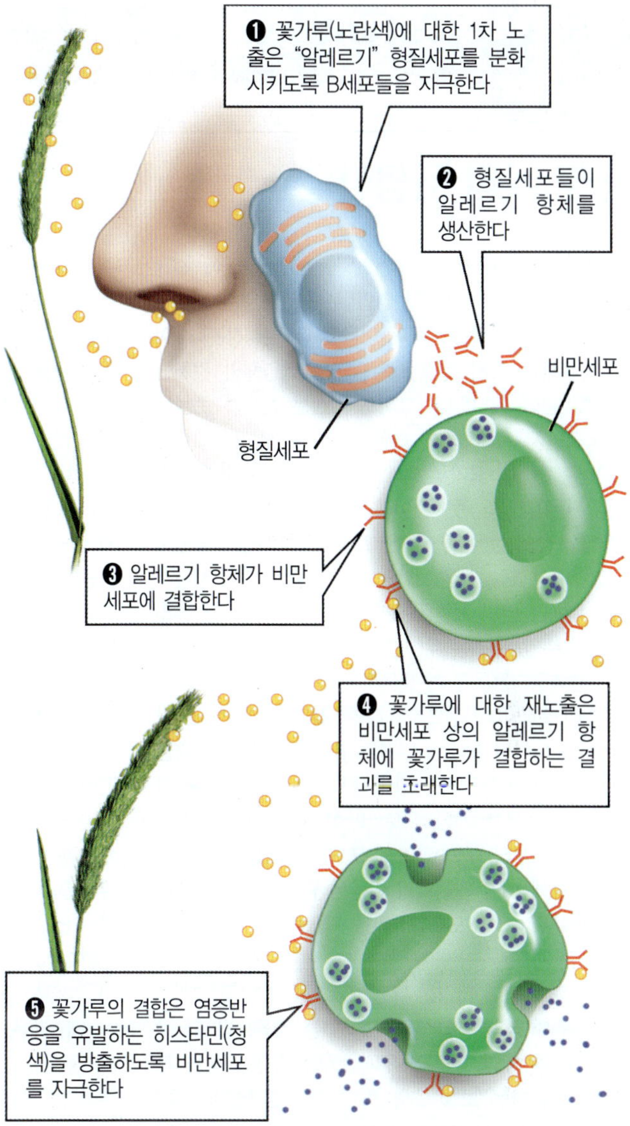


▲ 그림 17-14 **알레르기 반응**

## 자가면역질환은 신체 고유세포에 대한 면역반응이다

우리의 면역체계는 우리 자신의 세포들을 침입자로 인식하는 실수를 범하지 않는다. 그러나 가끔 일이 잘못되면 "항자기(anti-self)" 항체가 생성된다. 그 결과, 면역체계가 자신의 신체 일부를 공격하는 **자가면역질환(autoimmune disease)**이 유발된다. 예를 들어, 일부 유형의 빈혈은 자신의 적혈구를 파괴하는 항체에 의해 유발된다. 제1형 당뇨병은 면역체계가 인슐린을 분비하는 췌장세포를 공격할 때 시작되는 경우가 많다. 류마티즘성 관절염은 면역체계가 관절의 연골을 공격할 때 생긴다. 불행하게도, 자가면역질환에 대해 알려진 치료법이 현재로서는 없다. 어떤 질병에서는, 대체 치료법이 증상을 완화시킬 수 있다—예를 들어, 당뇨병 환자에 대한 인슐린 투여나 빈혈 환자에 대한 혈액수혈. 아니면, 면역반응을 억제하는 약물들의 사용으로 자가면역질환을 줄일 수 있다. 그러나 면역억제는 병원성 미생물들의 일상적인 공격에 대한 반응도 감소시키기 때문에, 이 치료법은 큰 단점들을 가지고 있다.

## 면역결핍질환은 신체가 침입자에 대항해 효과적인 면역반응을 개시하지 못할 때 나타난다

면역체계가 일상적인 감염과 싸울 수 없을 때 생기는 2가지의 매우 다른 질병이 있는데, 하나는 선천적이며, 다른 하나는 후천적으로 유발된다. 약 80,000의 어린이 중 1명꼴로 발생하는 **중증복합면역결핍 장애(severe combined immune deficiency, SCID)**는 면역세포가 생성되지 않는 유전적 결함의 한 유형이다. 더 흔한 경우가 **후천성 면역결핍증(acquired immune deficiency syndrome, AIDS)**인데, 바이러스 감염이 원래는 기능했던 면역체계를 파괴하는 질병이다.

### 중증 합병성 면역결핍 장애

SCID를 갖고 태어난 아이는 출생 후 처음 몇 개월 동안은 생존할 수 있는데, 임신기간 동안 모체로부터 획득하거나 모유를 통해 얻은 항체에 의해 보호받기 때문이다. 그러나 이 항체들을 잃게 되면, 면역체계가 결여된 아이는 효과적인 면역반응을 일으킬 수 없기 때

# 건강 지킴이

## 꽃가루의 위험성

당신은 혹시 매년 여름 "건초열(hay fever)"에 시달리는 수백만 명 중의 한 명입니까? 건초열은 당신의 면역체계가 특정 꽃가루에 반응할 때 발생하는데, 이 꽃가루들은 마치 질병을 유발하는 생명체인 것처럼 염증반응을 개시한다. 그래서 당신은 눈물과 콧물을 흘리고, 자주 재채기를 하게 된다. 개인적 및 과학적 견해로 볼 때, 꽃가루 알레르기에 대한 3가지 흥미로운 질문이 있다. 첫째, 이러한 명백한 부적응 반응이 어떻게 진화했을까? 둘째, 모든 종류의 꽃가루들이 똑같이 공격적일까? 셋째, 꽃가루 알레르기에 시달리는 수백만 명의 사람들에게 가장 시급한 일 중 우리가 할 수 있는 것은 무엇인가?

면역학자들과 진화 생물학자들은 알레르기가 기생충에 대한 방어기전으로 진화한 것으로 생각한다. 아메바와 다양한 형태의 벌레들과 같이, 많은 기생충들은 호흡관, 소화관 또는 비뇨생식관을 통해 체내로 입장한다. 재채기, 기침, 구토 및 설사는 아마도 기생충을 신체로부터 내쫓는 기전일지도 모른다. 꽃가루 또는 땅콩에 대한 알레르기 반응은 단순한 실수이다—실제로는 어떤 해도 되지 않을 것들을 제거하기 위한 격렬한 시도.

어떤 사람이 다양한 유형의 꽃가루에 반응할지 모르지만, 특정 유형의 꽃가루가 다른 것들보다 더 큰 문제일 수 있다. 18장에서 배웠듯이, 화려한 꽃을 피우는 식물들은 보통 곤충 또는 기타 동물들에 의해 수분된다. 이 식물들은 상대적으로 무겁고, 끈적이는 꽃가루를 가지는 꽃들을 피우는 경향이 있어서, 당신이 장미 꽃가루에 알레르기가 있더라도, 직접 꽃 향기를 맡지 않는 한, 당신은 아마 장미 꽃가루에 결코 심각하게 노출되지는 않을 것이다. 그러나 잔디와 돼지풀(그림 E17-2)처럼, 바람에 의해 수분하는 식물들은 눈에 띄지 않는 꽃들을 피우는 경향이 있는데, 이런 꽃들은 수 킬로미터를 날 수 있는 막대한 양의 아주 가벼운 꽃가루를 생산한다. 따라서 바람이 운반하는 꽃가루를 마주칠 가능성이 많고, 그래서 꽃가루에 노출된 결과로 알레르기 반응과 관련된 비참한 감각들을 보통 경험한다.

그러나 바람을 매개로 하는 꽃가루임에도 불구하고, 어떤 사람은 상대적으로 적은 유형의 꽃가루에 대해서만 알레르기를 일으킬 것이다; 예를 들어, 당신은 잔디에 알레르기를 보일 수 있지만, 돼지풀에는 그렇지 않을 수 있다. 왜 그럴까? 알다시피, 항체는 특정 항원에만 결합한다. 따라서 당신의 신체가 돼지풀 꽃가루에 있는 단백질이나 다당류에 결합할 수 있는 특이 알레르기 항체들을 생산하지 않는다면, 당신은 돼지풀에 알레르기 반응을 보이지 않을 것이다.

그러면 불행한 수백만 명의 사람들은 꽃가루 알레르기에 대해 무엇을 할 수 있을까? 명칭이 암시하듯, 전형적인 항히스타민제들은 알레르기 반응이 일어나는 동안, 비만세포에 의해 방출된 히스타민의 작용을 차단한다. 일부 알레르기 약물들은 노르에피네프린과 유사한 작용을 하며, 알레르기 반응 동안에도 기도가 열려 있도록 도움을 준다. 두 약물의 효과는 부분적인 경향이 있고, 너무 자주 사용하면, 때때로 기도가 "다시" 부푸는 것과 같은 부작용이 생긴다. 좀더 영구적인 해결책은 알레르기 예방접종을 통해 면역체계가 꽃가루 또는 기타 알레르기 유발물질을 무시하도록 훈련하는 것이다. 이 치료법은 꽃가루, 곰팡이 또는 먼지 진드기 같은 알레르기 유발물질 소량을 여러 차례 주사하여 시행한다. 많은 사람들에서 알레르기 증상들은 결국 가라앉으며, 이 유익한 효과들은 보통 적어도 5년간은 유지된다.

연구자들은 알레르기 예방접종 과정 중에 3가지 주요 변화가 생긴다는 것을 발견하였다. 첫째, 염증을 촉진하는 화학물질들이 줄어든다. 둘째, 알레르기 항체는 비만세포에 결합하여 염증을 촉진하는데, 신체는 알레르기 유발물질에 대해 이와는 다른 가용성 항체들을 생산한다. 이 비알레르기(nonallergy) 항체들은 알레르기 유발물질에 결합하고 이 물질들이 비만세포 상의 알레르기 항체에 결합하는 활성부위를 은폐한다. 따라서 히스타민의 방출은 없다. 마지막으로, 알레르기 유발물질에 대한 알레르기 항체가 결국 줄어든다. 현행 치료는 많은 횟수의 주사를 필요로 하지만, 현재 임상실험 중인 새로운 버전의 알레르기 백신들은 단지 세네 번의 주사로 보호를 제공할 것이다. 알레르기 예방접종은 중증 알레르기 환자들이 더욱 활동적이고 편안한 삶을 되찾는데 도움을 줄 수 있다.

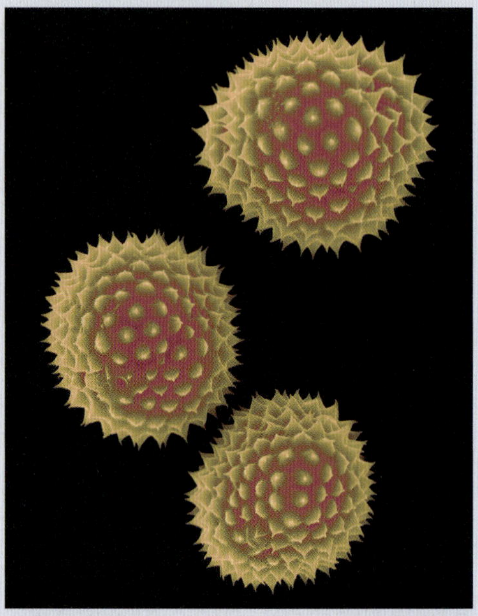

▲ 그림 E17-2 돼지풀 꽃가루-꽃가루 알레르기의 흔한 원인

문에, 보통의 감염들도 치명적일 수 있다. 한 가지 치료법은 건강한 기증자의 골수(면역세포가 생성되는 곳)를 아이에게 이식하는 것이다. 일부 아이들에서, 골수이식은 정상적인 면역반응이 가능할 정도로 충분한 면역세포를 생산하게 한다. 12장에서 설명하였듯이, 유전공학이 몇몇 SCID 환자 아이들에서 기능적인 면역체계를 만들어 내기 위해 사용되어 왔다. 2005년 임상실험에 처음 사용된 가장 최근의 기술은 일부 유형의 SCID에 대한 영구치료법을 제공할지도 모른다.

## 후천성 면역결핍증

에이즈(AIDS)는 SCID 보다는 좀 더 흔하다. 2006년 세계보건기구는 대략 300만 명이 에이즈로 사망하였으며, 거의 450만 명이 새로 감염되어 총 감염 인구는 4,000만 명에 이를 것으로 추정한다. 감염인구의 약 95%가 개발도상국에 사는데, 사하라 사막 이남지역에 가장 많이 거주한다. 미 질병예방 및 통제 센터는 매년 새로 감염되는 4만 명을 포함하여 약 120만 명의 미국인이 에이즈에 감염된 것으로 추정한다.

에이즈는 **인간면역결핍바이러스(human immunodeficiency virus)** 1형 및 2형(HIV-1 및 HIV-2)에 의해 유발된다(그림 17-15). 이 바이러스들은 보조T세포를 감염시켜 파괴한다. 이제 우리가 알다시피, 보조T세포들은 세포성 및 체액성 면역반응 모두에 필수적이다. 에이즈는 사람을 직접 죽이지는 않지만, 에이즈 환자들은 그들의 보조T세포군이 감소함에 따라 다른 질병에 점점 민감해진다.

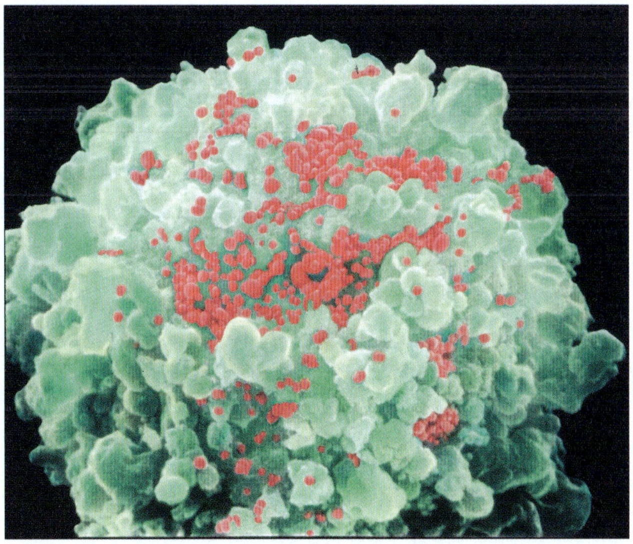

▲ 그림 17-15 **HIV: 에이즈를 유발하는 바이러스** 이 컬러 주사전자현미경 사진에서 붉은 얼룩들이 녹색의 커다란 보조T세포에서 갓 나온 HIV들이다.

HIV 감염의 초기 단계에서 면역체계가 감염과 싸우기 때문에 환자는 발열, 발진, 근육통, 두통에 시달리고 림프절이 커질 수 있다. 몇 개월 후, 바이러스 복제는 둔화된다. 대부분의 경우에서, 보조T세포들이 충분히 남아서 환자들은 질병에 저항할 수 있으며, 꽤 괜찮을 수 있다. 이 단계가 수년간 지속될 수 있다. 그러나 결국 보조T세포의 수가 감소하기 시작한다. 보조T세포의 수가 정상의 약 1/4로 감소할 때, 환자는 에이즈로 진단된다. 치료받지 않은 환자에서, HIV 수치는 급상승하고, 보조T세포의 수는 계속 감소하여 환자는 다른 감염의 희생자가 된다. 치료받지 않는 에이즈 환자의 기대수명은 약 1~2년이다.

HIV가 몸 밖에서는 그리 오래 생존할 수 없기 때문에, 바이러스가 들어 있는 혈액, 정액, 질 분비물, 모유를 포함한 체액과 손상된 피부 또는 점막에 직접 접촉해야만 전염될 수 있다. HIV 감염은 성행위, 정맥주사제 사용자들 간의 주사바늘 공유, 또는 혈액 수혈(이 경우는 모든 공혈자의 혈액에서 항HIV 항체를 검사하는 선진국에서는 거의 없다)을 통해 전파될 수 있다. HIV에 감염된 여성은 임신기간, 분만 또는 모유를 수유하는 동안 아이에게 바이러스를 전염시킬 수 있다. HIV에 감염된 거의 모든 사람들이 결국 에이즈에 걸린다.

에이즈 감염 환자들을 위한 두 가지 종류의 치료법 있다. 첫째, 면역체계 이상에 의한 감염 환자는 어떤 질병이라도 걸릴지 모르기 때문에 반드시 치료되어야 한다. 둘째, HIV 증식을 둔화시켜 에이즈 진행을 지연하는 약물들을 사용할 수 있다. 바이러스 복제의 다양한 단계를 표적으로 하는 약물들의 조합이 특히 효과를 봐왔는데, 이제 완벽한 에이즈 치료 요법이 하루에 한 번 복용하는 알약으로 모아졌다. 불행하게도, HIV는 약물에 내성을 갖는 돌연변이를 일으킬 수 있으며, 일부 환자들에서 약물들은 심각한 부작용을 유발한다.

의심할 여지 없이, 가장 좋은 해결책은 에이즈 백신을 개발하는 것이겠지만, 그 개발이 매우 어렵다고 알려져 있다. 첫째, HIV가 백신에 대한 면역반응에서 결정적인 역할을 하는 보조T세포를 파괴한다는 점이다. 둘째, HIV는 면역반응을 피해 자신이 들어가 아직 파괴하지 않은 보조T세포 속으로 "숨는다". 셋째, HIV는 믿을 수 없을 정도로 빠르게 돌연변이를 일으킨다—아마도 독감 바이러스보다 천 배는 빠를 것이다. 따라서 최초 감염 후 환자의 체내에서 발생한 돌연변이 때문에 한 명의 에이즈 환자는 다양한 HIV 균주를 가지고 있을 것이다. 백신은 이 균주들의 일부에 대해서는 보호를 하겠지만, 모든 균주를 막아내지는 못할 것이다. 기초연구와 전임상 및 임상시험에 수십억 달러를 투자하였음에도 불구하고, 안전하고 효과적인 백신은 아직 개발되지 않았다.

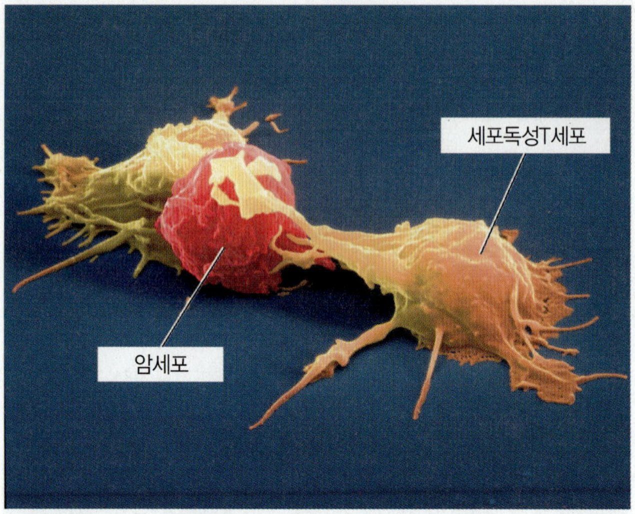


▲ **그림 17-16 세포성 면역이 암을 방어한다** 이 컬러 주사 전자현미경 사진에서 세포독성T세포들이 암세포를 공격한다. **질문:** 암은 신체 고유세포들로 구성되는데, 왜 면역체계가 암세포를 공격하는가?

## 17.8 면역체계는 어떻게 암과 싸울까?

암이 가장 두려운 단어 중의 하나라는 데에는 이유가 있다. 미국에서 4명 중 1명은 암으로 사망하는데, 암은 심장질환 다음으로 주된 사망원인이다. 적어도 미국인의 40%가 결국 암에 걸릴 것이다. 수십 년의 집중적인 연구에도 불구하고, 암 치료법의 탐색은 충분하지 않다. 우리는 왜 많은 종류의 암들을 치료하거나 예방할 수 없을까?

대부분의 다른 질병과는 다르게, 보통 암은 외부 생명체의 체내 침투로 생기지 않는다. 대신, 암은 본질적으로 신체 고유세포들의 재생을 통제하는 기전들의 실패이다(117쪽 "건강 지킴이: 암—미쳐버린 유사분열" 참고). 이 조절기전들에서 벗어나 비정상적인 속도로 증식하는 세포집단을 **종양(tumor)**이라고 한다. **양성종양(benign tumor)** 세포들은 보통 한 부위에 머무르지만, **악성종양(malignant tumor)** 세포들은 통제할 수 없이 증식되고 신체의 다른 부위로 전이된다. 악성종양이 자람에 따라 종양에 의한 신체 에너지 및 영양분 사용량이 증가하고, 생명유지에 필요한 기관들이 거의 파괴된다. **암(cancer)**은 악성종양 세포들의 통제되지 않은 성장에 의해 유발되는 질병이다.

### 대부분의 암세포들은 외부물질로 인식된다

암세포들은 우리 체내에서 매일 생긴다. 우리는 태양의 감마선, 발 밑 암반에서 오는 방사능, 음식물로부터 자연적으로 생기는 물질과 같은 일부 발암물질은 피할 수 없다. 다행스럽게도, 자연살상세포들과 세포독성T세포들이 암세포가 증식하고 전이되기 전에 거의 모든 암세포들을 파괴한다.

암세포들이 어떻게 제거될까? 물론, 암세포는 "자기"세포(신체 고유세포)이다. 따라서 면역체계는 "자기"에 반응하지 않는다. 그러나 암이 유발되는 과정에서는 대개 암세포 표면에는 새롭고 약간은 다른 단백질들이 생긴다. 자연살상세포들과 세포독성T세포들은 이 새로운 단백질들을 만나게 되는데, "비자기" 항원으로 인식하여 암세포를 파괴한다(**그림 17-16**).

유감스럽게도, 일부 암세포들은 탐지되지 않는데, 면역체계가 외부물질로 인식하게 되는 항원을 발현하지 않기 때문이다. 백혈병과 같은 암들은 면역체계를 억제한다; 그리고 어떤 것들은 단순히 매우 빠르게 성장하기 때문에, 면역반응이 대처할 수 없게 된다. 만약 종양이 성장하고 전이되면, 환자의 건강은 의학적 치료에 의존할 수밖에 없다.

### 항암치료는 암세포를 식별하여 선택적으로 죽이는 것에 달려 있다

의학적인 항암치료의 주요 3가지 형태는 외과적 수술, 방사선 치료와 화학요법이다. 수술에 의한 종양제거가 많은 암들의 치료에서 첫 단계이다. 불행히도, 외과의사라 해도 모든 종양을 발견하여 제거할 수 없다. 또한 전신에 퍼져 있는 암은 수술로 치료할 수 없다. 대안으로, 암세포를 죽이기 위해 방사선 치료를 할 수 있다. 외과적 수술과는 달리, 방사선은 미세한 암세포 덩어리까지 제거할 수 있다. 그러나 수술과 마찬가지로, 널리 퍼져 있는 암들을 치료하기 위해서는 사용될 수 없는데, 몸 전체에 대한 방사선 조사가 많은 양의 건강한 조직까지 손상시킬 수 있기 때문이다.

화학요법 또는 약물치료가 수술과 방사선 치료의 보완책으로 또는 다른 방법으로는 치료할 수 없는 암들을 치료하기 위해 흔히 사용된다. 화학요법에 사용되는 약물들은 세포분열 기구들을 공격하는데, 정상세포들보다 훨씬 자주 분열하는 암세포들에 어느 정도

선택적으로 작용한다. 그럼에도 불구하고, 화학요법은 어쩔 수 없이 빠르게 분열하는 일부 건강한 세포들을 죽일 수밖에 없다. 화학요법에 의해 환자의 모낭(hair follicle)과 장 내막에서 분열하는 세포들이 손상되면, 머리카락 손실, 구역질 및 구토와 같은 잘 알려진 부작용들이 유발된다.

## 조류독감 다시 들러보기

독감은 꽤 단순한 바이러스에 의해 유발된다. 독감 바이러스는 2개의 중요한 단백질이 붙어 있는 외피로 둘러싸인 11개의 유전자(DNA가 아닌 RNA로 구성)와 몇 개의 단백질만으로 구성된다. 외피에 있는 2개의 단백질 중 하나는 바이러스가 숙주세포에 입장하는 것을 도우며, 다른 하나는 세포 밖으로 나가는 것을 돕는다. 혈구 응집소라고 불리는 "입구 단백질(entry protein)"은 호흡관의 세포에 부착하여 이 세포들이 세포내섭취(endocytosis)에 의해 바이러스를 삼키도록 자극하며, 바이러스 RNA를 숙주세포 안에 풀어놓는다. 곧이어 바이러스 RNA는 더 많은 바이러스를 만들기 위해 세포의 대사 기구들을 강탈한다. 뉴라미니다아제(neuraminidase)라는 단백질이 "출구 단백질(exit protein)"인데, 새롭게 생성된 바이러스들이 숙주세포로부터 탈출하게 하며 더 많은 세포를 감염시키기 위해 이동하게 한다.

바이러스가 인간에게 정말 위험해지려면 2가지 특성을 반드시 가져야 한다: 인간에서의 감염성과 전염성. 감염성(infectivity)은 바이러스가 인간의 세포로 입장하고, 그곳에서 증식하여 질병증상들을 유발할 수 있다는 것을 의미한다. 전염성(transmissibility)은 바이러스가 사람들 사이에서 쉽게 퍼질 수 있다는 것을 의미한다. 2007년의 경우, 조류독감은 사람으로 감염은 됐지만, 사람들 간의 전염성은 매우 낮았다.

무엇이 어느 바이러스는 조류에, 어느 것은 사람에게 감염되도록 만드는 것일까? 추측했을지도 모르지만, "원래"의 조류독감 바이러스는 사람의 독감 바이러스와는 다른 입구 단백질을 가지고 있다. 원래의 조류독감 바이러스의 혈구 응집소는 조류의 호흡관 세포표면에 있는 분자들에는 결합할 수 있지만 사람의 분자에는 결합할 수 없다. 그러나 유감스럽게도, 인간을 감염시킬 수 있는 조류독감의 능력에 의해 분명해졌듯이, 조류독감 바이러스의 혈구 응집소에서 변이가 일어났고, 그래서 이제 인간의 세포에 결합할 수 있게 되었다.

왜 지금 조류독감의 균주들은 사람들 사이에서 낮은 전염성을 가지고 있을까? 인간독감 바이러스는 비강, 기관 및 기관지 세포들에 결합하고, 이들을 감염시킨다. 이 세포들에서 제조된 새로운 바이러스들은 재채기와 기침을 통해 나옴으로써 주변 사람들을 쉽게 감염시킨다. 조류독감 바이러스는 사람과 동일한 조류의 구조물에 감염되지만, 인간에서는 허파 깊은 곳에 있는 세포에만 결합하여 감염될 수 있다. 그러므로 새롭게 제조된 조류독감 바이러스들은 감염자로부터 거의 탈출하지 못한다. 치명적인 조류독감 바이러스가 인간의 상부기도에 감염되어 쉽게 전염될 수 있기까지 얼마나 많은 변이가 일어나야 하는지 실제 아는 사람은 없다. 그러나 공중 보건 관계자들은 한 번 또는 두 번보다 많지는 않을 것에 대해 염려하고 있다.

대부분의 경우, 인간의 면역체계는 인간독감 바이러스를 파괴한다; 그러면, 왜 조류독감 바이러스는 파괴하지 않을까? 바이러스 표면의 입구 및 출구 단백질들은 항원으로 작용한다 – 항체와 T세포들에게 외부물질로 인식되어 면역반응을 유발한다. 그러나 그림 17-13에서 볼 수 있듯이, 항원에 대한 1차 노출에 의해 실제 유익한 면역반응이 유발될 때까지는 1~2주가 걸리는 반면, 2차 노출에 대한 반응은 훨씬 빠르다. 인간독감을 포함한 많은 질병들에 대해, 중간적인 시나리오가 있다 – 빠르게 돌연변이가 일어나는 바이러스에 대한 부분적인 면역. 예를 들어, 지난 겨울 당신이 인간독감에 걸렸었다면, 당신은 올 겨울 잠복하고 있는 그 독감 바이러스 균주에 대한 기억세포들을 가지고 있어서 입구 및 출구 단백질을 인식하여 빠르고 광대한 면역반응을 개시할 준비를 하고 있을 것이다. 그러나 당신이 그러는 동안, 인간독감 바이러스는 아마 돌연변이를 일으켜 조금 다른 입구 및 출구 단백질들을 발현할 것이다. 지난해의 기억세포들이 반응하겠지만 빠르지는 않을 것이다. 당신은 여전히 독감에 걸린다. 그러나 보통 치명적이지는 않다. 그러므로, 부분적 면역은 매우 유용하다.

그러나 당신의 면역체계는 조류독감 바이러스를 본 적이 없다. 그래서 부분적 면역을 제공할 수 없다. 그러니까 조류독감에 대한 1차 노출에 의한 당신 면역체계의 반응과 바이러스 복제의 속도 간에 경쟁은 진행 중이다. 설상가상으로, 호흡관뿐만 아니라 소화관 및 심지어 뇌까지 공격하는 것으로 볼 때, 조류독감 바이러스는 인간독감 바이러스보다 치명적인 것 같다.

그러므로 또 다른 경쟁이 바로 지금 진행 중이다. 광범위하게 조류독감이 유행하기 전에, 각국 정부와 제약회사들이 조류독감에 대한 백신을 개발하고 있다. 당신이 이 글을 읽을 때까지는 글락소스미스클라인(GlaxoSmithkline)사에 의한 백신이 준비될 것이다. 물론, 이 백신이 여태껏 생긴 적이 없었던 돌연변이(입장 단백질이 인간의 상부기도 세포에 결합하게 하고, 사람들 간에 빠른 전염이 가능하도록 할 수 있는 돌연변이)는 표적으로 삼을 수 없을지도 모르기 때문에 "잘못된" 백신이 될 수도 있다. 그러나 백신은 부분적 면역을 제공할 것이며, 따라서 수백만 명의 목숨을 구할 수도 있다. 이것은 우리가 질 수 없는 경쟁이다.

### 생각해보기

많은 세균학자들과 면역학자들이 현재 "이중용도(dual-use)" 연구에 관련되어 있다. 이중용도 연구는 질병의 유발 및 방어기전에 대한 우리의 이해를 증가시키기도 하지만, 생물 테러리스트들에 의해 더욱 효과적인 무기를 만드는 데에도 이용될 수 있다. 예를 들어, 누군가 사람들 사이에서 훨씬 빠르게 전염될 수 있는 조류독감 바이러스의 변종을 발견하였다고 가정하자. 이 정보는 더 좋은 백신을 만들기 위해 이용될 수 있지만, 악의적으로 치명적인 바이러스 균주를 만들어 내는데도 이용될 수 있다. 당신은 각국 정부들이 이와 같은 연구를 규제해야 한다고 생각하는가? 당신은 마운트시나이(Mount Sinai) 의과대학 피터 팔레스(Peter Palese)의 "자연은 여전히 가장 효과적인 테러리스트이다"라는 의견을 어떻게 평가하는가?

더욱 효과적이고 부작용이 적은 암 치료법을 찾기 위한 방대한 연구가 헌신적으로 수행되었다. 항암 백신의 개발이 우선적이다. 다른 접근법으로는 종양을 공격하도록 면역체계를 자극하는 치료법의 개발이나 종양세포를 인식하는 항체분자들의 개발이 있다. 이 항체분자들은 건강한 세포에 영향을 주지 않은 채, 종양세포에 직접 약물들과 기타 치료물질들을 전달하기 위해 이용될 수 있다. 기초 및 임상시험이 계속되고 있기 때문에, 언젠가 암 환자들은 혁신적인 새로운 치료법의 혜택을 누릴 수 있을 것이다.

## 개념 확인 문제

### 빈칸 채우기

**1.** 미생물 침입에 대한 외부 방어기전에는 __________와(과) __________, __________ 및 __________의 내부표면을 덮는 점막이 포함된다.

**2.** 질병에 대한 비특이적인 내부 방어기전에는 미생물을 삼켜서 소화하는 __________; 바이러스에 감염된 세포를 파괴하는 __________; 상해에 의해 유발되는 __________과(와) __________, 즉 미생물 번식을 둔화시키고 신체의 방어기전을 강화시키는 체온상승이 포함된다.

**3.** 특이 면역반응은 __________(이)라고 총칭되는 복잡한 단백질 또는 다당류에 의해 신체가 침입당할 때 자극된다. 이 분자들은 면역체계에서 두 가지 유형의 단백질 수용체 중 하나에 결합한다: __________ 또는 __________.

**4.** 항체는 4개의 단백질 사슬로 구성된다; 2개의 __________ 사슬과 2개의 __________ 사슬. 각각은 __________부위와 __________ 부위로 이루어져 있다. __________부위는 항원의 결합부위를 형성한다.

**5.** __________ 면역은 B세포들과 그들의 딸세포, 즉 항체를 혈장에 분비하는 __________들에 의해 제공된다. __________ 면역은 T세포들에 의해 제공된다. __________ T세포들은 바이러스에 감염된 신체 세포들을 죽인다. __________T세포들은 B세포와 T세포 모두에서 면역반응을 자극하는 시토카인을 생산한다. 동일한 항원을 발현하는 미생물에 의한 향후 침입에 대한 보호는 B 유형 및 T 유형의 __________ 세포들에 의해 제공된다

**6.** 의료기술 중 __________은(는) 질병을 실제 유발하지는 않지만, 감염을 예방하기 위해 면역반응을 자극하는 __________을(를) 제공한다.

**7.** __________는(은) 면역체계가 꽃가루와 같은 무해한 물질에 반응할 때 발생한다. __________질환에서, 면역체계는 위험한 감염에조차 효과적인 반응을 개시할 수 없다: 이 질환은 선천적 또는 후천적으로 생길 수 있다. 면역체계가 자신의 신체를 공격하는 질병을 __________(이)라고 한다.

### 복습 문제

**1.** 침입하는 미생물에 대한 인체의 3가지 방어기전을 열거하라. 비특이적(즉, 모든 유형의 침입자들에 작용)인 것은 무엇이고, 특이적(특정 유형의 침입자에 대해서만 작용)인 것은 무엇인가?

**2.** 자연살상세포와 세포독성T세포는 어떻게 그들의 표적들을 파괴하는가?

**3.** 체액성 및 세포성 면역을 설명하라. 각각에 관련된 면역세포들의 유형, 외부 항원에 결합하는 항체와 수용체의 위치, 침입하는 세포를 파괴하는 방식을 답안에 포함시켜라.

**4.** 면역체계는 어떻게 그 다양한 항체들을 만들어 낼까?

**5.** 면역체계는 어떻게 "자기(self)"와 "비자기(non-self)"를 구별하는가?

**6.** 항체의 구조를 그려 설명하라. 어떤 부분이 항원에 결합하는가? 각 항체는 왜 특정 항원에만 결합하는가?

**7.** 기억세포는 무엇인가? 특정 질병에 대해 장기간 유지되는 면역에 이 세포들이 어떻게 기여하는가?

**8.** 백신은 무엇인가? 백신이 어떻게 질병에 대한 면역을 부여하는가?

**9.** 가시에 찔려 생기는 상처에 대한 방어반응과 알레르기 반응의 유사점과 차이점을 설명하라. 관련된 세포, 생성되는 물질 및 경험하게 되는 증상을 비교하라.

**10.** 자가면역질환과 면역결핍질환의 차이점을 예를 들어 설명하라.

**11.** 에이즈의 원인과 최종 결과에 대해 설명하라. 에이즈 치료는 어떻게 작용하는가? HIV는 어떻게 전염되는가?

**12.** 암이 왜 때로는 치명적인가?

# 18장

# 동물체의 화학적 조절: 내분비계

근육량을 증가시키는데 동화스테로이드가 건강을 위협하는가?

## 주요 내용

# 사례 연구 동화스테로이드—바보들의 금?

2003년 여름, 미국 도핑방지위원회 책임자에게 내부고발이 있었다. 정보제공자는 세계 수준의 육상선수들의 코치였던 트레버 그레험이라는 사람이며, 육상선수들이 검출되지 않는 스테로이드를 사용한다고 주장하였다. 그 증거로, 여전히 그 물질의 흔적이 남아 있는 사용된 주사기를 위원회로 보내왔다. 위원회는 UCLA올림픽 분석 실험실 돈 캐틀린 박사의 연구팀에게 분석을 의뢰하였다.

화학과 생물학의 폭넓은 지식, 수백만 달러에 달하는 최신 장비 및 집요한 고집 덕분에 세계적으로 명성있는 캐틀린 박사 실험실에서는 선수들에게 금지된 200가지 이상의 물질을 검출할 수 있다. 물론 가장 문제되는 것은 동화스테로이드이다. 동화스테로이드(anabolic steroid)는 남성호르몬인 테스토스테론과 유사한 화학성분을 갖고 있는 성능강화 약물 계열에 사용되는 용어이다.

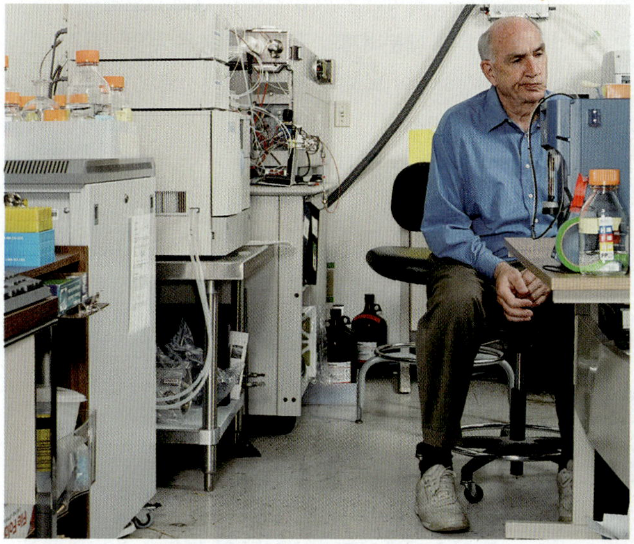

약물 사용과 검출이라는 "게임"에서 돈 캐틀린 박사는 야망있는 운동선수와 화학자 간에 서로 싸우고 있는 자신을 발견한다.

바디빌더들이 이 약물을 종종 복용하며, 일부 올림픽 선수들이 불법으로 이용하다 발각된 적이 있다. 동화스테로이드는 대부분 화학성분이 체내에 남아 사용을 중지한 수개월 후에도 소변에서 검출될 수 있다. 기본검사에서 검출되지 않는 새로운 스테로이드는 사용자들에게 엄청난 장점이 있다.

캐틀린과 그의 동료들은 그레험이 보낸 주사기에서 헹궈낸 소량의 약물을 분석하는 데 착수했다. 화학구조를 기초로 하여 캐틀린은 그 약물을 테트라하이드로게스트리논(tetrahydrogestrinone) 또는 THG라고 명명하였다. 새롭게 만들어진 검출되지 않는 합성 테스토스테론인 이 분자는 학계에도 새로운 물질이며, 뛰어난 화학자들이 노력을 기울일 만큼 돈이 되는 사업인 것을 증명해준다. 그렇다면 그것 말고도 운동선수들의 실적을 개선해주는 새로운 다른 물질이 연구 중일 수 있음을 암시해 준다.

미국 식약국은 재빠르게 이 약물을 금지하였다. 위원회가 주요 운동선수들에게서 수집한 소변 샘플을 수년 간 냉동 보관하고 있었으므로 이들은 재검사를 위해 샘플을 찾아왔다. 그 결과는 매우 혼란스러웠다. THG가 유일한 캘리포니아 실험실, BALCO에 의해 만들어진 것이지만, 여러 명의 트랙과 필드 육상 챔피언에서 검출된 소변샘플에서도 발견되었다. 햄머던지기 선수인 멜리사 프라이스, 투포환 챔피언인 케빈 토스, 달리기 선수인 리지나 자콥과 미쉘 콜린스가 THG 양성으로 2~4년 동안 경기 출장정지를 받았다. 영국올림픽 위원회는 달리기 선수인 드웨인 챔버스를 영국 올림픽 팀에서 영구 제명하였다.

운동선수들이 동화스테로이드를 사용하는 이유가 무엇일까? 운동선수들의 관점에서 단지 약물의 효과가 유익한 것일까? 이 장을 읽으면서, 동일한 호르몬이 신체 전체에 얼마나 다양한 효과를 나타내는지 주목하라. 동화스테로이드의 복합적인 효과가 건강을 위협하는 이유는 무엇일까? ■

## 18.1 동물세포는 어떻게 소통하는가?

동물체의 각 세포들은 끊임없이 서로 소통을 한다. 대부분, 세포들은 가까이 또는 멀리 있는 다른 세포에 영향을 주는 화학전달물질을 분비하여 소통한다. 전달분자는 **수용체(receptor)**와 결합하여 세포의 생리적 특성을 변화시키며, 수용체란 세포의 표면이나 내부에 위치한 특수한 단백질을 말한다. 전달 분자가 수용체와 결합하면 수용세포는 전달분자, 수용체와 세포의 종류에 의해 결정되는 명령에 따라 반응한다. 이러한 반응은 근수축, 신경세포의 전기활성, 수유하는 여성의 젖분비 및 신장세포에 의한 염분의 능동수송 등과 같이 다양하다.

세포간 화학적인 소통이 모든 동물의 몸 전체를 통해 필요하지만, 대부분의 동물들은 특히 화학적 소통에 중요한 두 가지 크고 특수한 기관계인 내분비계와 신경계를 가진다. 우리는 19장에서 신경계의 구조와 기능에 대해 논의할 것이다. 이 장에서는 성장과 발생, 대사, 생식 등을 포함한 동물생리학적인 모든 측면을 조절하는 샘분비라는 분비구조의 통합 집단인 **내분비계(endocrine system)**에 초점을 맞추기로 한다.

## 18.2 동물호르몬은 어떤 일을 하는가?

**호르몬(hormone)**은 **내분비샘(endocrine gland)**의 특수세포에서 분비되는 화학전달물질이다. 내분비샘은 갑상샘이나 뇌하수체처럼 주요 기능이나 유일한 기능이 호르몬 분비인 정교하게 만들어진 세포집단이다. 다시 말해서 내분비샘은 세포들의 집단으로 구성되거나, 췌장, 위, 난소나 정소처럼 여러 기능을 가진 기관으로 둘러싸인 분산된 수많은 개별 세포들로 구성된다. 내분비샘의 분비세포는 모세혈관망으로 둘러싸여 있다. 이 세포들이 모세혈관 주변의 세포외액으로 호르몬을 분비하면 호르몬이 모세혈관으로 확산되어 혈류를 통해 몸 전체로 전달된다(그림 18-1).

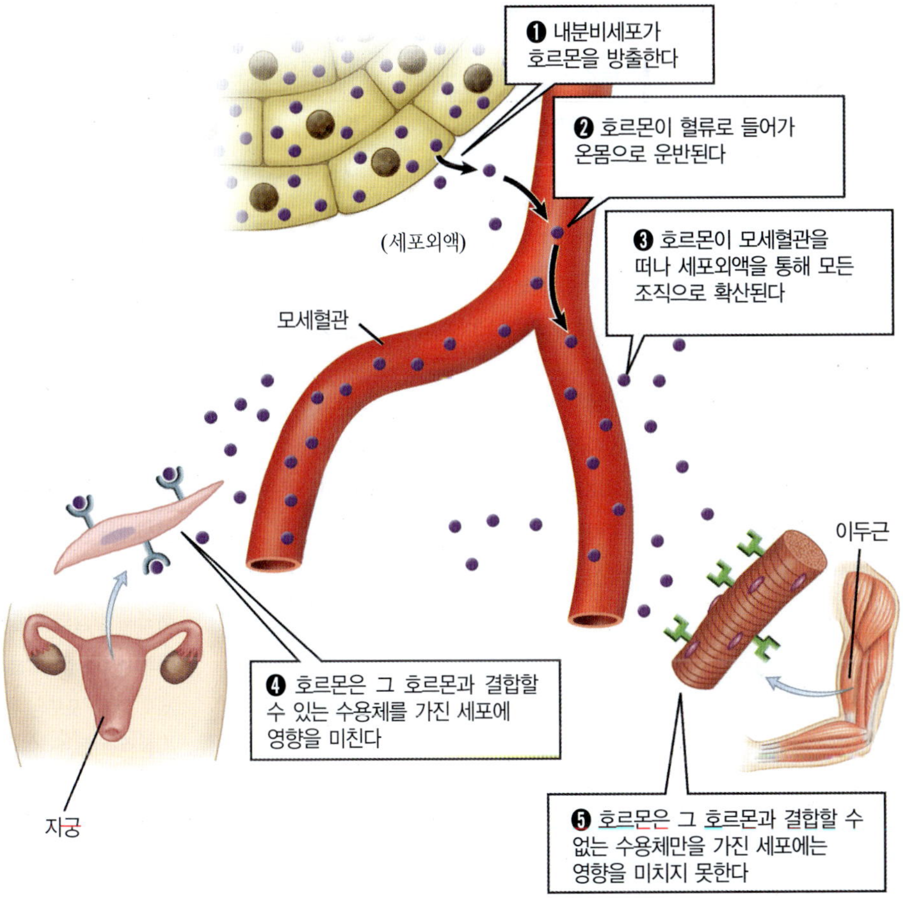


▲ 그림 18-1 **호르몬의 방출, 분포, 수용** 내분비샘의 세포들은 호르몬을 세포외액으로 분비한다. 그곳에서 호르몬은 모세혈관으로 들어가 혈류를 타고 순환한다. 호르몬이 신체 다른 부위의 모세혈관망에 도달하면 다시 세포외액으로 확산되어 신체의 모든 세포와 강력하게 접촉한다. 호르몬은 결합할 수 있는 수용체가 있는 세포에만 영향을 준다. 예를 들어, 자궁내 평활근 세포는 이두근의 골격근 세포에는 없는 옥시토신 수용체가 있다.

물론 이런 배열이 강력한 문제점을 일으키기도 한다. 대부분의 세포들이 혈액으로 공급되므로 혈류 속 호르몬은 신체의 거의 모든 세포에 도달하지만 모든 세포가 분비된 호르몬에 반응하는 것은 아니다. 예를 들어, 옥시토신은 출산 중에 자궁근 수축을 자극하지만 신체의 나머지 다른 근육을 수축시키지는 않는다. 따라서 자궁근은 옥시토신에 대한 **표적세포(target cell)**이지만 이두근의 표적세포는 아니다. 모든 세포에 도달한 호르몬이 어떻게 일부 세포에는 영향을 주고 나머지 세포에는 영향을 주지 않는가? 이는 선택된 수용체와 결합함으로써 영향을 주는 것이다. 만일 어떤 세포가 분비된 호르몬에 대한 수용체가 없다면 그 세포는 반응을 할 수 없다. 체내의 모든 세포는 한정된 수의 수용체를 가지고 있으며, 따라서 각 세포는 일부 호르몬에는 반응하지만 다른 호르몬에는 반응하지 않는 것이다(그림 18-1참고).

호르몬에 의해 유도된 변화는 사춘기가 시작되거나 애벌레가 나비로 바뀌는 것처럼 지속적이고 가역적이다. 일반적으로 이런 변화가 일시적이고 가역적이므로 하루나 때로는 수 초 동안만 동물의 생리체계 조절을 도와준다.

### 많은 분자들이 호르몬으로 작용한다

다양한 분자들이 호르몬으로서의 기능을 갖지만 척추동물 호르몬은 대체로 3가지로 분류할 수 있다. 콜레스테롤에서 합성되는 **스테로이드 호르몬(steroid hormone)**, 아미노산 사슬이 3개에서 180개 정도 되는 **펩티드 호르몬(peptide hormone)**, 변형된 아미노산으로 구성된 **아미노산 유도 호르몬(amino acid-drived hormone)** 등이다. 표 18-1에서처럼 대부분의 척추동물 호르몬은 펩티드이다.

표 18-1 표유류의 내분비샘과 호르몬

| 내분비샘 | 호르몬 | 화합물의 종류 | 주요 기능 |
|---|---|---|---|
| 시상하부 | 항이뇨호르몬 (ADH) | 펩티드 | 신장에서 수분의 재흡수 촉진, 소동맥 수축 |
| (뇌하수체 후엽 경유) | 옥시토신 | 펩티드 | 여성: 분만동안 자궁근의 수축, 젖분비, 모성행동을 자극. 남성: 사정을 일으킴 |
| 시상하부 (뇌하수체 전엽으로) | 방출과 억제호르몬 | 펩티드 | 최소 9가지 호르몬. 방출호르몬은 뇌하수체 전엽의 호르몬 방출을 자극 억제호르몬은 뇌하수체 전엽의 호르몬 방출을 억제 |
| 뇌하수체 전엽 | 여포자극호르몬(FSH) | 펩티드 | 여성: 여포의 성장, 에스트로겐 분비, 배란을 자극. 남성: 정자의 발달을 자극 |
| | 황체형성호르몬(LH) | 펩티드 | 여성: 배란, 황체의 발달, 에스트로겐과 프로게스테론의 분비 자극 남성: 테스토스테론의 분비 자극 |
| | 갑상샘자극호르몬(TSH) | 펩티드 | 갑상샘에서 티록신 분비를 자극 |
| | 부신피질자극호르몬(ACTH) | 펩티드 | 글루코코르티코이드를 분비하도록 부신피질을 자극 |
| | 성장호르몬 | 펩티드 | 성장, 단백질 합성, 지방대사를 자극. 당대사 억제 |
| | 프로락틴 | 펩티드 | 젖샘에서 젖생산과 분비를 자극 |
| 갑상샘 | 티록신 | 아미노산 유도체 | 체세포 대부분의 대사율 증가. 체온의 증가. 성장과 발생 조절 |
| | 칼시토닌 | 펩티드 | 뼈에서 칼슘의 방출억제. 혈액의 칼슘농도 감소 |
| 부갑상샘 | 부갑상샘호르몬 | 펩티드 | 뼈에서 칼슘의 방출자극. 혈액의 칼슘농도 증가 |
| 췌장 | 인슐린 | 펩티드 | 세포 내로 포도당 흡수를 증가시키고 간에서 포도당을 글리코겐으로 전환하여 혈당을 낮춤. 지방대사 조절 |
| | 글루카곤 | 펩티드 | 글리코겐을 포도당으로 전환하여 혈당을 올림 |
| 난소[a] | 에스트로겐 | 스테로이드 | 여성의 2차성징의 발달과 난자성숙을 유도. 자궁내벽의 발달 촉진 |
| | 프로게스테론 | 스테로이드 | 자궁내벽의 발달과 태반 혈성을 자극 |
| 정소[a] | 테스토스테론 | 스테로이드 | 생식기와 남성의 2차성징의 발달을 자극. 정자의 발달을 자극 |
| 부신수질 | 에피네프린과 노르에피네프린 | 아미노산 유도체 | 혈액에 당과 지방산 농도 증가. 대사율 증가. 심장의 박동과 수축률 증가 일부 혈관을 수축 |
| 부신피질 | 글루코코르티코이드 (코르티솔) | 스테로이드 | 혈당의 증가. 당, 지질, 지방대사 조절. 항염작용 |
| | 염류코르티코이드 (알도스테론) | 스테로이드 | 신장에서 염의 재흡수 증가 |
| | 테스토스테론 | 스테로이드 | 남성의 신체적 특징과 성장 유도 |
| | | **기타 호르몬** | |
| 송과샘 | 멜라토닌 | 아미노산 유도체 | 계절별 생식주기와 수면-각성 주기조절. 사춘기의 개시 조절 |
| 흉선 | 티모신 | 펩티드 | 면역계의 세포 성숙을 자극 |
| 신장 | 레닌 | 펩티드 | 혈압조절 호르몬을 생성하는 혈단백질에 작용 |
| | 적혈구 생성인자 | 펩티드 | 골수에서 혈구세포의 합성 자극 |
| 심장 | 심방성나트륨 이뇨펩티드(ANP) | 펩티드 | 신장에서 염분과 수분의 배출을 증가. 혈압 낮춤 |
| 소화관[b] | 세크레틴, 가스트린 콜레시스토키닌, 기타 | 펩티드 | 소화관에서 점액, 효소분비 조절. 연동운동 조절 |
| 지방세포 | 렙틴 | 펩티드 | 식욕조절, 면역기능 자극, 혈관생장 촉진, 사춘기 개시에 필요 |

[a]20장 참고
[b]16장 참고

## 호르몬은 표적세포의 막이나 내부에 있는 수용체와의 결합으로 작용한다

호르몬 수용체는 표적세포의 막이나 내부 또는 핵 안에 위치한다. 이 장에서는 특정 호르몬의 작용에 대해 설명하였다. 이제는 표적세포에 대한 호르몬 작용을 지배하는 일반적인 원리를 설명하고자 한다.

### 어떤 호르몬은 표적세포 막에 있는 수용체와 결합한다

펩티드와 아미노산 유도 호르몬은 일반적으로 수용성이며 지용성은 아니다. 그러므로 이런 물질들을 세포막을 쉽게 통과할 수 없다(대부분이 지질로 구성됨). 대신 이 호르몬들은 표적세포 막에 있는 수용체와 결합한다(그림 18-2, ❶ 단계). 호르몬-수용체의 결합은 세포 내에 있는 **2차전달물질(second messenger)**이라는 다른 분자의 생성을 자극한다(그림 18-2, ❷ 단계). 2차전달물질은 1차전달물질인 호르몬 신호를 세포내 다른 분자로 전달한다(그림 18-2, ❸ 단계). 일반적인 2차전달물질은 고리형 아데노신 1인산(cyclic AMP)이며, 뉴클레오티드는 세포내 많은 활성을 조절한 결과 생화학반응경로가 시작된다(그림 18-2, ❹ 단계). 반응결과는 호르몬, 2차 전달자, 표적세포에 따라 다양하지만 대부분의 경우 표적세포가 물질을 합성 또는 분비한다.

표적세포 막에 있는 수용체에 결합한 호르몬은 빠르게 작용하지만 효과는 짧게 나타난다. 예를 들어, 당신이 흥분하거나 스트레스를 받을 때 부신에서 에피네프린(아드레날린)을 분비하여 심장이나 간에 있는 수용체와 결합하여. 고리형 AMP의 합성을 자극한다. 고리형 AMP는 대사의 변화를 촉발하여 심박동을 빠르고 강하게 하며 간에서 포도당을 혈류로 내보낸다. 이는 포식자로부터 도망가거나 우리가 시험을 치룰 때도 일어난다.

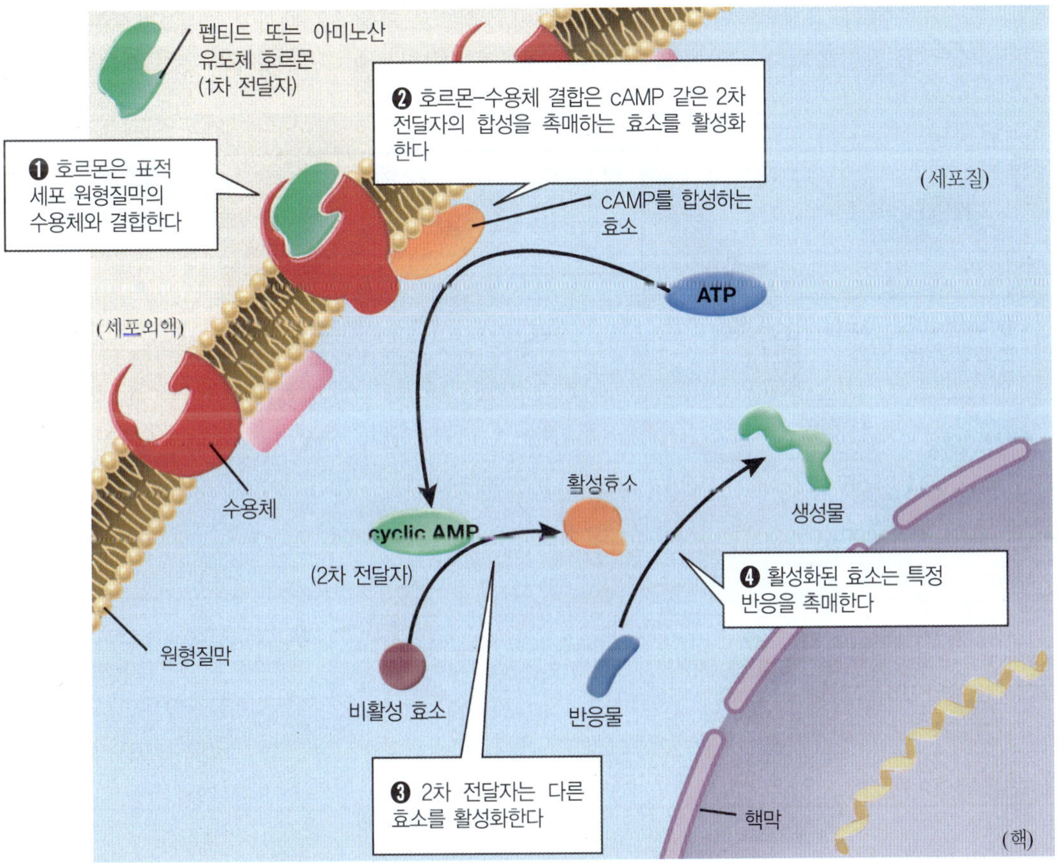


◀ 그림 18-2 **표적세포에 대한 펩티드와 아미노산 유도체 호르몬의 작용** 펩티드와 아미노산 유도 호르몬은 일반적으로 원형질막에 있는 수용체와의 결합에 표적세포를 자극하여, 세포에서 2차전달자를 합성하도록 함으로써, 세포내 대사작용을 증폭시킨다. 예를 들어, 간세포에서 에피네프린(아미노산 유도체 호르몬)은 고리형 AMP(2차 전달자)의 합성을 자극하여, 글리코겐을 포도당으로 전환하는 효소를 활성화시킨다(대사작용).

스트레스 상황이 종료된 수 분내 에피네프린이 분비되어 심장과 간세포에 대사를 변화시킨다.

### 동화스테로이드—바보들의 금?

**계속**

동화스테로이드는 테스토스테론과 같은 세포내 수용체에 결합한다. 하지만 많은 동화스테로이드는 이들 수용체를 활성화시키는데 테스토스테론보다 훨씬 강력하다. 더구나, 테스토스테론을 체내에 주사할 경우, 몇 시간 내로 완전히 대사되지만, 일부 동화스테로이드는 수주일 동안 지속된다. 그러므로 표적세포에서 호르몬-수용체 작용의 강도나 반응 시간은 천연 테스토스테론보다 동화스테로이드가 훨씬 강력하다.

### 어떤 호르몬은 표적세포 안에 있는 수용체와 결합한다

스테로이드 호르몬은 지용성이므로 원형질막을 자유롭게 통과한다(그림 18-3, ❶ 단계). 내부로 들어가면 이 호르몬은 표적세포 내부에 있는 수용체와 결합한다(그림 18-3, ❷ 단계). 수용체는 핵 속에 존재하거나 세포질에서 호르몬과 결합한 후 핵으로 이동한다 . 그런 다음 호르몬-수용체 복합체는 특정 유전자의 프로모터 부위에 있는 DNA에 결합하여(그림 18-3, ❸ 단계) mRNA 전사를 촉진한다(그림 18-3, ❹ 단계). 그런 뒤 mRNA는 세포질로 이동하여 곧바로 단백질을 합성한다(그림 18-3, ❺ 단계).예를 들어 암탉에서 스테로이드 호르몬인 에스트로겐이 알부민 합성을 유도하는 알부민 유전자의 전사를 자극하여, 병아리로 발생되는 동안 양분을 공급할 수 있도록 알부민이 달걀에 축적된다. 세포내 수용체와 결합하는 호르몬은 완전한 효과를 발휘하기까지 수분 또는 며칠이 걸릴 수도 있다.

## 호르몬 분비는 되먹임 기작에 의해 조절된다

대부분의 호르몬 방출은 음성되먹임으로 조절된다. 14장에서 공부하였듯이 **음성되먹임 (negative feedback)**은 변화에 거슬러서 본래 상태로 반응계를 회복시키려는 반응이다. 예를 들어, 덥고, 햇빛이 내리쬐는 날 당신이 수 킬로미터를 달려 땀으로 1리터를 배출했다고 가정하자. 혈액에서 수분손실에 반응하여 뇌하수체에서는 항이뇨호르몬(ADH)을 분비하여, 신장으로 하여금 수분을 재흡수하여 매우 농축된 소변을 만들게 된다. 하지만 당신이 집에 돌아와 2리터의 이온음료를 마신다면, 땀으로 잃은 물보다 더 많은 양을 보충하게 될 것이다. 계속해서 몸에 과잉의 물을 보유하게 되면 혈압이 오르고 심장에 손상을 준다. 음성되먹임은 혈액의 수분량이 정상으로 되돌아올 때까지 항이뇨호르몬의 분비를 멈추게 하여, 신장이 과다한 물을 제거하도록 할 것이다. 이 장에서 음성되먹임의 다른

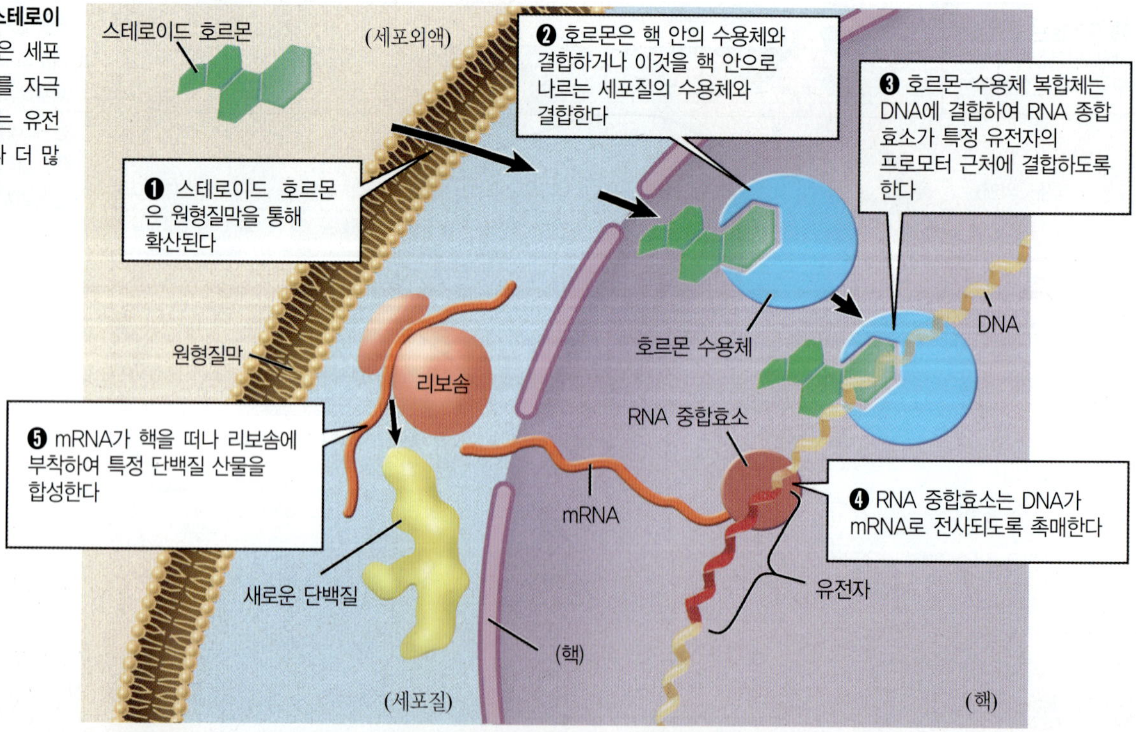


▶ **그림 18-3 표적세포에 대한 스테로이드 호르몬의 작용** 스테로이드 호르몬은 세포내 수용체와의 결합에 의해 표적세포를 자극한다. 그 결과 호르몬-수용체 복합체는 유전자의 전사를 활성화하고 결국 새롭거나 더 많은 양의 특정 단백질을 합성한다.

예를 찾아보기로 한다.

몇 가지 경우에 있어서 변화를 증대시키기 위한 반응으로 호르몬 방출이 양성되먹임(positive feedback)으로 조절된다. 예를 들어, 분만시 모체의 자궁근 수축을 유도하여 증폭효과를 시작하도록 하는 단백질을 아기의 폐에서 방출한다. 자궁근의 수축은 아기 머리를 자궁경부(자궁과 질 사이의 고리형 결합조직) 쪽으로 밀어내어 경부를 이완시킨다. 경부가 이완되면 어머니 뇌에 신경신호를 보내어, 옥시토신 호르몬을 분비하도록 한다. 옥시토신은 자궁근의 수축이 지속되도록 자극하고 더 많은 옥시토신이 분비되도록 해서 더욱 확장된 자궁경부로 아기를 밀어낸다. 양성되먹임이 막연히 지속될 경우 심각한 손상이나 사망까지도 초래할 수 있음을 주의하라. 출산의 경우 옥시토신 분비와 자궁수축 사이의 양성되먹임은 결국 음성되먹임으로 종료된다. 태아가 태어난 뒤 자궁경부는 더 이상 확장되지 않으며 옥시토신 분비도 멈춘다.

## 18.3 포유류 내분비계의 구조와 기능은 무엇인가?

다음 절에서는 시상하부-뇌하수체, 갑상샘, 췌장, 생식기관 및 부신 등 주요 내분비샘과 기관의 기능에 초점을 맞추기로 한다. 그림 18-4에 나타난 내분비샘과 기타 호르몬 분비 기관을 표 18-1에 설명하고 있다.

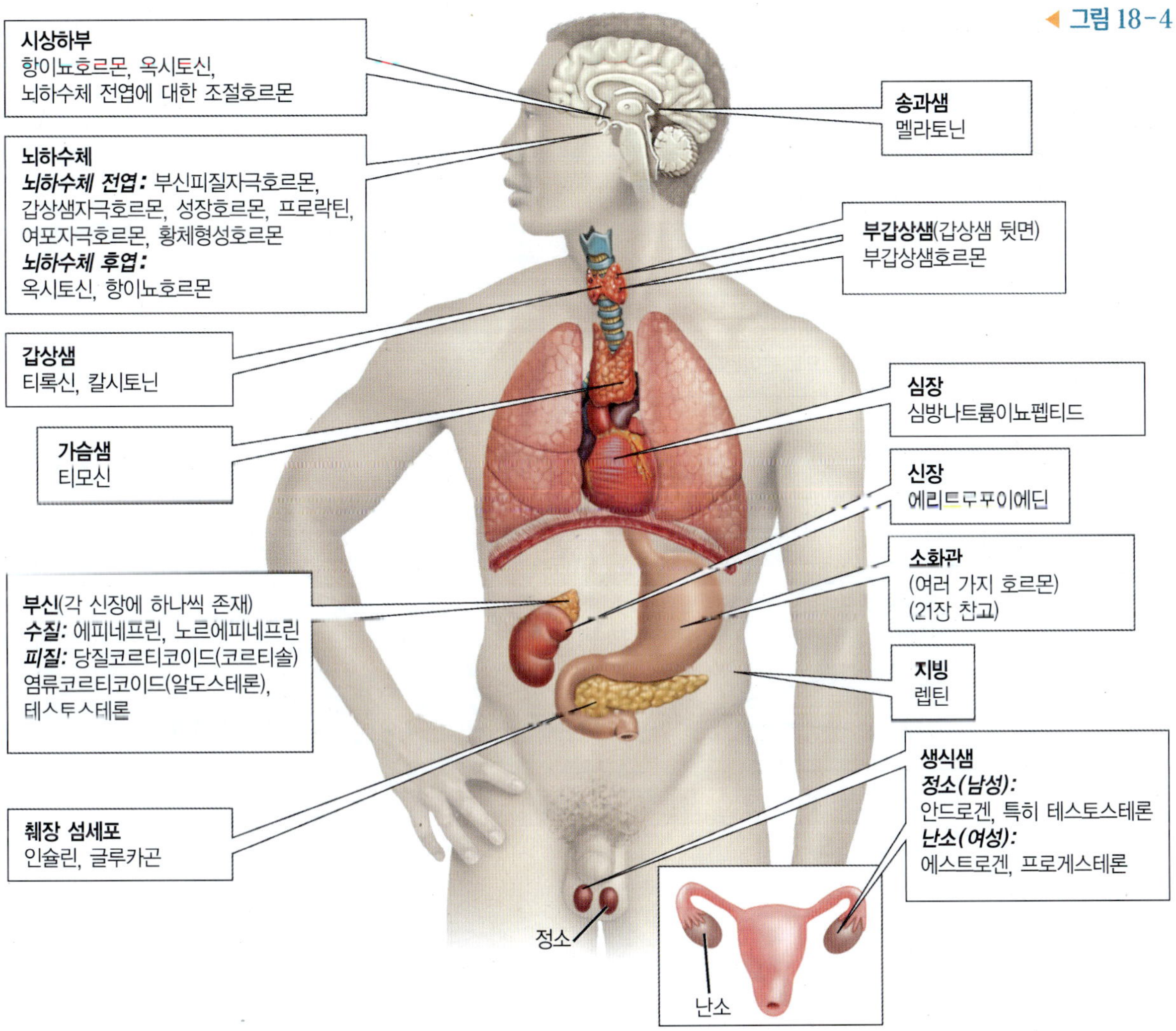


◀ 그림 18-4 포유류의 주요 내분비선과 호르몬

## 시상하부와 뇌하수체 호르몬은 신체의 많은 기능을 조절한다

시상하부와 뇌하수체는 많은 주요 호르몬계의 작용을 조절한다. **시상하부(hypothalamus)**는 **신경분비세포(neurosecretory cell)**라고 하는 특수한 신경세포 덩어리를 포함한 뇌의 일부이다. 신경분비세포는 펩티드호르몬을 합성, 저장하고 자극을 받으면 방출한다. **뇌하수체(pituitary gland)**는 시상하부 자루로 연결되는 강낭콩 크기의 분비샘이다(**그림 18-5**). 뇌하수체는 전엽과 후엽 두 부분으로 나뉜다. 뇌하수체 전엽은 진정한 내분비샘으로, 모세혈관망으로 둘러싸인 몇 종류의 호르몬 분비세포들로 구성된다. 그러나 뇌하수체 후엽은 시상하부에 세포체를 두고 있는 신경분비세포의 말단부와 모세혈관망으로 구성된다. 시상하부는 전엽과 후엽의 호르몬 분비를 조절한다.

### 시상하부 호르몬은 뇌하수체 전엽의 호르몬 분비를 조절한다

시상하부의 신경분비세포는 뇌하수체 전엽의 호르몬 분비를 조절하는 최소 9가지 펩티드 호르몬을 생산한다(**그림 18-5**, 녹색 경로 ❶). 시상하부 호르몬들은 뇌하수체 전엽의 내분비세포에 의한 호르몬 분비를 자극하느냐 억제하느냐에 따라 방출호르몬 또는 억제호르몬이라고 한다. 방출호르몬과 억제호르몬은 모세혈관망으로 분비되어 곧바로 뇌하수체 전엽의 2차 모세혈관망으로 이동한다(**그림 18-5**, 녹색 경로 ❷). 이곳에서 호르몬은

▼ **그림 18-5** **시상하부-뇌하수체계** 그림의 왼쪽(녹색 번호)은 시상하부와 뇌하수체와의 관계를 나타내며, 오른쪽(파란색 번호)은 시상하부와 뇌하수체 후엽 사이의 관계를 보여준다. (왼쪽)시상하부의 신경분비세포 한 그룹이 방출호르몬(녹색 원형)이나 억제호르몬을 분비하여 뇌하수체 전엽의 호르몬 분비를 조절한다. 이 호르몬들이 모세혈관망으로 들어가 뇌하수체 전엽으로 이동된다. 이곳에서 방출호르몬이 적절한 수용체를 가진 내분비세포를 자극하여 호르몬을 분비하도록 한다(적색 네모). 억제호르몬은 전엽의 호르몬 분비를 억제한다(표시하지 않음).(오른쪽) 뇌하수체 후엽은 시상하부에서 길게 뻗어 있다. 시상하부의 신경분비세포 말단이 후엽의 모세혈관망에 연결되어, 옥시토신이나 항이뇨호르몬(ADH)을 분비한다(청색 세모).

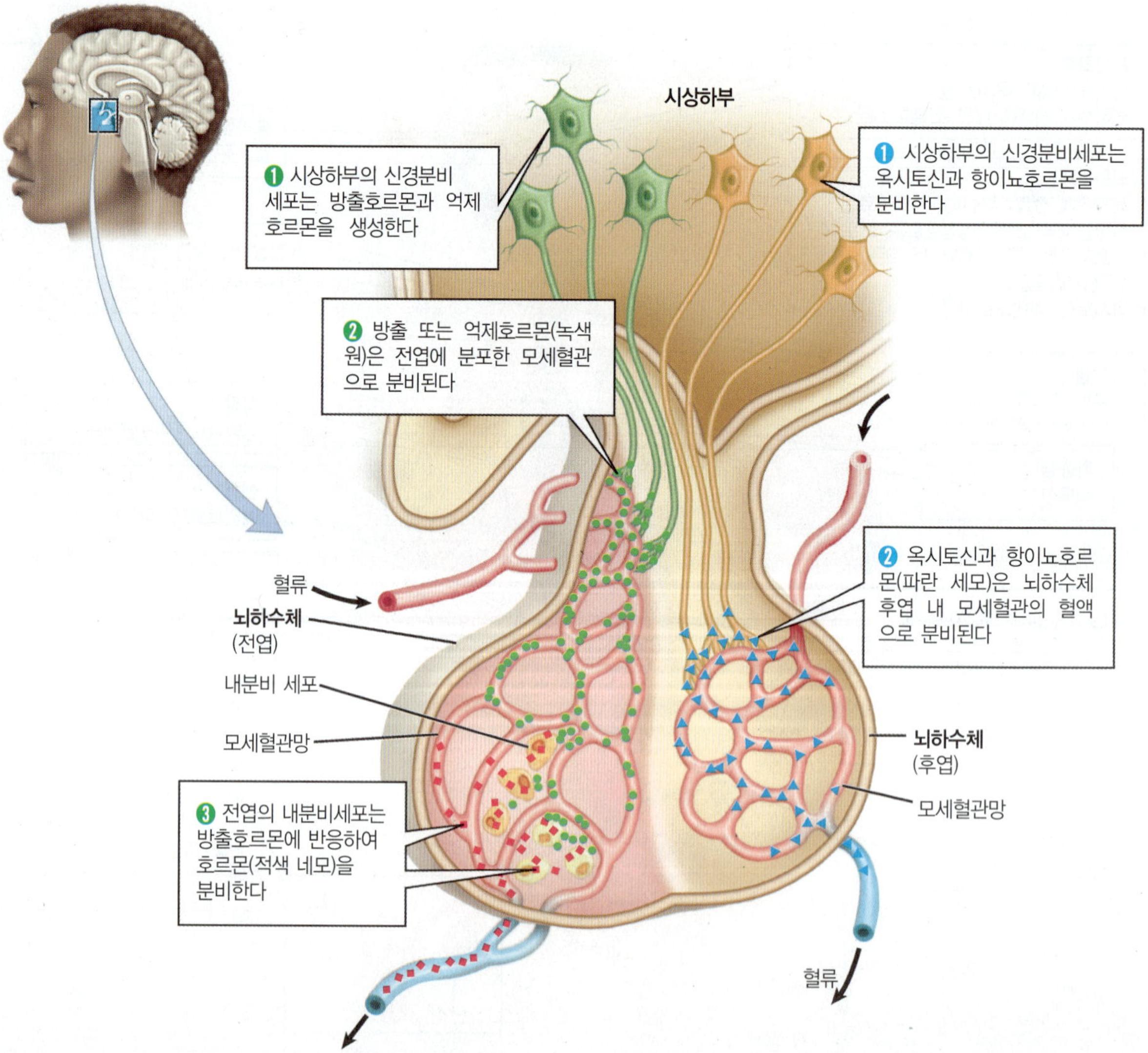

모세혈관으로 확산되어 뇌하수체 내분비세포의 표면 수용체와 결합한다. 성장호르몬 방출호르몬과 같은 일부 시상하부 호르몬은 뇌하수체 호르몬의 분비를 자극한다(성장호르몬의 분비 등: 그림 18-5, 녹색 경로 ❸). 억제호르몬인 소마토스타틴(somatostain)은 뇌하수체 호르몬 분비를 억제한다(성장호르몬 등).

## 뇌하수체 전엽은 여러 가지 호르몬을 생산하여 분비한다

뇌하수체 전엽은 몇 가지 펩티드 호르몬을 생산한다. 이들 중 4가지는 다른 내분비샘의 호르몬 생산을 조절한다. **여포자극호르몬(FSH)**, **황체형성호르몬(LH)**은 남성의 정소에서 정자와 테스토스테론 생성을, 여성의 난소에서는 난자, 에스트로겐, 프로게스테론 생성을 자극한다(20장에서 FSH와 LH에 대해 좀 더 자세히 알아보기로 한다). **갑상샘자극호르몬(TSH)**은 갑상샘을 자극하여 갑상샘호르몬을 분비하도록 하고, **부신피질자극호르몬(ACTH)**은 부신피질에서 호르몬을 분비하도록 한다. 갑상샘호르몬과 부신피질호르몬 작용은 이 장의 뒷부분에서 설명할 것이다.

앞서 설명한 호르몬들과는 달리 뇌하수체 전엽의 나머지 호르몬은 다른 내분비샘에 작용하지 않는다. 다른 호르몬과 협력하는 **프로락틴(prolactin)**은 임신 동안 유선의 발달을 자극한다. **성장호르몬(growth hormone)**은 단백질 합성의 증가, 에너지원으로 지방이용 촉진 및 탄수화물 저장 등 거의 모든 세포에 작용하여 신체 성장을 조절한다. 성장호르몬은 유년기에 뼈의 성장을 자극하여 성인이 되었을 때 최종 몸의 크기에 영향을 준다.

사람의 키에서 정상적인 변이의 대부분은 뇌하수체 전엽에서 분비되는 성장호르몬의 차이 때문이다. 성장호르몬이 너무 적게 분비되면 **왜소증(dwarfism)**이 되고 너무 과잉분비되면 **거인증(gigantism)**이 된다(그림 18-6). 뇌하수체 왜소증의 치료에서 주요 진전은 분자생물학자들이 인간 성장호르몬 유전자를 세균에 성공적으로 삽입하여 성장호르몬을 대량으로 합성할 수 있게 되었다. 이제는 비활성화된 뇌하수체를 지닌 어린이들이 박테리아가 생산한 인간 성장호르몬 주사를 맞고 키가 정상으로 자랄 수 있다.

## 뇌하수체 후엽은 시상하부에서 합성된 호르몬을 분비한다

시상하부는 뇌하수체 후엽으로 들어가는 축삭이라는 가는 섬유로 뻗은 두 종류의 신경분비세포를 가지고 있다(그림 18-5, 청색 경로 ❶). 모세혈관망에 있는 이들 축삭말단은 신체의 기타 부위로 혈액을 통해 운반되는 호르몬을 분비한다(그림 18-5, 청색 경로 ❷). 이 신경분비세포는 **항이뇨호르몬**이나 **옥시토신**을 합성하여 방출한다.

항이뇨호르몬은 탈수를 막아준다. 16장에서 배웠듯이 항이뇨호르몬은 신장 네프론의 집합관에서 물의 투과성을 증가시켜 소변으로부터 물을 재흡수하여 혈류로 되돌린다. 흥미롭게도, 알코올은 항이뇨호르몬 분비를 억제하여, 그 결과 배뇨를 증가시킨다. 따라서 독한 알코올음료를 마시는 사람은 더 많은 양의 수분을 잃게 되어 탈수가 될 수도 있다. 탈수증상은 두통을 유발하고 일반적으로 숙취로 알려진 고통의 원인이 된다.

앞서 설명하였듯이 옥시토신은 출산 중 자궁근의 수축을 자극하여 태아를 자궁으로 밀어내는 역할을 한다. 옥시토신은 또한 신생아의 수유자극으로 인해 가슴의 유선근육 조직의 수축을 일으켜, 산모에게 "젖분비 반사"가 일어나도록 한다. 이 반사작용은 주머니 모양의 젖샘으로부터 유두로 젖을 분비한다(그림 18-7). 남성과 여성 모두 옥시토신은 낭만과 모성애적인 것을 포함한 감정적 역할을 하기도 한다(19장 사례 연구 "나는 어떻게 그대를 사랑하나?"를 참고).

▲ 그림 18-6 **뇌하수체 전엽이 기능부전일 때** 뇌하수체 전엽의 부적절한 기능이 너무 많거나 너무 적은 성장호르몬을 생성하게 된다. 너무 적을 경우 왜소증을, 너무 많을 경우 거인증을 유발한다. **질문:** 거인증보다 왜소증을 치료하기 쉬운 이유는 무엇인가?

▶ **그림 18-7 호르몬과 수유** 수유하는 동안 옥시토신에 의한 젖분비 조절은 아기와 엄마 사이의 되먹임에 의해 조절된다. 아기가 젖을 빠는 행동으로 젖분비가 시작되고 충분히 먹고 젖먹기를 그만둘 때까지 계속된다. 유두에 더 이상 젖 자극이 주어지지 않으면 옥시토신의 분비가 멈추고 근육이 이완되며 젖분비가 멈추게 된다. **질문:** 실제로 엄마와 아기가 관련되어 수유를 조절하는 음성되먹임이 어떻게 일어나는지 설명하라.

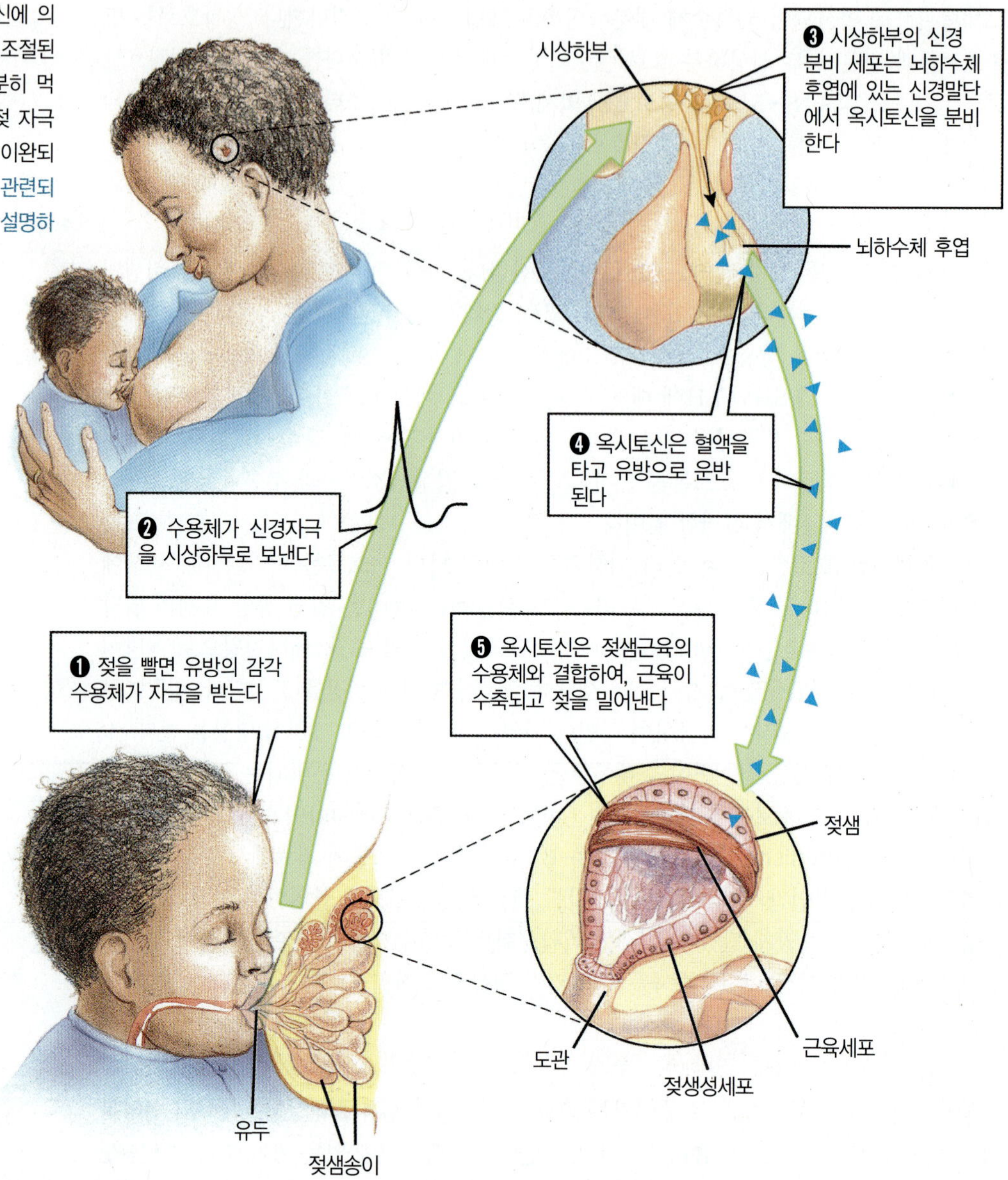


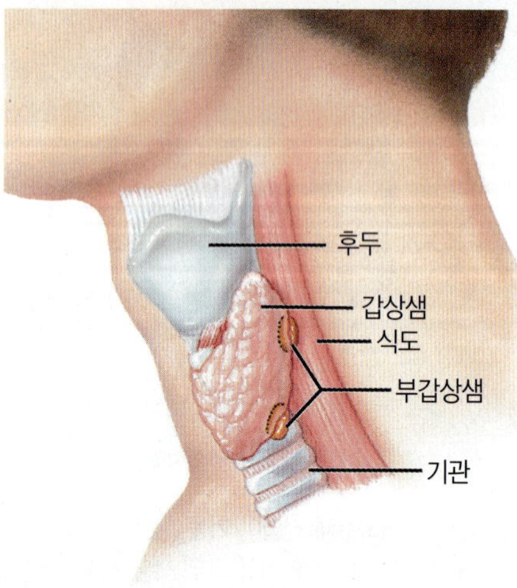


▲ **그림 18-8 갑상샘과 부갑상샘** 갑상샘은 목에서 후두의 전면부를 둘러싸고 있다. 작은 부갑상샘은 갑상샘 뒤쪽에 놓여 있다.

## 갑상샘과 부갑상샘은 대사와 칼슘농도에 영향을 준다

목 앞쪽 후두 바로 밑에 자리잡은(**그림 18-8**) **갑상샘(thyroid gland)**은 두 가지 중요한 호르몬인 티록신(thyroxine)과 칼시토닌(calcitonin)을 생산한다. 부갑상샘(parathyroid gland)은 2쌍의 작은 원반모양인 내분비세포로 구성된다. 갑상샘 뒤쪽에 각각 한 쌍씩 있으며, 이 세포들이 부갑상샘호르몬(parathyroid hormone)을 분비한다.

### 부갑상샘호르몬과 칼시토닌은 칼슘대사를 조절한다

적절한 칼슘농도는 신경과 근육기능에 필수적이다. 부갑상샘호르몬과 칼시토닌은 혈액과 체액에서 거의 일정한 칼슘농도를 유지하기 위해 함께 작용한다. 뼈는 칼슘이 저장되거나 필요할 때 빼낼 수 있도록 "은행" 같은 역할을 한다. 혈액 내 칼슘농도가 떨어지면, 부갑상샘호르몬은 뼈에서 칼슘이 빠져나가도록 한다. 부갑상샘호르몬은 또한 신장이 오줌을 생산하는 동안 더 많은 칼슘을 재흡수하여 혈액으로 돌아가도록 만든다. 이렇게 하여 증가된 혈액 내 칼슘은 음성되먹임 회로를 통해 부갑상샘호르몬의 분비를 더욱 억제한다. 만일 혈액 내 칼슘농도가 너무 높으면 갑상샘이 칼시토닌을 분비하여, 뼈로부터 칼슘이 분비되는 것을 억제한다. 대부분의 척추동물에서는 칼시토닌이 혈액 내 칼슘농도 조절과 뼈의 성장을 발육시키는 데 중요하다. 하지만 사람의 경우 칼시토닌의 작용은 부갑상샘호르몬의 작용과 비교해 볼 때 역할이 적다.

### 갑상샘은 에너지 대사에 영향을 준다

갑상샘호르몬이라고도 불리는 티록신은 체세포 대부분의 대사율을 높이는 요오드를 포함한 아미노산 유도체이다. 이 호르몬은 포도당을 분해하여 에너지를 공급하는 효소의 합성을 자극한다. 이러한 세포의 영향은 신체가 산소소모와 심박수를 증가시키도록 만든다. 대사율에 미치는 티록신의 영향은 체온과 스트레스 반응을 조절하는데 도움을 준다. 예를 들어 추위에 노출되면 갑상샘호르몬 생산이 급격히 증가하여 대사율을 높여서 몸을 따뜻하게 만든다.

사람을 포함한 미성숙한 동물에서, 티록신은 대사율과 신경계의 발달을 자극하여 성장을 조절하는 데 도움을 준다. 태아기 때 티록신 분비가 부족하면 정신지체와 왜소증이 특징인 **크레틴병(cretinism)**이 걸릴 수 있다. 다행히 초기 진단과 티록신 공급으로 이런 상태를 막을 수 있다. 이와 반대로 발생 중인 척추동물에 티록신이 너무 과잉 분비되면 발생이 촉진되는데, 약 1세기 전 J.F. 구티나취(J.F. Gudernatsch)의 연구에 의하면 티록신을 공급했을 때 올챙이가 초기 변태과정에 의해 개구리로 변하는 것을 보여주었다.

### 티록신 분비는 시상하부에 의해 조절된다

혈중 내 티록신 농도는 음성되먹임에 의해 정교하게 조절된다. 티록신 분비는 뇌하수체 전엽에서 분비하는 갑상샘자극호르몬(TSH)에 의해 자극을 받으며, TSH는 시상하부의 방출 호르몬에 의해 자극을 받는다. 뇌하수체에서 분비되는 TSH 양은 혈중 내 티록신 농도에 의해 조절된다. 티록신 농도가 높으면 TSH 분비를 억제하여 갑상샘에서 티록신 분비를 더욱 억제한다.

식품에 요오드가 부족하면 티록신 생성이 감소되어 티록신 분비세포의 수를 현저하게 증가시켜서 갑상샘이 커질 수 있다. 비대해진 갑상샘은 목 부위에서 불룩해져서 갑상샘종을 만든다(그림 18-9). 요오드염이 널리 사용되어 개발도상국에서 이런 상태가 많이 사라졌다.

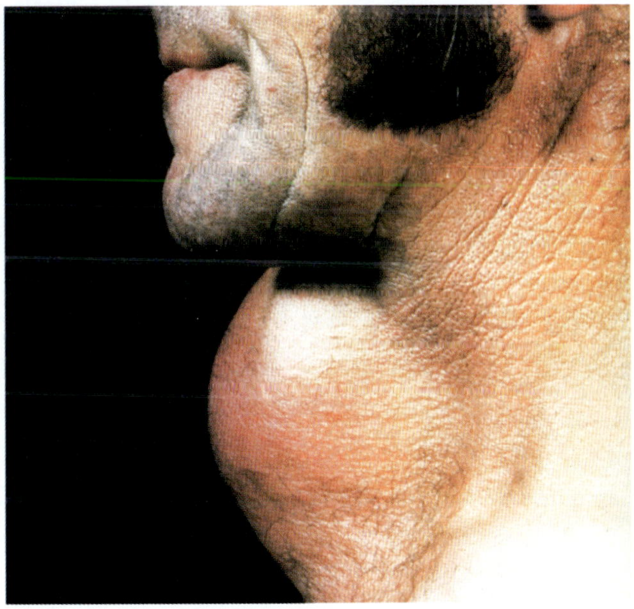

▲ 그림 18-9 **갑상샘종** 음식물의 요오드 결핍은 갑상샘 비대증을 유발한다.

## 췌장은 소화와 내분비 기능을 한다

**췌장(pancreas)**은 소화효소 분비와 호르몬을 생성한다. 21장에서 배웠듯이 췌장은 소장으로 분비되는 중탄산염과 많은 효소들을 생산하여 모든 종류의 음식을 소화시킨다. 췌장에서 내분비 부위는 **섬세포(islet cell)**라고 하는 세포덩어리로 구성된다. 각 섬세포들은 **인슐린(insulin)**이나 **글루카곤(glucagon)**을 생산한다.

### 인슐린과 글루카곤은 혈액 내 포도당 농도를 조절한다

인슐린과 글루카곤은 탄수화물과 지방대사 조절에 서로 반대로 작용한다. 인슐린은 혈당을 낮추고 글루카곤은 혈당을 높여(그림 18-10) 혈당농도를 거의 일정하게 유지한다. 혈당이 올라가면(예: 식사 후, 그림 18-10, ❶ 단계), 췌장에서 인슐린이 분비된다(그림 18-10, ❷ 단계). 인슐린은

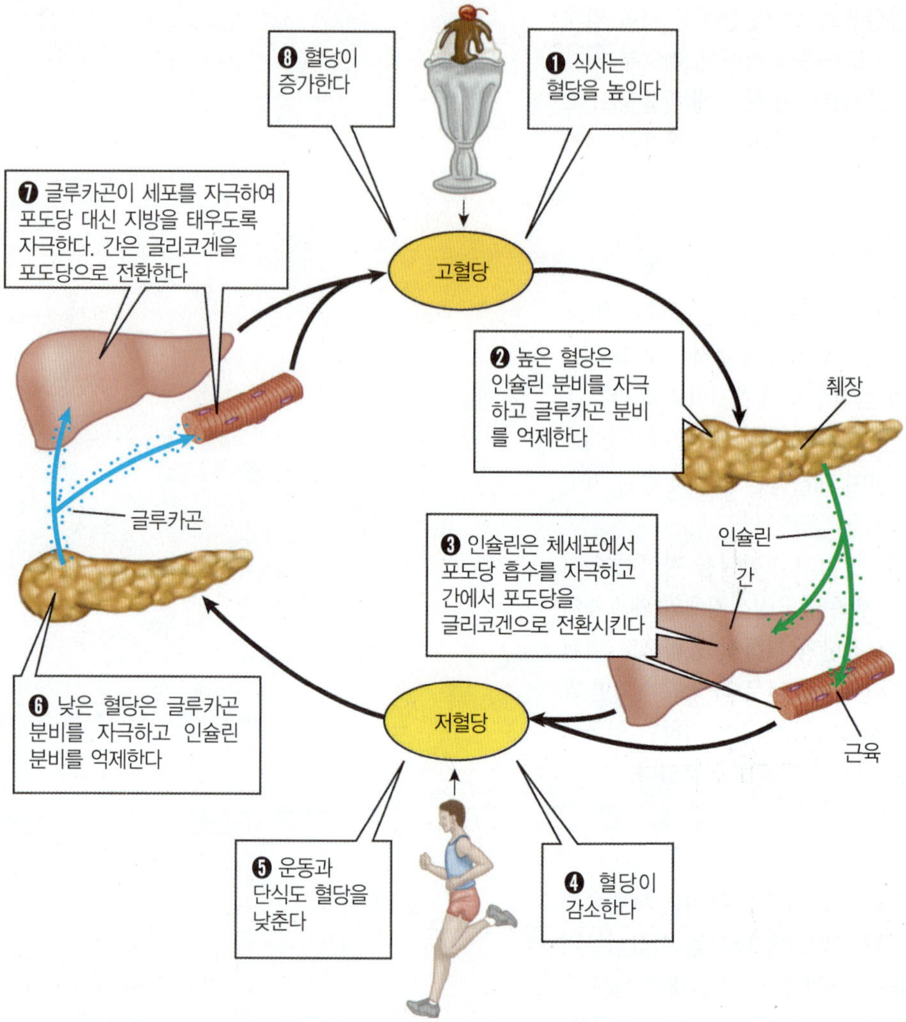


▲ **그림 18-10 췌장은 혈당 수치를 조절한다** 췌장의 섬세포는 인슐린(녹색 화살표)과 글루카곤(청색 화살표) 두 종류의 호르몬 생성 세포집단으로 구성된다. 이 두 호르몬은 혈당농도의 조절을 위해 두 부분의 음성되먹임 고리로 협력한다(검은색 화살표).

체세포로 하여금 포도당을 흡수하도록 하며(**그림 18-10**, ❸ 단계) 포도당 대사를 하여 에너지를 얻거나, 포도당을 지방이나 글리코겐(간과 근육에 일차적으로 저장되는 전분같은 분자)으로 전환한다. 혈당이 떨어지면(예: 아침을 굶거나 10km를 달렸을 때, **그림 18-10**, ❹와 ❺ 단계), 인슐린 분비는 억제되고 글루카곤 분비는 촉진된다(**그림 18-10**, ❻ 단계). 글루카곤은 간에 있는 글리코겐 분해효소를 활성화시켜서 포도당을 혈액으로 방출한다(**그림 18-10**, ❼ 단계). 글루카곤은 또한 지방분해를 촉진하여 에너지대사를 할 수 있는 지방산을 방출한다. 이러한 작용은 혈당을 증가시켜서(**그림 18-10**, ❽ 단계) 글루카곤 분비를 억제한다. 만일 혈당이 너무 높이 올라가면, 인슐린이 다시 분비된다.

### 당뇨는 인슐린 조절계의 장애를 초래한다

췌장에서 인슐린 합성이나 분비가 제대로 안 되거나 혈액 내 인슐린과 반응하는 표적세포 능력이 저하되면 당뇨(diabetes mellitus)가 발생하는데, 당뇨란 당을 섭취했을 때 혈당치가 높거나 변동이 심한 상태를 말한다. 당뇨병에서 기능적인 인슐린의 반응이 결여되면 신체는 에너지원으로 지방에 주로 의존하게 되어 혈액을 순환하는 콜레스테롤을 포함한 지질의 농도가 높아지게 된다. 심각한 당뇨는 혈관에 지질을 축적하여 고혈압과 심장질환을 일으킬 수 있다. 이런 이유로, 당뇨는 심질환의 주요 원인이 된다. 신장과 눈의 망막에 분포한 가는 혈관에 지질이 축적되면 신기능 장애와 장님이 될 수도 있다. 인슐린 대체요법은 혈당과 지질대사를 모두 개선하여 당뇨 환자의 건강을 현저하게 개선시킨다. 하지만 인슐린 대체요법은 매일매일 혈액검사와 인슐린 주사가 필요하며 에너지 대사를 완전히 자연 상태처럼 조절할 수는 없다. 일상의 불편함과 건강을 증진시킬 수 있는 당뇨치료에 획기적인 진전을 "건강 지킴이: 당뇨병 치료의 접근"에서 설명하고 있다.

## 생식기관은 생식세포와 성호르몬을 생성한다

생식기관[남성의 **정소(testis)**와 여성의 **난소(ovary)**]은 생식세포(정자와 난자)를 만들고 성호르몬을 분비한다. 정소는 스테로이드인 여러 가지 남성호르몬을 분비하며 이 중 가장 중요한 것이 테스토스테론(testosterone)이다. 난소는 두 종류의 스테로이드 호르몬인 에스트로겐(estrogen)과 프로게스테론(progesterone)을 분비한다. 정자와 난자 생성, 월경주기 및 임신에서 성호르몬의 역할은 20장에서 설명하기로 한다.

### 성호르몬 농도는 사춘기 동안에 증가한다

성호르몬은 남녀 모두 생식계가 성숙하여 기능을 하는 시기인 사춘기에 중요한 역할을

## 건강 지킴이

### 당뇨병 치료의 접근

가장 극심한 종류의 당뇨병인 제1형은 사람의 면역체계가 췌장의 인슐린 생성 섬세포를 공격하고 죽일 때 발병한다. 제1형 당뇨병은 태아기 때 종종 발병하며 평생 동안 매일 수많은 혈액검사와 인슐린 주입이 필요하다. 제1형 당뇨병으로 고통을 받는 수많은 사람들을 위한 최근 연구가 진정한 희망을 제공해주고 있다.

1999년, 캐나다 알버타 대학교에 있는 제임스 샤피로(James Shapiro)를 필두로 연구원들은 뇌사 기증자로부터 분리된 섬세포를 제1형 당뇨병을 앓고 있는 일곱 명 환자의 간에 연결된 정맥에 주입하였다. 일부 섬세포들은 간에 정착하여 인슐린을 분비하기 시작했다. 비록 일부 섬세포들은 이식 후 초기에 인슐린 요법이 필요하긴 했지만, 일곱 명 환자 모두 결국 인슐린 주입으로부터 완전히 해방되었다. 하지만 유감스럽게도 섬세포는 기증자들로부터 이식되었기 때문에, 환자들은 조직거부반응을 막기 위하여 일생 동안 면역억제제를 복용해야 한다.

면역억제는 수여자의 건강에 큰 위협을 주며, 수많은 제1형 당뇨병 환자에 비해 섬세포 기증자들의 수가 적기 때문에 대체 치료방법을 계속하여 찾고 있는 중이다. 2006년, 캘리포니아 샌디에이고의 생명공학 회사인 노보셀(Novocell) 연구원들은 면역억제를 피하면서 무제한의 섬세포를 얻을 수 있는 첫 두 단계를 발표하였다. 우선 죽은 기증자들로부터 섬세포를 분리하여 피부용 크림과 완하제의 재료로 오랜 기간 안전하게 사용되어 온 비활성 중합체인 폴리에틸렌글리콜(PEG)로 압축하였다. 연구원들은 이 세포를 지원자의 피부 바로 밑에 주입하여 당과 인슐린 같은 아주 작은 분자들은 PEG 캡슐 안으로 퍼져 밖으로 나올 수 있지만, 면역세포와 항체는 불가능하다는 사실을 알게 되었다. 면역계는 이식된 섬세포들을 공격할 수 없었기 때문에, PEG 캡슐의 세포들은 살아 남을 수 있었다.

이러한 획기적인 방법에도 불구하고, 이식할 수 있는 섬세포가 부족한 것은 해결하지 못하였다. 하지만 노보셀(Novocell) 연구원들은 배아줄기(ES)세포를 인슐린분비세포로 분화시키는 방법을 찾아내었다. 8장에서 언급하였듯이, 더 많은 세포들을 계속해서 만들어 내는 잠재력을 가진 줄기세포를 생각하면, 올바른 줄기세포는 언젠가는 이식 가능한 섬세포 유사 세포의 공급을 거의 무제한 할 수 있을 것이다. 유감스럽게도, 이러한 배아줄기에서 유래된 세포는 섬세포처럼 완벽하게 기능을 하지 못하였다. 보통, 섬세포들은 음성되먹임 회로를 형성한다. 혈당이 높으면 섬세포들이 많은 양의 인슐린을 분비하며 체세포가 당을 흡수하도록 자극한다. 그러므로 혈당농도는 감소하고 섬세포는 인슐린 분비를 억제한다. 반면, 분화된 줄기세포는 태아의 섬세포처럼 반응하였다. 인슐린을 생산하지만 당에 반응하여 인슐린을 분비하지는 않았다. 연구원들은 당에 의해 자극받았을 때 인슐린을 분비하는 좀 더 완벽한 기능적인 섬세포 유사세포가 만들어지길 바란다.

연구원과 의사들은 이러한 치료의 경우 오랜 시간이 지나야 일상적인 임상적 활용이 가능하다고 주의를 준다. 그럼에도 불구하고, 배아줄기에서 유도된 캡슐에 넣은 섬세포들이 제1형 당뇨병 환자들에게 특효약으로 입증될 수도 있다.

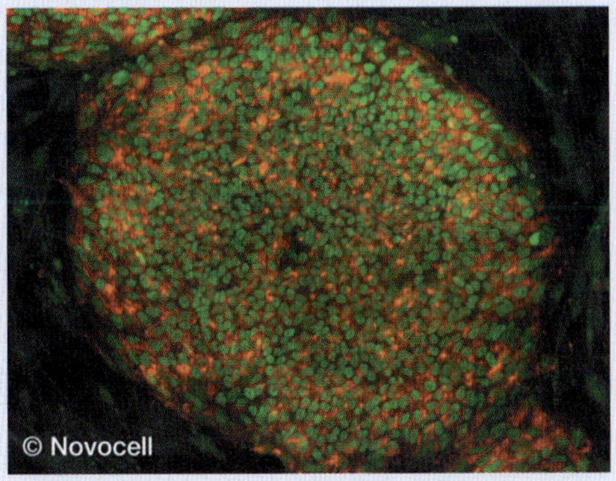


▲ **그림 E18-1** **제1형 당뇨에 대한 효과적인 치료** 이 같은 배아줄기 세포가 복합 성장인자의 자극으로 태아의 췌장 섬세포와 유사한 인슐린 분비세포로 분화할 수 있을 것이다.

한다. 시상하부가 뇌하수체 전엽을 자극하여 황체형성호르몬(LH)과 여포자극호르몬(FSH)의 양을 증가시켜 혈액으로 분비를 시작하는 시기에 사춘기가 시작된다. LH와 FSH는 정소와 난소에 있는 표적세포를 자극하여 더 많은 양의 성호르몬을 생산한다.

그 결과 순환하는 성호르몬의 양이 증가하여 결국 수용체를 갖고 있는 전신조직에 영향을 준다. 여성의 경우 난소에서 방출된 에스트로겐은 가슴의 발달과 성숙한 난자를 포함한 여성생식계 성숙을 자극한다. 프로게스테론은 수정란을 받아 영양을 공급하도록 생식관을 준비하며 임신 중 난소에서 분비된다.

남성의 경우 정소에서 분비된 테스토스테론은 정자생성을 촉진하고, 신체와 얼굴에 체모와 후두의 발달로 낮은 소리를 내며 근육발달 등 남성의 2차 성징 발달을 자극한다.

호르몬 생성의 증가는 사춘기에 나타나지만 성호르몬은 태아기가 시작하는 시기부터 나타난다. 성호르몬은 남녀의 두뇌 발달 및 일생동안 행동양식에도 영향을 준다.

#### 동화스테로이드—바보들의 금?

**계속**

운동선수에게 동화스테로이드에 대한 관심은 테스토스테론의 근육을 만드는 작용을 모방하여 그 이상으로 향상시키는 것이다. 그러나 아주 많은 양의 테스토스테론은 그러나 남성과 여성 모두 콜레스테롤 대사, 뼈의 생장 및 감정과 행동에도 영향을 미쳐서 히포크라테스 시대로 거슬러 올라가 의사들이 직면한 어려움을 나타내기도 한다. 단지 한 가지 일만 가지고 어떤 약물을 발견해 내기는 매우 어렵다. 이 장의 마지막에 있는 다시 보는 사례 연구인 "동화스테로이드-바보들의 금?"에서 동화스테로이드의 몇 가지 일반적인 부작용에 대해 논의할 것이다.

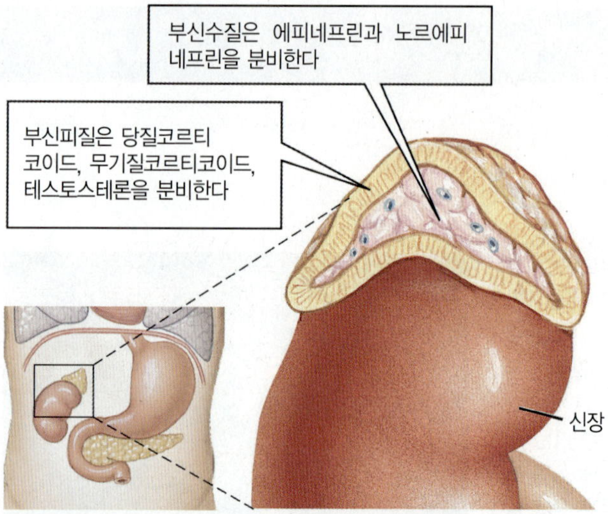


▲ **그림 18-11 부신** 각 신장의 꼭대기에 위치한 부신은 바깥쪽에 피질, 안쪽에 수질로 구성된다.

## 부신은 대사와 스트레스에 대한 반응을 조절하는 호르몬을 분비한다

부신(adrenal gland)은 매우 다른 부신피질과 부신수질 두 부분으로 구성된다(**그림 18-11**).

### 부신피질 호르몬은 포도당과 염의 대사를 조절한다

부신의 바깥층은 **부신피질(adrenal cortex)**을 형성한다. 피질은 두 가지 주요 스테로이드 호르몬인 당질코르티코이드와 무기질코르티코이드 및 소량의 테스토스테론도 분비한다. 명칭에 나타난 것처럼 **당질코르티코이드(glucocorticoid)**는 당대사를 조절한다, 이 호르몬은 뇌하수체 전엽의 **부신피질자극호르몬**(ACTH)의 자극에 의해 분비된다. ACTH는 상처, 감염, 또는 심각한 온도에 노출되는 등의 자극에 반응하여 시상하부에서 생성된 호르몬의 자극으로 분비된다. 어떤 면에서, 당질코르티코이드는 포도당 생성을 자극하고 에너지 생산에 포도당 대신 지질 이용을 촉진하여 혈당을 높이는 글루카곤과 비슷하게 작용한다. 당질코르티코이드는 또한 염증을 줄이며 발진부위나 벌레물린데 부종과 가려움을 완화시키므로 약국에서 하이드로코티손이라는 약품으로 구입할 수 있다.

2~3천명이 해마다 뇌하수체나 부신피질 종양(ACTH 과다분비)으로 발전한다. 각각의 경우 과다한 당질코르티코이드 분비는 체중증가, 잘 트는 피부, 뼈의 약화, 모발의 과잉성장 및 갈증과 소변량 증가 등이 주요 증세인 쿠싱증후군이 나타날 수 있다. 이 증후군은 개나 말을 포함한 많은 포유류에서 두드러지게 나타난다(**그림 18-12**).

무기질코르티코이드 호르몬은 혈액의 무기질(염류) 함량을 조절한다. 가장 중요한 무기질코르티코이드는 **알도스테론(aldosterone)**이며, 이 호르몬은 나트륨의 농도조절을 도와준다. 나트륨이온은 혈액과 세포외액에 가장 풍부한 양이온이다. 세포막을 통한 나트륨이온의 농도차이(외부는 높고 내부는 낮음)는 신경세포의 전기신호 생성을 포함한 많은 세포작용의 요소가 된다. 혈액 내 나트륨 농도가 낮아지면, 부신피질에서 알도스테론을 분비하여 신장과 땀샘이 나트륨을 함유하도록 한다. 알도스테론 유도-나트륨 유지기작과 함께 소금과 다른 음식물에 함유된 나트륨으로 인해 혈액 내 나트륨 농도가 정상수치로 회복되었을 때 알도스테론의 분비는 차단된다. 이는 음성되먹임의 또 다른 예이다.

▲ **그림 18-12 쿠싱증후군에 걸린 늙은 말** 당질코르티코이드의 과다분비는 많은 포유류에서 나타난다. 말의 경우 전형적인 증세로 무기력, 굽은 등, 길고 구불구불한 털, 말발굽의 문제 및 과다한 물섭취와 배뇨 등이 나타난다(하루에 약 75리터—정상의 4배 정도).

### 부신수질 호르몬은 스트레스와 운동에 대해 신체를 준비하도록 한다

**부신수질(adrenal medulla)**은 각각의 부신 중심에 위치하며 스트레스나 운동에 반응하여 **에피네프린(epinephrine)**과 소량의 **노르에피네프린(norepinephrine)**의 두 가지 호르몬을 분비한다(일명 **아드레날린**과 **노르아드레날린**이라고 함). 아미노산 유도체인 이들 호르몬은 신체의 위급한 상황에 대비한다. 이 호르몬은 심박률과 호흡률을 증가시키고, 혈압과 혈당농도를 올리며 소화관으로의 혈액흐름을 뇌와 근육으로 흐르게 한다. 또한 이들 호르몬은 폐의 공기 유입량을 증가시켜 폐용적을 확장시킨다. 이런 이유로, 천식으로 인해 기도가 수축된 환자에게 종종 에피네프린을 주사한다.

발생학적으로 부신수질은 신경계의 일부분으로 "싸우거나 도주"할 때 신체를 준비시키는 교감신경계에 의해 활성화된다. 19장에서 이 개념에 대해 깊이 있게 배울 것이다.

## 호르몬은 송과샘, 가슴샘, 신장, 소화관, 심장 및 지방세포에서도 생성된다

**송과샘(peneal gland)**은 뇌의 두 반구 사이에 위치하며, 시상하부의 바로 위, 약간 뒤쪽에 있다(그림 18-4). 솔방울과 닮았다고 해서 붙여진 송과샘은 강낭콩보다도 작다. 1946년, 철학자인 데카르트는 송과샘을 "이성적 영혼의 자리"라고 묘사했다. 그 이후로 학자들은 이 기관에 대해 더 많은 것을 배웠지만 송과샘의 기능이 아직도 잘 알려지지 않은 상태이다.

송과샘은 아미노산 유도체인 멜라토닌(melatonin)이라는 호르몬을 생산한다. 멜라토닌은 포유류의 경우 눈으로 들어오는 빛에 의해 조절되는 일주기 리듬으로 분비된다. 개구리 같은 척추동물에서는 송과샘 자체에 광수용체 세포를 포함하고 있으며 두개골이 매우 얇아 송과샘이 햇빛과 낮의 길이를 감지한다. 계절마다 다른 낮의 길이에 반응하여 송과샘은 많은 포유류의 계절별 생식주기를 조절한다. 오랜 기간의 연구에도 불구하고, 사람의 송과샘과 멜라토닌의 기능에 대해서는 아직도 명확히 밝혀진 것이 없다. 어린 아이들의 경우 송과샘에서 많은 양의 멜라토닌을 분비하여 사춘기 시작을 억제하지만, 작용기작은 아직도 밝혀지지 않았다. 분명한 것은 송과샘이 수면-기상 주기에도 영향을 주지만 얼마나 중요한 역할을 하는지는 아직도 분명치 않다. 하지만 수면- 기상주기의 역할을 유지하는데 있어서 멜라토닌은 장거리 여행 중 원하는 수면시간 바로 전에 복용할 경우 시차를 줄일 수 있다.

**가슴샘(thymus)**은 흉골 뒤편 흉강에 위치한다, 가슴샘은 티모신(thymosin)이란 호르몬을 생성하여 면역반응에 중요한 역할을 하는 T세포라는 특정 백혈구의 재생과 발달을 자극한다. T세포는 골수에서 형성되어 티모신과 기타 호르몬의 영향을 받는 가슴샘으로 이동하며, 증식하여 보조T세포와 세포독성T세포로 분화한다. 가슴샘은 유년기에는 매우 크지만 성호르몬의 영향을 받아 사춘기 이후에는 작아진다. 그 결과, 노년기에는 사춘기보다 더 적은 수의 새로운 T세포를 만들게 되고 새로운 질병에 더 걸리기 쉽다,

주요 내분비샘이 아닌 많은 기관들도 호르몬을 생산한다. 예를 들어 신장은 혈액이 산소를 충분히 전달하지 못할 때 펩티드 호르몬인 적혈구생성인자(에리트로포이에틴)를 분비한다. 적혈구생성인자는 골수를 자극하여 산소를 나르는 더 많은 적혈구를 생산한다. 최대한의 산소를 필요로 하는 운동선수들의 인내심이 때로는 적혈구생성인자나 합성물질인 다베포이에틴(darbepoietin)을 주사하는 부정행위를 시도하게 만들기도 한다. 2002년 동계올림픽에서, 러시아와 스페인의 크로스컨트리 스키선수들이 디베포이에틴을 사용한 것이 밝혀져 메달을 박탈당했다(7장 사례 연구 참고).

심장에서도 호르몬이 분비된다. 심방나트륨이뇨펩티드(atrial natriuretic peptide)는 항이뇨호르몬과 알도스테론의 분비를 억제하여 나트륨 배출을 증가시킨다. 심장에서 유래된 이 호르몬은 증가된 혈액량에 반응하여 분비된다. 과다한 혈액이 심방을 채우면 심방벽이 늘어나 심방나트륨이뇨펩티드의 분비를 자극하여, 신장에서 물과 염분의 재흡수를 감소시켜 혈액량을 줄이는 데 도움을 준다.

마지막으로 지방이 내분비기관이 될 수 있다는 것을 누가 생각해 보았겠는가? 1995년 록펠러 대학의 제프리 프리드만과 그의 동료들은 지방세포에서 방출되는 렙틴(leptin)이란 펩티드호르몬을 발견하였다. 렙틴유전자가 결여되도록 유전적으로 조작된 쥐는 비만쥐가 되었으며(그림 18-13), 렙틴을 주입하면 체중이 감소하였다. 연구자들은 지방질 축적이 어느 정도인지, 그래서 얼마나 섭취해야 하는지를 지방조직이 신체에게 랩틴 방출로 알려준다는 가설을 세웠

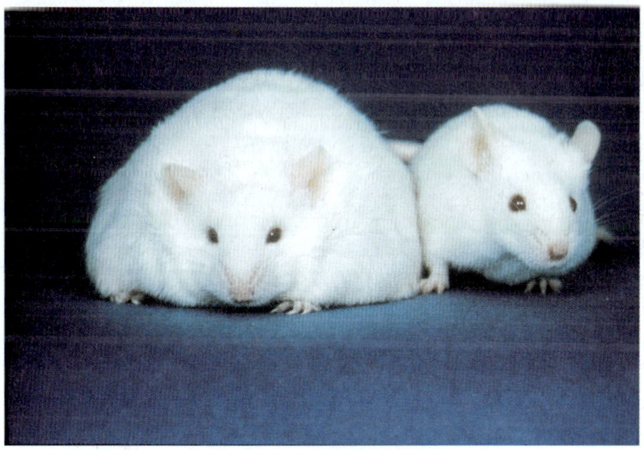

▲ 그림 18-13 **렙틴이 체지방의 조절을 돕는다** 왼쪽의 비만 쥐는 렙틴 호르몬에 대한 유전자가 결핍되도록 유전적으로 조작되었다.

다. 이미 많은 양의 지질을 저장했다면 고농도의 렙틴에 의해 섭취량이 줄어들 것이다. 불행히도 사람의 체중감소제로 렙틴을 이용하려는 시도는 추천하지 않는다. 많은 비만인 들이 렙틴 농도는 높지만 상대적으로 렙틴에 둔감한 것으로 보인다. 하지만 연구자들은 새로운 모세혈관의 성장을 자극하고 상처회복을 빠르게 하는 렙틴의 추가적인 기능을 밝혀냈다, 렙틴은 또한 면역계를 자극하고 사춘기 시작과 2차 성징의 발달에 필요하다.

## 동화스테로이드—바보들의 금? 다시 들러보기

천연테스토스테론처럼 동화스테로이드는 근육량의 증가를 도와준다. 그러나 자연적으로 만들어지는 호르몬은 아주 적은 양이다. 상대적으로 많은 양, 특히 그들이 모방하는 천연호르몬보다 훨씬 강력한 합성호르몬은 문제를 일으킬 수 있다. 그들이 적발되지 않는다 하더라도 스테로이드 남용은 건강을 해칠 위험이 있다.

남성에서 테스토스테론 유사 동화스테로이드의 남용은 천연 테스토스테론의 생성을 감소시키는 음성되먹임 효과를 일으킨다. 이 테스토스테론 모방에 의한 속임수는 뇌하수체 전엽이 정소발달과 정자생성에 필요한 양보다 더 적은 양을 분비하여 정소가 종종 위축되고 정자 수가 줄어든다. 어떤 동화스테로이드는 유방발달을 유도하는 에스트로겐으로 전환될 수도 있다.

여성에서 동화스테로이드는 목소리가 굵어지고, 수염이 증가하며 심지어 대머리도 포함되는 남성 같은 신체 변화를 촉진한다. 테스토스테론 유사 호르몬은 또한 난자 발달과 배란을 방해하여 월경주기를 종종 불규칙하게 만든다. 남성과 여성 모두에서 동화스테로이드는 여드름의 원인이 되며 면역계를 저하시킨다. 기분의 두드러진 변화와 갑작스런 공격성은 "로이드 레이지"라는 속어를 만들어 내기에 충분하다. 동화스테로이드는 혈압상승, 좋은 콜레스테롤(HDL)의 감소와 관련이 있다. 두 가지 모두 심장질환과 뇌졸중에 위험요소이다. 동화스테로이드는 뼈의 성장을 정지하도록 차단하는 원인이 되어 젊은 스테로이드 남용자는 잠재적으로 클 수 있는 키까지 완전히 클 수 없게 된다.

불법의 "디자이너 스테로이드" 또한 건강과 안전성 검사를 엄격히 하지 않는다. 예를 들어 THG는 천연 프로게스테론의 7배나 되는 농도로 프로게스테론 수용체를 강력히 활성화시킨다. 프로게스테론은 정자를 활성화시키고 면역계를 억제하며 졸음, 식욕, 지방 저장능력을 증가시키므로 THG를 주입한 운동선수들은 자기도 모르는 사이에 THG 테스토스테론 유사 작용으로 나타나는 것 외에도 수많은 유해성에 노출될 것이다.

동화스테로이드와 기타 성능강화 약물들이 여러 종목 선수들의 업적을 퇴색시켰다. 스테로이드 남용자들은 올림픽 메달을 박탈당하고 그들의 세계 신기록도 기록에서 지워지며 출전 금지 또는 영구 제명되기도 했다. 돈캐틀린 박사에게는 올림픽을 모독했다는 것이 특히 모역적이었다. 그는 " 나에게 있어서 올림픽 경기란 깨끗하고 영원히 신성한 것"이라고 말했다. 세계 모든 국가의 사람들이 경쟁하여 결승선을 1등으로 들어오는 최고의 남녀가 된다. 그들이 이런 오점을 남기는 것보다 더 최악인 것이 무엇일까?

### 생각해보기

어떤 운동선수는 올림픽 금메달을 따기 위해서는 자진해서 오랜 기간 신체에 손상을 주는 위험을 감수할 수 있다고 말한다. 어떤 사람들은 "그런 일은 내게 일어나지 않을 거야"라고 하면서 그 위험을 대수롭지 않게 생각하는 사람도 있다. 어떤 시사해설자들은 항상 성공적이고 들키지 않는 약물남용선수들이 있다고 믿는다. 그래서 해설자들은 전문적인 스포츠는 선수들이 원한다면 모든 사람이 운동장 내 수준에서 어떤 약물이라도 사용하도록 허용해야 할 것이라고 제안한다—만일 운동선수가 자신의 건강을 파멸시키길 원한다면 그것은 그들 자신의 문제이다. 하지만 고등학교와 대학교 운동선수에 대해서는 어떻게 할 것인가? 대규모 여론조사를 기초로 질병관리 예방센터에서는 미국 고등학교 운동선수의 약 6%가 가끔씩 동화스테로이드를 사용한다고 결론 내렸다. 이 학생들 중 일부는 신체가 아직도 빠르게 발달 중에 있는 14~15세 정도였다. 고등학교 스포츠에서는 운동선수의 건강을 보호하기 위해 일상적인 약물검사를 해야 하는가? 그 이유는 무엇이며 그렇지 않은 이유는 무엇인가?

# 개념 확인 문제

## 빈칸 채우기

**1.** 호르몬은 _________의 일부인 세포에 의해 방출되는 분자이다. 이 세포는 모세혈관망에 둘러싸여 있으므로 호르몬은 혈류를 타고가 몸 전체를 돌아다닌다. 분비된 호르몬은 _______(이)라고 하는 신체의 특정 세포에만 반응을 할 수 있는데, 그 이유는 _______(이)라고 하는 단백질을 포함하므로 분비된 호르몬과 결합할 수 있다.

**2.** 대부분의 호르몬은 _______, ________ 와(과) _________의 세 가지의 화학유형으로 나눈다. ________와(과) ________ 호르몬들은 대부분 수용성이며 세포 표면에 있는 수용체와 결합한다. 이 호르몬들은 전형적으로 _______(이)라 불리는 세포 내 분자의 합성을 자극시킨다. 이 분자는 효소를 활성화시키며 세포의 대사를 변화시킨다. _________ 호르몬들은 지용성이며 세포질이나 세포핵에 있는 수용체와 결합한다. 호르몬- 수용체 복합체는 일반적으로 DNA와 결합하여 ________을(를) 일으킨다.

**3.** _________은(는) 어떠한 변화에 대응하여 원래 상태로 되돌아오게 하는 반응이다. ________는(은) 어떠한 변화를 높이는 반응이다. 대부분의 호르몬 방출은 _________에 의해 조절된다.

**4.** 뇌의 일부인 _________는(은) 뇌하수체의 활동을 조절한다. 이 부분에 위치한 ________(이)라고 하는 특수화된 신경세포는 뇌하수체 후엽의 축삭 말단에서 _________ 또는 _________ 호르몬을 방출한다. 다른 특수화된 신경세포는 모세혈관망으로 ___________을(를) 방출한다. 이것은 뇌하수체 전엽으로 흘러들어가 내분비세포의 호르몬 분비를 자극하거나 감소시킨다.

**5.** 뇌하수체 전엽으로에서 생성된 대표적인 호르몬들은 _________, ____________, ____________, ____________, ___________와(과) __________이다.

**6.** 췌장은 당 대사를 조절하는 _________와(과) __________ 호르몬을 방출한다. 혈당이 너무 높으면 __________이(가) 분비되어 체세포들이 당을 흡수하게 된다. 췌장이 너무 적은 양의 이 호르몬을 생성하거나 전혀 반응을 하지 못한다면, __________(이)라고 하는 장애가 일어난다 혈당이 너무 낮아지면 __________이(가) 분비되며 간은 녹말 같은 저장분자인 __________을(를) 분해하여 당을 혈액으로 내보낸다.

**7.** _________(이)라고 하는 수컷 포유류의 생식기관은 남성호르몬인 _________을(를) 분비한다. __________(이)라고 하는 암컷 포유류의 생식기관은 대표적인 여성호르몬인 ________와(과) ________을(를) 분비한다. 이러한 세 가지 호르몬들의 화학유형은 모두 ________이다.

**8.** 부신은 바깥 표면의 __________와(과) 내부의 __________인 2부분으로 구성되어 있다. 외층에서는 세 가지 주요 스테로이드 호르몬인 __________, __________,__________을(를) 분비한다. 내층은 아미노산의 유래 호르몬인 _________와(과) __________을(를) 방출한다.

## 복습 문제

**1.** 어떤 화학유형의 호르몬이 세포막 수용체와 결합하는가? 어떠한 과정이 세포에서 일어나는가?

**2.** 호르몬이 표적세포의 핵에 있는 수용체와 결합하면 어떠한 과정이 세포에서 일어나는가? 어떤 화학유형의 호르몬이 세포 내 수용체와 결합하는가?

**3.** 음성되먹임의 과정을 그림으로 그리고, 호르몬 활동을 조절하는 음성되먹임의 예를 들어라.

**4.** 인체에 있는 주요 내분비샘은 무엇이며 어디에 위치하는가?

**5.** 시상하부–뇌하수체 복합체의 구조와 기능을 묘사하라.

**6.** 췌장의 호르몬들이 혈당을 조절하기 위해 어떻게 함께 작용하는지 설명하라.

**7.** 다음 질문에 답하여 부신피질과 부신수질을 비교하라.
부신피질과 부신수질은 부신 내 어디에 위치하였는가? 이들은 어떤 호르몬을 생성하는가? 이 호르몬의 표적은 어느 기관인가?

# 19장

# 신경계와 감각

사랑: "연인의 눈동자 속에 타오르는 불꽃…. 가장 분별 있는 미치광이?" 아니면 단지 연인의 뇌 깊은 곳에서 화학물질들의 적절한 혼합의 결과인가?

## 주요 내용

# 사례 연구 나는 어떻게 그대를 사랑하나?

*"쉿! 저기 저 창문을 통해 터져 나오는 빛은 무엇일까?*
*저곳이 동쪽이니까, 줄리엣은 태양이군."*
*– 로미오와 줄리엣*, 제2막, 2장

세익스피어의 희극, 로미오와 줄리엣에서, 두 명의 십대 남녀는 첫 만남에서 사랑에 빠진다. 한두 시간 후, 로미오가 창밖을 내다보는 줄리엣을 바라보고 있을 때, 로미오는 줄리엣을 그의 인생을 밝혀주는 태양인양 바라본다. 희극 로미오와 줄리엣은 남녀간 사랑의 힘을 가장 훌륭하게 표현한 작품 중의 하나이다. 그 사랑을 위해 연인들은 가족의 반대를 무릅쓰고, 운명을 걸었지만 결국 그 운명은 그들은 버렸다.

프레리 들쥐는 감정적 사랑의 신경화학적 원리에 대한 이해를 제공한다.

물론 남녀간의 사랑이 유일한 사랑은 아니다. 자식에 대한 어머니의 사랑도 그만큼 강하다. 또한 사람들은 각자 자신만의 사랑을 규정하는데, 신과 국가에 대한 사랑으로 기꺼이 목숨을 바치기도 한다. 사랑이란 도대체 무엇인가? 모든 유형의 사랑이 서로 전혀 다른 것인가 아니면 서로 관련이 있는가? 두 연인이 만나거나 엄마가 아기를 흔들어 달랠 때, 뇌에서는 무슨 일이 일어나는가?

어쨌든, 인간의 사랑에 대해 확실히 아는 사람은 없다. 하지만 놀랍게도, 신경과학자들은 프레리 들쥐라고 불리는 작은 설치류의 사랑(사랑이 아니라면, 적어도 일부일처제, 짝짓기와 성)에 대해서는 많은 것을 알고 있다. 만약 줄리엣이 프레리 들쥐였었다면, 로미오와의 첫 만남은 그녀의 뇌에 엄청난 양의 옥시토신(분만 시 자궁수축을 유발하는 호르몬과 동일)을 방출하였을 것이다. 옥시토신은 중격의지핵(accumbens)이라고 불리는 그녀 뇌의 작은 부위에서 수용체에 결합하여 신경세포들이 도파민이라는 화학물질을 분비하게끔 하였을 것이다. 도파민 때문에, 그녀는 황홀함을 느꼈을 것이고, 한술 더 떠, 로미오에 대한 행복감에 젖었을 것이다. "로미오 들쥐"에서는, 일부 분자들과 뇌 영역들이 달랐을지도 모르지만, 최종결과는 비슷하였을 것이다: 도파민의 폭발이 그에게 궁극적인 황홀감을 주었을 것이고, 그는 이 황홀감이 줄리엣과 함께할 때에만 다시 느낄 수 있을 것으로 확신하였을지도 모른다. 따라서 두 들쥐는 짝을 짓고, 평생토록 유대관계를 가질 것이다. 그들은 보금자리를 짓고, 함께 지내며 새끼를 낳을 것이다.

인간과 기타 동물들은 어떻게 그들의 세상을 감지할까? 태양이 따뜻한지 아닌지 또는 연인의 얼굴과 향기가 어떤지를 어떻게 지각할까? 그들이 감지하는 것들을 어떻게 평가하며, 어떻게 진정하거나 흥분하며, 어떻게 공포를 느끼고, 고민을 할까? 마지막으로, 그들은 어떻게 휴식, 먹기 또는 짝짓기와 같은 적절한 행동으로 반응할까? 대부분의 지각과 행동들이 완벽하게 이해되지는 않지만, 이 질문들에 대한 답들을 감각과 신경계에서 발견하게 될 것이다. ■

## 19.1 신경세포는 어떻게 작동하는가?

신경계에 대한 우리의 학습은 **뉴런(neuron)**이라는 개별적인 신경세포에서부터 시작한다(**그림 19-1**). 많은 뉴런들이 그림 19-1에서 보이는 것과 구조적으로 유사하지만, 어떤 것들은 매우 다르다. 흰긴수염고래에서처럼 어떤 것들의 길이는 18 m로 길 수도 있고, 어떤 것들은 고작 0.25 cm이거나, 심지어 그보다 짧기도 하다. 어떤 뉴런들은 모양이 매우 비슷하기도 하고, 다른 것들은 몹시 많은 돌기를 갖기도 한다. 이 엄청난 구조적 다양성에도 불구하고, 대부분의 뉴런들은 4가지의 동일한 기능을 수행한다.

1. 내부 또는 외부환경으로부터, 혹은 다른 뉴런들로부터 정보를 받는다.
2. 대개 다른 출처에서 오는 정보와 함께 이 정보들을 처리하여 전기신호를 생성한다.

3. 다른 세포들과 만나는 접합부로 전기신호를 전달한다(때때로 상당히 먼 거리이다).
4. 다른 뉴런들 또는 세포들(근육이나 분비샘의 세포들)과 의사소통한다.

## 뉴런의 각 부분마다 기능이 다르다

척추동물의 "전형적인" 뉴런은 4가지 기능을 수행하는 4개의 독특한 부위들을 가지고 있다: 수상돌기, 세포체, 축삭 및 시냅스 말단(그림 19-1 참고).

### 수상돌기는 자극에 반응한다

세포체로부터 가지를 친 덩굴손처럼 돌출한 **수상돌기(dendrite)**는 "정보수용"의 기능을 수행한다(그림 19-1, ❷와 ❽ 단계). 가지를 친 모양은 신호를 받아들이기 위한 넓은 표면적을 제공한다. 뉴런의 위치 및 기능에 따라, 수상돌기는 다른 뉴런들로부터 방출된 화학물질들에 반응할 수 있다. 체온, 혈액의 pH 또는 관절의 위치와 같이 내부환경으로부터 오는 신호에 반응하거나 접촉, 냄새, 빛 또는 열과 같이 외부환경으로부터 오는 자극에 반응할 수 있다.

### 세포체는 수상돌기로부터 오는 신호를 처리한다

전기신호는 수상돌기를 따라 "정보처리" 기능을 수행하는 뉴런의 **세포체(cell body)**에 전달된다(그림 19-1, ❸ 단계). 세포체는 수상돌기로부터 오는 신호들을 합쳐 통합한다. 이 신호들의 합이 충분히 크고 흥분성이면, 세포체는 뉴런의 전기적 출력신호인 **활동전위(action potential)**를 생성한다(그림 19-1, ❹ 단계). 또한 세포체는 대부분의 세포에서 발견되는 핵, 소포체 및 골지체와 같은 세포소기관들을 포함하며, 단백질 합성 및 세포대사 조절과 같은 전형적인 세포활동을 수행한다.

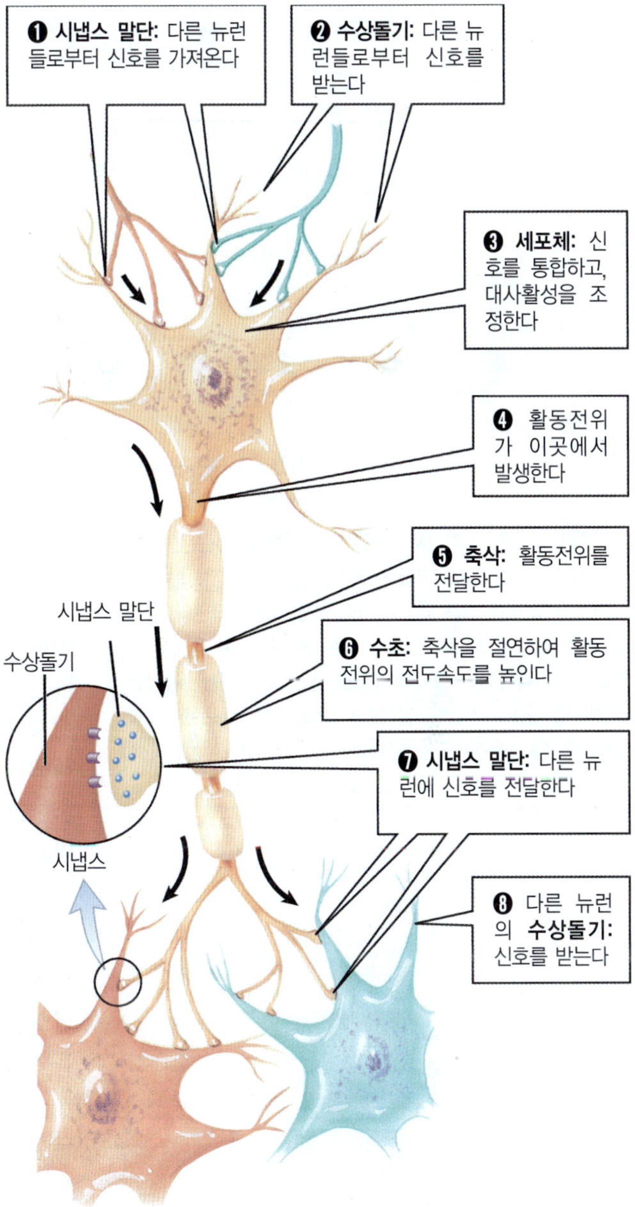


▲ 그림 19-1 분화된 뉴런의 부위들과 그 기능

### 축삭은 활동전위를 멀리 전달한다

전형적인 뉴런에서는, 하나의 길고 얇은 섬유인 축삭이 세포체로부터 돌출한다. 축삭은 세포체로부터 다른 세포와 접촉하는 축삭의 끝인 시냅스 말단으로 활동전위를 전달한다(그림 19-1, ❶과 ❼ 단계). 척수에서 발가락까지 약 1 m에 걸쳐 뻗쳐 있을 하나의 축삭을 가진 뉴런들이 인체에서 가장 긴 뉴런들이다. 이런 축삭들은 수초(myelin)라는 절연체에 둘러싸여 있는데, 이것이 활동전위의 전도속도를 빠르게 한다(그림 19-1, ❻ 단계). 수초는 축삭을 둘러싸는 비신경세포로부터 생성된다. 전기 케이블 안의 전선 다발처럼, 여러 개의 축삭들이 **신경섬유(nerve)**로 다발지어진다.

### 신호는 시냅스에서 다른 세포로 전달된다

하나의 뉴런이 다른 세포와 의사소통 하는 곳을 **시냅스(synapse)**라 부른다. 전형적인 시냅스는 (1) 정보를 보내는 뉴런의 축삭 끝부분에 팽창된 부분인 **시냅스 말단(synaptic terminal)**, (2) 정보를 받는 뉴런의 수상돌기 또는 세포체, 분비샘 또는 근육세포, (3) 둘을 분리하는 하나의 좁은 틈으로 구성된다(그림 19-1, ❼ 단계; 그림 19-3 참고). 대부분의 시냅스 말단은 **신경전달물질(neurotransmitter)**이라는 화학물질을 포함하고 있는데, 말단에 도달하는 활동전위에 반응하여 방출된다. 시냅스에서 첫 번째 세포의 출력신호는 두 번째 세포에게는 입력신호가 된다.

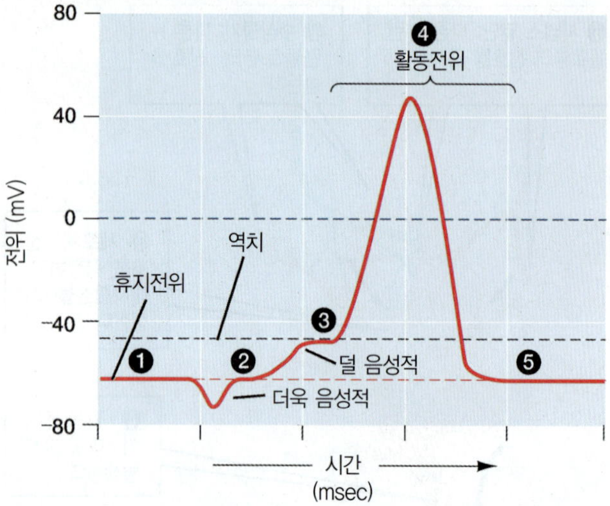


▲ **그림 19-2 뉴런에서의 전기적 사건들** ❶ 뉴런은 원형질막 안팎에 걸쳐 휴지전위라고 불리는 전압을 유지하는데, 그 크기는 세포 밖에 대해 약 -60 mV의 전압을 나타낸다. ❷ 환경 또는 다른 세포들로부터의 자극은 뉴런을 더욱 음성적으로 만들거나(아래 편향), 덜 음성적으로 만든다(위 편향). ❸ 전위가 약 10~20 mV 정도 덜 음성적으로 되면, 뉴런은 역치에 도달하여 ❹ 활동전위라는 일시적인 양성 전위를 생성한다. ❺ 1~2 msec 후, 뉴런의 막전압은 휴지전위로 되돌아간다.

## 19.2 신경세포는 어떻게 신호를 생성하고 전달하는가?

다수의 예외가 있지만, 대개 하나의 뉴런 내에서의 정보는 전기신호에 의해 운반되는 반면, 뉴런 간의 정보는 한 뉴런에서 방출되고 다음 뉴런에 의해 수용되는 화학물질을 통해 전달된다.

### 전기신호는 하나의 뉴런 안에서 정보를 전달한다

1930년대, 생물학자들은 개별적인 뉴런의 내부에서 일어나는 전기적 사건들을 기록하는 방법을 개발하였다. 그들은 배터리의 양극 사이의 전압과 유사하게, 자극을 받지 않은 비활성 뉴런들의 원형질막에 일정한 전압 또는 전위(potential)가 유지된다는 것을 발견하였다. **휴지전위(resting potential)**라고 불리는 이 전압은 언제나 세포 내부가 음성이며, 그 크기는 −40~−90 mV(볼트의 1/1,000) 사이이다.

뉴런이 자극을 받을 때, 내부의 음성 전위는 변한다. 휴지전위는 더욱 음성이 되거나 덜 음성적으로 될 수 있다. 만약 전위가 충분히 덜 음성적으로 되면, 전위는 **역치(threshold)**라는 수준에 도달하여 활동전위를 발생시킨다(그림 19-2). 활동전위가 일어나는 동안, 뉴런 내부의 전압은 약 +50 mV까지 급속히 올라간다. 활동전위는 세포의 음성 휴지전위가 복원되기 전에 몇 msec(초의 1/1,000) 동안 지속된다. 축삭의 원형질막은 세포체에서 시냅스 말단으로 활동전위를 전달하게끔 분화되었다. 거리에 따라 크기가 감소하는 금속 전선에서의 전압과는 다르게, 활동전위는 세포체에서 축삭말단까지, 흰긴수염고래의 경우에서는 약 18 m까지 전압의 변화 없이 전달된다.

### 신경전달물질은 시냅스에서 세포 간의 의사소통을 가능하게 한다

시냅스는 **시냅스전 뉴런(presynaptic neuron)**이라 불리는 한 뉴런의 시냅스 말단과 **시냅스후 뉴런(postsynaptic neuron)**인 두 번째 뉴런의 표면상 분화된 원형질막 영역 및 둘 사이의 좁은 간극으로 구성된다(그림 19-3).

축삭 끝의 시냅스 말단은 소포라고 불리는 막으로 이루어진 수십 개의 낭들을 포함하는데, 각각의 소포는 신경전달물질 분자들로 채워져 있다. 활동전위가 축삭을 따라(그림 19-3, ❶ 단계) 시냅스 말단에 도달하면(그림 19-3, ❷ 단계), 시냅스 말단의 내부는 양성 전하를 띠게 된다. 이 막전압의 변화가 소포에서 세포 사이의 간극으로 신경전달물질을 방출하게끔 한다(그림 19-3, ❸ 단계). 간극의 바로 건너에 있는 시냅스후 뉴런의 원형질막 외부 표면에는 수용체 단백질이 가득하다. 신경전달물질 분자들은 간극을 통해 확산되어 이 수용체들에 결합한다(그림 19-3, ❹ 단계).

#### 흥분성 및 억제성 전위가 시냅스에서 생성된다

신경전달물질 분자가 시냅스후 뉴런의 수용체에 결합하면 시냅스후 뉴런의 원형질막에 있는 통로가 열려 일시적인 작은 막전압의 변화를 일으키는데, 이것을 **시냅스후 전위(postsynaptic potential, PSP)**라고 한다. 열리는 통로의 종류와 이동하는 이온의 종류에 따라 PSP는 흥분성(excitatory, EPSP)일 수도 억제성(inhibitory, IPSP)일 수도 있다(그림 19-3, ❺ 단계). EPSP는 세포 내부를 덜 음성적으로 만들어 활동전위가 더 쉽게 유발되도록 한다. IPSP는 뉴런의 내부를 더욱 음성적으로 만들어 활동전위가 유발될 가능성을 낮춘다(그림 19-2 참고).

시냅스후 전위는 세포체에 전달되는데, 이 곳에서 활동전위를 유발할지 여부를 결정

---

**나는 어떻게 그대를 사랑하나?**

계속

여러 동물종들과 심지어 한 종 내 개체들에서도 신경전달물질의 수용체는 그 유형과 수가 매우 다양하다. 예를 들어, 일부일처의 암수-유대관계를 형성하는 프레리 들쥐들의 특정 뇌 부위에는 "보상" 신경전달물질인 도파민(dopamine)에 대한 수용체의 밀도가 매우 높다. 반면, 난교를 하는 들쥐들의 해당 뇌 부에서는 도파민 수용체의 밀도가 훨씬 낮다. 과학자들은 사회적 상호작용을 잘 하는 사람들과 비교하여 당황스러움에 대한 공포 때문에 다양한 사회적 관계를 회피하는 사회공포증(social phobias) 환자의 경우, 뇌의 보상 영역에서 도파민 수용체가 적다는 것을 발견하였다.

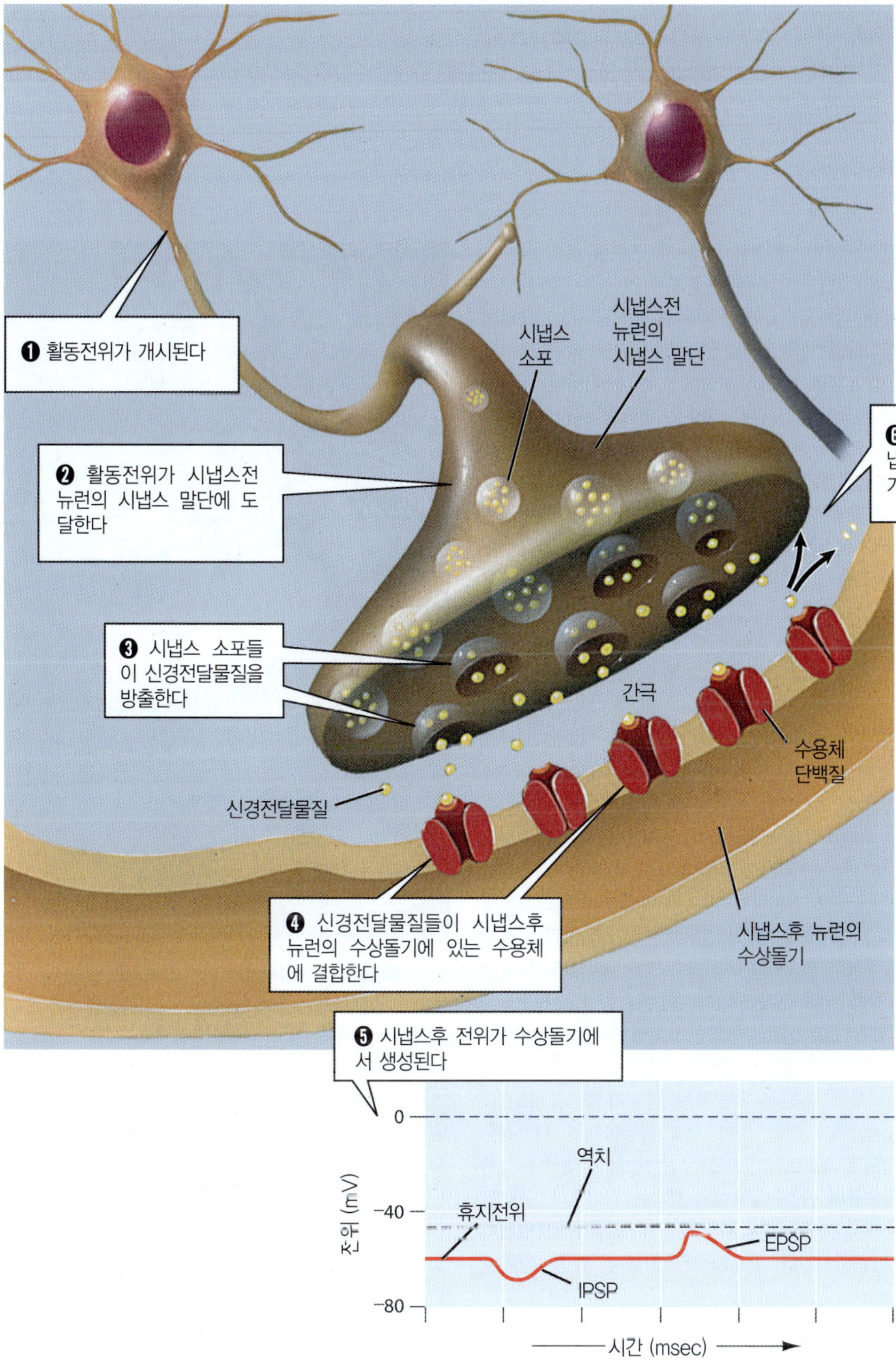


◀ **그림 19-3 시냅스의 구조와 기능** 시냅스 말단에는 신경전달물질로 채워진 많은 소포들이 있다. 활동전위가 시냅스 말단에 도달할 때, 소포들은 뉴런 사이의 공간에 신경전달물질을 방출한다. 신경전달물질은 간극을 통해 빠르게 확산되어 시냅스후 뉴런의 수용체에 결합한다. 많은 경우, 하나의 신경전달물질이 수용체에 결합하면 시냅스후 세포에서 휴지전위의 변화를 유발하는데, 이를 시냅스후 전위(postsynaptic potential, PSP)라고 한다.

**질문:** 여기 그려진 뉴런들을 어떤 신경독(nerve poison)이 포함된 용액에 담그는 실험을 생각해 보시오. 시냅스전 뉴런이 자극을 받아 활동전위는 생성되지만, 이 활동전위가 시냅스후 뉴런에서 PSP를 유발하지는 못한다. 실험자가 얼마간의 신경전달물질을 시냅스에 첨가하여도 시냅스후 뉴런은 여전히 PSP를 생성하지 않는다. 그 독은 신경기능을 방해하기 위해 어떻게 작용하는가?

한다. 어떻게? 단일 뉴런의 수상돌기들과 세포체는 수천 개의 시냅스전 뉴런으로부터 EPSP와 IPSP를 수용할 수 있다. 대략 같은 시간에 시냅스후 뉴런의 세포체에 도달하는 여러 개의 PSP는 "가중(added up)" 또는 통합된다. 흥분성과 억제성 전위가 합쳐져 뉴런의 내부전압을 역치 이상으로 올리면, 시냅스후 뉴런은 활동전위를 유발한다.

## 신경전달물질의 작용은 보통 일시적이다

만약 시냅스전 뉴런이 시냅스후 뉴런을 자극하기 시작하여 그 자극을 멈추지 않는다면 무슨 일이 벌어질지 생각해 보시오. 예를 들어, 당신은 이두근을 수축시켜 당신의 팔을 굽

## 건강 지킴이

# 신경전달물질, 마약 그리고 질병

당신은 아마 마약에 중독된 사람을 알고 있을지도 모른다. 니코틴, 알코올, 코카인과 같은 물질들이 어떻게 인간의 삶에 그런 큰 영향을 미칠 수 있을까? 신경전달물질에 대한 이 약물들의 효과와 인지하지 못하는 사이에 나타나는 이 효과들에 대한 신경계의 적응 방식에서 정답의 많은 부분을 찾을 수 있다.

중독성 약물들은 뇌에서 "보상 회로"를 활성화시킴으로써 쾌감을 유발한다. 코카인이 좋은 예이다. 도파민, 세로토닌 또는 노르에피네프린을 신경전달물질로 사용하는 뇌의 시냅스는 우리의 활력수준과 전체적인 행복감에 기여한다. 보통 위의 신경전달물질들 중 하나가 방출되면, 시냅스전 뉴런은 그 물질을 즉각 회수하기 시작함으로써 신경전달물질의 효과를 제한한다.

연구자들은 코카인이 이 회수작용을 차단한다는 것을 알아내었다. 결과는? 어떤 사람이 코카인을 복용하면, 이 신경전달물질들은 시냅스에 오래 남아 정상보다 높은 농도에 도달하게 되고, 따라서 그 효과는 강화된다. 사용자는 희열과 활력을 느낀다. 그러나 머지않아 뇌는 정상 상태를 회복하려고 시도한다. 반복적으로 코카인을 사용하는 동안, 시냅스후 뉴런은 이 신경전달물질들에 대한 수용체의 개수를 줄인다. 수용체의 수가 감소되면, 사용자는 단지 정상적인 감정을 느끼기 위해서라도 코카인에 의한 많은 신경전달물질을 필요로 하게 된다. 만약 코카인 사용을 중단하면, 시냅스후 뉴런은 충분히 자극 받지 못하고, 사용자는 무력감을 경험하게 되는데, 이 무력감은 더 많은 코카인에 의해서만 완화될 수 있다. 시간이 지나면서, 단지 정상적이기 위해 많은 양은커녕 점점 더 많은 코카인이 필요하게 되므로 사용자는 결국 중독에 빠진다(**그림 E19-1**).

알코올은 억제성 시냅스후 전위를 생성하는 수용체를 자극하며, 흥분성 시냅스후 전위를 유발하는 수용체는 차단한다. 자주 음주를 하면, 뇌는 억제성 수용체를 감소시키고 흥분성 수용체를 증가시킴으로써 보상작용을 한다. 술이 없으면, 알코올 중독자는 초조, 불안감을 느낀다—요컨대, 과잉자극을 받는다는 것이다. 극단적인 경우, 금주는 발작을 유발할 수 있다. 니코틴과 기타 담배 연기의 성분들도 정상적인 시냅스 전달을 방해함으로써 다양한 중독효과를 유발한다. 중독에서 벗어나기 위해 마약 사용자들은 약물에 적응한 신경계가 약물이 없는 상황에서 야기하는 정신적 고통을 경험해야만 한다. 마침내 수용체가 정상 수준으로 회복되더라도 알려지지 않은 이유 때문에, 대개 마약에 대한 갈망은 주기적으로 다시 발생한다.

당신은 또한 파킨슨병 또는 알츠하이머병에 걸린 사람을 알고 있을지도 모른다. 이 두 질병은 뇌에서 특정 뉴런의 사멸과 그로 인해 다른 뉴런과의 정상적인 소통에 사용되던 신경전달물질이 손실되기 때문에 유발된다. 파킨슨병의 경우, 중뇌에서 도파민을 방출하는 뉴런이 사멸됨으로써, 부드러운 움직임을 관장하던 복잡한 조절체계가 손상된다. 파킨슨병 환자는 떨림(tremor)를 경험하며, 운동을 시작하는데 어려움을 겪는다. 알츠하이머병의 경우에는, 아세틸콜린을 신경전달물질로 생성하는 측두엽의 많은 뉴런들이 사멸한다. 기억 손실이 알츠하이머병의 중요한 증상이다.

보건 전문가들은 미국인의 5% 이상이 우울증을 앓고 있는 것으로 추정한다. 우울증은 뇌에 세로토닌이 너무 부족해서 유발되는 경우가 많다. 프로작(Prozac®)과 다른 여러 개의 항우울제는 시냅스전 뉴런으로 세로토닌이 재흡수되는 것을 선택적으로 차단함으로써 신경전달물질의 효과를 강화한다. 마약인 엑스터시(Ecstasy)는 시냅스에서 세로토닌을 일시적으로 급증시킨다. 사용자들은 황홀감, 활력, 강화된 감각적 인지 및 타인에 대한 향상된 친밀감을 느낀다고 말한다. 동물 및 임상연구를 통해 늘어나는 증거들은 엑스터시 사용자들에게서 세로토닌을 생성하는 뉴런의 장기적 손상이 초래될 수 있으며, 사용자는 학습 및 기억 장애를 겪을 수 있다는 것을 암시한다.

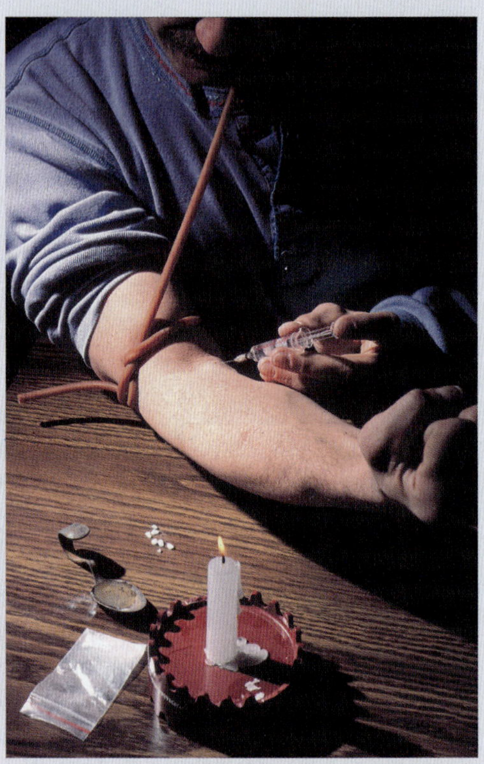

▲ **그림 E19-1 마약중독** 마약 중독자의 신경계는 약물에 적응되었기 때문에 그 약물이 없는 상황에서 환자는 극도의 육체적 및 감정적 고통을 겪는다.

힐 수 있지만, 영원히 굽힌 채로 있어야 할 것이다! 당연히 신경계는 신경전달물질의 작용을 종료시키기 위한 여러 방법을 가지고 있다(**그림 19-3**, ❻ 단계). 특히 골격근 세포를 자극하는 아세틸콜린(acetylcholine)과 같은 일부 신경전달물질은 효소에 의해 시냅스에서 빠르게 파괴된다. 기타 많은 신경전달물질들은 시냅스전 뉴런으로 재흡수된다.

### 신경계는 다양한 신경전달물질을 사용한다

지난 수십 년 동안, 연구자들은 뇌세포들이 다수의 호르몬을 포함한 매우 다양한 화학물질들을 합성하고 그에 반응한다는 것을 점점 알게 되었다. 적어도 50여 종의 신경전달물질이 밝혀졌는데, 그 수는 점점 증가하고 있다. 몇몇 잘 알려진 신경전달물질들과 그 기능

**표 19-1 중요 신경전달물질**

| 신경전달물질 | 신경계에서의 위치 | 기능 |
|---|---|---|
| 아세틸콜린 (acetylcholine) | 운동신경과 근육 사이의 시냅스; 자율신경계, 뇌의 많은 영역 | 골격근 활성화; 부교감신경계의 표적기관 활성화 |
| 도파민(dopamine) | 중뇌 | 감정적 보상 및 움직임의 조절에 중요 |
| 노르에피네프린(norepinephrine) | 교감신경계 | 교감신경계의 표적기관 활성화 |
| 세로토닌(serotonin) | 중뇌, 교뇌, 연수 | 감정, 수면에 영향 |
| 글루탐산(glutamate) | 뇌의 많은 영역과 척수 | 중추신경계의 주요 흥분성 신경전달물질 |
| 글리신(glycine) | 척수 | 척수의 주요 억제성 신경전달물질 |
| 감마아미노부틸산(gamma amino butyric acid, GABA) | 뇌의 전영역 | 뇌의 주요 억제성 신경전달물질 |
| 엔도르핀(endorphins) | 뇌의 많은 영역과 척수 | 감정에 영향, 진통효과 |
| 산화질소(NO, nitric oxide) | 뇌의 많은 영역 | 기억 형성에 중요 |

일부가 표 19-1에 열거되어 있다. 우리는 "건강 지킴이: 신경전달물질, 마약 그리고 질병"에서 신경전달물질이 마약 중독과 신경학적 질병 유발에 어떤 역할을 하는지 알아본다.

## 19.3 신경계는 어떻게 정보를 처리하는가?

각각의 뉴런은 활동전위라는 언어를 사용하지만, 웬일인지 이 기본적인 언어는 단순한 동물들마저도 다양하고 복잡한 행동을 수행하게끔 한다. 신경계가 다재다능할 수 있는 하나의 비결은 수십에서 수십억 개의 뉴런으로 구성된 네트워크를 가지고 있다는 것이다. 컴퓨터에서처럼, 단순한 성분들이 적절히 연결되면 놀랄만한 일들을 수행할 수 있다.

### 신경계에서의 정보처리에는 4가지 기본적인 작용이 필요하다

신경계는 최소한 4가지 작용을 수행해야 한다:

1. 자극의 유형을 결정한다.
2. 자극의 강도를 결정하고 신호를 보낸다.
3. 많은 출처로부터의 정보를 통합한다.
4. 적합한 반응을 개시하고 명령한다.

각각의 작용들을 알아보자.

#### 자극의 유형은 감각과 뇌 사이의 관계에 의해 결정된다

활동전위가 뉴런의 정보구성 단위이고, 모든 활동전위가 기본적으로 동일하지만, 민물 달팽이나 사람의 뇌는 자극이 어떤 것인지(빛, 소리 또는 냄새), 또는 자극이 얼마가 강한지를 어떻게 결정할 수 있을까?

모든 신경계는 어떤 뉴런이 활동전위를 발사하는지를 감시함으로써 자극의 유형을 해석한다. 예를 들어, 눈에서 비롯되어 뇌의 시각영역으로 가는 시신경의 축삭에서 발생하는 활동전위는 뇌에서 빛의 감각으로 해석된다. 한 독일 생리학자가 한번은 어두운 방에 앉아 자신의 눈을 찔렀는데, 그로 인해 그의 망막에 약간의 손상이 생기고 활동전위가 발생하여 그의 뇌에 전달되었다고 가정하자. (경주 트랙을 질주하는 자동차를 보여주는 TV

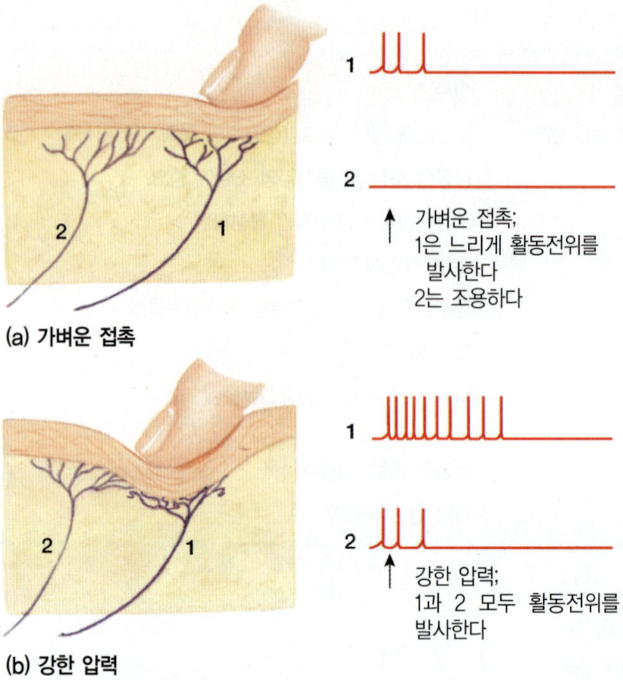


▲ 그림 19-4 **자극 강도의 신호전달** 자극의 강도는 각각의 감각뉴런들이 생성하는 활동전위의 발생속도와 활성화된 감각뉴런의 수로 표시된다. 본 예에서, 피부에 압력을 증가시키면 먼저 빠른 활동전압이 유발되며 그 다음 인접 수용체의 활성화가 유발된다. **질문:** 이 정보에 근거하여, 당신은 접촉에 특별히 민감한 피부 영역이 덜 민감한 영역과 다르다는 것을 어떤 방법으로 예측하는가?

광고에서 말하듯이, 따라 하지 마세요!) 결과는? 그는 "별을 보았다". 왜냐하면 그의 뇌가 시신경에서의 모든 활동전위를 빛으로 해석했기 때문이다. 따라서 음악소리와 커피의 맛 또는 커피의 쓴맛과 설탕의 단맛을 쉽게 구별할 수 있는데, 보통 각각의 자극들은 뇌의 서로 다른 영역에서 끝나는 개개의 다른 축삭에서 활동전위를 유발하기 때문이다.

### 자극의 강도는 활동전위의 빈도에 의해 부호화된다

모든 활동전위의 크기와 지속기간이 대략 동일하기 때문에, 자극 강도(예를 들어, 소리의 세기)에 대한 정보는 하나의 활동전위에 부호화될 수 없다. 대신, 강도는 다른 2가지 방법에 의해 부호화된다(그림 19-4). 첫째, 자극강도는 하나의 뉴런에서 활동전위의 발생빈도로 표시될 수 있다. 자극의 강도가 크면, 뉴런은 더 빠르게 활동전위를 생성한다. 둘째, 대부분의 신경계에는 동일한 입력자극에 반응할 수 있는 많은 뉴런들이 있다. 강한 자극은 이들 중 더 많은 뉴런을 흥분시키는 반면, 약한 자극은 적은 뉴런을 흥분시키는 경향이 있기 때문에 자극강도는 동시에 활동전위를 발사하는 유사한 뉴런들의 수에 의해 표시될 수 있다. 따라서 가벼운 피부 접촉은 하나의 촉각수용체에서 매우 느린 활동전위의 발사를 유발할 수 있는 반면(그림 19-4a), 심하게 찌르는 자극은 여러 개의 촉각 수용체에서 아주 빠른 활동전위의 발사를 야기할 수 있다(그림 19-4b).

### 신경계는 많은 출처로부터의 정보를 처리한다

뇌는 신체 안팎에서 비롯하는 감각자극에 의해 끊임없이 포격을 받는다. 뇌는 이 입력신호들을 평가하고, 어떤 것이 중요한지, 어떻게 반응할지를 결정해야 한다. 개개의 뉴런처럼, 신경계는 많은 출처로부터 오는 정보들을 통합한다: 수많은 뉴런으로부터의 신호가 소수의 뉴런에 모아진다. 예를 들어, 많은 감각뉴런들이 소수의 뇌세포로 모아질 수 있다. 이 뇌세포들 중 일부는 "의사-결정" 세포로서 작용하는데, 시냅스후 전위들을 합산하여 그들의 활성을 적절히 변화시킨다.

### 신경계는 근육과 분비샘에 대한 출력신호를 생성한다

의사-결정 뉴런으로부터의 활동전위는 뇌의 다른 부분들, 척수 또는 교감 및 부교감신경계로 전달된다(이 장의 뒤에서 설명됨). 궁극적으로, 신경계의 출력신호는 실제로 눈에 보이는 반응을 유발하는 근육이나 분비샘의 활동을 자극할 것이다.

## 19.4 신경계는 어떻게 구성되어 있는가?

대부분의 행동들은 뉴런에서 근육(neuron-to-muscle)으로 이어지는 경로에 의해 조절되는데 이 경로는 4개의 구성요소로 이루어진다:

1. **감각뉴런(sensory neuron)**, 신체 내부 또는 외부의 자극에 반응한다
2. **연합신경세포(interneuron)**, 감각뉴런, 호르몬, 기억저장 뉴런 및 기타 많은 출처로부터 오는 신호를 받는다. 이 입력신호에 근거하여, 연합신경세포는 대개 운동뉴런들을 활성화시킨다.
3. **운동뉴런(motor neuron)**, 감각뉴런 또는 연합신경세포의 지시를 받아들이며 근육 또는 분비샘을 활성화시킨다.
4. **효과기(effector)**, 대개 근육이나 분비샘들인데, 신경계의 지시에 따른 반응을 수행

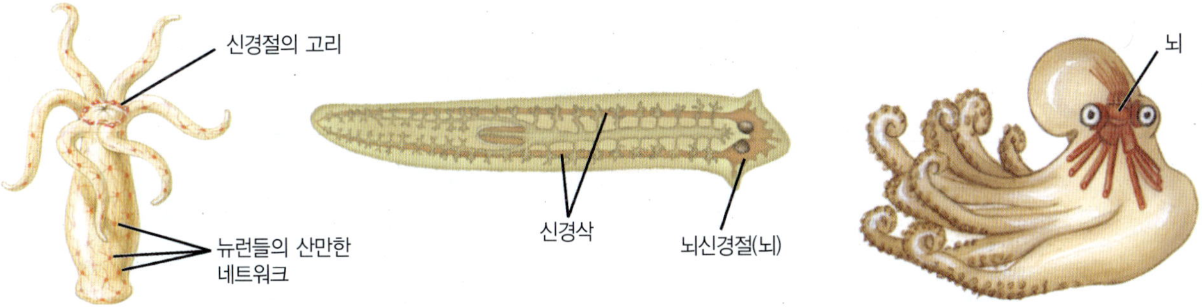


(a) 히드라 (b) 편형동물 (c) 문어

▲ 그림 19-5 **신경계의 조직화** (a) 히드라의 산만 신경계에는 특히 촉수 기지부에 뉴런들의 집합체가 소수 포함되어 있지만, 뇌는 없다. 신경의 신호는 사실상 신체의 모든 방향으로 전달된다. (b) 편형동물은 머리에 신경절들이 모여 있는 덜 산만한 신경계를 가지고 있다. (c) 문어는 크고 복잡한 뇌와 일부 포유동물에 필적할 만한 학습능력 가지고 있다.

한다.

반사(346~348쪽 참고)와 같은 단순한 행동들은 하나의 근육을 자극하는 2~3개의 적은 뉴런의 활성에 의해서도 조절될 수 있다. 복잡한 행동들은 신경경로들 간의 상호연결에 의해 체계화되는데, 여러 유형의 감각 입력신호들이 기억, 호르몬 및 기타 인자에 따라 한 세트의 연합신경세포들에 수렴된다. 다수의 출처로부터 오는 시냅스후 전위들을 통합함으로써, 연합신경세포는 무엇을 할지 "결정"하고 근육과 분비샘에서 적절한 작용을 지시하기 위해 뉴런들을 자극한다.

### 복잡한 신경계들은 집중화되어 있다

동물계에서는 실제 오직 2가지 체제의 신경계가 존재할 뿐이다(그림 19-5): 자포동물(히드라, 해파리 및 그들의 친척들)에서 볼 수 있는 산만 신경계(diffuse nervous system)과 좀 더 복잡한 생명체에서 다양한 수준으로 발견되는 집중 신경계(centralized nervous system).

당연히, 신경계의 체제는 동물의 생활양식에 깊이 연관되어 있다. 방사대칭의 자포동물들에는 "앞부분"이 없기 때문에, 감각들을 한 장소에 집중시키려는 진화적 압력이 없었다. 히드라는 해저의 바위 또는 나뭇가지에 붙어 살기 때문에, 먹이와 포식자들이 똑같이 모든 방향에서 오게 된다. 자포동물의 신경계는 대개 신경망(nerve net)이라고 불리는 뉴런들의 네트워크로 구성되어 있는데, 조직 전체에 망상으로 엮여 있다(그림 19-5a). 여기저기에서 신경절(ganglia)이라는 뉴런들의 집단이 발견되지만, 진정한 뇌라고 할 것은 없다.

다른 거의 모든 동물들은 좌우대칭으로, 명확한 머리와 꼬리 부분을 가지고 있다. 머리는 보통 먹이, 위험요소 및 잠재적 배우자와 마주치게 되는 신체의 첫 부분이기 때문에, 감각기관들이 머리에 집중되는 것은 유리하다. 진화된 상당한 크기의 신경절이 감각들에 의해 수집된 정보를 통합하고 적절한 활동을 개시한다. 진화과정을 거치면서, 동물의 주요 감각기관들이 복잡해지는 신경계와 함께 머리에 위치하게 되었고, 신경절은 뇌로 집중화되었다. 두화(cephalization)라고 부르는 이 경향은 무척추동물에서 명확하게 관찰된다(그림 19-5b, 19-5c). 두화는 신경계의 거의 모든 세포체가 뇌와 척수에 위치하는 척추동물에서 절정에 이른다.

## 19.5 인간의 신경계는 어떻게 구성되어 있는가?

인간을 포함한 모든 포유동물의 신경계는 중추신경계와 말초신경계의 두 부분으로 나누어질 수 있으며, 각 부분은 다시 세분될 수 있다(그림 19-6). **중추신경계(central nervous system, CNS)**는 **뇌(brain)**와 **척수(spinal cord)**로 구성된다. **말초신경계(peripheral**

▶ **그림 19-6 포유동물 신경계의 구성 및 기능**

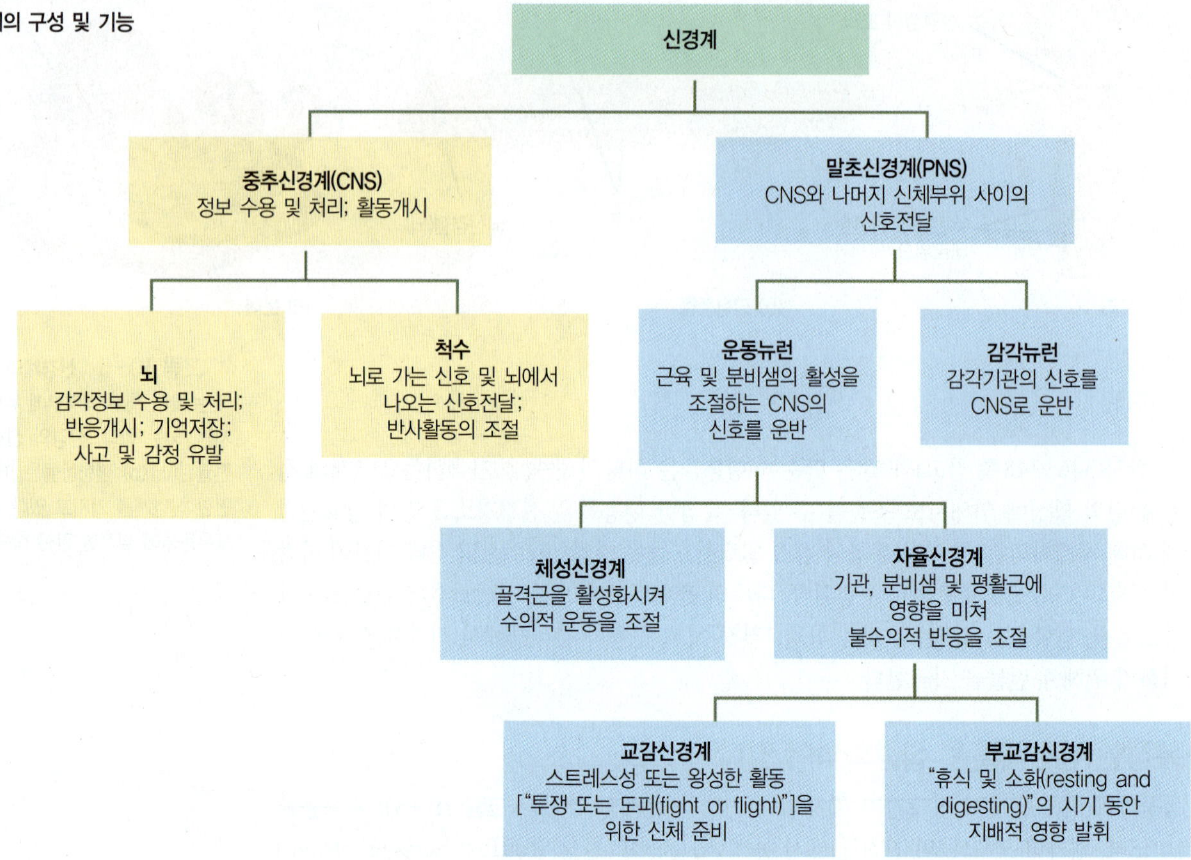


**nervous system, PNS)**는 CNS 밖에 위치한 뉴런들과 이들을 CNS에 연결하는 축삭들로 구성된다.

## 말초신경계는 중추신경계를 신체에 연결시킨다

말초신경계의 신경들은 뇌와 척수를 근육, 감각기관 및 소화계, 호흡계, 배설계, 순환계의 기관들에 연결시킨다. 말초신경은 신체의 모든 부분으로부터 중추신경계로 감각정보를 가져오는 감각뉴런들의 축삭을 포함한다. 또한 중추신경계로부터 기관과 근육으로 신호를 나르는 운동뉴런들의 축삭을 포함한다. 말초신경계의 운동부는 두 부분으로 세분될 수 있는데, 이를 통해 뇌가 신체를 조절한다: 체성신경계와 자율신경계.

### 체성신경계는 수의적 운동을 조절한다

**체성신경계(somatic nervous system)**의 운동뉴런은 골격근과 시냅스를 형성하여 수의적 운동을 조절한다. 당신이 필기를 하거나, 커피잔을 들거나, 또는 아이팟을 조작할 때, 체성신경계가 이를 담당한다. 체성 운동뉴런의 세포체는 척수에 위치하며, 축삭은 이들이 조절하는 근육에 직접 연결된다.

### 자율신경계는 불수의적 작용을 조절한다

**자율신경계(autonomic nervous system)**의 운동뉴런들은 심장, 평활근 및 분비샘에 신호를 보내며, 대부분 불수의적인 반응들을 유발한다. 자율신경계는 이 장의 뒤에서 설명되는 뇌의 일부인 시상하부, 연수 및 교뇌에 의해 조절된다. 자율신경계는 2개의 부분으로 구성된다: 교감신경계와 부교감신경계. 자율신경계의 두 부분은 동일한 기관들에 영향을 미치지만, 보통 상반된 효과들을 유발한다(**그림 19-7**).

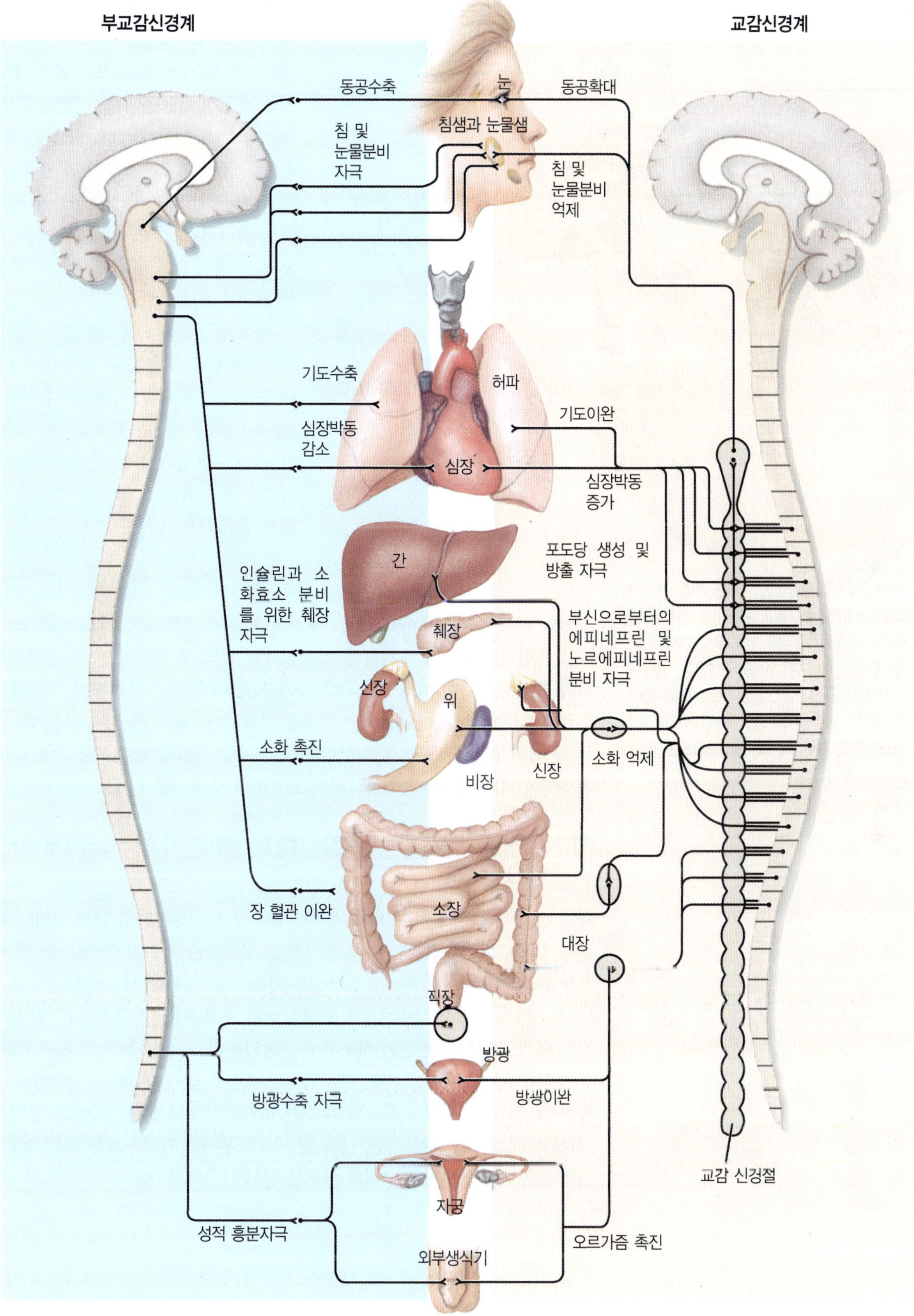


▲ 그림 19-7 **자율신경계** 자율신경계는 교감신경계와 부교감신경계로 구성되는데, 각각은 동일한 기관에 신경을 보내지만 보통 상반된 효과들을 유발한다. 자율신경계의 활성화는 시상하부, 연수 및 교뇌로부터 오는 신호에 의해 이루어진다.

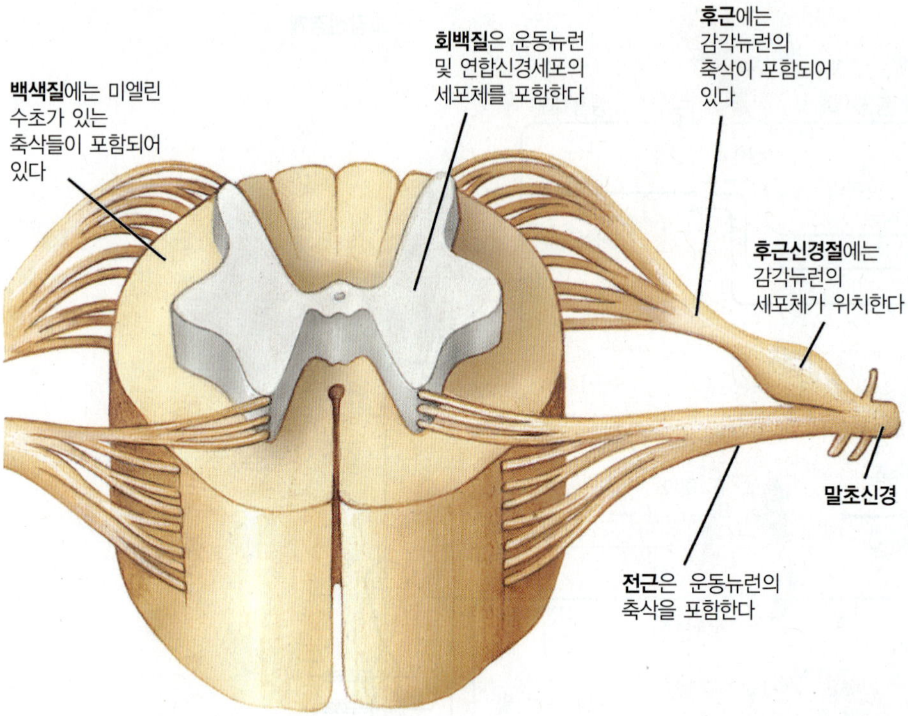


▲ 그림 19-8 **척수** 횡단면으로 보면, 척수는 뇌로 가거나 뇌에서 나오는 미엘린으로 덮인 축삭들로 이루어진 외부 영역(백색질)과 연합신경세포 및 운동뉴런들의 세포체와 수상돌기로 이루어진 나비모양의 안쪽 영역(회백질)으로 구성된다. 감각뉴런의 세포체는 척수 밖의 후근신경절(dorsal root ganglion) 내에 위치한다. 말초(척수)신경은 감각뉴런의 축삭이 포함되어 있는 후근(dorsal root)과 운동뉴런의 축삭을 포함하는 전근(ventral root)이 합쳐져서 형성된다.

교감신경계의 뉴런들은 신경전달물질로서 노르에피네프린을 그들의 표적 기관으로 방출하여, 투쟁, 도주 또는 시험을 보는 것과 같은 스트레스성 또는 정열적 활동을 위해 신체를 준비시킨다. "투쟁 또는 도주(fight or flight)"와 같은 활동을 수행하는 동안, 교감신경계는 소화관의 활성을 감소시킴으로써 팔과 다리 근육에 혈액공급을 재분배한다. 심박수는 빨라진다. 동공이 확대되어 더 많은 빛이 들어오며, 허파의 기도가 확대되어 더 많은 공기가 유입된다.

부교감신경계의 뉴런들은 그들의 표적 기관에 아세틸콜린을 방출한다. 부교감신경계는 여유로울 때 수행되는 활동들, 즉 종종 "휴식과 소화(rest and digest)"라고 불리는 활동을 유지하는 동안 우세하다. 부교감신경의 조절 하에, 소화관은 활성화되며, 심박수는 느려지고, 허파의 기도는 수축하는데, 산소가 덜 필요하기 때문이다.

## 중추신경계는 척수와 뇌로 구성된다

척수와 뇌가 중추신경계(CNS)를 구성한다. 중추신경계는 감각정보를 받아 처리하여 사고를 유발하며 반응을 지시한다. 기본적으로 천억 개 이상의 연합신경세포들로 구성된다. 뇌와 척수는 단단한 뼈로 보호된다. **두개골(skull)**은 뇌를 둘러싸며, 척추골의 사슬인 등뼈 혹은 **척주(vertebral column)**는 척수를 보호한다. 뼈 아래에는 **뇌척수막(meninges)**이라는 세 겹의 결합조직층이 위치한다. 뇌척수막층 사이에서, 림프와 같은 투명한 액체인 뇌척수액이 뇌와 척수를 충격으로부터 보호하며 중추신경계 세포들에게 영양을 공급한다.

## 척수는 많은 반사행동을 조절하고, 뇌로 가거나 뇌에서 나오는 정보를 전달한다

새끼 손가락 굵기의 척수가 뇌 기저부에서 등 아랫부분까지 뻗어 있다(그림 19-8, 그림 19-7 참고). 감각뉴런들의 축삭을 나르는 신경들은 척수의 등쪽(또는 뒤쪽)에서 나오며, 운동뉴런의 축삭을 운반하는 신경들은 배쪽(또는 앞쪽)에서 나온다.

척수의 중앙에는 나비모양의 **회백질(gray matter)** 영역이 있다(그림 19-8 참고). 회백질은 여러 유형의 뉴런들의 세포체로 구성되는데, 이 뉴런들은 골격근 또는 자율신경계를 조절하거나 뇌와 척수의 다른 부분과 의사소통을 한다. 회백질은 **백색질(white matter)**에 둘러싸이는데, 백색질은 척수의 위 또는 아래방향으로 뻗치는 수초로 덮인 축삭들로 구성된다. 이 축삭들은 내부 기관, 근육 및 피부로부터의 감각신호를 뇌로 수송하며 말초신경계의 운동부분을 통제하는 뇌의 신호를 실어 나른다.

### 반사 경로에는 척수의 뉴런이 포함된다

동물에서 가장 단순한 유형의 행동은 자극에 대한 반응으로 신체의 일부가 불수의적으로 크게 움직이는 **반사(reflex)**이다. 반사는 뇌 의식중추의 관여 없이 발생한다; 척추동물의 많은 반사들이 척수와 말초 뉴런에 의해 전적으로 조절된다. 사람에서 나타나는 반사의 예에는 우리에게 친근한 무릎반사(knee-jerk reflex)와 통증-회피 반사(pain-withdrawal

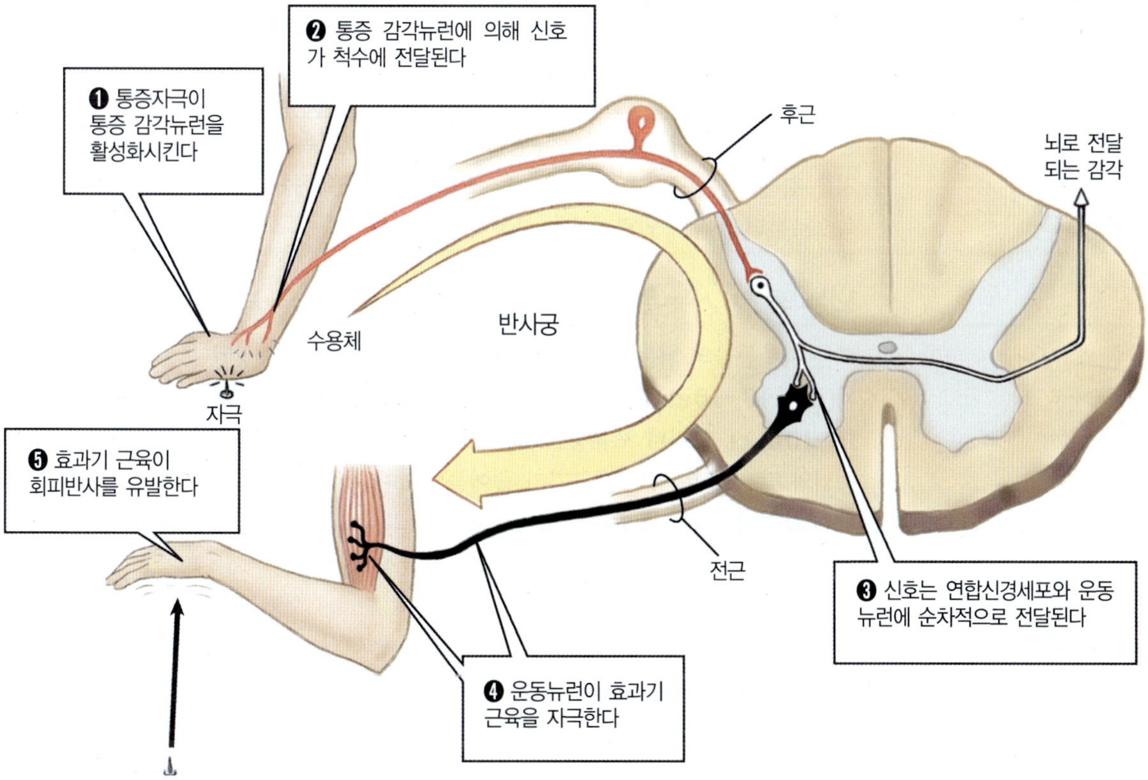


◀ **그림 19-9 통증-회피반사** 이 단순한 반사 회로는 감각뉴런에서 시작되는데, 이 뉴런은 피부에 통증-민감성 말단을 가지고 있으며, 하나의 긴 축삭이 척수에 연결되어 있다. 이 감각뉴런은 척수의 연합신경세포를 자극하고, 이 연합신경세포가 척수의 운동뉴런을 자극하게 됨으로써 손상된 신체 부위가 회피하게끔 한다. 일부 연합신경세포들은 뇌에 신호를 보내기도 하는데, 그럼으로써 뇌에 통증과 관련된 사건을 알려준다. **질문:** 척수손상에 의한 마비환자가 마비 부위를 핀으로 찔렸을 때, 통증을 느끼지는 못하지만 통증-회피반사를 보이는 이유는 무엇인가?

reflex)가 있는데, 이 둘은 척수 뉴런들에 의해 유발된다. 이와 같은 반사들을 위해 뇌의 작용은 필요하지 않지만, 기타 다른 경로들은 손가락이 찔리는 정보를 뇌에 전달하여 좀 더 복잡한 행동들(예를 들어, 비명을 지르는 행동)을 유발할 수 있다.

중추와 말초신경계의 뉴런들이 관련되는 단순한 통증-회피 반사를 살펴보자(**그림 19-9**). 당신의 손이 압정을 짚으면, 조직손상이 통증 감각뉴런을 활성화시킨다(그림 19-9, ❶ 단계, 19-7절 참고). 이 통증 감각뉴런의 축삭은 말초신경을 거쳐 후근을 통해 척수에 들어간다(**그림 19-9**, ❷ 단계). 통증 감각뉴런은 연합신경세포를 자극하고, 이 연합신경세포가 운동뉴런을 자극하게 되는데, 이들은 모두 척수의 회백질에 위치한다(**그림 19-9**, ❸ 단계. 본 모식도에서, 연합신경세포인 interneuron은 문자대로 "다른 뉴런들 사이", 즉 이 경우에는 감각뉴런과 운동뉴런의 사이(inter) 뉴런(neuron)이라는 것을 알 수 있다). 운동뉴런은 후근을 거쳐 말초신경을 통해 축삭을 내보내 골격근을 자극한다(**그림 19-9**, ❹ 단계). 골격근이 수축함으로써 압정으로부터 손이 떼어 진다(**그림 19-9**, ❺ 단계).

척수의 많은 연합신경세포들이 뇌에 축삭을 보내기도 한다(그림 19-9 참고). 이 축삭을 따라 전달되는 활동전위는 뇌에게 통증과 관련된 사건들에 대한 주의를 환기시킨다. 결국, 뇌는 백색질의 축삭을 통해 척수의 회백질에 위치한 연합신경세포와 운동뉴런에 활동전위를 내려 보낸다. 이 신호들은 척수반사들을 수정할 수 있다. 충분한 훈련 또는 동기부여는, 통증-회피 반사를 억제할 수 있다. 예를 들어, 불타는 유아용 침대에서 아이를 구출하기 위해, 불꽃 속에 손을 넣을 수도 있다.

## 일부 복잡한 작용들이 척수에 의해 조정된다

단순한 반사뿐만 아니라, 꽤 복잡한 일부 기능들을 위한 배선들도 척수 내에 존재한다. 예를 들어, 걷기와 달리기의 기본적인 움직임에 필요한 모든 뉴런들과 상호연결들이 척수에 포함되어 있다. 뇌와 척수 사이의 이 반독립적인 배열의 이점은 아마도 속도와 조정의 향

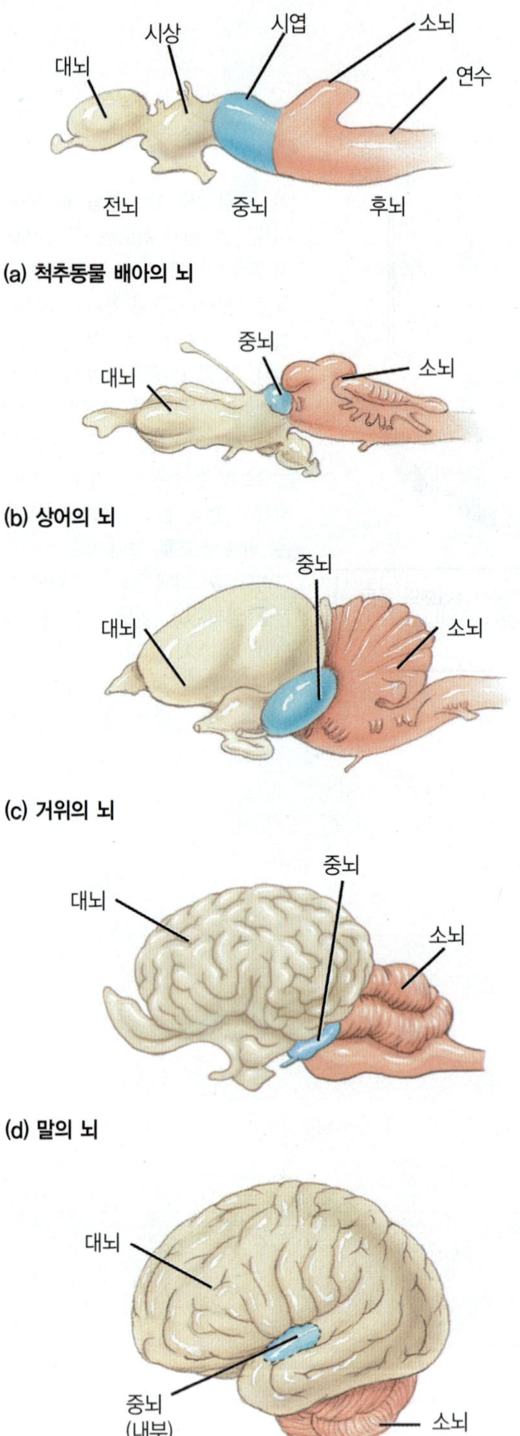


▲ 그림 19-10 **척추동물의 뇌 비교** **(a)** 현생 척추동물 배아의 뇌는 오늘날 척추동물의 먼 조상의 뇌와 유사할 것으로 추측되는데, 뚜렷한 3개의 영역으로 구성된다: 전뇌(황갈색), 중뇌(청색) 및 후뇌(분홍색). **(b)** 상어 성체의 뇌도 이 기본구성을 유지한다. **(c)** 거위의 중뇌는 축소되어 있으며, 대뇌와 소뇌가 더 크다. **(d, e)** 포유류, 특히 사람의 대뇌는 다른 뇌 영역에 비해 매우 크다.

상일 것이다. 왜냐하면 걷고 있는 동안, 단순히 다리를 앞으로 내딛기 위해 메시지가 반드시 뇌에 전달되고, 뇌에서 다시 하달될 필요가 없기 때문이다. 이 "반자동적"인 행동에 있어서 뇌의 역할은 의식적 결정(어디로 갈 것인가? 얼마나 빨리 걸어야 하는가?)에 근거하여, 척수 운동뉴런의 활성을 개시, 감독 및 수정하는 것이다. 균형유지를 위해, 뇌는 근육운동의 방향을 조절하도록 근육에게 명령을 내리기 위해서 근육으로부터의 감각 입력신호를 사용하기도 한다.

## 뇌는 특정 기능을 수행하기 위해 분화된 많은 부분들로 구성된다

모든 척추동물의 뇌는 일반적으로 다음 3가지 부분으로 구성된다: 후뇌, 중뇌 및 전뇌(**그림 19-10a**). 비포유동물에서도 이 3가지 분할은 현저하게 나타난다(**그림 19-10b, c**). 그러나 포유동물, 특히 사람에서는 뇌 영역이 상당히 변형되어 있다. 중뇌와 같은 일부 영역은 크기가 줄어들었으며, 특히 전뇌의 대뇌와 같은 영역들은 크게 확대되었다(**그림 19-10d, e**). 인간 뇌의 주요 구조물들이 **그림 19-11**에 나타나 있다.

### 후뇌는 호흡, 수면 및 운동을 조절한다

사람의 **후뇌(hindbrain)**는 연수, 교뇌 및 소뇌로 구성된다(**그림 19-11a**). 구조와 기능적인 면에 있어서, 연수는 확대된 척수의 연속인 것 같은데, 뉴런의 세포체는 중앙에 위치하며, 그 주위를 미엘린으로 덮인 축삭층이 둘러싼다. 연수(medulla)는 호흡, 심박수, 혈압 및 삼키는 행동과 같은 몇몇 자율 기능을 조절한다. 연수 위에 위치한 교뇌(pons)의 어떤 뉴런들은 수면과 각성 사이의 이행 및 수면 단계 간의 이행에 영향을 미치는 것 같다. 다른 뉴런들은 호흡의 속도와 유형에 영향을 미친다. 소뇌(cerebellum)는 신체의 운동을 조정하는데 있어서 매우 중요하다. 소뇌는 운동을 조절하는 전뇌 영역의 지휘본부와 근육 및 관절에 있는 자세 감지기로부터 정보를 받는다. 지휘본부의 명령과 자세 감지기로부터의 정보를 비교함으로써, 소뇌는 부드럽고 정확한 움직임과 신체의 자세를 지도한다. 소뇌는 행동의 습득과 기억에도 관련된다. 교실에서 필기를 하거나 피아노를 칠 때, 소뇌는 손 근육운동의 순서와 적절한 시기에 관한 정보를 전뇌에 제공한다.

### 중뇌는 입력정보를 여과한다

인간의 **중뇌(midbrain)**는 매우 작다(**그림 19-11a**). 중뇌에는 청각 중계중추와 눈의 반사적 운동을 조절하는 중추가 포함되어 있다. 또 다른 중요 중계중추인 망상체(reticular formation)가 중뇌를 통과한다. 망상체의 뉴런들은 연수의 중심부로부터 전뇌 기저부까지 뻗쳐 있다. 망상체는 거의 모든 감각, 신체의 모든 부분뿐만 아니라 뇌의 많은 영역으로부터 입력정보를 받는다. 망상체가 뇌의 의식영역에 도달하기 전에 감각 입력정보를 여과하기 때문에, 음악과 커피향과 같은 방해자극이 있는 상황에서도 읽고 집중할 수 있다. 엄마가 희미한 아기 울음소리에는 잠에서 깨지만, 창밖의 시끄러운 자동차 소음에는 깨지 않는다는 사실은 뇌로 가는 입력정보를 선별하는데 있어 망상체의 효율성을 입증한다.

### 전뇌는 감정, 사고 및 인지에 관여한다

대뇌(cerebrum)라고도 부르는 **전뇌(forebrain)**에는 시상, 변연계 및 대뇌피질이 포함된다(그림 19-11 참고).

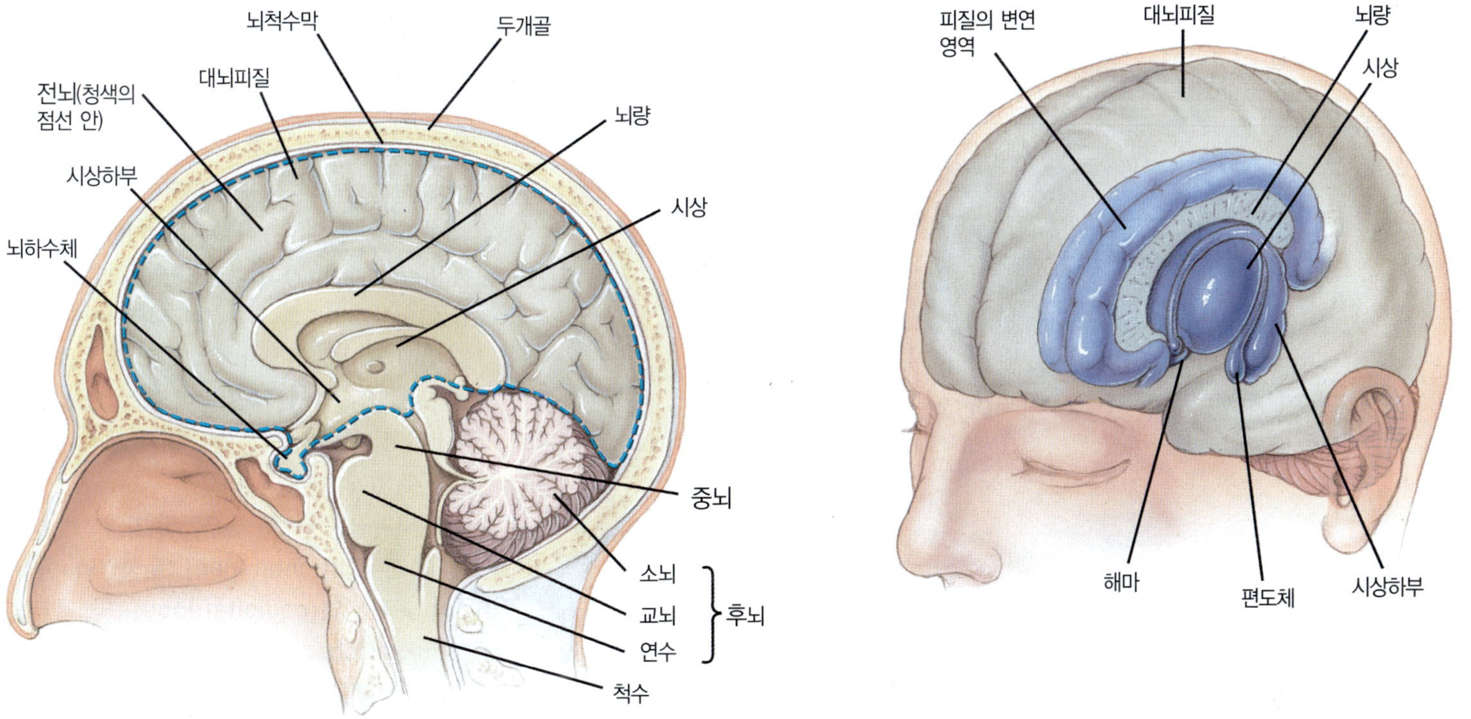


**(a) 사람 뇌의 단면**

**(b) 변연계**

▲ **그림 19-11** **사람의 뇌** **(a)** 정중단면을 통해 본 사람 뇌의 주요 구조물. **(b)** 변연계와 시상을 이 관점에서 보면, 왼쪽 대뇌피질의 구조를 알기 쉽다.

**시상(thalamus)**은 신체 모든 부위로부터의 감각정보를 변연계와 대뇌피질로 전달하는 복잡한 중계국이다. 대뇌피질로 하여금 협조운동을 지시하도록 하는 신호가 소뇌로부터 오는데, 이 신호가 시상을 경유하여 전달된다.

**변연계(limbic system)**는 시상과 대뇌피질 사이에서 고리모양을 형성하는 다양한 구조물들의 집단이다. 이 구조물들은 공포, 분노, 평온함, 허기, 갈증, 기쁨 및 성적 반응을 포함하는 대부분의 기본적 감정과 욕구를 유발하기 위해 함께 작용한다. 변연계의 일부는 기억형성에도 중요한 역할을 한다. 변연계는 대뇌피질 인근 영역뿐만 아니라 시상하부, 편도체 및 해마를 포함한다(**그림 19-11b**).

**시상하부(hypothalamus)**에는 많은 뉴런들의 집단이 있다. 일부 집단은 혈액에 호르몬을 방출하고, 다른 집단들은 뇌하수체의 다양한 호르몬 방출을 조절한다. 시상하부의 다른 영역들은 자율신경계의 작용을 지휘한다. 호르몬 생성과 신경연결을 통해, 시상하부는 주요 조절중추로서 작용함으로써 체온, 음식물 섭취, 수분평형, 월경주기 및 수면-각성 주기를 조절한다.

실험동물에서 **편도체(amygdala)**의 여러 부위를 자극하면 기쁨, 공포, 분노 및 성적 흥분과 관련된 행동들이 유발된다. 의식이 있는 사람의 편도체를 전기적으로 자극하면 분노 또는 공포의 감정이 느껴진다고 말한다. 어린 시기에 편도체가 손상되면 공포를 느끼는 능력과 공포에 의한 타인의 표정을 인식하는 능력을 상실한다

**해마(hippocampus)**의 전기적 자극도 분노와 성적 흥분과 같은 정서적 반응을 유발한다. 해마는 장기기억 형성에서도 중요한데, 따라서 학습에 중요한 역할을 한다.

사람의 뇌에서 가장 큰 부위는 단연코 전뇌의 외부층인 **대뇌피질(cerebral cortex)**이다(그림 19-11a 참고). 대뇌피질과 그 내부 구조는 **대뇌반구(cerebral hemisphere)**라는 2개의 좌우 부분으로 나뉘어진다. 좌우 반구는 **뇌량(corpus callosum)**이라는 굵은 축삭들의 띠를 통해 서로 정보를 교환한다(그림 19-11b 참고). 대뇌피질은 가장 세련된 정보

## 나는 어떻게 그대를 사랑하나?

**계속**

중뇌에서 도파민을 가지고 있는 뉴런들은 전두피질과 변연계와 같은 전뇌의 여러 부위에 축삭을 보낸다. 전두피질과 변연계에는 편도체와 해마가 포함된다. 사랑에 빠지면, 이 영역에 분비된 도파민이 애정의 감정을 불러일으키고, 두려움과 사랑하는 이에 대한 비판적 판단을 없애며, 함께한 시간에 대한 호의적 기억을 가지게 한다.

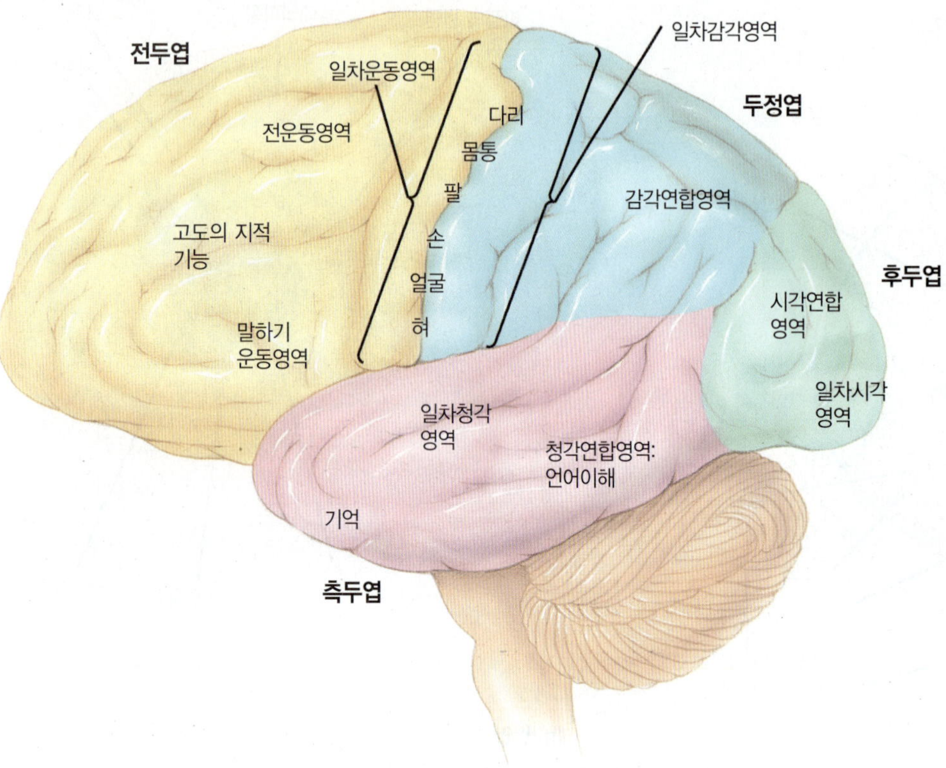


▲ **그림 19-12** **대뇌피질** 사람의 왼쪽 대뇌피질의 영역. 말하기와 언어영역이 덜 발달한 것을 제외하면, 우측 대뇌피질의 지도도 유사할 것이다.

처리 중추로 알려져 있는데, 수십억 개의 뉴런들이 겨우 몇 밀리미터 두께의 얇은 층을 형성한다. 피질이 접혀서 주름(convolution)들을 형성함으로써 그 표면적이 매우 증가한다. 피질에는 뉴런들의 세포체가 주로 위치하는데 그에 따라 이 외부층이 회색을 띠게 되어 "회백질(gray matter)"이라고 명명되었다. 이 뉴런들은 감각정보를 수용, 처리하고 향후 사용을 위해 기억을 형성하며, 수의적 운동을 지시한다. 또한 신경생물학자들이 아직 완전히 이해하지 못한 기전을 통해 우리가 계획하고 사고할 수 있게 한다.

대뇌피질은 4개의 해부학적 영역으로 구분된다: 전두엽(frontal lobe), 두정엽(parietal lobe), 후두엽(occipital lobe) 및 측두엽(temporal lobe, 그림 19-12). 기능적으로, 피질은 일차감각영역(primary sensory areas)을 포함하는데, 이 부위는 눈과 귀 같은 감각기관에서 비롯된 신호들을 받아 빛과 소리와 같은 주관적인 인상으로 변환한다. 근처의 연합영역(association areas)은 소리를 언어나 음악으로 해석하며, 시각적 자극은 인식가능한 사물이나 이 페이지 상의 단어로 해석한다. 연합영역은 자극을 피질에 저장된 기억에 관련시켜서 말을 하도록 명령을 내리기도 한다. 비록 좌우 대뇌반구가 표면적으로는 유사하지만, 양쪽 연합영역이 언제나 동일한 기능을 수행하는 것은 아니다(351쪽 참고).

두정엽의 일차감각영역은 신체 모든 부위에서 비롯되는 촉각을 해석한다. 신체 각 부위는 정돈된 순서로 일차감각영역에 할당되어 있다(그림 19-12 참고). 전두엽 인접 지역에서 일차운동영역(primary motor areas)은 근육을 조절하는 척수의 운동뉴런을 자극함으로써 해당 신체 부위의 운동을 명령한다. 따라서 우리는 교실로 걸어가거나, 원반을 던지거나 학기말 보고서를 작성할 수 있다. 일차감각영역처럼, 일차운동영역도 인근에 연합영역을 가지고 있는데, 전운동영역(premotor area)이라고도 불리는 운동연합영역이 여기에 포함된다. 운동연합영역은 움직임을 유발하기 위해 운동영역을 지휘하는 것으로 보인다. 이마 뼈 뒤에 위치한 전두엽의 연합영역은 의사결정, 행동의 결과 예측, 공격성의 조절 및 미래에 대한 계획과 같은 복잡한 기능에서 중요하다.

외상, 뇌졸중 또는 종양에 의한 피질 손상은 언어장애, 읽기장애 또는 신체 특정 부위의 감각 및 운동능력 손실과 같은 특이적 결함을 초래한다. 대부분의 성인 뇌세포들은 대체될 수 없기 때문에, 뇌의 한 영역이 파괴되면, 이 특이적 결함들은 영구적일 수 있다. 그러나 다행스럽게도, 훈련은 때때로 손상되지 않은 피질의 부위가 해당 부위의 조절을 대신하게 할 수 있으며, 잃어버린 일부 기능들을 회복시킬 수도 있다.

## 19.6 뇌는 어떻게 마음을 생성하는가?

많은 사람들이 두개골 속 1.5 kg 정도의 부드러운 조직이 생각, 감정, 기억 및 자아인식과 함께 인간의 마음을 생성한다는 의견을 쉽게 받아들이지 못한다. "마음-뇌 문제"는 수많은 세대의 철학자들과 최근 신경생물학자들의 호기심을 자극하여 왔다. 머리부상 환자들의 관찰을 시작으로 복잡한 외과수술적, 생리학적, 생화학적 및 영상획득 실험들이 진보하면서, 뇌가 어떻게 마음을 일으키는지에 대한 윤곽이 드러나기 시작하였다.

## "좌뇌"와 "우뇌"는 다른 기능들을 전담한다

전뇌의 좌우 반구가 보기에는 비슷하지만, 기능까지 비슷하지는 않다는 것이 1900년대 초반 이후 알려졌다. 역사적으로, 좌우 반구 기능의 차이에 대한 정보는 한쪽 대뇌반구 손상에 국한된 사고 또는 뇌졸중 환자의 연구를 통해 알려졌다. 통제하기 어려운 간질의 경우, 발작이 뇌 전체에 퍼지는 것을 방지하기 위해 뇌량을 외과적 수술로 절단하는데, 이런 환자들의 연구를 통해 많은 정보들이 알려졌다.

1950년대 초, 캘리포니아 기술 연구소의 로저 스페리(Roger Sperry)는 뇌량 절단에 의해 좌우 반구가 분리된 사람들을 연구하였다. 스페리는 그의 연구에서 각각의 시신경로 안의 축삭들은 각 시야의 왼쪽 절반이 우측 대뇌반구에 의해 인지되게 하고, 우측 절반은 왼쪽 대뇌반구에 의해 보이게 하는 경로를 따라간다는 것을 알고 있었다(그림 19-13). 스페리는 좌우 시야에 다른 이미지를 투영함으로써 각 대뇌반구에 다른 신호가 보내지게 하는 독창적인 장치를 사용하였다.

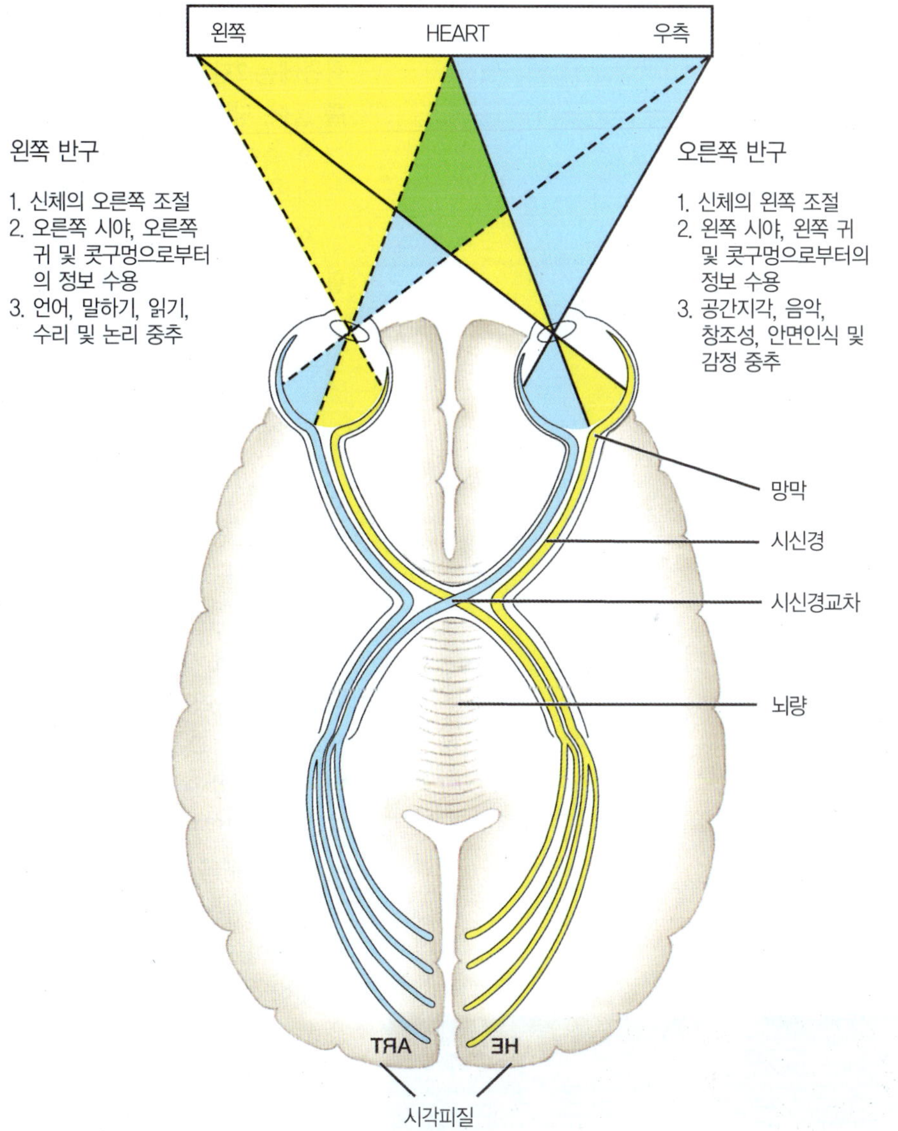


▲ 그림 19-13 **대뇌반구의 전문화** 양쪽 눈 망막의 각 절반은 반대쪽 시야를 인지한다. 왼쪽 시야를 보는 절반의 망막으로부터 나오는 축삭들은 우측 대뇌반구에 정보를 보내며, 우측 시야에 대한 정보는 왼쪽 대뇌반구에 전달된다. 그러므로 눈이 움직일 수 있기 전에 "heart"라는 단어를 순간 힐끗 보면, 우측 반구가 "he"를 인지할 것이며, 왼쪽 반구는 "art"를 인지할 것이다. 시야의 다른 부분을 인지하는 것뿐만 아니라, 좌우 반구는 보통 신체의 반대편을 조절하며, 다양한 기능들을 전담한다.

스페리가 나체 그림의 영상을 왼쪽 시야에만 투영하였을 때, 피험자는 얼굴을 붉히고 웃음을 짓곤 하였지만, 아무것도 보진 못했다고 주장하곤 하였다. 우측 시야에 투영된 같은 그림은 곧 말로 묘사되었다. 이 실험들과 이후 실험들을 통해, 오른손잡이 사람의 왼쪽 대뇌반구는 말하기, 읽기, 쓰기, 언어이해, 수리능력 및 논리적 문제 해결에서 언제나 우세하다는 사실이 밝혀졌다. 뇌의 우측은 음악적 기술, 예술적 능력, 안면인식, 공간지각능력 및 감성 인식 및 표현 능력에 있어 왼쪽보다 뛰어나다.

그러나 최근 실험들은 좌우 기능차이가 한때 믿었던 것만큼 확고하지는 않다는 것을 암시한다. 왼쪽 대뇌반구로의 혈액공급이 중단된 뇌졸중 환자는 전형적으로 말하기 능력 손실과 같은 증상을 보인다. 그러나 왼쪽 반구 자체가 회복되지 않았음에도 불구하고, 이 장애는 종종 훈련을 통해 부분적으로 극복될 수 있다. 이는 우측 반구가 잠재적 언어능력을 일부 가지고 있다는 것을 암시한다.

## 학습과 기억은 특정 뇌 부위의 생화학적 및 구조적 변화와 관련 있다

학습과 기억에 대한 세포기전이 잘 알려져 있지 않지만, 그럼에도 불구하고 생물학자들은 이 현상들의 일부 측면을 이해하는데 현저한 발전을 이루었다.

### 기억은 잠시 또는 오래 지속될 수 있다

학습에는 2단계가 있다: 작업기억(working memory)과 장기기억(long-term memory). 예를 들어, 당신이 전화번호부의 번호를 쳐다보면, 다이얼을 돌리는 동안은 기억하겠지만, 그 후 즉시 그 번호를 잊게 될 것이다. 이것이 작업기억이다. 그러나 만약 당신이 그 번호로 자주 전화를 한다면, 결국 그 번호를 거의 영구히 기억할 것이다 – 장기기억의 한 예.

일부 작업기억은 특정 뇌 신경회로에서의 반복적인 활동을 필요로 한다. 신경회로가 활동적인 동안은 기억이 남아 있다. 다른 경우, 작업기억은 일시적으로 시냅스를 강화하는 뉴런 안에서의 단기적인 생화학적 변화에 의존한다. 그에 반해, 장기기억은 오래 지속되는 새로운 시냅스의 형성이나 기존의 약한 시냅스의 장기강화를 필요로 한다.

### 측두엽은 기억에 중요하다

뇌 측두엽 깊은 곳에 있는 해마(hippocampus)가 학습에 관련된다는 확고한 증거가 있다. 예를 들어, 연구자들은 학습을 하는 동안, 해마에서 강한 전기적 활동이 일어난다는 것을 알아 내었다. 더욱 놀라운 것은 해마손상의 결과들이다. 양쪽 해마가 손상된 사람은 이전의 기억들은 많이 유지하지만, 해마 상실 후의 새로운 정보는 학습할 수 없다.

예를 들어, 발작을 조절하기 위한 시도로 양쪽 해마를 제거한 한 환자는 여러 해가 지나면 같은 주거지에 살더라도 자신의 주소를 기억하지 못하거나 집으로 가는 길을 찾지 못하게 된다. 그는 똑같은 잡지를 반복해서 읽으면서도 스스로 무기한 즐거워할 수 있으며, 그가 매일 보는 사람들은 마주칠 때마다 자신을 다시 소개해야 한다. 이 예와 다른 예들은 작업기억으로부터 장기기억으로의 정보 이송에 해마가 중요하다는 것을 암시한다.

대뇌반구의 측두엽은 장기기억들을 불러오는데 중요해 보인다. 1940년대 한 유명한 일련의 실험들에서, 신경외과 의사 와일더 펜필드(Wilder Penfield)는 뇌수술을 받고 있는 의식이 있는 환자의 측두엽을 전기적으로 자극하였다. 그 환자는 단순히 기억을 떠올린 것이 아니라, 과거의 사건들을 바로 그 수술실에서 경험하고 있는 것처럼 느꼈다!

## 뇌의 개별적인 영역들이 특정 기능을 수행한다

약 100년 전까지만 해도, 마음은 과학자보다는 철학자에게 더 적합한 주제로 여겨졌는데, 뇌 연구를 위한 도구들이 아직 존재하지 않았던 것이 부분적인 이유이다. 그러나 새로운 도구와 새로운 발견들이 마음이 어떻게 작동하는지에 대한 우리의 견해를 빠르게 변화시키고 있다.

최근 수십 년 동안, 우리는 일부 심리학적 현상들의 신경원리를 이해하기 시작하였다. 정신분열증, 조울증 및 자폐증과 같은 많은 유형의 정신질환은 유년 시절의 정신적 충격이나 부적절한 양육에 의해 유발되는 것으로 한때 생각되었다. 그러나 이 질환들은 이제 뇌에서의 생화학적 불균형이나 구조적 이상의 결과로 인식되고 있다. 현재 수줍음과 알코올 중독성향과 같은 많은 성격적 특성들이 유전적 소인 및 환경적 요인에서 기인한다는 것이 알려져 있다.

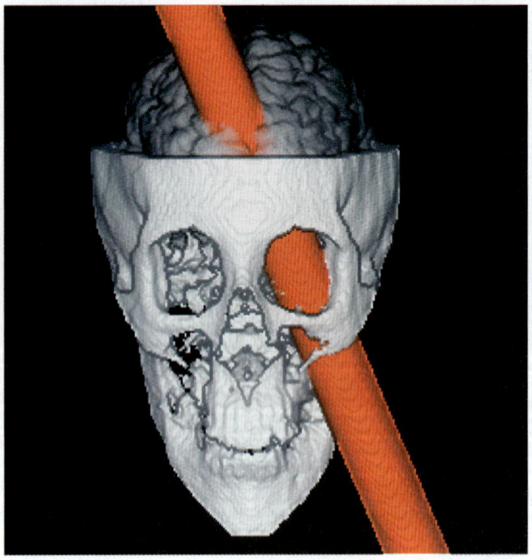

▲ 그림 19-14 **비밀을 드러낸 사건** 피니아스 게이즈(Phineas Gage)의 두개골에 대한 연구는 과학자들로 하여금 폭발로 인해 강철 선로가 그의 머리를 관통하여 지나간 경로를 컴퓨터로 재구성할 수 있게 하였다.

물리적인 뇌의 구조가 어떻게 성격에 관련되는지에 대한 주목할 만한 설명이 피니아스 게이즈(Phineas Gage)에 의해 1848년 무심코 제공되었다(그림 19-14). 철도건설 현장감독이었던 게이즈는 폭약을 설치하고 있었는데, 그 폭약이 일찍 터져 버렸다. 폭발로 인해 6 kg의 강철 선로가 그의 두개골을 관통하여 양쪽 전두엽을 손상시켰다.

사고 이후 게이즈는 수년간 생존하였으나, 그의 성격은 철저히 변하였다. 사고 전의 게이즈는 성실하고, 근면하며 매우 호감을 주는 사람이었다. 그러나 회복 후 그는 충동적이고, 천박하며 목표지향적인 일을 하지 못하는 사람이 되어 버렸다. 이후 연구는 전두엽

## 과학탐구

# 신경영상—활동 중인 뇌의 관찰

인간 역사의 대부분 동안, 뇌는 신비의 대상이었다. 그러나 오늘날의 영상기술들은 뇌기능에 대한 흥미진진한 통찰력을 제공한다. 이 기술들에는 PET(positron emission tomography, 양전자방사단층촬영)과 fMRI(functional magnetic resonance imaging, 기능적 자기공명영상법)가 포함된다. PET과 fMRI 모두 가장 활동적인 뇌 영역에서 에너지 요구량이 높다는 사실에 기초한다; 활동적인 뇌 영역은 덜 활동적인 영역보다 더 많은 포도당을 사용하며 더 많은 산화혈의 흐름을 초래한다. PET 검사에서, 과학자들은 방사성 포도당과 같은 방사능 물질을 피험자에게 주사한 후, 대사율의 차이를 반영하는 방사능 수치를 측정한다. 방사능 수치는 컴퓨터에 의해 뇌영상에서 색으로 변환된다. 특정 작업을 수행하는 동안의 방사능 수치를 측정함으로써, 과학자들은 그 일을 수행하는 동안 뇌의 어느 부분이 가장 활동적인지를 확인할 수 있다. 반면, fMRI는 뇌의 다양한 영역에서 산화혈과 환원혈 수준의 차이를 간파한다. 혈액 내 헤모글로빈에 산소가 결합되어 있으면, fMRI 기계에 의해 생긴 강력한 자기장과 전자파의 파동에 다르게 반응한다. 방사능 없이 PET보다 짧은 시간에 fMRI로 활동적인 뇌 영역을 구별할 수 있다.

PET 또는 fMRI를 이용함으로써, 연구자들은 뇌가 특정 추리작업을 수행하거나 후각, 시각 또는 청각 자극에 반응할 때의 변화를 관찰할 수 있다. PET과 fMRI는 언어처리의 다양한 양상들이 대뇌피질의 별개 영역들에서 일어난다는 사실을 입증하였다. 과학자들은 fMRI를 이용하여 2가지 언어를 사용하는 사람에서 단어를 만들어 내는데 사용되는 전두엽 영역들을 분석하였다. 두 개의 언어를 사용하면서 성장한 피험자에서는, 전두엽의 동일한 영역이 두 언어를 말할 때 사용되었다. 반면, 성장 후 두 번째 언어를 배운 피험자는 두 언어를 말하기 위해 전두엽 내 다른 영역들을 사용하였다.

다양한 감정 상태에서 가장 활동적인 뇌의 부분을 측정하기 위해서도 fMRI 검사가 이용되어 왔다. 예를 들어, 어느 사람이 겁에 질리면, 편도체가 밝아진다(그림 E19-2a). 사랑에 빠진 사람들이 그들의 연인 사진을 볼 때에는, 뇌의 다른 영역들이 활성화된다(그림 E19-2b). 흥미롭게도, 이와 동일한 대부분의 영역들이 코카인과 같은 약물의 남용에 의해서도 활성화된다.

한편, 누구도 당신에게 너는 네 뇌의 아주 일부만 사용한다고 말하지 않는다! PET과 fMRI 영상들은 때때로 뇌의 아주 작은 영역만이 활동적이라는 것을 나타내는데, 이것은 자극의 결과로 활성이 변한 뇌 부위만을 보이기 위해 영상처리 과정에서 다른 영역들의 활성을 제거하였기 때문이다. 여기 실린 영상들은 안정 상태에서보다 훨씬 강한 활성을 보이는 영역들을 그저 강조할 뿐이다.

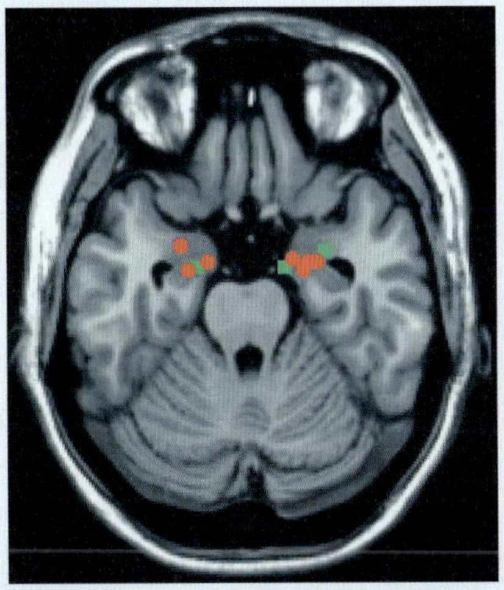

(a) 무서운 자극에 의한 편도체의 활성화(빨간색)

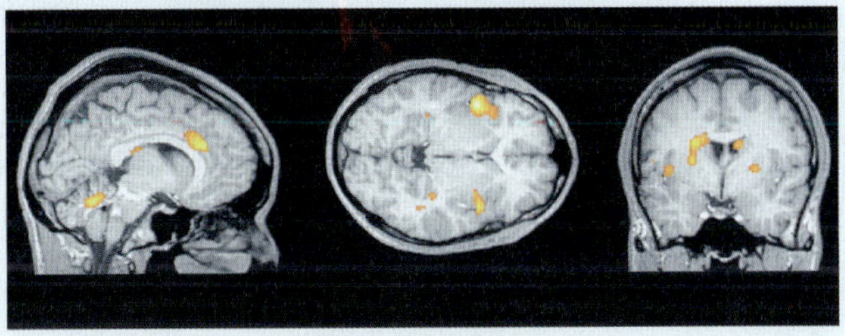

(b) 연인 사진을 보는 것에 의한 전뇌의 활성화

▲ 그림 E19-2 **사람 뇌의 감정 부위** (a) 무서운 경험은 편도체를 활성화시키는데, 이 부위는 전뇌의 일부분으로 공포와 분노 같은 감정들을 유발한다. (b) 연인의 사진을 보면, 대뇌피질의 영역들(왼쪽)과 전뇌 깊은 곳의 구조들(우측)을 포함한 뇌의 여러 부분들이 활성화된다.

이 감정표현, 공격성의 조절, 적절한 행동의 인식 및 향후 보상을 위해 일하는 능력에 관련된다는 것을 알아내었다.

다른 뇌손상 환자들의 연구를 통해 뇌의 많은 부분들이 고도로 전분화되어 있다는 사실이 밝혀졌나. 왼쪽 전두엽에 매우 국소적인 손상을 당한 한 환자는 다른 모든 것의 이름은 불렀지만 과일과 채소들의 이름을 말하지 못하였다. 뇌의 다른 영역에 손상을 입은 환자들은 얼굴을 인식하지 못하였는데, 이러한 사실들은 뇌에는 특정 종류의 사물을 인식하도록 전문화되어 있는 영역들이 있다는 것을 암시한다.

과거 뇌손상 환자들로부터 얻을 수 있었던 지식들은 제한적이었는데, 부검에 의해 드러날 때까지 정확한 손상의 범위를 알 수 없었기 때문이다. 그러나 우리가 "과학탐구: 신경영상— 활동 중인 뇌의 관찰"에서 알아보는 것처럼, 뇌의 구조와 활동을 볼 수 있게 하는 오늘날의 새로운 기술들은 질병에 걸린 뇌뿐만 아니라 정상적인 뇌의 기능도 이해할 수 있게 한다.

## 19.7 신경계는 어떻게 환경을 감지하는가?

"Receptor"라는 단어는 생물학의 여러 상황에서 사용된다. 이 장에서, 우리는 특정 자극에 대해 전기적 반응을 유발하도록 분화된 세포(보통은 뉴런)들로 구성된 **감각수용기(sensory receptor)**에 대하여 논의한다. 모든 감각수용기가 전기신호를 생성하지만, 각 유형의 수용기는 특정 유형의 자극에 대해서만 신호를 생성하게끔 분화되어 있다(**표 19-2**). 감각수용기를 활성화시키는 자극은 우리 주위의 세상으로부터(빛 또는 소리) 또는 신체 내부로부터(관절의 위치 또는 혈중 산소 농도) 발생할 수 있다. 그러므로 감각수용기는 외부 및 내부 환경에 모두 이어진 우리의 유일한 연결고리이다. 기원전 4세기 아리스토텔레스(Aristotle)가 알아 차렸던 것처럼, "감각에 의해 먼저 지각되지 않은 이성으로는 아무것도 이해할 수 없다."

감각수용기를 자극하면 **수용체 전위(receptor potential)**이라는 전기신호가 유발된다. 언제나 동일한 크기의 활동전위와는 다르게, 수용체 전위는 자극 강도에 따라 그 크기가 다양한데, 강한 자극일수록 수용체 전위는 더 크다. 세포의 수, 그 세포들의 연결 및 자극에 대한 세포들의 반응기전이 상당히 다양하지만, 감각의 최종 출력신호는 뇌로 향하는 활동전위의 집중사격이다. 큰 수용체 전위일수록 높은 빈도수의 활동전위를 생성한다. 그러므로 활동전위를 발사하는 축삭들은 어떤 유형의 자극이 발생했는지에 대한 정보를 뇌에 알려주며, 활동전위의 발생빈도수는 자극강도에 대한 정보를 뇌에 통보한다(그림 19-4 참고).

### 기계적 수용기는 물리적인 이동 또는 움직임에 반응한다

기계적 수용기는 신체의 도처에서 발견된다. 접촉, 진동 또는 압박에 반응하는 피부 수용기, 많은 내부 기관의 신장 수용기, 소리를 감지하는 내이(inner ear)의 수용기들이 기계적 수용기에 포함된다.

사람과 대부분 다른 척추동물의 피부는 접촉에 매우 민감하다. 여러 유형의 기계적 수용기 뉴런들이 피부에 박혀 있거나 피부 바로 밑에 위치하는데, 각 뉴런들은 막이 늘어 나거나 눌려질 때 수용체 전위를 유발하는 수상돌기를 가지고 있다(**그림 19-15**). 일부 촉각 수용기의 수상돌기들은 접촉, 가려움 또는 간지러움의 감각을 유발할 수 있는 자유신경말단들이다. 다른 수용기들의 말단은 결합조직층으로 둘러싸여 있다. 진동이나 예리하게 찔리는 경우와 같이 압력의 빠른 변화에 반응하는 파치니 소체(Pacinian corpusle)가 이에 해당된다. 피부에서 기계적 수용기의 밀도는 신체 부위마다 아주 다양하다. 손가락

**표 19-2** 일부 척추동물의 수용기 유형

| 수용기 유형 | 감각세포 유형 | 자극 | 위치 |
|---|---|---|---|
| 온도수용기 | 자유신경말단 | 뜨거움, 차가움 | 피부 |
| 기계적 수용기 | 털세포<br>피부의 신경말단<br>근육 또는 관절의 신경말단 | 진동, 움직임, 중력<br>진동, 압박, 접촉<br>늘어남 | 내이<br>피부<br>근육, 힘줄 |
| 광수용기 | 간상세포, 원추세포 | 빛 | 눈의 망막 |
| 화학수용기 | 후각 수용기<br>미각 수용기 | 냄새(공기매개 분자)<br>맛(수분매개 분자) | 비강<br>혀 |
| 통각수용기 | 자유신경말단 | 조직손상에 의해 방출된 화학물질 | 신체 광범위 |

끝에는 1 $cm^2$당 수십 개의 촉각 수용체가 분포하지만, 등에는 1개 미만일 수 있다.

위와 방광과 같이 속이 빈 많은 기관에서의 기계적 수용기들은 늘어나는 것에 반응함으로써 내부가 찼다는 신호를 전달한다. 관절의 기계적 수용기들은 보지 않더라도 팔꿈치가 굽었는지, 굽었다면 얼마나 굽었는지를 알 수 있게 한다. 만약 포크를 입에 넣을 때, 얼굴을 찌르지 않도록 지켜봐야 한다면 얼마나 성가실지 상상해 보라!

기계적 수용기는 아마 많은 동물들에서 지구의 자기장을 감지하는 수단일 수도 있다. 새들의 자기장 감지는 태양을 볼 수 없는 흐린 날에도 낯선 지역, 심지어 대양을 건너 이주할 수 있게 한다. 동물들이 어떻게 자기장을 감지할까? 다양한 동물들이 그들의 뇌나 신체 일부에 자성을 띠는 아주 작은 입자를 가지고 있다. 하나의 가설은 지구의 자기장이 특수화된 세포 내에서 이 입자들을 움직임으로써 기계적 자극에 의해 막이 눌려지는 것처럼 세포의 원형질막을 일그러뜨린다는 것이다.

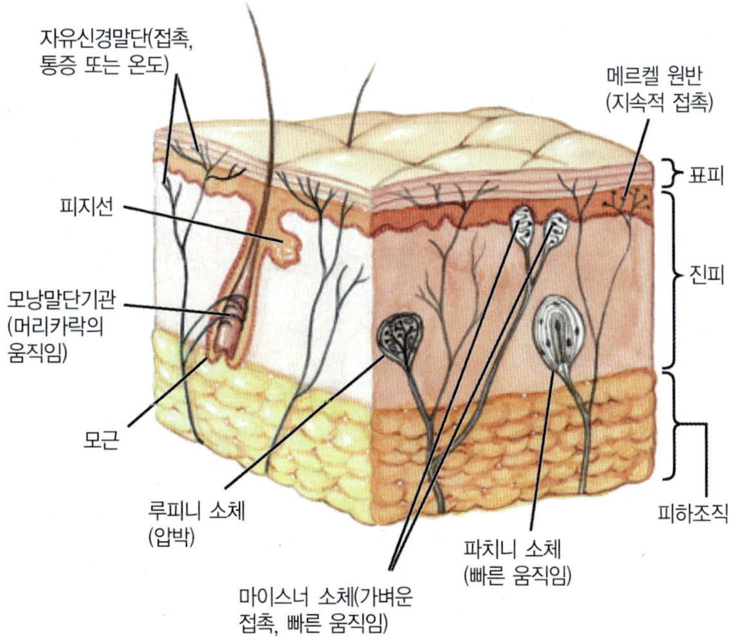


▲ **그림 19-15** **인간 피부의 수용기** 피부 수용기의 다양성은 접촉, 압박, 진동, 간지러움, 가려움, 통증, 뜨거움 및 차가움을 감지할 수 있게 한다.

## 소리의 감지는 기계적 감각의 특수한 유형이다

소리는 사물(드럼, 성대 또는 CD 플레이어의 스피커)의 진동에 의해 생성된다. 이 진동, 또는 음파는 공기를 통해 전달되어 우리 귀에 들린다. 귀는 진동을 신호로 변환하는데, 우리의 뇌는 그 신호를 통해 소리의 방향, 높이 및 강도를 해석한다. 포유동물의 귀는 진동을 내이 깊은 곳의 특수한 기계적 수용기 세포로 전달하는 다양한 구조들(예, 외이와 고막)로 구성된다.

### 귀는 음파를 전기 신호로 변환한다

인간과 대부분 척추동물의 귀는 3부분으로 구성된다: 외이, 중이 및 내이(그림 19-16a). 외이(outer ear)는 귓바퀴(pinna)와 외이도(auditory canal)로 구성된다. 귓바퀴는 머리 표면에 부착된 피부로 덮인 연골의 자락이다. 귓바퀴는 음파를 모아 다양한 방식으로 변형시킨다. 인간과 다른 꽤 큰 동물들은 소리가 양쪽 귀에 도달하는 시간과 세기 차이에 의해 소리의 방향을 결정한다. 귓바퀴의 모양과 가동성도 소리의 위치파악에 기여한다. 동물계에서는 박쥐가 아마 가장 정확하게 소리의 위치를 파악할 것이다. 곤충을 잡아먹는 박쥐는 나방과 같은 곤충 먹잇감에 반사되는 고주파 소리를 방출한다. 큰 귀, 고도로 발달한 청각피질 및 정확한 비행조절을 위한 거대한 소뇌가 결합하여 박쥐로 하여금 캄캄한 밤에도 날아다니는 그들의 먹이를 낚아챌 수 있게 한다.

공기로 채워진 외이도는 음파를 중이(middle ear)에 전달한다. 중이는 고막(tympanic membrane 또는 eardrum), 추골(hammer), 침골(anvil), 등골(stirrup)로 불리는 세 개의 작은 뼈들과 유스타키오관(Eustachian tube)으로도 불리는 이관(auditory tube)으로 구성된다. 이관은 중이와 인두를 연결하며, 중이와 대기 사이의 공기압을 같게 한다.

외이도를 통해 들어온 음파는 고막을 진동시키는데, 고막 진동에 의해 추골, 침골, 등골이 차례로 진동한다. 이 뼈들은 진동을 나선모양의 달팽이관(cochlea)이 있는 내이(inner ear)에 전달한다. 등골이 달팽이관의 난원창(oval window)이라는 막을 진동시킴으로써 달팽이관 내 액체에 진동이 전달한다. 정원창(round window)은 등골이 난원창을 진동시킬 때, 달팽이관 속 액체가 앞뒤로 이동하게 하는 두 번째 막이다.

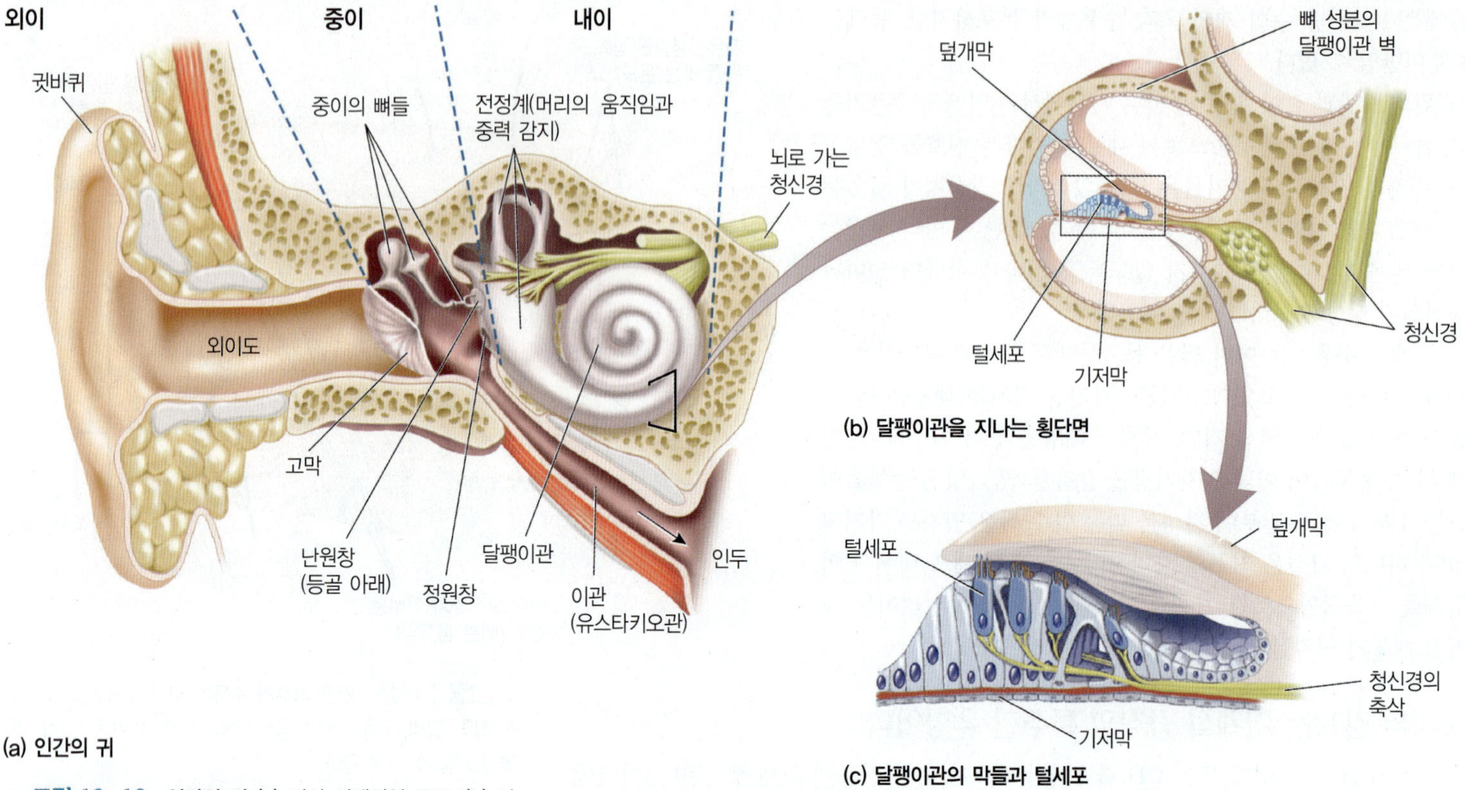


▲ **그림 19-16** **인간의 귀** **(a)** 귀의 전체적인 구조. **(b)** 달팽이관의 횡단면. **(c)** 털세포의 털이 덮개막과 기저막 사이의 간극을 메운다. 소리 진동은 상호 관련된 막을 움직이게 하는데, 이에 따라 털이 휘어지게 됨으로써 털세포에서 수용체 전위가 생성된다.

## 소리는 달팽이관에서 전기신호로 변환된다

횡단면에서 볼 때, 달팽이관은 액체가 채워진 3개의 관으로 구성된다(그림 19-16b). 중앙의 관에는 수용기들과 소리 진동에 반응하여 이 수용기들을 활성화시키는 지지 구조물들이 포함되어 있다. 이 중앙의 관 바닥이 **기저막**(basilar membrane)인데, 그 위에 **털세포**(hair cell)라는 기계적 수용기들이 자리잡고 있다. 털세포는 작은 세포체를 가지고 있으며, 그 상부에 섬모처럼 딱딱한 털모양의 돌기들이 있다. 이 털들의 일부는 **덮개막**(tectorial membrane)이라는 점성의 구조물에 박혀 있다(그림 19-16c).

난원창은 중이의 뼈들로부터 달팽이관 내 액체로 진동을 전달하는데, 이 액체의 진동은 다시 덮개막과 연관된 기저막을 진동시킨다. 이 움직임이 털세포의 털을 구부려 수용체 전위를 유발한다. 곧이어 털세포는 청신경을 형성하는 뉴런에 신경전달물질을 방출한다. 이 뉴런들의 축삭에서 촉발된 활동전위가 뇌의 청각 중추에 전달된다.

내이의 구조는 소리의 **세기**(loudness, 소리 진동의 크기)와 **높이**(pitch, 소리 진동수)를 감지할 수 있도록 되어 있다. 조용한 소리는 작은 진동을 유발하는데, 이 진동은 털들을 약간만 휘어지게 하여 작은 수용체 전위를 만들기 때문에 청신경의 축삭에서는 낮은 빈도의 활동전위가 유발된다. 큰 소리는 큰 진동을 유발하는데, 이에 따라 털들이 많이 휘어지고, 더 큰 수용체 전위가 유발되며, 청신경의 축삭에서는 많은 수의 활동전위가 생성된다. 장시간 지속되는 큰 소리는 털세포들을 손상시킬 수 있는데(그림 19-17a), 많은 록(rock) 가수들과 그들의 팬들에서 나타나는 청력상실의 원인이 될 수 있다(그림 19-17b).

높이의 감지는 좀더 복잡하다. 기저막은 모양과 뻣뻣함에 있어서 하프와 닮았다: 난원창 쪽의 끝부분에서는 좁고 뻣뻣하지만, 달팽이관의 끝부분에서는 훨씬 유연하다. 하프의 짧고 단단한 줄은 높은 음을 만들지만, 길고 좀 더 느슨한 줄은 낮은 음을 만든다. 기저막의 모양과 뻣뻣함이 점진적으로 변하기 때문에, 난원창 근처에서의 고음과 달팽이관 끝에서의 저음처럼 기저막의 각 부위는 특정 주파수의 소리에서 가장 강하게 진동하게 된다. 뇌는 난원창 근처의 털세포로부터 오는 신호를 고음으로 해석하는 반면, 달팽이관 끝에 가깝게 위치하는 털세포로부터 오는 신호일수록 점점 더 저음으로 해석한다. 정상적인 달팽이관을 가진 젊은 사람들은 초당 30회(매우 낮은 저음)에서부터 20,000회(매우 높은 고음)의 진동소리를 감지할 수 있다.

## 광감각은 빛의 세계를 감지한다

현실세계의 사물에 대한 시각계의 뚜렷하고 정확한 이미지 제공 능력은 여러 동물종들마다 가지각색이다; 실제로 여러 유형의 눈들이 독립적으로 진화하였다. 그러나 모든 형태의 시각은 **광수용기(photoreceptor)**를 사용한다. 이 감각세포들은 **광색소(photopigment)**라는 색깔을 띠는 수용체 분자들을 가지고 있는데, 빛을 흡수하면 분자의 모양이 변한다. 최종적으로 수용체 전위를 생성하는 광수용기 세포 내에서 이 구조적 변화가 일련의 화학반응들을 개시한다.

### 포유류의 눈은 빛을 모아 집중시킴으로써 전기신호로 변환한다

포유류의 눈은 2개의 주요 부분으로 구성된다(그림 19-18): (1) 다음 4 가지 기능 중 하나를 수행하는 다양한 구조들-눈의 모양 유지, 눈으로 빛 유입, 유입되는 빛의 양 조절, 한 곳으로의 빛 집중; (2) 들어오는 빛에 실제로 반응하는 광수용기들이 포함되어 있는 망막.

빛은 안구(eyeball) 앞쪽의 투명한 덮개인 **각막(cornea)**에 처음 닿는데, 이 각막에 의해 빛 파장들은 모아져 한 곳에 집중되기 시작한다. 각막을 지난 빛들은 **안구방수(aqueous humor)**라는 액체로 채워진 공간을 지난다. 안구방수는 수정체와 각막에 영양분을 제공한다. 눈으로 들어오는 빛의 양은 색을 띠는 근육조직인 **홍채(iris)**에 의해 조정된다. 홍채는 그 중앙의 열린 공간인 **동공(pupil)**의 크기를 조절한다. 동공을 통과한 빛은 **수정체(lens)**에 부딪치는데, 수정체는 납작한 구와 비슷하며 투명한 단백질 섬유들로 구성된다. 수정체는 근육에 의해 동공 뒤에 매달려 있는데, 이 근육에 의해 수정체 모양이 조절되며, 미세한 이미지의 초점이 가능해진다. 수정체 뒤에는 **유리체액(vitreous humor)**으로 채워진 커다란 공간이 존재한다. 유리체액은 안구의 모양유지에 기여하는 투명한 젤리 같은 물질이다.

유리체액을 통과한 후, 빛은 최종적으로 망막에 도달한다. 망막은 안구의 뒤쪽에 늘어서있는 얇은 조직이다. 이곳에서 빛에너지는 활동전위로 변환되어 뇌에 전달된다. 망막 뒤에는 검게 착색된 조직인 **맥락막(choroid)**이 위치한다. 맥락막의 풍부한 혈관은 망막세포들에 영양분을 공급한다. 맥락막의 검은 색소는 선명한 시각을 방해하는 안구 내의 산란광을 흡수한다. 안구의 외부를 둘러싸는 막을 **공막(sclera)**이라고 하는데, 질긴 결합조직 층으로 눈의 흰자위에 해당하며 각막과 연결되어 있다.

### 수정체가 원거리 및 근거리 물체로부터 오는 빛을 망막에 집중시킨다

각막의 둥근 윤곽에 의해 광선이 휘어지기 때문에 초점을 맞추는 일은 각막에서부터 시작되지만, 최후의 예리한 초점은 수정체에 의해 맞춰진다. 수정체의 모양은 이를 에워싸는 근육에 의해 조정된다. 측면에서 보면, 원거리 물체에 초점을 맞추기 위해 수정체는 납

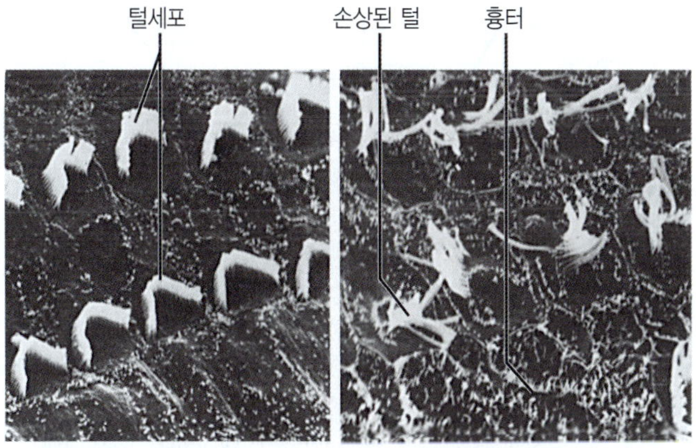


(a) 정상 털세포(왼쪽)와 큰 소리에 의해 손상된 털세포(오른쪽)

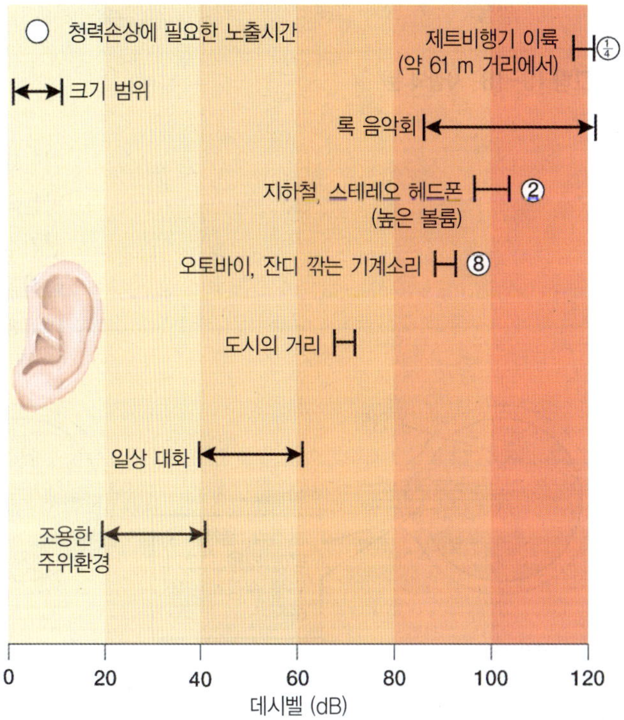


(b) 일상적인 소리들의 크기

▲ **그림 19-17 큰 소리는 털세포를 손상시킬 수 있다 (a)** 주사전자현미경(scanning electron micrograph, SEM) 사진은 내이의 털세포에 미치는 격렬한 소리의 효과를 보여준다. (왼쪽) 각 수용체에서 V자 형태로 돌출한 털들을 가진 정상 기니 피그(guinea pig)의 털세포. (오른쪽) 시끄러운 록 음악(120 데시벨에서 초당 2,000회의 진동) 수준의 소리에 노출되고 24시간 후, 많은 털세포들이 손상되거나 소실되어 흉터로 남아 있다. 인간의 털세포는 재생되지 않기 때문에, 청력상실은 영구적이다[로버트 프레스톤(Robert S. Preston)의 SEM 사진들. 미시건 의과대학, 크리시즈 청각 연구소의 호킨스(J. E. Hawkins) 교수에 의해 제공]. **(b)** 일상적인 소음의 수준과 청력손상에 대한 잠재성. 소리의 강도는 로그 눈금상의 데시벨로 측정된다. 따라서 20 dB (데시벨)의 소리는 10 dB의 소리보다 10배 강하며, 30 dB의 소리는 100배 강하다. 120 dB 이상의 소리강도에서는 통증을 느끼게 된다(출처: 미 청각장애 연구재단, 미 국립 청각장애 및 기타 의사소통 장애 연구소).

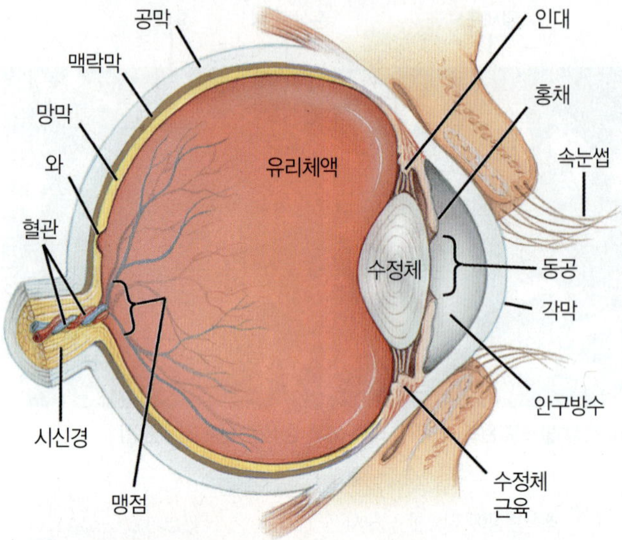


▲ 그림 19-18 사람의 눈

작해질 수도 있고, 근거리 물체를 위해서는 두툼해질 수도 있다(그림 19-19a).

안구가 너무 길거나 각막이 너무 둥글게 되면, 근시안이 될 것이다-원거리 물체로부터 오는 빛의 초점이 망막의 앞에 맺힐 것이다. 안구가 너무 짧거나 각막이 너무 편평한 원시안의 경우, 근거리 물체로부터 오는 빛의 초점은 망막의 뒤에 맺힌다. 이런 상태들은 콘택트렌즈나 적절한 모양의 안경렌즈로 교정될 수 있다(그림 19-19b, c). 근시와 원시는 각막의 모양을 바꾸는 레이저 수술에 의해서도 교정될 수 있는데, 각막 모양의 변경에 의한 새로운 굴곡이 교정렌즈처럼 작용한다.

## 망막은 빛을 감지하여 시신경에서 활동전위를 유발한다

모양에 따라 **간상세포**(rod)와 **원추세포**(cone)라고 부르는 광수용기들은 망막의 뒤편에 빛을 모은다(그림 19-20). 수용기와 유입되는 빛 사이에는 광수용기들로부터의 신호를 처리하는 뉴런으로 구성된 여러 층들이 있다. 이 뉴런들이 사물의 테두리, 움직임, 흐릿한 빛, 광도의 변화를 감지하는 능력을 강화한다. 유리체액에 가장 가까운 망막층은 **신경절 세포**(ganglion cell)들로 구성되는데, 이들의 축삭이 **시신경**(optic nerve)을 구성한다. 광수용기와 사이에 있는 뉴런으로부터의 전기신호는 신경절 세포에서 활동전위로 변환된다. 뇌에 도달하기 위해, 신경절 세포의 축삭들은 **맹점**(blind spot)이라고 불리는 지점에서 망막을 통과한다(그림 19-21; 그림 19-18 참고). 맹점에는 수용기가 없기 때문에, 그곳에 맺힌 사물의 이미지는 사라지는 것처럼 느껴진다. 그림 19-22의 별과 원을 이용하여 당신의 맹점 위치를 알아낼 수 있다.

## 간상세포와 원추세포의 분포 및 빛에 대한 민감도는 다르다

간상세포와 원추세포에서의 광수용은 광수용기의 막에 박혀 있는 광색소 분자들에 의한 빛의 흡수로부터 시작된다(그림 19-20 참고). 광색소 분자를 때리는 빛은 광색소의 모양을 변화시켜 화학반응들을 일으키는데, 이 반응들에 의해 최종적으로 광수용기에서 수용체 전위가 생성된다.

원추세포는 망막 전체에 위치하지만, 수정체에 의해 이미지의 초점이 가장 뚜렷하게 맺히는 망막부위인 **와**(fovea)에 집중되어 있다(그림 19-18 및 19-21 참고). 망막 중심의 와 부위는 움푹

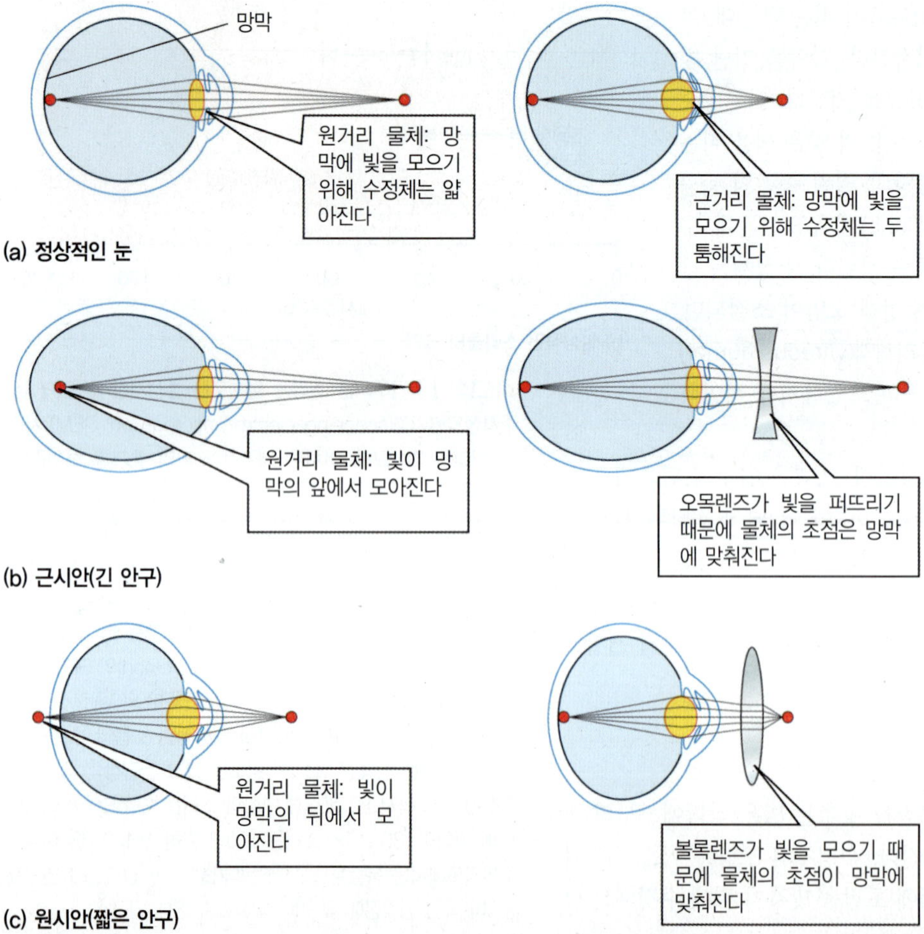


◀ **그림 19-19 사람 눈에서 초점 맞추기** (a) 다양한 거리에 있는 물체에 초점을 맞추기 위해 수정체의 모양이 변한다. (b) 근시는 오목렌즈 안경에 의해 교정된다. (c) 원시는 볼록렌즈 안경으로 교정된다. **질문:** 많은 근시 및 원시 환자가 그들의 시각 문제를 교정하기 위해 교정렌즈보다는 레이저를 이용한 각막수술을 선택한다. 근시 및 원시 경우에서, 각각의 문제 교정을 위해 각막의 모양은 어떻게 바뀌어야 하는가?

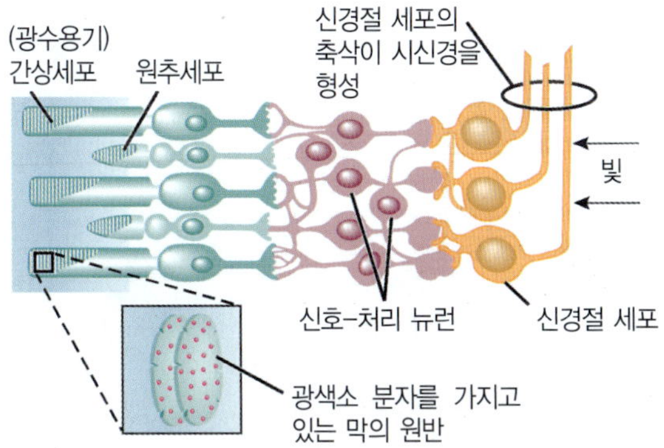


▶ **그림 19-20 사람의 망막** 사람의 망막에는 광수용기인 간상세포와 원추세포, 신호–처리 뉴런과 신경절 세포들이 분포한다. 각각의 간상세포와 원추세포는 원반 형태의 막들로 채워진 길게 연장된 부분을 가지고 있는데, 원반에는 빛에 민감한 분자들이 박혀 있다.

들어가 보이는데, 이 부위에서 신호를 처리하는 뉴런들의 층이 분리되어 있기 때문이다(뉴런들 간의 연결은 유지되어 있다). 이 배열에 의해 빛은 다른 많은 세포층을 거치지 않고 와에 위치한 원추세포에 도달할 수 있다.

사람의 눈에는 서로 조금씩 다른 광색소를 가지고 있는 3 종류의 원추세포가 있다. 각 유형의 광색소는 적색, 녹색 또는 청색에 해당되는 특정 파장의 빛에 의해 가장 강하게 자극된다. 뇌는 여러 원추세포의 상대적인 자극강도에 따라 색을 식별한다. 예를 들어, 노란색의 감각은 적색과 녹색 원추세포의 동등한 자극에 의해 유발된다. 약 4~8%의 남성들이 적색과 녹색을 구별하는데 어려움을 겪는데, X 염색체상의 적색 또는 녹색 광색소 유전자에 결함이 있기 때문이다(142~143쪽 참고). 때때로 이 사람들을 "색맹(color-blind)"이라고 하지만, 좀 더 정확히 묘사하자면, "색각결핍(color-deficient)"이다. 진정한 색맹은 세상을 흑백으로, 그림자를 회색으로 감지하는 경우지만, 극히 드물다.

간상세포는 와의 바깥쪽, 즉 망막의 가장자리 주변에 가장 풍부하게 분포한다. 간상세포는 원추세포보다 빛에 훨씬 민감하다. 따라서 주로 흐릿한 빛에 의한 시각을 담당한다. 원추세포와는 다르게, 간상세포는 색을 구별하지 못한다. 원추세포를 활성화하기에는 너무 흐린 달빛 속에서는 세상이 회색으로 보인다.

모든 동물들이 간상세포와 원추세포를 모두 가지고 있는 것은 아니다. 거의 낮에만 활동하는 동물들(예, 어떤 도마뱀들)은 원추세포들로만 구성된 망막을 가지고 있을지도 모른다. 반면, 쥐와 흰담비 같은 많은 야행성 동물들과 심해의 어류처럼 컴컴한 서식지에 사는 동물들은 대부분 또는 전체가 간상세포로 구성된 망막을 가지고 있을 수 있다.

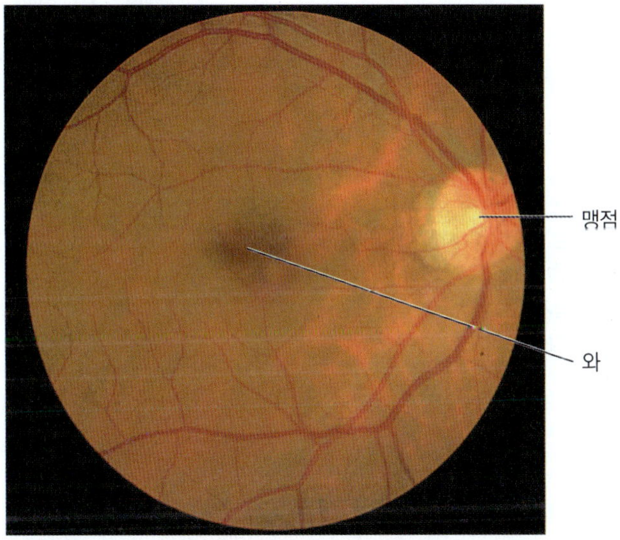


▲ **그림 19-21 살아 있는 사람의 망막** 살아 있는 사람의 각막과 렌즈를 통해 촬영한 망막의 일부. 맹점과 와가 보인다. 혈관은 산소와 영양분을 공급한다. 혈관들이 맹점 위에 밀집되어 있는 반면 와 주위에는 드물다는 것에 주목하시오. 맹점 위의 혈관들이 시야를 방해하지는 않는다.

## 화학수용기는 내부 또는 외부환경의 화학물질들을 탐지한다

화학수용기들은 동물들이 먹이의 위치를 파악하고, 유독성 물질들을 피하고, 배우자를 찾을 수 있게 하며, 항상성을 유지할 수 있게 한다. 어떤 큰 혈관들과 뇌의 시상하부에 위치한 내부 화학수용기들은 혈중 당, 수분, 산소 및 이산화탄소와 같은 중요한 분자들의 양을 감시한다; 또한 좁은 범위 내에서 이 물질들의 양을 일정하게 유지시키는 활동들을 자극하기도 한다. 우리가 알아보겠지만, 어떤 화학수용기들은 손상된 세포에서 방출되는 분자들에 반응함으로써 통각을 유발한다. 외부환경의 화학물질들을 감지하기 위해, 인간을 포함한 육상 척추동물들은 2개의 분명한 감각을 가지고 있다: 냄새(smell)의 감각 또는 후각(olfaction)은 공기 중의 화학물질에 반응하는 반면, 맛(taste)의 감각은 수분 또는 침에 녹아 있는 화학물질들을 탐지한다.

### 후각 수용기는 공기로 운반되는 화학물질들을 탐지한다

사람과 대부분의 다른 척추동물들에서, 후각을 위한 수용기들은 비강의 상부에 있는 후각상피(olfactory epithelium)라고 알려진 조직에 위치한 뉴런들

▲ **그림 19-22 맹점 찾기** 왼쪽 눈을 감고, 오른쪽 눈은 계속하여 별에 초점을 맞춘다. 그 상태로 책에서 30 cm 이상 떨어져서 시작하고 점점 가까이 접근하시오. 원의 이미지가 맹점에 떨어질 때, 그 원은 사라질 것이다. 일상에서 뇌는 양쪽 눈으로부터 정보를 받는데, 눈은 끊임없이 앞뒤로 움직이는 경향이 있다. 그 결과로, 우리는 보통 시야의 공백을 경험하지 않는다.

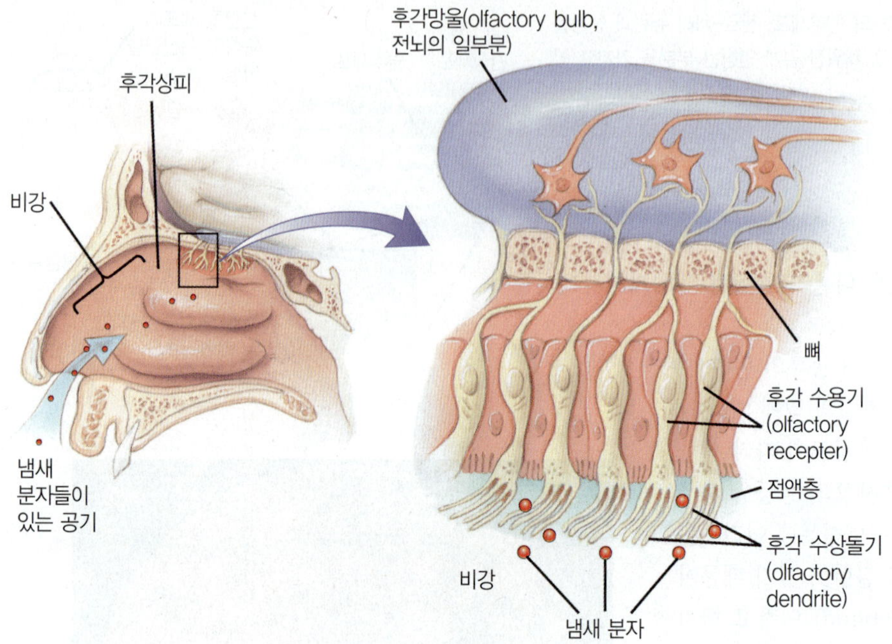


▲ **그림 19-23 사람의 후각 수용기** 사람의 후각을 위한 수용기들은 비강으로 돌출한 머리카락 같은 돌기들 가진 뉴런들이다. 돌기들은 점액층에 묻혀 있는데, 냄새 분자들이 수용기에 접촉하기 전에 이 점액층에 용해된다.

이다(그림 19-23). 다른 많은 포유동물에 비해, 사람의 이 후각상피는 작다. 예를 들어, 개들은 우리보다 수백 배는 더 민감한 후각을 가지고 있다. 후각 수용기들은 머리카락 같은 수상돌기들을 가지고 있는데, 이것들은 비강(nasal cavity)으로 돌출하여 점액층에 묻혀 있다. 공기 중의 냄새 분자들이 점액층으로 확산되어 수상돌기에 있는 수용체 단백질에 결합한다. 인간은 약 500여 가지 유형의 수용체 분자들을 가지고 있지만, 각 후각 수용기 뉴런은 오직 한 가지 유형의 분자만 발현한다. 각 수용체 분자는 특정 유형의 분자에만 결합하고, 뇌에 메시지를 보내기 위해 후각 수용기를 자극할 수 있도록 분화되어 있다. 많은 냄새들이 여러 수용체 단백질들을 자극하는 분자들의 복잡한 혼합물이기 때문에, 우리의 냄새 감지는 뇌가 다양한 화학수용기로부터의 신호들을 해석하는 결과로서 생겨난다.

## 미각 수용기는 혀에 접촉하는 화학물질을 탐지한다

사람의 혀에는 약 10,000여 개의 미뢰(taste bud)가 있는데, 미뢰는 혀의 표면을 덮고 있는 유두(papillae)라고 하는 작은 혹 속에 박혀 있는 구조물이다(그림 19-24a). 각 미뢰는 작은 구멍 속에서 지지세포(supporting cell)들에 의해 둘러싸인 60~80개의 미각 수용기(taste receptor)들로 구성된다. 구멍 속의 세포들은 미공(taste pore)를 통해 입과 정보를 교환한다(그림 19-24b). 얇은 막의 돌출물인 미각 수용기의 미세융모들이 미공을 통해 돌출한다. 용해된 화학물질이 미공을 통해 입장하여 미세융모에 있는 수용체 분자에 결합함으로써 수용체 전위를 유발한다.

네 가지 주요 유형의 미각 수용기가 오래 전부터 알려졌다: 단맛, 신맛, 짠맛 및 쓴맛. 다섯째 유형인 우마미(umani, 대략 "맛있는"으로 번역되는 일본어)가 2000년에 밝혀졌다. 우마미 수용기는 글루탐산 소다(monosodium glutamate, MSG) 조미료에서 발견되는 글루탐산에 반응한다. MSG는 대개 "고기맛"을 내는 것으로 알려져 있으며, 음식의 맛을 향상시키기 위해 사용된다. 한때 각 유형의 미뢰는 혀의 특정 지역에 집중되어 있다고 믿어졌지만, 최근 연구에 의하면 여러 유형들이 매우 고르게 분포한다는 것이 알려졌다.

우리는 2가지 기전을 통해 매우 다양한 맛을 감지한다. 첫째, 하나의 특정 물질이 다른 강도로 2가지 이상의 수용기 유형을 자극할 수 있어서 "새콤달콤한" 맛이 유발될 수 있다. 둘째, 이것이 더 중요한데, 맛으로 감지되고 있는 물질은 보통 입안의 공기 중으로 분자들을 방출한다. 이 냄새 분자들이 후각 수용기로

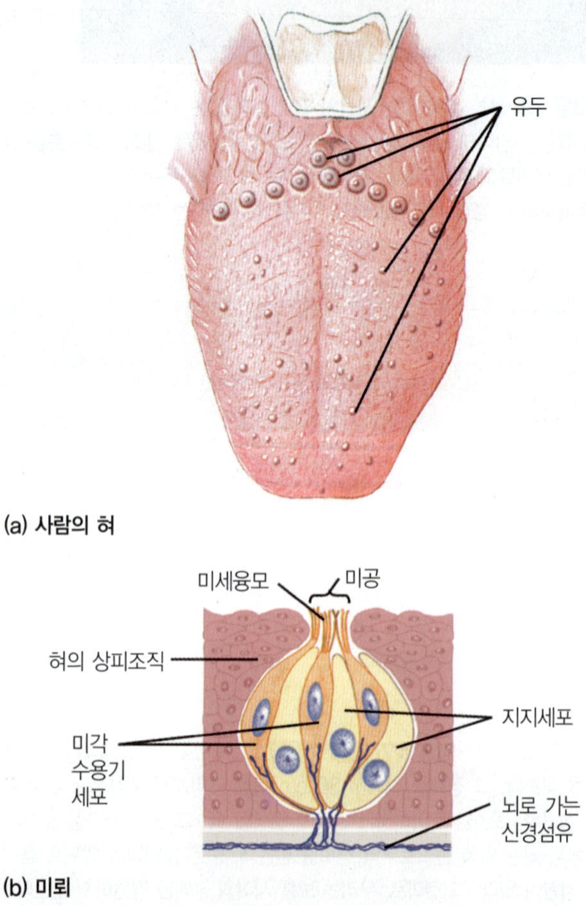


◀ **그림 19-24 사람의 미각 수용기** (a) 사람의 혀는 유두로 덮여 있는데, 유두는 안에 미뢰가 박혀 있는 혹과 같은 구조이다. 작은 유두는 혀의 앞 2/3에 위치하며, 더 많은 미뢰를 포함하는 큰 유두는 혀의 뒷부분에 분포한다. (b) 각 미뢰는 미각 수용기들을 둘러싸는 지지세포들로 구성된다. 미각 수용기의 미세융모에는 맛분자들과 결합하여 수용체 전위를 생성하는 수용체 분자들이 있다.

확산되는데, 이에 따라 기본 맛에 냄새 성분이 부여된다. 우리가 맛이라고 부르는 것이 실제로는 대부분 냄새라는 것을 증명하기 위해, 눈과 코를 막고 다양한 맛의 양갱을 먹어 보시오. 포도, 체리, 배부터 버터를 바른 팝콘맛 양갱까지, 맛의 차이 없이 모두 그저 달다고 느낄 것이다.

### 통증은 특수화된 화학적 감각이다

통증의 감지는 특수한 종류의 화학수용이다(그림 19-25). 베이거나 화상에 의해 세포와 모세혈관이 손상되면, 그들의 내용물이 세포외액으로 흘러 나온다. 이 세포 내용물에는 포타슘 이온들이 포함되어 있는데, 이 이온들이 통증 수용기(pain receptor)에서 수용체 전위를 유발한다. 손상된 세포는 어떤 혈액 단백질들을 브라디키닌(bradykinin)이라는 화학물질로 변환하는 효소들을 방출하기도 하는데, 브라디키닌이 통증 수용기를 활성화하기도 한다.

신체의 각 부위에는 특정 뇌세포에 입력정보를 제공하는 통증 수용기 뉴런들이 있다. 따라서 뇌는 통증의 위치를 파악할 수 있다. 모르핀이나 데메롤과 같은 진통제는 뇌나 척수의 통증 전달경로에서 시냅스를 차단한다. 뇌는 엔도르핀(endorphin)이라는 마취제와 같은 화학물질을 방출함으로써 통각을 줄일 수도 있다.

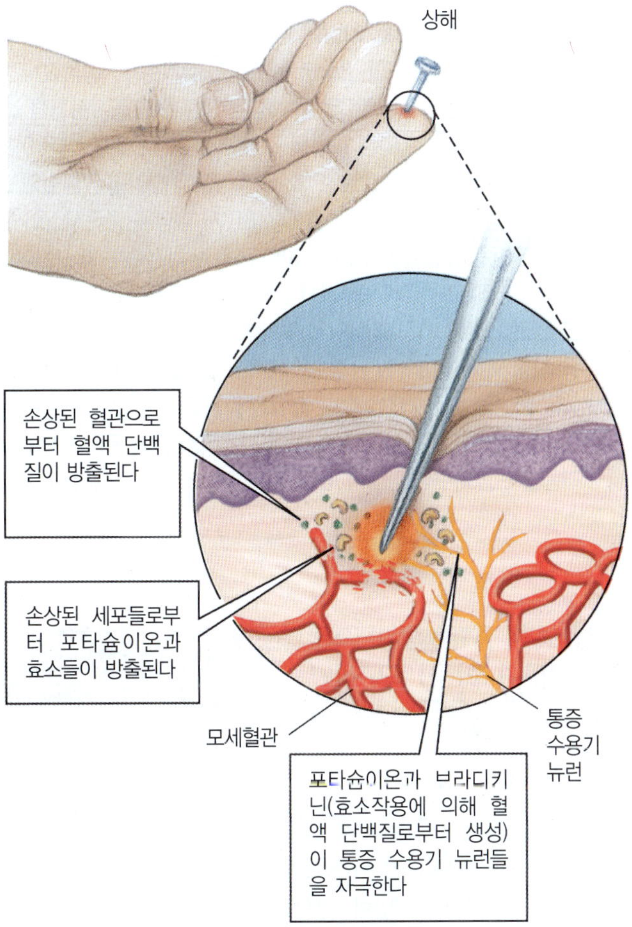


▲ **그림 19-25** **통증의 감지** 압정에 찔리는 것과 같은 상해는 세포와 혈관을 손상시킨다. 손상된 세포와 혈관은 통증 수용기 뉴런을 활성화시키는 물질들을 방출한다.

## 나는 어떻게 그대를 사랑하나? 다시 들러보기

*"…줄리엣이 사는 이곳이 천국이군."*

*로미오와 줄리엣*, 제3막, 3장

우리가 사랑에 빠질 때, 인간의 뇌에서는 무슨 일이 일어날까? 사람들이 단지 큰 프레리 들쥐는 아니지만, 감정적 경험을 하는 동안 뇌기능과 호르몬에서 일부 눈에 띄는 유사성들이 있다는 것을 알게 되면 놀라고 실망할지도 모르겠다. 예를 들어, 옥시토신과 도파민을 포함하는 인간 뇌 영역들은 연인과 자신의 아이들의 얼굴 사진에는 반응하지만, 매력적이고 친한 사람들이지만 정서적 유대관계를 느끼지 못하는 사람들의 얼굴에는 반응하지 않는다. 이 영역들의 일부가 프레리 들쥐에서 활성화되는 부위와 일치하며 동기부여 및 보상에 중요해 보이는 부위와도 일치한다. 들쥐에서처럼, 인간에서도 상대방에 대한 호감과 몰두에 있어 옥시토신은 아마 중요한 역할을 할 것이다. 옥시토신은 스트레스를 감소시키며, 공포를 느끼는데 관련된 뇌 부위인 편도체를 억제한다. 옥시토신의 양은 성적 경험을 하는 동안에 여성과 남성 모두에서 증가한다. 최근의 한 연구에서, 비강에 옥시토신을 뿌리면 생면부지인 사람들 사이에서조차 신뢰감이 조장된다는 것이 밝혀졌다.

다른 종류의 사랑은 어떨까? 뇌 영상검사들을 통해 남녀간의 사랑과 부모의 사랑 사이에는 차이점뿐만 아니라 유사성도 있다는 것이 밝혀졌다. 일부 동일한 뇌 영역들이 연인과 자녀들의 사진에 의해 활성화된다; 다른 영역들은 각각에 의해서는 활성화되지만, 두 가지 모두에 의해서는 활성화되지 않는다. 또 다른 뇌 영역들, 특히 중요한 의사결정과 사회적 판단에 관련되는 영역들은 적어도 연인 또는 아이를 바라보는 동안은 불활성화된다. 그 결과로 연인과 자녀가 거의 언제나 실제보다 더 사랑스러워 보이게 되는 것 같다. 이것은 신생아에 대한 부모의 사랑에 특히 중요할지도 모른다. 신생아는 대개 매우 사랑스럽지만, 성인들이 할 수 있는 방식으로 부모의 사랑에 보답하지는 못한다.

신경생물학적 설명이 이 마법과도 같은 사랑을 훼손할까? 인류학자 헬렌 피셔(Helen Fisher)는 그렇게 생각하지 않는다. "한 조각 초콜릿 케이크에 들어 있는 모든 성분을 알 수는 있지만……그 케이크의 맛은 여전히 놀랍다. 마찬가지로, 로맨틱한 사랑에 관련된 모든 성분들을 알 수 있지만, 우리는 여전히 그 열정을 느낀다."

여러 가지 측면에서, 사랑은 중독과 매우 유사하다. 예를 들어, 사랑과 중독 둘 다 뇌에서 도파민을 방출하는 "보상회로"를 활성화시킨다. 피셔 박사는 남녀간의 사랑에 관련된 사람들이 약물 중독자들처럼 내성, 금단 증상을 경험하며 또 다른 사랑을 갈망한다는 것에 주목한다. 마약과 새롭게 발견된 사랑의 특성으로 인해, 적은 용량은 흥미를 유발할지 모르지만, 이내 그 용량은 충분치 않게 된다. 따라서 갈망을 충족시키기 위해 점점 더 많은 용량이 필요하게 된다. 만약 평소 누리던 만큼의 사랑이나 마약을 얻지 못하게 되면, 금단증상이 나타나는데, 울기도 하고 우울증에 걸리기도 하며 새로운 사랑과 마약을 필사적으로 찾게 된다. 마침내, 다시 사랑을 하게 되거나 마약에 손을 대게 된다. 치료된 약물 중독자들이 다시 약물을 만나게 되면 갑작스럽고 집요한 갈망을 느낄지도 모르는 것처럼, 사랑에서 헤어나왔던 사람이 예전 연인을 다시 보게 된다면 여전히 감정의 격동을 느낄지도 모른다. 그러나 정말 사랑이 약물중독과 유사할까? 아니면 그 반대일까? 보상중추와 도파민 뉴런들이 인간에서 진화하였기 때문에 우리가 코카인 중독자가 될 수 있는 것은 절대 아닌 것 같다. 오히려, 이 회로들은 아마 이성간의 긴밀한 유대와 육아를 촉진하기 위해 진화하였을 것이며, 코카인과 같은 약물들이 사랑하고 있는 사람이 "행복감"을 느끼게 만드는 동일한 보상회로를 화학적으로 강탈하기 때문에 중독성을 띠게 될 뿐이다.

### 생각해보기

토머스(B. J. Thomas)의 히트곡 "Hooked on a Feeling" 가사에는 "…나는 사랑에 빠졌습니다, 당신이 나를 사랑하고 있다는 믿음에 도취해 있습니다."라는 구절이 있다. 위에서 설명한 연구들을 고려하여 이 말들의 의미를 해석해 보시오.

## 개념 확인 문제

### 빈칸 채우기

**1.** ___________(이)라고 하는 개별적인 신경세포의 여러 부분들은 다양한 기능을 수행하기 위해 특수화되어 있다. ___________(이)라고 불리는 신경세포의 "입력" 말단은 주변환경이나 다른 신경세포들로부터 정보를 받는다. ___________에는 전형적인 진핵세포에서 관찰되는 핵과 기타 세포소기관들이 포함되어 있다. 전기신호는 하나의 길고 가는 가닥인 ___________을(를) 통해 전달되는데, 그 끝에는 시냅스 말단이 형성되어 다른 세포에게 신호를 전달한다.

**2.** 자극되지 않는 동안, 뉴런의 세포막은 안정막 전위라고 하는 전하를 가지고 있다. 이 전위는 세포 안쪽이 ___________이다(어떤 전하인가?). 뉴런이 충분히 큰 자극을 받아 막전압이 ___________(이)라고 하는 전위에 도달하면, 활동전위가 유발된다. 이 활동전위는 뉴런 막의 내부를 ___________(으)로 만든다(어떤 전하인가?).

**3.** 활동전위가 시냅스 말단에 도달하면, 신경전달물질이라는 화학물질이 방출된다. 이 화학물질은 시냅스후 세포에 있는 ___________에 결합하여 막전압의 변화를 유발한다. 만약 시냅스후 세포가 덜 음성적이게 되면, 이 막전압 변화를 ___________(이)라고 부른다. 만약 시냅스후 세포가 더욱 음성적이게 되면, 이를 ___________(이)라고 한다.

**4.** 모든 활동전위의 크기와 지속기간이 동일하기 때문에, 자극의 강도는 개별적인 활동전위의 변화에 의해 부호화 되지 않는다. 대신, 자극강도는 하나의 뉴런에서 활동전위의 ___________ 또는 그 자극에 반응하는 유사한 뉴런들의 ___________(으)로 표시된다.

**5.** ___________는(은) 골격근을 활성화시키는 말초신경계의 일부이다. 평활근과 분비샘은 ___________에 의해 활성화되는데, "투쟁 또는 도주" 반응 동안 활성화되는 ___________와(과) "휴식과 소화" 동안 활동적인 ___________(으)로 구성된다.

**6.** 인간의 후뇌는 3 부분으로 구성된다: ___________, ___________ 및 ___________. 이 중 ___________는(은) 타이핑과 같은 복잡한 움직임을 조정하는데 중요하다.

**7.** 전뇌에는 시상, 변연계 및 대뇌피질이 포함된다. ___________은(는) 대부분의 감각을 대뇌피질에 연결하는 중계중추로서의 기능을 수행한다. ___________는(은) 공포, 분노 및 허기와 같은 감정들을 조절하는 구조들의 집단이다.

**8.** 대뇌피질은 4개의 엽으로 구성된다: ___________, ___________, ___________ 및 ___________. 시각중추는 ___________에 위치한다. 일차운동영역은 ___________에 존재한다.

**9.** 감각 수용기는 특정 자극에 반응하도록 미세하게 조정되어 있다. ___________는(은) 접촉 또는 압박과 같은 물리적 변형에 반응한다. ___________는(은) 빛에 반응한다. 미뢰와 후각상피에 분포하는 수용기는 ___________이다.

**10.** 포유류의 귀는 세 부분으로 구성된다: 외이, 중이 및 내이. 외이에 있는 대개 주름진 나팔모양의 피부자락을 ___________(이)라고 한다. 이 구조는 음파를 수집하여 외이도를 통해 ___________(이)라는 유연한 막에 집중시킨다. 이 막은 ___________, ___________, ___________(이)라는 3개의 작은 뼈에 연결된다. 마지막 뼈가 달팽이관의 시작부분인 ___________을(를) 진동시킨다. 달팽이관 내부에서, 진동은 최종적으로 ___________(이)라고 부르는 특수분화된 기계적 수용기의 섬모를 움직인다.

11. 사람 눈의 망막에는 __________와(과) __________(이)라는 2가지 유형의 광수용기가 분포한다. __________는(은) 더 크고, 빛에 더 민감하며, 흑백 시력을 제공한다. __________는(은) 주로 __________(이)라고 부르는 망막의 중심부에 위치한다. 이 광수용기는 더 작으며, 빛에 덜 민감하지만, 색시력을 제공한다.

## 복습 문제

1. 뉴런의 4가지 주요 부분을 열거하고, 각 부위의 기능을 설명하라.
2. 시냅스를 그리시오. 어떻게 한 뉴런에서 다른 뉴런으로 신호가 전달되는가?
3. 뇌는 어떻게 자극강도를 감지하는가? 자극의 유형은?
4. 뉴런-근육(neuron-to-muscle) 경로를 구성하는 4가지 요소는 무엇인가? 인간의 통증-회피 반사에서 이 요소들이 어떻게 기능하는지 서술하라.
5. 척수의 단면을 그려보라. 어떤 유형의 뉴런들이 척수에 분포하는가? 척수손상이 왜 손상 부위 아래 신체를 마비시키는지 설명하라.
6. 다음 뇌 부위의 기능에 대해 서술하라: 연수, 소뇌, 망상체, 시상, 변연계, 대뇌피질.
7. 무엇이 좌우 대뇌반구를 연결하는가? 대부분의 오른손 잡이 사람에서 각 대뇌반구의 다른 지적 기능들에 대해 서술하라.
8. 장기기억과 작업기억을 구별하여 설명하라.
9. 미각, 시각, 청각, 후각 및 촉각에 사용되는 특이 수용기들의 명칭은 무엇인가?
10. 우리는 오직 5가지 유형의 미각 수용기만을 가지고 있는데, 어떻게 수백 가지의 다양한 맛들을 명확히 식별할 수 있는가?
11. 우리는 어떻게 그 많고 다양한 냄새들을 구별할 수 있을까?
12. 사람 귀에서 다양한 부분들의 구조와 기능을 음파가 외부 공기로부터 청신경에서 활동전위를 발생시키는 세포에 이르는 경로를 따라 설명하라.
13. 내이의 구조가 어떻게 소리의 높이와 강도를 감지할 수 있게 하는지 설명하라.
14. 사람 눈의 전체적인 구조를 그려보라. 각막, 홍채, 수정체, 공막, 망막 및 맥락막을 명시하라. 각 구조의 기능을 설명하라.
15. 원거리 물체에 초점을 맞추기 위해 수정체의 모양은 어떻게 변하는가? 어떤 결함이 원거리 물체의 초점을 맞추는 것을 불가능하게 하며, 이 상태를 무엇이라 부르는가? 어떤 형태의 렌즈가 교정을 위해 사용될 수 있으며, 어떻게 상태를 교정하는가?
16. 간상세포와 원추세포의 유사성 및 차이점들을 열거하라.
17. 조직손상에 의해 통증의 신호가 어떻게 생겨나는지 설명하라.

# 20장

# 동물의 생식과 발생

치료가 쉽지 않은 태아 알코올증후군과 싸우고 있는 존은 그의 양어머니 테레사 켈러만을 도와 임신 중 음주에 관한 위험성에 대해 사람들을 교육시키고 있다.

## 주요 내용

**사례 연구 태아알코올증후군**

**20.1 동물은 어떻게 번식하는가?**

무성생식에서는 한 개체가 혼자서 번식한다

유성생식은 정자와 난자의 융합이 필요하다

생식세포는 다양한 방식으로 전달된다

**20.2 사람의 생식계는 어떻게 작용하는가?**

남성 생식계에는 정소와 부속기관이 포함된다

여성생식계에는 난소와 부속기관이 포함된다

성교를 통해 체내수정이 일어난다

**건강 지킴이** 성병

**과학탐구** 하이테크 번식

**20.3 동물의 발생은 어떻게 진행되는가?**

수정란은 속이 빈 공모양의 세포로 발달한다

낭배형성기에 세 조직층이 형성된다

성체 구조는 기관형성 중에 발달한다

파충류, 조류, 포유류의 발생에는 배외막이 필요하다

**20.4 사람의 발생은 어떻게 이루어지는가?**

분화와 성장은 처음 2개월 동안 급격히 일어난다

**건강 지킴이** 줄기세포의 미래

**태아알코올증후군** 계속

성장과 발생은 후반부인 임신 7개월 동안에도 계속된다

태반은 모체와 태아 사이에서 물질교환을 한다

**태아알코올증후군** 계속

임신은 진통과 분만으로 끝이 난다

임신호르몬이 젖분비를 자극한다

**20.5 사람들은 어떻게 피임을 하는가?**

단종피임을 통하여 영구피임을 할 수 있다

일시적인 산아제한 방법은 쉽게 복귀될 수 있다

**태아알코올증후군** 다시 들러보기

## 사례 연구 태아알코올증후군

나는 다시 또 엄청난 죄를 지었어요. 아이들에게 어떻게 말해야 할지 모르겠어요. 절대 그런 일을 저지르지 말아야 했는데. 이 사진은 막내인 사브리나를 둔 일곱 아이의 엄마 데비의 사진이다(왼쪽). 자녀 중 하나인 코리는 알코올 장애 중 가장 심각한 형태인 태아알코올증후군(FAS) 진단을 받았다. 3살 때 코리는 과잉행동을 보였고 언어능력은 1살짜리 아이와 같았다. 의사는 막내인 사브리나도 같은 질병이 확실하다고 하였다. 사브리나 역시 작은 눈, 짧은 코, 작은 머리 등 FAS의 특징을 나타냈다. 7개월 때 사브리나는 매우 약하고 발작을 보이기 시작하였으며, 윗입술을 숟가락에 대고 다물 수 없어서 고형의 음식을 먹지도 못했다. 이처럼 임산부들이 반복해서 음주를 하면, 발생 중인 아이들은 FAS 특징을 보인다.

데비는 술로 인해 신경계에 손상을 입은 딸 사브리나에 대해 임신 중 음주를 한 것을 후회한다

존의 어머니도 그를 임신했을 때 음주를 하였으며, 분만 당시에도 술에 취해 있었다. 하지만 다행히도 존은 테레사 켈러만이라는 훌륭한 여성에게 입양되었다. 그녀는 애리조나주 투싼에 태아알코올증후군 지역대책 센터를 설립하고 알코올 피해를 입은 아이나 가족을 대변하고 이끌어 주는 사람이었다. 이 아이들을 그대로 방치하면 대부분이 집이나 직장도 없이 술이나 마약에 중독되거나 범죄로 잡혀가고, 임신을 하거나 남에게 임신시키든가 하면서 거리에서 살다 죽을 수도 있다고 켈러만은 말한다.

데비는 재활프로그램에 들어가 술을 끊고 사브리나와 코리의 좋은 엄마가 되기로 결심했다. 그러나 아무리 부모의 완벽한 보살핌이 있다 하더라도 존, 코리, 사브리나나 FAS로 태어나는 수천 명의 아이들은 철저히 보살피지 않으면 살아갈 수가 없다. 알코올의 손상을 비교적 적게 받은 수만 명의 사람들은 스스로 살아갈 수는 있지만 자신의 잠재력을 정상적으로 발휘하기는 힘들다.

생식과 발생을 공부하면서, 임신여성이 음주를 했을 때 알코올이 발생 중인 태아에 어떤 영향을 미칠지 생각해보라. 배아는 어떻게 모체로부터 양분을 얻는가? 태아는 어느 정도까지 알코올이나 약물, 담배 속의 독성물질 같은 환경적 요소나 산업 오염물질로부터 보호를 받을 수 있는가? ■

## 20.1 동물은 어떻게 번식하는가?

동물은 유성 또는 무성으로 번식한다. **무성생식(asexual reproduction)**에서는 하나의 동물이 자기 몸의 일부에서 반복적으로 유사분열을 하여 자손을 만든다. 따라서 자손은 부모와 유전적으로 동일하다. **유성생식(sexual reproduction)**에서는 성적으로 성숙된 동물의 **생식기관(gonad)**이 유사분열을 하여 반수체의 생식세포를 만든다 . 각각의 부모로부터 만들어진 2개의 생식세포가 융합되어 2배체 세포를 만들고, 반복해서 유사분열을 하여 2배체의 자손을 만든다. 자손은 두 부모로부터 유전자를 물려받았기 때문에 부모의 어느 쪽과도 유전적으로 동일하지 않다.

### 무성생식에서는 한 개체가 혼자서 번식한다

무성생식은 노력(짝을 찾거나, 상대 성을 가진 개체의 환심을 사거나, 경쟁자와 싸울 필요가 없다), 물질(버려지는 배우자가 없다) 및 유전자(자손이 단일 부모의 모든 유전자를 가진다) 측면에서 효율적이다. 여러 가지 무성생식의 독립적인 진화의 배후에는 이런 효율성이 원동력으로 작용하였을 것이다.

### 출아로 성체의 축소판이 만들어진다

동물에서 흔한 무성생식 방법 중 하나가 **출아(budding)**이다. 예를 들어 많은 해면동물과 자포동물이 출아로 번식한다(**그림 20-1**). 성체의 축소판인 아체(bud)는 성체의 몸에서 직접 자란다. 충분히 자란 아체는 떨어져 나와 독립적인 개체가 된다.

### 분열에 이은 재생으로 새로운 개체를 만들 수 있다

많은 동물들이 잃어버린 신체 일부를 다시 자라게 하는 재생을 할 수 있다. 재생은 **분열(fission)**로 번식하는 종의 일부 생식방법이다. 일부 환형동물과 편형동물은 2분법으로 생식한다(**그림 20-2**). 일부 산호와 해파리도 종 분열을 하여 새로운 2개의 개체로 재생된다.

### 난자가 수정 없이 발생할 수 있다

일부 동물종의 암컷은 난세포가 수정 없이 생식에 의해 성체로 발달할 수 있다. 사실, 열대지역에 흔한 경골어류인 몰리스나 양태류를 포함한 일부 어류와 미국 남서부와 멕시코에 서식하는 채찍꼬리도마뱀 등 일부 도마뱀들은 수컷 없이 무성생식으로만 번식한 암컷 집단을 이룬다. 진딧물 같은 일부 동물들은 계절이나 먹이의 획득정도에 따라 유성이나 무성으로 생식할 수 있다(**그림 20-3**).

## 유성생식은 정자와 난자의 융합이 필요하다

왜 유성생식이 진화하여 번성했는지는 아무도 확신할 수 없다. 하지만 성은 중요한 성과를 나타낸다. 유성생식의 결과 유전자 재조합이 일어나 자연선택에서 변이의 중요한 원천이 되는 새로운 유전자형이 생기고 이로 인해 새로운 표현형이 만들어진다. 증명하기는 어렵지만 많은 생물학자들은 유전자 재조합이 유성생식에 유리한 선택적 장점일 것이라 생각한다.

대부분의 동물종에서 각 개체는 암컷 또는 수컷이며, 각 개체가 만들어질 때 생식세포에 의해 정해진다. 여성 생식기관인 **난소(ovary)**는 크고 운동성이 없으며 양분을 포함하고 있어 배아에 공급할 수 있는 **난자(egg)**를 생산한다. 남성 생식기관인 **정소(testis)**는 작고 운동성이 있지만 세포질이 없어 양분을 공급할 수 없는 **정자(sperm)**를 생산한다. 정자와 난자의 융합을 **수정(fertilization)**이라고 한다.

지렁이와 달팽이를 포함한 일부 동물들은 한 개체가 정자와 난자를 모두 만든다. 이런 개체를 자웅동체(hermaphrodite)라 한다. 대부분의 자웅동체들은 수정을 통해 각 개체의 정자를 서로 교환한다. 그러나 일부 자웅동체들은 자기 난자를 수정시킬 수 있다. 이런 동물에는 촌충과 일부 달팽이

▲ **그림 20-1 출아** 말미잘 같은 일부 자포동물의 자손들은 모체의 몸에서 발아하는 성체의 축소판 같은 싹으로 자란다. **질문:** 어떤 세포분열이 아체의 몸을 이루는 세포를 만들어 내는가?

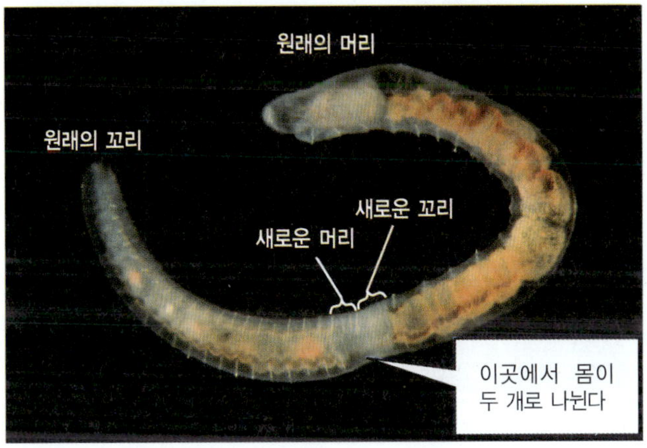


▲ **그림 20-2 재생에 의한 분열** 이 바다지렁이(분절 동물)는 몸이 나뉘면서 각각이 재생하여 번식할 수 있다.

▶ **그림 20-3 암컷 진딧물이 새끼를 낳고 있다.** 먹이가 풍부한 봄과 초여름에는 암컷 진딧물이 무성생식을 한다. 가을에는 암컷이 수컷과 짝짓기를 하여 유성생식을 한다. 진드기는 무성생식(먹이가 풍부할 때 개체군이 신속하게 성장하며 상대방을 찾느라 힘들이지 않고 버려지는 생식세포가 없다)과 유성생식(유전자 재조합으로 다양한 자손을 만들 수 있다)을 모두 할 수 있는 동물로 진화하였다.

▶ **그림 20-4 환경적 신호에 의해 산란이 동시에 일어날 수 있다 (a)** 호주 대보초에 있는 수많은 눈보라 효과를 나타내면서 동시에 산란한다. 이 산호들의 산란은 달의 주기와 관련이 있다. **(b)** 산란하는 산호에서 방출되는 정자와 난자가 들어 있는 패키지의 확대 사진

**(a) 동시에 산란하는 산호**

**(b) 산호에서 방출된 생식세포**

▲ **그림 20-5 구애의식으로 동시에 산란이 일어난다** 산란 중에 삼투어 수컷과 암컷은 구애춤을 통해서 정자와 난자를 동시에 방출하는 것으로 끝난다. 수컷은 수정된 난자를 입으로 모아서 구애 중인 어류들 위로 보이는 거품 둥지로 뱉어 넣는다. **질문:** 생식세포를 동시에 방출하는 것 외에 구애 행동으로 얻을 수 있는 또 다른 이점은 무엇인가?

가 포함되며, 다른 개체와 떨어져 있으므로 이런 환경에서는 자가수정이 유리하다.

## 생식세포는 다양한 방식으로 전달된다

암수가 분리된 종이나 자가수정을 할 수 없는 자웅동체 동물들은 수정을 위해 다른 개체에서 나온 정자와 난자가 결합해야 한다. 정자와 난자의 성공적인 융합방식은 동물의 운동성이나 수중 또는 육상 어느 곳에서 새끼를 낳느냐에 달려 있다.

### 체외수정은 부모의 몸 밖에서 일어난다

**체외수정**(external fertilization)의 경우 정자와 난자가 부모의 몸 밖에서 융합된다. 체외수정을 하는 대부분의 종에서 정자와 난자 모두 수중으로 방출되어 정자가 움직여서 난자에 도달한다. 정자와 난자의 생식방식은 같은 장소와 같은 시간대에 동시에 일어나야 한다.

많은 동물들이 번식을 통일하기 위해 어느 정도 환경적 요인에 의존한다. 예를 들어 계절에 따른 낮의 길이 변화는 산란을 쉽게 하는 생리적 변화를 자극하기도 한다. 그 결과 연중 어떤 시기에는 산란이 억제된다. 하지만 좀 더 정확하게 번식행동을 통일하기 위해서는 정자와 난자의 실제적인 배출과 같은 협력이 필요하다. 예를 들어 호주 대보초의 많은 산호종들은 달의 주기에 따라 동시에 산란하는데, 11월과 12월에 보름달이 뜬 지 4일이나 5일째 밤에 눈보라처럼 정자와 난자를 동시에 수중으로 산란한다(그림 20-4).

산란을 동시에 하는 것만으로는, 산호나 홍합처럼 움직임이 별로 없는 수많은 수생동물들은 생식세포가 너무 멀리 방출될 수도 있어 엄청난 양의 정자와 난자가 버려진다. 움직일 수 있는 동물의 교배행동은 시간과 공간적 산란의 동시성을 확보하는 데 도움이 된다. 예를 들어 대부분의 어류는 수컷과 암컷이 서로 가까

◀ **그림 20-6 짝짓기 중인 금두꺼비** 작은 수컷 금두꺼비가 암컷을 껴안고 산란하도록 자극한다. 금두꺼비는 현재 멸종된 것으로 보인다.

이 다가가 동시에 정자와 난자를 방출하는 구애의식을 한다(그림 20-5). 개구리와 두꺼비는 독특한 교배자세에 의해 한 단계 진보된 의식을 한다(그림 20-6). 연못과 호수 가장자리에서 수컷은 암컷에 올라타고 난자의 방출을 자극하여 난자 위에 정자를 방출하여 수정시킨다.

### 체내수정은 암컷의 몸 안에서 일어난다

체내수정(internal fertilization)의 경우 암컷의 몸 안에서 정자와 난자가 융합된다. 체내수정은 육상생활의 중요한 적응이며, 정자가 액체 상태를 벗어나 밖으로 나오면 곧바로 죽어버리기 때문이다. 수중환경이라도 체내수정의 성공가능성이 높은데 그 이유는 정자와 난자가 많은 양의 물에 분산되어 수정할 가능성보다는 좁은 공간에서 수정할 가능성이 높기 때문이다.

체내수정은 일반적으로 수컷이 암컷의 생식관에 직접 정자를 주입하는 **교미(copulation)**를 통해 일어난다(그림 20-7). 성숙된 난자는 정자가 있을 때 제한된 시간 내에 수정되기 위해 암컷의 생식관으로 배출되어야 한다. 예를 들어 대부분의 포유류는 1년 중 특정 계절에만 교미를 하거나 암컷이 상대방에 신호를 보낼 때 교미를 한다. 계절이나 교배신호는 배란과 거의 같은 시간이다(난소에서 난자 배출). 토끼의 경우 구애의식과 교배는 배란을 자극한다. 반대로 일부 달팽이와 곤충의 암컷과 교미하는 수컷들은 수일, 수주일, 심지어 수개월 동안 정자를 저장하였다가 난자를 생성할 때마다 정자를 공급하기도 한다.

(a) 무당벌레가 나무 위에서 짝짓기를 하고 있다.

(b) 사자가 땅 위에서 짝짓기를 하고 있다.

▲ 그림 20-7 육상에서는 체내수정으로 번식한다

## 20.2 사람의 생식계는 어떻게 작용하는가?

사람과 기타 포유류들은 성이 분리되어 교미하고 체내에서 난자가 수정된다. 대부분의 포유류와는 달리 사람의 생식은 계절에 제한을 받지 않는다. 남성은 지속적으로 정자를 생산하고 여성은 한 달에 한 번 배란(난자를 방출)을 한다.

### 남성 생식계에는 정소와 부속기관이 포함된다

남성 생식계에는 정자를 생산하는 정소와 정사를 활성화시키고 양분을 공급하는 물질을 분비하는 몇 가지 분비샘과 정자를 저장하여 여성생식계로 정자를 운반하는 관으로 구성된다(표 20-1과 그림 20-8).

**표 20-1 남성 생식관**

| 구소 | 기능 |
|---|---|
| 정소(남성생식샘) | 정자와 테스토스테론 생산 |
| 부정소와 정관(관) | 정자를 저장. 정소에서 정자를 요도로 운반 |
| 요도(관) | 정관의 정액과 방광의 오줌을 음경의 끝부분으로 운반 |
| 음경 | 여성생식관에 정자를 운반해줌 |
| 저정낭(분비샘) | 정액에 액체를 분비 |
| 전립샘 | 정액에 액체를 분비 |
| 요도구선 | 정액에 액체를 분비 |

▶ **그림 20-8 남성 생식계** 남성의 정소는 복강 아래 음낭 속에 들어 있다. 정자는 정소에서 부정소로 간 뒤, 정관과 요도를 통해 음경의 끝부분으로 간다. 이 통로를 따라서 저정낭, 요도구선, 전립샘에서 액체성 물질이 공급된다

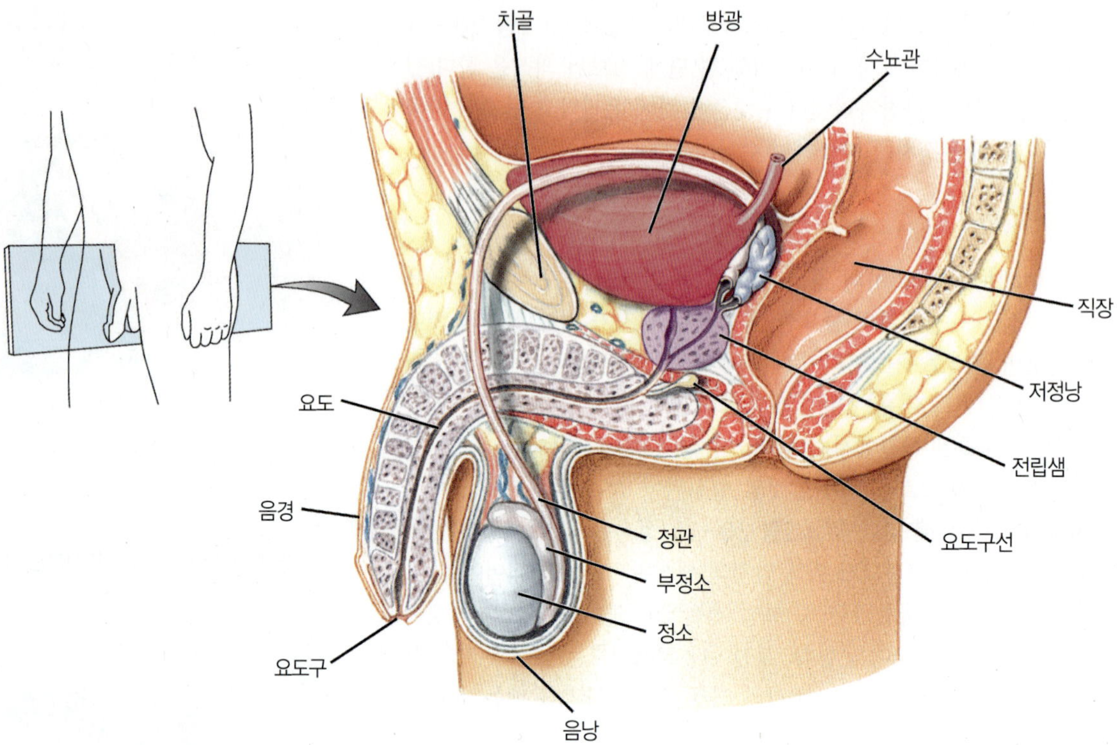


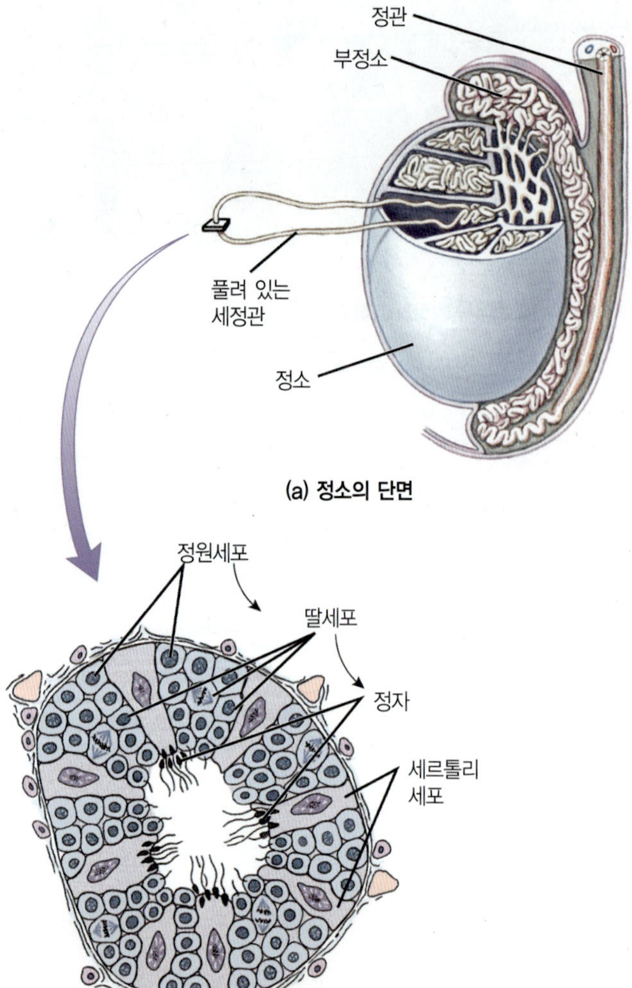


(a) 정소의 단면

(b) 세정관의 횡단면

## 정자는 정소에서 만들어진다

정소는 복강 바깥쪽에 매달려 있는 주머니인 **음낭(scrotum)** 안에 들어 있다. 이런 위치 때문에 정소를 신체보다 4℃ 낮게 유지하며 이는 정자 발달에 적절한 온도이다. 꼬여 있고 속이 빈 **세정관(seminiferous tubule)**은 정자가 만들어지는 곳이며 각 정소를 거의 관으로 채우고 있다(**그림 20-9a**). 세정관 사이의 공간에는 남성호르몬인 테스토스테론을 만드는 세포가 있다.

각 세정관의 벽 안쪽에는 정원세포(spermatogonia)가 있으며, 이 2배체의 정원세포에서 정자가 생겨나며 크기가 훨씬 큰 세르톨리세포(Sertoli cell)는 분화 중인 정자에 양분을 공급하고 성장을 조절한다(**그림 20-9b**). 정원세포가 체세포분열을 하면 두 종류의 딸세포가 형성된다(**그림 20-10**). 하나는 정원세포로 남아 일생 동안 꾸준히 정자형성을 확실하게 해주며, 다른 세포는 반수체 정자를 만드는 발생과정인 **정자형성(spermatogenesis)**을 수행하게 된다.

정자형성은 위임받은 딸세포가 성장과 분화를 시작하여 제1정모세포(primary spermatocyte)가 된다. 그런 뒤 각각의 제1정모세포는 감수분열을 한다. 제1감수분열 말기에 제1정모세포는 2개의 반수체인 제2정모세포(secondary spermatocyte)가 된다. 제2감수분열로 제2정모세포가 2개의 정세포로 된다. 그러므로 각각의 제1정모세포는 4개의 정세포를 만들게 된다. 정세포는 좀 더 분화하여 정자가 되어 세정관의 중앙 강소로 들어간다.

사람의 정자는 기타 사람의 세포와는 같지 않다. 세포질 대부분이 사라져

◀ **그림 20-9 정자는 정소에서 생산된다** (a) 세정관, 부정소, 정관을 보여주는 정소의 단면. (b) 세정관의 벽에는 세를톨리세포와 정원세포가 배열되어 있다. 정원세포가 분열하면서 딸세포는 안쪽으로 이동한다. 성숙한 정자는 세정관의 중앙 강소로 유리되어 음경으로 운반된다

서, 반수체의 핵이 정자의 머리(head)를 대부분 채우고 있다(그림 20-11). 핵의 위쪽에는 첨체(acrosome)라고 하는 특수한 리소좀이 위치한다. 첨체에는 난자 주위의 보호층을 용해시킬 수 있는 효소를 포함하고 있어서, 정자가 난자 내로 들어가 수정을 할 수 있다. 두부 뒤쪽은 미토콘드리아가 쌓여 있는 중편(midpiece)이며, 등쪽으로 돌출한 꼬리를 움직이는 데 필요한 에너지를 미토콘드리아가 공급한다. 매우 긴 편모인 꼬리의 채찍질 운동은 여성생식관으로 정자가 들어가도록 만든다.

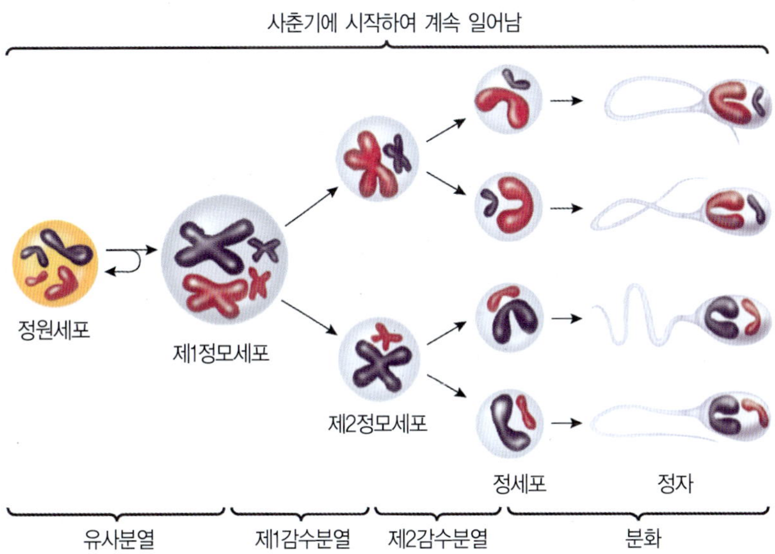


▲ 그림 20-10 **정자형성** 정원세포는 유사분열에 의해 나뉘어, 딸세포 중 하나는 정원세포로 남고 나머지 하나는 커져서 제1정모세포가 되며 이 세포는 감수분열을 통해 반수체 정자를 만들기 위해 계속 분화한다. 4개의 염색체로 간단히 표현하였지만 사람의 경우 46개의 배수체 염색체를 그리고 23개의 반수체 염색체를 가진다.

## 정자의 생성은 사춘기에 시작된다

정자생성은 빠르게 성장하여 성적으로 성숙해지는 **사춘기**(puberty)에 시작한다. 사춘기에는 정소에 있는 세포들이 테스토스테론을 만들기 시작하여 정자형성과정이 시작된다. 테스토스테론도 성적인 상태를 유지하거나 성공적인 성교에 필요한 2차성징(secondary sexual characteristics)을 자극(남자의 경우 얼굴에 수염이 자라는 것)한다.

## 부속기관은 정액을 만들어 정자를 몸밖으로 내보내도록 한다

세정관은 긴 코일형의 **부정소(epididymis)**로 이루어진다(그림 20-9a). 부정소는 **정관(vas deferens)**으로 연결되며 정관은 음낭에서 복강으로 연결된다. 매일 생성되는 수억 개의 정자 대부분이 부정소와 정관에 저장된다. 정관은 **요도(urethra)**에 연결되고 요도는 방광을 거쳐 **음경(penis)** 끝까지 연결된다. 요도는 배뇨할 때 오줌을 몸 밖으로 내보내고 성적 자극반사로 인해 사정할 때는 정자를 몸 밖으로 내보낸다. 음경에서 사정된 액체인 정액은 약 5%의 정자와 정관이나 요도로 연결된 저정낭(seminal vesicle, 정낭), 전립샘(prostate gland) 및 요도구선(bulbourethral gland)이라는 3종류의 분비샘에서 분비된 분비물과 섞여 있다(그림 20-8과 표 20-1참고). 정액의 약 60%는 저정낭에서 만들어진 액체이다. 알칼리성의 액체는 남성의 요도에 있는 산성인 오줌이나 여성의 질에서 분비된 산성 분비물로부터 정자를 보호한다 이 액체에는 정자활동에 에너지를 공급하는 과당과 자궁수축을 자극하고 정자를 여성생식관 위쪽으로 수송되도록 도와주는 호르몬 같은 프로스타글란딘이 포함되어 있다. 전립샘은 정액의 30%에 해당하는 영양분이 풍부한 분비물을 생산하며 이 분비물에는 질에

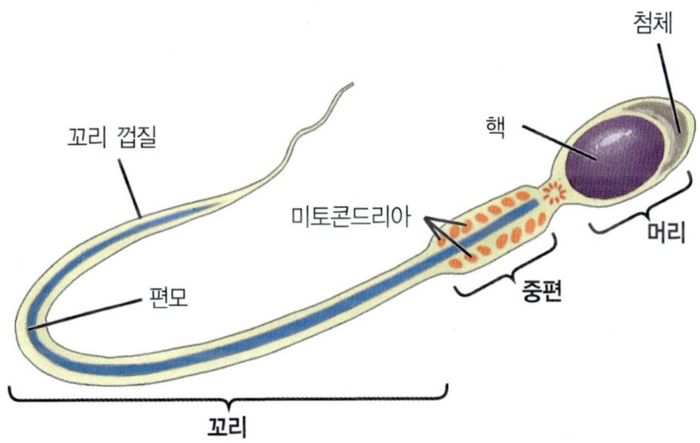


▲ 그림 20-11 **사람의 정자** 성숙된 정자는 운동과 수정에 필요한 요소들을 갖추고 있다. **질문:** 정자의 각 부분은 어떤 기능을 하는가?

**표 20-2 여성의 생식관**

| 구조 | 기능 |
|---|---|
| 난소(여성 생식기관). | 난자, 에스트로겐, 프로게스테론 생산 |
| 난관채(난관의 열린 부분). | 난자를 난관으로 모아주는 섬모가 있다 |
| 난관 | 난자를 자궁으로 운반, 수정장소 |
| 자궁 | 배가 자라는 근육성 방 |
| 자궁경부 | 자궁의 아래쪽 끝부분의 거의 닫는 곳 |
| 질 | 정액을 받아들이는 곳, 출산통로 |

▶ **그림 20-12 여성의 생식관** 난자는 난소에서 생성되어 난관으로 들어간다. 정자와 난자는 보통 수정과 초기 발달이 나타나는 난관에서 만난다. 초기 배는 자궁내막에 파묻혀 이곳에서 발생이 계속된다. 질은 정자를 받아들이고 출산통로 역할을 한다.

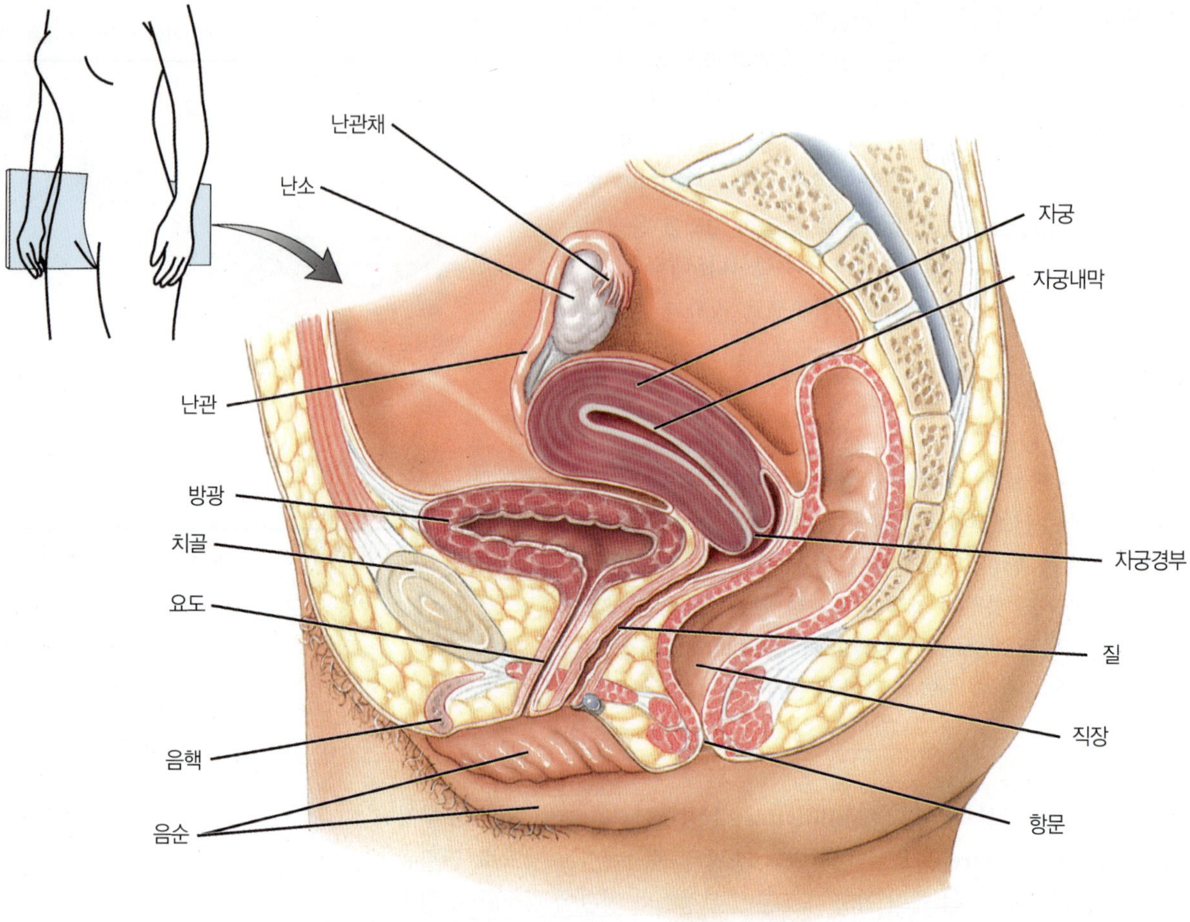


방출된 뒤 정자의 움직임을 자유롭게 해주는 점액의 유동성을 높이는 효소가 포함되어 있다. 요도구선은 소량의 알칼리성 점액을 요도로 분비하며 이 점액은 남아있는 산성 오줌을 중화시킨다.

## 여성생식계에는 난소와 부속기관이 포함된다

여성생식관은 대부분이 복강 내에 들어 있다(**표 20-2**, **그림 20-12**). 난소는 한 쌍으로 구성되며 정자를 받아들여 난자에 전달하고, 발달 중인 배에 양분을 공급하는 구조이다.

### 난소에서 난자생산은 출생 전에 시작된다

난자의 생성 즉 **난자형성과정(oogenesis)**은 **태아(fetus;** 사람으로 인식될 만큼 충분히 발달한 배)의 난소가 발달하면서 시작된다(**그림 20-13**). 이 과정은 초기 난세포인 난원세포(oogonia)의 형성과 함께 시작된다. 태아발생 3개월 말경에 모든 난원세포의 크기가 커지면서 제1난모세포(primary ooocyte)로 분화하기 시작한다. 태아발생이 진행되면서 모든 제1난모세포에서 감수분열

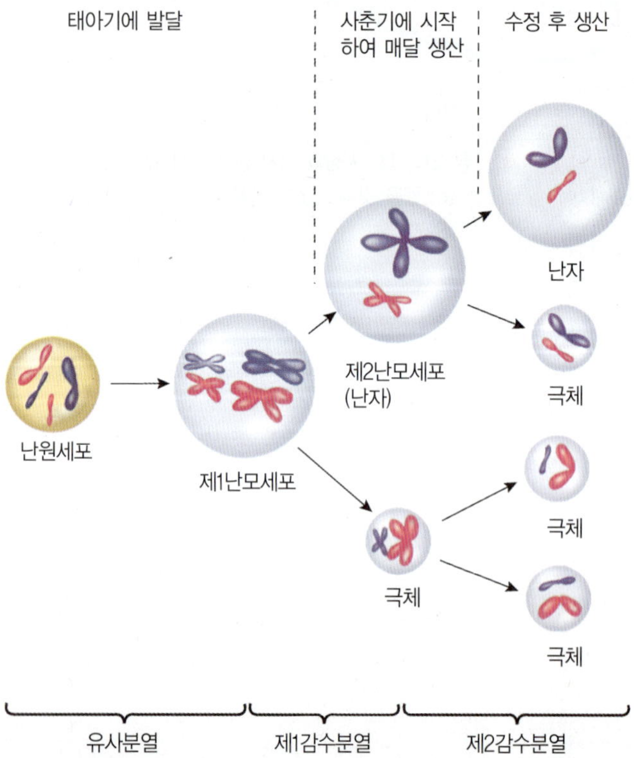


◀ **그림 20-13 난자형성** 난원세포는 커져서 제1난모세포가 된다. 제1감수분열 시기에 세포질 대부분이 한쪽 딸세포인 제2난모세포로 이동한다. 다른 딸세포는 세포질이 거의 없고 염색체만 포함된 작은 극체가 된다. 제2감수분열 때 제2난모세포의 세포질 대부분이 난자에 포함되며, 제2극체는 남아 있는 여분의 극체를 버린다. 제2극체도 제2감수분열을 수행한다. 사람의 경우 정자가 난자를 통과하고 나서야 제2감수분열이 일어난다.

이 시작되지만 제1감수분열 전기에서 멈춘다.

출생 시에 제1난모세포가 평생 공급되며 살아가는 동안 새로이 만들어지는 것은 없다. 난소는 약 200만 개의 제1난모세포를 지닌 상태로 시작한다. 매일 많은 제1난모세포들이 죽고 사춘기 때(약 11~14세) 40만 개 정도만 남는다. 이 40만 개의 난모세포도 충분한데 이는 사춘기에 시작해서 약 50세 정도에 나타나는 폐경까지 생식기간에 매달 몇 개의 난세포만 감수분열을 다시 시작하기 때문이다.

## 난자발생은 사춘기 이후 다시 시작된다

제1난모세포는 수많은 한 층의 작은 세포들로 둘러싸여 있으며 이들이 난모세포와 함께 여포(follicle)를 형성한다(그림 20-14, ❶ 단계)

사춘기 이후 매달 **월경주기(menstrual cycle)**의 호르몬 변화는 약 12개 정도의 여포발생을 자극한다(그림 20-14, ❷, ❸ 단계). 작은 여포세포들은 증식하면서 발달 중인 난모세포에 영양을 공급한다. 뇌하수체 전엽에서 분비된 호르몬에 반응하여 여포세포도 호르몬을 혈류로 내보낸다. 보통은 월경주기 동안 단 하나의 여포만 완전하게 성숙한다. 월경주기는 이후에 좀 더 논의하기로 한다.

## 성숙한 난자는 난소를 빠져나온다

여포가 발달하면서 제1난모세포가 제1감수분열을 마무리하여 하나의 **제2난모세포(secondary oocyte)**와 하나의 **극체(polar body)**로 분열된다. 극체는 제거될 정도의 염색체만 들어 있는 작은 세포이다(그림 20-13). 제2감수분열은 수정 이후에 일어난다. 여포는 성숙하면서 커져서 난소 표면을 파열시키고 제2난모세포가 방출되는 **배란(ovulation)**이 일어난다(그림 20-14, ❹ 단계). 그런 뒤 제2난모세포는 난소 위에 위치한 **자궁관(uterine tube, 난관)**을 통해 이동한다. 편의상 배란된 제2난모세포를 **난자(egg)**라 부르기로 한다.

일부 여포세포들은 난자와 함께 빠져나오지만 대부분의 여포세포는 난소에 남아(그림 20-14, ❺ 단계) 커진 후 **황체(corpus luteum)**를 형성한다(그림 20-14, ❻ 단계). 황체는 호르몬인 에스트로겐과 프로게스테론을 분비하여 자궁내막의 성장을 자극한다. 만일 난자가 수정되지 않으면 황체는 며칠 뒤에 분해된다(그림 20-14, ❼ 단계).

## 수정은 보통 난관에서 일어난다

각각의 난소는 난관에 붙어 있지 않고 근접해 있다(그림 20-12). 난관의 열린 끝부분은 **난관채(fimbriae)**라고 하는 손가락 모양의 섬모로 난소 주위를 둘러싸고 있다. 난관채 섬모는 난자를 난관으로 모아들인다. 이곳에서 난자는 정자를 만나 수정된다. **접합자(zygote)**라고 하는 수정란은 근수축과 섬모의 작용으로 인해 난관으로 밀려들어가서 배모양의 **자궁**

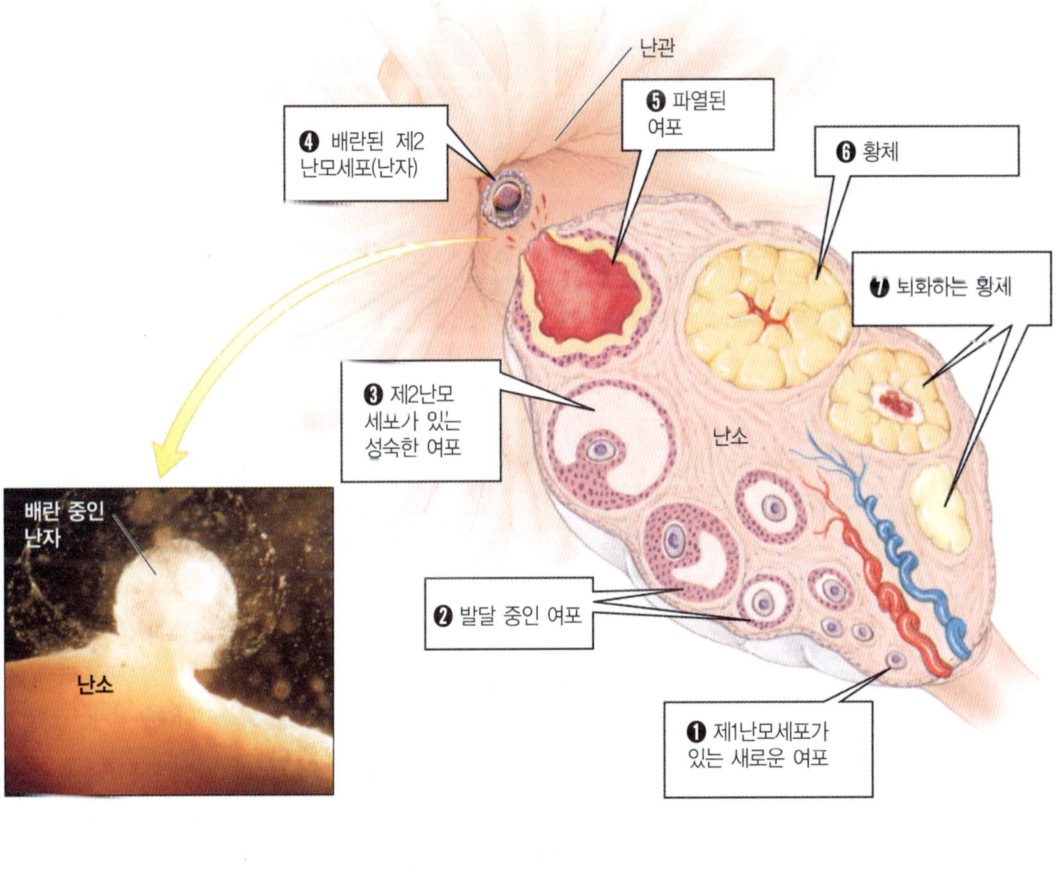


▼ **그림 20-14 여포의 발달.** 편의상 이 그림은 완전한 월경주기를 통해 여포발달의 모든 단계를 오른쪽 아래에서부터 시계방향으로 보여준다. 실제 난소에서는 모든 단계가 절대로 동시에 나타날 수 없으며 여포는 분화하면서 난소주변으로 이동하지 않는다.

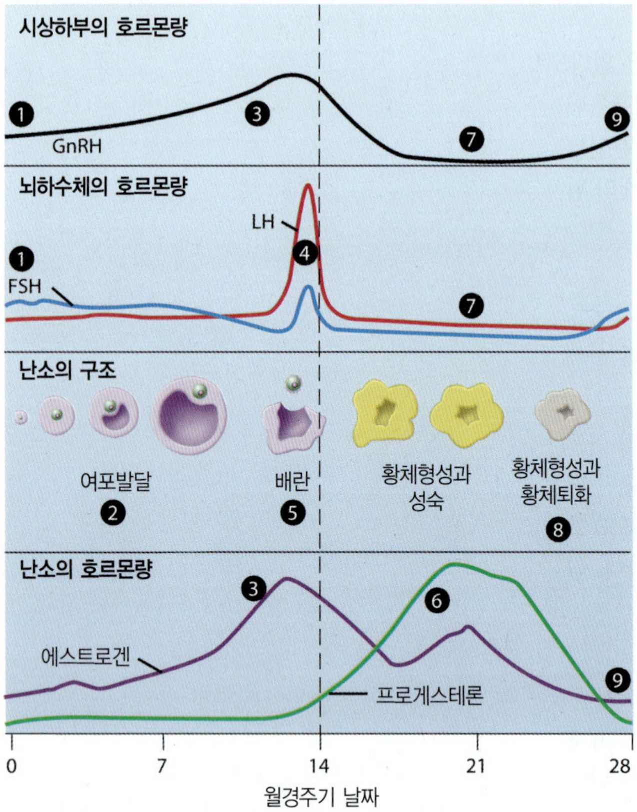


(a) 난소주기

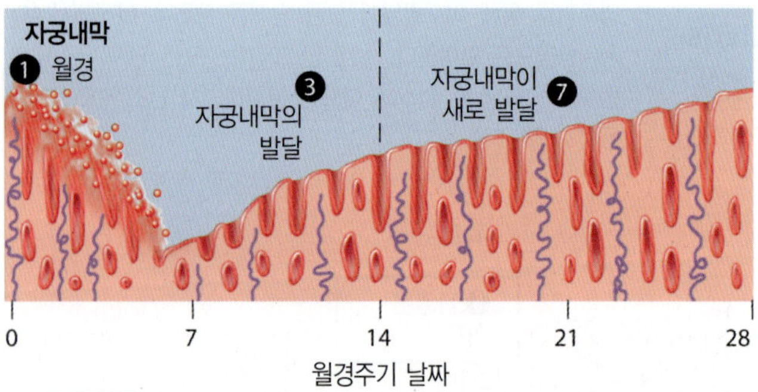


(b) 자궁주기

▲ 그림 20-15 **월경주기의 호르몬조절.** 월경주기에 관련된 두 가지 주기: (a) 난소주기 (b) 자궁주기 이 주기들은 시상하부, 뇌하수체 전엽 및 난소에서 분비되는 호르몬의 상호작용으로 생긴다. 본문에 설명된 원안의 번호는 상호작용을 나타낸다.

**(uterus)**으로 내려간다. 그곳에서 9개월간 배발생이 일어난다.

### 자궁에는 2가지 기능이 있다: 영양공급과 분만

자궁에는 2층의 벽이 있다. 안쪽 막인 **자궁내막**(endometrium)은 혈관이 풍부하다. 이 막은 모체 쪽에서 **태반(placenta)**을 형성하며, 태반은 산소, 이산화탄소, 양분 및 노폐물을 태반과 모체 사이에서 전달해주는 구조이다. 자궁의 바깥 근육층인 **자궁근층(myometrium)**은 분만 중 강하게 수축하여 태아를 자궁 밖으로 밀어낸다. 자궁의 바깥 쪽 끝은 반지 모양의 결합조직인 **자궁경부(cervix)**에 의해 거의 닫혀 있다. 자궁경부는 자궁에서 발생 중인 태아를 잡아주며 분만 초기 넓혀져서 태아가 빠져나가도록 한다. 자궁경부를 지나 밖으로 열린 **질(vagina)**로 연결된다. 질은 성교 중 음경과 정자를 받아들이고 출산 중 통로 역할을 한다.

### 난자가 수정되지 않으면 자궁벽이 떨어져 나간다

난자가 수정되면 성장하기 좋은 환경을 만나는데, 발생 중인 여포에서 호르몬이 분비되고 황체가 자궁내벽을 자극하여 넓은 혈관망과 양분을 공급하는 분비선이 발달하도록 한다. 하지만 난자가 수정되지 않으면 황체는 퇴화되고 호르몬 수준이 떨어지며 확장된 자궁내벽도 퇴화된다. 자궁근층은 수축하여 조직들이 빠져나간다. 그 결과 조직과 혈액이 배출되는 **월경(menstrulation)**이 나타난다.

### 호르몬의 상호작용이 월경주기를 조절한다

월경주기(그림 20-15)에는 2가지 주기가 있다. (1) 난소주기는 시상하부(뇌)와 뇌하수체 전엽에서 생성된 호르몬의 상호작용 및 난소에서 여포의 발생, 난자의 성숙 및 배란 후 여포가 황체로 전환되는 작용이며 (2) 자궁주기(그림 20-15b)는 난소에서 에스트로겐과 프로게스테론이 생성되어 자궁내막의 발달을 촉진한다. 난소주기(그림 20-15a) 그림에 나타난 번호는 아래 설명의 번호와 일치한다. 전형적인 28일 월경주기에서 호르몬 변화는 실제로 하루나 이틀 먼저 나타나지만 월경 시작은 쉽게 관찰되는 현상이므로 이를 첫째 날로 잡는다.

❶ 시상하부는 자발적으로 GnRH를 방출한다. 생식샘자극방출호르몬(gonadotropin releasing hormone, GnRH; 맨위 패널)은 뇌하수체 전엽을 자극하여 여포자극호르몬(FSH: 청색선, 두번 째 패널)과 황체형성호르몬(LH: 적색선, 두번 째 패널)을 방출하도록 한다. 이 시기에는 자궁내막이 여전히 탈락하고 있다(❶ 단계, 그림 20-15b).

❷ FSH는 난소 내 여러 개의 여포 발달을 자극한다(3번째 패널). 뇌하수체 전엽에서 분비되는 FSH와 LH의 영향과 여포에서 분비되는 에스트로겐이 여포를 자라게 한다. 각각의 여포 내 제1난모세포는 커져서 초기 발생 중에 수정된 난자가 이용할 수 있는 양분과 기타 물질을 저장한다. 일반적으로 매달 하나의 여포만 발달된다.

❸ 여포가 성숙하면서 에스트로겐 분비량이 증가한다. 에스트로겐은 3가지 효과가 있는데, 첫째, 여포와 여포 내 제1난모세포의 지속적인 발달을 촉진하며(3번째 패널), 둘째, 자궁내벽의 성장을 자극한다(❸ 단계, 그림 20-15b). 셋째, 에스트로겐이 GnRH를 더 많이 방출하도록 자극한다.

❹ 증가된 GnRH는 월경주기 약 14일쯤에 LH가 급증하도록 자극한다. LH가 급증하면 세 가지 중요한 영향을 나타낸다. 첫째, 난모세포에서 제1감수분열을 재개시켜 제2난모세포와 제1극체가 만들어진다.

❺ 둘째, LH가 급증하여 여포를 성숙시켜 난모세포를 방출시킨다(배란, 3번째 패널). 셋째, 배란 후 남은 여포가 황체로 전환된다.

❻ 황체는 에스트로겐(보라색 선, 4번째 패널)과 프로게스테론(녹색 선, 4번째 패널)을 모두 분비한다.

❼ 에스트로겐과 프로게스테론의 조합으로 시상하부에서 생성되는 GnRH를 억제하여 FSH와 LH의 분비를 줄임으로써 더 많은 여포의 발달을 방지한다. 이와 동시에 에스트로겐과 프로게스테론은 자궁내벽을 자극하여 혈관망이 발달하게 하고 양분을 생산하는 샘조직을 자극하여 발생하는 배아에 양분을 공급하도록 한다(❼ 단계, 그림 20-15b).

❽ 만일 난자가 수정되지 않으면 황체는 배란 12일 후에 퇴화되기 시작한다(3번째 패널). 황체는 LH(또는 발생 중인 배아에서 분비하는 유사호르몬)없이는 살아갈 수 없으므로 이 같은 현상이 나타난다. 황체에서 분비되는 프로게스테론이 LH 생성을 차단하므로 황체는 실제로는 스스로 퇴화되는 것이다.

❾ 황체가 사라지면서 에스트로겐과 프로게스테론 양이 급격히 감소로 자궁내막에 대한 자극이 없어지면서 자궁내막은 붕괴하여 혈액과 조직이 떨어져 나온다. 이런 탈락 현상이 28일 주기로 시작되는 월경을 이룬다. 순환하는 프로게스테론 양이 줄어들면 시상하부를 더 이상 억제하지 못하므로 자발적인 GnRH의 방출이 재개된다, GnRH의 방출은 교대로 FSH와 LH 분비를 자극하여 새로운 여포의 발생을 자극하고 월경주기가 다시 시작된다(난소주기와 자궁주기는 ❶ 단계로 돌아감).

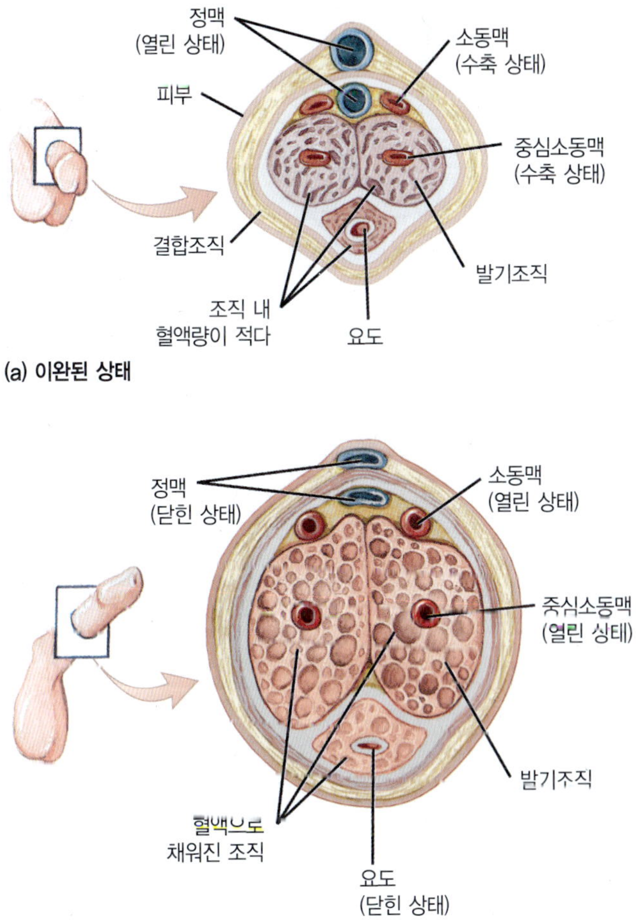


▲ 그림 20-16 **음경내 혈류 변화로 발기가 일어난다.** (a) 음경으로 들어가는 소동맥을 둘러싼 평활근이 수축하여 혈액의 흐름이 제한된다. (b) 성적으로 흥분되면 평활근이 이완되고 혈액이 음경의 빈 공간으로 흘러들어 간다. 음경의 팽창으로 혈액이 음경에서 빠져나가는 정맥이 닫히게 되며 이로 인해 음경 내 혈압을 상승시켜 음경이 길고 단단해진다.

### 배는 임신을 유지하도록 한다

임신 초기에 배는 월경주기를 억제한다. 수정란이 난할을 하여 형성된 할구가 자궁내막에 착상한 직후에 LH 유사호르몬인 **융모성 생식샘자극호르몬**(chorionic gonadotrophin, CG)을 분비하기 시작한다. 이 호르몬이 혈류를 타고 난소로 가서 황체를 계속 유지하고 에스트로겐과 프로게스테론을 분비하도록 한다. 이 들 호르몬은 자궁내막이 발달하도록 계속 자극하며 배에 양분을 공급한다. 초기의 배는 아주 많은 양의 CG를 분비하여 일부가 모체의 오줌으로 배출되므로 오줌 속 CG의 유무로 임신을 진단한다.

## 성교를 통해 체내수정이 일어난다

육상동물 및 인간은 체내수정으로 정자를 축축한 환경인 여성의 생식관으로 들여보낸다.

### 성교 중에 정자는 여성의 질에 방출된다

성교 중 남성의 역할은 음경의 발기로 시작된다. 발기 전에는 혈액을 공급하는 소동맥이 수축하여 혈액이 거의 공급되지 못하므로 음경이 이완되어 있다(그림 20-16a). 심리적, 육체적 자극에 의해 소동맥은 확장되어 혈류를 음경 내 조직으로 흘려보낸다. 이 조직이 팽창하면서 음경의 혈액이 빠져나가는 정맥이 막히게 되고(그림 20-16b), 혈압이 상승하면서 발기가 일어난다. 음경이 질에 삽입된 후 성교운동으로 음경의 촉각수용체가 더욱 자극을 받게 되어 사정에 의해 강한 쾌

## 건강 지킴이

### 성병

**성병(sexually transmitted disease, STD)**은 성적 기관과 생식관을 감염시키는 바이러스, 세균, 원생생물 또는 절지동물이 원인이다. 이름이 나타내듯이 성병은 성적접촉을 통해 전파된다.

#### 세균감염

**임질(gonorrhea)**은 clap으로도 불리는 흔한 성병이다. 미국 질병관리본부(CDC)는 매년 약 70만 명의 임질환자가 새롭게 발생하는 것으로 산정한다. 임질균은 요도, 항문, 자궁경부, 난관 및 목의 막을 통과한다. 남성의 경우 배뇨 시 통증이 있으며 음경에서 고름이 배출된다. 여성의 증상은 미미하며 질에서 고름이 배출되거나 배뇨 시 통증이 있다. 임질은 항생제로 치료가 가능하지만 임질에 걸린 많은 사람들에게서 증상이 가볍거나 증세가 없어 치료를 받지 않아 성적 파트너에게 계속 감염을 시키게 된다. 임질은 상처조직이 난관을 막아 불임이 생길 수 있다, 또한 임질균에 감염된 모체로부터 균이 신생아 눈에 감염되어 실명의 주요 원인이 된다. 오늘날에는 대부분의 신생아에게 균을 죽이기 위해 항생제가 포함된 눈물을 즉시 투여하고 있다.

**매독(syphilis)**은 비교적 드물어 질병관리본부에 의하면 미국의 경우 매년 35,000명보다 적게 발생한다고 보고하였다. 매독균은 생식기, 입술, 항문 또는 유방의 점막을 통과한다. 매독균은 공기에 노출되면 생존할 수 없기 때문에 접촉하면서 대부분 전파된다. 매독은 감염부위에서 상처로 시작되며 치료하지 않으면, 몸 전체로 퍼져 피부, 신장, 심장, 뇌 등을 포함한 여러 장기를 손상시켜 치명적인 결과를 가져올 수도 있다. 임질이 있는 경우 매독은 항생제로 쉽게 치료되지만 매독 감염 초기의 많은 사람들은 증세가 미미하여 치료를 하지 않는다. 매독은 임신 중 태아에게도 전파될 수 있다. 일부 감염된 태아는 살아남거나 출생 직후 사망하고, 일부는 피부, 치아, 뼈 및 중추신경계가 손상되기도 한다.

**클라미디아(chlamydia)**는 미국에서 매년 280만 명이 감염되는 가장 흔한 세균성 성병이다. 남성의 경우 요도염을 유발하며, 여성에서는 요도와 자궁경부에 염증이 생긴다. 많은 경우에 뚜렷한 증상이 나타나지 않아, 감염자가 치료를 받지 않으므로 다른 사람에게 전염시킨다. 난관에 클라미디아 세균이 감염되어 난관을 막으면 불임이 된다. 클라미디아균에 감염된 산모에게서 태어난 아기의 눈에 염증이 생길 수 있으며 개발도상국에서 실명의 주요 원인이 되기도 한다.

#### 바이러스 감염

**후천성 면역결핍증(acquired immune deficiency syndrome, AIDS)**은 사람 면역결핍바이러스(HIV)에 의해 유발되며 22장에서 소개되었다. AIDS는 주로 성행위, 오염된 혈액과 주사바늘 및 모체에서 태아로 전파된다. 매독은 보통 상처가 생겨 HIV가 생식기로 들어갈 수 있으므로 HIV 감염을 2~5배 증가시킨다. HIV가 면역계를 공격하면 환자는 여러 가지 감염에 취약해진다. 치료법은 없지만, 약을 혼합하여 생명을 상당히 연장시킬 수 있다.

**음부포진(genital herpes)**은 매우 흔하고 미국 질병관리본부는 미국 성인의 20%가 음부포진에 감염되어 있는 것으로 추정한다. 음부포진은 생식기와 주변 피부에 통증을 동반한 수포를 형성하며 주로 수포가 있을 때 성교로 전파된다. 헤르페스 바이러스는 체내에 남아 스트레스를 받으면 예고 없이 나타난다. 항바이러스제가 발병의 정도를 줄일 수 있다. 음부포진의 증상이 있는 임신 여성의 경우 바이러스가 발생 중인 태아로 전파될 수 있으며, 매우 드물지만 이 태아는 정신적 또는 신체적 결함이 나타나거나 사산될 수도 있다. 헤르페스는 출산 중 신생아에 감염될 수도 있다.

---

감이 동반되는 오르가즘이 일어난다. 사정은 부정소, 정관, 요도를 둘러싼 근육이 수축할 때 일어나며 음경을 통해 정액을 질 속으로 들어가게 한다. 일반적으로 약 3~4 ml의 정액이 사정되며 여기에는 3억~4억 개의 정자가 포함되어 있다.

성교는 여성에게도 비슷한 변화를 일으킨다. 성적자극으로 인해 질과 생식관 외부의 한 쌍의 주름으로 구성된 **음순(labia)**과 작은 구형 돌기인 **음핵(clitoris)**에 혈류량이 증가한다(그림 20-12). 음경의 자극으로 강한 쾌감이 동반되는 일련의 리드미컬한 질과 자궁의 수축인 여성의 오르가즘이 일어난다. 여성의 오르가즘은 수정에 필요한 것은 아니다.

성교시 밀접한 접촉으로 병균이 전파되는 환경이 쉽게 일어난다. 1960년대 시작된 "성의 혁명" 이후 많은 사람들이 여러 명의 성적 파트너를 갖게 되었고 성병(sexually transmitted disease, STD)도 점차 증가하게 되었다(건강 지킴이: 성병 참고).

### 수정 시 정자와 난자의 핵이 융합된다

정자와 난자는 오랜 기간 생존할 수 없다. 이상적인 조건에서 정자는 2일간 살 수 있으며 미수정란은 하루 정도만 생식관 내 남아 있다. 따라서 배란 전후 하루 정도 내에 성교가 일어나야만 수정이 성공할 수 있다.

난자는 난소에서 배란될 때 여포세포에 의해 둘러싸여 있다. 이 여포세포를 방사관(corona radiata)이라 하고, 정자와 난자 사이에 장벽을 형성한다(**그림 20-17a**). 두 번째 장벽인 젤리 같은 투명대(zona pellucida)는 방사관과 난자 사이에 있다. 최근 연구에 사람 유두종 바이러스(human papillomavirus, HPV)(그림 E20-1a)는 성적으로 활발한 사람들의 50% 정도가 감염되고, 여성의 80%가 살면서 언젠가는 감염된다. 대부분 증상이 없고 감염자가 자기도 모르는 사이에 회복된다. 이 바이러스는 여성의 경우 음순, 질, 자궁경부 또는 항문에서, 남성의 경우 음경, 음낭, 서혜부 및 대퇴부에 사마귀가 생긴다. 사마귀는 보통 사라지거나 제거될 수 있다. HPV가 자궁경부암을 일으키는 것과 관련이 있으며 미국에서 매년 약 4000명의 여성이 이 병으로 죽는다. 2006년 미국 FDA는 자궁경부암의 대부분을 일으키는 HPV에 대한 백신을 허가했다. 만일 성적으로 활발하기 전 어린 여성에게 백신을 투여할 경우 앞으로 경부암 발병률이 현저히 감소될 수 있다.

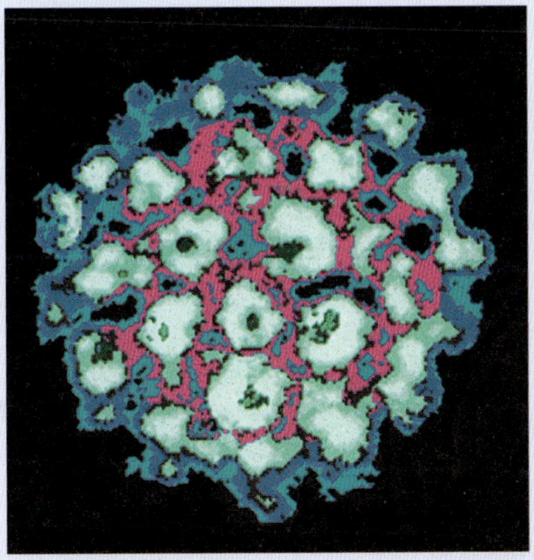

(a) 사람 유두종 바이러스

(b) 털이

▲ 그림 E20-1 성병의 병원체. (a) 사람 유두종 바이러스 몇몇 종의 DNA가 경부세포의 염색체로 삽입되었다. 바이러스의 DNA에서 합성된 단백질은 조절되지 않는 세포분열을 촉진하여 암을 유발한다. (b) 털이는 "사면발이, crabs"라고도 하는데 그 이유는 생김새와 음모에 매달릴 때 사용되는 다리 끝에 작은 갈로리로 인해 붙여진 이름이다.

### 원생생물과 절지동물의 감염

**트리코모나스병**(trichomoniasis)은 비뇨관과 남녀 생식기의 점막층에 군집을 이루는 원생생물에 의해 발병되며 매년 750만 명의 미국인이 감염된다. 가려움과 화끈거리는 증세, 때로는 음경과 질에서 고름이 배출된다. 원생생물은 보통 성교에 의해 감염되지만 오염된 옷이나 변기에서도 감염될 수 있다. 트리코모나스병은 메트로니다졸로 치료가 가능하다. 지속적인 감염은 불임을 유발할 수 있다.

**털이**(crab lice)는 pubic lice라고도 하며(그림 E20-1b), 음모에 살면서 산란하는 작은 곤충이다. 입 부분은 피부를 뚫고 혈액과 체액을 빨기에 적합하여 이런 과정이 심각한 가려움을 일으킨다. 털이는 가려움뿐 아니라 성적 접촉을 통해 질병을 전염시킬 수도 있다. 털이는 퍼메트린이나 피레트린 같은 살충제로 죽일 수 있다.

서 사람의 난자는 다가오는 정자를 유인하는 화학물질을 방출한다는 것이 보고되었다.

난관에서는 수백 마리의 정자(사정된 수억 개의 정자 중)가 난자에 도달하여 방사관을 둘러싼다(그림 20-17b). 정자는 첨체에서 효소를 분비하는데 이 효소는 방사관과 투명대를 모두 약하게 만들어 정자가 꿈틀거리며 난자로 이동해 갈 수 있도록 해준다. 최초의 정자가 난자표면에 접촉하면, 난자의 원형질막과 정자가 융합하여 정자의 머리가 난자의 세포질로 들어가게 된다. 정자가 들어가면서 난자에서 두 가지 중요한 변화가 일어난다. 첫째, 난자 표면 가까이에 있던 소포들이 화학물질을 투명대로 방출하여 투명대가 강화되어 다른 정자가 들어오는 것

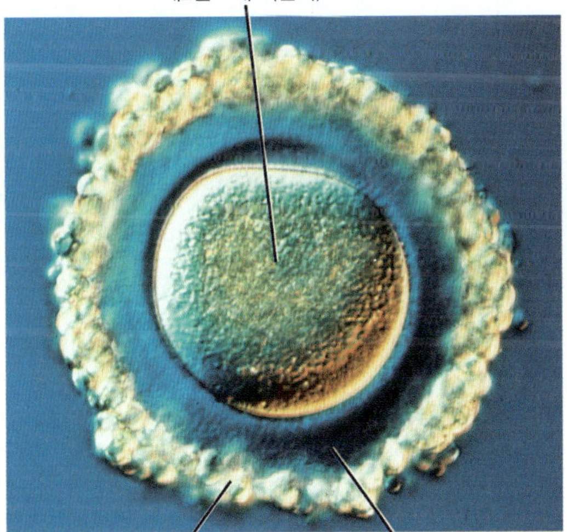



(a) 배란된 제2난모세포

(b) 난모세포 주위를 둘러싼 정자들

▶ 그림 20-17 제2난모세포와 수정. (a) 배란 직후 사람의 제2난모세포. 정자는 난자에 도달하기 위해서 방사관의 작은 여포세포와 투명대를 가수분해해야 한다. (b) 방어벽을 공격하려고 난자 표면에 있는 정자. 질문: 많은 정자가 난자에 도달하는 것이 왜 중요한가?

과학탐구

## 하이테크 번식

놀랍게도 대다수의 부부가 아이를 갖기 힘들다. 하지만 생물학적 과정을 조작하는 우리의 능력은 보조생식기술을 향상시켰다. 규칙적으로 배란이 되지 않는 여성에게 배란촉진제나 호르몬을 주사하여 배란을 유도한다. 그러나 배란촉진제는 종종 다중 배란을 일어나게 하여 1971년 이후 미국에서는 여러 명의 아이를 출산하는 비율이 4배나 늘었다. 여러 명을 출산하는 경우 한 명을 출산하는 것보다 모체와 아이가 훨씬 더 위험하므로 이런 면이 심각한 약점이 되고 있다.

미국에서는 약 4만 명의 아기가 *최외수정*(*in vitro fertilization*)으로 태어난다(IVF: 유리접시 안에서 수정됨을 의미). 체외수정은 복잡하고 섬세한 과정이다. 우선, 여성에게 다중 배란을 자극하는 배란촉진제를 투여한다. 외과의사는 난소 내 여포로 긴 바늘을 삽입하여 난모세포를 추출해낸다. 여러 개의 난모세포를 신선한 정자가 있는 접시에 넣어 배양한다(난모세포 하나당 약 75,000마리의 정자). 2~3일 후 일부 난모세포는 수정되어 분열을 시작하여 8세포기에 이를 것이다. 2~4개의 배를 튜브로 빨아들여 자궁으로 조심스럽게 방출한다(여분의 배는 첫 번째 착상 시도가 실패할 경우 이후에 사용하기 위해 냉동보관한다). 여러 개의 배를 이식하면 착상 성공률이 높아지지만 다중 출산의 가능성도 증가한다. 한 번 시행할 때 10,000~15,000달러의 비용이 드는 IVF의 인기는 아기를 갖고자 하는 강한 생물학적인 욕구의 증거가 되고 있다. 평균 성공률은 약 30%이므로, IVF에 의한 임신에는 약 35,000달러가 소요된다.

운동성이 떨어지거나 정상적으로 수정할 수 없는 정자를 지닌 남성들도 *세포질 내 정자주입*(*intracytoplasmic sperm injection*, ICSI)을 통해 아이를 만들 수 있다. ICSI의 경우 정소에서 미성숙 정자나 정원세포를 추출한다(정자는 발생 초기과정에서 수정이 가능하므로, 좀 더 성숙해지면 난자에 도달하는 운동능력과 방어층을 뚫는 능력이 생기는 것이다). 작고 날카로운 피펫을 이용하여 난자의 원형질막을 뚫고 하나의 정자를 난자의 세포질에 직접 주입한다(**그림 E20-2**).

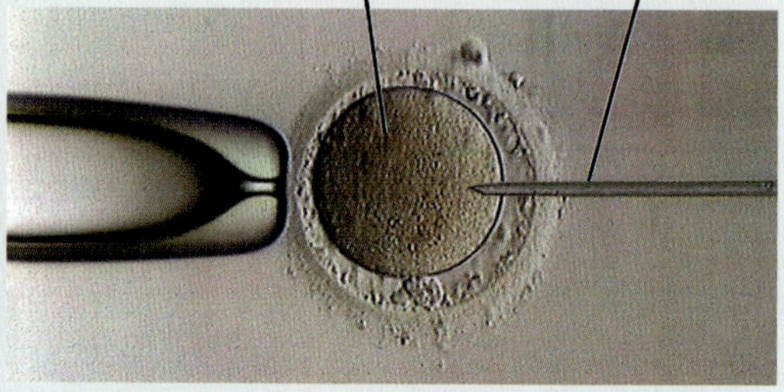


▲ **그림 E20-2 난자에 정자를 주입함.** 접시에 있는 난자에 유리 피펫을 이용하여 난자의 세포질로 직접 정자를 주입한다.

보조생식기술은 몇 년 전만 해도 상상뿐이던 기회와 논쟁을 제공하게 되었다. 예를 들어, 미망인이 죽은 남편의 냉동정자로 임신이 가능해질 수 있다. 최근에 난자를 만들지 못하는 난소를 가진 여성에게서 쌍둥이가 태어났다. 그녀의 아기는 2년간 냉동보관된 기증된 난자로 얻은 것이다. 다시 말해서, 일부 부부는 건강한 난자와 정자를 만들 수 있지만, 장기적으로 아이를 가질 수 없는 경우가 있다(예를 들어 자궁 절제술을 한 경우). 이들이 다행히 부유해서 대리모에게 IVF로 만든 배를 자궁에 착상하여 배발생이 일어나게 할 수도 있다.

보조생식기술을 이용하여 부모가 아이의 성을 바꿀 수도 있다. 만일 부모가 성연관 질환을 가지고 있는 경우 의학적으로 중요할 수 있다. 그러나 일부 부모들은 그들 가족의 성비를 맞추기 위해 이용하기도 한다. Y염색체가 매우 작아서 X염색체를 가진 정자보다 DNA를 2.8% 적게 갖고 있기 때문에 이 차이가 정자를 분류하는 데 사용될 수 있다. 따라서 정자분류는 X정자가 우세한 정자시료를 얻어 한 부부가 여아를 얻을 수 있는 확률을 가장 성공적으로 증가시킬 수 있다. 최근에는 착상 전에 IVF로 수정된 배의 성별 결정이 가능하게 되었다. 보편적이지는 않지만 이 방법은 부부가 아이의 성별을 선택할 수 있게 해준다.

이 같은 예들이 보여주듯이, 생물의학기술은 사람들이(부유한 사람들의 경우) 생식방법을 바꿀 수 있게 하였다. 2006년도에 대중과학 잡지인 *New Scientist* 기사에서는 멀지않은 미래에 성이 즐거움을 위한 것이 되겠지만 생식에서는 사람들이 유전공학을 이용한 착상 전 진단과 결합된 IVF 방법을 사용할 것이라고 반 농담으로 보고하였다. 이 같은 미래가 가능해지면 여러분은 이런 일이 좋은 견해라고 생각하는가?

을 막아준다. 둘째, 제2 감수분열 중이던 난자는 반수체의 배우자를 만든다. 정자와 난자의 반수체 핵이 융합하여, 새로운 인간의 모든 유전자를 포함한 배수체 핵이 만들어진다.

남성이나 여성 생식계에 결함이 있으면 수정이 일어날 수 없다. 예를 들어, 난관이 막히면 정자가 난자에 도달할 수 없게 된다. 정자생성이 너무 적은 남성의 경우 성교를 통해 임신이 불가능하다. 오늘날 일부 부부는 고도의 기술을 이용한 시험관 수정의 도움을 얻는다(과학탐구: 하이테크 번식 참고)

## 20.3 동물의 발생은 어떻게 진행되는가?

**발생(development)**은 수정란에서 다세포 생물로 변화하는 과정이며 수많은 동물에서 아름답고 경외감을 불러일으키는 과정이다. 책에서 배발생의 변화는 일반적으로 단계별로 묘사하지만 각 단계는 편의상 "짤막한 묘사"에 불과하다. 실제 발생은 부드럽고 지속적인 과정이다. 척추동물 발생의 일반적인 묘사는 다음과 같다.

## 수정란은 속이 빈 공모양의 세포로 발달한다

배아의 형성은 수정란의 연속적인 체세포분열인 **난할(clevage)**로 시작된다. 난자는 매우 큰 세포이며 난할로 인해 세포 수는 증가하고 세포 크기는 감소한다. 세포가 분열, 성장, 유전물질이 두 배로 증가한 뒤 다시 분열하는 대부분의 유사분열과는 달리, 난할 중의 세포분열은 성장단계를 건너뛴다. 결과적으로 난할이 진행되면서 세포질이 점점 더 작은 세포들로 나뉘어져 성체 세포의 크기에 가까워진다. 결국 작은 세포로 구성된 단단한 공모양의 상실배(morular)가 형성된다. 대체로 상실배는 수정란과 비슷한 크기이다. 난할이 계속되면서 상실배 내에 공간이 생기고 세포들은 공간의 바깥쪽 덮개를 이루는 **포배(blastular)**가 된다(그림 20-18a).

## 낭배형성기에 세 조직층이 형성된다

발생의 다음 단계는 포배기의 많은 세포들이 새로운 위치로 이동하는 것으로 이 과정을 **낭배형성(gastrulation)**이라고 한다. 낭배형성은 포배의 한쪽 면에 원구(blastopore)라고 하는 움푹 들어간 부분이 생기면서 시작된다. 마치 공기가 꽉 차지 않은 농구공에 구멍을 낸 것 같은 원구를 통해 포배세포들이 안으로 이동한다. 그 결과 구멍이 더 커져서 강소가 되고 결국 소화관이 된다(그림 20-18b).

낭배형성 동안 3가지 조직층이 형성된다. 원구를 통해 이동하는 세포들은 훗날 소화관의 안쪽 벽이 되는 **내배엽(endoderm)**이 된다. 밖에 남아 있는 세포들은 피부의 표피와 신경계를 형성하며 **외배엽(ectoderm)**이라고 한다. 일부 세포들은 내배엽과 외배엽 사이로 이동하여 3번째 층을 형성하며 **중배엽(mesoderm)**이라고 한다. 중배엽은 근육, 순환계, 골격 및 모든 척색동물의 일부 단계에서 발견되는 척삭(notochord)을 형성한다. 세 층을 형성한 배를 **낭배(gastrula)**라고 한다(그림 20-18c).

## 성체 구조는 기관형성 중에 발달한다

외배엽, 중배엽, 내배엽이 이 점차 성체(표 20-3)에서 나타나는 기관으로 형성된다. 이 과정을 **기관형성(organogenesis)**이라 한다.

기관형성은 두 가지 중요한 과정을 통해 이루어진다. 첫째, 인련의 마스터 스위치(master swich)를 켜고 끄는 것으로서 이것은 팔이나 척추를 만드는데 관여하는 많은 유전자의 전사와 해독을 조절한다. 이 마스터 유전자의 일부는 난자형성과정 중 난자에 있는 단백질과 RNA에 의해 먼저 켜진다. 기타 마스터 유전자의 활동은 주위조직으로부터 화학신호에 의해 조절된다. 예를 들어 척추동물의 망막은 실제로 뇌로부터 성장한다. 마스터 유전자가 눈이 형성되는 외배엽에 도달하면 발생 중인 망막이 화학물질을 방출하여 외배엽세포들이 눈의 수정체를 만들도록 프로그램된다.

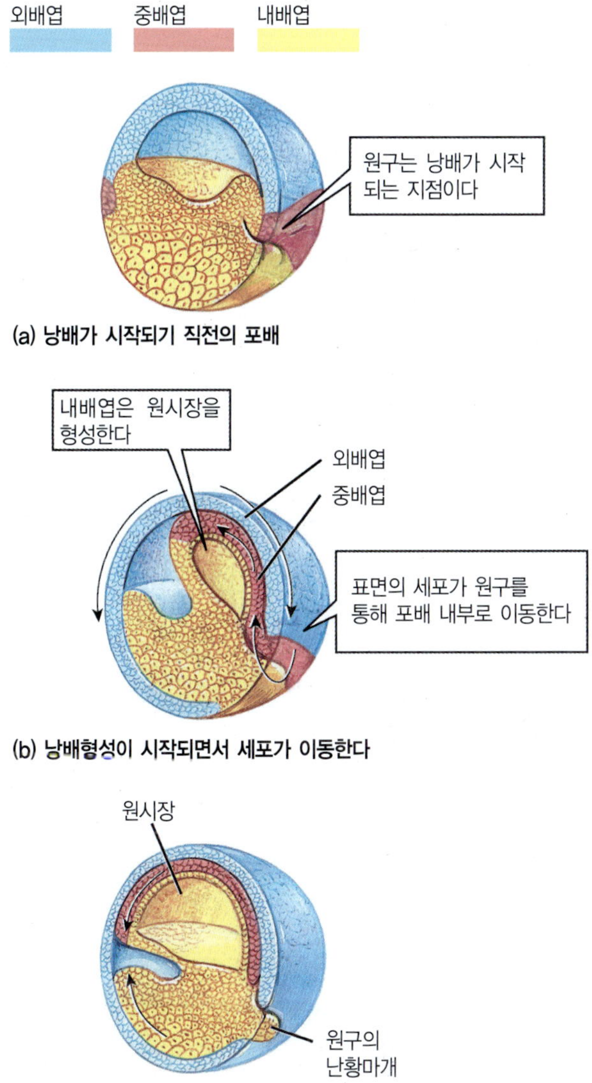


(a) 낭배가 시작되기 직전의 포배

(b) 낭배형성이 시작되면서 세포가 이동한다

(c) 세 층으로 이뤄진 낭배가 형성되었다

▲ 그림 20-18 **개구리의 낭배형성.** (a) 낭배형성이 시작되기 전까지는 아직 포배기에서 세 가지 배엽층이 형성되지 않는다. 색깔은 낭배기에 분화된 이후의 세포 운명을 나타낸다. (b) 낭배가 시작되고 세포들이 표면에서 포배로 이동하여 낭배의 외배엽과 중배엽을 형성한다. 외부에 남아있는 세포들은 외배엽을 형성한다. (c) 3개의 층으로 이루어진 배아를 이제 낭배라 부른다.

**표 20-3 배아의 각 세포층에서 발달하는 성체조직과 기관**

| 배아층 | 성체조직 |
|---|---|
| 외배엽 | 피부의 표피; 입과 코의 안쪽; 피부의 분비샘(땀샘, 피지샘, 젖샘); 신경계; 눈의 수정체; 내이 |
| 중배엽 | 피부의 진피; 근육, 골격, 순환계; 생식기관; 신장; 소화관과 호흡관의 바깥벽 |
| 내배엽 | 소화관과 호흡관의 내벽; 간; 췌장 |

두 번째로 중요한 발생과정은 미켈란젤로가 다비드상을 만들면서 필요 없는 대리석을 깎아내 모양을 만들었듯이 불필요한 세포들을 없애는 것이다. 발생 중 이런 조작과정이 과다한 세포를 죽이는 데 필요하다. 예를 들어 5주 된 배아는 꼬리와 물갈퀴가 있는 손과 발을 가진다. 2주 후 물갈퀴 세포들이 죽고 손가락이 분리되며 꼬리세포도 죽으면서 꼬리가 없어진다.

발생 중 세포의 죽음을 유발하는 데에는 최소한 두 가지 과정이 필요하다. 생존하라는 신호를 받지 못한 일부 세포들은 죽는다. 예를 들어, 근육을 조절하는 뉴런은 골격근과 시냅스를 이루지 못하면 죽게 프로그램되어 있어 죽지 않도록 화학물질을 방출한다. 또 다른 세포의 예로, 반대되는 경우인데 죽음을 유도하는 신호를 받지 않으면 세포들이 살게 된다.

### 파충류, 조류, 포유류의 발생에는 배외막이 필요하다

어류는 물에 살면서 생식하고 산란한다. 많은 양서류가 성체시기를 육상에서 보내지만 알은 물속에 낳는다. 두 경우 모두 배아가 난자의 난황에서 양분을 얻고 물에서 산소를 얻으며 이산화탄소를 포함한 노폐물을 물로 배출한다. **양막란(amniotic egg)**이 진화하기 전까지 척추동물은 완전한 육상생활을 할 수 없었다. 이러한 혁신이 파충류에서 처음으로 나타나 현재도 이 집단과 후손인 조류와 포유류에까지 지속되고 있다. 이 동물들은 "개인 연못"에서 성체의 형태를 갖출 때 까지 완전히 발생을 마친다. 양막란은 4가지 **배외막(extraembrionic membrane)**인 융모막(chorion), 양막(amnion), 요막(allantois), 난황낭(yolk sac)을 갖고 있다. 파충류와 조류의 경우 **융모막(chorion)**은 알껍질의 안쪽을 덮고 배와 공기 사이의 산소와 이산화탄소를 교환한다. **양막(amnion)**은 배아를 감싸는 수생환경을 만들어 준다. **요막(allantois)**은 노폐물을 분리시키며, **난황낭(yolk sac)**은 난황을 포함한다. 태반포유류(캥거루 같은 유대류 및 오리너구리 같은 단공류를 제외한 모든 포유류)에서 배아는 출생할 때까지 모체의 몸속에서 발생을 한다. 그럼에도 불구하고 4가지의 배외막이 여전히 남아 있는데, 발생에 필요한 파충류 유전프로그램의 잔존이라 할 수 있으며 실제로 포유류 발생에서도 필요하다. 포유류에서 양막은 자신의 개인 연못에 있는 배의 요람이다. 융모막은 배아의 태반 형성에 기여한다. 탯줄의 혈관은 요막의 잔존물에서 발생한다. 비록 포유류의 난황낭이 난황을 포함하지 않지만 난황낭은 초기 배아를 위한 적혈구를 생성한다.

## 20.4 사람의 발생은 어떻게 이루어지는가?

**그림 20-19**는 사람 배아의 발생과 태아의 발달단계를 요약해놓았다. 다음의 몇 개 절에서 사람의 발생을 설명하면서 이 그림에 대해 언급할 것이다.

### 분화와 성장은 처음 2개월 동안 급격히 일어난다

대체로 사람의 난자는 난관에서 수정되어 몇 번의 난할을 거친 뒤 약 4일 정도 걸려서 자궁에 도달한다(**그림 20-20**). 수정 일주일 정도에 접합자는 속이 빈 공모양의 세포인 **배반포(blastocyst**; 포배를 일컫는 포유류 용어)로 발달한다. 배반포벽의 한 부분이 두꺼워지면서 내세포괴(inner cell mass, 속세포덩이)라는 세포덩어리를 형성한다. 내세포괴는 배아가 될 것이며 각 세포마다 어떤 형태의 조직으로든 발달할 수 있는 잠재력을 가진다. 연구자들은 이 같은 **줄기세포(stem cell)**가 "건강 지킴이: 줄기세포의 미래"에 설명된 것처럼 손상된 성체조직을 대체하는 데 이용될 수 있을 것이라 희망한다. 배반포(미래의 융

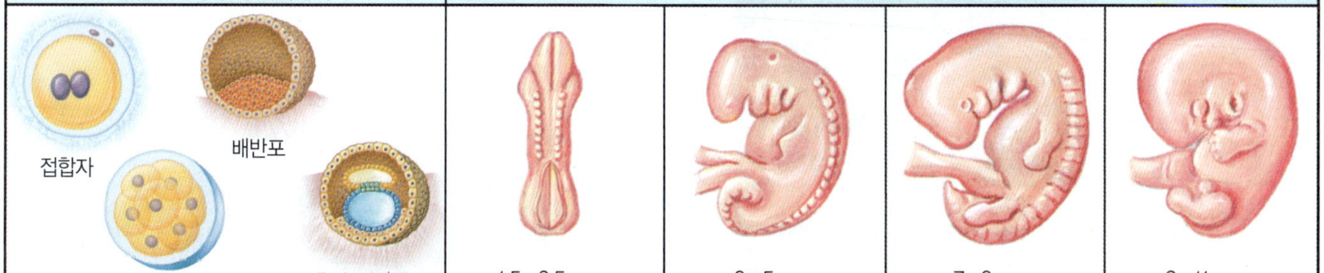


| 1주 | 2주 | 3주 | 4주 | 5주 | 6주 |
|---|---|---|---|---|---|
| 접합자에서 후기 포배까지 | | 배아 | | | |
| 상실배 | 후기 배반포 | 1.5~2.5 mm | 3~5 mm | 7~9 mm | 8~11 mm |
| 접합자의 난할로 상실배, 이어서 포배를 형성하고 포배는 자궁에 착상한다. | 포배가 자궁내막을 파고 든다. 난황낭, 양막, 배반포가 생긴다. | 낭배형성이 일어난다. 척삭과 신경관 형성이 시작된다. 심장이 박동을 시작한다. | 신경관이 닫힌다. 팔 싹, 꼬리, 인두열이 생긴다. | 눈의 형성이 시작된다. 다리 싹이 생긴다. 뇌가 커진다. | 외이와 물갈퀴가 있는 손가락이 생긴다. 인두열과 꼬리가 사라진다. |

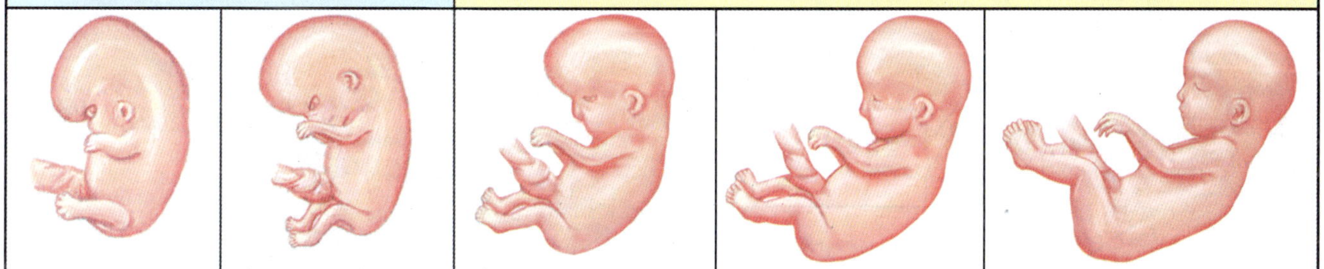

| 7주 | 8주 | 10주 | 12주 | 16주 |
|---|---|---|---|---|
| 배아 | | 태아 | | |
| 1.7~2.0 cm | 2.3~2.8 cm | 3.2~4.4 cm | 5~7.6 cm | 10.2~12.7 cm |
| 물갈퀴가 있는 발가락이 생긴다. 뼈가 굳어지기 시작한다. 등이 곧게 펴진다. 눈꺼풀이 생기기 시작한다. | 모든 주요 기관과 남성 생식기가 생기기 시작한다. 팔을 구부릴 수 있다. 손가락이 분명해진다. 얼굴 모양과 외이가 형태를 갖춘다. | 8주 후의 배를 태아라고 한다. 적혈구가 형성된다. 발가락이 분리된다. 눈꺼풀이 발달한다. 주요 뇌부분이 나타난다. 손은 주먹을 쥘 수 있다. | 목이 뚜렷하다. 모든 기관이 존재한다. 남성과 여성 생식기가 존재한다. 팔과 다리가 움직인다. 치아가 형성되기 시작한다. 전기 장치로 심박동을 들을 수 있다. | 빨고 삼키는 운동이 나타난다. 간과 췌장이 기능을 시작한다. 몸이 머리에 비해 성장한다. 주요 기관이 계속 발달한다. 모체가 태아의 움직임을 느낀다. 체중이 약 140 g이다. |

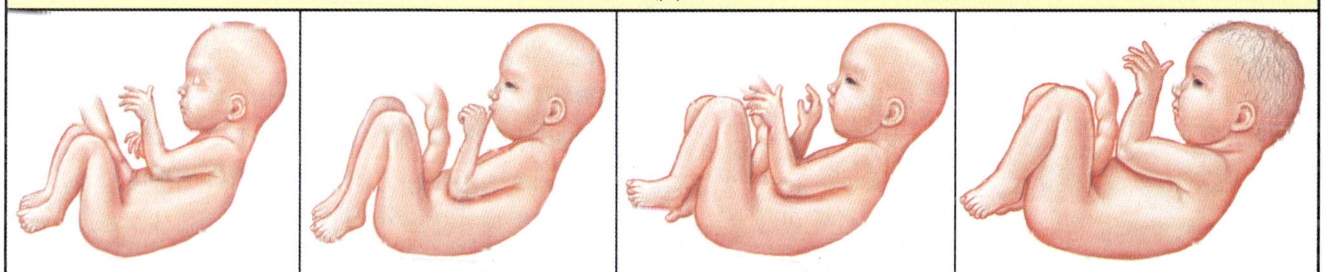

| 20주 | 24주 | 30주 | 36주 |
|---|---|---|---|
| 태아 | | | |
| 15.2~17.8 cm | 20.3~22.9 cm | 38.1~40.6 cm | 40.6~48.3 cm |
| 태아가 엄지를 빨 수 있다. 팔과 다리로 주먹질과 발길질을 할 수 있다. 몸의 위치를 바꿀 수 있다. 손톱이 형성된다. 지방이 피부 밑에 축적된다. 눈썹과 속눈썹이 나타난다. | 뇌발생이 계속된다. 심장이 발달하고 눈을 움직일 수 있다. 태아는 딸꾹질, 곁눈질, 웃거나 찡그릴 수 있다. 머리카락이 날 수도 있다. 독특한 족문과 지문이 나타난다. 체중은 450~680 g이다. | 뇌발생이 계속된다. 눈을 뜨고 감을 수 있으며 빛을 감지한다. 발로 차거나 뻗을 수 있다. 호흡운동을 할 수 있지만 폐는 아직 미숙하다. 뼈는 있지만 유연하다. 아기가 태어나면 생존이 가능하다. | 자고 깨는 주기에 맞춰 눈을 뜨고 감을 수 있다. 체지방이 증가한다. 폐와 기타 기관이 기능을 한다. 아기는 물건을 움켜쥘 수 있으며 빛을 향해 몸을 돌릴 수 있다. 체중은 2,250~2,700 g이며 태어나도 미숙아로 여기지 않는다. 38주면 만삭아이다. |

▲ 그림 20-19 **포배에서 출생까지 발생달력**

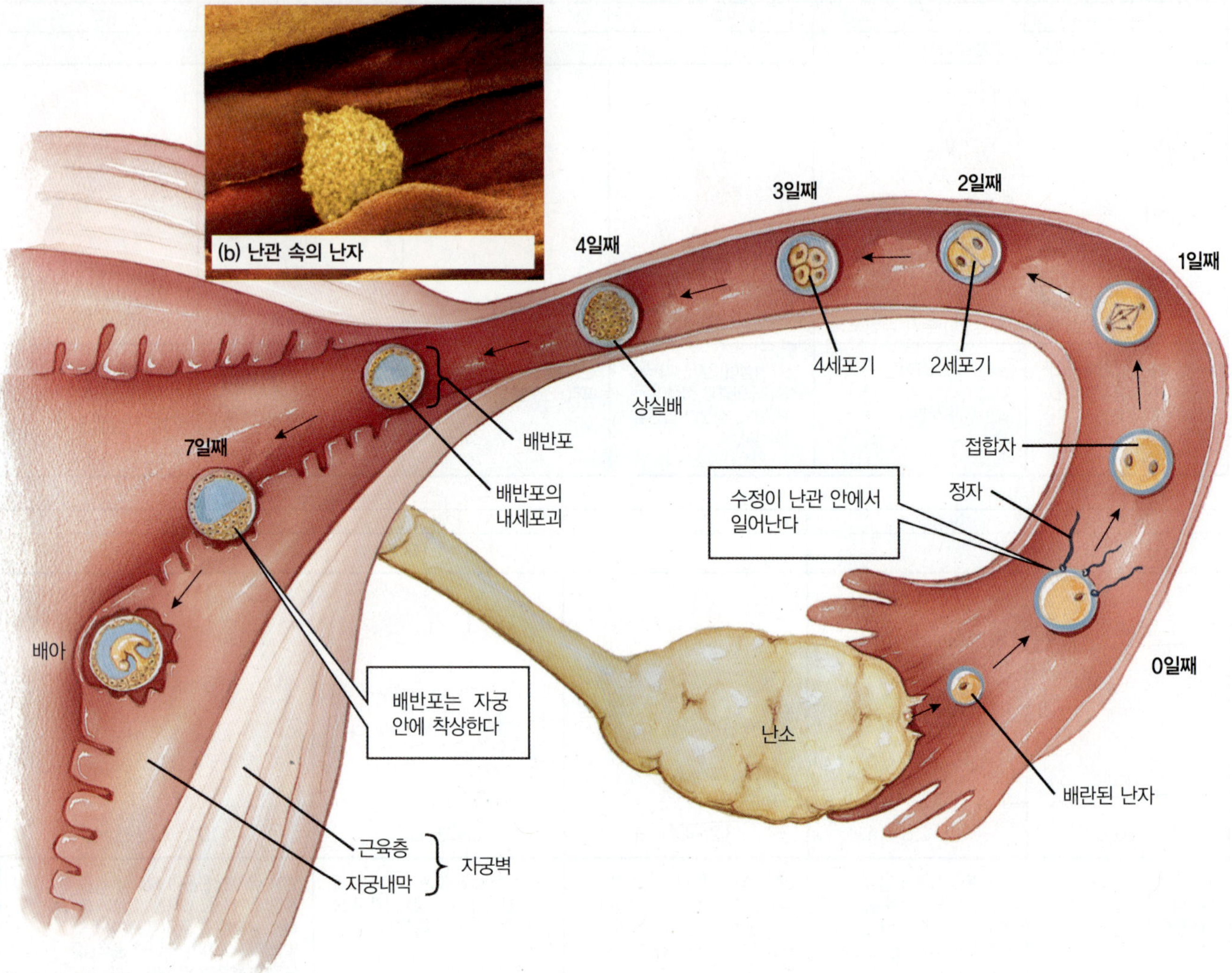


▲ 그림 20-20 **난자의 여행** (a) 난자는 난관에서 수정되어 느리게 자궁 쪽으로 이동한다. 이동 중에 접합자는 여러 차례 분열하여 배반포가 된다. 배반포가 자궁내막에 도달하면 조직을 파고들어간다. (b) 여포세포로 둘러싸인 채 난자는 자궁으로 이동한다.

모막) 외벽이 자궁에 부착하여 자궁내막으로 파고들어가는데 이 과정을 **착상(implantation)**이라고 한다(**그림 20-21a**). 융모막은 자궁내막과 융합하여 태반을 형성하며, 태반은 남은 임신기간 동안 노폐물을 걸러내고 양분을 태아에 공급해준다. 게다가 융모막은 호르몬인 융모성생식샘자극호르몬(CG)을 분비하여 황체의 퇴화를 방지함으로써 태반이 이 호르몬을 분비할 수 있을 때까지 초기 2개월 동안 황체에서 에스트로겐과 프로게스테론을 계속 분비하도록 하여 임신을 유지시킨다.

## 착상 후 두 개의 강소가 형성되고 낭배가 일어난다

착상 며칠 뒤 내세포괴는 액체로 채워진 두 개의 주머니로 나누어진다(**그림 20-21b**). 주머니 중 하나는 양막이며 양막강을 구성한다. 양막은 자라서 배아를 둘러싸고 모든 동물의 배아가 자랄 수 있는 수생환경을 제공한다. 사람은 난황을 포함하고 있지 않지만 두 번째 주머니는 난황낭(yolk sac)이다. 두 개의 주머니는 배반(embryonic disc)이라고 하는 두 겹의 세포층에 의해 분리되어 결국 배로 발달한다. 배반의 양막강 쪽에 위치한 측면은 외배엽이 될 세포로 구성되어 미래의 외배엽세포로 구성된 난황낭과 마주한다. 낭배기는 수정 2주 끝에 시작되어 외배엽, 중배엽, 내배엽을 형성한다.

# 건강 지킴이

## 줄기세포의 미래

당신의 몸을 구성하는 대부분의 세포 핵에는 전반적인 유전적 청사진을 포함하고 있다. 발생 중 세포가 근육, 뼈, 또는 뇌로 되는 것은 유전자의 활성화를 결정하는 세포주변의 복잡한 인자에 의해 결정된다. 초기 배아세포의 대부분이 대략 우리 몸의 200가지 세포형태로 분화할 수 있다고 하지만 대부분의 성체세포는 특정한 발달경로를 따르도록 임무가 부여되어 있어서 다른 종류의 세포로 분화할 수 없다. 이런 성체세포와는 달리 줄기세포는 아직 분화되지 않고 한 가지 이상의 세포로 분화할 수 있다. 줄기세포의 의학적 잠재력은 매우 크다. 손상된 조직이 재생될 수만 있다면 심장마비, 뇌졸중, 척수손상, 관절염의 퇴행성 질환에서 파킨슨병에 이르기까지 유익할 것이다.

줄기세포에는 2종류가 있다. *배아줄기세포*(*embryonic stem cell*, ESC)는 배반포의 내세포괴에서 유래된 것이다(그림 20-12). 1998년 위스콘신 대학의 제임스 톰슨과 그의 동료들은 인간배아줄기세포를 분리하여 배양접시에서 성장시켜 인간의 다양한 조직으로 분화를 유도하였다(**그림 E20-3**). 배아줄기세포의 매력은 우리 몸의 어느 형태 세포로도 만들어 질 수 있다는 점이다.

최근 연구에서 근육, 피부, 간, 뇌, 심장, 혈액을 포함한 대부분의 성체조직은 소량의 *성체줄기세포*(*adult stem cell*, ASC)를 포함하고 있다는 것이 밝혀졌다. 사실상 적혈구와 백혈구를 모두 생산하는 골수의 줄기세포는 백혈병 등의 치료를 위한 이식에 이용되어왔다. 비록 성체줄기세포가 몇 종류의 세포로만 분화될 수 있지만, 연구자들은 최근 성체줄기세포가 갖고 있는 능력보다 더 다양한 능력을 갖도록 만들어 냈다. 예를 들어, 골수의 줄기세포가 뇌세포, 심근세포와 골격근세포로 분화가 가능해졌다.

줄기세포를 의학적으로 어떻게 이용할 수 있을까? 최근 실험에서 연구자들은 쥐에게 심장마비를 일으키고 손상된 심장에 성체줄기세포를 주사하였다. ASC는 증식하여 부분적으로 심장근육의 일부가 회복되었다. 18장 "건강 지킴이: 당뇨병 치료의 접근"에서 설명하였듯이 연구자들은 ESC를 인슐린 분비세포로 분화하도록 만들어 내었으며, 이것이 제1형 당뇨병을 영구적으로 치료하는데 한걸음 나아간 것이라 기대하고 있다.

하지만 줄기세포가 효과적인 치료방법이 되려면 먼저 극복해야 할 중대한 장애물이 있다. 첫째, 환자 자신의 줄기세포를 증식, 분화, 손상된 조직을 회복시키는 데 걸리는 시간이다. 예를 들어, 심장근의 줄기세포는 재생하도록 자극을 받아 심장마비로 죽은 세포를 대체할 수 있다. 다시 말해서 의사들은 줄기세포가 많이 있는 곳(예: 골수)에서 채취하여 특정 분화인자를 처리하여 손상부위에 주사하는 것이다. 그러나 이런 접근 모두 의학적으로 유용하나 ASC를 충분히 생산하는 데 많은 시간이 걸린다. 심각한 심장질환이 있는 사람은 몇 주나 몇 개월을 기다릴 수 없다.

두 번째로 ASC는 아직까지 의학적으로 유용한 모든 세포 형태로 분화할 수 없다는 점이다. ESC는 모든 세포형태로 분화가 가능하다. 하지만 ESC를 얻기 위해서는 배아를 파괴해야 한다는 것이다(최소한 현재 기술로는). 많은 사람들이 이 과정에 반대하며, 심지어는 최외수정을 통해 얻은, 어차피 버리게 될 여분의 배아라 할지라도 심한 반대에 부딪치고 있다.

셋째는 면역계가 유전적으로 동일하지 않거나 최소한 아주 근접하지 않은 ASC나 ESC를 거부한다는 것이다. 이 때문에 *치료용 클로닝*(*therapeutic cloning*)이 대안으로 제시되었는데, 이는 조직치료가 필요한 환자가 자신의 세포에서 핵을 꺼내어 핵이 제거된 난자에 삽입함으로써 거부반응을 일으키지 않는 ESC를 만들어 내는 것이다. 하지만 이 과정이 ESC를 만드는 데 이용되는 과정이라 해도 역시 논쟁거리가 된다.

면역거부와 배아의 파괴를 모두 피하기 위해 일부 부모들은 자기의 줄기세포인 태반을 자식에게 쉽게 활용할 수 있게 하고 있다. 알다시피 태반의 대부분은 배아의 융모막에서 형성된다. 더구나 태반은 많은 줄기세포를 가지고 있다. 따라서 부모는 새로 태어난 아기의 태반을 냉동보관하여, 아이의 정확한 유전자를 구성하고 있는 줄기세포를 평생 손상조직의 치료에 활용할 수 있다. 연구자들은 앞으로 거부반응이 없는 줄기세포를 만들기 위해 세포의 표면단백질을 변형하도록 유전공학기술이 활용될 수 있기를 희망한다.

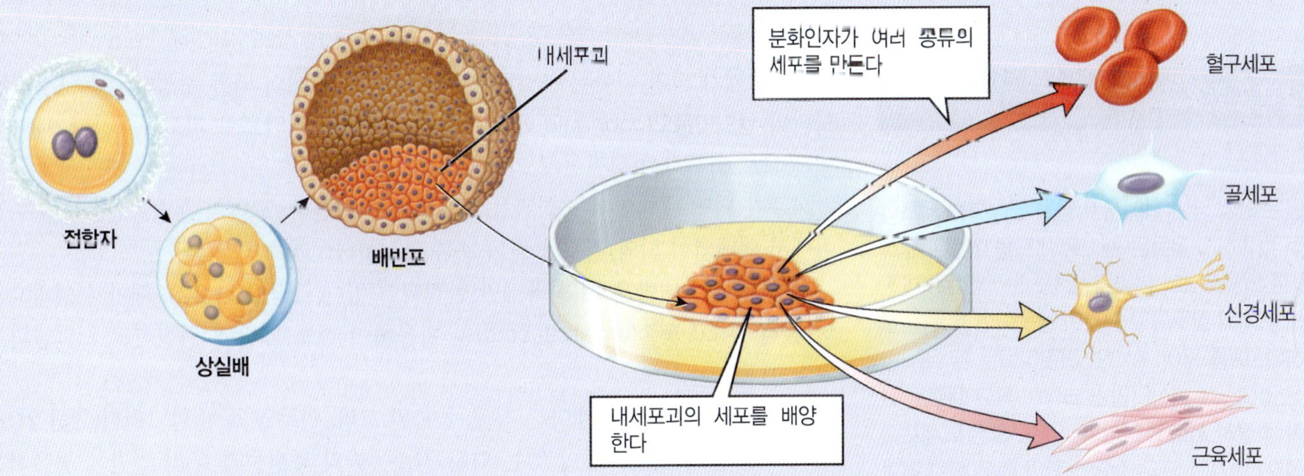


▲ **그림 E20-3** 배반포에서 추출한 배아줄기세포의 배양

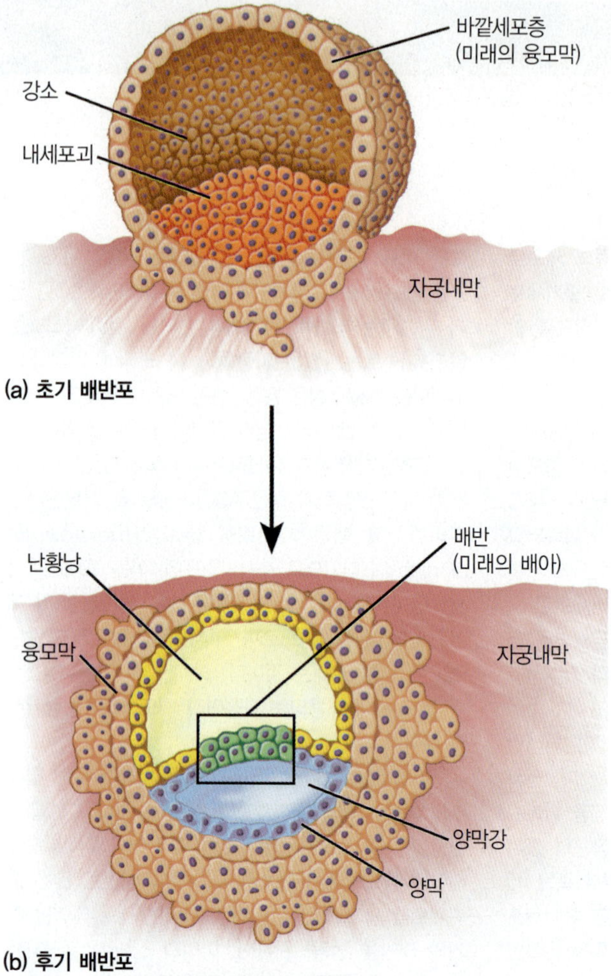


▲ 그림 20-21 **배반포의 착상** (a) 배반포가 자궁막으로 파고들 때 배반포의 바깥 세포층은 장차 태반이 될 융모막을 형성한다. (b) 며칠 후 배반포는 완전히 자궁내막 안으로 들어가 있다. 내세포괴는 난황낭, 양막, 배반으로 발달하기 시작한다.

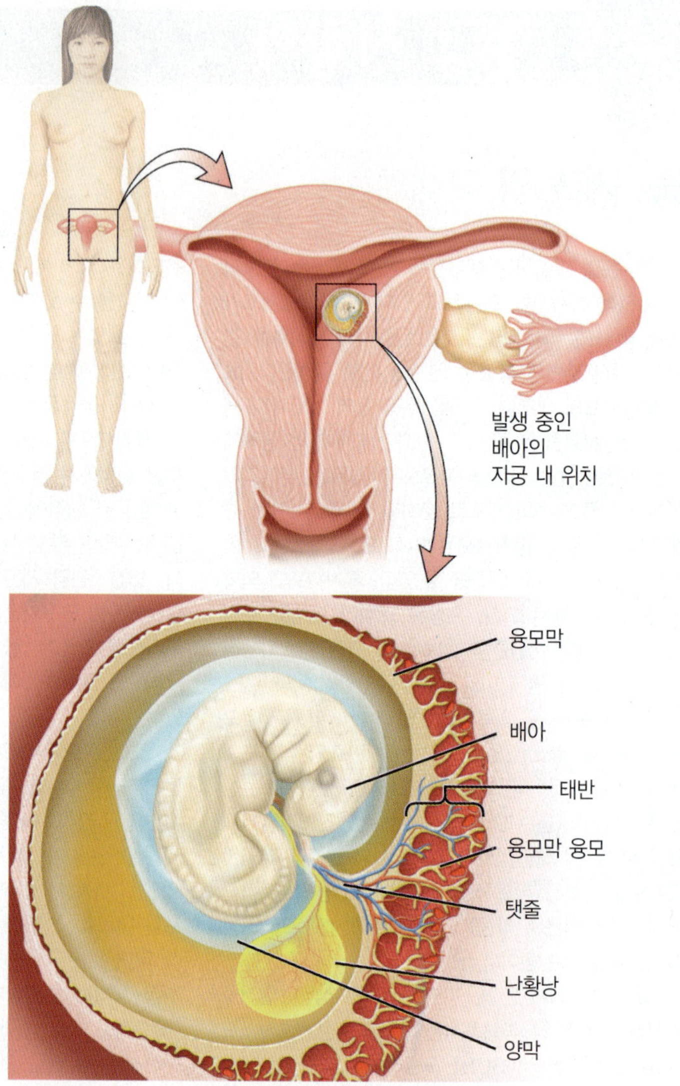


▲ 그림 20-22 **4주째 사람의 발생** 배아가 자궁 속으로 점점 크게 자라고 태반은 한쪽으로 밀려나 있다. 탯줄은 노폐물과 양분을 교환한다.

## 태아알코올증후군

**계속**

알코올은 발생 중인 뇌에서 이웃을 인식하는 세포의 능력을 파괴하고 잘못된 장소로 세포를 이동하게 하며, 다른 뇌세포와의 연결을 방해하는 역할을 한다. 세포의 위치가 잘못되고 연결이 잘못되면 회복이 불가능하다. 예를 들어, FAS인 어린이들은 두 대뇌반구를 연결해주는 축삭다발인 뇌량이 작고 때로는 좌우뇌가 적절히 서로 소통할 수 없다. 많은 뇌세포들은 정확한 연결이 되지 않으면 죽기 때문에 그 결과 운동을 조절하는 데 중요한 역할을 하는 소뇌를 포함한 여러 뇌구조의 크기가 감소한다.

### 몸의 구조는 3주에서 6주 사이에 형성되기 시작한다

발생 3주째가 되면 배아는 양막낭에 둘러싸이고, 미래의 뇌를 형성하도록 구부러진다. 융모막이 **융모막융모**(chorionic villi)로 확장되어 자궁내막으로 파고들어간다. 배아의 혈관이 융모로 침투하여 심박동에 의해 혈액을 나른다.

4주가 되면 내배엽이 소화관을 형성하기 시작한다. 꼬리의 흔적기관을 볼 수 있다. 배아에서 외배엽이 뇌와 척수가 될 구조를 형성한다.

4주 초까지 태반은 배 한쪽에만 한정되어 있다(그림 20-22). 배아가 양막으로 완전히 둘러싸이고 **탯줄**(umbilical cord)이 관통하여 배를 태반에 연결하고 노폐물과 양분을 교환한다.

5주에서 6주가 되면 배아는 척색, 돌출된 꼬리, 인두열 등이 발달한다(그림 20-23a). 이 구조들은 성체에도 남아 있는 다른 척추동물의 조상들과 우리 인간이 공유하는 잔존물이다. 하지만 인간은 발생이 진행되면서 사라진다. 7주가 되면 눈의 싹이 생기고 손가락과 발가락이 분리되기 시작한다(그림 20-23b). 특히 이 시기 눈에 띄는 것은 남은 신체 부분과 크기가 거의 비슷한 정도로 머리의 급속한 성장이다.

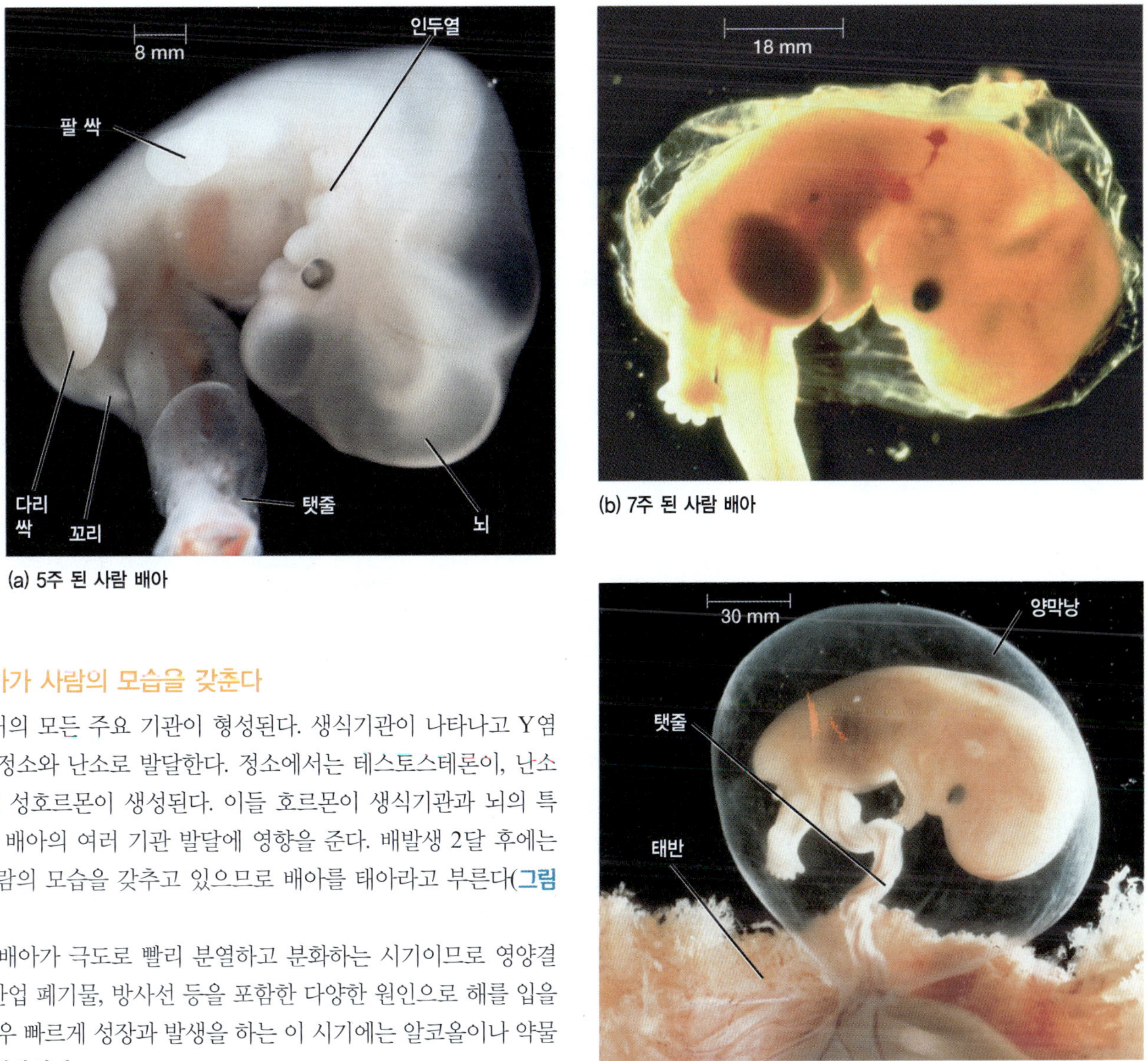


(a) 5주 된 사람 배아

(b) 7주 된 사람 배아

(c) 8주 된 사람 배아

▲ **그림 20-23** **5주에서 8주 동안의 사람의 발생** **(a)** 5주 말에 사람의 배아는 몸의 절반이 머리이다. 손발가락이 발달되기 시작한다. 꼬리와 인두열(아가미)은 또렷하고, 이는 다른 척추동물의 진화적 유연관계에 대한 증거이다. **(b)** 7주째 사람의 형태는 꼬리를 형성하고 손가락과 발가락을 연결하는 세포사멸에 의해 더욱 명확해진다. 꼬리는 거의 사라지고, 손가락과 발가락은 서로 분리된다. **(c)** 8주가 끝날 무렵 배아는 사람의 모습을 분명하게 갖추게 되어 태아로 불리게 된다. 성체의 주요 기관 대부분이 발달하기 시작한다.

### 두 달 이후에는 배아가 사람의 모습을 갖춘다

2달이 끝날 무렵에 거의 모든 주요 기관이 형성된다. 생식기관이 나타나고 Y염색체의 유무에 따라 정소와 난소로 발달한다. 정소에서는 테스토스테론이, 난소에서는 에스트로겐인 성호르몬이 생성된다. 이들 호르몬이 생식기관과 뇌의 특정 부위 등을 포함한 배아의 여러 기관 발달에 영향을 준다. 배발생 2달 후에는 발생 중인 배아가 사람의 모습을 갖추고 있으므로 배아를 태아라고 부른다(**그림 20-23c**).

임신 첫 2개월은 배아가 극도로 빨리 분열하고 분화하는 시기이므로 영양결핍, 약물, 약물치료, 산업 폐기물, 방사선 등을 포함한 다양한 원인으로 해를 입을 수도 있다. 따라서 매우 빠르게 성장과 발생을 하는 이 시기에는 알코올이나 약물 등 독성물질에 매우 취약하다.

## 성장과 발생은 후반부인 임신 7개월 동안에도 계속된다

태아는 나머지 7개월 동안에도 계속 성장하고 발달한다. 뇌가 빠르게 발달하므로 머리는 여전히 몸에 비해 비율이 맞지 않을 정도로 크다. 뇌와 척수가 자라면서 특정 행동의 형태가 나타나기 시작한다. 임신 3개월이 되면 태아가 움직이며 자극에 반응하는데, 출생 이후 아주 중요한 빠는 행동 등을 포함한 일부 본능적인 행동이 나타난다. 태어나기 전까지는 사용하지 않는 폐, 위, 장 같은 기관들도 크게 증가하며 기능도 할 수 있게 된다.

## 태반은 모체와 태아 사이에서 물질교환을 한다

임신 최초 몇 주 동안 배아세포는 자궁내막의 인접세포로부터 양분을 직접 얻는다. 하지만 결국 배아는 태아와 모체를 연결해주는 태반을 통해 양분을 얻게 된다(**그림 20-24**). 융모막은 융모막융모가 있는 모체의 자궁내막을 뚫고 들어가 태반을 형성한다. 탯줄의 혈관은 배아의 순환계와 융모의 모세혈관망을 연결하면서 모체 혈액으로 이루어진 풀(pool)에 잠기게 된다. 이러한 배열이 태아와 모체 혈액 사이에 수많은 작은 분자들이 확산되도록 한다. 산소는 모체에서 태아로, 이산화탄소는 태아에서 모체로 확산된다. 영양

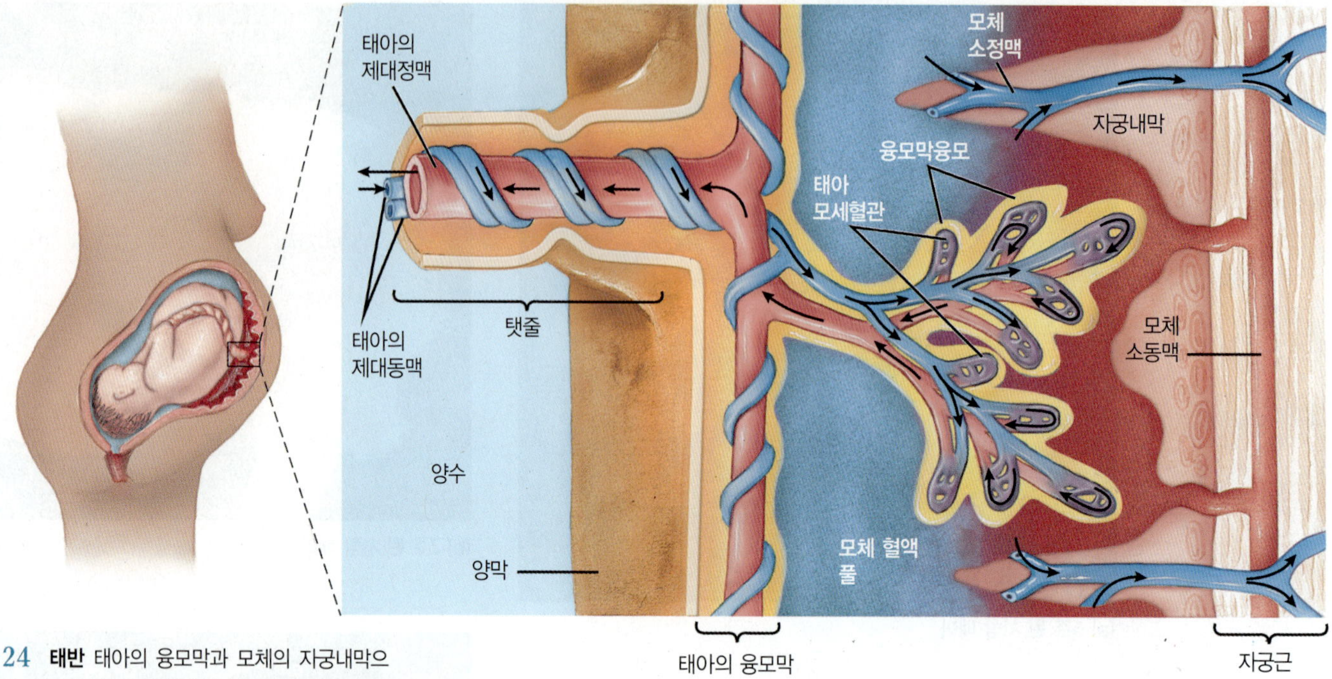


▲ **그림 20-24** **태반** 태아의 융모막과 모체의 자궁내막으로부터 형성된다. 자궁내막의 모세혈관이 파열되어 혈액이 태반내 풀(pool)을 형성한다. 한편 융모막은 돌기(융모막융모)가 발달하여 모체혈액이 있는 풀로 연결된다. 태반을 형성한 혈관이 융모막 돌기까지 뻗어 있다. 모체와 태아의 혈액공급은 서로 분리되어 있다. 제대동맥은 태아로부터 산소가 부족한 혈액을 태반으로 나르며, 제대정맥은 산소한 풍부한 혈액을 태아로 나른다. **질문:** 캥거루 같은 몇 종류의 포유류는 태반이 없다. 이 같은 포유류의 발생 특성에서 어떤 점을 예측할 수 있는가?

분은 모체에서 태아로 일부는 능동수송의 도움으로 전달된다. 태아의 요소는 모체 혈액으로 확산되어 모체의 신장에서 여과되어 제거된다.

태반은 태아와 모체의 혈액을 섞이게 하지 않는다. 태아의 모세혈관과 모체의 융모막이 확산에 의한 교환은 허용하지만, 분자가 큰 단백질이나 세포가 통과하지 못하도록 장벽으로 작용한다. 그러나 카페인, 니코틴, 대부분의 약물 등을 포함한 유해화학물질은 태반을 통과할 수 있다.

AIDS, 풍진, 매독을 유발하는 바이러스나 세균에 의한 일부 질병은 태반을 통과하여 태아에 엄청난 피해를 줄 수 있다. 아스피린 같은 약도 태아에게는 위험할 수 있으며 임신했다고 생각하는 여성은 누구든지 복용하는 모든 약에 대해 의사의 충고를 받아야 한다.

## 임신은 진통과 분만으로 끝이 난다

임신 마지막달 동안 태아는 자궁 내에서 머리를 아래쪽으로 향하고 자궁경부에 두개골을 댄 상태를 계속 유지하고 있다. 출산과정은 9개월째 끝에 시작된다(그림 20-25). 크게 자란 태아로 인한 자궁의 팽창과 **진통(labor)**을 자극하는 태아와 모체의 호르몬과의 복잡한 상호작용으로 자궁을 수축하는 출산이 이루어진다.

골격근과는 달리 자궁근은 자발적으로 수축하고 이러한 수축이 자궁의 확장으로 인해 더욱 강화된다. 태아가 성장하면서 자궁근도 계속 팽창하여 출산 몇 주 전부터 가끔씩 수축이 일어나기도 한다. 무엇이 분만을 유발하는지 정확하게 알려진 바는 없지만 태아에서 생성된 한 가지 이상의 화학물질에 의한 자극일 것으로 본다. 최초의 자극이 무엇이든 자궁근이 수축한다. 자궁이 수축하면 아기의 머리를 자궁경부로 밀게 되는데 이는 두 가지 결과를 가져온다. 첫째, 출산에 필요한 자궁경부가 확장되어, 태아의 머리가 빠져나올 수 있게 되는 것이고, 둘째, 경부의 신장은 모체의 뇌로 신경신호를 보내어 호르몬인 옥시토신을 분비하도록 한다. 옥시토신은 자궁근을 계속 수축시켜, 아기가 자궁경부로 더욱 강하게 밀리게 하며 이는 더 많은 옥시토신이 방출되도록 한다. 이 같은 양성되먹임 회로는 질에서 아기가 나올 때까지 계속된다.

### 태아알코올증후군

**계속**

물에 녹는 물질은 혈액과 세포외액을 경유하여 쉽게 체내 모든 세포에 도달할 수 있다. 지질에 녹는 물질은 쉽게 지질이중층인 원형질막을 통과한다(47쪽 그림). 물과 지질에 모두 녹는 알코올은 성인 음주자의 뇌이건 임신한 여성의 태반이건 또는 배아의 체내이건 모세혈관벽을 쉽게 통과한다. 태아알코올보호단체는 다음을 주의하라고 말한다. "당신이 마시면 아기도 마신 것이다."

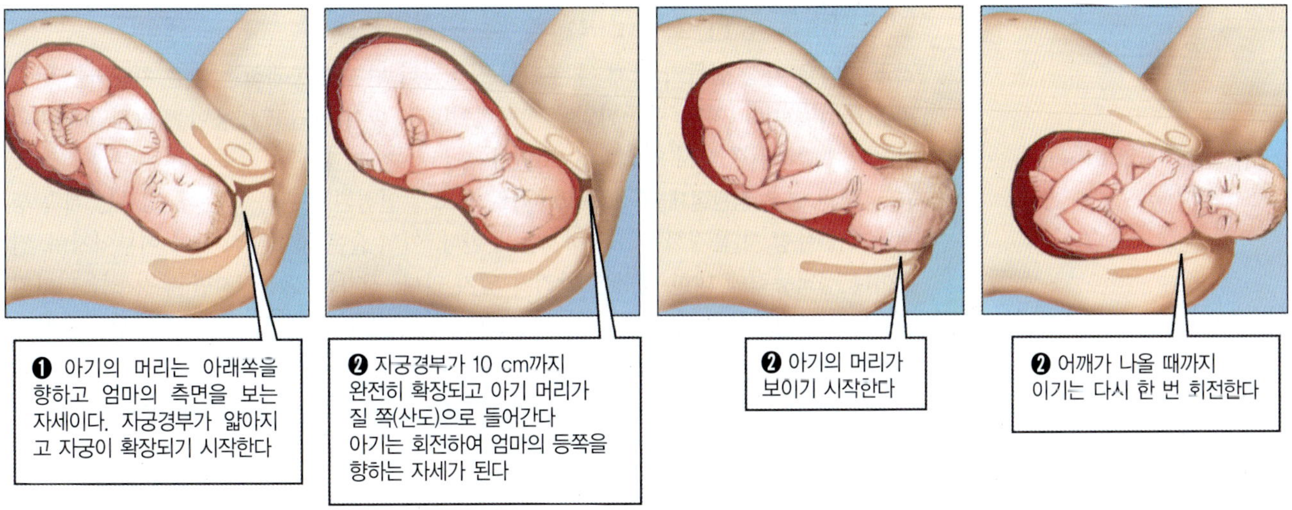


▲ 그림 20-25 **분만**

간단한 휴식 후 자궁수축은 재개된다. 수축하는 동안 태반은 자궁에서 떨어져 나와 출산(afterbirth) 시 질을 통해 배출된다. 탯줄에 있는 태아의 혈관을 둘러싼 근육도 수축하여 태반의 혈류를 차단한다(통상적으로 필요하지는 않지만 끈으로 묶어준다). 그렇지 않으면 다른 포유류는 생존할 수 없다. 그리고는 새로운 아기가 태어난다.

## 임신호르몬이 젖분비를 자극한다

태아가 자라면서 태반을 통해 확산된 양분으로 영양을 공급받다가 태어난 뒤에는 모유를 통해 지속적인 양분을 공급받는다. 임신 중 많은 양의 에스트로겐과 프로게스테론이 **유선(mammary gland)**을 자극하여 모유의 분비능력을 발달시킨다(그림 20-26). 각 포유동물의 유선은 젖분비관이 있어 유두를 통해 분비된다. 수유라는 실제 **젖분비(lactation)**는 뇌하수체 호르몬인 프롤락틴에 의해 활성화된다.

# 20.5 사람들은 어떻게 피임을 하는가?

성공적으로 생식을 하거나 태어난 아이가 생식이 가능할 만큼 오래 생존하는 사람이 자연선택에 유리하였다. 인간의 진화과정에서 어린아이들의 사망률이 높았기 때문에 이 사망률을 극복할 수 있을 만큼 어린아이를 많이 낳는 사람이 자연선택에 유리하였다. 오늘날 대부분의 사람들은 적은 수의 어린아이도 성인이 될 때까지 생존할 것을 확신하므로 더 이상 많은 아이를 가지려고 하지 않는다. 그럼에도 불구하고 사람들은 번식을 잘하는 쪽으로 진화해왔다. 그 결과 초만원인 지구에 매주 약 150만 명의 새로운 아이가 늘어나고 있다. 환경적인 필요성으로 인해 출생률의 조절이 이루어졌다. 개체수준에서 볼 때 사람들은 산아제한을 통해 가족계획을 세우고, 또 그들을 포함한 자신의 아이들이 좋은 기회를 가질 수 있다.

역사적으로, 생식능력을 제한하는 것은 쉽지 않았다. 과거 여러 문화권에서 여성들은 피임을 위해 낙타의 입에서 나오는 거품을 마시거나 악어의 똥을 질 내로 넣는 등의 색다르고 독창적인 방법을 사용하기도 하였다. 하지만 1970년 이후로 **피임(contraception)**을 위한 효과적인 방법이 개발되었다. 난자와 정자의 생산을 막는 방법, 수정 억제 또는 자궁 내 배반포의 착상억제 등의 방법이다. 산아제한 방법은 좀 더 많은 정보를 갖고 있는 건강 전문가와 상담하여 선택해야 한다.

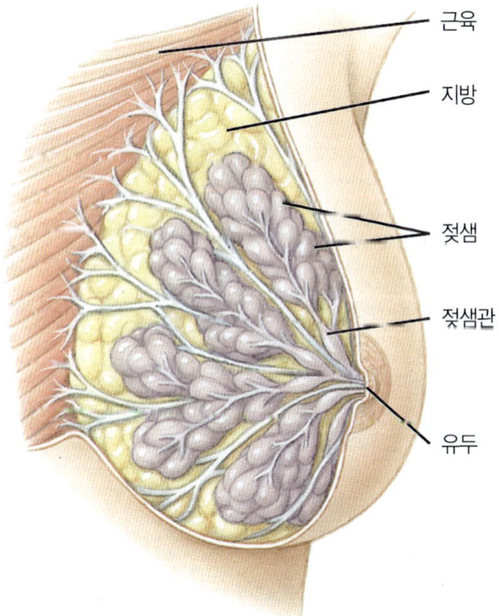


▲ 그림 20-26 **유선의 구조** 임신 중에는 지방조직과 유선 및 유선관이 모두 커진다.

## 단종피임을 통하여 영구피임을 할 수 있다

결국 피임을 가장 힘들지 않게 하는 방법은 정자나 난자가 통과하는 길을 차단하는 단종피임(sterilization)이다. 단종피임은 영구적이다. 수술이 어렵고 비용이 비싸지만 외과의사들이 수술부위를 다시 연결할 수도 있다.

남성의 경우 **정관절제술**(vasectomy)로 정소에 연결된 정관을 묶는다. 정자는 계속 생성되지만 사정 시 음경까지 도달하지는 못한다. 이 수술은 국소마취 하에 이루어지며, 건강이나 성적능력에 대한 영향은 알려져 있지 않다. 정자는 생성되지만 부정소를 떠나지 못하므로 부정소에서 죽게 되어 식균작용을 하는 백혈구와 부정소 내막을 구성하는 세포에 의해 제거된다.

**난관결찰**(tubal ligation)이라는 좀 더 복잡한 수술은 여성의 난관을 잘라서 임신을 못하게 하는 것이다. 난자는 계속 생성되지만 정자가 난자에 도달할 수 없고 난자가 자궁으로 이동할 수 없다. 생성된 난자는 체내로 흡수된다.

## 일시적인 산아제한 방법은 쉽게 복귀될 수 있다

일시적인 피임 방법은 즉시 임신을 방지하는 반면 그 이후에는 임신이 가능하다. 일시적인 산아제한 방법(**표 20-4**)은 3가지 기전으로 나누어 볼 수 있다. (1) 배란 억제, (2) 정자와 난자가 만나는 것을 방지, (3) 자궁 내 착상 억제. 남성피임의 일시적 산아제한 방법이 미국 내에서 폭넓게 사용되지는 않지만 다른 나라에서는 임상적으로 시도 중이다.

### 합성호르몬이 배란을 억제한다

이 장 앞부분에서 배웠듯이 배란은 월경주기 중간에 LH의 급증으로 일어난다. 배란을 막는 한 가지 방법으로 에스트로겐과 프로게스테론을 계속 공급하여 LH 분비를 억제하는 방법도 있다. 이것이 피임약과 같은 여러 피임 방법 중 기초가 된다. 에스트로겐과 프로게스테론의 몇 가지 이식 장치가 현재 유용하며 표 20-4에 설명하고 있다.

### 정자와 난자가 접촉하지 못하면 수정은 일어나지 않는다

정자와 난자를 만나지 못하도록 하는 장벽 방법을 포함한 여러 가지 방법이 있다. 어떤 장벽장치는 경부를 덮어 정자가 자궁 내로 들어가는 것을 방지한다. 즉 남성의 콘돔은 정자가 여성의 질 내로 들어가는 것을 방지한다. 여성콘돔은 완전히 질 내에 장치된다. 콘돔은 특히 성병의 전파를 막아준다. 장벽기구를 **살정제**(spermicide; 정자를 죽이는 물질)와 함께 사용했을 때 더욱 효과적이며 장벽에 구멍이 났을 경우 일부 정자가 질이나 자궁으로 들어갈 수 있다.

피임효과가 떨어지는 방법으로 살정제만 사용하는 경우와 **주기조절법**(rhythm method; 월경주기의 배란시기에 성교를 금하는 것)이 있다. 주기조절법은 실제로 월경주기가 달마다 조금씩 달라서 실패율이 높다. 주기조절법은 배란 직후 체온이 약간 상승하므로 체온의 변화를 확인하는 것이 올바른 방법이다.

그리고 **음경빼기**(withdrawal; 사정하기 전에 질에서 음경빼기)와 **관류법**(douching; 성교 후 질 속의 정자를 씻어내는 것) 등은 신뢰할 만한 방법이 아니다.

### 몇몇 산아제한 방법은 다중 기작을 통해 작용한다

일부 산아제한 방법은 배란억제, 정자의 생존력이나 운동성 저하 또는 자궁 내 배반포의 착상 금지의 방법이 동시에 이루어진다. 자궁경부를 통해 자궁 내 삽입하는 구리나 플라스틱의 작은 루프, 마개 또는 격막 등 **자궁내장치**(intrauterine device, IUD)는 정자의 운

**표 20-4 일시적인 피임법**

| 방법 | 기술과 기작 | 실패율 | 성병방지 |
|---|---|---|---|
| **배란을 억제하는 호르몬 요법** | | | |
| 산아제한약 | 에스트로겐과 합성 프로게스테론을 혼합한 약 또는 프로게스테론만 함유한 약(소형알약), 매일복용 | 0.1~3% | 안됨 |
| 피임패치 | 합성 에스트로겐과 프로게스테론을 포함한 피부패치 매주 교환 | <1%[b] | 안됨 |
| 피임주사 | 배란을 막는 합성 프로게스테론 주사액. 3개월마다 주사 | 0.3% | 안됨 |
| 질 링 | 합성에스트로겐과 프로게스테론이 함유된 유연한 플라스틱 링. 경부주위 질 내 삽입하고 3주간 방치, 4주마다 교환 | 0.3~8% | 안됨 |
| **정자와 난자의 만남을 방지하는 방법** | | | |
| 금욕 | 성적욕구를 억제 | 0% | 아주 잘됨 |
| 콘돔(남성) | 성교 직전에 음경을 싸는 얇은 라텍스 주머니; 정자가 질 내로 들어가는 것을 방지. 살정제가 처리된 경우 더욱 효과적 | 3~15% | 잘됨 |
| 콘돔(여성) | 질 내 삽입하는 미끄러운 폴리우레탄 주머니. 정자가 경부 안으로 들어가는 것을 방지. 살정제가 처리된 경우 더욱 효과적 | 5~21% | 잘 안됨 |
| 스펀지 | 살정제를 함유한 둥근 모양의 일회용 스펀지. 성교 전 24시간 전에 질 내 삽입 | 9~20% | 잘 안됨 |
| 격막/경부마개 | 재사용이 가능하고 유연한 둥근 모양의 고무 같은 격막. 살정제가 들어 있고, 격막(크고) 또는 마개(작다)는 성교 직전 경부에 장치 | 6~14% | 잘 안됨 |
| 주기 | 배란시기를 알기 위해 최종 월경 이후 시간이나 체온과 경부 점액의 변화를 측정하여 임신이 가능한 기간 중에 성교를 피할 수 있다 | 2~20% (거의 정확하지 못함) | 안됨 |
| 살정제 | 정자를 죽이는 거품으로 정자에 대해 화학적 장벽을 형성. 성교 직전에 질 내 주입 | 6~26% | 잘 안됨 |
| **다중작용을 지닌 방법** | | | |
| IUD(자궁내장치) | 호르몬이나 구리로 처리된 작은 플라스틱 장치로 자궁경부를 통해 자궁 내 삽입. 정자의 운동성과 생존력을 줄임. 착상방지 | 0.6~2% | 안됨 |
| 경구피임약 | 고용량의 호르몬을 함유한 산아제한 약. 성교 후 72시간 이내에 복용. 배란을 늦추거나 억제 | 25% | 안됨 |

[a]매년 임신하는 여성의 비율. 작은 수는 일관성 있고 올바르게 피임용구를 사용할 때의 임신율을 나타내고, 큰 수는 일관성이 없거나 올바르지 않게 사용할 때의 임신율을 나타낸다.

[b]패치는 알약만큼 효과적이고 더욱 적절하게 사용될 수 있다. 하지만 체중이 90 kg 이상인 여성의 경우 효율이 낮아진다.

동성과 생존을 방해하여 정자가 난자에 도달하지 못하도록 한다. IUD는 자궁내막을 변화시키고 배반포가 착상할 기회를 줄여 수정이 일어나지 못하도록 한다. 산하제한 약과 동일한 호르몬을 고농도로 함유한 경구피임약은 주로 배란을 지연시키거나 방지한다. 경구피임약이 항체형성을 방해하고 착상을 막는 효과를 나타낸다는 연구보고가 있다. 그럼에도 불구하고 성교 직후에 경구피임약을 복용하면 효과적이지만 시간이 흐르면 효과가 줄어들며 3~5일 후에도 임신을 방지하는 드문 경우도 있다.

### 낙태는 자궁에서 배아를 제거하는 것이다

낙태는 자궁경부를 확장하고 배아와 태반을 흡입으로 제거하는 것이다. 대부분의 낙태는 임신 3개월 내에 이루어진다. 임신 7주 안에는 RU-486(마이프리스톤)약으로 낙태를 유도할 수 있다. RU-486은 임신 중 자궁내벽을 유지하는 데 필요한 프로게스테론의 작용을 차단하는 약이다.

낙태는 논쟁의 여지가 있다. 과학이 임신과정과 태아의 발생을 설명할 수 있지만 배를 개체로 보거나 배와 어머니의 상대적 권리 같은 윤리적 딜레마를 해결하기 힘들다.

## 태아알코올증후군 다시 들러보기

존 켈러만(John Kellerman)이 태어났을 때 분만실은 양수 속의 술 냄새로 꽉 차 있었다. 존은 술에 취한 상태로 태어난 것이다. 지금까지도 그의 양어머니인 테레사 켈러만은 약을 복용하지 않으면 술 취한 사람처럼 지각없고 변덕스러우며 충동조절이 안된다고 말한다.

FAS를 앓고 있는 사람의 글에는 평생 죄없는 사람이 직면해야 할 나날의 고통이 생생하게 드러나 있다. 다음은 존의 시 "Help"이다.

내 뇌가 제대로 작동하지 않을 때,  
나는 내가 믿는 누군가가 나를 도와줬으면 해  
다시 안전하고 평온해지도록.  
내 뇌가 제대로 작동하지 않을 때,  
나는 언덕을 내려가는 FASD 기차를 탄 것처럼 느껴져.  
기술자는 잠들었고  
그를 깨울 수도 없고,  
브레이크를 밟을 수도 없어.

캐나다의 FAS환자인 CJ는 이렇게 말한다.

"나는 작고 얼굴이 남다르며... 많은 학습장애가 있다.  
엄마가 고의로 그런 것이 아니므로  
못되게 굴지도 화내지도 탓하지도 말자  
나는 17살이고 평생 FAS를 안고 살아야 하니까.  
영원히 그래야 할 것이고  
못되게 굴지도 화내지도 탓하지도 말자  
결코 사라지지 않을 테니까...

### 생각해보기

미국의 20개 주에서는 태아의 권리를 보호하기 위해 임신 중 불법으로 약물이나 알코올을 남용하는 여성에게 법적인 제재를 가할 수 있다. 고의는 아니지만 알코올이나 약물 때문에 태아에 해를 끼치는 산모에게 사회가 어떻게 접근해야 한다고 생각하는가? 이는 아동학대인가? 발생에 대한 지식을 토대로 임신 중에 담배를 피우고, 술을 마시고 약물을 복용하는 친구를 당신은 어떻게 대해야 할지 생각해보라.

## 개념 확인 문제

### 빈칸 채우기

**1.** 정자가 난자와 수정하지 않고 단일 동물에서 생식하는 것을 __________ 생식이라고 한다. __________는(은) 성체의 몸에서 자라는 새로운 개체로 분리되어 독립한다. __________ 중에 성체는 둘로 나뉘고 두 개는 각각 완전한 생명체로 재생된다.

**2.** 포유류에서 남성생식기관은 __________(이)라고 하며, 정자와 성호르몬이 __________을(를) 생성한다. 남성생식기관에서 정자형성과정이 __________(이)라고 하는 속이 비고 꼬여 있는 구조에서 일어난다.

**3.** 정자는 두부, 중편, 꼬리의 세 부분으로 구성된다. 두부는 세포질이 매우 적고 대부분 염색체가 들어 있는 __________(으)로 구성되며, 특수화된 리소좀, __________(으)로 이루어져 있다. 중편의 세포소기관인 __________은(는) 꼬리 운동에 필요한 에너지를 공급한다.

**4.** 정자는 사정할 때까지 __________과(와) __________에 저장되어 있고, 세 종류의 분비샘인 __________, __________, __________에서 분비된 액과 섞여서 __________을(를) 통해 음경의 끝으로 내보낸다.

5. 포유류에서 여성생식기관은 ____________이며, 난자와 두 가지 호르몬인 ____________와(과) ____________를(을) 생산한다. 보통 "난자"라고 부르지만 포유류 암컷은 제1감수분열 단계를 마친 ____________(으)로 배란된다. 제1감수분열은 훨씬 더 작은 세포인 ____________를(을) 생산하며 주로 염색체를 제거하는 방법이다. 난자는 ____________입구에 형성된 난관채라는 섬모로 싸인 구조에 의해 방출된다. 수정이 이 구조에서 일어나며 수정된 난자는 ____________에 착상되어 출생 시까지 발생한다.

6. 난세포는 다세포 구조인 여포로 발생한다. 배란 후 여포의 대부분은 일시적 내분비샘인 ____________를(을) 형성하여 난소에 남아 있다. 이 샘은 발생하는 배에서 분비되는 호르몬인 ____________에 의해 자극받지 않으면 배란 후 수일 내 퇴화된다.

7. 수정란은 매우 큰 세포이다. 동물발생에서 가장 처음 일어나는 사건 중 하나가 수정란의 분열이며 이 과정을 ____________(이)라고 한다. 이것은 훨씬 작은 세포로 이루어진 단단한 공모양의 구조인 ____________을(를) 형성한다. 곧이어 세포로 된 이 공 안에 강소가 생겨 ____________(이)라고 하는 속이 빈 공모양의 구조가 된다. 낭배형성 동안 속이 빈 공에서 많은 세포들이 이동하여 세 개의 배아조직층인 ____________, ____________, ____________이(가) 만들어진다.

8. 양막란의 진화는 완전한 육상동물의 발달을 가능하게 하였고 물속에 알을 낳지 않게 되었다. 양막란은 4개의 배외막으로 구성되며, ____________은(는) 포유류와 파충류 모두 수중환경에서 배를 둘러싸고 있다. 포유류에서 ____________은(는) 태반의 배아 쪽 부분을 형성한다. 요막은 ____________의 혈관 형성에 참여하고 이는 배아와 태반을 연결한다. 끝으로 ____________은(는) 조류의 알에서는 양분을 저장하지만 포유류에서는 비어 있고 기본적으로 소화관 안쪽 벽을 덮고 있다.

## 복습 문제

1. 무성생식과 유성생식, 체외수정과 체내수정의 장점과 단점을 설명하고 여기에 해당하는 동물을 각각 예로 들어라.

2. 난자를 둘러싸는 구조를 설명하라.

3. 월경주기에서 황체의 역할은 무엇인가? 임신초기에서 황체의 역할은 무엇인가? 배란 후 황체의 생존을 결정하는 것은 무엇인가?

4. 정소의 세정관에서 나온 정자가 여성의 난관에 이르기까지 정자가 통과하는 구조를 순서대로 나열하라.

5. 월경주기를 이루는 뇌하수체와 난소에서 분비되는 호르몬의 상호작용을 설명하라.

6. 내배엽, 외배엽, 중배엽의 세 가지 배엽조직에서 유래되는 구조를 두 개씩 적어보라.

7. 태아와 모체의 혈액이 섞이지 않는 태반 구조가 모체와 태아사이에 물질교환을 어떻게 하는지 설명하라.

8. 산모의 유방은 어떤 변화를 거쳐 신생아를 돌볼 준비를 갖추게 되는가? 이런 변화에 호르몬이 어떻게 영향을 주어 젖의 생산을 촉진하는가?

# 5단원

# 생태학

관찰자로서의 인간은 산호초의 화려한 색과 절묘한 아름다움에 매혹된다. 산호초는 지구 생태계에서 가장 다양하고, 번식력이 강하면서도 유약한 동물 중의 하나이다.

# 21장

# 개체군 성장

만약 이스터(Easter) 섬의 신비한 석상들이 말을 할 수 있다면, 한 개체군을 부양할 만한 환경의 능력을 초과했던 종족의 이야기를 들려줄까?

## 주요 내용

**사례 연구 이스터(Easter) 섬의 수수께끼**

**21.1 개체군들은 시공간에 어떻게 분포하는가?**

많은 개체군에서 개체들은 집단으로 뭉친다

일부 개체들은 스스로 고르게 흩어진다

몇몇 개체군에서 개체들은 무작위로 분포한다

**21.2 개체군은 어떻게 성장하는가?**

출생, 사망 및 이주가 개체군의 성장을 결정한다

개체군의 성장률은 생식의 형태에 의해 결정된다

**21.3 개체군 성장은 어떻게 조절되는가?**

빠른 성장은 무한정 지속될 수 없다

과학탐구 포식자 및 피식자 개체군의 성장주기

환경저항은 개체군 성장을 제한한다

지구 경계 우리는 지구의 수용력을 초과했나?

**이스터(Easter) 섬의 수수께끼** 계속

다양한 연령 집단들이 다른 사망률을 경험할 수 있다

**21.4 인구는 어떻게 변하고 있는가?**

기술발달은 지구의 인구 수용력을 증가시켰다

**이스터(Easter) 섬의 수수께끼** 계속

인구증가는 오늘날까지 계속되고 있지만 불규칙하게 분포한다

한 개체군의 연령구조는 그 개체군의 미래성장을 예보한다

미국의 인구는 빠르게 성장하고 있다

**이스터(Easter) 섬의 수수께끼** 다시 들러보기

# 사례 연구 이스터(Easter) 섬의 수수께끼

문명들은 왜 사라지는가? 이 문제를 고민했던 사람들 중의 하나가 이스터 섬에 처음 도착했던 유럽사람들이었다. 1700년대 그들이 머나먼 태평양의 이 섬에 도착하였을 때, 척박한 섬의 불모지에 우뚝 솟은 거대한 석상들은 그들을 어리둥절하게 만들었다. 그 섬의 얼마 되지 않는 원주민들은 석상을 만든 사람들에 대한 기록이나 기억을 가지고 있지 않았다. 어쨌든, 원주민들에겐 그 거대하고 무거운 구조물들을 수송하고 일으켜 세울 기술이 없었다. 가장 가까운 채석장에서부터 10 km 가량을 그런 무거운 물체들을 옮겨 똑바로 세우는 일에는 긴 밧줄과 견고한 목재가 필요하다. 그러나 이스터 섬에는 밧줄을 마련하기 위해 필요한 숲이나 섬유들이 없었다. 그 섬에는 나무가 전혀 없었으며, 관목들도 3 m 이상 자라지 않았다.

이스터 섬의 수수께끼를 풀 중요한 단서가 고대 퇴적층에서 발견된 꽃가루를 연구하던 과학자들에 의해 밝혀졌다. 각 퇴적층의 연대를 파악할 수 있고, 독특한 꽃가루의 출현을 통해 특정 식물 종을 알 수 있기 때문에, 꽃가루 분석은 시간경과에 따른 식생의 변화를 알 수 있게 한다.

이스터 섬의 꽃가루 기록은 인간이 이 섬에 도착하기 전, 섬에는 밧줄을 위한 섬유와 석상을 옮기는데 이상적인 길게 뻗은 줄기를 가진 나무들을 제공할 수 있었던 식물들이 서식하는 다양한 숲이 있었다는 것을 나타내었다. 그러나 인간이 이 섬에 도착한 지 약 1,000년 후인 서기 1400년경엔, 이스터 섬의 거의 모든 나무들은 사라졌다. 한 가설에 따르면, 약 1,000년간 경작을 위한 땅의 개간과 땔감 및 주거지 건설을 위한 벌목이 그 숲을 파괴하였다고 한다.

석상을 만들어낸 문화가 숲과 함께 사라졌던 같다. 사라진 문화와 숲 간에 어떤 관련성이 있었을까? ■

꽃가루는 이스터 섬의 수수께끼를 풀 중요한 단서들을 제공하였다.

이 장은 **생태학(ecology)** 단원의 시작이다. 생태학은 생명체 간 및 생명체와 환경의 무생물 부분 간의 상호작용에 대한 학문이다. 이 상호작용들은 다양한 수준의 조직에서 조사될 수 있다; 보는 관점에 따라 다양한 견해가 유추된다. 생태학자들은 세 가지 주요 수준의 조직에서 연구한다.

- **개체군(population)**은 특정 지역에 서식하는 특정 종의 모든 개체들로 구성된다.
- **군집(community)**은 특정 지역에 공존하며 상호작용하는 다른 종들의 모든 개체군들을 포함한다
- **생태계(ecosystem)**는 한정된 지역 내의 모든 군집들과 그들의 무생물적 환경들로 구성된다

21장부터 24장에 걸쳐, 우리는 이 조직 수준들을 알아볼 것이다. 개체군을 시작으로, 개체군들을 포함하는 군집, 군집들을 포함하는 생태계, 그리고 지구상의 모든 생명체를 망라하는 생태계의 다양한 집단인 **생물권(biosphere)**에 대해 알아볼 것이다. 인간이 생물권에 미치는 영향에 대한 검토와 생물다양성 보존을 위한 노력들에 대한 언급으로 이 단원을 마칠 것이다.

(a) 군생분포

(b) 균등분포

(c) 임의분포

▲ **그림 21-1 개체군 분포** (a) 군생분포: 물고기 떼. (b) 균등분포: 사막의 크레오소트 관목. (c) 임의분포: 열대 우림의 나무와 기타 식물들.

## 21.1 개체군들은 시공간에 어떻게 분포하는가?

생명체들은 다양한 방식으로 스스로 공간에 배열한다. 그들은 큰 무리를 지어 살기도 하며, 작은 집단으로, 짝으로 또는 개체로서 홀로 지내기도 한다. 생명체들은 스스로 서식지 내에 고르게 퍼질 수 있고, 물웅덩이 같은 자원 주위에 군생할 수도 있다. 생명체들의 공간 배열은 시간에 따라 다양할 수 있는데, 예를 들어, 번식기에는 그 배열이 달라진다. 생태학자들은 3가지 주요 유형의 공간분포를 인식하고 있다: 군생분포, 균등분포 및 임의분포.

### 많은 개체군에서 개체들은 집단으로 뭉친다

많은 개체군의 구성원들이 집단으로 뭉쳐 산다. **군생분포(clumped distribution)**의 예에는 코끼리 무리, 이리 떼, 사자 무리, 새 떼 및 물고기 떼와 같은 사회적 집단들이 포함된다(그림 21-1a). 군생의 유리한 점은 무엇인가? 집단에는 열매로 가득한 나무와 같이 국지적인 먹이를 찾을 수 있는 많은 눈들이 있다. 큰 물고기 떼 또는 새 떼의 조직은 습격하는 포식자에 의해 개체가 희생될 가능성을 줄일 수 있다. 교미를 위해 형성되는 일시적인 집단은 개체들이 짝을 만날 수 있는 기회를 증가시킬 수 있다. 국지적으로 분포하는 자원 때문에 동식물 개체군들이 무리를 지을 수도 있다. 예컨대, 미루나무들은 초원에서 개울과 강을 따라 무리 지어 서식한다.

### 일부 개체들은 스스로 고르게 흩어진다

**균등분포(uniform distribution)**를 하는 개체군들은 개체 간에 상대적으로 균등한 공간을 유지한다. 이 유형의 분포는 희박한 자원을 보호하기 위해 영역을 방어하는 동물들에서 가장 일반적이다. 예를 들어, 수컷 갈라파고스 이구아나들은 규칙적으로 간격을 둔 번식지를 확립한다. 바닷가에 사는 새들은 번식기 동안 일정한 간격의 둥지에서 대개 발견된다. 올빼미처럼 자신들의 영역을 소유하는 기타 종들은 상대적으로 균등한 간격을 둔 명확한 영역을 계속 점유한다. [새끼를 키우기 위해 암수 한 쌍으로 짝지어 사는 동물들에서, **균등간격(uniform spacing)**은 대개 개체 간보다는 쌍 사이의 간격을 의미한다.] 크레오소트 관목과 같은 일부 식물들은 자기 주변의 토양으로 화학물질들을 방출하는데, 이 물질들이 다른 식물들의 발아를 억제하기 때문에 상대적으로 균등한 공간을 스스로 확보한다(그림 21-1b).

### 몇몇 개체군에서 개체들은 무작위로 분포한다

**임의분포(random distribution)**를 하는 개체군에서, 개체 간의 거리는 예측할 수 없게 다양하다. 이러한 개체군의 개체들은 사회적 집단을 형성하지 않는다. 그들이 필요로 하는 자원은 많건 적던 서식지에서 균등하게 획득될 수 있으며, 영역을 설정할 만큼 모자라지도 않는다. 열대 우림의 나무와 기타 식물들은 무작위로 분포할 수 있다(그림 21-1c).

## 21.2 개체군은 어떻게 성장하는가?

교란되지 않은 생태계에 대한 연구들은 일부 개체군들의 크기가 시간이 경과해도 상대적으로 일정하게 유지되는 경향이 있다는 것을 보인다. 다른 개체군에서는, 크기가 주기적으로 변동을 거듭하거나 환경변화에 대응하여 산발적으로 변하기도 한다. 대부분의 비인간 개체군과는 대조적으로, 지구의 인간 개체군은 수세기에 걸쳐 꾸준히 성장하여 왔다.

## 출생, 사망 및 이주가 개체군의 성장을 결정한다

평균적으로 개체군을 떠나는 수만큼 새로운 개체가 합류한다면, 개체군의 크기는 안정된다. 개체들은 출생 또는 이입(immigration)을 통해 개체군에 합류하며, 사망 또는 이출(emigration)을 통하여 개체군을 떠난다. 그러므로 개체군은 출생자와 이입자 합이 사망자 및 이출자 합을 초과할 때 성장한다. 반대의 경우가 발생할 때, 개체군의 크기는 줄어든다. 주어진 기간 내 개체군 크기의 변화를 나타내는 간단한 공식은 다음과 같다:

(출생자 − 사망자) + (이입자 − 이출자) = 개체군 크기의 변화

많은 자연 개체군에서, 이출입하는 생명체들은 상대적으로 개체군 변화에 거의 기여하지 않기 때문에, 출생률과 사망률이 개체군 성장에 영향을 미치는 주요 인자들로서 고려된다.

### 개체군 성장은 비율로 나타낼 수 있다

개체군의 **개체당 성장률(per capita growth rate, *r*)**은 개체군이 얼마나 빠르게 성장하는지를 측정한 값으로, 단위시간당 개체당 개체군 크기의 변화로 나타낸다(즉, 전체에 대한 부분 비율로 표현됨). 이 값은 출생률($b$)에서 사망률($d$)를 공제함으로써 결정된다.

$$\underset{(\text{출생률})}{b} - \underset{(\text{사망률})}{d} = \underset{(\text{성장률})}{r}$$

예를 들어, 매년 1,500명이 태어나고 500명이 사망하는 인구 10,000명으로 구성된 인간 개체군의 연간 성장률을 계산하기 위해, 우선 1인당 연간 출생률을 계산한다.

$$\begin{aligned} b &= 1{,}500\text{명의 출생자}/10{,}000\text{명} \\ &= 0.15\ (1\text{인당 연간 출생자}) \end{aligned}$$

다음으로, 1인당 연간 사망률을 계산한다.

$$\begin{aligned} d &= 500\text{명의 사망자}/10{,}000\text{명} \\ &= 0.05\ (1\text{인당 연간 사망자}) \end{aligned}$$

마지막으로, 출생률에서 사망률을 빼서 1인당 연간 성장률을 계산한다.

$$\begin{aligned} r &= 0.15\ (1\text{인당 연간 출생률}) - 0.05\ (1\text{인당 연간 사망률}) \\ &= 0.10\ (\text{즉, }1\text{인당 연간 }10\%\text{ 성장}) \end{aligned}$$

만약 사망률이 출생률을 초과하면, 성장률은 마이너스가 될 것이며, 개체군의 크기는 감소할 것이란 점에 주목하시오. 이 장에서 우리는 성장하는 개체군에 집중한다.

### 일정한 성장률은 개체군의 크기를 빠르게 증가시킨다

개체군에 추가되는 연간 개체수를 계산하기 위해, 개체당 연간 성장률($r$)과 원래 개체군의 크기($N$)를 곱한다.

$$\text{개체군 성장} = rN$$

우리의 예에서, 1차년도의 개체군 성장($rN$)은 $0.10 \times 10{,}000 = 1{,}000$명이다. 그러므로 1차년도의 끝에서 개체군은 11,000명을 포함한다. 만약 2차년도에도 1인당 연간 성장률이 동일하다면, 2차년도의 개체군 성장은 $0.10 \times 11{,}000 = 1{,}100$명이 되고 2차년도 끝에서 개체군의 크기는 12,100명이 된다. 3차년도의 개체군 성장은 1,210명이 되는 등, 다음 해에도 계속해서 이런 식으로 개체군은 성장할 것이다. 우리가 알 수 있듯이, 1인당 연간 성장률 $r$이 일정하면, 개체군에 추가되는 사람 수는 매년 증가할 것이다. 끊임없이 가속되는 이러한 형태의 개체군 크기 증가를 **지수성장(exponential growth)**이라고 한다.

## 개체군의 성장률은 생식의 형태에 의해 결정된다

출생이 사망을 초과할 때 개체군은 성장한다. 각 개체들이 일생 동안 평균 하나 이상의 살아남는 자손을 생산하면 성장은 지속될 것이다. 물론 각 개체들은 일생 동안 수차례에 걸쳐 자손을 남길 잠재성을 가지고 있다. 굴은 수백만 개의 자손을 낳을 수 있으며, 코끼리처럼 가장 느린 생식을 하는 구성원들조차 그들의 일생 동안 여러 자손을 남길 수 있다. 따라서 모든 종들은 개체군 성장을 위한 기본 능력을 가지고 있지만, 이 잠재적 성장 속도는 종마다 다르며, 아래와 같은 여러 개의 인자에 의해 개체군 성장 속도가 결정된다.

- 각 생명체가 처음 번식하는 나이
- 각 생명체가 번식하는 빈도
- 매회 생산되는 평균 자손 수
- 각 생명체의 생식수명(reproductive life span) 길이
- 이상적인 조건에서의 생명체 사망률

이 인자들이 어떻게 개체군 성장에 영향을 미치는지를 설명하는 일부 예들을 살펴보자.

### 일부 종들은 신속히 많은 자손을 생산한다

포도상구균(*Staphylococcus*)은 보통 사람의 신체에 서식하는 무해한 세균이다. 따뜻한 카스타드 과자와 같은 이상적인 환경에 옮겨지면, 각 세균세포들은 20분마다 분열하여 매 시간마다 개체군을 3번에 걸쳐 두 배씩 증가시킬 수 있다. 큰 개체군이 성장할수록, 분열하는 세포들은 더 많다. 세균의 잠재적 개체성장은 매우 엄청나서, 이론적으로 하나의 세균이 분열하여 48시간 이내에 2 m 두께의 자손 세균층 안에 지구를 담을 수 있다. (우리가 세균에 묻혀 있지 않다는 사실은 많은 자손 세균들이 분열하기보다는 죽어야 한다는 것을 암시한다.)

### 다른 종들은 수는 적지만 더 오래 사는 자손을 생산한다

포도상구균과는 대조적으로, 검독수리는 상대적으로 오래 살고, 상당히 느리게 번식하는 종이다. **그림 21-2**는 도표에 표시된 시간 동안 두 개체군에서 사망이 없음을 가정하여, 독수리의 잠재적 개체성장을 세균과 비교한다. 두 종에서 기간과 개체수는 매우 다르지만, 세 개의 모든 곡선이 똑같이 지수성장을 나타내는 J자 모양을 하고 있다는 점에 주목하라. 다시 말해, 세균과 독수리 개체군은 매우 다른 속도로 성장하며 매우 다른 크기에 도달하지만, 만약 두 개체군의 성장률이 일정하다면, 두 개체군 모두 지수성장을 할 것이다.

### 생식 개시의 지연은 개체군의 성장을 더디게 한다

그림 21-2b는 개체군 내에서 개체들의 생식시작 나이가 다르면 무슨 일이 일어나는지를 보이기도 한다. 그래프의 적색 선은 각 검독수리의 수명이 30년이고, 4세에 성적 성숙의

절정에 도달하여 남은 26년 동안 매년 한 마리의 자손을 생산할 때(다시 말해, 독수리 각 한 쌍이 매년 2마리의 자손을 낳을 때), 검독수리 개체군의 성장을 나타낸다. 청색 선은 마찬가지로 구성원들의 수명이 30년이고 매년 한 마리의 자손을 생산하지만, 새들이 6세가 될 때까지는 생식을 시작하지 않는 다른 독수리 개체군의 성장을 나타낸다. 두 개체군 모두 지수성장을 하지만, 구성원들이 늦게 생식을 시작하는 개체군에서 특정 크기에 도달하기까지 오랜 시간이 걸린다는 점에 주목하시오.

이 결과는 인간 개체군에 대한 중요한 함축성을 가지고 있다. 늦어진 출산 연령은 개체군 성장을 상당히 더디게 한다. 예컨대, 각 여성이 30대에 출산을 시작하여 5명의 자녀를 낳는 경우보다 이른 십대에 3명의 자녀를 낳는 경우, 개체군은 훨씬 빨리 성장할 것이다.

▼ 그림 21-2 **J자 모양의 지수성장 곡선** 모든 지수성장 곡선은 J자와 비슷한 모양이지만, 축의 규모에서는 다를 수 있다. **(a)** 세균 개체군의 성장. 하나의 개체에서 시작하여 매 20분마다 개체군의 크기가 두 배가 된다. **(b)** 두 개의 독수리 개체군(*i* 와 *ii*)의 성장. 각 개체군의 성장은 한 쌍의 독수리에서 출발한다. 첫 생식연령은 개체군 *i* (적색 선)의 경우 4세이며, 개체군 *ii*에서는 6세이다(청색 선). 26년 후, 4세에 생식을 시작하는 개체군의 크기가 6세에 시작하는 개체군보다 7배 이상 크다는 점을 주목하시오.

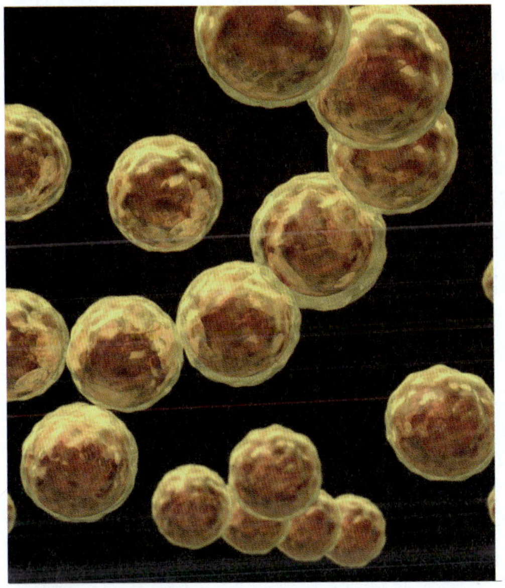

(a) 세균

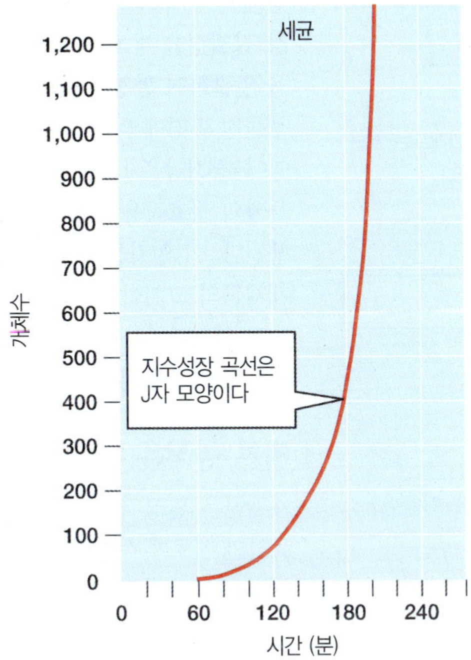


| 시간(분) | 세균 개체수 |
|---|---|
| 0 | 1 |
| 20 | 2 |
| 40 | 4 |
| 60 | 8 |
| 80 | 16 |
| 100 | 32 |
| 120 | 64 |
| 140 | 128 |
| 160 | 256 |
| 180 | 512 |
| 200 | 1,024 |
| 220 | 2,048 |

(b) 독수리

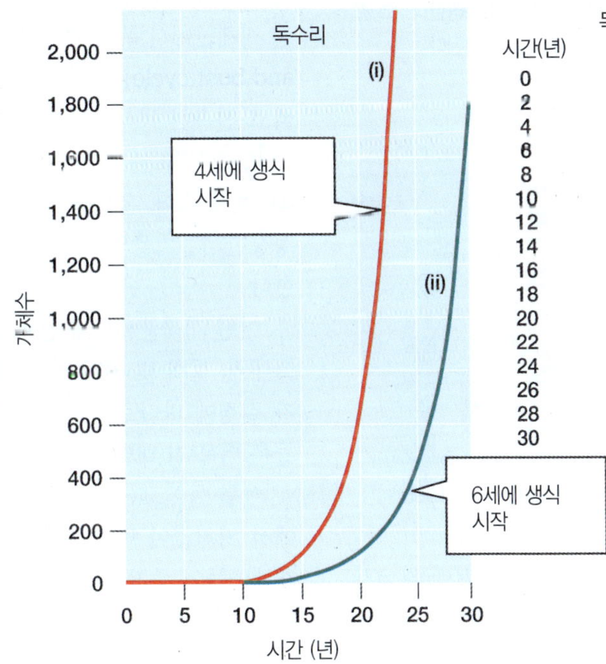


| 시간(년) | 독수리(i)의 개체수 | 독수리(ii)의 개체수 |
|---|---|---|
| 0 | 2 | 2 |
| 2 | 2 | 2 |
| 4 | 4 | 2 |
| 6 | 8 | 4 |
| 8 | 14 | 8 |
| 10 | 28 | 12 |
| 12 | 52 | 18 |
| 14 | 100 | 32 |
| 16 | 190 | 54 |
| 18 | 362 | 86 |
| 20 | 630 | 142 |
| 22 | 1,314 | 230 |
| 24 | 2,504 | 392 |
| 26 | 4,770 | 644 |
| 28 | 9,088 | 1,066 |
| 30 | 17,314 | 1,764 |

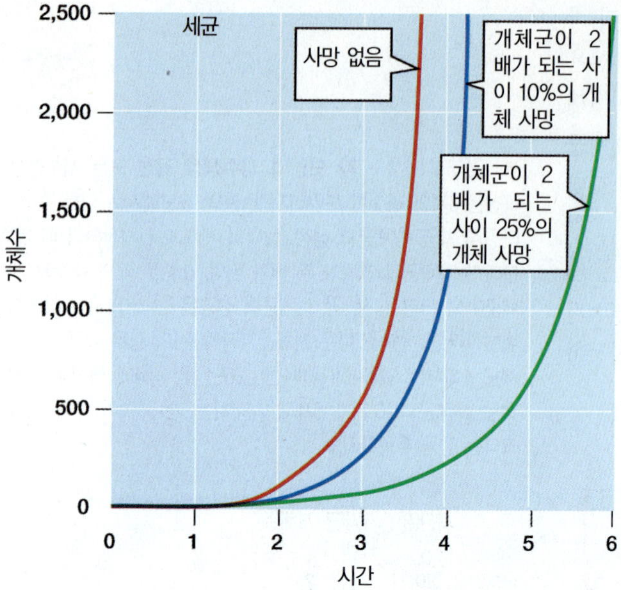


▲ **그림 21-3** **개체군 성장에 미치는 사망률의 효과** 그래프는 세균 개체군의 크기가 매 20분마다 2배로 증가한다는 것을 가정한다.

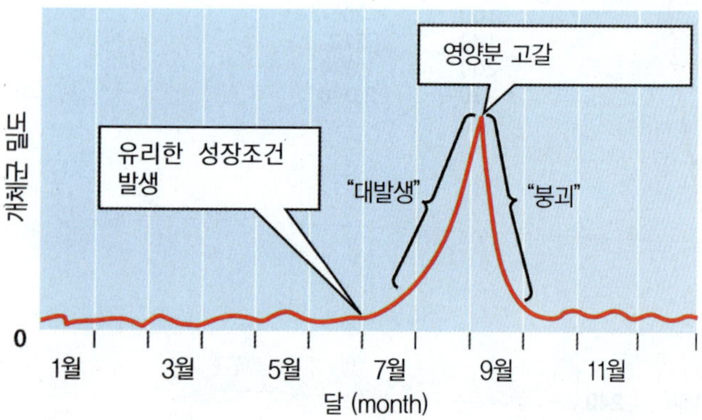


▲ **그림 21-4** **대발생과 붕괴의 개체군 주기** 7월 초, 호수의 조건은 세균성장에 유리하게 되며, 최초의 작은 개체군은 빠르게 성장한다. 그 결과로 커진 개체군은 곧 영양분을 고갈시키고, 개체군은 "붕괴된다".

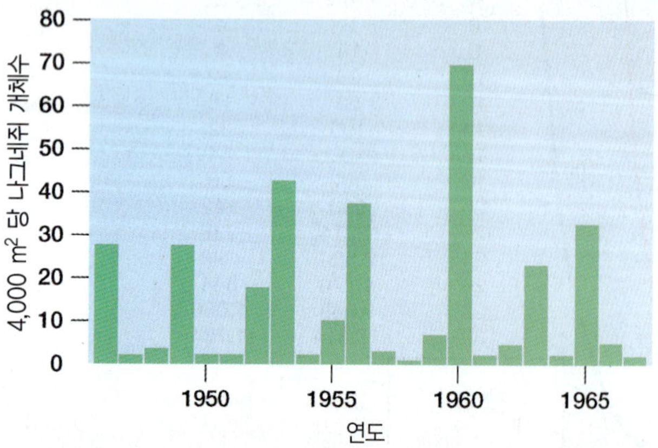


▲ **그림 21-5** **나그네쥐 개체군의 성장주기** 나그네쥐 개체군의 크기는 2~4년의 주기로 변한다(미 알래스카, Point Barrow 지역의 자료). **질문:** 이 자료들에서 나타나는 주기들이 왜 일정치 못하고 불규칙할까?

### 사망률도 성장률에 영향을 미친다

지금까지 우리는 주로 출생률의 효과에 대해 알아보았다. 그러나 이상적인 조건에서조차 사망은 필연적이다. 사망률의 효과를 설명하기 위해 **그림 21-3**은 사망률이 각기 다른 3개의 세균 개체군을 비교한다. 되풀이하지만, J자 모양의 곡선은 모두 동일하다. 사망률이 높을수록 특정 개체군 크기에 도달하기 위해 필요한 시간이 더 길다는 점에 주목하시오.

## 21.3 개체군 성장은 어떻게 조절되는가?

한 개체군의 성장은 그 개체군의 **번식능력(biotic potential)**에 의해 영향을 받는다. 번식능력은 최대 출생률과 최소 사망률을 가능하게 하는 이상적인 조건에서 개체군의 최대 성장률을 의미한다. 그러나 개체군의 최종 크기는 이 성장 잠재성을 방해하는 제한요소들에 의해서도 영향을 받는다. 이 제한인자들을 일괄하여 **환경저항(environmental resistance)**이라 하는데, 생물적 및 비생물적 환경에 의해 설정된다.

환경저항은 1) 먹이와 공간의 가용성, 2) 경쟁자, 포식자 및 질병원인 생물들과의 상호작용과 3) 폭풍, 화재, 혹한, 홍수 및 가뭄과 같은 자연재해에 의해 생긴다. 이 인자들은 사망률의 증가, 출생률의 감소 또는 둘 모두를 야기하여 개체군의 크기를 제한한다. 예를 들어, 가뭄은 굶어 죽는 개체의 수를 증가시키고 영양부족을 야기하여 출생하는 개체의 수를 감소시킴으로써 한 동물 개체군의 성장을 제한할 수 있다.

### 빠른 성장은 무한정 지속될 수 없다

개체군은 환경저항이 성장을 정지시키기 전의 특정 환경조건과 제한된 시간 동안만 빠르게 성장한다.

#### 일부 개체군의 크기는 주기적 변동을 거듭한다

신속한 개체군 성장 뒤에 갑작스런 대규모 소멸이 따르는 규칙적인 주기를 겪는 개체군에서 폭발적인 단기적 성장이 일어난다. 이 대발생과 붕괴주기(boom-and-bust cycle)는 다양한 생명체에서 나타난다. 세균에서 곤충까지, 수명이 짧고 신속히 생식하는 종들은 계절적인 개체군 성장주기를 가지고 있는데, 강수량, 기온 또는 가용 영양분의 예측가능한 변화와 연관되어 있다(**그림 21-4**). 예를 들어, 온화한 기후대의 많은 곤충 개체군들은 봄과 여름 동안 빠르게 성장한 후, 겨울의 치명적인 서리가 내릴 때면 개체군의 크기는 급속히 추락한다.

어떤 개체군들은 수년에 걸친 대발생과 붕괴주기를 경험한다. 이를테면, 나그네쥐, 들쥐 및 기타 작은 설치류의 개체군들은 대략 4년마다 개체군의 크기가 절정에 다다르는 주기로 성장한다(**그림 21-5**). 산토끼, 사향뒤쥐 및 들꿩들은 더욱 긴 대발생과 붕괴 주기를 겪는다.

예를 들어, 나그네쥐 개체군은 개체들이 그들의 허약한 북극 툰드라 생태계에서 거침없이 먹어 치울 때까지는 성장할 수 있다. 그 후, 먹이부족, 포식자 개체군들의 증가 및 과밀개체군에 의해 유발되는 사회적 스트레스 모두가 갑작스럽게 높은 사망률을 야기한다. 고밀도 개체군 지역으로부터 극적인 대규모

# 과학탐구

## 포식자 및 피식자 개체군의 성장주기

포식자 및 피식자의 개체군 크기가 서로 연관되어 있을까? 산토끼와 같은 피식자가 스라소니 같은 한 특정 포식자에게만 잡아 먹힌다고 가정하면, 포식자 개체군의 크기변화가 피식자 개체군의 크기변화에 뒤처지는 주기적인 변화가 두 개체군에서 나타날 수 있다는 것이 논리적일 것 같다. 이를테면, 큰 산토끼 개체군은 스라소니와 그들의 자손에게 풍부한 먹잇감을 제공할 것이며, 따라서 많은 개체수의 스라소니가 살아남을 것이다. 증가한 스라소니 개체군은 더 많은 산토끼를 잡아먹을 것이기 때문에 산토끼 개체군의 크기는 감소할 것이다. 먹잇감이 줄어들면, 보다 소수의 스라소니만이 살아남아 번식할 것이고, 따라서 머지않아 스라소니 개체군의 크기도 감소할 것이다.

이 일치하지 않는 포식자 및 피식자 개체군 크기의 주기적 변화가 실제로 자연에서 발생할까? 이러한 주기의 한 예가 1845년에서 1935년 사이 북캐나다에서 스라소니와 허드슨 베이사가 사냥꾼으로부터 구매한 눈신토끼의 개체수 조사를 통해 드러났다. 모피 이용도(개체군 크기를 반영할지도 모름)가 이 포식자들과 그들의 피식자 개체군의 주기에 극적이고 밀접한 관련이 있음을 나타내었다(그림 E21-1). 불행히도, 통제되지 않은 많은 변수들이 토끼와 스라소니 개체수 사이의 관계에 영향을 미쳤을 수도 있다. 한 가지 문제는 스라소니의 존재 없이도 토끼 개체군의 크기가 변동을 거듭하였다는 것이다. 아마 포식자가 없으면, 성장하는 토끼 개체군이 너무 많이 먹어서 그들의 먹이공급원을 감소시켰기 때문일 것이다. 게다가, 스라소니는 토끼만 먹고 살지 않으며, 다른 작은 포유동물도 잡아먹는다. 비정상적인 혹한의 겨울과 같은 환경적 변수들이 두 개체군에 불리한 영향을 미쳐 유사한 주기들을 유발하였을지도 모른다.

최근, 연구자들은 포식자들의 영향을 배제하기 위해 북캐나다 지역에 1 $km^2$ 울타리를 막아 토끼와 포식자 간의 관계를 좀 더 엄격히 조사하였다. 토끼 개체군의 붕괴는 여분의 먹이제공 또는 포식자의 배제에 의해 줄어들었지만, 토끼 개체군 붕괴를 막은 가장 큰 성공은 연구자들이 포식자를 배제하고 동시에 여분의 먹이를 제공하였을 때 성취되었다.

훨씬 통제된 방식으로 포식자-피식자 주기 가설을 검증하기 위해, 연구자들은 작은 포식자 및 그들의 피식자 개체군을 이용한 실험실 연구로 방향을 바꾸었다. 한 연구는 기생말벌과 콩바구미를 포식자와 피식자로 각각 사용하였다. 기생말벌은 바구미 유충에 알을 낳는데, 바구미 유충은 새로 부화한 기생말벌에게 먹이를 제공한다. 예상대로, 피식자 개체군에 변화가 있고 얼마 후 포식자 개체군이 증감하는 규칙적인 주기가 두 개체군에서 나타났다. 포식자가 섭식을 함에 따라 바구미 개체군은 수직으로 감소하는데, 이로 말미암아 말벌의 다음 세대 개체군 크기는 감소한다. 그러면 감소된 포식작용으로 인해 바구미 개체군은 빠르게 성장하게 되는 등, 이러한 주기는 반복된다(그림 E21-2).

자연에서는 이런 확실한 예가 거의 발견될 것 같지 않지만, 이런 유형의 포식자-피식자 상호작용은 자연에서 관찰되는 많은 개체군의 크기변동에 분명히 기여할 수 있다.

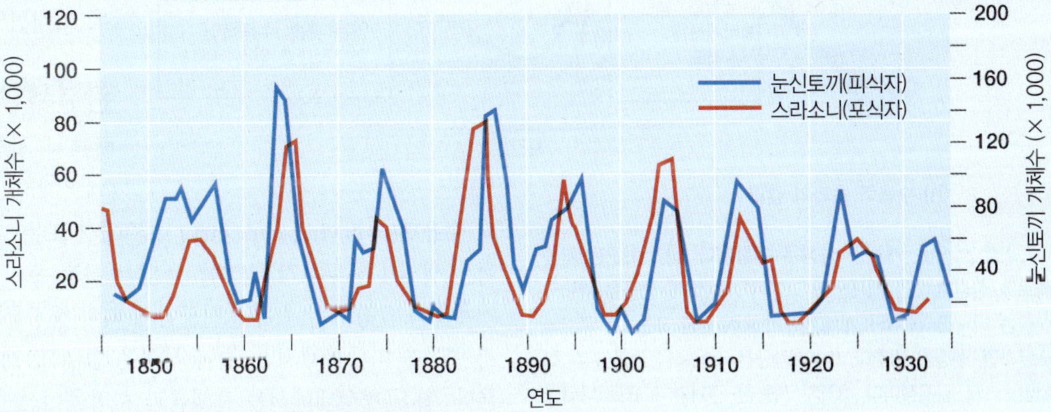


▶ **그림 E21-1 포식자 및 피식자의 개체군 주기** 허드슨 베이사(Hudson Bay Company)로부터 입수한 모피 수에 기초한 눈신토끼와 그들의 포식자인 스라소니의 개체수가 그래프로 나타나 있다.

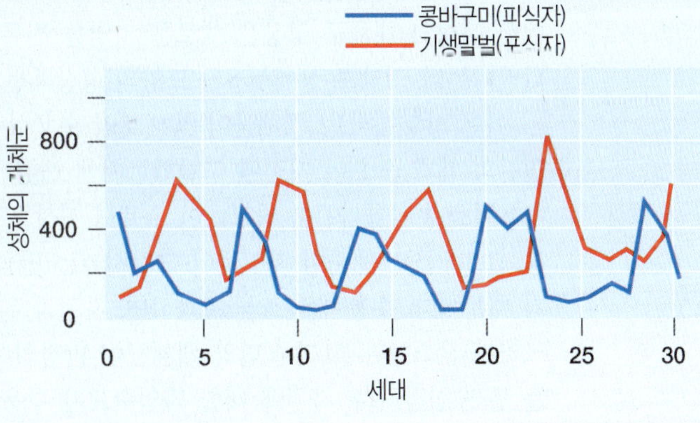


▶ **그림 E21-2 실험적 포식자-피식자 주기** 콩바구미와 그들의 기생말벌 포식자의 개체군에 대한 실험실 연구는 두 개체군의 주기가 일치하지는 않지만 유사한 변동을 보인다는 것을 나타낸다.

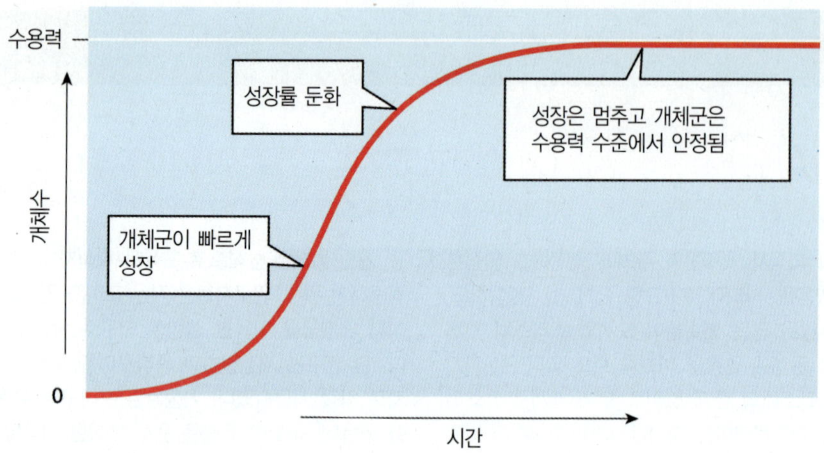


(a) S자 모양의 성장곡선은 수용력 수준에서 안정된다

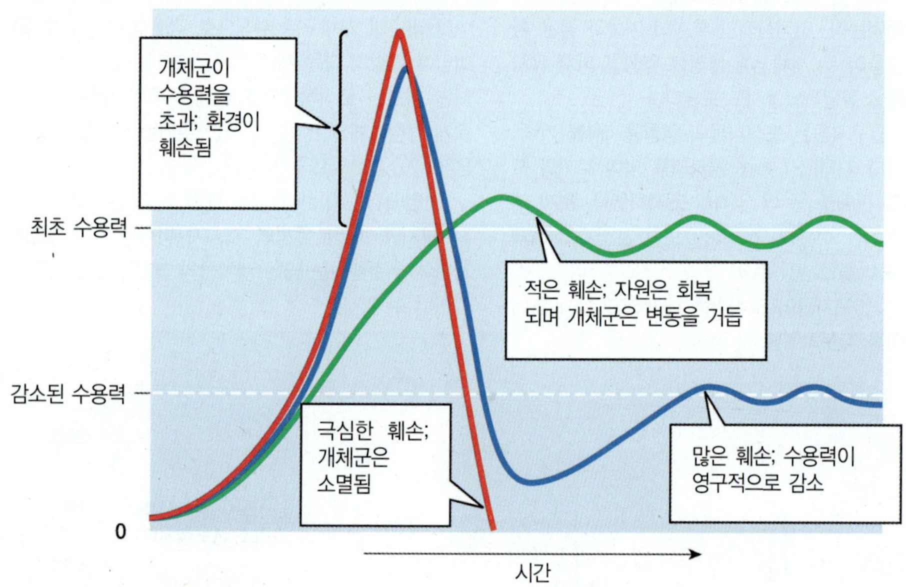


(b) 수용력 초과의 결과

▲ **그림 21-6 개체군 성장은 제한된다 (a)** 개체군은 처음 빠르게 성장하지만, 개체군의 크기가 수용력에 접근할수록 그 성장은 더뎌진다. 일단 개체군이 수용력 수준 또는 그 근처에 도달하면, 성장은 멈춘다. **(b)** 개체군은 수용력을 초과할 수 있지만, 그저 일시적이다. 3가지 가능한 결과가 도표로 나타나 있다.

이출이 일어나는 동안, 많은 나그네쥐가 사망한다. 그들이 이주할 때, 나그네쥐들은 포식자들의 쉬운 먹잇감이 되며, 일부는 물길을 건너다가 익사하기도 한다. 결국, 나그네쥐 개체군이 상당히 감소하게 되어, 포식자의 개체수도 줄어들게 되며("과학탐구: 포식자 및 피식자 개체군의 성장주기" 참고), 나그네쥐들이 섭식하던 곳의 식물들은 회복되기 시작한다. 이 반응들은 다시 나그네쥐 개체군에서 다음 회의 빠른 성장을 위한 토대가 된다.

### 생태계 변화가 일시적으로 빠른 성장을 유발할 수 있다

대발생과 붕괴주기를 겪지 않는 개체군에서조차 특수한 환경상황에서는 일시적인 빠른 성장이 발생할 수 있다. 예를 들어, 포식자와 같은 개체군-조절 인자들이 제거되거나 먹이공급이 증가하면, 개체군은 빠르게 성장할 수 있다. 유리한 조건을 가지고 있고 경쟁자가 없는 새로운 서식지로 개체들이 몰려들 때, 폭발적인 성장이 나타날 수도 있다. 이를테면, 사람들이 어떤 종을 한 생태계에 풀어놓을 때, 그 종의 개체군은 폭발적으로 성장할 수 있다. 많은 경우에서 외래종(exotic species)의 생태계 유입은 매우 심각한 결과를 초래한다(418~419쪽, "지구 경계: 외래침입자" 참고).

## 환경저항은 개체군 성장을 제한한다

빠르게 성장하는 개체군은 결국 안정되거나 붕괴(빠르게 감소)될 것이 틀림없다. 개체군들은 생태계의 **수용력(carrying capacity)** 수준에서 또는 그 이하로 안정화되는 경향이 있다. 수용력은 생태계가 무한정 부양할 수 있는 특정 종의 최대 개체군 크기를 의미한다. 성장하는 개체군이 환경의 수용력에 접근함에 따라 성장률은 차츰 감소한다. 성장률은 제로 주변에서 변동을 거듭하겠지만, 결국 성장은 멈추고, 개체군 크기는 장기적인 균형 상태에 머무른다. 이 균형상태에서는 출생률과 사망률이 균형을 이루며, 개체군의 크기는 안정된다. 이런 유형의 개체군 성장은 새로운 지역을 점유하는 수명이 긴 생명체에서 전형적으로 나타나는데, 그래프 상에서 S자 모양의 성장곡선으로 표현된다(그림 21-6a).

어떤 상황에서는, 개체군이 생태계의 수용력 이상으로 성장할 수 있다(그림 21-6b, 인간의 개체군이 이 지점에 도달했는지에 대한 논의를 위해 "지구 경계: 우리는 지구의 수용력을 초과했나?"를 참고). 이 수용력 이상으로의 성장은 일시적일 수밖에 없는데, 수용력보다 큰 개체군이 자신들이 고갈시키는 만큼 빨리 재생될 수 없는 자원으로 살아가기 때문이다. 수용력을 조금 초과하면, 자원과 원래의 수용력이 회복될 때까지만 개체군 크기가 감소한다. 그러나 만약 개체군이 환경의 수용력을 훨씬 초과하여 성장하면, 결과는 훨씬 심각하다. 자원에 대한 과잉수요가 수용력을 영구적으로 심각하게 감소시킬 수 있다. 따라서 개체군은 이전 크기보다 더 감소되거나 심지어 완전히 사라진다.

# 지구 경계

## 우리는 지구의 수용력을 초과했나?

서아프리카 해안의 작은 국가 코트디부아르의 정부는 급속히 줄어드는 열대우림의 일부를 보호하기 위해 수천 명의 불법 사냥꾼, 농장주 및 벌목꾼들과 싸우고 있다. 당국자들은 무단 거주자의 집을 불태우지만, 그들은 다시 돌아와 집을 짓는다. 제프 드제꼴르(Sep Djekoule)는 불법 거주자다. 그는 "숲은 내가 가족을 부양할 수 있게 하는 곳이고, 모든 사람들은 그 권리를 가지고 있다"고 설명한다.

드제꼴르의 말은 개체군(인구) 성장과 환경보호 사이의 충돌을 의미한다. 전세계 대부분의 인구가 거주하는 개발도상국의 연령 구조를 대략적으로 보면, 가공할 인구성장세가 관찰된다. 미 인구 조사국은 전세계 인구가 2010년에는 거의 70억 명이고, 2050년까지는 90억 명에 달할 것으로 예측한다. 그때조차도, 인구는 여전히 증가하고 있을 것이다.

지구는 얼마나 많은 사람들을 부양할 수 있을까? 인간에 대한 지구의 수용력은 30~440억 명 범위로 추정된다. 각 추정치는 미래 기술발달과 삶의 양식에 대한 다른 전제들에 근거하였다.

햇빛으로부터 에너지를 획득하여 다른 생명체들이 먹이로 사용할 수 있는 고에너지 분자들을 생산하는 광합성 생물체의 능력에 의해 지구 수용력의 상한선이 결정된다. 인간이 언제나 이 포획된 에너지의 많은 부분을 사용함에 따라 지구의 나머지 다른 종들이 사용할 에너지는 적다. 더욱 심각한 것은, 포획된 에너지의 총량이 줄어들고 있을지도 모른다는 것이다. 스탠퍼드 대학교의 생물학자 피터 비토젝(Peter Vitousek)은 인간의 활동이 이미 지구 숲과 초원의 생산성을 12%나 감소시켰을 것으로 추정한다. 매년 지나친 방목과 산림벌채가 특히 개발도상국에서 토지의 생산성을 더욱 감소시킨다(그림 E21-3).

전세계적으로 8억 명 이상의 사람들이 만성적인 영양부족 상태에 놓여 있는 상황에서(그림 E21-3, 삽화 참고), 더 많은 경작지의 추구는 산림파괴로 이어진다. 매년 60,000 $km^2$ 이상의 숲이 파괴된다. 그러나 개발도상국가의 사람들이 농사를 위해 필사적으로 땅을 개간할 때도, 미국은 매년 최고의 농지 약 4,000 $km^2$의 거의 절반을 주택, 쇼핑몰 및 도로 건설을 위해 잃는다. 증가하는 미국의 인구가 농지로 확산됨에 따라 곡물에 대한 미국인의 요구가 증가하는 동안 타국 원조를 위해 곡물을 수출할 수 있는 미국의 능력은 줄어들 것이다. 전세계적으로, 1인당 농경지는 1950년대 이후 절반으로 감소되었다.

우리는 깨끗한 물을 마시는 것을 당연한 것처럼 여기지만, 많은 개발도상국가에서 식수원들은 심하게 오염되어 있으며, *대수층(aquifer)*이라고 부르는 지하수는 채워지지 않고 고갈되어 가고 있다. 인도와 중국의 대수층은 성장하는 도시들의 물 수요를 충당하고 경작지에 물을 대기 위해 빠르게 고갈되고 있다. 이러한 정책은 가까운 미래에 곡물수확량의 감소를 초래할 수 있다.

개발도상국에서 목재에 대한 수요는 생산을 훨씬 앞지르기 때문에 산림 파괴의 또 다른 원인을 제공한다. 산림 파괴는 결국 귀중한 표토의 부식을 초래한다(전세계 농경지의 2/3가 부식 상태이다). 산림 파괴는 수요가 많은 깨끗한 식수원의 고갈과 사막화로도 이어질 수 있다.

어군 탐지 및 포획 기술의 끊임없는 발전에도 불구하고, 전세계 총 어획량은 1980년대 후반 절정에 도달한 이후 감소되어 왔다. 거의 모든 바다의 어류 개체군들이 남획되어 왔고, 상업적으로 개발된 어류 개체군의 1/3도 붕괴되었다(다시 말해, 현재 잡히는 어류의 개체수가 해당 어장의 역사상 최대 어획량의 10% 미만이다). 시간에 따른 어획량 변화추이에 대한 최근의 한 연구는 2050년까지 모든 바다의 어류 개체군들이 붕괴될 것이며, 야생에서 포획되는 해산물은 더 이상 없을 것으로 예상했다. 우리는 확실히 전세계 해양 생태계를 "지나치게 남용"하고 있다.

또한 위에서 설명한 관찰들은 우리가 우리를 부양하는 지구의 능력에 심각한 스트레스를 주고 있다는 것을 강하게 암시한다. 지구가 얼마나 많은 사람들을 부양할 수 있는지를 추정할 때, 인간은 1일 최소섭취 열량보다 많은 양을 평생 원한다는 것을 더욱더 명심해야 한다. 고기를 먹을 수 있게, 자동차 운전을 할 수 있게, 단독주택에서 살 수 있게, 대자연에서 산책할 수 있게, 그리고 독수리, 판다, 코끼리들이 자유롭게 살고 있는 어딘가를 알 수 있게 되기를 원하는가? 지구의 최대 수용력 수준에서 살고 있는 사람들에겐, 이것들은 아마 얻을 수 없는 사치일지도 모른다.

미래에 대한 희망은 우리가 우리의 생물권을 돌이킬 수없이 훼손하기 전에, 우리로 하여금 환경저항을 극복하게 했던 그 지능을 행동하기 위해 사용하는 데에 달려 있다. 인구의 폭발적인 증가는 결국 멈출 것이다. 우리가 자발적으로 우리의 출생률을 줄이든지, 아니면 질병 및 기아와 같은 환경저항 인자들이 인간의 사망률을 증가시킬 것이다. 선택은 우리의 몫이다. 출생을 어떻게 제한할 것인가에 대한 문제를 다루는 것은 정치적으로나 정서적으로나 어려운 일이지만, 출생 제한의 계속된 실패는 재앙이 될 수 있다. 자칭 지구 생명체의 관리인으로서 우리의 위엄, 우리의 지능 및 우리의 역할이 우리가 우리 자신을 포함한 생명체들을 부양하는 지구의 능력을 영구히 감소시키기 전에 인구증가를 멈출 결정을 내리기를 요구한다.

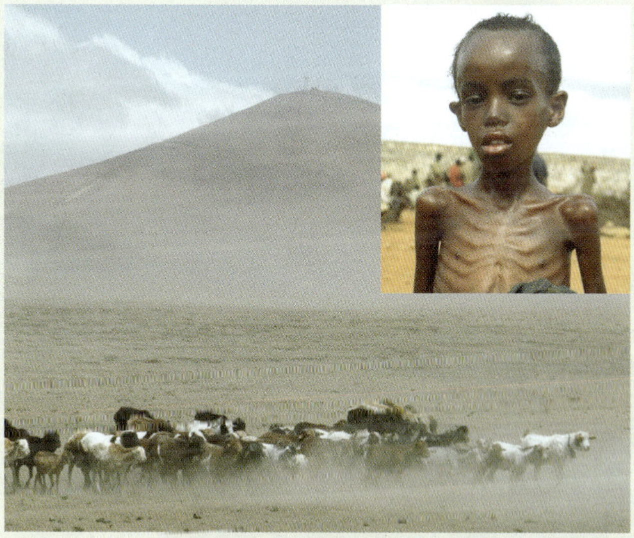

▲ 그림 E21-3 **산림 파괴는 사막의 확장을 초래할 수 있다** 지나친 가축의 방목, 산림 파괴 및 잘못된 농경과 같은 인간의 활동은 종종 비옥했던 토지를 불모의 사막으로 변하게 할 수 있다. (삽화) 비옥한 토지의 소실과 더불어 인구의 증가는 광범위한 영양부족을 초래할 수 있다.

평소 개체군을 환경의 수용력 수준 또는 그 이하로 유지시키는 인자들은 2가지 큰 범주로 분류될 수 있다. **밀도-비의존적(density-independent)** 인자들은 개체군 밀도(단위 면적당 개체수)에 상관없이 개체군의 크기를 제한한다. 개체군 밀도가 증가함에 따라 **밀도-의존적(density-dependent)** 인자들의 유효성은 증가한다. 다음 절에서는 이 인자들과 이들이 어떻게 개체군 성장을 조절하는지에 대해 좀 더 구체적으로 알아볼 것이다.

### 이스터(Easter) 섬의 수수께끼

**계속**

인간의 활동은 수용력에 영향을 미치는 방식으로 생태계를 변화시킬 수 있다. 일부 생태계 변화는 수용력을 증가시킬 수 있지만(특별히 인간 개체군에 대한 수용력), 인간에 의한 많은 변화들이 인간은 물론 기타 종들에 대한 생태계의 수용력을 감소시킨다. 이스터 섬의 초기 거주민들에 의해 유발된 생태계 변화가 인간 개체군에 대한 섬의 수용력을 극적으로 감소시켰을지도 모른다.

## 밀도-비의존적 인자들은 개체군 밀도에 상관없이 개체군 크기를 제한한다

태풍, 가뭄, 홍수 및 화재를 포함하는 자연현상이 개체군의 크기를 감소시킬 수 있다. 개체군 크기를 제한하는데 있어 이런 현상들의 효과는 보통 개체군의 밀도와는 상관없다.

아마 가장 중요한 자연적인 밀도-비의존적 인자는 기후일 것이다. 예를 들어, 많은 곤충과 일년생 식물 개체군들의 크기는 겨울의 첫 결빙 전에 생산될 수 있는 개체수에 의해 제한된다. 밀도-비의존적 인자들이 우선적으로 간섭하기 때문에, 이런 개체군들은 전형적으로 그들의 수용력에 도달하지 못한다.

인간의 활동도 개체군 밀도에 비의존적인 방식으로 개체군 성장을 제한할 수 있다. 농약과 오염물질이 자연 개체군의 크기를 급격히 감소시킬 수 있다. 이를테면, 미 환경보호국은 매년 수백만 마리의 새들이 유독성 농약으로 오염된 먹이를 먹고 희생되는 것으로 추정한다. 인간에 의한 서식지 파괴도 개체군을 감소시킨다. 예컨대, 농장, 도로의 건설과 주택단지 조성은 캘리포니아 대머리 독수리와 자이언트 판다를 멸종의 위기로 몰아넣었다.

## 밀도-의존적 인자들은 개체군 밀도가 증가할 때 더 큰 효과를 발휘한다

많은 개체군에서 개체군 크기를 제한하는 중요 인자들은 밀도 의존적이다. 밀도-의존적 인자들은 개체군 밀도가 증가함에 따라 점점 더 효과적이기 때문에, 개체군 크기를 제한하는 음성되먹임을 발휘한다. 반대로, 개체군 밀도가 감소할 때는 그 효과가 줄어들게 된다. 따라서 개체군 크기는 안정되거나 증가한다. 가장 중요한 밀도-의존적 인자들은 포식과 경쟁이다.

포식(predation)에서 한 생명체가 다른 생명체를 먹고 사는데, 그 과정에서 개체군은 훼손된다. 대개, 한 생명체(**predator, 포식자**)가 다른 생명체(**prey, 피식자**)를 잡아먹기 위해 죽이지만(그림 21-7), 피식자가 언제나 희생되는 것은 아니다. 예를 들어, 사슴이 단풍나무의 싹을 먹을 때, 그 나무는 피해를 입지만 죽지는 않는다. 피식자는 또한 기생(parasitism)이라는 특별한 방식의 포식관계에서 살아 남기도 한다. 기생관계에서, 포식자(**parasite, 기생동물**)는 다른 생명체(**host, 숙주;** 보통 기생동물보다 훨씬 크다)의 내부 또는 표면에서 숙주의 신체를 먹고 살지만, 적어도 금방 숙주를 죽이지는 않는다.

▲ 그림 21-7 **포식자들은 피식자 개체군의 조절을 돕는다** 무리를 지어 사냥하는 회색늑대들은 나이가 들거나 기생생물에 의해 쇠약해졌을지 모를 엘크를 잡아먹고 있다.

## 포식자는 밀도-의존적 방식으로 개체군을 조절한다

피식자 개체군의 크기가 커질 때, 포식은 개체군 조절에 있어서 점점 더 중요한 역할을 하게 된다. 피식자가 많을수록, 포식자는 더 자주 그들과 마주치게 된다. 포식자는 가장 많고 찾기 쉬운 종의 피식자들을 더 많이 잡아먹는 경향이 있기 때문에, 포식자와 마주치는 빈도의 증가는 피식자 개체군의 사망률을 증가시킨다. 예를 들어, 코요테는 생쥐 개체군이 클 때, 더 많은 생쥐들을 잡아먹는다. 그러나 포식의 증가에 의해 생쥐 개체군이 감소하면, 코요테는 더 많은 땅다람쥐로 포식을 변경할 수 있다. 따라서 생쥐 개체군은 회복된다.

피식자 개체군이 성장할수록 포식의 효과가 증가하는 또 다른 이유는 포식자 개체군 역시 증가할 수 있다는 것이다. 이를테면, 북극여우와 흰올빼미와 같이 주로 나그네쥐를 먹고 사는 포식자들의 출산율은 그 쥐의 개체수에 따라 변한다. 마찬가지로, 한 쌍의 흰올빼미들은 나그네쥐가 풍부한 해에는 일년에 13마리까지 새끼를 낳을 수 있지만, 나그네쥐가 부족한 해에는 전혀 낳지 않을 수 있다.

### 기생동물은 숙주 개체군의 밀도가 높을 때 더 빠르게 확산된다

다른 형태의 포식과 마찬가지로, 기생도 밀도 의존적이다. 대부분의 기생동물들은 제한된 이동능력을 가지고 있기 때문에, 숙주의 개체군 밀도가 클 때 좀 더 쉽게 숙주에서 숙주로 확산된다. 예를 들어, 식물의 질병은 재배 농작물의 밀도가 높은 지역을 통해 급속히 확산되며, 아이들의 질병은 학교와 보육시설을 통해 빨리 확산된다. (많은 질병들이 기생성 세균, 바이러스, 곰팡이, 벌레 또는 원생생물들에 의해 유발된다)

기생동물들은 숙주 개체군의 사망률에 영향을 줄 수 있는데, 기생동물에 의한 신체손상 때문에 숙주가 사망할 수 있기 때문이다. 기생동물은 숙주를 약화시켜 포식자와 같은 기타 원인들로 인한 사망에 취약하게 만듦으로써 개체군 크기에 영향을 주기도 한다. 예컨대, 기생동물에 의해 쇠약해진 사슴은 퓨마의 쉬운 먹잇감이 될 수 있다.

### 개체군은 포식자-피식자 관계가 교란될 때 급성장 또는 붕괴될 수 있다

생태계에서 개체군의 균형은 예전에 없던 포식자들이 새로 유입되어 피식자 종들이 그들에 대한 방어기전을 진화시킬 기회를 가지지 못했었던 지역에서 교란될 수 있다. 예를 들어, 유럽 여행객에 의해 우연히 전해진 천연두는 하와이, 아르헨티나 및 오스트레일리아 원주민 개체군을 파괴하였다. 마찬가지로 쥐, 뱀 및 몽구스가 하와이와 기타 많은 태평양의 섬에 전해졌는데, 이들에 의해 다수의 토착 조류 개체군들이 급격히 감소되었거나 멸종되었다.

반대로, 피식자 개체군들은 포식자가 없는 지역에 유입될 때 통제할 수 없이 성장할 수 있다. 이 현상의 극적인 예가 오푼티아 선인장(prickly pear cactus)의 경우인데, 이 식물은 라틴 아메리카에서 오스트레일리아로 전해졌다. 이 선인장은 천적이 없었기 때문에, 걷잡을 수 없이 확산되어 수천 $km^2$의 귀중한 목초지를 파괴하였다. 결국, 1920년대 한 종의 선인장 나방(오푼티아 선인장의 포식자)이 아르헨티나로부터 반입되어 이 선인장을 먹어 치우도록 방출되었다. 몇 년 내, 오푼티아 선인장은 거의 제거되었다. 오늘날에도 나방은 그들의 피식자 개체군 밀도를 계속하여 매우 낮게 유지시키고 있다.

### 자원경쟁은 개체군의 크기 조절을 돕는다

수용력을 결정하는 자원(공간, 영양분, 물, 빛)은 한정되어 있다. 결과적으로, 생명체들은 자원 사용을 위해 경쟁해야 한다. 개체간의 이 **경쟁(competition)**이 밀도-의존적 방식으로 개체군의 크기를 제한한다.

두 가지 주요 형태의 경쟁이 존재한다. 다른 종들의 개체와 벌이는 **종간경쟁(interspecific competition)**과 같은 종의 개체와 벌이는 **종내경쟁(intraspecific competition)**이 있다. 한 종의 모든 구성원들은 거의 동일한 자원을 요구하기 때문에, 종간경쟁보다는 종내경쟁이 더욱 치열하다.

### 경쟁은 직접적 또는 간접적일 수 있다

대부분의 식물과 많은 곤충들을 포함한 일부 생명체들이 분산경쟁(scramble competition)에 관련되는데, 이 경쟁은 개체들 간의 상호작용 없이 각 개체들이 독립적으로 자원을 두고 싸우는 무한경쟁의 일종이다. 예를 들어, 매미나방 애벌레는 나무줄기에 낳은 큰 알 무

▲ 그림 21-8 **분산경쟁** 매미나방들은 알 무더기를 낳기 위해 나무의 줄기에 모여든다. 각각의 알 무더기에서는 수백만 마리의 애벌레가 부화한다(삽화).

더기에서 부화한 후, 나뭇잎을 먹기 위해 나무 꼭대기까지 기어올라간다(**그림 21-8**). 큰 매미나방의 개체군에서, 애벌레 간의 먹이경쟁은 매우 대단해서 대부분의 애벌레는 나방으로 변태하기 전에 죽는다. 마찬가지로, 한 식물이 좁은 지역에 종자를 살포할 때, 수백 개의 씨앗이 발아할 것이다. 그러나 발아된 식물이 자람에 따라 어떤 식물들은 더 크게 자라 더 많은 햇빛을 획득할 것이고, 어떤 것들은 더 광범위한 뿌리체계를 가지게 되어 대부분의 물을 흡수할 것이다. 머지않아 덜 성공한 식물들은 시들어 죽을 것이다.

많은 동물들과 소수의 식물들이 **대결경쟁(contest competition)**을 진화시켰는데, 이 경쟁에서는 각 개체들이 중요한 자원을 획득하기 위해 대결한다. 예를 들어, 늑대, 많은 어류, 토끼 및 꾀꼬리 같이 서식영역을 설정하는 종들은 먹이와 둥지를 포함한 지역을 방어한다. 가장 뛰어난 경쟁자만이 충분한 영역을 지킬 수 있다. 쇠약한 경쟁자들은 영역수호에 실패하며, 번식할 수 없거나 심지어 살아남지도 못할 것이다.

## 다양한 연령 집단들이 다른 사망률을 경험할 수 있다

개체군-제한 인자들의 효과가 반드시 한 개체군의 모든 구성원에 똑같이 작용하는 것은 아니다. 예를 들어, 한 개체군의 사망률은 대개 개체의 연령대마다 다르다. 연령과 관련된 이런 사망률의 차이를 설명하기 위한 한 가지 방법은 **생존(survivorship)**이 나이에 따라 다양하다고 말하는 것이다. 생존의 유형을 연구하는 사람들은 동시대에 태어난 개체들의 집단에서 출생부터 사망에 이르는 그 구성원들의 삶의 자취를 쫓을지도 모른다. 매해(또는 다른 단위시간), 집단의 사망 개체수가 기록된다. 이 사망수는 **생존곡선(survivorship curve)**이라는 그래프의 기초가 될 수 있는데, 생존곡선은 주어진 연령까지 한 개체가 살아남을 가능성을 나타낸다.

### 개체군에서 생존은 3가지 기본 유형을 따른다

측정된 한 개체군의 생존곡선은 개체군의 특성과 상황에 따라 다양할 것이지만, 대부분의 곡선은 "후기손실", "초기손실" 및 "일정손실"로 설명되는 세 가지 일반적인 범주 중의 하나로 분류된다(**그림 21-9**).

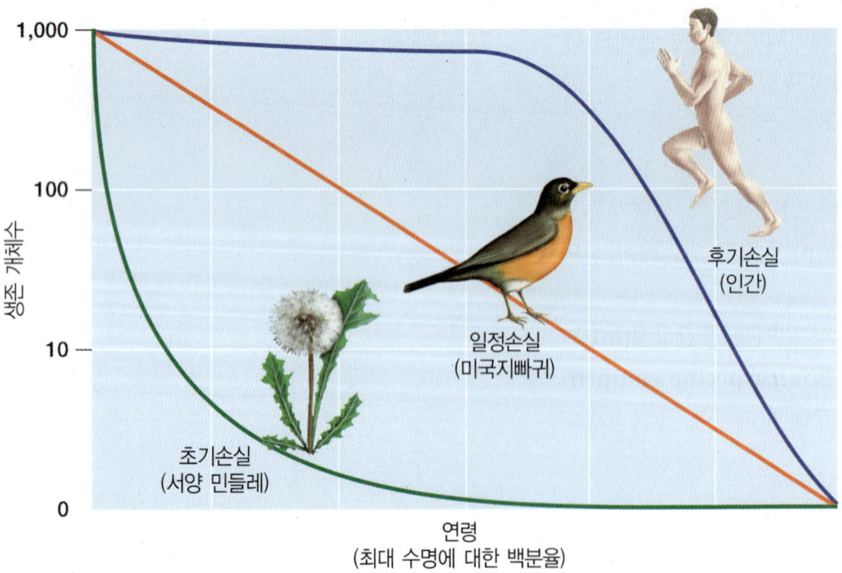


▲ 그림 21-9 **생존곡선** 수평축은 실제 나이가 아니라 수명에 대한 백분율을 나타낸다. 따라서 수명이 다른 종들을 하나의 그래프에 나타낼 수 있다.

볼록한 **후기손실(late-loss)** 생존곡선은 유아 사망률이 낮고, 대부분의 개체들이 많은 나이까지 생존하는 개체군을 반영한다. 이런 곡선들은 인간과, 코끼리 및 산양 같이 몸이 크고 오래 사는 동물들의 특징이다. 이런 종들은 상대적으로 적은 자손을 남기는데, 이 자손들은 부모의 보호를 많이 받는다.

**초기손실(early-loss)** 유형의 생존은 오목한 곡선을 만드는데, 부모의 보호를 적게 또는 아예 받지 못하는 다수의 자손을 남기는 생명체들의 특징이다. 이러한 생명체들에서는, 유아 사망률이 매우 높지만, 성체로 자라나는 개체들은 노령까지 생존할 좋은 기회를 얻는다. 초기손실 생존곡선은 무척추동물, 식물 및 어류에서 일반적이다.

직선의 **일정손실(constant-loss)** 생존곡선을 가지는 개체군은 연령에 관계없이 상당히 일정한 사망률을 나타낸다. 이러한 개체군에서는, 한 개체는 어떤 연령대에서든지 동일한 사망 기회를 가진다. 이 유형은 일부 조류 및 도마뱀 종들과 무성생식을 하는 일부 무척추동물 종들의 개체군에서 발견된다.

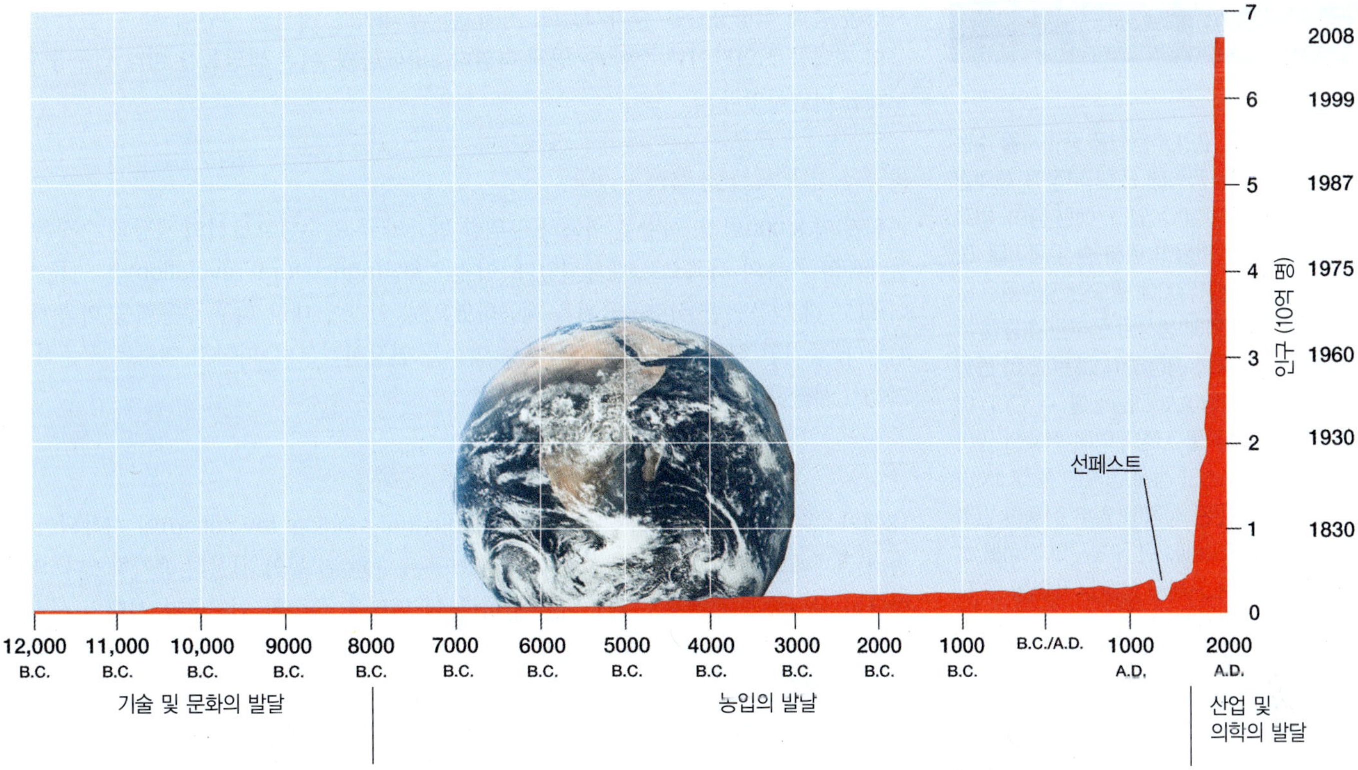


▲ **그림 21-10 인구증가** 석기시대로부터 오늘날까지 인구는 빠르게 증가해 왔다. 14세기 선페스트에 의한 인구 급감을 주목하시오. **질문:** 인구는 여전히 빠르게 증가하고 있지만, 어떤 증거는 우리가 이미 지구의 수용력을 초과하였다는 것을 암시한다. 서기 2500년 또는 3000년에는 이 곡선이 어떻게 보일 것으로 생각하는가? 설명하라.

## 21.4 인구는 어떻게 변하고 있는가?

**그림 21-10**의 인구증가 그래프를 그림 21-2의 지수성장곡선과 비교해 보시오. 기간은 다르지만, 각 그래프는 지수성장의 특징인 J자 모양을 하고 있다. 인구가 10억 명이 되기까지는 10만 년 이상이 걸렸지만, 20억 명이 되기까지는 100년, 30억 명은 30년, 40억 명은 15년, 50억 명은 12년, 60억 명이 되기까지는 다시 12년이 걸렸을 뿐이다. 1750년, 인구는 8억 명이었다. 이 인구는 150년만에 두 배가 되었는데, 1900년 16억 명에 도달하였다. 반면, 1965년 35억 명이었던 인구는 50년 이내에 70억 명으로 두 배가 되었다. 미국의 인구 조사국(이 장에 포함된 모든 인구 통계 및 추정치의 출처)에 따르면, 전세계 인구는 현재 매년 1.2%(약 7,800만 명)의 성장세를 보이고 있다. 즉, 매일 20만 명 이상, 매주 1,400만 명 이상이 추가되는 꼴이다! 왜 환경저항은 어마어마한 우리 개체군의 성장을 종식시키지 않는 것일까?

### 기술발달은 지구의 인구 수용력을 증가시켰다

모든 개체군처럼, 인간도 환경저항에 직면했지만, 다른 개체군과는 다르게 환경저항을 극복할 방법을 고안해냄으로써 그것에 반응하였다. 그 결과, 인구는 전례 없이 짧은 기간 동안 빠르게 증가하였다. 인구증가는 일련의 문화적 "혁명"에 의해 자극되었는데, 그 혁명을 통한 인류 문화의 산물들이 다양한 환경저항을 극복하고 인류에 대한 지구의 수용력을 증가시켰다.

#### 원시 도구들로 인해 인구는 확산되고 번영하였다

선사시대인들은 불의 발견, 도구 및 무기의 발명, 거처의 건설 및 보호용 의복의 제작을 통하여 **도구-사용 혁명(tool-use revolution)**을 이룩하였다. 도구와 무기는 더욱 효과적인

### 이스터(Easter) 섬의 수수께끼

계속

농경이 인간에 대한 지구의 수용력을 증가시킬 수는 있지만, 농경활동은 수용력에 대해 부정적 효과를 나타내는 변화들도 유발할 수 있다. 예를 들어, 밭과 목초지를 위한 공간을 만들기 위해 숲이 제거될 때, 숲에 의해 제공되던 생명유지에 필요한 자원들은 잃게 된다. 또한 경작에 의해 생산된 풍부한 식량을 두고 다른 동물들이 사람과 경쟁하기 때문에, 이 동물들의 개체군은 농경지역에서 대발생할 수 있다. 예컨대, 농경지 근처와 곡물 저장지역에 쥐들이 많아질 수 있다. 따라서 이스터 섬에 정착한 폴리네시아인 선원들에 의해 운반된 식량에 일부 쥐들이 딸려왔다. 이 밀항자들은 그 섬에 쥐 개체군의 번성을 초래하였는데, 섬에는 쥐 개체군 성장을 제한할 큰 포식성 동물들이 없었다. 쥐들은 이스터 섬주민들이 재배한 식량의 일부를 먹고 얼마간 살아 남았지만, 토착 야자나무의 종자를 먹어 치움으로써 숲의 소멸을 앞당겼다.

사냥을 통해 식량공급을 증가시켰다. 거처, 불 및 의복은 예전엔 사람이 살 수 없었던 지구의 지역들로 인간이 이주할 수 있게 하였다. 이와 함께, 이런 발달들은 미래 인구증가의 토대를 마련하였다.

### 농경은 인구증가를 촉진하였다

기원전 약 8,000년경, 식량을 획득하기 위한 인간의 주요 수단으로서의 사냥과 수집은 곡물재배와 가축의 사육으로 대체되었다. 이 농업혁명(agricultural revolution)은 인류에게 더 크고 더 믿을만한 식량공급원을 제공하였으며, 인간에 대한 지구 수용력을 더욱 증가시켰다. 증가된 식량은 수명과 출산가능 연수를 연장시켰으며, 따라서 인구는 꾸준히 증가하기 시작하였다.

### 폭발적인 인구증가는 산업혁명과 함께 시작되었다

18세기 중반 영국에서 산업 및 의학 혁명(industrial-medical revolution)이 시작되어 마침내 전세계의 많은 곳으로 확산될 때까지 인구는 수천 년 동안 서서히 증가하였다. 의학 발달이 사망률을 극적으로 감소시킴에 따라 이 혁명은 급속한 인구증가 시대의 서막을 열었다. 이런 의학적 발달에는 세균감염과 그 영향에 대한 발견이 포함되는데, 그로 말미암아 개선된 공중위생을 통하여 세균성 질병을 통제하게 되었다. 또 다른 중요 발달은 천연두와 같은 질병에 대한 백신의 개발이었다. 말라리아와 에이즈와 같은 주요 병원균에 대한 백신 연구가 진행됨에 따라 의학혁명은 오늘날까지 계속되고 있다. 게다가, 인간의 수명을 연장시키는 정교한 의학적 절차에서의 끊임없는 발달에 의해 사망률은 더욱 감소하고 있다.

## 인구증가는 오늘날까지 계속되고 있지만 불규칙하게 분포한다

서유럽 국가들 같은 많은 선진국에서, 산업 및 의학 혁명에 의한 사망률 감소 때문에 촉진됐던 인구폭발은 결국 출생률 저하로 이어졌다. 부유한 사회들에서 나타나는 출생률 저하 경향이 완전히 이해되지는 않지만, 양질의 교육, 피임약 사용의 증가, 도시 생활양식으로의 대전환, 확대된 여성의 직업선택을 포함하는 많은 인자들의 결과로 생각되어 왔다. 일부 선진국에서, 감소되었던 인구가 이민에 의해 상쇄되었거나 증가되긴 했어도, 대부분 선진국의 인구는 안정화되었거나 심지어 감소되었다.

중앙아메리카, 남아메리카, 아시아 및 아프리카의 개발도상국에서도 의학 발달은 사망률을 낮추고 수명을 증가시켰다(비록 에이즈의 유행이 일부 지역에서 이 진행을 위협하지만). 그러나 선진국에서처럼 출생률 저하와 관련된 소득증가를 경험해 보지 못한 많은 개발도상국에서는 출생률이 여전히 높다. 농경 사회에서는, 아이들이 중요한 노동자원이며 노부모를 부양할 유일한 구성원일 수 있다. 개발도상국의 사회 전통은 많은 아이들의 아버지가 되는 남자들과 그들을 낳는 여성들에게 권위를 부여할 것이다. 많은 개발도상국가들이 자국의 인구증가율이 너무 높다는 결론을 내렸지만, 사회적 전통, 교육의 결여 및 피임약에 대한 접근 부족이 인구증가를 제한하는데 있어서의 진전을 방해하고 있다.

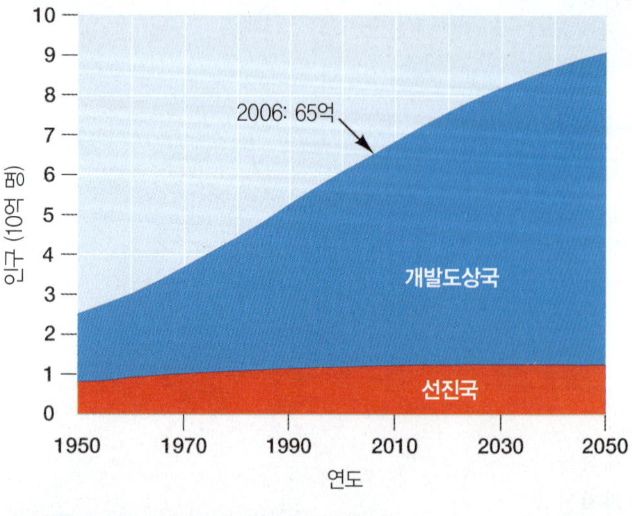

▲ 그림 21-11 전세계 인구의 역사와 전망

오늘날 지구의 약 66억 명 중 53억 명 이상이 개발도상국에 거주한다. 2050년 이 행성에서 거주할 것으로 예측되는 90억 명 이상의 사람들 중 약 80억 명이 개발도상국에 살고 있을 것이다(그림 21-11).

가까운 미래의 인구 안정화, 즉 인구 제로 성장(zero population growth)에 대한 전망은 시계제로이다. 아래에서 설명되겠지만, 개발도상국가의 연령구조를 조사하여 인구가 안정된 국가의 연령구조와 비교하면 그 이유를 이해할 수 있다.

## 한 개체군의 연령구조는 그 개체군의 미래성장을 예보한다

특정 개체군(인구)의 **연령구조(age structure)**는 각 연령 집단의 남성 및 여성 수에 의해 결정되며, 연령구조 표에서 그래프로 나타낼 수 있다. 연령구조 표의 수직축은 사람들의 연령을, 수평축은 각 연령 집단의 인구 수를 나타내는데, 남성과 여성은 중앙 축에서 반대방향으로 그려진다. 모든 연령구조 표는 맨 위에서 뾰족해지는데, 소수의 사람들만이 90대까지 살기 때문이다. 그러나 표에서 나머지 부분의 모양은 인구가 증가하는지, 안정되었는지 또는 감소하는지를 대략적으로 나타낸다.

한 연령구조 표의 모양은 생식연령에 있는 성인(15~45세)과 그들 자녀(0~14세)의 상대적 수에 의해 결정된다. 생식연령의 성인들이 그저 그들을 대체할 만큼의 아이만을 출산하면, 그 인구는 **대체수준출산율(replacement level fertility, RLF)**을 가지고 있다고 말한다. 이런 인구의 연령구조 표는 상대적으로 직선의 측면을 가지고 있다(그림 21-12a). 다양한 연령 집단의 아이들이 생식연령의 성인 수를 초과하면, 그 인구는 RLF를 초과하고 있고 결과적으로 팽창하고 있다. 이런 팽창하는 인구의 연령구조 표는 피라미드 형태를 나타낸다(그림 21-12b). 감소하는 인구에서는 생식가능한 성인보다 아이들의 수가 적으며, 연령구조 표의 아래 부분은 좁아진다(그림 21-12c).

### 미래의 거의 모든 인구증가는 개발도상국에서 나타날 것이다

그림 21-13은 선진국 및 개발도상국 인구의 평균 연령구조를 나타낸다. 가장 바깥쪽 경계선들은 2050년의 추정 인구구조를 나타내며, 가장 안쪽의 녹색 영역은 2006년의 실제 값을 보여준다. 각 그래프의 수직축은 생식전 연령(0~14세), 생식연령(15~44세) 및 생식후 연령(45세 이상)의 인구 수를 나타내기 위해 3부분으로 분할되었다. 2006년, 개발도상국가들에서는 연평균 1.6%의 **자연증가**(natural increase; 이주를 배제하고 출생 수와 사망 수의 차이에 기초한 인구증가)와 50년의 **배가시간**(doubling time; 인구가 두 배로 증가하는데 필요한 시간)이 관찰되었다. 반면, 선진국들은 0.07%의 자연증가와 985년의 배가시간을 나타내었다.

인구증가의 97% 이상이 점점 더 많은 사람들이 생식연령으로 진입하고 항상 넓어지는 기저부를 구성하는 유아들을 낳는 개발도상국가에서 발생한다. 이런 국가들이 당장 대체수준출산율에 도달한다 하더라도, 그들의 인구는 수십 년 동안은 계속 증가할 것이다. 과거 대가족의 아이들이 최근 생식연령에 접어들었고, 아이를을 낳기 시작함에 따라 각 부부가 2명의 자녀만을 낳는다고 해도 성장은 계속될 것이다. 중국의 출산율(여성 1인당 평균 자녀 수)이 대체수준 이하라고 하더라도, 과거 대가족 아이들에 의한 생식연령 집단으로의 입장은 중국의 인구를 매년 0.6%씩 증가시킬 것이다. 전세계 다양한 곳에서 자연증가에 의한 연간 성장률이 그림 21-14에 나타나 있다.

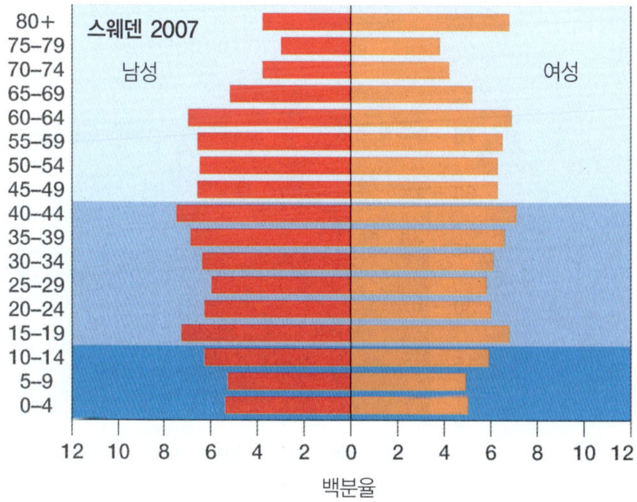


(a) 스웨덴 인구의 연령구조

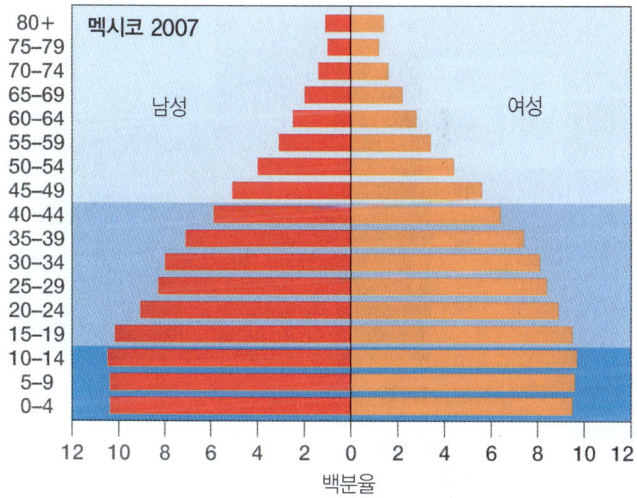


(b) 멕시코 인구의 연령구조

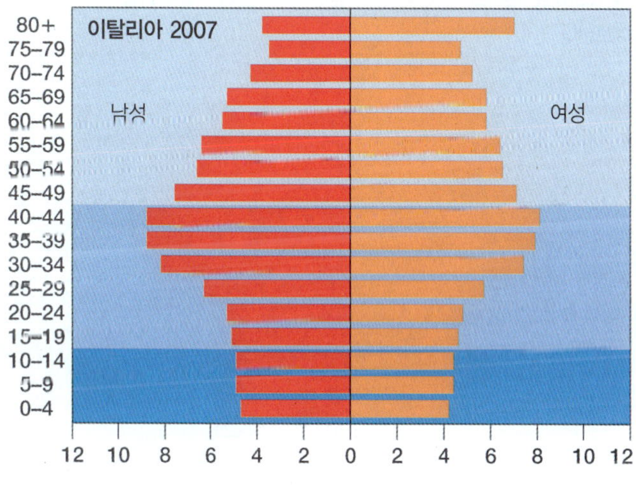


(c) 이탈리아 인구의 연령구조

▲ 그림 21-12 **연령구조 표** (a) 스웨덴의 인구는 안정되어 있다. (b) 멕시코의 인구는 상당히 빠르게 증가하고 있다. (c) 이탈리아의 인구는 감소하고 있다. 표에서 각 명암의 청색들은 생식전 연령, 생식연령 및 생식후 연령 집단을 나타낸다(아래부터).

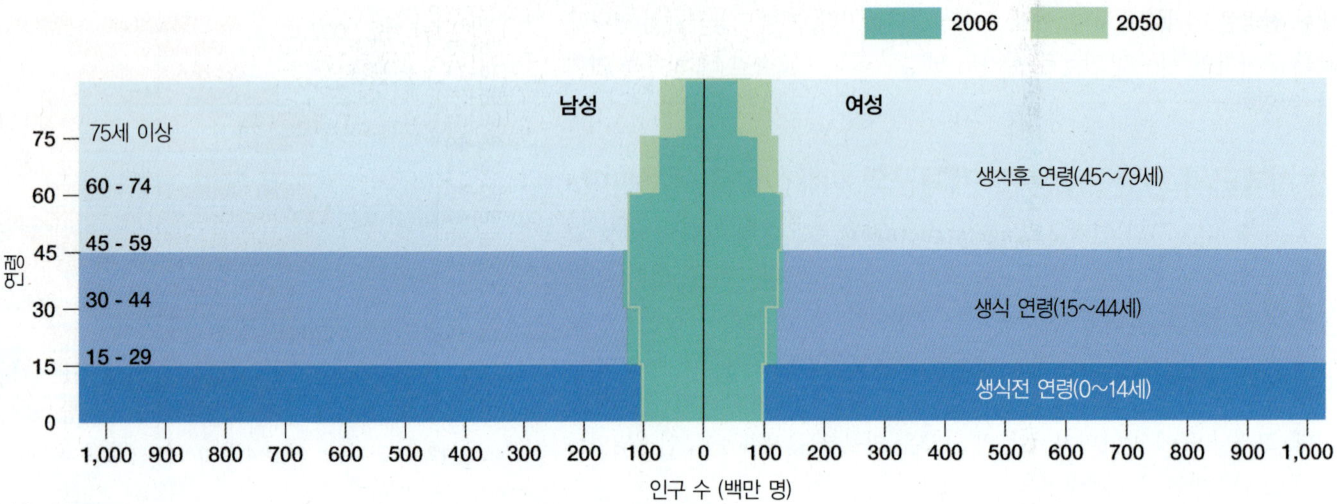


(a) 선진국

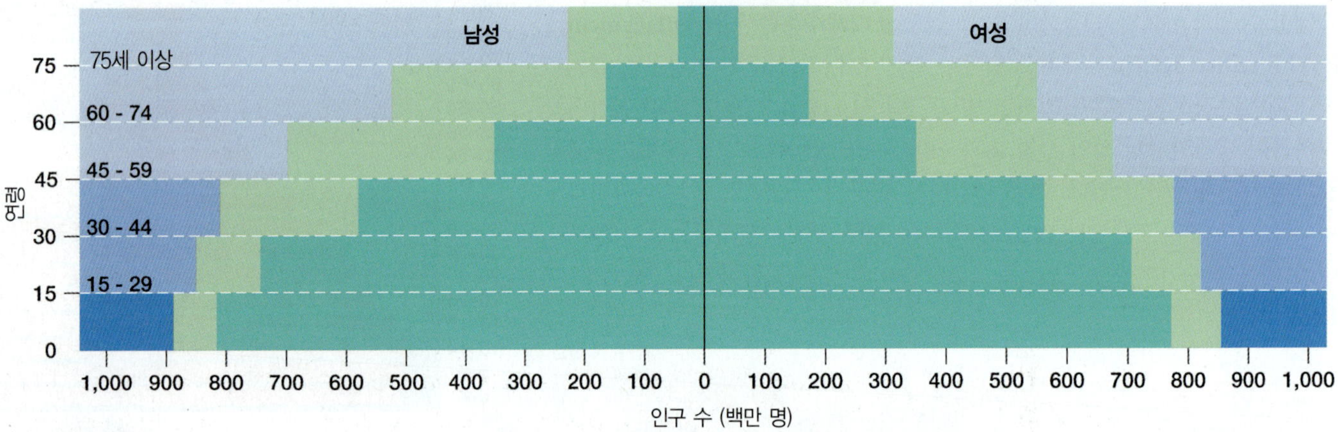


(b) 개발도상국

▲ 그림 21-13 **연령구조의 비교** (a) 선진국에서 관찰되는 거의 수직적인 인구의 연령구조는 (b) 개발도상국에서 나타나는 피라미드 형태의 연령구조보다 보다 훨씬 느린 인구증가를 예보한다.

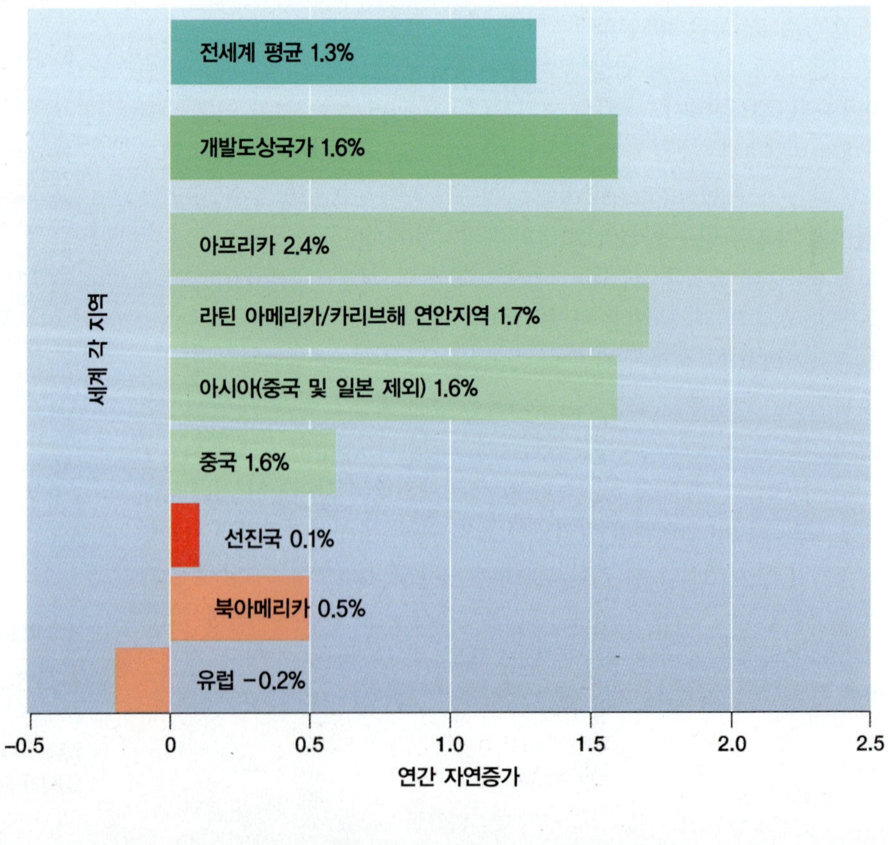


▶ 그림 21-14 **세계 각 지역의 인구증가** 표시된 성장률은 자연증가(출생수 − 사망수)에 의한 수치이며, 연간 백분율증가로 표현된다. 이 수치들에는 이입과 이출이 배제되어 있다. **질문:** 선진국과 개발도상국의 성장률에 왜 이런 큰 차이가 존재하는가?

### 유럽의 출산율은 대체수준 이하이다

유럽의 출산율은 RLF보다 훨씬 낮으며, 여성들이 점점 더 출산을 미루거나 포기함에 따라 여러 유럽 국가들은 약간의 인구감소를 겪고 있다. 이 상황은 미래의 노동가용 인구와 증가하는 노인인구를 부양할 납세자와 관련된 경제적 우려를 키우고 있다. 미국의 몬태나주만한 지역에 1억 2,700만 명(전체 미국 인구의 약 42%) 이상이 거주하는 인구고밀도 국가인 일본에 유사한 우려들이 널리 퍼져 있다. 일본의 낮은 출산율이 둔화된 경제성장과 인구 노령화의 원인이 되고 있다. 일본 정부는 사람들이 대가족을 갖도록 장려하기 위해 다양한 보조금과 장려금을 지급한다.

유럽과 일본의 상황은 전세계 인구조절의 중요한 장애물 중 하나를 드러낸다. 즉, 현재의 경제구조가 성장하는 인구에 기반을 두고 있다는 것이다. 감소되고 안정되는 인구가 미래에 엄청난 이득을 제공할지는 모르지만, 빠른 인구증가로부터의 전환은 그 이득을 제공하기 어렵다.

## 미국의 인구는 빠르게 성장하고 있다

미국은 전세계에서 가장 빠르게 성장하는 산업화된 국가이다. 3억 이상의 인구 및 연간 0.6%의 자연증가로 인해(그림 21-15), 미국 인구는 선진국 평균보다 6배 이상 빠르게 증가하고 있다. 미국 내로의 이민이 이 상황에 추가될 때, 미국의 연간 성장률은 1%에 근접한다. 예를 들어, 2006년 한 해 동안, 270만 명이 증가하였는데, 이는 하루에 7,000명 이상이 증가한 꼴이다. 2050년, 미국의 인구는 4억 2,000만 명이 될 것이며 계속해서 증가할 것이다. 대체수준출산율에도 불구하고, 미국으로의 이민이 인구증가를 지속시킬 것이다.

미국 인구의 빠른 증가는 미국 및 전세계에 중요한 환경영향을 초래할 것이다. 미국인은 기타 다른 국가 사람들보다 평균적으로 5배나 많은 에너지를 사용한다. 따라서 전세계 인구의 5% 미만의 미국인들이 전세계 에너지 사용의 25%를 차지한다. 연간 미국에 추가되는 270만 명의 사람들에 의한 생태학적 영향은 연간 인도에 추가되는 1,800만 명에 의한 총 생태학적 영향보다 훨씬 크다.

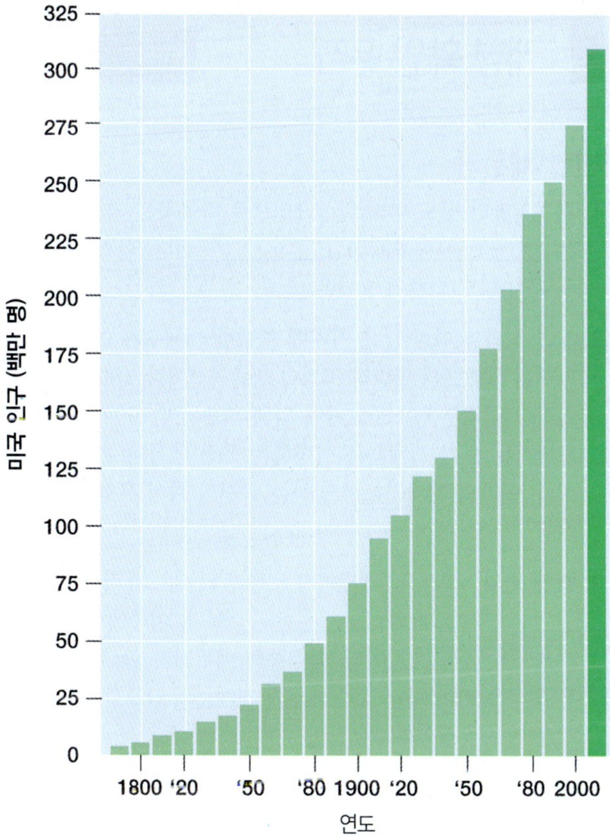


▲ 그림 21-15 **미국 인구의 증가** 1790년 이래, 미국 인구 증가는 빠른 성장의 특성인 J자 형태의 곡선으로 나타난다. 맨 오른쪽의 암녹색 바는 2010년의 예상인구를 나타낸다. **질문:** 어떤 요인들이 미국의 인구를 안정화시킬 것으로 생각하는가? 그리고 언제?

## 이스터(Easter) 섬의 수수께끼 다시 들러보기

이스터 섬 숲의 파괴는 동물들의 소멸과 병행되었다. 화석은 이스터 섬이 한때는 엥무새, 올빼미, 왜가리 및 기타 많은 조류종들의 서식지였다는 것을 나타낸다. 신천옹, 부비 및 군함새를 포함하여 적어도 25종의 바닷새가 한때 이 섬에 둥지를 틀었다. 오늘날, 이스터 섬에는 토착 조류 또는 포유류가 서식하지 않는다. 곤충보다 큰 어떤 토착 동물도 그곳에 영구 서식하지 않는다.

숲과 그 속의 동물들이 사라졌을 때, 아마 섬의 인구에게 식량은 충분치 않았을 것이다. 카누 또는 보트를 만들기 위한 나무가 없었기 때문에, 그 섬을 떠날 방법이 없었다. 불길하게도, 숲이 사라진 이후의 쓰레기 더미에서는 갉아 먹힌 인간의 뼈가 발견되었는데, 이는 이 기간 동안 섬 주민들이 동족을 잡아먹었다는 명백한 증거이다. 유럽인들이 도착했을 무렵, 이스터 섬에서 살아남은 소수의 사람들은 빈곤한 삶을 살고 있었다.

이스터 섬의 최초 정착민들은 풍부한 자연자원과 인간에게 유용한 가지각색의 늘어선 식물들과 동물종들을 품고 있는 숲으로 덮인 이 섬을 발견하였다. 그러나 시간이 지남에 따라 섬의 인구는 환경의 수용력을 초과할 때까지 증가하였다. 그 결과, 섬의 인구는 극적으로 감소하였으며, 그 사회는 붕괴되었다.

우리는 이스터 섬으로부터 무엇을 배울 수 있는가? 생물학자이자 작가인 재리드 다이아몬드(Jared Diamond)에 따르면, "우리에게 있어 이스터 섬의 의미는 으스스할 정도로 명백하다. 이스터 섬은 작게 그려진 지구이다. 오늘날, 증가하는 인구는 줄어드는 자원에 다시 직면하고 있다. 우리가 이주할 곳은 마땅치 않다. 왜냐하면 모든 인간 사회들이 국가간 수송으로 연계되어 있으며, 이스터 섬주민들이 대양으로 피할 수 있었던 것에 비해 우리에게는 더 이상 탈출할 공간이 없기 때문이다. 우리가 이대로 계속 간다면, 내 자식들이 내 나이가 될 쯤이면 전세계 주요 어장, 열대우림, 화석연료 및 우리의 많은 토양은 고갈되어 있을 것이다."

### 생각해보기

사람이 살고 있는 태평양의 다른 섬들은 이스터 섬의 운명을 공유하지 않았다. 어떤 속성들이 이스터 섬에서 인구붕괴를 유발하였을까?

# 개념 확인 문제

## 빈칸 채우기

**1.** 환경저항의 밀도-비의존적 요인으로 작용하는 자연현상의 두 가지 예는 __________와(과) __________이다. 환경저항의 가장 중요한 두 가지 밀도-의존적 요인은 __________과 __________이다.

**2.** 시간 경과에 따라 같은 시기에 출생한 개체수가 어떻게 변하는지를 나타내는 그래프의 일반적 명칭이 생존곡선이다. 100만 마리의 유충이 부화하지만 대부분이 물고기에 의해 희생되어 100여 마리만이 성체기에 도달하는 모기 개체군을 설명하는 곡선의 특이 유형은 __________이다. 인간의 개체군을 설명하는 곡선의 특이 유형은 __________이다.

**3.** 개체군의 크기를 제한하는 경쟁의 두 가지 기본적인 유형은 __________과(와) __________이다. 이중에서 보통 더 효과적인 것은 __________이다. 외래종의 메뚜기가 한 지역으로 유입되어 많은 초목을 먹어 치워 토착 메뚜기 개체군의 감소를 유발한다면, 이런 경쟁은 어느 유형인가?

**4.** 연간 0.1%씩 증가하는 개체군에서 일어나는 성장의 유형은 __________(으)로 설명된다. 이 유형의 성장이 매년 개체군에 동일한 수의 개체를 추가할까? __________ 이런 성장이 무한정 지속될 수 있는가? __________ 환경손상 없이 무한정 지속될 수 있는 개체군의 최대 크기를 __________(이)라고 한다. 오래 사는 생명체의 개체군이 새로 좋은 환경에 유입되어 성장할 때, 그 개체군 수를 그래프로 나타내면, 결과 곡선은 __________이다.

**5.** 자원이 국지적일 때 발생할 수 있는 공간분포의 유형은 __________이다. 동물의 각 암수 쌍들이 서식지로 사용할 영역을 방어할 때 생길 수 있는 공간분포는 __________(이)다.

**6.** 팽창하는 인구는 연령구조 표에서 __________모양으로 나타날 것이다. 연령구조 표의 측면들이 대략 수직이면, 인구는 대략 __________된다. 하나의 집단으로 간주된 개발도상국가에 의해 나타나는 연령 구조는 __________모양이다.

**7.** __________와(과) __________의 수가 __________와(과) __________의 수를 초과할 때는 언제나 개체군이 성장한다. 생명체가 첫 생식을 하는 연령이 __________하고, 생식 빈도가 __________하고, 생명체의 생식수명 길이가 __________할 때, 개체군의 성장률은 증가된다.

## 복습 문제

**1.** 번식능력(biotic potential)과 환경저항(environmental resistance)에 대해 설명하라.

**2.** 중대한 환경저항에 직면하기 전의 개체군 성장곡선을 그려보라. 이 유형의 명칭은 무엇이며, 이런 유형으로 구별되는 특성은 무엇인가?

**3.** 밀도-비의존적 환경저항과 밀도-의존적 환경저항을 구분하라.

**4.** 생태계의 수용력을 훨씬 초과한 개체군에서 무슨 일이 일어날지 설명하라(또는 그래프로 도출하라).

**5.** 환경저항의 3가지 밀도-의존적 인자들을 열거하고, 각각이 왜 밀도-의존적인지 설명하라.

**6.** 성장 중인 개체군을 안정화시키는 것이 경제난관을 불러올 수 있는 이유에 대하여 논의하라.

# 22장

# 군집의 상호작용

멸종과 관련된 과거 흔적에서 연안생태게 군집에서의 수달의 중요한 역할이 발견되었다.

## 주요 내용

**사례 연구 사라지는 수달의 사례**

**22.1 군집 상호작용이 중요한 이유는?**

군집 상호작용은 개체군 크기를 제한하는데 도움을 준다

군집 상호작용은 진화적인 변화에 영향을 준다

**22.2 종들 사이에서의 경쟁의 효과는 무엇인가?**

종들은 각각 생태계 내에서 독특한 지위를 갖는다

공존하는 종들의 생태적 지위는 절대 중복되지 않는다

경쟁적 배제는 개체군이 어떻게 교란받는지 결정한다

종들은 지위 중복을 줄이는 방향으로 진화한다

**22.3 포식자-피식자 상호관계의 효과는 무엇인가?**

지구 경계 외래침입자

포식자와 피식자의 공진화

위장은 포식자와 피식자를 은폐시킨다

밝은색은 위험의 경고이다.

일부 생물체는 의태를 통하여 보호를 얻는다

일부 동물 포식자와 피식자는 화학전쟁에 참여한다

식물은 초식동물에 대항하여 방어한다.

**사라지는 수달의 사례** 계속

초식동물은 식물 방어를 극복하기 위해 적응한다

**22.4 공생은 무엇인가?**

편리 공생적 상호작용에서 한 편은 이익을 얻고 다른 편은 영향을 받지 않는다

기생적 상호작용에서 한 편은 이익을 얻지만 다른 편은 해를 입는다

상리 공생적 상호작용에서 양쪽 모두 이익을 얻는다

**22.5 중추종은 무엇인가?**

**사라지는 수달의 사례** 계속

**22.6 오랜 세월에 거쳐 군집은 어떻게 되는가?**

천이에는 주요한 두 가지 유형이 있다

천이는 극상 군집에서 최고조에 달한다

일부 생태계는 아극상 상태로 유지된다

**사라지는 수달의 사례** 다시 들러보기

# 사례 연구 사라지는 수달의 사례

알래스카에서 수달이 사라져 가고 있다. 수달의 멸종이 그 지역의 무성한 해초 숲을 위협하는 것 이상의 무엇이 있는가? 왜 수달이 사라지고 있는가? 그리고 왜 해초 숲이 영향을 받는가? 이러한 사건 이면에 있는 이야기들은 수달이 많았던 19세기부터 시작한다. 19세기 말까지 모피를 위한 사냥으로 수달이 거의 멸종할 정도가 되었다. 그러나 수달이 완전히 멸종하기 전에 새로운 법으로 수달이 보호되었으며, 수달의 개체수는 다시 증가하기 시작하였다.

수달이 없는 지역에서는 성게 개체군이 폭발적으로 증가한다.

1970년대에 수달의 개체수는 다시 많아졌다. 그러나 그 개체수 회복은 균일하게 일어나지 않았다. 일부 지역의 수달 개체군은 크기가 컸지만 일부 지역의 개체군은 크기가 아주 작거나 혹은 수달이 전혀 존재하지 않았다. 이러한 불균형적 분포는 "천연의 실험"을 만들어 내었다. 생태학자들은 수달의 수가 서로 다른 유사한 서식지를 비교하였다. 연구자들이 발견한 바에 따르면 수달의 수가 많은 지역에서는 잘 발달된 해초 숲을 갖고 있었으며(그림 16-9a 참고), 수달이 없는 지역에서는 해초 숲이 거의 사라졌다. 해저에 고정되고 바닷물에 떠 있는 해초의 넓은 잎은 먹이와 은신처는 물론 다른 생물들의 다양한 공격으로부터 보호를 제공해주고 있어 열대 숲의 나무와 같은 역할을 한다. 분명하게도 수달과 해초 숲은 서로 연결되어 있는데 무엇이 연결고리로 작용하는가?

그 연결고리는 성게인 것으로 판명되었다. 이 가시가 있는 동물은 해초를 포함한 수중의 식물과 조류를 먹고 산다. 성게는 수달이 좋아하는 먹이인데 수달의 수가 많은 곳에서는 성게 개체군의 크기가 작다. 수달의 수가 적거나 없는 지역에서는 성게가 많아지고, 해초가 자라는 속도보다 더 빠른 속도로 해초를 소비하게 된다. 성게 개체군을 제한할 수 있을 정도로 수달이 충분한 지역에서만 해초 숲은 자란다.

수달의 중요한 생태계적 역할은 한 군집에서 몇 종류의 종이 심각하게 파괴되어지는 상황을 막는 기능이다. 그래서 1990년경 알래스카에 있는 수달의 개체군이 급격하게 감소하기 시작할 때 생태학자들은 경고의 목소리를 내게 되었다. 오늘날, 알래스카에 살고 있는 수달의 개체수는 1990년에 있었던 개체수의 10%보다도 적다. 예상했던 것처럼 해초 숲으로 덮여 있는 면적이 매우 크게 감소하였다. 알래스카의 수달에게는 무슨 일이 일어났는가? 이 장의 생태계 군집에 대하여 읽어보면서 이 질문에 대해 생각해보자. ■

## 22.1 군집 상호작용이 중요한 이유는?

생태계 군집은 생태계에서 상호작용하는 모든 개체군으로 구성되어 있다. 군집 내에 있는 개체군은 경쟁, 포식(기생 포함), 상리공생, 편리공생 등과 같은 여러 가지 방법으로 상호작용을 한다. 이러한 유형의 상호작용에서의 차이점은 상호작용이 이에 관여하는 생물들에게 해가 되는지 혹은 이익이 되는지에 따라 좌우된다(표 22-1).

### 군집 상호작용은 개체군 크기를 제한하는데 도움을 준다

군집을 형성하는 생물체들의 상호작용은 개체들의 공급원과 이들을 소비하는 개체수와의 균형에 달려 있다. 예를 들면, 27장에서 공부한 것처럼 포식과 경쟁과 같은 군집 상호작용은 개체군의 크기를 제한한다. 개체군들 중에서 균형을 유지하는 정교하게 조절되는 상호작용은 개체군들 중에서 오랫동안 지속되어 온 공존의 결과로서 발달되었으나, 그 균형은 깨어질 수 있을 정도로 연약하고 취약하다. 418-419쪽에서 "지구 경계: 외래침입

**표 22-1 군집 내에서의 상호작용**

| 상호작용의 유형 | 생물체 A에 대한 효과 | 생물체 B에 대한 효과 |
|---|---|---|
| A와 B 사이의 경쟁 | 손해 | 손해 |
| B에 대한 A의 포식 | 이익 | 손해 |
| A와 B의 편리공생 | 이익 | 영향 없음 |
| A와 B의 상리공생 | 이익 | 이익 |

*포식은 기생과 초식을 포함한다.

자"에서 설명한 것처럼 생태계 내에 존재하지 않았던 생물체를 유입시켰을 때 그러한 파괴가 특히 잘 일어난다.

### 군집 상호작용은 진화적인 변화에 영향을 준다

다른 개체군의 구성원들이 서로 상호작용을 할 때, 그들은 서로 생존과 번식할 수 있는 능력에 영향을 주게 된다. 군집 상호작용은 자연선택의 요인으로서 작용한다. 예를 들면, 포식자는 가장 공격하기 쉬운 피식자 개체군의 수에 피해를 주게 되며, 포식에 대항하여 더 좋은 방어능력을 가진 개체들은 유리해진다. 그래서 이러한 개체들은 더 잘 생존할 수 있으며, 더 많은 후손들을 남길 수 있으며, 그래서 시간이 경과하면서 포식을 피할 수 있는 선천적 특징들이 피식자 집단에서 더 흔해지게 된다. 동시에 피식자의 효과적인 방어능력이 더 증가하면 피식자의 방어를 잘 극복할 수 있는 포식자 개체군의 생존과 번식이 유리해진다. 피식자-포식자의 상호관계가 개체군의 크기를 제한하면서 상호작용하는 개체군의 신체와 행동이 변한다. 자연선택의 상호 요인으로 작용함으로써 상호작용하는 종들이 서로 서로의 진화에 영향을 주는 과정을 **공진화(coevolution)**라고 한다. 공진화를 일으키는 상호작용의 몇 가지 유형—경쟁, 포식, 공생—에 대하여 22.2, 22.3, 22.4절에서 각각 설명하겠다.

## 22.2 종들 사이에서의 경쟁의 효과는 무엇인가?

경쟁은 한 개체가 한 자원을 사용하거나 혹은 방어하여 다른 개체가 사용할 자원의 가용성을 줄이는 것이다. 생물체들은 불가피하게 같은 종의 다른 구성원과 경쟁하며, 또한 다른 종의 구성원들과도 경쟁한다. 다른 종과 경쟁할 때의 상호작용은 **이종간 경쟁(interspecific competition)**이라고 한다. 이종간 경쟁에서 자원에 대한 접근성이 둘 다 모두에게 줄어들게 되므로 각각의 종은 손해를 보게 된다(표 22-1 참고). 이종간 경쟁의 강도는 경쟁하는 종들의 필요성이 얼마나 유사한가에 달려 있다. 생태학자들은 이것을 경쟁의 정도는 경쟁하는 종들 사이에서 생태적 지위가 얼마나 중첩되는가의 강도에 달려 있다고 표현한다.

### 종들은 각각 생태계 내에서 독특한 지위를 갖는다

각각의 종들은 생활의 모든 면을 포함하는 독특한 **생태적 지위(ecological niche)**를 갖는다. 한 종의 생태적 지위는 그 생물이 살고 있는 서식지의 특별한 유형과 생존을 위해 필수적인 환경적 요인들과 영양원을 획득하는 방법 등을 포함한다. 종의 생태적 지위를 정의하는 요소들 중에는 생존할 수 있는 온도의 범위, 필요로 하는 수분의 양, 생명을 유

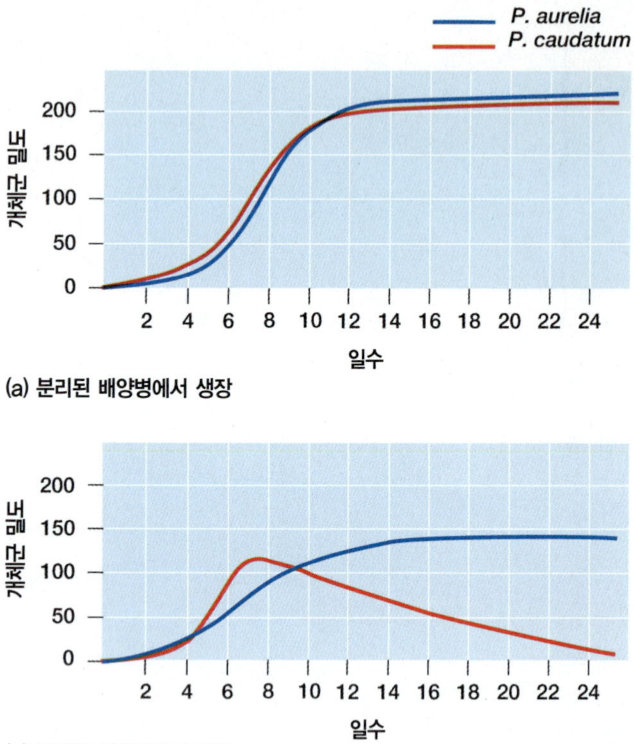


(a) 분리된 배양병에서 생장

(b) 동일한 배양병에서 생장

▲ **그림 22-1** **경쟁적 배제** (a) 일정하게 먹이를 공급받으면서 분리해서 자란 *Chthamalus*와 *Banalus*는 개체군이 초기에는 빠르게 자라고 나중에 안정적이 되는 전형적인 S자형을 나타낸다. (b) 두 종을 함께 키워서 동일한 생태적 지위를 갖게 했을 때 *P. aurelia*가 *P. caudatum*을 경쟁에서 이겨 *P. caudatum*은 죽어 소멸하게 된다. (존재를 위한 투쟁, *Baltimore: William & Willkins*, 1934, G. F. Gause. 내용을 변형하여 이용). **질문:** 도입된 외래종이 고유종에게 부여하는 위협에 대해 경쟁적 배제가 어떻게 기여하는가?

▲ **그림 22-2** **종간 경쟁은 공간적 분포에 영향을 미친다.** 다른 종으로부터의 경쟁 때문에 따개비가 조간대의 특정 지점 밖으로 확대되는 것을 막아준다.

지하는데 필요한 영양원의 유형 등이 있다. 한 동물종에서 본다면 먹이의 종류, 먹이를 먹는 시간대, 필요로 하는 은신처 등이 추가될 수 있다. 식물 종의 생태적 지위는 견딜 수 있는 pH의 범위, 필요로 하는 햇빛의 양, 필요로 하는 토양 영양분의 양 등이 포함된다. 한 종의 포식자, 피식자, 경쟁자들도 생태적 지위의 요소들로서 고려된다. 종합하면, 한 종의 생태적 지위는 생태계 내에서 어떻게 종들이 살아갈 수 있는지를 정의하는 모든 요소들의 조합인 것이다.

## 공존하는 종들의 생태적 지위는 절대 중복되지 않는다

다른 종들이 그들의 생태적 지위의 일부를 공유할지라도 두 생물체가 동시에 동일한 물리적 공간을 정확하게 차지하지 못하는 것처럼 두 종이 동일한 생태적 지위를 정확하게 같이 점유하는 경우는 없다. **경쟁 배제 원리(competitive exclusion principle)**라는 개념은 러시아 미생물학자인 가우스(G.F. Gause)에 의해 1934년에 만들어졌다.

가우스는 원생생물인 짚신벌레의 두 종, *P. aurelia*와 *P. caudatum*을 이용한 실험에서 경쟁적 배제를 증명하였다. 실험실 플라스크에서 분리하여 기르면서 먹이로 세균을 공급하여 주면 각 종은 잘 번창한다(그림 22-1a). 그러나 두 종이 같은 먹이를 먹게 하면 같은 플라스크의 같은 부위에서 먹이를 구하게 된다. 가우스는 두 종이 매우 유사하여 공존할 것이라고 가정하였다. 가우스가 두 종을 같은 플라스크에 넣고 수행한 실험에서 한 종(보통 *P. caudatum*)이 항상 죽었다(그림 22-1b). 가우스는 *P. caudatum*을 다른 종인 *P. bursaria*(플라스크에서 다른 먹이를 먹는 경향이 있다)로 대체하여 이 실험을 반복하였다. 이 경우 짚신벌레 두 종은 생태적 지위가 전혀 중첩되지 않아 무한정 공존할 수 있었다.

## 경쟁적 배제는 개체군이 어떻게 교란받는지 결정한다

자연적인 조건에서 경쟁적 배제를 연구하는 고전적인 방법은 생태학자인 죠세프 코넬(Joseph Connell)에 의해서 수행되었다. 코넬은 *Chthamalus*와 *Banalus* 속의 따개비를 이용하여 실험을 수행하였다. (따개비는 바위나 다른 표면 위에 영구적으로 부착하는 갑각류이다. 그림 22-2) 두 속은 조수에 의해 물에 잠기기도 하고 드러나기도 하는 해안지역인 조간대에 살고 있다. *Chthamalus*는 해안 위쪽에, *Banalus*는 해안 아래쪽에서 주로 살고 있는 것을 코넬은 발견하였다. 그가 *Banalus*를 긁어내었을 때 *Chthamalus* 개체군이 증가하여 경쟁자가 살고 있었던 지역인 아래쪽으로 퍼져 나갔다. 그래서 *Chthamalus*는 *Banalus*가 서식하던 지역에서도 분명하게 생존할 수 있다. 더 빠르게 자란 다는 측면에서 *Banalus*는 해안 아래 부분으로부터 *Chthamalus*를 경쟁적으로 배제시켰다고 코넬은 결론 맺었다. *Chthamalus*는 *Banalus*보다 더 건조한 곳을 잘 견딜 수 있기 때문에 높은 조수에만 물에 잠기는 더 건조한 위쪽에서 산다. 예에서 설명한 것처럼 종간 경쟁은 개체군의 분포(그리고 크기)를 제한할 수 있다.

## 종들은 지위 중복을 줄이는 방향으로 진화한다

생태학자인 로버트 맥아더(Robert MacArthur)는 야생에서 살고 있는 5종의

▲ **그림 22-3 생태적 지위가 중첩되는 것을 감소시키는 것** 북미에 살고 있는 5종의 솔새는 짙은 녹색으로 강조한 것처럼 각각 전나무의 다른 부위에 있는 곤충을 먹는다.

솔새를 관찰하여 경쟁적 배제의 효과를 증명하였다. 5종이 모두 같은 서식지에서 살고 있으며, 모두 곤충을 먹고 살며, 같은 전나무에서 둥지를 만들기 때문에 얼핏 보면 그들의 생태적 지위는 상당히 중첩되는 것으로 보인다. 그러나 맥아더는 각 종이 각각 나무의 특정한 부분에서 먹이를 찾고 있으며, 서로 다른 사냥 방법을 사용하고 있으며, 약간 다른 시기에 둥지를 트는 것을 발견하였다. 실제로 5종은 자원을 분할함으로써 생태적 지위가 겹치는 것을 감소시켜서 종간 경쟁을 감소시켰다(그림 22-3).

맥아더가 발견한 것과 같이 유사한 요구조건을 갖는 두 종이 공존할 때 이들이 혼자 존재할 때보다 더 적은 생태적 지위를 차지한다. 이 현상을 **자원분할(resource partitioning)**이라고 하는데 이는 생태적 지위가 겹치는 종들 사이에서의 공진화의 결과이다. 자연선택은 경쟁자가 더 적은 개체를 선호하기 때문에 경쟁이 있는 종은 경쟁적 상호작용을 줄이는 물리적이고 행동적인 특징들을 진화시키는 경향이 있다. 자원분할의 가장 극적인 사례는 다윈이 갈라파고스 군도에서 발견한 핀치새의 13종에서 볼 수 있다. 핀치새의 종들은 경쟁을 감소시키기 위해 부리 크기와 모양과 먹이습성을 차별화하는 방향으로 진화하였다(그림 13-5 참고).

## 22.3 포식자-피식자 상호관계의 효과는 무엇인가?

포식자가 피식자를 잡아먹을 때(그림 22-4) 한 종은 다른 종의 희생으로 이익을 얻는다(표 22-1 참고). 많은 포식자들이 그들이 먹는 생물을 죽이지만 **기생(parasites)**에서는

▼ **그림 22-4 포식** (a) 생토끼 (토끼와 유연관계가 높은 것)는 풀을 먹는다. (b) 긴 귀를 가진 박쥐는 나방을 사냥하기 위해 반향위치측정을 사용한다. (c) 참매는 작은 새를 잡아먹는다.

(a) 생토끼　(b) 긴귀를 가진 박쥐　(c) 참매

# 지구 경계

## 외래침입자

이리호 주변에 있는 도시인 미시간 주 먼로(Monroe)에 살고 있는 사람들은 얼룩말 홍합 때문에 고통을 겪고 있다. 홍합이 정수 처리장의 취수구 관 속에 자라면서 관을 막고 수돗물 공급을 차단하는 1980년대 말 이래로 먼로 주민들은 홍합을 관에서 제거하는데 수십만 달러를 지출하고 있다. 먼로 시의 문제는 단순하지 않다 — 즉 얼룩말 홍합은 5대호 주변에 아주 많이 있다(그림 E22-1a).

홍합은 어디에서 유래하였는가? 1980년대 어느 날, 유럽에서 온 화물선에서 휴런호와 이리호 사이에 있는 세인트 클레어호 속으로 담수를 쏟아 버렸다. 배가 대서양을 횡단하면서 바닥짐으로 사용하였던 그 물에는 밀입국자, 즉 수백만 마리의 얼룩말 홍합 유생이 들어 있었다. 피해와 흑해(유럽 남동부이 있는 큰 호수들)가 원산지일지라도 세인트 클레어 호수가 생존에 이상적인 조건을 갖고 있었다. 이제 5대양과 미시시피강과 오하이오강 유역의 모든 곳에 홍합이 서식하고 있으며, 동쪽 수계를 따라 확산되어 가고 있다. 현미경적 크기의 홍합 유생은 수백 마일의 수계를 따라 이동한다. 인치 크기로 자란 성체는 끈끈한 실 같은 것을 사용하여 지하수 표면, 즉 부두, 관, 기계, 수중 잔해, 심지어는 모래와 진흙 등의 표면에서 서로 부착한다. 그들은 물 없이도 며칠 동안 생존할 수 있기 때문에 작은 배에 붙어 있는 홍합은 다른 호수로 이동할 수 있으며, 그 곳에서 빠르게 번식하게 된다. 암컷 성체는 해마다 50,000개의 알을 낳으므로 홍합의 위협은 멈출 수 없는 것으로 입증되었다.

얼룩말홍합은 **외래종(exotic species)**인데 원래 존재하지 않았던 생태계 속으로 도입되었다는 것을 의미한다. 그러한 종은 새로운 환경에서 때때로 포식자나 기생체와 마주치지 않으므로 침입자가 되어 그들 개체군은 억제되지 않은 채 성장한다. 개체군이 폭발적으로 증가하면서 토착종을 대체하거나 경쟁하여 물리치거나 혹은 잡아먹음으로써 침입자가 생태계를 심각하게 파괴한다. 예를 들면 1890년대 미국 서부로 도입된 찌르레기와 참새는 둥지를 만들 때 경쟁함으로써 토착종인 박새를 대체하였다. 마찬가지로 북미의 불개미는 1930년대 목재 선적물 속에 들어 있다가 알라바마로 유입되어 남미 전체로 퍼져나갔다. 불개미는 다른 곤충, 새, 심지어는 작은 포유동물들을 대체하고 죽였다. 불개미 더미들은 농장을 황폐화시킬 수 있으며, 불 같은 느낌을 주도록 쏘는 것과 공격적인 기질은 뒷마당을 생물이 서식할 수 없는 지역으로 만들 수 있다. 또 다른 동물침입자는 매미나방인데 1866년 유럽으로부터 들어와서 지금까지도 북미의 과일과 숲의 나무에 심각한 위협이 되고 있다. 오늘날의 새로운 침입자인 아시아의 버드나무하늘소는 뉴욕과 시카고의 단단한 나무들을 먹어치우고 있다. 공무원들이 매미나방 이래로 숲에 가장 위협적인 것이라고 믿는 것은 1996년 경에 중국에서 선적된 나무로 된 깔판과 상자 속에 있다가 들어온 딱정벌레이다.

가장 지속적이면서 파괴적인 많은 외래종은 식물이다. 예를 들면 일본 덩굴손으로 알려진 칡은 1940년대 남미에서 침식을 막기 위해 광범위하게 심었다. 오늘날 칡은 지나치게 자라서 나무와 덤불을 죽이고 종종 작은 집까지 덮어버리는 가장 주요한 유해생물이 되었다(그림 E22-1b).

토착종을 밀어내는 침입하는 일부 식물종들은 매우 아름답다. 많은 침입종들이 재배되던 장소로부터 벗어나 새로운 생태계로 유입되도록 발판을 굳힌다는 것은 놀랄만한 일이 아니다. 예를 들면 부레옥잠이 남미로부터 장식용 식물로 도입되었는데 현재 남미에서 약 8,094 $km^2$의 호수와 수계를 막아서 선박 이동 속도를 느리게 하고 있으며, 자연 식생을 대체하고 있다. 마찬가지로 현재 많은 습지에서 우점하고 있는 보라색 꽃이 피는 털부처꽃도 모험심이 강한 정원사에 의해 의도적으로 도입된 것이다(그림 E22-1c).

일단 외래종이 고착되기 시작하면 야생생물을 관리하는 공무원들은 외래종을 공격하도록 포식자 혹은 기생생물을 유입시켜 풀어 놓음으로써 외래종을 통제하려고 한다. 그러나 생태계로 도입될 외래의 포식자나 기생생물이 토착종에게 예상하지 못한 재앙적 경과를 초래할지도 모르기 때문에 이러한 유형의 생물적 통제는 위험성이 매우 높다. 예를 들면 1958년에 포식성이 높은 플로리다달팽이(rosy wolf snail) (그림 E22-1d)를 또 토착색생을 위협하고 있었던 또 다른 외래종인 거대 아프리카달팽이를 제거하기 위해 하와이에 도입하였다. 플로리다달팽이는 거대아프라

포식자가 피식자 즉 **숙주(host)**의 외부나 혹은 내부에 살면서 피식자를 죽이지 않은 채 먹고 산다. **초식동물(herbivores**, 식물을 먹고 사는 동물)은 그들이 먹고 사는 피식자를 죽이지 않는 포식자이다.

### 포식자와 피식자의 공진화

생존하기 위해 포식자는 잡아먹어야 하고, 피식자는 먹이가 되는 것을 피해야 한다. 따라서 포식자와 피식자 개체군들은 서로서로 강력한 자연선택을 행하게 된다. 피식자는 잡기가 더 어려워지고, 포식자는 더욱 사냥에 능숙해지고, 포식자가 능숙해지면서 피식자는 더 잘 피해야만 한다. 공진화는 치타와 영양 먹이에게 속도와 위장을 갖게 하였다. 매는 예리한 시력을 갖게 되었고, 화살독개구리와 산호뱀은 독과 밝은 경고색을 갖게 되었다.

박쥐와 나방은 어떻게 물리적 구조와 행동이 공진화에 의해 변형되는지를 보여주는 매우 우수한 사례이다. 박쥐의 대부분은 반향위치측정에 의해 곤충 먹이를 향해 날아가서

▶ **그림 E22-1** **외래종** (a) 사람들이 정수장 내부에 붙어 있는 얼룩말홍합에 뜨거운 물을 분사하고 있다. (b) 일본덩굴손인 칡이 빠르게 나무와 심지어는 집을 덮고 있다. (c) 꽃이 아름답기는 하지만 보라색 털부처꽃은 북미에서는 외래종이다. (d) 플로리다달팽이를 유입시킨 것은 여기 사진에서 잡아먹히고 있는 하와이의 토착달팽이에게는 대재앙이 되었다.

(a) 얼룩말홍합

(b) 칡

(c) 보라색 털부처꽃

(d) 플로리다달팽이

카달팽이에는 해를 입히지 않고, 오히려 많은 토착 달팽이를 잡아먹어 이것들이 멸종될 위기에 처했다.

외래종을 통제하기 위해 포식자나 기생생물을 도입하는 것은 위험성이 높음에도 불구하고 외래종을 제거하기 위한 독약을 토착종도 죽이기 때문에 다른 대안이 거의 없는 경우들도 있다. 과거의 대재앙으로부터 교훈을 얻은 생물학자들은 최근 도입이 제안된 포식자나 기생생물이 목표로 한 외래종만을 공격하는지를 확신하기 위해 매우 면밀하게 조사한다. 예를 들면, 남미로부터 도입된 초파리의 애벌레는 불개미만을 선택적으로 먹기 때문에 최근 남미에 유입시키고 있다.

생태학자들은 6,500종 이상의 외래종이 미국에 있다고 추측하고 있다. 파괴적인 외래종을 통제하는 데 소요되는 비용은 이들에 의해 파괴된 비용까지 포함하여 미국에서 1년에 1,200억 달러 이상으로 여겨진다. 천 년 동안의 공진화에 의해 이루어진 확인과 조화를 침해함으로써 외래종은 전 세계에 존재하는 자연생태계를 엄청나게 황폐화시키고 있다.

공격하는 야행성 사냥꾼이다. 그들은 아주 높은 고주파를 방출하고, 반향되어 돌아오는 반사파를 분석하여 주위의 사물을 영상화한다. 이렇게 피식자 탐지 시스템에 반응하여 어떤 나방종(박쥐가 선호하는 먹이)은 반향위치측정에서 사용되는 주파수에 특히 민감한 귀를 진화시켰다. 나방이 박쥐의 소리를 들으면 산만하게 날거나 땅으로 떨어지는 모습으로 회피행동을 취한다. 박쥐는 나방이 인지할 수 있는 음파의 주파수 범위를 벗어나도록 변형하여 이러한 방어에 대응하였다. 어떤 나방은 자신만의 고주파 소리를 만들어 박쥐의 반향위치측정을 방해하는 방법을 진화시켰다. 이에 반응하여 소리를 내는 나방을 사냥하기 위해 박쥐는 잠시 음파를 끄고 나방의 소리에 집중한다.

다음 부분에서 포식자-피식자 진화의 예들을 살펴보겠다.

## 위장은 포식자와 피식자를 은폐시킨다

포식자와 피식자는 주변을 닮아가도록 색깔, 무늬, 형태를 진화시켰다. **위장(camouflage)**

(a) 위장된 물고기

(b) 위장된 새

▲ **그림 22-5** **혼색에 의한 위장** (a) 넙치는 모래와 매우 유사한 얼룩덜룩한 색을 가진 납작하며 바닥에 살고 있는 해양 어류이다. (b) 브라질에 있는 둥지에 살고 있는 쏙독새는 주변의 나뭇잎 사이에서 거의 보이지 않을 정도이다.

이라는 이러한 변장은 동물들이 식물 사이에 있을 때 동물들을 눈에 띄지 않도록 한다(**그림 22-5**). 위장된 피식자 동물은 잎, 나뭇가지, 해조류, 가시 심지어는 새의 배설물과 닮아 있다(**그림 22-6**). 그러한 동물들은 숨는 것이 필요할 때에는 움직이지 않는 상태를 유지한다: 새의 배설물이 움직인다면 눈에 잘 띄게 되지 않겠는가.

또한 포식자도 위장될 수 있다. 예를 들면, 점무늬가 있는 치타가 초원에서 동물들을 보고 있을 때 눈에 띄지 않는다(**그림 22-7a**). 빨간씬벵이는 조류가 없는 바위모양과 매우 유사하여 바위 위에서 움직이지 않은 채 윗입술에 작은 미끼를 매달고 있다(**그림 22-**

(a) 위장된 나방

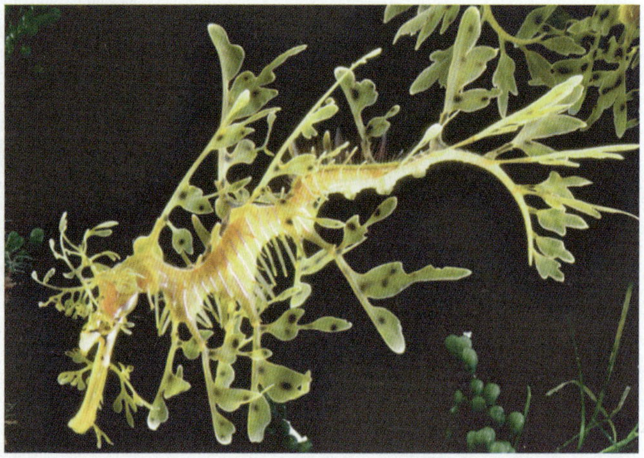

(b) 위장된 어류

(c) 위장된 뿔매미

▲ **그림 22-6** **특이한 물체를 닮은 모습에 의한 위장** (a) 새의 배설물과 닮은 색깔과 모양을 갖고 있는 나방. (b) 잎모양해마(오스트리아 물고기)는 몸을 숨기는 조류를 모방한 몸의 확장돌기들을 발달시켰다. (c) 플로리다뿔매미는 나뭇가지 위에 있는 가시의 모양을 모방함으로써 몸을 피한다.

7b). 작은 포식자 어류는 먹이를 얻을 수 있다고 기대하고 미끼를 보고 접근한다. 대신에 그들이 먹이가 된다.

## 밝은색은 위험의 경고이다

위장된 동물과는 반대로 일부 동물들은 밝고 잘 인식되는 **경고색(warning coloration)**을 진화시켰다. 경고색을 가진 동물들은 보통 맛이 없으며, 많은 것이 독을 갖고 있다(그림 22-8). 분명하게도 동물이 독을 갖고 있으면 잠재적인 포식자가 먹이를 먹으려고 하기 전에 위험한 피식자로 인식하게 되므로 방어적 가치가 높아진다. 포식자는 실수로부터 학습을 한다: 한 번의 불쾌한 경험은 포식자가 유사한 색깔을 띤 먹이는 앞으로 피하게 될 정도로 충분하다.

## 일부 생물체는 의태를 통하여 보호를 얻는다

**의태(mimicry)**는 어떤 종이 다른 종을 닮도록 진화한 것이다. 의태는 적응의 결과로서 포식자에 대한 보호를 추가적으로 확보하는 피식자 생물체에서 보통 나타나는 현상이다. 여러 가지 측면에서 이점을 얻을 수 있다.

- 해가 없는 동물들이 독을 갖고 있는 동물들을 모방하도록 진화하여 독을 피하려는 포식자에 대한 방어를 획득한다. 예를 들면, 해가 없는 진홍색 왕뱀은 치명적인 산호뱀의 밝은 경고색을 의태하였기 때문에 포식자를 피할 수 있다(그림 22-9a, b).
- 맛이 없는 어떤 종은 포식자가 다른 종과의 사이에서 얻은 고통스러운 경험을 이용하기 위해 다른 맛없는 종을 닮도록 진화한다. 공통의 색깔을 갖는 무늬는 포식자가 빠르게 학습하도록 하여 유사한 색깔을 갖고 있는 모든 종에 대한 포식을 감소시킨다. 예를 들면, 포식자는 호박벌, 말벌을 닮은 눈에 띄는 줄무늬를 가진 곤충은 피하게 된다. 마찬가지로 독이 있고 맛이 없는 왕나비는 아주 맛이 없는 줄나비와 날개 무늬가 놀랄 만큼 닮아 있다(그림 22-9c, d).
- 피식자들이 포식자를 의태하여 진화하기도 한다. 이러한 유형의 의태로 놀랄만한 사례로는 파리잡이거미에 의해 먹이감이 되는 스노우베리파리에서 잘 보이고 있다. 파리가 접근해 오는 거미를 인지하면 날개를 펴고 경련을 일으키는 것과 같은 춤을 추면서 앞뒤로 움직인다. 이러한 모습을 보는 거미는 해가 없는 파리로부터 도망을 가게 한다. 왜 그럴까? 파리의 날개는 다른 파리잡이거미의 모습과 아주 닮았다. 파리가 경련을 일으키는 것과 같은 운동을 하는 것은 다른 거미가 자신의 영역을 침범했을 때의 행동과 닮았기 때문이다(그림 22-10). 자연선택은 파리잡이거미에 의한 포식을 피하기 위해서 파리의 행동과 외양 모두를 잘 조절한 셈이다.
- 어떤 피식자는 포식자를 산란하게 하여 피식을 방해하는 유형인 **위협색(startle coloration)**을 진화시켰다. 예를 들면, 일부 곤충들과 척추동물들을 포함한 어떤 동물들은 훨씬 큰 동물의 눈과 아주 유사한 색깔의 패턴으로 진화하였다(그림 22-11). 포식자가 접근해오면 피식자는 갑자기 안점을 번쩍거리면서 포식자를 놀라게 하면서 포식자를 피하게 한다.

(a) 위장된 치타

(b) 위장된 빨간씬벵이

▲ 그림 22-7 **위장은 포식자를 돕는다.** 피식자는 (a) 치타와 (b) 빨간씬벵이와 같은 위장된 포식자를 인지하기 어렵게 만든다.

▲ 그림 22-8 **경고색** 남미의 독화살개구리는 맛이 없다는 것과 밝고, 대조적인 색깔 형태를 가진 독이 있는 피부를 광고한다.

(a) 산호뱀(독이 있는)

(b) 진홍색왕뱀(독이 없는)

(c) 왕나비(맛이 없는)

(d) 줄나비(맛이 없는)

▲ 그림 22-9 **경고색** (a) 위험한 동물들은 해가 없는 것들 (b)에 의해 의태된다. 맛이 없는 곤충들의 다른 종들이 서로 닮는 의태로 이익을 얻는다.

(a) 뛰고 있는 거미(포식자)

(b) 스노우베리 파리(피식자)

▲ 그림 22-10 **시각적이고 행동적인 의태** (a) 포식자의 외양과 행동은 피식자 (b)에 의해 의태된다.

(a) 헛눈개구리

(b) 공작나방

(c) 호랑나비 유충

▲ 그림 22-11 **위협색** (a) 헛눈개구리는 위험할 때 큰 포식자의 눈을 닮은 엉덩이를 들어 올린다. (b) 트리니다드의 공작나방은 위장이 잘 되어 있는데 포식자가 접근해 오면 큰 눈을 닮은 점이 보이도록 날개를 편다. (c) 호랑나비 유충의 포식자는 뱀과 닮은 모습 때문에 방해를 받는다. 유충의 머리가 뱀의 코를 닮았다는 것을 주의해서 보라.

## 일부 동물 포식자와 피식자는 화학전쟁에 참여한다

일부 포식자와 피식자들은 모두 공격과 방어를 위한 독성 화학물질을 진화시켰다. 아마도 그러한 화학물질 중에서 가장 잘 알려진 사례는 거미와 뱀이 먹이를 마비시키고 포식을 방해하기 위해 사용하는 독이다. 어떤 오징어, 문어, 나새류와 같은 연체동물들은 공격을 받으면 먹물을 방출한다. 이러한 화학적 연막은 포식자를 혼란스럽게 하고 피식자가 도망하는 것을 보지 못하도록 한다.

화학적 방의의 극단적인 예는 폭탄먼지벌레에서 볼 수 있다. 개미가 물면 이 곤충은 복부 주머니에 있는 특수한 샘에서 분비물을 방출한다. 효소는 폭발적인 화학적 반응을 일으켜 공격자에게 끓는 것처럼 매우 뜨겁고 독성이 있는 분사를 내뿜게 된다(**그림 22-12a**).

## 식물은 초식동물에 대항하여 방어한다

동물보다도 심지어는 더 뛰어난 수준으로 식물은 초식성의 포식자를 방해하기 위한 화학적인 적응을 진화시켰다. 특히 많은 식물들은 독성이 있고 맛이 없게 만드는 화학물질들을 생성한다. 예를 들면 층층이부채꽃은 유충이 싹을 먹고 자라는 청띠신선나비의 공격을 방해하는 화학물질을 생성한다. 식물이 방어를 위해 생성하는 많은 화학물질들은 사람에게 유용한 것으로 판명되었다. 이의 예로서는 카페인과 같은 자극물질, 모르핀과 같은 진

(a) 폭탄먼지벌레

(b) 제주왕나비 유충

◀ 그림 22-12 **화학전** (a) 폭탄먼지벌레는 다리를 조여서 뜨겁고 독성이 있는 분사를 방출한다. (b) 제주왕나비 유충은 강력한 독소를 갖고 있는 유액을 분비하는 식물을 먹는다. **질문:** 왜 유충은 그렇게 밝은 색깔을 띠는가?

## 사라지는 수달의 사례

**계속**

포식에 대해 방어하는 화학물질은 식물과 동물들에게 한정되지 않는다: 많은 곰팡이와 원생생물들도 화학적인 방어체계를 진화시켰다. 화학방어물질을 갖고 있는 원생동물들 중에는 해저에서부터 자라서 긴 잎을 갖고 있으면서 해초 숲을 이루는 해조류들이 있다. 해조류의 잎은 포식자인 성게를 포함한 포식자들이 맛이 없게 느끼게 하는 화학물질을 갖고 있다.

남부 캘리포니아의 해안가에 살고 있는 해조류들은 북부지역 바다에서 살고 있는 해조류보다 더 높은 농도의 방어능력이 있는 화학물질을 갖고 있다는 것을 생물학자들은 발견하였다. 그 차이점으로 북부지역보다 남부 캘리포니아에 있는 해조 숲은 수달의 개체군이 감소할 때 그렇게 큰 재앙에 처하지 않게 된다. 강한 화학적 방어 능력과 함께 남부지역 해조류는 성게의 개체군이 폭발함으로써 가해지는 포식을 더 잘 견딜 수 있는 장치를 갖고 있다.

통제, 아스피린 및 항암제 택솔 등이 있다. 오늘날 사용하고 있는 의약품의 반 정도가 식물로부터 유래하였다.

또한 식물들은 먹기 쉬운 부분들을 단단하게 만드는 화합물을 생성함으로써 자신을 보호한다. 예를 들면, 많은 초본식물들이 잎을 질기게 하고 유리처럼 빛나게 하는 물질을 갖고 있는데 그래서 풀잎은 큰 초식동물들도 뜯어 씹어 먹기에 어렵다. 다른 식물종들은 가시와 두꺼운 나무껍질과 같은 구조를 갖고 있어 포식을 방해한다.

### 초식동물은 식물 방어를 극복하기 위해 적응한다

초식성 포식자들은 식물의 화학적인 방어와 함께 진화하였다. 예를 들면, 초본의 저항성이 강한 잎들은 풀을 먹는 동물들에게서 강하고, 잘 갉아먹을 수 있는 이빨과 강한 턱을 진화시켰다. 마찬가지로 어떤 곤충들은 많은 식물 조직에 있는 독성이 있는 화학물질을 해독하거나 혹은 사용하기 위해 매우 효과적인 방법들을 진화시켰다. 실제로 거의 모든 식물의 독은 적어도 한 종류 이상의 곤충이 먹을 수 있다. 예를 들면 제왕나비는 금관화에 알을 낳는다(**그림 22-12b**). 애벌레는 금관화의 독을 잘 견딜 수 있을 뿐만 아니라 체내에 독을 저장하여 자신의 포식자에 대항하는 방어물질로 활용하기도 한다. 저장된 독은 탈피한 제왕나비까지도 남아 있다.

## 22.4 공생은 무엇인가?

**공생(symbiosis)**은 여러 종의 생물체들 사이에서 친숙하게 오랫동안 유지된 상호작용이다. 공생적 관계에서 한 종은 항상 이익을 얻지만 다른 종은 영향을 받지 않거나 혹은 해를 입거나 혹은 관계에 의해 도움을 받게 된다.

### 편리 공생적 상호작용에서 한 편은 이익을 얻고 다른 편은 영향을 받지 않는다

한 종은 이익을 얻지만 다른 종은 전혀 이익도 없으며, 해도 없는 공생적 상호작용을 편리공생(commensal)이라고 한다. 예를 들면, 고래의 피부에 부착한 따개비는 영양분이 있는 물속을 따라 이동할 수 있는 이득이 있지만 고래는 아무런 형향을 받지 않는다. 마찬가지로 사람의 창자 속에서 서식하고 있는 많은 세균종은 창자 속에 살면서 보호를 받으며 영양분이 충분한 조건에서 살고 있지만 숙주에게는 도움도 안 되며, 또한 피해도 주지 않는다. 그러나 분명하게 편리공생적 상호작용이 실제로 약간의 이익이 있거나 혹은 피해를 줄 가능성을 배제하기는 어려우며, 일부 생물학자들은 진정한 편리공생은 없을 것이라고 주장하기도 한다.

### 기생적 상호작용에서 한 편은 이익을 얻지만 다른 편은 해를 입는다

기생적(parasitic) 상호작용에서 한 생물체는 다른 생물체에서 먹고 살면서 이익을 보게 된다. 기생체는 그들의 숙주 내부에서 살거나 외부에서 살면서 피해를 입히거나 혹은 허약하게 만들지만 숙주를 즉시 죽게 하지는 않는다. 기생체는 일반적으로 숙주보다 훨씬 작고 수는 더 많다. 공생하는 기생체에는 촌충과 벼룩을 비롯하여 병원성 원생생물, 곰팡이, 세균, 바이러스 등이 있다.

다른 포식자-피식자 상호작용처럼, 기생체-숙주 상호작용은 공진화적 변화를 일으키는 강력한 원천이다. 상호선택의 효과는 인간의 면역체계의 정확성과 복잡성에서 분명하게 나타나고 있으며(22장 참고), 병원성 기생체가 면역체계에서 살아남는 적응과정에서도 잘 나타나고 있다. 예를 들면, 말라리아를 발병시키는 원생생물을 생각해보라. 이 기생체는 사람의 혈구세포 내부에서 성장한다. 일반적으로 적혈구 세포는 몇 달 동안 수명을 유지한 후 지라에서 파괴된다. 적혈구의 파괴는 말라리아 병원체도 죽이게 되지만, 병원체가 감염된 적혈구 세포의 표면에 단백질 돌기를 돌출시키면 기생체는 혈관의 벽에 단단하게 붙어 있을 수 있어서 지라로 밀려들어 가지 않게 되어 죽지 않게 된다. 면역체계는 혈구 세포에 있는 외래 단백질을 인지하여 공격하게 된다. 그러나 말라리아는 그러한 방어에 대항하는 다른 방법을 진화시켰다. 혈관벽에 부착하는 끈끈한 단백질은 수천 종류를 생산할 수 있다. 면역체계가 한 가지 종류를 인지하게 되면 기생체는 이미 다른 단백질로 전환되어 있다.

## 상리 공생적 상호작용에서 양쪽 모두 이익을 얻는다

양쪽 모두 이익을 얻는 공생적 상호작용을 **상리공생**(mutualistic)이라고 한다. 예를 들면 일부 조류와 곰팡이가 형성하는 상리공생 관계가 매우 친밀하여 결과적인 구조가 지의류라고 하는 한 가지 생물체로 나타난다(**그림 22-13a**). 지의류 속에서 곰팡이는 광합성을 하는 조류를 위해 지지와 보호를 제공하며, 조류는 곰팡이에게 영양분을 제공한다.

(a) 지의류

(b) 박각시나방

▲ **그림 22-13** **상리공생** (a) 밝은 색깔을 띠는 지의류는 조류와 곰팡이가 공생하는 상리공생적 관계이다. (b) 박각시나방의 주둥이의 크기와 모양은 꿀을 먹고 가루받이시키는 꽃의 크기와 형태가 잘 조화되어 있다.

### 동물과 식물은 미생물과 상리공생적 상호작용을 이루고 있다

많은 동물은 소화기관에 살고 있는 미생물과 상리공생적 관계로부터 이득을 얻고 있다. 예를 들면, 섬유소를 분해하는 효소가 없는 동물들이 있는데 소, 말, 토끼, 흰개미 등과 같은 동물들은 그들의 창자 속에 살고 있는 섬유소를 분해할 수 있는 원생생물이나 세균의 도움으로 잎과 나무와 같이 섬유소를 함유하고 있는 식물조직을 소화시킬 수 있다. 동물과 미생물의 관계에서 동물은 미생물에게 안정적인 서식장소와 영양분 공급을 제공하며, 미생물은 섬유소를 동물이 흡수할 수 있는 당 분자로 분해시킨다.

식물도 미생물과의 상리공생 관계로부터 이득을 얻는다. 예를 들면, 식물과 어떤 곰팡이들은 곰팡이 몸이 식물을 뚫고 들어가 뿌리와 뒤엉켜 있는 **균근**(mycorrhizae)을 구성한다. 곰팡이는 식물이 광합성하여 생성한 당을 획득하며, 식물은 곰팡이가 토양으로부터 흡수한 무기영양소를 획득한다. 다른 상리공생으로는 콩과식물 뿌리에서 특수한 공간을 형성하여 살고 있는 질소고정박테리아와 콩과식물 사이에서의 상호작용이다. 이 세균은 식물로부터 양분과 서식처를 제공받으며, 대신에 식물이 사용할 수 있는 형태로 많은 질소를 전환한다.

### 상리공생이 모두 공생적 관계는 아니다

종들 사이에서 일어나는 많은 상리공생적 상호작용이 오랫동안 친밀하게 유지된 상리공생을 포함하는 것은 아니다. 예를 들면, 많은 꽃식물들은 꽃이 핀 상태에서만 찾아오는 동물에 의해 가루받이가 된다. 곤충, 벌새, 박쥐와 같은 이러한 동물 꽃가루매개자는 꽃에서 만들어진 영양가 높은 꿀을 먹기 위해서 식물을 찾아온다. 동물이 꽃을 탐사하면서 꽃의 꽃가루가 동물의 몸에 붙게 된다. 이어서 다른 식물로 옮겨가면 이동된 꽃가루가 (정세포를 포함하고 있는) 꽃의 암컷 생식기관에 떨어지고, 내부에 있는 알세포와 수정된다.

식물과 꽃가루 매개자 사이에서의 상리공생 관계에서 식물은 꽃가루 이동을 얻게 되고, 꽃가루 매개자는 영양분을 얻게 된다. 그러한 상호작용에서 꽃은 꽃가루 매개자한테 특별하게 눈에 띄고 유인할 수 있도록 색깔, 향기, 모양을 진화시켰으며, 꽃가루 매개자는 꿀을 먹기에 적합한 구조와 행동을 진화시키는 공진화 관계가 이루어졌다(**그림 22-13b**).

▲ **그림 22-14** **중추종** 불가사리는 북서태평양의 바위 해안의 중추종이다.

## 22.5 중추종은 무엇인가?

종 사이에서 일어나는 여러 종류의 상호작용에서 두 종 사이에서 일어나는 상호작용에 집중하여 설명하였다. 군집 내에서 각각의 종이 많은 상호작용에 참여한다는 것을 이해하는 것은 중요하다. 한 종은 여러 종류의 피식자들을 먹고사는 다른 포식자들에 대해서 포식자가 되며, 다른 종들과 경쟁하며, 또한 일부 상리공생적 관계에도 참여한다. 우리가 사례로 들은 종들이 상호작용하는 종이 다른 종들과 다른 방법으로 상호작용을 하게 된다. 그래서 군집은 무수하게 많은 군집의 상호작용의 복잡한 그물을 구성한다. 상호작용의 그물은 군집에 개체군의 집합 이상의 복잡한 특성을 갖게 한다.

일부 군집에서는 **중추종(keystone species)**이 군집의 구조를 결정하는 주요한 역할 — 즉, 군집 내에서 이 종이 차지하고 있는 비율을 능가하는 정도의 역할을 한다. 만약 중추종을 제거한다면 군집 구조는 급격하게 변한다. 이 장의 앞부분에서 설명했듯이 수달은 중추종의 사례이다: 수달을 제거하면 해조 숲 생태계의 파괴가 야기된다. 다른 사례는 워싱턴의 바위가 많은 조간대 해안 지역에서 포식자인 불가사리를 제거하는 실험을 통하여 생태학자인 로버트 파인(Robert Paine)에 의해 발견되었다(**그림 22-14**). 불가사리가 제거된 지역에서 홍합(불가사리가 좋아하는 연체동물)은 그 수가 너무 많아져서 정상적으로는 조간대 군집에서 공존하던 다른 종들을 대체하였다.

불가사리와 수달과 같은 많은 중추종들의 중요성은 포식자로서의 그들의 역할에 기인한다. 그러나 중추종의 위치는 또한 다른 종류의 상호작용에 기인할 수도 있다. 예를 들면, 딱따구리의 먹이 습성은 미국 서부의 산림군집에서 중추종이 되게 한다. 딱따구리는 살아있는 나무에 구멍을 뚫어 수액을 먹고 산다: 딱따구리에 의해 노출된 수액은 수액이 없으면 감소하거나 혹은 사라지게 될 다른 많은 조류, 포유류, 곤충에게 주요한 영양 공급원이 된다. 추운 남극바다에서는 크릴이라는 작은 새우와 같은 동물이 먹이로서의 역할 때문에 중추종으로 작용한다: 크릴은 고래, 바다표범, 펭귄, 바다의 새와 물고기, 오징어의 주요한 먹이이다. 만약 크릴이 사라지면 남극지방의 동물의 전체 그물이 사라질 것이다.

### 사라지는 수달의 사례

**계속**

많은 경우 한 종이 갖는 중추종으로서의 지위는 군집에서 종들이 사라졌을 때에만 나타난다. 예를 들면, 사냥으로 수달이 대량으로 죽었을 때까지 수달이 없이는 해조 숲이 존재할 수 없다는 것을 생태학자들은 몰랐다.

## 22.6 오랜 세월에 거쳐 군집은 어떻게 되는가?

군집을 구성하는 특정 종과 상호작용은 장소에 따라 다양하며 어떤 한 장소라고 하더라도 시간에 따라 다양하다. 시간이 경과하면서 군집의 구성이 바뀐다. 어느 정도 예상할 수 있는 순서에 따라 군집의 단계들이 교체되기 때문에 이러한 점진적인 변화과정을 **천이(succession)**라고 한다. 예를 들면, 담수성 연못과 호수는 시간에 따라서 일련의 변화를 거치게 되는데 처음에는 늪으로 변하고 최종적으로는 마른 육지가 된다. 해안가의 모래언덕은 식물이 계속 자라면서 안정화되다가 결국은 숲이 되는 변화과정이 일어나게 된다. 다른 환경은 다른 특정적인 천이과정을 갖는다.

우리는 사건들이 기존의 군집을 자주 교란시키기 때문에 천이를 관찰할 수 있다. 화산폭발은 식물의 군집화가 일어날 수 있는 새로운 육지를 만들거나 혹은 새로운 생물들이 빠르게 침투할 수 있는 영양분이 풍부한 환경을 만든다(**그림 22-15**). 기존의 군집을 파괴하는 산불은 영양분을 형성하여 빠르게 천이가 일어날 수 있는 조건을 만든다.

천이과정 동안에 일어나는 특정한 변화는 천이가 일어나는 환경에 따라서 다양하지만 대부분의 천이는 전체적으로 동일한 유형을 따르게 된다. 천이는 **개척자(pioneer)**라고 하는 몇몇 튼튼한 참임자에 의해 시작되며, 만약 교란되지 않는다면 천이의 종착점인 다

(a) 화산폭발 직후의 세인트 헬렌스 산 (b) 20년 후

◀ **그림 22-15 교란 후 새로운 생명의 출현** (a) 1980년 5월 18일 위싱턴 주의 세인트 헬렌스 산의 폭발로 주변 소나무 숲 생태계가 황폐화되었다. (b) 20년 후 한때 벌거숭이가 된 지역에서 생명이 솟아나고 있다.

양하고 비교적 안정적인 **극상(climax community)**으로 진행한다.

다음 부분에서는 주로 식물종을 중심으로 설명하고자 한다. 그러나 식물종이 서로 대체되면서 동물, 곰팡이, 미생물의 변화하는 집합을 위한 먹이와 서식지를 제공하게 된다.

## 천이에는 주요한 두 가지 유형이 있다

천이는 두 가지 주요한 형태를 취한다: 1차천이와 2차천이. 이전에 생물군집 존재하였던 흔적이 전혀 없는 벌거숭이의 바위, 모래, 빙하가 휩쓸고 지나간 곳, 혹은 다른 장소에서 생긴 작은 자국에서부터 시작하는 천이를 **1차천이(primary succession)**라고 한다. 예를 들면 산불이 나거나 혹은 경작지를 방치한 경우 등 기존에 존재했던 생태계가 피괴된 후 시작되는 천이는 **2차천이(secondary succession)**라고 한다. 1차천이는 서서히 일어난다: 생물이 전혀 살지 않았던 장소에서 군집을 형성하는 데에는 수천 년 혹은 수만 년이 걸린다. 이차천이는 기존에 존재했던 군집의 흔적이 토양이나 종자의 형태로 남겨져 있기 때문에 훨씬 더 빠르게 진행된다.

### 1차천이는 벌거숭이 바위에서 시작할 수 있다

그림 22-16은 바위로 덮여 있는 북부 섬에서 진행되는 천이를 보여주고 있다. 천이는 빙하작용이나 혹은 용암이 식어서 형성된 벌거숭이 바위에서 시작된다. 시간이 지나면서 바람, 비, 얼었다 녹았다를 반복하는 순환 등은 바위에 변화을 일으킨다. 변화는 틈을 형성

◀ **그림 22-16 1차천이** 미국 북부의 북쪽 부뷰에 있는 벌기숭이 바위에서 시작한 수천 년에 걸려 진행된 변화.

▲ **그림 22-17** **2차천이** 방치된 남동부 경작지에서 시작된 200년에 걸쳐 일어난 변화.

하게 되고 또한 식물에게 영양분이 되는 무기염류를 방출한다.

변화된 바위는 지의류가 정착할 수 있는 장소를 제공한다. 지의류는 광합성 작용으로 영양분을 생성하고 식물이 분비하는 산에 의해 바위들이 녹아 무기질을 얻을 수 있다. 개척자인 지의류가 바위 위에 퍼져나가면서 가뭄에 내성이 있고, 햇빛을 좋아하는 이끼류들이 틈에서 자라기 시작한다. 지의류에 의해 바위로부터 방출된 영양분에 의해 환경이 보강되면서 이끼류는 조밀한 매트를 형성하고 먼지, 작은 바위조각, 유기물 잔해 덩어리들이 빠져나가지 못하게 한다. 이끼층은 스펀지처럼 수분을 머금게 된다. 죽은 이끼가 분해되면서 영양분 조합들은 점점 더 증가한다.

이끼층 내에는 스킬라와 서양톱풀과 같은 좀 더 큰 식물들이 발아한다. 후에 이 식물들이 죽고 사체는 토양층을 두텁게 만드는데 기여한다. 결국 블루베리와 노간주나무와 같은 목본 관목이 새롭게 형성된 토양에서 자란다. 관목이 자라면서 이끼류와 지의류는 햇빛을 받지 못하게 되고 부식하는 잎이나 식생에 묻히게 되어 사라진다. 궁극적으로 뱅크스소나무나 가문비나무, 사시나무와 같은 나무들이 더 깊은 틈에 뿌리를 내리게 되고 햇빛을 좋아하는 관목은 사라지게 된다. 새롭게 형성된 숲에서는 발삼전나무, 자작나무, 흰가문비나무 등과 같이 잘 자라서 키가 큰 음지성 수목들이 번성한다. 시간이 지나면서 이 나무들은 키가 더 커져서 음지에 견딜 수 없는 최초의 수목들을 대체한다. 수천 년이 지난 다음 키가 큰 극상의 숲은 한때 벌거숭이였던 바위에서 번성하게 된다.

### 방치된 농장은 2차천이를 진행한다

**그림 22-17**은 미국 남동부에서 있는 방치된 농장에서 진행된 2차천이를 보여주고 있다. 개척자 종은 바랭이, 돼지풀, 수영과 같은 빨리 자라는 1년생 초본들(한 번의 생장 계절 동안에만 사는 종)인데 기존의 비옥한 토양에서 싹이 터서 햇빛을 직접 받고 번성하게 된다. 수년이 경과한 다음 블랙베리와 같은 관목과 함께 과꽃, 미역취, 잔디 등과 같은 좀 더 오래 사는 다년생 식물들이 침입한다. 이러한 식물들은 빠르게 증식하면서 다음 수십 년 동안 우점을 유지하게 된다. 궁극적으로는 이들도 소나무를 비롯하여 빠르게 자라는 튤립나무와 풍과 같이 바람에 날린 종자로부터 싹이 트는 활엽수에 의해 대체된다. 이 나무들은 약 25년 동안 우세하게 되며, 소나무 숲은 나머지 백 년 동안 그 지역에서 우점하게 된다. 한편 떡갈나무와 히커리와 같은 서서히 자라는 음지성 활엽수가 소나무 아래에서 뿌리를 내린다. 처음 한 세기가 지난 다음 이러한 활엽수들은 키가 크게 자라서 소나무를 가리기 시작하며, 결국 소나무는 햇빛 부족으로 죽게 된다. 떡갈나무와 풍으로 이루어진 비교적 안정적인 극상 숲이 다음 세기의 끝까지 존재한다.

## 천이는 극상 군집에서 최고조에 달한다

천이는 비교적 안정적인 극상 군집에서 끝나게 되며, 외부의 힘(산불, 유입된 종의 침입, 인간 활동 등과 같은)에 의해 교란되지 않는 한 연속하게 된다. 극상 군집을 형성하는 종들은 서로를 대체하지 않으면서 공존하는 생태적 지위를 갖고 있다. 일반적으로 극상 군집은 천이의 초기 단계보다 더 많은 종과 더 많은 군집을 갖고 있다. 극상 군집에서 우점하는 식물종들은 개척종보다 일반적으로 수명이 길며, 크기가 더 큰 경향이 있다. 이러한 경향은 숲이 극상 군집인 생태계에서 특히 분명하게 나타난다.

여행을 하다 보면 극상 군집의 유형이 지역에 따라 상당히 다르다는 것을 의심할 바 없이 알게 된다. 예를 들면, 콜로라도에서 운전하고 가다 보면 동쪽 평야(농부들에 의해서 경작지로 이용되지 않는 곳)에서 키가 작은 초원 극상 군집을, 산에는 소나무-전나무 숲을, 산 정상에는 툰드라를, 서쪽 계곡에는 산쑥이 우세한 극상 군집을 보게 된다. 극상 군집의 정확한 특성은 온도, 강수량, 고도, 암석의 종류(이용 가능한 영양분의 형태를 결정하는), 일조시간, 바람 등등 많은 지리적, 기후적 변수에 의해 결정된다.

## 일부 생태계는 아극상 상태로 유지된다

어떤 생태계는 극상에 도달하지 않고 **아극상(subclimax)** 단계로 유지된다. 한때 북부 미주리와 일리노이를 덮고 있었던 키가 큰 초본으로 이루어진 초원은 극상 군집이 활엽수 숲인 생태계의 아극상 단계이다. 초원은 번개에 의해 일어난 주기적인 화재와 함께 버팔로가 풀을 뜯어 먹을 수 있는 초원을 늘리기 위해서 미국 원주민들에 의해서 신중하게 이루어진 행동들에 의해서 유지되었다. 현재 숲은 잠식당하였으며, 제한된 초원 보전지역은 신중하게 관리되는 불에 의해 유지되고 있다.

농업은 또한 신중하게 선택된 아극상 군집을 인공적으로 유지하는 것에 의존한다. 예를 들면, 목초지는 가축을 먹이기 위해 인간에 의해 유지되는 천이의 초기 단계인 초본이 우세한 지역이다. 농부는 천이의 다음 단계인 잡초와 관목의 성장을 막는데 에너지를 사용해야만 한다. 마찬가지로 도시 근교의 잔디밭은 힘겹게 유지되는 아극상 생태계이다. 잔디깎기는 관목 침입자를 파괴하는 것이며, 일부 집주인들이 사용하는 선택적 제초제는 바랭이나 민들레와 같은 개척자들을 죽인다.

## 사라지는 수달의 사례 다시 들러보기

번창하던 알래스카의 수달 개체군이 최근 급락하는 이유는 무엇인가? 제임스 에스테스(James Esters) 박사와 그의 동료들은 육식고래(그림 22-18)가 수달을 잡아먹고 있기 때문에 수달이 사라지고 있다고 믿고 있다. 육식고래와 수달이 천 년은 아니라고 하더라도 수백 년 동안 바다를 공유하고 있었음에도 불구하고, 육식고래는 1990년대 초반 까지는 수달을 잡아먹지 않았다고 연구자들은 믿고 있다.

육식고래가 수달을 잡아먹는 것을 연구자들이 처음 목격한 것은 1991년이며, 그때 이래로 더욱 많은 공격이 관찰되었다. 그러나 이것이 수달 개체군의 감소를 초래한 새롭게 설명되는 행동인가? 육식고래에 의한 포식이 수달의 개체군을 감소시킨다는 이 가설을 증명하기 위해, 연구자들은 똑똑한 자연적 실험을 수행하였다. 두 지점에서 수달을 추적하였다. 고래가 통과하지 못하는 얕은 통과물을 통과해야만 접근 가능한 작은 만인 클램(Clam) 석호와 개방된 해안지역인 쿨룩(Kuluk) 만의 두 지점을 선정하였다. 1년 후 쿨룩 만에서의 수달 개체수는 65%가 감소하였다. 육식고래가 접근할 수 없는 클램 석호에서는 수달 개체수는 안정적으로 유지되었다. 연구자들은 고래가 수달의 개체수를 줄일 수 있었다는 결론을 도출하였다.

왜 육식고래가 갑자기 수달을 잡아먹기 시작하였는가? 연구자들의 가설에 의하면 육식고래가 전형적으로 잡아먹는 먹이종이었던 특히 바다사자와

▲ 그림 22-18 수달 개체군은 다시 위험에 처하게 되었다. 육식고래가 원인인가?

물개의 개체수가 줄어들어서 고래가 먹이를 바꿨기 때문이라는 것이다. 그들이 선호하던 먹이가 줄어들면서 육식고래는 수달을 잡아먹는 것으로 전환하였다.

그러면 왜 바다사자와 물개가 감소하였는가? 가장 가능성 있는 이유는 그들의 먹이가 되는 개방된 바다의 물고기를 너무 많이 포획하였기 때문이다. 그래서 해양 군집에 대한 인간의 교란은 결국 수달을 사라지게 하고 연안의 해조 숲을 파괴시킨 결과로 이어지는 변화의 폭포를 시작한 것이다. 군집의 교란은 생각하지도 않은 장소에서 예상하지 못한 결과를 초래한다.

**생각해보기**

수달의 다른 피식자는 해조 숲에 살면서 해조류를 먹는 연체동물인 전복이다. 전복은 또한 인간이 먹기 위해서 포획된다. 전복을 채집하는 어부는 전복 개체수가 최근 급격하게 감소하는 원인으로써 수달을 원망한다. 수달이 원망을 받아야 될지를 판단하기 위해서 수집해야 하는 것에는 어떤 것들이 있는가?

## 개념 확인 문제

### 빈칸 채우기

**1.** 상호작용하는 생물들은 서로 __________의 요인으로 작용한다. 결국 __________을(를) 유발하는데, 이것은 한 종이 또 다른 것에 대한 적응을 진화시키는 과정이다. 이 장에서 언급한 군집 상호작용의 세 가지 주요한 유형은 __________, __________, 이다.

**2.** 포식자가 먹이를 즉시 죽이지 않는 포식의 유형은 __________과(와) __________이 있다. 포식자와 피식자는 둘 다 __________을(를) 발달시켜 그들 주변 속으로 뒤섞이는 색깔, 형태, 모양 등을 구성한다. 어떤 피식자 생물체는 독을 갖는데 이들 중 일부는 뚜렷한 __________를(을) 진화시킨다.

**3.** 두 종의 구성원들이 상당히 오랫동안 친밀한 방법으로 두 종이 모두 이익을 얻는 상호작용을 하는 관계를 __________(이)라고 한다. 만약 한 종은 이득을 얻지만 다른 종은 피해가 없다면 이 상호작용은 __________(이)라고 한다.

**4.** 한 종이 군집의 구조를 결정하는 주요한 역할을 하는 것을 __________(이)라고 한다. 예를 들면, 많은 남극 군집들은 결국 __________에 의존하는데 이것은 __________의 한 형태이다. 이 장에서 설명한 에세이에 있는 시나리오에서는 __________가(이) __________의 군집을 결정하는데 주요한 역할을 하였다.

**5.** 시간이 경과하면서 군집의 구조에서 일어나는 다소 예측 가능한 변화를 __________(이)라고 한다. 이 과정은 두 가지 기본적인 유형이 있다: __________는(은) 산불이 일어난 다음 시작되는 변화이다. 종들이 새로운 서식지로 들어와서 __________(이)라는 변화의 과정을 시작하게 된다. 이러한 변화의 끝에 존재하는 비교적 안정적인 군집을 __________군집이라고 한다.

### 복습 문제

**1.** 생태적 군집을 설명하고 군집이 상호작용하는 세 가지 유형을 열거하라.

**2.** 특정 식물이나 동물이 먹히지 않기 위해 자신을 방어하기 위한 네 가지 방법을 설명하라. 각 경우에서 피식자의 방어를 극복하기 위하여 포식자들이 진화시킨 적응을 설명하라.

**3.** 공생의 중요한 두 가지 유형을 열거하고, 설명한 후 각각의 예를 들어라.

**4.** 어떠한 유형의 천이가 국립공원에서 벌목한 지역에서 (벌목으로 모든 나무를 제거한 지역) 일어나며, 왜 그럴까?

**5.** 두 개의 아극상과 두 개의 극상 군집을 열거하라. 이들은 어떻게 다른가?

**6.** 천이를 정의하고, 왜 일어나는지를 설명하라.

# 23장

# 생태계는 어떻게 작동하는가?

애리조나 사막의 폐쇄된 인공 생태계에서 생명이 유지될 수 있을까?

## 주요 내용

# 사례 연구 인공 생태계 속의 세상

인위적으로 만든 인공 생태계 속에서 사람들이 생존하는 것이 가능할까? 1991년, 8명의 사람들이 애리조나 사막에 유리와 강철로 만든 약 2500평 크기의 Biosphere 2라는 폐쇄된 공간에 살면서 이 질문에 대한 답을 찾고자 했다. 안에는 우림, 열대 초원지대, 사막, 그리고 340만 리터 크기의 바다를 비롯한 여러 개의 인공 미니 생태계를 조성한 뒤, 3,800 종의 생물을 집어 넣었다. 거대한 온실 안의 온도와 습도는 전자 감지센서와 펌프, 그리고 송풍기를 이용해 조절하였다. 전체 시스템은 주변 환경으로부터 분리가 가능했다(유리창을 통해 들어오는 햇빛은 제외).

Biosphere 2 내부 서식처들 중의 미니 바다와 열대우림.

8명의 "Biosphere 2 탐사대원"은 외부에서 들어오는 에너지만 가지고 2년 동안 밀폐된 곳에 머물고자 했다. 대원들은 자신들이 필요로 하는 식량과 공기, 물은 Biosphere 2 내부 환경에 의해 공급될 것으로 예측했다. Biosphere 2를 만든 사람들은 사람을 포함한 인공 생태계가 잘 유지되는 것을 보여줌으로써 생태계에 관한 지식이 앞으로 닥칠지도 모를 생태계 위기에 대해 준비하는데 충분하다는 것을 보여주고 싶어했다.

불행히도, 폐쇄된 생태계 내부는 생명체가 살 조건을 유지하기 불가능하다는 것이 입증되었다. 대기의 산소 농도는 엄청나게 낮아졌고 이산화탄소 농도는 급증했다. 그 이유는 표토에 있는 미생물이 산소를 소비하여 호흡을 한 뒤 엄청난 양의 이산화탄소를 방출하였기 때문이다. 게다가 내부의 대기는 높은 농도의 이산화질소로 오염이 되었다. 결국, 내부에 있는 연구원들의 안전을 위해 밀폐된 Biosphere 2를 깨트려 신선한 공기가 유입되도록 하였다.

그러는 동안, Biosphere에 있던 많은 종들이 죽었다. 대부분의 척추동물과 수분매개체인 곤충들이 사라졌고, 이로 인해 식물종들도 많이 죽었다. 바퀴벌레와 개미들은 살아남은 몇 가지 곤충들에 속한다. 따라서 이 곤충들은 수가 급증하여 Biosphere 내부의 땅에 넘쳐났다. 먹이는 부족해졌고 사람들의 체중은 감소했으며, 물은 과도한 영양으로 오염이 되었다. 전체적으로, 폐쇄된 생태계는 상당히 신속하게 파괴되었다.

Biosphere 2 실험 결과에서 알게 된 교훈은 무엇인가? 이 장에서 기술한 생태계의 원리를 복습하면서 이 질문에 대해 생각하고, 우리가 알게 된 새로운 지식이 정답에 영향을 주는지 알아보자. ■

## 23.1 생태계는 에너지와 영양물질을 어떻게 얻는가?

독수리의 비행에서부터 세포막을 가로지르는 분자 수송에 이르는 생명 활동은 태양에너지에 의해 추진된다. 지구로 끊임없이 유입되는 태양에너지는 광합성 생물에 의해 생태계로 포획되고 화학반응에 의해 전환되며, 최종적으로 열에너지로 바뀌어 우주공간으로 방출된다. 에너지는 이처럼 생태계를 통해 한 방향으로 흘러가며 외부 에너지 공급원인 태양으로부터 끊임없이 채워진다.

이와는 대조적으로, 영양물질은 고갈되지 않는다. **영양물질(nutrient)**은 생물체를 이루는 원자와 작은 구성분자이다. 비록 이들 화학물질은 이동되거나 재분배, 혹은 다른 분자 형태로 전환될 수는 있지만 지구를 떠나지 않고 공급량이 증가하지도 않는다(지구에 도달하는 운석에 있는 적은 양의 영양물질 제외). 그 대신에 영양물질은 생태계 내에서 끊임없이 재순환한다.

하나의 생태계는 정해진 지역 내에 있는 모든 군집과 무생물 환경요인으로 구성되어 있다. 생태계 수준에서의 생태연구는 에너지와 영양물질의 흐름에 초점을 둔다. 생태학자

◀ **그림 23-1 생태계의 에너지흐름, 영양물질의 순환, 포식관계** 영양물질(보라색)은 순환으로 들어가지도 나오지도 않는다. 햇빛 형태로 생산자에게 끊임없이 공급되는 에너지(노란색)는 화학결합으로 저장되고 다양한 단계의 생물을 통해 1차 생산자로부터 1차 소비자 그리고 더 높은 단계의 소비자로 이동되는 것을 주시하여라. 잔사식자와 분해자는 생산자와 소비자의 노폐물과 사체로부터 에너지를 얻는다. 단계를 거치면서 일부 에너지는 열로 손실된다(오렌지색).

는 군집 내의 복잡한 상호관계와 군집과 무생물 환경 간의 상호관계를 이해하기 위해 에너지와 영양물질의 경로를 따른다. **그림 23-1**은 생태계 연구 내용을 미리 보여준다.

## 23.2 생태계에서 에너지는 어떻게 흐르는가?

지구에서 1억 6,000만 km 떨어져 있는 태양에서는 수소원자들이 융합하여 헬륨원자를 형성하며 엄청난 양의 에너지를 방출한다. 이 에너지의 적은 일부가 열과 빛, 자외선 에너지를 포함한 전자기파의 형태로 지구에 도달한다. 지구에 도달하는 에너지 중 대부분은

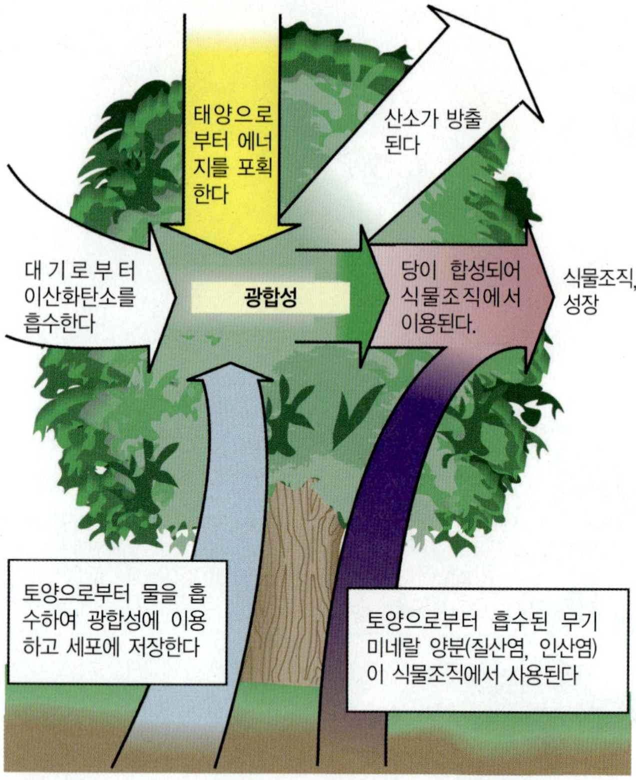


▲ **그림 23-2** **광합성** 광합성 생물은 태양에너지를 포획한다. 이 생물들은 또한 생태계의 무생물들로부터 무기 양분을 제거한 뒤, 이들 영양물질을 살아 있는 조직으로 집어 넣는다. 광합성 생물은 다른 생물들을 위해 모든 에너지와 대부분의 영양물질을 공급한다.

지구의 대기 및 구름, 지표면에 의해 흡수되거나 우주로 다시 복사되어 간다. 전체적으로 지구에 유입되는 태양에너지 중 불과 1% 정도만 생물체에 필요한 에너지원인 빛으로 지표면에 도달한다. 이 1% 중에서 녹색식물과 조류, 시아노박테리아, 그리고 다른 광합성 생물이 포획하는 태양에너지는 3%보다 적다. 따라서 지구에 있는 수많은 생명체는 태양으로부터 지구로 들어오는 에너지의 0.03%에 의해 부양되는 셈이다.

## 광합성을 통해 생태계로 에너지가 유입된다

광합성 과정 중, 태양에너지에 의해 당과 다른 고에너지 분자의 화학결합에 에너지를 저장하는 반응들이 추진된다(**그림 23-2**). 도토리 나무에서부터 바닷속 단세포 돌말에 이르는 광합성 생물들은 영양물질과 빛을 이용하여 스스로 먹이를 생산한다. 자신들의 먹이를 스스로 생산하는 생물을 **독립영양생물(autotroph)** 또는 **생산자(producer)**라고 한다. 지구에 있는 거의 모든 생태계에서 생산자는 태양에너지를 이용해 먹이를 만드는 광합성생물들이다. 그러나 해저의 온천수 분출구 근처 심해 생태계와 같은 일부 생태계에서는 생산자가 황화수소와 같은 무기화합물의 화학결합에 저장된 에너지를 이용하여 먹이를 생산하는 비광합성생물인 경우도 있다.

생산자는 스스로를 위해 먹이를 생산할 뿐만 아니라 거의 모든 다른 생물들을 위해 직간접적으로 먹이를 생산한다. 자신들을 위한 먹이를 스스로 생산하지 못하는 **종속영양생물(heterotroph)** 또는 **소비자(consumer)**는 다른 생물의 몸으로부터 에너지와 영양물질을 얻어야만 한다.

## 생산자에 의해 포획된 에너지는 생태계에 유용하다

특정 생태계가 부양할 수 있는 생물의 양은 그 생태계에서 생산자가 포획하는 에너지 양에 의해 결정된다. 생산자에 의해 저장된, 다른 생물이 사용 가능한 에너지를 **순1차생산력(net primary productivity)**이라고 한다. 순1차생산력은 주어진 시간에 단위면적당 생산자에 의해 첨가된 생물량(biomass; 살아 있는 물질의 건조중량)으로 측정된다

생태계의 순1차생산력은 생산자가 사용할 수 있는 영양물질의 양, 생산자에게 도달하는 햇빛의 양, 물의 이용가능 여부, 온도 등과 같은 많은 환경요인들에 의해 영향을 받는다. 예를 들어, 사막에서는 물 부족으로 인해 생산력이 제한을 받으며, 바다의 깊은 곳에서는 빛에 의해 그리고 물 표면에서는 영양물질이 생산력을 제한한다. 열대우림, 그리고 육지에서부터 씻겨 내려온 양분이 쌓이는 강과 바다가 만나는 하구(estuary)처럼 자원이 풍부한 생태계는 생산력이 높다. 지구의 생산력에 대한 특정 생태계의 전반적인 기여는 그 생태계의 단위 면적당 순1차생산력과 보급률에 의존한다. 예를 들면, 열대우림 생태계는 해양 생태계보다 $m^2$당 생산력이 훨씬 더 크다(**그림 23-3**). 그러나 각각의 생태계는 지구 전체 생산력의 약 25%를 차지하는데, 이것은 바다가 지구의 약 65%를 차지하는 반면 열대림은 단 4%밖에 되지 않기 때문이다.

▼ **그림 23-3** **생태계 생산력 비교** 숫자는 연간 순1차생산력의 평균값이다($g/m^2/yr$). 생태계들 간에 생산력의 차이가 매우 크다. **질문:** 생산력에 차이가 있는 것은 어떤 요인 때문인가?

## 에너지는 한 영양 단계에서 다음 영양 단계로 전달된다

에너지는 생산자로부터 여러 단계의 소비자를 통해 흘러간다. 생물의 각 단계를 **영양 단계(trophic level)**라고 한다.

생산자는 첫 번째 영양 단계로서, 태양으로부터 직접 에너지를 얻는다(그림 23-1 참고). 소비자는 여러 영양 단계를 차지한다. 일부 소비자는 생태계에서 가장 풍부한 살아 있는 에너지인 생산자를 먹는다. 이와 같은 소비자를 **1차소비자(primary consumer)** 또는 **초식동물(herbivore)**이라고 하며 2차 영양 단계를 구성한다. 메뚜기에서부터 기린에 이르는 다양한 동물들이 여기에 속한다. 세 번째 영양 단계는 1차소비자를 주로 먹는 **2차소비자(secondary consumer)** 또는 **육식동물(carnivore)**로서 거미, 독수리, 늑대가 여기에 속한다. 일부 육식동물은 종종 다른 육식동물을 먹으며 네 번째 영양 단계, 즉 **3차소비자(tertiary consumer)**가 된다.

## 생태계의 포식-피식관계가 먹이사슬과 먹이망을 형성한다

누가 무엇을 먹는가를 보여주는 특정 생태계 그림에서, 각 영양 단계의 대표는 하위 영양 단계를 먹는 대표적인 종으로 나타내는 것이 보편적이다. 이와 같은 선형 포식-피식 관계를 **먹이사슬(food chain)**이라고 한다. 그림 23-4에서 보듯이 서로 다른 생태계는 근본적으로 다른 먹이사슬을 갖는다.

그러나 자연 군집에서는 1차, 2차, 3차소비자가 명확히 구분되지 않는다. 대신에 실질적인 먹이관계에서는 많은 먹이사슬이 복잡하게 얽힌 **먹이망(food web)**을 형성한다(그림 23-5). 너구리, 곰, 쥐, 사람과 같은 동물들은 때에 따라 1차, 2차 혹은 3차 소비자로서 역할을 하는 **잡식동물(omnivore)**이다. 대다수 육식동물은 초식동물뿐만 아니라 다른 육식동물도 먹으므로 2차와 3차소비자 역할을 모두 한다. 예를 들어, 올빼미는 식물을 먹고 사는 쥐를 잡아먹을 때는 2차소비자이지만, 곤충을 먹고 사는 뒤쥐를 잡아먹을 때는 3차소비자인 것이다. 올빼미가 육식 거미를 먹는 3차소비자인 새를 잡아먹으면 4차 소비자가 된다. 파리를 잡아먹는 끈끈이주걱과 같은 식충식물은 생산자인 동시에 2차소비자이다.

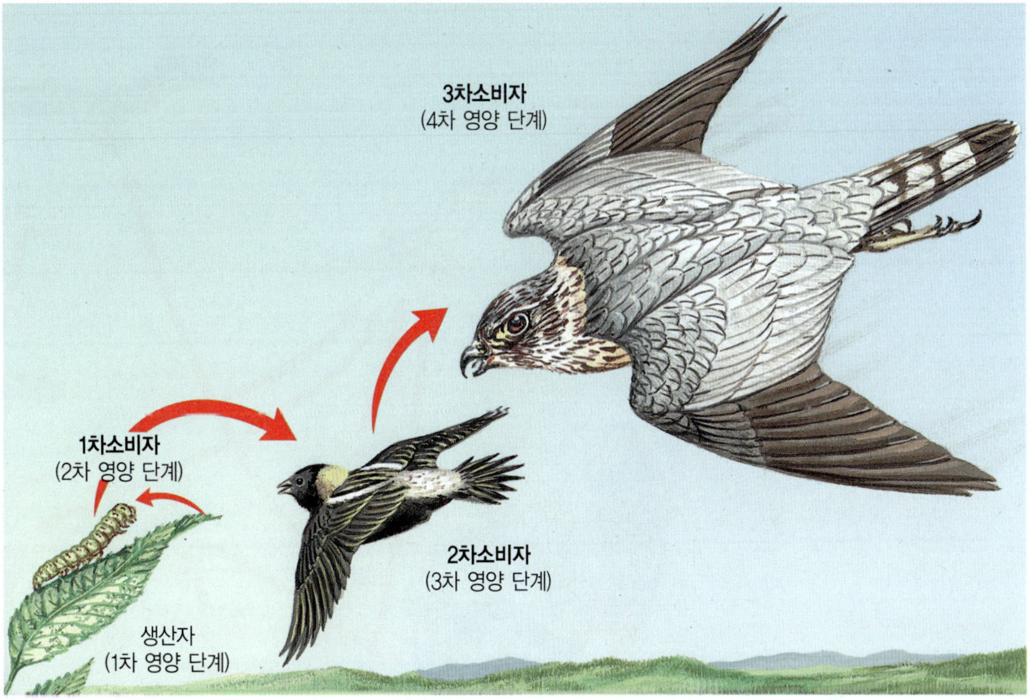


(a) 육상의 간단한 먹이사슬

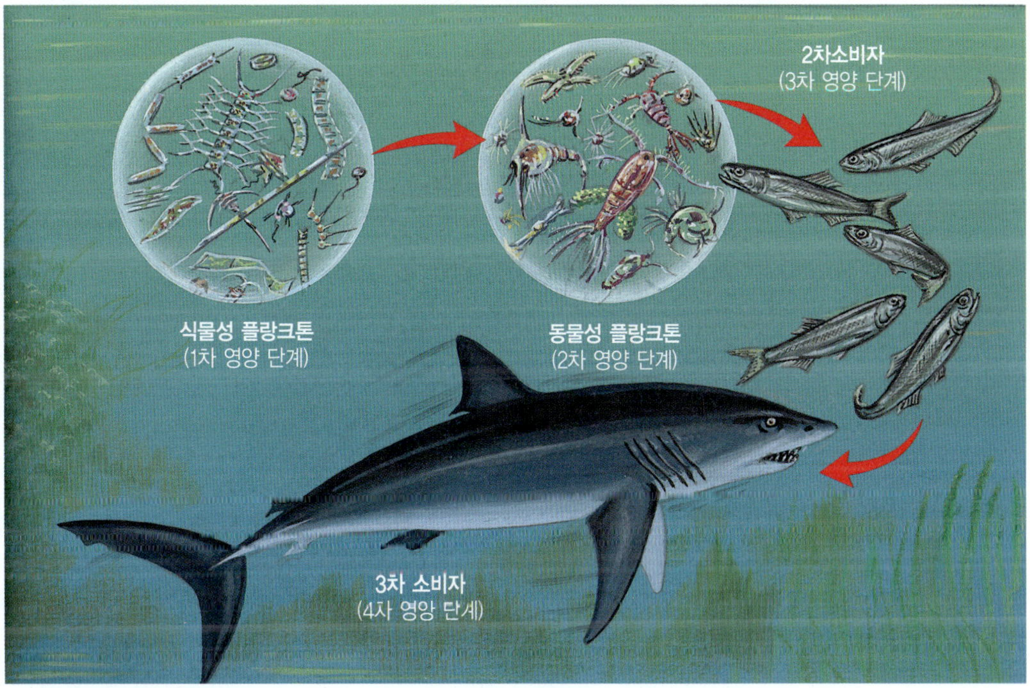


(b) 해양의 간단한 먹이사슬

▲ **그림 23-4 먹이사슬** 빨간색 화살표는 화학결합에 저장된 에너지가 영양 단계를 사이를 이동하는 것을 보여준다. (a) 육상 생태계와 (b) 해양 생태계에서, 생물체가 다른 생물을 소비함에 따라 낮은 영양 단계로부터 높은 영양 단계로 에너지가 이동한다.

▲ **그림 23-5** **초원에서의 먹이망** 빨간색 화살은 에너지 이동경로로서 복잡한 망을 형성한다. 예를 들어, 1차소비자는 다양한 종의 생산자를 소비하며 또한 다양한 2차와 3차 소비자에 의해 먹히기도 한다. 이와 유사하게, 2차와 3차 소비자는 낮은 영양 단계에 있는 다양한 종을 먹는다.
**질문:** 이 먹이망에서 1차소비자를 표기하여라.

## 잔사식자와 분해자는 재활용하기 위해 영양물질을 방출한다

먹이망에서 가장 중요한 요소는 잔사식자와 분해자이다. **잔사식자(detritus feeder)**의 대부분은 허물 벗겨진 외골격, 낙엽, 분비물, 사체와 같은 생물 쓰레기를 먹는 작고 눈에 잘 띄지 않는 동물과 원생생물이다. (Detritus는 "잔해"를 의미한다.) 잔사식자 망은 복잡하다. 육상 생태계에서는 지렁이, 진드기, 원생생물, 지네, 일부 곤충, 공벌레, 선충류, 그리고 독수리처럼 큰 척추동물까지도 이에 포함된다. 이 생물들은 죽은 유기물을 먹고 그 안에 저장된 일부 에너지를 뽑아내며, 더 분해된 상태로 배출한다. 그들의 배설물은 다른 잔사식자와 분해자의 먹이가 된다.

**분해자(decomposer)**는 주로 곰팡이와 박테리아이다. 예를 들어, 오래된 빵 조각 표면에 있는 털 같은 것들은 분해자인 곰팡이며, 부패한 육류의 냄새 나는 점액질은 분해자인 박테리아가 존재한다는 표시이다. 분해자는 자기 몸 밖으로 소화효소를 분비함으로써 먹이를 소화하여 필요한 양분을 흡수한다. 나머지 영양물질은 환경으로 방출된다.

잔사식자와 분해자는 지구에 있는 생물들에 절대적으로 필요하다. 이들의 활동을 통해 생물들의 사체와 노폐물이 이산화탄소와 물, 미네랄과 같은 작은 분자로 분해되며 대기, 토양, 물로 다시 돌아간다. 잔사식자와 분해자는 재사용을 위해 양분을 방출하므로 영양물질 재순환에 매우 중요한 역할을 수행한다. 만약 잔사식자와 분해자가 사라진다면 노폐물과 사체가 그대로 쌓여 지구 생태계를 점점 질식시키며, 이들 사체에 저장된 영양물질은 더 이상 다른 생물에 의해 사용되지 못할 것이다.

## 영양 단계를 통한 에너지 이동은 불충분하다

5장에서 설명하였듯이 열역학 기본법칙에 의하면 에너지 이용은 결코 완벽하게 효율적이지는 않다. 예를 들면, 차의 가솔린이 연소될 때 방출되는 에너지의 약 75%는 즉시 열로 손실되며, 차를 움직이는데 사용되지 못한다. 살아 있는 계에서도 동일한 비효율성이 적용된다. 예를 들어, 근수축을 위해 ATP의 화학결합이 깨질 때 부산물로 열이 발생한다. 이것이 추운 날 빨리 걸으면 몸이 따뜻해지는 이유이다. 열은 세포에서 일어나는 모든 생화학적 반응에 의해 발생된다.

한 영양 단계에서 다음 단계로 에너지가 전달되는 과정 또한 비효율적이다. 애벌레(1차소비자)가 토마토 식물(생산자)의 잎을 먹을 경우, 이 애벌레는 식물에 의해 포획된 태양에너지의 아주 일부만 섭취한다. 본래의 에너지 중 일부는 식물이 생장과 유지에 사용되고, 일부는 애벌레가 소화할 수 없는 섬유소와 같은 분자의 화학결합으로 전환된다. 이러한 과정 중에 더 많은 에너지가 열로 손실된다. 따라서 첫 번째 영양 단계에 의해 포획된 에너지의 일부만 두 번째 영양 단계에 있는 생물이 사용하게 된다.

더 높은 영양 단계로 이동할 때마다 에너지가 손실된다. 2차 영양 단계인 애벌레가 섭취한 에너지는 애벌레가 기기나 먹이를 씹는데 사용되고, 또 일부는 소화되지 않는 외골격을 만드는데 쓰이며 대부분은 열로 방출되기 때문이다. 애벌레를 먹는 꾀꼬리(3차 영양 단계) 또한 이러한 모든 에너지를 사용할 수는 없다. 새 또한 열로써 에너지 일부를 잃으며 일부는 나는데 쓰이고 상당한 부분은 소화 불가능한 깃털, 부리, 그리고 뼈로 전환된다. 꾀꼬리를 잡아 먹는 매 또한 꾀꼬리에 있는 모든 에너지를 사용할 수는 없다. 낙엽수림 생태계에서의 영양 단계를 통해 에너지가 흘러가는 모형을 단순화하여 **그림 23-6**에 나타냈다.

### 인공 생태계 속의 세상

**계속**

에너지 피라미드를 이용하면 Biosphere 2 거주자들이 겪었던 굶주림과 체중감소를 설명할 수 있다. 시람들에게 먹이를 공급해주는 생태계는 모든 생태계에서 흔하게 보이는 에너지 비효율성에 의해 영향을 받으며, 들어오는 에너지 중의 일부분만이 먹을 수 있는 생물량으로 전환된다. 이러한 본연의 비효율성을 극복하는 한 가지 방법은 과일, 채소, 곡식, 견과, 그리고 식물로부터 얻을 수 있는 그 밖의 다른 먹거리처럼 낮은 영양 단계의 먹이들 주로 먹는 것이다. 식물 먹이에는 육류나 우유 등 동물로부터 얻는 먹이들보다 훨씬 더 높은 비율의 생태계 에너지가 함유되어 있다. 그러나 식물 위주의 식단조차 Biosphere 2 거주자들을 굶주림으로부터 구할 수는 없었다. 폐쇄된 서식지로 들어오는 에너지의 양이 너무 적어서 인공 생태계 내부의 비효율성을 극복할 수 없었기 때문이다.

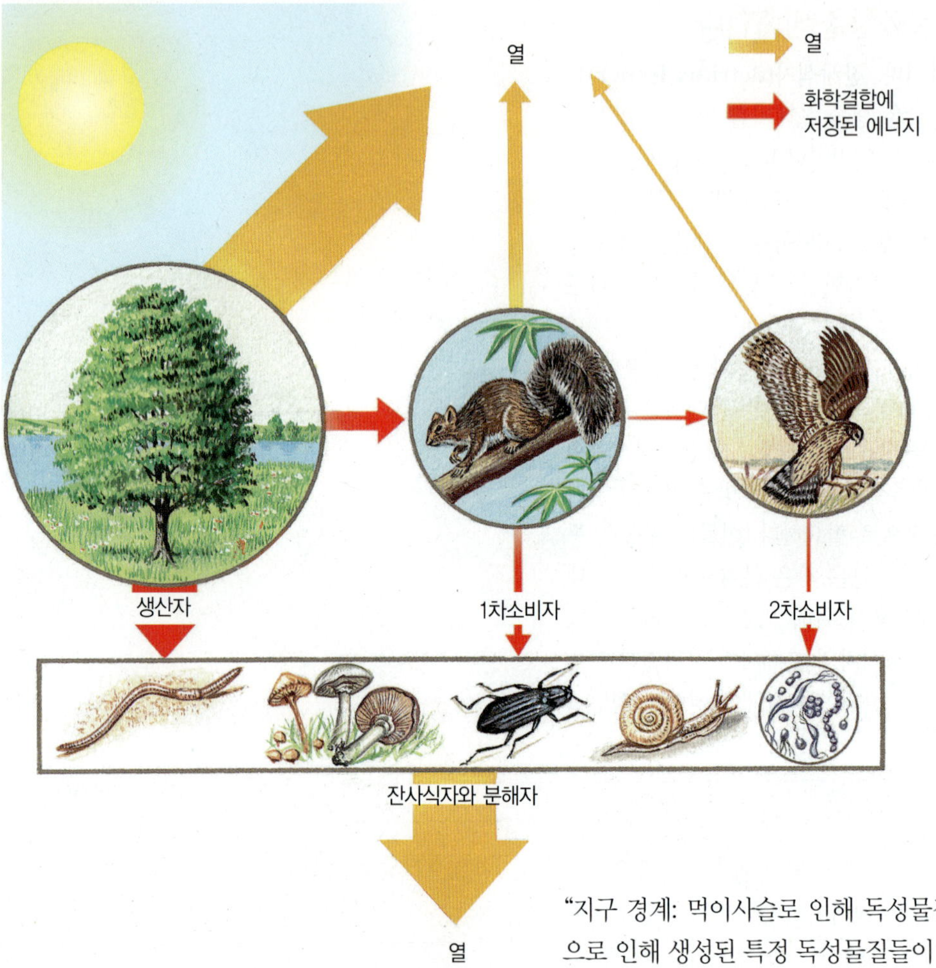


▲ 그림 23-6 **숲에서의 에너지 이동과 손실** 화살표의 폭은 이동되거나(빨간색) 열로 손실된(주황색) 에너지량에 비례한다. 영양 단계 사이의 에너지 전달 과정마다 에너지가 손실되므로 2차소비자는 1차소비자보다 더 적은 에너지를 함유하고, 1차소비자는 생산자보다 더 적은 에너지를 함유한다. **질문:** 이렇게 많은 에너지가 열로 손실되는 이유는 무엇일까? **힌트:** 열역학 법칙을 생각해보아라.

### 에너지 피라미드는 영양 단계 사이의 에너지 이동을 보여준다

생태계 연구에 의하면 한 영양 단계에 저장된 에너지의 약 90%는 다음 영양 단계로 전달될 때 손실된다. 따라서 생태계의 1차소비자(초식동물)에 의해 저장된 에너지는 생산자 몸에 저장된 에너지의 약 10%에 불과하다. 차례로, 2차소비자의 몸은 1차소비자에 저장된 에너지 중 대략 10%만 포함한다. 다시 말해, 잔디에 의해 고정된 1,000칼로리의 태양에너지 중 단지 100칼로리만 초식동물의 에너지로 전환되며, 이 중에서 단 10칼로리만 육식동물 에너지로 전환된다. 영양 단계 간의 이러한 비효율적인 에너지 이동을 "10% 법칙"이라고 한다.

가장 아래쪽의 에너지가 최대이고 위 단계로 갈수록 점점 에너지가 감소하는 **에너지 피라미드(energy pyramid)**는 영양 단계 사이의 에너지 관계를 보여준다(그림 23-7). 에너지 피라미드는 또한 왜 생태계에 1차생산자가 가장 많으며, 육식동물이 가장 적은지를 설명해준다. 이와 같은 에너지 이동의 비효율성으로 인한 부작용은 582쪽의 "지구 경계: 먹이사슬로 인해 독성물질이 농축된다"에서 설명하는 것처럼 사람들의 활동으로 인해 생성된 특정 독성물질들이 육식동물의 체내에 농축된다는 것이다.

## 23.3 생태계 내에서와 생태계들 사이에서 영양물질은 어떻게 이동하는가?

태양에너지와는 달리 영양물질은 지구로 지속적으로 공급되지 않는다. 동일한 양분공급원이 30억 년 이상 지구를 유지하고 있다. 이 중 일부는 생물들이 많은 양을 필요로 하는 **다량영양소(macronutrient)**이며, 탄소와 수소, 산소, 질소, 인, 황, 칼슘이 이에 속한다. 아주 소량만 요구되는 **미량영양소(micronutrient)**에는 아연, 몰리브덴, 철, 셀레늄, 요오드 등이 있다. **영양물질 순환(nutrient cycle)** 혹은 **생물지화학적 순환(biogeochemical cycle)**은 영양물질이 군집을 통해 생태계의 무생물 부분으로 이동하고 다시 군집으로 돌아오는 물질의 이동 경로를 보여준다.

영양물질은 생물지화학적 순환을 통해 이동할 때, 순환의 한 장소에 축적되거나 장기간 남아 있기도 한다. 이러한 저장 장소를 **저장고(reservoir)**라고 한다. 대부분의 저장고는 생태계의 무생물 영역에 있다. 예를 들어, 탄소는 여러 개의 주 저장고를 갖고 있다. 대기에는 이산화탄소로 저장되고 대양 및 다른 물에는 용해된 형태로 존재하며, 땅에는 화석연료로 저장되어 있다.

다음 절에서는 탄소, 질소, 인, 그리고 물의 순환에 대해 간략히 설명하고자 한다.

▲ 그림 23-7 **초원의 에너지 피라미드** 각 사각형의 폭은 해당 영양 단계에 저장된 에너지에 비례한다.

지구 경계

## 먹이사슬로 인해 독성물질이 농축된다

1940년대, 새로운 살충제인 DDT는 거의 기적에 가까웠다. 열대지역에서는 DDT가 말라리아를 퍼뜨리는 모기를 죽여 수백만 명의 인명을 구했다. DDT는 또한 농작물을 먹는 해충을 박멸하므로 생산량이 증가되어 수백만 명이 굶어 죽지 않게 되었다. 더욱이 DDT는 오래가기 때문에 한 번의 살포로 살충효과가 오래 지속된다. DDT를 발견한 스위스의 화학자인 폴 뮐러(Paul Müller)는 1948년 노벨 생리의학상을 받았고 사람들은 해충으로부터 해방되는 새로운 시대를 기대했다. 사람들은 이 살충제의 무분별한 사용이 복잡한 생물망을 엉망으로 만든다는 것을 거의 깨닫지 못했다.

1950년대 중반, 세계보건기구가 보르네오 섬에 말라리아를 없애기 위해 DDT를 살포하였는데, 이로 인해 애벌레를 먹고 사는 말벌에게 생각지도 못했던 재앙이 발생했다. 말벌 개체군이 멸종되었다. 하지만 이 벌들이 주로 먹는 볏짚으로 엮은 지붕에 사는 애벌레들은 영향을 받지 않았다. 얼마 지나지 않아, 엄청나게 수가 늘어난 애벌레들에 의해 볏짚으로 엮은 지붕들이 무너졌다. 동시에, 독이든 곤충을 먹은 게코도마뱀의 몸에 DDT가 높은 농도로 축적되었다. 게코도마뱀과 이 도마뱀을 먹은 마을의 고양이들이 DDT 독성으로 죽었다. 고양이들이 없어지자 쥐의 수가 폭발적으로 늘어났다. 사람들은 결국, 엄청나게 늘어난 쥐가 옮기는 전염병으로 위험해졌다. 전염병 발병은 마을에 DDT로 오염되지 않은 고양이를 풀어서야 해결되었다.

미국에서는 1950년대와 1960년대에, 야생생물학자들이 여러 종의 새, 특히 흰머리 독수리나 가마우지, 물수리, 브라운 펠리컨(갈색사다새)처럼 어류를 포식하는 새들 개체군의 수가 급격히 줄어드는 것을 목격했다. 이와 같은 최상위 육식동물의 급격한 감소는 브라운 펠리컨과 흰머리 독수리를 포함해 몇몇 종을 거의 멸종에 이르게 하였다. 결국, 이들 새 개체군 수가 감소한 원인은 이들 새의 생활터전이었던 수생 생태계에 살포된 DDT 때문인 것으로 밝혀졌다. 과학자들은 이들 새의 체내에 축적된 DDT 농도가 물속 DDT 농도의 100만 배에 달한다는 사실에 깜짝 놀랐다.

이러한 사실을 바탕으로 영양 단계가 더 높은 곳으로 갈수록 독성물질이 점점 더 많이 축적된다는 **생물 농축(biological magnification)** 과정을 발견하게 되었다. 낮은 영양 단계로부터 높은 영양 단계로의 에너지 이동은 매우 비효율적이기 때문에 식물에 뿌려진 살충제는 생존하기 위해 많은 양의 식물을 먹어야만 하는 초식동물에 의해 대량 섭취된다. 그 다음 차례로, 육식동물이 몸 안에 살충제가 축적된 초식동물을 다량 섭취하게 된다.

생물농축이 되는 물질이 위험한 이유는 이들의 가진 세 가지 특징 때문이다. 첫째, 이 물질들은 분해자에 의해 무독성물질로 분해되는 과정인 **생물분해(biodegradable)**가 쉽게 되지 않는다. 따라서 화학물질들은 생물분해가 되지 않으므로 환경에 오랜 기간 남아 있게 된다. 둘째, 이 물질들은 지방에 녹으며 물에는 녹지 않는다. 이처럼 물에는 녹지 않고 지방에만 녹는 특성으로 인해 동물의 체내, 특히 지방에 축적이 되며 쉽게 분해되지도 않고 소변으로 배출도 되지 않는다. 결국 이 물질들은 동물의 몸 밖으로 배출이 되지 않으므로, 다른 동물에 잡아 먹힐 때 오랜 기간 그 동물의 몸에 축적되게 된다.

수은은 사람의 건강을 위협하는 생물축적 독성물질 중 하나이다. 강력한 신경독소인 수은은 포식성 어류에 축적이 된다. 우리가 이들 어류를 먹으면 우리는 3차 또는 4차소비자가 되므로 우리 몸의 조직에 수은이 위험한 수준까지 축적되게 된다. 이러한 위험으로 인해, 미국 식품의약국은 어린이들과 가임여성들에게 상어, 황새치, 고등어를 먹지 못하도록 하고 있고 연어, 대구, 참치와 같은 다른 종들도 제한된 양만 먹도록 충고한다. 미국에서 가장 큰 수은 오염원은 석탄 화력발전소이다. 대기에 있는 수은은 수천 킬로미터를 날아가 북극과 같은 원시 환경에 축적이 된다. 그 결과 북극권의 북부에 사는 이뉴잇(Inuit) 원주민들은 체내에 높은 수치의 수은과 그 밖의 생물축적 오염물질을 가지고 있다.

사람의 건강은 또한 *내분비교란물질*(*endocrine disruptor*)이라고 하는 또 다른 유형의 생물축적 화학물질로 인한 위험에 처해 있다. 살충제와 플라스틱, 내연제 등에 광범위하게 사용되는 이 화학물질들은 이미 환경에 많이 퍼졌다. 내분비교란물질들은 지방에 축적되며, 동물 호르몬 작용을 모방하거나 방해한다. 이 화학물질들은 어류와 어류를 먹는 물수리를 비롯한 조류(그림 E23-1), 개구리, 도롱뇽, 악어, 그리고 다른 많은 동물들의 새들의 번식을 방해한다는 뚜렷한 증거가 있다. 이 교란물질은 또한 사람에게도 남성의 정자 수를 감소시키는 것으로 추정되고 있다.

▲ 그림 E23-1 **오염의 대가** 미시간 호수에서 온 쌍벗물수리의 휜 부리와 같은 기형은 생물축적 화학물질과 연관이 있다

### 대기, 대양, 군집을 통한 탄소순환

탄소는 생산자가 광합성을 위해 이산화탄소($CO_2$)를 포획하여 탄소원자를 유기분자에 포함시킬 때 생태계의 생물로 들어간다. 육지에 있는 생산자는 대기로부터 $CO_2$를 얻는데, 대기의 $CO_2$는 전체 기체 중 0.036% 정도 된다. 호수, 강, 대양에 있는 생산자는 물에 녹아 있는 $CO_2$를 이용한다. 물에는 $CO_2$가 풍부하게 용해되어 있다.

생산자에 의해 취해진 이산화탄소 중 일부는 세포호흡에 의해 $CO_2$ 상태로 대기와 대양으로 되돌아가고, 나머지는 생산자의 체내에 저장된다. 토끼, 새우, 메뚜기와 같은 1차 소비자는 생산자를 먹음으로써 생산자의 조직 속에 저장될 탄소를 얻는다. 이러한 초식동물들 또한 호흡을 통해 탄소를 방출하며 나머지는 저장한다. 이렇게 저장된 탄소는 더 높은 영양 단계의 생물이 섭취할 것이다. 생산자와 소비자 모두 결국엔 죽으며, 사체는 잔사식자와 분해자에 의해 분해된다. $CO_2$는 이 생물들의 세포호흡에 의해 대기와 대양의 저장고로 되돌아간다(**그림 23-8**).

광합성에 의해 소비되고 호흡으로 방출되는 상호보완적인 과정은 탄소를 생태계의 무생물 영역으로부터 생물 영역으로, 그리고 다시 생물에서 무생물로 지속적으로 순환시킨다. 그러나 일부 탄소의 경우는 순환이 너무 느리다. 예를 들어, 많은 연체동물과 해양 원생생물은 물에 용해된 $CO_2$를 뽑아내어 칼슘과 결합시켜 탄산칼슘($CaCO_3$)을 만들며, 이를 자신들의 껍질을 만드는데 사용한다. 이 생물들이 죽으면 껍질이 해저에 가라앉아 파묻히고, 결국엔 석회암으로 될 것이다. 지질학적 사건들에 의해 석회암이 노출되면 물에 점점 녹아 탄소가 방출되므로, 생물은 다시 이 탄소를 사용할 수 있게 된다. 하지만 이 과정을 통해 탄소가 살아 있는 생물량으로 들어가는 데는 수백만 년이 걸린다.

▼ **그림 23-8 탄소순환** 화살표는 생태계를 통한 탄소의 이동을 보여준다. 대기와 대양의 탄소 저장고에 있는 탄소가 생산자의 광합성 작용에 의해 고정된다. 생산자에 의해 포획된 탄소는 생태계 내의 소비자와 분해자가 탄소가 함유된 생물체를 소비함에 따라 이동한다. 탄소는 결국 호흡과 화석연료를 비롯한 여러 유기물 연소에 의해 다시 저장고로 돌아간다.

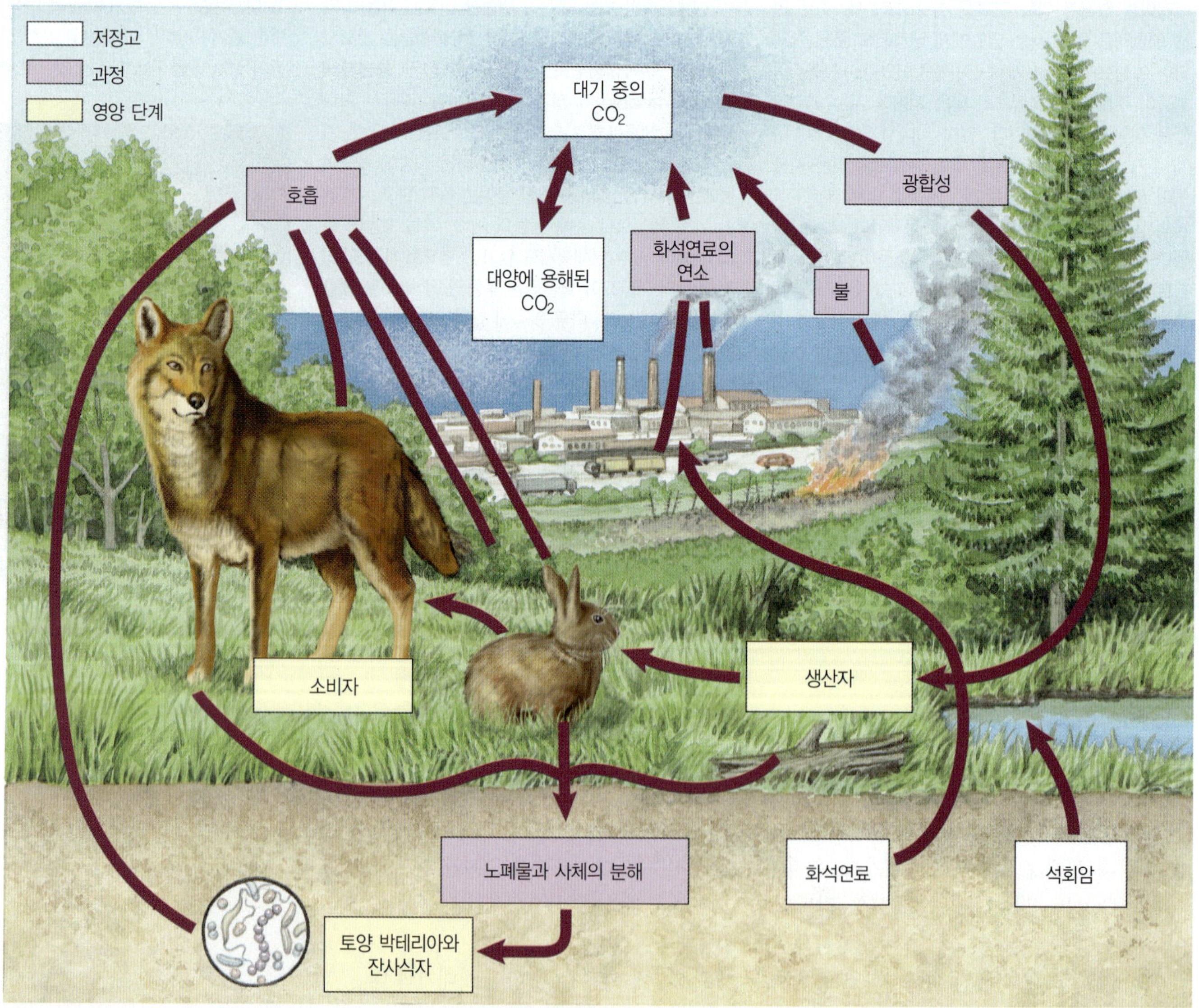

## 질소의 주 저장고는 대기이다

대기는 질소 기체($N_2$)의 약 79%를 보유하고 있으므로 중요한 영양물질을 위한 주 저장고라 할 수 있다. 그러나 식물과 동물 모두 대기로부터 직접 질소를 얻을 수 없다. 대신에 질소는 토양과 물에 있는 **질소고정(nitrogen fixation)**에 관여하는 특정 박테리아를 통해 먹이망으로 들어간다. 질소고정은 질소와 수소가 결합하여 암모니아($NH_3$)를 만드는 과정이다.

질소고정 박테리아는 자신들이 만든 암모니아를 전부 쓰지 않는다. 따라서 쓰고 남은 암모니아는 주변 토양이나 물로 배출된다. 이러한 암모니아의 대부분은 다른 박테리아에 의해 질산염($NO_3^-$)으로 전환된다. 질산염은 또한 대기 중의 질소와 산소가 천둥번개에 의해 반응할 때, 그리고 화석연료를 연소할 경우에도 생성된다.

식물의 뿌리는 암모니아와 질산염을 흡수하며, 이들 분자로부터 질소를 취해 아미노산, 단백질, 핵산, 그리고 일부 비타민 합성에 사용한다. 식물에 있는 이러한 질소함유 분자들은 1차소비자나 잔사식자 또는 분해자에 의해 소비된다. 질소가 먹이망을 통해 이동할 때 분해 박테리아가 노폐물과 사체를 질산염과 암모니아로 전환시키므로 질소의 일부는 다시 토양과 물로 되돌아가게 된다. 대기의 질소는 질산염을 분해하여 대기로 질소를 방출하는 **탈질소박테리아(denitrifying bacteria)**에 의해 다시 채워진다(그림 23-9).

▼ **그림 23-9 질소순환** 화살표는 생태계를 통한 질소의 이동을 보여준다. 질소는 천둥번개, 비료생산, 박테리아의 질소고정에 의해 대기의 질소 저장고로부터 얻어진다. 포획된 질소의 일부는 토양의 저장고에 그대로 남아 있다. 그러나 일부는 생산자에 의해 고정되고, 이와 같은 질소함유 생산자는 다시 소비자와 분해자에 의해 분해되므로 질소는 생태계 내에서 이동을 한다. 질소는 결과적으로 탈질소박테리아의 활동에 의해 대기로 돌아간다. **질문:** 사람이 대기 중의 질소를 포획하여 토양으로 전달함으로써 질소순환을 증대시키는 이유는 무엇일까?

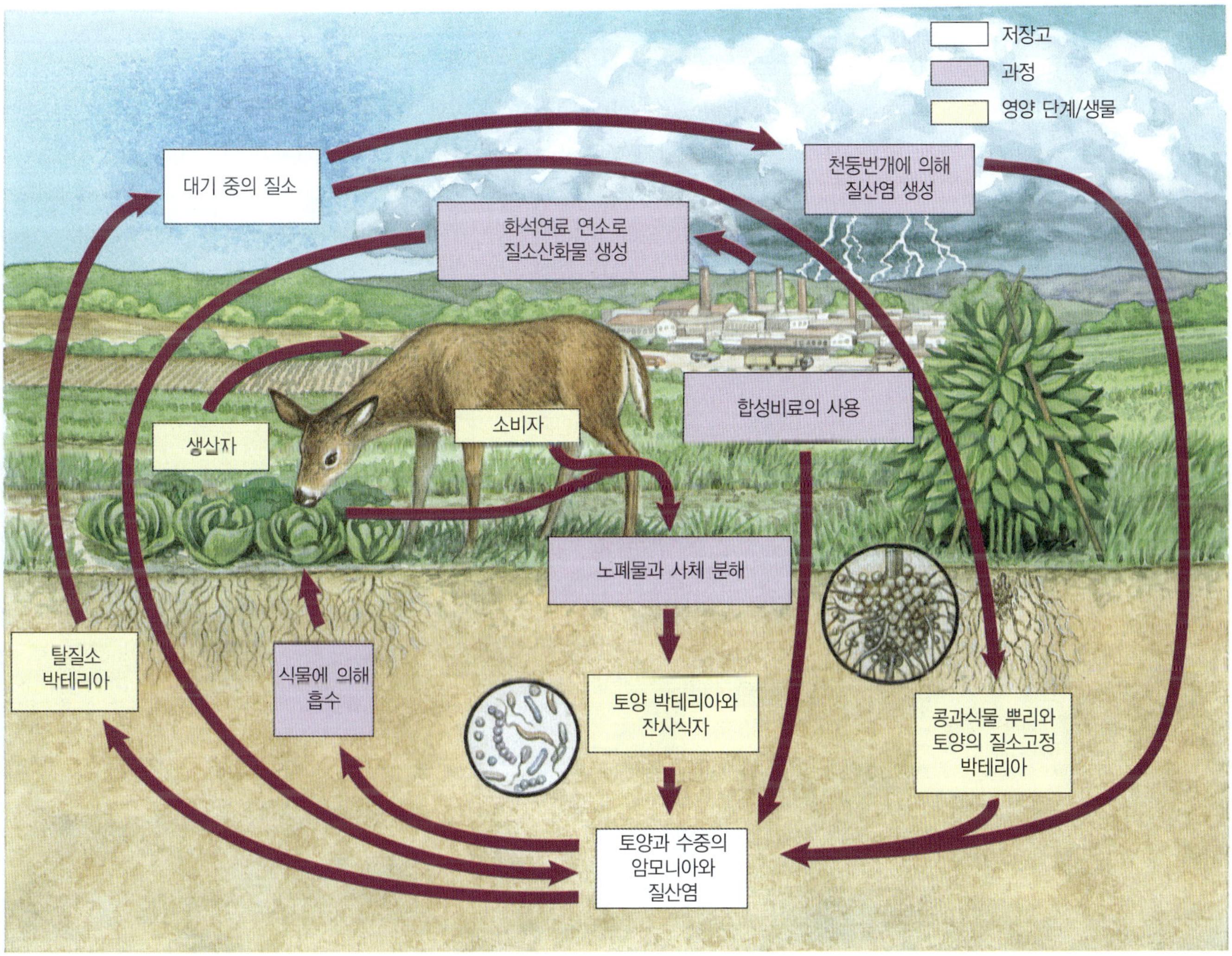

## 인의 주 저장고는 암석이다

탄소나 질소순환과는 달리 인의 순환은 대기를 포함하지 않는다. 생태계에 있는 인의 주 저장고는 암석이다. 암석에는 인이 산소와 결합하여 인산염을 이루고 있다. 인산이 풍부한 암석이 지표면에 노출되면, 빗물에 의해 인산염이 용해된다. 용해된 인산염은 식물의 뿌리나 그 밖에 광합성 원생생물과 시아노박테리아와 같은 독립영양생물에 의해 흡수된다. 이와 같은 생산자에 의해 인이 먹이망으로 들어온다(**그림 23-10**). 생산자와 소비자 모두에게 인은 에너지 전달 분자(ATP와 NADP)를 비롯하여 핵산, 세포막의 인지질 등 생물분자를 만드는 매우 중요한 성분이다. 인은 또한 척추동물의 치아와 뼈의 주성분이기도 하다.

생태계의 생물 영역에 있는 인은 최종적으로 다시 무생물 영역으로 돌아간다. 생물은 남는 인산을 주변 환경으로 배출하며, 분해자는 최종적으로 사체에 있는 인산을 다시 토양과 물로 되돌려 보낸다. 인산은 독립영양생물에 의해 다시 흡수되거나 또는 퇴적층에 결합하므로 결국 암석에 포함된다.

담수에 녹아 있는 인산염 중의 일부는 바다로 운반된다. 비록 이 인산염의 대부분이 바다의 바닥에 퇴적되지만, 일부는 바다에 있는 생산자에 의해 흡수되어 최종적으로 무척추동물과 어류의 몸속으로 들어간다. 차례로, 이 동물들 중 일부는 바닷새에 의해 포식되며, 바닷새는 많은 양의 인을 배출하므로 인은 다시 육지로 돌아간다. 바닷새가 한 곳에 배설을 하여 생긴 구아노(guano)는 비료와 산업용 인의 공급원이다. 대표적인 구아노는 남아메리카의 서해안을 따라 있다.

▼ **그림 23-10** **인순환** 화살은 생태계를 통한 인의 이동을 보여준다. 인산염의 형태로 있는 인은 가장 큰 저장고인 암석으로부터 녹아 나와 토양과 물로 이동한다. 용해된 인산의 일부는 퇴적되며, 이 퇴적물은 궁극적으로 인광암(phosphate rock)으로 다시 들어간다. 그러나 용해된 인산염의 대부분은 생태계 내에서 생산자의 체내로 들어가고 인을 함유하는 이 생산자는 소비자와 분해자에 의해 섭취된다. 결국 인은 토양과 물로 돌아가거나 혹은 용해된 인산염으로 퇴적된다.

## 물은 순환 중에 변화되지 않는다

**물순환(hydrologic cycle)**은 다른 생물지화학적 순환과는 달리 대부분의 물이 순환 중에 다른 분자로 들어가지 않는다(**그림 23-11**). 물의 주 저장고는 대양이다. 대양은 지구 표

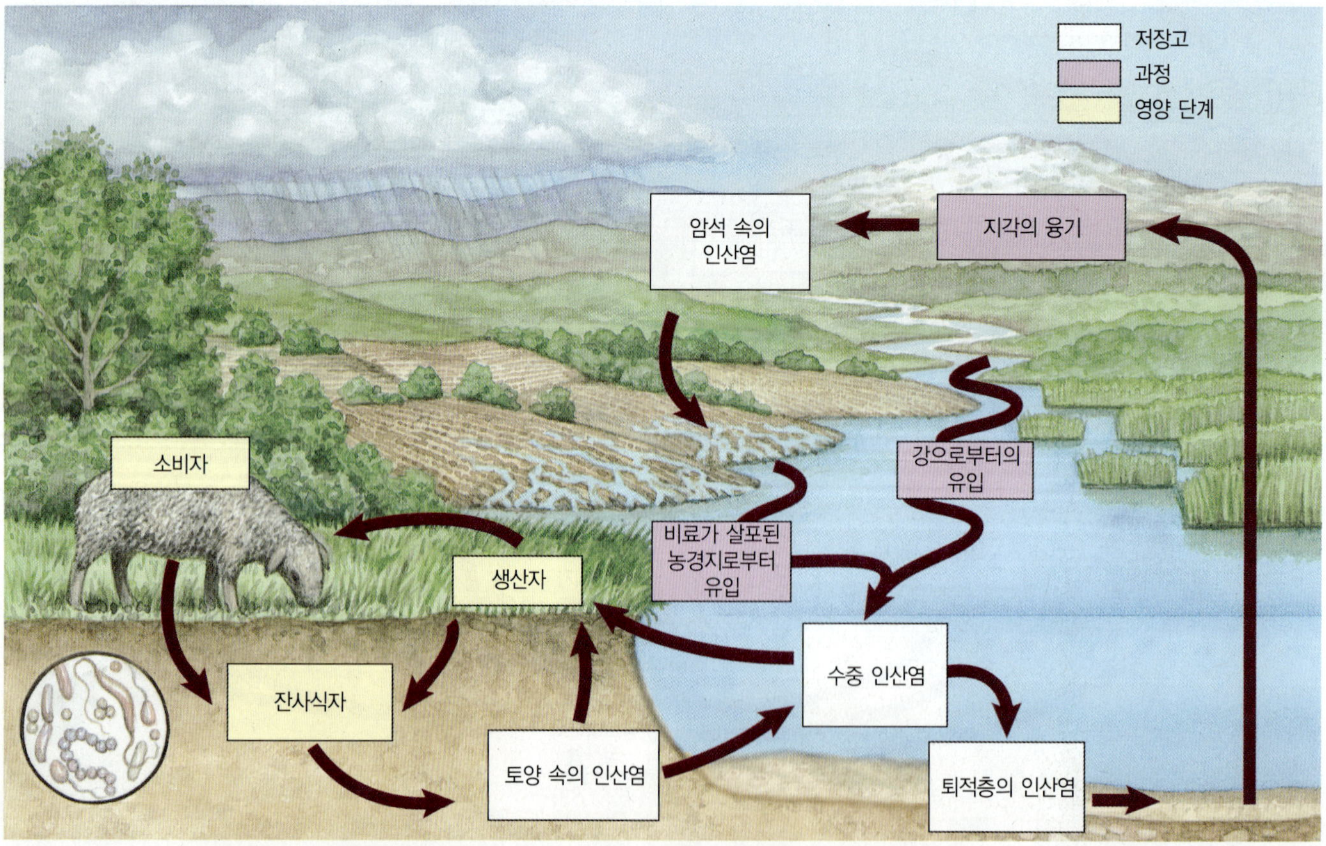

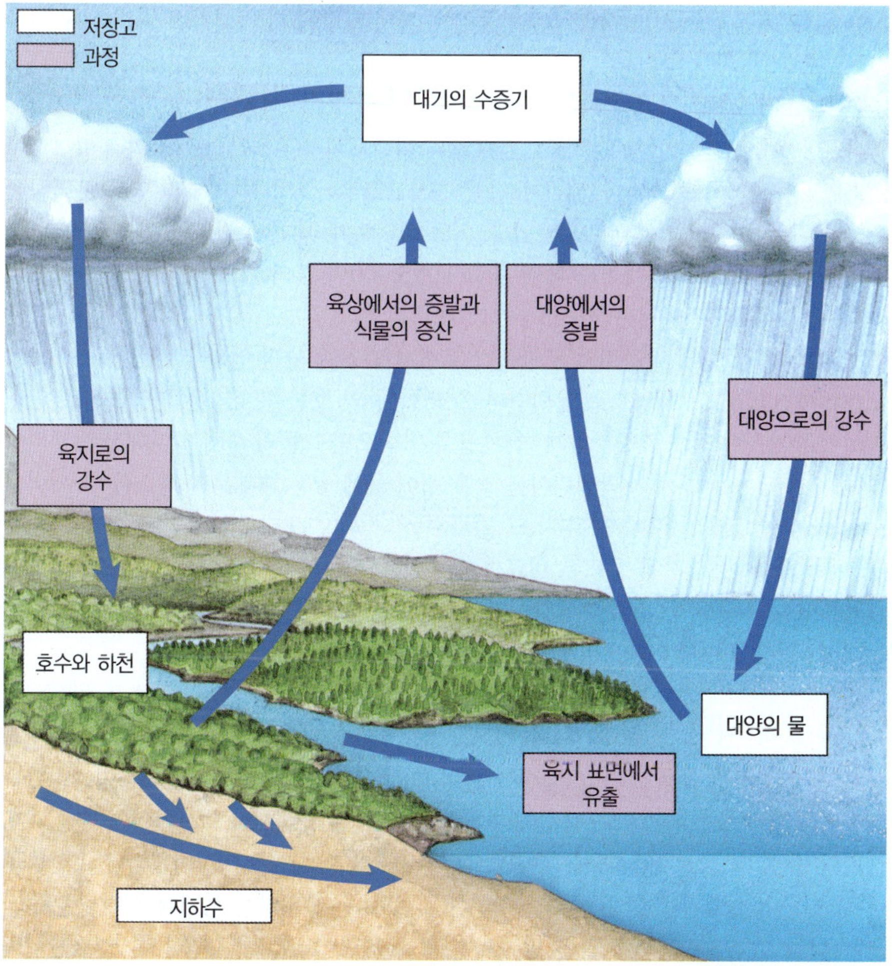


◀ **그림 23-11** **물순환** 물은 증발과 증산작용, 강수에 의해 대기와 수상, 육상 저장고 사이를 이동한다.

면의 3/4을 덮고 있으며 사용 가능한 물의 97% 이상을 차지한다.

물순환은 물을 증발시키는 태양에너지와 물을 강수(비, 눈, 진눈깨비, 이슬) 형태로 지구로 끌어당기는 중력에 의해 추진된다. 증발된 물의 대부분은 대양으로부터 오며, 대부분의 물은 강수에 의해 대양으로 되돌아온다. 강수는 여러 경로를 취한다. 이 물 중의 일부는 토양과 호수, 하천에서 증발하고, 일부는 육지로부터 흘러내려와 대양으로 되돌아간다. 또한 적은 양이기는 하지만 토양을 통해 지하 저장고로 들어가는 물로 있다.

일부 물은 생태계의 생물 군집으로 들어간다. 물은 식물의 뿌리에 의해 흡수되며, 흡수된 물의 대부분은 잎의 증산작용에 의해 다시 대기로 돌아간다. 그러나 일부 적은 양은 광합성 중에 이산화탄소와 결합하여 고에너지 분자를 생성한다. 최종적으로 이들 분자는 세포호흡에 의해 분해되고, 주변 환경으로 물이 방출된다. 소비자는 먹고 마시는 것으로부터 물을 얻는다.

## 23.4 사람이 영양물질 순환을 교란시키면 어떻게 될까?

현대 사회의 골치거리인 대다수 환경문제들은 사람들이 지구화학적 순환을 교란시키기 때문에 발생한다. 몇몇 경우는, 산업 공정과정에 의해 납, 비소, 수은, 우라늄, 기름 등의 독성 물질이 정상 저장고로부터 주변 환경으로 이동되는 것처럼 교란 효과가 상당히 직접적이다(그림 23-12). 그러나 사람에 의한 다른 순환 교란은 보다 간접적으로

▼ **그림 23-12** **제자리에 있지 않는 천연물질** 알래스카 해안에서 발생한 기름 유출로 인해 죽은 흰머리 독수리.

피해를 준다. 다음 절에서는 사람이 영양물질 순환에 영향을 끼친 결과에 대해 설명한다.

## 인공 생태계 속의 세상

**계속**

Biosphere 2도 지구처럼 영양물질의 새로운 유입이 없는 폐쇄된 계이다. 따라서 Biosphere 2는 지구와 마찬가지로 폐쇄된 환경의 토양과 물, 그리고 대기를 생명체에 유리한 상태로 유지하기 위해 지구처럼 영양물질 순환에 의존한다. 지구처럼 Biosphere 2도 파괴에 민감하다. 하지만 Biosphere 2 인공 생태계의 영양물질 순환은 비교적 약한 교란조차도 보완할 수 없다는 점이 지구와 다르다. 예를 들어, 탄소 획득이 Biosphere 안의 생물들의 정상적인 호흡에 인한 탄소방출과 보조를 맞추지 않으며, 인공 "대양"이나 크게 자란 나무 등의 잠재적 저장고가 넘치는 양의 탄소를 흡수하지 않는다. 대신에 탄소(이산화탄소 형태)가 독성 농도에 도달할 때까지 대기에 축적된다

## 질소와 인의 순환에 무리를 주면 수생 생태계가 파괴된다

농장, 정원, 교외의 잔디밭처럼 사람이 주도하는 생태계에서는 화학비료에 의해 암모니아와 질산염, 인산염이 공급된다. 해마다 암석 저장고로부터 1억 톤 이상의 인을 채굴하여 만든 인산비료가 경작지에 살포되고 있다. 이와 비슷하게, 대기의 질소를 인공적으로 "고정"하는 농업과 산업 공정과정도 매년 대략 1억 5,000만 톤의 기체 상태 질소를 암모니아와 질산염 비료로 전환시킨다.

물은 비료가 살포된 경작지의 토양을 흐르면서 엄청난 양의 인과 질소함유 화학물질을 호수, 하천, 그리고 해양으로 운반한다. 이러한 물의 흐름을 따라온 영양물질로 인해 광합성 조류가 폭발적으로 증가하게 한다. 조류가 죽으면 그들의 사체가 분해자 박테리아에 의해 분해되어야 하는데, 박테리아는 호흡 시에 물에 있는 대부분의 산소를 다 써버리므로 결국 다른 생물들은 죽게 된다. 그 결과 수생과 해양 생태계는 심각한 손상을 받게 된다. 예를 들어, 농경지에 살포된 비료를 운반한 미시시피강물이 멕시코만으로 흘러가 18,130 $km^2$에 해당하는 지역을 생물체가 거의 살 수 없는 "데드 존(dead zone)"으로 바꾸는데, 이 현상은 매년 여름 나타난다.

## 질소와 황의 과다 배출은 산성비를 유발한다

자동차와 발전소, 산업용 보일러, 제련소 등의 화석연료 연소는 엄청난 양의 이산화황과 질소산화물을 대기로 배출한다. 화산이나 온천, 분해자에 의해서도 이산화황이 배출되며, 분해자와 번개, 불은 질소산화물을 배출한다. 그러나 대기에 있는 이산화황과 질소산화물은 주로 인류의 산업활동 및 운송수단에 의한 것이다. 현재의 양은 생태계에 의해 흡수되고 재순환될 수 있는 양보다 훨씬 많아서 환경에 위협이 되고 있다. 다시 말해 산성비(acid rain), 좀 더 정확한 용어로 표현하면 **산성강하물(acid deposition)**을 초래한다.

### 대기에서의 반응으로 산성강하물이 만들어진다

질소산화물과 이산화황이 대기에서 수증기와 반응하면 질산과 황산이 된다. 며칠 후, 이렇게 만들어진 산은 종종 발생한 지역에서부터 수백 혹은 수천 km 떨어진 곳에서 비 혹은 눈으로 낙하하여 동상이나 빌딩을 부식시키고 호수에 사는 생물을 다 죽게 한다. 예를 들어, 뉴욕의 애더란댁 산맥에서는 산성비로 인해 호수와 연못의 약 25%가 산성이 되어 더 이상 어류가 살지 못하게 되었다. 하물며, 물고기가 죽기 전에 조차도 이들을 지속가능하게 하는 먹이망의 대다수를 파괴한다. 조개, 달팽이, 가재, 곤충의 유충들이 제일 먼저 죽고, 그 다음 양서류가 죽으며, 최종적으로 어류가 죽는다. 그 결과 수정처럼 맑은 호수가 되었다. 이 호수는 아름답지만 죽은 호수이다.

산성강하물의 영향은 수생 생물에 국한되지 않는다. 산성비는 칼슘이나 칼륨과 같은 필수 영양분을 스며 나오게 하여 영양물질을 재순환시키는 분해자 미생물을 죽게 하므로 영양물질이 토양으로 되돌아가지 못해 많은 농작물의 생장과 생산이 저해된다. 농작물은 영양물질의 고갈로 인해 감염과 곤충 공격에 취약해진다. 자연 생태계에 있는 나무와 그 외 다른 식물들 또한 위기에 처해 있다(그림 23-13).

▼ 그림 23-13 **산성강하물은 숲을 파괴한다** 산성비와 안개에 의해 노스캐롤라이나 주에 있는 미첼산 정상의 숲이 파괴되었다.

산성강하물은 또한 생물을 독성이 강한 금속에 노출되게 한다. 그 이유는 알루미늄, 납, 수은, 카드뮴과 같은 독성 강한 금속이 중성 pH 물보다 산성화된 물에 훨씬 잘 녹기 때문이다. 암석으로부터 녹아 나온 알루미늄은 식물의 생장을 방해하고 어류를 죽인다. 일부 가정에서 사용되는 수돗물도 납으로 오염된 것으로 밝혀졌는데, 이는 산성비에 의해

낡은 수도관의 납이 녹아 나왔기 때문이다.

## 과도한 탄소배출은 지구온난화를 초래한다

지구에 있는 탄소 대부분은 저장고에 오랜 기간 저장된다. 그 중 한 가지가 화석연료이다. **화석연료(fossil fuel)**는 동식물 사체가 매몰된 뒤, 수백만 년 동안 이들 생물체에 있는 유기분자 속 탄소들이 높은 온도와 압력에 의해 석탄, 기름, 천연가스로 전환된 것이다. 사람들이 열과 빛을 만들기 위해, 그리고 운송, 제조, 농업 활동을 위한 에너지 공급을 위해 화석연료를 연소하면 $CO_2$가 대기로 방출된다. 결과적으로 사람들은 이 장의 말미에 논의하고 있듯이, 화석연료 저장고로부터 탄소를 방출함으로써 대기의 $CO_2$ 양을 증가시키고 있는 것이다.

인간의 개입이 없으면, 화석에 있는 탄소는 있는 상태 그대로 남아 있을 것이다. 그러나 산업혁명 이후로 사람들은 화석연료에 저장된 에너지에 점점 더 의존해 왔다. 화석연료를 막대하게 소비한 결과 대기의 $CO_2$ 양은 1850년 이후 280 ppm에서 381 ppm으로 36% 이상이나 증가했다. 대기의 $CO_2$는 매년 1.5 ppm씩 계속 증가하고 있다.

대기의 이산화탄소 농도는 **산림파괴(deforestation)**에 의해서도 증가한다. 매년 수백만 평의 숲이 파괴되고 있다. 숲의 나무를 베고 연소를 하면 나무에 저장된 탄소가 대기로 돌아간다. 산림파괴는 특히 열대지역에서 빠르게 진행되는데 그 이유는 열대림을 농경지로 전환시키고 있기 때문이다

전체적으로, 인간의 활동이 매년 70억 톤의 탄소($CO_2$ 형태)를 대기로 방출하고 있는 셈이다. 이 탄소의 절반은 지구의 탄소순환, 즉 식물, 토양, 대양에 의해 흡수되고 나머지 35억 톤은 대기에 남아 지구온난화를 일으킨다.

### 온실기체는 대기의 열을 흡수한다

대기의 $CO_2$는 온실의 유리와 같은 작용을 한다. 태양에너지는 $CO_2$를 관통해 지표면에 도달한다. 그러나 대기의 $CO_2$는 지표면으로부터 다시 대기로 복사되는 긴 파장의 에너지를 흡수하여 가열된다(그림 23-14). 이러한 **온실효과(greenhouse effect)**는 일부 태양에너지를 열 형태로 흡수하며 지구의 대기를 생명체가 살기 좋을 정도로 따뜻하게 유지시켜 준다.

대부뷰의 기후학자들은 $CO_2$와 그 외 메탄, 염화불화탄소(CFC), 수증기, 일산화질소와 같은 **온신기체(greenhouse gas)**를 생산하는 인간 활동에 의해 온실효과가 심해졌다고 주장한다. 오랜 기간 지구의 온도를 기록한 바로는 **지구온난화(global warming)**가 진행되어 왔음을 알 수 있다. 지구의 평균 온도는 1860년 이후 계속 증가하고 있으며, 이는 대기의 $CO_2$ 증가 추세와 일치한다(그림 23-15). 최근까지 가장 더웠던 것으로 기록된 20개의 연도 중 19개는 1980년도 이후이며, 그 중 6개 연도는 1998년도 이후에 속한다.

기후변화에 관한 정부간패널(Intergovern-mental Panel on Climate Change, IPCC)로 알려진 국제 기후학자들 단체는 만약 온실기체 방출을 감축하지 않을 경우, 2100년이 되면 지표면의 평균 대기 온도가 2.0°C에서 4.5°C 정도 상승할 것으로 예측한다. 북아메리카가 두꺼운 얼음판 아래 있었던 마지막 빙하기(20,000년 전)는 현재보다 불과 5°C 낮았었다는 것을 생각해 보면 이러한 변화가 어떠할지 예측할 수 있다.

### 지구온난화는 심각한 결과를 가져올 것이다

비록 지구온난화의 정확한 결과를 예측하기는 어렵지만, 생물에 영향을 줄 것이라는 것은 거의 확실하다. 실제로 지구는 이러한 영향들을 겪기 시작했다. 과학자들은 이미 온난화

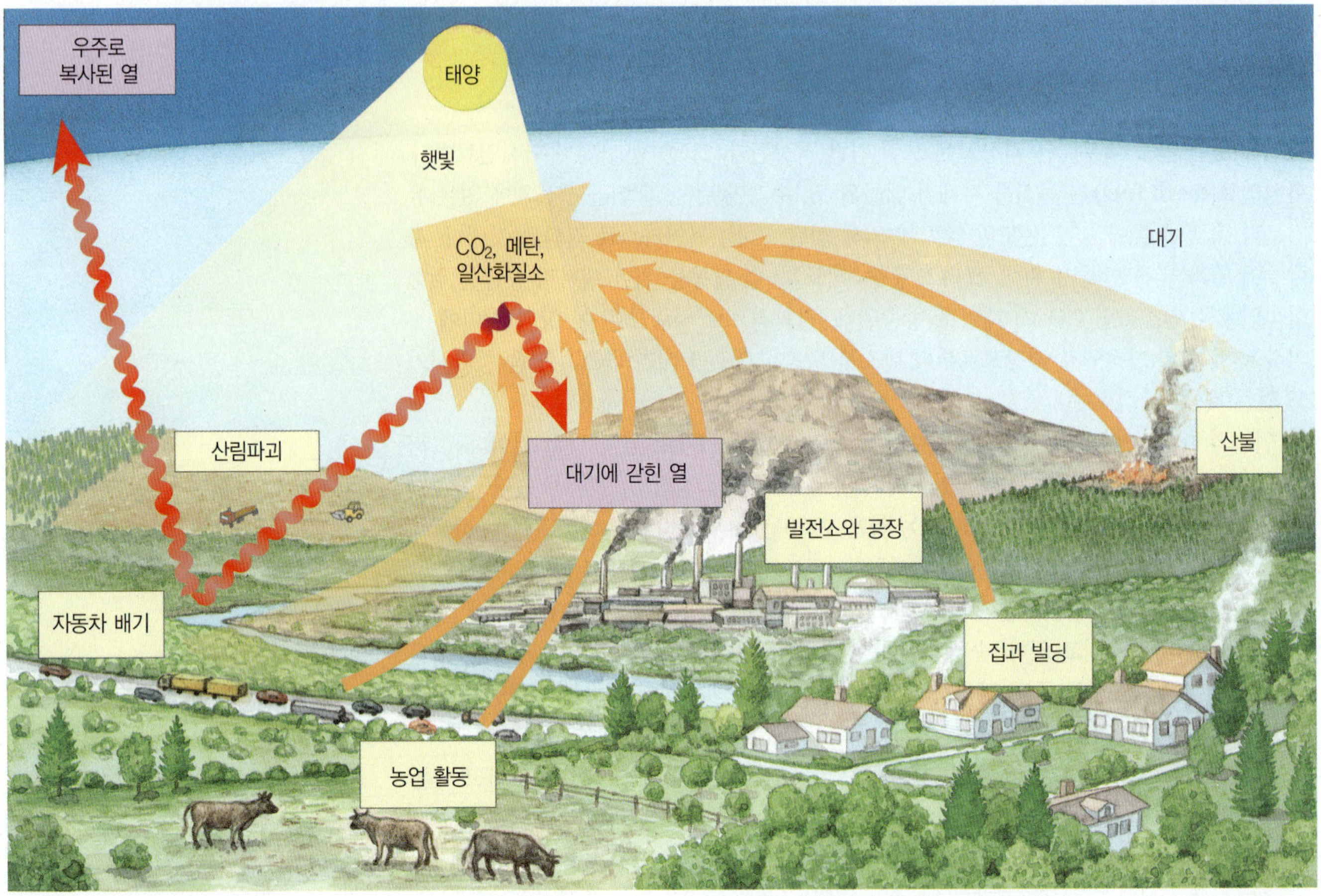


▲ **그림 23-14 온실기체 방출 증가는 지구온난화를 초래한다** 지구로 유입되는 태양 광선은 지표면을 데우고, 일부는 대기로 복사된다. 온실기체는 이 복사된 에너지의 일부를 흡수하여 대기에 열로 가두어 둔다. **질문:** 실제 온실에서는 왜 온도가 상승하는가? 이 과정은 온실기체에 의한 열 가둠 현상과 유사한가?

로 인한 빙하와 극지방의 만년설, 날씨 패턴, 그리고 생태계에 서식하는 생물에 영향을 준다는 기록을 갖고 있다. 이러한 변화들의 속도와 강도는 온난화가 지속됨에 따라 증가할 것으로 예상된다.

### 빙하가 녹고 있다

전 세계적으로 얼음이 녹고 있다(448쪽 "지구 지킴이: 극지방의 위기" 참고). 빙하가 사라지고 있다(그림 23-16). 빙하국립공원에는 한 때 150개에 달하던 빙하가 현재 단지

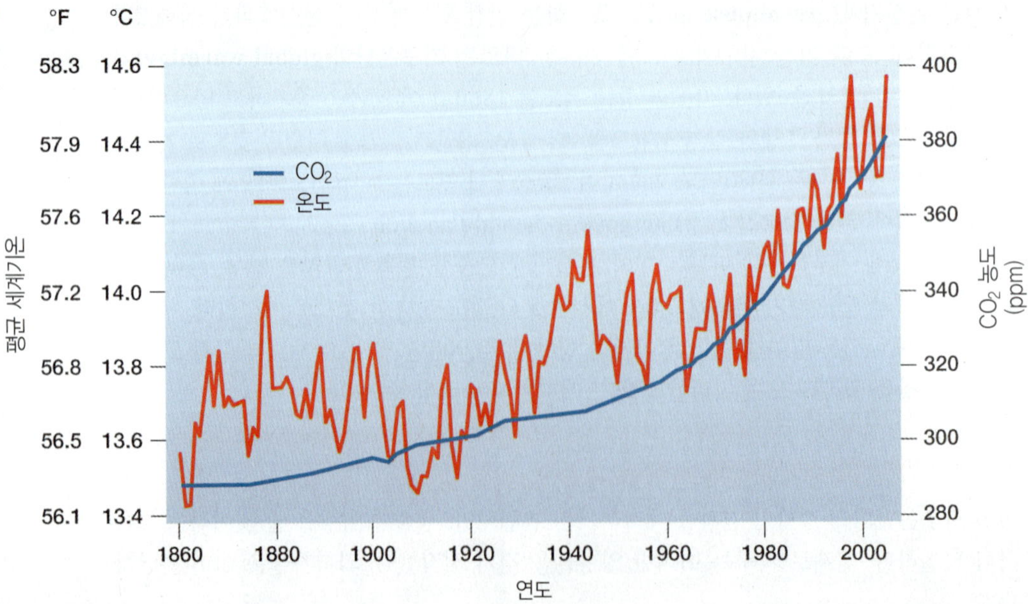


▶ **그림 23-15 지구온난화는 $CO_2$ 증가와 일치한다** 대기의 $CO_2$ 농도(파란색 선)는 1860년 이후 꾸준히 증가하였다. 지구의 평균 온도(빨간색 선)도 같은 패턴으로 증가한다.

(a) 1904년도의 캐롤빙하

(b) 2004년도의 캐롤빙하

◀ **그림 23-16 빙하가 녹고 있다 (a)** 1904년과 **(b)** 2004년에 알래스카 글래이셔 만의 캐롤빙하를 같은 위치에서 찍은 사진.

35개만 남아 있으며, 과학자들은 지금부터 30년 후에는 빙하가 다 사라질 것이라고 예측한다. 그린란드의 대빙원은 10년 전에 비해 두 배의 속도로 녹고 있으며, 연간 221 $km^3$의 물을 대서양으로 방출한다. 빙하와 극지방의 얼음(극빙)이 녹음에 따라 지구의 해수면이 상승하고 있다. 해수면의 상승으로 인해 해안 도시는 범람할 위험이 있으며, 섬나라들이 특히 더 취약하게 되는데 그 이유는 해수면 상승으로 인해 섬 거주민들은 갈 곳이 없기 때문이다.

빙하와 만년설의 해빙 외에, 훨씬 북쪽의 영구동토 또한 녹고 있다. 알래스카에는 영구동토가 녹음으로 인해 수천 톤의 진흙이 강으로 유입되어 연어가 땅에 알을 낳지 못하게 된다. 지구온난화 때문에 녹는 영구동토는 지구온난화를 더욱더 초래할 수 있으며, 해빙이 되면 이전에 얼은 유기물이 분해되므로 추가적인 $CO_2$가 대기로 방출된다. 시베리아에서는 프랑스와 독일을 합한 것만한 크기의 동토가 녹아 엄청나게 큰 늪이 만들어지고 있으며, 늪은 수십억 톤의 $CO_2$와 메탄을 대기로 방출한다(훨씬 강력한 온실기체).

## 지구 지킴이

# 극지방의 위기

지구의 북극과 남극 얼음이 녹고 있다. 남극의 경우, 지난 50년 사이 연평균 온도가 약 2.5°C 상승하였는데, 이는 지구 전반에 걸친 평균 상승치를 웃돈다. 남극반도에 수천 년 동안 있었던 빙붕(ice shelf)이 줄어들고 있으며, 1995년 이후 5,180 $km^2$ 이상의 얼음이 붕괴되었다.

남극의 부빙(floating ice)이 사라지는 것은 광범위한 결과를 초래한다. 바다얼음(해빙, sea ice)은 식물성플랑크톤이 자라기 좋은 환경을 만들어준다. 1차 소비자는 새우와 비슷한 갑각류인 크릴의 먹이가 된다. 크릴은 남극 먹이망에서 중심이 되는 종이다. 그러나 지난 30년 동안 대서양 남서지역 크릴 집단 수의 80%가 극감했다. 이에 대해 연구원들은 이러한 감소가 바다얼음의 감소와 연관이 있다고 생각한다. 가능한 시나리오는 빙붕이 축소됨에 따라 얼음 밑에서 자라는 조류(algae)가 줄어들어 조류에 의존하는 크릴이 죽었을 것이라는 것이다. 연구원들은 크릴의 감소가 먹이사슬에 영향을 주어, 결과적으로 고래와 물개, 펭귄까지도 굶어 죽게 될 것이라고 우려한다.

불길하게도, 남극반도의 서부지역에 있는 아델리 펭귄 집단의 수가 1975년 이후 80% 감소하여 원래 있었던 20,000쌍 중에서 현재는 단지 약 4,000쌍만 남아 있다. (하지만 다행히도 남극의 다른 펭귄들은 잘 보존되고 있다.)

지구의 다른 쪽 끝인 북극의 온도도 세계 평균치의 두 배만큼 빠르게 상승하여, 지난 30년 사이에 늦여름 북극바다 얼음이 20%에서 30% 감소하였다. 다가오는 세기에는 온도 상승이 4°에서 7°C가 될 것이므로 훨씬 더 큰 변화가 있을 것으로 예측된다.

북극의 바다얼음은 북극곰과 북극곰의 주요 식량 공급원인 반달무늬물범의 서식지이다. 바다얼음이 완전히 사라질 경우 야생 북극곰이 멸종될 것은 거의 확실하다. 다음 세기에 이런 상황이 일어날 수 있다고 예측하는 과학자들도 일부 있다. 캐나다의 허드슨 만에서는, 현재 바다얼음이 30년 전보다 3주 빨리 깨져 나가고 있다. 이로 인해 곰들은 얼음 위의 반달무늬물범들을 사냥할 기회를 갖지 못하게 되었다(그림 E23-2). 그 결과, 허드슨 만의 북극곰들은 예전에 비해 15% 몸무게가 줄은 상태로 여름을 시작한다. 마른 암곰은 적은 수의 새끼를 낳으며, 이들마저 생존율이 낮다. 서식지가 줄어드는 것은 곰의 행동에도 위험한 변화를 가져왔다. 배가 고픈 곰들은 과거보다 더 남쪽으로 먹이를 찾아 이동하며 때로는 사람이 사는 지역을 배회하다 총에 맞기도 한다. 수영을 잘 하는 곰들의 경우 평상시 보다 훨씬 더 먼, 해안가에서 96.5 km 이상 떨어진 곳에서 발견되기도 하였다. 이렇게 바다를 여행하는 곰들은 물에 빠져 죽을 위험이 있으며, 실제로 폭풍이 지나간 후 여러 마리의 곰이 죽은 채 떠 있는 것이 발견되기도 하였다. 새끼를 적게 낳고 곰들의 행동에 변화가 생긴 결과 북극곰 개체군은 1987년 이후 22% 감소하였다.

▲ 그림 E23-2 **얇은 얼음 위의 북극곰** 북극의 바다얼음이 사라지는 것은 북극곰에게 큰 위협이 된다.

### 기상은 더 심각해진다

기후학자들은 지구온난화가 기상변화를 더 심화시킬 것으로 예측한다. 기상이 이미 영향을 받고 있다는 증거도 증가하고 있다. 지난 35년 동안 허리케인의 강도와 지속기간 둘 다 50% 증가하였다. 4등급과 5등급 허리케인(가장 강력한 풍속과 파괴력)은 2배로 늘었다.

일부 지역은 심각한 폭풍을 겪고 있는 반면 또 다른 지역은 가뭄이 점점 심각해지고 있다. 국립대기연구센터의 과학자들에 따르면, 1970년대 이후 심각한 가뭄으로 영향을 받은 지구상의 면적은 15%에서 30%로 두 배 증가했다. 지구온난화가 더 진행되면, 이들 지역의 가뭄은 더 오래 지속되고 더욱 심해질 것이다. 새로이 나타나고 있는 기상변화로 인해 농업이 파괴되면 이미 식량 사정이 어려운 빈곤국 사람들에게 특히 재앙이 될 것이다.

### 생태계가 영향을 받고 있다

생태계에 대한 지구온난화의 영향은 심각할 수 있다. 육지에서는 강우와 온도변화로 인해 식물분포가 변하고 있다. 예를 들어, 미국 동북부 지역 숲에서는 설탕단풍나무가 사라지게 되고 동남부 지역의 일부 숲은 초원지대가 될 가능성이 있다. 인간의 활동으로 이미 스트레스를 받고 있는 바다와 산호초 생태계에서는 석산호(reef-building coral)들이 약간의 수온 상승에도 손상을 받기 때문에 따뜻해진 온난화로 인한 피해가 더 심각할 것이다.

전 세계적으로, 생태학자들이 온난화와 연관된 변화들을 찾아내고 있다. 유럽에서는 지난 28년 동안 식물의 성장기간이 10일 이상 증가했다. 유럽과 북부 아메리카에서는 봄꽃이 일찍 개화하고 있다. 온대 지역의 많은 새들은 몇십 년 전보다 일주일이나 혹은 그 이상 더 빨리 둥지를 틀기 시작한다. 북반구에서는 나비와 새들의 많은 종들이 극지방을 향해 이동을 했다. 널리 생활영역을 넓히고 있는 열대성 생물들 중에는 말라리아모기처럼 질병을 전염시키는 생물들이 있는데 이러한 사실은 열대지역에 제한되었던 질병이 머지않아 온대지역에도 퍼지게 될 것임을 말해준다. 종합적으로, 전 세계를 과학적으로 조사하여 얻은 자료들은 지구온난화와 연관된 생물학적 변화가 일어나고 있다는 강력한 증거들을 제시해준다.

## 우리의 결심이 차이를 만든다

미국인들은 다른 나라 사람들에 비해 과도한 영양물질 순환에 의해 초래된 지구온난화와 같은 환경문제에 더 많은 원인제공을 한다. 인구는 전 세계 인구의 5% 미만에 불과하지만 전 세계적으로 배출되는 온실기체의 약 25%, 즉 1인당 연간 6톤을 배출한다. 사람들 개개인마다 이러한 영향력을 줄이기 위해 무엇을 할 수 있을까? 많은 것이 있지만 여기서는 몇 가지만 제시하고자 한다.

- **연비가 높은 교통수단을 사용하고, 자동차 같이 타기와 대중교통을 이용한다.** 1리터당 8.5 km의 연비를 가진 차는 km당 0.31 kg의 $CO_2$를 배출한다. 따라서 연비가 더 좋은 운송수단을 사용하면 $CO_2$ 배출량을 줄일 수 있다.
- **전기를 절약하여라.** 화석연료를 이용하여 전기를 생산하면 엄청난 양의 $CO_2$와 이산화황, 질소산화물이 방출된다. 전기회사가 바람이나 태양에너지와 같은 재생에너지를 사용하려는 노력을 우리 모두 지지하면 이러한 화학물질의 방출을 줄일 수 있다. 또한 우리가 에너지 효율이 높은 가전제품을 구매하고, 사용하지 않는 컴퓨터와 전등의 전원을 끄며 백열전등을 간단한 형광등으로 교체하면 전기를 절약할 수 있다.
- **집의 에너지 효율을 증가시킨다.** 집의 보온성과 방수성을 향상시키고 태양에너지 시설을 도입한다. 또한 집 가까이 낙엽수를 심으면 여름에는 그늘이 형성되고 겨울에는 빛이 잘 들어오므로 냉방과 난방 비용을 줄임으로써 연료 소모를 많이 줄일 수 있다.
- **재활용한다.** 재활용은 엄청난 양의 에너지를 절약할 수 있다. 예를 들어, 알루미늄 캔을 재활용하면 원료로부터 알루미늄을 생산하는데 소모되는 에너지의 95%를 절약할 수 있다.

## 인공 생태계 속의 세상 다시 들러보기

Biosphere 2 관리자에 따르면, 인공 생태계에 사람이 거주하면서 실험을 한 결과 알게 된 것은 지구의 생존력을 유지하는 것 외에는 생태계를 만들 다른 방법이 없으며, 지구는 생명체를 지속가능하게 하는 유일한 서식지라는 것이다. Biosphere 2는 비록 실패는 하였지만 새로운 시도를 한 것은 널리 인정을 받았다. 1996년에 Biosphere 2 소유자는 그 설비의 관리를 콜롬비아 대학에 넘겼다. 그 이후, Biosphere 2는 생태학 연구를 위한 실험실로 이용되었다.

최근 Biosphere 2에서는 지구가 미래에 직면하게 될 환경변화, 특히 높은 대기 $CO_2$ 농도의 영향에 대해 주로 연구하고 있다. 예를 들어, 연구진들은 열대우림이 광합성을 증가함으로써 과도한 양의 $CO_2$를 "흡수"할 수 있다는 가설을 시험하여 보았다. 연구자들은 Biosphere의 대기를 정확하게 조절하는 장치를 이용하여 설비 내의 $CO_2$ 수치가 400, 700, 그리고 1,200 ppm이 되게 하였다(400 ppm은 현재 실제 $CO_2$ 농도와 비슷한 수치이다). 각각의 상황마다 연구진들은 광합성에 의한 $CO_2$ 흡수 속도와 세포호흡에 의한 방출 속도를 측정하였다.

실험결과에 의하면, 열대우림이 $CO_2$를 흡수하는 능력은 대기 농도가 700 ppm이 되면 감소했고, 1,200 ppm에서는 심각하게 감소했다. 대기의 $CO_2$ 농도가 높으면 광합성에 쓰이는 $CO_2$ 양이 증가하지만 세포호흡은 훨씬 더 증가한다(특히 토양 미생물에 의해). 따라서 우리은 인간들이 다가올 미래에 여러 활동을 함으로써 방출하게 될 이산화탄소 중 대부분을 흡수하지 못할 것이라는 결론을 얻었다.

Biosphere 2는 다른 곳에서는 하기 어려운 생태실험을 할 수 있는 독특한 실험실로 쓰였다. 비록 Biosphere 2 소유자와의 논쟁으로 인해 콜롬비아 대학이 시설을 관리하는 것이 종료되어 그곳에서의 실험이 일시적으로 중단되었지만, 최근에 애리조나 대학이 관리를 하기로 합의했다. 따라서 300만 달러를 들여 보수가 시작된 Biosphere 2는 조만간 다시 생태학 연구 장소로서의 역할을 재개할 수 있을 것으로 기대하고 있다.

### 생각해보기

폐쇄된 인공 생태계인 Biosphere 2 실험으로 얻은 결론을 "규모를 늘려" 자연 생태계에 적용할 수 있을까? Biosphere 2로부터 얻은 자료를 기초로 하여 건전한 환경정책을 입안할 수 있을까?

## 개념 확인 문제

### 빈칸 채우기

**1.** 햇빛은 끊임없이 지구로 유입되고 __________ 생물에 의해 포획된다. 이와는 달리, __________는(은) __________ 순환이라고 하는 과정에 의해 지속적으로 재순환된다.

**2.** 광합성 생물은 __________ 또는 __________(이)라고 불린다. 이 생물들이 저장하고 다른 생물이 사용 가능한 에너지는 ________(이)라고 한다. 광합성 생물은 __________ 또는 __________(으)로 불리는 생물들에 의해 이용된다. 노폐물과 사체를 먹고 사는 동물과 원생생물은 __________(이)라고 한다. 분해자 생물은 주로 __________ 와(과) __________이다.

**3.** 생태계에서의 포식단계를 __________ 단계라고 한다. 일반적으로, 한 영양 단계에 있는 에너지의 약 __________ %만이 다음 영양 단계에 있는 생물로 전달된다. 다른 동물을 먹는 동물을 __________(이)라 하고, 식물과 동물을 모두 먹는 동물을 동물을 __________(이)라고 한다. 생태계에서의 포식관계는 __________(으)로써 가장 정확하게 묘사된다.

**4.** 영양물질은 재순환되기 때문에 __________(이)라 하는 주 저장 장소에 축적된다. 탄소의 주 저장장소는 __________, __________, 그리고 __________이다. 질소의 주 저장장소는 __________이다. 질소를 고정하여 식물이 이용하게 하는 생물을 __________(이)라고 한다.

**5.** 농업활동으로 인해 많은 양의 영양물질이 미시시피강으로 방출되어 매년 멕시코만에 거대한 __________가(이) 생기고 있다. 화석연료 연소 시에 대기로 방출되는 질소산화물과 ______________는(은) __________(으)로 알려진 현상을 일으킨다.

**6.** 이산화탄소와 메탄은 __________ 기체로 알려져 있다. 1850년대 이후 화석과 __________ 을(를) 연소하는 등의 인간 활동은 대기의 이산화탄소 농도를 __________ % 증가시켰다. 남극의 부빙이 사라지면 1차소비자인 새우와 유사한 __________ 이(가) 큰 위협을 받게 된다.

### 복습 문제

**1.** 생태계를 통한 에너지 흐름이 영양물질 흐름과 근본적으로 다른 것은 무엇 때문인가?

**2.** 독립영양생물이란 무엇인가? 이들은 어느 영양 단계에 속하며, 이들이 생태계에서 중요한 이유는 무엇인가?

**3.** 순1차생산력을 간략히 정의하여라. 경작지에 있는 연못과 고산 호수 중 어느 곳이 더 순1차생산력이 클 것으로 생각되는가? 왜 그렇게 생각하

는지 설명하여라.

4. 첫 번째 영양 단계부터 3단계를 열거하여라. 소비자들 중에서 어느 것이 가장 많은가? 어느 생태계에서나 초식동물보다 식물의 생물량이 더 큰 이유는 무엇일까? 이 질문에 대한 정답을 "10% 법칙"과 연계하여 설명하여라.

5. 먹이사슬과 먹이망은 어떻게 다른가? 생태계에서의 실질적인 포식관계를 정확하게 나타내는 것은 어느 것인가?

6. 잔사식자와 분해자를 정의하고, 생태계에서 이들의 중요성에 대해 설명하여라.

7. 탄소가 탄소 저장고로부터 생물 군집을 통해 이동하여 다시 저장고로 돌아가는 탄소 이동 경로를 살펴보아라. 인간의 활동은 탄소순환에 어떠한 영향을 끼쳤으며, 미래의 기후에 어떠한 변화를 가져올 것으로 예측되는가?

8. 대기 중의 질소가 어떻게 식물로 유입되는지 설명하여라.

9. 인광석에서부터 육식동물의 DNA로 인 분자가 이동하는 과정을 살펴보아라. 인의 순환은 탄소나 질소순환과 어떻게 다른가?

10. 물분자가 대양을 떠나는 시점부터 식물의 뿌리와 기공을 거쳐 다시 대양으로 되돌아가는 이동 과정을 살펴보아라.

# 24장

# 지구의 생물다양성 보존

1967년 미국에서 공식적으로 멸종 위기종 명단에 올랐던 흰머리독수리가 2007년 멸종위기종 명단에서 삭제되었다.

## 주요 내용

# 사례 연구 위기로부터의 회생

슬프게도 익숙하게 되어가는 한 가지 이야기가 있다: 수천 세대 동안 살아왔던 것처럼 살면서 야생종들이 자연적인 서식지에서 번성하고 있다. 그러나 이러한 종들은 인간과 서식지를 공유하였는데 인구 수가 증가하면서 사람들은 전에는 볼 수 없었을 정도로 크게 변형시키고 있다. 야생종들은 이러한 변화를 견디지 못하고 개체수가 줄어들기 시작하여 해를 거듭할수록 더욱 줄어들고 있다. 결국 개체군이 점점 줄어들어 아주 소수가 존재하거나 아마도 심지어는 한 개체만 남은 것도 있다. 마지막 개체가 죽으면 그 종들은 영원히 소멸하여 멸종된다.

이러한 시나리오는 과거 몇 세기에 걸쳐 여러 차례 반복되어졌으며, 점점 더 흔한 일이 되었다. 오늘날 수천 종이 멸종위기에 처해 있다. 그러나 적어도 몇 경우에는 겉으로 보기에 피할 수 없는 것처럼 보였던 어떤 종의 감소가 멈추었다. 미국악어(왼쪽 사진), 송골매, 브라운 펠리칸, 로빈스 양지꽃 등이 일단 멸종위기종이었지만 지금은 안전하게 회복된 종들이다. 멸종위기로부터 회생된 가장 두드러진 사례는 흰머리독수리이다. 미국에서 흰머리독수리가 발견되었을 때 수십만 마리가 북미의 하늘을 수놓고 있었다. 그러나 1950년대까지 독수리는 멸종위기에 처해 있었다. 남쪽 40개 주에 약 10,000쌍 정도가 남아 있었다. 자연보호론자들이 경고하였지만 독수리 개체수의 감소는 지속되었다. 1963년 남부 48개 주에 단지 417쌍만이 새끼를 기르고 있었다. 독수리 개체수의 추세는 더욱 가파르게 감소하였으며, 독수리들은 비운을 맞이할 것이 확실해 보였다.

미국악어는 미국 남부의 늪과 수로에서 거의 사라졌다. 그러나 오늘날 악어 개체군은 번성하고 있다.

그러나 미국의 흰머리독수리는 사라지지 않았다. 감소를 멈추고 오히려 다시 증가하기 시작하였다. 오늘날 미국 48개 주에 번식 가능한 10,000쌍이 살고 있다. "이것이 미국의 역사에서 가장 위대한 야생동물 성공스토리 중의 하나이다"라고 국립야생동물연합의 존 코스티아크(John Kostyack)가 말한다.

흰머리독수리의 회복은 염려한 사람들이 행동을 취했기 때문에 가능했다. 물론 인간이 행동을 취했던 이유는 종들이 처음 살고 있던 장소에서 위험에 처했기 때문이다. 어떠한 요인들이 흰머리독수리의 개체수 감소를 초래했는가? 그리고 어떠한 조치들이 망각의 끝에서 그 종들을 다시 회복시켰는가? 이 질문에 대한 답을 찾기 위해서 읽어보고, 그리고 생명의 다양성을 보전하기 위해 헌신하는 과학자들의 노력에 대해 더 많이 배우도록 하자. ■

## 24.1 보전생물학이 무엇인가?

**보전생물학(conservation biology)**은 생물다양성을 이해하고 보전하기 위한 과학의 한 분야이다. 생물적인 다양성 – **생물다양성(biodiversity)**이라고 더 흔하게 일컬어지는– 은 단순하게 생명의 다양성, 즉 살아 있는 생물의 다양성을 의미한다. 생물학자들은 여러 수준에서 생물다양성을 분석한다.

- 유전다양성은 어떤 종의 유전자 풀에서의 다양성과 대립유전자의 상대적 빈도이다.
- 종다양성은 어떤 종들의 다양성과 상대적인 풍부도이다.
- 생태적 다양성은 다른 생태계의 다양성과 생태계 내부에 존재하는 군집 상호작용의 다양성이다.

보전생물학자들은 모든 수준에서 생물다양성을 연구하고 보전하는 방법을 찾는다. 적용 방법은 생태학, 유전학, 진화생물학에서부터 도출하여 생명의 유전다양성, 종다양성, 생태적 다양성을 보호하고 유지하는 것을 도울 수 있는 정보를 찾아낸다. 다른 수준에서의 생물다양성은 분리되어 연구되어지지만 그들은 서로 긴밀하게 연관되어 있다. 만약 한 종의 유전다양성이 감소되어지면 그 종은 환경 변화에 적응할 수 있는 능력을 진화시키는데 필요한 유전적인 다양성이 부족해진다. 만약 생태계의 종다양성이 감소하면 종을 지탱할 수 있는 생물권의 능력도 감소될 수 있다.

보전생물학자들에 의해서 획득한 지식은 인간이 야기한 멸종을 억제할 수 있는 행동에 관한 정보를 제공하는 경우에만 생물다양성을 보전하는데 도움이 될 수 있다. 그래서 보전생물학자들은 사회과학자, 정책입안자, 법률가, 지리학자, 경제학자, 윤리학자, 역사학자들과 긴밀함을 갖고 연구한다. 보전은 필연적으로 사회적 사업이다.

## 24.2 생물다양성은 왜 중요한가?

우리 대부분은 도시나 근교에 살고 있다. 우리가 먹는 음식은 대부분 주로 포장된 상태로 슈퍼마켓에서 구입한다. 우리는 자연상태의 생태계를 전혀 엿보지 않은 채 몇 달을 보낼 수도 있다. 그런데 왜 우리는 생물다양성을 보전하는데 관심을 가져야 하는가? 많은 사람들이 종과 생태계는 인간 자신을 위해서 보전해야 하는 가치가 있다고 말한다. 그러나 생물다양성에 내재되어 있는 고유의 가치를 알지 못하는 사람조차도 보전으로부터 이익을 얻는다. 다양한 생태계는 모든 사람에게 구체적인 이익을 제공한다(그림 24-1).

### 생태계의 서비스: 생물다양성의 실용적인 이용

최근 수십 년 동안 과학자, 경제학자, 정책입안자들은 자연이 무료로 제공되지만 보통 인지하지 못하는 이익을 제공한다는 것을 인식하게 되었다. **생태계 서비스(ecosystem service)**로 알려진 이러한 이익은 인류의 삶을 지속가능하게 하고 풍요롭게 하며, 자연적인 생태계와 그곳에서 살고 있는 생명체의 정상적인 활동에 의해 제공된다.

생태계 서비스는 공기와 물을 정화하고, 공기 중의 산소를 보충하며, 식물을 가루받이시켜 종자를 확산시키며, 야생생물의 서식처를 제공하며, 노폐물을 분해하고, 침식과 홍수를 방지하고, 해충을 통제하며, 휴양의 기회를 제공한다. 이러한 서비스가 무상으로 제공된다: 그것들이 없으면 인간 사회는 붕괴된다. 그러나 우리가 생태계 서비스에 대해 비용을 치르지 않기 때문에 경제적 가치는 측정하기 어려울 뿐만 아니라 경제적인 거래에서 항상 거의 무시되었다. 예를 들면, 토지를 주거지로 변화시킬 때 일반적으로 생태계와 생태계 서비스를 보호하기 위한 경제적인 보상이 개발자들에게 청구되지 않았지만 생태계를 파괴한 것에 대한 상당한 경제적 보상이 주어졌다. 정부, 사업체, 개인들은 환경을 변화시킨 것에 대한 진정한 비용과 이익을 측정하려는 시도를 거의 하지 않았으며, 대신에 생태계 서비스의 손실도 비용을 치를 필요가 없는 인간 행동의 결과로 간주하였다.

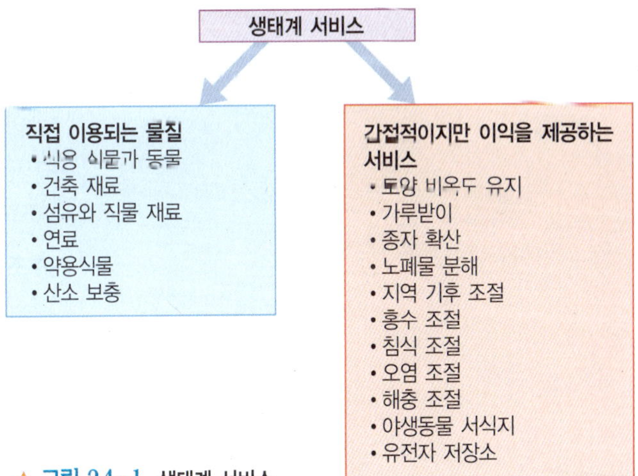

▲ 그림 24-1 생태계 서비스

#### 생태계는 상품을 직접 제공한다

건강한 생태계는 사람들에게 다양한 자원을 직접 제공한다. 예를 들면, 우리의 식량은 청정 해양환경에서만 살 수 있는 야생에서 포획된 어류와 다른 해산물에 의해 풍부해진다. 자연적인 야생 서식지에서의 식량과 스포츠를 위한 사냥은 많은 농촌 지역의 경제에 중요하다. 아프리카에서 대부분의 야생동물들은 식량으로 이용되기 위해 포획되며, 성장이나 영양이 부족한 사람들에게 값비싼 단백질을 위한 중요한 공급원이 되고 있다(460쪽의 "지구 경제: 복잡한 문제들 – 벌목과 야생고기" 참조). 숲은 가옥과 가구를 위한 목재를 공급하며, 특히 저개발국

(a) 미조리강 주변의 홍수

(b) 뉴올리온스의 홍수

▲ 그림 24-2 **홍수조절 서비스의 상실** (a) 농업 목적으로 자연 생태계를 전환함으로써 이례적인 폭우로 1993년 미시시피 강 홍수가 일어났다. (b) 2005년 허리케인 카트리나 이후의 뉴올리언스.

가에서는 난방과 요리를 위한 장작을 공급한다. 야생식물들은 세계 인구의 약 80%에 의해 이용되고 있는 전통적인 의약의 주요한 원천이다. 또한 현대의약품도 식물에 의존하고 있다: 처방약제의 약 25%는 이미 식물로부터 유래되었거나 혹은 현재 추출되고 있는 활성물질을 포함하고 있다.

### 또한 생태계는 사람들에게 간접적으로 이익을 준다

건강하고 다양한 생태계에 의해서 간접적으로 공급되는 서비스는 자연으로부터 직접 수확되는 상품보다 훨씬 광범위하며, 인간 복지에 훨씬 더 크게 기여한다. 여기에  몇 가지 중요한 사례들을 설명하겠다.

**토양 형성** 1인치의 토양을 만들기 위해서는 수백 년이 걸린다. 미국 중서부의 비옥한 토양은 수천 년에 걸쳐 자연초지 아래에 축적되었다. 농업은 이 초지를 세계에서 가장 생산적인 농업지역으로 전환시켰다.

토양은 분해자와 유기 분해물을 먹고사는 생물들(세균, 곰팡이, 벌레, 곤충, 그 밖의 다른 것들)의 다양한 군집과 함께 노폐물을 분해하고 영양물질을 재순환하는데 주요한 역할을 한다. 우리는 산업, 생활쓰레기, 농업과 임업으로부터 파생된 폐기물을 분해하는데 토양에 의존한다. 따라서 토양은 수질정화처리 시설과 같은 동일한 기능을 제공한다.

**침식과 홍수 조절** 초지와 숲의 식물은 토양을 멀리 날아가게 만드는 바람을 막아준다. 식물의 뿌리는 토양을 안정시키고 수분을 유지할 수 있는 능력을 증가시키며, 토양 침식과 홍수도 줄여준다. 1993년 미시시피 강을 따라 발생한 거대한 홍수와 이로 인한 침식은 강 주변의 숲, 습지, 초지를 농장으로 전환한 것이 부분적인 원인이었다. 폭우가 내리면 전환된 농장은 빗물 방류량과 토양 침식이 크게 증가한다(그림 24-2a).

습지 생태계는 빗물을 흡수하는 거대한 스펀지처럼 작용하기 때문에 홍수량을 줄인다. 또한 해안가를 강타하는 파도의 영향에 대해 완충역할을 한다. 이러한 보호 기능은 습지를 파괴함으로써 얻어지는 결과와 함께 2005년 8월 허리케인 카트리나로 인하여 뉴올리언스의 대재앙적인 홍수의 암울한 모습에서 볼 수 있었다. 뉴올리언스가 조성되고 성장하기 전에는 미시시피강에서 자연적으로 펄 흙을 함유한 물이 흘러내려 그 지역의 습지를 보충하였는데 이 습지들은 침전물과 강화된 외딴 섬들을 갖고 있어 밀려오는 폭풍의 힘에 대해 천연적인 장벽을 형성하였다. 그러나 카트리나가 타격을 줄 때까지 미시시피강이 준설되고, 둑이 쌓여지고, 우회됨으로써 물은 더 이상 습지와 외딴 섬들이 지속가능하게 만들지 못했다. 카트리나가 타격을 가하기 50년 전과 비교할 때 남부 루이지애나에서 1,609 $km^2$의 습지가 없어졌다. 거대한 제방(전에 무상으로 제공되던 생태계 서비스를 대체하기 위해 막대한 비용으로 건설한 것)이 이전에는 습지에 의해 제공되었던 보호의 일부를 일시적으로 공급해주고 있었다. 그러나 카트리나의 타격으로 제방이 무너졌고, 도시의 80%가 물에 잠겼다(그림 24-2b).

**기후조절** 식물 군집들은 그늘을 제공하고, 온도를 조절하고, 방풍 역할을 함으로써 지역 기후에 중요한 영향을 준다. 숲은 증산작용(잎으로부터의 증발)을 통해 물을 공기 속으로 다시 돌려보냄으로써 물 순환에 결정적인 역할을 한다. 예를 들면, 아마존 우림에서는 강우량의 1/3 내지 1/2 정도가 잎에 의해 증산된다. 우림을 벌목하는 것은 지역 기후를 더욱 덥고 건조하게 만들며, 생태계가 재생되는 것을 더욱 어렵게 만들며, 역시 주변 산림을 파괴한다.

**유전자원** 인간의 식량 공급은 재배용으로 변화시킨 소수의 종에 의존한다; 인간 식량의 75%가 단지 12종의 식용작물에 의해 공급된다. 소수종에 대한 그러한 과도한 의존성은 주요 작물을 공격하는 해충이나 병에 대해 우리의 식량 안전성을 취약하게 만든다. 앞으로 다가올지도 모르는 대재앙에 대한 가장 좋은 보호는 식물종들을 새로운 식량 공급원으로 개발함으로써 식량작물 다양성을 높이는 것이다. 그 외에도 연구자들은 식량 생산성을 높이고 작물의 병, 가뭄, 관개된 토양에서의 염류 축적 등에 대한 저항성을 높이기 위해 도입하는데 사용할 수 있는 야생식물에 있는 유전자를 찾아내고 있다. 생물다양성의 유전보물창고는 만약 이것이 잘 보전된다고 할 때 미래의 식량 안보의 주요한 열쇠이며 점차 중요해지고 있는 자원이 될 것이다.

**휴양지** 많은 사람들, 아마도 대부분 많은 사람들이 "자연으로 돌아감"에서 커다란 기쁨을 경험했을 것이다. 미국에서 매년 약 3억 5,000만 명이 국립공원이나 야생동물 보호지역과 같은 보호된 공공지역을 찾는다. 많은 농촌지역에서 지역경제는 하이킹, 캠프, 사냥, 낚시, 자연 경관 촬영을 위해 오는 방문객들에 의해 지출되는 소비에 의존한다.

독특한 생물 군집을 보기 위해 여행하는 사람들에 의한 생태관광은 전세계적으로 급속하게 성장하는 산업이다. 생태관광 목적지의 예로는 열대 산호초, 우림지역, 갈라파고스 군도, 아프리카의 사바나, 심지어 남극 지역 등이 있다.

### 생태경제학은 생태계 서비스의 경제적 가치를 인정한다

새로운 학문분야인 생태경제학(ecological economics)은 생태서비스의 경제적 가치를 산정하고 이익을 생산하는 인간의 활동을 위해 생태계가 손상되었을 때 발생하는 경제적 손실을 평가하는 일을 시도한다. 예를 들면, 작물을 경작하기 위해 습지의 물길을 바꾸려는 농부의 계획은 습지의 물공급을 바꾸는데 필요한 노동과 기계의 경제적 비용에 비해 증가된 작물생산성의 경제적 가치를 더 높게 평가한 것이다. 그러나 농부가 습지를 파괴함으로써 상실하는 생태서비스(오염물질 중화, 홍수 조절, 어류, 조류, 그리고 많은 다른 동물들에게 산란장소를 제공하는 것)의 비용을 고려한다면 이 일을 진행할 것인지 결정하기 어려울 것이다.

오늘날의 경제에서, 생태계를 파괴함으로써 얻는 이익은 보통 개인에게 돌아가지만, 비용은 전체적으로 사회에 의해 지불된다. 그러므로 생태경제학의 원칙을 적용하는 것은 정부의 개입이 필요하다. "지구 경계: 에버글레이즈 습지의 복원"에서 미국에서 가장 큰 습지 생태계를 인간이 복원하려는 거대하고 비용이 많이 들어가는 프로젝트에 대해 설명하겠다.

## 24.3 지구의 생물다양성은 감소하고 있는가?

우리는 생태계에 의존하고 있지만 생물다양성이 감소하면 그러한 서비스를 제공할 수 있는 능력이 감소하게 된다. 보전생물학자들은 그래서 생물다양성에 영향을 주는 종의 멸종 정도를 평가하기 위해 중요한 노력을 기울이고 있다.

### 멸종은 자연적인 과정이지만 속도가 급격하게 증가하고 있다

화석기록은 대재앙적 사건이 없을 때 멸종은 자연적으로 아주 매우 느린 속도로 일어나고 있다는 것을 보여준다. 그러나 화석은 또한 종종 많은 종들이 비교적 짧은 시간에 제거되었다는 **대멸종(mass extinctions)**의 증거도 보여준다. 다섯 번의 대멸종 사건이 일어났다: 가장 최근의 사건은 6,500만 년 전에 일어났는데 갑자기 공룡의 시대가 끝난 것이

▲ 그림 24-3 **최근에 발견된 큰 포유동물** 알려지지 않았던 아프리카 키펀지가 빠르게 사라지고 있는 아프리카 열대우림에서 발견되었다.

## 지구 경계

# 에버글레이즈 습지 복원

1948년 미국 의회는 중앙 및 남부 플로리다 프로젝트를 승인하였는데 이 계획은 플로디아의 중앙과 남부에 있는 광활한 습지인 에버글레이즈에 새로운 플로리다 개발을 위해 홍수를 조절하고 농장에 관개를 하고, 식수를 공급하기 위해 운하와 제방 및 다른 구조물들을 설치하는 대규모 사업이다. 프로젝트는 구불구불한 166 $km^2$의 키시미강을 직강화하여 90 km의 운하를 건설함으로써 주변 습지의 대두분이 사라졌다(그림 E24-1). 플로리다 남부에 있는 에버글레이즈와 다른 습지들이 감소하면서 습지에 의존하던 야생생물들도 사라졌다. 습지의 천연적인 수질정화기능이 또한 상실되었으며, 새로운 농장과 도시가 발생시킨 오염문제들이 가중되었다. 토착 식물, 조류, 어류, 그리고 다른 종들이 감소하였으나 한편 외래종들은 번성하였다.

수십 년이 지난 다음 많은 사람들은 에버글레이즈를 변형을 후회하기 시작하였다. 에버글레이즈 초기 면적의 반이 농지, 택지, 산업용지로 전환되면서 에버글레이즈라는 독특한 생태계를 구성하고 있었던 종의 다양성과 군집 상호작용의 풍부도가 빠르게 상실되고 있었다.

2,000년에 플로리다와 미국 정부는 에버글레이즈 복원 종합계획을 시작하였다. 이 30년 계획은 78억 달러의 프로젝트 비용을 들여 46,619 $km^2$의 습지 복원을 목표로 하고 있다. 전에 시도된 생태계 복원 중에서 가장 큰 것 중의 하나인 이 계획은 386 km의 운하와 제방을 제거할 것이며, 자연형 하천을 다시 조성하며, 습지를 살리고, 폐수 일부를 재활용할 것이다. 지금까지의 노력의 결과로 현재 약 166 $km^2$의 습지가 복원되었다. 76 km의 강이 회복될 것이다. 조류 개체군들이 회복된 강 부위를 따라서 되돌아왔으며, 수질은 향상되었다.

에버글레이즈 복원계획은 생태계를 훼손한 인간의 활동을 되돌리기 위한 비용이 많이 들어가고 장기간이 소요되는 노력으로 기록되고 있다. 프로젝트는 다양하고 건강한 생태계의 경제적이고 본질적인 가치를 일깨워주는 증거를 제공한다.

(a) 운하가 건설되기 전의 키시미강

(b) 운하가 건설된 키시미강

▲ 그림 E24-1 플로리다의 키시미강의 운하 건설

다. 대량멸종의 원인은 부정확하지만, 자연환경의 갑작스런 변화(거대한 운석의 영향 혹은 빠르게 일어난 기후변화에 의해서 야기된 것과 같은)가 가장 적절한 설명으로 받아들여지고 있다.

대부분의 생물학자들은 지금 우리들은 인간의 활동에 의해서 야기된 6번째 대량멸종의 중간에 있다고 결론짓고 있다. 그러나 모든 생물학자들이 다 동의하는 것은 아니지만 많은 생물학자들은 현재의 멸종 속도가 너무 빨라서 전반적인 생물다양성을 근본적으로 감소시킬 정도라는 것에 동의한다. 현재의 멸종 속도에 대해 완벽한 의견 일치를 보지 못한 점은 멸종 속도를 정확하게 측정하는 것이 어렵다는 것을 반영하는 것이다. 생물학자들이 지구에 존재하는 종의 일부만을 규명하였기 때문에 멸종 비율을 확정짓기 어렵다. 가장 잘 추산된 것으로는 수세기 동안 연구되어 왔던 눈에 잘 띄는 생물인 조류와 포유동물의 경우이다.

1500년대 이래로 알려진 모든 포유동물의 2%와 모든 조류의 1.3%가 멸종되었다. 또한 확실하게도 아직 발견되지 않은 많은 조류와 포유동물들을 우리는 잃었을 것이다. 예를 들면 2005년 새롭게 발견된 원숭이 종인 아프리카 키펀지(그림 24-3)를 생각해봐라. 약 1,000마리의 키펀지가 남아 있는데 이것들은 인간 활동에 의해 위협을 받고 있다; 많은 다른 종들이 의심할 바 없이 그랬던 것처럼 이것들도 발견되지 않았다면 쉽게 멸종되었을지도 모른다. 발견되지 않은 종의 멸종은 사람들이 간과하는 경향이 있는 작고 눈에 띄지 않은 생물들의 많은 종류들 중에서 더 많을 것이다. 국제자연보호연맹 (IUCN)은 사람들이 없었을 때 예상되는 기저 상태의 멸종 속도보다 현재의 멸종 속도는 100배에서 1,000배 정도 빠를 것으로 추정하고 있다.

### 멸종위기에 처한 종의 수의 증가

IUCN은 위험에 처한 종들을 분류하는 "적색목록"을 체계화하였다. 가까운 미래에 멸종될 정도에 따라 **특히 위험에 처해 있거나(critically endangered)**, **위험에 처해 있거나(endangered)**, 혹은 **취약한(vulnerable)** 것으로 분류될 수 있다. 세 가지 항목 중 어느 한 가지 항목에라도 속한 종들은 **위협받고 있는(threatened)** 종으로 서술되었다. 2007년 적색목록에 16,306종의 위협받고 있는 종이 포함되었는데 모든 조류의 12%와 모든 포유동물의 20%, 양서류의 29%가 이에 포함되었다. 많은 과학자들은 현재 위험에 처한 종들이 멸종의 길을 걷고 있는 것은 아니지만 많은 종이 멸종되어질 것을 두려워한다. 왜 이러한 일이 일어나는가?

## 24.4 생물다양성을 위협하는 주요한 요인은 무엇인가?

생물다양성에 가장 큰 위협들은 서식지 파괴, 남획, 외래종, 오염, 지구 온난화 등에 의해 부여되고 있다. 위험에 처한 종들은 보통 이러한 위험요인들을 몇 가지 혹은 모두를 동시에 직면하게 된다 ("지구 경계: 복잡한 문제들—벌목과 야생고기" 참조). 예를 들면, 개구리 개체수가 가파르게 감소하는 것은 서식지 파괴와 외래종, 오염을 비롯하여 많은 전문가들이 지구온난화와 관련되었다고 믿고 있는 병원성 곰팡이 감염 등의 복합적인 조합이 원인으로 여겨지고 있다. 마찬가지로 해양 어류의 약 1/3의 서식지인 산호초들이 종의 남획, 오염, 지구온난화 등의 조합에 의해 고통을 받고 있다.

(a) 잘려나가는 숲

(b) 우주에서 촬영한 농장들

◀ **그림 24-4 서식지 파괴** (a) 벌목되고 있는 우림 (b) 볼리비아의 열대우림 지역에서 조성되고 있는 콩 재배 농장을 보여주는 나사(NASA)의 인공위성 사진

# 지구 경계

## 복잡한 문제들 — 벌목과 야생고기

아프리카에 있는 야생고기 거래는 다양성에 대한 위협이 어떻게 상호작용을 하며, 증폭시키는지를 알 수 있는 가장 기본적인 사례이다. 역사적으로 아프리카 농촌 지역은 종합적으로 "야생고기"라고 부르는 여러 종류의 동물들을 사냥하여 식량을 보충한다. 원시적인 무기를 사용하여 소수 종족에 의해서 사냥하여 조달되는 전통적인 생활방식은 동물 개체군에 심각한 위협을 부과하지는 않는다. 그러나 현재 벌목된 길이 우림 깊숙이 뻗어나가면서 사냥꾼이 따라 들어가 엽총과 덫을 사용하여 먹기에는 지나칠 정도로 큰 동물들을 어떤 것이든 죽이고 있다. 벌목된 지역을 따라서 형성된 집단들은 야생동물들을 사냥하고 야생고기를 판매하는 문화를 발달시켰으며, 새롭고 이윤이 높은 이 산업에 의존하게 되었다. 벌목한 목재를 운반하는 트럭은 가끔 고기를 도시의 시장으로 운반하는데 사용되기도 한다. 세계보전협회는 적도 지역의 아프리카에서 수확된 야생고기는 해마다 100만 톤 이상이 될 것이라고 추산한다. 사냥된 동물들의 많은 것들이 나무의 종자를 확산하는데 중요한 역할을 하기 때문에 이러한 동물들의 손실은 벌목된 숲이 재생될 수 있는 능력을 감소시킨다.

야생고기 사냥꾼들은 암수 구분을 비롯하여 나이, 크기, 동물의 희귀성 등에 주의를 기울이지 않기 때문에 많은 멸종위기종들이 빠르게 감소하게 만든다. 예를 들면, 피그미 하마가 야생에 단지 약 2,000~3,000마리 밖에 남아 있지 않는 것으로 추산됨에도 불구하고 코끼리와 코뿔소 고기가 거래되는 것처럼 피그미 하마 고기가 야생고기 시장에서 거래되고 있다.

야생고기의 수익성은 영장류를 먹지 말라는 아프리카의 전통적인 금기도 거스르게 한다. 모든 영장류(유인원, 원숭이, 여우원숭이)의 1/3이 멸종위기에 처해 있는데 일부 야생고기 시장에서는 고기의 15%가 영장류 고기이다(**그림 E24-2**). 아프리카 카메룬에서는 멸종위기에 처한 고릴라가 크기가 커서 밀렵꾼이 선호하는 목표이다. 인간과 가장 유연관계가 깊은 위기종인 침팬지와 난쟁이 침팬지조차도 요리 냄비에서 생명을 끝낸다. 야생고기 사냥은 아프리카의 유인원에게서 일어나는 서식지 파괴보다 심지어 더 큰 위협요인이 되고 있으며, 사냥과 서식지 손실의 조합은 이러한 참으로 아름답고 이지적인 종들의 일부를 야생에서 멸종되게 하는 것을 아주 진짜 가능한 일로 만들고 있다고 전문가들은 믿고 있다.

▲ **그림 E24-2 야생고기** 영장류는 야생고기 사냥꾼들에 의해 위협받고 있다.

야생 생물에 대한 위협을 인지한 몇 개의 중앙아프리카 국가들은 불법적인 목재 수확과 야생생물 밀렵을 줄이기 위해 노력하고 있다. 그들은 함께 콩고강 유역의 아프리카 우림에 보호지역을 설정하였다. 거대한 벌목기업들이 이 보호지역의 경계를 따라서 계속 벌목을 진행하고 있음에도 불구하고 보호활동은 아프리카의 풍부한 자연유산의 일부를 보호하기 위한 중요한 조치이다.

▲ **그림 24-5 서식지 단편화** 파라과이에서 경작지들이 숲 지역을 격리시키고 있다.

### 서식지 파괴는 생물다양성에 가장 심각한 위협이 되고 있다

IUCN은 서식지 파괴가 전 세계의 생물다양성을 위협하는 주요 요인으로서 판단하였다. 서식지 파괴는 위협을 받고 있는 종들의 대다수에 영향을 주고 있다. 강에 댐을 건설하면서, 습지에서 물이 빠지면서, 초지와 숲이 농업용지, 도로, 택지, 산업용지로 전환됨으로써 서식지가 파괴된다. 예를 들면, 사람들이 약 11,000년 전에 농업을 시작한 이래로 지구는 숲의 반을 잃어버렸다. 더 놀랄만한 것은 모든 열대우림의 거의 반이 바로 지난 50년에 걸쳐 사라졌다. 열대우림이 이렇게 빠르게 파괴되는 이유는 수출을 목적으로 목재 수확이 과도하게 일어나고 있으며, 숲이 소고기, 커피, 콩, 야자유, 사탕수수, 그리고 다른 작물을 생산하는 목장과 농경지로 전환되었기 때문이다(**그림 24-4**).

자연 생태계가 완전히 파괴되지 않은 경우에도 인간 활동에 이용되는 지역으로 둘러 싸여진 작은 조각으로 나뉘는 경우들도 있다(**그림 24-5**). **서식지 단편화(habitat fragmentation)**는 야생생물에게 심각한 위협이 될 수 있다. 예를 들면, 새들은 먹이, 짝, 번식지 등을 찾기 위해 연속된 숲에서 넓은 지역이 필요하다. 또한 대형 고양이과 동물들도 서식지 단편화에 의해 위협받고 있다. 예를 들면, 추산되기로 약 5,000마리의 남아 있는 호랑이를 160개나 되는 숲의 단편 속에 살고 있기 때문에 인도에 있는 위기종인 벵갈 호랑이를 보호할 목적의 숲 보전은 개발의 바다에서 섬이 되고 있다.

서식지 단편화는 개체군의 크기가 너무 작아서 생존할 수 없는 결과를 초래한다. 보호가 기능을 발휘하려면 반드시 **최소생존개체수(minimum viable population, MVP)**를 유지할 수 있어야 한다. 이 최소생존계수는 불임을 비롯하여 질병, 화재, 홍수 등의 잠재적인 파괴에도 불구하고 생존 가능한 가장 작은 독립된 개체군이다. 종의 최소생존개체수는 환경의 질, 종의 평균 수명, 생식력, 어린 개체의 성체로의 성장 비율 등의 여러 요소에 의해 영향을 받는다. 일부 야생생물 전문가들은 벵갈 호랑이의 최소생존개체수는 인도의 호랑이 보호지역에서 발견되는 수보다 많은 최소한 50마리의 암컷이 있어야 한다고 믿는다.

▲ 그림 24-6 **남획** 불법적으로 채집된 녹색바다거북의 알

## 남획은 많은 종들을 위협한다

**남획(overexploitation)**은 자연에 살고 있는 개체군들이 그들의 개체수를 보충하는 능력보다 빠른 속도로 사냥을 하거나 수확하는 것을 의미한다. 남획은 야생 동식물을 포획하는 것과 관련된 효율성을 크게 높인 과학적 진보와 함께 증가하였다. IUCN은 멸종이 위협받고 있는 포유류와 조류의 약 30%에 영향을 준다고 추정하고 있다.

대구, 상어, 붉돔, 황새치, 참치 등 많은 종의 급속한 감소를 초래하는 과도한 어획은 해양생물계에 가장 큰 위협이다. 높은 기술을 갖춘 어선 함대는 상업적 가치가 있는 어류를 대규모로 포획하고 있으며, 또한 의도하지는 않았지만 마찬가지로 수십만 마리의 고래, 알락돌고래, 돌고래 등과 함께 거대한 수의 원하지 않는 "부수적 어획물" 종들을 포획하게 된다. 바다거북이 등 많은 종들의 성체와 알을 과도하게 포획함으로써 멸종 위험에 처하게 만들었다(**그림 24-6**).

육지에서는 저개발국가에서 빠르게 인구가 증가하면서 배고픔과 가난 때문에 사람들이 합법적이든 불법적이든, 희귀성에 관계없이 먹고, 팔 수 있는 모든 것을 수확하고 있으므로 야생 동물 생산품에 대한 수요가 증가하고 있다. 문제가 복잡해지면서 부유한 소비자들이 코끼리의 상아, 코뿔소 뿔, 우림에 살고 있는 이국적인 조류들과 같은 불법적인 생산물들에 대해 높은 값을 지불해주는 것이 멸종 위험에 처한 동물들의 수요에 불을 지펴서 그 문제가 더 복잡해졌다. 마찬가지로 선진국에서 목재 수요는 우림에서 지속가능하지 않은 벌목이 이루어지도록 조장하였다.

## 외래종이 토착종을 대체하고 군집 상호작용을 교란시킨다

인간은 전 세계 각지에서 많은 종들을 이동시켜왔다: 예를 들면, 호주로부터 미국으로 유칼립투스 나무를, 캘리포니아로부터 영국으로 미국 삼나무를 이동시켰다. 많은 경우 이러한 도입종들은 큰 피해를 일으키지 않았다. 그러나 가끔 토착종이 아닌 종들이 침략종이 되는 경우가 있다. 토착종과 먹이나 서식지를 놓고 경쟁하거나 혹은 직접 토착종을 포식함으로써 토착종을 희생시켜 외래종의 수가 증가하게 된다. 도입종은 종종 질병이나 서식지 파괴와 같은 다른 요인들에 따른 멸종에 토착종이 더 취약하게 만든다. 미국에는 대략 7,000종의 외래종이 정착하였는데 멸종 위험에 처한 종의 거의 반 정도가 외래종과의 경쟁이나 포식에 의해서 고통을 받고 있다 (418~419쪽의 "지구 경계: 외래침입자" 참고).

섬에 서식하고 있는 종들은 도입종과의 경쟁과 포식에 특히 취약하다. 섬의 개체군은 크기가 작으며, 섬에 살고 있는 많은 종들은 독특하며, 그들은 환경이 변하면 이동할 곳이 없다. 예를 들면, 하와이의 441종의 멸종위기종 식물의 99%와 멸종위기 조류 42종 중 한 개 종을 제외한 모두가 외래종에 의해 위기종이 된 것이다. 이러한 외래종 중에는 몽구스

### 위기로부터의 회생

계속

역사적으로 많은 흰머리독수리는 사냥꾼의 총에 맞아 죽었다. 게다가 많은 독수리들이 코요테와 다른 포유동물 포식자를 죽이기 위해서 목장 주인들이 던져 놓은 독약이 처리된 고기를 먹고 죽었다. 그러나 이렇게 직접적으로 독수리를 죽게 한 것보다 더 큰 피해를 초래한 것은 서식지 파괴의 효과이다.

둥지를 튼 흰머리독수리는 주변에 물고기가 살고 있는 물이 있는 숲 지역이 필요하고 인간의 주거지가 너무 가까이 있어서는 안 된다. 인구수의 지속적인 증가로 독수리 둥지로 적절한 서식지가 택지와 농경지와 같이 인간이 사용하는 것으로 전환되었으며, 독수리는 점점 더 둥지를 틀기에 적합한 장소를 찾기 어려워졌다. 많은 독수리들이 새끼를 낳지 못하였고, 독수리 개체수는 줄어들기 시작하였다.

▲ **그림 24-7** **침입종** 쥐를 잡기 위해 인도로부터 수입된 몽구스는 하와이에서 육지에 둥지를 만드는 토착종 새들에게 위협이 되고 있다. **질문:** 왜 하와이의 새들은 몽구스의 토착 서식지에 살고 있는 조류들보다 몽구스의 포식에 대해 더 취약한가?

가 있는데, 이것은 1800년대 우연히 도입된 쥐들을 조절하기 위해 의도적으로 도입된 것이다(그림 24-7). 오늘날 몽구스와 쥐들은 하와이에서 둥지를 트는 토착종 새들에게 가장 주요한 위협 요인이다. 초기의 폴리네시아인 정착민들이 식량을 얻기 위해 방목한 야생돼지와 야생염소는 하와이 토착식물을 심하게 훼손하고 있다.

### 오염은 생물다양성의 다면적인 위협이다

오염은 많은 형태가 있다. 오염물질에는 가소제와 방화제를 비롯하여 공기, 토양, 물에 유입된 다음 동물 조직에 독성을 나타내는 수준까지 축적되는 살충제와 같은 합성 화학물질들이 있다. 천연적으로 생성되는 물질들도 비정상적으로 고농도로 방출되면 오염물질이 될 수 있다. 수은, 납, 비소와 같은 이런 것들의 일부는 인간과 야생생물 모두에게 직접적으로 독성을 나타낸다. 다른 것들도 생물지구화학적 순환에 의해 오염물질이 된다. 예를 들면 화석연료의 연소는 산화된 질소와 황을 방출하는데 이것들은 숲과 호수의 생물다양성을 위협하는 산성비를 초래하여 이러한 영양소의 자연적인 순환을 교란시킨다.

### 지구온난화는 생물다양성에 대한 새로운 위협요인이다

화석연료의 사용은 산림 파괴와 함께 대기 중의 이산화탄소의 수준을 실질적으로 증가시킨다. 기상학자들이 예측한 바에 따르면 이산화탄소 수준의 증가는 지구 온도 상승을 수반하였다. 지구온난화에 대한 반응에서 많은 종들이 그들의 서식장소를 좀 더 극지방 쪽으로 이동하였으며, 식물과 동물들은 봄철 활동을 좀 더 일찍 시작하고 있으며, 빙하, 빙붕, 빙원이 녹고 있다. 또한 지구온난화는 열파, 가뭄, 홍수, 강해지는 허리케인과 강풍 등과 같은 좀 더 극단적인 날씨를 초래한다고 일부 기상학자들은 추측하고 있다.

인간에 의해서 유래된 기후변화의 빠른 진행은 생물종들이 변화하는 환경에 대처하기 위해 충분히 빠르게 적응할 수 있도록 진화시키는 능력에 대한 시험이 되고 있으며, 그래서 멸종에 더욱 취약하게 만든다. 많은 보전생물학자들은 지구온난화가 이제 서식지 파괴만큼 생물종다양성을 크게 위협하고 있다는 결론에 도달하였다.

#### 위기로부터의 회생

**계속**

사냥, 독극물 처리, 서식지 파괴가 흰머리독수리의 감소에 기여하였다고 할지라도 진정으로 매우 파괴적인 일격은 1945년에 가해진 살충제인 DDT의 개발이다. 살충제가 소개된 후 수년이 지나면서 DDT는 모기와 농업 해충을 제거하기 위해 미국 전역에 걸쳐 매우 광범위한 면적에서 정기적으로 그리고 반복적으로 살포되었다. 불행하게도 해충의 죽음과 함께 독성이 있는 살충제는 먹이사슬로 들어와 흰머리독수리와 같이 특히 높은 수준의 포식자인 생물체의 조직 속에 축적되었다. 독수리 몸에 있는 DDT는 알 껍질에서 칼슘 축적을 방해하여 껍질이 얇고 알을 품고 있는 어미의 무게를 지탱하지 못하게 만들었다. 알이 깨지면서 그 안에 있던 배아가 죽었다. 독수리의 번식력은 재앙적인 수준으로 감소하였으며 이미 위축되었던 개체군을 급강하하게 만들었다.

## 24.5 보전생물학이 왜 생물다양성 보전에 도움이 되는가?

보전생물학 연구는 생물다양성을 유지하기 위한 전략을 고안하는데 도움을 줄 수 있다. 다음에서 이러한 전략에 대하여 설명하겠다.

### 보전생물학은 융합과학이다

효과적인 보전은 합의와 광범위한 참여에 달려 있으므로 보전생물학자들은 과학 밖에 있는 사람들로부터의 경험과 지원을 갈망한다. 이러한 사람들로는 환경 정책과 법률을 만드는 정부 지도자들, 종과 서식지를 보호하기 위한 법률을 강화하는데 도움을 주는 환경 관련 변호사와 집행 공무원들, 생태적 서비스의 가치를 설정하는데 도움을 주는 환경경제학자들이 있다. 그 외에도 보전생물학자들은 어떻게 서로 다른 문화적 그룹들이 환경을 사용하고 상호작용하는지를 연구하는 사회과학자들을 비롯하여 어떻게 생태계가 기능을 하고 있고, 어떻게 인간의 삶을 지탱하고 있으며, 어떻게 사람들이 교란시키거나 보호할 수 있는지 학생들과 대중들이 이해하는 것을 도와주는 교육가들과 협력하고 있다. 이러한

# 지구 경계

## 핵심종 포식자의 복원

사냥활동이 생태계의 군집 구조에 주요한 영향을 미칠 때 그러한 포식자를 중추적 포식자라고 한다. 미국 서부에 있는 옐로스톤 국립공원의 연구자들은 자연적 군집 내에서의 복잡한 상호작용과 특히 늑대가 갖는 핵심종 포식자의 중요한 역할을 보고하였다.

1928년에 옐로스톤에서 엘크와 들소 떼에 위협이 되었던 늑대를 몰살시켰던 것을 생각해보라. 예상 밖으로 늑대의 감소와 멸종으로 사시나무의 재생의 종말이 시작되었다(**그림 E24-3**). 식물들과 조류들의 다양한 군집의 은신처인 사시나무 숲이 1872년 공원이 만들어졌을 때와 비교하여 95% 이상이 감소하였다. 늑대의 주요한 피식자인 엘크가 어린 사시나무를 거의 모두 먹었으며, 어린 버드나무와 미루나무도 역시 거의 먹어치웠다. 늑대가 사라지면서 엘크 개체수가 크게 팽창하였으며, 숲의 군집은 급격하게 변하였다.

여러 해 동안 진행된 계획, 연구 및 대중에 대한 의견 수렴을 거쳐 1995년과 1996년에 미국 어류야생동물청은 캐나다에 살고 있는 늑대 21마리를 잡아서 옐로스톤 국립공원에 방사하였다(그림 E24-3, 안쪽 그림). 늑대가 번창하여 이제 약 1,000마리가 되었다. 많은 생태학자들은 이러한 핵심종을 재도입시킨 것은 옐로스톤 생태계에 상당히 지대한 좋은 영향을 주었다고 확신했다.

최근의 연구에서 늑대의 포식은 엘크의 개체수를 조절할 뿐만 아니라 엘크의 행동까지도 바꾸었다. 늑대가 주변에 있으면 엘크는 늑대가 숨을 수 있는 하천가 옆에 있는 사시나무, 버드나무, 미루나무를 피하게 되는데 이러한 하천 주변의 군집들은 재생이 잘되어 새에게 더 좋은 서식지를 제공하며, 송어에게도 더 좋은 하천 조건을 제공하였다. 그들이 좋아하는 나무들이 다시 자라면서 비버가 다시 돌아와서 강에 댐을 만들었으며, 이로 인해 생성된 늪지는 밍크, 사향쥐, 수달, 오리, 희귀한 북쪽의 두꺼비들을 위한 서식지를 제공하였다. 비버가 만든 습지에서 자라는 수분이 많은 식물들은 동면에서 깨어날 때 회색곰들이 선호하는 먹이가 되었다. 또한 회색곰들은 늑대가 먹고 남겨놓은 엘크 사체를 먹고 살았으며, 역시 흰머리독수리와 황금독수리도 엘크 시체를 먹고 살았다. 군집 상호작용의 복잡한 그물이 더 복잡해지면서 늑대는 설치류를 잡아먹는 코요테를 싸워서 죽였다. 설치류의 개체수가 증가하면서 설치류를 먹고 사는 빨간 여우가 증가하였으며, 족제비와 오소리와 같은 조그만 육식동물이 다시 증가할 것으로 생물학자들은 예상한다.

종의 상호작용의 복잡성을 인식한 일부 생태학자들은 이러한 것이 결론적으로 정리되기 전에 "늑대효과"는 시간과 연구가 더 필요하다는 것을 정확하게 지적하고 있다. 그러나 지금까지의 증거를 통해 늑대 복원프로젝트의 책임자인 더글러스 스미스(Douglas Smith)가 말하기를 "물이 에버글레이즈 습지에서 하는 역할처럼 늑대가 옐로스톤에서 그러한 역할을 한다"고 주장하였다.

▶ **그림 E24-3** **핵심종 포식자의 영향** 옐로스톤 국립공원에서 한때 번성하였던 사시나무 숲의 흔적은 1900년대 초반 이래로 재생이 부족하였음을 보여준다. 늑대 (안쪽)가 현재 옐로스톤을 돌아다니면서 방문객들을 기쁘게 하며, 천연적인 군집에 막대하게 긍정적인 효과를 나타내고 있다.

교육적 노력은 보전 활동을 위한 풀뿌리 지지를 구성하는데 도움이 되는 보전 기구의 봉사활동에 의해 강화되고 있다.

### 야생생태계의 보전

서식지 파괴와 서식지 단편화는 생물다양성을 위협하는 주요한 요인들이기 때문에 서식지 보호는 생물다양성을 보호하는데 주요한 전략이다. 야생이동 경로와 연결된 보호구역은 자연생태계와 그들의 다양한 군집을 보호하는데 필수적이다.

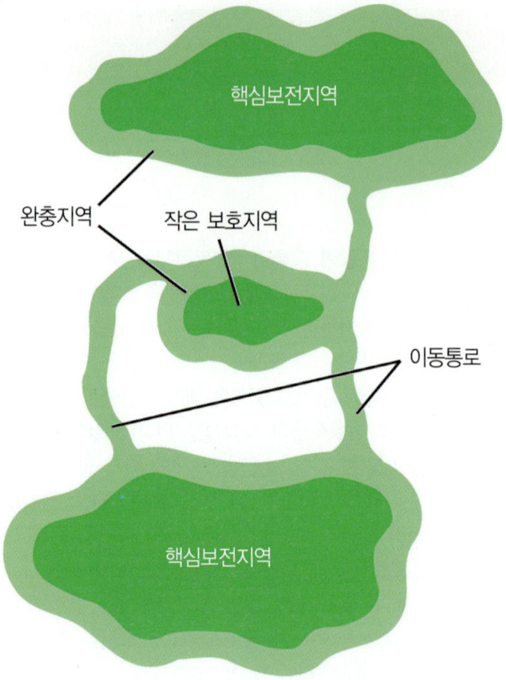


▲ 그림 24-8 이동통로가 보호지역을 연결한다

## 핵심보전지역은 모든 수준의 생물다양성을 보존한다

**핵심보전지역(core reserve)**은 매우 영향이 적은 휴양을 제외하고 대부분의 인간 이용으로부터 보호되는 자연지역이다. 이런 보전지역은 생태계와 생물다양성을 보호하기에 충분한 공간을 포함하여야 한다. 강풍, 화재, 홍수 등이 생태계를 유지하는데 중요하기 때문에 핵심보전지역은 종의 손실 없이 이러한 사건에도 견딜 수 있도록 충분히 커야 한다. (개체수 증가와 군집 상호작용을 보호하기 위해 어떻게 핵심보전지역을 관리해야 하는지에 대해 서술한 것으로 463쪽에 있는 "지구 경계: 핵심종 포식자의 복원" 참고)

핵심보전지역을 효과적으로 설정하기 위해 보전론자들은 가장 넓은 공간을 요구하는 종들이 생존가능한 최소한의 개체수를 유지하는데 필요한 **최소핵심지역**(minimum critical area)을 알아야 한다. 최소핵심지역은 종에 따라 상당히 다르며, 또한 검토 중인 서식지 내에서의 먹이, 물, 은신처의 이용가능성에 따라 다르다. 특정 군집을 지속가능하게 유지하기 위해 필요한 최소핵심지역을 설정하기 위해서는 광범위한 연구와 분석이 특히 요구된다.

## 이동통로는 주요 동물서식지를 연결한다

오늘날과 같이 혼잡한 세상에서는 생물다양성과 복잡한 군집 상호작용을 유지하기에 충분할 정도로 큰 핵심보전지역을 설정하기가 좀처럼 쉽게 가능하지 않다. 핵심보전지역의 크기에 제한이 되는 경우 이를 보완하기 위해 핵심보전지역을 연결하는 좁고 긴 보호지역인 **야생동물 통로(wildlife corridors)**를 설치하는 것이 필요하다. 그러한 이동통로는 인간 활동에 의해 고립된 서식지들 사이에서 동물들이 자유롭고 안전하게 이동할 수 있다(그림 24-8). 이동통로는 핵심보전지역을 연결함으로써 핵심보전지역의 크기를 확대하게 된다. 핵심보호지역과 이동통로는 이상적으로는 지역 거주자를 유지할 수 있는 작은 규모의 농업지역이지만 야생생물과 양립이 가능한 인간 활동의 영향이 낮은 **완충지역**(buffer zone)에 의해 둘러싸여야 한다. 완충지역은 벌목, 대규모의 농업, 채굴, 고속도로, 건축과 같은 영향이 큰 이용이 핵심보전지역에 서식하는 야생동물들에게 주는 영향을 차단하는 역할을 한다.

▶ 그림 24-9 **야생동물 이동통로** **(a)** 국립공원의 야생생물학자들은 고요한 동물들에게 부착한 귀 인식표와 GPS 전파 추적 장치를 사용하여 쿠거를 확인하고 추적한다. **(b)** 샌디에이고 근처의 리버사이드 고속도로 아래에 있는 지하차도의 아스팔트를 제거하고 교통을 통제함으로써 쿠거가 양쪽에 있는 서식지들 사이에서 자유롭게 이동하게 되었다.

(a) 전파장치가 부착된 쿠거

(b) 아래쪽에 설치된 야생동물 통로

야생동물 이동통로는 고속도로 아래쪽에 있는 지하차도만큼 좁은 곳도 가능하다. 예를 들면, 야생 생물학자들이 서식지 사이에 있는 지하차도를 사용하는 쿠거의 이동을 확인한 후 인구 밀집도가 높은 캘리포니아 남부의 샌디에고 근처에서 1,000채 이상의 새로운 주택을 건축하려는 계획이 취소되었고 고속도로 출구도 폐쇄하였다. 이제 공식적이 야생동물 이동통로인 자하차도와 그 주변은 보다 자연적인 생태로 복원되고 있으며, 쿠거와 다른 야생동물들이 고속도로 아래를 안전하게 통과할 수 있게 되었다(**그림 24-9**).

보다 큰 규모의 야생동물 이동통로는 더 큰 영향을 주게 된다. 예를 들면, 로키산맥 북부에서 보전단체와 과학자들 연합은 주변에 생태계를 갖고 있는 옐로스톤 국립공원과 같은 기존의 핵심보전지역을 연결하는 연속적인 이동통로를 제안하였다. 이렇게 상호 연결된 서식지들은 회색곰, 엘크, 늑대, 산호랑이의 개체군을 유지하게 해줄 것이다.

## 24.6 지속가능성이 왜 보전의 열쇠인가?

자연생태계는 생태계를 지속시키며 번성하게 하는 분명한 특징을 공유하고 있다. 건강한 생태계의 가장 중요한 특징들은 다음과 같다:

- 풍부하고 복잡한 군집 상호작용을 갖고 있는 다양한 군집들
- 환경 수용범위 내에서 유지되는 비교적 안정적인 개체군 크기
- 원자재의 재순환과 효율적인 이용
- 재생가능한 에너지원에 대한 의존성

인간의 개발에 의해 변형된 환경은 종종 이러한 질적 수준을 잃어 버린다. 그 결과로 인간에 의해 변형된 많은 생태계가 장기적으로 지속가능하지 못하며, 현재와 같은 개발과 토양 이용 방법은 생물다양성과 생태계 서비스를 상실하게 할 수 있다. 그러므로 우리가 의존하고 있는 생태계가 지속가능한 방법으로 우리의 물질적 욕구를 충족시키는 것을 배우는 것이 중요하다.

### 지속가능한 생활과 지속가능한 개발은 장기적으로 생태계와 인류 복지를 증진시킨다

자연의 작동원리 측면에서 지속가능성에 초점이 모아진다. "지구를 돌보는 것"의 제목의 기념비적 문건에서 IUCN은 **지속가능한 개발(sustainable development)**은 "그들 자신의 필요를 위해 후손들이 누릴 수 있는 범위를 손상하지 않고 현재의 수요를 충족하는 것"이라고 말한다. "인간은 자연이 보충할 수 있는 것보다 자연에서 더 많이 얻어내면 안 된다"라고 설명한다. 자연의 한계 내에서 자연을 존중하며 생활양식과 개발 방향을 채택하는 것을 의미한다. 그것은 기술이 범위 내에서 작동되도록 하는 것은 물론이지만 현대의 과학기술이 가져오는 많은 이익들을 거부하지 않으면 이룰 수 없다.

상업적인 어업은 자연의 범위를 벗어나서 이루어지는 기술의 주요 사례이다. 수중음파탐지기, 수많은 어망, 바다 바닥에 있는 군집 전체를 긁어 올리는 저인망을 사용하는 것은 상업적인 어업종사자들이 그 과정에서 상업적인 것과 비상업적인 종을 모두 위험에 처하게 만들면서 보충될 수 있는 것보다 더 많은 양을 포획하는 것이다. 지속가능한 어업은 산란지를 보호하고, 어획량을 제한하며, 의도되지 않은 훼손을 방지하기 위하여 기술을 향상시키는 것이 필요하다.

불행하게도 현대 사회는 지속가능한 개발이 좀처럼 성취되기 어려운데 그 이유는 "개발"의 일반적인 의미는 주택과 상점과 같은 인간 구조물로 자연의 생태계를 대체라는 것

이라고 알려져 있기 때문이다. 선진국에 있는 사람들은 그러한 개발로부터 경제적인 이익과 수준 높은 생활을 얻고 있다. 그러나 그들은 너무 많은 양의 재생 불가능한 에너지를 사용하고 있으며, 지속불가능한 방법으로 생태계에 의해 공급되는 직간접적인 서비스를 사용하여 이러한 혜택을 얻고 있다.

그러나 이제는 전 세계에서 얻어지는 모든 증거로 볼 때 그런 인간 활동은 자연의 군집들의 복잡한 그물을 허물고 있으며, 생명체를 유지할 수 있는 지구의 능력을 위태롭게 한다는 것이 분명하다. 개인과 국가는 변화가 필요하다는 것을 인식하고 있기 때문에 인간의 욕구를 지속가능한 방법으로 충족시키는 것을 강조하기 위한 많은 프로젝트들이 제시되고 있다. 다음 절에서 이러한 몇 가지를 설명하겠다.

## 생물권 보호구역 보전과 지속가능한 개발의 모델을 제공한다

**생물권 보호구역(biosphere reserves)**의 전 세계 네트워크는 UN에 의해 선정되었다. 생물권 보호의 목적은 생물다양성을 유지하고, 지역의 문화적 가치를 보호하면서 인간의 지속가능한 개발을 위한 기술을 평가하는 것이다. 핵심보전지역은 보호되면서 연구를 비롯하여 간혹 진행되는 관광과 약간의 전통적인 사용 정도만 허용된다. 주변의 완충지역은 영향이 적은 인간활동과 개발이 허용된다. 완충지역 바깥쪽에 있는 전이지역(transition area)은 정착, 관광, 어업, 농업 등이 진행되지만 (이론적으로) 모든 것들이 지속가능하게 이루어져야 한다. 1970년대 말에 가장 처음으로 생물권 보호지역이 지정되었으며, 이제 전세계에 480개 지역 이상이 지정되어 있다.

생물권 보호구역은 전적으로 자발적인 것이며, 그것이 위치하고 있는 국가와 지역에 의해 관리된다. 이러한 방법이 보호구역에 대한 지역의 반대를 크게 줄이고 있으나, 결과적으로는 완벽한 생물권 보전 모델에 완전하게 부합된 곳은 극히 적은 편이다. 많은 경우 완충지역과 전이지역에 있는 많은 토양들이 사적으로 소유되고 있으며, 토지소유주의 일부는 지정여부를 모르고 있는 경우도 있다. 개발제한에 대한 보상과 특히 전이지역에서

**표 24-1 경작 방법이 지속가능성에 영향을 준다**

| | 지속불가능한 농업 | 지속가능한 농업 |
|---|---|---|
| **토양침식** | 작물의 잔여물을 갈아엎는 방법은 새로운 작물이 자라날 때까지 토양을 노출시킴으로써 보충될 수 있는 것보다 더 빠르게 토양을 침식시킨다. | 무경간 농법으로 침식을 크게 줄인다. 농경지 주변에 바람막이로서 나무를 심어서 바람에 위한 침식을 줄인다. |
| **해충 관리** | 작물해충을 제어하기 위해 다량의 살충제를 사용한다. | 농경지 주변에 교목과 관목을 심어 곤충을 먹는 새를 위한 서식지를 제공하여 곤충을 잡아 먹게 한다. 살충제 사용을 줄이는 것은 새와 곤충 포식자를 보호하도록 한다. |
| **비료 사용** | 다량의 합성 비료를 사용한다. | 무경간 농법은 비옥한 토양을 유지한다. 가축배설물을 비료로 사용한다. 토양에 질소를 보충해주는 콩과식물(콩과 알팔파 같은)을 질소를 고갈시키는 작물(옥수수와 밀과 같은)을 번갈아 심는다. |
| **수질** | 노출된 토양의 유출수는 살충제와 비료로 물을 오염시킨다. 과도한 축산폐기물이 축산농가로부터 배출된다. | 축산폐기물을 비료로 사용한다. 무경간 농법에 의해 남겨진 식물이 영양분 유출을 줄인다. |
| **관개** | 자연적으로 저장된 지하수로부터 물이 비나 눈으로부터 보충되는 것보다 더 빠른 속도로 지하수를 퍼 올려 농작물에 물을 과도하게 공급한다. | 현대식 관개기술은 물의 증발을 줄이고, 물이 필요한 때, 필요한 곳에만 공급한다. 무경간 농법은 물의 증발을 줄인다. |
| **작물 다양성** | 소수의 고수익 작물이 의존하는 것은 병충해 발생률을 높여, 다량의 살충제에 의존하게 한다. | 윤작과 다양한 작물의 경작은 병충해 발생 가능성을 감소시킨다. |
| **화석연료사용** | 농장 설비 운영, 비료생산, 비료와 살충제 사용을 위해 다량의 재생불가능한 화석연료를 사용한다. | 무경간 농법은 밭을 갈고 비료를 사용하는 것을 줄인다. |

지속가능한 개발을 촉진하고 유도하는데 지원하는 재원이 충분하지 않은 경우가 종종 있다.

생물권 보호구역은 생물다양성을 보호하고 사람들이 천연 자원을 이용하는 방법을 전환하기 위한 노력들이 직면하는 것과 같은 장애에 직면하고 있지만 점차적으로 성공하고 있다. 그 개념은 지속가능한 개발의 내용에서 보전의 우아한 모델을 제공하고 있으며, 현재와 미래의 노력을 위한 기본 틀을 제공하고 있다.

## 지속가능한 농업은 자연적인 군집을 보호하는 데 도움을 준다

서식지의 가장 큰 손실은 인간이 자연생태계를 광활한 땅에서 한 종류이 작물만 재배하는 단일경작 농경지로 전환할 때 일어난다. 예를 들면 미국 중서부에서 원래 자연적이었던 초지가 거의 대부분 완전히 농경지로 전환되었다. 농경지는 인간에게 식량을 공급하기 위해 필요하고, 농부들은 가능한 한 가장 적은 비용으로 대량의 식량을 공급하려는 압력에 직면한다. 어떤 경우에는 생태계 서비스에 손상을 가하는 지속불가능한 농업을 사용하게도 만든다. 예를 들면, 잡초를 제거하기 위해 널리 사용되고 있는 제조체인 아트라진(atrazine)과 2,4-D가 잠재적으로는 환경적 독소로 작용할 것이라고 판명되고 있다. 살충제는 원래 목적하고 있는 해충과 함께 무차별적으로 많은 다른 종들을 죽인다. 전세계에 걸쳐 많은 지역에서 행해지고 있는 관개농업은 자연적인 과정에 의해서 공급될 수 있는 것보다 지하수 공급을 더 빠르게 감소시킨다.

다행하게도 농부들은 지속가능한 농업이 결국 육지를 보호하면서 비용을 절감하는 방법임을 인식하는 것이 점차 증가하고 있다(**표 24-1**). **무경간 농법(no-till cropping technology)**은 지속가능한 농업의 한 가지 구성요소를 대변하는데 들에서 수확한 작물의 잔여물이 다음해 작물을 위한 뿌리 덮개로 작용하도록 남겨 놓는 방법이다(**그림 24-10**). 미국에서는 무경간 농법이 경작지의 약 20%에서 사용되고 있으며, 밭갈이에 이용되는 에너지를 연간 3억 갤런 이상을 절약하고 있으며 토양침식도 크게 감소시키고 있다.

(a) 화산폭발 직후의 세인트 헬렌스 산

(b) 20년 후

▲ **그림 24-10 무경간 농법** (a) 콩이 이전에 경작되었던 밀 작물의 잔해를 따라 자라는 것을 볼 수 있다: 밀 그루터기가 토양을 고착시키고 물의 증발을 억제한다. (b) 절기 말에, 경작지에는 죽은 밀에 의해 뿌리가 덮였던 건강한 콩 작물이 보인다. **질문:** 무경간 농법으로부터 얻어지는 환경적 이득을 열거하라(전통적인 밭갈이 농업과 비교하여). 무경간 농법과 관련된 어떤 환경적인 비용이 있는가?

대부분의 무경간 농부들은 아직까지도 제초제와 살충제를 사용한다. 유기농업 농부들은 무경간 농법을 사용하면서 합성 제초제와 살충제, 비료 등을 사용하지 않는다. 유기농업은 해충을 제어하기 위해 자연적인 포식자에 의존하며, 동물과 작물의 폐기물을 분해하는데 토양미생물에 의존하며, 그렇게 하여 영양물질을 순환시킨다. 수백 에이커, 심지어는 수천 에이커의 농경지에서 단 한 가지 작물만 재배하는 전통적인 "공장형 농업"과는 대조적으로 유기농업은 작은 규모인 경향이 있나.

상실된 생태계 서비스의 가치가 지속불가능한 농업, 최소한 단기적으로 보다 값이 좀 싼 경향이 있는 지속불가능한 방법으로 생산되는 식량에서 비용으로 반영되지 않는다. 그래서 지속가능한 농업을 지원하고 싶은 소비자들은 이러한 방법으로 생산된 식량을 위해 좀 더 비용을 지불할 자세를 가져야 한다. 미국의 농경지 중 약 0.5%만이 유기농업에 이용된다고 할지라도, 소비자의 욕구는 지속가능한 농업의 성장을 꾸준히 증가시키고 있다.

## 생활방식의 변화와 적절한 기술의 사용이 또한 필수적이다

정부정책과 제도의 변화는 지속가능한 미래에 중요하며, 개인적인 선택도 역시 중요하다. 에너지를 아끼고, 에너지 저소비 기술을 사용함으로써 우리는 에너지와 재생불가능한 화석연료의 소비를 줄일 수 있다. 핵융합과 같은 아직 입증되지 않은 기술을 사용하지 않아도, 지속가능한 생활은 재생가능에너지원(예를 들면 태양, 바람, 파동에너지)에 의존해야만 한다. 우리는 재생불가능한 자원을 순환시킴으로써 자연 생태계를 닮아 가야 한다. 소비자로서의 우리의 선택이 지속가능하게 생산된 식량과 내구성이 있는 상품 시장을 확대하게 할 것이다.

이 장에서는 옳은 방향으로 움직이는 인간의 활동 사례들을 일부 제공하였다. 여러분들은 또한 23장의 끝 부분에서 개인이 취해야 하는 조치들의 좋은 사례들을 발견할 수 있을 것이다(449쪽 참고). 여러분 학교의 교정과 군집을 돌아보라 — 무엇이 지속가능한 것인가? 무엇은 지속가능하지 않은 것인가? 필요한 변화를 위해 무엇이 이루어져야 하는가?

## 인구의 증가는 지속가능하지 않다

지속가능성과 생물다양성의 보호에 대한 토론은 피할 수 없는 사실을 감추는 경향이 있다. 환경 악화의 근본적인 원인은 단순하다: 너무 많은 사람들이 너무 많은 자원을 사용하고 너무 많은 폐기물을 만드는 것이다. "누가 지구를 돌볼 것인가?"라는 제목의 IUCN 논문의 중심적인 문제는 바로 "인간을 유지할 수 있는 자연 생태계와 인간 개체수가 어떻게 균형을 이루는가" 라는 점이다. 기술진보를 통하여, 지구의 생태적 자산을 고갈시킴으로써 우리는 지금까지 이러한 균형을 초과한 인구수를 달성하였다. 그러나 지구에서 7,500만 내지 8,000만 명 정도가 해마다 증가하고 있다. 이러한 증가는 이미 지구에 존재하는 65억 명의 삶의 질을 지속가능하게 증가시키는 것과 양립할 수 없으며, 지구의 생물다양성으로 남겨진 것들을 유지하는 것과도 양립할 수 없다.

## 위기로부터의 회생 다시 들러보기

미국 48개주에서 왜 흰머리독수리가 멸종의 위기로부터 다시 증가할 수 있었는가? 염려한 시민들이 독수리를 보호하기 위해 법률 제정을 서둘렀기 때문이다. 1940년에 흰머리독수리와 황금독수리보호법안(BGEPA)에 의해 독수리에게 총격을 가하거나 독극물을 처리하는 것은 불법이 되었다. 이 초기 법안이 중요한 첫 번째 조치였으며, 시민들과 연방정부가 독수리를 보호하는 것을 명확하게 만들었다. 그러나 직접 죽이는 것에 대한 분명한 금지는 서식지 상실과 DDT에 의해 초래된 엄청나게 파괴적인 효과에 직면하기 전에는 충분하지 못했다. BGEPA가 발효된 지 20년 후에도 독수리 개체수는 전보다 저 적어졌다.

미국 정부가 DDT사용을 금지하고 멸종위기종 법안(ESA)이 통과된 1970년대 초에 드디어 그 흐름이 전환되었다. DDT 사용이 금지된 이후 환경과 독수리 개체에서의 DDT 축적이 점차 감소하였다. 핵심 서식지를 보호하고 모든 종을 보호하고 회복을 촉진하기 위하여 ESA에 따라 위임받은 연방공무원들은 멸종이 위협받는 종 혹은 멸종위기종 등을 지정하였다.

주요한 두 개의 법률에 따라 흰머리독수리는 오염과 서식지 상실로부터 보호조치가 취해졌으며, 개체수가 꾸준히 증가하는 시기로 돌입하였다. 1990년대 중반까지 48개 주의 흰머리독수리 개체수는 멸종위기 상태에서 벗어났다. 2007년 7월 흰머리독수리는 완전히 회복되었음이 선언되었으며, 독수리가 정부의 멸종위기종 목록에서 제외되었다.

흰머리독수리가 멸종위기종에서 제외됨으로써 멸종위기종 법안에 의해 제공받던 보호조치로부터도 제외되었다. 일부 보호론자들은 이러한 변화도 역시 위험하다고 주장한다. ESA에 따른 보호 없이 독수리는 현재 아직 법적 효력을 갖고 있는 BGEPA에 의해 보호받고 있다. 우리는 미국의 국가적 상징에 대한 이런 협소한 보호조치와 존중이 흰머리독수리가 다시 멸종을 향해 나아가는 위험에 빠져들지 않기에 충분한지에 대해 이제 우리는 곧 알게 될 것이다.

### 생각해보기

흰머리독수리는 위풍당당한 동물이지만 한 가지 종에 불과하다. 수많은 노력과 투자를 쏟아붓고 개발의 기회를 포기하면서 이것을 보호할 가치가 있는가?

# 개념 확인 문제

## 빈칸 채우기

**1.** 생물다양성의 세 가지 수준은 __________, __________, __________이다. 만약 종의 개체수가 너무 작아지면 __________다양성의 많은 것을 잃어버릴 가능성이 높아진다. 단일경작은 __________다양성이 아주 낮다.

**2.** 기능적인 생태계가 인간에게 이익을 주는 것에 의한 재화나 공정은 종합적으로 __________(이)라고 부른다. 이러한 이득의 네 가지 중요한 사례는 __________, __________, __________, __________이다.

**3.** 물을 정화하는 것과 같이 기능적인 생태계로부터 인간이 얻을 수 있는 많은 이익들은 전통적으로 무상인 것으로 여겨졌다. __________의 학문은 이러한 이익의 경제적 가치를 정량화하기 위하여 노력한다.

**4.** 생물다양성에 대한 주요 위협으로는 ________, ________, ________이(가) 있다. 대부분의 멸종위기종에게는 __________이(가) 가장 주요한 위협이 되고 있다.

**5.** 장기적 측면에서 생존할 수 있을 것으로 여겨지는 종의 가장 작은 개체수를 __________(이)라고 한다. 어떤 종의 적절한 서식지들이 너무 작아서 개체수를 부양하기에 충분할 정도로 크게 지원하지 못할 정도로 지역이 나누어진 것을 __________(이)라고 한다. 보전생물학자들은 개체군에게 충분하게 큰 지역을 유지하기 위한 한 방법으로 적절한 서식지의 핵심보전지역을 설정하고 __________에 의해 연결하였다.

**6.** 한 미국인은 우리에게 말하기를 "우리는 우리 조상들에게서 지구를 물려받은 것이 아니라 우리 자손들로부터 지구를 빌린 것이다"라고 하였다, 만약 이러한 원칙들이 우리의 활동을 인도한다면, 우리는 _______ 개발을 실행할 것이다.

## 복습 문제

**1.** 보전생물학의 정의를 말해보라. 그것이 이끌어내고자 하는 규율은 무엇인가?

**2.** 생물다양성의 세 가지 다른 수준은 무엇이며, 왜 각각은 중요한가?

**3.** 무엇이 생태경제학인가? 왜 이것이 중요한가?

**4.** 자연의 생태계가 공급하는 재화와 서비스의 유형을 열거하라.

**5.** 이 장에서 설명한 생물다양성에 네 가지 특이적인 위협요인은 무엇인가? 각각의 예를 들어보라.

# 정답(Answers)

## 1장

### 빈칸 채우기

1. 세포, 조직, 기관, 개체, 집단, 군집
2. 과학적인 이론; 가설; 과학적인 방법
3. 질문, 가설, 예측, 실험 (혹은 관찰), 결론
4. 변수; 대조군
5. 진화; 자연선택
6. 디옥시리보핵산, DNA; 유전자
7. 조직화된; 생식, 자극; 물질과 에너지; DNA

### 복습 문제

1. 과학적인 방법은 6가지로 된 일련의 상호 관련된 과정으로 구성되어 있다; (1) 현상의 관찰; (2) 관찰된 것과 관련된 질문의 형성; (3) 그 질문에 답이 될 수 있는 가설의 설정; (4) 가설이 맞을 경우 결과의 예측; (5) 예측이 확인되던지 혹은 거절되는지에 관한 실험; (6) 가설의 타당성에 관한 결론 도출. 과학적인 방법은 매일 일어나는 일상적인 생활에서 일어나는 기계적인 문제들, 예를 들면 "차가 왜 시동이 걸리지 않는가?" 혹은 "왜 컴퓨터 모니터나 핸드폰이 켜지지 않는가?"와 같은 문제들을 해결하는 일에도 적용할 수 있다.
2. 세포는 생명체의 가장 작은 단위이다. 다세포생물에서 유사한 형태의 세포들이 근육과 같은 조직을 형성한다. 2개 이상의 조직 형태가 결합하여 예를 들면 심장과 같은 기관을 형성한다. 조화를 이루는 기능을 갖는 기관들이 모여 다세포 생물체를 형성한다. 같은 장소에서 같은 유형의 생물체의 집합을 개체군이라고 하며, 다른 종류의 개체군이 모여 상호작용하는 집합은 군집을 형성한다.
3. 과학적인 이론은 자연적인 현상에 대하여 광범위하고 재현 가능한 관찰을 통하여 도출된 보편적인 설명이다. 가설은 교육받은 추측으로서 어떤 기존의 원인이 작용하여 관찰할 수 있는 현상을 만들어 내는 것이다. 과학자들은 가설을 사용하여 제안된 설명에 대해 반복적인 실험을 수행하여 그 내용을 지지하거나 혹은 틀렸다는 것을 입증한다. 만약 가설이 반복적으로 확인되면 그것은 절대 부정되지 않는 근본적인 원칙으로 사용되는 과학적인 이론의 위치가 부여된다.
4. 소금 결정은 잘 조직화되어 있으며, 성장할 수 있다; 그러나 생명체의 7가지의 특징을 모두 갖고 있지 못하므로 무생물이다. 나무는 7가지의 특징을 모두 갖고 있으므로 생물이다. 현미경을 이용하여 각각의 사물을 조심스럽게 관찰함으로써 나무는 세포로 이루어져 있으나, 소금은 그렇지 않다는 것을 알 수 있다.
5. 진화는 현대의 생물체들이 기존의 생물체로부터 변형을 거쳐 유래되었다는 과학적인 이론이다. 진화를 일으키는 요인으로는 (1) 돌연변이에 의해 야기된 한 개체군의 구성원들 사이에서 일어나는 유전적 변이; (2) 자손에 의한 그러한 변이의 유전; (3) 환경에 가장 잘 적응한 변이의 자연선택.

## 2장

### 빈칸 채우기

1. 이온, 양, 음, 이온
2. 중성자, 동위원소, 에너지, 방사성
3. 비활성상태, 반응성 상태, 화학결합
4. 극성, 수소결합, 응집력
5. 탈수합성, 가수분해, 포도당, 아미노산
6. 탄수화물, 지질, 단백질, 핵산, 탄수화물, 지질, 단백질, 지질, 탄수화물, 핵산, 탄수화물

### 복습 문제

1. 원자는 원소의 특징을 가지고 있는 가장 작은 단위이다. 분자는 2개 이상의 원자가 화학적으로 결합되어 구성된다. 양성자는 원자핵에 위치한 양전하를 띤 원자구성입자이다. 중성자는 원자핵에 위치한 전하를 띠지 않은 원자구성입자이다. 전자는 음전하를 띠며 원자핵 주위의 전자껍질에 있다.
2. 공유결합은 두 원자 사이에 전자를 공유한다. 이온결합은 서로 반대전기를 띠는 이온을 끌어당길 때 형성된다. 원자에 생기는 전하는 한쪽 원자에서 다른 쪽으로 하나 이상의 전자가 최외각을 채우거나 비우기 위해 이동한 결과 생겨난다.
3. 극성인 물 분자는 하전된 이온에 끌린다. 물 분자가 이온들을 각각 둘러싸고 각 이온들을 분리시킨다.
4. 산이란 물에 녹을 때 수소이온을 방출하는 물질이다. 염기는 물속에서 수소이온과 결합하는 물질이다. 완충제는 수소이온 농도의 작은 변화에도 반응하여 수소이온을 받아들이거나 방출하여 용액이 일정한 pH를 유지하도록 하는 화합물이다.
5. 가장 흔한 3가지 원소는 탄소(C), 수소(H), 산소(O)이며, 질소(N)도 비교적 흔한 원소(모든 아미노산과 핵산에 존재)이고, 인(P)은 핵산과 ATP에 존재한다.
6. 탄수화물-포도당, 설탕, 전분, 글리코겐, 셀룰로오스, 키틴; 지질-기름, 지방, 밀랍, 콜레스테롤; 단백질-케라틴, 실크(거미줄), 헤모글로빈; 핵산-DNA, RNA
7. 뉴클레오티드는 DNA와 RNA의 기본 단위인 단량체이나; ATP는 단기에너지 저장 분자로 작용한다; 고리형 AMP는 세포내 전달자이다.
8. 단당류는 단일 설탕 분자이다; 포도당과 과당이 그 예이다. 단당류는 에너지를 제공하고 다당류의 구성 단위이다. 이당류는 두 개의 단당류가 결합된 것이다; 설탕과 유당이 그 예이다. 이당류는 단기에너지 저장에 이용된다. 다당류는 단당류가 긴 사슬로 연결된 것이다; 셀룰로오스와 글리코겐이 그 예이다. 다당류는 장기에너지 저장에 이용되며 대부분 세포 구조의 구성요소이다.
9. 단백질은 탈수합성으로 만들어지며 아미노산이 펩티드 결합으로 폴리펩티드를 형성한다.

## 3장

### 빈칸 채우기

1. 수동수송; 능동수송
2. 유동모자이크; 인지질; 단백질; 인지질이중층; 단백질
3. 선택적 투과; 팽창
4. 인지질; 물을 방출하는 것 (즉 소수성); 내부
5. 단순확산; 단순확산; 매개확산; 매개확산; 삼투현상; 매개확산
6. 내세포작용; 예; 음세포작용; 식세포작용; 소포

### 복습 문제

1. 원형질막은 외부에 친수성 머리와 내부에 소수성 꼬리를 갖고 있는 인지질 이중층으로 이루어져 있다. 이러한 유동 이중층 내부에는 여러 종류의 단백질이 떠 있다.
2. 원형질막에는 3종류의 단백질이 발견된다. (1) 원형질막을 통하여 수용성 분자들의 운동을 조절하는데 사용되는 수송단백질, (2) 특정한 외부 분자가 결합하면 세포반응의 신호를 전달하는데 사용되는 수용체 단백질, (3) 판독부위와 세포 표면 부착 부위로서 작용하는 인지단백질
3. 확산은 용액 안에서 어떤 분자들이 고농도 부위에서 저농도 부위로 이동하는 분자의 운동이다. 삼투현상은 선택적 투과막을 통하여 물 분자가 확산되는 현상이다. 식물은 삼투현상으로 세포내 액포가 물을 흡수함으로써 탱탱함을 유지한다; 이것이 팽압을 만들어 부풀어 식물세포를 지탱하게 한다.
4. 저장액은 내부에 있는 용질의 농도가 물 투과성 막으로부터 분리되어 있는 다른 용액에 들어 있는 용질의 농도보다 낮은 용액이다. 동물 세포의 경우 세포질보다 낮은 용액에 들어 있는 세포 속으로 물이 이동하여 들어가게 되며, 결국 세포가 터져 버리게 된다. 고장액은 세포질보다 더 높은 용질의 농도를 갖는 용액으로서 물이 세포 밖으로 나오게 되어 결국 세포가 쭈그러지게 된다. 등장액은 용질의 농도가 동일한 경우로서 세포가 물을 잃어버리지도, 흡수하지도 않는 경우이다.
5. 단순확산은 물, 용해된 기체, 혹은 지용성 분자들이 막의 인지질 이중층을 통하여 확산되는 현상이다. 매개확산은 농도의 차이에 따라 막수송단백질의 작용을 이용하여 막을 통과하는 분자의 확산 현상이다. 능동수송은 작은 분자나 이온들이 세포의 에너지를 이용하여 농도의 차이를 역행하여 막 수송단백질에 의해 일어나는 현상이다. 음세포작용은 원형질막이 돌출하여 포위함으로써 세포 외부의 액체를 세포 내부로 끌어들여가는 현상이다. 수용체 매개 식세포작용은 특정 분자가 세포막의 수용체 분자에 결합하면 막이 분자를 포함하도록 주머니를 형성하여 접힘으로써 세포 안으로 유입하는 현상이다. 식세포작용은 위족을 이용하여 먹이 분자를 둘러싸서 소포를 형성함으로써 먹이 분자를 소포 안에 가두어 세포 안으로 유입하는 현상이다. 외세포작용은 골지체로부터 형성된 소포가 원형질막과 융합하여 세포외부로 내용물을 방출하는 현상이다.

## 4장

### 빈칸 채우기

1. 세포벽; 액포; 엽록체

2. 핵막, 핵공, 물, 이온, 많은 작은 분자들
3. DNA, RNA, 단백질, 조립 중인 리보솜
4. 리보솜, 소포체, 소포, 골지체
5. 리소좀, 골지체; 효소; 막, 세포소기관
6. 세포 모양, 세포 운동, 세포소기관 운동, 세포분열
7. 미세소관, 다 짧고, 수가 많은 섬모가 원형질막과 평행의 운동력을 만들어 낸다.

### 복습 문제

1. **관찰:** 일부 동물 종의 구성원들은 잃어버린 다리를 재생할 수 있다. **질문:** 다리를 재생할 수 있는 동물과 그렇지 못하는 동물들 사이에서는 무엇이 다른가? **가설:** 다리를 재생할 수 있는 동물은 상처부위에서 흉터 조직을 만드는 것 대신 세포를 만드는 어떤 물질을 생성한다. **예측:** 만약 가설이 맞다고 하면 재생능력이 있는 동물(도롱뇽)의 조직 추출물을 재생능력이 없는 동물(쥐)에 투여하면 쥐의 세포가 분열하여 재생될 수 있을 것이다. **실험:** 재생능력이 있는 도롱뇽의 조직 추출물을 배양 중인 쥐의 세포(정상적으로는 분열하지 않는 특징을 갖는 세포)에 첨가하고, 세포분열이 촉진되는지를 관찰한다. 만약 세포분열이 촉진된다면 이어지는 결론을 도출하라. **결론:** 재생하는 도롱뇽의 조직 속에 있는 어떤 물질이 분열하지 못하는 쥐의 세포를 생장할 수 있는 상태로 전환을 일으켰다.
2. 원핵세포와 진핵세포는 모두 세포질 밖을 둘러싸고 있는 원형질막을 갖고 있다. 원핵세포는 진핵세포보다 작고 훨씬 단순하다. 진핵세포는 막으로 둘러싸여 있는 여러 개의 세포소기관이 세포질 속에 들어있으며, 막으로 둘러싸인 핵을 갖고 있다. 그림 4-3, 4-4, 4-11 참조
3. 식물과 동물 세포에 공통적인 세포소기관: 핵, 미토콘드리아, 리보솜, 소포체, 골지체, 리소좀, 세포골격. 식물세포에만 독특하게 존재하는 세포소기관: 엽록체, 색소체, 중앙액포. 동물세포에만 독특하게 존재하는 세포소기관: 중심체
4. 핵은 진핵세포에서 DNA를 갖고 있는 장소이다. 핵은 핵과 세포질 사이에서 여러 종류의 분자들이 통과하는 수많은 핵공을 갖고 있는 이중막으로 이루어져 있는 핵막에 의해 둘러싸여 있다. 핵 내에 존재하는 DNA는 여러 종류의 단백질과 결합되어 있으며, 염색질이라는 형태로 조밀하게 응축되어 있다. 인은 핵 내에서 어둡게 염색되는 부위인데 리보솜 합성에 관여한다.
5. 미토콘드리아는 먹이 분자로부터 에너지를 추출하여 ATP 분자의 화학결합 속에 에너지를 저장한다; 엽록체는 광합성이 일어나는 장소이다.
6. 리보솜은 단백질 합성이 일어나는 장소이며, 소포체에 박혀 있다.
7. 소포체는 세포질 속에서 막으로 둘러싸여 있는 채널을 형성한다. 리보솜에서 합성된 단백질은 이러한 채널 속으로 들어가 양쪽 끝에 있는 포켓에 축적된다. 그 끝은 떨어져 나와 막으로 둘러싸인 소포를 형성하며 단백질을 골지체로 운반한다. 골지체는 소포체로부터 유래된 막으로 이루어진 특수화된 주머니로 이루어져 있다. 골지체는 단백질과 다른 생물학적 분자들을 분류하고, 화학적으로 변형시키며, 포장하여 막으로 둘러싸인 소포 속에 축적한다. 이들은 세포 내부에서 운반되거나 혹은 밖으로 방출된다.

## 5장

### 빈칸 채우기

1. 상수, 동태적, 전위
2. 더 많은 더 적은; 조직화된; 엔트로피
3. 활성화; 전자껍질; 열
4. 발열의; 흡열의; 발열의; 흡열의; 결합된
5. 아데노신3인산; 에너지 운반체; 아데노신2인산; 인산; 에너지

### 복습 문제

1. 살아 있는 생명체가 시간에 따라 복잡성, 질서, 농축된 에너지의 양이 증가하더라도, 지구가 고립계가 아니며, 모든 살아 있는 생물체의 궁극적인 에너지원인 태양으로부터 많은 에너지를 받기 때문에, 생명체는 열역학 제2법칙을 위반하지 않는다.
2. 물질대사는 세포 내에 존재하는 모든 화학반응의 총합이다. 반응은 한 반응이 에너지를 방출하여(발열반응) 다른 반응을 추진하도록(흡열반응) 동반된다.
3. 활성화에너지는 어떤 화학반응을 시작하는데 필요한 초기 에너지 유입을 의미한다. 촉매는 반응을 시작하는 데 필요한 활성화에너지의 양을 감소시켜, 반응속도를 빠르게 해준다.
4. 광합성과 세포호흡의 반응은 둘 다 모두 연결된 발열반응과 흡열반응을 포함한다. 탈수생합성(흡열반응)과 가수분해(발열반응)이 한 예이다.
5. 효소는 한 개 혹은 두 개의 특이성을 갖는 기질이 관여하는 생화학적 반응을 촉매하는 것으로서 복잡한 3차원적 형태를 갖는 단백질이다.

## 6장

### 빈칸 채우기

1. 기공, 이산화탄소($CO_2$), 산소($O_2$), 엽록체, 엽육세포
2. 자색, 청색, 적색; 녹색; 카로티노이드; 녹색, 청색; 오렌지색, 노란색
3. 광계 II; 반응중심; 전자전달계; 에너지, ATP
4. 물($H_2O$), 이산화탄소($CO_2$); 독립적인, $C_3$ 경로
5. 이산화탄소 ($CO_2$); 광호흡; $C_4$ 경로 혹은 CAM; 건조
6. 물($H_2O$), 산소($O_2$);ATP; NADPH; 이산화탄소($CO_2$), 포도당

### 복습 문제

1. 광합성 반응은 $C_3$ 식물과 $C_4$ 식물에서 동일하다:
   $6\ CO_2 + H_2O + 빛 = C_6H_{12}O_6 + 6\ O_2$
2. 그림 6-1c의 엽록체 모식도를 참조하라. 확장된 틸라코이드막은 빛을 수확하는 색소와 전자전달계를 포함하는 많은 분자들이 적절한 장소에 잘 배열되어 ATP와 같은 고에너지 분자 속에 에너지를 포획하도록 해준다.
3. 광의존적 반응은 빛에너지를 화학에너지로 전환하며, 틸라코이드막에서 일어난다. 광-비의존적 반응은 의존적 반응에서 생성된 화학에너지를 사용하여 이산화탄소를 고에너지 포도당 분자로 전환하는 과정이다. 광-비의존적 반응은 엽록체의 스트로마에서 일어난다.
4. $C_4$ 광합성은 PEP와 이산화탄소가 결합하는 반응으로부터 4탄소 화합물인 옥살산을 생성하는 두단계로 이루어진 탄소고정 경로로 이루어져 있다. $C_4$ 식물은 유관속초세포에 있는 엽록체에서 이 두 단계의 반응이 일어나지만, $C_3$ 식물은 유관속초 세포에 엽록체가 존재하지 않는다. $C_4$ 광합성은 빛은 강하지만 물이 부족한 환경에서 가장 효과적이지만, $C_3$ 광합성은 물이 충분할 때 가장 효과적이다.

## 7장

### 빈칸 채우기

1. 해당과정, 세포호흡; 세포질 액체; 미토콘드리아; 세포호흡
2. 발효, 두 개; 발효, $NAD^+$
3. 이산화탄소($CO_2$), 알코올
4. 산소, 해당과정, 젖산; 피루브산
5. 기질, 막간 구획, 농도기울기; 화학삼투현상; ATP
6. 크렙스회로, 시트르산; 아세틸 CoA, 시트르산; $FADH_2$, NADH

### 복습 문제

1. (a) $C_6H_{12}O_6 + 6\ O_2 \rightarrow 6\ CO_2 + 6\ H_2O + 36\ ATP$(주의: 호기성 세포호흡에서 34 ATP, 해당과정에서 2 ATP 생성됨) (b) $C_6H_{12}O_6 \rightarrow 2\ CO_2 + 2\ C_2H_6O$(에탄올) + 2 ATP (주의: 해당작용에 의해 2ATP가 생성된다).
2. 미토콘드리아 구조를 위해 그림 7-3을 보라. 미토콘드리아 기질 속에서 피루브산이 크렙스회로를 포함한 일련의 반응을 통해 분해된다. 미토콘드리아 내막에는 전자 운반체로부터 전자를 획득하여 수소이온 농도기울기를 형성하는 전자전달계가 존재한다. 또한 ATP를 생성하는 효소도 존재한다. 막간 구획에 수소이온을 저장한다.
3. (a) 해당과정에서 6탄당인 포도당이 3탄당인 피루브산 2개 분자로 쪼개진다. (b) 화학삼투현상을 통하여 수소이온은 ATP를 합성하기 위해 방출된 에너지를 이용하는 ATP-합성효소를 통하여 농도기울기의 하향방향으로 이동한다. (c) 발효는 산소가 없는 조건에서 $NAD^+$를 생성하기 위해 사용되는 대사과정이다. (d) $NAD^+$는 고에너지 전자 2개와 수소이온 한 개를 흡수하고 NADH로 전환하여 전자전달계에서 사용하도록 미토콘드리아의 내막으로 운반한다.
4. (a) 유기호흡에서 해당과정은 포도당 한 분자를 두 분자의 피루브산으로 전환시키면서 ATP 두 분자와 NADH 두 분자를 생성하며, 2 NADH는 결국 화학삼투현상을 통해 각각 3개의 ATP를 추가적으로 생성한다. 아세틸 그룹은 크렙스회로로 들어가 ATP, 3개의 NADH (각각 3개의 ATP를 생성함), 한 개의 $FADH_2$ (각각 2개의 ATP를 생성함)를 생성한다. 포도당 한분자는 총 36 ATP를 생성한다. (b) 무기호흡에서 포도당은 해당과정을 통하여 2개의 피루브산으로 분해된다. 발효과정을 통하여 피루브산은 젖산이나 에탄올로 전환된다. 단지 2개의 ATP만을 생성한다.
5. 크렙스회로에서 아세틸그룹(2탄당)은 포도당에서 만

들어져 옥살산(4탄당)과 반응하여 시트르산(6탄당)을 형성한다. 시트르산은 재배열되고 몇 개의 반응을 거쳐 탄소 2개는 이산화탄소로 방출하고 결국 옥살산을 재생시켜 회로를 완성한다. 방출된 에너지의 대부분은 2개의 ATP와 고에너지 전자 4개로 회수된다.

**6.** 전자전달계는 미토콘드리아의 내막에 존재하는 일련의 분자들로 구성되어 있다. 고에너지 전자운반체가 해당과정에서 형성되고, 시트르산 회로에서 전자들을 첫 번째 분자로 이동시키며 이후 전자전달계를 따라서 이동하여 단계적인 과정에서 에너지를 방출한다. 에너지의 일부는 내막을 통하여 기질로부터 막간 공간으로 수소이온을 방출하여 수소이온 농도차를 형성하는 데 사용된다. 화학삼투현상 동안에 수소이온은 ATP 합성 통로 단백질을 통하여 높은 농도에서 낮은 농도로 이동한다. 농도가 낮은 쪽으로 수소이온이 이동하면서 ATP를 생성하는 데 필요한 에너지를 공급한다.

**7.** 산소는 전자전달계를 통하여 이동해 온 전자의 최종 수용체이다. 산소가 없다면 에너지가 고갈된 전자가 전자전달계를 이탈할 수 없어 더 많은 고에너지 전자가 새롭게 들어올 수 있는 공간이 없게 된다. 수소이온 방출, 화학삼투현상, ATP 합성이 중단되고 생물은 죽게 된다.

## 8장

### 빈칸 채우기

**1.** 이분법
**2.** 유사(분열), 분화
**3.** 상동(상동염색체); 상염색체; 성염색체
**4.** 전기, 중기, 후기, 말기; 세포질분열; 말기
**5.** 4개; 제1감수분열; 배우자(정자와 난자)
**6.** 전기, 키아즈마타; 교차
**7.** 상동염색체들의 뒤섞임, 교차, 배우자들의 융합

### 복습 문제

**1.** 유사분열은 핵분열 과정이고, 세포질분열은 세포질이 분열되는 과정이다. 대개의 경우 이들 두 과정은 한꺼번에 진행된다. 그러나 일부 세포에서는 세포질분열 없이 유사분열이 일어나 그 결과 다핵의 세포가 생성된다.

**2.** 유사분열 단계는 그림 8-9를 참조하여라. 정상적인 유사분열에서는 복제된 염색체 각각의 두 염색분체들이 제각기 세포의 반대편 극으로 이끌어갈 방추사에 부착된다. 따라서 염색분체들이 분리되어 독립적인 염색체로 되는 후기에는 염색체들마다 제각기 하나의 세포의 극으로 이동하게 된다.

**3.** 상동염색체는 쌍을 이루는 진핵세포 염색체로서 유사한 유전정보를 갖는다. 동원체는 자매염색분체들이 부착하는 염색체의 특정 부위이다. 또한 세포분열 중에 방추사가 이곳에 부착한다. 동원체에서 유사분열 중에 방추사 미세소관이 부착하는 구조를 방추사 부착점이라 한다. 자매염색분체 각각은 복제된 DNA 분자 하나씩을 갖는다: 복제된 염색체는 두 개의 동일한 자매염색분체로 이루어져 있으며, 자매염색분체들은 동원체 부위에서 서로 붙어 있다. "이배체"는 상동염색체 쌍을 갖고 있는 세포를 말하며, "반수체"는 상동염색체 쌍 중 하나씩의 염색체만을 갖는 세포를 일컫는다.

**4.** 세포분열 말미에 세포질분열에 의해 세포질이 거의 균등하게 둘로 나뉜다. 동물세포에서는 미세섬유 고리에 의해 적도면을 따라 원형질막이 안쪽으로 오므라들어 두 개의 딸세포가 생성된다. 식물세포에서는 골지체로부터 생성된 소포들이 융합하여 적도면을 따라 원형질막이 형성된다. 융합된 소포 속의 내용물들이 두 딸세포 사이에 새로운 세포벽으로 된다.

**5.** 감수분열 단계에 대해서는 그림 8-12를 참조하여라. 상동염색체는 제1감수분열 후기에 분열하여 반수체 딸세포들을 생성한다.

**6.** **유사점:** 두 가지 모두 세포분열 전에 DNA 복제를 필요로 한다. 또한 두 경우 모두 동일한 연속적인 단계를 거치며 이 과정들은 동일한 세포 구성물을 이용한다.
**차이점:** 유사분열에 의해서는 동일한 염색체를 갖는 두 개의 딸세포가 생성된다; 이들 세포는 유전적으로 서로 동일하며 모세포와도 동일하다. 감수분열에 의해서는 상동염색체가 분리되므로 유전적으로 서로 다른 네 개의 반수체 딸세포들이 생성된다.

**7.** 감수분열은 두 가지 방식으로 유전적 다양성을 증가시킨다. 첫째, 교차에 의해 상동염색체 쌍의 일부가 섞이게 됨으로써 새로운 유전자 조합이 만들어진다. 둘째, 제1감수분열 중기에 상동염색체 쌍들이 적도면에 배열할 때 서로 독립적으로 배열하므로 그 결과 모염색체와 부염색체가 무작위로 혼합된 반수체 딸세포들이 생성된다. 교차를 무시하더라도 $n$=2인 반수체 동물세포는 $2^2$, 즉 4가지의 유전적으로 서로 다른 배우자를 생성하고, $n$=5인 반수체 동물세포는 $2^5$, 즉 32가지의 유전적으로 서로 다른 배우자를 생성한다.

## 9장

### 빈칸 채우기

**1.** 좌위; 대립유전자; 돌연변이
**2.** 유전자형, 표현형; 이형접합
**3.** 독립적으로; 한꺼번에; 연관
**4.** X와 Y; 두 개의 X; 정자
**5.** 성연관
**6.** 불완전우성; 공동우성; 다인자유전
**7.** 염색체비분리; 터너증후군(XO), X 삼염색체성(XXX), 클라인펠터증후군(XXY), 야콥증후군(XYY) (순서는 중요하지 않음); 다운증후군, 21

### 복습 문제

**1.** 유전자는 특정 단백질을 암호화하는 DNA 조각이다. 대립유전자는 동일 유전자의 서로 다른 형태이다. "우성"이란 복사본 하나가 존재할 때 표현이 되는 대립유전자이고, "열성"이란 우성 대립유전자에 의해 표현이 가려지는 대립유전자를 일컫는다. 순종은 자가수정에 의해 생성되는 모든 자손이 부모와 유전적으로 동일한 개체를 말한다. 동형접합은 특정 유전자에 대해 한 쌍의 동일한 대립유전자를 가지고 있음을 의미하고, 이형접합은 특정 유전자에 대해 서로 다른 두 개의 서로 다른 대립유전자를 가지고 있는 경우이다. 타가수정이란 한 개체에서 생성된 난자가 다른 개체에서 생성된 배우자와 수정하는 것이다. 자가수정은 동일 개체에서 생성된 난자와 정자가 수정하는 경우이다.

**2.** 제1감수분열 후기에 상동염색체들이 분리될 때 염색체들은 독립적으로 분배된다. 따라서 개개의 유전자들은 이들 유전자가 서로 다른 염색체에 있는 경우에만 독립적으로 분배되게 된다. 동일한 염색체에 있는 유전자들은 하나의 단위로 함께 이동하는 경향이 있으므로 동일 딸세포로 가게 된다. 이러한 경우 함께 유전되며 연관되어 있다고 한다. 연관된 유전자들은 감수분열 중의 교차에 의해 분리될 수 있다.

**3.** 가까이 위치하고 있는 유전자들은 더 단단히 연관되어 있다. 교차는 염색체상의 어느 위치에서든지 거의 균등하게 일어난다. 만약 유전자들이 염색체상에서 서로 멀리 떨어져 있으면 이들 유전자 사이에는 염색체의 기다란 부분이 있게 되므로 교차가 일어날 많은 장소를 제공하게 된다. 반면에 유전자들이 서로 가까이 위치하면, 유전자들 사이의 거리가 짧으므로 교차는 매우 드물게 일어나게 된다.

**4.** 다인자유전은 두 개 혹은 그 이상의 유전자들이 하나의 특정 형질에 영향을 주는 경우이다. 이들 형질은 종종 불완전 우성을 보이는 유전자들을 포함한다. 그 결과 존재하는 특정 대립유전자들의 수에 따라 다양한 서로 다른 표현형들이 나타나게 된다. 양친 부모가 "중간" 피부색을 가지고 있어도 피부색에 영향을 주는 여러 유전자 좌위에서 이형접합일 수 있다. 감수분열 중 대립유전자의 독립적 분배에 의해 부모는 매우 다양한 대립유전자 조합을 갖는 배우자들을 생성하게 된다. 또한 정자와 난자의 무작위한 수정으로 인해 자식의 피부색은 양쪽 부모의 피부보다 더 밝거나 혹은 더 어두운 색을 갖게 될 수 있다.

**5.** 성연관 유전자들은 한 가지 유형의 성염색체(예를 들어, 포유동물의 X 염색체)에만 있다. 포유동물의 경우, X 염색체에는 Y 염색체보다 더 많은 유전자들이 있다. 또한 X 염색체 유전자들의 대부분은 Y 염색체에 이에 상응하는 유전자들을 가지고 있지 않다. 남성에서는 열성 성연관 형질들이 그대로 표현되는데, 이는 남성은 X 염색체가 하나이므로 X 염색체에 있는 열성 유전자를 가려줄 이에 상응하는 유전자가 없기 때문이다.

**6.** 개체의 표현형은 신체적 특징이다(예를 들어, 외모, 행동, 생화학적 조성 등). 개체의 유전자형은 개체의 유전체에 있는 대립유전자들의 실질적인 조합이다. 개체의 표현형을 안다고 해도 반드시 유전자형을 알 수 있는 것은 아니다. 그 이유는 한 개체가 특정 형질에 대해 우성 표현형을 가지고 있다면 이 개체는 이 형질을 조절하는 유전자에 대해 동형접합일 수도 이형접합일 수도 있기 때문이다. 검정교배(표현형 상 우성인 개체를 열성 동형접합 개체와 교배하는 것)를 통해 자손을 조사하면 표현형상 우성인 개체의 유전자형을 결정할 수 있다.

**7.** 염색체비분리는 감수분열 중에 염색체가 딸세포로 적절히 분배되지 않는 현상으로 이로 인해 일부 염색체를 너무 적게 갖는 세포와 너무 많이 갖는 세포가 생성된다. 염색체비분리로 인한 증후군에는 터너증후군, X 삼염색체성, 클라인펠터증후군, 야콥증후군, 21삼염색체성 또는 다운증후군이 있다. 이들 증후군에 대한 자세한 설명은 본문을 참조하여라.

## 10장

### 빈칸 채우기

1. 뉴클레오티드; 당(디옥시리보오스), 인산, 염기(순서는 중요하지 않음)
2. 인산, 당(순서는 상관없음); 가닥; 이중나선
3. 티민, 시토신; 상보적
4. 반보존적
5. DNA 헬리카제; DNA 중합효소
6. 돌연변이

### 복습 문제

1. 뉴클레오티드 구조에 대해서는 그림 10-1을 참조하여라. 각 뉴클레오티드는 하나의 인산기와 당(DNA의 경우 디옥시리보오스) 하나, 그리고 질소함유염기(아데닌, 구아니, 시토신, 티민 중 하나)로 구성되어 있다. DNA의 경우, 모든 뉴클레오티드는 동일한 인산기와 당을 가지며 질소함유염기만 다르다.
2. DNA의 질소함유염기에는 아데닌, 구아닌, 시토신, 티민이 있다.
3. 아데닌은 티민과 상보적이고 구아닌은 시토신과 상보적이다. DNA에서, 상보적인 염기들은 수소결합을 통해 서로 결합하고 있다.
4. 염색체의 DNA는 두 가닥의 폴리뉴클레오티드로 구성되어 있으며, 두 가닥은 서로 감겨 이중나선 구조를 이룬다. 각각의 가닥에서 뉴클레오티드 하나의 당이 다음에 오는 뉴클레오티드의 인산과 공유결합을 하여 이중나선 각 가닥의 골격을 형성한다. 각 가닥의 염기들은 나선의 가운데에서 쌍을 이루며 수소결합을 통해 서로 결합한다. 아데닌은 티민과 두 개의 수소결합을 하며 시토신은 구아닌과 세 개의 수소결합을 한다.
5. 이중나선의 두 DNA 가닥이 풀린다. DNA 중합효소가 각 가닥을 따라 이동하며 새로운 뉴클레오티드를 새로운 DNA 가닥으로 연결시킨다. 새로이 형성된 각 가닥의 뉴클레오티드 서열은 모가닥의 서열과 상보적이다. 결과적으로 두 개의 이중나선이 만들어지며, 각각의 이중나선은 모가닥 DNA 하나와 새로이 합성된 상보적 가닥 하나로 구성된다. 이때 새로이 합성된 가닥은 다른 모가닥의 정확한 복사본이다. 이러한 유형의 복제를 반보존적 복제라고 한다.

## 11장

### 빈칸 채우기

1. 전사; 번역; 리보솜
2. mRNA, tRNA, rRNA(순서는 상관없음)
3. 3; 코돈; 안티코돈
4. RNA 중합효소; 주형; 프로모터; 종결신호
5. 시작, 정지; 운반; 펩티드
6. 점(돌연변이); 삽입; 결실

### 복습 문제

1. RNA는 단일가닥이다; RNA는 골격에 다른 종류의 당을 가지고 있다(디옥시리보오스 대신 리보오스); DNA에는 티민 염기가 있는 반면 RNA에는 우라실 염기가 있다.
2. 전령 RNA(mRNA)는 핵으로부터 세포질로 유전정보를 전달한다. 운반 RNA(tRNA)는 세포질에 있는 단백질 합성 장소(리보솜)로 아미노산을 운반한다. 리보솜 RNA(rRNA)는 리보솜 구성요소로서, tRNA가 운반해온 아미노산을 이용하여 아미노산들을 연결해 나갈 때 mRNA의 뉴클레오티드 암호를 "읽는다".
3. 유전암호는 단백질에 합류될 아미노산을 결정하는 3개의 염기서열(mRNA의 코돈)이다. 코돈은 mRNA에 있는 3개의 염기서열로서, 특정 아미노산을 지정하거나 단백질 합성을 개시 혹은 종료시킨다. 안티코돈은 tRNA에 있는 3개의 염기로서 mRNA 코돈에 상보적이다. DNA 염기와 코돈, 안티코돈의 관계는 상보적 염기쌍 규칙을 기초로 한다: mRNA 코돈은 DNA에 있는 3개의 염기와 상보적이고 tRNA의 안티코돈은 mRNA 코돈과 상보적이다.
4. 단백질 합성 과정에 대한 설명은 그림 11-5를 참조하여라.
5. 전사과정에서는 상보적 염기쌍 규칙에 따라 DNA에 있는 유전자의 뉴클레오티드 서열을 mRNA 뉴클레오티드 서열로 복사한다. 번역과정에서는, mRNA 코돈의 뉴클레오티드 서열이 아미노산을 부착한 tRNA의 안티코돈 서열과 상보적 염기쌍 규칙에 따라 결합을 한다.
6. 세포는 mRNA의 전사 속도, 전사된 mRNA 분자들의 분해 속도, mRNA가 단백질로 번역되는 속도, 단백질이 분해되기 전까지 유지되는 기간의 조절 등등, 여러 가지 방법으로 유전자발현을 조절한다.
7. 돌연변이는 DNA 분자의 뉴클레오티드 서열에 변화가 생긴 것이다. 돌연변이는 DNA 복제시 실수나 자외선, 전리 방사선, 화학물질에 의해 DNA가 손상되어 발생한다. 대부분의 돌연변이는 유용하지 않다. 일부 돌연변이는 단백질을 암호화하지 않는 DNA 영역에서 발생하며, 일부는 돌연변이가 일어나도 이 DNA로부터 생성된 단백질의 활성에는 영향을 주지 않는다. 그러나 단백질의 기능을 감소시키거나 소멸시키는 돌연변이들도 있다. 박테리아가 돌연변이에 의해 변형된 단백질 기능을 갖게 되어 사람들이 사용하는 항생제에 내성을 갖는 것처럼 개체에 도움이 되는 돌연변이도 간혹 있다.

## 12장

### 빈칸 채우기

1. 유전자변형 생물
2. 형질전환; 플라스미드
3. 중합효소연쇄반응
4. 짧은 반복서열(STR); 반복; DNA 프로필
5. 전기영동 또는 젤 전기영동; DNA 탐침자, 염기쌍 또는 수소결합

### 복습 문제

1. 자연적으로 일어나는 유전자재조합 형태에는 유성생식, 박테리아의 형질전환, 바이러스 감염 등이 있다. 유성생식의 경우, 반수체 배우자들이 융합하여 이배체의 수정란이 된다. 감수분열 중 배우자가 형성되기 전에 교차와 독립적 분배에 의해, 그리고 양친 부모의 서로 다른 유전물질이 뒤섞임으로써 유전자가 재조합된다. 박테리아 형질전환은 박테리아가 다른 죽은 박테리아로부터, 혹은 전혀 다른 종으로부터 DNA를 획득하는 것이다. 바이러스 감염의 경우, 숙주 DNA 일부를 얻어 생긴 새로운 형태의 바이러스가 동일 혹은 다른 종의 2차 숙주를 감염할 때 이미 획득한 숙주 DNA를 전달하게 된다. 자연적인 유전자재조합과 재조합 DNA 기술 모두 개체들 간에, 혹은 서로 다른 종들 간에 DNA 교환을 필요로 한다. 그러나 자연적인 재조합의 경우 비교적 무작위로 일어나고 자연선택에 의해 추진되는 반면, 재조합 DNA 기술은 고의적이고 특정 목적을 위해 일어나게 한다는 점에서 다르다.
2. DNA 분자이다. 살아 있는 박테리아들은 플라스미드를 서로 교환한다. 박테리아들은 다른 박테리아가 죽어 세포 내용물을 방출할 때 플라스미드를 획득하기도 한다.
3. 제한효소는 특정 뉴클레오티드 서열의 DNA 분자를 절단한다. 일부는 DNA를 "엇갈리게" 잘라 끝에 단일 가닥이 돌출하게 한다. 만약 사람과 플라스미드 DNA를 동일 제한효소로 자른 뒤 같이 섞어 놓으면 이들 DNA의 상보적인 단일가닥들은 염기쌍을 이루게 된다. DNA 연결효소는 사람과 플라스미드 DNA의 절단된 말단부분을 이어준다.
4. 중합효소연쇄반응은 특정 DNA 조각을 증폭하는 기술이다. 먼저 합성할 DNA 두 가닥의 각 시작부위에 상보적인 프라이머를 합성한다. 합성할 DNA, 프라이머, 4 종류의 뉴클레오티드, 그리고 아주 높은 온도에서 활성이 있는 특별한 DNA 중합효소를 시험관에 넣은 뒤 잘 혼합한다. 시험관을 90°C로 가열하여 DNA 이중가닥을 분리시킨다. 그 후 50°C로 온도를 낮추어 프라이머와 DNA 중합효소가 분리된 DNA 가닥에 결합하도록 한다. 시험관을 72°C로 다시 가열하여 DNA 중합효소로 하여금 DNA를 합성하게 한다. 가열과 식히는 주기를 반복하면 매 주기마다 DNA 양이 두 배로 증가한다.
5. 짧은 반복서열(STR)은 2~5개의 뉴클레오티드로 이루어진 서열로서, 연이어 여러 번 반복(5~15회)되어 나타난다. 서로 다른 사람들은 동일한 STRs 세트를 갖는다. 그러나 빈복횟수가 다르다. 따라서 범죄수사학자들은 10~13가지의 서로 다른 STRs 세트와 기준 STRs의 반복횟수를 분석함으로써 DNA가 서로 일치하지 않을 확률이 1/조보다 더 적은 개개인의 DNA를 구분할 수 있다.
6. 젤 전기영동은 DNA를 크기에 따라 분리하는 기술이다. 젤에는 다양한 크기의 구멍이 있다. 크기가 작은 분자일수록 젤을 통해 더 빨리 이동할 수 있다. DNA 샘플을 젤의 한 쪽 끝에 놓고 전기를 통하면 음전기를 띤 DNA 조각은 전기장에 의해 젤을 통해 이동한다. 이때 DNA 조각의 크기가 작을수록 주어진 시간 동안 더 멀리까지 이동하므로 서로 다른 크기의 DNA 조각들은 젤의 서로 다른 위치로 이동하게 된다.
7. DNA 탐침자는 식별해야 할 DNA에 상보적인 뉴클레오티드 서열을 가지며, 방사능 또는 색을 띠는 분자로 표지된 DNA 조각이다. DNA 샘플을 이에 상보적인 뉴클레오티드 서열을 갖는 DNA 표지자가 들어 있는 곳에 담근다. 사람에게 유전질환을 일으키는 대립유전자를 찾아낼 수 있는 DNA 탐침자를 특수 종

이 위의 어레이(array)에 배열시켜 놓는다. 환자의 DNA를 작은 조각으로 절단한 뒤 색을 띠는 분자로 표지를 한다. 어레이에 있는 탐침자를 표지된 DNA와 함께 담그면, 표지된 DNA가 이에 상보적인 탐침자에 결합하므로 의사들은 환자가 어떤 대립유전자를 가지고 있는지 알 수 있게 된다.

**8.** 농업에서는 유전공학을 통해 다른 종으로부터 확보한 유전자를 농작물이나 가축에 넣는다. 유전자를 첨가하여 곤충에 저항성있거나 (곤충의 소화기관에 손상을 주는 *Bacillus thuringiensis*로부터 단백질을 발현시킴으로써) 제초제 저항성 있는 (이로 인해 농작물에 해를 주지 않고 잡초를 제거할 수 있음) 농작물 또는 가뭄이나 소금기 많은 토양과 같은 환경 스트레스에 저항성 있는 작물을 생산할 수 있다. 동물의 경우는 유전자를 첨가함으로써 성장률과 근육량을 증가시킬 수 있으며, 거미의 실크 단백질이나 항체와 같은 유용 단백질을 생산하게 할 수 있다.

**9.** 제한효소는 낫모양적혈구 빈혈증과 같은 질병을 진단하는 데 이용된다. 제한효소가 정상 대립유전자는 자르지만 질병을 유발하는 돌연변이 대립유전자는 자르지 못하기 때문이다(또는 이의 반대). DNA 염기서열이나 DNA 탐침자를 이용해 DNA를 합성하거나 질병이 있는 개체로부터 얻은 단백질 일부를 합성하여 백신을 만드는 데 사용하기도 한다. 이렇게 만든 백신을 사람에게 주사하면 질병을 일으킬 위험 없이 면역반응을 유도하여 면역이 생기게 한다.
재조합 DNA 기술은 당뇨병 치료를 위한 인슐린과 키 작은 어린이들을 위한 성장호르몬 제조에 사용된다. 중증복합면역 결핍증의 경우, 정상적인 기능이 있는 대립유전자를 갖는 바이러스와 융합시킨 골수세포를 어린이에게 이식해주면 정상적인 면역계가 발달하게 할 수 있다.

**10.** 양수천자의 경우, 임신 16주 이후에 양수를 채취한다. 양수에는 약간의 태아세포가 포함되어 있으므로 최소 1주간 더 배양을 할 경우 21삼염색체성과 같은 유전질환을 분석할 충분한 세포를 확보할 수 있다. 양수는 또한 척추갈림증과 같은 태아 질환 진단을 위한 분자 분석에도 사용할 수 있다. 융모막돌기 채취법은 융모막에서 소수의 융모막을 채취하여 분석하는 기술이다. 임신 8주가 되면 수행할 수 있으며 즉각적으로 유전자 분석을 할 만큼의 충분한 세포를 얻을 수 있다. 그러나 유산을 초래하거나 태아에 손상을 줄 위험이 있다. 건강한 태아로부터 얻은 융모막 세포들에서 얻은 세포들은 양수에서 얻은 세포 경우보다 비정상적인 수의 염색체를 갖고 있는 경우가 더 많다. 융모막융모 채취법의 경우는 양수를 채취하는 것이 아니므로 특정 태아 결함은 알아낼 수가 없다.

## 13장

### 빈칸 채우기

**1.** 혐기성; 광합성; 독성의(해로운), 호기성(세포의), 에너지
**2.** RNA, 효소 (촉매), 리보자임
**3.** 진핵; 내부공생; 호기성; DNA
**4.** 수영, 촉촉한/젖은; 하분
**5.** 침엽수; 바람; 꽃, 곤충; 효과적인
**6.** 절지동물, 외골격, 마른
**7.** 파충류; 알; 체내의; 피부; 폐

### 복습 문제

**1.** 무생물로부터 생명이 발생되었다는 증거는 유기물질이 가상 속의 생물발생 이전 상태에서 우연히 형성될 수 있다는 것이다.

**2.** 혐기성으로 유지되는 많은 서식지가 있는데, 혐기성 박테리아는 이 서식지에 가장 잘 적응하였다.

**3.** 내부공생설은 세균 세포가 다른 종류의 박테리아를 집어삼키고, 동시에 서로 공생관계로 들어가 미토콘드리아와 엽록체의 전구체를 얻었을 것이라 설명한다. 미토콘드리아는 호기성 세균으로부터, 엽록체는 광합성 시아노박테리아로부터 각각 진화했을 가능성이 있다.

**4.** 다세포성은 초기 조류가 더욱 커지게 해서 포식에 더욱 저항력이 있게 하였으며, 조류가 정착하기 위해 특화된 뿌리 같은 구조와 태양 에너지포획을 위한 잎과 같은 구조를 진화할 수 있게 하였다.

**5.** 초기 지생식물의 이점은 풍부한 빛과 영양분, 포식자의 부재 등이다. 단점으로는 한정된 물(대사과정과 생식과정 중 정자가 유영하는데 필요)과 무게를 지탱해야 하는 점 등이 있다.
초기 육상동물의 이점은 포식자가 적고, 새롭게 진화한 육생식물로부터 유래한 먹이가 풍부하다는 점이다. 단점은 몸무게를 지탱하고, 몸 표면이 방수가 되어야 하며, 호흡계 구조가 마르지 않고, 생식 중 배아를 물기가 많은 환경에 두어야 하는 점 등이다.

**6.** 양서류는 다리와 단순한 폐를 진화시켜 땅 위에서 움직일 수 있고, 공기로 숨을 쉴 수 있게 도와주었지만 피부는 항상 촉촉하게 유지시켜야 하고, 정자는 물속에 방출하였다. 파충류는 체내수정, 방수가 되는 알, 방수성 피부와 더 나은 폐를 진화시켰다. 새들은 지상의 추운 기온을 견딜 수 있고, 비행 중 공기를 이용할 수 있도록 따듯한 체온과 단열성 깃털을 진화시켰다. 포유류는 단열을 위해 깃털보다는 털을 진화시키고, 체내에서 배아가 발달될 수 있게 함으로써 알을 지키고, 배아를 추위로부터 보호하지 않아도 되었다.

**7.** 영장류의 진화는 손을 움켜쥘 수 있어 강력하고 정밀한 조작이 가능한 나무두더지로부터 시작하였다. 초기 영장류는 쌍안시가 진화하여 나무에서 다른 나무로 이동하는데 필요한 정확한 깊이감각을 인지하였다. 커다란 뇌는 눈과 손의 조정뿐 아니라 복잡한 사회적 상호관계를 촉진시켰다. 오스트랄로피테쿠스는 직립보행을 발전시킴으로써 걷는 작업으로부터 손을 자유로울 수 있게 하였다. 자유로운 손과 뇌의 확대는 사람속이 도구를 만들어내고 나를 수 있게 하였다.

## 14장

### 빈칸 채우기

**1.** 항상성, 음성되먹임
**2.** 조직, 기관, 기관계
**3.** 결합조직, 상피조직, 결합조직, 결합조직, 상피조직, 근육조직, 신경조직, 결합조직
**4.** 외분비, (순서 상관 없음)땀샘, 피지샘, 침샘, 위내벽 샘세포; 내분비, 호르몬
**5.** 심장근; 골격근; 심장근, 골격근; 평활근, 심장근; 평활근; 골격근

### 복습 문제

**1.** 항상성이란 생물체의 적절한 기능에 필요한 범위 내에서 생리적인 조건을 유지하는 것이다. 항상성은 음성되먹임으로 유지되며, 내부환경의 변화가 그 변화에 반대로 반응하여 원래 상태를 유지하는 것이다. 예를 들어, 체온의 변화는 시상하부에서 신호를 보내는 온도 수용기에 의해 감지된다. 시상하부는 정상체온을 회복하도록 하는 기전을 활성화시키고, 체온이 정상으로 돌아오면 이 반응을 멈춘다.

**2.** 양성되먹임은 내적환경의 변화가 최초의 변화를 더 강화하는 반응으로 시작될 때 나타난다. 분만을 한 예로 들 수 있는데, 자궁수축에 의해 아기가 경부 쪽을 압박하여 경부를 이완시킬 때 진통이 온다. 경부에 있는 신장수용기에 분포한 신경이 시상하부로 신호를 보내어, 옥시토신 분비가 시작되고 이는 자궁수축을 더 강화시킨다. 더욱 강화된 수축이 경부를 더욱 압박하여 더 많은 옥시토신이 분비되도록 한다. 이러한 양성되먹임은 출산 직후 마무리된다. 양성되먹임은 드물며 최초의 설정점에서 계속 멀어지는 강력한 반응을 초래하므로 자기제한적이어야 한다.

**3.** 체온이 정확하게 유지될 수 없는 이유는 되먹임 기전이 시작되기 위해서 설정점을 벗어나고 그것이 감지되어야 하기 때문이다.

**4.** 상피조직은 신체와 내강의 벽을 덮는 막을 이루는 세포로 구성된다. 막은 위치와 기능(모세혈관막은 물, 양분 및 세포 노폐물의 중요한 이동을 하도록 하지만 방광벽은 다르다)에 따라 물질의 이동을 조절한다. 어떤 상피조직은 발생 중 안쪽으로 접히면서 내분비샘과 외분비샘을 만들어서 몸의 안쪽이나 바깥쪽으로 물질을 분비한다.

**5.** 결합조직(혈액제외)은 콜라겐을 포함하고 있다. 진피는 표피를 지지해주고 피부의 모세혈관, 근육, 샘조직 및 수용기를 둘러싸고 있다. 힘줄은 근육을 뼈에 붙인다. 인대는 뼈와 뼈를 연결한다. 연골은 관절에 있는 경골 끝을 둘러싸며 척추 사이의 디스크를 형성하고, 기도, 귀, 코를 지지해준다. 뼈는 몸을 지지해주며, 지방은 장기에너지 저장에 이용된다. 혈액은 용해된 산소와 양분을 세포로 나르고 이산화탄소와 세포노폐물을 제거해준다.

**6.** 표피는 피부를 밀폐와 방수가 되도록 하는 케라틴 단백질로 포장된, 죽은 세포의 보호층으로 둘러싸인 특수화된 상피조직이다. 표피 밑에 있는 진피는 엉성하게 포장된 세포들로 구성되고 상피와 진피조직에 양분을 공급하는 모세혈관이 지나간다. 피부에 있는 신경조직에는 촉각, 온도, 통각수용체가 있다. 피부에 있는 소동맥은 수축 또는 이완되어 열을 보존하거나 방출한다. 진피에는 상피조직에서 유래된 샘조직이 포함되며, 땀샘, 피지샘 및 모낭도 포함된다. 모낭에는 작은 근육들이 연결되어 열보전을 돕기 위해 털을 세우기도 한다.

## 15장

### 빈칸 채우기

**1.** 모세혈관, 소동맥, 소정맥
**2.** 심실; 이완기; 좌심실; 우심실
**3.** 혈장; 주변 근육의 수축; 혈액(순환계); 림프절; 흉선; 비장
**4.** 인두; 후두개; 기도, 기관지, 소기관지, 폐포
**5.** 모세혈관; 헤모글로빈; 중탄산이온; 세포호흡
**6.** 다음 중 3개: 암, 만성기관지염, 폐기종, 기침, 여성생식계질환, 심장마비, 죽상동맥경화증; 다음 중 3개: 기관지염, 폐염, 귀감염, 기침, 감기, 알러지, 천식, 폐용적 감소

### 복습 문제

**1.** 산소가 부족한 우심방의 혈액은 우심실로 펌핑되어 폐동맥을 통해 폐로 펌핑된다. 혈액은 소동맥을 통해 폐모세혈관(산소를 수집)으로 가며, 폐정맥으로 들어가 폐정맥과 합류하여 좌심방으로 들어간다. 좌심방에서 혈액은 좌심실로 펌핑되어 동맥, 소동맥, 모세혈관까지 신체의 나머지 부분으로 펌핑된 후 조직에 산소를 주고 이산화탄소를 받는다. 산소가 부족한 혈액은 소정맥으로 흘러 정맥을 거쳐 우심방으로 되돌아온다.

**2.** 척추동물 순환계는 (1) 폐로부터 얻은 산소를 조직으로 전달한다; (2) 조직으로부터 이산화탄소를 폐로 수송한다; (3) 소화계통에서 흡수된 양분을 모든 체세포로 분배한다; (4) 노폐물과 독성물질을 간으로 전달하여 해독시키고, 신장으로 보내어 배출한다; (5) 내분비샘에서 분비된 호르몬을 조직으로 보내어 작용하도록 한다; (6) 적당한 혈액의 흐름으로 체온조절을 돕는다; (7) 응고로 인한 혈액손실을 막아주며 (8) 백혈구의 작용과 순환 항체가 세균과 바이러스로부터 신체를 보호해준다.

**3.** 림프계는 (1)과다한 체액과 용해된 단백질을 회수하며 기타 물질을 혈액으로 보낸다. (2) 장으로부터 지방을 혈액으로 수송하여 (3) 감염성 질병에 대해 신체의 방어를 도와준다.

**4.** 혈장은 단백질, 염, 양분 및 노폐물이 용해된 중요한 액체이다. 세포외액은 모세혈관벽을 통해 모세혈관과 조직을 둘러싸는 공간으로 여과된 혈장에서 유래된 액체이다. 세포외액에는 수분과 용해된 양분, 호르몬, 기체, 노폐물 및 작은 혈장 단백질이 포함되어 있다. 림프는 림프모세혈관으로 이동하여 순환계로 되돌아가는 세포외액이다.

**5.** 정맥은 혈액을 심장으로 나른다. 정맥벽은 얇고 동맥보다 더 확장될 수 있다. 정맥과 동맥 모두 평활근층을 포함하고 있다. 동맥은 혈액을 심장으로 나르는 크고 두꺼운 벽으로 구성된 혈관이다. 매우 미세한 혈관인 모세혈관은 세포 하나 정도의 두께이며 혈액과 조직(세포외액을 통해)에서 교환을 하는 곳이다.

**6.** 심장수축은 우심방에 위치한 특수 근육세포 집단으로 구성된 박동원인 동방결절에서 생성된 규칙적이고 자발적인 전기신호에 의해 시작되어 조절된다. 심근세포는 동방결절에서 심방으로 신속히 신호를 전달하는 간극연접을 통해 서로 직접적인 소통을 하며 이것에 반응하여 자발적으로 수축한다. 비흥분성 조직인 장벽이 심방과 심실을 분리하며 우심방 바닥에 위치한 방실결절을 통해 전기신호를 전달한다. 이곳에서 수축신호가 흥분섬유를 따라 두 심실의 바닥까지 퍼져나가며, 자발적인 수축이 일어나 동맥을 따라 폐와 전신으로 혈액을 내보낸다.

**7.** 동맥경화에 의한 플라크는 콜레스테롤, 기타 지방물질, 칼슘 및 피브린으로 구성되어 동맥벽에 축적된다. 플라크는 동맥을 좁게 만들어 혈관내피가 파열되며 혈병이 생기도록 자극한다. 혈병은 더 가는 동맥을 느슨하게 막거나 쓸려들어가 차단하여 뇌졸중이나 심장마비를 일으킬 수 있다.

**8.** 공기가 코나 입으로 들어와 인두를 거친 뒤 후두로 간다. 그런 뒤 공기는 두 개의 기관지로 갈라진 기도로 들어가 각각의 폐에 도달한다. 폐 내부의 각 기관지는 계속 가지를 내어 더 작은 관으로 갈라지며 이를 세기관지라고 한다. 세기관지는 기체교환이 일어나는 매우 작은 폐포에 이른다.

**9.** 횡격막과 늑간근이 수축할 때 횡격막은 아래로, 늑골은 위로, 동시에 앞으로 나오면서 흉강이 확장되어 들숨이 나타난다. 폐와 흉강 사이에는 공기가 없으므로 같이 팽창하면서 공기가 폐로 들어간다. 흡입을 유발한 근육이 이완되고 흉강의 크기가 감소하며 공기가 폐를 빠져나갈 때 날숨이 나타난다. 들숨은 항상 능동적인 과정이다.

**10.** 폐에서 산소는 폐모세혈관의 혈액으로 확산되며 이곳에서 헤모글로빈과 결합한다. 산소가 충분한 혈액은 심장으로 돌아와 신체조직의 모세혈관으로 펌핑된다. 모세혈관의 산소농도는 더 낮으므로 모세혈관에서 세포로 확산된다.

**11.** 담배 속 독성물질이 기도 내벽의 섬모를 마비시키고 탄소입자를 잔뜩 실은 발암물질이 기도벽에 붙거나 폐로 들어가 대개의 경우 폐암을 유발한다. 흡연은 점액생성을 증가시켜, 흡연자의 기침을 유발하고, 만성감염과 기관지염을 일으킨다. 흡연으로 생긴 폐기종은 폐포를 파괴한다. 기관지염과 폐기종 모두 폐기능을 감소시킨다. 흡연은 동맥경화를 증가시키고, 담배 속의 일산화탄소는 혈액의 산소운반능력을 감소시킨다. 이와 함께 흡연자에게는 심장질환이 상당히 증가한다.

**12.** 각각의 폐는 모세혈관 그물망으로 둘러싸인 약 2백만 개의 폐포를 포함하고 있어 확산에 필요한 막대한 표면적을 제공한다. 폐포는 기체를 용해시키는 묽은 액체로 싸여 있다. 기체는 폐포와 모세혈관벽을 통해 확산되며 모세혈관벽은 세포 한 개 정도의 두께로, 폐포의 기체는 아주 가까이에서 모세혈관의 혈액으로 확산된다.

## 16장

### 빈칸 채우기

**1.** 영양소; 소화; 배설, 소화관, 요로, 호흡기관, 피부(순서는 상관없음)
**2.** 탄수화물, 지질; 비타민; 무기질
**3.** 필수(필수 아미노산; 필수 지방산)
**4.** 섭취, 기계적 소화, 화학적 소화, 흡수, 제거
**5.** 입(구강), 인두, 식도, 소장, 대장
**6.** (염)산, 펩시노겐(혹은 펩신), 점액
**7.** 이자, 중탄산염; 담즙, 지질(지방, 트리글리세라이드)
**8.** 네프론; 보우만주머니; 집합관; 방광, 요도
**9.** 뇌하수체; 항이뇨호르몬(ADH)

### 복습 문제

**1.** 카테고리는 지질, 탄수화물, 단백질, 무기질, 비타민과 물이다. 지질은 에너지원으로, 세포막과 일부 호르몬의 구성분이다. 탄수화물은 에너지원이다. 단백질은 새로운 단백질을 합성하는 데 필요한 아미노산의 원천이다. 일부 무기질은 뼈와 치아의 구성분이 된다. 다른 무기질은 근육 수축과 신경충격의 전도에 필수적이다. 비타민은 보통 효소와 결합하여 대사반응을 촉진시킨다. 물은 많은 대사반응의 매질을 제공하며, 단백질, 탄수화물, 지방의 분해에 참여한다. 물은 체온 조절에 기여하며, 윤활유로서의 역할을 하고, 침, 혈액, 림프, 세포외액과 세포질의 유동성에 관여한다.

**2.** 위의 초기 분비물은 염산, 펩시노겐과 점액이다. 염산은 비활성화된 펩시노겐을 단백질소화 효소인 활성 펩신으로 바꾼다. 점액은 자기소화로부터 보호하기 위해 위벽을 코팅한다.

**3.** 담즙은 간에서 생성되며 담낭에 농축되어 있고, 소장으로 분비된다. 담즙은 지방을 아주 작은 입자로 분산시킨다. 이자액은 이자에서 소장으로 분비된다. 주성분은 산성의 유미즙을 중화시키는 중탄산염과 탄수화물, 지질, 단백질을 소화시키는 여러 효소를 포함한다.

**4.** 소장은 손가락같이 생긴 융모로 뒤덮인 많은 주름으로 이루어져 있고, 융모세포는 각기 미세융모가 나 있어 소장의 흡수 표면적을 크게 향상시킨다. 환상의 평활근은 율동적이고, 비동기적인 수축을 만들어내 영양분을 흡수표면과 접촉시킨다. 각각의 융모에는 수많은 모세혈관이 있어 흡수된 영양분을 나르며, 유미관은 지방을 나른다. 장벽세포는 소화를 완료시키는 효소를 가지고 있다.

**5.** 보는 것, 냄새 맡기, 맛 보기, 씹기 등은 위로 신경신호를 보내어 가스트린과 산분비를 자극한다. 위의 산성도는 펩시노겐을 펩신으로 전환하여 단백질 소화를 시작한다. 액체상태의 유미즙이 소장으로 보내지면, 그 산성도가 호르몬 분비를 자극하고, 이자에서 소장으로 중탄산나트륨을 분비하여 산성의 유미즙을 중화시킨다. 콜레시스토키닌 호르몬은 유미즙에 반응하여 소장에서 생성되는데, 췌장의 소화효소(단백질 소화 효소 포함)를 소장으로 분비되게 한다. 작은 펩티드의 최종 소화는 소장 세포의 미세 융모에 있는 효소에 의해 일어난다.

**6.** 첫째, 비뇨기계는 항상성에 중요한 역할을 담당하여 체내환경의 안정화에 기여한다. 포유류의 비뇨기계에서 콩팥은 혈액의 pH, 이온과 수분함량을 조절한다. 둘째, 비뇨기계는 과잉물질과 독성물질을 포함한 세포 노폐물을 제거한다.

**7.** 여과는 혈액이 사구체모세혈관을 지나면서 일어나는 과정으로, 물과 작은 용해된 분자나 이온(세포나 단백질은 제외)을 보우만주머니로 몰아간다. 세뇨관 재흡수 동안, 근위 세뇨관 세포는 소금, 아미노산과 포도당 같은 영양소를 세뇨관 밖으로 능동수송시키는데, 이곳에서 주변 모세혈관으로 확산되고, 물은 삼투현상에 의해 따라 들어오게 된다. 세뇨관 분비과정에

서, 원위 세뇨관 세포는 주변 모세혈관으로부터 확산된 과잉물질(수소나 칼륨이온, 암모니아나 다른 여러 약물)과 노폐물을 세뇨관안으로 능동수송한다.

## 17장

### 빈칸 채우기

1. 피부; 소화, 호흡, 비뇨생식기 (순서는 상관없음)
2. 식세포(대식세포); 자연살해세포; 염증반응; 발열
3. 항원; 항체, T 세포 수용체
4. 경, 중(순서는 상관없음); 가변, 불변(순서는 상관없음); 가변
5. 체액성, 형질세포; 세포성; 세포독성; 보조; 기억
6. 백신
7. 알레르기; 면역결핍증후군; 자가 면역 질환

### 복습 문제

1. 침입한 미생물에 대항하는 우리 몸의 세 단계 방어선은 (1) 미생물이 몸 안으로 들어오지 못하게 하는 비특이성 외부 장벽, (2) 침입한 미생물과 싸우는 비특이성 내부 방어, (3) 특정 미생물을 공격하는 면역계 등이다.
2. 둘 다 표적세포를 손상시키는 효소와 표적세포의 원형질막에 큰 구멍을 뚫는 단백질을 분비한다.
3. 체액성 면역은 혈액 속 항체에 의해 이루어진다. 항원과 결합하는 B세포가 급속히 분열되어 더 많은 B세포를 만들어낸다. 그중 일부는 기억 B세포가 되며, 나머지는 형질세포가 된다. 형질세포는 혈액이나 간질액으로 특정 항체를 내보낸다. 항체는 독성 분자를 비활성 화시키거나 미생물에 결합하는데, 대식세포가 이 미생물을 인식한 후 삼킨다. 세포성 면역은 암세포나 바이러스에 감염된 세포로부터 자신의 세포를 지킨다. 세포독성 T세포는 감염된 세포의 표면에 있는 항원에 결합하여 감염된 세포를 파괴하는 단백질을 분비한다. 마지막으로, 도움 T세포는 체액성 면역과 세포성 면역을 모두 자극한다. 도움 T세포는 표적세포에 있는 항원과 결합할 수 있는 수용체를 가지고 있다. 이 세포는 B 세포와 세포독성 T세포의 생성을 자극하는 화학물질을 분비한다.
4. B세포에서, 항체의 부분을 암호화하는 DNA 조각이 무작위성으로 이어져 다수의 항체를 만들어내며, 모두 다른 가변부위를 가지기 때문에 서로 다른 항원과 결합할 수 있다.
5. "자기항원"에 결합하는 미성숙한 면역계 세포는 파괴된다. "자기"에게 반응하지 않는 세포만 존속되어 성숙한 B세포나 T세포가 된다.
6. 그림 17-5의 항체 구조를 보시오. 가벼운 사슬의 가변부위는 특정 항원에 결합하는데, 이 결합부위는 특정 항원에만 작용하는 특정한 크기, 모양과 전하를 가지고 있기 때문이다.
7. 기억세포는 B세포, 세포독성 T세포, 도움 T세포의 자손으로, 수년간 살아남아 원래의 항원에 반응하는 능력을 유지하고 있다. 빠르게 반응하는 많은 수의 기억세포는 항원에 훨씬 더 효과적으로 공격을 할 수 있으며, 보통 침입자가 질병을 유발시키기 전에 제거한다.
8. 예방접종은 약하거나 죽은 미생물, 또는 유전공학적으로 조작된 미생물에서 발견되는 항원을 몸에 노출시켜 기억 세포의 발달을 자극함으로써 살아 있는 위험한 미생물에 연속적으로 노출되었을 때 면역반응을 부여한다.
9. 상처와 알레르기 둘 다 염증반응을 일으킨다. 상처가 나면, 손상된 세포에서 화학물질이 분비되어 비만세포가 히스타민을 혈류로 분비하게 하는데, 이는 모세혈관을 새게 만들고, 손상된 조직이 따듯하고, 붉고, 부어오르고 아프게 만든다. 이러한 염증반응은 식세포를 그 부위로 유인하여 병원균과 잔해들을 삼키게 하고, 혈액 응고를 촉진하며, 통증을 유발하여 방어행동을 하도록 한다. 알레르기에서는, "알레르기 항체"가 기도나 소화관의 비만세포에 존재한다. 알레르기 유발 항원은 이 항체에 결합하고, 비만세포가 히스타민을 분비하도록 하여 상처반응에서와 유사한 염증반응을 일으킨다. "건초열"의 울혈은 대부분 비강의 구멍난 모세혈관을 흐르는 혈류가 증가하여 유발된다.
10. 자가 면역 질환은 몸에서 자신의 분자나 세포에 대항하는 면역반응이다. 그 예로는 일부 빈혈의 형태와 소아기형 당뇨병을 들 수 있다. 면역 결핍 질환은 감염에 대하여 효과적으로 면역반응을 시작시킬 수 없어 나타난다. 그 예로 중증 복합형 면역 부전증(SCID)과 후천성 면역결핍증(AIDS)을 들 수 있다.
11. HIV 바이러스는 도움 T세포를 감염시키고 파괴하여 AIDS를 유발한다. 도움 T세포의 수가 감소하면, AIDS 환자는 다른 질병에 극도로 민감해지고, 결과적으로 감염에 의해 사망한다. AIDS 치료는 HIV 복제를 방해한다. AIDS는 점막이나 다친 피부를 통해 정액, 혈액, 질 분비물, 모유 같은 체액과의 직접적인 접촉으로 전염된다.
12. 일부 암세포는 면역계의 탐지를 피하는데 이는 면역계가 외래 물질이라고 감지하는 항원을 암세포는 가지고 있지 않기 때문이다. 백혈병과 같은 일부 암은 면역계를 억제한다. 다른 악성 세포는 매우 급속히 분열하여 이 세포들이 생성되는 만큼 빠르게 면역반응이 진압할 수 없다.

## 18장

### 빈칸 채우기

1. 내분비계통; 표적세포; 수용체
2. 펩티드, 아미노산유도체, 스테로이드(순서 상관없음); 펩티드호르몬, 아미노산 구성 호르몬; 2차전달자, 스테로이드; 유전자 전사의 변화(mRNA의 합성)
3. 음성되먹임; 양성되먹임; 음성되먹임
4. 시상하부; 신경분비세포, 옥시토신, 항이뇨호르몬(순서 상관없음); 방출 또는 억제호르몬
5. 부신피질자극호르몬; 여포자극호르몬; 황체형성호르몬; 성장호르몬; 갑상샘자극호르몬(순서 상관없음)
6. 인슐린, 글루카곤(순서 상관없음); 인슐린; 당뇨; 글루카곤, 글리코겐
7. 정소, 테스토스테론; 난소, 에스트로겐, 프로게스테론; 스테로이드
8. 피질(겉질), 수질(속질); 글루코코르티코이드, 염류코르티코이드, 테스토스테론(순서 상관없음), 노르에피네프린, 에피네프린(순서 상관없음)

### 복습 문제

1. 펩티드호르몬이 세포막 수용체에 결합하여 2차 화학전달물질을 세포로 방출하도록 자극하여 생화학 반응의 폭포반응이 시작된다.
2. 지용성의 스테로이드 호르몬은 세포질이나 핵 내부로 들어가 그곳에 있는 수용체와 결합할 수 있다. 수용체-호르몬 복합체는 DNA에 결합하여 특정 유전자가 mRNA를 전사하여 단백질로 전환되도록 자극한다.
3. 호르몬 분비와 작용의 음성되먹임에 관여하는 그림 18-7과 18-10을 참고한다.
   다른 예로, 혈액내 수분이나 세포외액도 포함된다. 수분손실은 뇌하수체에서 항이뇨호르몬 방출의 원인이 되며, 신장이 수분을 재흡수하여 오줌이 농축된다. 만일 수분섭취로 혈액내 수분량이 정상으로 회복되면, 음성되먹임은 ADH 분비를 차단한다.
4. 그림 18-4 참고
5. 시상하부는 신경분비세포라고 하는 특수한 신경세포 덩어리를 포함하며 뇌하수체 전엽과 후엽의 호르몬 방출을 조절한다. 뇌하수체 후엽은 시상하부에서 합성된 2가지 호르몬을 분비한다: 항이뇨호르몬은 오줌에서 수분을 재흡수하여 체내 수분을 보유하며, 옥시토신은 수유모의 젖분비를 촉진한다.
   방출호르몬은 시상하부에서 합성되어 혈액을 타고 뇌하수체 전엽의 내분비세포로 이동하여, 전엽에서 분비하는 6가지 펩티드호르몬의 분비를 조절한다. 여포자극호르몬과 황체형성호르몬은 남성에서 정자와 테스토스테론 생성을 자극하고 여성에서는 난자와 에스트로겐 생성을 자극한다. 갑상샘자극호르몬은 갑상샘을 자극하여 호르몬을 분비하도록 한다. 부신피질자극호르몬은 부신피질에서 호르몬을 분비하도록 한다. 프로락틴은 임신 중 유선의 발달을 자극한다. 성장호르몬은 신체의 성장을 조절한다.
6. 혈당이 오르면 인슐린이 분비되어 체세포가 포도당을 흡수하게 된다. 혈당 수준이 내려가면 인슐린 분비가 억제되고 글루카곤이 분비된다. 글루카곤은 글리코겐을 분해하여 포도당을 혈액으로 방출하는 간의 효소를 활성화시킨다. 만일 혈당이 너무 높게 올라가면, 인슐린이 다시 분비된다.
7. 부신수질은 각각의 부신 중앙에 위치하며 스트레스에 반응하여 에피네프린과 노르에피네프린을 생산한다. 이 호르몬들은 심박률과 호흡률 및 혈당을 증가시키고, 소화관에서 혈액을 직접 뇌와 근육으로 보낸다. 부신피질은 부신의 바깥층을 구성하며 당대사를 조절하는 당질코르티코이드와 혈액내 나트륨 양을 조절하는 염류코르티코이드(알도스테론)를 분비한다. 알도스테론은 신장과 땀샘에서 나트륨을 보전하도록 한다.

## 19장

### 빈칸 채우기

1. 뉴런(신경세포); 수상돌기; 세포체; 축색돌기, 시냅스 말단
2. 음; 역치; 양
3. 신경전달물질; 수용체; 흥분성 시냅스 후전위; 억제성 시냅스 후전위

**4.** 빈도; 수
**5.** 체신경계; 자율 신경계, 교감, 부교감
**6.** 소뇌, 뇌교, 연수(순서는 상관없음); 소뇌
**7.** 시상; 변연계
**8.** 전두, 두정, 측두, 후두(순서는 상관없음); 후두; 전두
**9.** 기계 수용기; 광수용기; 화학 수용기
**10.** 귓바퀴; 고막; 추골, 침골, 등골(순서 중요함); 난원창; 모세포
**11.** 간상, 추체(순서는 상관없음); 간상; 추체, 와

### 복습 문제

**1.** 수상돌기는 다른 뉴런이나 외부 환경으로부터 나온 신호에 반응하는 신경세포체에서 뻗어나온 분지형 덩굴이다. 세포체는 뉴런을 유지하고, 수상돌기로부터 온 전기적 신호를 통합하여 활동전위를 발생시킬지를 결정한다. 축색돌기는 길고, 가는 섬유로 활동전위를 세포체로부터 그 종착지까지 전달한다. 시냅스 말단은 축색돌기의 가지 끝에 부푼 부위로,축색돌기를 따라 내려온 활동전위에 대한 반응으로 신경 전달물질을 분비하여 다른 뉴런이나 근육, 샘 등에 신호전달을 한다.

**2.** 그림 19-3을 참고하시오. 신호는 시냅스 전 뉴런에서 시냅스 간극으로 신경전달물질의 분비를 통해 전달된다. 신경전달물질은 시냅스 간극으로 확산되어 시냅스후 뉴런의 수상돌기에 있는 수용체에 결합한다. 수용체의 활성화는 흥분성 시냅스 후전위(시냅스 후 뉴런을 덜 음성으로 만들고 활동전위를 발생시킬 가능성이 더 커진다)나 억제성 시냅스 후전위(더욱 음성으로 만들거나 활동전위를 발생시킬 가능성이 더 적어진다)를 유발시킨다.

**3.** 자극의 강도는 단일 뉴런의 활동전위의 빈도 및 자극에 반응하여 발사되는 뉴런의 수에 의해 신호가 만들어진다. 자극의 종류는 감각신호가 지나가는 뇌의 부위에 따라 결정된다(예를 들어 시신경의 활동전위는 뇌의 시각영역을 따라 지나가며, 항상 빛으로 인지된다).

**4.** 뉴런경로를 구성하는 네 가지 요소는 감각뉴런, 중간뉴런, 운동뉴런과 효과기 등이다. 통증회피반사에서, 고통스러운 자극은 감각뉴런이 받아들여 척수의 중간뉴런에 신호를 보내고, 다시 운동뉴런에게 효과기(근육)와 수축하라는 신호를 보내어, 결과적으로 고통스러운 자극에서 벗어나게 한다.

**5.** 그림 19-8을 참고하시오. 척수는 수의근과 불수의적(자율) 반응을 조절하는 운동뉴런의 세포체, 감각뉴런의 시냅스 말단, 뇌에 세포체가 있는 일부 뉴런의 축색과 시냅스 말단, 많은 중간뉴런 등을 포함하고 있다. 척수를 절단하면 움직임을 관장하는 뇌로부터 축색을 단절시켜 척수 중간뉴런이나 절단부위 아래의 운동뉴런을 자극하지 못하게 된다.

**6.** 연수는 삼키기, 숨쉬기, 심박수나 혈압 등의 여러 자율 기능을 제어한다. 소뇌는 몸의 움직임을 조정하고, 쓰기나 타자치기와 같은 운동 기술을 익히는 데 중요하다. 망상체는 대부분의 감각입력을 전달받는 중계소로, 감각입력을 걸러내어 의식에 도달하게 한다. 시상은 거의 모든 신체 부위로부터 오는 감각정보와 소뇌에서 대뇌피질로 들어가는 감각정보를 중계한다. 변연계는 두려움, 분노, 평온함, 배고픔, 갈증, 기쁨과 성적 반응 등의 가장 기본적인 감정과 충동, 행동 등을 만든다. 대뇌피질은 감각정보를 받아 해석하고, 기억을 저장하고, 행동을 계획하여 그 결과를 따져보는데, 이것은 사고와 논리를 담당하며 모든 수의적 움직임을 지휘한다.

**7.** 뇌량은 대뇌반구를 연결한다. 대부분의 오른손잡이의 경우, 좌반구는 몸의 오른쪽을 제어하고, 언어 능력, 읽기, 쓰기, 언어의 이해, 수학적 능력, 논리적 문제 해결 등에 관여한다. 뇌의 오른쪽 부분은 음악적 기량, 예술적 능력, 얼굴 인식, 공간의 시각화, 감정의 인식 및 표현 등에 더 뛰어나다.

**8.** 장기 기억은 반영구적이며, 아마도 특정 유전자의 발현상 변화가 일어나거나, 특정 뉴런간의 영구적 시냅스가 새로(혹은 강화) 연결되기 때문으로 사료된다. 기억을 작동하는 것은 매우 간결하며, 전기회로의 반복적인 활성이나 혹은 회로 내 뉴런의 일시적인 생화학적 변화를 필요로 한다.

**9.** 미각과 후각은 각각 혀와 후각상피의 화학 수용기에 의해 제공된다. 광수용기는 빛에 반응한다. 기계적 수용기는 촉각과 청각 수용기다.

**10.** 우리는 온갖 종류의 냄새를 인지한다. 음식의 경우, 냄새는 독특한 향미라고 느끼는 기본 맛에 요소를 더한다. 보통 칭하는 "맛"의 대부분은 사실상 "냄새"이다.

**11.** 서로 다른 냄새는 후각 수상돌기 내 500여 개 정도의 각기 다른 형태의 수용체 단백질에 의하여 구분된다. 각 수용체는 각기 다른 종류의 냄새 분자와 결합한다.

**12.** 음파는 외이도로 들어가서 고막을 진동시키며, 이는 중이의 망치뼈, 모루뼈, 등자뼈를 진동시킨다. 이 뼈의 진동은 달팽이관으로 향하는 입구를 덮고 있는 난원창막에 전달한다. 달팽이관 내 체액의 진동은 기저막을 위아래로 움직이고, 기저막에 묻혀 있는 모세포의 유모을 구부리게 한다. 털이 굽혀지면 모세포의 수용기전위를 유발하며, 뉴런으로 신경전달물질을 분비하는데, 이 뉴런의 축색돌기가 청신경을 이룬다.

**13.** 소리의 높이의 인지는 다양한 주파수의 소리가 기저막의 각기 다른 부위를 진동시키고, 우선적으로 해당 부위의 모세포를 자극한다. 결과적으로 이 모세포는 청신경의 서로 다른 축색돌기를 자극하고, 이 축색돌기는 뇌의 다른 청신경 뉴런과 연결된다. 소리의 강도는 기저막 진동의 진폭을 통해 지각된다. 작은 진동은 모세포의 털을 조금만 굽히고, 이는 작은 수용기전위를 일으키며, 청신경 축색돌기의 빈도가 낮은 활동전위를 발생시킨다. 큰 소리는 털을 크게 구부리고, 이는 더욱 큰 수용기전위를 만들어내며, 청신경 내에서 빈도가 더 높은 활동전위를 발생시킨다.

**14.** 사람 눈의 구조는 그림 19-18을 참고하시오. 각막은 눈의 앞부분을 감싸는 투명한 부분으로, 망막에 맺히는 빛의 굴절이 시작되는 곳이다. 홍채는 동공을 통해 눈으로 들어오는 빛의 양을 조절하는 근육성 조직이다. 수정체는 투명한 단백질 섬유로 이루어져 있으며, 유연한 구조는 빛을 굴절시켜 망막에 뚜렷한 상이 맺히는 데 기여한다. 공막은 눈의 외측부분을 감싸는 거친 결합조직이다. 광수용기와 뉴런이 여러 장으로 겹쳐진 망막에서는 빛이 전기적 충격으로 전환되어 뇌로 전달된다. 맥락막은 어두운 색소 조직으로 망막 뒤에 위치하는데, 혈액 공급은 망막의 세포에 영양분을 공급한다. 맥락막의 어두운 색소는 미광을 흡수하는데, 안구 내에서 일어나는 이 반사는 맑은 시력을 방해한다.

**15.** 수정체를 감싸고 있는 환상근은 그 형태를 바꾼다. 멀리 떨어진 물체에 초점을 맞추기 위하여 근육은 이완되고, 수정체를 당겨 늘어나고 평평해지게 만든다. 상대적으로 평평해진 수정체는 빛을 덜 굴절시켜 멀리 있는 물체로부터 나오는 빛이 망막에 맺히게 한다. 근시는 멀리 있는 물체를 초점을 맞출 수 없는데, 이는 안구가 너무 길거나 각막이 너무 구부러져 빛의 초점이 망막 앞부분에 맺히기 때문이다. 오목렌즈는 광선을 분산시키는 데 사용되어 망막에 제대로 맺힐 수 있게 도와준다.

**16.** 간상세포와 추체세포는 둘 다 망막 내 광수용기이다. 이 둘의 광색소는 다르지만, 빛을 흡수하고 빛에 반응하기 위하여 때 동일한 일반적인 분자와 기작을 이용한다. 사람에서, 간상세포는 추체세포보다 훨씬 더 수가 많으며 망막의 주변부에 우세하다. 간상세포는 훨씬 더 두꺼운 색소를 포함하고 있는 막을 가지고 있어 빛에 더 민감하지만, 색상을 구분하지 못한다. 추체세포는 중심와에 집중되어 있으며, 서로 다른 파장의 빛에 반응하여 색체감각을 담당한다.

**17.** 세포가 손상되면 포타슘이온이 새어나오고, 효소를 방출하는데, 이 효소는 손상된 모세혈관에서 새어나온 혈액 내 단백질로부터 브래디키닌을 만들어낸다. 이 두 물질은 통각 수용기를 자극한다.

## 20장

### 빈칸 채우기

**1.** 무성; 출아; 분열
**2.** 정소; 테스토스테론(또는 안드로겐); 세정관
**3.** 핵, 첨체; 미토콘드리아
**4.** 부정소, 정관, 저정낭, 전립선, 요도구선(순서 상관없음); 요도
**5.** 난소; 에스트로겐, 프로게스테론(순서 상관없음); 2차 난모세포; 극체; 난관 또는 자궁관; 자궁
**6.** 황체; 융모성 고나도트로핀
**7.** 난할, 상실배; 포배; 외배엽, 중배엽, 내배엽(순서 상관없음)
**8.** 양막; 융모막; 탯줄; 난황낭

### 복습 문제

**1.** 무성생식은 교배가 필요없고 생식세포가 만들어지지 않으므로 훨씬 효율적이다. 자손은 부모와 유전적으로 동일하며 부모가 환경에 잘 적응한다면 유리하지만 유전적 다양성이 없으므로 변화하는 환경에 대해서는 매우 불리하다. 해면동물이 무성생식에 해당한다. 유성생식은 매우 많은 유전적 다양성을 만들어내며, 다양한 환경조건에 생존하기 수월하다. 적절한 상대를 만나거나 차지하기 위해 경쟁을 해야 하는 점이 단점이다. 대부분의 동물들이 일정한 시기에 유성생식을 한다. 포유류는 항상 유성생식을 한다. 체외수정

의 장점은 교미를 할 필요가 없다. 단점으로는 난자와 정자의 방출이 동시에 이루어져야 하며, 생식세포가 아주 많아야 성공적인 수정이 일어난다. 발생 중인 어린 개체는 외부환경의 위험에 노출되어 대부분 죽게 된다. 어류를 포함한 많은 수생종들이 체외수정을 한다. 체내수정의 경우 생식세포의 생산은 줄어들고 대부분의 난자가 수정할 수 있으며, 일부는 배발생 중에 보호를 받을 수 있다. 포유류가 체내수정의 예이다.

**2.** 난자는 2층의 장벽으로 둘러싸여 있다. 젤리 같은 투명대와 난포세포로 둘러싼 바깥층의 방사관이다.

**3.** 황체는 에스트로겐과 프로게스테론을 분비하며, 배란 후에 추가적인 여포의 발달을 방지하고, 자궁내막의 성장을 자극하여 배가 착상하도록 준비한다. 만일 수정이 되지 않으면 황체는 퇴화되지만 임신 중에는 배아가 융모성 고나도트로핀을 분비하여 초기 임신 중 황체를 유지시킨다.

**4.** 음경에서 사정된 정자는 부정소를 거쳐 정관, 요도로 이동한다. 정자는 여성의 질, 자궁 경부를 통해 자궁으로 들어간 뒤 난관으로 가서 수정이 이루어진다.

**5.** 그림 20-15 참고. 시상하부에서 자발적으로 방출된 GnRH에 의한 자극으로 뇌하수체 전엽은 FSH와 LH를 생산하여, 난소에서 에스트로겐을 생산하도록 신호를 보낸다. FSH와 LH, 에스트로겐은 여포를 빌달시키고 에스트로겐 생성을 증가시킨다. 에스트로겐 농도가 높으면 GnRH 분비가 급등하도록 자극하여 이것이 뇌하수체 전엽에서 LH와 FSH의 분비가 급등하는 원인이 된다. LH와 FSH 분비가 급등하면 배란이 일어난다. 배란 후 난소의 여포세포는 황체로 발달하여, 에스트로겐과 프로게스테론을 만들어내고 이 호르몬들이 LH와 FSH의 생산을 억제한다. LH가 없으면 황체는 죽는다. 그러므로 더 이상 프로게스테론이 생성되지 않는다. 프로게스테론의 억제로부터 벗어나면 시상하부는 다시 GnRH 생산을 시작하여, 다음 달 월경주기가 시작된다.

**6.** 표 20-3 참고. 내배엽성 조직에는 소화관과 호흡관의 내벽, 간 및 췌장이 포함된다. 외배엽성 조직에는 피부의 표피와 분비샘, 입과 코의 안쪽, 털, 신경계, 눈의 수정체, 내이 등이 포함된다. 중배엽성 조직에는 피부의 진피, 근육, 골격, 순환계, 생식기관, 신장, 소화관과 호흡관의 바깥벽 등이 포함된다.

**7.** 융모막은 모체의 혈액에 잠겨 있는 조밀한 태아의 모세혈관망을 포함하고 있다. 산소, 이산화탄소, 양분, 요소 등을 포함한 많은 작은 분자들이 모세혈관막을 통해 확산된다. 이 막은 큰 분자와 세포 대부분의 통과를 막는 방어벽으로도 작용한다.

**8.** 임신이 되면 많은 양의 에스트로겐과 프로게스테론이 젖샘을 자극하여 커지고 가지를 내며, 젖의 분비량이 늘어나도록 발달시킨다. 젖분비는 전엽 호르몬인 프로락틴에 의해 증가한다.

## 21장

### 빈칸 채우기

**1.** 다음 열거하는 모두: 추위, 가뭄, 홍수, 화재, 허리케인; 포식, 경쟁

**2.** 생존곡선; 조기 상실; 말년 상실

**3.** 종간 경쟁, 종내 경쟁; 종내 경쟁; 종간 경쟁

**4.** 로그의; 아니다; 아니다; 수용력; S자형

**5.** 무더기의; 평평한

**6.** 피라미드; 대략 안정된; 피라미드형의

**7.** 출산과 이민, 죽음과 이주; 감소, 증가, 증가

### 복습 문제

**1.** 번식 능력은 최대의 출생율과 최소의 사망률이 존재하는 이상적인 조건을 가정할 때의 개체군의 최대 증가율이다. 환경 저항은 먹이, 공간 이용가능성, 다른 개체와의 경쟁, 포식, 기생 등 생물 및 무생물 환경에 의한 개체군 성장에 제한된다.

**2.** 기하급수적으로 증가하는 개체군의 생장곡선은 그림 21-2를 참고하시오. 기하급수적으로 증가하는 개체군은 각각의 계속해서 일어나는 기간에 개체수를 증가시킨다.

**3.** 밀도 비의존적 인자는 개체군의 밀도에 상관없이 개체군의 크기를 제한한다. 밀도 의존적 인자는 개체군의 밀도가 높아질수록 그 효과가 커진다.

**4.** 엄청난 수용력은 생태계를 파괴할 수 있으며, 개체군을 지탱할 수 있는 능력을 감소시킨다. 개체군 증가는 생태계가 극도로 손상될 때까지 기하급수적일 수 있으나, 곧 그 개체군 크기가 급속도로 감소하며, 생태계의 수용력이 줄었다면 작은 개체군의 크기로 남아있게 된다.

**5.** 밀도 의존적 인자는 (1) 포식, (2) 기생, (3) 경쟁 등을 포함한다. 포식자는 가장 흔한 먹이종을 접하여 먹이로 삼는 경향이 있다. 대부분의 기생생물은 이동성에 제한을 받으며, 개체군 밀도가 더 높은 숙주 사이에서 더 쉽게 퍼진다. 제한된 자원에 대한 경쟁은 개체군의 크기가 커질수록 치열해진다.

**6.** 성장 중인 개체군이 안정화되는 것은 경제적 측면에서 어려울 수 있는데, 왜냐하면 현재 경제적 구조는 성장 중인 개체군에 맞춰져 있기 때문이다. 또한 이는 장래 노동자들과 납세자들의 이용성을 감소시킨다.

## 22장

### 빈칸 채우기

1. 자연선택; 공진화, 경쟁, 포획, 상리공생
2. 기생, 초식성; 의장; 경계색
3. 공생; 상리공생; 편리공생
4. 해신종; 크릴새우, 새우(갑각류); 해달, 다시마숲
5. 천이; 1차 천이; 2차 천이; 극상

### 복습 문제

**1.** 생태계 군집은 생태계 내에서 상호작용하는 모든 개체군을 말한다. 군집의 상호작용은 경쟁, 포식, 공생이다.

**2.** 금관화는 독소를 발달시켰고, 제주왕나비는 식물에 대한 저항성을 진화시켰고; 초본식물은 은 연마제의 실리카 입자를 발달시켰으며, 초식동물은 강한 턱과 저작운동의 이빨을 발달시켰으며; 나방은 박쥐의 음파탐지 기능을 갖는 소리에 반응하기 위해 불규칙한 비행 행동을 발달시켰으며; 쥐는 지표면에 대한 위장색으로 회색 색깔의 털을 발달시켰고 매는 최고의 시각을 발달시켰다.

**3.** 공생의 형태로는 포식, 생리공생, 편리공생이 있다. 기생에서는 한 종은 이익을 얻지만 다르 종은 해를 보게 된다; 예를 들면 사람에게 존재하는 말라리아 기생체가 해당된다. 편리공생에서는 한 종은 이익을 얻지만 다른 종은 이익을 얻지도, 해를 입지도 않는 경우이다; 예를 들면 고래의 피부에 붙어 있는 따개비가 그 예인데 고래에게 아무런 해도 입히지 않은 채 영양분이 풍부한 물에 노출되는 이익을 얻게 된다. 상리공생은 공생하는 두 종이 모두 이익을 얻는 것이다; 예를 들면 꽃에 가루받이를 하면서 꿀을 얻는 벌의 경우이다.

**4.** 벌목된 숲은 2차 천이를 겪게 되는데 그 이유는 이전의 생태계가 이미 그곳에 확립되어 있었기 때문이다.

**5.** 아극상 군집: 교외의 잔디밭, 키가 큰 풀이 있는 초원. 극상 군집: 낙엽성 활엽수림, 툰드라. 극상 군집은 비교적 안정적인 상태이지만, 아극상 군집은 인간의 노력이나 혹은 자연적인 사건에 의해(잔디 깎기나 불) 유지되지 않는다면 극상 군집으로 변화를 진행한다.

**6.** 천이는 시간에 따라 군집과 이의 무생물적 환경이 변화하는 것이다. 성공적인 변화는 종들이 예상될 수 있는 다른 종으로 대체됨으로써 비교적으로 안정적인 극상 군집이 형성될 때까지 새로운 군집이 선호하는 방향으로 생태계가 변하는 것이다.

## 23장

### 빈칸 채우기

**1.** 광합성; 영양물질, 생물지화학적(영양물질)

**2.** 독립영양생물, 생산자; 순1차생산력; 종속영양생물, 소비자; 잔사식자; 곰팡이, 박테리아

**3.** 영양; 10; 육식; 잡식; 먹이망

**4.** 저장고; 대기, 대양, 화석연료; 대기; 질소고정 박테리아

**5.** 데드 존(dead zone); 이산화황, 산성강하물

**6.** 온실; 산림파괴(벌목), 36; 크릴

### 복습 문제

**1.** 에너지는 영양 단계를 통해 햇빛이 이동함에 따라 생태계로 끊임없이 유입되며, 점진적으로 열로 소실된다. 영양물질은 영양 단계를 통해, 그리고 종종 무생물적 환경을 통해서도 흐른다. 그러나 재순환되지는 않는다.

**2.** 독립영양생물(생산자)은 태양으로부터 에너지를 포획하여 광합성을 통해 자신의 먹이를 생산한다. 독립영양생물은 첫 번째 영양 단계를 차지하며 더 높은 영양 단계에 있는 모든 개체가 사용할 에너지를 공급한다.

**3.** 1차생산력은 생태계에서 생산자에 의해 포획된 뒤 화학에너지(유기 분자의 결합)로 전환된 빛에너지의 양이다. 순1차생산력은 생산자가 필요한 대사활동을 한 뒤 남아 있는 1차생산력 부분이다. 연못의 순1차생산력이 더 크다. 그 이유는 두 장소 모두 빛과 물은 풍부하지만, 고산 호수가 영양물질 및 온도 조건이 더 나쁘기 때문이다.

**4.** 영양 단계의 첫 3단계는 (1) 생산자, (2) 1차 소비자 또는 초식동물, 그리고 (3) 2차 소비자 또는 육식동물이다. 초식동물은 식물로부터 에너지를 얻고 식물에 포함된 에너지의 일부분만 자신의 생물량을 구축하

는 데 사용할 수 있기 때문에 식물은 식물의 소비자보다 더 많은 생물량을 가져야만 한다.

**5.** 먹이사슬은 생태계 구성 개체들 간의 선형 먹이 관계이다. 반면에 먹이망은 생태계 내에서 서로 복잡하게 얽힌 먹이 관계이다.

**6.** 잔사식자는 노폐물과 사체를 먹고 사는 동물과 원생생물로서, 지렁이 및 일부 곤충, 갑각류, 선충류, 독수리가 이에 속한다. 분해자는 곰팡이와 박테리아가 주로, 자신들의 몸 바깥쪽에 있는 먹이를 분해시킨 뒤 방출된 영양물질의 일부를 흡수한다. 두 그룹의 개체들 모두 영양물질 재순환에 필요하다.

**7.** 대기의 탄소는 광합성 중에 생산자로 유입된다. 소비자는 광합성 생물이나 다른 소비자를 섭취함으로써 탄소를 얻는다. 잔사식자와 분해자는 사체와 노폐물로부터 탄소를 얻는다. 탄소는 이산화탄소를 배출하는 산소호흡 과정에 의해 대기로 다시 돌아간다. 화석연료와 숲을 태우는 등의 인간 활동으로 인해 대기의 이산화탄소(온실가스)가 많아지며, 이로 인해 지구온난화가 야기된다.

**8.** 대기의 질소기체는 질소고정 박테리아에 의해 수소와 결합하여 암모니아가 된다. 질소기체는 또한 번개나 화석연료 연소에 의해 산소와 결합하기도 한다. 이렇게 하여 생성된 질산염은 빗물에 녹아 지구로 운반된다. 질산염과 암모니아는 식물의 뿌리를 통해 흡수된다.

**9.** 인산염이 풍부한 암석에 들어 있는 인산염은 물에 녹아 식물의 뿌리로 유입된 뒤 생물 분자로 편입된다. 이들 분자는 식물에서부터 초식동물로 이동하며, 이 초식동물들은 육식동물에 먹힌다. 인의 순환은 대기 요소를 포함하지 않는다.

**10.** 대양에서 증발한 물은 응축하여 비로 내리기까지 수증기 상태로 내륙으로 운반된다. 빗물은 토양으로 들어가 식물의 뿌리로 흡수된다. 물은 기공을 통한 식물의 증산에 의해 식물체를 따라 위로 이동한다. 증산작용에 의해 방출된 수증기는 대기로 돌아가고, 결국 응축하여 비로 내리므로 직접 대양으로 유입되거나 혹은 육지로부터 흘러 바다로 들어간다.

## 24장

### 빈칸 채우기

**1.** 유전적 다양성, 종 다양성, 생태적 다양성(중요한 순서가 아님); 유전적; 종

**2.** 생태계 서비스; 다음의 4개 중 하나임; 공기와 물의 정화, 대기 중 산소의 보충, 식물 가루받이와 종자 분산, 야생 서식지 제공, 폐기물 분해, 침식과 홍수 방지, 해충 제어, 휴양 기회 제공

**3.** 생태계 경제학

**4.** 다음 4개 중 하나: 서식지 파괴, 과도한 남획, 침략종, 오염, 지구온난화; 서식지 파괴

**5.** 최소생존개체수, 서식지 단편화, 야생동물 통로

**6.** 지속가능한

### 복습 문제

**1.** 보전생물학은 생물학적 다양성을 이해하고 보전하기 위한 과학은 한 분야이다. 이것은 생태학, 유전학, 진화생물학을 통하여 연구되며, 사회과학자, 정치인, 법률가, 지질학자, 경제학자, 윤리학자, 역사학자 등이 참여한다.

**2.** (1) 유전적 다양성은 한 종의 유전자 풀에 존재하는 대립형질의 다양성과 상대적 빈도이다. 만약 유전적 다양성이 감소하면 종은 환경 변화에 대한 적응을 진화시키는 데 필요한 유전적 가변성을 잃어버리게 된다. (2) 종다양성은 다른 종들의 다양성과 상대적인 빈도이다. 군집의 복잡한 네트워크는 종다양성을 위해 적절하게 작용하는 생태계 의존성을 유지하는 데 필요한 상호작용이다. (3) 생태계적 다양성은 다른 생태계의 다양성과 생태계 내부에 존재하는 군집의 상호작용의 다양성이다. 생태계적 다양성의 상실은 현재의 종풍부도를 지탱할 수 있는 생물권의 능력을 감소시킨다.

**3.** 생태계 경제학은 생태계 서비스의 가치를 평가하고, 자연생태계가 인간의 이익을 위한 활동을 위해 훼손되었을 때 이에 대한 화폐적인 교환가치를 산정하려고 시도한다. 생태계 서비스는 인간과 모든 다른 생물체를 지탱해주기 때문에 중요한데, 만약 적절하게 가치를 평가 받지 못하게 된다면 인간 활동에 의해 훼손되거나 파괴된다.

**4.** 식량, 건축용 자재, 산소, 약용식물을 포함하는 상품을 위해 직접 사용된다. 간접적인 서비스로는 토양의 비옥도, 침식과 홍수 예방, 오염물질 중화, 유기 노폐물의 분해, 휴양 기회, 야생생물의 서식지 제공 등이 포함된다.

**5.** 생물다양성을 위협하는 요인들로는 열대우림 지역 숲의 벌목; 하와이의 땅에 알을 낳는 토착 조류들을 위협하는 몽구스와 같은 침략종과의 해로운 상호작용; 상어, 청색지느러미 참치, 거북이 등을 과도하게 포획하는 남획; 살충제와 같은 오염물질; 번식시기에 변화를 초래함으로써 군집의 상호작용을 파괴하는 온실기체의 과도한 생성으로 인한 지구온난화 등.

# 찾아보기(Index)

## 한글 찾아보기

ㄱ



ㄴ



ㄷ



ㄹ

ㅁ



ㅂ



ㅅ

## 영문 찾아보기

### A



### B



### C

## D



## E



## F



## G

T



U



V



W



X



Y



Z